MONOGRAPHIE

DE LA FAMILLE

DES CACTÉES

comprenant la synonymie ;
les diverses méthodes de classification proposées jusqu'à ce jour
pour sa division en Genres et Sous-Genres,
et quelques notes sur la Germination et la Physiologie ;

suivie d'un

TRAITÉ COMPLET DE CULTURE

et d'une

TABLE ALPHABÉTIQUE DES ESPÈCES ET VARIÉTÉS

Par J. LABOURET.

—◦◦◦—

PARIS.

DUSACQ, LIBRAIRIE AGRICOLE DE LA MAISON RUSTIQUE,
rue Jacob, n° 26,
Et chez tous les Libraires de la France et de l'Étranger.

MONOGRAPHIE

DES CACTÉES.

Paris.— Imprimerie de W. REMQUET et Cie, rue Garancière, n. 5.

MONOGRAPHIE

DE LA FAMILLE

DES CACTÉES

comprenant la synonymie,
les diverses méthodes de classification proposées jusqu'à ce jour
pour sa division en Genres et Sous-Genres,
et quelques notes sur la Germination et la Physiologie;

suivie d'un

TRAITÉ COMPLET DE CULTURE

et d'une

TABLE ALPHABÉTIQUE DES ESPÈCES ET VARIÉTÉS

PAR J. LABOURET.

* ⋯⊸❦⊷⋯ *

PARIS.

DUSACQ, LIBRAIRIE AGRICOLE DE LA MAISON RUSTIQUE,
rue Jacob, n° 26,
Et chez tous les Libraires de la France et de l'Étranger.

Le travail que je livre aux amateurs de Cactées devait être, dans l'origine, un résumé succinct des descriptions de plantes cultivées en France; il devait se borner au cadre qui avait été tracé par Lemaire lors de la publication inachevée de son Manuel (*Manuel de l'amateur de Cactées,* Paris, 1845) et former la suite de quelques pages que contient ce livre sur la culture des Cactées. D'après son annonce (chap. 5, p. 112), l'ouvrage ne devait contenir qu'un catalogue raisonné des différentes espèces; mais au moment de réunir et de mettre en ordre les notes que j'avais prises depuis quelques années en cultivant moi-même une assez nombreuse Collection, j'ai eu connaissance du dernier ouvrage du prince de Salm (*Cacteæ in horto Dyckensi cultæ,* anno 1849). En le parcourant, j'ai reconnu que le cadre proposé par Lemaire était devenu tout à fait incomplet; que, même en le remplissant très-exactement, j'offrirais aux amateurs un travail en retard de dix ans sur notre époque, je ne donnerais aucune indication précise sur les diverses méthodes de classifications adoptées, et je laisserais de côté une multitude de plantes intéressantes qui sont venues enrichir nos Collections depuis cette époque.

J'ai donc dû abandonner mes notes, refaire un travail que je me suis efforcé de rendre plus complet en me servant des travaux de M. le prince de Salm, du *Manuel de l'amateur de Cactées* de Forster[1], et enfin en mettant à contribution l'*Enumeratio diagnostica* de Pfaiffer. Les travaux de Miquel, de Zuccarini et de Lemaire, auxquels j'ai fait de nombreux emprunts, ne forment pas des traités aussi complets que les premiers; ils renferment quelques descriptions, de nombreuses observations et des indications précieuses qui m'ont été d'une très-grande utilité.

Aujourd'hui, j'ai cherché à faire de ce travail une monographie. Le botaniste, qui ne peut conserver les plantes grasses de notre famille dans son herbier, y trouvera un répertoire des plantes qui sont cultivées ou qui ont été cultivées dans les Collections d'Europe; il y trouvera les indications jusqu'ici éparses sur leur habitus et leur patrie : l'amateur y trouvera les renseignements qu'il ne peut aller chercher au milieu de deux cents volumes, publiés les uns en latin, les autres en allemand et d'autres en anglais, et qu'il ne pourrait découvrir au milieu de plusieurs revues horticoles pour la plupart déjà anciennes et devenues très-volumineuses.

Pour réunir ces éléments qui parfois sont relatifs à des plantes qui n'ont jamais existé en France, ni même en Europe, je me suis servi librement des ouvrages de mes devanciers; j'ai pris à l'un et à l'autre. Lorsqu'il s'est agi

---

[1] *Handbuch der Cacten.* Leipsig, 1846.

de plantes existant dans nos Collections, j'ai modifié l'un, complété l'autre, et j'ai ajouté aux descriptions qui me semblaient incomplètes, comparant les descriptions les unes avec les autres, le plus souvent en présence des sujets, en ajoutant toutes les fois que je l'ai pu des indications qui sont toujours nécessaires sur les dimensions des objets décrits. J'ai toujours cherché à donner les caractères naturels à côté des caractères botaniques. En outre, j'ai établi la synonymie entre la nomenclature de M. de Monville (*Catalogue* de 1846), qui est adoptée en France, et celle du prince de Salm, qui est généralement adoptée en Allemagne et en Belgique. J'ai ajouté, à la fin de chaque description, quelques indications sur la culture des plantes; j'ai donné des tableaux qui présentent la classification de la famille en genres et sous-genres; j'y joins un second tableau ayant le même but, mais fondé principalement sur des caractères naturels, et je le fais suivre des tableaux raisonnés de la classification de chaque genre, de telle façon que les personnes même peu exercées, en comparant une plante avec les indications de ces tableaux, puissent reconnaître si cette plante est nouvelle, ou si, ayant déjà figuré dans nos Collections, elle a été décrite, et, à l'aide de ces indications, retrouver son nom ou ceux qui lui ont été imposés par différents auteurs.

Dans ce travail, je n'ai eu aucune prétention scientifique; très-amateur de Cactées, je me suis souvenu des embarras et des difficultés que j'ai éprouvés moi-même quand j'ai commencé à cultiver ces plantes; j'ai voulu éviter ces ennuis à ceux qui partagent ce goût : et j'ai voulu surtout le réveiller en France. Puissent mes faibles efforts remplir ce but, propager le goût de la culture de ces plantes si variées dans leur port et dans la richesse de leurs fleurs, et amener, de la part des personnes qui s'en occupent, des observations qui complètent celles que nous possédons déjà et qui sont bien insuffisantes encore pour établir une classification rationnelle et fixe.

Si ce travail doit être de quelque utilité pour les botanistes ou pour les personnes qui s'occupent des plantes grasses, une grande part de ce mérite revient aux auteurs que je viens de citer, et aussi à M. Andry, qui possède la plus riche et la plus complète Collection de Cactées qui existe dans les environs de Paris; à MM. Houllet et Neumann, du Jardin des plantes de Paris, qui m'ont toujours offert avec bienveillance toutes facilités pour observer les sujets de la Collection du Muséum; à M. Cels, horticulteur, chaussée du Maine, 77, près Paris, chez qui j'ai pu observer de nombreux échantillons adultes de toutes les plantes connues en France et surtout de celles qu'il y a introduites. Je dois également des remerciements à M. Dumenil, horticulteur à Ingouville, à qui nous devons l'introduction de l'Echinocactus Californicus, et qui a bien voulu me communiquer quelques sujets de sa Collection.

INTRODUCTION.

———◉———

La famille des Cactées est entièrement indigène de l'Amérique, où elle se trouve répartie entre le 42e et le 125e degré de longitude, depuis le 49e degré de latitude boréale jusqu'au 45e degré de latitude australe.

Elle a été introduite en Europe et y a été connue peu de temps après la découverte du Nouveau-Monde, par l'importation de quelques Opuntias qui se sont naturalisés dans les régions qui bordent la Méditerranée, et par l'introduction de quelques autres espèces qui ont figuré dans les jardins. Les espèces à rameaux articulés et comprimés furent nommées Opuntias; celles à sillons ou angles verticaux furent nommées Cactus.

Tournefort est le premier qui tenta une classification. Avec le petit nombre d'espèces qui étaient connues de son temps, il forma les deux genres Opuntia et Melocactus, qu'il plaça très-loin l'un de l'autre dans sa méthode. Plumier, qui observa un grand nombre de Cactus dans les Antilles, établit un troisième genre, le Perescia, pour désigner les espèces à feuilles planes. Hermann, plus tard, proposa un quatrième genre qu'il nomma Epiphyllum, il renfermait ceux à tiges plates; en même temps, plusieurs auteurs rétablirent le genre Cereus qui avait été déjà proposé par Béauhin, pour désigner les espèces annelées qui s'élèvent droites comme les Cierges.

Linnée, qui avait admis les deux genres Cactus et Pe-

reskia, s'aperçut que s'il admettait la séparation du Pereskia, il faudrait admettre plusieurs autres divisions; en
conséquence, il réunit tous les genres anciens en un seul,
sous le nom de Cactus. Cette opinion fut admise par tous
les botanistes, et les Cactées furent placées dans son ordre
des Succulentæ, à côté des Mesembryantemum ; il signala
ainsi une de ses affinités les moins douteuses. Bernard de
Jussieu adopta la même opinion. Adanson plaça les Cactus
divisés en trois genres dans sa famille des Portulacés, à
côté des Mesembryanthemum et très-près des Groseilliers.
M. L. de Jussieu rendit saillant ce rapprochement ingé-
nieux dont Adanson n'avait pas fait sentir l'intérêt, mais
il l'exagéra en en constituant une famille des Cacti qui
ne comprenait que deux genres, le Groseillier et le Cactus,
séparés en deux sections, dont la première se caractérise
par le nombre défini, et la seconde par le nombre indéfini
des pétales et des étamines. Ventenaut, dans son tableau
du *Règne végétal*, réduisit les Cactus à constituer seuls
une famille à laquelle il donne le nom de Cactoïdes; il
rejeta le Groseillier parmi les Saxifragées, malgré le fruit
charnu.

En 1805, De Candolle admit la famille des Cactoïdes de
Ventenaut, en lui conservant son nom primitif Cacti ; il
forma une famille particulière des Grossulariés, dont
quelques auteurs ont changé le nom en celui de Ribesiés.

De Jussieu, voulant supprimer les noms de familles
identiques avec les noms de genres, proposa, dans le
Dictionnaire des Sciences naturelles, en 1825, de donner à
la famille, toujours composée du Cactus et du Ribes, le
nom de Nopalies en français ou Opuntiaceæ en latin.
Tous les botanistes modernes ont adopté les idées de
De Candolle, et, comme lui, forment une famille des
Cacteæ : c'est ce que font Richard, Kunth, Lindley,
Bartling, Link, Meisner et presque tous les autres.

Dans la taxonomie, cette famille est placée parmi les
Dicotylédonés, entre la famille des Crassulacés et celle
des Mesembryonthemies; elle y est ainsi caractérisée :

Périanthe multiple; calice à peine distinct de la corolle;
sépales nombreuses, soudées en un calice gamo-sépale,

à tube adhérent à l'ovaire, à limbe plurisérié, pétaloïde; pétales nombreux, plurisériés, à préfloraison imbriquée, insérés sur le sommet du tube calicinal, tantôt libres (Rotacés), tantôt dressés et soudés inférieurement en un tube qui dépasse l'ovaire (Tubulosæ); étamines nombreuses, multisériées, insérées à la base de la corolle; anthères biloculaires; carpelles soudées en un seul ovaire, adhérent au tube du calice, uniloculaire, à placentaires pariétaux multiovulés; ovules nombreux, horizontaux, anatropes ou campylotropes; style indivis, terminal; stigmates autant que de placentaires, étalés ou réunis en faisceau; fruit? baie ombiliquée à son sommet, uniloculaire, pulpeuse; graines nombreuses nichées dans la pulpe, à test presque osseux, à hile très-grand, à endoplèvre mince; plantule dicotylédonée, droite ou courbe en demi-cercle; cotylédons libres ou soudés en un seul corps; albumen nul ou à peine visible.

Plantes ligneuses, charnues; tige rameuse ou simple par suppression des bourgeons, cylindrique ou anguleuse, ou cannelée, ou aplatie, ou globuleuse, marquée de tubercules mamelonnés qui représentent les rameaux avortés; feuilles tantôt nulles [1], indiquées par un coussinet situé sous le bourgeon (Tubulosæ), tantôt parfaites, planes, pétiolées (Peirescia); bourgeons de deux ordres, à l'aisselle de la feuille avortée ou développée, l'inférieur garni d'aiguillons, le supérieur se développant en rameau ou en fleur; fleurs axillaires, exemples les Cactus, Opuntia, Cereus, Echinocactus, Phyllocactus, Rhipsalis, etc.

Les travaux des physiologistes modernes ont fait connaître quelques détails de l'anatomie de ces plantes, et l'opinion généralement admise et reconnue en fait des plantes dont le parenchyme de l'écorce est épais, mou, rempli d'une sève abondante, verte dans la plupart. Le tissu intérieur charnu est cellulaire; il est également rempli d'une sève abondante, limpide ou laiteuse; il est traversé par un canal médullaire fibreux qui se lignifie plus ou moins rapidement suivant les espèces. Dans les unes, les

---

[1] Richard. *Nouveaux Éléments de botanique*, 1846.

fibres ascendantes sont groupées par faisceaux, disposés circulairement de manière à former un tube discontinu dans la largeur de sa surface; dans les autres, ces fibres sont juxtaposées, adhèrent légèrement les unes aux autres, de manière à former un tube dont la surface est au contraire continue; dans aucun cas, ce tube n'est formé de couches stratifiées. Les fibres qui composent ce tube se resserrent graduellement à mesure qu'elles s'approchent du collet de la plante; là, en se soudant plus intimement, elles ferment son ouverture, forment une espèce de pivot, et, par leur prolongement inférieur, donnent naissance aux racines qui sont plus ou moins ligneuses, quelquefois charnues.

En examinant avec soin les sections verticales faites suivant l'axe du canal médullaire, on aperçoit, le long de sa surface extérieure, des fibres qui s'en détachent, se divisent en fibrilles en traversant le tissu cellulaire, et viennent s'épanouir dans le voisinage des aréoles.

Là, quand un bourgeon, une branche ou un article se développent, ces fibrilles se réunissent plus intimement, prennent avec le temps une apparence de plus en plus ligneuse, à mesure que le bourgeon acquiert un plus grand développement, et forment une espèce de pivot qui se détache en même temps que le bourgeon, dans l'intérieur duquel les prolongements des fibres et fibrilles se disposent de la même manière que dans la plante mère. Au contraire, dans la partie supérieure du canal médullaire, au lieu de se réunir de manière à former un étranglement du tube comme vers le collet, les fibres deviennent de plus en plus déliées, sont moins resserrées, et semblent enfin disparaître dans leur prolongement jusqu'aux aréoles naissantes. Le tube semble se refermer, non par une inflexion ou un resserrement des fibres, mais par de nouvelles fibrilles presque invisibles, qui traversent le tissu intérieur du canal médullaire; elles sont tellement déliées, qu'elles disparaissent fréquemment dans leur trajet jusqu'aux nouvelles aréoles qui se forment. Ces aréoles, d'abord placées au sommet de la plante, dans le prolongement du canal médullaire, s'écartent graduellement à mesure que la plante se développe ; leur plan, incliné d'abord vers l'axe, se redresse de plus en plus, devient vertical, puis, dans les plantes globuleuses, s'incline de nouveau dans un sens opposé au premier ; dans ce mouvement, les fibres qui les accompagnent, de droites et verticales qu'elles étaient d'abord, se sont infléchies de manière à présenter une ligne courbe dont la concavité regarde le sol.

L'espèce de pivot formé par le resserrement des fibres qui composent le canal médullaire, soit vers la base de la plante, soit aux points de sa surface lors de la formation des bourgeons, sert toujours de siége aux racines normales qui se forment soit sur la plante, soit sur les boutures qu'on en détache. Si au contraire, par suite de circonstances accidentelles ou autres, ce pivot est détaché de la plante, il est souvent possible de faire partir des racines de la partie conservée ; mais ces racines, toujours faibles et délicates, ne peuvent jamais former une assise convenable ; elles apparaissent sur la circonférence de la base du canal médullaire, et semblent être le prolongement des faisceaux de fibres qui le composent, et ordinairement ne peuvent plus constituer, comme dans les plantes de semis, un organe complet servant au développement normal du sujet.

Considérées dans les organes de leur végétation, nous trouvons d'abord les racines qui ne nous offrent rien de particulier ; tantôt elles sont rameuses, modérément fibreuses, tantôt elles sont pivotantes ou napiformes, et alors elles sont charnues et moins fibreuses, toujours blanchâtres et vivaces ; leur tissu est facilement altérable par l'humidité quand les conditions extérieures sont défavorables à leur végétation ; on croit que les spongioles qui terminent les fibres de ces racines n'absorbent l'eau qu'avec lenteur.

La tige, au contraire, présente des variétés de formes très-singulières sur lesquelles on peut se fonder, jusqu'à un certain point, pour diviser la famille en genres et sous-genres.

Comme nous l'avons exposé précédemment, cette tige

est formée d'un axe ligneux dont le centre est occupé par le canal médullaire qui est rempli par une moelle abondante assez permanente, généralement identique avec le tissu cellulaire dont ces tiges sont formées ; c'est ce qu'on observe quand on coupe une tige en travers. Le liquide dont ce tissu est rempli présente certaines analogies avec l'albumine ; il devient insoluble après avoir été soumis à une certaine température, mais il présente avec l'albumine cette différence qu'il est très-perméable à l'humidité.

La consistance ou le degré de solidité de l'axe ligneux varie beaucoup d'un genre à l'autre. Dans les uns, il présente un bois nerveux et ferme ; dans d'autres, au contraire, il est mou et flexible.

La surface de ces tiges est couverte de tubercules charnus et saillants, tantôt libres, tantôt soudés par séries longitudinales et formant des côtes ; d'autres fois ces tubercules sont remplacés par des squammes, ou des folioles cylindriques, subulées ou par de véritables feuilles. Nous croyons avoir démontré, au moins pour quelques genres, que ces appendices représentent des feuilles de Cactées (*voir* plus haut, p. 5).

Cependant, comme notre opinion sur ce sujet est différente de celles de la plupart de physiologistes, je crois devoir rapporter ici une objection qui pendant longtemps a ébranlé ma conviction, et qui est peut-être l'objection la plus sérieuse à opposer à cette manière de voir : qui consiste à regarder les mamelons des Mamillaria, du Peleciphora, des Anhalonium et du Lectembergia ; les tubercules des côtes, les mamelons du spadice des Mélocactes ; les tubercules des côtes des Echinocactes, Echinopsis et Cerei ; les squammules des Phyllocactes, du Disisocactus, des Epiphylles, celles du Rhipsalis, du Pfaiffera et des Lepismius ; les appendices cylindriques des Opuntias, comme les représentants des feuilles qui se trouvent plus ou moins normalement développées dans les Peirescia.

Voici ce que dit Turpin : « M. De Candolle, entraîné par « une analogie plus spécieuse que solide, croit que les sup-« ports ou coussinets mamelonnés des Mamillaria sont

« de véritables feuilles, et cela parce que ces mamelons
« ou supports sont longs et terminés par des faisceaux
« d'aiguillons assez semblables à ceux placés au sommet
« des Ficoïdes barbus ; et parce que les fleurs ne naissent
« point au centre du faisceau d'aiguillons qui terminent
« le mamelon, mais bien à l'aisselle de ces mamelons où
« se trouve assez souvent une petite portion de duvet
« laineux.

« Il y a, je crois, de fortes objections à faire contre cette
« innovation : 1° la fleur dans les Cactées ne naît pas tou-
« jours du centre du faisceau d'aiguillons ; elle le laisse
« souvent en grande partie à son extérieur ; 2° la petite
« portion de duvet que l'on voit à l'aisselle du support
« mammiforme de plusieurs Mamillaria a été détachée de
« celle du mamelon, à mesure que celui-ci s'est accru ;
« 3° ce mamelon n'a pas réellement le caractère distinctif
« et essentiel de la feuille. »

Il me semble que la première objection n'altère en rien
notre opinion, car pour cela il faudrait qu'il fût établi
que la fleur doit toujours se développer à l'aisselle de la
feuille et exactement à son centre, ce qui n'est pas et n'a
jamais été reconnu par les botanistes. La seconde s'appuie
sur un fait dont je n'apprécie pas toute l'importance dans
cette question. Le petit faisceau de duvet que l'on aperçoit aux aisselles des mamelons de quelques Mamillaires,
s'est séparé de celui qui les couronne ?

Si les mamelons sont des feuilles, il nous semble que
toute la face supérieure doit constituer une région de la
feuille dont les parties concourent vers une fonction, la
sécrétion. Or, il arrive précisément que tantôt les deux
faisceaux, auquel Turpin fait allusion, apparaissent l'un
sans l'autre, quelquefois accompagnés de glandes qui
sécrètent une liqueur mucilagineuse transparente, tantôt
ils apparaissent simultanément accompagnés ou non de
ces glandes, tantôt enfin ils sont liés l'un à l'autre par un
petit sillon qui s'étend sur toute la longueur de la face
supérieure de nos feuilles, ou sur une partie seulement,
l'inflorescence étant axillaire ou apicillaire ; et quelquefois, quand elle est apicillaire, elle se produit à l'extré-

mité du petit sillon qui forme le prolongement de l'aréole, comme cela résulte de l'observation des mamelons ou tubercules des Mamillaria Setosæ, Angulosæ, Ovatæ, Polyedræ, Mammiformes, Presulcatæ, Echinocactus Macrogoni, etc., et de l'inflorescence de quelques Echinocactes.

En outre, dans certains cas, ces deux faisceaux donnent indistinctement naissance aux jeunes gemmes, comme cela arrive pour le Mamillaria Wildiana, Glochidiata, Simplex, Vivipara, les Glanduligeræ, les Sulcolanatæ, etc.; d'autres fois, comme cela s'observe dans le Mamillaria Elephantidens, ces gemmes sortent du milieu de ces sillons.

Donc, loin de voir une objection dans le fait qu'oppose Turpin, il me semble que ces observations tendent à montrer, au contraire, que, sous le rapport de la sécrétion, nos tubercules ou mamelons constituent un organe analogue sous ce rapport aux véritables feuilles.

Enfin, la troisième objection serait sérieuse, car ce que nous regardons dans les Cactées comme les représentants des feuilles, ne rentre pas complétement dans la définition des feuilles qu'il donne. Il fait de la feuille un organe latéral, solitaire, articulé sur la tige, destiné par la nature à s'en séparer tôt ou tard, le plus souvent laminé et pétiolé, bordant toujours comme organe protecteur un nœud vital ou conceptacle de l'embryon axillaire, ne pouvant naître que sur des tiges nouvelles et en des lieux où cette tige est symétriquement disposée, doué d'une vie active, ordinairement tendre et herbacé, dont la face extérieure est absorbante.

Nos appendices, il est vrai, ne sont pas tous caducs et ils ne sont pas articulés. Mais plus haut Turpin a dit que les Opuntia et les Peirescia sont les seuls qui soient pourvus de feuilles : or, il admet donc qu'il n'est pas nécessaire qu'un appendice soit pétiolé pour être une feuille.

Il y aurait donc le caractère de caducité au bout d'un certain temps auquel nos feuilles ne satisferaient pas; mais que peut une définition qui aujourd'hui est modifiée contre l'opiniâtreté d'un fait, celui de la transformation des lobes du périanthe d'une fleur en véritables mamelons ?

Lorsque Turpin donna la définition précédente de la feuille, il a trop voulu spécialiser le mode de conformation auquel elle se rapporte généralement ; tandis qu'il eût mieux valu, je crois, spécialiser la fonction dont elle est le siége.

Il arrive, il est vrai, comme il le dit, que, dans nos climats, chaque année, à une certaine époque, la plupart des végétaux se dépouillent de leurs feuilles ; mais ce fait n'est pas caractéristique, car dans les régions tropicales de l'un ou de l'autre continent où la température descend et se maintient rarement au-dessous de $+10°$, un certain nombre d'arbres ou d'arbrisseaux sont constamment munis de feuilles plus ou moins roides ou coriacées qu'ils conservent toute l'année : d'autres arbres, même sous nos climats, restent en tout temps ornés de leurs feuilles, tels sont les myrtes, les alaternes et le plus grand nombre des arbres verts.

Les organes que nous regardons comme les représentants des feuilles dans la famille des Cactées, satisfont au contraire pleinement à la définition généralement admise, dans laquelle on regarde les feuilles comme des organes appendiculaires qui naissent sur la tige et les rameaux qui sont formés par l'épanouissement d'un ou de plusieurs faisceaux vasculaires provenant de la tige ; ces vaisseaux, en s'anastomosant entre eux et en se divisant, constituent un réseau qui présente le squelette de la feuille, dont les mailles sont remplies par un tissu cellulaire plus ou moins abondant. Elles sont des organes qui aident à l'absorption des racines par l'évaporation dont elles sont le siége.

Or, toutes les observations tendent à montrer que les mamelons et les tubercules de nos plantes en font les organes de la respiration végétale ; elle s'y produit par des mouvements alternatifs et insensibles d'inspiration et d'expiration, soit de gaz acide carbonique, soit d'air atmosphérique, d'oxygène ou d'azote, suivant les diverses saisons, suivant les diverses époques de la journée et l'action plus ou moins directe de la chaleur et de la lumière. A l'aide des stomates dont elles sont couvertes, tantôt à un état imperceptible, tantôt au contraire très-visibles à l'œil nu, comme dans quelques espèces : Astrophitum, Ornatus, etc., les gaz pénètrent dans les cavités pneumatiques de nos feuilles, ils réagissent sur la sève qui y a été apportée et lui communiquent les qualités qu'elle n'avait pas jusque là, qui la rendent propre à servir d'aliment au végétal.

L'époque de la défoliation est marquée dans nos plantes par une sorte d'interruption de la végétation. En l'absence des stimulants tels que la chaleur et la lumière, les stomates des vaisseaux se resserrent, la nourriture n'est plus apportée vers les extrémités ou vers la surface, tout le corps de nos plantes diminue de volume, il semble s'affaisser, quelquefois même il se dessèche presque complétement ; mais en peu de temps, quand ces stimulants viennent reproduire leur action, on voit les plantes reprendre leur volume et leurs dimensions primitives, la végétation reprend son cours, et le développement qui avait été soumis à un temps d'arrêt, même à un passage rétrograde, reprend toute son énergie.

Ces circonstances sont parfaitement d'accord avec ce que l'on observe dans la végétation des Cactées pendant l'hiver ; même elles font voir dans cette famille une sorte de défoliation (sui generis) qui est marquée par le desséchement des mamelons inférieurs, comme dans le Longimamma, par l'oblitération des tubercules voisins du collet des plantes dans les autres Mamillaires et beaucoup d'Echinocactes, et enfin par la chute des mamelons du Leuchtembergia Principis, qui nous montre une tige cylindrique sur laquelle la présence des anciens mamelons est indiquée seulement par leurs bases desséchées.

Le fait que j'ai observé et qui est relaté plus loin (p. 5-6), rapproché des diverses observations qui précèdent, et de cet aphorisme des botanistes : « La fleur, dans les végétaux phanérogames, est un assemblage de plusieurs verticilles (ordinairement 4) constitués par des feuilles diversement transformées, tellement rapprochées les unes des autres en anneaux et étages, que leurs entre-nœuds ne sont pas distincts, » prouvent, je crois, jusqu'à l'évidence que les Cactées, loin d'être des plantes aphilles, portent toutes des feuilles ; et c'est précisément le grand nombre de modifications auxquelles ces feuilles sont soumises dans leur développement, qui constitue cette grande diversité, et en même temps cette régularité de formes qui les rend si remarquables.

Loin d'être conduit à cette conclusion uniquement par l'analogie, comme l'a été De Candolle, nous y sommes conduit par des faits réels et des principes qui aujourd'hui sont passés à l'état dogmatique dans l'enseignement de la botanique.

Ces feuilles, toutes les fois qu'elles sont incomplétement développées, c'est-à-dire qu'elles se présentent sous forme de mamelons ou de tubercules plus ou moins distincts les uns des autres, sont couronnées par une espèce de nœud que nous nommons aréole. Elles sont axillaires ou apicillaires, suivant leur insertion sur la feuille. Dans le cas où elles sont apicillaires, elles sont fréquemment remplies d'une espèce de soie ou de laine du milieu de laquelle se développent des aiguillons. Ces aiguillons sont tous ou de même nature ou de nature différente. Dans quelques espèces, l'évolution de cette aréole est limitée à une saison ; d'autres fois elle s'étend à deux années ; d'autres fois encore elle est continue et ne s'arrête qu'au bout d'un plus grand nombre d'années, quand la partie de la tige sur laquelle elle est fixée est devenue ligneuse.

Cette évolution est indiquée soit par l'allongement progressif des aiguillons qui semblent sortir de l'aréole parallèlement à eux-mêmes, ce qui est très-visible dans les aréoles de quelques Échinocactes dont les aiguillons, d'une couleur claire d'abord, prennent par la suite un ton plus foncé. Le point où la base de l'aiguillon vient affleurer la surface de l'aréole à une certaine époque, est très-visible dans la saison suivante ; il conserve la couleur à laquelle il est parvenu, et toute la partie qui le suit est marquée par un changement brusque. Ce fait saute aux yeux dans l'Echinocactus Monvilli, dans le Mamillaria Elephantidens, etc.

D'autres fois, cette évolution devient frappante par l'apparition de jeunes aiguillons au milieu des aiguillons anciens qui ont pris tout leur développement et qui se sont colorés des tons qu'ils doivent conserver par la suite, comme cela se voit fréquemment dans les Echinopsis, les Cerei et les Opuntias.

L'observation de ces aiguillons à l'aide du grossissement, montre aussi, dans leur structure intime, des différences importantes : les uns sont composés de fibres parallèles, les autres de cônes emboîtés les uns dans les autres, présentant tantôt leur sommet du côté de l'insertion, tantôt du côté opposé ; enfin, d'autres fois, comme dans le plus grand nombre d'Opuntias, les bords de ces cônes sont bordés de petites aspérités pubescentes ou acérées.

Outre l'aréole qui couronne les sommets de nos feuilles, mamelons ou tubercules, quelquefois leurs aisselles en portent une seconde, que nous nommons aréole axillaire ; mais celle-ci est différente de la première. Dans quelques circonstances, elle est bien le siége où se développent quelques aiguillons ; mais ces aiguillons jusqu'ici n'ont jamais été de même nature que ceux qui défendent la première aréole ; ils se présentent à l'état de sétules ou de soies, tandis que les autres sont développés en véritables aiguillons [1].

D'autres fois, les aiguillons de l'aréole axillaire manquent, et ceux de l'aréole apicillaire subsistent seuls ; d'autres fois encore, mais rarement, ils manquent en même temps.

Considérés sous le rapport de la fleur, les Cactées présentent d'autres différences qui ne sont pas moins tranchées : tantôt l'ovaire est lisse, d'autres fois il est parsemé d'aréoles, d'autres fois encore il est recouvert de petites squammes ; tantôt cet ovaire est enveloppé d'une laine cotonneuse ; les aisselles des squammes ou des premiers

---

[1] Ils diffèrent aussi les uns des autres par leur structure anatomique.

lobes du périanthe sont nues ou spinigères. Des modifications analogues se reproduisent sur la baie. Dans certains cas, les lobes sont longuement soudés ensemble et
forment un long tube; d'autres fois ils sont libres dès
leurs bases.

L'insertion des étamines varie également; elle est toujours assise sur le tube; mais quelquefois elles sont soudées à sa base seulement, d'autres fois elles le sont sur
toute la longueur.

La baie est toujours uniloculaire; les graines sont toujours recouvertes d'un test osseux; elles renferment des
cotylédons qui sont la plupart du temps conés, rarement
presque libres.

Les graines, qui sont petites, sont ovoïdes ou nidu-
lentes, lisses ou chagrinées; elles se composent du test et
d'une enveloppe tégumentaire, quelquefois operculées.
Ces enveloppes renferment un embryon formé d'une
tigelle qui remplit presque toute la cavité de l'enveloppe
et qui se termine supérieurement par une fissure qui
indique les deux cotylédons; il n'y a pas de périsperme.

Les faits relatifs à la germination sont incomplétement
observés. Voici ceux qui ont été observés par De Candolle,
Turpin, Pfaiffer et moi.

1. *Germination du Mamillaria Rhodantha.*

Dans la germination, l'embryon grossit, verdit et se
dépouille peu à peu de ses enveloppes qui, pendant
quelque temps, restent encore à leur sommet; plus tard,
cet embryon, comme chagriné, à peu près de la grosseur
d'un grain de millet, montre d'abord à son sommet une
fissure dont les deux lèvres s'écartent peu à peu et laissent apercevoir entre elles une très-légère aspérité qui,
elle-même, semble aussi partagée en deux; ces deux
lèvres sont les cotylédons [1]; cette aspérité est la gemmule;

---

[1] Quelques observations à l'aide du grossissement, montrent que ce sont là
les deux cotylédons; car, plus tard, les premiers mamelons qui se couronnent
de poils apparaissent entre eux.

b.

plus tard, les deux cotylédons s'effacent et la gemmule
prend plus de développement, elle paraît mamelonnée,
et enfin apparaissent les premiers rudiments d'aiguillons ;
du côté opposé sort une radicule blanche qui s'enfonce
dans la terre et dont le collet est garni d'une espèce
d'aréole, de poils très-fins qui s'implantent également
dans la terre.

2. *Germination du Melocactus Communis.*

L'embryon, par son gonflement, finit par déchirer les
enveloppes dont les fragments demeurent encore pendant
quelques jours sur son sommet ; quand il s'en détache,
on aperçoit à son sommet deux fentes placées en croix
et séparant quatre petits coins, dont deux opposés semblent plus élevés et plus forts que les deux autres ; on
voit dans les deux premiers les cotylédons, et dans les
deux autres la première apparition de la gemmule ? Plus
tard, la masse paraît ovoïde, couverte de petites aspérités
qui finissent par se couronner de quelques petits aiguillons rudimentaires, et enfin apparaissent rangées par
séries parallèles à l'axe. Du côté opposé apparaît en même
temps une radicule qui se bifurque et finit par pénétrer
dans la terre.

3. *Germination de l'Echinocactus Platyceras.*

La graine est lisse, remarquable par l'étendue de l'ombilic. Pendant la germination, vers la partie ombilicale,
apparaît un petit corps blanc qui se développe peu à peu,
en même temps que les enveloppes se déchirent en commençant vers l'ombilic ; on voit l'embryon couronné par
deux protubérances aiguës, distinctes et coniques. Entre
ces deux protubérances qui s'éloignent peu à peu, apparaissent ensuite quelques petits poils qui, à leur tour, se
développent et semblent poussés en dehors par une espèce
de mamelon qui les suit dans leur mouvement. Au premier
en succède un second, puis un troisième, etc. Du côté

opposé sortent deux, tantôt trois petites radicules blanches qui s'allongent progressivement et finissent par s'enfoncer dans la terre. Les deux protubérances distinctes, dont il vient d'être question, sont les cotylédons ; la protubérance qui pousse le faisceau de poils est la première apparition de la tigelle.

4. *Germination du Cereus Triangularis.*

Les graines sont petites, réniformes, chagrinées ; elles sont remarquables par un opercule ou embryotége qui sert à protéger l'embryon pendant l'acte de la germination. Lorsque ces graines sont soumises à l'humidité, on voit bientôt la partie principale du tégument s'éloigner de l'opercule en laissant à découvert une petite portion de la tigelle.

Peu de temps après, la base de la tigelle, en se dégageant de l'opercule, laisse apercevoir le point médian des systèmes ascendants et descendants sur lesquels on voit une collerette de poils radiculaires et duquel s'est développé un commencement de radicule. La germination, en continuant ses progrès, élève la tigelle dont le sommet, recourbé et cotylédonaire, ne tarde pas à se délivrer du reste de l'enveloppe qui protégeait encore les deux cotylédons appliqués l'un contre l'autre.

La plantule, entièrement livrée à elle-même et exposée à la lumière, se redresse ; les cotylédons grandissent, s'écartent, deviennent horizontaux et d'un beau vert, ainsi que la tigelle. Entre ces cotylédons et du sommet de la tigelle s'élève une gemmule verte, quadrangulaire, à 4 côtes, munie d'aréoles armées de 4–5 petits aiguillons blanchâtres, dirigés en étoile : ces aréoles sont disposées alternativement et en spirale.

5. *Germination du Phyllocactus Phyllantoïdes.*

L'embryon en germant présente une tigelle allongée, légèrement courbée, plus épaisse au sommet qu'à la base, vertes et terminées par deux cotylédons bien prononcés, ovales, obtus, un peu concaves et d'un beau vert. Du centre de ces deux cotylédons sort un petit mamelon conique ayant à sa base deux petits bourgeons terminés par un aiguillon piliforme: ce sont les premiers rudiments de la gemmule naissante.

De la partie inférieure de la tigelle plus avancée, qui est le point médian des deux systèmes de végétation, sort une radicule petite, blanche.

Cette germination plus avancée offre deux cotylédons écartés et devenus horizontaux par le développement de la gemmule, qui est quadrangulaire, à 4 côtes munies d'aréoles disposées alternativement et en spirale; ces aréoles sont armées de 4-5 petits aiguillons fins, blanchâtres et disposés en étoile; en même temps, la radicule montre le développement de quelques radicules latérales.

6. *Germination de l'Opuntia Vulgaris.*

Les graines, plus grosses que dans les autres genres de la famille, sont réniformes et comme marginées par l'épaisseur du tégument; l'embryon est dépourvu de périsperme comme tous ceux de la famille; l'extrémité inférieure de sa tigelle est dirigée vers le hile, et sa partie supérieure cotylédonaire est recourbée.

La germination avancée de cet embryon offre une tigelle ou mérithalle primordiale assez longue, cylindrique, plus renflée au sommet, verte, terminée par deux grands cotylédons écartés, horizontaux, ovales, un peu concaves et verts. Du sommet de la tigelle et entre les cotylédons, se développe une gemmule qui rappelle déjà parfaitement les articles aplatis en forme de raquette de certains Opuntias. Sur cette gemmule, on voit un grand nombre d'aréoles aiguillonnées et disposées en spirales quinconciales.

Du point médian est sorti une radicule munie de quelques radicelles latérales; une autre radicelle s'était échappée adventivement du mérithalle primordial.

7. *Germination du Rhipsalis Fasciculata.*

La germination du Rhipsalis Fasciculata consiste dans une tigelle épaissie, plus mince et comme étranglée à sa base, terminée par deux petits cotylédons horizontaux, verts. Au-dessus de cette tigelle est une gemmule quadrangulaire munie d'aréoles aiguillonnées au-dessous, une radicule et deux radicelles.

8. *Germination du Rhipsalis Cassytha.*

Les graines sont menues, oblongues, obliques, anguleuses, striées ou chagrinées; l'embryon de même forme est composé d'une tigelle terminée par deux petits cotylédons rudimentaires.

9. *Germination de l'Echinopsis Oxigona.*

La graine, soumise à l'humidité, se déchire au bout de quelques jours, montre une tigelle globuleuse terminée à la partie supérieure par une partie de forme globuleuse, et laisse apercevoir une fente transversale; peu à peu cette fente s'agrandit par l'écartement des deux lèvres qui la formaient; celles-ci, en divergeant de plus en plus, semblent prendre une forme conique, comprimée, aiguë, et laissent apercevoir, vers le milieu de la ligne qui sépare leur base, un petit point sur lequel s'élève d'abord un petit aiguillon très-fin, puis deux, puis trois, etc.; ces aiguillons semblent poussés en dehors et suivis par une petite surface mamelonnaire qui est entraînée avec eux. Cette surface mamelonnaire, couronnée par les petits aiguillons, forme les premiers rudiments de la tigelle; les deux lèvres qui les entourent sont les cotylédons.

10. *Germination de l'Epiphyllum Altensteinii.*

La graine est lisse; la germination a lieu en huit ou quatorze jours, et l'embryon, avec ses cotylédons aigus, présente la forme diminuée d'un article de la plante;

cependant elle n'est pas bordée par la marge aiguë des articulations adultes; sa coupe transversale est quadrangulaire.

Entre les deux cotylédons aigus, on observe dans le principe un petit faisceau de soies fines qui est poussé de bas en haut dans son mouvement ascensionnel; il est poussé et suivi par la première articulation de la plante.

11. *Germination du Pfeiffera Cereiformis.*

D'après la figure de Pfaiffer, l'embryon présente deux cotylédons aigus, très-nettement accentués; entre eux deux s'élève la tigelle qui semble enflée vers sa partie supérieure, étranglée vers sa partie inférieure. A l'extrémité supérieure apparaît une surface mammeuse dont les sommets des mamelons, couronnés de petits aiguillons, feront plus tard les ondulations des crêtes des côtes.

C'est en se fondant sur toutes ces considérations, et d'autres dont les détails se trouvent dans l'exposition des caractères des divers genres et sous-genres, que les botanistes ont partagé la famille des Cactées en genres et sous-genres.

Le premier travail, basé sur ces considérations, est dû à Linnée. Il constituait les quatre genres Cactus, Cirinosum, Carpophyllum et Phyllathus. Le premier, Cactus, correspond à nos Mélocactes et à nos Mamillaires. Le second, Cirinosum, paraît être identique avec notre genre Cereus. Le troisième, Carpophyllus, paraît être notre genre Peirescia; et enfin le quatrième, Phyllarthus, répond au genre des Phillocactées.

Après lui vient Necker, qui, vraisemblablement, n'a eu en vue, en établissant sa classification, que le travail de Linnée; il semble, du reste, n'avoir eu aucune connaissance des faits nouveaux qui avaient été observés depuis. Aussi la plupart des auteurs ont-ils abandonné, depuis longtemps déjà, les idées admises par Linnée et Necker dans l'ordre de leur classification.

Les premiers essais de division vraiment génériques des Cactées ont été proposés d'abord par Miller, puis en 1812 par Haworth. Ces deux classifications diffèrent peu l'une de l'autre. Vers la même époque, De Candolle publia de son côté, dans les notes du Catalogue du Jardin de Montpellier, une classification qui est identique à celle de Haworth.

Les deux premiers semblent avoir été guidés surtout par les caractères déduits de la tige et des feuilles, en élevant leurs groupes au rang de genres. Les caractères dont ils tiennent compte dans la fleur et le fruit ne peuvent constituer des caractères génériques.

Les genres proposés par Haworth sont au nombre de sept : ce sont les genres Cactus, Mamillaria, Cereus, Rhipsalis, Opuntia, Epiphyllum et Peireschia.

Le caractère du genre Cactus, déduit du Melocactus Communis, ne convient pas à toutes les autres espèces de son genre, et ne le distingue pas suffisamment du Mamillaria : en effet, il distingue dans le Cactus un calice et une corolle, et il les réunit sous une même dénomination dans le Mamillaria.

Son genre Cereus n'était distingué de l'Epiphyllum que par la forme des tiges.

Dans le caractère du Rhipsalis, il ne mentionne la structure ni de la corolle, ni des étamines, ni du style.

Dans les notes du Catalogue du Jardin de Montpellier, la classification de De Candolle admet les mêmes divisions que celles adoptées par Haworth. C'est plus tard seulement que, profitant du travail de Link et Otto sur les Melocactus et les Echinocactes (*Verhandl. zur Beford der Gartenb. in Preussen*, t. 3, p. 420 et suiv.), il introduisit les caractères de la fructification dans la classification de la famille en genres.

En 1829 et en 1834 parurent les deux autres ouvrages de De Candolle sur ce sujet, l'un *Revue de la famille des Cactées*, l'autre *Mémoire sur les Cactées* ; il y fait ressortir les affinités, les analogies des Cactées avec les familles voisines ; il examine les métamorphoses, l'organographie et la physiologie de toute la famille. Il partage toute la famille en deux tribus, qu'il divise ensuite en genres de la manière suivante :

Ire TRIBU. — OPUNTIACÉES.

Graines attachées aux parois de la baie.

A. *Tube du calice lisse; corolle tubuleuse; absence de vraies feuilles.*

1. Mamillaria. Point de cotylédons; tige laiteuse, mamelonnée.
2. Melocactus. De petits cotylédons; tige verticale non laiteuse.

B. *Tube du calice écailleux; absence de vraies feuilles.*

3. Echinocactus. Tube du calice court; corolle non prolongée au delà de l'ovaire.
4. Cereus. Tube du calice et de la corolle évidemment prolongé au delà de l'ovaire.

C. *Tube du calice écailleux; corolle en roue; de vraies feuilles.*

5. Opuntia. Stigmates dressés, mais non agglomérés; feuilles cylindriques.
6. Peirescia. Stigmates agglomérés; feuilles planes.

IIe TRIBU. — RHIPSALIDÉES.

Graines attachées à l'axe central.

1. Rhipsalis. Tube du calice lisse; corolle en roue; point de feuilles.

Plus tard, il ajouta un huitième genre, Hariota, qu'il rangea parmi les Opuntiacés.

Cette classification péchait par la base, elle est toute fondée sur la nature des placentas, et les deux tribus ne sauraient être distinctes qu'autant que les placentas seraient pariétaux dans l'une, axillaires dans l'autre. Ce fait étant inexact comme l'a démontré le prince de Salm (*Otto Gartenz*, 1836, n° 19, p. 146), cette classification a été abandonnée.

Cependant, ces deux ouvrages renferment une foule d'observations qui ont été mises à profit depuis; ils constituent encore aujourd'hui un recueil de faits importants perdus au milieu d'une foule d'autres faits de moindre importance qui ont été imparfaitement observés.

Deux ans après la publication de De Candole, le *Journal*

universel d'horticulture, année 1836, donna quelques remarques du prince de Salm sur la famille des Cactées.
Presque à la même époque parut *Enumeratio diagnostica
Cactearum* du docteur Pfaiffer, exposé exact des notions
qu'on possédait alors sur cette famille. Il ajoute aux huit
genres établis par De Candolle dans les ouvrages cités et
dans son *Prodrome,* les trois g nres Epiphyllum, Lepismium et Hariota, en remplaçant les deux tribus fondées
sur une analyse inexacte du fruit par deux sections basées
sur une observation très-importante de la forme de la
corolle : corolles tubuleuses et corolles rotacées.

Sa classification est représentée dans le tableau suivant:

Iʳᵉ SECTION.

Corolles tuberculeuses ; plantes aphylles.

§ 1. *Insertion florale en dehors des faisceaux d'aiguillons.*

1. **Mamillaria.** Inflorescence axillaire entre les aisselles des mamelons.
2. **Melocactus.** Inflorescence terminale sur le cephalium.

§ 2. *Insertion florale sur les faisceaux d'aiguillons.*

3. **Echinocactus.** Fleur à tube court.
4. **Cereus.** Tube allongé ; ovaire squammeux.
5. **Epiphyllum.** Tube allongé ; ovaire nu.

IIᵉ SECTION.

Corolle rotacée ; plantes presque aphylles ou portant des feuilles.

§ 1. *Plantes presque aphylles.*

6. **Rhipsalis.** Fleurs latérales ; tige cylindrique, anguleuse ou ailée.
7. **Lepismium.** Fleurs latérales ; tige anguleuse, squammeuse.
8. **Hariota.** Fleurs terminales ; tiges articulées.

§ 2. *Tige portant des feuilles.*

9. **Opuntia.** Fleurs solitaires ; folioles subulées.
10. **Peirescia.** Fleurs subpaniculées ; feuilles planes.

Pour l'époque où parut ce travail, qui est resté jusqu'à ces dernières années le seul livre que ceux qui s'occupaient de Cactées ont pu consulter, il formait un corps assez exact des notions acquises ; mais peu de temps après, quelques-unes des plantes décrites dont on n'avait pas vu les fleurs, se montrèrent ; puis aussi, un immense envoi de Cactées venant enrichir nos Collections, rendit l'énumération de Pfaiffer incomplète.

Charles Lemaire, dans un premier fascicule (*Cactearum aliquot novarum et insularum in horto Monvilli*, 1838), donna les descriptions de quelques-unes des espèces nouvelles. Il fait précéder l'exposé de ses descriptions par une dissertation, dans laquelle il ajoute quelques caractères à ceux des genres déjà adoptés ; il fait ressortir quelques inexactitudes qui s'étaient glissées dans leur exposition. Par exemple, celle de De Candolle qui, se fondant sur le dessin inexact d'une baie, dans laquelle le fruit du Rhipsalis était représenté comme triloculaire, dut ensuite créer le genre Hariota, lorsqu'il examina les fruits du Rhipsalis Salicornioïdes, qu'il trouve uniloculaire comme tous ceux des plantes de ce genre.

Il termine son travail par un examen judicieux du spadix et de la fleur desséchée du Cereus Senilis DC., il compare cette plante au Cereus Columna Trajani Karw., et, partant de l'inflorescence toute particulière qu'offrent ces deux espèces, et qu'il ne faut pas confondre avec celle des Mélocactes, il fait sortir ces deux espèces du genre Cereus, et constitue, avec beaucoup de raison, le genre Pilocereus qui est admis par tous.

A une année de distance, 1839, il fait paraître un second fascicule (*Cactearum genera nova*), dans lequel il ajoute les descriptions de la plupart des plantes nouvelles qui n'avaient pas été décrites dans son premier travail ; il ajoute quelques observations critiques à celles qu'il y avait déjà exposées, et propose une classification fondée sur la germination. Sans contredit, si le point de départ de cette classification était suffisamment constaté et prouvé, il constituerait le meilleur caractère qu'il soit possible de trouver. Malheureusement la question est encore restée douteuse [1] : la théorie avancée n'a pas été appuyée sur des considérations publiées. Le petit nombre de celles qui l'ont été, joint à celles que nous avons faites, rend pour nous l'opinion de Lemaire probable, mais leur petit nombre nous laisse des doutes que le temps et les circonstances ne nous ont pas encore permis de lever.

D'après lui, toutes les Cactées acaules ont des cotylédons tuberculés ; toutes les Cactées caulescentes ont des cotylédons foliacés.

Il constitue deux grandes tribus :

Ire TRIBU. — PHYLLARIOCOTYLEDONEÆ.

Cotylédons foliacés.

1er GENRE. **Peirescia** (Plum.).
2e — **Opuntia** (Tournef.).
3e — **Lepismium** (Pfr.).
4e — **Hariota** (Adans.).
5e — **Epiphyllum** (Herm.).
6^a — **Cereus** (C. Bauh.).

IIe TRIBU. — PHYMATOCOTYLEDONEÆ.

Cotylédons tuberculés.

7e GENRE. **Echinonyctantus** (Lem).
8e — **Echinocactus** (L. et Oit.).
9e — **Mamillaria** (Haw.).
10e — **Anhalonium** (Lem.).
11e — **Melocactus** (C. Bauh.).
12e — **Pilocereus** (Lem.).

Place incertaine.

13e GENRE. **Astrophytum** (Lem.).

---

[1] Nous nous étions proposé de vérifier complétement, à l'aide du microscope, la proposition énoncée par Lemaire : « Toutes les Cactées acaules ont des cotylédons, toutes les Cactées caulescentes ont des cotylédons foliacés. » Malheureusement des circonstances imprévues, telles que l'éloignement de la capitale et un changement de résidence, ont interrompu la continuation de

Comme on voit, outre le genre nouveau Pilocereus, il propose trois autres genres : Echinonyctanthus, Anhalonium, Astrophytum. Son premier genre est identique avec le genre Echinopsis créé par Zuccarini et adopté par les auteurs. Le dernier, Astrophytum, était fondé sur des caractères incomplets, tirés de la nature de l'aréole et des aiguillons qui semblent rappeler les sétules des Opuntias. En l'absence de fleur, les caractères proposés étaient douteux ; il a été reconnu plus tard qu'ils sont insuffisants. Enfin, son genre Anhalonium est resté. Les caractères du port et de la fleur étaient d'un autre ordre que ceux proposés pour le genre Astrophytum.

C'est à partir de cette époque seulement que les travaux sur la classification des Cactées ont pris une certaine fixité. Après Lemaire vinrent Miquel et le prince de Salm qui proposèrent chacun de leur côté une classification.

Tous deux admettent ce caractère parfaitement net et différentiel des Cactées, proposé par Pfaiffer. Tout le monde aujourd'hui les admet, ainsi que les suivants.

D'après ces caractères, la corolle peut être tubuleuse ou rotacée, axillaire ou apicillaire ; le tube peut être long ou court, hérissé ou lisse ; le fruit est une baie soit nue, soit écailleuse, tantôt cylindrique et tantôt anguleuse.

Le premier auteur, Miquel, précise très-nettement les caractères différentiels des genres qu'il établit ; il forme neuf genres : Cactus, Echinocactus, Echinopsis, Cereus, Phyllocereus, Epiphyllum, Hariota, Opuntia, Peirescia.

---

ces observations : aujourd'hui notre résidence dans la campagne nous permet d'entreprendre une série d'études beaucoup plus complètes que celles que nous avions entreprises. Nous avons repris les observations de germination à l'aide du microscope, donnant des grossissements qui varient depuis quatre-vingts jusqu'à six cents fois. Nous devons à M. Andry, de Chaillot, et à M. Houllet, sous-directeur des serres du Museum de Paris, les graines que nous soumettons à l'observation. Nous prions instamment les personnes qui s'occupent de la culture des plantes grasses, de vouloir bien nous communiquer ceux des échantillons de graines dont ils pourraient disposer, afin d'asseoir nos observations sur la plus grande échelle qu'il nous sera possible. Nous leur serons également très-reconnaissant de toutes les communications et critiques qu'ils voudront bien nous adresser, dans le but de rectifier les erreurs que nous avons pu commettre, et d'agrandir le domaine des connaissances acquises sur cette intéressante famille (*Ruffec, fin juillet*).

Il constitue deux groupes dont le caractère différentiel est fondé sur la corolle tubuleuse ou non, et sur le développement du tube au-dessus de l'ovaire.

Dans le premier groupe, Cacteæ Tubulosæ, le mode d'inflorescence est un caractère secondaire qui permet d'établir deux divisions. La première est formée du genre Cactus, qui comprend les genres Mamillaria, Melocactus, Anhalonium des autres auteurs. Il est caractérisé par l'inflorescence axillaire; il se sous-divise en sous-genres Mamillaria et Melocactus; il rejette le genre Anhalonium comme fondé sur un caractère insignifiant établi sur une forme particulière des mamelons.

La seconde division, celle des fleurs apicillaires, comprend les genres Echinocactus, Echinopsis des auteurs qu'il caractérise de la même manière qu'eux, tout en rejetant le genre Discocactus de Pfaiffer comme basé sur un caractère d'une importance secondaire. Il fait sortir les Cierges à tiges plates du genre Cereus, dans lequel ils avaient été rangés par Pfaiffer, et constitue, après le genre Cereus, les deux genres Phyllocactus et Epiphyllum; ces genres ont un caractère commun consistant dans la longueur du tube, la longueur des étamines libres et des étamines égales. La corolle est subcampanulée et son tube acifère dans le genre Cereus, elle est infundibuliforme à tube inerme dans le genre Phyllocereus, et recourbée dans le genre Epiphyllum.

Dans le second groupe, Cacteæ Rotatæ, le tube n'est pas développé au-dessus de l'ovaire; la nature des divisions stigmatiques droites, rayonnées ou fasciculées lui permet de le séparer en trois genres : le premier, Hariota, comprend comme sous-genres les genres Rhipsalis, Lepismium et Hariota des auteurs; le second comprend le genre Opuntia; enfin, le dernier genre répond au genre admis, Peirescia.

Dans cette classification apparaissent déjà quelques traits nets qui établissent les points de séparation entre les différents genres. Cependant, pour rester fidèle à son plan, puisqu'il confond en un seul genre les Mamillaria et Anhalonium des auteurs, il devrait aussi réunir les genres Phyllocereus et Epiphyllum au genre Cereus qui comprendrait trois sous-genres. Car les caractères qu'il admet sont aussi fondés sur une modification de forme dans la tige, et sur un caractère bien secondaire du limbe des Epiphylles, caractère qui ne peut avoir de valeur aujourd'hui, puisque des Epiphylles ont montré des fleurs à limbe régulier.

Dans le même temps, le prince de Salm proposa une classification établie sur des bases à peu près semblables, mais exempte de l'irrégularité que nous venons de signaler. Il établissait sept tribus caractérisées comme il suit :

CACTÉES TUBULEUSES.

Tube développé au-dessus de l'ovaire.

1re TRIBU. **Melocactoïdeæ.** FLEURS AXILLAIRES.
2e — **Echinocactoïdeæ.** BAIE SQUAMMEUSE; *tube court.*
3e — **Cereastreæ.** BAIE SQUAMMEUSE; *tube allongé, acifère.*
4e — **Phyllantoïdeæ.** BAIE GLABRE, ANGULEUSE.

CACTÉES ROTACÉES.

Tube non développé au-dessus de l'ovaire.

5e TRIBU. **Rhipsalideæ.** FLEURS ISOLÉES; *baie lisse, fisciforme.*
6e — **Opuntiaceæ.** FLEURS ISOLÉES; *baie tuberculeuse, fisciforme.*
7e — **Peiresciaceæ.** FLEURS SUBCAMPANULÉES.

La première tribu est identique avec celle de Miquel; son caractère essentiel est constitué par la position particulière de la fleur; cette tribu est divisée en trois genres : Melocactus, Anhalonium et Mamillaria.

La deuxième tribu, celle des Echinocactoïdés, qui répond aussi au genre Echinocactus de Miquel, s'éloigne beaucoup de la précédente par son inflorescence qui est apicillaire, mais elle ne se distingue pas suffisamment de la suivante; la brièveté du tube de la corolle n'est pas un caractère suffisamment net, quand la longueur de ce tube peut passer par tous les points intermédiaires entre les points extrêmes, comme cela arrive en effet. Il comprend, dans cette tribu, les genres Echinocactus et Discocactus.

La troisième tribu, celle des Cereastreæ, comprend les deux genres Echinopsis et Cereus de Miquel; son caractère essentiel est constitué par une corolle à tube long et écailleux, qui, ainsi que la baie, est toujours hispide, ou spinelleux ou poilu. Le genre Echinopsis, voisin par son port du genre Echinocactus, en diffère par sa *corolle;* tandis que son port le distingue du genre Cereus.

La quatrième tribu, celle des Phyllocactoïdés, outre son port, se trouve caractérisée par une corolle à tube parfaitement lisse [1]; elle se divise en deux genres Phyllocactus et Epiphyllum, qui diffèrent l'un de l'autre par la forme de la corolle et de la baie.

La cinquième tribu, celle des Rhipsalidées, comprend les genres Rhipsalis, Lepismium, Hariota, elle est identique avec le genre Rhipsalis de Miquel. Le genre Hariota est superflu, comme nous l'avons vu plus haut.

Les deux autres tribus reproduisent identiquement les deux genres Opuntia et Peirescia de Miquel.

Quoique différant, sous quelques rapports, de la classification proposée par Miquel, elle s'en rapproche sous d'autres points : jusqu'à ce jour, elle a peu subi de modifications.

La classification qui a été suivie en France, c'est-à-dire celle proposée par M. de Monville (*Catalogue de* 1846), celle proposée par Forster (*Handbuch der Cactenlunde,* etc.), n'ont rien changé aux caractères établis; elles sont venues introduire des genres nouveaux Pelecyphora, Disisocactus placés l'un dans la tribu des Phyllocactés, l'autre près des Phyllocactes.

---

[1] Le tube est inerme, mais il n'est pas parfaitement lisse, il est squammeux. Ce caractère sert à reconnaître les Hybrides provenant de la fécondation du Phyllocactus Phyllantoïdes par le Cereus Speciosissimus. Ces Hybrides se reconnaissent au tube plus ou moins hispide, et, pour ce motif, sont regardés comme des Cierges.

Voici la classification de Forster :

A. PÉRIGONE EN FORME DE TUBE.

(Cacteæ Tubulosæ).

Sans feuilles.

1er TYPE. MÉLOCACTÉS. Inflorescence axillaire.

1. **Mamillaires.** Tubercules mammiformes.
2. **Anhalonium.** Tubercules aplanis en feuilles à leur base.
3. **Pelecyphora.** Tubercules en forme de hache.
4. **Melocactus.** Inflorescence terminale sur le spadice.

2e TYPE. ÉCHINOCACTEÆ. Inflorescence apicillaire.

5. **Echinocactus.** Tube du périgone court, infundibuliforme.
6. **Discocactus.** Tube du périgone allongé, bords courts.

3e TYPE. CEREASTREÆ. Inflorescence apicillaire.

7. **Pilocereus.** Tube du périgone court, claviforme.
8. **Echinopsis.** Tube du périgone allongé; fleur infundibuliforme; tige globuleuse.
9. **Cereus.** Tube du périgone allongé; fleurs infundibuliformes; tige cylindrique, dressée ou rampante.

4e TYPE. PHILLOCACTÉES. Inflorescence apicillaire; tige élargie en forme de feuilles.

10. **Phyllocactus.** Inflorescence latérale.
11. **Epiphyllum.** Inflorescence terminale.

B. PÉRIGONE EN FORME DE ROUE.

(Cacteæ Rotatæ).

Feuilles imparfaites ou véritables.

5e TYPE. RHIPSALIDEÆ. Feuilles en forme d'écailles.

12. **Rhipsalis.** Feuilles en forme d'écailles.

6e TYPE. OPUNTIÆ. Tige et articles charnus; feuilles petites, cylindriques, caduques.

13. **Opuntia.**

7ᵉ TYPE. PERESCHIÆ. Arbres ou arbrisseaux à feuilles plus complétement développées.

14. Pereschia.

Dans cette classification, les caractères n'ont pas partout la même valeur; en outre, ceux qui distinguent le type des Cereastreæ de celui des Echinocacteæ sont tout à fait incomplets.

La classification de M. de Monville est représentée dans le tableau suivant :

MELOCACTOIDEÆ.

Melocactus.
Discocactus.

Mamillaria. { Anhalonium.
              Eumamillaria.

Aulacothele.

ECHINOCACTOIDEÆ.

Echinocactus.
Incertæ Affinitatis.

CEREASTREÆ.

Pilocereus.
Echinocereus.
Echinopsis.
Cereus.

RHIPSALIDEÆ.

Rhipsalis.
Lepismium.
Pfeifferia.

PHILLANTHOIDEÆ.

Epiphyllum.
Phillocactus.

OPUNTIACEÆ.

Opuntia.

PERESKIACEÆ.

Pereskia.

La seule différence que présente cette classification avec les précédentes, consiste dans l'adoption du sous-genre Echinocereus et dans la place assignée au genre des Rhipsalideæ.

Il n'en est pas ainsi de la classification des espèces dans les genres et sous-genres qui offrent des observations remarquables.

Ainsi les véritables Mamillaires sont partagés en groupes comme suit :

1. Polyedræ. . . . . { *Centrispinæ.*
                       { *Eupolyedræ.*

2. Arietinæ.. . . . . { *Magnimammæ.*
                       { *Uncinnatæ.*

3. Cirrhiferæ.. . . . { *Eucirrhiferæ. Aiguillons longs, di-*
                       {   *vergents.*
                       { *Oothelæ.   Aiguillons   de   longueur*
                       {   *moyenne, droits.*

4. Medusæ.. . . . . { *Flore Rubro.*
                     { *Fleurs roses ou blanches.*

5. Acanthoplegmæ.. . { *Brevispinæ.*
                      { *Longispinæ.*

6. Glochidiatæ. . . . { *Candidæ.*
                       { *Longimammæ.*
                       { *Inuncinnatæ.*
                       { *Buglochidiatæ.*
                       { *Ancistratæ.*

7. Rhodanthæ. . . . { *Chrysacanthæ.*
                     { *Spinosissimæ.*
                     { *Columnares.*
                     { *Dolycocentræ.*

8. Discolores.. . . . { *Albidæ.*
                       { *Incertæ Sedis.*

9. Simplices. . . . .

10. Tenues. . . . . . { *Stelligeræ.*
                       { *Bacca Succinea.*
                       { *Duæ Affinitatis.*

11. Incertæ Sedis. . . | AMOENA *Hopf.*; PELECYPHORA *Ehremb.*

Les Mamillaires portant sur leur face supérieure une glande ou un sillon, forment le sous-genre Aulacothele, qui se partage en groupes de la manière suivante :

A. Glandulifera. . . . { *Mamillis Elongatis.*
                        { *Mamillis Ovatis.*

B. Sulcolonatæ. . . . { *Floribus Rubris.*
                       { *Floribus Luteis.*

La formation du sous-genre Aulacothele, bien qu'ayant plusieurs raisons d'être, n'a pas été adoptée.

La classification des Echinocactes a aussi une certaine importance et mérite également une mention remarquable.

A. Macrogoni.
B. Pachysacanthi.
Γ. Stenogoni.
Δ. Theloidei.
E. Hybogoni.
Z. Gymnocarpi.
H. Helophori.

Θ. Thrincogoni.
I. Psectroides.
K. Strongilogoni.
Λ. Incertæ Affinitatis (Formosus, Rhodacanthus, Ceratistes, Horizontalonius, Myriostigma, Heynii).

La classification des Cerei est présentée de la manière suivante :

§ **I. Columnares.**

A. Sulcati. . . . { 1. *Cylindracei.* { MULTICOSTATI. / LATECOSTATI. / 2. *Attenuati.* }

B. Angulosi. . . . { 1. *Cærulescentes.* / 2. *Lanuginosi.* { ALBISPINI. / FULVISPINI. / 3. *Glabri.* . . . { VIRESCENTES. / GLAUCESCENTES. / GEMMATI. / COMPRESSO COSTATI. }

§ **II. Articulati.**

1. *Protracti.*
2. *Ramosi.*
3. *Serpentini.*

§ **III. Radicantes.**

1. *Flagriformis.*
2. *Extensi.*
3. *Divaricati.*
4. *Pterogoni.*
5. *Speciosi.*

Celle des Opuntias se réduit au tableau suivant :

§ 1.
Microphyllæ. . . . .
* *Elongatæ.*
** *Ovatæ.*
*** *Rigidispinæ.*

§ 2.
Divaricatæ. . . . .

§ 3.
Cylindricæ. . . . .

§ 4.
Ellipticæ.

A. Glabratæ .
* *Glabratæ.*
** *Erectæ.*
*** *Crassæ.*
**** *Pubescentes.*

B. Aculeatæ..
* *Albispinæ.*
  α. ALBISPINÆ.
  β. TENUISPINÆ.
  γ. PULVINATÆ.
** *Flavispinæ.*
*** *Fulvispinæ.*
**** *Crinitæ.*

§ 5.
Cruciatæ. . . . .

§ 6.
Paradoxeæ., ...

§ 7.
Cylindraceæ.

A. Caule Tuber-culato.
* *Crassiores.*
** *Graciliores.*

B. Caule Etuber-culato.

Aujourd'hui, ces diverses classifications semblent à peu
près abandonnées, et presque tout le monde est revenu à
l'ancienne classification du prince de Salm ; les seules

modifications qui ont été adoptées, ont été présentées par lui-même dans son dernier ouvrage (*Cactea in horto Dyckensi cultæ*, 1850).

Dans cet ouvrage, la première séparation du genre Echinocactus en deux, le genre Malacocarpus et Echinocactus, est fondée sur l'observation de quelques fruits. La seconde consiste également dans la séparation en deux genres, Napoleæ et Opuntiæ, de l'ancien genre Opuntia ; elle est fondée sur une observation des organes de la fécondation et une forme particulière de la corolle. Enfin, l'introduction des nouveaux genres Disisocactus, Pfeiffera, Cereiformis et Leuchtembergia, l'un, fondé sur une inflorescence presque déterminée, l'autre, sur une observation du fruit de l'ancien Cereus Janthothele Monv., la troisième, constituée sur une plante nouvelle et encore peu connue, forment les modifications apportées à sa première classification.

Tel est l'ensemble des observations qui ont amené la classification au point où nous la trouvons aujourd'hui. Elle comprend sept tribus et vingt genres. Elle est représentée dans le tableau ci-après, pages XLII et XLIII.

Dans cette classification qui appartient au prince de Salm, on pourrait peut-être reprocher aux tribus d'être en trop grand nombre. Malgré qu'elles forment des groupes suffisamment distincts, elles ne se différencient les unes des autres que par des caractères secondaires, comparativement à celui établi d'une manière si nette et si précise par Miquel et Pfaiffer (*Cacteæ Rotatæ, Cacteæ Tubulosæ*). D'un autre côté, les caractères botaniques de ces tribus sont tirés tantôt de la réunion ou de l'état libre des tubercules, tantôt de l'insertion de la fleur et de la longueur du périgone ; or, quelle que soit la valeur de chacun de ces caractères pris séparément, ils ne sont pas comparables les uns aux autres. Ce motif nous a déterminé à abaisser les tribus du prince de Salm au rang de genres, à reprendre les tribus de MM. Miquel et Pfaiffer, qui, selon nous, prennent de nouveaux caractères tirés de la persistance ou de la caducité des feuilles et de leur forme.

c.

CACTÉES.

CACTÉES TUBULEUSES.

- Sans feuilles.
  - Ovaire inclus, lisse. . . . .
    - Fleurs axillaires. . . { Tubercules distincts les uns des autres, disposés en spirale autour de la tige. .
    - Fleurs se développant sur un céphalium particulier . . { Tubercules réunis en côtes . . . . . , . .
  - Ovaire exsert, squammeux, rarement lisse. . . . .
    - Fleurs se développant sur les aréoles des tubercules, qui sont ordinairement réunis en côtes. .
      - Fleurs se développant vers le sommet de la tige; tube du périgone ordinairement court. . . . .
      - Fleurs latérales, ordinairement allongées. . . . . . .
    - Fleurs se développant latéralement ou au sommet des articles, et de la tige qui est aplanie, membraneuse . . . { Tube du périgone, allongé ou raccourci, tout à fait glabre. . . . . .

CACTÉES ROTACÉES.

- Feuilles sous forme de squammes.
  - Ovaire exsert, couronné par les restes desséchés du périanthe . . . { Fleurs ordinairement latérales; tige rameuse, articulée, cylindrique ou anguleuse; feuilles réduites à l'état de squammules. . . . .
- Feuilles véritables.
  - Ovaire exsert, perdant les restes desséchés du périanthe . . .
    - Fleurs latérales, tige charnue ou subligneuse, cylindrique, rameuse ou articulée; articles comprimés ou cylindriques; feuilles plus ou moins subulées, caduques. ,
    - Fleurs terminales ou en panicule au sommet de la tige, souvent subpédonculés; arbrisseau, feuilles planes, persistantes. . .

{ Tubercules triquètres, étendus, membraneux à leur base . . . . 1. ANHALONIUM.
Tubercules émoussés à leur sommet; aréole cartilagineuse. . . . . 2. PELECYPHORA.
Tubercules mammiformes, sommet garni d'une aréole aculéifère. . . . . . . 3. MAMILLARIA. } 1re TRIBU MELOCACTEÆ.

{ . . . . 4. MELOCACTUS.

{ Tube grêle dont la gorge est obstruée par les étamines; (baie lisse ou stipitée?) . 5. DISCOCACTUS.
Tube large très-court; baie lisse, molle, succulente. . . . . 6. MALACOCARPUS.
Tube large, parfois suballongé; baie couverte de squammes. . . . . . . 7. ÉCHINOCACTUS. } 2e TRIBU. ECHINOCACTEÆ.

{ Tube cylindrique; étamines soudées sur le tube jusqu'à son limbe, obstruant sa gorge. . . . . 8. LEUCHTENBERGIA.
Tube infundibuliforme; étamines bisériées, en partie libres, et en partie soudées sur la gorge du tube . . . . 9. ECHINOPSIS.
Tube subcampanulé, peu allongé; étamines échelonnées et soudées sur le tube, beaucoup plus courtes que le tube, qui est exsert . . . . 10. PILOCEREUS.
Tube subinfundibuliforme, très-souvent aculéifère; étamines libres presque de la longueur du tube. . . . . 11. CEREUS. } 3e TRIBU. CEREASTREÆ.

{ Tube grêle, parfois très-long; lacinies du périgone sépaloïde resserrées et squammiformes; lacinies pétaloïdes, nombreuses, diversement réfléchies; étamines les unes obstruant la gorge, les autres échelonnées, de plus en plus courtes. . . . . . 12. PHYLLOCACTUS.
Tube raccourci, gorge parfois oblique; lacinies du périgone sépaloïdes, larges, colorées; huit lacinies pétaloïdes, organes sexuels très-allongés, exserts. . . . 13. EPIPHYLLUM.
Tube court; lacinies sépaloïdes du périgone linéaires, coloriées, et quatre à cinq lacinies pétaloïdes soudées; organes sexuels, inserts . . . . 14. DISISOCACTUS. } 4e TRIBU. PHYLLOCACTEÆ

{ Lacinies pétaloïdes du périgone étendues en roue; baie pulvilligère, pisiforme. . 15. RHIPSALIS.
Lacinies pétaloïdes du périgone dressées, ouvertes; baie globuleuse, pulvilligère. 16. PFEIFFERA.
Lacinies pétaloïdes du périgone dressées, ouvertes; baie presque incluse, piriforme. 17. LEPISMIUM. } 5e TRIBU. RHIPSALIDEÆ.

{ Organes sexuels beaucoup plus longs que le tube. . . . . 18. NOPALEA.
Organes sexuels beaucoup plus courts que le tube. . . . . 19. OPUNTIA. } 6e TRIBU. OPUNTIEÆ.

{ . . . . 20. PEIRESCIA. } 7e TRIBU. PEIRESCIEÆ.

Les tribus du prince de Salm une fois transformées en genres, ses genres devaient disparaître ou devenir des sous-genres. Pour suivre l'ordre de nos idées, nous eussions dû nous arrêter au premier parti : nous ne l'avons pas fait, et nous avons cru devoir respecter les divisions qui avaient été établies par nos devanciers, et qui, pour la plupart, ont été approuvées par MM. Miquel, Pfaiffer et Salm.

Pour ce motif, la première tribu du prince de Salm, celle des Mélocactées, est devenue pour nous un genre, et les genres Anhalonium, Pelecyphora, Mamillaria, Melocactus, sont devenus nos sous-genres. Ils ne présentent aucune différence importante dans la floraison. Les caractères différentiels, à l'aide desquels le prince de Salm caractérise ces genres, sont fondés uniquement sur des modifications dans les formes des mamelons, que nous regardons comme des feuilles. Ils ont tous les mêmes caractères botaniques : fleurs axillaires ; ovaire lisse, inclus. Nous croyons même que les genres Anhalonium, Pelecyphora, que nous avons admis comme sous-genres, ne sont autres que de vrais Mamillaires, dont les mamelons ne présentent pas plus de différences avec les autres que ceux du Mamillaria Lehmani ou Eléphantidens avec ceux d'un Acanthoplegma ou d'un Formosa.

Le genre Leuchtembergia est placé dans l'ordre adopté par le prince de Salm, parmi les Cereastreæ. Le caractère sur lequel il se fonde : tube cylindrique, étamines qui y sont soudées jusqu'à la gorge, me semble encore très-incertain, d'abord à cause du mode d'inflorescence qui est apicillaire et non axillaire, comme l'indique Hooker, puis aussi parce que le bouton que j'ai observé, qui était formé de quelques sépales subsquammeuses vivement colorées, me paraît entièrement différent de ceux des fleurs tubuleuses, et me semble, au contraire, se rapprocher beaucoup de ceux des Mamillaires. L'observation de Hooker (*Bot. Magaz.*, t. 4393) est, à mon avis, tout à fait inexacte (voir p. 160 et suiv.).

Aussi, tenant compte de ce que j'ai observé moi-même et des caractères de la forme des mamelons, j'ai cru devoir en faire un genre à part comme l'a fait le prince de Salm; mais je l'ai placé entre les Melocacteæ et les Echinocacteæ, pensant que la forme des mamelons ou feuilles le rapprochait de l'Anhalonium; tandis que son inflorescence devait le rapprocher des Echinocactus.

La tribu des Echinocacteæ du prince de Salm se compose des trois genres Discocactus, Malacocarpus, Echinocactus. Pour nous, elle constitue un genre nettement caractérisé par son inflorescence apicillaire, terminale et son tube court; mais la division en genres me semble mal établie. Les caractères du tube sur lesquels elle est basée : tube grêle; étamines fermant la gorge du tube; tube large, court; tube large, parfois suballongé, me semblent des caractères d'une trop faible importance pour caractériser des genres. Il me semble que ces trois genres devraient être refondus en un seul, que l'on partagerait en trois sous-genres suivant le revêtement du tube : tube lisse, Discocactus; tube squammeux, le Monvilli; le Gibbosus et ceux qui appartiennent aux mêmes groupes; et enfin, tube aculéifère comme Ottonis Concinnus, etc. Nous avons cependant conservé les divisions adoptées avant le travail du prince de Salm, et conservé les sous-genres Discocactus et Echinocactus; nous proposons la division ci-dessus énoncée, l'usage la consacrera, si l'opinion que nous émettons se trouve fondée sur un caractère suffisamment important.

Notre quatrième genre, celui des Cereastreæ, renferme les trois sous-genres Pilocereus, Echinopsis, Cereus. Le genre Leuchtembergia ayant été déplacé, le nôtre se compose des genres qui forment la tribu des Cereastreæ, du prince de Salm. D'ailleurs, nos caractères sont les mêmes que ceux qu'il a présentés. Le reste de notre classification est identique à celle du prince de Salm; elle présente cette différence que ses tribus sont devenues nos genres, et ses genres sont devenus nos sous-genres.

Les premières tribus étant devenues des genres par les raisons que nous avons exposées, nous avons dû suivre le même ordre d'idées dans toute la classification qui est exposée dans le tableau suivant :

CACTÉES.

1re TRIBU.
CACTEÆ TUBULOSÆ.

Fleurs tubuleuses; feuilles persistantes développées d'une manière anormale, tuberculeuses, rarement squammeuses. . . . . . .

1er GENRE. — MELOCACTEÆ.

Tige globuleuse; évolution des aréoles, limitée; inflorescence axillaire; ovaire parfaitement lisse; insert. . . . .

2e GENRE. — LEUCHTENBERGIÆ.

Tige cylindrique; évolution des aréoles? inflorescence apicillaire; ovaire? . . . .

3e GENRE. — ECHINOCACTEÆ.

Tige globuleuse ou disciforme; évolution des aréoles, limitée; inflorescence apicillaire; ovaire exsert. . . . .

4e GENRE. — CEREASTREÆ.

Tige cylindrique ou anguleuse, dressée ou rampante; évolution des aréoles non limitée; inflorescence apicillaire; ovaire exsert. . . . .

5e GENRE. — ATHROPHYLLUM.

Tige ailée, membraneuse; évolution des aréoles, limitée (elles perdent promptement leur armure, qui est très-délicate); inflorescence terminale ou latérale, axillaire? tube toujours glabre; exsert. . . . .

2e TRIBU.
CACTEÆ ROTATÆ.

Fleurs rotacées; feuilles caduques à l'état squammeux, ou bien cylindriques quelquefois, complétement développées . . . .

1er GENRE. — RHIPSALIDEÆ.

Tige cylindrique ou anguleuse, articulée, rameuse; évolution des aréoles limitée, presque imperceptible; inflorescence presque toujours latérale; axillaire par rapport aux squammes; ovaire conservant les restes du perianthe; exsert. . . . .

2e GENRE. — OPUNTIEÆ.

Tige charnue ou subligneuse, cylindrique, rampante ou articulée; articles plats ou cylindriques; évolution des aréoles non limitée; inflorescence axillaire par rapport aux feuilles; ovaire perdant les restes desséchés du perianthe; exsert. . . . . .

3e GENRE. — PEIRESCIEÆ.

Tige en forme d'arbrisseau; évolution des aréoles non limitée; inflorescence terminale parfois en panicule; ovaire perdant les restes desséchés du perianthe; exsert. . .

Feuilles soudées les unes avec les autres et formant les côtes, distinctes seulement dans l'âge adulte vers le sommet de la plante où l'accumulation du tomentum des aréoles forme le céphalenm qui porte les fleurs . . . . MELOCACTUS.

Feuilles mammiformes. . . . . MAMILLARIA.

Feuilles distinctes les unes des autres. . . . : Feuilles deltoïdes, comprimées, aréoles cartilagineuses. . . . . PELECYPHORA. / Feuilles deltoïdes déprimées, membraneuses à leur base. . . . . ANHALONIUM.

Feuilles prismatiques très-allongées, aréoles portant des aiguillons glumacés articulés . . . . LEUCHTEMBERGIA

Feuilles confondues les unes avec les autres, formant des côtes. Inflorescence terminale, tube grêle, dont l'ouverture est obturée par les organes sexuels. Ovaire lisse ainsi que la baie. . DISCOCACTUS.
Feuilles confondues les unes avec les autres, très-rarement distinctes, formant les côtes. Fleurs se développant sur les aréoles voisines du sommet de la tige; tube large campanulé, ovaire lisse, squammeux ou spinescent; il en est de même de la baie. ECHINOCACTUS.

Feuilles confondues les unes avec les autres et formant des côtes, souvent distinctes vers le sommet de la tige ou des ramifications; là, l'accumulation du tomentum des aréoles forme un spadix. Inflorescence terminale ou latérale. Tube subcampanulé claviforme; organes sexuels plus courts que le tube. Ovaire et baie exserts, spinescents? . . . . PILOCEREUS.
Feuilles toujours confondues en côtes. Inflorescence latérale. Fleur infundibuliforme, étamines bisériées, en partie libres, en partie soudées sur la gorge du tube. Ovaire et baie spinescents. ECHINOPSIS.
Feuilles toujours confondues en côtes. Inflorescence latérale, vers le sommet ou la partie moyenne de la tige qui est allongée. Fleur subinfundibuliforme, étamines libres de la longueur du tube. Ovaire et baie aculéifères ou squammeux. . . . . . CEREUS.

Feuilles à l'état de mucrone ou de squammule très-exiguë caduque. Fleur infundibuliforme; tube long et parfois très-long, toujours très grêle; lacinies sépaloïdes squammiformes, oblongues; lacinies pétaloïdes nombreuses; étamines inégales. Ovaire et baie portant quelques squammes. . . . . PHYLLOCACTUS.
Feuilles squammuleuses très-petites. Tube du périgone court; lacinies et organes sexuels en nombre presque limité. . . . . DISISOCACTUS-
Feuilles à l'état de mucrone aigu, persistantes; tiges articulées. Tube du périgone raccourci, gorge régulière ou oblique. Lacinies toutes colorées; organes sexuels très-longs, exserts. . . . EPIPHYLLUM.

Feuilles squammeuses quand elles sont apparentes. Lacinies du périgone pétaloïde étendues comme les pétales des rosacées; baie lisse, piriforme. . . . . RHIPSALIS.
Feuilles à l'état de squammes, apparentes, surtout aux extrémités des jeunes pousses; lacinies du périgone pétaloïdes, érigées, réfléchies; baie pulvilligère, globuleuse. . . . . PFEIFFERA.
Feuilles à l'état de squammes; lacinies du périgone pétaloïdes, érigées, réfléchies; baie lisse, piriforme, axillaire, presque inserie. . . . . LEPISMIUM.

Feuilles cylindriques, subulées, caduques. Lacinies du périgone étendues comme les pétales des rosacées, ou bien dressés; ovaire portant des aréoles; baie spinescente. . . : Organes sexuels exserts . . . NOPALEA. / Organes sexuels inserts. . . . OPUNTIA.

Feuilles ordinairement planes, caduques; lacinies du périgone étendues; baie? . . . . PEIRESCIA.

CACTACÉES.

Synonymie. Cactus Lin. gen. n. 613. — Sp. pl. ed. 2, p. 666. — *Cacti* Juss. gen. 310, excl. § 1.— *Cactoideœ.* Vent. tab. III, 289. *Nopaleœ* Dc. Théorie élément., pag. 216. — Bartling orden. nat., p. 276. — *Opuntiaceœ.* Jussieu dictionn. d. sc. nat., tom. XXXV, p. 144. — Kunth in Humb. et Bonpl. nov. gen. tom. VI, p. 65, et Handb. dict. bot. — *Cacteœ.* Dc. prod. III, 457. Rev. des Cactées, Paris, 1829. Mém. du museum, XVII.—Link et Otto. Verb. G. R. V. III, 412. — Mart. acta nov. nat. cur. XVI. —Pfr. énum. diag. cact. 1837. — Lem. hort. Mony. Paris, 1838. Cact. gen. nov. 1839. — Zucc. nov. stirp. Fasc. III.— Scheidw. in Bullet. Acad. Bruxelles, 1838. — Miquel in Ball. sc. phys. et nat. 1839, p. 87-113. — Gen. cact. descript. et ord. 1840. — Lindl. Introd. ed. II, 53. — Endl. gen. pl. 942. — Suppl. 1, 1422.—Enchir. bot. 495. — Salm. Dick. cat. 1845. — *id.* Cact. in hort. Dick. cult. 1850, p. 1. — Forst. Manuel de lam. de cact. — *Cactaceœ, cactacées.* Richard. Élém. de bot., 1846, p. 762.

I. CARACTÈRES.

Caractères différentiels. Calice gammosepale, adhérent à l'ovaire qui est infere : il est nu, lisse, écailleux ou spinescent ; terminé à son sommet par un limbe composé d'un grand nombre de lobes inégaux, qui se confondent complétement avec les pétales ; ils sont très-nombreux et disposés sur plusieurs séries spirales. Les étamines, également très-nombreuses, ont leurs filets grêles et capillaires, leurs anthères biloculaires intorses, déhiscentes longitudinalement. L'ovaire est infere, uniloculaire, contenant un grand nombre d'ovules attachés à des trophospermes pariétaux dont le nombre variable se trouve souvent en rapport avec celui des stigmates. Le style est simple, cylindrique, creux ou gonflé, plus ou moins strié dans sa longueur, terminé par trois ou un plus grand nombre de stigmates fasciculés, rayonnés ou disposés en spirales. La baie est charnue, ombiliquée à son sommet, elle est lisse, squammeuse ou spinescente ; ses graines ont un double tégument, elles renferment un embryon droit ou recourbé, généralement dépourvu d'endosperme.

Caractères naturels. L'inflorescence est centripède, presque toujours solitaire, elle est axillaire ou aréolaire, sans bractées. Le périanthe est formé d'un nombre indéfini de lacinies, les unes pétaloïdes ayant presque toujours des couleurs éclatantes, les autres sépaloïdes. Le tube formé par ces lacinies est libre ou adhérent à l'ovaire, ses lobes tombent en se desséchant après l'inflorescence ou après la maturité, ou bien recouvrent le fruit qu'ils enveloppent de leurs séries spirales.

Les pétales sont délicates, elles sont bi ou plurisériées, elles ne se distinguent pas d'une manière tranchée des sépales ; elles sont disposées par séries spirales et imbriquées, les pétales extérieures sont presque entièrement semblables aux sépales intérieures, dont elles ne diffèrent que par leur développement plus étendu ; elles sont tantôt libres et insérées en roue sur l'ovaire, et tantôt plus dressées ; elles se soudent par leurs bords dans leur partie inférieure ; restent libres dans la partie supérieure : et forment un tube plus ou moins allongé, qui est persistant ou décidue après l'inflorescence.

Étamines plurisériées en nombre indéfini, soudées par leur base aux pétales ou sur le tube, et d'inégales longueurs. Filets filiformes souvent légèrement enflés à la base, presque toujours plus courts que les pétales. Anthères biloculaires à connectifs délicats à peine visibles,

dressés, oblongues ou réniformes, déhiscentes longitudinalement et à fentes latérales. Pollen simple, globuleux, lisse, marqué par quelques zones transversales dans
quelques-unes des espèces observées.

Ovaire simple uniloculaire composé de trois ou d'un
plus grand nombre de carpelles, contenant un grand
nombre d'ovules; chaque carpelle est continué sur ses
bords par un placenta, ce qui fait qu'il existe autant de
placentaires pariétaux que de carpelles ou de divisions
du stigmate. Style simple, allongé, atteignant environ
la hauteur des étamines, cylindrique ou conique, creux
ou plein, plus ou moins strié sur sa longueur, caduc
après la floraison, ou marcescent avec les pétales de la
corolle.

Les divisions du stigmate sont linéaires, étendues,
réunies en un faisceau, ou disposées en spirales ou enfin
lobulées à faces papilleuses, leur nombre correspond
toujours à celui des carpelles.

Placentas allongés portant les ovules qui sont anatropes.

Péricarpe charnu, acidulé, ombiliqué à son sommet et
rempli de pulpe. Il est lisse, ou bien il conserve les restes
desséchés des sépales et alors il est garni de soies, de
sétules et même d'aiguillons; constituant dans la même
année ou au bout d'un ou deux ans une baie uniloculaire
rouge, verdâtre ou jaunâtre, à placentaires pariétaux,
nerviformes, recourbés, disposés par séries verticales,
elle est garnie de pulpe.

Graines abondantes attachées aux placentaires par un
funicule ombilical, elles sont nidulantes, globuleuses,
comprimées ou en forme d'ampoule; à hile grand, circulaire, pâle, test dur, osseux, scrobiculé ou presque

lisse, tegmen mince, albumen peu développé, semblant quelquefois manquer complétement.

Embryon dressé, droit, claviforme ou courbé; cotylédons connés, ramassés en masse, ou libres et visiblement foliacés pendant la germination.

II. Organes de la végétation.

Racine ligneuse, simple ou rameuse, à fibres éparses, écorce lisse.

Tige arborescente, rameuse ou devenant tout à fait simple par l'arrêt de l'évolution des bourgeons, remplie d'un suc laiteux ou transparent; écorce épaisse, le plus souvent verte. Tissu cellulaire charnu, traversé par des fibres ligneuses rares et éparses, ou bien nombreuses et prenant dans leur ensemble la consistance du bois. Elle est cylindrique, anguleuse, à côtes, ailée, plane, tuberculée, mammelonnée, allongée ou ramassée en une masse globuleuse. Canal médulaire plein, formé de fibres qui ne sont jamais stratifiées.

Feuilles rarement développées à l'état parfait, cylindriques ou ayant l'apparence de petites écailles, ou bien ayant la forme de mamelons distincts les uns des autres, rangés en spirales, ou bien encore ayant une forme tuberculeuse, alors rangées en séries presque verticales et formant des côtes; tantôt l'aisselle de ces feuilles est garnie de duvet cotonneux et d'aiguillons, tantôt elle est nue, tandis que son sommet est presque toujours garni d'une aréole qui porte du duvet et des aiguillons.

Les bourgeons se développent soit aux aisselles des feuilles, soit à leur sommet, quelquefois, mais accidentellement, sur un même sujet en même temps, sur les aisselles et sur les aréoles. Le mode d'inflorescence est toujours semblable au mode normal d'évolution des bourgeons, toujours soit axillaire, soit aréolaire.

La longueur des aiguillons varie depuis une ligne jusqu'à un pied, ou ils se présentent toujours en même nombre dans chaque faisceau, ou bien dans quelques cas ils se présentent en nombre plus ou moins défini pendant le premier développement de l'aréole, dont l'évolution accuse sa continuité par la présence de nouveaux aiguillons qui se forment chaque année. Ces aiguillons présentent constamment la même forme, ou bien ils présentent des formes différentes sur une même aréole, ils manquent très-rarement.

Contrairement à ce qui a été dit par tous les botanistes sur l'absence de feuilles dans les cactées, nous avons annoncé plus haut que nous regardons les mamelons des mamillaires et les tubercules qui forment les côtes des échinocactes, comme des feuilles. Voici sur quoi nous fondons cette assertion.

J'ai observé chez M. Cels, horticulteur à Montrouge, chaussée du Maine, 77, un pied de Mamillaria Wildiana, sur lequel un bouton à fleur arrêté dans son évolution, au lieu de s'épanouir, de se féconder et de produire une baie, avait pris un accroissement considérable relativement à la grosseur ordinaire de la fleur et des baies, l'enveloppe extérieure était réellement formée par les sépales qui, ici, s'étaient un peu allongées, elles formaient deux verticiles et étaient parfaitement imbriquées; les pétales, les étamines et le style étaient remplacés par de véritables mamelons entièrement semblables à ceux des jeunes pousses du sujet en question.

Chez moi, dans ma Collection, un fait analogue s'est produit dans la floraison de l'Echinopsis Zuccarini, l'ovaire s'est développé jusqu'au moment où se forme le périanthe sur le sujet; cette époque est indiquée par une petite houppe allongée de duvet qui couronne le bouton; il avait alors les dimensions et l'aspect de l'ovaire d'une fleur de notre Echinopsis : des circonstances accidentelles arrêtèrent l'évolution de la fleur qui cessa de se développer. L'année suivante, ce bouton avait pris un accroissement considérable, les aréoles et les squammes qui garnissent l'ovaire étaient plus resserrés; j'ai détaché ce bouton et je l'ai traité comme une bouture, avec le temps elle a fini par réussir, elle forme aujourd'hui un beau sujet de l'Echinopsis Zuccarini, qui, à son tour, fleurit abondamment depuis deux ans.

Est-il nécessaire de dire maintenant que chacune des spirales formées par les mamelons du Mamillaria Wildiana est un verticile de la fleur? Faut-il ajouter que chacune des aspérités qui forment les côtes de mon Echinopsis Zuccarini correspond à une pétale ou à une étamine; que l'ensemble des aspérités qui forment une de ses côtes correspond à un verticile de la fleur? Or, si chaque verticile dans la fleur d'une plante à feuilles est une modification particulière dans le développement d'un verticile ordinaire, il faut bien que, dans les deux observations précédentes, les mamelons du Mamillaire, les tubercules des côtes de l'Echinopsis soient aussi une modification d'un ordre inverse dans le développement du bourgeon floral. Donc, si les pétales et les étamines sont des feuilles, comme le reconnaissent les botanistes, il faut aussi que les mamelons et les tubercules dans les Cactées soient des feuilles dont le développement est particulier à la nature de la plante.

Il est remarquable aussi que dans les Mamillaires où

les divisions de la corolle, les étamines, quoique en nombre indéfini, sont moins nombreuses que dans les Echinopsis, les spirales formées par une série de mamelons où les verticiles sont complets, même avant que la plante soit adulte, tandis que dans les Echinopsis, les Echinocactes, les Cerei, etc., il n'y a que les plantes tout à fait adultes et déjà très-fortes sur lesquelles on puisse suivre un tour de spirale entier ou un verticille complet, ce qui conduit à conclure que dans l'un le nombre des feuilles composant un verticile est bien moins considérable que dans l'autre.

CACTEÆ TUBULOSÆ

CACTÉES A FLEURS TUBULEUSES.

CARACTÈRE. *Lobes du périanthe multisériés réunis en un tube plus ou moins allongé, soudés ensemble à partir de la base, et libres seulement vers la gorge où en se réfléchissant ils forment un limbe plus ou moins étalé. Tige sans feuilles développées normalement.*

1ᵉʳ genre, MÉLOCACTÉS.

Fleurs tubuleuses; tube lisse et entièrement glabre; limbe ouvert irrégulièrement, se développant soit aux aisselles des mamelons qui recouvrent la tige, soit entre les aisselles des mamelons qui forment le spadice. Baie d'abord immergée, émergente seulement à l'époque de sa maturité, oblongue, lisse et couronnée par les restes desséchés du périanthe.

Plante charnue, globuleuse, hémisphérique, cylindrique, à feuilles de forme tuberculée. Feuilles disposées en séries spirales ou distinctes les unes des autres, et de forme variable, appelées mamelons, ou bien faisant corps les unes avec les autres, de manière que celles d'une même série présentent l'aspect d'une côte : dans tous les cas, terminées par une aréole.

Ier sous-genre, Melocactus.

Synonymie. Meloc. casp. Bauhin Pin. — Dc. diss.-prodr.— Lk. et Otto. Diss. — Pfr. enum. diagn. — Lem. hort. Mouv. — Cact. gen. nov. — Cactus Hav. synop. — Cacti sect. B. Lk. enum. ed. 2. — Cactus subgenus Melocactus Miquel. Cact. gen. endl. gen. pl.

Tube du périanthe rétréci en dessus, lisse, développé au delà de l'ovaire; 8-16 lacinies presque toutes pétaloïdes, dressées-ouvertes. Étamines plurisériées, lancéolées. Style plus long que les étamines, filiforme. 5 stygmates radiants, à rayons linéaires. Baie oblongue, lisse, couronnée par les restes du périanthe marcescent.

Tige simple, charnue, subglobuleuse ou conique, à côtes qui s'aplanissent vers la base de la tige, et dans l'âge adulte, couronnée par un cephalium qui porte les fleurs.

Lorsque la plante atteint l'âge adulte, le développement des côtes se modifie, elles ne croissent plus en longueur, et les aréoles nouvelles qui se produisent concourent à la formation et au développement du cephalium qui est hémisphérique ou cylindrique; il est constamment formé de petits tubercules munis de laine abondante et de poils, et disposés en séries spirales très-serrées. Les fleurs, très-éphémères, se développent entre les aisselles de ces jeunes tubercules; elles sont petites et dépassent à peine la laine du cephalium.

§ 1. HETERACANTHÆ, à aiguillons de deux sortes.

A. *POLYACANTHÆ, 2-6 aiguillons intérieurs, différant peu par la forme et la couleur des aiguillons extérieurs.*

1. Melocactus communis (D. C.).

Synonymie. Cactus Melocactus (L. C.). — Melocactus communis (Ait. H. Kew.).— C. Melocactus et coronatus (Lam. Dict.).— Bonnet turc (div.) Decandolle, Revue, t. 6.— Redouté, pl. t. 112.— Bot. mag., t. 30, p. 90.

Patrie. Saint-Domingue, île Sainte-Croix, Indes occidentales.
Diagnostic. Tige sphérique ou elliptique, verte, rarement vert-gris,

côtes de 8-14 distancées, verticales, droites, larges à la base ; sillons larges et profonds ; aréoles rapprochées, ovales, droites, d'abord garnies de tomentum gris ; aiguillons roides, droits, jaunes ou bruns, rarement blancs, brunissant avec l'âge, de 8-9 rayonnants, le supérieur plus court et l'inférieur plus long que les autres, 3 centraux, dont 2 plus courts dirigés vers le haut, et 1 plus long dirigé vers le bas.

Floraison. Depuis Juin jusqu'en Août. Spadice droit, d'abord plat, enfoncé, puis long et cylindrique, blanc-sale, avec poils rouges roidés. Fleurs à pétales allongés, dentelés, rouge-foncé et anthères jaunes. Divisions du stygmate, 5, rouges.

Variétés. Presque tous les semis de la plante Melocactus communis ont donné des individus qui semblaient former des variétés soit à cause du nombre des aiguillons, soit à cause de l'aspect général : un petit nombre de ceux conservés ont repris les caractères de leur origine avec l'âge ; ce n'est pas une raison pour conclure que les individus qui n'ont pas pu être conservés n'auraient pas constitué des variétés.

β. Macrocephalus (hort. Berol.). Originaire de Saint-Domingue et de Saint-Thomas. Il diffère des autres par les dimensions du spadice et le nombre des aiguillons.

γ. Oblongus (hort. Berol.). Originaire de Saint-Domingue. Aiguillons 6-7, rayonnants, 0 ou 1 central. Semble synonyme du Mel. communis conicus (Monv.).

δ. Laniferus (hort. Berol.). Aréoles garnies de tomentum blanc ; aiguillons rouges, 8 rayonnants et 1 central.

ε. Grengelii (hort. Berol.). Aiguillons petits, blancs.

ζ. Conicus (Pfr.). Aiguillons roides, rouges, 8-10 rayonnants, 2 centraux. Il nous semble syn. du Meloc. Communis, var. Pyramidalis (Haag.) ?

η. Acicularis (Monv.). Côtes petites, nombreuses et serrées ; aréoles serrées ; aiguillons courts et roides ; spadice petit.

θ. Spinosior (Monv.). Aiguillons nombreux, 2-5 intérieurs.

λ. Magnisulcatus (Lem.). Cette variété, indiquée par Lemaire, n'est décrite nulle part. L'individu n'existe plus à la Collection du Jardin d'Hiver qui a été formée avec la Collection de Monville, où Lemaire l'a observé. Aujourd'hui cette Collection vient d'être acquise par M. Cels.

Culture. Plein air pendant la belle saison ; chaleur.

2. Melocactus Havanensis (Miq.).

Synonymie. Meloc. communis var. havanensis (hort. Berol.).

Patrie. Cuba, environs de la Havanne.

Diagnostic. Tige ellipsoïde, vert-pâle, prenant quelquefois une teinte jaunâtre ; côtes droites, verticales, comprimées, voûtées entre les aréoles ; aréoles rondes, peu éloignées les unes des autres ; aiguillons jaunes, 9 rayonnants droits, les deux supérieurs plus petits que les autres, 2 centraux.

Floraison. Spadice et fleurs ?

Culture. Plein air pendant la belle saison ; chaleur.

3. Melocactus Rubens (Pfr.).

Synonymie?

Peut-être n'est-il qu'une variété du Meloc. Communis.

Patrie. Indes occidentales.

Diagnostic. Tige sphérique, déprimée, vert-foncé; côtes tranchées, renflées et voûtées entre les aréoles; aréoles distancées, ovales, d'abord garnies de tomentum blanc caduc avec l'âge; aiguillons roides, droits, bruns, plus tard rouge-jaune, 9–10 rayonnants, le supérieur plus petit, les inférieurs plus longs, 2 centraux presque égaux.

Floraison. Spadice et fleurs?

Culture. Plein air pendant la belle saison; chaleur.

B. *CRASSISPINÆ, aiguillons intérieurs plus forts que les aiguillons extérieurs.*

4. Melocactus Salmianus (Otto.).

Synonymie. Ech. Salmianus (Lk. et Ot.). Dissert. de la Soc. des prog. hort. vol. III, t. 13.— Cactus histrix (Haw.).

Patrie. Ile Curaçao.

Diagnostic. Tige presque sphérique, vert-foncé; 14–15 côtes verticales, épaisses, sillons étroits; aréoles éloignées, ovales, munies de tomentum blanc, caduc; aiguillons droits et longs, 10–15 rayonnants, très-écartés, et recourbés ordinairement sur les côtés; ils sont jaunes ou rougeâtres à la base, bruns à l'extrémité; les supérieurs courts, les autres presque d'égale longueur; 3 aiguillons centraux, robustes, brun-rouge, plus longs surtout que les aiguillons rayonnants inférieurs.

Floraison. Spadice et fleurs?

Culture. Plein air pendant la belle saison.

5. Melocactus Pyramidalis (Salm.).

Synonymie. Cactus Pyramidalis (Salm. obs. bot., 1820).

Patrie. Curaçao; île Saint-Thomas, près des côtes, sur les bords de la mer.

Diagnostic. Tige presque sphérique, devenant conique avec l'âge; côtes assez verticales, épaisses, voûtées entre les aréoles; sillons profonds; aréoles un peu enflées, brunes; aiguillons longs, droits, divergents, couvrant presque toute la surface de la plante, bruns, plus tard jaune-sale, rouge-brun à la pointe, presque transparents; 14–16 rayonnants, 3 rarement 2 centraux, prismatiques, très-vigoureux et très-longs: les deux supérieurs horizontaux, l'inférieur peu recourbé vers le bas.

Floraison. Fleur petite, pétales étroits, réfléchis, rouge-rose. Divisions du stygmate, 5.

D'après Pfeiffer, les jeunes semis diffèrent peu du Meloc. Macracanthus et du Meloc. Salmianus, ils prennent leurs caractères assez tard, peu avant l'apparition du spadice.

Culture. Plein air pendant la belle saison, chaleur, plus délicat que les autres.

VARIÉTÉS. β. Meloc. carneus. Diffère du précédent par la couleur des aiguillons qui est moins vive, ils sont aussi moins forts. Il se trouve également près de Curaçao, sur les côtes, au bord de la mer.

6. Melocactus Xanthacanthus (Miq.).

Synonymie. Echinocactus Xanthacanthus (Miq.).

Patrie. Ile Saint-Thomas.

Diagnostic. Tige elliptique, vert-pâle; côtes obliques, à crêtes arrondies; sillons profonds; aréoles munies de tomentum blanc, caduc; aiguillons 14, les 3 inférieurs grands, verticaux, les 3 supérieurs petits, les latéraux recourbés, 3 centraux, rarement 1, prismatique à la base et aigus à la pointe, divergents à pointe brune : ceux-ci plus pâles.

Floraison. Spadice et fleurs ?

Culture. Plein air pendant la belle saison; chaleur.

7. Melocactus Microcephalus (Miq.).

Synonymie. Meloc. Microcephalus (Miq. Monog. gén. des Meloc. t. 9).

Patrie. Curaçao, près des côtes.

Diagnostic. Tige de forme très-variable suivant la culture, vert-clair ou jaune; côtes comprimées latéralement et renflées près des aréoles; sillons profonds; aréoles petites, ovales, rapprochées, garnies de tomentum blanc, puis devenant gris-foncé avec l'âge; aiguillons bruns-noirs à la base, le reste blanc, rouges-brûlés à la pointe; aiguillons 10-16, plats à la base, les supérieurs courts manquent quelquefois, les 8 latéraux longs et écartés, les 3,5 inférieurs dirigés vers le bas, 3-4 centraux allongés, moins roides, le supérieur le plus petit.

Floraison. Spadice petit, cylindrique, formé de laine blanche et de nombreux poils rouge-brun avec reflet brun-verdâtre; fleurs avec pétales linéaires rouge-foncé-vif; anthères jaunes. Divisions du stygmate, 5, blanches.

Culture. Plein air pendant la belle saison; chaleur.

8. Melocactus Lehmannii (Miq.).

Synonymie. Meloc. Lehmannii (Miq. Monog. gén., t. 8).

Patrie. Curaçao, sur les roches de la côte.

Diagnostic. Tige conique, comprimée, vert-pâle; côtes épaisses, saillantes, écartées, larges vers la base; sillons tranchés; aréoles rapprochées; ovales, nues, foncées; aiguillons de 10-25 rayonnants, blancs ou jaune-pâle, bruns à la base, les supérieurs très-petits, les latéraux divergents, les 5 inférieurs allongés, dirigés vers le bas, 2-4 centraux, rarement 1, forts, brun-rouge à la pointe.

Floraison. Spadice blanc-gris, avec poils roides en faisceaux, jaunes,

rouges ou bruns, pétales rouge-clair, allongés. Divisions du stygmate,
6-7, blanches.

Culture. Plein air pendant la belle saison ; il semble moins délicat
que les autres.

9. Melocactus Crassispinus (Salm.).

Synonymie. Meloc. Pycnacanthus (Gels).

Patrie. Brésil.

Diagnostic. Tige sphérique vert-clair ; côtes presque verticales renflées près des aréoles ; sillons profonds ; aréoles éloignées, allongées,
garnies de feutre gris ; aiguillons prismatiques, roides, épais, transparents, couleur de corne, pâles au milieu, brun-rouge à la pointe et à la
base, 8-10 rayonnants, courbés vers la plante et divergents, les 3 supérieurs fins, les latéraux plus forts et allongés, l'inférieur plus encore
que les autres, 1-4 centraux, l'inférieur très-long.

Floraison. Spadice et fleur?

Culture. Plein air pendant la belle saison.

10. Melocactus Macracanthus (Salm.).

Synonymie. Cact. Macracanthus (Salm., Obs. bot., 1820). — Cact.
Meloc. Macracanthus (Haw.). — Dissert. de la Soc. des progrès hort.,
vol. III, t. 12.

Patrie. Curaçao, Saint-Domingue.

Diagnostic. Tige sphérique comprimée, vert-clair ; côtes verticales
voûtées entre les aréoles, renflées en bas ; sillons larges, profonds ;
aréoles grandes, ovales, d'abord garnies de tomentum gris ; aiguillons
courts, trapus, 14-18 rayonnants, les supérieurs plus courts, dressés, les
latéraux plus longs touchant les côtes, les inférieurs transparents,
4 centraux, rarement 3-6, épais, longs, prismatiques à la base, les supérieurs courts.

Floraison. Spadice court, avec nombreux poils roides disposés en
faisceaux.

Culture. Plein air pendant la belle saison.

C. DIACANTHÆ, 2 aiguillons intérieurs.

11. Melocactus Obtusipetalus (Lem.).

Synonymie. Meloc. Obtusipetalus (Lem. hort. Monv.). — Echin. Tuberculatus (Lk. et Ot.), d'après Lem.

Patrie. Colombie, dans les environs de Santa-Fé de Bogota, à 4000ᵐ
au-dessus du niveau de la mer.

Diagnostic. Tige conique, comprimée, vert-gris ; 10 côtes verticales
saillantes, arquées entre les aréoles ; sillons profonds ; aréoles éloignées,
nues ; aiguillons 2 centraux, droits, insérés au-dessus l'un de l'autre, le supérieur, allongé et horizontal ; l'inférieur, presque vertical, manque très-
rarement, 6 rayonnants, recourbés contre la plante. Tous brun-clair
et striés transversalement.

Floraison. Spadice globuleux, déprimé, formé de laine blanche serrée et de poils rouge-pourpre, roides et isolés ; fleur grande, rouge-rose ; pétales longs, laciniés ; anthères jaunes. Divisions du stygmate, 6.

VARIÉTÉS. β. Crassicostatus (Lem.). Diffère du précédent par ses côtes plus fortes, ses aiguillons rouge-sale, parmi lesquels le central supérieur est plus vigoureux.

Culture. Plein air pendant la belle saison et chaleur. La hauteur où il a été trouvé semble indiquer un climat assez tempéré, partant aussi une plante plus facile à cultiver dans nos régions que les autres Meloctates.

12. Melocactus Curvispinus (hort. Berol.).

Synonymie ?

Patrie. Mexique, régions chaudes.

Diagnostic. Tige sphérique déprimée ; 10-12 côtes comprimées, verticales, très-peu arquées entre les aréoles ; aréoles serrées, rondes, garnies de tomentum blanc ; aiguillons centraux, 2 droits, noirâtres, 7 rayonnants, recourbés, bruns ou blancs.

Floraison. Spadice et fleur ?

Culture. Plein air pendant la belle saison ; serre chaude pendant l'hiver.

13. Melocactus Monvillianus (Miq.).

Synonymie. Meloc. Curvispinus, Parm. d'après Miquel. Monog. gén. Meloc. T. v.

Patrie ?

Diagnostic. Tige elliptique ; côtes nombreuses, larges ; sillons larges vers la base et devenant plus aigus à mesure qu'ils s'élèvent vers le sommet ; aréoles presque nues, brunes ; aiguillons, 2 centraux forts, le supérieur recourbé en dedans à son extrémité, l'inférieur plus fort et de la longueur des aiguillons rayonnants qui sont ordinairement au nombre de 10, rarement 11, dont 3 supérieurs courts, 4 latéraux presque recourbés, et les 3 inférieurs très-longs, dont 2 recourbés, et le troisième inférieur recourbé en bas. Tous assez réguliers et bruns.

Floraison. Spadice et fleur ?

Culture. Cette plante est rare, elle n'existe plus dans les Collections, soit à cause du petit nombre d'exemplaires qui ont été introduits en Europe, soit à cause de sa délicatesse. Les sujets qui ont servi à cette description étaient morts.

Culture ?

D. *MONACANTHÆ,* 1 seul aiguillon intérieur.

14. Melocactus Wendlandii (Miq.).

Synonymie. Meloc. communis β. viridis (hort. Berol.).— Cactus Melocactus (Wdld., Collect. plant. succ. T. 1, page 22, t. 5).

Patrie. Ile Saint-Thomas, Indes occidentales.

Diagnostic. Tige presque claviforme, vert-vif; côtes régulières saillantes; sillons larges; aréoles serrées; aiguillons, 1 central, 8 rayonnants : jaunes en naissant, devenant bruns avec l'âge.

Culture. Plein air pendant la belle saison; demande de la chaleur.

15. Melocactus Brognartii (Lem.).

Synonymie. Meloc. Pyramidalis (β. Spinisalbis Salm. d'après Lemaire).

Patrie?

Diagnostic. Tige presque conique, vert-gris (cette forme anormale doit être attribuée aux effets d'une mauvaise culture, la plante qui a servi à la description me semble étiolée); 15 côtes comprimées, transversalement sillonnées, gonflées près des aréoles, et gonflées entre celles-ci; aréoles rondes, nues, puis garnies de tomentum blanc qui s'allonge avec le temps; aiguillons, 1 central, 7–8 rayonnants, les 3 supérieurs un peu courts, les 4 latéraux plus longs, et l'inférieur, quand il existe, plus long que les autres et recourbé vers le bas. Tous brun-rouge brillant. Chez les individus adultes soumis à une culture convenable, les 4 aiguillons latéraux atteignent 0,013 et l'aiguillon central 0,027 de long.

Floraison. La fleur et le spadice sont peu différents de ceux du Meloc. Communis, d'après Lemaire.

Culture. Plein air pendant la belle saison; de la chaleur et surtout en abondance de l'air et de la lumière.

16. Melocactus Amœnus (Hffgg.).

Synonymie. Meloc. Communis (Jordensii). — Meloc. Rubens (hort.).

Patrie. Colombie. Le docteur Otto l'a rencontré sur les montagnes près de Laguerra, au milieu d'Agavès et de Cerei, dans les terrains argileux, à plus de 3000^m de hauteur.

Diagnostic. Tige sphérique déprimée, vert-gris; cotes obtuses, peu saillantes; aréoles largement espacées, immergées, munies de tomentum blanc; aiguillons, 1 central (il manque ordinairement chez les jeunes plantes), 8 rayonnants, 1 supérieur très-court, l'inférieur très-long, les 6 autres latéraux, presque égaux. Tous droits, roides, rouge-vif et devenant bruns avec le temps.

Floraison. Ordinairement au mois de Juillet. Plus grande que la plupart des fleurs de Melocactes, elle est rose avec pétales allongés.

Culture. Semble demander moins de soins que la plupart des autres Melocactes. La section accidentelle de la tête ou la suppression du spadice ont donné plusieurs fois des rejetons.

17. Melocactus Cœsius (Wild.).

Synonymie? Peut-être, ainsi que les variétés β, ne sont-ils que des variétés du précédent.

Patrie. La Colombie, Laguerra.

Diagnostic. Tige sphérique, verte, bleue, pâle, grisâtre; côtes presque unies, à peine arquées entre les aréoles ; aréoles garnies de tomentum gris-perle, devenant gris-sale avec l'âge ; aiguillons, 1 central long, à pointe dressée en haut, 8 rayonnants, étalés, droits, assez forts, tous rouge-pâle ; spadice garni de tomentum gris-sale ; fleurs rouges ; lacinies rouge-rose, linéaires ; anthères jaunes.

VARIÉTÉS. Meloc. Cœsius β. Griseus. Diffère du précédent par ses aiguillons qui sont bruns.

Culture. Plein air pendant la belle saison ; chaleur comme le précédent.

18. Melocactus Hystrix· (Parm.).

Synonymie. Cactus Hystrix Parm. — *id.* Haw.

Patrie ?

Diagnostic. Tige presque conique, vert-gris ; 20 côtes peu comprimées, renflées et gonflées entre les aréoles ; aréoles allongées garnies de tomentum gris ; aiguillons, 1 central plus fort et plus trapu que les autres, 8 rayonnants, les supérieurs très-petits, 4 latéraux et 1 inférieur plus long. Tous roides, droits et bruns.

Floraison. Paraît fleurir très-tard ; l'individu décrit déjà volumineux (0,35 de haut) ne porte aucune trace de spadice.

Culture. Plein air pendant la belle saison ; chaleur.

19. Melocactus Miquelii (Lehm.).

Synonymie· Meloc. Miqueli (Miq., Monog. gén. Meloc., t. 7).

Patrie. Ile Sainte-Croix , Indes occidentales. Introduit en 1838 sous le nom de Meloc. Communis, au Jardin botanique de Hambourg.

Diagnostic. Tige ellipsoïde, verte ; 14 côtes fortes, comprimées , arquées entre les aréoles ; aréoles éloignées, petites, ovales, nues ; aiguillons, 1 central dressé, long, 8 rayonnants, courbés, presque d'égale longueur. Tous assez courts, brun-noir.

Floraison. Spadice arrondi au sommet, blanc (dans la figure de l'ouvrage cité, il est grisâtre, cendré), avec poils roides, rouges.

Floraison et fleurs inconnues.

Culture. Plein air pendant la belle saison ; chaleur.

20. Melocactus Meonacanthus (Lk. et Ot.).

Synonymie. Echin. Meonacanthus (Ind. Cact. Berol., 1827).

Patrie. Jamaïque.

Diagnostic. Tige allongée, presque cylindrique, verte ; 14 côtes verticales incisées ; aréoles allongées garnies de tomentum blanc, assez rapprochées les unes des autres ; aiguillons, 1 central, dressé, brun, 9 rayonnants un peu courbés, les deux du haut très-petits, l'inférieur très-long. Tous jaune-brun à la pointe.

Floraison. Un des individus observés ne présente encore ni spadice ni fleurs, malgré qu'il ait déjà plus de 0,10 de diamètre et de hauteur, mais il présente de nombreux rejetons à la base.

Culture. Plein air pendant la belle saison ; chaleur.

21. Melocactus Atrosanguineus (hort. Berol.).

Synonymie?

Patrie. Ile Saint-Thomas, Indes occidentales.

Diagnostic. Tige sphérique, vert-foncé; 12–15 côtes peu comprimées; aréoles éloignées les unes des autres, ovales, avec tomentum
blanc; aiguillons, 1 central allongé, 10 rayonnants, droits, roides. Tous
d'un rouge sang-foncé.

Floraison. Spadice et fleurs inconnues.

Culture. Plein air pendant la belle saison; chaleur.

22. Melocactus Spatangus (hort. Berol.).

Synonymie? Meloc. Spatangus (Forst. Man. des Cac.).

Patrie. Ile de Curaçao, Indes occidentales.

Diagnostic. Tige sphérique déprimée, vert-foncé; 16 côtes verticales incisées entre les aréoles; aréoles grandes avec tomentum blanc
devenant gris avec le temps; aiguillons, 1 central, roide, long; 12–13
rayonnants, minces, étalés régulièrement à droite et à gauche de
l'aréole. Tous droits, longs, d'abord jaune-rougeâtre, plus tard entièrement jaunes.

Floraison. Spadice et fleurs inconnues.

Culture. Très-rare dans les collections; est-ce à cause de la délicatesse de la plante, ou parce qu'il n'est qu'une espèce décrite et connue
sous un autre nom et improprement désignée par les horticulteurs
allemands?

23. Melocactus Dichroacanthus (Miq.).

Synonymie. Meloc. Dichroacanthus (Miq., Monog. gén. Meloc., 2, 6).

Patrie. Ile Saint-Thomas, Indes occidentales.

Diagnostic. Tige elliptique; 15 côtes verticales vigoureuses, arquées
entre les aréoles; sillons larges, profonds, fortement accentués;
aréoles munies de tomentum abondant; aiguillons, 1 central qui
manque quelquefois, 8–13 rayonnants divergents, le supérieur le double
des autres en longueur, très-aigu. Tous brun-violet et jaune-orangé
vers la pointe.

Floraison. Spadice et fleurs?

Culture. Plein air pendant la belle saison; chaleur.

24. Melocactus Ferox (Pfr.).

Synonymie. Meloc. Ferox (Pfr.). — *id.* Forst. — Echinoc. Spina-
Christi (Zucc.). — Echinoc. Armatus (Salm.). — Hort. Dick. — Echinoc.
Fischeri (hort. Berol.).

Patrie. Mexique, dans les régions tempérées, près de Santa-Rosa de
Toliman. Il se trouve, dit-on, également dans les régions du sud du
Brésil.

Diagnostic. Tige globuleuse vert-foncé; 10–14 côtes comprimées,
échancrées; échancrures bien marquées; aréoles grandes, ovales,

d'abord blanches, devenant plus tard velues, gris-pourpre; aiguillons épais, trapus, recourbés, noirs à la base, plus tard jaunâtres ou brun-pâle; 6–8 rayonnants, les inférieurs très-longs; 1 aiguillon central droit recourbé à la pointe, il manque souvent.

Tige de 16 cent. de diamètre; aréoles éloignées de 18–20 millim.; aiguillons supérieurs les plus longs, inférieurs plus courts, de 13 millim. de long.

Floraison. Fleurs?

§ 2. HOMŒACANTHÆ, n'ayant que des aiguillons extérieurs et manquant d'aiguillons intérieurs.

25. Melocactus Macracanthoïdes (Miq.).

Synonymie. Moloc. Macracanthus (Miq. Linœa). — *id.* Mon. gén. Mel. t. 2.

Patrie. Ile Saint-Thomas.

Diagnostic. Tige sphérique, vert-foncé; côtes verticales, épaisses, renflées près des aréoles; aréoles munies de tomentum blanc d'abord, plus tard brun, enfin caduc; aiguillons transparents, 11–15 rayonnants, les 2 supérieurs manquent quelquefois, minces, courts, dressés, les 8 latéraux plus longs, divergents, les inférieurs plus vigoureux dirigés vers le bas.

Floraison?

Culture. Plein air pendant la belle saison; chaleur.

26. Melocactus Zuccarini (Miq.).

Synonymie. Meloc. Zuccarini (Miq., Monog. gén. Meloc., t. 10).

Patrie. Curaçao, sur les bords de la mer et sur les roches escarpées.

Diagnostic. Tige conique à base large, vert-foncé; côtes verticales ou peu obliques, épaisses; arêtes arrondies, voûtées entre les aréoles; aréoles assez distancées, ovales, d'abord munies de tomentum brun-pâle, ensuite nues; aiguillons, 18–20 rayonnants, gris-pâle, les 3 supérieurs plus courts, plus minces, dressés, les 12 latéraux divergents, les inférieurs plus longs et plus vigoureux, celui du milieu le plus long, horizontal.

Floraison. Spadice plat, blanc, garni de poils roides bruns. Fleurs à pétales rouge-pâle; anthères jaunes; divisions du stigmate, 4–5 blanches, colorées de rouge à l'extrémité.

Culture. On le dit moins délicat que les autres Meloctates.

27. Melocactus Violaceus (Pfaif.).

Synonymie. Meloc. Parthonii (Hortul.). — *id.* (Cels).

Patrie. Brésil.

Diagnostic. Tige sphérique ou conique d'une teinte générale violacée-claire; côtes verticales voûtées entre les aréoles; sillons larges;

aréoles assez éloignées les unes des autres, immergées, garnies de tomentum blanc, caduc; aiguillons, 6-8 rayonnants, cylindriques, longs,
droits, roides, rouge-brun, plus tard violets, gris, annelés transversa-
lemeut, le supérieur très-court ; pas d'aiguillon central.

Floraison. Spadice et fleur? Floraison indiquée dans les ouvrages
allemands en Juillet et Août.

Culture. Plein air pendant la belle saison ; chaleur.

28. Melocactus Depressus (Hook.).

Synonymie. Meloc. Gardenerianus (Booth.) ?

Patrie. Brésil, environs de Fernambouc.

Diagnostic. Tige sphérique, vert-clair; côtes larges, épaisses;
arêtes arrondies, renflées près des aréoles ; sillons larges, profonds ;
aréoles éloignées, petites, garnies de tomentum blanc, caduc; aiguillons
ronds, assez droits, divergents, brun-clair ou gris de cendre, de 5-7
rayonnants; pas d'aiguillon central.

Floraison. Spadice petit formé de laine blanche courte, mêlée de
nombreux poils roides, rouges ; fleurs ?

Culture. Plein air pendant la belle saison ; chaleur.

29. Melocactus Goniodacanthus (Lem.).

Synonymie?

Le seul individu existant lors de la description donnée par Lemaire
appartenait au Jardin des Plantes de Paris; il est mort depuis ; il a
donné de nombreuses graines qui ont germé et fourni de jeunes individus qui ne sont pas encore caractérisés. D'autres individus ont été importés depuis quelques années.

Patrie. Brésil?

Diagnostic. Tige conique, vert-clair ; côtes voûtées entre les aréoles
qui sont immergées; aréoles peu éloignées, ovales, garnies de tomentum court et caduc ; 6 aiguillons rayonnants, droits et roides, rarement
courbés, prismatiques à la base, bruns-noirs à la pointe : le supérieur
court, l'inférieur recourbé en bas et allongé ; pas d'aiguillon central.

Floraison. Spadice court, formé de laine blanche entremêlée de
rares poils roides, courts et rouges ; fleur ?

Culture. Plein air pendant la belle saison ; chaleur.

30. Melocactus Pentacanthus (Lem.).

Synonymie ?

Cette plante a été décrite d'après un sujet qui faisait partie de la
collection de M. Couraut ; je la crois perdue.

Patrie. Brésil, Bahia.

Diagnostic. Tige sphérique vert-clair; côtes peu incisées, peu saillantes, à peine renflées dans le voisinage des aréoles ; sillons très-larges,
sans profondeur ; aréoles ovales, nues; aiguillons rayonnants 5, recourbés en dedans ; pas d'aiguillon central.

Floraison. Spadice petit; formé de laine serrée, courte, blanche d'abord, jaunâtre plus tard, mêlée de poils roides, nombreux, disposés en faisceaux de couleur rouge-rose d'abord, ils finissent par brunir. Fleur?

Culture. Plein air pendant la belle saison; il demande de la chaleur.

31. Melocactus Delessertianus (Lem.).

Synonymie. Meloc. Delessertianus (Lem.).

Patrie. Mexique.

Diagnostic. Tige petite, subconique, d'un vert sombre et grisâtre; côtes subcrénelées; aréoles rapprochées; aiguillons très-petits, rigides, aciculaires; céphalium court, assez semblable à celui du Meloc. Amœnus dont cette plante se rapproche beaucoup.

Tige de 15 cent. de haut sur 12 de diamètre à la base; 12-15 côtes environ de 25 cent. de saillie dans la partie la plus forte, sur 32 de largeur à la base, plissées transversalement au-dessous de chaque aréole; aréoles enfoncées distantes de 12-15 millim., moyennes, subarrondies, garnies d'un duvet grisâtre, plus tard caduc; 8-9 aiguillons rayonnants légèrement recourbés vers la plante, 1-2 supérieurs très-petits, les autres augmentant assez régulièrement de grandeur jusqu'à l'inférieur qui atteint 15 millim. de longueur; 2 aiguillons intérieurs insérés au-dessus l'un de l'autre, de la même force que l'inférieur, l'un d'eux manque parfois, alors l'autre qui est unique est un peu plus faible. Tous sont rigides, fins, d'un brun-rougeâtre dans la jeunesse, puis grisâtres ou fauves, souvent bruns à la pointe.

Floraison. Fleurs et fruits?

Culture. Serre tempérée, chaleur.

§ 3. ESPÈCES DOUTEUSES.

Ces espèces n'existent plus en France; pour quelques-unes, il n'existe pas de description, ou bien ces descriptions sont incomplètes.

32. Melocactus Lemarii (Miq. in Litt. 1839).

Synonymie? Pycnacanthus hort. en non Cels Crassispinus Sahn.? Allgm. guartz. R. 1840.

Patrie. Saint-Domingue. (Forst.)

Diagnostic. Tige conique, allongé $0^m,30$ de haut; 10 côtes; aréoles distancées de 0,005; aiguillons larges, peu comprimés, rouges; aiguillous centraux, 4; aiguillons rayonnants, 9; dans quelques individus, l'aiguillon supérieur manque, quand il existe il est blanc, les autres rouges. Peut-être est-il synonyme du Meloc. Crassispinus?

Les individus que nous avons vus chez M. Cels, horticulteur très-zélé, et dans d'autres collections nous ont semblé constituer une espèce distincte; malheureusement nous n'en avons pas fait une description en temps opportun.

Floraison. Spadice?

33. Melocactus Oreas (Miq.).

Synonymie ?

Patrie. Bahia, au Brésil, sur les montagnes.

Diagnostic. Allongé 0,16 de haut ; 16 côtes ; aréoles serrées, $0^m,006$ les unes des autres, nues ou velues ; aiguillons centraux, 8 de différentes grandeurs, flexibles, minces ; aiguillons rayonnants plus petits ; spadice plat formé de laine longue et blanche.

Floraison. Fleur ?

Espèces dont il n'existe pas de description.

34. Melocactus Atrovivens (hort. Berol.).

Il est indiqué comme ayant des aiguillons vert-olive foncé ?

35. Melocactus Cephalenoplus (Lem.).

36. Melocactus Coronatus (Cels).

37. Melocactus Delessertianus (Cels).

38. Melocactus Macraïbo (hort.).

39. Melocactus Hookerianus (Forb.).

Observations générales sur la culture des Melocactes. — Jusqu'ici les horticulteurs et les amateurs n'ont jamais pu réussir à conserver les plantes de ce sous-genre ; nous croyons que cela tient d'une part à la mauvaise culture et à la délicatesse de ces plantes, d'autre part à ce qu'on a toujours reçu de forts sujets déjà munis de leurs spadices, et qu'à leur arrivée en Europe il faut toujours couper les racines. Si les collecteurs, au lieu de choisir des sujets adultes, se contentaient d'envoyer des sujets au plus de la grosseur d'une pomme, si en Europe ceux qui désirent cultiver ces plantes s'astreignaient à les cultiver en pleine terre dans une bache en pierre ou en brique qu'il serait possible de chauffer en dessous à l'aide d'un foyer à cheminée horizontale et conique, ces plantes réussiraient tout aussi bien en Europe que la plupart des plantes tropicales qui ornent nos serres. L'habitus de ces plantes, dont quelques-unes croissent dans les sables au bord de la mer, indique une station humide et très-chaude contrairement à l'opinion généralement répandue.

Il existe peu de collections où les Melocactus soient richement représentés ; ce genre semble même abandonné aujourd'hui, probablement à cause des difficultés qu'une mauvaise culture a opposées à leur conservation. Parmi ceux qui existent et qui sont peu connus, on rencontrerait peut-être de nouvelles espèces et de nombreuses variétés, si on les étudiait avec autant de soin que les autres genres. Puissions-nous, par les indications de culture que nous donnons, contribuer à rendre à ces plantes la faveur qu'elles méritent !

2ᵉ sous-genre, **Mamillaria** (Haw.).

Synonymie. Mamillaria Haw. Synop., p. 177. — Cactus Mamillaris Dc.
hort. Monsp., p. 33. — Echinocacti Wild. enum. suppl. 30 (Excl. spec.)
Mamillaria Pfr. enum. diagn., p. 5. — *id.* Dc. prod. 3, p. 458. — *id.* Endl.
gen. pl. — *id.* Lem. hort. Monv. Cactus subgenus Mamillaria Miq. Cact.
gen. — Mamillaria Forst. Manuel de lam. — *id.* Salm. Cact. in hort. Dyck.

Caractères. Ovaire lisse prolongé en un style dont les
divisions (stigmates) sont ou linéaires ou courtes, arrondies, lobuleuses ou vérucenses. Les divisions du périanthe
soudées par leur base, forment un tube adhérent à l'ovaire
qui est infère, elles vont en s'allongeant du dehors en
dedans. Etamines multisériées et soudées au tube. Baie
lisse, oblongue ou claviforme couronnée par les restes
desséchés du périanthe. Cotylédons petits, connés, aigus.

L'inflorescence est axillaire, elle dure pendant plusieurs
jours, et, pendant tout ce temps, les fleurs continuent à se
développer, les tons qui les colorent deviennent de plus
en plus intenses.

Tiges charnues, globuleuses, cylindriques, simples ou
rameuses; le tissu cellulaire est rempli d'une séve souvent
vent lactescente; elle est entourée de toutes parts par les
verticiles de feuilles qui sont resserrés et disposés comme
les écailles qui composent le cône du pin, elles sont
cylindriques, mammiformes ou polyédriques; dans tous
les cas, leur sommet est terminé par une aréole qui est
garnie de tomentum et d'aiguillons semblables ou dissem-
blables. Ces feuilles ne sont jamais pédonculées; leurs
aisselles sont le siége des bourgeons et des fleurs, elles
sont quelquefois garnies de duvet cotonneux et de quelques aiguillons grêles. Ce n'est qu'accidentellement et
seulement dans quelques espèces que les aréoles donnent
naissance à de jeunes bourgeons.

1ᵉʳ GROUPE. — SÉTIFORMES.

Mamillaires à aiguillons sétiformes, aciculaires, presque toujours
très-nombreux. Les extérieurs fins et soyeux, au nombre de 10-60 et
même plus; les intérieurs plus vigoureux, courts ou allongés, variant
en nombre de 0 ou 1 jusqu'à 7-8 et plus.

A. *LONGIMAMMÆ, à mamelons allongés.*

Tige courte ; feuilles presque radicales, tout à fait mammiformes, cylindriques, allongées, érigées, divergentes ; aiguillons pubescents, 4-12 intérieurs grêles, 0-3 extérieurs plus forts.

1. Mamillaria Longimamma (Dc.).

Synonymie. Mam. Longimamma Dc. Rev., p. 113. — *id.* Mem., t. 5, p. 10. — *id.* Pfr. enum., p. 22. — *id.* Catal. hort. Monv., 1846. — *id.* Cact. in hort. Dyck., 1849. — *id.* Forst. Manuel, p. 182. — Mam. Longimamma. β. Gigantothele Bergm.

Patrie. Mexique.

Diagnostic. Tige simple ou multiple, ovée ou presque cylindrique ; aisselles laineuses ; mamelons oblongs, ovés, disposés en goupillon ; aréoles tomenteuses ; aiguillons d'une couleur brun-cendré, commè légèrement velutineux au toucher et d'une consistance friable, 7-8 extérieurs rayonnants étalés, 1-3 intérieurs dressés à peine plus longs que les autres.

Les mamelons sont longs de 4-5 cent. sur 2 de largeur à la base ; les aiguillons atteignent 8-10 millim., quelquefois plus.

Floraison. La floraison a lieu en Avril, Mai et Juin. La fleur est assez grande, d'un beau jaune-citron, elle a 4 cent. de long avant l'anthèse, elle ne s'ouvre qu'au soleil seulement, et alors son limbe atteint 6 cent. de diamètre. Le calice est vert ; les lacinies qui forment le tube sont les unes extérieures roussâtres en dehors, les autres intérieures jaune-citron, toutes linéaires aigues. Les étamines sont moitié plus courtes que le tube, elles sont contournées en spirale autour du style ; leurs anthères sont jaune-doré : style un peu plus long, terminé par 5-6 divisions obtuses, épaisses, également jaune-doré.

Variétés. Longimamma β. Congesta hort. — Synonymie Mam. Hexacantha Otto.

Elle se distingue seulement par ses mamelons plus nombreux, plus resserrés et glauques. L'espèce connue dans les collections sous le nom de Mam. Longimamma β. Gigantothele, est le type du Longimamma.

Culture. Cette plante se contente de la serre tempérée pendant l'hiver, elle passe en plein air pendant la belle saison. Elle drageonne très-tard et donne difficilement de bonnes graines, mais il est très-facile de la multiplier par boutures de mamelons que l'on traite comme les boutures ordinaires ; un même mamelon peut produire plusieurs sujets si on a soin de les enlever successivement à mesure qu'ils se développent.

2. Mamillaria Uberiformis (Zucc.).

Synonymie. Mam. Uberiformis (Zucc.). — *id.* Pfr. enum., p. 23. — *id.* Pfr. et Otto Abbild., t. 13, fig. — *id.* Catal. hort. Monv., 1846. — *id.* Cact. in hort. Dyck. 1849. — *id.* Forst., Man. p. 182.

Patrie. Mexique. Karwenskii l'a trouvé dans des prairies garnies

de broussailles, près de Pakouka, à 2500^m au-dessus du niveau de
la mer.

Diagnostic. Tige basse, presque globuleuse; aisselles nues; mamelons vert très-foncé, luisants, allongés, épais, divergents, cylindriques,
émoussés à la pointe, comprimés çà et là latéralement; aréoles presque
nues, munies de 4 aiguillons rarement 3 presque décusés, roides, couleur de corne, pubescents, presque égaux, sans aiguillon intérieurs

La tige atteint 8 cent. de haut sur 10 de diamètre; les mamelons,
2-3 cent. sur 15 millim. de diamètre à la base, ils sont comme gonflés par la séve, ce qui leur donne un aspect de flascuosité; les aiguillons ont 15 millim. de longueur.

Floraison. Les fleurs apparaissent en Juin, d'un beau jaune-pur,
elles atteignent 3 cent. de diamètre pendant l'épanouissement; le tube
du périanthe est blanchâtre, grêle vers la base, au contraire gonflé vers
la corolle; les sépales rouge-vif en dehors; pétales bisériées, s'élargissant vers le sommet, laciniés, acuminées; étamines filiformes,
contournées en spirales autour du style, à filets blancs et anthères
jaunes; style jaune, à 5-6 divisions réfléchies.

VARIÉTÉS. Mam. Uberiformis β. Hexacentra Salm. — Syn. Mam.
Longimamma β. Hexacentra Berg. A. G. Z., 1840, p. 130.

Subcolumnaire, simple, vert-clair; aisselles garnies de tomentum
blanc dans la jeunesse; mamelons longs, cylindriques, comprimés
latéralement, arrondis à la pointe; aréoles presque nues, portant un
peu de tomentum gris rare; 6 aiguillons extérieurs rayonnants, droits,
gris, sans aiguillon central.

Culture. Comme le précédent pour l'espèce et la variété.

B. *CRINITÆ*, à aiguillons extérieurs criniformes.

Tige sous-globuleuse ou cylindrique, prolifère à la base; feuilles
mammiformes, cylindriques ou coniques, érigées, resserrées, parfois
marquées sur la face supérieure par un sillon longitudinal partant de
l'aréole; aiguillons souvent pubescents, les extérieurs plus ou moins
nombreux, sétacés ou criniformes blancs, les intérieurs plus rigides,
parfois colorés, le central droit ou terminé en hameçon.

Floraison. Fleurs blanches, roses, rouge-jaune; baie obovée, rose
ou rouge-vif.

1. *Inuncinnatæ*, à aiguillons droits.

Tige globuleuse, multiple ou cœspiteuse; 1-7 aiguillons intérieurs
tous droits, aiguillons extérieurs souvent très-nombreux.

3. **Mamillaria Decipiens** (Scheidw.).

Synonymie. Mam. Decipiens Scheidw. Bullet. acad. Brux. — Mam.
Inuncinnata Lem. — Mam. Guilleminiana Lem. Cact. gen. nov. in hort.
Monv., 1849, p. 48. — Mam. Glochidiata Inuncinnata Lem. — Mam. Anancistria Lem. Cact. gen. nova, p. 39. — Mam. Deficiens hort. — Mam.

Ancistroïdes β. Inuncinnata Lem. in Litt. — Mam. Deficiens hort.— Mam. Deficiens hort. Monv., 1845. — *id.* Forst., p. 184 et 517. — *id.* Cact. in hort. Dyck., cult. 1849, p. 80.

Patrie. Mexique.

Diagnostic. Tige multiple, claviforme, amincie à la base; jeunes aisselles laineuses et sétigères, plus tard nues, l'épiderme quelquefois transparente laisse voir la chair qui paraît rose; mamelons cylindriques, verts, ils semblent avec le temps devenir ponctués; les jeunes aréoles laineuses plus tard noires; 7 aiguillons extérieurs blancs, jaunâtres, jaunes, ou plus clairs à la base, beaucoup plus foncés à partir du milieu jusqu'à la pointe, 1 ou 2 intérieurs bruns droits, longs, placés au-dessus l'un de l'autre, l'un dirigé en haut, l'autre presque dressé sur le mamelon, tous friables, cassants.

Floraison. Avril et Mai. Sépales peu nombreux, linéaires, acuminés, d'un violâtre pâle. Pétales 12 à 15 linéaires très-acuminées, d'un rose très-vif, plus pâle sur les bords et à la base. Étamines très-courtes à filets roses; anthères blanchâtres. Pistil un peu plus long, d'un rose pâle, à 4-5 divisions. En couronne.

Culture. Serre tempérée, plein air et pleine terre pendant la belle saison.

Nota. On rencontre encore dans les collections sous le nom de Mam. Deficum hort., Mam. Ancistria Lem., Mam. Ancistroïdes Inuncinnata Lem., une plante que nous avons considérée comme identique avec notre Mam. Decipiens. Les seuls caractères qui pourraient la différencier, sont une couleur plus foncée; les mamelons moins divergents, et trois aiguillons intérieurs, dont les deux supérieurs dressés-adprimés et tous deux dirigés vers le sommet de la plante.

M. de Monville et quelques auteurs regardent notre Mam. Decipiens et le Mam. Guilleminiana Lem. comme distincts; d'autres, le prince de Salm et Forster, les regardent comme identiques. Nous avons comparé avec soin les deux descriptions, celle de Schiedwieller et celle de Lemaire, soit avec des sujets de semis ou de boutures jeunes encore, soit avec de très-forts sujets appartenant aujourd'hui à M. Audry : la première s'accorde assez avec les uns et les autres, plus particulièrement avec les jeunes; la seconde, au contraire, avec les forts individus. D'où l'indécision qui a existé si longtemps et qui existe encore. Un seul moyen restait pour la lever, c'est la comparaison des fleurs des sujets qui avaient élevé ces doutes. En comparant la description de la fleur Mam. Guilleminiana donnée dans l'*Horticulteur universel*, t. II, p. 202, avec une description que nous avons faite des fleurs d'un jeune individu, il ne nous est resté aucun doute sur l'identité de ces deux plantes, surtout en tenant compte de l'altération de caractères que les jeunes individus de bouture ou de semis avaient dû subir par suite d'une culture vicieuse. La plante décrite par Lemaire chez M. Odier était cultivée en plein air, tandis que toutes nos jeunes Mam. Dicepiens avaient été cultivées pendant plusieurs années constamment en serre, ceux que nous avons cultivés convenablement, ont repris les caractères du Mam. Guilleminiana après deux saisons. Ce qui arrive ici pour ces deux sujets, se présente bien souvent à notre insu pour d'autres plantes dont on a fait des variétés Major, Minor, Spinosior, Lævior, etc. Le temps seul et une bonne culture nous en apprendront plus que toutes les recherches.

4. Mamillaria Pusilla (Dc.).

Synonymie. Mam. Pusilla Dc., p. 29, Rev. t. 2, fig. 1. — Pfr. enum., p. 36. — Mam. Stellaris Harv. — Cact. Stellaris Wild. — Mam. Pusilla Salm. Cact. cult. in hort. Dyck. — *id.* Cat. Monv., 1846. — *id.* Forst. Handb., p. 189. — Stellatus Lodd. Bot. cab. 1, t. 79. — Stellaris Lamk. — Cact. Pusillus Dc. Cat. hort. Mousp. — Mam. Cœpitosa hort. — Cact. Stellatus Pluk. phys., t. 29, f. 2?

Patrie. Indes occidentales.

Diagnostic. Tige globuleuse, multiple, formant un gazon presque hémisphérique; aisselles garnies de bouquets de poils, mamelons petits, cylindriques, aréoles velues; 4-6 aiguillons droits, petits, blancs, dorés, pubescents, 12-20 extérieurs blancs, piliformes.

Les mamelons ont 13 millim. de long; les aiguillons sont longs de 9 millim.

Floraison. En Avril, Mai et Juin. Fleurs abondantes plus longues que les mamelons. Pétales mucronées jaunâtres avec ligne médiane rose; étamines blanches à peine plus longues que le style; anthères jaunes; 5 stygmates jaunes.

Culture. Serre tempérée, plein air. Cette plante craint l'eau pendant l'hiver.

VARIÉTÉS. Mam. Pusilla β. Major Pfr. Tige cinerescente, subsimple; mamelons le double plus longs; aiguillons 13 millim.; fleurs plus grandes d'après Pfr. Pour nous, nous n'avons jamais reconnu de différences tranchées entre les Mam. Pusilla et Pusilla Major des collections, si ce n'est celles qui différencient des sujets identiques, l'un poussant vigoureusement et l'autre lentement; ce fait est tellement vrai, que nous nous rappelons avoir fait remarquer à un de nos amis que son Mam. Pusilla Major, qui effectivement avait pu mériter cette distinction, était devenu le véritable Pusilla par suite d'un accident, tandis que son Pusilla, qui s'était développé vigoureusement, semblait vouloir usurper le titre de Pusilla β. Major. Malheureusement beaucoup de variétés se sont ainsi faites.

5. Mamillaria Vetula (Mart.).

Synonymie. Mam. Vetula Mart. act. nov. nat. cur. xvi, t. 24, p. 338. — Pfr. enum. diagn., p. 32. — Forst. Handb., p. 185. — Cat. Monv., 1845. — Cact. in hort. Dyck., 1849.

Patrie. Mexique. Karwenskii l'a trouvé près de San Jose del Auro, sur les roches, à près de 4000^m au-dessus de la mer.

Diagnostic. Tige cylindrique, prolifère, aisselles presque nues;

2

mamelons vert luisant, coniques; aréoles peu tomenteuses, 25-30 ái-
guillons extérieurs, plus tard jusqu'à 50, sétiformes; plus ou moins
étalés, irrégulièrement disposés, 1-3 intérieurs plus forts dressés,
bruns.

Floraison. Octobre à Décembre. Fleurs longues campanulées;
lacinies, lancéolées, aiguës, citrinées, marquées en dehors d'une ligne
brun rouge foncée; étamines courtes; anthères jaunes; style blanc à
5 divisions.

VARIÉTÉS. Mam. Vetula β. Major, Salm. d'après Monv. et les catalogues. Syn. Mam. Grandiflora hort. et non pas Otto.— *id.* Scheidw.—
Mam. Macracantha Lhem. (non Macracantha Dc.), se distingue par
ses aiguillons et ses fleurs plus grands.

Culture. Plein air, serre tempérée. En pleine terre, pendant la belle
saison, il prend un aspect très-vigoureux qui en fait une plante remarquable.

6. Mamillaria Multiceps (Salm.).

Synonymie. Mam. Multiceps. Salm. — (Mam. Cœspititia hort. —
Mam. Cœspititia Dc. Rev. p. 112. — Pfr. enum. diagn. p. 35. — Mam.
Multiceps. Cact. cult. in hort. Salm. Dyck., p. 81.).

Patrie?

Diagnostic. Tige globuleuse, très-prolifère, aisselles garnies de poils
blancs sétiformes, mamelons droits serrés, cylindriques, verts, luisants,
aréoles des plus jeunes garnies de tomentum blanc, promptement caduc,
aiguillons extérieurs; soyeux; brillants; nombreux, très-étalés, flexibles, blancs; 6-7 intérieurs, ouverts, radiés, quelquefois le septième
qui est central manque, tous inuncinnés, rouges, fauves.

Aiguillous du centre, 6-9 millim. de long; extérieurs, très-petits;
entièrement soyeux, à peine plus longs que les premiers; les aisselles
sont également garnies de poils flexibles.

Floraison. Fleur petite; tube vert à la base; folioles sépaloïdes peu
nombreuses, 10-15 folioles pétaloïdes serrées, dressées, recourbées;
jaune pâle, marquées en dehors sur le milieu d'une ligne rouge sale;
étamines nombreuses; filets blancs; anthères jaunâtres; style plus long
que les étamines; 6-7 stigmates dressés, aigus, jaunes.

Culture. Serre tempérée, plein air.

7. Mamillaria Alpina (Mart.).

Synonymie. Mam. Alpina (Martius, act. acad. Monac. — Salm. Cactæ
in hort. Dyck., 1849, p. 79. — Mam. Farinosa Fenn.?).

Patrie. Mexique, province d'Oaxaca, d'où Karwinski l'a introduit.

Diagnostic. Tige globuleuse, par la suite devenant cylindrique en
s'allongeant, glauque-livide, recouverte d'une multitude de petits points
très-resserrés. Mamelons coniques, la face intérieure déprimée et marquée au milieu d'un sillon longitudinal, dressés-ouverts, ou tont à fait
dressés; sillon obtus; aréole petite, munie de tomentum blanc, de sétules

et de 8, 10 ou 12 aiguillons ténus, fins, les jeunes presque jaune-serin, ensuite jaune-blanc, rayonnants dans un seul plan, quelques-uns flexibles, presque aussi longs que les mamelons, et couverts d'une pubescence blanche caduque.

Floraison. Fleurs nombreuses, larges de 3 cent.; lacinies sépaloïdes, lancéolées, aiguës, vert sale; lacinies, pétaloïdes, recourbées, étendues, blanches-paille, teintes de vert; étamines blanches, nombreuses, dressées. Anthères jaune-safran. Style plus long que les étamines. Stigmates, 4 presque verts.

Culture. Serre tempérée, plein air.

Dans l'ouvrage cité de Martius, notre plante est indiquée Mam. Albina; cette mutation de nom tient sans doute à la tendance des Allemands à prononcer nos *b* comme nos *p*. Nous avons conservé le nom généralement répandu.

2. *Uncinnatœ, aiguillons intérieurs uncinnés.*

Tige globuleuse, multiple, cœspiteuse; aiguillons extérieurs plus ou moins nombreux, aiguillons intérieurs uncinnés.

8. Mamillaria Zephyrantoïdes (Scheidw.).

Synonymie. Mam. Zephyrantoïdes Scheidw. — Pfr. et Otto Abbild. 2, t. 8. — Hort. Mony., 1845. — Cactœ in hort. Dyck., p. 80. — Mam. Fenelli Hopf. — *id.* Hort. — Mam. Zephyrantflorus Galeot. — *id.* Hort.

Patrie. Mexique, province d'Oaxaca, dans les régions froides, à plus de 2500^{m} au-dessus de la mer; introduit par Galeotti en 1840. Il faisait également partie d'un envoi que reçut Ehremberg de Berlin, en 1841.

Diagnostic. Tige simple, globuleuse, déprimée, vert foncé, aisselles nues; mamelons allongés, aplanis en dessus, s'amincissant vers le sommet qui est émoussé; aréoles obliques apicillaires, blanches-floconneuses, plus tard nues; aiguillons pubescents, 12-14 extérieurs sétacés, blancs divergents, 2 intérieurs un peu moins longs, plus rigides, rouges, pâles à la base, souvent uncinnés à la pointe, celui de dessus court, droit, fauve.

Les aiguillons intérieurs sont au nombre de 2 ou 4 uncinnés au sommet, lorsqu'un seul est uncinné, c'est toujours l'inférieur.

Floraison. Fleurs nombreuses de 2 cent. de diamètre, lacinies, sépaloïdes, lancéolées, aiguës, vertes; lacinies, pétaloïdes, presque dressées, blanches, tachées en dehors d'un ton ocré et à l'intérieur d'une ligne rose, étamines nombreuses, filets verts à la base, rouges à l'extrémité. Anthères dorés; style dépassant les étamines; 8 stigmates jaune verdâtre.

Culture. Serre tempérée et plein air.

Les exemplaires originaux portent ordinairement 3-4 aiguillons intérieurs uncinnés; leur nombre diminue fréquemment en Europe; quelques sujets ont des mamelons qui ont 3 cent. $\frac{1}{2}$ de long et 6 à 10 millim. de large; les aiguillons extérieurs 2 cent., les intérieurs 15 millim.

9. Mamillaria Glochidiata (Mart.).

Synonymie. Mam. Glochidiata (Mart. act. nov. nat. cur. xvi, t. 23. — *id.* Pfr. enum., p. 36. — Mam. Criniformis Dc. Mém., p. 8, t. 1. — Mam. Glochidiata Alba hort. — Mam. Ancistroïdes Lehm. Delect. sem. Hunb., 1832. — Mam. Glochidiata Salm. Cact. nov. cult. in hort. Dyck., 1849. — *id.* Cat. hort. Monv. — *id.* Forst., p. 188.

Patrie. Mexique. Karwenskii l'a trouvé sur la limite qui sépare les régions froides des régions tempérées.

Diagnostic. Tige gazonnant; aisselles sétifères, mamelons cylindriques, allongés, vert-clair, émoussés, aréoles insérées obliquement, peu laineuses; 8-20 aiguillons aussi longs que les mamelons, sétiformes, blancs; 2-3 intérieurs jaunes, le supérieur uncinné, de la même longueur que les autres, à pointe plus foncée.

Variétés. Mam. Gloch. β. Rosea Salm. (Syn. M. Criniformis Pallida, Dc. — M. Criniformis Dietr.)

Peu diffèrent par son facies, diffère du précédent par ses fleurs roses, son stigmate de la même longueur que les étamines, tandis que dans la plante type la fleur est assez semblable à celle du Mam. Schelhasii β. Sericata.

Mam. Gloch. γ. Albida Dc. — *id.* Monv. Variété dont tous les aiguillons sont blancs.

Mam. Gloch. δ. Rosea Nob. — Semblable à la variété précédente, n'en différant que par la fleur qui est d'un très-beau rose.

Culture. Serre tempérée, plein air.

10. Mamillaria Schelhasii (Pfr.).

Synonymie. Mam. Schelhasii (Pfr. — *id.* Cat. hort. Monv., 1846. — *id.* Forst., p. 136. — *id.* Cact. in hort. Dyck. cultæ, 1849. — *id.* Dietr. A. G. Z. 1841, p. 180. — Scheidweileriana, Otto. — Glochidiata β. Purpurea Scheidw.).

Patrie. Mexique. Minéral del Monté envoyé en 1831 au docteur Pfaiffer par Ehremberg.

Diagnostic. Tige sous-globuleuse, prolifère à la base; aisselles sous-laineuses; mamelons cylindriques, tétragones à la base, obliquement arrondis à l'extrémité; aréoles apicillaires, presque nues; 15-20 aiguillons extérieurs sétacés, blancs, stellés, un peu plus courts que les mamelons, 3 intérieurs roides, purpurescents vers la pointe, 2 latéraux, droits, ouverts, 1 central, dressé, uncinné en dessus; aisselles presque nues.

Floraison. Fleurs blanches, lacinies, aiguës, marquées en dehors d'une ligne étroite rose sale.

Variétés. β. Sericata. Salm. Syn. Mam. Glochid. Purpurea. Scheidw. — Mam. Glochidiata β. Sericata Lem. — Scheidweileriana Otto.

Diffère de l'espèce par ses aiguillons sétiformes soyeux, flexibles, beaucoup plus nombreux, couvrant entièrement la plante.

γ. Rosea. Salm. Différencié par sa tige plus basse, globuleuse et ses fleurs entièrement roses.

δ. Truincinata Salm. Différencié par ses aiguillons extérieurs plus courts, droits, et les intérieurs, qui sont au nombre de 3, constamment uncinnés.

Culture. Plein air, serre tempérée.

11. Mamillaria Wildiana (Otto.).

Synonymie. Mam. Wildiana Otto. — *id.* Pfr. enum. diagn., p. 37. — *id.* Cact. in hort. Dyck., 1849. — *id.* Cat. hort. Monv. 1846. — *id.* Forst., p. 187. — Mam. Wildii Otto. — Mam. Gloehidiata Aurea hort.

Patrie. Mexique; introduit en 1835.

Diagnostic. Tige cylindrique, prolifère; aisselles roses, laineuses et sétigères; mamelons effilés, cylindriques, émoussés, verts, un peu étranglés et roses à la base; aréoles des plus jeunes tomenteuses; aiguillons extérieurs 8–10, très-fins, sétiformes, blancs, rayonnants, 3 intérieurs presque roides, jaunes, dressés, presque de la même longueur que les mamelons; 1 central uncinné doré.

Mam. 11 millim. de long sur 2 millim. de diamètre; aiguillons extérieurs, 9 millim.

Floraison. Pendant presque toute l'année, se produisant même sur les sujets jeunes d'une année, semblables à celles du Mammilaria Pusilla.

Variétés. β. Rosea Salm. Syn. Mam. Monancistria. Berg. Tous les caractères de cette plante en font, sans aucun doute, un Mamill. Wildiana; elle n'en diffère que par sa fleur qui est d'un rose pâle.

Culture. Serre tempérée, plein air.

Les variétés du Mam. Wildiana, désignées sous les noms de β. Major Salm., β. Spinosior Monv., ne présentent aucune différence essentielle avec notre Mam. Wildiana Otto.

12. Mamillaria Crinita (Dc.).

Synonymie. Mam. Crinita Dc. Rev. p. 112. Mém. p. 7, t. 3. — Pfr. enum., p. 37. — Cac. in hort. Dyck. 1849. — Catal. hort. Monv., 1846. — Forst., p. 188.

Patrie. Mexique.

Diagnostic. Tige drageonnant à la base, globuleuse, déprimée; aisselles nues; mamelons ovés, aréoles presque nues; 15-20 aiguillons sétiformes blancs, presque rayonnants, allongés, 4-5 au milieu plus forts, roides, et de la même longueur que les autres, celui du milieu uncinné, plus foncé que les autres.

Ce qui distingue cette plante du Mam. Wildiana, c'est que les mamelons, au lieu d'être étranglés à la base et comme gonflés vers leur extrémité, vont au contraire en s'amoindrissant légèrement de la base au sommet; les aiguillons centraux diffèrent aussi. D'ailleurs, les fleurs de l'un et l'autre lèvent les doutes, si le faciès en laisse.

2.

Floraison. Moins abondante que celle du Wildiana ; fleurs plus longue que les mamelons, blanc-jaune, à reflet vert à la base, lacinies,
marquées d'une ligne rouge ; anthères et stigmates jaunes.
Culture. Serre tempérée, plein air.

13. Mamillaria Barbata (Engelm.).

Synonymie. Mam. Barbata Engelm. Mem. p. 105. — *id.* Cact. in hort.
Salm. Dyck. cultæ, p. 82.

Patrie. Mexique, près de Cosihuiracha.

Diagnostic. Tige simple, globuleuse, déprimée ; aisselles des mamelons nues ; aiguillons rayonnants, plurisériés, très-nombreux ; 40 extérieurs piliformes blancs, 10–15 intérieurs un peu plus forts, fauves, un
central, seul vigoureux uncinné, dressé, brun.

Floraison? Baies, oblongues, vertes, couronnées par les restes de la
fleur.

Culture. Serre tempérée, plein air.

Cette plante n'existe dans aucune Collection de France, elle se rencontre seulement dans quelques Collections d'Angleterre et d'Allemagne.

14. Mamillaria Senilis (Lodd.).

Synonymie. Mam. Senilis Lodd. — *id.* Hort. Monv. — *id.* Cacteæ in
hort. Dyck. cultæ 1849, p. 82. — *id.* Forst., p. 189. — *id.* Hort.

Patrie ?

Diagnostic. Tige ellipsoïde, devenant prolifère à la base avec l'âge ;
aisselles nues ; mamelons épais, serrés, émoussés, vert-clair brillant ;
aréoles garnies de tomentum blanc, aiguillons tous blancs, les extérieurs
très-nombreux, criniformes, flexibles, dressés-ouverts, 4–6 au centre
un peu plus forts, le supérieur et le dernier uncinné.

Tige presque columnaire, haut de 2 décim. sur 5 cent. de diamètre,
couverte par les aiguillons criniformes nombreux, presque courbés et
très-serrés.

Floraison?

Variétés. Mam. Senilis. β. *Hasselofii.* Salm. Syn. Mam. Hasselofii
Ehremb.

Variété dont les aiguillons sont beaucoup plus nombreux, tous criniformes.

γ. Linkei Salm. Syn. Mam. Linkei Ehremb.

Variété dont les aiguillons intérieurs sont tous uncinnés.

Culture. Serre tempérée, plein air, demande à être placé dans les
parties les plus sèches de la serre tempérée. Il craint l'eau pendant
l'hiver et semble assez délicat. Cette plante est très-rare dans les Collections de France. M. Cels, horticulteur, chaussée du Maine, 77, l'a
multipliée.

C. *POLYACANTHÆ*, *à aiguillons nombreux.*

Tige globuleuse ou cylindrique; aisselles ou nues presque nues, portant 2-3 sétules; mamelons cylindriques, coniques ou pyramidaux coniques (mais n'accusant jamais de faces nettes et tranchées); aiguillons nombreux ou très-nombreux, subsétacés, blanchâtres, jaunâtres; même quelquefois roussâtres, plurisériés, érigés-ouverts, ou quelquefois tout à fait ouverts, entremêlés, adprimés contre le bout du mamelon, les intérieurs souvent plus vigoureux, plus longs, érigés-divergents, quelquefois terminés en hameçon, d'autres fois seuls et érigés ou bien enfin manquant.

Fleurs blanchâtres, roses ou rouge-vif; baie blanche, jaune ou rouge.

* SPINOSISSIMÆ, A AIGUILLONS TRÈS-NOMBREUX.

Tige globuleuse, claviforme ou cylindrique, simple ou drageonnant; aisselles nues ou très-légèrement sétigères; mamelons cylindroconiques; aiguillons plurisériés, les uns extérieurs, nombreux, de 18-24 et plus, subsétiformes ou sétiformes, rayonnants-ouverts, blancs, transparents, très-fins, quelquefois colorés; les autres intérieurs dressés, nombreux (leur nombre variant de 2-10), plus rigides, droits ou terminés en crochet, ordinairement plus vigoureux que les autres, quelquefois colorés.

Fleurs d'un rouge-vif; baie verte, jaune ou rouge.

1. *Uncinnatæ, aiguillons intérieurs uncinnés.*

15. Mamillaria Ancistroïdes (Lem.).

Synonymie. Mam. Ancistroïdes Lem. Cact. gen. nov. spec. nov. in hort. Monv., p. 38. — *id.* Cact. in hort. Dyck. cult. 1850, p. 90. — Mam. Ancistrina Pfr. — *id.* Scheidw. — *id.* Hort. — Mam. Ancistrata Pfr. — *id.* Schelh., d'après Salm. cat. de 1844.

Patrie ?

Diagnostic. Tige globuleuse à peine ombiliquée, vert-clair, avec l'âge devenant prolifère à la base; aisselles nues, aréoles ovées, aiguillons biformes, les uns rayonnants, très-nombreux, blancs, transparents, les autres au nombre de 5 au centre, plus forts, jaunes-bruns; l'inférieur uncinné.

Floraison. Mai et Juin. Fleurs nombreuses, folioles dressées, à peine recourbées à leur extrémité, rose-pâles, marquées en dehors d'une ligne médiane plus foncée, les extérieurs aiguës, les intérieurs émoussés sur les bords; style plus long que les étamines; stigmate à trois divisions très-courtes blanches.

VARIÉTÉS. Mam. Ancistroïdes β. Major Salm. Mamelons un peu plus épais; les aiguillons tous plus vigoureux; l'aiguillon central uncinné, plus clair à la base.

Culture. Serre tempérée, plein air et pleine terre sur couche.

16. Mamillaria Goodrichii (Scheer.).

Synonymie. Mam. Goodrichii Scheer. — *id.* Salm. Cact. in hort. Dick. cult. 1850, p. 91. — Mam. Beneckei Ehremb.— *id.* Forst. Handb., p. 210. — *id.* Salm. Cact. in hort. Dyck. cult. 1850, p. 91.

Patrie. Mexique et la Californie.

Diagnostic. Tige dressée, cylindrique, prolifère à la base; aisselles nues; mamelons très-resserrés, petits, verts; aréoles nues; 12 aiguillons extérieurs transparents, blancs, à peine roides, presque bifariés, très-étalés, entremêlés, 4 au centre plus longs, blancs à la base, bruns ensuite, l'inférieur plus fort, uncinné.

La tige de 10 cent. a à peine 4 cent. de diamètre, elle drageonne à partir de la base, elle est recouverte de toutes parts par les aiguillons qui cachent les mamelons presque tétragones comprimés; 8 aiguillons latéraux bifarés rayonnants, 4 au-dessous un peu plus courts, tous diaphanes, presque roides, mêlés avec ceux des aréoles voisines, 3 au centre, 3 supérieures aciculaires dressés, celui du bas plus long, plus gros, très-roide, terminé en hameçon.

Floraison ?

Il faut remarquer que le Mam. Beneckei est du Mexique et le Mam. Goodrichii de l'île Coros dans la Californie, ce qui peut-être constituera plus tard deux espèces distinctes, quoique très-ressemblantes par leur diagnostic. Le dernier paraît perdu; les échantillons introduits par Goodrich sont morts dans les Collections d'Europe.

Culture. Serre tempérée, pleine terre et plein air pendant la belle saison; peut-être cette plante exige-t-elle aussi la chaleur d'une couche pendant la belle saison.

17. Mamillaria Haynii (Ehremb.).

Synonymie. Mam. Haynii Ehremb. — *id.* Salm. Cact. in hort. Dyck. cult. 1850, p. 81. — *id.* Forst. Handb., p. 210. — Mam. Principis Mouv. ?

Patrie. Mexique.

Diagnostic. Tige dressée, cylindrique; aisselles nues; mamelons vert-brillant, serrés, orés, obliquement émoussés; aréoles ovales, presque de suite nues; environ 14 aiguillons extérieurs étalés, rayonnants, sétacés, blancs, ceux du bas sensiblement plus longs, 2 au centre, petits, fauves-rose, 1 en haut, l'autre parfois presque uncinné, le crochet dirigé vers le bas.

Tige de 10 cent. de haut sur 5 de diamètre, devenant prolifère avec le temps; mamelons resserrés; aiguillons extérieurs fauves, depuis la base; aiguillons du centre, 2, quelquefois 3-4 grêles, celui du haut aciculaire, celui du bas rarement recourbé en crochet.

Floraison? Fleurs nombreuses disposées en zône, petites, folioles, aiguës, roses en dedans, rouge sale en dehors.

Variétés. Mam. Haynii. β. Viridula Salm.—Mam. Viridula Ehremb. Mamelons un peu plus forts et plus resserrés, d'un aspect tout différent de celui du Mam. Haynii.

γ. **Mimima Salm.** — Mam. Digitalis Ehremb.

Diffère seulement par la tige plus basse, et les aiguillons [beaucoup plus courts et beaucoup plus grêles.

Culture. Serre tempérée, plein air et pleine terre sur couche pendant la belle saison.

18. Mamillaria Umbina (Ehremb.).

Synonymie. Mam. Umbina Ehremb. A. G. Z. 1849, p. 287. — *id.* Salm. Cact. in hort. Dyck. cult. 1850, p. 92.

Patrie. Mexique.

Diagnostic. Tige dressée sous-cylindrique ; aisselles nues ; mamelons serrés, vert-glauques, ovés, émoussés ; aréoles ovales, presque de suite nues ; 20 aiguillons extérieurs étendus, entremêlés, sétacés, blancs, 2-4 au centre, plus forts, dressés, étendus, blanc-sale à la base, fauve vers l'extrémité ; celui du bas, le plus long, recourbé en crochet.

Tige, 13 cent. de haut sur 8 de diamètre, presque recouverte par les aiguillons rayonnants qui sont entremêlés ; 4 aiguillons au centre, presque roides, décusés, les deux latéraux manquant souvent.

Floraison. Pendant toute la belle saison. Fleurs grandes ; toutes les lacinies aiguës, lancéolées ; les sépaloïdes dressées, rouge-sale ; environ 15 pétaloïdes recourbées à la pointe, pourpre-clair ; étamines nombreuses, adhérentes ; filets et anthères blancs ; style filiforme dépassant les étamines ; 7 divisions vertes réunies en faisceau.

Culture. Serre tempérée.

Nota. Cette plante n'existe pas encore dans les Collections de France.

19. Mamillaria Coronaria (Harv.).

Synonymie. Mam. Coronaria Harv. Rev. p. 69. — *id.* Pfr. enum. diagn., p. 63. — *id.* Forst. Handb., p. 211. — *id.* Salm. Catal. — Cact. Cylindricus Spreng.— Mam. Coronatus Wild. enum. supp. 30.— Cact. Cylindricus dec. p. 123, t. 16.

Patrie. Mexique, Guatimala.

Diagnostic. Tige robuste, cylindrique avec l'âge, devenant prolifère depuis la base ; aisselles presque nues ; mamelons vert-glauques, grands, ovés ; 13-16 aiguillons extérieurs sortant d'un tomentum court et rare, rayonnants, roides, blancs, transparents ; 4 au centre, plus longs, fauves, celui du bas très-long ; dans les jeunes plantes, très-allongé, terminé en crochet.

Floraison. En Avril et en Mai. Fleurs assez grandes, rouges, carminées, disposées en couronne vers le sommet de la plante. Il fleurit difficilement, quelquefois sur les individus très-forts de 50-60 cent. de haut sur 12-15 de diamètre. Il existe beaucoup d'aréoles où il n'y a pas d'aiguillon intérieur uncinné.

Culture. Serre tempérée, plein air. Cette plante, qui fleurit difficilement cultivée en pots, fleurit très-abondamment et d'une manière

luxuriante quand elle est cultivée en pleine terre, à une bonne exposition, pendant la belle saison.

Les variétés indiquées dans les catalogues n'existent pas.

20. Mamillaria Hamata (Lehm.).

Synonymie. Mam. Hamata Lehm. — *id.* Pfr. enum. diagn., p. 34. —
id. Salm. Cact. in hort. Dyck. cult. 1850, p. 92. — Mam. Coronata minor
Forst. Handb., p. 212.

Patrie. Mexique.

Diagnostic. Tige dressée, sous-cylindrique; aisselles peu sétifères;
mamelons coniques peu comprimés, obliquement émoussés à la pointe;
aréoles ovales très-promptement nues; 18-20 aiguillons extérieurs
étendus, ceux du bas sensiblement plus longs, blancs, tachés de fauve
à la pointe; 4-6 au centre, étendus, fauves, les supérieurs presque
égaux, aciculaires; l'inférieur dans les jeunes plantes avec très-petit
crochet.

Floraison. Fleurit plus difficilement que le précédent. Le tube du
périanthe cylindrique, vert, gonflé d'une manière particulière et formant un ventre pourpre; l'ouverture du tube présente un limbe roulé
en dehors.

Variétés. Mam. Hamata. β. Longispina Salm. A aiguillons plus
longs que ceux de l'espèce normale.

γ. Brevispina Salm. A aiguillons sensiblement plus courts que
ceux de l'espèce normale.

δ. Principis Nob. Syn. Mam. Principis Monv. Trouvé au milieu
d'un semis de Mam. Spinosissima. Se distingue par un des aiguillons
intérieurs terminé en hameçon. Les individus connus sont encore trop
jeunes pour qu'il soit possible de leur assigner une place précise.
Peut-être cette mention aurait dû être placée à la suite du Spinosissima?

21. Mamillaria Nigra (Ehremb.).

Synonymie. Mam. Nigra Ehremb. A. G. Z. 1849, p. 287. — *id.* Salm.
Cact. in hort. Dyck., cult. 1850, p. 94. — Mam. Pulchella β. Nigricans
Salm.

Patrie. Mexique.

Diagnostic. Tige sous-globuleuse; aisselles nues; mamelons ovés,
émoussés, vert-foncé-glauques, presque resserrés; aréoles presque
ovales, nues; 20 aiguillons intérieurs très-étalés, entièrement entremêlés, blancs, sétacés; 4 aiguillons au centre, décusés, plus vigoureux,
ouverts, roides, noirs, 2 latéraux un peu plus courts, l'inférieur
allongé, recourbé en crochet à la pointe.

Tige ellipsoïde dans l'âge avancé, jeune entièrement couverte d'aiguillons; environ 20 extérieurs resserrés, ceux du bas sensiblement
plus longs et cachant presque les mamelons.

Aiguillons intérieurs presque dressés, vigoureux, roides, disposés en
croix, très-noirs, les latéraux et celui du haut un peu plus longs, mais

celui du bas très-long, de 15-18 cent., étendu horizontalement et terminé en crochet.

Floraison ?

Culture. Serre tempérée et plein air.

Cette plante est confondue en France parmi les nombreux semis du
Mamillaria Pulchella qui ont tant varié dans leur jeunesse ; il serait
intéressant de soumettre à une bonne culture les sujets si nombreux
désignés en France sous la dénomination de Mamillaria Pulchella, les
différences que l'on trouve pour la vigueur, la couleur et même le
nombre des aiguillons, disparaîtraient probablement et les ferait rén-
trer dans un ou deux types plus nettement tranchés.

2. *Inuncinnatæ, à aiguillons droits.*

22. Mamillaria Spinosissima (Lem.).

Synonymie. Mam. Spinosissima Lem. Cact. aliq. nov. in hort. Monv.,
p. 4, fasc. 1. — *id.* Forst. p. 190. — *id.* Cact. in hort. Dyck. cult. p. 83.
— Mam. Polycentra Berg. A. G. Z., 1840, p. 130. — Mam. Pretiosa
Ehremb.

Patrie. Mexique.

Diagnostic. Tige simple columnaire ; jeunes aisselles un peu tomenteuses ; mamelons petits, ovés, serrés, tétragones à la base ; jeunes
aréoles, munies de laine blanche, plus tard nues ; 16-20 sétules rayonnantes, courtes, droites, roides, presque dressées, non entremêlés ;
8-10 aiguillons au centre, le double plus longs, blancs, droits, roides,
subulés, dressés ; dans les jeunes, colorés de rouge foncé très-vif à la
pointe.

Floraison. Pendant presque toute la belle saison. Fleurs petites,
rondes, lacinies du périanthe, aiguës, recourbées en dehors ; filets des
étamines roses, baies, piriformes.

VARIÉTÉS. Mam. Spinosissima. β. Flavida Salm. — Mam. Polyacantha Ehremb.

La couleur rouge des aiguillons du Spinosissima est remplacée par
un ton jaune doré luisant.

γ. Rubens Salm. — Mam. Polyactina Ehremb.

Aiguillons beaucoup plus colorés que dans le Spinosissima, rouges
beaucoup plus intenses.

δ. Brunea Salm. — Mam. Uhdeana Salm. — Mam. Cœsia Ehremb.

La couleur des aiguillons passé ici au rouge-brun châtain, ils sont
plus rigides et les mamelons plus resserrés.

ε. Hepatica Nob. — Mam. Hepatica Ehremb. — Mam. Pomacea
Ehremb.

Cette variété diffère peu du Mam. Spinosissima par l'aspect général,
si ce n'est par un ton moins coloré de rouge ; les baies sont verdâtres
au lieu d'être rouge au moment de la maturité.

Culture. Serre tempérée, en pleine terre, sous châssis pendant l'été ;
il se développe et fleurit d'une manière remarquable.

23. Mamillaria Hermani (Ehremb.).

Synonymie. Mam. Hermani Ehremb. — *id.* Cact. in hort. Dyck., cult. p. 82.

Patrie?

Diagnostic. Tige ellipsoïde ; aisselles nues ; mamelons ovés, coniques, émoussés, très-verts ; aréoles des jeunes munies de tomentum blanc, promptement caduque ; aiguillons extérieurs nombreux, sétacés, entremêlés, blancs ; 7-8 intérieurs, dressés, flexibles, cruciformes, bruns.

Tige haute de 10 cent. sur 5 cent. de diamètre.

Aréoles promptement nues, garnies d'environ 18 aiguillons très-fins, ceux du bas longs de 13 millim., ceux du haut, 6-7 millim., entremêlés et rayonnants, ceux de l'intérieur longs de 20 millim., criniformes, flexibles et nullement raides et bruns, comme l'indiquent quelques descriptions.

Variétés. Mam. Hermani β. *Flavicens* Salm. Syn. Mam. Auricama Ehremb.

Ne diffère de la plante originale que par la couleur des aiguillons qui sont jaunes doré clair.

Culture. Serre tempérée, plein air.

24. Mamillaria Rosea (Scheidw.).

Synonymie. Mam. Rosea Scheidw. horticult. belge, t. 5, p. 118 (non Mam. Rosea Galeot.).

Patrie. Mexique.

Diagnostic. Peut-être est-ce ici la place du Mam. Rosea Schiedw. hort. Berg., indiqué à tort, je crois, comme devant être rangé dans la section des Polyedræ. En Belgique, on regarde cette plante comme synonyme du Mam. Sphœrotricha β. Rosea, et c'est à tort. La figure et la description données dans l'*Horticulteur belge*, à la page 118, année 1838, tome v, ne peuvent laisser aucun doute. D'ailleurs, la plante qui a constamment été envoyée de Belgique aux amateurs qui l'ont demandée, ainsi qu'à M. Cels, horticulteur, avenue du Maine, n'a aucuns rapports avec le Mam. Sphœrotricha, sans cependant s'accorder complétement avec la description suivante de Scheidw.

Tige simple, cylindrique ; aisselles floconneuses ; mamelons exactement obtus, tétragones, d'un vert-pâle, recouvert dans la partie supérieure de la tige par la laine des aisselles ; les aréoles sont nues ou pourvues seulement d'un léger duvet ; les aiguillons extérieurs, au nombre de 15, sont inégaux, rayonnants, blanchâtres ; ceux du milieu, 4-5 droits, roides, roses et purpurins au sommet.

La seule différence tient à ce que la laine des aisselles est courte, plutôt sétiforme chez les sujets que nous avons examinés, peut-être cela tient-il à leur âge encore peu avancé.

Floraison?

Culture. Serre tempérée ; plein air pendant la belle saison.

25. **Mamillaria Seegerii** (Ehremb.).

Synonymie. Mam. Seegerii Ehremb. — *id.* Cact. in hort. Dyck., cult. 1849, p. 83.

Patrie.

Diagnostic. Tige cylindrique; aisselles nues; mamelons ovés, vert-glauque; aréoles des plus jeunes munies de tomentum blanc, promptement caduc; aiguillons extérieurs nombreux, ouverts, rayonnants, sétacés, blancs; 6 intérieurs plus forts, les uns dressés, les autres ouverts, roses ou jaune doré, comme tachés à la pointe; l'aiguillon du bas plus long.

Tige 13 cent. de haut sur 8 cent. de diamètre; aiguillons extérieurs très-nombreux, les intérieurs blancs, longs de 11 millim., celui du bas long de 15 cent.

Floraison ?

Variétés. Mam. Seegerii β. *Gracilispina* Salm. Mam. Hepatica Ehremb.

Tous les aiguillons sont plus grêles, 20 environ extérieurs, 3-6 intérieurs, rose-fauve en naissant. La plante observée a 15 cent. de haut sur 8 de diamètre.

γ. *Pruinosa* Salm. Syn. Mam. Pruinosa Ehremb.

Mamelons plus resserrés; aiguillons extérieurs beaucoup plus nombreux, entremêlés, 6-9 intérieurs blonds, dorés, courts, atteignant à peine 6 millim.

δ. *Mirabilis*, Nob. — Mam. Mirabilis Ehremb.

Les indications que nous trouvons sur cette plante dont aucun individu n'existe en France, nous font croire qu'elle doit être portée comme variété du Mam. Seegerii Ehremb. Ses aiguillons s'en rapprochent assez par le nombre et l'aspect, mais sont plus longs.

Toutes ces variétés et celles du Spinosissima semblent intermédiaires entre le Spinosissima et le Castanoïdes Monv. Le Castanoïdes lui-même présente le caractère de baies vertes comme quelques-unes des variétés du Spinosissima.

Culture. Serre tempérée, plein air, à une bonne exposition, peut-être même en pleine terre pendant la belle saison.

26. **Mamillaria Castaneoïdes** (Lem.).

Synonymie. Mam. Castanoïdes Lem., hort. univ. — Castanæformis J. Odier. — *id.* Cat. hort. Monv., 1846. — Wegenerii Ehremb. Cact. in hort. Dyck., cult. 1849, p. 84. — *id.* Forst., p. 190. — Mam. Castanea hort.

Patrie. Mexique.

Diagnostic. Tige cylindrique, ombiliquée; aisselles nues; mamelons épais, presque serrés, coniques, vert-clair; aréoles garnies de tomentum jaune doré; 15-20 aiguillons extérieurs, roides, jaune doré pâle, 6-8 au centre un peu plus fort, à pointe rougie, tous droits, dressés-ouverts.

Tige sous-columnaire ayant environ 8 cent. de diamètre ; aiguillons extérieurs, 11 millim. ; aiguillons du centre, 15 millim.

Floraison ?

Culture. Serre tempérée, plein air, comme le précédent.

** HETERACANTHÆ, AIGUILLONS INTÉRIEURS ET EXTÉRIEURS DIFFÉRENTS.

Tige globuleuse, claviforme ou cylindrique ; aisselles nues ou garnies de sétules ; mamelons coniques, ovés ou pyramidaux-coniques ; aiguillons de deux espèces : les uns extérieurs, sétiformes nombreux, ouverts-rayonnants, les autres intérieurs beaucoup plus forts, rigides, quelquefois très-longs ; tantôt de la même couleur que les premiers ou d'un ton plus intense, tantôt d'une couleur différente.

Fleurs blanchâtres, roses, jaunâtres ou rouges ; baie verte ou rouge.

1. *Discolores, aiguillons de couleurs différentes.*

18-20 aiguillons extérieurs, sétacés, étendus-rayonnants, blancs ; 2-8 intérieurs rigides, droits ou couchés, rouges, rouges-fauves ou bruns.

Fleurs blanchâtres, roses ou rougeâtres ; baies vertes ou rouges.

27. **Mamillaria Hexacantha** (Salm.).

Synonymie. Mam. Hexacantha Salm. — *id.* Monv. — *id.* Forst.

Patrie. Mexique.

Diagnostic. Tige globuleuse ou cylindrique ; aisselles nues ; mamelons verts, coniques, subcomprimés ; aréoles ovales, tomenteuses-blanches, ensuite presque nues ; aiguillons 18-20, rayonnants, blancs, sétiformes, devenant grisâtres avec le temps ; aiguillons intérieurs 6, rarement 7, plus forts, rouges de sang, brun-foncé ; plus tard tout à fait bruns, celui du bas est le plus long.

Floraison. Mai et Juin. Fleurs rouge-pourpre-vif nombreuses, disposées en couronne au haut de la tige.

Cette plante est un des plus jolis Mamillaires de nos Collections ; ses aiguillons offrent une opposition de couleur très-remarquable.

Culture. Serre tempérée, pleine terre avec une bonne exposition pendant l'été.

28. **Mamillaria Phœacantha** (Lem.).

Synonymie. Mam. Phœacantha Lem. Cact. gen. nova, p. 47. — *id.* Salm. Cact. in hort. Dyck., cult. p. 95. — *id.* Forst. Handb., p. 208. — Mam. Rudula Schdw. — Mam. Phœacantha β. Rigidior Salm. anc.

Patrie. Mexique.

Diagnostic. Tige globuleuse à peine ombiliquée, vert-clair, elle est toujours simple ; aisselles garnies de laine et de poils sétacés très-courts, à pointe légèrement recourbée (Lemaire dit presque frisée) ; mamelons cylindriques, émoussés ; aréoles rondes garnies de laine ; aiguillons resserrés, de deux formes, 20 rayonnants, blancs, droits, très-petits, constamment 4 au centre, plus forts, très-subulés, décusés, plus longs, tirant sur le noir.

10-12 aiguillons extérieurs, blanc sale, assez peu remarquables ; 4 au centre, noirs ou fauves, recourbés, celui du haut très-long (13-18 millim. de long), dressé et dirigeant sa pointe vers le sommet de la plante.

Floraison. Fleurs petites ; tube grêle, vert ; pétales rouge vif.

Culture. Serre tempérée, pleine terre avec bonne exposition pendant la belle saison ; avec ces conditions, le développement du Mamillaria Phœacantha en fait une plante remarquable et très-floriforme.

29. Mamillaria Phœotrica (Monv.).

Synonymie. Mam. Phœotricha Monv. Catal. 1846.

Patrie. Mexique ?

Diagnostic. Tige globuleuse subombiliquée ; mamelons subconiques, subcomprimées en dessous sur deux faces et vers la partie inférieure, sommet tronqué-arrondi ; aisselles nues ; aréole ronde insérée au-dessous du sommet du mamelon, d'abord tomenteuse-grêle, ensuite nue ; 18-20 aiguillons extérieurs blancs, inégaux, fins, les supérieurs les plus courts ; sur les jeunes aréoles, ils sont dressés vers le sommet de la plante, ensuite subfasciculés, enfin ouverts-subrayonnants ; 4-6 intérieurs dont 1 supérieur très-légèrement recourbé en dessus, 1 inférieur droit et 2 de chaque côté, le supérieur toujours dressé vers le haut de la plante ; ces aiguillons sont blancs, subtransparents à la base et rouge, brun, foncé, brillant, à partir du milieu jusqu'à la pointe.

Floraison ?

Culture. Comme le précédent, dont il diffère alors d'une manière bien tranchée.

30. Mamillaria Fuliginosa (Salm.).

Synonymie. Mam. Fuliginosa Salm. Cact. in hort. Dyck., cult. 1850, p. 93 (non le Mam. Fuliginosa Monv.).

Patrie. Caracas ?

Diagnostic. Tige dressée, claviforme ; aisselles nues ; mamelons larges à la base, coniques, très-verts ; aréoles petites, nues presque en naissant ; 18-20 aiguillons extérieurs très-ténus, sétacés, étendus, rayonnants, 4 au centre, décusés, aciculaires, un peu étendus, le supérieur et l'inférieur plus longs, courbés l'un en haut, l'autre en bas, gris à la base, bruns-fauves à la pointe.

Espèce nouvellement introduite en Angleterre.

Floraison ? Fleurs rouge très-clair.

Il diffère du Mam. Fulvispina par son port plus petit, ses aiguillons extérieurs plus nombreux et plus longs, ainsi que ses aiguillons intérieurs constamment recourbés.

Culture. Serre tempérée et plein air pendant la belle saison.

31. Mamillaria Pulchella (H. Berol).

Synonymie. Mam. Pulchella hort. Berol. — *id.* Salm. Cact. in hort.
Dyck. cult. 1850, p. 94. — Mam. Depressa Dc. — Rev. t. 2, folio 2. —
Cactus Spinii Colla Antol. 6, p. 501. — Mam. Canescens, hort.

Patrie. Mexique et l'Amérique tropicale.

Diagnostic. Tige sous-columnaire simple ; aisselles nues ; mamelons
très-verts, ovés, coniques, obliquement émoussés et très-resserrés ;
aréoles à peine garnies de tomentum fauve ; 18–20 aiguillons extérieurs,
blancs, rayonnés, très-étalés, 6–7 (rarement avec un huitième central)
dressés, un peu étalés, égaux, serrés, roides, bruns, noirâtres, à peine
plus longs que les extérieurs.

Tige haute de 13–16 cent. avec 5 cent. de diamètre.

Floraison. En Mai et Juin. Fleurs disposées en zone, lacinies,
étalées recourbées, lancéolées, aiguës, pourpre-clair ; stigmate jaune
doré à 8 divisions.

Variétés. Mam. Pulchella. β. *Flore Pollidiore.* Salm.

4–5 aiguillons intérieurs plus longs, presque doubles des aiguillons
extérieurs.

Fleur plus pâle.

Mam. Pulchella. γ. *Nigricans* Monv. Aiguillons intérieurs tout à
fait bruns-noirs.

Cette belle espèce est cultivée dans les collections sous des noms
différents ; elle est reconnaissable par sa tige columnaire et ses aiguillons noirâtres.

Culture. Serre tempérée, plein air et pleine terre pendant la belle
saison.

32. Mamillaria Grandiflora (Otto).

Synonymie. Mam. Grandiflora Otto. — Mam. Canescens, hort. Berol.

Patrie. Mexique.

Diagnostic. Tige cylindrique, prolifère ; aréoles presque nues ou
peu tomenteuses, nues ensuite ; mamelons grands, allongés, verts,
très-faiblement cœrulescents ; aiguillons extérieurs, 16–20 sétiformes,
rigides, blancs, transparents, rayonnants ; aiguillons intérieurs, 3–4
dressés-divergents, plus forts, roides, noirâtres. Les aisselles portent
ordinairement quelques sétules blanches.

Floraison. Mai et Juin. Fleurs rose-pâle, très-grandes.

Culture. La culture en plein air et en pleine terre pendant la belle
saison donne à cette plante un aspect de robusticité et de vigueur qui
la distingue bien nettement du Mam. Vetula β. major, avec laquelle
elle est encore fréquemment confondue.

33. Mamillaria Discolor (Harv.).

Synonymie. Mam. Discolor Harv. — Mam. Depressa Dc. Rev. t. 2, f. 2.
— Cactus Spinii Colla Antol. 6, p. 501. — Mam. Discolor. Pfr. enum.
diagn., p. 28. — Mam. Pseudomamillaris Salm. — Mam. Discolor Salm.

Cact. in hort. Dyck., cult. 1850, p. 95. — Mam. Brevimamma hort. —
Mam. Auriculata hort. — Mam. Discolor Forst. Handb., p. 206.

Patrie. Mexique et Amérique méridionale.

Diagnostic. Tige globuleuse ou ovée vert-glauque; aisselles à peine
laineuses; mamelons ovéconiques; aréoles presque nues; 16-20 aiguillons extérieurs, blancs, sétacés, presque roides, rayonnants, 6 intérieurs plus roides, presque arqués, les jeunes noirs, blancs à la base,
plus tard couleur de cendre; le supérieur et l'inférieur très-longs, rarement un central dressé.

Floraison. Souvent en Février et Avril. Fleurs roses, sépales avec une
ligne médiane rougeâtre en dehors.

Cette espèce, déjà ancienne, varie énormément dans les semis qu'on
cultive en Europe; il paraît qu'il en est de même dans sa patrie, car il
a été récemment introduit du Mexique des plantes très-différentes qui
n'offrent cependant aucun caractère qui puisse les distinguer du Mam.
Discolor.

Le caractère principal consiste dans la tige plus ou moins globuleuse,
souvent prolifère avec l'âge; les mamelons vigoureux, ovéconiques;
ses aiguillons extérieurs sétacés, blancs, 4-7 au centre plus forts,
presque roides, droits ou courbés, variant par la couleur.

Variétés. Mam. Discolor. β. Albida Salm. — Mam. Albida Pfr.
l. c. — *id.* Haage. — Mam. confinis Haage. *id.* hort. — Mam. Discolor
β. Albida hort. Monv.
Aiguillons intérieurs blancs.

γ. Aciculata Salm. — Mam. Aciculata H. Berol. — Mam. Aciculata
Otto. — *id.* Mam. Aciculata Monv.
Aiguillons intérieurs aciculaires, longs, grêles, pointus, effilés.

δ. Coniflora Salm. — Mam. Coniflora hort. — *id.* Hort. Berol. —
Mam. Discolor Breviflora hort. Berol.
Tube de la fleur conique, très-étroit à la base et allant en s'élar-
gissant.

ε. Curvispina Salm. — Mam. Curvispina h. Berol. — *id.* Otto. —
Mam. Curvispina Monv.
Aiguillons intérieurs arqués, tous d'un jaunâtre particulier.

ζ. Nitens Salm. — Mam. Nitens hort. — *id.* Otto. — Mam. Nitens
var. Spinis rubris h. Berol.
Brillant, tige vert-luisant, aiguillons blancs éclatants.

A cette espèce, il faut encore rapporter les variétés indiquées anciennement dans les catalogues sous les noms de Mam. Discolor fulvescens,
Salm.; Pulchella Otto; *id.* Flore Pallidiore.

Quelquefois les mamelons prennent accidentellement une forme particulière monstrueuse par l'accumulation d'un grand nombre d'aiguillons
sétiformes qui viennent remplacer les aiguillons normaux; mais cet
accident se reproduisant aussi dans un grand nombre d'espèces de ma-

millaires, nous ne croyons pas devoir conserver la variété β. Monstruosa, malgré l'autorité du prince de Salm.

Culture. Serre tempérée et pleine terre pendant la belle saison.

34. Mamillaria Rhodacantha (Salm.).

Synonymie. Mam. Rhodacantha Salm. Cact. in hort. Dyck., cult. p. 96.— Mam. Discolor β. Rhodacantha Salm. — Mam. Rhodacantha β. Pallidior Salm. — Mam. Rhodacantha Forst. Handb.

Patrie ?

Diagnostic. Tige obovée devenant dicothome ; aisselles nues ; mamelons ovéconiques, émoussés, obliquement serrés, comme ponctués de blanc ; aréoles des jeunes, laineuses ; des plus vieux, nues ; 15-18 aiguillons extérieurs, sétacés, blancs, étendus en rayonnant, les inférieurs sont sensiblement plus longs, 6 intérieurs divergents à peine, courbés, roides, purpurescents, celui du dessus et celui du bas un peu plus longs que les autres.

Cette plante, qui au premier abord peut être prise pour une variété du Mam. Discolor, se rapproche essentiellement du Mam. Crassispina par ses caractères, elle en diffère par sa tige beaucoup plus basse et beaucoup plus petite, ses aiguillons plus grêles qui existent constamment au nombre de 6.

Floraison. Pendant tout l'été. Fleurs rougeâtres.

Culture. Serre tempérée et pleine terre pendant la belle saison ; alors le Mamillaria et ceux du même groupe prennent un développement vigoureux, leurs caractères s'accusent beaucoup plus nettement.

35. Mamillaria Crassispina (Pfr.).

Synonymie. Mam. Crassispina Pfr. A. G. Z., 1840, p. 406. — Mam. Robusta Otto. — Mam. Floccigera Otto.— *id.* Hort. — Mam. Crassispina Salm. Cact. in hort. Dyck., cult. p. 97.— *id.* Forst. Handb., p. 209. — Mam. Crassispina β. Gracilior Salm. — Mam. Rhodantha var. Rubens. — Mam. Pyramidalis hort. Berol. — Mam. Flaviceps Scheidw. — Mam. Floccigera Longispina hort. ?

Patrie. Mexique.

Diagnostic. Tige simple, ovée, columnaire, vert-luisant, presque entièrement couverte d'aiguillons ; aisselles presque nues ; mamelons cylindroconiques ; aréoles grandes, ovales, d'abord garnies de laine blanche, puis promptement subnues ; deux formes d'aiguillons, 24-27 extérieurs blancs, roides, diaphanes, rayonnants, subfasciculés, presque droits, très-étendus ; 6-7 intérieurs inégaux, disposés irrégulièrement, quelquefois l'un d'eux central, presque droit, plus fort, rouge ou couleur de corne à la base. Ils sont plutôt rougeâtres.

Ce diagnostic tiré de l'almang. Gartz. 1840, page 406, pourrait mieux convenir à la plante.

Floraison. Pendant l'été. Fleurs rouges.

VARIÉTÉS. Mam. Crassispina β. Gracilior Salm.— Syn. Mam. Rhodantha β. Rubens Pfr.? — Mam. Pyramidalis hort. Berol?

Les 6 aiguillons intérieurs plus grêles, plus effilés que dans l'espèce normale, rouge-brun à la pointe, plus clairs à la base, le supérieur allongé.

Culture. Serre tempérée et pleine terre pendant la belle saison.

36. Mamillaria Rutila (Zucc.).

Synonymie. Mam. Rutila Zucc. — *id*. Pfr. enum. diagn., p. 29. — Mam. Eugenia hort.

Patrie. Mexique.

Diagnostic. Tige globuleuse simple; aisselles subnues; mamelons serrés, coniques, verts; aréoles tomenteuses dans le jeune âge; 14-16 aiguillons sétiformes, ceux du haut très-courts, 4-6 intérieurs divariqués, rigides, courbes, fauve-coccine, rutilants, cornés à la base, celui du bas très-long.

Floraison. Pendant les mois de Juin, Juillet et Août. Fleurs rouge-pourpre.

VARIÉTÉS. Mam. Rutila β. Pallidior Salm.

Le Mamillaria Rutila se distingue des autres par la couleur rutilante de ses aiguillons, c'est une belle plante végétant vigoureusement et d'un aspect agréable.

Culture. Serre tempérée et pleine terre pendant la belle saison.

37. Mamillaria Celsiana (Lem.).

Synonymie. Mam. Celsiana Lem. Cact. gen. nova, p. 41. — *id*. Salm. Cact. in hort. Dyck., cult. p. 96. — *id*. Forst. Handb., p. 207. — (Rhodantha Celsii hort.!)

Patrie?

Diagnostic. Tige sous-globuleuse, columnaire, trapue, verte; aisselles laineuses; mamelons coniques, presque resserrés; aréoles petites, rondes, très-laineuses; aiguillons de deux formes, 24-26 rayonnants, presque égaux, sétacés, environ 6 au centre, plus longs, tous arrondis, roides, ceux du centre d'une couleur fauve-clair agréable.

Tige columnaire; aiguillons extérieurs blancs, diaphanes, grêles, presque roides, 4-6 intérieurs presque recourbés, vigoureux, très-roides, celui du haut plus long dirigé en haut, variant de couleur depuis le fauve jusqu'au baie couleur de châtaigne.

Il diffère du Mam. Rutila par sa tige columnaire, ses aiguillons plus roides, courbés vers le haut.

Floraison. Mai et Juin. Fleurs rouges, baie verte.

Cette plante en doit pas être confondue avec Rhodantha Celsii, ou plutôt le Mamillaria Tomentosa Salm., avec laquelle elle n'a aucun rapport de similitude, ni pour la disposition des aiguillons, ni pour la couleur; la comparaison même peu attentive de ces deux plantes ne laisse aucune équivoque.

Culture. Serre tempérée, plein air et bonne exposition pendant la belle saison.

38. Mamillaria Fulvispina (Harv.).

Synonymie. Mam. Fulvispina Harv. — Phil. Mag. 1830, p. 109 ?—
Mam. Fulvispina Pfr. enum. diag., p. 30. — *id.* Salm. Cact. in hort. Dyck.
cult. 1850, p. 93 — *id.* Forst. Handb., p. 209. — Mam. Radians De. Rev.
p. 11. Mem. p. 5?? — Mam. Tentaculata β. Fulvispina hort. Berol. —
id. Monv.—Mam. Fulvispina Media Salm. — Fulvispina Minor Salm.

Patrie. Mexique et le Brésil.

Diagnostic. Tige constamment simple, devenant columnaire avec
l'âge, elle atteint parfois 32 cent. de hauteur; aisselles sous-laineuses;
mamelons coniques très-verts ; aréoles des jeunes tomenteuses ; aiguillons extérieurs 12 au plus, sétacés, très-petits, blancs, rayonnants régulièrement ; 6 au centre, presque droits, roides, presque égaux, fauves.

Les aiguillons varient de couleur avec l'âge, ce qui donne aux
plantes adultes un aspect bizarre, les jeunes aiguillons sont très-colorés,
les plus anciens semblent avoir déteint.

Floraison. Pendant tout l'été. Fleurs grandes, rouges.

Variétés. Mam. Fulvispina β. *Rubescens* Salm. — Cact. in hort.
Dick. cult. 1850, p. 93.— Mam. Rhodantha Rubens. Pfr. enum. p. 31.
— Mam. Crassispina Gracilior Salm. anciennement.— Mam. Crassis-
pina Pfr. — Mam. Pyramidales, h. Berol.

6 aiguillons intérieurs rouge-fauve, celui du haut très-long.

γ. *Pyrrhocentra* Salm. — Cact. in hort. Dyck. cult. p. 93. — Pyrrhocentra h. Berol.

Diffère par ses aiguillons intérieurs dont le nombre varie entre 4-6,
roses en naissant.

Culture. Comme le précédent.

39. Mamillaria Pyrrhochracantha (Lem.).

Synonymie. Mam. Pyrrhochracantha Lem. gen. nova, p. 51.

Patrie. Mexique ?

Diagnostic. Tige globuleuse, déprimée, très-ombiliquée, laineuse au
sommet, vert-foncé ; aisselles laineuses-floconneuses ; aréoles tomento-
laineuses, promptement nues ; mamelons coniques, obtus, enflés en
dessus vers le sommet ; aiguillons biformes, 8 subérigés comme rayonnants, 4 intérieurs décusés, porrigés, plus longs (surtout celui du bas),
tous très-rigides, défléchis, rouge-fauve-foncé ; les aiguillons extérieurs
sont moins colorés que les autres.

Floraison. Mai et Juin. Fleurs pourpre.

Culture. Serre tempérée, plein air et pleine terre pendant la belle
saison.

2. *Chrysacanthæ, aiguillons dorés.*

15-20 aiguillons extérieurs sétacés, étendus-rayonnants, staminés ou
tirant sur le jaune-doré ; 2-6 intérieurs droits ou un peu courbés,
jaunes d'or ou tout à fait dorés ; tige souvent dicotome ; fleurs rouges
ou jaunes ; baie verte ou rouge.

Souvent quelques plantes de cette sous-section sont confondues avec celles de la suivante : cela tient à ce qu'on ne s'attache pas assez aux caractères. Dans la sous-section précédente comme dans celle-ci, les aiguillons intérieurs et les aiguillons extérieurs sont de consistance différente, mais dans la première ils sont différemment colorés, tandis que dans celle-ci ils sont semblablement colorés, jaune-doré, ou bien, ce qui arrive quelquefois, les aiguillons extérieurs, bien que de la même couleur que les aiguillons intérieurs, sont d'un jaune-doré plus pâle.

40. Mamillaria Rhodantha (Lenk. et Otto).

Synonymie. Mam. Rhodantha Lk. et Ot. Icon. t. 26. — *id.* Pfr. enum. diagn., p. 31. — Mam. Floribonda. Hook. Bot. mag., t. 364 ? — Mam. Lanifera Harv.— Mam. Rhodantha Salm. Cact. in hort. Dyck., 1850, p. 37. — *id.* Forst. Handb., p. 198.— Mam. Rhodantha β. Major. Lem. h. M. — Mam. Atrata hortul. — Mam. Aurata hort. — Mam. Hylrida Harv.— Mam. Aurea hort. — Mam. Rhodantha Andrea Otto.— Mam. Rhodantha Inuncta Hffgg. ?

Patrie. Mexique. Il s'est trouvé dans un envoi du Texas adressé récemment au Museum de Paris par M. Trecul.

Diagnostic. Tige obovée, dicothome avec l'âge ; aisselles laineuses et soyeuses ; mamelons coniques très-verts ; aréoles garnies de poils blancs ; 16-20 aiguillons extérieurs rayonnants, sétiformes, 6 intérieurs roides, blanchâtres, tirant sur le jaune doré, noirs tout à fait à la pointe, parfois 1 central plus court.

Mamelons, 13 millim. de longueur sur 9 de diamètre à la base ; aiguillons extérieurs, ceux du haut 6, ceux du bas de 9-10, ceux du centre 13 millim. de long.

Le caractère différenciel de cette espèce consiste dans le nombre constant 6-7 de ses aiguillons intérieurs. Les variétés β. prolifera, γ. Andreæ, ∂. Wendlandii, établis par Pfeffer, n'offrent pas des caractères bien tranchés et doivent probablement disparaître ; cependant nous les avons indiquées comme synonymie de l'Aureiceps et du Rutila, décrits comme espèces par Lemaire ; ces deux plantes, ainsi que le Mam. Sulphurea Senk, indiqué comme nouveau, sont de véritables variétés du Rhodantha et n'en diffèrent que par la couleur des aiguillons.

Floraison. Pendant toute la belle saison. Fleurs nombreuses, roses, se succédant pendant tout l'été.

Variétés. Mam. Rhodantha β. *Neglecta* Salm. — M. Rhodantha ε. Neglecta Pfr. — *id.* hort. Berol. — *id.* Otto. — Mam. Rhodantha β. Prolifera Otto.— Mam. Rhodantha Windlandii Pfr. — Mam. Erinacea Windle. — Mam. Pyramidalis h. B. ?

Aréoles vélutineuses ; 12-16 aiguillons extérieurs, ceux du centre sont dorés, légèrement recourbés en rayonnant.

γ. *Sulphurea* Salm. — Mam. Sulfucra Lenk.— *id.* Forst.

Peut-être, et c'est notre opinion, faut-il ajouter à la synonymie de la variété γ : Mam. Rhodantha Minor Monv.; — Rhodantha Monv.; — Mam. Rhodantha γ. Andreæ Otto ; — *id.* Pfr.; — Mam. Inuncta

Hoppff. La variété Rhodantha γ. Rubens Monv. ; — *id*. Pfr., doit peut-être constituer une dernière variété, ses aiguillons sont plus colorés en rouge, surtout les aiguillons intérieurs.

Aucune différence avec l'espèce normale quant à la disposition des aiguillons intérieurs, qui ont véritablement la couleur du soufre au lieu d'être d'un blanc tirant sur le jaune doré.

δ. *Ruficeps* Salm. — Mam. Ruficeps Lem. Cact. gén. nov., p. 27. — Mam. Tentaculata hort. Berol. — *id*. Pfr. énum. diagn., p. 29. — Mam. Pulchra Harv. Bot. rég., t. XXIX, p. 29? — Mam. Olivacea hort. — Mam. Tentaculata Monv.

Mamelons un peu plus resserrés que dans l'espèce normale ; aiguillons subulés, jaunes, tirant un peu sur le roux.

ε. *Auriceps* Salm. — Mam. Auriceps Lem. Cact. in hort. Monv., p. 8. — Mam. Pfeifferi Booth. — Mam. Aurea Pfr. — Mam. Rhodantha major, d'après Monv. — Mam. Rhodantha Salm. Cat. 1845? — Mam. Rhodantha Windleit Pfr.

Aiguillons subulés comme fauves d'abord, mais ensuite et promptement fauve doré.

ζ. *Aurea* Salm. — Mam. Audieri β. Aurea Salm. Cat. 1845. — Mam. Aurea hort., indiqué comme plante nouvelle dans les catalogues.

Aiguillons tout à fait jaune doré.

Culture. Serre tempérée, plein air et pleine terre pendant la belle saison ; ce n'est qu'à cette condition que les différences entre l'espèce et les voisines, entre elle et ses variétés, se manifestent d'une manière bien sensible.

41. Mamillaria Chrysacantha (hort. Berol.).

Synonymie. Mam. Chrysacantha hort. Berol. — *id*. Pfr. enum. diagn., p. 28 et alii.

Patrie. Mexique.

Diagnostic. Tige sous-globuleuse ; aisselles nues ; mamelons coniques ; aréoles presque nues garnies de 15–18 aiguillons extérieurs rayonnants, et de 4 intérieurs plus vigoureux. Les aiguillons extérieurs sont d'un beau jaune doré, les autres sont divergents, d'un brun assez foncé tirant sur le vert ; celui du haut, plus érigé, recourbé sur lui-même, est plus brun que les trois autres.

La tige haute de 15 cent. sur 10–12 de diamètre, est entourée de mamelons qui atteignent 1 millim. de longueur et autant de diamètre mesuré verticalement à leur base ; les aiguillons extérieurs atteignent 6–8 millim. de long, les autres 13 millim., le supérieur davantage.

Cette plante et le Mam. Odieriana se ressemblent beaucoup par la disposition des aiguillons, ils diffèrent principalement par une différence de ton qui est bien nettement tranchée.

Floraison. La fleur qui n'est pas décrite est d'un beau rouge pourpre, elle se développe pendant les mois de l'été.

Vʌʀɪᴇ́ᴛᴇ́s. Mam. Chrysacantha β. Fuscata. *Synonymie* Mam. Fuscata Pfr. l. c. et alii.

Les aiguillons extérieurs sont plus nombreux, leur nombre s'élève à 27-28, ils sont plus fins et brun-verdâtre au lieu d'être jaune-doré, les autres sont d'un brun plus foncé que dans l'espèce principale. Les fleurs se développent en Mai et Juin, elles sont rangées en plusieurs zones vers le sommet de la plante, elles sont pourpres, atteignent environ 2 cent. de diamètre; 20 pétales aigus; les étamines sont plus courtes que le style qui se termine par 5 divisions.

Cette variété se distingue du Mamillaria Chrysacantha, tant par la couleur de ses aiguillons extérieurs que par leur forme et leur disposition telle qu'on peut appliquer la main sur le sommet de la plante, ce qui ne se ferait pas impunément avec les autres mamillaires.

Culture. Serre tempérée, plein air et pleine terre en bonne exposition pendant la belle saison.

42. **Mamillaria Odieriana** (Lem.).

Synonymie. Mam. Odieriana Lem. Cact. gen. nova, p. 46. — *id.* Salm. Cact. in hort. Dyck., cult. 1850, et alii.

Patrie. Mexique.

Diagnostic. Tige simple ou dicothome, ombiliquée à son sommet; aisselles laineuses; aréoles rondes, munies de laine blanchâtre; mamelons coniques comprimés à la base; aiguillons très-nombreux, resserrés, rigides, dorés; 25 extérieurs rayonnants, petits, fins, 4 intérieurs plus vigoureux, recourbés sur eux-mêmes comme dans les espèces précédentes, et beaucoup plus vigoureux que les aiguillons extérieurs.

Les aiguillons intérieurs atteignent environ 35 millim., l'inférieur est dressé, subhorizontal, incliné vers le bas, principalement sur les mamelons placés au sommet de la plante.

Floraison. Pendant toute la belle saison. Fleurs rouge-pourpre violet, produisant un charmant et harmonieux effet de ton au milieu des aiguillons dorés dont toute la plante est recouverte.

Vʌʀɪᴇ́ᴛᴇ́s. Mam. Odieriana β. Rigidior Salm.

Les aiguillons intérieurs sont plus dressés, plus rigides, plus courts que dans l'espèce type, ils ont 15-18 millim.; à cette différence près, elle peut être confondue avec elle.

Culture. Serre tempérée, plein air et pleine terre pendant la belle saison.

43. **Mamillaria Amœna** (Hoppf.).

Synonymie. Mamillaria Amœna Hoppf. — *id.* Salm. Cact. in hort. Dyck. cult. 1850, p. 99.

Patrie?

Diagnostic. Tige vigoureuse sous-columnaire; mamelons vigoureux presque écartés, ovés, arrondis à la pointe, d'un vert clair tirant sur le glauque; aisselles peu laineuses; aréoles garnies de tomentum blanc caduc, promptement nues, défendues par 16 aiguillons extérieurs sétacés très-grêles, courts, peu remarquables, et 2 intérieurs aciculaires, rigides, d'un fauve jaunâtre, celui du haut le plus long recourbé en dessus.

La tige de forme columnaire, obovée, atteint 10 cent. de hauteur et de largeur; les aiguillons extérieurs sont courts et très-fins, les intérieurs atteignent 9-10 millim. Dans les jeunes plantes, le nombre des aiguillons intérieurs varie de 3-4, mais avec l'âge ils prennent toujours le caractère normal : 2 aiguillons intérieurs insérés l'un au-dessus de l'autre.

Floraison. En Mai, Juin et Juillet. Les fleurs, dont nous ne connaissons pas de description, sont rougeâtres.

Culture. Serre tempérée et plein air pendant la belle saison.

44. Mamillaria Columbiana (Salm.).

Synonymie. Mam. Columbiana Salm. Cact. in hort. Dyck., cult. 1850, p. 99.

Patrie. La Colombie.

Diagnostic. Tige cylindrique, simple; aisselles laineuses; mamelons resserrés, subovés-coniques, ponctués de très-petits points blancs; les jeunes aréoles sont garnies de laine qui plus tard est remplacée par un tomentum brun; 18-20 aiguillons extérieurs blancs, rayonnants, sétacés, 4-5 intérieurs presque égaux, dressés-étalés, rigides, droits, dorés, noueux à la base, épais.

Cette plante se distingue du Mamillaria Eriacantha par sa tige plus grêle, ses mamelons ponctués, épais, les aiguillons extérieurs plus vigoureux, ses 4 aiguillons intérieurs glabres qui ne sont jamais pubescents, et également par sa patrie.

Floraison. Fleurs?

Culture. Serre tempérée, plein air en bonne exposition pendant la belle saison.

45. Mamillaria Lanifera (Salm.).

Synonymie. Mamillaria Lanifera Salm. Cact. in hort. Dyck., cult. 1850, p. 98.— Mam. Rhodantha Celsii Lem.? — Mam. Rhodantha Harv.

Patrie. Mexique.

Diagnostic. Tige cylindrique dressée, aisselles sétigères; mamelons glauques, resserrés, coniques; aréoles arrondies garnies de laine blanche; aiguillons extérieurs rayonnants, piliformes, extrêmement fins, très-étalés, blancs, légèrement frisés, 4 intérieurs décussés, dressés-étalés, rigides, droits, grêles et roides, staminés, celui du bas est toujours un peu plus long que les autres.

La tige en vieillissant devient plus forte que celle du Rhodantha et reste simple; les sétules des aisselles et les aiguillons extérieurs sont extrêmement nombreux, capillaires, blancs et recouvrent entièrement la surface de la tige; les aiguillons intérieurs atteignent à peine 9-10 millim., ils sont staminés, tout à fait droits, grêles et roides, étendus-décusés.

Floraison. Pendant toute la belle saison. Fleurs rouge-pourpre, à pétales aigus et peu nombreux.

Culture. Serre tempérée, pleine terre et plein air pendant la belle saison.

46. Mamillaria Tomentosa (Ehremb.).

Synonymic. Mamillaria Tomentosa Ehremb. A. G. Z., 1849, p. 262. — id. Salm. Cact. in hort. Dyck., cult. 1850, p. 98. — Mam. Celsiana Lem. ? ou au moins cultivée sous ce nom en France; ce nom devrait être abandonné, puisqu'il a introduit une confusion fâcheuse avec le Mam. Rhodantha Celsii Lem. Presque tous les sujets connus en France proviennent de semis cultivés chez M. Cels, horticulteur distingué des environs de Paris, qui lui-même tenait ses semis de M. Bullot, amateur, qui avait reçu une plante du pays.

Patrie. Mexique.

Diagnostic. Tige columnaire; aisselles laineuses et sétigères; mamelons vert-gai, ovés, obliquement obtus; aréoles presque apicillaires, ovales, les plus jeunes abondamment garnies de tomentum blanchâtre, les plus âgées nues; aiguillons extérieurs environ 20, sétacés, de couleur paille-blanchâtre; ceux du bas sont sensiblement plus longs que les autres, tous rayonnants et entremêlés, 4 au centre décusés, staminés à la base, fauves et rigides à la pointe, celui du haut plus long et dressé, celui du bas très-long, très-étalé, recourbé.

La tige atteint de 10-13 cent. de haut sur 8-12 de diamètre, elle est entièrement recouverte par les aiguillons extérieurs des aréoles et par le duvet cotonneux abondant des aisselles; les aiguillons extérieurs sont très-fins, sétacés, tout à fait étalés et entremêlés, ils atteignent de 4-6 millim.; les aiguillons intérieurs sont au nombre de 4, rarement 3, 5-6, ils sont rigides et forts, ils atteignent de 9-11 millim., celui du haut est fauve, foncé, dressé, celui du bas plus pâle, long de 18-20 millim.

Floraison. Pendant le commencement de la belle saison. Les fleurs qui n'ont pas été décrites sont d'un beau rose carminé.

Variétés. Mamillaria Tomentosa β. Flava Salm. Synonymie Mam. Flava Ehremb.

Il diffère du type par ses aiguillons intérieurs plus grêles et beaucoup plus pâles.

Culture. Serre tempérée, plein air pendant la belle saison. M. Audry, amateur très-distingué, demeurant à Chaillot, possède quelques forts exemplaires de cette plante; l'ombilic du sommet, qui est allongé, semble indiquer une prédisposition de la tige à devenir dichotome dans la vieillesse; leur hauteur et leur diamètre atteignent environ 30 cent.

3. *Subsitosœ, à aiguillons subsétiformes.*

Tige dressée, claviforme ou cylindrique; mamelons coniques, larges à la base, atténués de la base au sommet qui est aigu ; 4-6 aiguillons rigides légèrement recourbés, celui du haut et celui du bas plus longs que les autres, ils sont accompagnés de sétules insérées à la partie inférieure de l'aréole, elles disparaissent ordinairement avec l'âge.

Fleurs roses ou rouge-clair.

47. Mamillaria Dolichocentra (Lem.).

Synonymie. Mam. Dolichocentra Lem. Icon. des Cactées. — Mam. Obcenella Scheidw. — An. Mam. Tetracantha Bot. magaz., t. 4060? — Mam. Dolichocentra Salm. Cact. in hort. Dyck., cult. 1850 et alii. — Mam. Longispina Reichem.— Mam. Obscura Scheidw., hort. Belg. — *id.* Galeot. — Mam. Stenocephala Scheidw.

Patrie. Le Mexique, dans les environs de Xalapa.

Diagnostic. Tige subcylindrique vert-olive, ombiliquée au sommet ; l'ombilic recouvert et caché par les jeunes aiguillons ; les aisselles sont garnies d'un duvet très-léger pendant leur jeunesse, elles deviennent bientôt nues ; mamelons à base subtétragone, indistinctement comprimés sur les côtés verticalement atténués, ils sont obtus à leur sommet ; aréoles très-petites comme les aisselles, très-faiblement laineuses dans leur jeunesse et plus tard entièrement nues, elles sont insérées un peu au-dessous des sommets des mamelons, elles portent 4 aiguillons en croix, recourbés sur eux-mêmes, celui du haut dressé, celui du bas défléchi presque droit, les deux latéraux un peu plus courts, tous allongés, grêles, fauves très-clairs, bientôt blanchâtres, à pointe couleur de corne prenant avec le temps une apparence cincrascente noirâtre.

Floraison. Se développant pendant toute la belle saison, disposées en zones vers le sommet de la plante à tube court ; 5-6 lacinies extérieures disposées sur une seule série, lancéolées-acuminées , roussâtres sur le dos , 13-14 intérieures disposées sur deux séries, plus larges , ovoïdes-lancéolées , mucronées d'un róse-pâle à la base, ensuite d'un rouge cramoisi-brique ; étamines nombreuses, courtes, inégales , ne dépassant pas le tube, celles du dehors plus courtes que celles du centre, toutes contournées en spirale autour du style ; anthères très-petites, jaunâtres ; style rose, à peine plus haut que les étamines, à 4-5 divisions larges étalées d'un rose tendre ; baie cylindrique allongée, mûrissant pendant l'année suivante, de 20-25 millim. de long sur 4 de diamètre ; graines pâles nageant dans une pulpe rouge assez peu abondante.

VARIÉTÉS. Mamillaria Dolichocentra β. Phœacantha Salm. Synonymie Mam. Galeotti, hort. — *id.* Scheidw., hort. Belge, t. IV, p. 93.

Tige moins élevée, ovée, glaucescente ; mamelons subquadrangulaires ; aiguillons plus allongés, divergents, plus ou moins recourbés.

Mam. Dolichocentra γ. Staminea. Syn. Mam. Obscura Spinis Albis, hort. Belge.

Variété qui ne diffère de l'espèce normale que par ses aiguillons beaucoup plus pâles.

Culture. Serre tempérée, pleine terre pendant la belle saison.

Dans le jeune âge, chaque aréole est garnie d'un plus ou moins grand nombre de sétules blanchâtres très-fines et caduques, qui disparaissent avec l'âge. Dans l'âge adulte, la couleur des aiguillons varie seulement, leur nombre reste constant. Parmi les semis, on a fait un trop grand nombre de variétés, elles sont basées sur la couleur des aiguillons et le nombre des sétules, c'est à tort, puisque les sétules, n'étant pas persistantes, elles ne peuvent présenter un caractère constant.

Notre Mamillaire et ses variétés ont été envoyés par Galeotti en décembre 1836 ; il a été recueilli dans les environs de Xalapa ; la facilité avec laquelle il s'est multiplié prouve sa robusticité, même sous notre climat.

48. Mamillaria Polythele (Mart.).

Synonymie. Mam. Polythele Mart. Act. nov. nat. cur. xvi, t. 19. — *id.* Pfr. enum. diagn., p. 8. — *id.* Salm. Cact. in hort. Dyck., cult. 1850. — Mam. Stenocephala Scheidw.

Patrie. Mexique, Yxmiquilpan.

Diagnostic. Tige simple cylindrique ; aisselles nues ; mamelons coniques munis de 2-4-6 aiguillons cylindriques subérigés, celui du bas le plus vigoureux, fauve ; les jeunes aréoles sont garnies de laine blanche.

Cette espèce varie beaucoup, et les jeunes obtenus du semis d'un même fruit portent 2-4-6 aiguillons. Martius, Lemaire et autres, en se basant sur ces différences, ont cru devoir faire des espèces distinctes d'individus provenant du pays qui n'avaient aucune autre différence essentielle.

Variétés. Mam. Polythele β. *Quadrispina Salm.* — Mam. Quadrispina Mart. — *id.* Pfr. L. c.

Aréoles portant constamment 4 aiguillons.

γ. *Hexacantha Salm.*— Mam. Columnaris Mart. — *id.* Pfr. L. c.

Aréoles portant constamment 6 aiguillons.

δ. *Setosa Salm.* — Mam. Setosa Pfr. enum. diagn., p. 30.

Les sétules insérées dans la partie inférieure de l'aréole sont ici beaucoup plus persistantes que dans les autres variétés.

ε. *Aciculata Salm.* — Mam. Aciculata Pfr. enum. diagn., p. 29. — *id.* Otto.

Diffère des autres par sa tige plus grêle et ses aiguillons réellement plus aciculaires que dans les autres variétés.

ζ. *Latimamma Salm.*

Plante récemment introduite ; elle se distingue des autres par ses parties qui sont toutes plus vigoureuses que dans les autres variétés. Constamment 4 aiguillons.

Culture. Serre tempérée, plein air et pleine terre comme le Mamillaria Dolichocentra et ses variétés pendant la belle saison.

49. Mamillaria Affinis (Dc.).

Synonymie. Mamillaria Affinis Dc. Mém. t. 6, p. 11. — *id.* Pfr. enum.
diagn., p. 11. — Mam. Cataphracta Mart.

Patrie. Mexique.

Diagnostic. Tige simple, oblongue, subcylindrique; aisselles laineuses dans la jeunesse, plus tard nues; mamelons coniques obtus; les
jeunes aréoles sétigères, devenant glabres avec le temps, garnies de
4-5 aiguillons dressés subdivergents tirant sur le fauve, les trois supérieurs courts, ceux du bas ou celui du bas plus long, de 15-18 millim.

Floraison. Pendant tout l'été. Fleurs abondantes plus longues que
les mamelons, atteignant 12-15 millim. de diamètre au moment de son
expansion, d'une couleur coccinnée; 20-25 pétales linéaires mucronées;
étamines moitié plus courtes que les pétales, recourbées vers le centre;
anthères très-petites, rougeâtres; style filiforme à 3-4 divisions rose-
gai, papilleuses, épaisses et arrondies à leur base où elles sont soudées
les unes aux autres.

Dans le principe, Decandolle avait confondu cette plante avec le
Mam. Simplex, bientôt il reconnut qu'elle devait constituer une espèce
à cause de l'absence d'aiguillons intérieurs et sa fleur coccinnée. Au
contraire, le Mam. Cataphracta H. Monac. et notre Mam. Affinis
semblent ne devoir constituer qu'une seule et même plante à cause de
la parfaite convenance de leurs caractères.

50. Mamillaria Kewensis (Salm.).

Synonymie. Mam. Kewensis Salm. Cact. in hort. Dyck., cult., p. 112.

Patrie?

Diagnostic. Tige cylindrique allongée; ses jeunes aisselles sont garnies de laine frisée; ses mamelons sont d'une forme conique élargie à
la base, très-atténués vers le sommet et d'un vert foncé; les aréoles,
très-promptement nues, portent 4-6 aiguillons courts légèrement recourbés, étalés en rayonnant et très-rigides, pourpre-brun, celui du
haut et celui du bas sont plus longs que les autres.

Cette plante, introduite d'abord au Jardin de Kew, a été envoyée
dans plusieurs Collections; elle n'existe pas dans notre musée; rare
encore, elle n'a probablement pas été introduite en France.

Ses mamelons aigus sont très-resserrés dans la jeunesse et distancés
dans l'âge adulte; les aiguillons latéraux ont de 5-6 millim. de longueur, celui du haut et celui du bas en ont 10-11, ils sont très-
rigides, recourbés et régulièrement rayonnants, bruns, plus pâles à la
base.

Floraison. Pendant les mois de Juillet et Août? Le tube de la fleur
est vert, à la base dilatée, ventru ensuite; les lacinies sont acuminées,
celles du dehors d'un rouge-sale, celles du dedans d'un rose-foncé;
étamines réunies à filets roses; 5 divisions du stigmate, papilleuses,
d'un rose-gai, réunies à leur base comme dans l'espèce précédente.

VARIÉTÉS. Mamillaria Kewensis β. Albispina Salm. Mam. Specta-
biles hort.

Elle se distingue de la plante type par la couleur de ses aiguillons,
ils sont blancs à la base et à pointe brune.

Culture. Serre tempérée et plein air en bonne exposition pendant la
belle saison.

51. Mamillaria Tetracentra (hort. Berol).

Synonymie. Mam. Tetracentra hort. Berol. — *id.* Salm. Cact. in hort.
Dyck., cult. 1850, p. 112. — *id.* Otto.

Patrie. Mexique.

Diagnostic. Tige dressée, oviforme; aisselles presque nues; mamelons éloignés, de forme conique, élargis à la base et atténués, aigus
au sommet; aréoles presque nues d'abord, complétement nues ensuite,
portant 4 aiguillons droits disposés en croix, celui du haut et celui du
bas plus longs que les autres, ils sont fauves en naissant, ensuite ils
sont très-visiblement cuivrés et vivement tachés de brun à la pointe.

Dans cette espèce et la précédente, on ne trouve jamais de sétules
sur la partie inférieure des aréoles; la consistance et l'aspect des aiguillons présentent également un caractère assez net et distinctif.

Floraison. Comme celle du Mamillaria Kewensis, la fleur est cependant d'un rouge beaucoup plus foncé.

Culture. Serre tempérée, plein air en bonne exposition pendant la
belle saison.

D. *SETOSÆ*, à aiguillons extérieurs soyeux.

Tige globuleuse ou obovée, simple, drageonnant, quelquefois cœspiteuse; aiguillons extérieurs blancs, sétiformes; aiguillons intérieurs
variant en nombre de 2-6 plus vigoureux, plus ou moins allongés,
presque toujours marqués à la pointe d'une tache de couleur foncée et
vive, quelquefois cette tache se reproduit aussi à la base.

* HETEROCHROMÆ, AIGUILLONS INTÉRIEURS ET EXTÉRIEURS DE COULEURS DIFFÉRENTES.

Tige presque simple, globuleuse ou cylindrique; 1-2 aiguillons intérieurs courts ou allongés, d'une couleur différente de celle des aiguillons
extérieurs.

52. Mamillaria Acicularis (Lem.).

Synonymie. Mamillaria Acicularis Lem. Cact. gen. nov., p. 34.

Patrie. Mexique.

Diagnostic. Tige subglobuleuse, vert glauque gaie, ombiliquée;
aisselles laineuses; mamelons ovés-coniques, à base rhombique; aréoles
rondes laineuses, portant 11 aiguillons extérieurs rayonnants droits,
dont 7 presque égaux et 2-4 très-petits insérés sur la partie supérieure

de l'aréole, tous dressés, aciculaires, rigides, aigus, jaune doré très-pâle, 1 central porrigé, également aciculaire, le double des autres en longueur, moins pâle et tirant sur le fauve, taché à la pointe d'une macule brunâtre.

Floraison. Fleur? On la dit d'un rouge cramoisi-vif.

Culture. Serre tempérée et plein air pendant la belle saison.

53. Mamillaria Haageana (Pfr.).

Synonymie. Mamillaria Haageana Pfr. enum. diagn., p. 26. — *id.* Otto A. G. Z., 1836, n° 33, s. 257. — Mam. Perote hort. — Mam. Diacantha Nigra Haag. Catal. 1836. — Mam. Haageana Forst. — *id.* Salm. Catal., Cact. cult. in hort. Dyck., 1850, p. 95.

Patrie. Mexique.

Diagnostic. Tige sous-globuleuse d'un vert glauque; aisselles peu lanigères ; mamelons petits, serrés, tétragones à la base ; aréoles presque nues, portant 20 aiguillons extérieurs blancs, sétiformes courts et rayonnants, et 2 intérieurs noirs.

L'aiguillon central supérieur est long de 6 cent., l'inférieur de 9, les aiguillons extérieurs ont 3 cent. de longueur.

Les sujets deviennent claviformes dans l'âge adulte, et le nombre des aiguillons augmente, chaque aréole porte alors 4 aiguillons intérieurs. Cette plante, qui a été rangée pendant longtemps parmi les Leucocephalæ, doit être classée dans cette section à cause de ses aiguillons intérieurs qui sont noirs.

Variétés. Mamillaria Haageana β. Validior Monv.

Plus fort et plus vigoureux dans toutes ses parties, avec des aiguillons intérieurs également plus forts et rigides.

Floraison. En Mai, Juin et Juillet. Les fleurs dont il n'existe, je crois, aucune description, sont petites, à peine plus longues que les mamelons, d'un beau rose carminé très-vif.

Culture. Serre tempérée, plein air à une bonne exposition pendant l'été.

54. Mamillaria Argentea (Fennel.).

Synonymie. Mamillaria Argentea Fennel. Catal.

Patrie?

Diagnostic. Tige globuleuse, prolifère, faiblement ombiliquée ; aisselles nues ; mamelons coniques subtétraèdres, plus larges que hauts à la base ; aréoles rondes, tout à fait apicillaires, munies dans le jeune âge de tomentum gris-blanc brillant, devenant nues plus tard ; 10-12 aiguillons extérieurs d'un beau blanc d'argent brillant transparent, rayonnants régulièrement sur les côtés et en bas, adprimés et entremélés ; en outre, 2 aiguillons intérieurs, celui du haut le plus long recourbé vers le sommet de la plante, l'autre droit plus court et dirigé en bas, tous deux subdressés, d'une couleur fauve-clair à la base et à pointe brune.

Floraison. Fleurs?

Culture. Serre tempérée, plein air.

Cette plante, qui n'est pas rare dans les Collections d'Allemagne, l'est extrêmement dans les nôtres; en France, il n'en existe que deux exemplaires à ma connaissance: l'un fait partie de la belle Collection de M. Mallet de Chily, à Orléans, l'autre se trouve dans la riche Collection de M. Audry, amateur, à Chaillot.

55. Mamillaria Stuberii (Forst.).

Synonymie. Mam. Stuberii Forst. Handb., p. 517. — *id.* Salm. Cact. in hort. Dyck., cult. 1850, p. 95. — Mam. Imbricata Wegn. Salm. Cact. in hort. Dyck., cult. 1850. — Mam. Conothele Salm.? — Mam. Tentaculata γ. Conothele Monv.?

Patrie. Mexique.

Diagnostic. Tige sous-globuleuse; aisselles, les jeunes laineuses, promptement nues; mamelons sous-cylindriques; aréoles d'abord très-tomenteuses, ensuite presque nues; 12–14 aiguillons extérieurs rayonnants en étoile, entremêlés, blancs, 2 au centre plus vigoureux bruns, celui du haut dressé vers le sommet, l'inférieur infléchi vers le bas.

Diffère du Mam. Phœacantha par ses aiguillons extérieurs bien plus remarquables, presque entremêlés, blancs, et par ses 2 aiguillons intérieurs.

Floraison. Fleurs?

Nous rapportons à notre plante Mam. Stuberii comme synonymie le Mam. Conothele Salm, identique avec le Mam. Tentaculata γ. Conothele Monv. Aucun auteur ne donne la description de cette plante; celle que nous avons faite sur de beaux sujets provenant de la Collection de Monville, acquise par le Jardin d'Hiver, et dont M. Cels, horticulteur, chaussée du Maine, n° 77, près de Paris, vient de faire l'acquisition au moment de la vente des Collections d'Auteuil, s'accordent parfaitement avec la description ci-dessus donnée par Forster et par le prince de Salm, malheureusement j'ai négligé de décrire la fleur, les auteurs cités ont commis le même oubli. Quant au Mamillaria Imbricata Wegner, sa description a quelques rapports avec la Mamillaire provenant de nos semis de deuxième ou troisième année; toutefois, cette description se trouve si incomplète, si obscure, qu'il nous reste beaucoup de doutes; nous la donnons ci-dessous. La dénomination imposée par Wegner, *imbriquée,* qui semble se rapporter aux aiguillons, car il est impossible qu'elle ait rapport aux mamelons qui le sont toujours, est tout à fait impropre et vicieuse, elle devra changer plus tard quand il sera bien constaté que cette plante n'est pas une variété.

Patrie. Mexique. Tige globuleuse; aisselles nues; mamelons vert-foncé, allongés, coniques, subtétragones à la base, petits, arrondis; aréoles munies de tomentum blanc; aiguillons, 16 extérieurs rayonnants, inégaux, ceux du haut les plus courts, blancs, 4 intérieurs décusés, brun-foncé, l'inférieur le plus long, le supérieur recourbé en haut.

Le caractère donné par Wegner est l'aiguillon intérieur supérieur courbé du haut, il ne dit pas qu'il soit uncinné : cette plante nous est entièrement inconnue, elle n'existe pas dans les Collections de France. Wegner ajoute plus loin : Les aiguillons intérieurs se réduisent souvent à 2, courbés l'un en haut, l'autre en bas.

Fleurs? *Culture.* Serre tempérée, plein air pendant la belle saison.

LEUCACANTHÆ, A AIGUILLONS BLANCS MAT.

15-30 aiguillons extérieurs plus ou moins sétacés, étalés en rayonnant, d'un blanc de lait tout à fait mat, 2-6 intérieurs courts ou allongés blancs, presque toujours tachés à la pointe ; fleurs toujours roses, quelquefois seulement carnées blanchâtres.

1. *Triseriati, aiguillons disposés sur trois séries.*

Aiguillons extérieurs nombreux, 6-7 intérieurs, en outre 1 tout à fait central.

56. **Mamillaria Nobilis (Pfr.).**

Synonymie. Mamillaria Nobilis Pfr. — Mam. Bicolor β. Nobilis Forst. Handb., p. 198. — Il est désigné dans les catalogues allemands sous ce dernier nom.

Patrie. Mexique.

Diagnostic. Tige cylindrique, prolifère ; mamelons coniques, vert-gris ; aisselles garnies de duvet blanc abondant ; aréoles d'abord abondamment garnies de laine blanche, devenant plus tard nues ; aiguillons trisériés, la première série extérieure est formée de 16-18 aiguillons rayonnants blancs et fins, la seconde de 6-7 aiguillons divergents plus forts, enfin au centre de ces deux séries concentriques, il existe 1 dernier aiguillon très-long rouge à la pointe.

Les mamelons ont 6 millim. de longueur ; les aiguillons de la première série en ont 4-6, ceux de la seconde 9-11 ; enfin, l'aiguillon central atteint de 25-30 millim.

Floraison. Fleurs?

Culture. Serre tempérée, pleine terre sur couche à une bonne exposition pendant la belle saison.

Cette plante, à cause de ses deux séries d'aiguillons, accompagnée de son aiguillon central, n'a pu être placée dans aucune des divisions voisines et constitue à elle seule une des divisions des Leucacanthæ, dont elle est une des plus remarquables. Elle est extrêmement rare en France où elle n'existe probablement plus.

2. *Longispinæ, à aiguillons intérieurs allongés.*

Aiguillons extérieurs très-nombreux, sétiformes, plus ou moins adprimés ; aiguillons intérieurs allongés plus vigoureux.

57. **Mamillaria Leucocentra** (Bergm.).

Synonymie. Mamillaria Leucocentra Bergm. — *id.* Salm. Cact. in hort. Dyck., cult. p. 89.

Patrie. Mexique.

Diagnostic. Tige simple ovée; aisselles garnies de laine blanche; mamelons ovés, petits, serrés, très-verts; aréoles des plus jeunes abondamment pourvues de tomentum blanc, devenant nues plus tard avec l'âge; sétules rayonnantes, nombreuses, blanches, presque égales, entremêlées avec celles des aréoles voisines et recouvrant toute la surface de la plante; aiguillons intérieurs, 5-6 plus longs et plus forts, rigides, droits, subulés, tachés à la pointe, sur tout le reste de leur longueur d'un blanc de lait tout à fait pur; l'aiguillon inférieur est plus long que les autres, sa pointe est légèrement recourbée.

L'aiguillon inférieur, remarquablement plus long que les autres, atteint 12-15 millim.

Floraison. Avril, Mai et Juin. La fleur, non décrite, est d'un beau rose carminé vif; elles font, en dépassant un peu les sétules des aréoles, un effet charmant.

Culture. Serre tempérée, plein air et pleine terre sur couche pendant la belle saison.

58. **Mamillaria Parkensonii** (Ehremb.).

Synonymie. Mamillaria Parkensonii Ehremb. — *id.* Salm. Cact. in hort. Dyck., cult. 1850), p. 90. — *id.* Monv. — *id.* Forst. Handb., p. 196.

Patrie. Mexique, près de San-Onofre, et aussi dans le minéral del Doctor, sur les roches calcaires.

Diagnostic. Tige vigoureuse devenant fréquemment dichotome avec l'âge; aisselles peu laineuses; mamelons vigoureux, ovés, vert-glauque; aréoles munies dans le jeune âge de tomentum blanc, mais très-promptement nues; aiguillons extérieurs extrêmement nombreux, sétacés, grêles, allongés, flexibles, blancs subbifariés rayonnants, 4-5 intérieurs très-blancs, droits, rigides, marqués de brun à la pointe, celui du bas couché, plus étendu, il est le plus fort, il atteint près de 3o millim. de longueur, tous fauves au point d'insertion.

Floraison. Fleurs?

Culture. Serre tempérée, plein air et pleine terre sur couche en bonne exposition pendant la belle saison.

Cette plante est encore très-rare dans les Collections de France; elle est souvent confondue avec la précédente, qui y est un peu moins rare; elle en diffère par sa 'ige ordinairement simple et dicothome seulement dans l'âge avancé, les 4-5 aiguillons intérieurs, colorés à la base et à la pointe, et aussi par celui du bas étendu, couché, presque adprimé.

59. **Mamillaria Bicolor** (Lehm.).

Synonymie. Mamillaria Bicolor Lehm. — *id.* Pfr. enum. diagn., p. 27. — *id.* Abbild., t. 3, où il est figuré. — Mam. Nivea Wendlei Pfr. l. c. ? —

Mam. Bicolor Salm. Cact. in hort. Dyck., cult. 1850, p. 89. — *id.* Forst.
Handb., p. 197. — Mam. Geminispina Harv. (d'après Monv.?) — Mam.
Eburnea Miq.

Patrie. Mexique.

Diagnostic. Tige obovée ou subcylindrique, prolifère; aisselles
laineuses; mamelons petits, coniques, vert-gris; aréoles abondamment
garnies de laine blanche; 16–30 aiguillons extérieurs extrèmement
ténus, sétacés, blancs, rayonnants, légèrement recourbés vers la plante;
2–4 aiguillons intérieurs rigides, plus vigoureux, blancs, à pointe brune
ou noire atteignant 2–3 centim. de long et quelquefois même beaucoup
plus par une culture convenable, celui du haut est ordinairement le
plus long, il est recourbé vers le haut de la plante.

Floraison. Pendant la fin du printemps et le commencement de l'été.
Fleurs petites; lacinies émoussées, d'une couleur pourpre à reflet,
scrulescent vers les bords; stigmate à 5 divisions obtuses lobulées.

Variétés. Mamillaria Bicolor β. Nivea Salm. — Synonymie Mam.
Geminispina Harv. (d'après M. de Monville, qui a considéré, je crois,
l'espèce et la variété comme identiques). — Mam. Toaldoæ Harv.

Il diffère du précédent par ses deux aiguillons intérieurs seulement
qui sont entièrement blancs et devrait dès lors constituer l'espèce.

Mam. Bicolor γ. Cristata Salm. Syn. Mam. Bicolor β. Dedalea Monv.

Le premier dont la forme est devenue anormale dans son développement.

Mam. Bicolor δ. Cristata Minor Salm.

L'examen attentif des aiguillons me fait croire qu'il est une forme
anormale de la variété β. Nivea.

Parmi les multiplications de l'espèce et de la variété, on forme
quelques variétés qui présentent de légères différences pour le nombre
des aiguillons extérieurs. Ces différences ne nous paraissent pas con-
stantes, elles nous semblent devoir être attribuées au genre de culture
adopté.

M. de Monville indique dans son catalogue une variété Mam. Bicolor
δ. Curvispina Monv., que j'ai vue et qui était très-remarquable par ses
aiguillons intérieurs recourbés vers la plante. Je n'en ai pas fait de
description et je la crois perdue; je l'ai vainement cherchée dans la
Collection du Jardin d'Hiver, qui a acquis les plantes de Monville.

Pennel indiquait aussi dans son Catalogue une variété Dedalea
Viridis, différent des précédentes par le développement incomplet des
aiguillons; elle nous est tout à fait inconnue.

Culture. Serre tempérée et plein air pendant la belle saison.

60. **Mamillaria Dealbata** (Dietr.).

Synonymie. Mamillaria Dealbata Dietr. — *id.* Salm. Cact. in hort.
Dyck., cult. 1850, p. 89.

Patrie?

Diagnostic. Tige vigoureuse, cylindrique; aisselles presque nues;

mamelons fort vigoureux, presque comprimés, vert-gris, tronqués obliquement; aréoles d'abord garnies de tomentum blanc, puis devenant promptement nues; 24-26 aiguillons extérieurs très-ténus, grêles, presque dressés, rayonnants, blancs, 2 intérieurs très-vigoureux, à pointe brune, celui du haut le plus court dressé, l'inférieur courbe, très-long, aplani.

Il se rapproche du Mamillaria Parkensonii dont il diffère, ainsi que de ses congénères, par ses deux aiguillons intérieurs.

Floraison. Fleurs?

Culture. Serre tempérée et plein air en bonne exposition pendant la belle saison.

3. *Brevispinæ, à aiguillons intérieurs courts.*

Aiguillons extérieurs nombreux, sétiformes; aiguillons intérieurs rigides, courts.

*61. Mamillaria Crucigera (Mart.).

Synonymie. Mamillaria Crucigera Mart. Act. nov. nat. cur. xvi, t. 25, fig. 2, p. 346. — *id.* Pfr. enum. diagn., p. 25. — Mam. Cubensis Zucc.— *id.* Forst. Handb., p. 193.

Patrie. Mexique, dans les régions tempérées.

Diagnostic. Tige cylindrique ou subovée, prolifère; aisselles floconneuses; mamelons coniques, d'un vert tendre gai; aréoles garnies d'aiguillons sétacés blancs, presque tous de même longueur; et de 4 aiguillons intérieurs placés en croix, petits, courts, jaune doré, assez étendus; les aréoles des plus jeunes sont garnies de 5-6 aiguillons intérieurs, ce n'est que plus tard, dans l'âge adulte, que le caractère des 4 aiguillons intérieurs devient constant.

Mamelons, 4 millim. de long et 5 millim. en diamètre; aiguillons extérieurs sétacés de 3 millim. environ; les aiguillons intérieurs environ de la même longueur, mais beaucoup plus rigides.

Floraison. En Mai et Juin. Fleurs pourpre; sépales et pétales lancéolés, aigus, étalés et recourbés horizontalement; étamines nombreuses, un peu plus longues que le tube; anthères dorées; style pourpre dépassant les étamines à 4 divisions cylindriques disposées en croix.

Il existe depuis longtemps en France une grande incertitude sur le véritable Crucigera, qui y est assez rare; les jeunes individus portent 6 aiguillons intérieurs; en perdent-ils réellement 2 pour n'en garder que 4 dans l'âge avancé? Dans ce dernier cas, comment se pourrait-il qu'ils soient disposés en croix, puisque les 6 aiguillons du jeune âge sont régulièrement disposés comme les rayons d'un hexagone régulier dont un côté serait horizontal? Je crois que la désignation de Martius est appliquée aux divisions du stigmate et non au nombre et à la disposition des aiguillons. Cette incertitude s'est encore compliquée par suite de la dénomination Crucigera Galeotti appliquée à une variété du Mamillaria Formosa.

Culture. Serre tempérée, plein air pendant la belle saison.

62. Mamillaria Formosa (Galeot.).

Synonymie. Mam. Formosa Galeot. — *id.* Scheidw. Bull. acad. Brux., vol. 5, n° 8. — *id.* Salm. Cact. in hort. Dyck., cult. p. 87. — *id.* Monv. Catal. — Mam. Crucigera hort.

Patrie?

Diagnostic. La tige est simple, sous-claviforme, ombiliquée, lactescente; les aisselles et interstices des mamelons sont garnis de laine floconneuse, ceux-ci sont serrés et disposés en spirales, confusément tétragones, vert-clair et très-lisses, puis avec le temps comme pointillés de blanc; les aréoles sont nues; 20-22 aiguillons extérieurs presque roides, rayonnants, 6 intérieurs stellés, aciculaires et grossis à la base, en naissant carnés, noirs à la base et à la pointe, plus tard tout noirs et enfin gris.

Floraison. Fleurs rouges, lacinies lancéolées; style et filet des étamines coccinné.

Variétés. Mam. Formosa Gal. β. *Lævior Monv.* — *id.* Formosa β. Microthele Salm. catal. Cact. 1850.

Mamelons plus petits; aiguillons intérieurs constamment 4 en croix plus longs que dans l'espèce précédente, grossis à la base, noirs d'abord et plus tard gris.

Très-souvent cette plante a été confondue avec le Mam. Crucigera Mart. dont elle diffère par la tige constamment simple, ses aiguillons intérieurs divergents et beaucoup moins étendus que dans le Mam. Cru cicrael par la couleur, qui ne peut laisser aucun doute même au premier aspect.

γ. *Dispicula Monv.*

Aiguillons extérieurs plus longs et plus forts que dans les espèces qui précèdent; 2 aiguillons intérieurs rarement ou accidentellement 4 très-courts, subulés, très-grossis, à pointe noire, et plus tard gris-blanchâtres vers la pointe.

δ. *Gracilispina Monv.*

Aiguillons extérieurs et intérieurs plus fins que dans les variétés qui précèdent, aciculaires sans être grossis à la base.

Culture. Serre tempérée, plein air pendant la belle saison.

63. Mamillaria Elegans (Dc.).

Synonymie. Mam. Elegans Dc. (et non Hortulani). — *id.* Pfr. enum. diagn., p. 25. — *id.* Salm. Catal. — *id.* Forst., p. 195. — *id.* Salm. Cact. in hort. Dyck., cult. 1850, p. 87.

Patrie. Mexique, près de Yavisia, province d'Oaxaca; régions froides.

Diagnostic. Tige sous-columnaire, simple; aisselles laineuses; mamelons petits, serrés, coniques ; aréoles tomenteuses promptement nues ; 16-18 aiguillons extérieurs sétacés, grêles, blancs, très-étendus, rayonnants, 4 intérieurs presque droits, petits, presque roides, blanc sale à la base, fauves à la pointe.

Floraison ?

VARIÉTÉS. Mam. Elegans β. *Klugii Salm.* Syn. Mam. Klugii Ehremb. Diffère du précédent seulement par ses aiguillons beaucoup plus grêles.

Le Mam. Elegans et sa variété diffèrent du Mam. Acanthoplegma par ses 4 aiguillons intérieurs, et du Supertexta par ses mamelons beaucoup plus resserrés, grêles, coniques et beaucoup moins remarquables.

Les variétés Elegans Minor et Globosa de Decandolle doivent être abandonnées comme ne présentant aucun caractère distinctif.

La description donnée anciennement par Decandolle n'est pas tout à fait exacte. Celle ci-dessus que nous avons empruntée au prince de Salm Dyck., a été faite sur un sujet provenant de celui qui avait été dénommé par Decandolle.

Ses 4 aiguillons intérieurs la différencient suffisamment des Mam. Acanthoplegma, elle diffère d'un autre côté du Mam. Supertexta par ses mamelons plus resserrés, plus grêles, coniques et ses aiguillons extérieurs bien moins apparents.

Culture. Serre tempérée, plein air pendant la belle saison.

64. Mamillaria Supertexta (Mart.).

Synonymie. Mam. Supertexta Mart.— *id.* Pfr. enum., p. 25.—*id.* Salm. Cactæ in hort. Dyck., cult. 1850, p. 88. — Mam. Supert. β. Dichotoma Salm. — Mam. Polycephala Muhlenpf.

Patrie. Mexique, près de San-Jose del Oro, à près de 4,000 mètres au-dessus du niveau de la mer, dans les régions froides.

Diagnostic. Tige sous-globuleuse, simple ou dichotome ; aisselles laineuses ; mamelons ovés, un peu épais ; aréoles tomenteuses promptement nues ; 20-25 aiguillons extérieurs peu vigoureux, blanc de neige, étendus, rayonnants, 4-6 intérieurs roides, blancs, marqués de noir à la pointe.

Lorsque la tige est forte, elle est globuleuse, déprimée ; les mamelons sont épais ; les 4 aiguillons intérieurs sont décusés.

Floraison. Fleur carnée pâle ; lacinies dressées, presque carnées ; étamines adhérentes ; filets blancs ; anthères jaunes. Divisions du stigmate 5-6, lancéolées, droites, jaune-doré.

VARIÉTÉS. Mam. Supertexta β. *Tetracantha Salm.* (*Monv.*). — *id.* Hort. — Mam. Supertexta var. Compacta Scheidw.

Lors de la vente de la Collection de Monville, au Jardin d'Hiver de Paris, une transposition d'étiquette a jeté dans le commerce une autre plante sous ce nom. Le véritable Supertexta β. Tetracantha a constamment 4 aiguillons intérieurs en croix.

δ. *Dichotoma Salm.*

Tige plus vigoureuse, dichotome ; mamelons épais, subglaucescents, plus resserrés ; aiguillons extérieurs plus fins, aiguillons intérieurs au nombre de 5-6.

Culture. Serre tempérée et plein air pendant la belle saison.

Rare en France, où elle existe cependant dans plusieurs Collections ; peut-être est-elle un peu plus délicate que ses congénères.

65. Mamillaria Kunthii (Ehremb.).

Synonymie. Mam. Kunthii Ehremb.

Patrie. Mexique.

Diagnostic. Tige sub-globuleuse peu déprimée ; aisselles velues, souvent munies de sétules roides ; mamelons vert-gris-foncé, subpyramidaux (presque 4 faces à la base), tronqués au sommet (par une 5e face) ; aréoles longues, velutineuses d'abord ; aiguillons extérieurs, 20 petits, inégaux, blancs, 4 intérieurs rigides, droits, très-peu recourbés, le supérieur le plus long ; ils sont tous blanc-sale à pointe noire ou brune.

Floraison. Fleurs ?

Culture. Plein air, serre tempérée.

D'après la description donnée par Forst., cette plante devrait presque s'éloigner de cette section à cause de ses mamelons ; l'indication doit être modifiée : mamelons subconiques comme comprimés à la base sur 4 faces, émoussés au sommet comme tronqués ; aréole oblique.

Il n'existe, je crois, que deux autres échantillons de cette plante en France.

Culture. Serre tempérée, plein air pendant la belle saison.

66. Mamillaria Schœferii (Fen.).

Synonymie. Mam. Schœferii Fen—*id.* Salm. Cact. in hort. Dyck., cult. 1850, p. 88.

Patrie ?

Diagnostic. Tige vigoureuse, columnaire ; aisselles laineuses et sétigères ; mamelons subespacés, vigoureux, ovés-coniques, vert-clair-pâle ; aréoles grandes garnies de tomentum blanc ; aiguillons extérieurs très-nombreux blancs, très-ténus, sétacés, étendus-rayonnants, ceux du bas sensiblement plus longs, 2-4 intérieurs peu ouverts, roides, jaune-paille à la pointe.

Floraison ?

Culture. Serre tempérée, plein air.

Cette plante est inconnue en France.

4. *Geminispinæ, à aiguillons intérieurs gemminés.*

1-2 aiguillons intérieurs.

Aiguillons extérieurs sétiformes, rayonnants, régulièrement adprimés ; aiguillons intérieurs petits, gemminés.

67. Mamillaria Acanthoplegma (Lehm.).

Synonymie. Mam. Acanthoplegma Lehm.— Pfr. enum. diagn., p. 26.—
id. Salm. Cact. in hort. Dyck., cult. 1850, p. 86.— *id.* Forst. Handb., p. 193.
Cact. Columnaris. Flor. Mexic. (non Columnaris hort. Mart.). — Mam.
Recta Miq. — Mam. Geminispina Dc.

Patrie. Mexique. Karwinskii l'a trouvé, ainsi que quelques-unes de
ses variétés, dans les régions froides de Yavisia, province d'Oaxaca.

Diagnostic. Tige columnaire; aisselles laineuses; mamelons ovésconiques, courts, resserrés; aréoles laineuses, promptement nues;
20–24 aiguillons sétiformes, étalés–rayonnants, 2 au centre, dressés, plus
forts, tachés de brun à la pointe.

Tige d'abord presque globuleuse; mamelons un peu éloignés, elle
prend avec l'âge ses caractères; mamelons resserrés et aiguillons entremêlés; 2 aiguillons au centre dirigés l'un en haut, l'autre en bas, ils
sont longs d'environ 4–9 millim., colorés à la pointe d'une petite tache
fauve.

Floraison. Fleurs rouge-foncé, ainsi que dans les variétés.

Variétés. Mam. Acanthopl. β. *Elegans Monv.* Syn. Mam. Elegans
hort. (et non Dc.).

Mamelons plus trapus; aréoles, surtout celles du sommet, garnies de
duvet coloré, tandis qu'il est entièrement blanc dans la précédente;
aiguillons rayonnants moins nombreux, leur pointe moins effilée, souvent elle est brune; 2 aiguillons centraux presque égaux, couleur de
corne à la base, le reste brunâtre et comme brûlé à la pointe qui est
plus foncée.

γ. *Monacantha Monv.* — Syn. Geminisp. var. Monacantha hort.
Monv.—Geminispina Micracantha hort.—Mart.—Mam. Lanifera Dc.
Revue p. 31, t. 4 (et non Harv.). — Cact. Canescens fl. Mex.

Aréoles garnies de duvet blanc abondant, long d'abord, ensuite court,
et enfin presque nues; aisselles garnies de duvet blanc, caduc; aiguillons rayonnants, 24 environ disposés à droite et à gauche de l'aréole,
ceux du haut et du bas moins longs que les autres, blancs, fins, brillants, 1 seul central, quelquefois 2, blancs, transparents, fauves-roux à
la pointe, de 6 millim. environ.

δ. *Leucocephala Monv.* Syn. Mam. Leucocephala hort. Paris d'après
Monv. — Mam. Acanthopl., variété Spinis Albis hort. [1] — Mam.
Leucocephala hort.

Aréoles et aisselles garnies de duvet blanc, celui des aisselles presque
aussi long que les mamelons; aiguillons du centre 2, quelquefois 3-4,

---

[1] Le diagnostic de la variété δ. Leucocephala s'accorde assez avec l'indication laconique de la page 86, Cact. in hort. Dyck. cult., relative à la variété
β. de l'Acanthoplegma, que le prince de Salm fait syn. du Mam. Dyckiana Dc.,
quoique parfaitement distincte, comme cela résulte des observations de Monville et de la comparaison que nous-même avons faite plusieurs fois.

plus longs, moins transparents, blanc de lait à partir de la base jusqu'à la pointe, qui est fauve seulement.

ε. *Abducta Monv.* — Syn. Mam. Abducta Scheidw. — Mam. Acanthop. γ. Meisnerii Salm. Cat. hort. Dyck., 1850. — Mam. Meisnerii Ehremb. — Mam. Acanthoplegma ε. Abducta hort. Monv.

Ses mamelons, au lieu d'être dressés sur la surface de la plante, semblent diriger leur sommet vers le haut; aiguillons rayonnants, fins et transparents; le duvet des aréoles parait chamois, et ce, à cause du reflet des aiguillons du centre qui sont tout à fait fauves à partir de la base? leur pointe est plus foncée.

Culture. Plein air, serre tempérée.

68. **Mamillaria Dyckiana** (Zucc.).

Synonymie. Mam. Dyckiana Zucc.— *id.* Pfr. ennm. diagn., p. 26.— Mam. Geminispina Dc.?— Mam. Acanthoplegma var. β. Decandolii Salm. Cact. in hort. Dyck. cult., Catal. p. 86. — Mam. Dyckiana Forst., p. 194. — *id.* Monv.— *id.* Cat. div.

Patrie. Mexique, près Zimapan et Yxmiquilpan.

Diagnostic. Tige simple, sous-cylindrique; aisselles laineuses; mamelons courts, sous-coniques, serrés, vert-glauque; aréoles des plus jeunes garnies de laine fauve, plus tard nues; 16–18 aiguillons rayonnants, sétiformes, roides, très-étalés, entremêlés, transparents, blancs; 2 au centre, dirigés l'un en haut, l'autre en bas, tous deux plus longs que les autres, et celui du bas le plus long, couleur de corne, rouges à la pointe.

Floraison. En Mai et Juin. Fleurs assez semblables à celles du Mam. Acanthoplegma.

Culture. Serre tempérée, plein air pendant la belle saison.

69. **Mamillaria Microthele** (Muhlenpf.).

Synonymie. Mam. Microthele Muhlenpf. A. G. Z., 1848, p. 11. — *id.* Salm. Cact. in hort. Dyck., cult. 1850, p. 85. — Mam. Compacta hort.

Patrie?

Diagnostic. Tige vert-cendré à plusieurs têtes; mamelons ovés, resserrés, cachés par les aiguillons; aiguillons 22-24, sétiformes, rayonnants, blancs, appliqués sur l'extrémité du mamelon, longs de 2-4 millim., 2 au centre blancs, longs de 2 millim.

Tige prolifère à plusieurs têtes; ces têtes petites, globuleuses; mamelons très-resserrés et très-petits; aisselles et aréoles nues; aiguillons blanc de neige couvrant la plante, ceux qui sont extérieurs nombreux, très-étalés, extrêmement ténus, deux fois plus longs que ceux du centre qui atteignent à peine 2 millim.

Floraison. Fleurs petites; lacinies carnées en dehors, blanches en dedans.

VARIÉTÉS. Mam. Microthele β. Brognartii Salm. — Mam. Brognartii hort. Paris, Cels, hort. Monv.

Variété qui se distingue par les mêmes caractères que l'espèce précédente, dont elle diffère par ses mamelons plus petits , ainsi que ses aiguillons plus effilés et sa tige ordinairement simple ou prolifère comme celle des Acanthoplegma.

Culture. Plein air pendant la belle saison ; serre tempérée pendant l'hiver ; un peu de chaleur en bonne exposition pendant l'été.

*** LEIACANTHÆ, AIGUILLONS SOYEUX.

Aiguillons très-fins, soyeux, tout à fait adprimés sur le bout du mamelon et tellement nombreux et serrés qu'ils semblent se réunir et former un disque.

70. **Mamillaria Sphœrotricha** (Lem.).

Synonymie. Mam. Sphœrotricha Lem. Cact. gen. sp. que nov. in hort. Monv., p. 33. — *id.* Cact. in hort. Dyck., cult. 1849, p. 84. — *id.* Forst., p. 191. — Mam. Candida Scheidw.

Patrie. Mexique, Saint-Louis-Potosi. L'envoi de 1840 , fait par Galeotti, renfermait une variété à poils plus longs, 2 au sommet , intérieurs allongés, à pointe brune ; elle n'a pas reparu depuis.

Diagnostic. Tige presque sphérique ombiliquée, vert-clair ; mamelons cylindriques, émoussés ; aisselles munies de quelques poils blancs ; aréoles rondes garnies au centre de tomentum pelotonné ; aiguillons, les uns innombrables, rayonnants, étendus, sétacés, très-ténus, se touchant dans toute leur longueur, blanc de lait, recouvrant toute la surface de la plante ; 6–8 et même plus au centre, dressés et plus roides.

Floraison. Fleurs dépassant les mamelons pâle-carnées ; lacinies dressées, carnées ; filets des étamines rose-pâle ; anthères petits dorés ; style dépassant les étamines ; 6 anthères lancéolés, dressés, pourpres.

VARIÉTÉS. Mam. Sphœrotricha β. Rorea Salm. — *id.* Galeotti.
Cette variété diffère de l'espèce par ses aiguillons du centre plus grêles et le double des autres, roses à la pointe.

Culture. Serre tempérée, plein air en bonne exposition pendant l'été. Toutes les plantes de cette division demandent un peu plus de chaleur que les autres Mamillaires.

71. **Mamillaria Humboldtii** (Ehremb.).

Synonymie. Mam. Humboldtii Ehremb. — *id.* Cact. in hort. Dyck., cult. 85. — *id.* Forst., p. 192. — *id.* Hort.

Patrie. Mexique, Yxmiquilpan et Meslitlan, sur la roche calcaire.

Diagnostic. Tige presque sphérique ; aisselles presque sétacées ; mamelons ovés, cylindriques, serrés ; aréoles à peine tomenteuses ; aiguillons plurisériés, innombrables, sétacés, tous étendus et rayonnants, entremêlés, blanc de lait, couvrant toute la surface de la plante.

La tige jusqu'ici globuleuse, déprimée, large de 8 cent. sur 3 de hauteur.

Aisselles du bas de la plante munies de 3-4 sétules ; aiguillons ou plutôt les soies plurisériées, innombrables, se recouvrant, ils sont appliqués sur la surface de la plante, ils sont blanc de lait. Elle diffère du Mamillaria par les aiguillons du centre qui manquent.

Floraison ?

Culture. Serre tempérée, plein air ; demande un peu de chaleur.

72. Mamillaria Schiedeana (Ehremb.).

Synonymie. Mam. Schiedeana Ehremb. — Mam. Sericata Lem. Cact. gen. nov., p. 44. — Mam. Schiedeana Cact. in hort. Dyck., cultæ 1849, p. 85. — *id.* Forst., p. 235. — *id.* Hort. (non Schiedeana hort. d'après Pfr., p. 14, enum. diagn.).

Patrie. Mexique, minéral del Monte, introduit en 1838, végète sur la pierre calcaire, à 17 ou 18,000^m au-dessus de la mer.

Diagnostic. Tige simple ou prolifère, globuleuse, vert-foncé ; aisselles très-laineuses ; mamelons cylindriques très-resserrés, atténués ; aréoles tomenteuses, immergées ; aiguillons rayonnants ou séricés, ils se superposent les uns sur les autres, innombrables, plus grêles, plus soyeux et plus fins que dans aucune espèce connue, formant tantôt par leur juxtaposition et leur radiation un cercle continu, d'autres fois se séparant et se réunissant en petits flocons étendus extrêmement ténus ; sans aiguillon central ; leur couleur jaunâtre, dorée, soyeuse, se décrit difficilement.

Floraison. Fleurs petites, blanchâtres.

Culture. Serre tempérée, plein air.

Bien que cette plante fleurisse très-abondamment et même très-jeune, et donne souvent des fruits, les uns vides, les autres contenant quelques graines, je n'ai jamais pu faire lever aucun des semis que j'ai faits à plusieurs reprises, et personne à ma connaissance n'a été plus heureux que moi. Cette circonstance est d'ailleurs d'une médiocre importance, puisque le Mamillaria Schiedeana donne assez facilement des rejets qui reprennent aisément par boutures.

HETEROMORPHI, dont les caractères sont de deux sortes.

Tige cœspiteuse ou simple, drageonnant, de forme globuleuse, obovée ou cylindrique et grêle ; mamelons ordinairement courts, ovés ou obovés, quelquefois, tout en conservant cette forme, légèrement anguleux ou tout à fait anguleux surtout en dessous, quelquefois aussi marqués en dessus par un sillon plus ou moins prononcé ; aiguillons extérieurs subsétiformes, étalés ou presque étalés en rayonnant, blancs ou peu colorés, portant aussi des aiguillons intérieurs dont le nombre varie de 0 à 7.

Les caractères des plantes de ce groupe les rapprochent en même temps du précédent et du suivant, ils constituent en quelque sorte une transition des sétiformes aux Crassispinæ. Dans la première division, nous retrouvons des aiguillons sétiformes rayonnants qui caractérisent quelques-uns des groupes de la division précédente, mais leur tige cœspiteuse, la disposition subbifariée des aiguillons extérieurs, leur couleur et leur consistance, distinguent suffisamment les sujets qui la composent de ceux des groupes précédents ; au contraire, dans la forme des mamelons de la troisième division, nous trouvons des caractères nets et tranchés qui les différencient complétement de ceux qui précèdent, mais quelque chose dans cette forme les rapproche des Medusæ qui appartiennent au groupe suivant, alors ce n'est que par les aiguillons que nous pouvons les distinguer.

A. *STELLIGERÆ*, dont les aiguillons sont disposés comme les rayons d'une étoile.

Tige cylindrique, mince, prolifère, souvent cœspiteuse ; mamelons courts, presque hémisphériques ; aisselles et aréoles glabres, garnies de 14-24 aiguillons rayonnants stellés, recourbés, rigides, jaune-doré-clair, paille ou tout à fait dorés ; aiguillons intérieurs 0, 1, 2-4 ; fleurs petites, blanchâtres, baies, d'abord verdâtres, ensuite rougeâtres.

Les plantes qui appartiennent à cette division sont généralement mal dénommées dans la plupart des Collections où elles sont cultivées. Elles offrent dans leur ensemble un caractère bien tranché qui devrait les faire distinguer des autres Mamillaires, même par l'observateur le moins exercé.

La classification des espèces qui appartiennent à ce groupe est très-simple, elle peut s'établir d'après la présence ou l'absence des aiguillons intérieurs, le nombre des espèces qui semblent s'écarter de cette règle est très-petit, ainsi le Mamillaria Elongata Dc. porte un aiguillon intérieur sur quelques aréoles, de même le Mamillaria Stella Aurata Mart. en manque quelquefois ; mais ces exceptions sont accidentelles, elles se présentent sur un petit nombre d'aréoles, sur un même sujet, elles ne peuvent donc pas infirmer les caractères sur lesquels la classification est basée, qui est le nombre des aiguillons intérieurs.

1. *Amesacanthæ,* sans aiguillon intérieur.

73. Mamillaria Minima (Reich.).

Synonymie. Mamillaria Minima Reich.— *id.* Salm. Cact. in hort. Dyck., cult. 1850, p. 100. — Mam. Stella Aurata β. Minima Salm. anciennement.

Patrie. Mexique?

Diagnostic. Tige cylindrique mince, multiple, cœspiteuse à la base ; mamelons hémisphériques, presque écartés ; aisselles et aréoles nues, les aréoles rondes portent 20 aiguillons extérieurs très-grêles, très-étalés et entremêlés, légèrement recourbés, jaune clair à pointe tirant sur le fauve et manquant constamment d'aiguillon intérieur.

Floraison. Pendant la fin de l'été. Fleurs petites ; lacinies du périgone recourbées, très-ouvertes, obtuses, comme rosées sur les bords et non aiguës, blanchâtres.

Cette plante, qui au premier abord présente quelques ressemblances avec la Mamillaria Stella Aurata, en diffère par sa tige plus grêle et moins élevée, l'absence constante d'aiguillon intérieur, également aussi par sa fleur dont les lacinies érosées sont obtuses et non aiguës.

Culture. Serre tempérée, plein air pendant la belle saison.

74. Mamillaria Elongata (Dc.).

Synonymie. Mamillaria Elongata Dc. Revue p. 109. — *id*. Mém., p. 2.— *id*. Pfr., enum. diagn., p. 6. — *id*. Salm. Cact. in hort. Dyck., cult. 1850, p. 100.— *id*. Alii.

Patrie. Mexique.

Diagnostic. Tige multiple à partir de la base, cylindrique, allongée, presque rameuse; aisselles larges, nues; mamelons hémisphériques courts et très-larges à la base, émoussés au sommet; les aréoles sub-tomenteuses pendant le jeune âge seulement, garnies d'aiguillons sub-sétiformes dont le nombre varie ordinairement de 16-18, rayonnants, jaunes, beaucoup plus longs que le mamelon et manquant d'aiguillon intérieur.

La tige qui est érigée est haute de 16-18 cent. sur un diamètre de 15 millim. environ; les aiguillons ont environ 8-9 millim., et quand accidentellement il existe un aiguillon intérieur, il est subulé à la base.

Floraison. Pendant la fin de l'été. La fleur n'a pas été décrite.

Variétés. Mamillaria Elongata β. Suberocea Salm. — Syn. Mam. Suberocea Dc. — *id*. Pfr. l. c.

Cette plante se rapproche beaucoup de la précédente par son port et les dimensions qu'elle atteint, elle en diffère essentiellement par la couleur de ses aiguillons qui sont d'un jaune safrané, surtout en naissant.

Mam. Elongata γ. Intertexta Salm.—Syn. Mamillaria Intertexta Dc. — *id*. Pfr. L. C. — Supertexta Rosea β. Rutila Ehremb. — Mam. Supertexta β. Rufa hort. Berol.

Cette variété se distingue par ses mamelons ovés très-resserrés, ses aisselles aiguës; la plante est entièrement recouverte par ses aiguillons; les aréoles sont presque grêles, garnies de 20-25 aiguillons rigides, jaunes, rayonnants, entremêlés avec les autres à cause de la proximité des aréoles.

Mam. Elongata δ. Rufescens Salm. Rufocrocea Salm. anciennement. — Mam. Supertexta Rosea β. Rutila Ehremb. — Mam. Supertexta β. Rufa hort. Berol.

Il ne diffère du précédent que par la longueur et la couleur des aiguillons.

Culture. Plein air, serre tempérée pendant l'hiver.

2. *Monacanthæ, aréoles ne portant qu'un seul aiguillon intérieur.*

75. Mamillaria Stella Aurata (Mart.).

Synonymie. Mamillaria Stella Aurata Mart. Act. nov. nat. cur. XVI, p. 338, t. XXV.— Mam. Tenuis, variétés α. et β. Dec., Mém. t. 1.—

id. Pfr. enum. diagn., p. 6. — Mam. Stella Aurata Salm. Cact. in hort. Dyck., cult p. 101.

Patrie. Mexique.

Diagnostic. Tige presque toujours multiple à partir de la base; cylindrique; aisselles nues, aiguës; mamelons ovés; les plus jeunes aréoles sublaineuses, nues plus tard, garnies de 20-25 aiguillons sétiformes, rayonnants, jaunes, un peu plus longs que les mamelons, en outre, un aiguillon intérieur qui manque accidentellement.

Tige de 13 millim. de diamètre; aiguillons longs de 7-9 millim. entremêlés.

Floraison. En Mai et Juin. Fleurs petites, blanchâtres, dépassant cependant le réseau des aiguillons; 5 sépales et 10 pétales dentelés; étamines nombreuses plus courtes que les pétales; style cylindrique plus long que les étamines, terminé par 3 stigmates rétrofléchis; baies oblongues effilées à la base, d'abord jaunes, puis devenant rougeâtres pendant l'hiver suivant; graines enflées de couleur orangée.

Culture. Plein air pendant la belle saison, en serre tempérée pendant l'hiver.

Variétés. Mamillaria Stella Aurata β. Gracilispina Salm. Cact. in hort. Dyck., cult., p. 101.

Tige moins élevée; mamelons plus resserrés; aiguillons de couleur d'or, plus grêles et plus entremêlés; l'aiguillon intérieur ne manquant jamais, la fait différer un peu sous ce rapport de l'espèce principale.

Suivant l'exemple de Martius, nous avons confondu, avec notre espèce, la Mamillaria Tenuis Dc. et sa variété Mam. Tenuis β. Media, qui ne peuvent être séparées. Sur ces sujets, il arrive quelquefois que des aiguillons intérieurs manquent, ce qui arrive aussi parfois dans notre Mamillaria Stella Aurata; sous tous les autres rapports, sans aucun doute, ces plantes doivent être considérées comme identiques.

76. Mamillaria Auguinea (Otto.).

Synonymie. Mamillaria Auguinea Otto.— *id.* Salm. Cact. in hort. Dyck., cult. 1850, p. 101. — *id.* Alii oct.

Patrie. Mexique.

Diagnostic. Tige cylindrique, longuement étendue, décombante, rameuse dans sa partie supérieure; mamelons vigoureux, resserrés, ovés-coniques; aréoles nues ou presque nues, portant 20 aiguillons extérieurs rayonnants, étendus, recourbés, presque entremêlés, d'un gris blanchâtre à pointe brune, et 1 aiguillon central blanc à pointe brune.

Floraison. En Mai et Juin. Fleurs d'un jaune très-pâle à lacinies obtuses à bords érosés.

Cette espèce est bien distincte des autres à cause de sa tige couchée et décombante, qui s'élève parfois à 35-40 cent. de hauteur sur 33 millim. de diamètre, elle est rameuse dans sa partie supérieure; ses aiguillons

qui sont vigoureux atteignent 14 millim. de longueur, ils sont d'un
jaune-paille prononcé presque tirant sur le blanc.

Culture. Plein air pendant la belle saison et serre tempérée pendant
l'hiver.

77. **Mamillaria Subechinata** (Salm.).

Synonymie. Mamillaria Subechinata Salm. Cact. in hort. Dyck., cult.,
p. 101.

Patrie. Mexique.

Diagnostic. Tige dressée, vigoureuse, prolifère dans sa partie supérieure ; mamelons vigoureux, ovés-coniques, resserrés ; aréoles nues ou
presque nues, munies de 14-16 aiguillons extérieurs, recourbés, étendus, à peine entremêlés de couleur paille, d'un autre intérieur allongé,
plus vigoureux, brun-verdâtre vers la pointe.

Tige atteignant 15-16 cent. de haut sur 4 cent. de diamètre, d'un
vert-gai ; ses aiguillons extérieurs rayonnants sont grêles, de couleur
paille sans tache à la pointe ; l'aiguillon intérieur, plus vigoureux, est
érigé, d'une couleur approchant du jaune de Naples vers sa pointe.

Floraison. En Juin. Les fleurs, qui ne sont pas encore décrites,
sont d'un jaune beaucoup plus prononcé que dans les autres espèces,
d'après le prince de Salm.

Culture. Plein air pendant la belle saison, serre tempérée en
hiver.

78. **Mamillaria Rufocrocea** (Salm.).

Synonymie. Mamillaria Rufocrocea Salm. Cact. in hort. Dyck., cult.
1850, p. 102. — Mam. Centrispina hort. — Mam. Staminea hort. — Mam.
Rufescens Salm. anciennement.

Patrie. Mexique.

Diagnostic. Tige cylindrique subclaviforme, très-prolifère sur toute
son étendue ; mamelons hémisphériques resserrés ; aréoles nues, garnies
de 14-16 aiguillons extérieurs rigides, ouverts-recourbés et entremêlés,
de couleur safranée à la base, blancs au milieu et tachés de couleur
rousse-safranée à la pointe, 1 rarement, 2 intérieurs roux à la base et
brun à la pointe.

Cette espèce est très-reconnaissable à sa couleur safran-roux, sous ce
rapport elle se rapproche de la variété Mam. Elongata β. Rufescens,
mais elle en diffère essentiellement par sa tige rameuse et plus basse,
et surtout par son aiguillon intérieur qui ne manque jamais.

Floraison. Fleurs ?

Culture. Serre tempérée pendant l'hiver, plein air pendant l'été.

3. *Pluriacanthæ, portant 2-3 aiguillons intérieurs.*

79. **Mamillaria Echinata** (Dc.).

Synonymie. Mamillaria Echinata Dc., Mém. p. 3. — *id.* Pfr. enum.

diagn., p. 5. — *id.* Salm. Cact. in hort. Dyck., cult. 1850, p. 110. — Mam. Echinaria Dc. Rev. p. 110.

Patrie. Mexique.

Diagnostic. Tige cylindrique allongée, souvent multiple à partir de la base; aisselles nues, larges; mamelons ovés, larges à la base, très-courts, émoussés, arrondis à la pointe; aréoles subtomenteuses pendant la première jeunesse seulement, nues ensuite, garnies de 16-18 aiguillons extérieurs rayonnants, sétiformes, recourbés et ouverts sans ordre régulier, jaunes, beaucoup plus longs que les mamelons, et de 2 aiguillons intérieurs plus rigides, presque bruns.

Cette espèce, qui est certainement la plus forte de toutes celles de cette section, porte sa tige droite, elle s'élève à plus de 15 cent., elle est très-prolifère et recouverte sur toute sa surface par ses aiguillons dorés; les deux aiguillons intérieurs sont droits, grêles, roides, de couleur fauve, souvent ils sont au nombre de 3, et alors les 2 supérieurs sont érigés, celui du bas un peu plus long de 13-15 millim., est couché.

Floraison. En Mai. Fleurs presque cachées sous le réseau des aiguillons, longues de 19 millim., cylindriques, rougeâtres en dehors, blanchâtres en dedans; les étamines sont de moitié plus courtes que les pétales; les anthères sont très-petits et blanchâtres; le style est cylindrique, un peu plus long que les étamines, terminé par 5 divisions stigmatiques papilleuses.

Culture. Serre tempérée pendant l'hiver, et plein air pendant l'été.

80. **Mamillaria Densa** (Link. et Otto).

Synonymie. Mamillaria Densa Link. et Otto. Icon. t. 35. — Mam. Echinata β. Densa Pfr. enum. diagn., p. 6. — *id.* L. C. — Mam. Densa Salm. Cact. in hort. Dyck., cult. p. 102.

Patrie. Mexique.

Diagnostic. Tige basse, cœspiteuse et rameuse à partir de la base; mamelons ovés-coniques, resserrés, d'un beau vert-gai; aréoles nues, munies de 14-16 aiguillons extérieurs, grêles, recourbés-ouverts, entremêlés, d'un beau jaune-doré, et de 2 autres aiguillons intérieurs droits, plus vigoureux, jaunâtres.

Floraison. En Mai et Juin. Fleurs d'un jaune très-pâle, à lacinies petites, presque transparentes sur les bords.

Culture. Serre tempérée pendant l'hiver, plein air pendant l'été.

Cette plante a été confondue avec notre Mamillaria Echinata Dc. Pfaiffer en a fait la variété Mam. Echinata β. Densa, elle en diffère par sa taille beaucoup plus petite, sa tige multiple, cœspiteuse et prolifère, et par l'agglomération de ses drageons, ses mamelons plus resserrés, plus nombreux et plus grêles.

4. *Sulconotatæ.*

Tige cylindrique tout à fait cœspiteuse; mamelons plus ou moins marqués sur la face supérieure par un petit sillon longitudinal.

81. Mamillaria Sphacelata (Mart.).

Synonymie. Mamillaria Sphacelata Mart. Act. nov. nat. cur. XVI, t. 25. — *id.* Pfr. enum. diagn., p. 7. — *id.* Salm. Cact. in hort. Dyck., cult., p. 103.

Patrie. Mexique, dans la partie septentrionale.

Diagnostic. Tige cylindrique devenant prolifère avec le temps; aisselles presque nues; mamelons subconiques, à base rhombique; aréoles munies de tomentum court et extrêmement rare, au milieu duquel sortent 14-18 aiguillons extérieurs droits, horizontalement ouverts, d'une belle couleur blanche comme l'ivoire, marqués à la pointe d'une tache rouge-sang qui devient tout à fait noire avec le temps, et de 3-4 aiguillons intérieurs dressés et colorés comme les autres aiguillons.

Tige de 20 cent. de haut sur 22-25 millim. de diamètre; mamelons de 9 millim. de large sur 7 de hauteur mesurés à la base; aiguillons longs de 9-10 millim.

Floraison. En Mai. Fleurs assez petites; sépales arrondies sur les bords, d'un rouge-brun; pétales, au contraire, aigus et d'un rouge-sang.

Culture. Serre tempérée pendant l'hiver, plein air pendant l'été.

Cette plante, ainsi que quelques autres récemment introduites en Europe, telles que le Mamillaria Pottsii qui s'en rapproche sous quelques rapports, constitue, d'après le prince de Salm, une section particulière en dehors du groupe des Stelligeræ. Nous ne partageons pas cet avis, bien que, par la couleur de la fleur et quelques autres caractères, notre Mamillaria Sphacelata diffère des autres Mamillaires qui composent le groupe des Stelligeræ, nous ne croyons pas ces caractères assez tranchés pour motiver une distinction, qu'un port entièrement semblable, des caractères extérieurs presque identiques doivent effacer. D'ailleurs, la Mamillaria Strobiliformis qui, d'après la même autorité, se trouve rangée dans la même catégorie, ne diffère pas davantage des Stelligeræ.

82. Mamillaria Pottsii (Salm.).

Synonymie. Mamillaria Pottsii Salm. Cact. in hort. Dyck., cult., p. 104.

Patrie. Mexique?

Diagnostic. Tige cylindrique, devenant prolifère avec l'âge, soit à partir de la base, soit dans la partie supérieure; aisselles sublaineuses; mamelons ovés, arrondis à la pointe, marqués sur la face supérieure d'un sillon longitudinal superficiel, duquel sortent souvent des jeunes; aréoles nues; aiguillons extérieurs blancs, très-ouverts, étalés, entremêlés en rayonnant, très-nombreux, 7 intérieurs rigides, plus vigoureux, assez développés, le supérieur plus long, érigé, recourbé; tous sont renflés, noueux tout à fait à la base, tachés de fauve à la pointe.

Tige de 30-35 cent. de haut sur 25-30 millim. de diamètre.

Floraison. Fleurs? Il paraît que cette plante, encore nouvelle, n'a pas fleuri en Europe.

Culture. Serre tempérée pendant l'hiver; elle demande peut-être un peu plus de chaleur que ses congénères, par conséquent une bonne exposition en plein air sous châssis pendant la belle saison.

Cette plante semble se rapprocher de notre Mamillaria Sphacelata, dont elle diffère par ses aiguillons beaucoup plus nombreux qui recouvrent entièrement toute la plante. D'un autre côté, la présence du sillon prolifère sur la face supérieure des mamelons semblerait devoir la rapprocher du Mamillaria Vivipara. Cette plante, qui n'existe pas encore en France, ne nous est connue que par la description que le prince de Salm en a donnée dans son ouvrage. La place qu'il lui assigne nous a déterminé à la conserver dans ce groupe; peut-être, quand elle nous sera plus connue, y aura-t-il lieu de la placer dans la section suivante.

83. Mamillaria Strobiliformis (Scheer.).

Synonymie. Mamillaria Strobiliformis Scheer. —*id*. Salm. Cact. in hort. Dyck., cult., p. 104.

Patrie. Mexique?

Diagnostic. Tige dressée, ellipsoïde ou cylindrique; aisselles presque nues; mamelons coniques, érigés, serrés, marqués sur la face supérieure d'un petit sillon longitudinal superficiel; aréoles nues; aiguillons extérieurs allongés, au nombre de 20-25, grêles, rigides, très-étalés et rayonnants, recouvrant presque entièrement la plante, 2-4 intérieurs à peine différents; tous d'un gris-paille, fauves à la base et d'un rose-brun à la pointe.

Tige simple jusqu'à ce jour, atténuée du haut et du bas, haute de 12 cent. environ sur 40 millim. environ de diamètre. Les jeunes aisselles sont garnies de laine grise qui tombe promptement; les mamelons, d'un beau vert-gai, sont marqués sur la face supérieure d'un petit sillon à peine visible; ils sont dressés, larges à la base, graduellement atténués et comme obliquement tronqués à la pointe; les aréoles sont nues, garnies d'aiguillons nombreux très-serrés, noueux tout à fait à la base et fauves, ils sont longs de 9-10 millim. environ, très-ouverts en rayonnant, entremêlés, d'une couleur paille sale, d'un rouge-fauve à la pointe; en outre, elles portent de 1-4 aiguillons intérieurs de la même couleur, quelquefois plus courts, mais le plus souvent semblables aux autres.

Floraison. Fleurs inconnues.

Culture. Serre tempérée pendant l'hiver; comme la précédente, cette plante demande peut-être un peu plus de chaleur que ses congénères, par conséquent elle demanderait pendant la belle saison une culture sous châssis en plein air et une bonne exposition.

Cette plante a été introduite au Jardin de Kiew, à Londres, dans l'année 1846; le prince de Salm, qui en possède un exemplaire, en a donné la description que nous venons de transcrire, il lui a conservé le nom de Strobiliformis Scheer, l'espèce décrite sous le même nom par Engelmann devant être supprimée.

Autant qu'il nous est permis d'en juger par ce que nous connaissons de la description d'Engelmann, la plante à laquelle il a imposé le nom Strobiliformis, après avoir été perdue dans les Collections de Londres, vient d'être introduite, en compagnie de plusieurs autres, au Muséum de Paris, par les soins de M. Trécul, zélé naturaliste du Muséum. A son arrivée, elle paraissait desséchée, ses mamelons appliqués les uns contre les autres justifiaient assez la dénomination en forme de cône de pin ; mais cette plante, par les soins de M. Houllet, sous-directeur des serres du Jardin des Plantes de Paris, a pris une végétation vigoureuse et perdu en même temps son premier aspect ; elle forme une espèce toute différente du Mamillaria Strobiliformis Scheer, ayant au contraire de grands rapports avec ce que nous savons de celle désignée par Engelmann. Les écrits du prince de Salm faisant autorité et le nom imposé à notre plante ayant été supprimé et appliqué à une autre, nous avons cru pouvoir lui imposer un nouveau nom plus en rapport avec la forme caractéristique de ses mamelons (Voir plus loin *Mamillaria Dactily-thele*).

B. *OVATÆ*, mamelons en forme d'œufs.

Tige globuleuse ou cylindrique, prolifère ou simple ; mamelons ovés ou ovés-coniques, émoussés, arrondis à la pointe, quelquefois légèrement comprimés sur 4 faces, mais toujours plus arrondis sur la page supérieure ; 6-18 aiguillons extérieurs subsétacés, rigides, rayonnants, étendus, jaunes ou jaune-fauve, 1-7 intérieurs souvent de la même couleur que les autres.

1. *Cœspitosæ*, tige globuleuse cœspiteuse.

Tige cœspiteuse très-prolifère, ne prenant ordinairement ce caractère que dans l'âge adulte ; mamelons ovés ou obovés ; aiguillons extérieurs nombreux, très-fins, subsétiformes, pâles, légèrement recourbés, adprimés, prenant avec l'âge 1-2 aiguillons intérieurs vigoureux, colorés.

84. Mamillaria Crebrispina (De.).

Synonymie. Mamillaria Crebrispina De. Revue, p. 112. — *id.* Pfr. enum. diagn., p. 35. — *id.* Salm. Cact. in hort. Dyck., cult. Catal. — *id.* Salm. anc. Catal. — *id.* Forst. Handb. d. Cact., p. 204. — Mamillaria Polychlora Scheidw. — *id.* Hort. — Mamillaria Coronata Scheidw.

Patrie. Mexique, Saint-Louis-Potosi.

Diagnostic. Tige multiple à partir de la base, rejetons oviformes ; aisselles nues ; mamelons obovés, resserrés, courts ; aréoles presque glabres ; aiguillons droits, 16-17 extérieurs blancs, rayonnants, 3 intérieurs érigés, d'un brun-verdâtre. Les aiguillons, à cause des mamelons resserrés, couvrent entièrement la plante qu'ils laissent à peine apercevoir.

Cette plante est très-voisine du Mamillaria Conoïdea ; elle atteint 5 cent. de haut sur 4 de diamètre.

Floraison. Fleurs inconnues.

Culture. Cette plante, ainsi que plusieurs de ce groupe, semblent exiger une température plus élevée que la plupart des autres Mamillaires ; pendant l'hiver, elle doit être placée dans une des parties chaudes de la serre, le plus près possible du verre ; pendant l'été, elle doit être placée en pleine terre sous châssis à une bonne exposition vivement chauffée et éclairée par le soleil. C'est avec ces soins que j'ai réussi à accélérer sa végétation qui est très-lente : malgré qu'elle n'ait pas encore fleuri, elle me paraît cependant, par son aspect, constituer une de nos Mamillaires les plus intéressantes. Galeotti, qui l'a introduite en Europe, dit ne l'avoir jamais rencontrée en fleur au Mexique.

Dans beaucoup de Collections, cette plante est confondue avec les suivantes, surtout avec la Mamillaria Multiceps qui appartient à un autre groupe.

85. **Mamillaria Cœspititia** (Dc.).

Synonymie. Mamillaria Cœspititia Dc. Rev. p. 112. — *id.* Pfr. enum. diagn., p. 35. — *id.* Hort. — *id.* Salm. Cact. in hort. Dyck., cult. 1850, Catal.— *id.* Forst. Handb. d. Cact , p. 204.— Mamillaria Nitida Scheidw. — Mam. Crebrispina β. Nitida Mouv. Catal.

Patrie. Mexique.

Diagnostic. Tige multiple à partir de la base, cœspiteuse, ramassée en masse globuleuse ; aisselles nues ; mamelons ovés peu nombreux ; aréoles presque glabres ; aiguillons droits, rigides, dans la jeunesse d'un blanc-jaunâtre, plus tard gris, 9–11 extérieurs rayonnants, 1–2 intérieurs érigés, plus longs.

Touffe large de 11 cent., chaque drageon de 27 cent. de diamètre environ.

Floraison? On dit la fleur très-jolie, d'un beau rouge-pourpre.

Cette plante est d'un assez joli aspect à cause de ses mamelons resserrés les uns contre les autres ; ses aiguillons blancs transparents laissent apercevoir entre eux la couleur verte luisante des mamelons. Avec l'âge, la partie inférieure de la plante prend un aspect gris-terreux et perd l'éclat de sa partie supérieure.

Culture. Serre tempérée, plein air ; en augmentant la chaleur à laquelle la plante est exposée, on accélère sa végétation qui est lente ; cependant cette accélération s'obtient ordinairement aux dépens de la forme de la plante qui s'étiole alors. Une bonne culture pendant l'été exige la pleine terre sur couche et sous châssis, très-près du verre avec une bonne ventilation.

86. Mamillaria Gracilis (Pfr.).

Synonymie. Mamillaria Gracilis Pfr. l. c. — *id.* Pfr. A. G. Z., 1838, p. 275. — *id.* Salm. Cact. in hort. Dyck., cult. 1850, p. 103. — Mamillaria Echinata β. Gracilior Ehremb.

Patrie?

Diagnostic. Tige cylindrique, grêle, extrêmement prolifère surtout avant l'âge adulte ; aisselles nues, mamelons obovés, courts, amoindris et arroudis vers la pointe ; aréoles presque nues ; 16 aiguillons extérieurs sétiformes, blancs, rayonnants, adprimés et légèrement recourbés, 2 autres intérieurs plus rigides, blancs ou bruns, ne se développant que dans l'âge adulte.

Dans la jeunesse, cette plante est extrêmement prolifère, chaque aisselle porte un drageon, elle devient même cœspiteuse, ses aiguillons intérieurs manquent souvent alors. Si on a le soin de faire tomber les rejetons à mesure qu'ils se développent, la plante prend rapidement un autre aspect, et elle acquiert promptement ses aiguillons intérieurs qui alors lui donnent un cachet remarquable.

Floraison. En Mai et Juin. Fleurs jaune-soufre assez foncé, grandes comparativement aux dimensions de la plante.

Variétés. Mamillaria Gracilis β. Pulchella hort.

Tige beaucoup plus grêle ; les aiguillons extérieurs, peu différents de ceux de l'espèce précédente, s'en distinguent par les 2 supérieurs qui sont brunâtres.

M. de Monville cite dans son Catalogue une variété qui ne diffère de notre espèce que par sa baie qui, au lieu d'être rouge, est d'un jaune succiné. Peut-être est-ce la variété β. ?

Culture. Serre tempérée pendant l'hiver, plein air pendant la belle saison.

2. *Sulconotatæ, marqués d'un sillon.*

Tige obovée ou globuleuse, simple ou prolifère ; mamelons marqués en dessus d'un petit sillon plus ou moins superficiel.

87. Mamillaria Conoïdea (Dc.).

Synonymie. Mamillaria Conoïdea Dc. Mém. t. 2. — *id.* Revue. p. 112. — *id.* Pfr. enum. diagn., p. 35. — *id.* Pfr. et Otto. Abbildt. d. Cact. Liv. 6, fig. xxvi. — Mamillaria Inconspicua Scheidw. — Mamillaria Diaphanacantha Lem. Cact. gen. nov. in hort. Monv., 1839, p. 100. — Mam. Echinocactoïdes. Pfr.? — An. Mam. Strobiliformis Engelm.? d'après quelques auteurs. — Mam. Conoïdea Salm. Cact. in hort. Dyck., cult., 1850, p. 104.

Patrie. Mexique.

Diagnostic. Tige simple, ovée, conique ; aisselles laineuses pendant la jeunesse seulement, ensuite nues ; mamelons ovés, resserrés ; aréoles subtomenteuses d'abord, nues plus tard ; aiguillons droits, rigides, 15-16 extérieurs rayonnants, 3-5 intérieurs érigés, divergents, bruns, plus longs.

Cette plante est florifère, elle atteint 11-12 cent. de haut sur 9-10 de diamètre mesuré à la base.

Floraison. En Mai, Juin et Juillet. Fleur solitaire se développant dans les aisselles voisines du sommet, paraissant même terminale, longue de 27 millim. environ et dépassant les mamelons au-dessus desquels elle brille d'un beau pourpre. Les lacinies sépaloïdes à l'extérieur sont verdâtres, à l'intérieur sont rouges ; les pétales sont disposés sur 3-4 séries, elles sont linéaires et mucronées ; les étamines nombreuses sont de moitié plus courtes que les pétales, elles portent des anthères d'un beau jaune doré ; le style plus long, filiforme, se termine par 5 stigmates jaunâtres obtus, cannelés en dehors.

Culture. Serre tempérée dans les parties chaudes durant la mauvaise saison, sur couche et sous châssis à une bonne exposition pendant l'été.

Peut-être notre Mamillaria Conoïdea devrait-elle être placée près des Sulconotatæ, à cause de son inflorescence et de quelques caractères de la fleur ; ses mamelons s'en éloignent par leur forme, bien que sillonnés en dessus comme ceux des plantes de ce groupe. Les caractères de la baie, quand ils auront été observés, décideront de l'exactitude de cette prévision. Notre plante est très-rare dans les Collections de France, quoiqu'elle soit connue depuis longtemps, déjà décrite et figurée par Decandolle en 1829 ; la même observation doit être faite pour beaucoup d'autres plantes intéressantes dont la perte ou la rareté doit être attribuée à une culture inintelligente plutôt qu'à l'extrême délicatesse des sujets.

88. Mamillaria Radians (Dc.).

Synonymie. Mamillaria Radians Dc. Rev. p. 111. — *id*. Mem. p. 5. — *id*. Pfr. enum. diagn., p. 14. — *id*. Salm. Cact. in hort. Dyck., cult., p. 105.

Patrie. Mexique.

Diagnostic. Tige simple, sous-globuleuse ; aisselles nues ; mamelons ovés, grands ; aréoles presque glabres, munies de 16-18 aiguillons rayonnants, blancs, rigides, sans aiguillon intérieur.

Les aréoles sont subtomenteuses pendant la jeunesse seulement.

Cette plante varie par sa forme, le sommet est quelquefois arrondi, d'autres fois déprimé, ses aiguillons sont blancs ou parfois presque jaunâtres. Notre plante a environ 11 cent. de hauteur et de diamètre, ses aiguillons atteignent environ 14 millim. de longueur.

Floraison. Fleur inconnue, ou plutôt décrite nulle part.

Culture. Serre tempérée, plein air pendant la belle saison, une bonne chaleur avec une ventilation abondante en accélérant la végétation qui est très-lente.

Dans la jeunesse, cette plante est ordinairement confondue avec la Mamillaria Cornifera, dont alors elle se distingue par ses mamelons plus petits, plus resserrés, à peine marqués par le sillon des mamelons, et aussi par ses aiguillons extérieurs rayonnants, grêles, un peu recourbés, presque entremêlés, jaune-paille-clair, blancs plus tard seulement. Dans l'âge adulte, son port la distingue suffisamment des Impexicoma et Cornifera.

89. Mamillaria Loricata (Mart.).

Synonymie. Mamillaria Loricata Mart. et non hort. — *id.* Pfr. enum. diagn., p. 13. — *id.* Salm. Cact. in hort. Dyck., cult. 1850, p. 105. — Mam. Heteracantha hort. Berol.

Patrie. Mexique.

Diagnostic. Tige simple, sous-globuleuse, d'un vert-glauque; aisselles très-laineuses; mamelons courts, ovés, tétragones à la base; aréoles grandes, tomenteuses, garnies de 12 aiguillons extérieurs rayonnant horizontalement, rigides, jaunes, et de 2 intérieurs plus vigoureux à pointe noire, celui du haut droit, celui du bas recourbé en dehors.

Tige de 5-6 cent. de diamètre; mamelons longs de 11 millim., larges de 9 à la base; aiguillons extérieurs atteignant une longueur de 7-8 millim., les 2 intérieurs plus longs et de 11-12 millim. Les plantes adultes portent ordinairement les 2 aiguillons intérieurs, tous deux ou un seulement manquent dans la jeunesse.

Cette plante a été décrite exactement par Martins, elle diffère de notre Mamillaria Radians par ses aiguillons extérieurs qui sont blancs, par ses 2 aiguillons intérieurs qui sont d'un fauve-brun, l'un dressé, l'autre recourbé, étalé.

Floraison. Fleur inconnue.

Culture. Cette plante, comme ses congénères, demande un peu de chaleur; cultivée en pleine terre sur couche et sous châssis pendant la belle saison et à une bonne exposition, elle nous montrerait probablement ses fleurs qui nous sont encore inconnues.

90. Mamillaria Radiosa (Engelm.).

Synonymie. Mamillaria Radiosa Engelm. in Litteris. — *id.* Salm. Cact. in hort. Dyck., cult. 1850, p. 105.

Patrie?

Diagnostic. Tige ovée, cylindrique, simple ordinairement, parfois cependant prolifère; mamelons cylindriques, marqués en dessus d'un sillon plus ou moins net, les jeunes laineux dans la partie inférieure du sillon; les jeunes aréoles munies de tomentum blanc et de nombreux aiguillons, tout à fait rayonnants, inégaux, soyeux, blancs, leur nombre s'élève à 20-30; en outre, 4-5 intérieurs plus vigoureux, bruns, dont 3-4 dirigés en haut, 1 seulement défléchi. Dans l'âge adulte, les aisselles deviennent nues.

Floraison? Fleurs violettes à sépales frangées, bordées de dents allongées comme des pattes d'araignées et à pétales entières sans divisions ni incisions sur les bords, recourbées vers la pointe.

Culture. Serre tempérée, plein air sous châssis et en bonne exposition pendant l'été.

Cette plante n'existe dans aucune Collection de France, elle ne nous est connue que par la description donnée par Engelmann, et reproduite par le prince de Salm dans son ouvrage.

91. Mamillaria Similis (Engelm.).

Synonymie. Mamillaria Similis Engelm. Pl. Lindheimorianæ, p. 38. — *id.* Salm. Cact. in hort. Dyck., cult. 1850, p. 106.

Patrie?

Diagnostic. Tige cœspiteuse; aisselles des jeunes mamelons un peu et légèrement laineuses, plus tard nues, entièrement glabres; mamelons ovés, légèrement marqués d'un sillon en dessus, ce sillon légèrement tomenteux vers sa base et terminé en haut par l'aréole tomenteuse de laquelle sortent environ 12 aiguillons aigus, droits, rayonnants, blancs, les plus jeunes ressemblant à du poil mou comme le duvet des adolescents et entourés de tomentum à leur insertion.

Floraison. Fleur? Baies globuleuses coccinnées.

Culture. Serre tempérée, en plein air sous châssis pendant la belle saison.

Cette plante n'existe pas non plus dans les Collections de France; comme la précédente; elle nous est connue seulement par la description qu'Engelmann en a donnée.

Variétés. Mamillaria Similis β. Robustior Engelm. in Litt.

Tige plus vigoureuse, moins prolifère, avec aiguillon intérieur plus vigoureux.

92. Mamillaria Vivipara (Haw.).

Synonymie. Mam. Vivipara Harv. Suppl. p. 72. — *id.* Pfr. enum. diagn., p. 33. — *id.* Salm. Cact. in hort. Dyck., cult., p. 106. — *id.* Forst. Handb., p. 77. — *id.* Hort. — *id.* Mouv. Catal. 1845. — Cactus Viviparus Nutt. gen. Amér. 1, p. 295. — Mam. Vivipara Dc. pr. 111, p. 459.

Patrie. La Louisiane, sur les hautes montagnes du Missouri, jusque sous le 45e degré de latitude nord.

Diagnostic. Tige globuleuse ou déprimée, hémisphérique, très-abondamment prolifère dans la partie supérieure des sillons dont la partie supérieure des mamelons est marquée; mamelons presque cylindriques marqués en dessus par un sillon plus ou moins prononcé, laineux à sa base dans la jeunesse; les jeunes aréoles garnies de tomentum très-court et d'aiguillons droits, rayonnants, blancs et inégaux, 14-16 extérieurs et 3-4 intérieurs dont 2-3 dirigés vers le haut et 1 seul porrigé.

Les plantes que nous rencontrons dans les Collections de France, qui généralement sont peu vigoureuses, attaquées pour la plupart par le rouget, semblent différer de celle décrite par Engelmann, elles se rapprochent davantage de la description suivante donnée par Pfaiffer:

Tige petite, sous-globuleuse, ramassée en touffe; aisselles nues; mamelons vert-foncé, coniques, arrondis à la pointe, marqués en dessus d'un sillon pubescent; aréoles des jeunes assez larges garnies de tomentum blanc ; de 12 aiguillons extérieurs blancs et de 2-4 intérieurs bruns, tous droits et grêles.

Alors réunies en touffes de 10 cent. de diamètre; dans le pays, elles atteignent 50-60 cent.

Fleur ressemblant à celle du Cereus Flagelliformis, rouge-gaie, les lobes calicinaux extérieurs ciliés.

Floraison ? Fleurs, d'après Engelmann, se développant au sommet de la plante ; 30-35 sépales lancéolés, bordées de dents allongées comme des pattes d'araignées, recourbées à la pointe ; 80-40 pétales linéaires, lancéolés, garnis de pointes filiformes entières, sans érosions sur les bords, d'un violet foncé ; 5-6 stigmates roses à pointe herbacée, dépassant de beaucoup les étamines qui sont rouges ; baies ovées, couronnées par les restes desséchés des fleurs, à ventre verdâtre.

La description d'Engelmann, celle très-laconique de Decandolle, reproduite par Pfaiffer, présentent des différences assez tranchées pour nous faire supposer qu'elles s'appliquent à deux plantes différentes. N'ayant pas encore vu la plante décrite par le premier et ne connassant que celle décrite par le second , il nous est difficile de prononcer.

Culture. Serre tempérée pendant l'hiver, beaucoup de chaleur et une brillante exposition en plein air, à toute l'ardeur du soleil et dans l'endroit le plus aéré possible pendant l'été.

93. Mamillaria Parvimamma (Haw.).

Synonymie. Mamillaria Parvimamma Haw. Suppl. p. 72. — *id.* Pfr. enum. diagn., p. 9. — *id.* Salm. Cact. in hort. Dyck., cult. p. 106. — *id.* Forst. Handb., p. 77. — Cactus Microthele Spr. — Mamillaria Microthele hort. — Cactus Mamillaris β. Prolifer Wild.

Patrie. Indes occidentales.

Diagnostic. Tige sous-globuleuse, prolifère dans sa partie supérieure ; mamelons très-petits ; aréoles munies de tomentum blanc et de 10-12 aiguillons subrigides, pourpre-brillant d'après Decandolle prodr.

Tige cylindrique vert-foncé ; aisselles nues ; mamelons très-resserrés, coniques, arrondis à la pointe, marqués en dessus d'un sillon prolifère et pubescent ; aréoles, les jeunes munies de laine blanche et d'aiguillons grêles, droits, subrigides, d'abord d'un pourpre brillant, ensuite noirs, et enfin couleur de cendres, 8-10 extérieurs presque égaux, rayonnant irrégulièrement, 2-3 intérieurs un peu plus longs.

Tige haute de 15-18 cent. sur 6-8 de diamètre ; mamelons longs de 8 millim. sur 6 de diamètre mesuré à la base; aiguillons longs de 4-6 millim. Les mamelons du sommet de la plante donnent de nombreux rejetons qui naissent et se développent vers l'extrémité des sillons, de façon que la plante semble entourée de plusieurs verticiles de drageons.

Floraison. Fleurs? La fleur, qui n'a pas encore été observée en Europe, se développe, au dire des voyageurs, vers la partie moyenne des sillons.

Culture. Comme la précédente.

Il y a quelques années, on a pensé que cette plante, qui n'a pas encore fleuri dans les jardins d'Europe, devait être considérée comme une dégénérescence monstrueuse de notre Mamillaria Simplex. Cette opinion n'est pas vraisemblable. Toutes les monstruosités connues tendent, par la culture, à reprendre une forme normale; or, notre plante, qui est cultivée dans les Collections d'Europe depuis 1810, a constamment présenté son caractère proliférique. D'ailleurs, ce caractère se retrouve dans d'autres plantes de cette section qui, elles aussi, n'ont pas encore fleuri chez nous. En outre, notre Mamillaria diffère du Mamillaria Simplex par sa tige qui devient rameuse avec l'âge, et par ses aiguillons intérieurs et extérieurs qui sont moins nombreux.

94. Mamillaria Zepnickii (Ehremb.).

Synonymie. Mamillaria Zepnickii Ehremb.—*id.* Forst. Handb. d. Cact., p. 201.

Patrie. Mexique.

Diagnostic. Tige globuleuse, formant plusieurs têtes; aisselles velues; mamelons coniques (légèrement comprimés inférieurement sur 2 faces), tronqués obliquement au sommet, vert-foncé; aréoles velutineuses, ovales, avec prolongement aigu qui souvent s'étend en sillon jusqu'à la moitié de la partie supérieure du mamelon; de la naissance aréolaire du sillon sortent 1-2 sétules blanches transparentes; aiguillons, 16-20 piliformes, rigides, blancs, transparents, inégaux, divergents, 2-4 intérieurs forts, infléchis, rouge carminé foncé d'abord, ensuite jaunâtres à pointe brune, le supérieur un peu plus long que les autres, quelquefois il existe 1 aiguillon central plus court.

Floraison. Fleurs?

Culture. Comme les précédentes.

Cette plante n'a pas encore été introduite dans les Collections de France.

3. *Ovimammœ.*

Mamelons ovés, coniques, quelquefois comprimés, subtétragones, sans sillon.

95. Mamillaria Simplex (Haw.).

Synonymie. Mamillaria Simplex Haw. syn. p. 177. — *id.* Dc. pl. gr. t. III, Mem. t. 7. — *id.* Pfr. enum. diagn., p. 9. — *id.* Salm. Catal. 1850. — *id.* Monv. Catal. 1845.— Cactus Mamillaris Linné. — *id.* Nat. gen, Amér. 1, p. 293.

Patrie. Amérique tropicale, les Antilles et Caracas.

Diagnostic. Tige constamment simple, de forme sphérique, tout à fait globuleuse, plus tard avec l'âge plus allongée; aisselles glabres; mamelons ovés-coniques; aréoles munies de tomentum court, blanchâtre, duquel sortent 12-16 aiguillons extérieurs rayonnants et 4-5 intérieurs à peine plus forts et plus rigides, tous droits, aigus, d'abord d'une couleur rouge-sang, et plus tard cendrés, d'un gris rougeâtre.

Tige haute de 12 cent. sur 7-8 de diamètre; mamelons longs de 14 millim. sur 8-9 de diamètre mesuré à la base ; aiguillons presque égaux, atteignant 8 millim. de long.

Floraison. Pendant tout l'été. Fleurs insérées sur les aisselles des mamelons du sommet, disposées sur plusieurs zones. Fleurs petites d'un blanc verdâtre ; stigmate à 5-6 divisions ; baies oblongues, coccinées, mûrissant ordinairement pendant l'été suivant, contenant des graines noires qui germent très-facilement.

Culture. La plupart des plantes de cette section demandent un peu plus de soins que les autres Mamillaires. Leur développement, la vigueur de leur végétation, dépendent de ces soins. Pendant l'été, il faut les placer en plein soleil, à une bonne exposition sous châssis en leur donnant une bonne ventilation et le plus de chaleur possible. Pendant l'hiver, ils se contentent de la serre tempérée dans les parties chaudes et les plus sèches. Sans ces précautions on les perd fréquemment, la moindre humidité ou la moindre mouillure correspondent à un abaissement du thermomètre, entraînent très-fréquemment leur pourriture. Leur habitus, fréquemment identique à celui de quelques Mélocactes au milieu desquels elles végètent, aurait dû indiquer, il y a longtemps, cette culture.

96. Mamillaria Caracassana (Otto).

Synonymie. Mamillaria Caracassana Otto. — Mamillaria Microthele Monv. — Mamillaria Micrantha hort. — *id.* Miq.? — Mamillaria Caracassana Monv. — *id.* Salm. Cact. in hort. Dyck., cult. 1850, p. 107,

Patrie. Mexique, Caracas.

Diagnostic. Tige globuleuse; aisselles garnies de laine blanchâtre; mamelons larges à la base, subanguleux-ovés, distancés, couleur de cuir, ouverts, rougeâtres, luisants ; aréoles arrondies garnies de tomentum blanc, duquel sortent 8-10 aiguillons extérieurs, rayonnants, ouverts, inégaux, ceux du sommet un peu plus courts que les autres, et 3-4 intérieurs plus vigoureux, subérigés, tous rigides, légèrement recourbés, blanchâtres à la base et d'un brun-fauve à la pointe.

Floraison? Fleurs petites d'un blanc-sale.

Culture. Comme la précédente.

97. Mamillaria Woburnensis (Scheer.).

Synonymie. Mam. Woburnensis Scheer. — *id.* Salm. Cact. in hort. Dyck., cult. 1850, p. 107. — Mam. Grisea Galeot.?

Patrie? Cette plante provient d'un semis de graines qui s'est trouvé dans un envoi sans aucune indication.

Diagnostic. Cette plante, d'une couleur blême, semble se rapprocher du Mam. Caracassana par le nombre de ses aiguillons, mais elle diffère entièrement des plantes de cette section par le caractère de sa tige cylindrique, prolifère, comme subrameuse. Elle est trop jeune encore pour qu'il soit possible de la décrire complétement.

98. Mamillaria Melaleuca (Karw.).

Synonymie. Mamillaria Melaleuca Karw. — *id.* Salm. Cact. in hort. Dyck., cult. 1850, p. 108.

Patrie. Mexique, province de Oaxaca.

Diagnostic. Tige globuleuse, vigoureuse; aisselles nues; mamelons épais, vigoureux, ovés, obtus, vert-foncé luisant; aréoles enfoncées au-dessus du sommet des mamelons, petites, arrondies, munies de tomentum blanc et promptement nues; 8-9 aiguillons extérieurs rayonnant régulièrement, un peu recourbés en s'ouvrant, 4 en haut, bruns, un peu plus longs, ceux du bas blancs, 1 au centre (manquant quelquefois) brun, tous grêles, rigides.

Il existe ordinairement 9 aiguillons extérieurs qui sont, la plupart du temps, discolores; le supérieur avec 1 central brun-pourpre, et 5 inférieurs blancs.

Floraison. Fleur?

Culture. Comme les précédentes.

Cette plante a été récemment introduite en Europe par Galeotti.

99. Mamillaria Flavescens (Dc.).

Synonymie. Mamillaria Flavescens Dc. Catal. hort. Mousp., p. 83. — *id.* Pfr. enum. diagn., p. 40. — Mam. Staminea Haw. Suppl. p. 71. — Mam. Prolifera Haw. — *id.* Pfr. l. c. — Mam. Parmentieri hort. Berol. — Staminea Spr.

Patrie. Amérique tropicale.

Diagnostic. Tige obovée, prolifère dans sa partie supérieure; aisselles laineuses; mamelons ovés; aréoles laineuses; aiguillons roides, longs, droits, tirant sur le jaune-doré. Dc. prodr.

La tige est sous-globuleuse, très-verte avec le temps, prolifère latéralement; aisselles laineuses; mamelons coniques; aréoles garnies de laine blanche; 9-10 aiguillons extérieurs droits, rigides, subégaux, les jeunes tirant sur le jaune-doré, plus tard ils deviennent brunâtres, les 4 du haut très-petits, enfin 4 autres intérieurs. Pfr.

Floraison. En Juillet. Fleurs nombreuses jaune-soufre-pâle, atteignant presque 3 cent. de diamètre quand elles sont épanouies. Elles se développent abondamment sur plusieurs zones vers le sommet de la tige.

Culture. Comme les précédentes.

100. Mamillaria Nivosa (Lk. et Otto).

Synonymie. Mamillaria Nivosa Lk. et Otto. — *id.* Pfr. enum. diagn., p. 44. — Mam. Tortalensis hort. Berol.

Patrie. Ile de Tortale.

Diagnostic. Tige subconique, prolifère à la base, ce qui la fait paraître subcœspiteuse; aisselles très-laineuses; mamelons vert-foncé, serrés, coniques, arrondis à la pointe; 6-8 aiguillons extérieurs, sub-ouverts, allongés, droits, rigides, bruns, et 1 central.

Dans l'âge avancé, la plante est tellement recouverte par la laine abondante et blanche de ses aisselles, qu'elle semble couverte de neige.

Floraison. En automne. Fleurs jaunes.

Culture. Cette plante, malgré qu'elle ait figuré plusieurs fois dans les Collections de France, y a toujours été perdue. Cette perte est-elle due à une mauvaise culture, ou bien à ce qu'elle est encore plus délicate que ses congénères?

101. Mamillaria Applanata (Engelm.).

Synonymie. Mamillaria Applanata Engelm. — *id.* Salm. Cact. in hort. Dyck., cult. 1850, p. 109.

Patrie?

Diagnostic. Tige simple, déprimée, lactescente; mamelons presque à 4 faces; aisselles nues; les jeunes aréoles sont garnies de laine blanche; 17-20 aiguillons extérieurs, droits, disposés en rayons, très-ténus, très-inégaux, ceux du haut sétacés, raccourcis, blancs, les inférieurs plus longs, bruns, pâles ou couleur de cendre; au centre, 1 seul aiguillon vigoureux, érigé, raccourci.

Floraison? Fleurs sortant des aisselles des nouveaux mamelons, d'un rouge pâle-sale; 8-13 sépales lancéolées, à mucron herbacé; 12-18 pétales lancéolés, dentelés, mucronés vers la pointe; 5-7 stigmates jaunes dépassant de beaucoup les étamines qui sont plus courtes; baie rouge, oblongue, claviforme.

Culture. Probablement comme celles qui précèdent. Cette plante nous est connue seulement par la description d'Engelmann, reproduite par le prince de Salm dans son ouvrage; elle n'existe pas dans les Collections de France.

102. Mamillara Ovimamma (Lem.).

Synonymie. Mamillaria Ovimamma Lem. cactearum gen. nov. 1839, p. 49. — *id.* Salm. Cact. in hort. Dyck., cult. 1850, p. 107.

Patrie.

Diagnostic. Tige globuleuse-oblongue, vigoureuse, ombiliquée, d'un vert luisant-gai; vers le sommet de la plante, les aiguillons sortent épars de la laine blanche très-abondante et très-épaisse qui entoure les mamelons; ceux-ci sont coniques-ovés, émoussés; les aréoles ovales, garnies de 8-9 aiguillons subérigés, subrayonnants, petits, inégaux, les 2-3 supérieurs subulés, un peu rouges et plus forts que les autres qui sont blancs-fauves, 1 au centre et 2 entre les aiguillons latéraux beaucoup plus grêles que les autres.

Mamelons renflés, ovés, rétus, avec le temps comme marqués de petits points blancs; tous les aiguillons droits, très-rigides, érigés-ouverts, 9-11 extérieurs, ceux du bas sensiblement plus longs que les autres (2 en haut très-petits manquant parfois) disposés en rayons, carnés gris, tachés de brun à la pointe, 4 intérieurs allongés, tirant sur le rouge, de près de 3 cent.

Floraison. Fleur?

Variétés. Mam. Ovimamma β. Oothele Lem. gen. nov. 1839,
p. 37. — Mam. Ovimamma β. Brevispina Salm.

Cette plante se rapproche beaucoup de la précédente par la forme
des mamelons, par le nombre ou la disposition des aiguillons. La seule
différence essentielle qui caractérise cette variété qu'on aurait pu
appeler Mam. Ovimamma β. Brevispina, consiste dans les aiguillons
qui restent constamment plus courts.

Culture. Serre tempérée et plein air en bonne exposition pendant
l'été ; elle est très-rare en France, ainsi que sa variété, où il existe de
superbes sujets. Bien qu'il y existe des exemplaires de 40 cent. de hauteur, très-vigoureux, ils n'y ont pas encore fleuri.

4. *Oothelœ.*

Mamelons ovés-coniques, parfois comprimés, tétragones, sans sillon.

103. Mamillaria Rhodeocentra (Lem.).

Synonymie. Mamillaria Rhodeocentra Lem. Cact. gen. nov. 1839, p. 52.
— *id.* Forst. Handb., p. 248. — *id.* Salm. Cact. ir hort. Dyck., cult.,
p. 108.

Patrie ?

Diagnostic. Tige globuleuse, oblongue, devenant columnaire avec
l'âge, verte tirant presque sur le glauque ; aisselles très-laineuses ; mamelons coniques, courts, légèrement comprimés sur les côtés ; aréoles
arrondies, munies comme les aisselles de laine blanche abondante et
portant 12 aiguillons extérieurs rayonnants, inégaux, blancs, celui du
haut grêle, très-court ; en outre, 4 intérieurs décusés, roses, beaucoup
plus vigoureux.

Notre plante reste globuleuse et devient abondamment prolifère
vers la base ; ses mamelons sont courts, coniques, arrondis, un peu
comprimés sur les côtés, arrondis en dessus et présentant un angle en
dessous, ils sont longs d'environ 6 millim. sur 7 de largeur à la base ;
12 aiguillons allongés, rayonnants, blancs, à pointe noire, longs d'environ 5-8 millim., l'un d'eux supérieur est beaucoup plus grêle, il
atteint au plus 3-4 millim. ; l'intérieur de l'aréole est garni de 4 aiguillons presque décusés, subporrigés, plus vigoureux, subulés, d'un très-
joli rose ; le supérieur, restant également plus court que les trois
autres, atteint environ 7 millim., tous sont aigus, piquants. La plante
décrite a 11 cent. de haut sur 9 de diamètre.

Floraison. Pendant l'été. Fleurs roses ; les lacinies extérieures sont
aiguës, celles de l'intérieur sont érigées, obtuses, mucronées, d'un
rose-pâle, marquées sur le milieu d'une ligne plus foncée ; les filets des
étamines sont blancs à la base et roses au sommet ; le style se termine
par 4 divisions stigmatiques lancéolées, érigées, jaunes.

Variétés. Mamillaria Rhodeocentra β. Gracilispina Salm. Cact. in
hort. Salm. Dyck., cult. p. 108.

Cette plante ne diffère de la précédente que par ses aiguillons tous beaucoup plus grêles.

Culture. Serre tempérée pendant l'hiver et plein air en bonne exposition pendant la belle saison.

104. Mamillaria Glabrata (Salm).

Synonymie. Mamillaria Glabrata Salm. Cact. in hort. Dyck., cult. 1850, p. 109.

Patrie?

Diagnostic. Tige presque hémisphérique; aisselles presque toujours nues; mamelons forts, écartés, d'un vert-glauque, larges à la base, atténués, presque tétragones, arrondis obliquement à la pointe, présentant une face supérieure légèrement gibbeuse; aréoles ovales, souvent prolongées inférieurement par un petit sillon, légèrement tomenteuses en naissant et très-promptement nues; 12-14 aiguillons extérieurs rigides, étalés, presque recourbés, ceux du bas sensiblement plus longs et plus vigoureux que les autres, l'inférieur inséré dans le petit sillon qui termine la partie inférieure de l'aréole; blancs ou fauve-pâles, tachés de brun, de 1-3 intérieurs droits, grêles et roides, souvent arrêtés dans leur croissance, de couleur fauve ou brune.

Floraison. Fleurs?

Cette plante est déjà cultivée depuis longtemps en Angleterre, elle n'a encore figuré dans aucune Collection de France, où elle n'est encore connue que par la description que nous empruntons à l'ouvrage du prince de Salm. D'après cette description, les mamelons sont épais, vigoureux, prenant une forme plus ou moins tétragone, marqués sur la page inférieure par l'angle des deux faces qui la composent : d'ailleurs, de forme assez variable. Les aiguillons intérieurs varient également de nombre et de longueur; ils sont plus glabres que la plupart de ceux qui ornent les plantes de cette section. Les aisselles et les aréoles deviennent complétement nues dans l'âge avancé.

Culture. Probablement comme les autres, en serre tempérée pendant l'hiver, et en plein air pendant la belle saison.

105. Mamillaria Grisea (Salm).

Synonymie. Mamillaria Grisea Salm. Cact. in hort. Dyck., cult. 1850, p. 110.

Patrie. Mexique.

Diagnostic. Tige forte, vigoureuse, subcolumnaire; aisselles laineuses et sétigères; mamelons d'un vert-glauque, très-resserrés, ovés, subtétragones, arrondis obliquement; aréoles petites, nues; 10-12 aiguillons ouverts, sans ordre régulier, rigides, courts, blancs et entremêlés, 4-6 intérieurs ouverts, dressés, un peu plus longs et de même couleur, celui du haut deux et même trois fois plus long que les autres, érigé, recourbé, à pointe brune, tous devenant gris dans l'âge avancé.

Les plantes originales, quand elles arrivent du pays, présentent un des aiguillons intérieurs très-allongé, contourné en forme de vrille.

Floraison. Fleur?

Cette espèce est très-remarquable, elle nous semble se rapprocher de notre Mamillaria Maletiana Cels, elle atteint 12 cent. de hauteur sur 8-10 de diamètre, elle est presque entièrement cachée et couverte par ses aiguillons. Les aiguillons extérieurs sont entremêlés, cornés, transparents, ceux de l'intérieur sont blancs, tachés de rouge ou de brun à la pointe, ils atteignent dans nos cultures 15-20 millim. seulement, ils sont recourbés; mais au Mexique, ils atteignent jusqu'à 8 cent. et se contournent en vrille. Plus tard, lorsque les aiguillons ont pris tout leur développement, ils deviennent entièrement gris.

Culture. Serre tempérée pendant l'hiver, plein air et pleine terre pendant la belle saison.

106. Mamillaria Procera (Ehremb.).

Synonymie. Mamillaria Procera Ehremb. A. G. Z., 1849, p. 241. — id. Salm. Cact. in hort. Dyck., cult. 1850, p. 110.

Patrie. Mexique.

Diagnostic. Tige dressée, cylindrique; aisselles tout à fait nues; mamelons vert-brillant-luisant, espacés, ouverts, allongés, coniques, tronqués obliquement au sommet; aréoles subapicillaires un peu immergées, d'abord munies de tomentum blanc et ensuite promptement nues; 9 aiguillons extérieurs, en outre 2-3 insérés au sommet de l'aréole, tous grêles, rigides, ouverts en rayonnant, fauves en naissant, ensuite blancs, marqués d'une tache fauve à la pointe, 1 seul central, vigoureux, érigé, porrigé en dehors, brun-pourpre.

Floraison. Fleur?

Tige haute de 10-14 cent. sur 5-6 de diamètre, simple, verte, luisante; aisselles larges, entièrement nues; mamelons larges à la base, coniques, atténués, ronds ou parfois légèrement marqués d'un angle en dehors, longs de 1 centimètre; aréoles immergées au-dessous du sommet du mamelon, brunes; aiguillons extérieurs rigides, rayonnants et disposés comme les rayons d'une étoile et non soyeux, blancs, marqués de brun tout à fait à la pointe et gonflés de manière à former un nœud à la base au point d'insertion; aiguillon central, le double plus fort, long de 11-12 millim., pourpre-brillant, porrigé en dehors, très-légèrement recourbé.

Culture. Comme ses congénères, serre tempérée pendant l'hiver et plein air en bonne exposition pendant la belle saison.

Cette plante, ainsi que les deux précédentes, offrent peut-être, dans la forme de leurs mamelons, un caractère qui les éloigne de ce groupe; à l'exemple du prince de Salm, nous les avons placées à la fin, parce que l'ensemble de leurs caractères constitue une transition assez nette entre ce groupe et les suivants.

CRASSISPINÆ, à aiguillons trapus, rigides, de longueurs variables.

Les mamelons sont polyédriques, mammiformes ou subconiques, allongés, érigés ou bien hémisphériques plus ou moins allongés, quelquefois enfin cylindriques, très-longs, en forme de doigt, souvent ils sont marqués en dessus par un sillon ou par des glandes.

A. *ANGULOSÆ, à mamelons anguleux.*

Tige globuleuse ou claviforme; mamelons à faces planes présentant des arêtes vives, parmi lesquelles quelques-unes sont émoussées.

* TÉTRAGONÆ, MAMELONS A BASE TÉTRAGONE.

Tige globuleuse ou claviforme, cylindrique, allongée dans une des sous-divisions, quelquefois dicothome; mamelons tétragones, ovés, comprimés; 2-4 aiguillons, ou bien 5 rayonnants, avec 1 central recourbé; dans deux des sous-divisions, ils sont plus nombreux.

1. *Pubescentes.*

Aiguillons nombreux, pubescents (faisant éprouver au toucher une sensation analogue à celle que produit une étoffe de laine). Tige très-allongée, cylindrique, mince, simple.

107. Mamillaria Eriacantha (Otto.).

Synonymie. Mamillaria Eriacantha Otto. — *id.* Pfr. enum. diagn., p. 32, et Abb Id., t. 25, figuré. — Mam. Eriacantha hort. — Mam. Cylindracea Dc.? — Mam. Cylindrica hort. — Mam. Cylindrica β. Flavispina hort.

Patrie. Mexique, sur les hautes montagnes.

Diagnostic. Tige simple, allongée, cylindrique; aisselles laineuses; mamelons serrés, aigus, tétragones à la base, présentant 4 faces, par suite 4 angles ou arêtes arrondies, émoussées; aréoles garnies de laine blanche, du milieu de laquelle sortent 20-24 aiguillons extérieurs fauves, assez fins, rigides, comme recouverts d'une pubescence laineuse visible à la loupe, et en outre 2 autres aiguillons intérieurs droits, rigides, dirigés l'un en haut, l'autre en bas, d'une couleur fauve-dorée et également pubescents.

Tige haute de 16 cent. atteignant 35 cent. et plus, 6-7 cent. de diamètre; mamelons longs de 9 millim. sur 5 de diamètre à la base; aiguillons extérieurs longs de 6 millim., et ceux du centre atteignant 9-11 millim.

Floraison. Pendant les mois de Juin et Juillet. Fleurs petites, jaunes, présentant un diamètre de 10-15 millim. au moment de l'anthèse; pétales linéaires aiguës, à peine distinctes des sépales et formant ensemble environ 14 lacinies; étamines nombreuses, à anthères jaunes; style terminé par 4 divisions stygmatiques; baie de forme obclavée à l'origine d'un rose jaune-pâle, ensuite au moment de la maturité d'un jaune-orangé-luisant d'apparence visqueuse.

Culture. Serre tempérée pendant l'hiver et plein air pendant la belle saison.

Peut-être aurions-nous dû placer notre Mamillaria Eriacantha près du Mamillaria Columbiana, ou parmi les Polythele comme l'ont fait quelques auteurs, au lieu d'en faire une sous-division du groupe qui nous occupe : la forme tétraédrique des mamelons, l'aspect pubescent, particulier des aiguillons nous a déterminé à ranger notre plante dans ce groupe, dont l'un des caractères, qu'il ne faut pas négliger, est l'apparence des aiguillons qui, avec le temps, semblent se recouvrir d'un épiderme pulvérulent.

2. *Stellati, à aiguillons extérieurs tout à fait disposés comme les rayons d'une étoile.*

108. Mamillaria Texensis (Lab.).

Synonymie. Mamillaria Texensis Lab.

Patrie. Le Texas, introduit récemment par M. Trecul, naturaliste et voyageur zélé du Muséum de Paris.

Diagnostic. Tige de forme globuleuse, à sommet ombiliqué ; aisselles nues ; mamelons très-longs, légèrement tétragones, à arêtes émoussées, arrondies, sommet tronqué et base tout à fait rhombique, d'abord comprimés et plus épais que larges, puis plus tard déprimés, plus larges qu'épais ; les jeunes, manifestement adhérents les uns aux autres par la base près du point de leur insertion sur la tige, sont disposés par séries spirales subverticales ; aréoles apicillaires, rondes, garnies de tomentum blanc abondant d'abord, caduque par la suite ; 18 aiguillons extérieurs grêles, rayonnant très-régulièrement, blancs, les supérieurs moins longs, les inférieurs un peu plus ; en outre, 1 aiguillon intérieur central dressé, blanc, plus court, plus vigoureux que les autres, à pointe brune.

Les mamelons atteignent 1 cent. de longueur environ, ils sont grêles et d'un beau vert-glauque ; les aiguillons des jeunes aréoles sont d'abord peu divergents, subfasciculés, avec l'âge ils deviennent de plus en plus divergents, puis enfin tout à fait rayonnants dans un même plan et adprimés.

Floraison. Fleur ?

Le Muséum de Paris possède deux exemplaires de cette plante très-remarquable, ce sont peut-être les seuls qui existent en France et probablement en Europe ; elles sont saines, vigoureuses et de force à fleurir aujourd'hui ; à leur arrivée, elles étaient presque desséchées et plates. Il est à désirer que, aidées par les soins de M. Houlet, sous-directeur des serres du Muséum, elles se multiplient promptement. Cette plante, ainsi que notre Mamillaria Dactilithele, toutes deux introduites par M. Trecul, sont, dans le sous-genre Mamillaria, aussi remarquables que l'est notre extraordinaire Lechtembergia Principis dans la famille des Cactées.

3. *Strogulacanthi*, *à aiguillons courts et ramassés.*

Aiguillons moins nombreux, 2-4 ramassés et courts, comme arrêtés dans leur développement.

109. **Mamillaria Caput Medusæ** (Otto).

Synonymie. Mamillaria Caput Medusæ Otto. — *id.* Pfr. enum. diagn., p. 22 (Ecl. syn. Dc.). — Mam. Diacantha Lem. Cact. gen. nov. 1838, p. 2.

Patrie. Le Mexique et à la Vera-Crux, dans les régions froides.

Diagnostic. Tige simple, atténuée à la base, déprimée en dessus, disciforme; aisselles laineuses; mamelons érigés, ovés-tétragones; aréoles presque glabres; 3-4 sétules rigides, courtes, blanches; 2 aiguillons épais. courts, divergents. Dc. Rev. p. 114, et Mém. t. 8, p. 13, sous le nom de Mam. Sempervivi.

Tige columnaire irrégulière, ombiliquée; aisselles laineuses; mamelons vert-foncé, resserrés, polyédriques; aréoles presque nues; 2 aiguillons très-petits, rigides, blancs, noirs à la pointe.

La plante décrite a 16 cent. de haut, 7-8 de diamètre; les mamelons ont 4 millim. et demi de diamètre à la base; les aiguillons atteignent 2 millim. de long. Quelques aréoles portent 4 aiguillons insérés en croix, et quelquefois 5-6 sétules extérieures caduques, c'est peut-être la variété Mam. Sempervivi β. Tetracantha Decandolle. Pfr. enum. diagn., p. 22, sous le nom de Caput Medusæ Otto.

La première description, reproduite par Pfr. à côté de la sienne, nous semble s'appliquer à la plante indiquée par Decandolle sous le nom de Mam. Sempervivi, elle constitue une espèce distincte; la seconde me semble s'appliquer mieux à notre Caput Medusæ, décrit plus tard d'une manière plus complète par Lemaire, sous le nom de Mamillaria Diacantha.

Tige columnaire, presque constamment simple; sommet ombiliqué, glauque; épiderme marqué de points blancs très-légers et très-rapprochés les uns des autres; aisselles laineuses garnies dans le jeune âge de laine blanche luisante, floconneuse, plus tard nues; mamelons nombreux, resserrés, grêles, subtétraèdres (cette forme semblant résulter de leur pression mutuelle à l'origine de leur développement), de forme pyramidale; aiguillons gemminés, droits, épais, très-courts, longs de 1 millim., très-rigides, l'un dirigé en haut, l'autre en bas, roses pâles en naissant, pourpres brillants à la pointe, plus tard blancs, subulés.

La plante s'élève à 8 cent. sur 7 de diamètre; les mamelons ont 9 millim. de long sur 4 et demi de diamètre.

Floraison. Pendant tout l'été. Fleurs à peine plus longues que les mamelons, présentant un limbe de 18 millim. de diamètre au moment de l'anthèse; les sépales sont marqués en dehors d'une teinte olivâtre sale, et les pétales sont d'un blanc-sale, elles sont linéaires, étendues; les étamines sont de moitié plus courtes que les sépales et de même longueur que le style.

Variétés. Mamillaria Caput Medusæ β. Tetracantha Salm.

Cette plante est très-commune dans nos Collections; elle ne diffère du Mamillaria Caput Medusæ que par ses 4 aiguillons tout à fait disposés en croix.

Mam. Caput Medusæ γ. Centrispina Salm. — Syn. Caput Medusæ γ. Hexacantha *id.* ?

Outre les 4 aiguillons comme dans la variété précédente, l'aréole en porte 1 intérieur dressé, central, également court.

Mam. Caput Medusæ δ. Crassior Salm.

Cette plante est entièrement semblable à la variété précédente dont elle ne diffère que par ses dimensions; je doute qu'il y ait lieu de la conserver comme variété.

Dans les anciens Catalogues, dans celui de 1845, le prince de Salm indique une variété Hexacantha que nous avons reportée, peut être à tort, comme identique avec l'avant-dernière; cette variété n'étant plus indiquée dans les nouveaux Catalogues, nous ignorons si le sixième aiguillon, qui est indiqué par la désignation imposée à la variété, est un caractère constant ou si la plante est morte.

Culture. Serre tempérée pendant l'hiver, plein air et bonne exposition pendant l'été.

Il est à remarquer que Pfaiffer a commis une erreur dans son ouvrage en regardant les Mamillaria Caput Medusæ Otto et Sempervivi Dc. comme identiques : ces deux plantes diffèrent par le nombre des aiguillons. Sa description s'accorde parfaitement avec celle donnée par Lemaire sous le nom de Mamillaria Diacantha, peut-être plus caractéristique, mais que nous avons dû abandonner à cause de la priorité du premier. Les deux plantes, décrites en des temps et des lieux différents, ont été multipliées et ont donné des sujets nombreux qui sont parfaitement identiques.

110. Mamillaria Ehrembergii (Pfr.).

Synonymie. Mamillaria Ehrembergii Pfr. in Litt. — *id.* Forst. Handb. den Cact., p. 238.

Patrie. Mexique, Mineral del Monte.

Diagnostic. Tige globuleuse simple; mamelons ovés-coniques épais, subanguleux, vert-foncés, tous couverts de petits points blancs extrémemeut fins; aisselles très-floconneuses; aréoles insérées au-dessous des sommets des mamelons, munies d'abord de tomentum blanc, puis plus tard nues ou entièrement nues; elles portent 2 aiguillons presque égaux, courts, trapus, anguleux, dirigés l'un en haut, l'autre en bas, tous deux noirs dans la jeunesse, puis ensuite blancs comme recouverts de poussière, marqués à la pointe d'une tache noire.

Floraison. Fleur?

Culture. Serre tempérée pendant la mauvaise saison, plein air pendant l'été.

Cette plante semble, par son facies, se rapprocher beaucoup de la précédente, cependant elle en diffère essentiellement par la forme de ses mamelons et la couleur de ses aiguillons.

111. **Mamillaria Sempervivi** (Dc.).

Synonymie. Mamillaria Sempervivi Dc. Rev., p. 111. — *id.* Mem., t. 8, p. 13. — Mam. Staurotypa hort. Belg., d'après Pfr.

Patrie. Mexique.

Diagnostic. Tige simple, atténuée à la base, déprimée, disciforme; aisselles laineuses; mamelons érigés, ovés-tétragones; aréoles presque glabres, portant 4–6 sétules blanches, rigides et courtes, et 2 aiguillons épais, courts et divergents.

Cette description, reproduite d'après Decandolle, convient plus particulièrement aux jeunes sujets; dans l'âge adulte, les sétules disparaissent sur les variétés et ne persistent que dans l'espèce Sempervivi.

La tige atteint 8-10 cent. de diamètre; ses mamelons sont épais, arrondis, ovés-tétragones, d'un vert-foncé-glauque.

Floraison. Fleur?

VARIÉTÉS. Mamillaria Sempervivi β. Tetracantha Salm.

Portant 4 aiguillons décusés; mamelons plus épais, ovés-tétragones, arrondis, d'un vert glaucescent foncé.

Mam. Sempervivi γ. Lœtevirens Salm.

Portant également 4 aiguillons décusés; en outre, quelques petites sétules persistantes, mais d'un vert beaucoup plus gai.

Culture. Serre tempérée pendant l'hiver, plein air pendant la belle saison.

112. **Mamillaria Webiana** (Lem.).

Synonymie. Mamillaria Webiana Lem. Cact. gen. nova Lem., 1839, p. 45. — *id.* Salm. Cact. in hort. Dyck., cult. 1850, p. 114. — *id.* Forst. Handb., Cact., p. 219.

Patrie. Mexique.

Diagnostic. Tige sphérique d'un vert-foncé, ombiliquée; aisselles laineuses; aréoles arrondies également laineuses; mamelons arrondis, convexes en dessus, anguleux en dessous, presque tétragones à la base; aiguillons resserrés, ramassés, ordinairement 4 presque décusés, souvent en outre 2 autres très-petits insérés vers le bas de l'aréole, avortant fréquemment, les 3 supérieurs érigés, le quatrième plus long, porrigé presque horizontalement, tous subanguleux.

Dans l'âge avancé, la tige devient subcolumnaire, elle atteint 16 cent. de haut sur 10 de diamètre; les aisselles sont très-laineuses; les aréoles sont arrondies, d'abord laineuses, ensuite nues; elles portent ordinairement 4 aiguillons presque décusés, blancs, marqués d'une tache brune à la pointe, celui du bas est défléchi, ouvert, atteint plus de 27 millim. de longueur.

Floraison. En Juin et Juillet. La fleur, dont je n'ai pas de description, est petite, rouge.

Culture. Serre tempérée pendant l'hiver, plein air pendant la belle saison.

113. **Mamillaria Crocidata** (Lem.).

Synonymie. Mamillaria Crocidata Lem. Cact. nov. in hort. Monv., 1838, p. 9. — *id.* Forst. Handb., Cact., p. 220. — *id.* Salm. Cact. in hort. Dyck., cult. 1850, p. 114.

Patrie. Mexique, Minéral del Monte.

Diagnostic. Tige globuleuse ombiliquée ; aisselles abondamment garnies de flocons de laine blanche ; mamelons gros, comme arrêtés dans leur développement longitudinal, de forme ovée–subtétragone, larges à la base, arrondis en dessus et présentant en dessous une arête en forme de carène, ils sont d'un vert-foncé–glauque ; les aréoles sont nues presque immédiatement ; elles portent 2 aiguillons vigoureux, noirs en naissant, qui deviennent gris avec l'âge et semblent recouverts d'une couche de poussière, marqués d'une tache noire, celui du bas reste constamment le plus long.

Les mamelons semblent immergés et cachés dans la laine abondante des aisselles, cette laine est persistante, d'abord blanche, plus tard elle devient grise ; les aréoles, très-petites, sont oblongues et garnies de laine très-promptement caduque, ils sont de forme pyramidale, tétragone, larges, rhombiques à la base, ils ont 7 cent. de hauteur et près de 14 de largeur, ils sont fortement arrondis au sommet ; des 2 aiguillons, le supérieur atteint 9 millim., l'inférieur est le double plus long, ils sont rigides, aplanis, l'un dirigé en haut, l'autre en bas.

Floraison. En Mai et Juin. Les fleurs sont rouges ; les lacinies sont épaisses, à sommet élargi, tronqué, mucroné, elles sont d'un pourpre-pâle, marquées sur leur longueur d'une ligne médiane plus foncée ; les filets des étamines, ainsi que le style, sont de couleur pourpre vers leur partie supérieure ; 4–5 stigmates courts et érigés.

Variétés. Mamillaria Crocidata β. Flor. Pallidiore Salm.

Cette plante n'est différenciée que par la couleur de sa fleur qui reste constamment plus pâle que la précédente.

La variété Mam. Crocidata β. Quadrispina Pfr. m'est inconnue ; les 4 aiguillons offrent un caractère ; s'il est constant, il rapprocherait peut-être cette variété de quelques-unes des espèces précédentes.

Culture. Serre tempérée pendant l'hiver, plein air pendant la belle saison.

114. **Mamillaria Tetracantha** (Salm).

Synonymie. Mamillaria Tetracantha Salm. Cact. in hort. Dyck., cult., p. 114. — *id.* Pfr. enum. diagn., p. 18. — *id.* Forst. Handb., Cact., p. 221.

Patrie. Mexique.

Diagnostic. Tige subglobuleuse simple ; aisselles moins laineuses que celles de l'espèce précédente ; mamelons serrés, grêles, subcomprimés; aréole nue, portant 4 aiguillons très-régulièrement insérés, ils sont d'une couleur roussâtre pendant leur jeunesse, puis ils finissent par devenir blanchâtres, ils sont constamment marqués d'une tache brune à la pointe.

La tige atteint 10-13 cent. de hauteur sur 8-10 de diamètre; les mamelons ont 9-10 millim. de longueur sur 4-5 de diamètre à la base; les aiguillons atteignent environ 6 millim. de longueur.

Floraison. Fleur?

Culture. Serre tempérée pendant l'hiver, plein air pendant la belle saison.

115. Mamillaria Villifera (Otto).

Synonymie. Mamillaria Villifera Otto.— *id.* Pfr. enum. diagn., p. 18.— *id.* Salm. Cact. in hort. Dyck., cult., p. 115. — *id.* Forst. Handb., Cact., p. 220. — Mam. Mystax hort.

Patrie. Mexique.

Diagnostic. Tige de forme globuleuse, devenant avec le temps prolifère latéralement; aisselles laineuses et sétigères; mamelons vert-foncé, anguleux, tétragones à la base; les aréoles sont laineuses dans la jeunesse, plus tard elles sont entièrement nues, elles portent 4 aiguillons droits, rigides, celui du bas ordinairement plus long que les autres; ils sont colorés d'un beau pourpre brillant en naissant, ils se colorent en noir ensuite, ils finissent enfin par prendre une couleur cendrée.

La tige atteint 16 centim. et plus de haut sur un diamètre de 13 cent.; les mamelons mesurent 9 millim. de largeur à la base; l'aiguillon inférieur atteint 9 millim. de longueur.

Floraison. En Mai. Fleurs d'un rose-pâle; 14 pétales aiguës marquées en dehors sur le milieu par une ligne longitudinale pourpre; le style, plus long que les étamines, se termine par 4 divisions stigmatiques; les anthères sont jaunes.

VARIÉTÉS. Les Mamillaria Carnea Zucc. et OEruginosa Schiedw. doivent sans aucun doute se ranger comme variété après cette espèce; ils n'en diffèrent par aucun caractère essentiel; la forme de leurs mamelons, la disposition des aiguillons, sont identiques, la longueur seulement de quelques-uns varie de l'un à l'autre.

Mamillaria Villifera β. Carnea Salm. Syn. Mam. Carnea Zucc. — *id.* Pfr. enum. diagn., p. 19. — Mam. Subtetragona Dietr.? — Mam. Subtetragona Haag.

Les 2 aiguillons latéraux sont constamment plus courts que les deux autres, ils conservent tous une couleur rose carnée qui est caractéristique.

Mamillaria Villifera γ. OEruginosa Salm. Syn. Mam. OEruginosa Schiedw., hort. Belg.

Les 3 aiguillons supérieurs sont presque égaux, l'inférieur est beaucoup plus long, il est droit ou recourbé.

Mamillaria δ. Villifera Cirrosa Salm.

Tous les aiguillons sont beaucoup plus longs, le supérieur et l'inférieur le sont davantage encore que les deux autres, ils sont contournés en forme de vrille, ils sont carnés, d'abord purpurescents; les fleurs sont rose-terne ou rose-cuivré, à larinies aiguës, lancéolées, érigées, recourbées.

Culture. Serre tempérée pendant l'hiver et plein air pendant l'été.

116. Mamillaria Pallescens (Scheidw.).

Synonymie. Mamillaria Pallescens Scheidw. A. G. Z., 1841, p. 42. — *id.* Salm. Cact. in hort. Dyck., cult., p. 115.

Patrie. Mexique, près de Tehuacan, à plus de 1,800 mètres au-dessus du niveau de la mer. Introduit en Europe depuis longtemps par Galeotti.

Diagnostic. Tige lactescente, cylindrique ou ovée, à sommet ombiliqué presque caché sous les nombreux mamelons; aisselles très-laineuses, laine enveloppant les aiguillons de manière à cacher quelquefois les aréoles, celles-ci tomenteuses dans le jeune âge, ensuite nues; mamelons de forme polyédrique, vert-gai d'abord, puis devenant vert-pâle; 4 aiguillons disposés en croix, anguleux, recourbés, celui du haut le plus long est souvent contourné en vrille, tous rigides, d'une belle couleur carnée.

Cette description, que nous empruntons au docteur Scheidwiller, nous semble assez peu convenir aux sujets adultes. Les aisselles sont bien laineuses dans la jeunesse, même très-abondamment laineuses pendant les deux autres mois qui précèdent la floraison, cette laine enveloppe même la partie inférieure du tube de la fleur, mais plus tard, après cette période, elles deviennent nues ou presque nues. La tige est tout à fait cylindrique; l'allongement de l'ombilic semble indiquer une disposition à devenir dichotome; en outre, sur les individus de 20 cent. de hauteur qui mesurent seulement 8-10 cent. de diamètre, on rencontre fréquemment 5 aiguillons colorés de brun-pourpre, dont 1 central très-long, érigé, recourbé, et l'inférieur défléchi.

Floraison. Fleurs entièrement semblables à celles de notre Mamillaria Villifera.

Culture. Serre tempérée pendant l'hiver, plein air pendant la belle saison.

** POLYEDROTHELE, MAMELONS PRESSÉS EN TOUS SENS ET PRÉSENTANT UNE SURFACE POLYÉDRIQUE.

Tige globuleuse ou obovée; aisselles laineuses et sétigères; mamelons comprimés, leur forme plus ou moins polyédrique semble accuser cette pression, d'autres fois leur page supérieure est arrondie, mais alors la page inférieure est très-nettement anguleuse et présente une arête très-vive, dans ce cas ils affectent plus particulièrement une

forme tétragone à base rhombique; les aiguillons varient dans leur
forme et leur disposition.

1. *Subpolyedræ, mamelons à faces aplanies présentant quelques arêtes.*

Tige globuleuse ou obovée, quelquefois dichotome et même multiple; aisselles cotonneuses et sétigères: mamelons subtétraédro-
polyédriques, latéralement comprimés; 4-6 aiguillons extérieurs,
ordinairement avec 1 central.

117. **Mamillaria Viridis** (Salm).

Synonymie. Mamillaria Viridis Salm. Cact. in hort. Dyck., cult., 1850,
p. 116.

Patrie. Mexique.

Diagnostic. Tige claviforme ombiliquée; aisselles laineuses et sétigères; mamelons d'un vert très-gai, resserrés, tétragones, comprimés, arrondis en dessus et présentant en dessous une arête vive qui se
prolonge au delà du sommet du mamelon; aréole immergée, nue
presque de suite, portant 5-6 aiguillons extérieurs très-grêles, érigés-
ouverts, blancs, celui du bas plus long que les autres, et 1 aiguillon
central un peu plus vigoureux que les autres, d'une couleur différente
tirant sur le fauve.

La tige, qui est claviforme, atteint 10-12 cent. de haut sur 8 environ
de diamètre, elle est prolifère; les aiguillons sont très-grêles, sub-
séteux, les extérieurs sont blanc de neige et très-courts, ils atteignent
2-4 millim., l'aiguillon intérieur, qui est doublé quelquefois, est long
de 6-7 millim., il est coloré.

Floraison. En Mai et Juin. Les fleurs sont petites, à lacinies
érigées, recourbées, légèrement arrondies, d'un jaune-pâle et marquées
en dehors d'une ligne longitudinale rouge, peu apparente.

Cette plante, qui est déjà assez ancienne, diffère du Mamillaria
Hystrix par sa tige moins élevée, ses mamelons plus grêles, d'un vert
plus gai et plus fortement comprimés par l'arête saillante qui, partant
en dessous du mamelon, se fait sentir au delà de son sommet jusque sur
le bord antérieur de sa page supérieure, et aussi par ses aiguillons
blancs.

Variétés. Mamillaria Viridis β. Praelii Salm. Syn. Mamillaria
Praelii Muhlenp. A. G. Z., 1846, p. 372.

Le prince de Salm regarde cette plante, qui ne m'est pas connue,
comme une variété de semis du Mamillaria Viridis, auquel elle ressemble par la forme de ses mamelons et son aspect, elle n'en diffère
que par sa tige moins élevée, plus prolifère et par ses aiguillons plus
grêles, tous blancs.

Culture. Serre tempérée pendant l'hiver, plein air pendant la belle
saison.

118. Mamillaria Hystrix (Mart.).

Synonymie. Mamillaria Hystrix Mart. Act. nov. nat. cur. xvi, p. 1. — *id.* t. xxi, p. 332. — *id.* Pfr. enum. diagn., p. 21. — *id.* Salm. Cact. in hort. Dyck., cult. 1850, p. 119. — Mam. Hystrix Forst. Handb. Cact., p. 225 (Suppr. la syn.).

Patrie. Mexique, Saint-Louis-Potosi.

Diagnostic. Tige déprimée, globuleuse, vert-foncé; aisselles laineuses et abondamment sétigères; mamelons serrés, subtétragones; aréoles munies de tomentum blanc dans la jeunesse, plus tard nues, portant 5 et quelquefois 6 aiguillons extérieurs, celui du bas le plus long, et en outre 1 autre aiguillon intérieur, tous droits, rigides, d'un très-beau rouge-pourpre-brillant en naissant, plus tard devenant blanchâtres, marqués d'une tache noire, brune à la pointe.

Le sujet décrit a 9 centim. de hauteur sur 13 de diamètre; ses mamelons ont 1 cent. de long sur 6-9 millim. de largeur à la base; les sétules des aisselles ont de 13-22 millim. de longueur, et les aiguillons des aréoles 6-9 millim.

Floraison. Pendant la fin du printemps et le commencement de l'été. Le périgone de la fleur est ventru, à lacinies érigées, recourbées à leur pointe, elles sont aiguës, rouges et marquées en dehors sur le milieu d'une ligne longitudinale plus foncée.

Cette plante et les deux suivantes offrent un passage de la section précédente, dans laquelle les mamelons présentent une forme polyédrique vaguement déterminée, à la suivante dans laquelle, au contraire, la forme polyédrique des mamelons est parfaitement tranchée.

Culture. Serre tempérée pendant l'hiver, plein air pendant la belle saison.

119. Mamillaria Karwinskiana (Mart.).

Synonymie. Mamillaria Karwinskiana Mart. Act. nov. nat. cur. xvi, t. 22. — *id.* Pfr. enum. diagn., p. 19. — *id.* Salm. Cact. in hort. Dyck., cult., p. 119. — *id.* Forst. Handb., p. 223 (anciennement Mam. Virens Salm. — Mam. Scitziana dans quelques anciennes Collections d'Allemagne). — Mam. Flavescens Zucc. — Mam. Geminata Schiedw. ??

Patrie. Mexique, Yxmiquilpan.

Diagnostic. Tige subcylindrique, simple d'abord, plus tard dans l'âge avancé, presque toujours dichotome et même tricotome; aisselles laineuses et sétigères; mamelons subpyramidaux-coniques, comprimés légèrement, resserrés; aréoles munies de laine blanche floconneuse, du milieu de laquelle sortent 5-6 aiguillons extérieurs courts, presque droits, blancs dans la partie inférieure, rouges à la partie supérieure; cette dernière teinte, en prenant de l'intensité, laisse à la pointe des aiguillons une tache cramoisi-brune-foncée; les 3 aiguillons supérieurs sont peu divergents, ils sont, au contraire, rapprochés, subfasciculés, les 3 inférieurs sont presque ouverts; enfin, l'aréole porte en outre 1 aiguillon central plus fort, entièrement coloré de brun mêlé de sang.

La tige forme souvent deux têtes, les rejetons se produisent quel-

quefois aux extrémités des mamelons; ce fait, indiqué par Pfaiffer, nous semble accidentel.

Floraison. Pendant tout le printemps. Les fleurs atteignent 27-30 millim. de longueur, elles sont rouges; leur tube est entouré de sétules d'un blanc d'ivoire qui sortent des aisselles; 10-16 sépales lancéolées, acuminées, d'un vert jaunâtre à la base et rouge isabelle dans la partie supérieure; 12 pétales plurisériés plus étroits, marqués d'une ligne médiane pourpre en dehors et blanche en dedans; étamines multisériées moitié plus courtes, d'un blanc jaunâtre; anthères petites, ovées, jaune-soufre; style cylindrique, un peu plus long que les étamines, blanc, glabre, terminé par 5-6 divisions stigmatiques, linéaires, légèrement papilleuses, jaune soufre.

VARIÉTÉ. Mamillaria Karwinskiana β. Flavescens Zucc. Syn. — Mam. Karwinskiana γ. Virens Salm?

Plante entièrement semblable à la précédente; le duvet floconneux des aréoles prend un ton jaune verdâtre qui la distingue de l'espèce. Pfaiffer indique dans son ouvrage une couleur jaune pour la fleur. Le prince de Salm dit, au contraire, n'avoir jamais vu de fleurs rouges pour l'espèce; au contraire, elles se sont toujours présentées avec un ton jaune-sale verdâtre. Peut-être n'a-t-il observé que la variété sans rencontrer notre plante type.

Culture. Serre tempérée pendant l'hiver, plein air et pleine terre pendant la belle saison.

120. Mamillaria Fischeri (Pfr.).

Synonymie. Mamillaria Fischeri Pfr. enum. diagn., p. 20. — *id.* Salm. Cact. in hort. Dyck., cult., p. 118. — Mam. Karwinskiana γ. Virens Scheidw. — Mam. OEruginosa Scheidw.? d'après Forst. Handb. dr., Cact., p. 223.— Mam. Virens Scheiw. A. G. Z., 1841, p. 13. — *id.* Otto A. G Z., 1836, n° 33, p. 257.

Patrie. Mexique.

Diagnostic. Cette plante a été décrite par le docteur Schiedweiller sous le nom de Mamillaria Virens. Tige lactescente, verte, subclaviforme ou cylindrique, simple ou à deux têtes; aisselles nues dans la jeunesse, plus tard munies de laines et de sétules blanches; mamelons polyédriques très-verts, portant 6 aiguillons disposés comme les rayons d'une roue, de couleur carnée à pointe brune; en outre, 1 aiguillon intérieur central manquant le plus souvent.

Pfaiffer la décrit de la manière suivante : Tige subglobuleuse, souvent à deux têtes; aisselles très-laineuses, à peine sétigères; mamelons vert-foncé, de forme polyédrique, à base tétragone; aréoles insérées au-dessous des sommets des mamelons, les jeunes garnies de laine blanche, plus tard nues, portant 5-6 aiguillons blancs à pointe noire, allongés, rigides, très-ouverts, celui du haut quand il ne manque pas et celui du bas très-longs, l'intérieur manquant ordinairement.

Cette description se rapporte à une jeune plante de 10 cent. de haut sur 13 de diamètre, sur laquelle les mamelons ont 22–27 millim. de long sur 9 de largeur à la base; l'aiguillon supérieur a de 1 millim. à 1 millim. et demi de longueur, celui du bas est le double plus long, les autres aiguillons ont 9–11 millim.

Il existe aujourd'hui, dans les Collections, des plantes qui ont plus de 32 cent. de hauteur, elles sont deux fois dichotomes et forment 4 têtes, elles sont d'un vert jaunâtre, leurs aiguillons rayonnants, 5 sont blancs, marqués de noir à la pointe, ceux du bas sont sensiblement plus longs que les autres; en outre, il en existe un sixième subcentral ou inséré au sommet de l'aréole, brun, érigé, légèrement recourbé et plus vigoureux, qui manque cependant quelquefois.

Floraison. Pendant la fin du printemps et le commencement de l'été. Les fleurs sont d'un jaune-pâle; les lacinies sont érigées, arrondies et marquées d'une ligne médiane rose sur leur longueur.

Culture. Serre tempérée, plein air et pleine terre pendant la belle saison.

Cette plante remarquable est entièrement différente du Mamillaria Centrispina Pfr. par sa tige dichotome; elle se rapproche du Mamillaria Karwinskiana, mais elle en diffère par son port beaucoup plus vigoureux, sa couleur verte jaunâtre et par ses aiguillons d'une couleur beaucoup plus blanche.

121. Mamillaria Centrispina (Pfr.).

Synonymie. Mamillaria Centrispina Pfr. enum. diagn., p. 20. — *id.* Otto A. G. Z., 1834. n° 33, s. 258. — *id.* Salm. Cact. in hort. Dyck., cult. *p.* 116. —Mam. Karwinskiana δ. Centrispina Salm, d'après Forst. Handb. dr., Cact., p. 224.

Patrie. Mexique.

Diagnostic. Tige simple, globuleuse; aisselles laineuses, peu sétigères; mamelons subanguleux, arrondis, de forme irrégulièrement conique, verts-foncés; aréoles insérées au-dessous de leur sommet, laineuses dans leur jeunesse, plus tard devenant nues, portant 6–7 aiguillons extérieurs et quelquefois en outre 2 autres adventifs insérés sur la partie supérieure de l'aréole, rigides, blancs, à pointe noire; en outre, 1 central plus rigide, plus long, brun-noir, ce dernier ne manquant que très-rarement.

Tige de 8–10 cent. de diamètre; mamelons longs de 13–15 millim. sur 9 de diamètre; aiguillons extérieurs longs de 4–9 millim., le central, dans les plantes originaires provenant du pays, atteint 27 millim. et plus.

Floraison. En Juin. Les fleurs se développent abondamment, elles sont disposées en couronne autour du sommet de la plante, elles sont d'un rose-pâle, à lacinies érigées, aiguës, marquées longitudinalement d'une ligne médiane plus foncée.

Culture. Serre tempérée pendant l'hiver, plein air et pleine terre pendant la belle saison.

Cette plante, quoique très-anciennement connue, est fréquemment confondue dans les Collections, soit avec la Mamillaria Fischeri Pfr., soit avec la Mamillaria Karwinskiana Mart. Elle se distingue de notre Mam. Fischeri par ses aiguillons qui sont blancs au lieu d'être carnés, ainsi que par ses 2 aiguillons adventifs supérieurs; de notre Karwinskiana Mart. par sa fleur et le nombre de ses aiguillons, moins nombreux sur le dernier sujet.

122. Mamillaria Flavovirens (Salm).

Synonymie. Mamillaria Flavovirens Salm. Cact. in hort. Dyck., cult., p. 117.

Patrie?

Diagnostic. Tige subglobuleuse; aisselles nues; mamelons vigou-reux, vert-pâles ou vert-jaunâtres, subespacés, comprimés-tétragones, les plus jeunes érigés, les plus vieux étalés, déprimés, marqués sur la page inférieure par une arête vive; aréoles insérées au-dessous du sommet du mamelon, très-promptement nues; aiguillons subérigés, peu divergents, 2 insérés sur la partie supérieure de l'aréole (parfois 2-3 autres adventifs blancs, très-petits), 1 autre central, tous trois vigoureux, fauve-pâle, le troisième plus vigoureux et plus long que les deux autres, enfin 9 autres insérés dans le bas de l'aréole, courts, comme arrêtés dans leur développement, blancs, tous rigides et mar-qués à la pointe d'une tache brune.

Une plante très-vigoureuse, monstrueuse à la manière du Mamil-laria Bicolor, fut introduite, il y a quelques années, en Europe, elle fut regardée d'abord comme variété Monstruosa du Mam. Hystrix, plus tard comme variété du Mam. Virens, depuis elle a produit de nombreuses semences qui, en se développant d'une manière normale, ont constitué l'espèce distincte décrite sous le nom de Mam. Flavovi-rens. Elle diffère du Mamillaria Viridis par ses mamelons distancés, plus vigoureux, ainsi que par la longueur et la disposition de ses aiguillons, l'un d'eux manque quelquefois, mais alors l'autre se déve-loppe plus vigoureusement; quelquefois aussi, la plante porte au sommet de ses aréoles 1-2 aiguillons adventifs grêles; son caractère distinctif qui la fait reconnaître au milieu de ses congénères, c'est son aiguillon intérieur long de 13 millim., étalé, recourbé, et ses 3 autres aiguillons dont 2 latéraux et 1 inférieur; ils sont longs de 6 millim.

Variétés. Mamillaria Flavovirens β. Cristata Salm. Syn. Mam. Dedalea Viridis Fenneb.

Forme tout à fait semblable à celle du Bicolor Monstruosa, dont elle se distingue de prime-abord par ses mamelons deux ou trois fois plus forts, d'un vert-jaunâtre, ses aiguillons plus longs, jaune-pâle.

Culture. Serre tempérée pendant l'hiver, plein air et pleine terre pendant la belle saison.

123. Mamillaria Maletiana (Cels).

Synonymie. Mamillaria Maletiana Cels. Portef. des hort., t. 2, p. 222.

Patrie ?

Diagnostic. Tige sphérique simple, aplanie au sommet ; aisselles d'abord nues, puis munies de laine blanche et de sétules qui s'allongent avec le temps, deviennent abondantes, très-longues et sont irrégulièrement contournées ; mamelons de forme pyramide à 4 faces, émoussés au sommet, l'arête de la page supérieure est arrondie, ils sont d'un vert-clair et aussi longs que larges ; aréoles apicillaires, presque rondes, d'abord munies de tomentum blanc, jaunâtre, peu abondant, ensuite complétement nues, elles portent 8-12 aiguillons dont 8 rayonnants, jaunes-pâles, devenant grisâtres avec le temps, ils sont droits, rigides, peu divergents, et 4 autres intérieurs d'abord rouges en naissant, avec pointe plus foncée, devenant ensuite jaune-paille et enfin d'un blanc grisâtre avec pointe brune, ils sont disposés en croix, le supérieur le plus long est rigide, assez vigoureux, irrégulièrement tortillé, les 2 latéraux sont de moitié moins longs, mais aussi vigoureux et recourbés, enfin l'inférieur est plus court et beaucoup plus rigide.

Tige haute de 10 cent. sur 15 de diamètre ; mamelons, 1 cent. de hauteur ; les aiguillons extérieurs ont 5-7 millim., les aiguillons intérieurs ont le supérieur 5-7 cent., les latéraux 3-4 et l'inférieur 1 cent.

Floraison. Fleurs ?

Cette plante appartient à la belle Collection de M. Andry, à Chaillot ; elle n'a pas encore fleuri en France, mais elle y est arrivée en bon état de santé. En fouillant les aisselles des mamelons, M. Andry trouva une baie rouge, oblongue, contenant quelques graines petites, jaunes, oblongues, qui ont parfaitement germé et ont produit quelques sujets qui végètent parfaitement aujourd'hui.

Culture. Serre tempérée pendant l'hiver ; jusqu'ici, la plante mère a été cultivée pendant l'été abritée sous verre en très-bonne exposition ; un de ces semis, que je dois à la générosité de M. Andry, a été cultivé en plein air pendant cette saison, il prend un aspect vigoureux et annonce des aiguillons susceptibles pour la longueur de rivaliser avec ceux de notre plante mère.

Quelques renseignements que me donne M. Cels, qui l'a introduite en France, m'apprennent qu'il tient notre plante de Galeotti, qui lui-même en a reçu un échantillon unique avec d'autres Cactées du Mexique.

** POLYEDROTHELÆ, A MAMELONS TOUT A FAIT POLYÉDRIQUES.

Tiges claviformes ou déprimées, parfois très-larges ; aisselles laineuses et sétigères ; mamelons polyédriques, aplanis et présentant des faces polygonales, à base tétragone ou rhombique, accusant sur sa page inférieure une arête vive en forme de carène, et alors cette page ne présente souvent que 2 faces ; aiguillons courts, allongés ou très-longs.

124. Mamillaria Polytricha (Salm).

Synonymie. Mamillaria Polytricha Salm. A. G. Z., 1842, p. 289. — *id.* Cact. in hort. Dyck., cult., p. 114.— *id.* Forst. Handb., Cact., p. 230.

Patric. Introduit en 1841, par Van-der-Mœhlen.

Diagnostic. Tige subglobuleuse devenant dichotome avec l'âge; aisselles garnies de laine épaisse et de sétules frisées qui couvrent presque toute la surface de la plante; mamelons serrés subpolyédriques, subtétragones à la base, arrondis au sommet qui est tronqué obliquement, de couleur glauque; aréoles immergées, glabres, portant de 4-6 aiguillons roses-pâles, à pointe rouge, pourpre-brillant, étalés, celui du haut et celui du bas plus longs que les autres, recourbé.

Tige haute de 11 cent.; mamelons 13–15 millim. de long sur 9 de large, présentant 4-5 faces légèrement arrondies sur la page supérieure; aiguillons latéraux, 10 millim. de long; les deux autres beaucoup plus longs, presque égaux, atteignant environ 15-16 millim. de longueur.

Floraison. Fleur ?

Variétés. Mam. Polytricha β. Tetracantha Salm., d'après Forst. Handb. Cact., p. 231.

Se distingue par ses aiguillons; 4 disposés en croix, le supérieur et les deux latéraux presque égaux de 10 millim. environ, l'inférieur très-long; 27-30 millim. de long.

Cette variété paraît perdue en Europe.

Culture. Serre tempérée pendant l'hiver, plein air pendant la belle saison.

125. Mamillaria Pyrrhocephala (Scheidw.).

Synonymie. Mamillaria Pyrrhocephala Scheidw. A. G. Z., 1841, p. 43. — *id.* Salm. Cact. in hort. Dyck , cult. p. 121. — *id.* Forst. Handb., Cact., p. 228.

Patrie. Mexique, Real del Monte. Introduit en 1840, par Galeotti, qui l'a trouvé à plus de 2,000 mètres au-dessus du niveau de la mer.

Diagnostic. Tige cylindrique, ombiliquée au sommet, lactescente; aisselles laineuses et sétigères; mamelons serrés, pyramidaux, polyédriques, verts ou verts presque glauques; aréoles munies de laine sétuleuse fauve, portant 6 aiguillons extérieurs disposés comme les rayons d'une étoile, celui du haut un peu plus long que les autres, en outre un intérieur érigé; tous sont noirs en naissant, ensuite ils deviennent gris à pointe noire.

Cette description a été faite sur un jeune sujet; dans l'âge adulte, notre plante devient prolifère sur les côtés; la couleur des mamelons change, ils deviennent vert jaunâtre dans une bonne exposition en plein air au soleil; cette couleur verte prend une teinte cuivrée rougeâtre; la page inférieure des mamelons présente une arête vive en forme de carène; les aiguillons sont toujours très-courts, de 1-2 millim. de longueur, ils finissent par disparaître, ils persistent seulement à l'état rudimentaire et sortent à peine des aréoles.

Floraison. Pendant tout l'été. Fleurs comme dans les espèces voisines, rouges, elles sont très-abondantes, disposées en couronne vers le sommet de la plante, et produisent un fort bel effet.

Variétés. Mamillaria Pyrhocephala β. Donkelœrii Salm.

Cette plante diffère de la précédente, seulement par la couleur fraîche de ses mamelons, ainsi que par la laine des aisselles, qui est d'un blanc pur ; elle a été trouvée au Mexique, au milieu des orchidées.

Culture. Serre tempérée pendant l'hiver, plein air et pleine terre pendant l'été. L'habitus de la variété β. Donkelœrii semble indiquer une culture un peu différente, elle nous est inconnue. Sur le Catalogue de Monville, nous trouvons une espèce de cette section sous le nom de Mam. Hermautiana, dont l'habitus est le même. Y a-t-il identité ?

126. Mamillaria Seitziana (Mart.).

Synonymie. Mamillaria Seitziana Mart. Act. nov. nat. cur. xvi, P. 1, p. 335, t. 22. — *id*. Pfr. enum. diagn., p. 18. — *id*. Abbildt., t. 8. — *id*. Forst. Handb., Cact. p. 223, désigné comme Seitziana hort.

Patrie. Mexique, Yxmiquilpan, à plus de 2,700 mètres au-dessus du niveau de la mer.

Diagnostic. Tige subglobuleuse, avec l'âge elle devient prolifère à la base ; aisselles laineuses ; mamelons verts, coniques, subanguleux, tétragones à la base ; aréoles munies de tomentum blanc pendant la jeunesse, plus tard subnues, portant 4 aiguillons droits, rigides, décusés, celui du haut et celui du bas égaux plus longs que les autres, les 2 latéraux plus courts et rapprochés de l'aiguillon supérieur ; tous carnés, à pointe brune.

Tige haute de 14 cent. sur 9 de diamètre ; mamelons longs de 11 millim. sur 7 de diamètre à la base ; aiguillons les plus longs de 1 cent., les autres plus courts sont quelquefois au nombre de 4, ont 3 millim. de longueur environ.

Floraison. Pendant la fin du printemps et le commencement de l'été. Fleurs assez grandes, atteignant environ 2 cent. de longueur, et 1 cent. de diamètre ; roses nombreuses, disposées en couronne, autour du sommet de la plante ; lacinies linéaires, subérigées, rouge-pâle, marquées sur leur longueur d'une ligne médiane rouge plus vif ; étamines blanches ; anthères jaunes ; style terminé par 5-6 divisions stigmatiques également jaunes.

Culture. Serre tempérée pendant l'hiver, plein air et pleine terre pendant la belle saison.

127. Mamillaria Subpolyedra (Salm).

Synonymie. Mamillaria Subpolyedra Salm. Cact. in hort. Dyck., cult., p. 120. — *id*. Pfr. enum. diagn., p. 17. — *id*. Forst. Handb., Cact. p. 227. — Mam. Polygona Zucc. — Mam. Jalappensis hort. — Mam. Anisacantha hort. — Mam. Polyedra β. Anisacantha hort.

Patrie. Mexique. Trouvé près de Zimapan et de Yxmiquilpan, sur les limites supérieures des régions tempérées, en compagnie d'autres Mamillaires.

Diagnostic. Tige simple, par la suite, avec l'âge, devenant prolifère sur les côtés, subcylindrique; aisselles laineuses; mamelons pyramidaux, comprimés sur 5-6 faces aplanies, présentant des arêtes; aréoles munies de laine blanche du milieu de laquelle sortent 4 aiguillons d'un rouge d'abord pourpre-brillant, devenant ensuite pâles à pointe pourpre; l'aiguillon inférieur est le plus long.

Tige haute de 20 cent. sur 13 de diamètre; sur les jeunes sujets, le nombre des aiguillons varie fréquemment, leur nombre s'élève ordinairement à 6, dont 3 inférieurs, 2 supérieurs plus courts, et 1 tout à fait au sommet de l'aréole, érigés, tous carnés à pointe brune.

Floraison. En Mai et Juin. Fleurs disposées en zones autour du sommet de la plante; sépales verdâtres; pétales dressés d'un rouge verdâtre en dehors, rouge-vif en dedans, marqués longitudinalement d'une ligne médiane plus foncée; étamines réunies, ramassées, blanches; anthères jaunes; baie de près de 3 cent. de longueur au moment de la maturité, piriforme, coccinnée.

Culture. Serre tempérée pendant l'hiver, plein air et pleine terre pendant la belle saison.

Cette plante diffère de notre Mamillaria Polyedra par ses mamelons plus petits, ses aiguillons plus courts, plus foncés, et l'inférieur beaucoup plus long.

128. Mamillaria Polyedra (Mart.).

Synonymie. Mamillaria Mart. Act. nov. nat. cur. XVI, P. 1, p. 326. t. XVIII. — *id.* Pfr. enum. diagn., p. 17. — *id.* Forst. Handb., Cact. p. 228.

Patrie. Mexique. Le baron Karwinskii l'a rencontré près d'Oaxaca, à Ximapan et à Yxmiquilpan, en compagnie de plusieurs autres Mamillaires.

Diagnostic. Tige simple, subcylindrique, dans l'âge avancé donnant des rejetons sur les côtés; mamelons de forme pyramidale aplanis sur 6-7 faces, dont 2 sur la page inférieure, et 4 sur la page supérieure du mamelon, entre les 4 dernières, il en existe quelquefois une cinquième très-petite; aréoles garnies de laine blanche, du milieu de laquelle sortent 4-5 aiguillons droits, d'un blanc d'ivoire, colorés d'une couleur pourpre à la pointe qui semble tachée, celui du haut le double des autres en longueur, contourné et fauve; il n'existe pas d'aiguillon intérieur.

Tige haute de 10-16 cent. sur 8-10 de diamètre; mamelons mesurant 1 cent. environ en longueur et en largeur; l'aiguillon supérieur atteint près de 1 centimètres de longueur environ, les autres 9-13 millim. environ.

Floraison. Pendant tout l'été. Fleurs longues de 2 cent. et demi; tube formé de 15-16 sépales lancéolées, linéaires, acuminées, d'un rouge-verdâtre à bords blancs, membraneuses, légèrement cillié; pétales moins nombreux, un peu plus longs et plus larges, roses, dentelés vers le sommet; étamines nombreuses, blanches, plus courtes que les pétales; anthères courtes, elleptiques, jaunes; style blanc dépassant les étamines, terminé par 8 divisions stigmatiques vertes, teintées de citron, recourbées sur elles-mêmes, cylindriques, arrondies, papilleuses et marquées extérieurement d'une ligne plus foncée sur toute leur longueur.

VARIÉTÉS. Mamillaria Polyedra β. Lœvior Salm. Syn. — Mam. Anisacantha Monv. Cact., 1846. — *id.* Hort.

Comme l'indique son nom, cette plante ne diffère de la précédente que par l'inégalité de ses aiguillons.

Mamillaria Polyedra γ. Scleracantha Nob. Syn. — Mam. Scleracantha Monv., Catal. 1846.

Variété dont les aiguillons plus rigides semblent soudés par leur base, ils ont l'apparence de corne dure, transparente, partiellement tachetés de jaune-fauve, brun.

Culture. Serre tempérée pendant l'hiver, pleine terre pendant l'été.

129. Mamillaria Polygona (Salm).

Synonymie. Mamillaria Polygona Salm. Cact. in hort. Dyck., cult., p. 120. — Mamillaria Polyedra Spinosior Salm.

Patrie. Mexique

Diagnostic. Tige dressée simple subclaviforme; aisselles nues dans la jeunesse, puis promptement garnies de laine et de sétules blanches; mamelons polyédres, affectant plus particulièrement une forme pyramide, tétragone, dont l'arête inférieure est allongée en forme de carène; aréoles nues, immergées; aiguillons extérieurs, courts, blanchâtres, 2-3 supérieurs, très-courts, manquant quelquefois, 4 latéraux dont 2 inférieurs sensiblement plus longs, ouverts, tachés à la pointe, enfin 2 intérieurs, trapus, très-vigoureux, carnés à la base, fauves à la pointe: celui du haut très-long, légèrement recourbé dans sa direction.

Tige de 10 cent. de haut sur 7-8 de diamètre; aréoles nues, immergées.

Floraison. Pendant tout l'été. Fleurs ressemblant beaucoup à celle de notre Mamillaria Polyedra, cependant ses lacinies sont plus érigées d'un rose-pâle; ses 5-6 stigmates sont linéaires, allongés, étendus, recourbés, et non raccourcis et ramassés en groupe.

Culture. Serre tempérée pendant l'hiver, plein air pendant la belle saison.

Cette plante est entièrement différente de notre Mamillaria Polyedra, dont elle se distingue par le nombre et la disposition de ses aiguillons; la longueur de ses aiguillons extérieurs varie depuis 1 millim. jusqu'à 4, leur forme et leur couleur diffèrent de celles des aiguillons extérieurs, ceux-ci sont très-vigoureux, carnés à la base et d'un brun rose à la pointe, celui du bas est étalé et un peu plus court, celui du haut est recourbé en dehors.

130. Mamillaria Maschalacantha (Monv.).

Synonymie. Mamillaria Maschalacantha Monv. Catal. p. 77. — *id.* Cels. — Mamillaria Mutabilis γ. Lævior Salm. Cact. in hort. Salm. Dyck., cult. 1850, p. 119. — Mamillaria Leucocarpa Scheidw. — Mam. Maschalacantha β. Dolichacantha Monv. ?

Patrie. Mexique, Saint-Louis-Potosi.

Diagnostic. Tige globuleuse très-vigoureuse, déprimée, fortement ombiliquée, quelquefois dans l'âge avancé l'ombilic s'allonge et semble indiquer une disposition à la dichotomie, d'un vert foncé; aisselles garnies de poils assez forts, longs, presque frisés, peu nombreux, blanchâtres, tachés de brun à la pointe; mamelons resserrés, de forme polyédrique, pyramides-tétragone, les jeunes, comprimés, rhombiques, remarquables par leur page inférieure, qui présente 2 faces formant un angle très-aigu, tranchant, dont l'arête s'avance en carène; sommet arrondi; aréoles ovales, immergées, très-promptement nues, portant 4-5 aiguillons extérieurs, presque égaux, presque étalés, de couleur jaune pâle staminé, et 1 aiguillon intérieur, isolé, très-allongé, flexueux, légèrement marqué à la pointe, ainsi que les autres aiguillons.

Il existe des sujets dont la tige à 40 cent. de hauteur sur autant de diamètre, mesuré vers la partie moyenne; les mamelons ont alors de 11-12 millim. de long, 7-8 de hauteur sur 5-6 de diamètre; les jeunes un peu plus étroits, à arêtes très-vives, ceux du bas présentent des arêtes moins vives, émoussées, ils semblent déformés, avoir perdu de leur hauteur et gagné un peu de diamètre; aiguillons extérieurs, 4 millim. et demi de longueur; l'aiguillon intérieur, qui est ordinairement érigé, atteint quelquefois 4 cent. de longueur.

Floraison. Pendant le commencement de l'été et à la fin du printemps, en couronne vers la partie supérieure de la tige; les fleurs sont assez grandes, d'un très-joli rouge-pourpre; les baies sont d'un ton rougeâtre, et non blanches comme quelques-uns l'indiquent.

Variétés. Mamillaria Maschalacantha β. Xantotricha Monv. Catal. — Syn. Mamillaria Xantotricha Scheidw. — *id.* Forst. Handb. d. Cact., p. 229. — Mamillaria Mutabilis β. Xantotricha Salm. Cact. in hort. Dyck., cult., p. 120.

Cette variété se distingue de l'espèce par les sétules des aisselles qui sont très-nombreuses et jaunâtres; ses aiguillons fauves et disposés de la même manière, et son aiguillon intérieur toujours seul et moins allongé.

Mamillaria Maschalacantha γ. Leucotricha Monv. Catal. Syn. — Mamillaria Mutabilis Scheidw. — *id.* Salm. Cact. in hort. Dyck., cult.; p. 119. — Mam. Leucotricha Scheidw. — Mam. Funkii Scheidw. — *id.* Forst. Handb., p. 227.

Cette seconde variété est reconnaissable par les sétules de ses aisselles qui sont entièrement blanches, ses aiguillons fauves et l'intérieur qui est quelquefois, surtout sur les jeunes sujets, double, très-long quand il est seul, beaucoup plus que dans l'espèce et sa première variété.

Notre Mamillaria Maschalacantha et ses deux variétés constitueraient presque un groupe à part à cause du cachet particulier qui est commun à ces trois plantes. Leur tige en forme de toupie, profondément ombiliquée, très-vigoureuse et régulière; la forme de leurs mamelons dont la page inférieure présente une espèce de tranchant, tendraient à les faire confondre toutes les trois. Cependant un examen plus attentif montre des différences dans le nombre et la couleur des sétules des aisselles, et aussi dans la couleur et la longueur des aiguillons qui sont disposés de la même manière, parfois frisés, recourbés à la pointe sur les sujets très-forts. Les fleurs présentent aussi quelques différences. Ces plantes, déjà cultivées depuis longtemps, ont été trouvées au Mexique, dans plusieurs localités ; leur habitus se trouve dans les régions tempérées.

Culture. Serre tempérée pendant l'hiver, plein air et pleine terre pendant l'été.

131. Mamillaria Autumnalis (Dietr.).

Synonymie. Mamillaria Autumnalis Dietr. A. G. Z., 1848, p. 297 — *id.* Salm. Cact. in hort. Dyck., cult. 1850, p. 119.— Mam. Hermantiana Monv. Catal.?

Patrie ?

Diagnostic. Tige subglobuleuse, d'un vert-gai ; aisselles laineuses, mamelons polyédriques, de forme pyramidale, tétraèdres, disposés par séries spirales, et marqués sur toute leur surface de petits points extrêmement fins ; aiguillons blancs à pointe noire, 7 extérieurs sétacés subrecourbés, 2 intérieurs divariqués ; le supérieur montant, dirigé en haut, légèrement recourbé, celui du bas droit ouvert.

La tige globuleuse déprimée, mesure 10 cent. et plus en diamètre ; les mamelons sont tétragones, arrondis, leur page inférieure est fortement marquée par l'arête saillante, formée par l'angle des 2 faces qui la composent.

Floraison. Pendant l'automne. Fleurs grandes ; lacinies sépaloïdes, lancéolées, aiguës, d'un rouge sale, blanches sur les bords, environ 12 lacinies pétaloïdes, lancéolées, étroites, entières, roses, marquées sur le milieu d'une ligne longitudinale pourpre ; les filets des étamines sont pourpre ; les anthères sont jaunes ; le style plus long que les étamines, est vert, il se termine par 6 divisions stigmatiques.

Culture. Serre tempérée, plein air pendant la belle saison.

Cette plante est très-voisine de notre Mamillaria Maschalacantha, peut-être n'en est-elle qu'une variété différente, seulement par l'aspect et la forme exactement tétragone de ses mamelons.

132. Mamillaria Mystax (Mart.).

Synonymie. Mamillaria Mystax Mart. Act. nov. nat. cur. XVI, t. xxi, P. 1, p. 332. — *id.* Pfr. enum. diagn., p. 24. — *id.* Forst. Handb., p. 226.

Patrie. Mexique, Yxmiquilpan. Il a été trouvé sur les limites des régions froides, à près de 3,000 mètres au-dessus du niveau de la mer, avec le Mamillaria Glochidiata, et aussi près de Petro-Nolasco.

Diagnostic. Tige simple cylindrique; aisselles laineuses et sétigères; mamelons serrés de forme pyramidale, arrondis au sommet; aréoles laineuses pendant leur jeunesse, plus tard nues, portant 6 aiguillons extérieurs blancs, à pointe noire, ceux du haut sont les plus courts, en outre 4 intérieurs décussés, tirant sur le fauve, plus longs que les autres, plus robustes; souvent même il en existe en outre un autre central, érigé, noir.

Tige de 30 cent. de haut sur 13-14 de diamètre; mamelons longs de 13-15 millim. sur 9 de diamètre à la base; aiguillons extérieurs 5-10 millim. de long; aiguillons intérieurs 9-13 millim.; l'aiguillon central 10 millim. de longueur; sur les sujets originaux, les aiguillons qui se sont développés dans le pays, sont beaucoup plus longs, d'une couleur de cendre, tous ou quelques-uns sont contournés ensemble et couchés sur le côté.

Floraison. Pendant l'été. Les fleurs se développent aux aisselles des mamelons supérieurs; elles sont presque toujours disposées en zone circulaire; elles ont 27 millim. de longueur et leur tube est enveloppé de coton et de 8-12 sétules d'un beau blanc d'ivoire, tachées à la pointe; elles sont campanulées; 6-8 sépales linéaires-lancéolées, mucronées, aiguës, d'un brun pourpre, blanches sur les bords, d'abord érigées, ensuite roulées en dessus; en outre 8-10 pétales plus larges, presque de 25 millim. de long, réfléchis et terminés par une petite pointe aiguë; ils sont d'un rose-pourpre luisant; les étamines sont incluses, blanches et plus courtes que les pétales; les anthères sont elliptiques, d'un beau jaune citron; le style, un peu plus long que les étamines, se termine par 4-5 divisions stimagtiques, linéaires, arrondies, marquées sur le milieu de part en part, par un petit pli; elles sont stigmatiques sur les bords seulement, et d'un jaune pâle.

Culture. Serre tempérée pendant l'hiver, plein air pendant la belle saison.

B. *MAMMIFORMES, à mamelons affectant la forme de mamelles.*

Tige globuleuse, claviforme, prolifère; aisselles laineuses; mamelons grands, épais, larges à la base, ou bien suboviformes, anguleux en dessous, et présentent alors une arête très-prononcée, formée par les 2 faces qui constituent la page inférieure du mamelon; mais ici cette arête au lieu de s'étendre en forme de carène, est raccourcie comme un frein qui tendrait à abaisser la pointe du mamelon, au lieu de la surélever; d'autres fois les mamelons sont seulement comprimés sur les côtés, et affectent alors un aspect tout à fait mammiforme.

* PHYMATOTHELÆ, MAMELONS CONTRACTÉS, RACCOURCIS EN DESSOUS COMME PAR UN FREIN.

Tige obovée ou claviforme très-prolifère; aisselles laineuses et séti-

géres; mamelons gros ovés, tétragones, arrondis, en dessous, tronqués
au sommet, anguleux en dessous; aiguillons en nombre variable, le
plus ordinairement 5; les 2 supérieurs courts; les 2 latéraux allongés,
celui du bas très-long, défléchi parfois, contourné en vrille.

1. *Inuncinnatæ, à aiguillons droits.*

133. Mamillaria Cirrifera (Mart.).

Synonymie. Mamillaria Cirrifera. Mart. Act. nov. nat. cur. XVI, P. 1,
p. 334. — *id.* Pfr. enum. diagn., p. 13. — *id.* Abbild., t. 7. — *id.* Cact. in
hort. Saml. Dyck., cult. 1850, p. 124. — *id.* Forst. Handb., p. 232.

Patrie. Mexique, entre Ximapan et Yxmiquilpan, dans une région
tempérée, peu fertile.

Diagnostic. Tige subcylindrique ou claviforme, d'un vert glauque,
très-prolifère dans toutes ses parties, ses rejetons finissent par former
touffe; aisselles garnies de laine et de sétules blanches, frisées, tortillées; mamelons de forme conique irrégulière, la page supérieure
arrondie, hémisphérique, la page inférieure anguleuse, présentant une
arête assez prononcée; aréoles rondes, dans leur jeunesse abondamment garnies de tomentum blanc, floconneux, plus tard nues et immergées, portant 5 aiguillons dont les 2 supérieurs raccourcis, arrêtés dans
leur développement, 2 latéraux allongés, 1 inférieur très-long, contourné en forme de vrille, tous blancs, rigides, à pointe noire : en
outre, il existe, tout à fait à l'extrémité supérieure de l'aréole, 2 autres
petits aiguillons courts, tout à fait adventifs. C'est pour ce motif que,
dans presque toutes les descriptions, l'aréole est indiquée comme portant 4, 5-7 aiguillons.

Tige formant avec ses rejetons une touffe épaisse, chaque rejet a
10 cent. environ sur 5-6 de diamètre, ils sont cylindriques, claviformes;
les mamelons ont 9-11 cent. de diamètre sur 8-9 de longueur; les
2 aiguillons supérieurs ont 8-9 millim. de long, les 2 latéraux 27 et
l'inférieur 50-60 millim. de long sur les exemplaires originaux; j'en
ai remarqué qui atteignaient jusqu'à 15 cent., alors ils étaient anguleux.

Floraison. En Mai, Juin et Juillet. Fleurs d'un très-beau rose, entourées de sétules blanches, produisant l'effet le plus harmonieux sur
le ton vert glauque de la plante couverte de ses aiguillons et de son
tomentum blanc, floconneux ; lacinies lancéolées, rouges, roses, pourpres à la pointe; anthères jaunes ; style à 5 divisions stigmatiques.

Variétés. Mamillaria Cirrifera β. Longiseta Salm. — Mamillaria
Longiseta Muhlenpf.

Plante décrite comme développant son aiguillon inférieur tout à fait
en forme de vrille, beaucoup plus long que dans l'espèce précédente.

Description du Mam. Longiseta Muhlenpf :

Tige globuleuse avec rejetons vers la base ; mamelons épais, vert gris, presque rhombiques; aisselles très-laineuses, avec poils rigides, aréoles feutrées d'abord abondamment, plus tard nues, immergées, portant 5 aiguillons flexibles, blancs d'ivoire, marqués de brun à la pointe, les 2 supérieurs longs de 9-11 millim. dirigés en haut, les latéraux longs de 8 cent. dirigés différemment, l'inférieur long de 5-6 cent.

Patrie. Real del Monte.

Muhlenpdorf en fait une espèce voisine de notre Mam. Cirrifera, qu'il distingue par la forme des mamelons plus rhombiques à la base, et ses aiguillons plus recourbés.

Malgré l'autorité du prince de Salm Dyck., nous croyons que cette variété devrait être supprimée comme identique avec l'espèce de nos Collections. En effet, nous avons vu de fort beaux sujets de notre plante provenant de la Collection de M. Odier, aujourd'hui acquise par M. Audry, à Chaillot, sur lesquels les aiguillons qui avaient poussé dans le pays natal atteignaient des dimensions en rapport avec les caractères relatés dans la description de Muhlenpfdorf, mais ceux qui s'étaient développés en Europe n'avaient pas d'autres caractères que ceux de notre espèce.

Culture. Serre tempérée, pleine terre pendant la belle saison. Constamment cultivé en pot, notre Mamillaria Cirrifera et ses congénères fleurissent difficilement : au contraire, quand on a le soin, pendant la belle saison, de les placer en pleine terre sous châssis, en bonne exposition avec une ventilation convenable, on obtient promptement de fort belles plantes remarquables par le nombre et l'abondance de leurs fleurs brillantes.

134. Mamillaria Subangularis (Dc.).

Synonymie. Mamillaria Subangularis Dc. Rev. p. 112. — *id.* Mémoire, p. 10. — *id.* Pfr. enum. diagn., p. 13. — *id.* Forst. Handb., Cact. p. 233. — Mam. Cirrifera β. Spinis Fuscis. hort. Monv. — Mam. Cirrifera β. Angulosior Lem. — *id.* Hort. Monv. Catal. 1846.

Patrie. Mexique.

Diagnostic. Tige subglobuleuse, très-prolifère; aisselles munies de laine blanche et peu soyeuses; mamelons épais, verts, arrondis en dessus, anguleux en dessous; aréoles ovales, les jeunes munies de duvet blanc, floconneux, puis se dénudant promptement, portant ses aiguillons presque droits, d'une couleur carnée très-gaie, bruns à la pointe, 3 insérés au sommet de l'aréole, courts, 2 insérés latéralement, plus longs, enfin 1 dernier inséré en bas, très-long.

Les nombreux rejetons de la tige en font une touffe; les mamelons ont de 10-11 millim. de diamètre sur 6-8 de long, ils sont verts, arrondis en dessus, en dessous un peu moins anguleux que dans l'espèce précédente et sa variété; les aiguillons supérieurs ont de 4-6 millim., les latéraux de 8-10, l'inférieur 3 cent. de longueur et quelquefois plus; ils sont tous beaucoup moins rigides que ceux de notre Mamillaria Angularis.

Floraison. Pendant tout l'été. Les fleurs, qui n'ont pas été décrites encore, sont d'une belle couleur pourpre, la base de leur tube est entourée de quelques sétules blanches.

Culture. Serre tempérée pendant l'hiver, pleine terre et plein air pendant la belle saison. Notre plante, qui n'est pas extrêmement florifère quand elle est cultivée en pots, le devient beaucoup par une bonne culture en pleine terre pendant la belle saison.

135. Mamillaria Angularis (hort. Berol.).

Synonymie. Mamillaria Angularis hort. Berol. — *id.* Pfr. enum. diagn., p. 12. — *id.* Forst. Handb., Cact. p. 233. — *id.* Salm. Cact. in hort. Dyck., cult. p. 125. — Mamillaria Compressa Dc. Mémoire p. 112. — (Mam. Eriacantha Dc. dans les catalogues des hort.)

Patrie. Mexique.

Diagnostic. Tige simple devenant avec l'âge très-abondamment prolifère dans sa partie supérieure, de forme cylindrique-clavée; aisselles laineuses et sétigères pendant leur jeunesse; mamelons courts, ovés, anguleux en dessous et comme comprimés en dessus; aréoles subtomenteuses; 4-5 aiguillons blancs, inégaux, droits, rigides, noirs à la pointe, celui du bas très-long.

Tige haute de 16-20 cent. sur 8 de diamètre; mamelons d'un beau vert glaucescent, ovés, comprimés de tous côtés, longs de 7 millim. sur 1 cent. de diamètre; les aiguillons du haut ont 4 millim. et demi de long, les latéraux 6-9, et celui du bas 1 cent. environ.

Floraison? Cette plante, déjà ancienne, a fleuri plusieurs fois dans les jardins d'Europe; sa fleur est rose ou pourpre, autant que mes souvenirs peuvent me la rappeler; je n'en ai pas fait de description et n'en trouve nulle part; sa culture en pot doit donner lieu aux mêmes observations que celles qui ont été faites pour la plante précédente.

Variétés. Mamillaria Angularis β. Triacantha Salm. Syn. Mamillaria Triacantha Dc. — *id.* Pfr. l. c.

Les 2 aiguillons supérieurs avortent presque toujours, de sorte que les 3 aiguillons inférieurs seulement persistent.

Mamillaria Angularis β. Fulvescens Salm. Syn. Mamillaria Cirrifera hort.

Toute la tige est d'un vert plus gai; ses aiguillons sont tous beaucoup plus longs, ils sont colorés d'une teinte fauve pâle.

Culture. Serre tempérée pendant l'hiver, plein air et pleine terre pendant la belle saison.

Notre Mamillaria Angularis diffère des espèces précédentes par sa tige extrêmement prolifère, par ses aiguillons plus courts, droits, grêles et roides. Dans notre espèce, quelquefois l'un des aiguillons supérieurs avorte, de sorte qu'il ne reste plus que 4 aiguillons.

136. Mamillaria Phymatothele (Bergm.).

Synonymie. Mamillaria Phymatothele Bergm. A. G. Z., 1840, p. 129. — *id.* Salm. Cact, in hort. Dyck., cult. 1850, p. 125. — *id.* Forst. Handb., dr. Cact. p. 232. — Mam. Ludwigii Ehremb. — Mam. Conopsea Scheidw. (d'après Salm). — Mam. Echinops. Fennel.

Patrie. Mexique. Introduit en 1839.

Diagnostic. Tige simple, subglobuleuse dans la jeunesse, plus tard s'allongeant et prolifère; sommet ombiliqué, d'un vert glauque; les jeunes aisselles garnies de laine blanche, floconneuse, abondante qui couvre presque l'ombilic du sommet, plus tard elles deviennent nues; mamelons grands, tétragones, arrondis sur la face supérieure, au contraire, anguleux en dessous, présentant une arête vive dont le développement en longueur semble comme arrêté et paraît maintenir le sommet du mamelon au-dessous de l'extrémité apicillaire de.la face supérieure, comme le ferait un frein; les aréoles sont immergées, d'abord garnies de laine blanche semblable à celle des aisselles, plus tard elles sont nues, elles portent de 7-10 aiguillons rigides, subérigés, d'un blanc pâle, colorés vers la pointe, couleur d'orange en naissant, 3 supérieurs les plus courts, 3 inférieurs plus longs, celui du bas très-long, recourbé quelquefois, en outre 1-3 très-petits et accessoires, enfin 1 central subrecourbé.

Cette description se rapporte à des sujets âgés, les plus jeunes présentent ordinairement 5 aiguillons disposés régulièrement, dont 2 supérieurs les plus courts, 2 latéraux plus longs et 1 inférieur très-long, en outre il existe quelquefois plusieurs autres aiguillons fins et petits, subsétiformes, dont 1 supérieur, rarement 1 subcentral, et enfin de 1-3 insérés tout à fait sur la partie inférieure de l'aréole.

Floraison. Pendant l'été. La fleur n'a pas encore été décrite, elle est d'un beau rose vif-carmin, produisant un joli effet en ressortant sur le ton vert-glauque de la plante, du milieu des flocons de laine blanche des aisselles.

Culture. Serre tempérée pendant l'hiver, pleine terre et plein air pendant la belle saison.

137. Mamillaria Glauca (Dietr.).

Synonymie. Mamillaria Glauca Dietr. A. G. Z., 1848, p. 330. — *id.* Salm. Cact. in hort. Dyck., cult. p. 123.

Patrie. Mexique.

Diagnostic. Tige subglobuleuse, très-prolifère; aisselles peu laineuses; mamelons vert-gris-glauque-gai, tétragones, arrondis en dessus, marqués en dessous par une arête prononcée en forme de carène, tronqués obliquement au sommet; aréoles immergées, tomenteuses pendant la jeunesse, plus tard nues, portant 4 aiguillons extérieurs, celui du haut le plus long, accompagné de 2 autres plus petits, quelquefois adventifs, enfin le quatrième isolé très-long, irrégulièrement recourbé; tous sont subrigides, blancs, marqués de brun jaunâtre à la pointe.

La tige est haute de 8 cent., elle a à peu près le même diamètre, elle est très-prolifère; l'aiguillon supérieur atteint 20 millim. de longueur, l'aiguillon du bas jusqu'à 4 cent.

Floraison. Fleurs inconnues.

Culture. Serre tempérée pendant l'hiver, plein air et pleine terre pendant la belle saison.

Cette plante et la suivante se rapportent à cette sous-division bien plus par leur habitus que par le nombre et la disposition de leurs aiguillons.

138. Mamillaria Megacantha (Salm).

Synonymie. Mamillaria Megacantha Salm. Cact. in hort. Dyck., cult., p. 123.

Patrie. Mexique.

Diagnostic. Tige vigoureuse, subglobuleuse, déprimée, prolifère à la base; aisselles garnies de laine et de sétules blanches; mamelons épais, grands, distancés, tétragones, larges à la base, arrondis, presque pyramidaux en dessus, marqués d'une arète prononcée et tronqués obliquement au sommet; les aiguillons sont disposés irrégulièrement, 4 très-longs, décusés, divergents, blancs, flexueux en forme de vrille, 4-6 autres de la même couleur, grêles, ceux du bas les plus longs, presque rayonnants.

La tige, qui est très-vigoureuse et prolifère à la base, a 10 cent. de diamètre et plus, elle est légèrement déprimée; les mamelons sont larges, épais, écartés, tétragones, arrondis, convexes en dessus, et anguleux carénés en dessous, d'un vert-glauque blanchâtre; les aréoles, d'abord garnies de tomentum ramassé en tampon, sont convexes, plus tard elles se dénudent presque; les aiguillons sont presque tous extérieurs, savoir : 4 dont 1-2 avortent quelquefois, divariqués, flexueux, recourbés, n'atteignent que 3 cent. environ dans nos Collections, celui du bas subcentral très-long, d'abord jaune très-pâle, devient blanc de neige plus tard; enfin, 5-6 très-grêles, étalés, subrayonnants, ceux du haut très-courts, ceux du bas sensiblement plus longs, celui du bas atteint 1 cent. de longueur.

Floraison. Fleur?

VARIÉTÉS. Mamillaria Megacantha β. Rigidior Salm.

Le prince de Salm indique une variété à mamelons moins forts, plus resserrés, dont les aiguillons sont plus courts et plus rigides.

Culture. Serre tempérée pendant l'hiver, plein air et pleine terre pendant la belle saison.

2. *Uncinnatæ, à aiguillons uncinnés.*

139. Mamillaria Uncinnata (Zucc.).

Synonymie. Mamillaria Uncinnata Zucc. — *id.* Pfr. enum. diagn.,

p. 34. — *id.* Abbild., t. 19. — *id.* Salm. Cact. in hort. Dyck., cult., p. 146.
— *id.* Forst. Handb., Cact. p. 222. — Mam. Adunca Scheidw.

Patrie. Mexique, dans des prairies près de Pabuca.

Diagnostic. Tige globuleuse simple; aisselles laineuses dans la jeunesse, plus tard nues; mamelons épais, d'un vert cœrulescent foncé, serrés, subanguleux, les facettes des mamelons voisins se correspondant assez exactement, cette forme subanguleuse semble résulter de la pression mutuelle des mamelons les uns contre les autres au moment où leur évolution a commencé; les jeunes aréoles sont très-laineuses, plus tard elles sont nues, elles portent 4 aiguillons extérieurs décusés, rigides, presque égaux, celui du haut est carné, légèrement recourbé, les autres sont blancs à pointe noire et droits, 1 aiguillon central plus long, plus épais, carné, à pointe brune uncinnée.

La tige atteint environ 10 cent. de hauteur et de diamètre; les mamelons ont 9-10 millim. de long et 8-9 de diamètre à la base; les aiguillons extérieurs atteignent 5 millim. et le central 11 millim. de longueur.

Floraison. En Mai et Juin. Fleurs nombreuses de 2 cent. de long, à pétales d'un rouge sale blanchâtre, marquées extérieurement sur la longueur d'une ligne médiane d'un brun pourpre; anthères jaunes; stigmate un peu plus long que les étamines, terminé par 5 divisions stigmatiques rouge sale.

VARIÉTÉS. Mamillaria Uncinnata β. Spinosior Lem. — Syn. Mamillaria Depressa Scheidw.

Tige globuleuse déprimée, quelquefois double, à mamelons plus vigoureux, restant toujours moins haute que celle de l'espèce; les aréoles portent 6 aiguillons extérieurs, avec 1 intérieur uncinné, grêle.

Mam. Uncinnata γ. Biuncinnata Lem. — Syn. Mamillaria Bihamata Pfr.

La tige devient subcolumnaire; les aréoles portent 6 aiguillons dont 1, celui du haut, plus vigoureux, recourbé, subuncinné, et le central très-fortement uncinné.

Culture. Serre tempérée pendant l'hiver, plein air et pleine terre pendant la belle saison.

** MACROTHELÆ, A GROS MAMELONS.

Tige globuleuse ou claviforme; mamelons grands, épais, larges à la base, d'une forme tétragone, pyramide, à arêtes arrondies, à sommets aigus, renflés et parfois latéralement subcomprimés en faces, ce qui leur donne une forme d'apparence subpolyédrique; 2-6 aiguillons souvent très-inégaux, allongés, arqués, érigés ou défléchis, ou enfin contournés en vrille.

Fleurs rouges, blanchâtres ou jaune abricot.

1. *Rhomboïdeæ, mamelons à base rhombique.*

Mamelons gros, épais, mammiformes, subaplanis, rhombiques à la base.

140. Mamillaria Neumaniana (Lem.).

Synonymie. Mamillaria Neumaniana Lem. Cact. gen. nov., p. 53. — *id.* Salm. Cact. in hort. Dyck., cult., p. 125. — *id.* Forst. Handb., Cact., p. 234. — Mam. Conopsea hort. (et non Salm d'après Forst.).

Patrie?

Diagnostic. Tige subglobuleuse, déprimée, subdisciforme, d'un vert-glauque; aisselles garnies de laine blanche abondante et floconneuse; mamelons rhombiques à la base, très-arrondis, anguleux; aréoles rondes, grandes, laineuses, portant 7 aiguillons inégaux, ils peuvent, par la comparaison de leur longueur, se partager en trois groupes; dans leur jeunesse, ils sont roses, plus tard ils prennent une couleur de cendre.

Les aisselles sont abondamment garnies de laine blanche floconneuse, dans l'âge avancé elles se dénudent; les aréoles, qui sont rondes, sont également garnies de laine pareille qui, plus tard, prend une couleur de cendre de plus en plus foncée et finissent avec l'âge par devenir nues; les mamelons, qui ont une forme rhombique, sont très-arrondis au sommet, ils sont anguleux en dessus, et en dehors ils présentent un angle très-aigu, ils atteignent une longueur de 10 millim. sur un diamètre de 9 millim. environ; les aiguillons sont ordinairement au nombre de 7, d'abord roses, blancs ensuite et bientôt enfin couleur de cendre, dont 4 plus vigoureux, longs de 9-11 millim., 2 latéraux, 1 supérieur, quelquefois même 1 second qui avorte fréquemment, enfin 1 inférieur un peu plus long; entre ceux-ci il en existe d'autres plus grêles, dont 4 latéraux et parfois 1 inférieur; la tige devient assez forte et souvent très-abondamment prolifère.

Floraison. Fleurs? Il n'existe aucune description de la fleur, cependant cette plante fleurit assez facilement, celles que j'ai vues étaient d'un ton rose vif.

Culture. Serre tempérée pendant l'hiver, plein air et pleine terre pendant la belle saison.

141. Mamillaria Zuccariniana (Mart.).

Synonymie. Mamillaria Zuccariniana Mart. Act. nov. nat. cur. XVI, t. 20. — *id.* Pfr. enum. diagn., p. 20 (Excl. la synonymie Mamillaria Macracanta Dc.). — *id.* Forst. Handb., Cact. p. 236.

Patrie. Mexique, Yxmiquilpan.

Diagnostic. Tige simple, subglobuleuse; aisselles presque nues, celles qui portent des boutons à fleurs laineuses; mamelons vert-foncé, coniques, pyramidés, à sommet aigu, nus; aréoles insérées au-dessous du sommet du mamelon, immergées, presque nues; 2 aiguillons intérieurs, l'un dirigé en haut, l'autre en bas, rigides, couleur de cendre, noirs à la pointe, celui du bas le plus long, tous deux courbés en arcs de cercle, en outre 2-3 sétiformes très-courts, blancs, manquant très-souvent.

La tige est haute de 27 cent. sur 16 de diamètre, elle atteint aussi de plus grandes dimensions; j'ai vu des sujets qui atteignaient jusqu'à 35 cent. de hauteur; les mamelons ont 1 cent. de long sur 9 millim. de diamètre à la base, l'aiguillon supérieur atteint 9 millim., l'inférieur 27 millim. de longueur.

Floraison. En Juin et Juillet. Les fleurs sont tantôt isolées et dis-séminées sur la partie supérieure de la plante, tantôt dans l'âge adulte disposées en zone circulaire, elles ont 25 millim. de longueur, la base de leur tube est enveloppée de poils blancs, longs, tortillés sur eux-mêmes; lacinies linéaires oblongues, d'un brun purpurascent, celles qui sont pétaloïdes, nombreuses étendues, présentant un limbe campa-nuliforme, elles sont plus étroites et plus longues que les autres, linéaires, luisantes, d'un rose pourpre, mucronulées; étamines nom-breuses, blanches, à anthères jaunes; style cylindrique, blanc à la base, rose à la partie supérieure, terminé par 4-5 divisions stigma-tiques.

Culture. Serre tempérée pendant l'hiver, plein air et pleine terre pendant la belle saison.

2. *Uberatæ, à feuilles en forme de mamelles épaisses.*

Mamelons comme renflés tout à fait en forme de mamelles.

142. Mamillaria Gladiata (Mart.).

Synonymie. Mamillaria Gladiata Mart. Act. nov. nat. cur. XVI, P. 1, p. 336. — *id.* Pfr. enum. diagu., p. 14. — *id.* Forst. Handb., Cact. p. 236. — Mam. Deflexispina Lem. Cact. in hort. Monv., p. 6.

Patrie. Mexique, régions tempérées, dans les prairies près de Pa-chuca, à près de 3,000 mètres au-dessus du niveau de la mer.

Diagnostic. Tige presque simple, devenant prolifère avec l'âge, d'un vert foncé; aisselles presque nues; mamelons épais, coniques, semblant porter encore les traces d'angles résultant de leur pression mutuelle à l'origine de leur évolution; aréoles laineuses dans leur jeu-nesse, plus tard nues, portant 4 aiguillons rigides, blancs ou couleur de corne, à pointe brune, 3 supérieurs divergents, courts, celui du bas beaucoup plus long et plus épais, anguleux, défléchi en forme d'arc de cercle.

Tige haute de 13 cent. de diamètre, munie d'une séve laiteuse qui prend en se desséchant l'aspect de cire résineuse d'un blanc mat; ma-melons longs de 11 millim. sur 13 de diamètre; les aiguillons supérieurs longs de 8-9 millim., celui du bas atteint 27-28 millim. de long.

Nous regardons la Mamillaria Diflexispina Lem. comme identique avec notre Mamillaria Gladiata. Voici, au reste, la description qu'il en a donnée :

Tige subglobuleuse fortement déprimée, d'un vert glauque foncé; mamelons très-resserrés les uns contre les autres au commencement de leur développement sur la plante, et, pour ce motif, nus, mais plus tard laineux et garnis d'une laine blanche abondante, floconneuse: aréoles petites, rondes, également garnies de laine blanche qui tombe promptement; mamelons érigés, presque tétraèdres par leur pression mutuelle, hauts de 15-18 millim. sur 9 environ de diamètre à la base, portant 4 aiguillons décusés, 1 supérieur manquant quelquefois ou parfois accompagné d'un cinquième, ils sont d'un gris-sale à pointe noire et d'un jaune brunâtre pendant la jeunesse, les 3 supérieurs sont courts, de 9 millim. de longueur, droits ou à peine recourbés, dirigés vers le sommet de la plante, le dernier beaucoup plus fort atteint 27-28 millim. de long, il est dirigé et recourbé vers le bas.

Floraison. En Mai et Juin. Il n'existe aucune description de la fleur; celles que j'ai vues étaient d'un rouge, carminé vif ayant beaucoup de rapports avec celles de notre Mamillaria Zuccariana.

Culture. Serre tempérée pendant l'hiver, plein air et pleine terre pendant l'été.

143. Mamillaria Pentacantha (Pfr.).

Synonymie. Mamillaria Pentacantha A. G. Z., 1840, p. 406. — *id.* Sal m Cact. in hort. Dyck., cult. p. 124. — Forst. Handb., Cact. p. 234.

Patrie. Mexique.

Diagnostic. Tige subglobuleuse d'un vert intense, prolifère sur les côtés; les jeunes aisselles presque nues, puis plus tard garnies de tomentum blanc; mamelons épais, subanguleux en dessous, presque tétragones à la base; aréoles petites, oblongues, à peine tomenteuses, portant 5 aiguillons d'un brun assez foncé tirant sur le vert, prenant plus tard un ton de cendre, dont 4 extérieurs décusés, celui du haut le plus long, et 1 central très-long, étendu horizontalement ou défléchi.

Tige atteignant 14-15 cent. de diamètre; mamelons vigoureux, longs de 15-18 millim. et larges de 13-15 millim. à la base; aiguillon central atteignant environ 4 cent. de longueur.

Floraison. En Juin et Juillet. Les fleurs, dont je ne trouve aucune description, sont assez semblables à celles des espèces précédentes.

Culture. Serre tempérée pendant l'hiver, plein air et pleine terre pendant la belle saison.

144. Mamillaria Macracantha (Dc.).

Synonymie. Mamillaria Macracantha Dc. Mém. t. 9, p. 15. — *id.* Rev., p. 113. — *id.* Salm. Cact. in hort. Dyck., cult. p. 122. — *id.* Forst. Handb., Cact. p. 237 (Mam. Lehmanni hort. Mam. Zuccariniana hort. d'après Forst.). — Mamillaria Recurva Lem. — Mamillaria Subcurvata Dietr.

Patrie. Mexique.

Diagnostic. Tige simple, quelquefois multiple; aisselles nues pendant la jeunesse, plus tard abondamment garnies de laine blanche;

mamelons épais, en forme de mamelles, subtétragones à la base, comprimés, présentant des faces qui semblent résulter de leur pression mutuelle au moment où leur évolution a commencé; aréoles sub-laineuses pendant leur jeunesse seulement, portant 1-2 aiguillons blancs ou presque fauves, très-longs, subanguleux.

Tige haute de 13-14 centimètres sur 11-12 de diamètre; mamelons longs de 11 millim. sur 12-13 de largeur à la base; aiguillons de 25 millim. de longueur.

Floraison. En Mai et Juin. Fleurs de 27-30 millim. de diamètre, disposées en zones circulaires autour du sommet de la plante, à pétales lancéolées, rouges, non décrite.

Culture. Serre tempérée pendant l'hiver, plein air et pleine terre pendant la belle saison.

Par l'aspect de ses mamelons, notre Mamillaria Macracantha devrait être rangé dans la sous-division précédente, mais le nombre des aiguillons le range sans aucun doute dans celle-ci.

145. **Mamillaria Centricirrha** (Lem.).

Synonymie. Mamillaria Centricirrha Lem. Cact. gen. nov., p. 42. — *id*. Salm. Cact. in hort. Dyck., cult. p. 123. — *id*. Forst. Handb., Cact. p. 230.

Patrie. Mexique. Elle a été trouvée sur un sol tourbeux.

Diagnostic. Tige subglobuleuse, déprimée, prolifère à la base, d'un vert-glauque; aisselles garnies de laine blanche; mamelons polyédriques, subpyramidaux; aréoles arrondies, laineuses; aiguillons de deux formes, 3 égaux de même longueur, 2 autres beaucoup plus longs, contournés, tortillés de côté et d'autre, surtout celui qui est central; tous très-rigides, d'un jaune carné, plus tard couleur de cendre.

La laine des aisselles est blanche, floconneuse, tombant promptement; les mamelons sont allongés, de forme polyédrique, subpyramide, longs de 10-20 millim., arrondis obliquement, larges de 8-9 millim.; aréoles arrondies, laineuses dans la jeunesse, bientôt nues; aiguillons de deux formes, ordinairement 5, dont 3 égaux, longs de 4-5 millim., droits ou subrecourbés, 1 supérieur défléchi et 2 latéraux, le quatrième recourbé vers le sommet de la plante, long de 1 cent., quelquefois de 2, enfin le cinquième central recourbé vers le bas, est long de 27-30 millim., souvent même de 5 cent., ces deux derniers sont le plus souvent tortillés à droite et à gauche, tous sont cylindriques, très-rigides, très-vigoureux, d'abord dans la jeunesse de couleur jaune carnée, noirs à la pointe, plus tard couleur de cendre; tige haute de 15-16 cent. sur autant de diamètre.

Floraison. Depuis le mois de Juin jusqu'au mois d'Octobre. Fleurs nombreuses disposées autour du sommet de la plante, de 18-20 millim. de longueur, presque campanulées; pétales lancéolées, blanchâtres, teintées de rouge, avec une ligne longitudinale rouge pourpre; anthères d'un jaune pâle; divisions du stigmate 5-6, rouge-pourpre.

Variétés. Mamillaria Centricirrha β. Macrothele Lem. syn. — *id.* Salm. Cact. in hort. Dyck., cult., p. 123. — *id.* Forst. Handb., Cact., p. 230.

Plante beaucoup plus vigoureuse que la précédente, d'un vert bleuâtre; mamelons moins nombreux, plus aplanis sur les côtés, de forme plus polyédrique, plus aigus au sommet; ses aiguillons sont insérés de la même manière que dans l'espèce, mais moitié moins longs.

Mamillaria Centricirrha γ. Hopferiana Salm. Cact. in hort. Dyck., cult., p. 123. — Syn. Mamillaria Hopferiana Link.

Variété qui se distingue de la précédente par sa tige moins forte, ses mamelons moins forts et ses aiguillons plus grêles.

146. Mamillaria Microceras (Lem.).

Synonymie. Mamillaria Microceras Lem. Cact. in hort. Monv., p. 6. — *id.* Forst. Handb.; Cact., p. 235.

Patrie. Mexique.

Diagnostic. Tige subglobuleuse, très-déprimée, d'un vert livide; aisselles laineuses garnies de laine blanche, floconneuse; aréoles petites, rondes, les plus jeunes tomenteuses, se dénudant presque de suite; mamelons subtétraèdres à peine anguleux, comme recouverts d'une poussière d'un blanc d'argent; vers le milieu de la plante, les mamelons semblent adprimés et comprimés; 4 aiguillons, rarement 5-6, les 3 supérieurs érigés, très-courts, celui du bas plus fort, deux fois plus long; tous irrégulièrement courbés en forme de corne, rigides, à pointe brune, faiblement subulés à la base.

Tige haute de 10 cent.; mamelons longs de 9-11 millim.; aiguillons, ceux du haut longs de 7 millim., ceux du bas le double plus longs.

Floraison. Fleur?

Cette plante n'existe plus dans les Collections depuis longtemps; un seul sujet se trouvait parmi les nombreuses plantes introduites en Europe par Galeotti, il est mort dans la Collection de Monville, et il ne nous est connu que par la description que Lemaire en a donnée. Il la dit très-voisine du Mamillaria Magnimamma, dont elle diffère par ses dimensions, sa tige plus déprimée, ses aiguillons et ses mamelous beaucoup plus petits, et la laine de ses aisselles plus longue.

Culture?

147. Mamillaria Magnimamma (Harv.).

Synonymie. Mamillaria Magnimamma Harv. Philos. magaz. 63, p. 14. — *id.* Salm. Cact. in hort. Dyck., cult. p. 121. — *id.* Forst. Handb., p. 235. — *id.* Pfr. enum. diagn., p. 14. — Mamillaria Ceratophora Lehm. Otto's Garten-Zeitung, 1335, n° 29, s. 228, anciennement Mam. Scheideana hortulani.

Patrie. Mexique. Introduit en 1835 avec le précédent; depuis on l'a reçu plusieurs fois dans les Collections d'Europe.

Diagnostic. Tige subglobuleuse, déprimée; mamelons fermes, grauds, vert-foncé, les jeunes laineux au sommet, plus tard entièrement nus, portant 4 aiguillons très-rigides, rayonnants, recourbés, jaunâtres, celui du haut très-court, celui du bas très-allongé (d'après Harv.).

Tige globuleuse simple, vert-foncé ; aisselles laineuses ; mamelons grands, ovés, coniques, arrondis, fermes ; les jeunes aréoles munies de tomentum blanc, portant ordinairement 5 aiguillons, dont 3 supérieurs, l'un d'eux plus court, érigé, et les 2 latéraux étalés, défléchis ; tous rigides, forts, tirant sur le brun, recourbés ; rarement le nombre des aiguillons se réduit à 4, dont le supérieur est très-court.

Tige haute de 10 cent. et plus ; mamelons longs de 1 cent. sur 18-20 millim. de largeur à la base ; les aiguillons supérieurs ont 6-10 millim., les autres 18-22 millim. de long ; les mamelons sont très-larges, tétragones, déprimés et très-larges à la base ; les aiguillons sont très-vigoureux, très-rigides, larges, marqués sur leur longueur d'une espèce de petit canal, recourbés, défléchis ; dans la jeunesse ils sont colorés de brun-pâle à pointe brune, plus tard ils noircissent ; la laine des aréoles est décidue, d'autres fois, sur quelques-unes, elle est persistante.

Le nombre et la forme des aiguillons varient beaucoup ; les jeunes sujets, surtout ceux qui proviennent de semis, portent souvent 5-6 aiguillons sur leurs aréoles, et parmi ceux-ci le supérieur est allongé et défléchi.

Floraison. En Juillet et Août. Fleurs de 20 millim. de long, disposées en couronne autour du sommet de la plante, à sépales brunes ; pétales lancéolées, blanches, jaunâtres, marquées longitudinalement d'une strie médiane, large, rouge, allant en se dégradant vers les bords ; anthères jaunes ; divisions stigmatiques au nombre de 7, rouges, jaunes, marqués sur le milieu d'une ligne rouge pourpre.

Variétés. Mamillaria Magnimamma β. Arietina Salm.— Syn. Mamillaria Arietina Lem.

Tige plus grande, plus forte et plus vigoureuse, se rapprochant un peu de notre Mamillaria Gladiata ; aisselles très-abondamment munies de laine blanche, portant 2-3 aiguillons longs, vigoureux et 2 petits, courbés comme des cornes de bélier, ressemblent sous les autres rapports aux aiguillons de notre espèce, mais tout à fait blancs.

Mamillaria Magnimamma γ. Lutescens Salm. — Syn. Mamillaria Magnimamma β. Spinosior Monv.

Cette variété ne se distingue de l'espèce et de la variété précédentes que par ses aiguillons très-vigoureux, couleur de limon.

Culture. Serre tempérée pendant l'hiver, plein air et pleine terre pendant la belle saison.

148. Mamillaria Uberimamma (Monv.).

Synonymie. Mamillaria Uberimamma. Catal. de Monv., 1846.

Patrie?

Diagnostic. Tige sphérique, légèrement déprimée à son sommet,

simple ; aisselles munies de laine blanche assez abondante ; mamelons
d'un beau vert foncé, très-forts, enflés vers le milieu, légèrement
aplanis de haut en bas, très-légèrement marqués de faces, qui semblent résulter de la pression qu'ils exerçaient les uns sur les autres au
commencement de leur évolution, ces faces ressemblent en outre assez
aux traces que laisseraient de pareilles pressions sur un corps mal-
léable ; aréoles nues, portant de 3-4 aiguillons inégaux, l'inférieur,
demeurant toujours le plus long de tous, est recourbé vers le bas,
tous ont leur pointe noire et sont marqués transversalement de lignes
blanches, ce qui leur donne pendant leur jeune âge quelque ressemblance avec les défenses du porc-épic, ils sont bruns à la base et passent ensuite au gris-rousseâtre ; les 2 aiguillons supérieurs sont moins
recourbés et plus courts.

Notre plante a 12 cent. de haut sur 14 de diamètre ; les mamelons
ont 15 millim. à la base sur 1 cent. de hauteur ; les aiguillons atteignent l'un 2 cent. de long, les 2 autres varient dans leur longueur de
5 cent. à 10.

Floraison. En Mai, Juin et Juillet. Les fleurs sont grandes, larges,
très-ouvertes, enveloppées à leur base par la laine abondante des
aisselles ; les lacinies sépaloïdes sont courtes et peu nombreuses, d'un
beau rose clair avec une ligne médiane brune ; les lacinies pétaloïdes
sont étroites, lancéolées, réfléchies ; roses avec ligne médiane d'un rose
plus foncé ; les étamines sont très-nombreuses ; les anthères jaunes, à
filets roses ; le stigmate est terminé par 6-10 divisions de couleur
carnées.

Les fleurs, par leurs dimensions, l'éclat et le bel effet que produisent les zones suivant lesquelles elles sont disposées, est certainement
une des plus remarquables de ce sous-genre.

Culture. Serre tempérée pendant l'hiver, en plein air et en bonne
exposition pendant la belle saison.

Le seul exemplaire de cette belle plante qui existe en France,
peut-être même en Europe, car nous ne la trouvons indiquée sur
aucun des Catalogues des Collections étrangères, appartient à la brillante Collection de M. Andry, à Chaillot. Cette Collection, formée
avec grand soin depuis quelques années, s'est enrichie de quelques Collections d'amateurs, entre autres de la Collection presque inconnue de
M. James Odier, qui, à juste titre, passait elle-même pour la plus
riche après celle de Monville. M. Andry, qui possède à un très-haut
degré le goût de l'horticulture, est peut-être plus à même que qui que
ce soit, par sa position, de former en France le plus beau conserva-
toire de plantes grasses. Il serait donc à désirer que les cactéophiles se
missent en relation avec lui. Ils trouveront dans sa bienveillance et sa
bonté, dont nous-mêmes avons longuement et fréquemment usé, le
moyen d'augmenter leurs richesses par des échanges, ce serait en
même temps un moyen d'arriver à une classification exacte, travail qui
ne peut devenir complet qu'autant qu'on peut, par la réunion d'un

très-grand nombre de sujets, établir des comparaisons, qui sont toujours entachées de quelque inexactitude quand elles sont faites sur des descriptions ou sur des exemplaires éparpillés dans diverses cultures.

149. Mamillaria Pachythele (Salm).

Synonymie. Mamillaria Pachythele Salm. Cact. in hort. Dyck., cult., p. 122. — Mamillaria Kramerii A. G. Z., 1845, p. 345. — Mamillaria Macrantha hort. Hamb. — *id.* Dc., d'après Forst. Handb. der. Cact., p. 237.

Patric. Mexique.

Diagnostic. Tige subglobuleuse, vert-foncé, prolifère sur les côtés; aisselles presque nues pendant leur jeunesse, plus tard se garnissant de tomentum blanc; mamelons épais, presque anguleux en dessous, tétragones à la base; aréoles petites, oblongues, à peine tomenteuses, portant 5 aiguillons presque fauves en naissant et prenant par la suite une couleur cinérée, les 4 extérieurs sont décusés, celui du haut est plus long que les autres, enfin le central est très-long, étendu horizontalement ou défléchi.

La tige atteint 15 cent. de diamètre; les mamelons qui sont épais ont 15-18 millim. de long sur 13-15 de diamètre à la base; l'aiguillon central atteint 4-5 cent. de long.

Floraison? La fleur est d'un rouge-rose très-gai; ses lacinies sont lancéolées, aiguës et dressées; les filets des étamines sont rouges; le stigmate, également rouge, se termine par 5-4 divisions stigmatiques courtes, capitulées, rouge-pourpre.

Culture. Serre-tempérée pendant l'hiver, plein air en bonne exposition pendant l'été.

Cette plante est encore extrêmement rare dans les Collections de France; elle se rapproche assez de notre Mam. Uberimamma, dont cependant elle diffère essentiellement par le nombre et la disposition de ses aiguillons.

C. *PRÆSULCATÆ, mamelons marqués d'un sillon.*

Tiges cylindriques, claviformes ou globuleuses; aisselles glabres, quelquefois marquées d'une glande colorée; mamelons allongés, subconiques, érigés, ou bien larges, hémisphériques, toujours marqués en dessus soit par un sillon laineux ou nu, soit par un sillon glanduligère.

* GLANDULIFERÆ, A AISSELLES GLANDULEUSES.

Tige cylindrique ou claviforme, parfois sous-globuleuse, prolifère à la base ou à la partie supérieure; aisselles glabres, portant 1-3 glandes colorées; mamelons subérigés, allongés, atténués, rarement arrondis ou ovés, souvent amincis en dessous et tronqués obliquement au sommet; 6-18 aiguillons rayonnants, rigides, de 1-3 intérieurs manquant rarement. Les fleurs observées ou décrites sont d'un jaune doré ou blanchâtre en dehors, et d'un beau rouge violacé satiné en dedans.

1. *Elongati*, à mamelons allongés.

Tige cylindrique ou claviforme; mamelons allongés, amincis de la base au sommet.

150. Mamillaria Clava (Pfr.).

Synonymie. Mamillaria Clava Pfr. A. G. Z., 1842, p. 282. — *id.* Salm. Cact. in hort. Dyck., cult., p. 126. — *id.* Forst. Handb. dr. Cact., p. 246 et 518.

Patrie. Mexique. Introduite par Ehremberg.

Diagnostic. La tige est claviforme, columnaire, vert-foncé; les aisselles sont garnies de tomentum blanc et portent une glande plane à bords rouges comme très-légèrement ciliés, sécrétant pendant la jeunesse une liqueur visqueuse, transparente, sucrée, puis devenant par la suite complétement planes et nues; mamelons allongés, érigés, amincis en dessous et creusés sur la page supérieure par un sillon longitudinal, ils sont de forme tétragone à la base, et munis au sommet d'une aréole velue qui est insérée obliquement au-dessous de leur sommet; les aiguillons sont droits, cornés, subégaux, 7 sont rayonnants, et 1 central un peu plus long et un peu plus fort que les autres.

La tige atteint, dans l'âge adulte, 20 cent. et plus de hauteur sur un diamètre de 20 cent. environ; les mamelons, en vieillissant, s'aplanissent, et la glande des aisselles se confond ordinairement avec le sillon.

Floraison. En Mai, Juin et Juillet. Les fleurs ont 6 cent. de diamètre; les lacinies sont nombreuses, celles qui sont sépaloïdes sont lancéolées, aiguës, d'un beau jaune-soufre brillant, avec ligne médiane rouge, celles qui sont pétaloïdes sont plus larges, presque spatulées, acuminées, d'un jaune-soufre pâle glacé, marquées en dehors d'une ligne médiane rougeâtre; les étamines sont dressées; les filets sont jaune-foncé, rubescents vers leur partie supérieure, avec anthères jaunes; le style est terminé par 8 divisions stigmatiques linéaires, étendues, d'un jaune verdâtre.

Culture. Serre tempérée, dans les parties chaudes et les mieux éclairées de la serre pendant l'hiver, en plein air sous châssis près du verre pendant la belle saison.

Cette plante, comme presque toutes celles de cette sous-division, exige une bonne culture; il est fréquent, dans les Collections où les Cactées sont cultivés sans intelligence, de voir la plupart des Glanduliferæ dans un tel état de débilité, qu'il devient nécessaire de les soutenir à l'aide de tuteurs; alors les mamelons se flétrissent, les glandes se ferment, deviennent noires, l'épiderme des mamelons semble lui-même se couvrir par place d'une poussière noire. D'ailleurs, la saveur

mielleuse de la liqueur que sécrètent les glandes des aisselles en atti-
rant les insectes, expose plus facilement ces plantes aux maladies
qui résultent des lésions qu'ils produisent ou de leur présence. Les
sujets, cultivés en pleine terre eux-mêmes, sont sujets à tous ces inconvénients quand on ne prend pas le soin de leur donner une bonne
ventilation, en même temps que l'on concentre sur eux toute l'intensité des rayons solaires ; dans ce cas, on évite les ravages produits par
la présence des insectes en les bassinant souvent.

La manière dont on fait arriver les rayons du soleil et la lumière
sur ces plantes, a également une assez grande influence sur leur forme.
Leur structure allongée, columnaire, les prédispose à se pencher du
côté où vient le jour, de sorte que quand ces plantes sont cultivées en
pot, il est nécessaire de les tourner fréquemment ; quand, au contraire,
elles sont cultivées en pleine terre sous châssis, il faut, autant que
possible, que le jour leur vienne d'en haut ; pour cela, on donne peu
d'inclinaison aux châssis des coffres, ou plutôt, afin de ne pas changer
pour un seul l'inclinaison qui a été donnée aux châssis des autres
coffres, on donne de l'air en tenant le panneau soulevé par-devant à
l'aide d'une crémaillère ou d'une brique.

151. **Mamillaria Erecta** (Lem.).

Synonymie. Mamillaria Erecta Lem. Iconog. des Cact., liv. 2. —
id. Cact. Monv. fasc. 1, p. 3. — *id.* Salm. Cact. in hort. Dyck., cult.,
p. 127. — *id.* Scheidw., hort. Belg.— *id.* Forst. Handb., dr. Cact., p. 243.
— Mamillaria Ceratocentra Bergm. — Mamillaria Evanescens, Evarescens,
Evarascens? hort. Belg.

Patrie. Mexique, dans le Mineral del Monte, d'où elle a été introduite par Galeotti en 1837.

Diagnostic. Tige cylindrique, allongée, prolifère à la base, d'un
vert-gai glaucescent, à sommet très-légèrement concave, tomenteux ;
mamelons dilatés à la base, obliquement atténués et arrondis au sommet, creusés sur la page supérieure d'un sillon longitudinal plus ou
moins apparent, manquant quelquefois, occupé d'abord par un duvet
blanc peu abondant, puis nu ; aisselles très-larges, les plus jeunes
remplies d'un duvet blanc, épais, qui disparaît en partie pendant leur
vieillesse et laisse voir une glande nectarifère, fauve, plane, arrondie
et ceinte d'un anneau formé d'une courte pubescence blanche ; les
aréoles sont ovales, convexes, remplies de duvet blanc pendant la
jeunesse, nues et contractées par la suite ; elles portent de 12-17 aiguillons, les plus jeunes d'un beau jaune-clair parfois marbré de blanc,
presque égaux, régulièrement disposés en rayons, puis 1 central, parfois 2-3 et même 4, grêles, d'un beau jaune d'ambre. Quand le nombre
des aiguillons intérieurs s'élève à 4, ils sont décusés ; ils sont tous
droits et grêles.

Tige haute de 30-40 cent. sur 7-8 de diamètre ; les mamelons sont
longs de 7-8 millim. en dessus et de 1 cent. et demi en dessous sur
autant de diamètre vertical à la base ; les aiguillons extérieurs ont

9-12 millim. de longueur, le supérieur est plus long, au centre 1, 2, 3 ou 4, l'inférieur plus grand, plus robuste, défléchi, long de 14 millim.

Floraison. En Mai et Juin. Elle a fleuri, pour la première fois, en 1841, dans la Collection de Monville, depuis elle a fréquemment montré ses fleurs dans plusieurs autres Collections. La fleur est très-grande, d'un beau jaune citron sans odeur, durant plusieurs jours, longue de 5-6 cent. et large de 7 au moment de l'anthèse; le tube est vert-pâle; les lacinies extérieures sont allongées, jaune-verdâtre très-prononcé, les suivantes sont linéaires, mucronées, d'un jaune citron pâle, rougeâtre sur le dos, les intérieures bisériées sont linéaires, lan-céolées, acuminées, frangées au sommet et d'une teinte jaune-citron; les étamines très-irritables sont courtes, à filets jaune-pâle à la base, roses au milieu et surtout au sommet; les anthères sont safranées; le style, plus court que les étamines, se termine par 5-6 divisions stigma-tiques, radiées, d'un jaune-pâle; baie oblongue, molle, subpubéru-lente, couronnée par le périanthe desséché.

Culture. Comme la précédente.

D'après Lemaire, le périanthe serait pâle, parsemé de quelques squammes concolores, subulées, subdécidues; les lacinies extérieures externes squammiformes, et la baie porterait accidentellement quel-ques rares squammules sans duvet. Lorsque nous avons examiné les fleurs des Mamillaires de cette division et de la suivante, nous l'avons fait avec une sorte de prévention causée par la forme, la nature des graines que nous avions examinées et qui nous portait à les rapprocher des Echinocactes; cette présomption s'appuyait aussi sur l'aspect général des fleurs. Cependant, malgré l'influence de cette idée préconçue qui devait nous porter à assimiler les lacinies extérieures du périanthe aux lacinies squammeuses de quelques fleurs d'Echinocactes, nous n'avons jamais pu reconnaître aucune squamme sur les fleurs de nos Ma-millaires; les fruits se sont constamment montrés parfaitement lisses. Faut-il en conclure que Lemaire, à qui d'ailleurs les cactéophiles sont redevables de nombreux écrits d'observations importantes et même de travaux qui font époque dans la classification des Cactées, a été en-traîné dans son observation par l'influence d'un système déjà arrêté; ce n'est pas probable, bien que ce soit souvent la défaut de quelques classificateurs, défaut qu'on nous reprochera peut-être à nous-mêmes un jour. Cette différence entre son observation et celle des autres observateurs, tient très-probablement à l'élasticité de la signification des termes employés dans nos descriptions. Il serait donc important que chacun d'eux conservât strictement la signification que lui donne la définition, puis qu'un qualificatif vînt modifier, restreindre ou étendre cette signification, comme cela se fait dans les autres parties de la science. Ce n'est qu'à cette condition que nos descriptions acquerront la clarté, la netteté et la lucidité qui permettent de distin-guer entre elles deux espèces voisines. Peut-être un jour trouverons-nous l'occasion de publier le travail que nous avons commencé sur l'anatomie des différents organes des Cactées, en y joignant nos observations microscopiques sur le pollen et le développement des ovules, sur la germination, sur les épidermes qui recouvrent souvent les aiguillons comme d'une poussière impalpable, sur la structure de l'épiderme, sur celle du tissu utriculaire et des fibres des Cactées; alors nous aurons l'occasion d'établir cette nomenclature. Puissions-nous d'ici là, par ces quelques lignes, réveiller l'attention des cactéophiles sur cette matière, et amener un ensemble d'observations qui permette plus tard d'établir une classification rationnelle débarrassée des caractères variables auxquels nous sommes obligés aujourd'hui de nous rapporter!

152. Mamillaria Macrothele (Mart.).

Synonymie. Mamillaria Macrothele Mart. — *id.* Pfr. énum. diagn., p. 24. — *id.* Salm. Cact. in hort. Dyck., cult., p. 126. — *id.* Forst. Handb. dr. Cact., p. 245. — *id.* Hort. Berol. — Mamillaria Octacantha De. Rev. des Cact. et Mém. — Mamillaria Martiana Pfr. — Mamillaria Aulacanthele Lem., qu'il donne comme synonyme des Mamillaria Lehmanni β. Sulcimamma Miq. Linnœa, 1837.

Patrie. Mexique, près d'Octapan, sur les prairies, à plus de 2,000 mètres au-dessus du niveau de la mer, avec les Mamillaria Sulcimamma, Exsudens. Ces plantes ont été introduites en Europe par Galeotti, qui les a trouvées dans des prairies; depuis elles ont été introduites plusieurs fois par d'autres collectionneurs.

Diagnostic. Tige cylindrique simple; aisselles larges, portant 1-2 glandes à bords rouges qui apparaissent au milieu du tomentum blanc dont elles sont garnies; mamelons alongés, divergents, larges, subtétragones à la base, coniques, arrondis au sommet, souvent recourbés dans leur longueur; aréoles oblongues, nues, insérées au-dessous du sommet du mamelon, marqués en dessus près de l'aréole par une autre glande; 8 aiguillons extérieurs rigides, ouverts, ayant l'aspect et la consistance de la corne et noirs à la pointe, 1-2 intérieurs un peu plus forts et bruns.

Tige haute de 50 cent. sur 13 environ de diamètre; mamelons larges de 14 millim. à la base, longs de 30; aiguillons extérieurs de 15-16 millim. de long, aiguillons intérieurs de 27-30 millim.

Floraison. En Mai, Juin et Juillet. Les fleurs atteignent 30 millim. de diamètre au moment de l'anthèse; les lacinies sont nombreuses, elles sont jaunes en dedans et marquées en dehors d'une ligne médiane large, violacée; filets et étamines roses; style terminé par 5-7 divisions étendues, linéaires.

Variétés. Mamillaria Macrothele β. Lehmanni Salm.— Syn. Mamillaria Lehmanni Pfr., enum. diagn., p. 23. — *id.* Bot. Magaz., t. 3634. — Mam. Leucacantha De. Rev. des Cact.

Aisselles d'abord laineuses, ensuite presque nues, laissant alors apercevoir la glande qui est rose; mamelons éloignés, extrêmement larges à la base; aiguillons en même nombre que dans l'espèce et disposés de la même manière, blancs à pointe brune, l'aiguillon intérieur brun. Ce qui distingue cette variété de notre espèce, tient un peu à sa tige plus grêle et plus élancée, la présence fréquente de 2 glandes aux aisselles et l'aiguillon intérieur qui est souvent gemminé.

Mamillaria Macrothele γ. Biglandulosa Salm.—Syn. Mam. Biglandulosa Pfr.

Cette plante ne présente aucun caractère distinctif; sous tous les rapports, son diagnostic s'applique aussi bien aux plantes désignées sous la dénomination de la variété β. qu'à celle-ci; peut-être la présence presque constante de 2 glandes aux aisselles pourrait-elle la différencier, mais comme ce fait se présente fréquemment aussi sur notre Lehmanni, nous ne croyons pas que ce soit là un caractère distinctif suffisant. Ce n'est donc que pour nous conformer à l'exemple des auteurs qui ont écrit sur les Cactées, que nous l'avons conservée comme variété.

Culture. Comme les précédentes.

153. Mamillaria Schlechtendalii (Ehremb.).

Synonymie. Mamillaria Schlechtendalii Ehremb. — *id.* Salm. Cact. in hort. Dyck., cult., p. 127. — *id.* Catal. Monv. 1846. — *id.* Forst. Handb., der Cact., p. 242.

Patrie. Mexique, près de San Onofre, dans le Mineral del Doctor, sur les hautes montagnes calcaires, en compagnie de notre Mamillaria Parkinsoni.

Diagnostic. Tige vigoureuse, columnaire, claviforme, d'un vert très-gai; aisselles sublaineuses dans la première jeunesse, puis très-promptement nues, garnies d'une glandule à bords jaunâtres; mamelons très-rapprochés, subérigés, coniques, très-larges à la base, marqués d'un sillon en dessus; aréoles elliptiques, garnies de tomentum blanc qui passe au brun par la suite, elles sont garnies de 16–18 aiguillons entremêlés en rayonnant, ouverts, légèrement recourbés, grêles et jaunes, noueux à la base, celui du haut et celui du bas un peu plus long que les autres, elle ne porte jamais d'aiguillon central.

La tige de cette remarquable espèce s'élève à plus de 35 cent. en conservant environ 6 cent. de diamètre; mamelons longs de 10 millim. sur autant de diamètre; aiguillons longs de 9 millim.

Floraison. Comme les précédentes. Les fleurs sont nombreuses, elles atteignent 6-7 cent. de diamètre; les lacinies sont lancéolées, aiguës, les unes sépaloïdes, les plus extérieures verdâtres, celles au-dessus sont marquées en dehors par une ligne rougeâtre, les lacinies pétaloïdes sont plurisériées, jaunes de paille et marquées en dehors par un ton rougeâtre; les étamines sont nombreuses et ramassées, à filets et anthères jaunes; le style est columnaire, épais, terminé par 6 divisions stigmatiques étendues, linéaires, étalées en rayonnant, jaunes, dépassant les étamines.

Variété. Mamillaria Schlechtendalii β. Lœvior Salm.

Variété d'un aspect encore plus élevé semblant moins armée par ses aiguillons qui sont plus courts que dans l'espèce précédente, plus recourbés et comme adprimés contre la tige.

Culture. Cette plante et sa variété exigent les mêmes soins que les précédentes.

154. Mamillaria Plaschnickii (Otto).

Synonymie. Mamillaria Plaschnickii Otto. — *id.* Salm. Cact. in hort. Dyck., cult., p. 122. — *id.* Pfr. enum. diagn., p. 24. — *id.* Forst. Handb., dr. Cact., p. 243.

Patrie. Mexique, près d'Octapan, dans des prairies, à plus de 2,000 mètres au-dessus de la mer.

Diagnostic. Tige cylindrique, globuleuse; aisselles glanduleuses garnies abondamment de laine épaisse; mamelons grands, éloignés les uns des autres, comme polis, à base large, subtétragone; aréoles munies de tomentum blanc pendant la jeunesse, insérées au-dessous du sommet du mamelon, portant 9 aiguillons extérieurs rigides, noirâtres, et 4 intérieurs plus longs, celui du bas horizontal et très-long.

L'espèce décrite a 8 cent. de diamètre sur 20-25 de hauteur; les mamelons ont environ 27-30 millim. de longueur; l'aiguillon inférieur, le plus long de tous, atteint 4 cent. et plus de longueur.

Cette espèce se distingue au premier abord de notre Mamillaria Macrothele et de ses variétés par ses 3-4 aiguillons intérieurs.

Variétés. Mamillaria Plaschnickii β. Staminea Salm. — Syn. Mamillaria Sulcimamma Pfr. A. G. Z., 1838, p. 274? — Mamillaria Aulacauthele β. Flavispina Salm, anciens catal. — Mamillaria Aulacauthele β. Multispina hort. Berol.

Cette variété dfifère du type précédent par sa tige plus grêle et par la couleur de ses aiguillons qui est d'un jaune-pâle. Le prince de Salm Dyck. la regarde comme identique avec la Mamillaria Sulcimamma Pfr. publiée dans l'*Almagen Gartzen*, 1838, p. 274.

Culture. Comme les espèces précédentes.

155. Mamillaria Raphidacantha (Lem.).

Synonymie. Mamillaria Raphidacantha Lem. Cact. gen. nov., p. 34. — Mamillaria Ancistracantha Lem. Cact. gen. nov., p. 36. — *id.* Salm. Cact. in hort. Dyck., cult., p. 128. — *id.* Forst. Handb. der. Cact., p. 243. — Mamillaria Clavata Scheidw. — Mamillaria Stipitata Scheidw. Il faut aussi regarder la variété β. Humilior, indiquée anciennement par le prince de Salm, comme synonymie de notre plante.

Patrie. Mexique.

Diagnostic. Tige columnaire, allongée, vigoureuse, d'un vert-glauque; aisselles laineuses, marquées par un sillon sur la page supérieure; aréoles arrondies, portant 12 aiguillons bicolores, rayonnant dans le même plan, 1 central allongé, plus vigoureux, très-long; tous sont subulés et rigides.

La tige est columnaire, claviforme, haute de 18-20 cent. sur 6-7 en diamètre; les mamelons sont érigés, subconiques, arrondis, marqués en dessus par un sillon, légèrement laineux pendant la jeunesse, se dénudant promptement, hauts en dehors de 9-11 millim., intérieurement de 6-7 seulement, et mesurant en largeur horizontale à la base 9 millim.; les aisselles sont d'abord laineuses, promptement nues; les aréoles sont arrondies et munies de laine blanche qui disparaît presque de suite; elles portent 12 aiguillons rayonnants très-régulièrement dans un même plan, les uns noirs, les autres blancs, très-souvent même comme marbrés et peints en même temps de ces deux couleurs, longs de 13-14 millim. environ, droits, très-rigides, grêles, comme piqués sur la pointe du mamelon, 1 seul central, droit, porrigé, plus vigoureux, de couleur carnée passant graduellement au noir, long de 33-34 millim.; tous subulés, allongés et effilés comme des aiguilles.

Floraison. En Mai, Juin et Juillet. Les fleurs sont assez belles, elles sont nombreuses, elles atteignent une longueur de 30 millim. et présentent un limbe de même largeur au moment de l'anthèse, en dehors elles présentent un beau ton pourpre violacé, en dedans elles offrent un ton jaune paille presque blanc glacé, rappelant, comme presque toutes les plantes de ce groupe, les fleurs des Echinocactes voisins de la section des Stenogoni, elles se développent aussi entre les aisselles des mamelons qui garnissent le sommet de la plante; les lacinies sont lancéolées, aiguës, les plus extérieures sont pétaloïdes, elles sont d'un beau pourpre violacé à bords pâles presque couleur de soufre, les autres sont sépaloïdes, elles sont d'un beau jaune paille glacé en dedans et marquées en dehors par une ligne médiane de la même couleur que les premières; les étamines sont nombreuses, disposées en gradins autour du style vers lequel elles sont groupées, à filets vert-pâles, comme violacés à la base, et anthères d'un beau jaune doré; le style, un peu plus long, est d'un rouge violacé et terminé par 4 divisions stigmatiques épaisses, d'un blanc verdâtre.

Les deux plantes décrites par Lemaire, l'une sous le nom de Mamillaria Raphidacantha, l'autre sous celui de Mamillaria Ancistracantha, nous semblent identiques; ce qui les différencie à ses yeux est l'aiguillon central droit et effilé dans l'une, effilé et terminé en hameçon dans l'autre. Ces caractères sont insuffisants, car il se présente simultanément sur les aiguillons qui défendent les aréoles des mamelons d'une même plante. Nous ferons aussi la même observation pour les deux plantes désignées et décrites par Scheidweiller, sous les noms de Mamillaria Clavata et Mamillaria Stipitata, nous les regardons toutes deux comme identiques à notre Mamillaria Raphidacantha.

Culture. Comme les plantes qui précèdent.

156. **Mamillaria Heteromorpha** (Scheer.).

Synonymie. Mamillaria Heteromorpha Scheer. — *id.* Salm. Cact. in hort. Dyck., cult., p. 128.

Patrie ?

Cette plante toute nouvelle est peut-être encore trop jeune pour qu'il soit possible de regarder ses caractères comme constants et en faire le diagnostic. Au premier aspect, elle pourrait être prise pour une variété prolifère de notre Mamillaria Raphidacantha, dont certaines circonstances auraient rendu le développement anormal. Cependant, dès aujourd'hui, elle en diffère par ses mamelons plus épais, couverts de petits points blancs, sa couleur presque glauque au lieu de vert gai luisant; ses 2-3 aiguillons intérieurs roses-fauves; en outre, les mamelons sont creusés en dessus par un sillon glanduleux, prolifère vers le sommet du mamelon.

Floraison. Fleurs?

Cette plante est tout à fait inconnue en France, les quelques lignes précédentes sont empruntées à l'ouvrage du prince de Salm.

Culture?

2. *Obtusi, à mamelons émoussés à la pointe.*

Tiges moins columnaires que celles des Mamillaires de la sous-division précédente; mamelons présentant des caractères analogues, mais émoussés, arrondis au sommet, offrant presque la forme d'une moitié d'œuf.

157. Mamillaria Glanduligera (Hort.).

Synonymie. Mamillaria Glanduligera Hort. — *id.* Salm. Cact. in hort. Dyck., cult., p. 130. — *id.* Dietr. A. G. Z., 1848, p. 298.

Patrie. Mexique.

Diagnostic. Tige obovée, claviforme, d'un vert presque glauque; aisselles nues; mamelons courts, coniques, émoussés, recouverts de petits points blancs et marqués sur la page supérieure d'une glande dont les bords sont colorés de rose; aréoles presque nues, garnies dans la jeunesse seulement de laine blanche courte et rare, portant aussi environ 20 aiguillons extérieurs régulièrement disposés en rayons jaunes d'abord, passant ensuite au blanc; en outre, 3-4 intérieurs subulés, de couleur brune, parmi lesquels 1 seul est couché, les autres sont érigés.

La tige de la plante décrite est haute de 10-11 cent., elle présente un diamètre de 10 cent. dans sa partie supérieure, elle est atténuée vers la base; les mamelons sont d'un vert glauque cœrulescent; leurs aisselles sont nues, mais leur page supérieure est marquée vers le milieu par une glande qui se prolonge en sillon jusqu'à l'aréole; les aiguillons extérieurs sont rigides, recourbés, très-ouverts, très-resserrés, leur nombre s'élève à 20 environ, les aiguillons intérieurs manquent très-fréquemment sur les jeunes sujets, sur les sujets adultes ils atteignent de 13-20 millim.

Floraison. Fleurs? Elles ne sont décrites nulle part, le prince de Salm rapporte qu'elles sont très-grandes, splendides, d'un jaune pur, tel que le présente la gomme gutte.

Cette plante est souvent confondue dans les Collections de France avec quelques-unes des précédentes, cela tient sans doute à sa désignation qui indique un caractère commun à presque toutes les Mamillaires de ce groupe. Cependant la position médiane de la glande qui le plus souvent sur les autres espèces est axillaire ou aréolaire, la manière dont elle est réunie à l'aréole, et en outre le nombre des aiguillons, la distinguent suffisamment.

Culture. Comme les précédentes. Les plantes de cette sous-division demandent peut-être encore plus de chaleur que celles qui précèdent.

158. Mamillaria Ottonis (Pfr.).

Synonymie. Mamillaria Ottonis Pfr. A. G. Z., 1838, p. 274. — *id.* Forst. Handb. dr. Cact., p. 246. — *id.* Salm. Cact. in hort. Dyck., cult., p. 129.

Patrie. Mexique, Mineral del Monte. Introduit dans les Collections d'Europe par Ehremberg, en 1834, cependant encore rare dans les Collections de France.

Diagnostic. Tige simple, globuleuse, d'un vert gris foncé; aisselles portant un pinceau de laine blanche et une glande entourée de tomentum blanc; mamelons épais, mammiformes, souvent réunis entre eux par leurs bases, marqués sur la page supérieure par un sillon qui s'étend jusqu'à la glande; les aréoles munies de laine blanche pendant leur jeunesse seulement, elles portent 11-12 aiguillons rayonnants, presque égaux, droits, rigides, les 2 du haut subérigés, plus grêles que les autres, de couleur jaunâtre et bruns à la pointe, prenant avec le temps une couleur de cendre; ordinairement, en outre, 3 aiguillons intérieurs, rarement 4 (celui du haut manquant souvent), subdécusés, plus rigides, couleur de corne, celui du bas très-long, étalé, légèrement recourbé.

La tige est subglobuleuse, elle atteint 8 cent. environ de diamètre; souvent l'aiguillon inférieur est droit et non défléchi.

Floraison. En Mai, Juin et Juillet. Les fleurs présentent un limbe d'environ 4 à 4 cent. et demi au moment de l'anthèse; les lacinies sépaloïdes sont lancéolées, obtuses, mucronées, blanchâtres en dedans, en dehors elles sont teintées d'un rouge terne et marquées d'une ligne médiane plus foncée, elles sont érigées, recourbées; les lacinies pétaloïdes sont subbisériées, blanches, érigées, érosées, crénelées vers le sommet; les étamines sont ramassées, à filets jaunes et anthères d'un jaune plus foncé safran; le style est columnaire, terminé par 10 divisions stigmatiques, cylindriques, érigées, jaunes, il est plus court que les étamines.

Culture. Comme les précédentes.

159. Mamillaria Brevimamma (Zucc.).

Synonymie. (Mamillaria Brevimamma Zucc. — *id.* Pfr. enum. diagn.,

p. 34. — *id.* Forst. Handb. dr. Cact., p. 247. — *id.* Salm. Cact. in hort. Dyck., cult., p. 34.

Patrie. Mexique, dans les mêmes localités que le Mamillaria Macrothele.

Diagnostic. Tige simple, globuleuse ou cylindrique; aisselles glanduleuses, garnies de tomentum peu abondant; mamelons courts, larges, d'un vert foncé en forme de mamelles; aréoles tomenteuses, portant 6 aiguillons extérieurs, horizontaux, rigides, couleur de corne, à pointe noire, les 3 supérieurs courts, 1 central porrigé, dressé, un peu plus long que les autres, uncinné, brun.

Tige haute de 10-15 cent. sur 7 de diamètre; mamelons longs de 7 millim. sur 13-15 de diamètre; aiguillons supérieurs longs de 7 millim., aiguillons inférieurs longs de 9-10, aiguillon central long de 9-11 millim.

Floraison. Fleurs?

VARIÉTÉS. Mamillaria Brevimamma β. Exsudans Salm. — Syn. Mamillaria Exsudans Zucc. — *id.* Pfr. enum. diagn., p. 15. — Mamillaria Curvata hort. Berol.

Cette variété se confond très-fréquemment avec notre Mam. Brevimamma, quoiqu'elle en diffère par ses aiguillons : dans la variété, nous comptons 6-7 aiguillons extérieurs grêles, presque droits, jaunes, ouverts, presque égaux, 1 central érigé, brun, plus recourbé que dans l'espèce précédente, terminé en hameçon.

Culture. Comme les précédentes.

160. Mamillaria Asterias (Cels).

Synonymie. Mamillaria Asterias Cels. — Mamillaria Asteriflora hort.— *id.* Monv. Catal. 1846. — Mamillaria Asterias Salm. Cact. in hort. Dyck., cult., p. 129.

Patrie?

Diagnostic. Tige sous-globuleuse ou cylindrique, simple, d'un vert glauque; aisselles garnies d'une glande rose entourée de tomentum blanc; mamelons épais, en forme de mamelles, larges à la base, sommet émoussé, arrondis; 9 aiguillons extérieurs disposés comme les rayons d'une étoile, très-étalés, 1 aiguillon intérieur plus vigoureux, étendu horizontalement, porrigé, légèrement recourbé vers la pointe qui est terminée en hameçon; tous rigides, noueux à la base qui est fauve-pâle, et bruns à la pointe.

Les tiges des sujets que nous avons vus ne s'élèvent guère qu'à 6-8 cent. sur un diamètre de 5 cent.; les mamelons sont larges, presque distancés, et les aisselles sont munies de glandes. Il diffère de notre Mamillaria Ottonis par la forme des mamelons, dont les sommets sont moins arrondis; ils présentent une page inférieure plus nette et ils ne portent pas de sillon sur la page supérieure; l'aiguillon intérieur est toujours isolé.

Notre plante se rapproche davantage de notre variété Mam. Brevimamma β. Exsudans, dont elle se distingue cependant par sa tige plus vigoureuse, par la couleur plus pâle, moins brillante de ses aiguillons, dont les extérieurs sont plus vigoureux, constamment au nombre de 9, et l'aiguillon central plus rigide, long de 10-13 millim., plus uncinné à la pointe.

Floraison. Les fleurs et la patrie sont inconnues.

Culture. Comme les précédentes.

161. Mamillaria Cephalophora (Salm).

Synonymie. Mamillaria Cephalophora Salm. Otto's G. Z., 4836, n° 19, s. 148.— *id.* Cact. in hort. Dyck., cult, p. 437.— *id.* Forst. Handb. dr. Cact., p. 252.— Melocactus Mamillariæ Formis Salm, anciennement.— *id.* Pfr. enum. diagn., p. 40.

Patrie. Mexique.

Diagnostic. Tige globuleuse, déprimée, à vertex large et plan; aisselles des jeunes mamelons extrêmement laineuses; mamelons resserrés, de moyenne grandeur, vert intense, brillants, présentant sur leur page supérieure un léger sillon; aréoles allongées, se dénudant promptement, portant 7 aiguillons extérieurs rayonnants, très-étalés, entremêlés, légèrement recourbés, ceux du bas sensiblement plus longs que les autres, le plus bas très-long; tous rigides, épais, couleur de paille-fauve, en outre 4-5 adventifs insérés sur le sommet de l'aréole, érigés, fasciculés.

Tige haute de 8 cent. sur 9-10 de diamètre; vertex aplanis, munis de laine très-abondante au milieu de laquelle disparaissent les mamelons; l'abondance de la laine qui se trouve accumulée entre les mamelons du sommet, simule assez bien un cephalium plan.

Aujourd'hui, presque tous les sujets qui existent de cette plante extrêmement rare qui ne se rencontre dans aucune Collection de France, proviennent de graines recueillies sur un sujet mort qui appartenait au prince de Salm. Il se trouve décrit de la manière suivante dans le Otto's G. Z., 1836, n° 19, s. 148. Pfaiffer reproduit cette description dans son ouvrage.

Tige déprimée, globuleuse, portant des mamelons; mamelons disposés sur 20-25 séries spirales très-resserrées; aréoles portant 7 aiguillons rayonnants, subulés, recourbés, très-étalés, couleur de paille-fauve, en outre 3-5 au sommet beaucoup plus grêles, portant un cephalium plan très-laineux.

Tige haute de 8 cent. sur 9 de diamètre, épaisse, déprimée en dessus, atténuée vers la base, tuberculée et non cannelée; tubercules tout à fait mammiformes, disposés sur 20-25 séries spirales distinctes qui entourent complétement la tige, serrés, distincts, d'un vert intense, longs de 9 millim., déprimés, très-larges à la base, arrondis au sommet qui porte une aréole; 10-12 aiguillons insérés sur l'aréole qui est allongée, d'abord laineuse, ensuite promptement dénudée; ils sont rayonnants, quelquefois accompagnés d'un aiguillon central, 6 sont disposés latéralement, le septième est inséré vers le bas de l'aréole, il atteint 13-15 millim. de longueur, ils sont épais, subulés, recourbés, très-rigides, très-ouverts et entremêlés; en outre, vers le sommet de l'aréole, on trouve 3-5 aiguillons plus grêles, jaunes-paille dans leur jeunesse, se colorant par la suite de brun cendré, devenant noirs après la mort. Le cephalium est placé tout à fait au sommet, il est large, laineux, disciforme à partir de la base et composé de laine abondante qui sort des aisselles des mamelons, il est florifère, entièrement recouvert de laine épaisse, persistante, de quelques sétules et d'aiguillons.

Floraison. Fleurs inconnues. Forster, dans son *Manuel des Cactées*, dit que les graines recueillies sur le sujet que le prince de Salm a perdu, ont donné des sujets qui ont fleuri pour la première fois pendant l'été de 1840. Les fleurs sortent isolées du point central du sommet qui a été confondu avec un cephalium; elles ont beaucoup de rapports avec celles de certains Echinocactes.

Forster ajoute, en outre, que les jeunes semis ressemblaient d'abord assez au Mamillaria Cornifera; chaque mamelon portait une aréole garnie de 20 sétules blanches et 4 aiguillons bruns, rigides, dont 1 inférieur, plus tard 3-4 autres aiguillons uncinnés, finissaient par se développer; les aisselles étaient peu laineuses et soyeuses. Ces plantes avaient environ 3 cent. de hauteur.

La plante dont nous nous occupons a d'abord été regardée par le prince de Salm et Pfaiffer, comme une nouvelle espèce de Mélocactes. A cette époque, aucune des plantes de sa sous-division suivante ne nous était connue, et il y avait quelques raisons pour prendre au premier abord la laine abondante du sommet pour un spadice naissant. Plus tard, le docteur Pfaiffer, sur l'observation d'un sujet qui avait été envoyé en 1828 par Karvinskii, reconnut l'erreur dans laquelle il était tombé, erreur qui d'ailleurs a aussi été reconnue en France par Lemaire (voir les notes critiques qui terminent son second fascicule, Cact. gen. nov. spec. que nov. 1839).

La plante en question nous est tout à fait inconnue; le seul sujet qui, à notre connaissance, a existé dans les Collections de France, faisait partie de la belle Collection de Mouville : il y est mort depuis longtemps. Malgré que nous n'ayons jamais vu cette plante, contrairement à l'exemple suivi par quelques autorités, nous la rangeons dans cette sous-division au lieu de la ranger comme eux dans celle des Sulcolanata. Ce dissentiment tient à l'observation du docteur Pfaiffer, à celle de Forster, qui disent que les jeunes semis avaient assez l'aspect du Mamillaria Coronaria, à l'absence de sillon sur la page supérieure du mamelon, et à ce que nous connaissons des aiguillons par les descriptions qui existent. Le prétendu spadice produit par l'accumulation de la laine abondante des aisselles vers le sommet de la plante, n'est-il pas une évolution anormale comme il s'en présente souvent dans beaucoup de Mamillaires? Nous avons vu des Auruceps, des Rodantha, des Polythele, des Centricirrha, des Lehmauni et même un Raphidacantha qui présentaient, dans un développement anormal, une espèce de faux spadice assez semblable à celui qui est indiqué dans les descriptions de notre Mamillaria Cephalofora. Les observations que nous avons faites ne nous semblent pas encore assez complètes, elles auraient d'ailleurs besoin d'être comparées avec une observation du Mamillaria Cephalophora, pour présenter quelque chose de concluant. Notre observation a seulement pour but d'appeler l'attention de ceux qui s'occupent de Cactées, sur les monstruosités accidentelles qui se présentent quelquefois dans l'évolution des mamelons supérieurs de quelques Mamillaires, afin de les engager à comparer cette évolution à celle du Mamillaria Cephalophora.

Peut-être est-ce ici l'occasion de s'élever contre les nombreuses variétés qu'on a faites avec des sujets présentant de pareilles monstruosités. Il est reconnu aujourd'hui que ces variétés ne présentent pas un caractère constant; qu'au contraire, par une bonne culture, ces anomalies tendent constamment à reprendre les caractères du type primitif. Bien que les causes de ces difformités ne nous soient pas entièrement connues, elles sont accidentelles; en fondant les caractères de variétés sur ces bizarreries de forme, on commet une erreur semblable à celle que ferait le pépiniériste qui prétendrait faire une variété d'un pêcher plein vent, avec le même pêcher qui serait cultivé en espalier. Malheureusement, nos connaissances des organes, de la floraison, de la germination et de l'anatomie des Cactées sont encore très-incomplètes, de sorte que très-souvent on est obligé de se fonder sur des différences apparentes de forme pour différencier deux sujets; mais ces différences ne sont pas toujours caractéristiques; que l'on compare nos variétés Major, Minor, Spinosior, Lævior, on en restera convaincu, surtout si on soumet les plantes mises en expériences à des différences de culture en rapport avec le but d'étude qu'on se propose.

Culture. Serre tempérée, plein air et pleine terre pendant la belle saison.

** AULACAUTHELÆ, MAMELONS PARTAGÉS EN DEUX PAR UN SILLON.

Tige conique, ovée ou sous-globuleuse, parfois déprimée; aisselles laineuses et glanduleuses; mamelons hémisphériques, souvent très-larges ou allongés, renflés, sillonnés en dessus, parfois comme séparés en deux lobes; aiguillons vigoureux ou très-vigoureux, variant par leur disposition, parfois accompagnés de quelques sétules grêles, adventives, insérées vers la partie supérieure de l'aréole.

1. *Sulconolatæ, mamelons marqués d'un sillon laineux.*

5 aiguillons extérieurs manquant dans quelques cas, 5-7 autres intérieurs très-vigoureux, recourbés, étalés, accompagnés de 3-4 autres presque adventifs, grêles, insérés vers la partie supérieure de l'aréole.

162. Mamillaria Scepontocentra (Lem.).

Synonymie. Mamillaria Scepontocentra Lem. Cact. gen. nov., p. 43. — *id.* Monv. Catal. 1846. — Mamillaria Pycnacantha β. Spinosior Monv. — *id.* Mamillaria Pycnacantha β. Scepontocentra Monv., Catalogues anciens. —Mamillaria Seidelii Tersch.— Mamillaria Scepontocentra Forst. Handb. dr. Cact., p. 250.

Patrie. Mexique, province d'Oaxaca, sur la terre végétale, dans les prairies, près de Pahuca, à plus de 2,000 mètres au-dessus du niveau de la mer, en compagnie de plusieurs Echinocactes, des Mamillaria Uberiformis, Gladiata, Uncinnata, etc.

Diagnostic. Tige globuleuse, ombiliquée, d'un vert foncé luisant; mamelons extrêmement larges, subconiques, marqués sur la page supérieure par un sillon assez profond; aisselles très-laineuses; aréoles ovales, tomenteuses; aiguillons de deux formes, entremêlés, très-vigoureux, environ 12 inégaux, courbés irrégulièrement, adprimés contre la plante; tous extrêmement rigides, d'un jaune brillant, plus tard couleur de cendre.

Mamelons extrêmement larges, coniques, érigés, arrondis, émoussés, fendus sur la page supérieure par un sillon profond, à peine laineux; cette page est longue environ de 13-18 millim., celle du dessous de 20-23, et large à la base de 24 millim., leur pression mutuelle donne à cette base une forme pentaédrique; aisselles très-laineuses; aréoles garnies de laine blanche dont elles se dépouillent presque de suite, elles sont petites, ovales; aiguillons entremêlés, très-vigoureux, comme tortillés, de deux formes, 12-13 environ, 6 les plus petits, dont les 3 supérieurs dressés en haut et les 3 du bas déjetés vers le bas, grêles, à peine recourbés, longs de 9-13 millim., 6 latéraux plus vigoureux, surtout les 2 médians, très-recourbés, longs de 20-25 millim., dirigés çà et là, 1 inférieur de même force que les autres, souvent vigoureux; tous entièrement adprimés contre la plante, très-rigides, tirant sur le brun dans l'âge adulte, et jaunâtres pendant la jeunesse, tachés de pourpre brun à la pointe; ils entourent et enveloppent la plante d'une telle façon, qu'il serait difficile de la saisir impunément.

Floraison. En Juillet et Août. Fleurs jaunes; il n'en existe aucune description.

Culture. Serre tempérée pendant l'hiver, en plein air et pleine terre sous châssis pendant l'été. Dans cette condition de culture et à une bonne exposition, la plante prend un développement rapide et considérable; ses aiguillons deviennent très-vigoureux et prennent des dimensions plus fortes.

163. Mamillaria Sulcolonata (Lem.).

Synonymie. Mamillaria Sulcolonata Lem. Iconog. des Cact., 8ᵉ livrais. avec figure. — *id.* Lem. Catal. aliquot nov. descript. p. 2; n° 2. — Cact. gen. nov. et spe. 92.— Salm. Cact. in hort. Dyck., cult., p. 16, ancien catal. — Valp. Rep. bot. syst. vol., p. 295, n° 95. — Echinocactus Retusus Scheidw. — Mamillaria Retusa Scheidw.— *id.* Pfr. in Otto D. All. G. Z.

V. p. 369, Valp. loc. cit. p. 98. — Mamillaria Recurvispina Devriesse. Kb. Bydr. de Cact. p. 8, t. 4, f. 4 ; Valp. loc. cit. p. 304, n° 165. — Mamillaria Sulcolonata Lem. Catal. Mouv. 1846. — *id.* Salm. Cact. in hort. Dyct., cult., p. 135, nouveau catal. — *id.* Forst. Handb. dr. Cact., p. 248.

Patrie. Mexique, Mineral del Monte, d'où Galeotti l'a introduit en 1836.

Diagnostic. Tige subglobuleuse, prolifère sur les mamelons vers la partie inférieure ; aisselles garnies de tomentum blanc très-dense ; mamelons larges, mammiformes, présentant un sillon laineux sur la page supérieure ; aréoles garnies de tomentum blanc, portant 8-10 aiguillons rigides, presque droits, très-étalés, bruns, les 3 supérieurs plus grêles que les autres, sans aiguillon intérieur.

La tige est déprimée, elle a 13-15 cent. de diamètre sur 8 de hauteur ; les mamelons sont très-larges, d'un vert foncé glauque mat et non transparent ; 7 aiguillons vigoureux, ceux du bas sensiblement plus longs que les autres, recourbés, très-étalés, d'abord fauve, plus tard d'un blanc cendré, en outre 2-3 autres adventifs, très-grêles, insérés sur la partie supérieure de l'aréole ; les premiers aiguillons atteignent environ 30 millim.

Floraison. En Juin, Juillet et Août. Fleurs très-grandes, jaunes, émettant une légère odeur de pavot, sortant de l'ombilic de la plante, s'étalant largement et mesurant environ 2 cent. de diamètre au moment de l'anthèse ; le tube est court, nu ; les lacinies inférieures et extérieures sont linéaires, oblongues, acuminées, d'un rouge foncé au milieu, en dehors à bords laciniés plus pâles, les intérieures sont bisériées, oblongues, lancéolées, entières, aiguës, plus longues que les précédentes ; les étamines sont très-nombreuses, très-serrées, jaunâtres, à filets grêles et anthères dorées ; le style, à peine plus long que les étamines, est plus robuste, subdilaté, au sommet fistuleux, il est terminé par 9-10 divisions stigmatiques, rayonnantes, blanchâtres ; la baie est oblongue, d'un vert glauque, molle, veloutée, à pulpe presque liquide, glutineuse, acidulée et couronnée par le périanthe murcescent.

Variété. Mamillaria Sulcolonata β. Macracantha Lem. — Syn. *id.* Salm. Cact. in hort. Dyck., cult. — *id.* Forst. Handb. dr., Cact., p. 250.

Cette variété diffère de notre plante par ses aiguillons moins nombreux, plus longs, plus recourbés à la pointe et aussi plus divariqués ; le tube de la fleur est plus court ; les sépales sont à peine marquées de violet, elles sont un peu plus courtes que les pétales et plus spatulées ; les étamines sont plus longues et plus nombreuses. Cette variété se distingue facilement de l'espèce précédente à l'aspect seulement, elle est très-prolifère.

Culture. Comme l'espèce précédente.

164. Mamillaria Acanthostephes (Lem.).

Synonymie. Mamillaria Acanthostephes Lem. Otto's G. Z., 1835, n° 29, s. 228. — *id*. Pfr. enum. diagn., p. 16. — *id*. Forst. Handb. dr., Cact., p. 150. — *id*. Salm. Cact. in hort. Dyck., cult., p. 136. — *id*. Monv. Catal. 1836 (indiqué par erreur comme ayant la fleur rose, semblable à celle de notre Mamillaria Elephantidens).

Patric. Mexique.

Diagnostic. Tige subglobuleuse, déprimée, ombiliquée; jeunes aisselles laineuses; mamelons épais, larges, ovés, aplatis, leur page supérieure est marquée par un sillon profond, d'un beau vert luisant; aréoles ovales, immergées, garnies de laine blanche, dont ils se dépouillent promptement, portant 7 aiguillons rayonnants, très-étalés, épais, rigides, recourbés, en outre 3-4 adventifs, grêles, insérés vers le sommet de l'aréole, et enfin 1 dernier aiguillon inférieur également grêle; tous fauve-pâle.

Tige haute de 7-10 cent. sur 9-11 de diamètre; mamelons atteignant presque 27 millim. de largeur, très-obtus, profondément creusés par un sillon.

Floraison. Juillet et Août. Fleurs larges de 5-6 cent. environ au moment de l'anthèse; lacinies nombreuses, érigées, recourbées, lancéolées, aiguës, couleur de soufre; les lacinies sépaloïdes sont plus étroites, verdâtres vers la base, marquées en dehors par une ligne médiane rouge; les lacinies pétaloïdes ont leurs bords frangés et le sommet comme érosé, légèrement colorés de rose; les étamines sont groupées vers le style; leurs filets sont jaunes et les anthères safranés; le style à peu près de la même longueur que les étamines est columnaire, épais, jaunâtre, à peu près de la même couleur que les étamines, terminé par 9-10 divisions stigmatiques, linéaires, étendues, rayonnantes et recourbées.

Variétés. Mamillaria Acanthostephes β. Recta hort.

Cette variété ne diffère de la précédente que par la couleur des aiguillons qui sont blancs, marbrés çà et là d'un beau ton fauve clair cramoisi; la fleur est jaune et diffère peu de celle de notre Mam. Acanthostephes.

Culture. Comme les précédentes.

165. Mamillaria Elephantidens (Lem.).

Synonymie. Mamillaria Elephantidens Lem. Hort. univ., année 1842, p. 267. — *id*. Iconog. des Cactées, liv. 2. — *id*. Salm. Cact. in hort. Dyck., cult., p. 134. — *id*. Forst. Handb. dr., Cact., p. 249. — Mamillaria Brevimamma Ehremberg.

Patrie. Le Paraguay, sur les Cordilières. Introduit avec l'Echinocactus Monvilli, dont on ne connaît pas exactement l'habitus.

Diagnostic. Tige sous-globuleuse, déprimée, ombiliquée, d'un vert luisant brillant; mamelons très-aplanis, très-arrondis, marqués sur la page supérieure par un sillon longitudinal profond qui le sépare en deux lobes renflés, ressemblant assez à deux fesses; ce sillon est d'abord garni de laine, ensuite il se dénude même assez promptement; les aisselles sont très-abondamment garnies de laine blanche; aréoles très-longues, ovées, immergées, tomenteuses, portant 8 aiguillons rayonnants, recourbés, les 3 supérieurs plus petits, ceux du bas très-forts, très-rigides, d'un beau blanc d'ivoire à pointe brune.

Tige haute de 20 cent. sur autant de diamètre; mamelons très-forts, énormes, de 5 cent. de large, presque partagés en deux lobes par le sillon.

Floraison. En Juillet, Août et Septembre, quelquefois même en Octobre. Les fleurs sont extrêmement remarquables, elles atteignent 8 cent. de diamètre et quelquefois plus au moment de l'anthèse, à lacinies nombreuses, les unes sont sépaloïdes, larges, lancéolées, aiguës, d'un pourpre violet, blanchâtres sur les bords, subérigées, les autres sont pétaloïdes, atténuées à leur base, subérigées, élargies vers le haut, recourbées et très-étalées, obtuses au sommet et mucronées, d'un rose très-gai, pourpres à la base et sur toute la partie médiane depuis la base jusqu'au sommet; étamines dressées, très-irritables, à peine de la longueur du tube; filets pourpres; anthères jaune safran; style plus long que les étamines, épais, fistuleux, terminé par 8–10 divisions stigmatiques, allongées, à bords roulés en dehors, recourbées, rayonnants, d'un jaune safran plus pâle que les anthères; baie claviforme, d'un vert glauque, lisse, rempli de pulpe très-molle.

Culture. Serre tempérée pendant l'hiver, plein air et pleine terre en bonne exposition pendant la belle saison.

Notre Mamillaria Elephantidens est certainement la plus remarquable de toutes les Mamillaires connues jusqu'à ce jour, elle atteint des dimensions très-fortes, sa croissance est assez rapide. La richesse luxuriante de son port en fait un type particulier dans la section des Sulcolonatæ, si remarquables d'ailleurs. Cette plante a été introduite dans les Collections d'Europe, depuis longtemps déjà, par M. Cels, dont le nom se retrouve chaque fois qu'il est question d'une nouveauté introduite. Cependant elle est encore assez rare aujourd'hui, il serait peut-être difficile de compter dans les Collections un centième du nombre des sujets qui ont été introduits. Il faut certainement chercher la cause de cette pénurie dans une mauvaise culture. Notre plante demande de nombreux et fréquents arrosements pendant la belle saison, surtout donnés sous forme de bassinage; mais pour elle comme pour presque toutes les autres Cactées, il faut les supprimer pendant les froids et les jours nébuleux de la mauvaise saison. En deux ou trois années, de jeunes semis ou de petites boutures atteignent 8–9 cent. de hauteur sur 11–12 de diamètre, telles sont les dimensions qu'une jeune bouture qui avait au plus 15 millim. de diamètre en juin 1849, a atteint cette année fin de 1851. Elle a fleuri déjà et la fleur semble devoir donner une baie l'année prochaine. Cependant notre plante n'a pas eu les faveurs d'une serre, pendant la belle saison elle était exposée en plein air au pied d'un mur sous une bâche, pendant l'hiver elle était rentrée dans un appartement, abritée seulement derrière les vitres d'une croisée.

166. Mamillaria Winkleri (Forst.).

Synonymie. Mamillaria Winkleri Forst. A. G. Z., 1847, p. 5. — *id.* Salm. Cact. in hort. Dyck., cult., p. 137.

Patrie?

Diagnostic. Tige déprimée, globuleuse, d'un vert foncé glauque; les jeunes aisselles munies de laine blanche abondante; mamelons ovés, larges, arrondis, sillonnés en dessus par un sillon presque laineux; aréoles immergées, promptement nues; 6-8 aiguillons extérieurs vigoureux, rigides, recourbés, ouverts, en outre 6-8 adventifs, grêles, érigés, fasciculés, insérés vers le sommet de l'aréole, et 1 autre inséré tout à fait au bas; tous d'un blanc de paille, marqués de brun à la pointe.

Floraison? Fleurs de 33-40 millim. de diamètre; les lacinies sépaloïdes rouges, les lacinies pétaloïdes d'un beau jaune orangé.

La description précédente est due à Forster. Cette plante est très-rare dans les Collections étrangères, elle n'existe pas encore en France et elle nous est entièrement inconnue.

Culture. Sans doute comme les autres plantes de cette section.

167. Mamillaria Pycnacantha (Mart.).

Synonymie. Mamillaria Pycnacantha Mart. Act. nov. nat. cur. XVI, t. 17. — *id.* Botan. magaz., t. 3972. — *id.* Pfr. enum. diagn., p. 16. — *id.* Salm. Cact. in hort. Dyck., cult., p. 136. — Mamillaria Latimamma Dc. *id.* Pfr. l. c. — Mamillaria Pycnacantha Forst. Handb. dr., Cact.; p. 249.

Patrie. Mexique, près d'Oaxaca, sur les terres végétales des prairies, près de Pahuca, à plus de 2,000 mètres au-dessus du niveau de la mer, en compagnie de plusieurs Echinocactes et d'autres Mamillaires, presque toujours avec les Mamillaria Uberiformis, Gladiata et Unciuata. Introduit pour la première fois par Karwinski.

Diagnostic. Tige simple, obovée, cylindrique; mamelons assez larges, divisés sur la page supérieure en deux lobes; 16 aiguillons recourbés, pâles et pourpres bruns à la pointe, 4-5 intérieurs plus vigoureux, abondamment garnis de laine aux aisselles et aux aréoles.

Tige devenant obovée, globuleuse avec l'âge, de 8 cent. de diamètre, ombiliquée; ombilic et aisselles abondamment garnis de laine blanche. Notre plante diffère de notre Mamillaria Acanthostephes par ses mamelons plus verts, plus petits et plus resserrés, et aussi par ses aiguillons plus nombreux, outre ses 5 aiguillons intérieurs plus allongés et moins ouverts, réfléchis, d'un fauve brun, et les 4 adventifs grêles, insérés sur le haut de l'aréole, il existe 5 aiguillons extérieurs plus grêles et plus pâles que les premiers, insérés de la même manière qu'eux.

Tige haute de 16 cent. sur 9-11 de diamètre ; mamelons longs de 9-11 millim. sur 20 de diamètre à la base ; aiguillons extérieurs longs de 10-13 millim., aiguillons intérieurs de 13-16 millim.

Floraison. En Juin. Fleurs se développant, comme chez presque tous les Mamillaires de la section, dans les aisselles voisines du sommet, assez grandes, de près de 5 cent. de diamètre au moment de l'anthèse ; lacinies nombreuses, érigées, recourbées, larges, lancéolées, aiguës, à bords dentelés vers le sommet, celles qui sont sépaloïdes sont verdâtres, marquées sur le milieu d'une large ligne médiane pourpre, celles qui sont pétaloïdes sont d'un jaune soufre ; étamines ramassées ; filets jaunes ; anthères safran ; style de la longueur des étamines, columnaire, épais, blanc, terminé par 5 divisions stigmatiques de la même couleur, linéaires, étendues, érigées, flexueuses.

Culture. Serre tempérée pendant l'hiver, plein air et pleine terre pendant la belle saison. Sur les jeunes plantes de cette section, le sillon qui partage ordinairement la page supérieure en deux lobes manque fréquemment ; au contraire, sur les plantes adultes, ce sillon existe toujours, il est prolifère dans le voisinage de l'aréole.

2. *Deflexi, à aiguillons intérieurs arqués, recourbés.*

De 15-25 aiguillons extérieurs blancs, étalés en rayons, 1-4 intérieurs colorés, manquant rarement.

168. Mamillaria Cornifera (Dc.).

Synonymie. Mamillaria Cornifera Dc., Rey. p. 111. — *id.* Pfr. enum. diagn., p. 34. — *id.* Forst. Handb. dr., Cact., p. 251. — *id.* Salm. Cact. in hort. Dyck., cult., p. 131. — Mamillaria Daimonoceras. Cact. in hort. Monv., p. 5.

Patrie. Mexique. Introduit depuis longtemps par Deschamps et depuis par Wandermœlen.

Diagnostic. Tige simple, globuleuse ; aisselles nues ; mamelons épais, ovés, resserrés ; aréole presque glabre ; 16-17 aiguillons extérieurs gris, rayonnants, 1 intérieur vigoureux, plus long, érigé, sub-recourbé.

Tige haute de 8 cent. sur autant de diamètre ; aiguillons extérieurs longs de 11-13 millim., aiguillon intérieur de 15-18.

Lemaire l'a décrite de la manière suivante :

Tige subglobuleuse, déprimée, verte ; sommet ombiliqué, très-tomenteux, ressemblant à un cephalium naissant ; aisselles garnies de laine blanche abondante ; aréoles arrondies, presque ovales, garnies de tomentum rare, promptement nues ; mamelons érigés, coniques, hauts de 13-18 millim., défendus par 20 aiguillons, quelquefois plus, presque égaux, 6-8 érigés, gris-blanc, ramassés en haut, 10-11 rayonnants, longs de 13-18 millim., couleur de corne, un peu plus forts que les précédents, droits, adprimés contre la plante, 3 intérieurs (sur quelques exemplaires, 1-2 avortent) plus vigoureux, subulés d'une manière remarquable à la base, dont 2 supérieurs recourbés, ressemblant à des cornes de diable, le dernier porrigé, horizontal ou défléchi, recourbé même un peu plus fort que les deux autres.

Cette espèce est facilement reconnaissable par ses mamelons épais, marqués en dessus par un sillon, par ses nombreux aiguillons extérieurs rayonnants, droits, rigides, longs de 13 millim., d'un blanc cendré.

Floraison? La fleur est, dit-on, d'un pourpre sale.

VARIÉTÉS. Mamillaria Cornifera β. Impexicoma Salm. — Syn. Mamillaria Impexicoma Lem. Cact. in hort. Monv., cult., p. 5.

Mamelons marqués en dessus sur toute leur longueur par un sillon, arrondis au sommet, comme pressés les uns contre les autres ; aiguillons très-nombreux, entremêlés, rayonnants, recouvrant la plante de tous côtés, environ 18-20 couleur de paille ou de cendre, tout à fait subulés à la base, rigides, sans aiguillon intérieur. L'aiguillon intérieur ne manque pas constamment dans cette variété, parfois il existe, alors il est subulé à la base, il affecte la forme d'une corne comme dans l'espèce précédente.

Floraison et fleurs ?

Mamillaria Cornifera γ. Mutica Salm. — Syn. Mamillaria Radians hort.

Ici, l'aiguillon intérieur manque constamment, et c'est là le caractère propre de cette variété. Quoiqu'elle soit très-souvent confondue dans les Collections avec la Mamillaria Radians De., peut-être à cause de sa synonymie, elle en diffère beaucoup tant par son port que par ses mamelons et ses aiguillons.

Culture. Serre tempérée pendant l'hiver, plein air et pleine terre en bonne exposition pendant la belle saison.

Quoique notre Mamillaire et ses deux variétés soient déjà connues depuis longtemps dans les Collections, elle y a très-rarement fleuri, aussi ne savons-nous rien de ses fleurs dont il n'existe aucune description. Elle est d'une croissance assez lente, qu'on parvient à activer en lui donnant un peu plus de chaleur qu'aux autres. Il est probable que, cultivée sur couche en pleine terre à une bonne exposition pendant la belle saison, elle ne tarderait pas à nous montrer ses fleurs.

169. Mamillaria Calcarata (Engelm.).

Synonymie. Mamillaria Calcarata Engelm. Pl. lindh., p. 38, sub nomine Mam. Sulcata. — *id.* Salm. Cact. in hort. Dyck., cult., p. 131. — Mamillaria Sulcata Engelm.

Patrie. Le Texas. Cette plante a été introduite récemment en France par M. Trécul, zélé naturaliste du muséum de Paris ; nous l'avons reconnue, d'après la description d'Engelmann. Dans son envoi qui était très-remarquable par de beaux exemplaires de l'Echinocactus Longihamatus et par plusieurs variétés de l'Echinocactus Cachetianus, se trouvait deux Mamillaires tout à fait nouveaux : l'un que nous avons nommé Mamillaria Texensis, l'autre Mamillaria Dactilithele.

Diagnostic. Tige cœspiteuse; mamelons ovés, oblongs, marqués sur la page supérieure d'un sillon parfois prolifère; aréole défendue par des aiguillons droits, rayonnants, couleur de cendre, insérés au milieu d'un tomentum court, blanc, promptement caduc; sur les sujets adultes, il existe 1 aiguillon central plus fort, subrecourbé.

Floraison? Fleurs sortant du sommet de la plante, au milieu du tomentum qui le garnit; tube court, glabre; sépales lancéolées, acuminées, d'un fauve verdâtre à bords entiers; pétales plus longs, lancéolés, ciliés, érosés vers le sommet, qui se termine en pointe acérée un peu roide, d'un jaune sale, d'un ton rougeâtre vers la base, étamines à filets rouges; anthères jaunes; style plus long que les étamines, terminé par 7-10 divisions stigmatiques jaunes; baies oblongues, vertes.

Tige basse, subglobuleuse, très-prolifère vers les extrémités des sillons des mamelons qui sont étalés, comme cœspiteuse à plusieurs têtes. Les fleurs se rapprochent assez de celles de notre Mamillaria Scolymoïdes, dont elle diffère par sa tige moins élevée et par la forme de ses mamelons.

Culture. Comme les plantes voisines. Lorsque le sujet envoyé par M. Trecul est arrivé au Jardin des Plantes de Paris, il était presque desséché, aplati en forme de disque. M. Houllet, sous-directeur des serres, aux soins duquel les botanistes sont redevables de quelques belles plantes qu'il a introduites pendant son voyage en Amérique, et à qui nous sommes redevables de la conservation et de la multiplication de beaux échantillons dont notre Musée s'enrichit journellement, fit placer les Cactées faisant partie de l'envoi de M. Trecul, en pots dans une bâche recouverte d'un châssis sur la terrasse devant les serres Bientôt la chaleur, dont les plantes étaient inondées à cette exposition, rétablit ces belles plantes desséchées et à moitié mortes par suite de leur privation d'air et de lumière pendant une longue traversée qui, dit-on, ne dura pas moins de huit mois.

Cette expérience toute favorable ne devrait-elle pas être un enseignement pour l'administration du Muséum de Paris; ne devrait-elle pas la déterminer à accorder quelques fonds qui permissent d'établir une grande bâche qu'on pourrait chauffer à volonté et dans laquelle les Cactées seraient placées depuis la fin de février jusqu'au milieu de l'automne? Même avec peu de frais, on pourrait les y laisser à demeure. Dans de pareilles conditions de culture, les précieuses richesses, que l'on conserve à grand'peine dans les serres convenables pour d'autres plantes, mais mal appropriées pour les Cactées, prendraient un développement vigoureux et émerveilleraient les visiteurs par la richesse de leur végétation et la splendeur de leur floraison.

170. Mamillaria Scolymoïdes (Scheidw.).

Synonymie. Mamillaria Scolymoïdes Scheidw. A. G. Z., 1841, p. 44. — *id.* Salm. Cact. in hort. Dyck., cult., p. 131. — *id.* Forst. Handb. dr. Cact. p. 250. — (Mamillaria Loricata Mart. — Mam. Heteracantha hort. Berol.? d'après Forst.)

Patric. Mexique.

Diagnostic. Tige globuleuse, d'un vert pâle ; aisselles laineuses ; mamelons érigés, dressés, imbriqués, marqués légèrement sur la page supérieure par un sillon longitudinal ; aréoles laineuses pendant la jeunesse, plus tard nues ; aiguillons nombreux, ceux du bas rayonnants, carnés, ceux du haut blancs, fasciculés, rigides à pointe noire, 1 central noir, gris vers la base.

Cette description, qui est due au docteur Scheidweiller, est incomplète : le prince de Salm Dyck. décrit notre plante de la manière suivante dans son ouvrage.

Il remarque qu'elle semble beaucoup varier. Il indique 12–18 aiguillons extérieurs, très-étalés, rayonnants, 3-4 intérieurs rigides, dont l'inférieur porrigé, recourbé, et les 2–3 autres supérieurs, ouverts, adprimés contre la plante et se confondant souvent avec les aiguillons extérieurs.

Il existe 20 aiguillons et même parfois davantage, dont 6-8 érigés, d'un blanc gris, ramassés vers le sommet de l'aréole, 10-11 rayonnants, longs de 18 millim., tout à fait couleur de corne, plus forts que les précédents, tout à fait adprimés contre la plante, et enfin 3 intérieurs qui, par leur avortement, constituent les variétés ; ils sont plus vigoureux, noueux, subulés à la base, les 2 supérieurs recourbés d'une manière remarquable, et celui du bas allongé, porrigé, parfois défléchi.

Floraison. En Mai, Juin, Juillet et Août. Fleurs très-remarquables, grandes, atteignant environ 5-6 cent. de diamètre au moment de l'anthèse ; lacinies nombreuses, érigées, recourbées, lancéolées, aiguës, les unes sépaloïdes, plus étroites que les autres, entières, jaunes, marquées en dehors d'une ligne médiane rouge, les autres pétaloïdes sont à bords dentelés vers le sommet, jaune soufre en dedans et en dehors, pourpres intérieurement vers la base ; étamines réunies, à filets pourpres ; anthères jaune safran ; style plus long que les étamines, columnaire, épais, jaunâtre, de la même couleur que ses 9 divisions stigmatiques, qui sont cylindriques, raccourcies et presque ramassées en capitule.

Il existe dans nos Collections plusieurs variétés dont les tiges sont ovées, globuleuses ou cylindriques, elles ont jusqu'à 10 cent. de diamètre, elles se distinguent surtout par la forme et la couleur de leurs aiguillons intérieurs.

VARIÉTÉS. Mamillaria Scolymoïdes β. Longiseta Salm.

Les aiguillons intérieurs atteignent 4 cent. de longueur, ils sont flexueux, recourbés-divergents et fauves.

Mamillaria Scolymoïdes γ. Nigricans Salm.

Les aiguillons sont plus allongés, plus fins, d'un pourpre brun noirâtre.

Mamillaria δ. Raphidacantha Salm.

Cette variété diffère de l'espèce et des deux précédentes variétés, non-seulement par ses 4 aiguillons intérieurs rougeâtres, exactement décussés, de 5–6 cent. de long, flexibles, droits, grêles, érigés, ouverts, mais encore par ses aiguillons extérieurs plus nombreux, plus entremêlés, d'un blanc diaphane transparent, et aussi par le sillon laineux qui partage la face supérieure du mamelon.

Culture. Serre tempérée pendant l'hiver, en pleine terre sur couche pendant l'été. La culture de notre Mamillaria Scolymoïdes et de ses variétés demande les mêmes soins que nous avons réclamés pour quelques-unes de ses congénères, sa croissance assez lente demande à être activée par un surcroit de chaleur et de lumière.

3. *Recti, à aiguillons intérieurs droits.*

7-12 aiguillons extérieurs étalés, rayonnants, vigoureux, 1-3 intérieurs plus vigoureux, accompagnés de 3–6 autres adventifs, très-grêles, droits ou frisés.

171. **Mamillaria Macromeris** (Engelm.).

Synonymie. Mamillaria Macromeris Engelm. Mem. p. 97. — *id.* Salm. Cact. in hort. Dyck., cult., p. 133.

Patrie. Mexique septentrionale, près de Donaua.

Diagnostic. Tige simple, ovée; mamelons lâches, cylindriques, plus larges à partir de la base, recourbés, marqués d'un sillon; aréoles garnies de tomentum blanc pendant leur jeunesse; aiguillons droits, anguleux, tous porrigés, environ 12 rayonnants, plus fins, blancs, 3 presque centraux, plus vigoureux, plus longs, bruns.

Tige peu élevée, haute de 3-5 cent.; aisselles larges, nues; mamelons très-longs, de 3–4 cent., larges à la base, ensuite cylindriques, érigés, recourbés. marqués sur la page supérieure d'un sillon qui prend naissance à l'aisselle et s'étend jusqu'à l'aréole; 10 aiguillons extérieurs accompagnés de 1–2 aiguillons adventifs insérés au sommet, tout à fait adprimés, longs de 27 millim., ceux du bas sensiblement plus courts que les autres, en outre 3-4 intérieurs érigés, ouverts, de 4 cent. de long.

Floraison? Fleurs très-grandes atteignant 8 cent. de diamètre au moment de l'anthèse; lacinies sépaloïdes, spatulées, aiguës, bordées de dents serrées, pointues et allongées; lacinies pétaloïdes, roses, marquées d'une ligne médiane plus foncée, également bordées de dents serrées et pointues, mucronées; style plus long que les étamines, à 8 divisions stigmatiques profondément incisées.

Culture. Serre tempérée pendant l'hiver, plein air en bonne exposition pendant la belle saison.

172. Mamillaria Dactylithele (Lab.).

Synonymie. Mamillaria Dactilythele Lab.

Patrie. Texas. Introduit par M. Trécul, dont nous avons eu plusieurs fois l'occasion de parler dans ce qui précède.

Diagnostic. Tige large à la base de 9 cent., hémisphérique, ombiliquée; ombilic entièrement caché par les jeunes mamelons supérieurs; aisselles nues; mamelons cylindriques, très-gros, très-longs, de 3-4 cent., atténués vers le sommet, large de 2 cent. à la base (plus gros et surtout plus longs que ceux de notre Mamillaria Uberiformis), marqués en dessus d'un sillon très-légèrement tomenteux et s'étendant de l'aisselle au sommet du mamelon, celui-ci comme flasque, légèrement déprimé en dessus et sur les côtés, au contraire arrondi, convexe en dessous; aréoles légèrement garnies de tomentum gris jaune court, assez rare pendant la jeunesse, plus tard se dénudant complétement, portant 8 aiguillons droits, assez forts, assez longs, de 1-2 cent., particulièrement subulés et noduleux à la base, deux à deux dans le prolongement l'un de l'autre, le supérieur le plus long et l'inférieur le plus faible, en outre 2 aiguillons adventifs effilés, l'un ou tous deux manquant quelquefois; quand ils existent, ils accompagnent l'aiguillon supérieur et sont insérés au sommet de l'aréole entre cet aiguillon et le mamelon; tous sont d'abord transparents, par la suite ils se colorent de gris, ils sont tout à fait adprimés contre le sommet du mamelon.

Tige de 9 cent. de diamètre à la base; mamelons de 3-4 cent. de long sur 2 de diamètre; aiguillons atteignant 1-2 cent.

Floraison? Fleurs?

Culture. Serre tempérée pendant l'hiver, plein air en bonne exposition pendant la belle saison.

Cette plante, comme presque toutes celles qui faisaient partie de l'envoi de M. Trecul, étaient desséchées au moment de leur arrivée; heureusement elles furent reçues pendant la belle saison, et quelques soins les rétablirent bientôt. Aujourd'hui notre plante semble en fort bon état, elle végète vigoureusement et nous fait espérer prochainement des multiplications.

Lors d'une visite que le prince de Salm Dyck, notre autorité en Cactées, fit au Jardin des Plantes pendant l'été dernier, il crut reconnaître, dans notre plante, la Mamillaria Macromeris Engelm., et, depuis cette époque, c'est sous ce nom qu'elle a été désignée. Malgré l'autorité de l'expérience du prince de Salm, nous persistons à regarder notre plante comme distincte du Mam. Macromeris; à notre avis, l'absence d'aiguillons intérieurs est un caractère tout à fait distinctif, le nombre des aiguillons extérieurs nous paraît différent dans notre plante, 10, dont 2 adventifs, tandis que la Mam. Macromeris en montre 12. La différence d'origine, la première du Mexique, la seconde du Texas, me semble aussi devoir les différencier.

173. Mamillaria Scheerii (Muhlenpf.).[1]

Synonymie. Mamillaria Scheerii Muhlenpf. A. G. Z., 1847, p. 97. — *id.* Salm. Cact. in hort. Dyck., cult., p. 133.

Patrie. Chihuahua.

Diagnostic. Tige vigoureuse, robuste, à grands mamelons, prolifère à la base; aisselles larges, tomenteuses; mamelons d'un vert glauque, espacés, grands, environ deux fois plus longs que larges, subprismatiques, la face supérieure profondément creusée par un sillon, presque bilobée; ce sillon est pubescent, il est marqué d'une ou de plusieurs glandes; aiguillons vigoureux, insérés au sommet du mamelon, jaune citron tirant souvent sur le blanc, plus tard se colorant de jaune gomme gutte ou rouge, marqués de brun ou de noir à la pointe, 8 extérieurs peu réfléchis, 1 intérieur très-long, droit, très-vigoureux.

La tige est subglobuleuse, elle atteint 8-10 cent. de diamètre; les mamelons ont 27 millim. de diamètre à la base, ils s'amincissent vers la pointe et ont à peu près autant en longueur; aréoles subimmergées, nues; aiguillon central de près de 3 cent. de long, ainsi que les 8 aiguillons extérieurs, tous aciculaires, droits, rigides, en outre quelquefois 2-3 aiguillons adventifs plus grêles, insérés vers la partie supérieure de l'aréole.

Floraison? Fleurs grandes, se développant vers le sommet de l'aréole au moment de l'anthèse, elles atteignent environ 5 cent. de diamètre; lacinies nombreuses, érigées, recourbées, spatulées, lancéolées, un peu obtuses et mucronées au sommet; les lacinies sépaloïdes sont un peu plus étroites, elles sont jaunâtres en dedans et pourpres en dehors; les lacinies pétaloïdes sont dentelées sur les bords, érosées vers la pointe, de couleur paille, marquées en dehors par une ligne médiane rouge; étamines ramassées en faisceau, à filets roses et anthères jaunes; style columnaire, d'un vert pâle, terminé par 6 divisions stigmatiques qui dépassent à peine les étamines, lancéolées, érigées, ouvertes, jaunes, comme ramentacées ou couvertes de petites écailles membraneuses semblables à celles qui se trouvent sur le pétiole des fougères.

Cette description rapproche beaucoup cette plante de la précédente, elle en diffère par la présence de l'aiguillon intérieur et les glandes qui marquent le sillon: le nombre des aiguillons extérieurs, l'insertion des aiguillons adventifs, la forme et les dimensions des mamelons semblent les rapprocher l'une de l'autre. La première floraison décidera, plus tard, si elles ne sont pas des variétés d'un même type.

Culture. Serre tempérée pendant l'hiver, plein air en bonne exposition pendant la belle saison.

174. Mamillaria Salm-Dyckiana (Scheer.).

Synonymie. Mamillaria Salm Dyckiana Scheer. — *id.* Salm. Cact. in hort. Dyck., cult., p. 134.

Patrie. Chihuahua.

Diagnostic. Tige subglobuleuse, épaisse; aisselles munies de flocons de laine abondante; mamelons très-grands et très-larges, émoussés, sphériques et presque partagés en deux lobes par un sillon laineux; aréoles subimmergées, nues; 7–8 aiguillons extérieurs très-rigides, de près de 4 cent. de long, rayonnants, très-étalés, subrecourbés, en outre 1 central érigé, très-vigoureux, d'environ 5 cent. de long; dans l'âge adulte, on aperçoit en outre 3–6 aiguillons adventifs longs de 4 cent., grêles, droits ou tortillés, insérés tout à fait au sommet de l'aréole et semblant sortir de l'extrémité du sillon.

Cette plante semble perdue aujourd'hui.

Floraison? Fleurs?

Culture?

3ᵉ sous-genre, **Pelecyphora** (Ehremb.).

Synonymie. Pelecyphora Ehremb. Bot. Zeitung (Mohl et Schlechtendal), vol. 1, p. 737. — *id.* Lem. Hort. universel. — *id.* Forst. Handb. dr. Cact., p. 257. — *id.* Salm. Cact. in hort. Dyck., cult., p. 5. — Mamillaria Ascllifera Monv. Catal. 1846 (incertæ sœdis).

Caractères. Ovaire inclus; graines réniformes. Cette plante a fleuri deux fois en Europe, la première fois à Monville, la seconde fois près d'Orléans, dans la belle Collection de M. Mallet de Chily; malheureusement la fleur n'a pas été décrite ni dans l'une ni dans l'autre Collection. Les seuls renseignements que nous ayons pu obtenir nous viennent de Robillard, qui anciennement était jardinier chez M. de Monville, il m'a dit que la fleur est rose, d'un beau rouge, qu'elle est assez grande et ressemble assez pour l'aspect à une fleur de Mamillaire.

Tige claviforme, petite, devenant rameuse avec l'âge ou plutôt multiple, entièrement recouverte par ses feuilles[1] tuberculeuses, mammiformes; aisselles des plus jeunes abondamment garnies de tomentum blanc, fin, soyeux, plus tard nues; mamelons disposés en séries spirales, très-rapprochés, rhombiques, arrondis à la base, comprimés latéralement sur le milieu de leur longueur, dilatés au sommet et à la base; aréole plutôt ici

---

[1] Ici nous regardons par analogie les mamelons comme des feuilles, bien que la fleur n'ait pas été observée et que nous n'ayons pas d'observations concluantes comme pour les Mamillaires; l'indication de la fleur, tout incomplète qu'elle est, ne laisse aucun doute sur la présence des verticilles formés par les lacinies du périanthe et les étamines.

soutelle, cartilagineuse, elliptique, marquée dans le sens de la hauteur par un sillon profond qui semble la partager en deux, terminée dans son contour par des barbes cartilagineuses, blanches, nombreuses, aiguës (représentant assez les pattes du cloporte).

Ce sous-genre est représenté par une espèce unique; peut-être, à l'exemple de M. de Monville, qui a dû observer la fleur, eussions-nous dû en faire une Mamillaire; mais, comme lui, nous n'aurions su où la placer, elle ne présente aucune analogie dans ses caractères extérieurs avec les Mamillaires connues. Imitant les autres auteurs, nous l'avons regardée comme distincte, et, pour nous, elle constitue un sous-genre parmi les Mélocactés. Pour le genre dans lequel nous la plaçons, nous avons été guidés par son inflorescence axillaire; pour la place que nous lui assignons comme sous-genre, la forme des feuilles, l'ovaire inclus la rapproche des Mamillaires; enfin la forme réniforme des graines, la structure de leur test, à notre avis, doivent la placer entre les Mamillaires et les Anhalonium.

1. Pelecyphora Aselliformis (Ehremb.).

Synonymie. Pelecyphora Aselliformis Ehremb. (Mohl et Schlechtendal journal 1848, n° 43, p. 737). — *id.* Mittler, Man. 2ᵉ vol., où elle est mal figurée. — *id.* Salm. Cact. in hort. Dyck., cult., p. 78. — *id.* Forst. Handb. dr. Cact., p. 257. — Mamillaria Asellifera Monv. Catal. 1846.

Patrie. Mexique.

Diagnostic. Tige charnue, simple, devenant multiple avec l'âge, d'un vert gris, haute de 4-5 cent., claviforme, de 4 cent. de diamètre vers le sommet et de 2 au plus à la base; mamelons nombreux, resserrés, comprimés latéralement, renflés à la base et au sommet; aréole elliptique, cartilagineuse, aplatie, entourée de franges aiguës, anguleuses, de forme prismatique, à arêtes nettes, traversée dans le sens de la longueur et verticalement par un sillon qui la partage en deux et fait prendre à ces franges une disposition analogue à celle des barbes d'une plume. Les détails, la disposition régulière des franges, ne peuvent guère s'apercevoir qu'à l'aide d'une loupe.

Floraison. Fleurs? On les dit roses assez grandes.

Culture. Serre tempérée en plein air et pleine terre sur couche pendant la belle saison. La croissance extrêmement lente de cette plante exige un peu plus de chaleur que la plupart des autres Cactées.

Très-souvent, les sujets qui proviennent du pays renferment des graines cachées dans les aisselles des mamelons au milieu de la laine abondante qui les garnit. Les premiers échantillons qui furent envoyés en Europe arrivèrent complétement morts; M. Ehremberg, de Berlin, en les observant, eut l'heureuse idée de fouiller les aisselles des aréoles au milieu desquelles il trouva de nombreuses graines qui germèrent et produisirent les premiers échantillons qui apparurent dans les Collections. Depuis, cette plante a été envoyée plusieurs fois; M. Odier l'a reçue d'un collecteur qui habitait le Mexique. Malgré cela, notre plante est restée extrêmement rare, et le nombre des sujets qu'il serait possible de compter parmi les Collections d'Europe est encore très-restreint.

4ᵉ sous-genre, Anhalonium (Lem.).

Synonymie. Anhalonium Lem. Cact. gen. nov., p. 1. — *id.* Hort. univ., t. 1, p. 231. — *id.* Forst. Handb. dr. Cact., p. 257. — *id.* Salm. Cact. in hort. Dyck., cult. — *id.* Monv. Catal. 1846. — Ariocarpus Scheidw. Bull. acad. Brux. — Mamillaria Miq. gen. Cact.

Le périgone forme un tube lisse, épais, large, subcampanulé, prolongé au delà de l'ovaire; les lacinies sont nombreuses, elles sont rangées sur deux séries et fortement connées; les étamines, également nombreuses, sont échelonnées sur le tube, dont elles ne dépassent pas le limbe; le style est cannelé, fistuleux, il s'élargit vers sa partie supérieure en forme d'entonnoir, il est terminé par 8 divisions stigmatiques, rayonnées, à rayons droits, linéaires, lancéolés, réfléchis, roulés vers les bords et convexes vers la partie supérieure; la baie est oblongue, subanguleuse et lisse; les cotylédons sont connés, aigus.

La plante est acaule; sa racine est napiforme; ses feuilles semblent toutes insérées sur le collet de la racine, elles sont larges à leurs bases, plus épaisses vers le sommet, allongées, triquètres, formant un deltoïde obtus, dur, présentant sur la page supérieure un sillon laineux, ou bien garnies à leur sommet d'une aréole tomenteuse pourvue d'aiguillons courts, très-souvent caducs.

Fleurs très-nombreuses, entourées à leur base par la laine abondante qui garnit les aisselles dans lesquelles elles sont insérées.

Pour quel motif tous ceux qui ont écrit sur les Cactées, à l'exception de Miquel, ont-ils voulu former un genre des Anhalonium? Rien dans le port, dans l'inflorescence ne les éloigne des Mamillaires ; au contraire, tout semble les en rapprocher. Est-ce dans la baie qui est lisse, ou dans l'analyse de la fleur, que Lemaire a trouvé des raisons suffisantes pour créer un genre de plus ? Nous avons étudié avec soin les caractères différentiels qu'il donne pour les Mélocactes, les Mamillaires et les Anhalonies, nous ne trouvons rien, suivant les règles de la taxonomie, qui autorise à une pareille division.

Ici, comme dans tous les sous-genres qui constituent le genre Mélocactes, le calice est gammosépale ; l'ovaire infère, terminé à son sommet par des lobes qui se confondent avec les pétales ; les étamines sont aussi très-nombreuses, elles sont insérées en gradins sur le tube ; n'en est-il pas de même dans les fleurs des Mamillaires ? la baie et le tube y sont lisses également.

Ni les caractères extérieurs, ni les caractères botaniques n'autorisent donc cette division, à moins que l'absence d'aiguillons dans quelques aréoles, ou les dimensions de la fleur, ne paraissent des motifs suffisants ; alors il faudrait demander pourquoi on n'a pas créé des genres nouveaux pour les Echinocactes Williamsi et Myriostigma ? Dans l'ignorance où nous sommes encore sur les véritables caractères différentiels des nombreux groupes de Cactées qui sont cultivés, il serait utile de ne pas multiplier les genres à l'infini, comme on le fait encore, en se basant sur des différences de formes et d'aspect ; il faudrait établir les genres sur des caractères qui, comparés entre eux, soient toujours sensiblement d'égale valeur. Or, les caractères adoptés jusqu'à ce jour pour la classification des Cactées, reposent entièrement sur la forme tubuleuse ou rotacée de la fleur ; secondement, sur son insertion axillaire ou apicillaire. Jusqu'à ce qu'on ait déterminé d'autres caractères aussi nettement, aussi facilement comparables que ces derniers, il faudra nécessairement s'en rapporter à eux ; c'est à cette condition que nos genres seront des groupes d'espèces qui se ressembleront dans l'ensemble de leurs organes et qui seront liés par des caractères communs. Quant à la division des genres en sous-genres et à la subdivision de ceux-ci en groupes et divisions, il est admissible qu'on se fonde sur des différences secondaires de forme et de disposition dans les organes. Or, comme nous le faisons remarquer en citant nos deux Echinocactes, les différences sur lesquelles Lemaire s'est fondé pour créer le genre Anhalonium, sont tellement secondaires, que des différences analogues qui se présentent parmi les Echinocactes n'ont donné à personne l'idée de créer un nouveau genre pour l'Echinocactus Williamsi, ni même l'idée de constituer à son propos une sous-division spéciale pour les Echinocactes dont les aréoles manquent d'aiguillons. Que deviendraient donc les raisons fondées sur l'absence d'aiguillons, si demain il se rencontrait, dans un envoi, quelques sujets d'Anhalonium pourvus d'aréoles portant des aiguillons? les petites barbes pubescentes qui sont insérées sur les jeunes semis de l'Anhalonium Prismaticum semblent donner quelque probabilité à cette hypothèse.

1. Anhalonium Elongatum (Salm).

Synonymie. Anhalonium Elongatum Cact. in hort. Dyck., cult., 1849, p. 77. — *id*. Forst. Handb. dr. Cact., p. 257. — Anhalonium Pulviligerum Lem. Hort. universel, t. 1er, p. 275, figure. — Mamillaria Aloidæa β. Pulviligera Catal. hort. Monv. 1846.

Patrie. Mexique.

Diagnostic. Plante acaule; racines napiformes, épaisses; feuilles presque radicales, insérées sur le collet de la plante, disposées en séries spirales, divergentes, aplanies vers la base, plus épaisses et allongées en triangle vers leur sommet, glauques, ouvertes, légèrement recourbées en dehors dans leur longueur, à bords entiers; page supérieure presque plane; page inférieure formée de deux faces présentant une arête arrondie; aisselles laineuses et sommet muni d'une aréole tomenteuse, immergée.

Feuilles espacées ressemblant beaucoup pour la forme à celles du Crassula Perfoliata, moins larges; l'épiderme est formé d'une croûte cartilagineuse mince; elles sont larges de 3 cent. à leur base sur 5 de longueur; le sommet est garni d'une aréole tomenteuse.

Floraison? Fleur? Cette plante, beaucoup plus rare dans nos Collections que l'Anhalonium Prismaticum, n'y a pas encore montré ses fleurs. Elle se distingue de la dernière par la forme de ses feuilles qui ressemblent beaucoup plus à celles du Crassula Perfoliata qu'à celles de l'Aloës Retusa.

Culture. Serre tempérée, dans les parties les plus chaudes pendant l'hiver; elle peut passer dehors pendant la belle saison, mais elle exige peut-être plus de soins que les Mélocactes, elle doit y être cultivée dans une bâche sous châssis dans laquelle on concentre une chaleur humide, intense; l'action directe et trop intense des rayons du soleil doit être brisée par une couverture à larges mailles. De toutes les plantes de la famille des Cactées, celles qui appartiennent à ce sous-genre sont peut-être les plus délicates et aussi celles qui exigent le plus de soins.

2. Anhalonium Prismaticum (Lem.).

Synonymie. Anhalonium Prismaticum Lem. Hort. univ., t. 1, p. 231, où il est assez bien figuré. — *id.* Cact. gen. nov. in hort. Mouv., p. 1. — Anhalonium Retusum Salm. anc. catalogus. — *id.* Forst. Handb. dr. Cact., p. 256 et 519. — Anhalonium Prismaticum Salm. Cact. in hort. Dyck., cult.., p. 77. — Mamillaria Aloides Monv., Catal. 1846. — Ariocarpus Retusus Scheidw. Bull. acad. de Brux. et Hort. Belg., 1838, p. 377; il est aussi indiqué sous le nom de Mam. Anhalonium Retusum par Mittl, Man. des amat. de Cactées, vol. 2.

Patrie. Mexique. Introduit par Galeotti en 1840. Il a été envoyé plusieurs fois depuis.

Diagnostic. Sans tige; feuilles radicales, insérées sur le collet de la plante, imbriquées et rangées en séries spirales très-resserrées, aplanies à la base; triquètres pleines, renflées dans la partie supérieure, la page supérieure présente la forme d'un deltoïde aigu, arrondies en dessous, lisses, d'un vert glauque, à bords entiers, cartilagineux, portant quelquefois une aréole au sommet, et constamment pourvues de laine abondante aux aisselles.

Feuilles ressemblant beaucoup pour la forme à celles de l'Aloës Retusa, imbriquées, resserrées, recouvertes d'une croûte cartilagineuse mince, opaque, rétusées vers la partie supérieure, longues et larges d'environ 3 cent. Les jeunes plantes offrent aux extrémités de leurs feuilles, qui sont prismatiques, allongées, une aréole tomenteuse qui disparaît avec l'âge.

Lemaire la décrit de la manière suivante :

Tige basse, déprimée, vivace, d'un vert glauque, cendré, simple; *aréoles sans fascicule d'aiguillons;* tubercules prismatiques, triangulaires, aplanis en feuilles vers leur insertion, disposées en séries spirales; aisselles garnies de laine longue, persistante; *fleurs et fruits de Mamillaires.*

Les tubercules des jeunes plantes sont de forme pyramidale, prismatique, trièdre; adultes (étendues), convexes en dessus, triangulaires en dessous (angles obtus, tout à fait recourbés en bosse rostrée ou à peine droits), aplanis vers la base de l'insertion, recouverts de toutes parts de points très-ténus, à peine visibles, nombreux, cachés sous l'épiderme, rangés en spirales à la manière des feuilles d'aloës; épiderme épais, membraneux (surtout vers les angles), transparent, rendu plus aigu par la pression des aisselles qui sont munies de laine longue, abondante, floconneuse, persistante, sériée et fauve.

9.

Floraison. Fleurs desséchées et ramollies dans l'eau chaude, d'un pouce, semblables à celles des Mamillaires, jaunes ou blanches? pourpres en dehors; tube du périanthe nul; divisions larges, lancéolées, peu nombreuses, acuminées; sans squammes; étamines très-nombreuses, courtes; filets blancs? anthères jaune-doré; style blanc; stigmates? ovaire plan, comprimé, articulé avec la fleur par un appendice circulaire peu éminent; baie d'un développement normal, anguleuse, ovée, allongée, d'un rose pâle, très-lisse, largement ombiliquée vers le sommet, portant quelques vestiges de la fleur ou du style, de la forme et de la dimension de celle de l'Echinocactus Corynodes; pulpe rare, blanche; graines très-nombreuses, noires, multiforaminées, semblables à celles de quelques Mélocactes et de l'Echinocactus Ottonis, savoir: présentant la forme d'une vésicule un peu contractée vers le hile; pulpe violacée et abondamment glutineuse, lactescente, elle porte plusieurs radicules ténues vers l'extrémité; cotylédons tuberculés, épais, examinés au moment de la germination.

Au premier aspect, cette plante bizarre ressemble à un véritable Aloës, surtout à l'Aloës Retusa. Les caractères précédemment établis l'éloignent de ce genre et la rapportent, sans aucun doute, au genre Cactus, savoir: les fleurs et les fruits axillaires, sessiles et solitaires, entièrement semblables à ceux des Cactées. Tous ces caractères, bien pesés, la placent près des Mamillaires à cause de son inflorescence axillaire; c'est ce que j'ai fait pour ce genre que je regarde comme suffisamment distinct des autres (Lemaire, *Cactearum genera nova speciesque nova*, 1839).

Culture. Comme le précédent.

3. **Anhalonium Sulcatum** (Salm).

Synonymie. Anhalonium Sulcatum Salm. Cact. in hort. Dyck., cult., p. 78. — Anhalonium Fissepedum, Catal. Mouv., 1846. — Anhalonium Kotchubeyi Lem., Hort. univ.

Patrie. Mexique. Introduit en 1845 par Karwinskii.

Diagnostic. Sans tige; feuilles radicales, imbriquées et disposées en séries spirales très-resserrées, planes vers la base, puis s'épaississant vers le sommet, triquètres, présentant une page supérieure deltoïde, émoussée, partagée dans sa longueur par un sillon laineux, profond, dont les bords sont nets et d'une apparence cartilagineuse d'une couleur grise, cœrulescente, pulvérulente; aisselles très-laineuses.

Feuilles petites, imbriquées, resserrées, recouvertes d'une croûte grise, pulvérulente; la page supérieure en partie émoussée et creusée dans le sens de sa longueur par un sillon laineux, profond, qui leur donne l'apparence du pied fendu de la biche, ayant au plus 5 millim. de long; la tige a environ 2-3 cent. de diamètre sur autant de hauteur.

Floraison? Fleur? On dit la fleur rouge, de dimensions énormes, relativement à la grosseur de la plante.

Culture. Comme les précédentes. Cette plante est encore extrêmement rare; il en existe au plus deux sujets en France, l'un dans la

Collection de M. Mallet de Chily, à Orléans, l'autre dans la riche Collection de M. de Gourgue, près d'Angers. Tous deux introduits en France par M. Cels, horticulteur près Paris, chaussée du Maine, n° 77.

Afin de ne rien changer à la nomenclature et à la synonymie déjà si embrouillées des Cactées, nous avons conservé à notre premier genre la dénomination si impropre déjà adoptée par nos devanciers pour désigner le groupe des plantes qui le composent. Pour eux, ce groupe s'élève au rang de tribu.

Comme nous l'avons indiqué dans notre préambule, et pour les raisons que nous y avons exposées, d'accord avec celles données anciennement par Decandolle, nous ne nous servons que du caractère, qui consiste dans la forme tubuleuse ou rotacée de la fleur, pour établir nos deux tribus ; les autres caractères, tirés de l'inflorescence et de la forme des feuilles, nous servent, conjointement avec le peu de caractères observés, à établir les divisions en genres et sous-genres.

Pour nous, la première tribu (des Tubulosæ) devrait se diviser en deux genres seulement : *Axillæflores*, qui remplacerait les *Melocacteæ*, et *Apicilliflores*, qui comprendrait les *Echinocacteæ* et *Cercastreæ*. Le premier genre Axilliflores ou Melocacteæ se partagerait en deux sous-genres auxquels on pourrait appliquer les dénominations usitées : Melocactus et Mamillaria. Dans ces deux sous-genres, dont le caractère générique commun est l'inflorescence axillaire, l'ovaire et la baie immergée, le caractère différentiel consisterait dans une modification des feuilles. Dans le premier, celui des Melocacteæ, les feuilles sur une partie de la tige sont connées, tellement soudées les unes aux autres par leur base et même sur une partie de leur longueur, qu'elles forment un seul et même corps et présentent nettement ce qu'on nomme une côte ; tandis que, à un moment donné du développement de la plante, l'évolution de ces feuilles se modifie, la connexion s'altère, elles deviennent distinctes les unes des autres, prennent une forme mamillaire et constituent le spadice. Dans le second sous-genre, au contraire, l'individualité des feuilles de chaque verticille est manifestement distinclé sur toute la surface de la plante; elles sont libres, séparées les unes des autres à partir de leur base. Alors notre second sous-genre comprendrait les genres créés *Pelecyphora* et *Anhalonium*, laissant le Leuchtenbergia comme second genre à cause de son inflorescence aréolaire (comme nous le pensons) et ses feuilles distinctes; laissant les Apontias dont l'inflorescence est axillaire, ainsi que les Peirescia dont l'inflorescence est aussi axillaire quand elle n'est pas terminale dans la seconde tribu, à cause de leurs fleurs rotacées.

Peut-être, sous l'influence d'une habitude acquise, semblera-t-il peu rationnel de regarder les Pelecyphora et les Melocactes comme de simples Mamillaires; nous-même nous avons tellement hésité que, dans notre classification et dans ce qui précède, nous en avons fait des sous-genres. Cependant, si on considère que, en l'absence d'analyse de la fleur du Pelecyphora, les botanistes en ont fait un genre à cause de la forme et de la consistance cartilagineuse de son aréole; que Lemaire a semblé se baser sur l'absence des aiguillons pour créer le genre Anhalonium, on conviendra que les caractères différentiels des trois genres Mamillaria, Pelecyphora, Anhalonium, sont tirés uniquement des modifications, des singularités de formes que présentent les feuilles; or, ces caractères ne seraient ni nettement comparables entre eux, ni également appréciés dans la classification, car alors pourquoi n'avoir pas fait un genre à part des Sulcolonatæ?... Ici les feuilles comparées à celles des Galeotti, des Scheideana, etc., présentent des caractères différentiels au moins aussi tranchés que ceux qui peuvent exister entre les feuilles d'un Anhalonium et celles d'un Mamillaria Lehmanni ou autre. Si on vient objecter qu'à ces différences viennent s'ajouter des caractères différentiels tirés de la fleur, et que c'est de l'ensemble des différences tirées de ces deux ordres de caractères que dérivent les raisons qui ont autorisé à créer les genres en question, je répondrai que je n'ai encore lu aucune description de fleur d'Anhalonium où je n'aie rencontré cette phrase : *Flores mamillarianci policis.* Où sont donc ces différences dans la fleur ?

est-ce dans les dimensions, est-ce dans l'insertion des étamines, est-ce dans l'évasement du pistil? mais les mêmes différences se présentent encore entre les fleurs du Mamillaria Galeotti et celles du Mamillaria Elephantideus et autres. Alors pourquoi, si ces raisons ont été admises comme suffisantes, dans le cas où il s'est agi de créer les genres Anhalonium et Pelecyphora, ne le seraient-elles plus pour partager le genre Mamillaria en trois genres dont les caractères différentiels seraient pour le moins tout aussi nets?

Nous ajouterons que ces caractères, tirés des modifications que subit l'adhérence des étamines au tube de la fleur, celles qui consistent dans la structure du style, dans le nombre, la disposition et la forme des stigmates, serviront plus tard à grouper notre sous-genre Mamillaria en groupes qui aujourd'hui sont déjà indiqués dans notre classification par les groupes *Setiformœ, Heteromorphi, Crassispinœ, Pelecyphora, Anhalonium*. Mais ces divisions ne pourront prendre un caractère définitif qu'alors seulement que de nombreuses analyses, faites avec plus de rigueur que la plupart de celles que nous possédons aujourd'hui, seront venues nous éclairer sur leur importance.

En nous fondant sur ces raisons, nous proposons de réunir toutes les plantes désignées sous les noms de Melocactus, Mamillaria, Pelecyphora, Anhalonium, en un seul groupe, celui des Axilli Tubulosæ, avec caractère générique : fleur tubuleuse, à ovaire infère; axillaire : baie lisse, immergée pendant toute la période qui précède l'époque de sa maturité. Nous le diviserions en deux sous-genres Melocactus et Mamillaria, qui auraient pour caractères différentiels : le premier, feuilles peu distinctes les unes des autres et formant des côtes sur la partie inférieure de la tige seulement, distinctes et mammiformes seulement sur la partie supérieure appelée cephalium : et le second, feuilles distinctes les unes des autres sur toute la surface de la tige, constamment mammiformes, présentant au reste des différences de forme assez variables. Ces caractères auraient, outre l'avantage d'être également comparables en passant d'un sous-genre à l'autre, celui d'être constants et invariables dans tout le genre. De plus, comme ils sont appréciables même sur les sujets morts, ils présenteraient, ce nous semble, un avantage réel.

Je ne puis passer sous silence quelques observations dues à M. de Monville, que je trouve relatées dans le tome 2 de la 1re série de l'*Horticulteur universel*, page 367 :

« Une observation importante, faite sur l'insertion florale des Mélocactes, et de nature à embrouiller encore plus les caractères de la classification des Cactées, est due à M. de Monville. Elle prouve suffisamment l'erreur de Decandolle et des auteurs qui, depuis lui, ont écrit sur cette famille, erreur qui consistait dans la supposition que les fleurs, dans le genre Melocactus, sortaient des aisselles mêmes des mamelons du spadice laineux qui termine la tige de ces plantes. Que devient alors cette idée pittoresque de l'illustre Génevois (les Melocacti sont composés d'un Mamillaire qui croîtrait au sommet d'un Cereus à tige ovoïde ou d'un Echinocactus. De. *Revue des Cactées*, p. 12). *Notes critiques* de Lemaire? »

Suit l'observation adressée au prince de Salm Dyck. Monville, 1840 :

« Pénétré de l'idée que le cephalium des Mélocactes n'était qu'une sorte de Mamillaire implanté sur un Echinocacte, j'avais toujours pensé que les fleurs sortaient des aisselles des mamelons, sur lesquelles croissent les touffes de soies, et cependant j'ai possédé un Melocactus voisin du Meloc. Communis, dont le cephalium présentait intérieurement des divisions analogues à celles d'un cône de pin ; les fleurs sortaient du centre de ces mamelons laineux ; mais ces touffes laineuses pouvaient sortir elles-mêmes de l'aisselle : c'est ce qu'un accident, arrivé à la plante en mon absence, ne me permit pas de vérifier alors. Mais, l'année dernière, un de mes Melocacti Violacei ayant pourri sur pied au moment où il allait pousser son cephalium, je dus le trancher par la moitié et en bouturer la tête, qui, chose assez singulière pour une plante aussi délicate, a fort bien repris et continué à pousser son cephalium. C'est cette circonstance qui a probablement eu pour résultat de faire que les mamelons extérieurs du cephalium s'en sont détachés, à la manière des Echinocacti à faux cephalium. Quelques-uns de ces mamelons, que j'ai pu alors observer séparément, ont conservé des fleurs fanées, et j'ai pu me convaincre, de la manière la plus positive, que les fleurs sortaient de l'aréole qui couronne le mamelon, absolument comme dans les Echinocactes. J'ai pu même enlever un de ces mamelons avec sa touffe de laine et sa fleur, et puis vous l'adresser si vous désirez.

« J'ai fait la même observation sur le cadavre d'un Melocactus Obtusipelatus, plante très-voisine du Meloc. Amœnus. Il est bien vrai que, dans la diagnose généralement admise du genre Melocactus, on ne dit pas *flores axillares*; mais eu égard à la position qu'on lui assigne, la question paraît implicitement résolue en ce sens par les botanistes. D'après une nouvelle observation, il semblerait, au contraire, que les Melocacti seraient très-voisins des Echinocacti, dont ils ne seraient plus séparés que par la persistance des touffes laineuses qui constituent un cephalium au lieu de concourir à l'accroissement de la tige ; et pour cela faudrait-il supposer qu'un des faits dont je viens de vous entretenir (les mamelons inférieurs) fût dû uniquement au bouturage qui a privé accidentellement la plante d'une partie de sa tige ? »

L'observation de l'inflorescence aréolaire est-elle une erreur ? c'est ce que semble nous indiquer la place assignée au genre Melocactus par le prince de Salm dans son ouvrage, et cette phrase surtout : *Quorum axillis junioribus prodeunt flores.* Quant à la seconde partie de l'observation, celle relative au bouturage de la partie de la plante du cephalium, observé également dans d'autres circonstances, ainsi que celle d'un Melocactus dont le jardinier est parvenu à bouturer une portion prise en dehors de l'axe vertical, elles tendent à confirmer notre opinion, qui consiste à regarder les mamelons, aussi bien que les tubercules des côtes, comme des transformations des feuilles dont la morphologie végétale nous présente quelques exemples. Dès lors, l'opération du bouturage d'un cephalium renverserait et l'opinion de Decandolle et celle qui consiste à considérer le cephalium comme un organe particulier aux Mélocactes et aux Pilocerei : elle confirmerait notre supposition qui consiste à considérer le cephalium comme une évolution particulière des feuilles, dont nous retrouvons des exemples incomplets dans les Echinocacti et les Mamillaria à faux cephalium.

2° genre,

LEUCHTENBERGIA
(Fischer).

Synonymie. Leuchtenbergia Fisch. — *id.* Hook. Botan. magaz., t. 4393.
— *id.* Salm. Cact. in hort. Dyck., cult., p. 177.

L'introduction récente en Angleterre d'une plante extrémement bizarre par son port particulier, assez semblable à celui de quelques jeunes Yucca, semble venir introduire de plus grandes difficultés dans notre classification : des observations contradictoires viennent augmenter ces difficultés et rendre son diagnostic presque impossible dans l'état actuel de nos connaissances. Dans l'hésitation où me laisse l'ignorance de faits inobservés, je donne ci-dessous le diagnostic que j'ai fait en le faisant suivre de celui de Hooker et de la description qu'il a donnée.

Diagnostic. Tige columnaire, cylindrique, entourée de feuilles distinctes très-allongées, d'un vert glauque cinérascent; cette tige, en se développant, laisse faner les premières feuilles qui se sont produites, elles se fanent et tombent en se desséchant; ces feuilles ont leurs aisselles nues ou presque nues, elles sont prismatiques, terminées par une aréole qui porte des aiguillons ou plutôt des barbes flexueuses, glumacées et quelquefois articulées.

Fleurs tubuleuses, aréolaires; ovaire paraissant immergé? le reste nous est inconnu (Nobis).

Ce genre particulièrement remarquable, formé d'un seul sujet introduit en Angleterre depuis quelques années, qui a été appelé Leuchtenbergia Principis par Fischer, a fleuri sous ce nom en Angleterre. Hooker l'a décrit; il résulte de sa description qu'elle doit, sans aucun doute, se ranger dans la famille des Cactées, mais le rang qu'elle doit y occuper dans la classification est difficile à déterminer. Sa tige tuberculée, ses tubercules allongés d'une façon toute particulière, semblent la rapprocher de la tribu des Melocacteæ, dans le genre Anhalonium; mais sa fleur longuement tubuleuse, et surtout son ovaire émergé dans le principe, semblent tout à fait l'en éloigner; ces derniers caractères nous la font regarder comme plus voisine de la tribu des Cereastreæ.

Le diagnostic du genre Leuchtenbergia, donné par Hooker (*Botan. mag.*, t. 4933), ne tire aucun de ses caractères des organes de la fructification et diffère du genre Cereus, sa fleur présente un tube plus grêle que celui des Cerei, une gorge plus étroite presque fermée par les étamines; là également, les étamines adhèrent au tube jusqu'à son limbe et offrent une fleur plutôt hypocratériforme qu'infundibuliforme. Outre la forme anormale de la tige, il existe donc d'autres doutes qui peuvent éloigner notre plante du genre Cereus, et, pour ces raisons, elle doit peut-être former un type particulier, formant une tribu intermédiaire entre celle des Echinocactes et celle des Cereastrés. Dans l'état actuel de la science, j'ai cru devoir la placer dans la tribu des Cereastreæ. (Salm. Cact. in hort. Dyck., cult., p. 177.)

I. Leuchtenbergia Principis (Fisch.).

Synonymie. Leuchtenbergia Principis Fisch. — *id.* Hook. Bot. mag., t. 4393. — *id.* Salm. Cact. in hort. Dyck., cult., p. 177.

Patrie. Mexique.

Diagnostic. Tige érigée, haute de 30–35 cent. sur 7 cent. de diamètre à la base, subligneuse vers sa partie inférieure, nue et portant les cicatrices des premières feuilles qui sont tombées en se desséchant; écorce de couleur cendrée ou jaune de rouille, charnue, largement tuberculée dans sa partie supérieure; feuilles ou tubercules nues aux aisselles, très-allongées (de 10–15 cent. de long), érigées ouvertes, dures, très-lisses, d'un glauque cœrulescent, triquètres, à faces planes très-légèrement cannelées et à angles aigus; la page supérieure formée d'une seule face; la page inférieure de deux; leurs bases sont triangulaires, larges, elles sont atténuées de la base au sommet, celui-ci tronqué obliquement et portant aréole; aréole garnie de laine peu abondante, caduque, et de sétules ou plutôt de 6–7 barbes glumacées, flexueuses, linéaires, étendues, divariquées en rayonnant, en outre une intérieure, isolée, plus vigoureuse, articulée, longue de 8–10 cent., toutes de couleur cendrée ressemblant au chaume, plus ou moins élargies à la base, aplanies, à bords relevés en gouttière, scarieuses (Nob.).

Floraison? Fleurs se développant aux aisselles des tubercules[1], solitaires, tubuleuses; tube cylindrique, allongé, de 11 cent. de longueur; lacinies inférieures (celles qui entourent l'ovaire) squammiformes, glabres-vertes, s'allongeant et se colorant graduellement, vertes-glabres, de plus en plus longues et se colorant aussi de plus en plus, devenant pétaloïdes, alors étroites, lancéolées, aiguës et passant au jaune, présentant un limbe très-large d'environ 10 cent.; étamines à filets soudés au tube, libres seulement vers sa gorge, plus courtes que lui, d'un jaune pâle, nombreuses, rapprochées par leurs sommités qui sont adprimées contre le style et forment sa gorge étroite; anthères subglobuleuses, jaune doré; style épais dépassant à peine les étamines, terminé par 9 divisions stigmatiques, linéaires, étendues, ramentacées, recourbées, très-ouvertes.

Nous n'avons jamais eu l'occasion d'examiner la fleur de notre Leuchtenbergia Principis, qui n'a pas encore fleuri en France. Seulement le premier sujet qui a été introduit en France par M. Cels (il provenait, je crois, du jardin de Kew.), a montré, dans l'automne de 1847, deux boutons roses, présentant des lacinies très-nettement colorées et imbriquées; l'époque avancée à laquelle ils se sont présentés et l'approche des mauvais temps ont arrêté leur évolution et il a été impossible de faire développer complétement les fleurs; ces boutons étaient APICILLAIRES, ils étaient insérés aux sommets des mamelons, vers la partie supérieure, et semblaient placés de manière à laisser les barbes glumeuses de l'aréole un peu au-dessous d'eux. Ce fait, en contradiction avec celui annoncé par Hooker dans sa description, a été remarqué par M. Cels et moi. Faut-il croire à un double mode d'inflorescence? cette hypothèse nous paraît devoir être rejetée, il faut donc admettre une faute d'impression telle que celle-ci : Flores ex axillis tuberculorum juniorum, au lieu de : Flores ex apicibus tuberculorum.

Culture. Serre tempérée pendant l'hiver, plein air sous bâche pendant l'été en bonne exposition. Le sujet dont il a été question plus haut a été coupé en deux, juste au point de séparation des feuilles fanées et de celles conservées; la tête placée sous châssis et sur couche a repris et produit un nouveau sujet; le tronc traité de la même manière est resté pendant deux ou trois ans sans végéter, et, au commencement du printemps de l'année dernière, il paraissait presque mort. Après l'avoir lavé avec soin et nettoyé à l'aide d'une brosse, je l'ai placé sous

---

[1] Le texte de Hooker porte : Flores ex axillis tuberculorum (Salm. Cact. in hort. Dyck., cult., p. 178).

châssis, en concentrant sur lui la plus grande chaleur que j'ai pu, en accompagnant cette chaleur de fréquents bassinages, et notre tronc, qui paraissait mort, a fini par produire de jeunes drageons, qui se montraient indistinctement aux aisselles des anciennes feuilles qui étaient tombées après s'être fanées et sur les sommets des onglets qu'elles avaient laissés, ils apparaissaient sous forme de petits pinceaux de duvet jaunâtre, peu à peu ils ont montré eux-mêmes leurs feuilles prismatiques, et aujourd'hui l'un de ces drageons, séparé dans la fin du mois d'août, vient de produire ses premières racines, fin octobre.

Dans tous les cas, la présence de nos boutons apicillaires et aréolaires tendrait à éloigner notre plante de la place qui lui est assignée par le prince de Salm, et devrait la rapprocher de celle où nous l'avons rangée. A notre sens, le caractère tiré du mode d'inflorescence nous semble propre à caractériser les genres dans les tribus comme étant de plus grande importance que celui relatif à la forme des feuilles, à leur mode de liberté ou de soudure sur lequel nous nous fondons pour former les sous-genres.

3ᵉ genre,

ÉCHINOCACTACÉS.

Synonymie. Echinocactus Link et Otto. Verh. G. B. v. 3.—Dc. prodr. 3.
— Pfr. enum. diagn. — Miq. Cact. gen. — Endl. gen. pl. — Lem. Cact.
gen. nov. fascicule 1 et 2. — *id.* Iconog. des Cact. Monv. Catal. — Salm.
Cact. in hort. Dyck., cult., p. 25. — *id.* Forst. Handb. dr. Cact., p. 280. —
Discocactus Pfr. Act. nov. nat. cur. xix, p. 117. — Malococarpus Salm.
Cact. in hort. Dyck., cult., p. 24.

Fruit tantôt nu, lisse ou squammeux, tantôt revêtu de
laine, de soies et d'aiguillons, mou ou dur, à pulpe peu
abondante; graines de forme nidulente, à cotylédons
petits, connés, aiguë ou tuberculeux; hile large, presque
toujours attaché, à funicule long et charnu.

Fleur tubuleuse, axillaire ou se développant sans ordre
sur les plus jeunes aréoles laineuses des côtes; corolle
naissant avec l'ovaire et formant un tube assez court qui
s'étend presque de suite en limbe campanuliforme; sépales nombreuses, squammeuses, fixées et disposées en
spirales le long du tube; pétales étendues, plurisériées;
étamines filiformes, inégales, chacunes soudées séparément au tube, celles du dedans les plus courtes; style plus
long que les étamines, terminé par de nombreuses divisions stigmatiques, linéaires; baie le plus souvent squammeuse, conservant les restes desséchés du périanthe, émergente dès le principe; cotylédons connés.

Plante charnue, disciforme, globuleuse ou cylindrique,
le plus ordinairement simple, à tubercules ou feuilles
plus ou moins réunies entre elles et formant des côtes
plus ou moins nombreuses, larges ou aiguës, droites ou
ondulées, crispées, leur nombre s'augmentant toujours

par la division des premières côtes; feuilles aréolées, quelquefois allongées vers le haut par un prolongement étroit, portant des aiguillons semblables ou différents entre eux sur la même aréole.

1er sous-genre, **Discocactus** (Pfr.).

Synonymie. Discocactus Pfr. Act. nov. nat. cur. XIX, p. 117. — *id*. Forst. Handb. dr. Cact., p. 442. — *id*. Lindl. — *id*. Salm. Cact. in hort. Dyck., cult., p. 22. — *id*. Lem. Hort. univ. — *id*. Monv., Catal. — Echinocactus Miq., Cact. gen.

Tube du périanthe mince, longuement allongé au-dessus de l'ovaire qui est infère, nu, tout à fait glabre; lacinies nombreuses, les unes sépaloïdes sont allongées, ouvertes, colorées, irrégulièrement réfléchies, les autres pétaloïdes bisériées, sont soudées entre elles jusqu'au limbe où elles se réfléchissent et forment une corolle hypocratéréiforme; les étamines sont soudées le long du tube, elles sont de plus en plus longues et en obstruent l'ouverture; style filiforme plus court que les étamines, terminé par 5 divisions stigmatiques radiées, linéaires; baie oblongue, lisse, couronnée par les restes du périanthe; cotylédons?

Tige charnue, simple, déprimée ou placentiforme, dont les feuilles ne sont accusées que par la présence des aréoles, à côtes peu nombreuses, planes à la base, puis s'arrondissant, et enfin se terminant au sommet de la plante par une espèce de cephalium formé par la laine longue, soyeuse et les aiguillons grêles, dont les aréoles sont munies pendant la première période de leur évolution; fleurs presque solitaires, se développant au milieu de la laine qui couvre le sommet de la plante, elles sont éphémères et souvent odorantes; baie sortant à peine de la laine du faux cephalium.

1. **Discocactus Insignis** (Pfr.).

Synonymie. Discocactus Insignis Pfr. Act. nov. nat. cur. XIX, t. 15. — Abbild., 2, t. 1. — *id*. Forst. Handb. dr. Cact., p. 443. — *id*. Salm. Cact. in hort. Dyck., p. 140. — *id*. Hort. belg. alii. — Echinocactus Placentiformis Lehm. Act. nov. nat. cur. XVI, p. 318, t. 16.

Patrie. Le Brésil, dans les régions sablonneuses.

Diagnostic. Tige d'un vert pâle, disciforme, ligneuse dans sa partie inférieure, portant 10 côtes obtuses, peu régulièrement recourbées, à sillons profonds, aigus ; aréoles garnies pendant la première période de leur évolution seulement, de tomentum jaunâtre, puis très-promptement nues, portant 7-8 aiguillons rigides, adprimés, presque droits, diaphanes, d'un beau rouge sang brillant en naissant, ensuite brunissant, devenant presque noirs, et enfin gris, très-inégaux, 2-3 supérieurs grêles, 4 latéraux plus grands, plus forts, celui du bas très-rigide, défléchi, comme marqué en dehors d'une carène sur toute sa longueur.

La tige est placentiforme, elle est haute de 5 cent. et atteint 13-16 cent. de diamètre ; la fleur se développe sur les aréoles des plus nouvelles aréoles au milieu de la laine qui forme le faux cephalium, elle est longue de 5 cent. ; les lacinies sépaloïdes sont largement lancéolées, acuminées, recourbées, étalées, roses ; les lacinies pétaloïdes sont plus courtes et blanches, elles exhalent une odeur assez agréable mêlée de fleur d'oranger et de fleur de citron ; la baie est verte, comme stipitée.

Culture. Serre tempérée, dans les parties les plus sèches et les mieux exposées aux rayons du soleil pendant l'hiver, sous coffre et sous châssis pendant la belle saison.

Cette plante et la suivante sont d'une extrême délicatesse, elles craignent plus que toute autre le moindre abaissement du thermomètre pendant l'hiver, après la plus légère mouillure ; leurs sèves, dans ces conditions, se décompose très-facilement et très-promptement, et le tissu de la plante se désorganise, elle se vide, quelquefois même sans laisser voir de signes extérieurs apparents. Ce n'est qu'au bout de quelques jours, lorsque le mal ne présente plus aucun remède, qu'on s'aperçoit que la plante est perdue. Cependant avec quelques soins, en ayant l'attention de maintenir la plante dans une partie chaude et sèche de la serre près du verre des panneaux pendant l'hiver ; en l'exposant en plein air à toute l'ardeur du soleil pendant les beaux temps de l'été, la recouvrant seulement de châssis pendant les pluies fortes et abondantes, on réussit non-seulement à les conserver, mais encore à les faire végéter vigoureusement : alors on est amplement dédommagé des peines et des précautions qui ont été prises par une riche floraison.

2. Discocactus Alteolens (Lem.).

Synonymie. Discocactus Alteolens Lem., Hort. univ. — Discocactus Tricornis Monv. — Discocactus Alteolens Salm. Cact. in hort. Dyck.; cult., p. 140.

Patrie. Le Brésil, dans les régions sablonneuses.

Diagnostic. Tige placentiforme, d'un vert livide olivâtre, à base plane, portant 9-10 côtes, tuberculées, irrégulièrement recourbées, émoussées, arrondies, chaque côte formée de 3-4 feuilles accusées seulement par la présence des aréoles, qui sont espacées et nues; ces aréoles portent 5-6 aiguillons noirâtres pendant leur jeunesse, et prenant plus tard une couleur de gris cendré, les 2 du haut, quelquefois même aussi le troisième, sont grêles, recourbés eu se dirigeant vers le haut, les 3 inférieurs sont vigoureux, très-rigides, subanguleux, ouverts, recourbés, celui du bas plus long que les autres, défléchi; en outre, ces trois derniers semblent anguleux.

Tige déprimée, de 5 cent. de hauteur sur 10-15 cent. de diamètre; les fleurs se développent sur les aréoles, au milieu de la laine abondante dont elles sont garnies pendant leur première évolution seulement et dont l'accumulation forme un faux cephalium qui dans cette plante paraît plus convexe que dans la précédente; son tube est entouré de sétules noirâtres; ses lacinies sont lancéolées, spatulées, obtuses; ses lacinies sépaloïdes sont érigées, recourbées, vert pâle; les pétaloïdes sont plus nombreuses, plus longues, très-ouvertes, blanches, recourbées au sommet, elles exhalent une odeur assez forte de coing, dont la sensation est assez agréable; la baie desséchée est petite, oblongue, lisse, entièrement cachée dans la laine du cephalium, elle est couronnée par les restes desséchés du tube; les graines ont presque la forme d'une ampoule, elles sont rugueuses, noires. Aucune de celles qui ont été recueillies jusqu'à ce jour sur les sujets ayant fleuri dans nos Collections, n'ont pu germer.

Culture. Comme le précédent.

2ᵉ sous-genre, Echinocactus.

Synonymie. Echinocactus Lk. et Otto. Verh. G. B. V. 3. — Dc. podr. 3. Pfr. enum. — Miq. Cact. gen. — Endl. gen. pl. — Lem. Cact. gen. nov.

Tube du périanthe développé au delà de l'ovaire, court ou suballongé, squammeux; lacinies sépaloïdes, celles du bas squammiformes, les autres aiguës ou obtuses, à aisselles sétigères ou nues; lacinies pétaloïdes variant dans leur expansion; corolle campanulée ou infundibuliforme; étamines nombreuses adhèrent au tube, plus courtes que son limbe; style dépassant à peine le limbe, columnaire, souvent cannelé et fistuleux; 5-10 stigmates radiants, rayons courts ou linéaires; baie laissant tomber les restes du périanthe marcescent, plus ou moins squammeuse; squammes formées par les lacinies inférieures du périanthe, garnies de touffes laineuses et sétigères : ou parfois glabres, squammeuses et complétement nues ; cotylédons petits, connés, aigus ou globuleux.

Tige charnue, déprimée, globuleuse, oblongue ou cylindrique ; côtes plus ou moins nombreuses ; feuilles ou tubercules portant des aréoles plus ou moins distinctes, rarement indépendantes, disposées en séries verticales ou spirales ; fleurs apicillaires naissant sur les aréoles des jeunes tubercules, quelquefois garnies de laine épaisse, ouvertes pendant plusieurs jours le matin et fermées le soir ; baie plus ou moins squammeuse ; squammes formées par les lacinies inférieures et desséchées du périgone.

Un caractère important dont, selon nous, on a tenu trop peu de compte jusqu'ici, consiste dans l'évolution des aréoles, dont les aiguillons poussent à peu près simultanément dans chaque faisceau, pendant cette première période, elles peuvent donner des fleurs, mais après, le nombre des aiguillons qui se sont développés ne varie plus, il reste jusqu'à la fin ce qu'il était, et si l'aréole, dans certaines circonstances, peut continuer à végéter, sa végétation n'est plus indiquée que par un bourgeon qui ne se développe jamais en fleur ; mais produit un rejeton. Ce caractère a une assez grande importance, il est très-souvent utile quand il faut distinguer *un Echinocactus d'un Echinopsis*.

1er GROUPE. — ADIALEIPTOGONI.

Tige formée de côtes continues, à faces planes plus ou moins gonflées ; la présence des feuilles n'étant accusée que par les aréoles ou bien un peu plus accusées par des crénelures dans le voisinage des aréoles ; sommet laineux ou nu.

A. *PSEUDOCEPHALOIDEI.*

Tige plus ou moins globuleuse ou cylindrique, à sommet laineux ; côtes continues ; sillons larges ; aréoles toujours lanigères pendant la jeunesse ; aiguillons variables de forme et de couleur.

Fleurs à tube court, se développant toujours sur le vertex de la plante ; les fruits observés sont ou nus ou mous, ou bien squammeux et presque mous, dans tous les cas, très-souvent entourés de laine à leur base, ils sont insérés sur les jeunes aréoles laineuses qui, par leur accumulation, forment le faux cephalium de la plante. Celles qui ont été observées appartiennent en général aux plantes de la première sous-division, elles sont à tube court, garnies de laine blanche et de soie noire; les lacinies inférieures sont peu écailleuses; la baie est lisse et molle. Celles qui ont été observées dans la seconde sous-division présentent à peu près les mêmes caractères, mais ils y sont moins distinctement accusés.

* LEIOPHLOI, A ÉPIDERME LISSE.

Tige subglobuleuse ou subcolumnaire; côtes verticales ou subverticales, très-légèrement incisées, sans cependant indiquer la présence de feuilles, à arêtes aiguës, prenant une apparence cartilagineuse près de ces incisions sur les bords desquelles sont insérées les aréoles; aréoles très-laineuses pendant la jeunesse, et formant, pendant la première période de leur évolution, le vertex laineux de la plante.

Fleurs à tube court, sans écailles, mais parsemées de quelques poils blancs et de quelques soies brunes; baie lisse et molle.

1. Echinocactus Corynodes (hort. Berol.).

Synonymie. Echinocactus Corynodes Pfr. enum. diagn., p. 55. — *id.* Botan. magaz., t. 3906. — Echinocactus Acutangulus Zucc. — Echinocactus Rosaceus hort. — (Echinocactus Selowii hort. d'après Pfr.) — Echinocactus Conquades hort. — Malacocarpus Corynodes Salm. Cact. in hort. Dyck., cult., p. 141. — Echinocactus Corynodes Forst. Handb. dr. Cact., p. 338. — *id.* Lem. — *id.* Monv., Catal. 1846.

Patrie. Montevideo; il se trouve aussi dans le Mexique.

Diagnostic. Tige déprimée, globuleuse, atténuée à la base, d'un vert foncé, portant 16 côtes, à sommet ombiliqué; sillons étroits, aigus; côtes aiguës, crénelées; aréoles immergées, les plus jeunes très-abondamment munies de laine soyeuse blanche, se dénudant plus tard, portant 9 aiguillons étalés, ouverts, rouges en naissant, ensuite se colorant en brun, 1 central érigé, subulé, brun, de la même longueur que les autres; tous sont droits et rigides.

Les jeunes plantes diffèrent beaucoup de celles qui sont adultes, elles sont d'un vert plus gai; leurs aréoles sont plus resserrées; les 10 aiguillons extérieurs sont blancs, soyeux, étalés, en outre les aréoles portent 4-6 aiguillons intérieurs plus longs, plus rigides, brunâtres. Dans l'âge adulte, les plantes atteignent 8-10 cent. de diamètre et autant de hauteur; les aréoles sont éloignées de 13-15 millim., et les aiguillons atteignent 13-15 millim. Plus tard, dans l'âge avancé, la plante devient tout à fait cylindrique, ses côtes l'entourent en formant des spires très-allongées, elle prend un diamètre de 25-30 cent., et parvient à une hauteur de 50-60 cent.

10

Floraison. Pendant tout l'été. Les fleurs sont d'un jaune soufre, elles se développent au milieu de la laine qui forme le faux cephalium, au milieu de laquelle les baies restent à moitié cachées ; ces fleurs atteignent 5 cent. de diamètre au moment de l'anthèse, elles s'ouvrent et se referment plusieurs fois et ne s'épanouissent que sous l'influence des rayons du soleil ; le tube est enveloppé d'une couche de laine brune, il est très-court : les pétales sont bisériées, linéaires, dentelées au sommet et vers les bords, elles sont d'un jaune transparent ; les étamines sont nombreuses, rouges, filiformes ; les anthères jaunes ; le style, plus long que les étamines, est jaune de soufre, il est terminé par 10 divisions stigmatiques épaisses, coccinées ; la baie qui apparaît au milieu de la laine du faux cephalium, est tout à fait glabre, oblongue, d'un rouge sale.

VARIÉTÉS. Echinoc. Corynodes β. Erinaceus Nob. — Syn. Echinoc. Erinaceus β. Elatior Monv. — Malacocarpus Corynodes β. Erinaceus Salm. Cact. in hort. Dyck., cult., p. 141.

Les aiguillons sont un peu plus vigoureux que dans notre espèce ; dans leur jeunesse, ils varient beaucoup d'un individu à l'autre pour la couleur, ils restent toujours moins colorés et plus pâles.

Nous croyons qu'il faut réunir, à notre espèce et à notre variété, toutes les plantes cultivées dans les Collections sous les dénominations Echinoc. *Erinaceus* β. *Elatior,* γ. *Albispinus,* δ. *Pallidus,* indiquées par Lemaire et M. de Monville dans son Catalogue, et, d'après eux, dans beaucoup de Catalogues d'horticulteurs. Elles ne présentent aucun caractère différentiel bien tranché, les différences qu'elles présentent tiennent plus particulièrement à l'intensité dans la coloration des lacinies florales qui sont constamment jaunes. L'une de ces variétés tient uniquement à l'âge de la plante.

Culture. Serre tempérée pendant l'hiver, en pleine terre et en plein air pendant la belle saison.

2. Echinocactus Tephracanthus (Link et Otto).

Synonymie. Echinocactus Tephracanthus Link et Otto. Whdl. d. G. B. V. f. Pr. 141, s. 422, T. 141, F. 2. — Echinocactus Courantii Lem. Cact. aliq. nov. in hort. Monv., p. 20. — *id.* Salm., anciens Catal. — Malacocarpus Courantii Salm. Cact. in hort. Dyck., cult., p. 142.

Patrie. Brésil, près de Rio-Grande.

Diagnostic. Tige columnaire, comme irrégulièrement cannelée par les ondulations de ses côtes qui décrivent des spirales très-allongées, d'un vert gai, portant 17 côtes, à sommet plan très-laineux ; côtes comprimées, crénelées ; aréoles rapprochées, les jeunes garnies de laine blanche, portant de 6-10 aiguillons, rayonnant irrégulièrement, grêles, blancs, sans aiguillon intérieur.

Plantes hautes de 10 cent. sur 5-6 de diamètre ; aréoles éloignées de 6-7 millim. ; aiguillons variant en longueur de 5-9 millim.

La description précédente s'applique plus particulièrement à de jeunes sujets, elle est empruntée à Pfaiffer; la suivante, qui est due à Lemaire, qui l'a donnée sous le nom de l'Echinocactus Courantii, semble mieux s'appliquer à des sujets adultes.

Tige déprimée, globuleuse, vert brillant, ombiliquée, portant environ 20 angles aigus, crénelés, recourbés, enflés vers les aréoles; sillons à peine aigus, recourbés, ayant de 10-18 millim. de profondeur; aréoles nombreuses, immergées, éloignées de 10-16 millim. vers l'ombilic, munies de laine tomenteuse longue, d'un blanc jaunâtre, se dénudant promptement; les aiguillons sont d'abord en naissant d'un jaune pâle, pourpre brillant à la pointe, ensuite dans l'âge adulte couleur de corne : au nombre de 7 presque rayonnants, les 3 inférieurs un peu plus longs que les autres, atteignent environ 11 millim. de longueur, ils sont presque disposés comme les dents d'un trident, ceux du haut sont plus grêles, insérés vers le sommet de l'aréole et manquant quelquefois; en outre, 1 intérieur central érigé, qui manque aussi quelquefois.

Floraison. Pendant tout l'été. Se développant sur les plus jeunes aréoles au milieu de la laine abondante dont elles sont garnies et dont l'accumulation simule le faux cephalium. Fleurs ressemblant beaucoup à celles de l'Echinocactus Corynodes, dont elles diffèrent seulement par la laine de couleur rosée qui entoure la partie inférieure de la fleur.

Variétés. Echinocactus Tephracantus β. Spinosior Nob. — Syn. Echinocactus Courantii β. Spinosior Monv.

Le prince de Salm a décrit notre plante de la manière suivante, et sa description est, sans aucun doute, de toutes celles qui ont été faites, celle qui permet le mieux de reconnaître notre Echinocactus; cependant elle se rapporte plus spécialement à notre variété Courantii β. Spinosior Monv. :

Tige subglobuleuse, portant 19-20 angles, d'un vert luisant; sommet laineux à peine ombiliqué; côtes aiguës, crénelées, incisées dans le voisinage des aréoles, dont les intervalles sont sinueux, arrondis; aréoles serrées, munies de tomentum blanc, portant 8-9 aiguillons recourbés, étalés, 4 insérés au sommet de l'aréole, plus grêles, les autres inférieurs plus vigoureux, celui du bas très-long manque parfois, l'intérieur central érigé.

Notre plante et sa variété diffèrent des plantes précédentes par leurs aiguillons qui sont le double plus longs et d'un blanc de corne, ils diffèrent de l'Echinocactus Sellowianus par leurs tiges plus vigoureuses, moins ombiliquées, les aiguillons extérieurs plus nombreux et surtout par l'aiguillon intérieur qui ne manque jamais. Les divisions stigmatiques dans notre plante sont d'un pourpre brillant et non d'un rouge cocciné comme dans les précédentes.

Culture. Serre tempérée pendant l'hiver, plein air et pleine terre pendant la belle saison.

3. **Echinocactus Sellowianus** (Link et Otto).

Synonymie. Echinocactus Sellowianus Link et Otto. G. B. V. 3, t. 22.—
id. Pfr. enum. diagn., p. 55. — *id.* Abbild., t. 1, fig. — *id.* Pfr. l. c. —
id. Forst. Handb., p. 339.— Malacocarpus Sellowianus Salm. Cact. in hort.
Dyck., cult., p. 142. — Echinocactus Sessiliflores hort. angl. — *id.* Otto.
Botan. magaz., t. 3569.

Patrie. Brésil, Montevideo.

Diagnostic. Tige subglobuleuse; le nombre des angles variant de
10-18 suivant l'âge, d'un vert presque glaucescent; sommet laineux à
peine ombiliqué; sillons aigus; côtes subverticales aiguës, crénelées,
enflées au-dessus des aréoles; aréoles espacées, garnies de tomentum
blanc, épais; aiguillons de couleur cornée en naissant et à pointe brune,
bientôt blancs, tout à fait droits, 3 inférieurs vigoureux, divergents,
adprimés, 2-4 insérés au sommet de l'aréole, plus fins, subérigés.

Tige de 9-10 cent. de hauteur sur 15-16 de diamètre; aiguillons
variant de longueur entre 4-9 millim. pour ceux insérés au sommet de
l'aréole, ceux du bas atteignent 12-14 millim., ils sont triangulaires.
Dans la jeunesse, les aiguillons sont jaunes et presque cachés dans la
laine des aréoles du sommet de la plante.

Floraison. Pendant tout l'été. Fleurs assez semblables aux précédentes, sortant au milieu de la laine du faux cephalium, s'ouvrant au
soleil et se fermant quand il se cache; boutons enveloppés de laine
soyeuse, d'un brun violacé; tube court, épais; sépales courtes, brunes
sur le dos; pétales disposées sur deux séries, finement dentelées, à
bords garnis de cils très-fins, d'un beau jaune citron luisant; étamines
courtes, jaune pâle, à anthères jaunes; pistil allongé, jaune pâle, terminé par 6-9 divisions stigmatiques, d'un beau rouge carminé.

Les jeunes plantes diffèrent considérablement des sujets adultes;
les côtes sont renflées entre les aréoles, celles-ci sont immergées; les
aiguillons sont plus nombreux, ils sont blancs, recourbés en arrière.

VARIÉTÉS. Echinocactus Sellowianus β. Tetracanthus Nob. —
Syn. Echinocactus Tetracanthus Lem. Iconographie des Cact. —
id. Enum. diagn.— Echinocactus Tetracanthus Pfr. Abbild. 2, t. 6.—
Malacocarpus Sellowianus β. Tetracanthus Salm. Cact. in hort. Dyck.,
cult., p. 142.

Variété qui ne diffère de l'espèce précédente que par ses 4 aiguillons blancs, anguleux, décusés, décrite comme espèce par presque tous
les cactéophiles.

4. **Echinocactus Aciculatus** (Salm).

Synonymie. Echinocactus Aciculatus Salm. hort. Dyck., p. 341, ancien.
— *id.* Pfr. enum. diagn., p. 51. — *id.* Forst. Handb. dr. Cact., p. 453. —
Malococarpus Aciculatus Salm. Cact. in hort. Dyck., 1850, Catal.

Patrie. Brésil.

Diagnostic. Tige globuleuse, subdéprimée; 11-12 côtes verticales,

obtuses ; aréoles rapprochées, les plus jeunes garnies de laine blanche
et de 10 aiguillons rayonnants, fins, droits, subrigides, jaune paille,
celui du bas très-long, 1 central.

Tige de 10 cent. de hauteur sur 14 de diamètre ; aiguillons longs de
13 millim., celui du bas long de 4 cent.

Floraison ? Fleur ?

Cette plante est extrêmement rare et n'existe probablement plus
dans nos Collections ; j'en ai possédé un sujet trop jeune alors pour
être décrit, il est mort depuis ; je ne puis donc donner ici que la
description donnée anciennement par le prince de Salm et reproduite
par Pfaiffer dans son Enumeratio, et par Forster depuis dans son
Manuel. Il se trouve indiqué dans les Catalogues allemands. Est-il
véritable ?

Culture. La plante que j'ai possédée semblait demander plus de chaleur que ses congénères et les autres plantes de cette division.

5. **Echinocactus Acuatus** (Link et Otto).

Synonymie. Echinocactus Acuatus Link et Otto.— *id.* Pfr. enum diagn.,
p. 54. — *id.* Forst. Handb. dr. Cact., p. 344. — Malococarpns Acuatus
Salm. Cact. in hort. Dyck., cult., Catal. 1850.

Patrie. **Montevideo.**

Diagnostic. Tige subglobuleuse, glaucescente, portant 20 côtes
aiguës et 7 aiguillons ouverts, recourbés, d'après Link et Otto.

Tige subglobuleuse, vert foncé, à 13 angles, à sommet déprimé ;
sillons aigus ; côtes comprimées, aiguës, à arête crénelée, non saillantes, les plus jeunes abondamment munies de laine blanche, et de
10 aiguillons extérieurs subrayonnants, jaunes, 4 intérieurs rigides,
plus longs, également jaunes, mais d'un ton de gomme-gutte plus prononcé, celui du haut très-court.

Tige haute de 5 cent. sur 6-7 de diamètre.

Floraison ? Fleur au moment de l'anthèse présentant 8 cent. de
diamètre ; tube jaune, court, très-abondamment garni d'aiguillons
pileux ; pétales jaune citron, linéaires, à sommet obtus ; style pourpre
terminé par 8 divisions stigmatiques, rouge pourpre ; les étamines plus
courtes que le style, portent des anthères jaunes.

Culture. Serre tempérée pendant l'hiver, plein air et pleine terre
pendant l'été. Notre plante exige peut-être un peu plus de chaleur
que ses congénères.

Cette plante est extrêmement rare en France ; les deux seuls exemplaires que j'ai vus dans les Collections appartenaient, l'un à la Collection de M. Mallet de Chily, près Orléans, l'autre à la Collection de
Mouville, il avait été conservé dans la Collection du Jardin d'hiver
qui vient d'être acquise par M. Cels, horticulteur, chaussée du Maine,
qui probablement, à cause de sa rareté, l'aura conservé pour en faire
un porte-graine ou un pied-mère.

10.

6. Echinocactus Polyacanthus (Link et Otto).

Synonymie. Echinocactus Polyacanthus Link et Otto. Verh. G. B. v. 3, t. 16, fig. 1. — Malacocarpus Polyacanthus Salm. Catal. p. 25. — Echinoc. Polyacanthus Pfr. enum., p. 52. — Echinoc. Langsdorfii Lehm. Act. nov. nat. cur. XVI, t. 13. — *id.* Forst. Handb. dr. Cact., p. 344.

Patrie. Brésil, province de Rio-Grande.

Diagnostic. Tige ovale ou subcylindrique, verte, portant de 15-20 angles; côtes subcomprimées, crénelées; sillons profonds, aigus; aréoles resserrées et insérées au-dessous des crénelures des côtes, les plus jeunes sont vélutineuses, blanches, plus tard dans l'âge adulte elles sont à peine tomenteuses; 6-8 aiguillons extérieurs divergents, 3-4 intérieurs plus grands, tous droits, rigides, couleur de corne.

La plante décrite a 30 cent. de haut sur 16-17 de diamètre; les aréoles sont distantes les unes des autres de 9-11 millim.; les aiguillons extérieurs ont 8-10 millim. de long, ceux de l'intérieur 13-15. Sur les sujets originaux provenant du pays, ils sont beaucoup plus longs, ils atteignent 30-35 millim. de longueur, ils sont de couleur cendrée.

Floraison? Fleurs sortant au milieu de la laine qui forme le faux spadice comme dans toutes celles du groupe, elle atteint 3-4 cent. de long sur 3 de diamètre; le tube est vert, il a 13 millim. de long, il est velu à la base; les sépales sont vertes; les pétales sont peu nombreux, aigus et jaunes; étamines nombreuses, jaunes; style à divisions nombreuses, rayonnantes, rouge pourpre.

Cette plante varie beaucoup dans son port suivant la culture: anciennement Miquel l'avait prise pour un Mélocacte. Elle est extrêmement rare en France, je n'en connais qu'un seul exemplaire qui fait partie de la Collection du Jardin d'Hiver à Paris : Collection acquise aujourd'hui par M. Cels. A cause de la rareté de notre plante dans nos Collections, il se hâtera certainement de la multiplier.

Culture. Serre tempérée pendant l'hiver, plein air en bonne exposition pendant la belle saison.

** TEPHRALOI, A ÉPIDERME ÉPAIS, PLUS OU MOINS CINÉRASCENT.

Tige globuleuse ou subcolumnaire; épiderme plus ou moins cinérascent, devenant parfois rugueux avec l'âge; côtes subverticales presque complétement effacées vers la base de la plante, souvent renflées près des aréoles qui sont ordinairement très-serrées, laineuses dans la jeunesse, et forment vers le sommet de la plante un vertex laineux.

7. Echinocactus Melanochnus (Cels).

Synonymie. Echinocactus Melanochnus Cels, Catal. — Echinocactus Marginatus Salm. Cact. in hort. Dyck., cult., p. 142. — *id.* A. G. Z., 1845, p. 386. — Echinocactus Columnaris Pfr. l. c.

Patrie. Le Chili. Introduit en Angleterre par M. Cuming, et en France par M. Cels.

Diagnostic. Tige ellipsoïde, d'un vert blême cendré ; sommet laineux ; 10 côtes, côtes peu convexes ; aréoles contiguës se touchant,
convexes, munies de tomentum noir ; 5-7 aiguillons extérieurs rayonnants, peu ouverts, rigides, droits, d'abord couleur de châtaigne,
ensuite cinérascents, celui du bas et l'intérieur isolés, plus vigoureux.

Tige haute de 20 cent. sur 10 de diamètre, subatténuée de toute part ;
vertex convexe, couvert de laine blanche, épaisse ; 10 côtes jaune
livide, convexes vers le haut, aplanies avec sinus larges vers le bas de
la plante ; aréoles convexes, larges, confluentes, munies de tomentum
noir ; aiguillons rigides, droits, 5-7 extérieurs, celui du bas le plus
vigoureux et le plus long, tous subérigés, rayonnants, 1 central érigé
de près de 3 cent., tous d'abord couleur châtaigne, ensuite noirâtres,
avec le temps devenant comme strigueux.

Floraison? Fleurs à lacinies sépaloïdes, dressées, lancéolées, aiguës
à la pointe, rougeâtres, s'allongeant et s'élargissant graduellement ; les
pétaloïdes jaunes, détachées, obtuses, submucronées, érigées-ouvertes ;
étamines ramassées, à filets et anthères jaunes ; style épais, fistuleux,
à 11 divisions jaunes.

Culture. Serre tempérée pendant l'hiver, plein air en bonne exposition pendant la belle saison.

8. Echinocactus Malletianus (Cels).

Synonymie. Echinocactus Malletianus Cels, Catal. — *id.* Salm. Cact. in
hort. Dyck., cult., p. 146. — *id.* A. G. Z., 1845, p. 387. — Echinocactus
Farinosus Cels, anciens Catalogues ?

Patrie. Le Chili. Introduit en France par M. Cels.

Diagnostic. Tige déprimée, globuleuse, vert gai, recouverte d'une
croûte crayeuse ; sommet laineux ; 15-17 côtes, côtes aiguës en dessus,
sinueuses, convexes entre les aréoles, tuberculées dans leur voisinage,
dans la partie inférieure de la plante aplanies, rugueuses ; aréoles
immergées, allongées, munies de tomentum gris foncé ; aiguillons
droits, aciculaires, rigides, noirs, 5-6 extérieurs subérigés, 1 isolé au
centre plus vigoureux.

Tige globuleuse, déprimée, de 10 cent. de diamètre ; sommet enfoncé
couvert de laine blanche ; côtes nombreuses, vert gai, mais recouvertes d'une croûte crayeuse, subcomprimées entre les aréoles, subgibbeuses, tout à fait aplanies vers la partie inférieure où elles deviennent rugueuses, noirâtres, comme amaigries ; aréoles allongées, étroites,
immergées, éloignées de 16-18 millim. les unes des autres, munies de
tomentum noir ; aiguillons aciculaires, noirs, rigides, érigés, maigres,
les extérieurs longs de 18 millim., subcouchés, l'intérieur dressé, plus
vigoureux et un peu plus long.

Floraison? Fleurs ?

Culture. Serre tempérée pendant l'hiver, plein air en bonne exposition pendant l'été.

Cette plante, dédiée à M. Mallet de Chily, propriétaire près d'Orléans, est encore extrêmement rare ; elle est remarquable par la couche pulvérulente, crayeuse qui recouvre toute sa surface ; son identité d'origine et de caractère nous fait croire qu'elle est la même que celle qui était indiquée anciennement dans les Catalogues sous le nom d'Echinocactus Farinosus. N'ayant aucune description de la dernière, j'ai dû conserver le nom de dédicace, et laisser comme synonymie celui qui devrait avoir la priorité dans le cas où la synonymie serait reconnue exacte.

9. Echinocactus Bridgesii (Pfr.).

Synonymie. Echinocactus Bridgesii Pfr. — In Abbild., 2, tab. 14. — id. Salm. Cact. in hort. Dyck., cult., p. 144.

Patrie. Bolivie. Introduit par M. Bridges.

Diagnostic. Tige conique, vert sale, atténuée au sommet qui est garni de laine très-abondante ; 10 côtes larges, obtuses ; aréoles rapprochées, presque contiguës, grandes, ovales, munies de laine floconneuse abondante, blanche fauve ; les aiguillons tous rigides, droits, bruns gris, 7 extérieurs rayonnants (celui du haut manque), 1 central plus long, plus épais, de plus de 3 cent. de long.

Cette plante diffère de l'Echinocactus Echinoïdes dont elle est voisine par ses dimensions plus fortes et par ses aiguillons plus vigoureux.

Floraison? Fleurs? Les lacinies pétaloïdes irrégulièrement tournées en dehors ; style à 10 divisions, d'ailleurs assez semblable à la fleur de l'Echinocactus Echinoïdes, surtout pour la couleur.

Pfaiffer, qui a donné une figure de notre plante, la décrit ainsi :

Tige grande, de forme conique, garnie de laine épaisse, au sommet atténué ; la tige est de couleur vert sale, elle a 10 côtes larges, obtuses ; les aréoles sont rapprochées, grandes, de forme ovalaire, garnies d'une laine floconneuse brunâtre ou blanchâtre ; les aiguillons en sortent au nombre de 8, ils sont forts, roides, droits, de couleur grise brunâtre, les 7 de la périphérie étalés, celui du centre érigé et long.

Les fleurs sont de forme irrégulière et de couleur jaune-pâle ; le tube est court, muni d'écailles et de poils ; les lacinies périgoniales sont rangées en plusieurs séries, celles du calice verdâtres à l'extérieur, celles de la corolle jaunes ; les filaments et les anthères sont jaunes et dépassent un peu le style terminé par 10 stigmates obtus.

Culture. Serre tempérée pendant l'hiver, plein air en bonne exposition pendant l'été.

Cette plante a été introduite en 1844 par M. Bridges, qui l'a introduite de la Bolivie en même temps que les Echinocactus *Auratus Pfr.*, *Salm Dyckianus Pfr.*, *Supertextus Pfr.*, *Bolivianus Pfr.*, *Copiapensis Pfr.*

10. Echinocactus Macracanthus (Salm).

Synonymie. Echinocactus Macracanthus Salm. Cact. in hort. Dyck.,

cult., p. 142. — Echinocactus Macracanthus β. Cinerascens Salm. — Echinocactus Pepinianus γ. Affinis Monv.

Patrie. La partie septentrionale de la Bolivie. Introduit par
M. Bridges.

Diagnostic. Tige obovée ou ellipsoïde, vert cinérascent; sommet
laineux; 15 côtes, côtes convexes, sinueuses, enflées vers les aréoles;
aréoles serrées, rondes, grandes, cinérascentes, munies de tomentum
noir; 7-8 aiguillons extérieurs rayonnants, très-ouverts, à peine recourbés, 1 central très-vigoureux, ouvert, tous épais, subulés, très-
rigides, en naissant fauves, plus tard cendrés à pointe noire.

Tige haute de 10 cent. et large de 8, subatténuée surtout vers la
partie inférieure; sommet plan couvert de laine grise; côtes obtuses;
crête et faces très-sinueuses; sillons aigus, vert livide; aréoles grandes,
rondes, éloignées de 10-11 millim., munies de tomentum foncé;
aiguillons très-vigoureux, les extérieurs de 20 cent. de long, et 1 central, longs de près de 4 cent., très-rigides, épais, ronds, d'abord fauves
en bas, couleur de châtaigne à la pointe, ensuite cendrés, à pointe
brune.

Floraison? Fleurs?

Culture. Serre tempérée pendant l'hiver, plein air en bonne exposition pendant l'été.

11. Echinocactus Echinoïdes (Cels).

Synonymie. Echinoc. Echinoïdes Salm. — *id.* Cact. in hort. Dyck.,
cult., p. 144. — Echinoc. Pepinianus δ. Echinoïdes Monv. — Echinoc.
Jenischianus Salm. — *id.* Forst.?

Patrie. La Bolivie et le Chili.

Diagnostic. Tige hémisphérique, cinérascent-blême; sommet laineux; 11 côtes, côtes convexes, larges; aréoles très-serrées, ovales en
travers, munies de tomentum foncé; 7 aiguillons extérieurs subégaux,
rigides, rayonnants, légèrement recourbés, d'abord noirs, ensuite cendrés, 1 central plus vigoureux, érigé.

Floraison. Fleurs d'un beau jaune; lacinies extérieures lancéolées,
aiguës; lacinies intérieures fortement dilatées, çà et là érigées-recourbées, obtuses, érosées sur les bords; étamines érigées; filets et anthères
jaunâtres pâle; style épais, fistuleux, à 6-8 divisions du même jaune
que la fleur.

Tige convexe, hémisphérique, de 15 cent. de diamètre, à sommet
enfoncé, couvert de laine blanche, épaisse; 11 côtes cinérascentes,
livides, épaisses, convexes en dessus, aplanies, à sinus oblitéré dans
la partie inférieure; aréoles larges, éloignées de 6-9 millim., plus
larges que longues, munies de tomentum noir; aiguillons rigides,
7 extérieurs peu recourbés, ceux du dehors sont sensiblement plus
longs que les autres, ils ont de 9-15 millim., celui du centre érigé,
long de 20 millim.

Variétés. Echinocactus Echinoïdes β. Pepinianus Lem. — Echinocactus Pepinianus Monv. — *id.* Cels.

Peu différent de l'espèce.

Culture. Serre tempérée pendant l'hiver, plein air en bonne exposition pendant l'été.

Le prince de Salm regarde l'Echinocactus Pepinianus Cels, ou notre variété, comme syn. du Cer. Pycnacanthus.

12. Echinocactus Intricatus (Salm).

Synonymie. Echinoc. Intricatus Salm. Cact. in hort. Dyck., cult., p. 145. *id.* A. G. Z., 1845, p. 387. — Echinoc. Criocerus Lem. — *id.* Cels. — Echinoc. Intricatus hort. Berol. Vhdl. de G. B. v, III, s. 428, T. 24 ? — Echinoc. Intricatus Monv.

Patrie. Montevideo. Chili?

Diagnostic. Tige déprimée, globuleuse, vert livide, laineuse au sommet; 13 côtes convexes, subsinuées; aréoles serrées, subnues; 7-8 aiguillons extérieurs, tous d'abord noirs, ensuite cinérascents, très-rigides, très-vigoureux, recourbés comme une corne, ouverts, entre-mêlés en rayonnant, celui du haut quelquefois érigé; sans aiguillon intérieur.

Tige globuleuse, déprimée, 8-10 cent. de diamètre; sommet ombiliqué recouvert de laine blanchâtre; côtes subcomprimées, vert livide, recouvertes d'une croûte ulcéreuse cinérascente, sinuées, enflées vers les aréoles qui sont un peu saillantes et arquées entre elles; aréoles distantes de 13 millim., arrondies, garnies de tomentum noirâtre, bientôt nues; aiguillons longs de 2 cent., arqués, recourbés, mêlés en rayonnant, celui du haut érigé manque quelquefois.

Floraison? Fleurs?

Culture. Serre tempérée pendant l'hiver, plein air en bonne exposition pendant l'été. Cette plante demande un peu plus de chaleur que celles du même groupe.

13. Echinocactus Cinerascens (Salm).

Synonymie. Echinoc. Cinerascens Salm. Cact. in hort. Dyck., cult., p. 13. — Echinoc. Copiapensis Pfr. l. c. — Echinoc. Cinerascens Salm. A. G. Z., 1845, p. 387. — Echinoc. Copiapensis Monv. — Echinoc. Intricatus β. Longispinus Monv.

Patrie. Chili.

Diagnostic. Tige subglobuleuse, vert livide cinérascent; sommet laineux; 20 côtes, côtes subcomprimées, sinueuses, enflées en tubercule près des aréoles; aréoles serrées, rondes, munies de tomentum cendré; 8 aiguillons extérieurs, ceux du bas sensiblement plus longs, entremêlés en rayonnant, 2 au centre plus vigoureux, tous très-rigides, cendrés.

Tige subglobuleuse, déprimée, 10 cent. de diamètre environ; sommet convexe, couvert de laine grise; côtes cinérascentes-livides, aiguës, grossies près des aréoles un peu saillantes, et arquées et comprimées entre elles ; sillon aigu ; aréoles distantes de 6 millim., rondes, munies de tomentum cendré ou noir ; aiguillons extérieurs ouverts, entremêlés en rayonnant, longs de 6 millim. ; ceux du centre 2 cent. de long, érigés.

Floraison. Fleurs moyennes, jaunes ; lacinies extérieures aiguës, rouges à leur sommet, recourbées ; les intérieures dressées, lancéolées, érosées ; style épais, fistuleux, à 8 divisions érigées, jaunes.

Culture. Serre tempérée pendant l'hiver, plein air en bonne exposition pendant la belle saison. Comme le précédent, il demande un peu plus de chaleur que ses congénères.

14. Échinocactus Horizonthalonius (Lem.).

Synonymie. Echinoc. Horizonthalonius Lem. Icon. 2e livr. — Echinoc. Equitans Scheidw. — *id.* Salm. Cact. in hort. Dyck., cult., coll. p. 146. — Echinoc. Horizontalis Scheidw. — *id.* Hort.

Diagnostic. Tige subglobuleuse, ombiliquée, glaucescente, très-vigoureuse ; 9-10 côtes arrondies, très-épaisses, disposées en spirale ; aréoles ovales, rapprochées, placées transversalement aux côtes, les plus jeunes prolongées en dessus en fossettes semi-circulaires, florifères ; 7 aiguillons, dont 5 subégaux inférieurs, 2 supérieurs dressés, très-vigoureux, subulés, les jeunes d'un jaune blanchâtre ou violacé, les adultes striés annulairement ; presque droits, le médian plus long.

Côtes, 5 cent. de large, se rétrécissant peu à peu vers le sommet de la plante ; aréoles pourvues de tomentum très-court, les jeunes munies en outre de laine blanchâtre floconneuse, immédiatement caduque et assez abondante vers l'ombilic pour simuler un cephalium naissant et d'où sortent les fleurs ; aiguillons de 2 à 2 et demi cent. de long, le médian et le médian inférieur un peu plus longs.

Floraison? Fleurs. Lacinies extérieures, linéaires, acuminées, mucronées, rose sale à la base, noirâtre vers la pointe ; les lacinies intérieures bisériées, roses à la base, roses violacées et subfrangées, mucronées au sommet, presque blanches vers le milieu.

Étamines nombreuses ; filet blanc ; anthères jaune doré ; style pourpré de la longueur des étamines, à 8 divisions, blanches ou légèrement rosées ; fleurs se développant pendant les mois de Mai et Juin, s'ouvrant pendant plusieurs jours de suite, sa couleur rosée disparaissant peu à peu sous l'influence du soleil, de sorte qu'après les premières anthèses les lacinies paraissent rose blanchâtre.

Fruits. Inconnus.

L'examen attentif des aréoles d'un Echinoc. Horizonthalonius qui avait fleuri plusieurs fois nous a fait découvrir au milieu de son tomentum 4-5 graines dont 2 levèrent assez facilement, ces graines très-grosses étaient enveloppées d'une cutitule très-mince, mais entièrement desséchée, ce qui nous fait supposer que la baie est très-petite, car, après la chute du périanthe, je n'ai aperçu sur le sujet aucune trace de fruit avant l'observation du gonflement du tomentum, qui me décida à le fouiller.

VARIÉTÉ. Echinoc. Horizontalonius β. Curvispina Salm.

Il diffère par ses 8-10 aiguillons recourbés, celui du bas subaplani.

Lemaire a donné, dans son *Iconographie des Cactées*, une fort belle figure qui a été dessinée d'après un sujet adulte qui faisait partie de la belle Collection de M. de Monville ; les jeunes sujets, même en état de fleurir, ne présentent pas tout à fait les mêmes caractères dans la forme de leur tige, ils sont aplatis, disciformes, ce n'est que plus tard qu'ils prennent la forme subglobuleuse. A ce propos, n'y aurait-il pas quelques raisons de croire que nos deux Discocactus se trouvent dans le même cas que notre Horizonthalonius, et que plus tard, s'il nous était possible de les faire végéter vigoureusement, ils prendraient une forme subglobuleuse ?

Culture. Serre tempérée pendant l'hiver, plein air en bonne exposition pendant la belle saison.

Les plantes de cette section, soit à cause de leur nouveauté qui ne leur a pas encore permis de s'acclimater, comme le sont les Echinocactus Ottonis, etc., soit à cause de notre peu d'habitude de les cultiver, semblent réclamer un peu plus de chaleur que les autres Échinocactes. Cependant, je suis persuadé qu'elles ne réclament même pas la serre tempérée pendant l'hiver ; quelques sujets de cette section, entre autres un Echinocactus Horizonthalonius, qui est regardé comme très-délicat, ont été conservés pendant trois années et végétaient très-vigoureusement sans ces soins. A partir de la fin de Mars ou le milieu d'Avril, ils étaient placés dehors dans un coffre au pied d'un mur, couverts par un panneau ; dès que la température s'est élevée en Mai, en soulevant seulement le pied du panneau, on leur donnait de l'air tout en concentrant dans le coffre la chaleur des rayons du soleil ; le panneau n'était levé que pendant la nuit ou pendant les jours de pluie, ils restèrent soumis à ce traitement jusqu'au milieu de Novembre de chaque année, époque à laquelle ils étaient rentrés dans une chambre où on ne faisait pas de feu de l'hiver ; ils étaient rangés sur des rayons près des vitres de la croisée exposée au midi. Nous avons observé un sujet dont les aréoles voisines du sommet donnaient des jeunes, ce sommet avait été altéré accidentellement.

B. *EROSTOGONI, dont les côtes sont vigoureuses et saillantes.*

Tige plus ou moins globuleuse, épaisse, parfois énorme ; vertex laineux ou nu ; côtes vigoureuses saillantes, parfois subcomprimées ou enflées, souvent gonflées près des aréoles ; aréoles continues, subcontinues ou allongées linéaires, munies de tomentum caduc ; aiguillons très-vigoureux, droits ou légèrement recourbés à la pointe, striés, annelés ou lisses. Quelques plantes de cette section ont aussi un vertex laineux, mais ici cette laine, au lieu d'être floconneuse ou soyeuse comme dans la précédente, est au contraire feutrée.

Les jeunes semis des sujets de cette section ne prennent leurs caractères distinctifs que dans l'âge adulte ; pendant les premières années, un œil même exercé rencontre de la difficulté à distinguer deux espèces voisines. Mais si l'absence des caractères spécifiques laisse quelques doutes sur la détermination des espèces, il n'y a aucune difficulté quand il s'agit de distinguer les plantes de cette section de celles qui appartiennent aux autres, lors même qu'il s'agit d'un semis d'une année ou deux. Les côtes saillantes comprimées, les arêtes sinueuses, convexes entre les aréoles, l'insertion de celles-ci sur les proéminences aiguës produites par ces sinuosités, leurs aiguillons longs, allongés, déjà vigoureux, présentent des caractères nets et tranchés qui permettent de reconnaître les plantes de notre section sans aucune hésitation.

* XIPHACANTHI, A AIGUILLONS ALLONGÉS EN FORME DE GLAIVE.

Tige plus ou moins globuleuse, épaisse, parfois énorme ; côtes vigoureuses, saillantes, subcomprimées, tranchantes ou légèrement émoussées ; sillons larges ; aréoles très-rapprochées ou continues ; aiguillons le plus souvent vigoureux, très-allongés, droits ou légèrement infléchis à la pointe, annelés ou lisses.

Peu de fleurs ont été observées dans cette section ; les sujets qui la composent prenant des dimensions gigantesques. Quelques-uns cependant ont fleuri dans la Collection de Monville, mais n'ont pas été décrits. J'y ai remarqué seulement les baies des Echinocactus Pycnoxiphus, elles sont écailleuses, jaunes, cunéiformes, à sommet tronqué, celles que j'ai vues paraissaient molles et flétries.

15. **Echinocactus Flavovirens** (Scheidw.).

Synonymie. Echinoc. Flavovirens Scheidw. A. G. Z., 1841, p. 50. — *id.* Salm. Cact. in hort. Dyck., cult., p. 149. — *id.* Forst. Handb. dr. Cact., p. 329. — Echinoc. Polyocentras Lem. — Echinoc. Orthacanthus Link et Otto. Dissert. de la Soc. hort. de Berlin, p. 425, t. 3.

Patrie. Mexique, Tehuacan.

Diagnostic. Tige globuleuse, vert gris jaunâtre ; 12-13 côtes verticales, aiguës ; sillons profonds, très-aigus ; aréoles un peu distancées, oblongues, comme tronquées à leur sommet, drageonnant assez facilement ; 14 aiguillons extérieurs inégaux, droits, ouverts, 4 centraux plus vigoureux, dont l'inférieur plus grand ; tous rigides, annelés, gris.

Aiguillons extérieurs de 27 millim., les intérieurs de 3-4 cent. de long.

Cette plante est reconnaissable par sa couleur vert jaune ; ses aiguillons nombreux, vigoureux, aciculaires, et ses aréoles très-prolifères quand elle végète vigoureusement. Il existe, dans nos Collections, de fort beaux sujets formés de 5-6 têtes ayant chacune de 10-13 cent. de diamètre.

Floraison ? Fleur ?

11

Culture. Cette plante est délicate et d'une végétation lente sous notre climat, c'est peut-être à cette circonstance que nous devons de ne l'avoir jamais vu fleurir et qu'elle est restée très-rare, quoique déjà très-anciennement introduite.

C'est surtout pour cette plante et quelques-unes qui, comme elle, végètent très-lentement, qu'il serait utile de construire, des bâches en briques, chauffées en dessous, dans lesquelles il serait possible de cultiver les plantes en pleine terre pendant plusieurs années de suite sans les déranger. Il est à regretter que nos Musées et quelques amateurs n'ayent encore rien essayé pour cultiver ainsi les Cactées.

16. Echinocactus Pfeifferi (Zucc.).

Synonymie. Echinoc. Pfeifferi Zucc.— *id.* Pfr. enum. diagn., p. 58.— *id.* Abbild. 3, t. 2.—Echinoc. Mamillarioïdes Hook. — Echinoc. Theiacanthus hort. Monr. — Echinoc. Theiacanthus Lem. — Echinoc. Glaucescens Dc.?

Patrie. Mexique, sur les rochers près de Toliman.

Diagnostic. Tige oblongue, globuleuse; 11–13 angles glaucescents; sillons étendus, aigus; côtes comprimées, subaiguës; aréoles rapprochées, oblongues, allongées en dessus, garnies de tomentum jaunâtre; 6 aiguillons subégaux, rigides, divergents, érigés, presque droits, striés transversalement, jaune pâle, fauves à la base, très-rarement 1 central de la même couleur que les autres.

Floraison. Fleurs petites, comparativement aux dimensions de la plante, jaunes; lacinies, les sépaloïdes érigées, aiguës, les pétaloïdes érigées, un peu ouvertes, spatulées, à bords ciliés; étamines nombreuses; filets filiformes; anthères jaunes; style columnaire, strié, fistuleux; 12–15 stigmates allongés, révolutés, couleur soufre.

Côtes peu comprimées, crénelées, convexes, enflées en tubercules, très-saillantes vers les aréoles; sillons très-aigus vers le sommet, larges vers la base de la plante; aréoles ovales, allongées au-delà des faisceaux d'aiguillons, munies de tomentum jaune d'abord et gris plus tard, enfin caduc; les faisceaux d'aiguillons éloignés d'environ 13 millim.; aiguillons vigoureux, rigides, striés en travers, les jeunes jaune soufre transparent dans toute la longueur, adultes roussâtres, 8-9 rayonnants, longs de 45–50 millim., 1 central plus vigoureux, un peu plus long; tous légèrement recourbés. La plante décrite a 45 cent. de haut sur 50 de diamètre.

Culture. Serre tempérée, plein air en bonne exposition pendant l'été.

17. Echinocactus Ornatus (Dc.).

Synonymie. Echinoc. Ornatus Dc., Revue, p. 114. — *id.* Pfr. enum. diagn., p. 62. — Echinoc. Holopterus Miq. — Echinoc. Mirbelli Lem. — Echinoc. Tortus Scheidw.

Patrie. Mexique.

Diagnostic. Tige subglobuleuse; 8 côtes profondes, comprimées,

verticales, ornées de petits pinceaux de laine, rangées par zones transversales; aréoles éloignées, saillantes; 7 aiguillons droits, jaunâtres,
rayonnants, et 1 central.

Sillon aigu à faces planes, si profondes que la plante paraît formée
d'un axe sans épaisseur; côtes très-comprimées, très-aiguës, crénelées
à crénelures convexes, saillantes, de 50 centimètres environ; aréoles,
ovales, éloignées de 3 cent. environ; aréoles munies de laine jaune brunâtre, promptement caduque, un peu allongées au-dessus de l'insertion
des faisceaux d'aiguillons, ceux-ci très-longs, un peu grêles, serrés, les
jeunes jaunâtres, plus tard roux sale, 8 rarement 9; 6 rayonnants sur
les côtés, d'environ 5 cent., dont 1 supérieur un peu plus long, quelquefois légèrement aplani et recourbé, 1 central d'environ 8 cent.,
presque droit, à peine recourbé vers la pointe; tous subulés.

Floraison. Fleurs jaune pâle; tube couvert de sétules aiguës, brunâtres.

Deschamps, à qui l'on doit l'introduction de cette belle plante déjà
ancienne, raconte ne l'avoir rencontrée que dans une seule localité où
encore elle est rare et très-difficile à aller chercher, parce qu'elle croît
sur des escarpements de précipices : ce qui s'accorde assez avec ce fait,
c'est que la racine des plantes du pays est toujours tournée horizontalement. Quelques-uns des échantillons qu'il a introduits en France ont été
multipliés de boutures. D'autres, introduits par lui soit à Vienne, soit
à Berlin, ont donné des boutures et des graines. La plupart des jeunes
individus que l'on trouve dans le commerce proviennent de ces deux
sources, car nous n'avons jamais rencontré cette plante dans aucun
des envois qui ont été faits depuis ceux de Deschamps.

Culture. Serre tempérée pendant l'hiver, plein air en bonne exposition pendant l'été. Cette plante, ainsi que l'Echinoc. Flavovirens,
demandent un peu plus de chaleur que leurs congénères, elles sont
d'ailleurs toutes d'une végétation lente, qui a besoin d'être stimulée
par des bassinages convenables et une bonne température.

18. Echinocactus Electracanthus (Lem.).

Synonymie. Echinoc. Electracanthus Lem. Cact. nov., p. 24.— (Echinoc.
Oxypterus Zucc.? d'après Pfr. enum. diagn., p. 57.) — Echinoc. Lancifer
Reich. Echinoc. Hystrix De.?

Patrie. Mexique, Santa-Rosa de Toliman, régions tempérées.

Diagnostic. Tige oblongue; 15 côtes vigoureuses; sommet presque
rond; sillons d'abord aigus, puis presque plans vers la base de la
plante; côtes comprimées, subverticales, crénelées; aréoles distancées,
oblongues, munies de laine épaisse; aiguillons sortant d'un tomentum
jaune ou blanc, 18 extérieurs, divergents, subégaux; aiguillons diaphanes ou jaunâtres, striés transversalement, 1 central plus grand,
brun à la base.

Côtes très-vigoureuses, saillantes de 3 cent. environ, comme enflées en
tubercules près des aréoles, convexes; sillons aigus, aplanis dans leur

partie inférieure; aréoles distancées de 2 et demi à 5 cent. les unes des
autres, oblongues, allongées au-delà des faisceaux d'aiguillons; tomentum roux très-court, promptement caduc; 9 aiguillons (rarement 10,
et alors le dixième est supérieur et plus court) très-vigoureux, subanguleux, recourbés, très-longs, rougeâtres depuis la base presque
jusqu'à la pointe, ensuite jaunes transparents, couleur d'ambre,
8 rayonnants, dont 1 supérieur légèrement aplani, long de 4 cent. et
demi, 6 latéraux presque égaux, très-recourbés, le huitième tout à fait
en bas, un peu plus court, 1 central, horizontal ou défléchi, anguleux
à la base, d'environ 8 cent.; tous striés transversalement et un peu
anguleux.

Ce qui peut aider à distinguer cette plante de celles qui lui sont
voisines et qui lui ressemblent beaucoup, ce sont ses aiguillons ouverts
en se recourbant, colorés à la base seulement, de couleur chair
incarnat (et surtout l'aiguillon central).

Floraison ? Fleurs ?

VARIÉTÉS. Echinoc. Electracanthus β. Hœmatacanthus Salm.—Syn.
Echinoc. Hœmatacanthus Monv.

Dans cette variété, les aiguillons sont d'un rouge gaie, staminés vers
la pointe seulement, son aiguillon central est assez défléchi.

Fleurs ?

Echinoc. *Electracanthus* γ. Capuliger Monv.

Dont l'aréole est munie de quelques sétules pileuses assez rares,
cependant très-différent de l'Echinocactus Piliferus.

Culture. Serre tempérée pendant l'hiver, plein air en bonne exposition pendant l'été.

19. Echinocactus Echidne (Dc.).

Synonymie. Echinoc. Echidne Dc., Mem. t. 11. — *id.* Pfr. enum. diagn.,
p. 57. — Echinoc. Dolicacanthus Lem. — Echinoc. Vanderœyi Lem. —
Echinoc. Hystrix. Monv. — Echinoc. Oxypterus Zucc.?

Patrie. Mexique.

Diagnostic. Tige hémisphérique, déprimée, verte; sillons aigus;
13 côtes aiguës; aréoles ovales, les jeunes velutineuses; 7 aiguillons
rigides, glabres, presque droits, jaunes, très-développés, 1 central à
peine plus long que les autres.

Cette espèce varie pour la longueur et le nombre des aiguillons.

Floraison ? Fleurs jaune citron. Non décrite encore.

Côtes subconvexes, comprimées, subaiguës; aréoles insérées sur des
tubercules saillants et épais, munies vers leur extrémité de laine fauve
abondante promptement caduque; les faisceaux d'aiguillons distancés, à
3-4 cent. l'un de l'autre; 7, 8 et quelquefois 9 aiguillons rayonnants,
subégaux, longs de 35 millim. environ, 1 central de 5-6 cent. de long,
brun, strié, anguleux, ensuite gris; aréoles allongées au-dessus des
faisceaux d'aiguillons.

Variétés. Echinoc. Echidne β. Gilvus Salm.—Syn. Echinoc. Gilvus Dietr. A. G. Z., 1845, p. 170.

Tomentum des aréoles assez abondant, roux, promptement caduc, quelquefois roux grisâtre; celles-ci allongées, arrondies en dessus; 9 aiguillons très-vigoureux, rigides, légèrement recourbés, complète-ment annelés, striés, 8 rayonnants presque égaux, ronds, subulés, brun-cinérascent, à pointes tout à fait brunes, de 5 cent. environ; 1 central érigé, horizontal ou défléchi, d'environ 8 cent.

Peut-être faudrait-il conserver l'Echinocactus Wanderœyi Monv. comme variété, ses aiguillons sont plus longs et plus effilés.

Culture. Serre tempérée pendant l'hiver, plein air en bonne expo-sition pendant la belle saison.

20. Echinocactus Hystrichacanthus (Lem.).

Synonymie. Echinoc. Hystrichacanthus Lem. Cact. gen. nova, p. 17.— *id.* Salm. Cact. in hort. Dyck., cult., p. 151.— Echinoc. Intricatus Link et Otto. Dissert. de la Soc. hort. de Berlin, vol. 3, p. 428, où il est figuré?

Patrie?

Diagnostic. Tige globuleuse, subconique, à peine ombiliquée au sommet, vert glauque; 25 angles très-vigoureux; angles subcomprimés, aigus, sinueux; aréoles oblongues, immergées sur une tuberculo-sité nettement tranchée; 14 aiguillons, dont 8 bifariés, couchés en dehors, inégaux, presque cylindriques, 4 intérieurs subdécusés, le dernier porrigé, subtriangulaire, très-long; tous rouge bruns à pointe dorée transparente, striés.

Floraison? Fleurs?

Il existe, dans les Collections d'Europe, des exemplaires qui ont 80 cent. de diamètre et qui n'ont pas encore fleuri.

Côtes vigoureuses, aiguës, comprimées, saillantes de 3 cent., légère-ment gonflées près des aréoles, crénelées, convexes; sillon très-aigu; aréoles oblongues, allongées en dessus, comme creusées sur le tuber-cule, aiguës ou plutôt immergées dans sa crête, distinctes, éloignées de 4 cent. environ, munies de tomentum fauve, court, enfin gris; 14 ai-guillons, dont 9-10 extérieurs subradians, subinégaux, dont 8 bifariés, renversés horizontalement, presque droits, subcylindriques, 2 autres l'un supérieur dressé, l'autre inférieur, déjeté, ronds, plus grêles, avortant quelquefois, 4 intérieurs subdécusés, dont 3 supérieurs sub-anguleux, égaux, longs de 3 cent., subérigés, le dernier développé, subtriangulaire, aplani en dessus, long de 7 cent. et plus; tous très-rigides, très-vigoureux, entremêlés, d'abord roux fauves à la base, dorés transparents à la pointe, enfin cinérascents, striés, subulés.

Culture. Serre tempérée pendant l'hiver, plein air en bonne expo-sition pendant l'été.

21. Echinocactus Robustus (hort. Berol.).

Synonymie. Echinoc. Robustus hort. Berol. — *id.* Pfr. enum. diagn.,

p. 61.— Echinoc. Spectabilis hort.— Echinoc. Subaliferus hort.— Echinoc. Agglomeratus Karw.— Echinoc. Galeotti Scheidw. ?[1]

Patrie. Mexique ; Oaxaca, Tehuacan.

Diagnostic. Tige claviforme; angles vert foncé; côtes verticales comprimées, gonflées près des aréoles; sillons étendus, anguleux; aréoles distancées, allongées en haut, les jeunes munies de tomentum jaune, plus tard gris; 4 aiguillons rouge pourpre brillant, tétragones à leur base, striés transversalement, celui du bas le plus grand, 14 extérieurs purpurascents, ceux du haut plus grêles, les 3 inférieurs un peu plus vigoureux ; tous presque droits.

Floraison. Fleur? Un fruit, envoyé en 1828, était long de 3 cent., large de 18 millim., Il était garni de grandes squammes semi-circulaires nues, ouvertes, et portait les restes du périanthe, dont les lacinies extérieures étaient courtes, larges ; les intérieures, d'un jaune sale, étaient lancéolées, elles avaient environ 3 cent. de longueur. Aucune fleur n'a été observée en Europe.

Quelquefois et accidentellement, la tige se développe d'une manière anormale et en forme de crête, d'autres fois elle est très-prolifère, même dans le jeune âge, c'est ce qui a donné lieu à la formation des variétés indiquées par Pfaiffer, sous le nom β. Prolifera, γ. Monstruosa.

Culture. Serre tempérée pendant l'hiver, plein air en bonne exposition pendant l'été.

22. Echinocactus Pilosus (Galeot.).

Synonymie. Echinoc. Pilosus Galeot. — Echinoc. Piliferus Lem. — id. Hort. — Echinoc. Pilosus Salm. Cact. in hort. Dyck., cult., p. 148.

Patrie ?

Diagnostic. Tige globuleuse, vigoureuse, d'un vert très-luisant ; sommet sublaineux ; 13-18 côtes ; côtes comprimées ; sillons aigus, profondément creusés ; aréoles distancées, étendues, linéaires, portant, outre leur tomentum gris, des poils blancs nombreux, longs, frisés ; 6 aiguillons très-vigoureux, annelés, pourpres en naissant, ensuite fauve pâle, ceux du haut dressés, ceux du bas ouverts-recourbés, 3 autres plus grêles insérés dans la partie inférieure de l'aréole; ils avortent souvent.

Floraison? Fleur? Une lettre de M. Cels m'apprend que cette

---

[1] Nous rapportons ici l'Echinocactus Robustus Scheidw. comme synonymie de notre Robustus ; ses 8 aiguillons, dont 4 décusés, et 4 intérieurs en croix, semblent indiquer immédiatement notre Robustus ; quant au sommet plat et laineux qui pourrait laisser quelques doutes, connaissons-nous l'Echinocactus Robustus ayant atteint un développement de 50 cent. de haut sur 40 de diamètre? Ce que nous pouvons dire, c'est qu'il ne se confondra pas avec l'Echinocactus Pilosus et sa variété, comme le pensent quelques auteurs : puis, que les jeunes boutures de l'Echinoc. Pilosus de 4-5 cent. de diamètre, portent déjà les poils caractéristiques dont manquent même les plus forts sujets du Robustus connu.

plante vient de fleurir à Montivilliers, près du Havre, chez M. Desmoutis; la plante a environ 60 cent. de haut sur 50 environ de diamètre. Malheureusement sa fleur n'a pas été décrite, M. Desmoutis
était absent au moment de la floraison.

VARIÉTÉS. Echinoc. Pilosus β. Steinesii Salm. — Echinoc. Steinesii
Hook. — Echinoc. Visnaga hort. angl.

Cette variété diffère du type précédent par la disposition moins
régulière des aiguillons et les poils qui disparaissent presque complétement. Connu en France par un jeune provenant du magnifique sujet
du Jardin de Kiew, et introduit par M. Cels.

L'auteur Hooker, dans la description de cette plante, dit que le
sujet n'a que 4 aiguillons par aréole, caractère dont la constance constituerait une espèce bien distincte de l'Echinocactus Pilosus. Quoi
qu'il en soit, cette plante peut donner une idée de l'énorme développement qu'acquièrent certains Échinocactes dans leur pays natal.
L'individu en question avait 1^{m}50 de haut, mesuré de chaque côté du
sommet jusqu'à la terre 3^{m}80, enfin sa circonférence à 85 cent. de
terre était de 2^{m}70, il avait 44 côtes, pesait plus de 500 kil. au moment où il a été introduit.

Culture. Serre tempérée pendant l'hiver, plein air en bonne exposition pendant l'été.

23. Echinocactus Pycnonyphus (Lem.).

Synonymie. Echinoc. Pycnonyphus Lem. Cact. gen. nov., p. 26.

Patrie?

Diagnostic. Tige subglobuleuse, très-ombiliquée; côtes nombreuses,
glaucescentes, très-fortes; environ 40 côtes subcomprimées, subaiguës;
aréoles oblongues, immergées, parfois subconfluentes; 9 aiguillons
très-serrés, dressés, très-vigoureux, intriqués, inégaux, ceux du haut
décusés, les autres subradiants, parmi les 4 supérieurs 1 subcentral
beaucoup plus fort que les autres, ensiforme; tous striés, jaunes bruns
à la base, ensuite cinérascents.

Floraison. Fleurs?

La plante décrite a plus d'un mètre 50 cent. de circonférence, près
de 50 cent. de haut. Elle a 36–40 côtes subcomprimées, presque aiguës,
saillantes de 27 millim., enflées près des aréoles; sillons très-aigus;
aréole oblongue insérée au milieu d'une fossule, allongée en dessus,
comme insérée entre deux tubercules se suivant quelquefois, presque
confluente ou tout au plus éloignée de 6-7 millim., les jeunes munies
de tomentum court, roux, plus tard noirâtre, défendues par 8-9 aiguillons très-vigoureux, droits, très-entremêlés, tellement entremêlés
vers le sommet qu'il serait difficile d'y mettre le doigt. Ces aiguillons
sont inégaux, biformes, les 4 supérieurs décusés-dressés, beaucoup
plus vigoureux que les autres, presque égaux, dont 3 presque disposés
en trident, aplanis-rhombiques, très-vigoureux, courbés vers la
pointe, longs d'environ 4 cent.; le quatrième médian, étendu, droit,

canaliculé-rhombique, ensiforme, plus vigoureux, long de 8 cent.;
les 5 inférieurs grêles, cylindriques, subradiants de 22 millim., striés,
jaunes dorés, transparents dans la jeunesse, fauves roux à la base, plus
tard subcinérascents; quelques-uns manquent parfois.

Les jeunes semis ressemblent assez à l'Echinocactus Hystricacanthus
Monv.

Culture. Serre tempérée pendant l'hiver, plein air en bonne exposition pendant l'été.

24. Echinocactus Ghiesbreghtianus (Lem.).

Synonymie. Echinoc. Ghiesbreghtianus Lem. Hort. univ., t. 5, p. 227.
— Échinoc. Oligacanthus Pfr. Dissert. de la Soc. hort. de Berlin, vol. 3,
p. 427?

Patrie. Mexique.

Diagnostic. Tige subsphérique; sommet plat garni de laine jaune
courte, tomenteuse, vert glauque; 30 côtes comprimées, émoussées,
convexes, subverticales, devenant obtuses vers la base; sillons très-
aigus au sommet, arrondis et larges vers la base de la plante; aréoles
longues, profondes, très-rapprochées, se touchant de manière à figurer
un canal sur toute la longueur de la crête de chaque côte, les jeunes
munies de tomentum semblable à celui du sommet de la plante, plus
tard nues; aiguillons insérés de la manière suivante : 4 en croix vers le
sommet, 2 autres vers le bas de l'aréole. Parmi les 4 premiers, le
supérieur dressé, les 2 latéraux divergents à droite et à gauche, l'inférieur le plus long dirigé en bas, subcouché, dépassant ordinairement
l'insertion des 2 autres inférieurs qui sont divergents; tous grêles,
effilés, rigides, couleur de corne. Quelquefois, au-dessus de l'aiguillon
supérieur, il existe 1-2 aiguillons supplementaires plus petits que les
précédents.

Floraison? Fleurs?

Culture. Serre tempérée, en plein air, en bonne exposition pendant l'été.

Le sujet décrit est probablement unique dans les Collections d'Europe, il fait partie de la belle Collection du Jardin des Plantes de
Paris. Il a été envoyé du Mexique au Museum par M. Ghiesbreght,
à qui Lemaire l'a dédié.

Voici la note dont il accompagne sa dédicace :

« A en juger par son orthographe, ce nom n'est pas très-eupho-
« nique, mais c'est celui d'un homme qui mérite bien de la science,
« aux progrès de laquelle il contribue par ses voyages. C'est ce même
« nom qui faisait dire à M. Lendly, à l'occasion de l'Achimenes
« Ghiesbreghtianus, qu'il regardait comme l'Achimenes Grandiflora Dc.
« Et cependant, combien n'avous-nous pas en botanique de noms
« aussi barbares, sinon davantage, noms que l'on va chercher dans la
« langue grecque, en les estropiant de telle manière que la marchande
« d'herbes d'Athènes qui, à la seule transposition d'un accent, s'a-

« perçut que Périclès était étranger à l'Attique, n'en reconnaîtrait
« certes pas la nationalité. »

A propos de notre Echinocacte, qui est un des plus beaux sujets de
la Collection du Museum, qu'il nous soit permis de faire une observation sur la manière dont l'administration force les conservateurs à
cultiver les Cactées. La serre dans laquelle ils sont conservés, très-riche
et très-propre pour une foule d'autres plantes, est la plus détestable de
toutes celles qui ont été construites pour les Cactées : malgré le soin
et le zèle des personnes employées, la culture est forcément ce qu'elle
était à l'époque où les premiers sujets ont été introduits. Cela tient à
ce que toutes les fois qu'il faut un coffre ou un châssis pour placer
quelques plantes dehors, il faut avoir recours à tous les fonctionnaires
hiérarchiques de l'administration. Ceux-ci, administrateurs fonctionnaires, souvent indifférents et ignorants des soins nécessaires à une
bonne culture, s'occupent plus ou moins de la demande : se trouvant à leur aise dans leurs bureaux, n'y manquant de rien pour leurs
écritures, ils pensent qu'il en est de même dans le Jardin, passent
outre et regardent la demande comme inutile; ceux-là, artistes et
architectes, prétendent que la vue des coffres sur une terrasse produirait un effet peu gracieux, romperait l'harmonie des lignes qu'ils
ont péniblement étudiées avec la règle et l'équerre, s'opposent à ce que
l'administration accorde le coffre et le châssis demandés.

Et pourtant, messieurs, une bâche en brique ou en meulière, si
vous préférez le pittoresque, avec un chauffage horizontal et six
châssis que vous choisirez en fer, en bois, comme vous voudrez, le
tout décoré à votre guise ou caché où bon vous semblera, pourvu que
ce soit en bonne exposition du midi, par exemple vis-à-vis l'orangerie
devant la serre à Orchidées, tout cela constituera une dépense de
400 francs au plus, qui sera suffisante pour cultiver vos Cactées et même
bien d'autres constamment en pleine terre. Avec ces nouvelles conditions, vous perdrez peu ou point de plantes; en outre, au lieu de montrer
au public des sujets que vos employés ne peuvent faire végéter faute de
moyens; vous montrerez des plantes luxuriantes de vigueur qui vous
donneront, tous les ans, de nombreuses multiplications avec lesquelles
vous alimenterez les écoles de botanique des départements, et dans
quelques années, les amateurs français et étrangers admireront chez
vous la plus belle Collection d'Europe, riche et brillante par le nombre
des fleurs et la vigueur des sujets qui les porteront, et, au lieu de
perdre tous les sujets que vos voyageurs vous envoient à grands frais,
vous parviendrez à leur conserver les caractères qu'ils ont dans leur
pays natal.

** HELOPHORI, A AIGUILLONS EN FORME DE CLOUS.

Côtes plus épaisses, enflées, souvent gonflées vers les aréoles;
sillons aigus; aréoles séparées, souvent allongées linéaires; aiguillons
très-vigoureux, droits, en forme de clous, annelés ou lisses.

11.

Ici encore, les jeunes sujets manquent de la plupart des caractères spécifiques qui distinguent les sujets adultes, mais leur facies particulier les distingue nettement de ceux des autres sections, ainsi que de ceux de la sous-section précédente.

Fleurs, observées dans le Cornigerus et le Platycerus : tube moyen, entourées de laine à l'insertion ; ovaire nu ; tube garni de laine et de quelques écailles aciculaires ; la baie est lisse, elle porte les restes desséchés du périanthe.

25. Echinocactus Aulacogonus (Lem.).

Synonymie. Echinoc. Aulacogonus Lem. Cact. gen., p. 14. — *id.* Salm. Cact. in hort. Dyck., cult., p. 148.

Patrie. Mexique.

Diagnostic. Tige sphérique, globuleuse, déprimée, ombiliquée, vert glauque ; côtes nombreuses, très-vigoureuses ; aréoles très-longues, ovées, placées au milieu du sillon continu qui creuse les crêtes des côtes ; 6 aiguillons extérieurs régulièrement rangés deux à deux, de la manière suivante : 3 de chaque côté de l'aréole, les médians moindres que les autres, entre ceux-ci se trouvent insérés les 4 aiguillons intérieurs qui sont décusés et dont les 2 latéraux sont horizontaux, aplanis, celui du haut et celui du bas arrondis, le premier le plus long, très-développé ; tous très-annelés, extrêmement vigoureux.

Floraison? Fleurs?

20 côtes très-vigoureuses, émoussées, subverticales, subconvexes et légèrement gonflées près des aréoles, qui sont profondément enfoncées dans un sillon continu, arrondies, elles sont pourpre noirâtres et aussi presque continues sur toute la longueur de sa crête ; aréole longue de 30 millim. et plus, munie de tomentum court, jaunâtre, caduc, plus dense et plus épais vers le sommet de la plante qui, par suite, est laineux et couvert d'aiguillons déjà très-longs ; 6 aiguillons extérieurs dont 2, les latéraux moyens, ont 20-22 millim. de long, ceux du bas ont 6 millim. ; les 4 aiguillons intérieurs sont : le premier presque vertical, très-vigoureux, d'environ 4 cent., les 2 suivants aplanis, très-larges renversés, horizontaux, plus subulés que les autres à la base, atteignent 8 cent. et plus, le quatrième subrenversé, est aussi long ; tous sont subulés, très-visiblement striés en travers ; dans la jeunesse subjaunâtres, puis ensuite blancs à pointe pourpre, pour devenir enfin blancs-cinérascents à pointe fauve.

Dans la jeunesse, ces caractères n'existent pas ; la côte est formée de saillies très-prononcées ; les aréoles sont rondes, et les aiguillons intérieurs seulement existent ; ils sont remarquables par leur couleur purpurascente.

Variété. Aulacogonus β. Diacopaulax.

Variété dont les côtés sont interrompus à chaque aréole ; côtes légèrement crénelées ; aréoles ovales, allongées en sillon ; 7 aiguillons, 4 supérieurs décusés, plus vigoureux que les autres, les 3 autres insérés vis-à-vis l'un de l'autre, enfin le septième grêle, couché sur la crête de la côte.

Culture. Serre tempérée pendant l'hiver, plein air en bonne exposition pendant l'été.

26. Echinocactus Tuberculatus (Link et Otto).

Synonymie. Echinoc. Tuberculatus Link et Otto. G. B. V. 3, t. 26. — id. Pfr. enum., p. 60. — Whdl. d. G. B. V. 3, s. 425, t. 26. — Echinoc. Corynacanthus Scheidw. [1]

Patrie. Mexique. Indiqué aussi comme originaire de la Colombie, mais ici à plus de 2,600 mètres au-dessus du niveau de la mer.

Diagnostic. Tige subglobuleuse, verte ; 8 côtes obtuses ; 1 aiguillon central érigé, 7 rayonnants ouverts, subrecourbés, sensiblement plus faibles ; tige oblongue, vert glauque ; 12 angles ; côtes comprimées, sinueuses, tuberculées dans le voisinage des aréoles ; aréoles oblongues, munies de tomentum blanchâtre, les jeunes laineuses, enfin nues ; 7 aiguillons extérieurs rigides, subrecourbés, 1 central érigé.

Dans les individus originaux, les anciens aiguillons atteignent 3 cent. environ de longueur, les aréoles nouvelles ne les portent pas tous.

La plante décrite a 15-20 cent. de haut sur 12-14 de diamètre ; les aiguillons développés dans le pays ont 3 cent. de long, ils sont très-rigides, les nouveaux sont moins longs et manquent en partie.

Floraison ? Fleur ?

Culture. Serre tempérée pendant l'hiver, plein air en bonne exposition pendant l'été.

27. Echinocactus Helophorus (Lem.).

Synonymie. Echinoc. Helophorus Lem. Cact. gen., p. 10. — Salm. Cact. in hort. Dyck., cult., p. 147. — Echinoc. Ingens β. Irroratus Monv. — Echinoc. Irroratus Scheidw.— Echinoc. Helophorus β. Lœvior Lem.

Patrie. Mexique.

Diagnostic. Tige sphérique, déprimée en dessus, vert gaie ; sommet à peine ombiliqué ; 20 côtes tachées d'une macule pourpre prenant entre les aréoles à partir de la crête et s'étendant plus ou moins avant, de façon que la tige paraît comme transversalement zébrée ; angles comprimés, obtus ; aréoles très-allongées, linéaires ; 12 aiguillons vigoureux, développés, 4 au centre plus vigoureux, subulés, celui du haut très-long, claviforme, les 3 autres aplanis.

---

[1] Nous rapportons ici l'Echinocactus Corynacanthus Scheidw. avec doute, la description qu'il en a donné se rapporte assez à l'Echinocactus Tuberculatus, dans laquelle les aiguillons sont en même nombre. Voici, au reste, les caractères du Corynacanthus que Scheidweiller a donnés : Sommet ombiliqué ; 24 côtes vertes, allongées, lancéolées, munies de tomentum promptement caduc ; aiguillons jaunes, plus tard pourpres, droits, annelés, 7 extérieurs dont les supérieurs aplatis, les inférieurs ronds, 4 intérieurs noduleux à leur base, trapus, très-vigoureux.

Tige très-vigoureuse atteignant plus de 50 cent. de diamètre, à vertex laineux.

Floraison? Fleurs?

Côtes très-vigoureuses, comprimées, fortement émoussées, presque droites, très-légèrement enflées vers les aréoles; sillons très-aigus, droits; aréoles très-allongées, prolongées en dessus en fossule linéaire qui est quelquefois bifurqué à son extrémité, munies de tomentum jaune, court pendant la jeunesse, promptement caduques, se rétrécissant promptement du milieu vers le sommet et alors rempli à sa partie inférieure par l'insertion des aiguillons qui sont très-vigoureux, striés transversalement et très-fortement subulés à la base, surtout ceux de l'intérieur, ceux-ci sont fauves, transparents dans la jeunesse, ensuite pourpre brillants, et plus tard cinérascents. Le premier de 6-9 millim., les 2 suivants plus vigoureux, de 18-20 millim., 2 ensuite plus faibles, de 9-13 millim., tous les 5 ronds; 4 intérieurs disposés en croix, très-vigoureux, très-épais, subcomprimés, subulés à la base qui est large d'environ 3 millim., parmi lesquels celui du haut plus vigoureux, presque rond, en forme de clous, de 6-8 cent. de long, et les 3 autres subaplanis, de 4 à 4 et demi cent. de long.

Fleurs?

Variété. Echinoc. Helophorus β. Longifossulatus Lem.

Aiguillons moins nombreux, plus grêles, entièrement noirs; aréoles très-longues, prolongées en dessus par un fossule de 2 cent. et demi, allongées, linéaires, souvent confluentes; les fascicules d'aiguillons beaucoup plus distancés.

Culture. Serre tempérée pendant l'hiver, plein air en bonne exposition pendant l'été.

28. Echinocactus Platyceras (Lem.).

Synonymie. Echinoc. Platyceras Lem. Cact. Monv. — Echinoc. Minax β. Lævior Lem. — Echinoc. Platyceras β. Lævior Salm.

Patrie. Mexique.

Diagnostic. Tige globuleuse ou oblongue, vert glauque; sommet déprimé, laineux; 13 côtes; côtes larges, épaisses, obtuses, presque affaissées; sillons profondément creusés au sommet, aplanis à la base de la plante; aréoles ovales, distancées, très-promptement nues; 7-9 aiguillons extérieurs peu ouverts, 4 au centre décusés, plus vigoureux, peu recourbés, l'inférieur très-vigoureux, aplani; tous rigides, annelés, d'abord fauve châtaigne, ensuite gris.

Cette espèce se rapproche beaucoup de l'Echinocactus Ingens, elle en diffère par ses dimensions moindres et ses 4 aiguillons intérieurs, dont l'inférieur est aplani (1-2 manquent quelquefois).

13 côtes à peine renflées vers les aréoles, très-obtuses, à faces presque planes et non convexes, disposées verticalement ou en spirale; sillons profonds et aigus dans la partie supérieure, aplanis au contraire dans la partie inférieure; sommet muni de laine très-épaisse,

velutineuse, jaune-blanchâtre, et de quelques aiguillons rougeâtres à la base, bruns au sommet; aréoles munies de tomentum, très-promptement caduques, éloignées d'environ 8 cent., et cependant les faisceaux d'aiguillons paraissent très-resserrés, très-vigoureux, subulés, gris-blanc et comme entremêlés vers le sommet de la plante, 11-12 fortement aunelés, striés, jaunâtres vers leurs extrémités, dont 6-8 rayonnants, inégaux (celui du haut et celui du bas plus petits), recourbés, 4 intérieurs décusés, plus grands, plus vigoureux, le dernier de 5 cent. environ; défléchis, aplanis, déjetés, larges à la base, très-longs, imitant une corne.

Floraison. Fleurs se développant au milieu de la laine qui couvre le sommet de la plante, jaunâtres autant qu'il a été possible d'en juger d'après une baie; tube muni de laine abondante et de quelques sétules; lacinies lancéolées, aiguës.

Variétés. Echinoc. Platyceras β. Minax Nob.—Syn. Echinoc. Minax Lem.— id. Monv.— Echinoc. Platyacanthus Link et Otto.— Dissert. de la Soc. hort. de Berlin, vol. 8, p. 423.

Côtes épaisses, tuberculées, profondément crénelées entre les tubercules; 9 aiguillons très-vigoureux, blanchâtres, fauves à la pointe, subulés, striés transversalement, subanguleux, subdéplanis, disposés régulièrement, les 3 supérieurs de 8 cent. environ (celui du milieu quelquefois plus court), 4 latéraux tantôt plus longs, tantôt plus courts, 1 intérieur plus long, plus vigoureux, enfin 1 tout à fait inférieur, petit, défléchi; souvent 1-2 de ses aiguillons manquent.

Culture. Serre tempérée pendant l'hiver, plein air en bonne exposition pendant l'été.

29. Echinocactus Ingens (Zucc.).

Synonymie. Echinoc. Ingens Zucc. — *id.* Pfr. enum. diagn., p. 54. — Cereus Micracanthus Dc.? — Meloc. Ingens Karw. — Echinoc. Karwinskii Zucc.

Patrie. Mexique.

Diagnostic. Tige globuleuse ou oblongue, atténuée, ligneuse à la base, glauque purpurascente vers les crêtes des côtes; 8 angles très-laineux vers le sommet; sillons étendus, aigus; côtes obtuses, tuberculées; aréoles grandes, distancées, garnies de laine jaunâtre abondante; 8 aiguillons extérieurs, 1 central; tous bruns, droits, rigides.

Tige haute de 16 cent. sur 13 de diamètre; aréoles distantes de 3-4 cent.; aiguillons développés dans le pays de 4 cent., les derniers 2 à 2 et demi. Suivant Karwinskii, ces plantes atteignent 1 mètre de hauteur et de diamètre dans leur pays.

Floraison? Fleurs?

Variétés. Echinoc. Ingens β. Edulis Nob.— Syn. Echinoc. Edulis hort. Kew. — *id.* Monv.

Cette plante n'est connue en France que par de jeunes individus; elle diffère très-peu des jeunes Echinoc. Ingens, la seule différence consiste dans les aiguillons qui sont ronds, cylindriques, très-légèrement infléchis en dehors à la pointe. Ce caractère n'est pas encore suffisamment tranché pour qu'il soit possible de séparer cette plante de l'Ingens et d'en faire une espèce distincte.

Culture. Serre tempérée pendant l'hiver, plein air en bonne exposition pendant l'été.

C. *UNCINNATI, à aiguillons recourbés en crochets.*

Tige obovée, globuleuse ou subcylindrique, le plus souvent épaisse, quelquefois énorme ; sillons profonds, plus ou moins aigus vers le sommet, aplanis et disparaissant presque vers le bas de la tige ; côtes vigoureuses, comprimées, enflées vers les aréoles, à arêtes émoussées, et alors les aréoles immergées ; ou bien sinueuses, et alors les aréoles sont proéminentes et insérées sur les saillies produites par les sinuosités concaves de la crête, ordinairement allongées dans leur partie supérieure ; aiguillons grêles ou rigides, parfois très-vigoureux, quelquefois colorés, l'intérieur ou les intérieurs à pointe plus ou moins courbée en crochet.

Fleurs ; tube moyen ; ovaire lisse ; tube garni de quelques écailles.

* CORNIGERI, AIGUILLONS RECOURBÉS EN FORME DE CORNE.

Côtes cambrées, convexes, enflées près des aréoles, aplanies vers la partie inférieure de la plante ; aréoles allongées ; aiguillons purpurascents dans la jeunesse, l'intérieur ou les intérieurs aplanis, annelés, recourbés en crochet, ayant la forme d'une corne.

30. Echinocactus Acanthodes (Lem).

Synonymie. Echinoc. Acanthodes Lem. Cact. gen. nov., p. 106.

Patrie ?

Diagnostic. Tige globuleuse ; sommet à peine enfoncé, vert brillant ; côtes à crête convexe entre les aréoles, gonflées dans leur voisinage ; aréoles ovales, munies de tomentum blanc fauve, sortant en dehors de l'aréole, persistant ; aiguillons de trois formes, d'abord 6 intérieurs, dont les 2 supérieurs dressés, aplanis en dessus, arrondis en dessous, le troisième dressé, rhombique, plus vigoureux et plus large, les deux suivants comme le médian, à peine recourbés vers l'extrémité, plus vigoureux et plus longs que les 2 premiers, ronds anguleux, le sixième aplani en dessus, anguleux en dessous, tous les 6 annelés, peu subulés à la base ; ensuite 6 autres intérieurs subégaux, striés, moins forts que les précédents, ronds ou subaplanis, quelques-uns avortant parfois, enfin 6 autres grêles, droits ou légèrement recourbés, bifariés, d'abord purpurascents à la base, transparents à la pointe, plus tard tous rouge cinérascents.

Notre diagnostic a été fait sur un sujet de semis peut-être encore trop jeune. Voici la description que Lemaire a donnée d'après un sujet adulte :

Tige globuleuse; sommet à peine enfoncé, d'un vert luisant brillant, comme mammée entre les faisceaux d'aiguillons, portant 21 côtes enflées près des aréoles; aiguillons très-vigoureux, nombreux, 18 environ de trois formes différentes, très-longs, les uns érigés aigus, les autres horizontaux, droits ou subrecourbés, très-entremêlés et hérissés de tous côtés sur la plante.

Côtes subspirales peu saillantes, enflées vers les aréoles, relevées, arrondies d'une manière remarquable entre les aréoles, celles-ci sont munies de tomentum assez abondant, d'un brun blanchâtre, allongé et persistant assez longtemps, elles sont très-resserrées et ovées, elles portent des aiguillons de trois formes différentes, en tout 22 régulièrement disposés de la manière suivante : 1° 6 extérieurs dont les 2 du haut érigés, aplanis en dessus, arrondis en dessous, longs de 36–40 millim., le troisième est également érigé, il est rhombique, plus vigoureux et plus large, il atteint environ 5 cent. de longueur, les 2 suivants ainsi que le médian sont à peine recourbés sur eux-mêmes, les 2 supérieurs plus vigoureux et un peu plus longs, anguleux, émoussés, le sixième recourbé, aplani en dessus, anguleux en dessous, il atteint 40 millim. environ, tous ceux-ci sont striés, peu ou à peine subulés à la base; 2° 6 extérieurs beaucoup plus vigoureux que les précédents, longs, striés, inégaux entre eux, variant de longueur depuis 24 millim. jusqu'à 30, arrondis ou subaplanis, le premier est inséré isolément vers le sommet de l'aréole, il manque quelquefois, les autres sont insérés depuis le milieu jusqu'au bas de l'aréole, disposés en rayons, dont 4 sont bifariés, droits, un peu plus longs et un peu plus vigoureux, et le dernier est inséré seul vers le bas de l'aréole, il est déjeté et un peu recourbé; 3° enfin, 6 également extérieurs sont insérés comme les précédents à partir du milieu de l'aréole jusqu'à son sommet, ils sont plus grêles et moins remarquables, ils sont striés et diminuent de grosseur depuis le milieu de l'aréole jusqu'à son sommet, ils sont à peu près de la même longueur que les précédents, quelquefois il en manque 1-2 ; dans l'âge adulte, les 4 les plus vigoureux intérieurs sont purpurascents vers la base, transparents vers la pointe et brillants, par la suite ils deviennent tout à fait rouge cinérascent ; les jeunes sont diversement colorés.

Vers le sommet de l'aréole, il existe une espèce d'aiguillon court, trapu, arrondi à son sommet, autour duquel on voit sécréter une liqueur assez semblable à celle que sécrètent certains Mamillaires. Dans l'état de nos observations, la présence de cette espèce d'aiguillon qui se retrouve aussi sur plusieurs autres Échinocactes, tels que l'Hystricacanthus, le Pycnoxyphus, le Robustus, le Piliferus, etc., est restée inexplicable.

Floraison ? Fleurs ?

Culture. Serre tempérée pendant l'hiver, plein air et pleine terre pendant la belle saison.

Cette plante est extrêmement rare en Europe, il en existe un seul exemplaire en France, il fait partie de la belle Collection de M. Audry, à Chaillot, Collection qu'il faudrait citer à chaque moment s'il fallait indiquer les Collections dans lesquelles se trouvent les plus beaux échantillons. On a fréquemment confondu l'Echinocactus Californicus avec notre plante; celle-ci, quoique moins rare, ne se rencontre peut-être que dans quelques Collections de France, elle est à peu près inconnue dans le reste de l'Europe.

31. Echinocactus Texensis (Hopf.).

Synonymie. Echinoc. Texensis Hopf. A. G. Z., 1847, p. 297. — Echinoc. Lindheimeri Engelm. — Echinoc. Courantianus Lem. — *id.* Cat. Cels, anciens Catalogues.

Patrie. Texas.

Diagnostic. Tige globuleuse, déprimée, vert glauque; 14 angles; sommet ombiliqué, velu; sillons d'abord très-aigus, ensuite comme aplanis; côtes verticales, crénelées, sinueuses, aiguës, enflées près des aréoles, bientôt dilatées, ensuite tout à fait planes; aréoles grandes, distancées, subcordiformes, en naissant munies de laine très-abondante, bientôt de tomentum sale; 7 aiguillons extérieurs inégaux, ouverts, recourbés, 3 supérieurs subulés, subérigés, 2 latéraux très-grands, et les 2 inférieurs aplanis, 1 central très-large, déjeté en bas, comme appliqué sur la crête de la côte subravinée, recourbée au sommet; tous striés transversalement, pourpres en naissant, velutineux, bientôt ferrugineux, jaunâtres à la pointe, enfin comme couverts d'une poussière brune.

Floraison? Fleurs grandes, cratéréiformes; sépales linéaires, rigides, mucronées; pétales spatulées, mucronées, frangées; lacinies rose très-tendre, transparentes, pourpres à la base; 11 stigmates radiés surpassant les anthères, rayons mucronés.

Variétés. Echinoc. Texensis β. Gourgensii Cels. — Echinoc. Platycephalus Muhlenpf. A. G. Z.; 1848, p. 9. — *id.* Salm. Cact in hort. Dyck., cult., p. 151.

A côtes plus aiguës; aiguillons cylindriques, effilés, manquant constamment de l'aiguillon supérieur.

Cette variété vient de fleurir pour la première fois en Europe, chez M. de Gourgues, à Biars, près Mamers (Sarthe); la fleur est d'un beau violet, ses pétales sont crispées; il est à regretter qu'elle n'ait pas été décrite, ces renseignements sont les seuls que M. Cels ait pu obtenir d'un jardinier de M. de Gourgues.

Culture. Serre tempérée en plein air et en bonne exposition pendant l'été.

32. Echinocactus Macrodiscus (Mart.).

Synonymie. Echinoc. Macrodiscus Mart. Act. nov. nat. cur. XVI,

p. 341, t. 26. — *id.* Pfr. enum. diagn., p. 59. — *id.* Forst. Handb. dr. Cact., p. 354. — Echinoc. Campylacanthus Scheidw.

Patrie. Le Mexique. Karwinskii l'a trouvée à plus de 3,000^m au-dessus du niveau de la mer, sur le Cumbre, dans une localité nommée El Renosco; de son côté, Galeotti l'a trouvée à Saint-Louis-Potosi.

Diagnostic. Tige adulte, plane, convexe, portant 15-16 côtes légè-rement obtuses, échancrées vers les aréoles, saillantes, arrondies entre elles; 12 aiguillons dont 4 intérieurs forts, celui du haut et celui du bas un peu plus longs que les autres, rouges, les autres sont rangés parfois égaux (Martius).

Tige globuleuse ou disciforme, grande, verte, à sommet ombiliqué, portant de 16-21 côtes creusées près des aréoles et un peu voûtées de l'une à l'autre; sillons nets, aigus; aréoles espacées, garnies de tomen-tum gris et de faisceaux de poils vers son sommet; aiguillons rigides, rouges, annelés, dont 7-8 extérieurs presque égaux, peu recourbés, quelquefois en outre 2-4 autres presque adventifs, blancs, minces, effilés, caducs, enfin 1 central terminé en crochet.

Tige de 27 cent. de diamètre (d'après Karwinskii, dans la patrie, les sujets originaux atteignent 50 cent. de diamètre). Les aréoles portent dans la jeunesse quelques aiguillons extérieurs blancs en sus de ceux décrits dans le diagnostic, ils disparaissent avec l'âge.

Floraison? Fleurs? Notre plante a fleuri plusieurs fois en Europe, à Monville près Rouen, à Bellevue près Paris, chez M. James Odier. Il n'en existe pas d'autre description que celle faite par Martius, d'après une fleur desséchée et ramollie dans l'eau tiède. Elle est cylindrique, campanulée, large de plus de 27 millim.; extérieurement son tube est recouvert de squammes lancéolées, rouges, brunes à la base et rangées par séries spirales très-resserrées, elles sont jau-nâtres vers la partie supérieure et ciliées; les pétales sont oblongues, linéaires, pourpres, marquées d'une nervure médiane plus foncée, à bords dentelés irrégulièrement; les étamines sont incluses.

Variété. Echinoc. Macrodiscus β. Lœvior Monv.
Variété qui se distingue de notre espèce par un moins grand nombre d'aiguillons.

Echinoc. Macrodiscus γ. Decolor Monv.
Variété qui se distingue de la précédente par ses aiguillons plus pâles que ceux de la précédente, ils sont d'une couleur de corne jaune.

Dans la jeunesse, notre plante peut quelquefois se confondre avec les jeunes semis du Cornigerus, mais la confusion disparaît prompte-ment, si on remarque qu'elle affecte une forme aplatie presque en disque, tandis que le Cornigerus est globuleux pendant les premières années.

Culture. Serre tempérée pendant l'hiver, plein air et pleine terre pendant la belle saison et en bonne exposition.

33. Echinocactus Cornigerus (Dc.).

Synonymie. Echinoc. Cornigerus Dc. Rev. t. 7. — *id.* Mém. p. 17, t. 10.
— *id.* Pfr. enum. diagn., p. 56. — Cact. Latispinus Haw. (Till. philos.
magaz., 63, p. 41). — Meloc. Latispinus hort. — Echinoc. Cornigerus
β. Flavispinus Haag.

Patrie. Mexique, Guatimala.

Diagnostic. Tige déprimée, globuleuse, vert glaucescent ; 21 angles ;
sillons aigus ; côtes aiguës, comprimées, crénelées ; aréoles très-
distancées, ovales, allongées en dessus, blanchâtres ; 6-10 aiguillons
très-grêles, blanchâtres, placés tout à fait à l'extrémité de l'aréole,
ceux insérés intérieurement forts, subulés, annelés, 3 tournés en haut,
2 de chaque côté, droits,   central recourbé, aplani, caréné, strié
transversalement ; tous pourpres en naissant, rouges plus tard.

Floraison ? Fleurs ? Lacinies extérieures fauves, brunes, imbriquées ;
lacinies intérieures plus courtes que le limbe, unisériées, pourpres,
sublinéaires, aiguës.

Il existe, dit-on, deux variétés qui diffèrent par la couleur des
aiguillons et la couleur de la fleur, elles ont été peu remarquées jusqu'ici. M. Audry me les a fait remarquer dans sa Collection, malheureusement je n'ai pas noté les différences qui les caractérisaient.

Culture. Serre tempérée pendant l'hiver, plein air et pleine terre
en bonne exposition pendant la belle saison.

34. Echinocactus Recurvus (Link et Otto).

Synonymie. Echinoc. Recurvus Link et Otto. Whdl. d. G. B. N. f.
Pr. III, s. 426, t. 20. — *id.* Pfr. enum. diagn., p. 57. — Cact. Recurvus
Haw. syn. p. 173. — Cact. Nobilis Wild., sp. t. 2, p. 243. — Ait. hort. Kew.,
t. 3. — Cact. Multangularis Voigt. — Echinoc. Glaucus Karw.

Patrie. Le Mexique et le Pérou.

Diagnostic. Tige subglobuleuse, vert glauque ; sillons aigus ;
13-14 côtes subaiguës, crénelées ; aréoles distancées, oblongues, tomenteuses ; 8 aiguillons extérieurs subégaux, rigides (celui du bas le
plus court), presque droits, 1 central beaucoup plus fort, aplanis,
recourbés, striés transversalement ; tous pourpres en naissant, enfin
rouges ou noirâtres.

Cette espèce, qui ne diffère du Cornigerus que par le nombre des
aiguillons extérieurs, varie beaucoup dans les dimensions et dans la
forme de l'aiguillon intérieur qui est très-vigoureux. Dans la jeunesse,
la forme des côtes, qui sont proéminentes vers les aréoles, les distingue
l'un de l'autre.

VARIÉTÉS. Echinoc. Recurvus β. Solenacanthus Salm. — Syn.
Echinoc. Solenacanthus Scheidw.

Aiguillon supérieur plus large que dans les autres, bicanaliculé en
dessus.

γ. Tricuspidatus Salm.

Aiguillon intérieur très-large, comme trifurqué depuis la pointe
jusqu'au milieu.

Il existe encore d'autres variétés à aiguillons plus grêles qui se rapprochent plus ou moins de l'Echinocactus Texensis ; elles sont seulement indiquées dans les Catalogues et complétement inconnues en
France.

Culture. Comme les précédents.

35. Echinocactus Californicus (Cels).

Synonymie. Echinoc. Californicus Monv. — Echinoc. Pottsii Scheer. ?

Patrie. La Californie.

Diagnostic. Tige sphérique ; 13 côtes aiguës ; sillons larges, profonds ; aréoles insérées sur des tubercules saillants, rondes, prolongées
supérieurement, munies de tomentum blanc, court, le tomentum qui
entoure chaque aiguillon est distinct de celui qui entoure le tubercule
voisin, il en est séparé par une ligne tomenteuse plus foncée, plus
tard le tomentum se confond et les aréoles deviennent plus étroites ;
aiguillons 8, dont 1 central dressé, très-fort, largement subulé à la
base, plat en dessus, caréné en dessous, terminé en crochet, pourpre
à la base, fauve à la pointe, 5 autres moins forts et de même couleur
que le premier, insérés régulièrement, celui du bas et le plus petit
légèrement courbés à la pointe, de chaque côté entre les 2 latéraux se
trouve 1 aiguillon blanc, jaune à la base ; tous sont annelés, très-vigoureux. Dans le prolongement supérieur de l'aréole, se trouve 1 petit
aiguillon rudimentaire très-court, cylindrique, arrondi, émoussé, tout
autour duquel la plante sécrète une liqueur blanche sucrée pendant la
végétation.

Floraison ? Fleurs ?

La plante décrite n'est pas encore adulte, elle a 15 cent. de haut et
de large, elle ne semble pas encore avoir pris ses caractères. Les individus connus proviennent de semis de graines.

Culture. Comme les précédents.

36. Echinocactus Spiralis (Karw.).

Synonymie. Echinoc. Spiralis Karw. — *id.* Pfr. enum. diagn., p. 60. —
Echinoc. Robustus Karw. (et non hort. Berol). — Echinoc. Agglomeratus
hort. — Meloc. Besleri Affinis hort. — Echinoc. Stellaris Karw.— Echinoc.
Spiralis β. Stellaris Salm. — Echinoc. Stellatus Scheidw.

Patrie. Mexique.

Diagnostic. Tige subglobuleuse ou allongée, glauque ; 13 angles ;
sillons aigus d'abord, puis aplanis vers le bas de la tige, marqués au
fond comme d'une ligne vert foncé ; côtes subverticales aiguës, légèrement tuberculées ; aréoles distancées, velutineuses, d'abord jaunes et
ensuite grises, allongées en haut vers le sommet des tubercules ; 7-8 aiguillons extérieurs, celui du haut extrêmement court ou manquant,
les autres valides, un peu aplanis, recourbés, dans le commencement
pourpres à la base et à la pointe, citrinés au milieu, plus tard bruns,
ouverts, 1 au centre plus vigoureux, plan, uncinné au sommet.

La plupart des individus qui existent en Europe proviennent de graines envoyées en 1828 par Karwinskii.

Les individus, de 10 cent. de haut sur 8 de diamètre, ont des aiguillons de 27 millim et 1 central de 40 millim. environ. Parmi les aiguillons latéraux, les 2 du milieu de chaque côte sont jaunes en naissant, deviennent blancs plus tard, ce qui produit un contraste de couleur assez remarquable.

Floraison? Fleurs?

Culture. Serre tempérée pendant l'hiver, plein air et pleine terre en bonne exposition pendant l'été. Celui-ci et le précédent demandent peut-être un peu plus de chaleur que les autres.

** UNCINNATI, AIGUILLON TERMINÉ EN HAMEÇON.

Côtes sinuées, à sinus concave; aréoles insérées sur les sommités des saillies produites par les sinus, allongées; aiguillons de forme différente, les uns subsétacés, les autres rigides, pourpres ou gris, l'intérieur ou les intérieurs presque ronds, annelés ou lisses, souvent longuement développés à pointe en hameçon.

Fleurs moyennes; ovaire lisse; tube écailleux.

37. Echinocactus Wislizenii (Engelm.).

Synonymie. Echinoc. Wislizenii Engelm. Mém. p. 96. — Salm. Cact. in hort. Dyck., cult., p. 151.

Patrie. Les environs de Douana.

Diagnostic. Tige gigantesque, garnie de tomentum à son sommet; côtes aiguës, crénelées; aréoles oblongues, rapprochées, les jeunes garnies de tomentum fauve; aiguillons rayonnants, jaunes, ensuite cinérés, porrigés, 15 sur les côtés, sétacés, allongés, presque lisses, 5-6 en haut et en bas plus courts, plus vigoureux, annelés, ceux du centre rouges, annelés, dont 3 droits tournés vers le haut, 1 inférieur très-fort, plan en dessus, tourné en crochet à la pointe.

Floraison? Fleurs? Ovaire et tube courts, campanulés; 60-80 lacinies imbriquées, dorées, cordiformes, pressées; 25-30 lacinies extérieures ovales, obtuses; lacinies intérieures lancéolées, mucronées, crénelées; style développé au-dessus des étamines nombreuses et courtes; 18-20 stigmates filiformes, érigés.

Baie ovée, ligneuse? avec squammes imbriquées.

M. Engelmann obtint de cette plante de nombreuses graines qui levèrent très-bien; la disposition des aiguillons des jeunes semis, tout à fait semblable à celle des jeunes individus de cette section, ne laissent aucun doute sur la place qu'ils doivent occuper dans la classification. Le fait indiqué par Engelmann (baie ligneuse) serait tout à fait extraordinaire dans la famille des Cactées, s'il était confirmé. Il ne tenderait à rien moins qu'à faire sortir de la famille notre Echinoc. Wislizenii et à le faire ranger dans une autre; mais laquelle?

38. Echinocactus Longihamatus (Gal.).

Synonymie. Echinoc. Longihamatus Galeot. — *id.* Pfr. Abbild. 2, t. 16.
— *id.* Salm. Cact. in hort. Dyck., cult., p. 152.

Patrie. Déjà ancien. Il a été récemment introduit du Texas.

Diagnostic. Tige subglobuleuse verte; 13 angles; côtes vigoureuses,
subaiguës; aréoles grandes, oblongues, munies de laine courte, insérées sur des tuberculosités assez grandes, arrondies, qui forment la
crête des côtes; 9 aiguillons extérieurs droits, rayonnants, 4 intérieurs
plus forts, les 3 supérieurs érigés, roides, le quatrième central très-
long, aplani, à pointe en crochet.

Les aiguillons sont bicolores, en partie gris, en partie purpurascents,
celui du centre est long de 13-14 cent., défléchi, recourbé, purpurascent, ensuite gris, plat en dessus et large de 2 millim., convexe en
dessous, terminé en crochet flexible, subannelé.

Floraison. Fleurs grandes, jaunes; lacinies sépaloïdes ovées, aiguës,
vertes, s'allongeant graduellement, rougeâtres, jaunes sur les bords;
les pétaloïdes étendues, recourbées à sommet obtus, mucroné, larges,
marquées en dedans au sommet et sur le milieu en dehors par une
ligne rouge; stigmate à 10 divisions linéaires vertes.

M. Trecul, dans son dernier envoi au Museum de Paris, a réuni
plusieurs Longihamatus qu'il a recueillis au Texas, tous ces individus
très-beaux et très-bien portants, diffèrent peu les uns des autres, leur
caractère général est d'avoir les aiguillons extérieurs tous adprimés; la
longueur de l'aiguillon central varie dans quelques sujets, chez les uns
il est très-allongé, atteint 12-15 cent., chez d'autres sujets plus petits
il atteint 5-6 cent.

VARIÉTÉS. Echinoc. Longihamatus β. Hamatocanthus Nob. — Syn.
Echinoc. Hamatocanthus Muhlenpf. A. G. Z., 1846, p. 371.

C'est une variété du Longihamatus dont les aiguillons sont accompagnés de 3 autres aiguillons insérés vers le haut de l'aréole, ce qui
donne aux 3 aiguillons supérieurs (qui sont colorés et longs de 5 cent.)
l'apparence d'aiguillons intérieurs.

39. Echinocactus Uncinnatus (Hopf.).

Synonymie. Echinoc. Uncinnatus Hopf. — *id.* Pfr. Abbild. 2, t. 18. —
Salm. Cact. in hort. Dyck., cult., p. 153. — Echinoc. Ancylacanthus
Monv.

Patrie?

Diagnostic. Tige globuleuse, vert glauque; 13 angles; côtes obtuses,
tuberculées entre les aréoles; aréoles munies de laine fauve, profondes,
insérées au-dessous des tubercules; aiguillons 7 (quelquefois 9-11 par
l'addition de quelques autres) rayonnants, les 4 supérieurs jaunes,
droits, les 3 inférieurs pourpres, uncinnés, de 27 millim. environ,
4 autres intérieurs, dont 3 supérieurs un peu plus forts, rigides, le quatrième central, très-long, à pointe uncinnée.

La tige est couverte d'une couche glauque cœrulescente et non pruineuse ; 9 aiguillons (ou 11 en comptant 2 aiguillons accessoires insérés au sommet) bicolores, en partie gris perlé et en partie purpurascents ; tous rigides, lisses, et non anuelés, ouverts, légèrement recourbés, à pointe brune foncée ; en outre, 1 central de près de 3 cent., gris et uncinné ; il existe 3 aiguillons inférieurs de 24 millim. de long, tachés de pourpre et terminés en crochet, 2 latéraux gris et 3 supérieurs purpurascents, aciculés, auxquels il faut joindre les 2 aiguillons supérieurs plus courts, gris, sortant presque du sillon qui termine l'aréole.

Floraison. Fleurs moyennes ; lacinies extérieures lancéolées, pourpre foncé, vertes sur les bords ; les intérieures, pourpre brun brillant, dressées-recourbées, lancéolées, aiguës ; étamines nombreuses ; filets violets ; style épais, fistuleux, rose blanchâtre, à 9 divisions érigées-recourbées, carnées et marquées d'une ligne plus foncée. Dans la figure donnée par Pfaiffer, les lacinies intérieures paraissent brunes.

Culture. Serre tempérée pendant l'hiver, plein air sous châssis pendant l'été.

40. Echinocactus Treculianus (Nob.).

Synonymie ?

Patrie. Texas. Introduit au Jardin des Plantes de Paris par M. Trecul.

Diagnostic. Tige subglobuleuse, devenant columnaire avec l'âge ; 13 côtes tournant en spirales subverticales, enflées près des aréoles, tuberculeuses et sinueuses ; sillons aigus à la partie supérieure, émoussés à la partie inférieure ; aréoles oblongues, prolongées dans la partie supérieure par une large fossule florifère, insérées au sommet des saillies qui forment les sinuosités des côtes (les sinus qui séparent ces saillies de plus en plus profondes à mesure que la côte s'éloigne du sommet de la plante) ; tomentum des aréoles, chamois d'abord, gris sale ensuite, enfin disparaissant complétement ; aiguillons intérieurs, 4 plats, subdécusés, les 2 latéraux subdressés, dirigés vers celui du haut qui est convexe en dessus et plat en dessous, l'inférieur beaucoup plus long que les 3 autres, tout à fait plat, uncinné ; tous 4 jaunes à la base, fauves à la pointe ; aiguillons extérieurs, 10 ronds, effilés, grêles ; en outre, de chaque côté de l'aréole, 1-2 sétules frisées, staminées ; tous les aiguillons prennent promptement l'aspect de chaume desséché gris sale, ils sont très-friables.

La plante décrite a plus de 40 cent. de haut sur 35 environ de diamètre ; l'épiderme, d'un vert clair grisâtre, semble délicat ; sa structure charnue comme dans presque toutes les plantes de cette section, est moins rigide que celle des autres sections qui précèdent.

Floraison ? Fleurs ?

Cette plante, que nous avons dédiée à M. Trecul, dont les voyages ont enrichi les Collections du Museum, est peut-être un type dont les Échinocactes Setispinus et Cachetianus seront des variétés ; cependant, comme ceux-ci ont déjà fleuri, il est probable qu'en se développant leurs caractères ne se modifieront plus.

Culture. Serre tempérée pendant l'hiver, plein air sous châssis pendant l'été.

41. Echinocactus Setispinus (Engelm.).

Synonymie. Echinoc. Setispinus Engelm. In Boston journ. nat. hist., vol. 5, 1845. — Salm. Cact. in hort. Dyck., cult., p. 154.

Patrie ?

Diagnostic. Tige subglobuleuse ; 13 côtes aiguës, subobliques ; 15-18 aiguillons fasciculés, très-ténus, flexueux, bruns jaunâtres, dont 3-5 supérieurs allongés et 1-3 au centre très-longs, érigés, les autres rayonnants.

Floraison. Fleurs se développant au-dessus des aréoles sur une macule subtomenteuse ; lacinies sépaloïdes ramassées en tube, libres à leur partie supérieure, très-ovées, acuminées, à bords frangés ? (Engelmann.)

Cette plante est encore rare, elle se distingue de sa variété qui est mieux connue, elle s'en distingue par le nombre de ses aiguillons.

Variété. Echinoc. Setispinus β. Cachetiauus. — Echinoc. Setispinus β. Hamatus Salm.

8 aiguillons latéraux adprimés de chaque côté de l'aréole, dont 2 supérieurs jaune fauve et les 6 autres blancs, en outre 2 autres tout à fait adprimés sur la saillie de la côte, l'un en haut, l'autre en bas et de même couleur que les 2 premiers, enfin 1 aiguillon central plus ou moins uncinné, tout à fait dressé-érigé, plus fort et plus long que les autres plus colorés ; tous effilés, grêles, friables, longs.

Très-souvent, au-dessus de l'aréole, du milieu de la fossule sur laquelle s'insère la fleur, 1 aiguillon trapu, court, émoussé, rond.

Plante très-florifère.

La fleur est grande comparativement aux dimensions de la plante qui fleurit très-jeune ; elle est jaune ; les lacinies extérieures sont squamniformes, rouges, brunes ; les intérieures sont lancéolées, acuminées, jaune soufre à pointe rose tendre et tout à fait coccinnées à la base.

On rencontre fréquemment en Allemagne cette variété sous les noms de Echinoc. Hamatus Muhlenpf, Echinoc. Muhlenpftordii Fen., Echinoc. Marisianus Galeot. ; en France, elle est connue comme espèce Echinoc. Cachetianus.

Culture. Serre tempérée pendant l'hiver, plein air sous châssis pendant l'été.

42. Echinocactus Unguispinus (Engelm.).

Synonymie. Echinoc. Unguispinus Engelm. Mém. p. 111. — Salm. Cact. in hort. Dyck., cult., p. 154.

Patrie ?

Diagnostic. Tige globuleuse, déprimée; 21 côtes tuberculées; interrompues; aréoles rapprochées, les jeunes garnies de tomentum blanc;
21 aiguillons rayonnants, très-ténus, blancs, recourbés; entremêlés,
5 au centre (rarement 6) plus vigoureux; plus longs, carnés, tournés
vers le haut, 1 seul très-robuste, brun, courbé en dehors.

Tige de 8 cent. sur 4 de diamètre.

Floraison. Fleurs; lacinies extérieures dorées, cordiformes; lacinies
intérieures, rose tendre.

Ovaire et tube courts; lacinies extérieures membranacées, cordées,
dorées; les intérieures oblongues, obtuses (rougeâtre pâle); stigmate
très-court, conique, à 10–15 divisions.

Culture. Serre tempérée pendant l'hiver, plein air sous châssis pendant l'été.

43. Echinocactus Scheerii (Salm.).

Synonymie. Echinoc. Scheerii Salm. Cact. in hort. Dyck., cult., p. 155.

Patrie ?

Diagnostic. Plante toute nouvelle; tige claviforme; tubercules disposés en 13 séries et jusqu'à ce jour à peine réunies de manière à former
des côtes. Elle diffère de ses congénères par ses aiguillons extérieurs,
20 environ très-ouverts, rayonnants, presque horizontaux, grêles,
staminés (dont les 2–3 supérieurs un peu plus longs) et 1 central fort,
érigé, recourbé en crochet, noduleux tout à fait à la base, à pointe
paille brun en bas.

Floraison ? Fleurs ?

Culture. Serre tempérée pendant l'hiver, plein air sous châssis pendant l'été.

2e GROUPE. — ASTEROIDEI, ayant la forme d'un oursin.

Tige hémisphérique; 5-7 côtes très-épaisses, gonflées, presque aplanies vers la partie inférieure de la tige, couverts de points poilus
blancs; aréoles saillantes, tomenteuses, inermes ou presque inermes.

Fleurs; tube très-court se distinguant à peine de l'ovaire, entièrement couvert de laine roussâtre entremêlée de soie; écailles presque de
suite développées en lacinies.

44. Echinocactus Asterias (Zucc.).

Synonymie. Echinoc. Asterias Zucc. — Act. acad. Mon., vol. 4, p. 13,
1845. — *id.* Salm. Cact. in hort. Dyck., cult., p. 155.

Patrie ?

Diagnostic. Tige hémisphérique, à 8 angles; côtes planes-convexes,
déprimées; sillons placés entre elles, petits; aréoles orbiculaires,
inermes, garnies de laine blanche très-courte; 10-11 aréoles placées sur
la crête de chaque côte, celles du haut les plus jeunes seulement flori-

fères; l'épiderme vert cinéré, recouvert de toutes parts de petites glandules blanches remplies de laine blanche très-courte.

Tige hémisphérique, déprimée, de 8-10 cent. de diamètre, divisée par ses sillons superficiels en 7-8 côtes; côtes d'un vert cendré, prenant quelquefois un ton rougeâtre sous l'action des rayons ardents du soleil, déplanies, couvertes de points pileux blancs disposés en séries convexes et transversales; aréoles serrées, orbiculaires, convexes, garnies de tomentum gris, tout à fait dépourvues d'aiguillons.

Floraison. Fleurs jaunes imparfaitement observées.

Culture? Cette plante n'existe dans aucune Collection de France, elle ne m'est connue que par la description de Zuccarini, insérée dans les Act. acad. monac., vol. 4, p. 13, 1845.

45. Echinocactus Myriostigma (Salm.).

Synonymie. Echinoc. Myriostigma Salm. Cact. in hort. Dyck., cult., Catal. — *id.* Botan. magaz., t. 4177. — Astrophytum Myriostigma Lem. Cact. gen. nov., p. 3. — Echinoc. Myriostigma Forst. Handb. dr. Cact., p. 335 et 336. — Cereus Calicoche Galeot.

Patrie. Mexique.

Diagnostic. Tige robuste, épaisse, déprimée; sillons profonds, obtus; 5-6 côtes; côtes larges, épaisses, à faces renflées, d'un vert cendré, irrégulièrement couvertes de tous côtés de petits points formés de petits pinceaux de duvet blanc très-court, à arêtes arrondies transversalement; aréoles serrées, orbiculées, convexes, munies de tomentum gris jaunâtre, inermes (Pfaiffer).

Tige hémisphérique plus ou moins déprimée en dessus, très-ombiliquée, portant 5-6 côtes disposées de manière à lui donner la forme d'une astérie, couverte de toutes parts de petits points formés par des petits pinceaux de poils blancs; côtes très-épaisses, arrondies; aréoles petites, très-resserrées, les plus jeunes garnies de quelques sétules aiguillonneuses à peine visibles qui avortent presque toujours.

La tige est subhémisphérique, fortement ombiliquée au sommet, plus ou moins déprimée en dessus, divisée en 5, rarement en 6 côtes, disposées en étoile, d'un vert cendré et entièrement parsemée de très-petites macules blanches, ou points irréguliers formés de poils très-courts, tordus et comme soudés entre eux; côtes très-épaisses (verticales ou à peu près), coniques, arrondies, très-larges à la base et peu à peu atténuées vers le sommet, formant une ogive par une section transversale; sinus aigus; aréoles arrondies, très-petites ou peu proéminentes, très-rapprochées, quelquefois même à peine interrompues par un petit tubercule gibbeux, les plus jeunes sont d'un ton rougeâtre obscur, elles deviennent ensuite d'un gris-noirâtre, le duvet en est fort peu abondant, floconneux, promptement caduc, d'un blanc roussâtre, entourant un fascicule de très-petites soies rigides, brunes, réunies en pinceaux; aiguillons nuls, ou bien, lorsque la plante est très-jeune et dans les plus jeunes aréoles, quelques-uns très-courts, à peine visibles, rigides, brunâtres et presque aussitôt caducs.

Floraison. En Mai, Juin et Juillet. Fleurs sortant autour du sommet de la plante et du milieu des aréoles, de grandeur médiocre (8 cent. quand elle est tout à fait épanouie), d'un jaune pâle, à peu près inodore, s'étalant et se recourbant en forme de coupe sous l'influence du soleil, se refermant pendant la nuit et durant plusieurs jours ; périanthe : le bouton est entièrement couvert d'un duvet laineux, roussâtre et entremêlé de soies ; le tube est très-court et vêtu de même ; squammes bientôt développées en lacinies périanthiales à peine bisériées, linéaires, oblongues, acuminées, mucronées, les plus jeunes ornées dorsalement d'une ligne rouge peu visible en dessus et noircissant au sommet ; étamines très-serrées, droites, égales, nombreuses, dépassant à peine le tube ; filaments très-grêles, jaunâtres ; anthères d'un jaune d'ocre ; style à peine plus long qu'elles, filiforme, jaunâtre ; rayons du stigmate 4-5-6, allongés, dressés, recourbés, convexes, papilleux ; baie ?

Culture. Serre tempérée pendant l'hiver, plein air en bonne exposition pendant l'été.

Cette plante est tout à fait insolite parmi ses congénères, elle a déjà fleuri plusieurs fois en Europe, y a même donné de bonnes graines auxquelles sont dues la plupart des multiplications qui sont aujourd'hui dans le commerce.

Elle habite le Mexique, dans une localité appelée Moran. Elle a été introduite pour la première fois en Europe, dans les serres de Vandermaelen, à Bruxelles, par M. Galeotti, très-zélé collecteur d'objets d'histoire naturelle. Elle a fleuri pour la première fois au Havre chez feu M. Courant.

3ᵉ GROUPE. — STENOGONI, à côtes comprimées.

Tiges déprimées, globuleuses, ovées ou cylindriques ; côtes très-nombreuses, presque toujours comprimées en membranes ondulées, interrompues vers les aréoles, celles-ci le plus souvent distancées ou très-distancées ; aiguillons biformes, les supérieurs et les intérieurs quand ils existent, beaucoup plus vigoureux, ou bien aplanis, flexueux, glumacés, striés transversalement, diversement colorés, les inférieurs ou les extérieurs grêles, blancs ou légèrement colorés de jaune ; fleurs moyennes, roses jaunes ou blanches, souvent verdâtres ou violacées en dehors vers le bas, à tube court revêtu de lacinies sépaloïdes écailleuses qui se transforment plus ou moins rapidement en pétales, sans laine ni sétules, ou, dans quelques cas, avec laine extrêmement rare.

A. *COPTONOGONI, à côtes compactes.*

Tiges subsphéroïdes, ombiliquées, formées de 10-14 côtes verticales, vigoureuses, comprimées, très-aiguës, fortement plissées en travers au-dessus des aréoles et développées en forme de rostres en dessous, celles-ci sont tomenteuses, munies de 5 aiguillons très-robustes.

Cette division, formée seulement d'une plante et de sa variété, semblerait devoir se ranger dans le groupe des Stenogoni, tant à cause de ses aiguillons qu'à cause des caractères particuliers de sa fleur.

46. Echinocactus Coptonogonus (Lem.).

Synonymie. Echinoc. Coptonogonus Lem. Iconogr. des Cactées. — *id.* Hort. univ. — *id.* Cact. nov. in hort. Monv., p. 23. — *id.* Salm. Cact. in hort. Dyck., cult., p. 28, 1842. — *id.* Cact. in hort. Dyck., cult., p. 156, 1850. — *id.* Forst. Handb. dr. Cact., p. 315. — Echinoc. Interruptus Scheidw. — *id.* Hort. Berol.

Patrie ?

Diagnostic. Tige globuleuse, ombiliquée, à angles nombreux, d'un vert glauque cinérascent; angles très-aigus, crénelés; sillons larges; aréoles éloignées, profondément immergées; 5 aiguillons inégaux, vigoureux, anguleux, aplanis, celui du haut érigé, plus vigoureux, les latéraux subérigés, plus courts, les inférieurs très-petits, déjetés; fleurs de moyenne grandeur, d'un violet brillant; lacinies largement bordées de blanc; baie squammeuse (Lemaire).

Tige oblongue, glaucescente, à 10-14 côtes, à sommet enfoncé; sillons subverticaux, aigus; côtes fortes; arête aiguë, crénelée au-dessus des aréoles, le pli de cette crénelure se prolongeant jusqu'au sillon; aréoles oblongues, les jeunes munies de tomentum blanc; aiguillons inégaux, 5, le supérieur érigé, plan, subcaréné, 2 latéraux dirigés à droite et à gauche, le supérieur subulé, subtriquètre, ceux du bas défléchis; tous rigides, gris de corne (Pfaiffer).

La tige est subsphéroïde, ombiliquée, d'un vert cendré glauque; angles 10-14, verticaux, comprimés, robustes, très-aigus, fortement plissés en travers au-dessus des aréoles et profondément crénelés, hauts de 15 millim.; sinus larges; au sommet des jeunes crêtes et dans les parties interaréolaires on remarque surtout une sorte d'appendice mucroné qui s'absorbe plus tard dans la masse angulaire lorsqu'elle est complétement développée; aréoles subovales, distantes de 2 cent. et plus, les plus jeunes pourvues d'une laine abondante, floconneuse, blanche, les adultes presque nues, les anciennes tout à fait nues, profondément immergées et allongées en fossule sous les crénelures proéminentes recourbées en forme de rostres dont chacune est accompagnée; aiguillons 5, très-robustes, très-rigides, piquants, rassemblés en faisceaux vers le sommet, un peu recourbés en dedans, subulés, les plus jeunes blanchâtres à la base, cornés vers la pointe, panachés de rose et de fauve, et enfin cornés, cendrés, le supérieur gladéiforme, très-robuste, plan, dressé, long de 3 cent. et large de plus de 3 millim. à la base, les latéraux subtétragones, subdressés, longs d'environ 2 cent., notablement subulés; les inférieurs défléchis, subanguleux, à peine longs de 1 cent.

Floraison. Notre plante a très-rarement fleuri en Europe, les exemplaires originaux portent presque toujours des restes de fleurs desséchées. Les fleurs sont inodores, elles paraissent en grand nombre pendant les mois d'Avril et de Mai, au milieu du vertex de la plante, elles s'épanouissent en forme de coupe lorsque le soleil brille au-dessus de l'horizon, elles se referment au moment de son déclin, elles durent huit jours, elles sont longues d'environ 3 cent. et larges de 45 millim. dans leur plus grand épanouissement; périanthe: ovaire revêtu de nombreuses squammes d'un brun violacé, à sommet dilaté, discoïde, charnu; tube presque nul; lacinies extérieures courtes, larges, mucronées, un peu plissées, pourprées olivâtres, à bords blancs, transparents, membranacés; les intérieures au nombre de 20-26, lâchement bisériées, sublancéolées, parcourues en dedans et en dehors d'une ligne médiane très-large, d'un beau pourpre foncé; étamines nombreuses (à insertion discoïde?); filaments dressés, courts, violacés, d'un brun verdâtre à la base; anthère jaune d'or.

VARIÉTÉS. Echinoc. Coptonogonus β. Major Lem. syn.—*id.* Salm. Cact. in hort. Dyck., cult., p. 156. — *id.* Forst. Handb. dr. Cact., p. 316.

Plus vigoureuse dans toutes ses parties; fleurs plus grandes et plus agréablement colorées, différant surtout par ses aiguillons, ici les 3 supérieurs seulement existent, mais ils sont beaucoup plus vigoureux et beaucoup plus longs, très-rarement il en existe un quatrième, et alors il est adventif, irrégulièrement divariqué.

Culture. Serre tempérée pendant l'hiver, plein air sous châssis pendant la belle saison.

Cette plante et sa variété sont d'une croissance très-lente, leur végétation demande à être stimulée par de fréquents bassinages et une chaleur plus intense que celle qui est nécessaire à la végétation de la plupart des autres Echinocactes. Notre plante est originaire du Mexique, d'où Deschamps l'a importée en 1837; malgré cela, elle est restée assez rare dans nos Collections. L'espèce végète dans nos Collections presque à l'exclusion de sa variété, tandis que la variété se trouve dans presque toutes les Collections d'Allemagne, presque à l'exclusion de notre type.

B. *PHYLLACANTHÆ, à aiguillons foliacés*[1].

3 aiguillons supérieurs validés, le médian plus grand, aplani, rigide, flexible, membraneux, glumacé, les 2 autres plus effilés, 2-5 inférieurs petits, défléchis, manquant très-rarement.

---

[1]. Jusqu'ici la classification et la synonymie des plantes qui composent la section des Stenogoni sont restées très-embrouillées, elles le sont tellement que, la plupart du temps, ceux même qui sont exercés ont de la peine à distinguer deux espèces voisines l'une de l'autre. Cet embarras est même très-grand encore lorsqu'il s'agit de trouver le nom d'une de ces plantes au milieu d'une série nombreuse de sujets les uns forts et vigoureusement développés, les autres jeunes encore, mais ayant déjà pris leurs caractères.

Nous croyons que la première chose à faire est de remarquer la forme et la consistance des aiguillons supérieurs; cette observation permet déjà de classer

Dont les aiguillons supérieurs, ou le médian seulement, ont plus particulièrement une consistance flexueuse, glumacée, ressemblant beaucoup au chaume desséché et brûlé au soleil.

47. Echinocactus Hookeri (Muhlenpf).

Synonymie. Echinoc. Hookeri Muhlenpf. A. G. Z., 1845, p. 345. — *id.* Cact. in hort. Dyck., cult., p. 156. — *id.* Forst. Handb. dr. Cact., p. 521. *id.* Cat. allem. — *id.* Muhlenpf. A. G. Z., 1845, p. 345. — *id.* Dietr. Gaz. gen. de jardin., n° 44, 1845.

Patrie. Mexique, Real del Monte.

Diagnostic. Tige obovée, vert intense; côtes nombreuses (30 environ), comprimées, ondulées; aréoles distancées, munies de tomentum gris; 3 aiguillons supérieurs très-valides, très-rigides, celui du milieu aplani, les 2 autres latéraux subulés, en naissant rouge châtaigne, plus tard cinérés, à pointe brune, 2 autres inférieurs grêles, blancs, manquant quelquefois, surtout sur les sujets adultes.

La description due à Muhlenpfordt diffère de celle donnée par le prince de Salm, seulement par l'absence des aiguillons inférieurs, qui existent cependant toujours sur les jeunes sujets provenant de semis.

Dietrich la décrit de la manière suivante :

Tige ovée; sommet déprimé; côtes nombreuses, serrées, comprimées; aréoles immergées, peu distantes les unes des autres; aiguillons droits, légèrement recourbés vers la pointe, dans la jeunesse blancs et à pointe brune, plus tard couleur de corne, les supérieurs presque glumacés, membraneux, de plus de 5 cent. de long, les latéraux atteignent 18 millim. de longueur; il n'existe pas d'aiguillon central.

Floraison? Fleurs? M. de Monville le range parmi les Stenogoni à fleurs jaunes verdâtres. J'ignore s'il a observé la fleur, ou si la consistance foliacée des aiguillons supérieurs des aréoles l'a déterminé à le ranger dans le groupe des Phyllacanthæ.

La baie, sur les sujets originaux, est insérée sur les aréoles du

---

la plante dans une des deux divisions; si elle appartient à la première, la désignation présentera peu de difficultés; mais si elle appartient à la seconde ou à l'une des suivantes qui comprennent un bien plus grand nombre de sujets, il faut examiner s'il y a un ou plusieurs aiguillons intérieurs, ou bien s'ils manquent, leur disposition, leur consistance et leur couleur. Ce n'est qu'après cet examen que les autres caractères, la forme particulière des côtes et des sinus, leur nombre, leur continuité ou leur discontinuité peuvent aider et permettre de déterminer le groupe et même le nom de la plante.

Quelquefois cependant, l'aspect général de la plante peut servir, surtout quand elle appartient à l'une des dernières divisions. Mais il faut, dans tous les cas, que la plante soit adulte, qu'elle accuse déjà ses caractères, autrement ce travail est tout à fait impossible, car rien ne se ressemble plus que deux Stenogoni provenant de semis de plantes très-différentes du reste, lorsque ces semis sont jeunes et n'ont pas encore accusé leurs côtes.

vertex, elle est de la grosseur d'un pois et garnie des lacinies sépaloïdes desséchées de la fleur.

Culture. Serre tempérée pendant l'hiver, en pleine terre en bonne exposition.

48. Echinocactus Grandicornis (Lem.).

Synonymie. Echinoc. Grandicornis Lem. Act. gen., 1839, p. 30. — *id.* Salm. Cact. in hort. Dyck., cult., p. 157. — *id.* Forst. Handb. dr. Cact., p. 310. — *id.* Cat. hort. Monv. 1846. — *id.* Hort.

Patrie. Mexique.

Diagnostic. Tige globuleuse, vert glaucescent ; côtes nombreuses, très-comprimées ; aréoles espacées, tomenteuses d'abord, bientôt nues ; 7-9 aiguillons, celui du haut dressé, subvertical, très-robuste, épais, large, les 2 latéraux moins forts, un peu plus courts, subronds et disposés comme deux cornes, les autres rayonnants, beaucoup plus petits, grêles ; tous rigides, valides, les jeunes gris jaune clair, ensuite cinérés.

Forster décrit notre espèce de la manière suivante :

Globuleux, déprimé, vert gris, couvert de longs aiguillons ; côtes nombreuses, de 30-34, saillantes ; aréoles très-distancées, garnies pendant la jeunesse de tomentum court ; 7-8 aiguillons forts, d'abord jaunes à pointe noire rouge, plus tard gris, 3 en haut dressés, presque verticaux, celui du milieu saillant, large, aplani, fort, gros, annelé, les deux latéraux un peu moins forts, plus courts, cylindriques, recourbés comme deux cornes, les autres dirigés en bas, plus minces, droits ou légèrement courbés, au nombre de 2 quelquefois pas ; sans aiguillon intérieur.

Tige de 7 cent. de haut sur 8 de diamètre ; aiguillons supérieurs larges de 3-4 millim. et longs de 38 millim., les 2 latéraux de 30 millim., les autres de 4-6 millim. de long.

Floraison? Fleurs? M. de Monville le range parmi les Phyllacanthæ à fleurs jaune verdâtre.

VARIÉTÉS. Echinoc. Grandicornis β. Fulvispinus Salm.

Les 3 aiguillons supérieurs sont rouge châtaigne au lieu d'être gris jaune.

Echinoc. Grandicornis γ. Nigrispinis Nob.

A aiguillons supérieurs presque noirs, comme brûlés.

Cette plante et ses deux variétés sont remarquables par la forme et la couleur de leurs aiguillons ; ils se distinguent de l'Echinocactus Phyllacanthus par la consistance et l'épaisseur des aiguillons supérieurs qui ne sont pas tout à fait glumacés, et aussi par le nombre et l'insertion des autres aiguillons.

Culture. Serre tempérée pendant l'hiver, pleine terre en bonne exposition pendant l'été.

49. Echinocactus Phyllacanthus (Mart.).

Synonymie. Echinoc. Phyllacanthus Mart. — *id.* Pfr. et Otto. Abbild. Bd. 1, t. 9, fig. — *id.* Salm. Cact. in hort. Dyck., cult., p. 157. — *id.* Forst.,

p. 311. — *id.* Hort. — Echinoc. Phyllantoïdes Lem. Cat. gen. nov., 1839, p. 24.

Patrie. Mexique, près de Pachuca, à plus de 2,000^m au-dessus du niveau de la mer.

Diagnostic. Tige claviforme, cylindrique, vert glauque intense; sommet déprimé; côtes nombreuses (30-35) fortement comprimées et resserrées les unes contre les autres, ondulées-crispées, continues ou interrompues; aréoles éloignées, suborbiculées, prolongées en haut par une petite fossule, les jeunes munies de tomentum blanc abondant, caduc dans la vieillesse; 7 aiguillons, tous (à l'exception de celui du haut qui est dressé) adprimés horizontalement et ouverts, subulés, droits, blanc-staminé sale, celui du haut beaucoup plus long, dirigé en haut, foliacé, linéaire-lancéolé, sec, acuminé, staminé sale.

Floraison. Fleurs jaune blanchâtre, petites.

VARIÉTÉS. Echinoc. Phyllacanthus β. Macracanthus Monv. — *id.* Lem.

L'aiguillon du haut beaucoup plus long, brun noir, il atteint jusqu'à 8 cent.

Echinoc. Phyllacanthus δ. Lœvior Monv. — *id.* Lem.

L'aiguillon supérieur est seul développé, les 2 latéraux manquent ou bien ce sont ces deux-ci qui se développent, et alors l'aiguillon supérieur manque. Les plantes désignées dans les Catalogues d'Allemagne, sous les noms Echinoc. Tricuspidatus Scheidw., Echinoc. Melemsianus Weg., ne nous sont connues que par des descriptions tout à fait incomplètes qui ne permettent pas de reconnaître si elles constituent des variétés différentes.

Echinoc. Phyllacanthus γ. Micracanthus Monv. — *id.* Lem.

Aréoles plus éloignées que dans la plante type; aiguillons moins longs, le supérieur surtout, parmi ceux du bas 2 manquent souvent.

Echinoc. Phyllacanthus δ. Tenuiflorus Nob. — Echinoc. Tenuiflorus Link et Otto.

Variété à côtes très-nombreuses; aréoles très-distancées; aiguillons semblables à ceux de la variété Micracanthus, même moindres et à fleur très-petite.

Echinoc. Phyllacanthus ε. Pentacantha.

Variété n'ayant jamais que 2 aiguillons inférieurs qui sont contournés en dedans comme deux petites cornes blanches.

Notre plante type est très-facilement reconnaissable à ses aiguillons membraneux, glumacés, ses variétés en diffèrent assez peu, mais il n'est peut-être pas toujours très-aisé de les distinguer, quand on n'a pas de termes de comparaison. Lemaire les distingue ainsi dans son *Cact. gen. nov.*, p. 90 : Le Macracanthus est plus vigoureux; ses côtes sont plus épaisses; ses aiguillons plus vigoureux, le médian est érigé, il atteint de 6-7 cent., il est large à la base de 3 millim., il est foliacé, glumacé, d'un fauve brun en naissant. Le Micracanthus a ses aréoles plus espacées; ses côtes moins nombreuses, encore plus épaisses; tous ses aiguillons sont de moitié plus courts, en bas il en existe seulement 2; les fleurs sont très-abondantes et d'un jaune pâle terne. Enfin la variété Lœvior a ses aiguillons latéraux plus longs, ceux du bas sont au nombre de 2-3, et quelquefois celui du milieu parmi ces derniers est contourné de côté.

Culture. Serre tempérée pendant l'hiver, et plein air pendant l'été.

Cette plante et ses variétés semblent beaucoup varier suivant la culture et aussi d'après les semis. Cependant, lorsque les semis deviennent adultes et que la culture est normale, toutes les variétés indiquées tant sur les Catalogues allemands que sur les autres, se confondent et rentrent parmi les plantes que nous venons de décrire. Pourtant il faut remarquer que l'Echinoc. Melemsianus Wegn., ou Tricispidatus Forst., présentent peut-être une légère différence qui proviendrait de la bifurcation ou de la trifurcation de l'aiguillon médian supérieur : cette modification me semble accidentelle, elle dépend de la vigueur avec laquelle la plante végète pendant qu'elle est soumise à toute la chaleur accumulée sous les châssis d'un coffre pendant la belle saison.

50. Echinocactus Debilispinus (Berg.).

Synonymie. Echinoc. Debilispinus Berg. — *id.* Forst. Handb. dr. Cact., p 314.

Patrie. Mexique.

Diagnostic. Tige subglobuleuse; sommet peu enfoncé; côtes nombreuses (34), comprimées, crispées; sillons larges; aréoles distancées, les jeunes munies de tomentum blanc, plus tard nues; 7-9 aiguillons, les 3 supérieurs aplanis, jaune blancs, à pointe brune, le supérieur allongé, foliacé, linéaire, annelé, dressé, les latéraux moins longs et plus effilés, 4-6 inférieurs ronds, jaune blanc.

Le sujet décrit a 13 cent. de haut et de diamètre; ses aréoles sont éloignées les unes des autres de 24-27 millim.; ses aiguillons sont foliacés, ils ont, le médian 20-22 millim. de long, les 2 latéraux 15-18 millim., et enfin les autres 6-7 millim. de long.

Floraison ? Fleurs?

L'absence d'aiguillon central, l'aiguillon supérieur foliacé, placent certainement cette plante très-près de l'Echinoc. Phyllacanthus; la couleur jaune blanc des aiguillons, bruns à la pointe seulement, l'en distingue suffisamment.

Culture. Serre tempérée pendant l'hiver, pleine terre pendant l'été.

Cette plante est rare, même en Allemagne; si elle n'a pas encore été multipliée, il n'en existe aucun exemplaire dans les Collections de France, je ne l'ai même pas remarquée dans la Collection de M. Andry, de Chaillot, qui possède peut-être les plus beaux échantillons de ce groupe qui existent en Europe.

C. *ENSIFERI*, à aiguillons en forme de glaive.

3 aiguillons supérieurs, et 1 central qui manque quelquefois, vigoureux, aplanis, allongés ou anguleux, de 2-6 inférieurs effilés.

*PLATIACANTHÆ, A AIGUILLONS LARGES ET PLATS.

3 aiguillons supérieurs et 1 central (celui-ci manquant quelquefois), vigoureux, subulés, comprimés ou anguleux, quelquefois avec 1 aiguillon adventif tout à fait au sommet de l'aréole, portant en outre de 2-4 aiguillons inférieurs allongés, roides.

51. Echinocactus Dichroacanthus (Mart.).

Synonymie. Echinoc. Dichroacanthus Mart. — *id.* Pfr. enum. diagn., p. 62. — *id.* Foist. Handb. dr. Cact., p. 307. — *id.* Horl.

Patrie. Mexique, près Zimapan.

Diagnostic. Tige obovée, vert foncé; côtes nombreuses; sommet ombiliqué; sillons aigus; 32 côtes très-comprimées, membraneuses, irrégulièrement crispées; aréoles espacées, disposées irrégulièrement, ovales, munies de tomentum blanc; 3 aiguillons supérieurs dressés, aplanis, pourpre brillant, 4-6 inférieurs blancs, transparents; tous rigides, droits.

Tige ovée, vert foncé; sommet ombiliqué; côtes nombreuses, 32 environ, saillantes, aiguës, ondulées irrégulièrement; sinus nets; aréoles très-espacées, ovales, irrégulièrement insérées, munies de tomentum blanc; aiguillons rigides, droits, 3 supérieurs dressés, plats, d'un rouge noirâtre, de 27-30 millim. de long sur 3 millim. de large à la base, 4-5-6 inférieurs courts, minces, transparents, de 9-12 millim. Les côtes sont interrompues, elles disparaissent quelquefois sur la surface de la plante.

Floraison? Fleurs? La fleur n'a pas encore été décrite. M. de Monville, qui l'a observée, place notre plante dans une section où elles sont rouges.

VARIÉTÉS. Echinoc. Dichroacanthus β. Spinosior Monv.—Echinoc. Crispatus Spinis Rubris Salm. — *id.* Monv.

Il ne diffère du précédent que par le nombre des aiguillons.

Culture. Serre tempérée pendant l'hiver et pleine terre pendant l'été.

Jusqu'ici peu d'horticulteurs et peu d'amateurs ont essayé de cultiver les Échinocactes, et surtout ceux de la section des Stenogoni en pleine terre. Les sujets de la Collection de M. Andry, à Chaillot, qui proviennent de celle de M. James Odier, sont une preuve irréfutable des avantages que présente le mode de culture que nous préconisons. Les exemplaires de l'Echinocactus Dichroacanthus qui ont été traités de cette manière, présentent des aiguillons beaucoup plus vigoureux que ceux indiqués dans la description, à tel point que les plantes sont à peine reconnaissables.

52. Echinocactus Obvallatus (Dc.).

Synonymie. Echinoc. Obvallatus Dc. Rev., p. 37.—*id.* Pfr. enum. diagn., p. 63. — *id.* Salm. Cact. in hort. Dyck., cult., p. 158. — *id.* Forst., p. 308. — *id.* Hernand. flor. Mex. — Tepenex Comilt. Hernand.

Patrie. Mexique.

Diagnostic. Tige déprimée ou globuleuse, vert foncé ; côtes nombreuses, côtes très-comprimées, crispées, gonflées près des aréoles ; aréoles très-espacées, les jeunes blanches, velutineuses ; 8-9 aiguillons dont 4 rigides, ansiformes, décusés, blancs à pointe brune (les 2 latéraux moins forts), et 4 en bas beaucoup plus grêles, cylindriques, blancs, transparents.

Les aiguillons sont ramassés, nombreux vers le sommet de la plante ; les 4 aiguillons décusés : sont le supérieur droit, dressé, roide, large, aplani, blanc, légèrement coloré ; l'inférieur opposé, subcentral, rigide, anguleux, brun à pointe légèrement recourbée, inséré un peu au-dessous des 2 autres qui sont cylindriques, plus foncés.

Notre Echinocactus Obvallatus est une des plus belles espèces de la section des Stenogoni. Le sujet décrit a une tige haute de 8-10 cent. de hauteur sur autant de diamètre ; son sommet est légèrement ombiliqué, de son milieu s'élèvent les nombreux aiguillons entremêlés, entre lesquels viennent s'épanouir les fleurs ; les aiguillons extérieurs, ceux du haut ont 13 millim. de long, la longueur des autres varie de 6-15 millim. ; l'aiguillon central atteint 30 millim. de long, et même quelquefois, sous l'influence d'une bonne culture, il atteint des dimensions beaucoup plus grandes.

Floraison. En Mai et Juin. La fleur est assez bien représentée dans la figure qu'en a donné Decandolle dans sa *Revue des Cactées*, p. 37, fig. 9. Elle atteint une longueur de 30 millim. environ ; son tube est court ; les sépales sont blanches, à strie rouge brune ; les pétales sont lancéolées, émoussées, peu recourbées en dehors, à la pointe d'un ton carné avec ligne médiane de couleur rouge dans la longueur ; anthères jaune soufre ou orangé ; le style est terminé par 9 divisions stigmatiques jaunes, rayonnées, inclinées les unes vers les autres.

Culture. Serre tempérée pendant l'hiver, en pleine terre pendant l'été. Cette plante croit beaucoup plus rapidement, ses aiguillons prennent un aspect vigoureux en les soumettant au mode de culture que nous avons indiqué pour presque toutes les Stenogoni.

Nous ne rapportons pas ici les variétés Obvallatus Pluristatus Monv., ni la variété Spinosior du même, elles sont regardées à tort comme variétés de l'Obvallatus, elles se rapportent comme synonymie à d'autres espèces.

53. Echinocactus Gladiatus (Link et Otto).

Synonymie. Echinoc. Gladiatus Link et Otto. — *id.* Pfr. enum. diagn., p. 51.— *id.* Salm. Cact. in hort. Dyck., cult., p. 157.—*id.* Forst. Handb. dr. Cact., p. 307. — *id.* Monv. — *id.* Hort.

Patrie. Mexique.

Diagnostic. Tige piriforme ; côtes nombreuses , vert foncé ; sommet à peine enfoncé ; sillons aigus ; côtes très-aiguës , ondulées , souvent interrompues ; aréoles très-espacées , oblongues, les plus jeunes garnies de tomentum d'abord jaune, plus tard gris ; 6-8 aiguillons , 1 central horizontalement développé , tétragone , 3 supérieurs dressés , aplanis , les 2 inférieurs bien plus petits , anguleux , 1-2 (manquant souvent) irrégulièrement juxtaposés derrière celui du haut , plans ou subulés ; tous cornés rouges en naissant , à pointe brune , plus tard cinérés.

Il diffère des précédents surtout par son aiguillon central.

La tige est tantôt globuleuse, tantôt allongée, piriforme, suivant le mode de culture auquel elle a été soumise, elle est d'un vert foncé , à sommet peu ombiliqué ; ses côtes sont nombreuses, 14-34 , aiguës, ondulées, souvent interrompues, à sinus tranchés ; aréoles très-espacées, allongées, d'abord garnies de tomentum jaunâtre, qui plus tard, avec l'âge, devient gris ; aiguillons couleur de corne, à pointe brune, devenant par la suite grisâtre ; 5-7 aiguillons rayonnants , écartés , les 3 supérieurs droits, aplanis, atteignant de 4-5 cent. de long , les 2 inférieurs sont petits, anguleux, de 9-12 millim. de long ; en outre, 2-3-4 insérés irrégulièrement sur les côtés, atteignant de 18-22 millim., 2 seulement sont aplatis, enfin l'aiguillon central atteint 5 cent. environ.

Cette plante est une des plus belles espèces de ce groupe, et rarement on rencontre deux exemplaires présentant identiquement les mêmes caractères.

Floraison ? Fleurs ? La fleur n'est pas décrite , elle est d'un beau rouge pourpre.

Variétés. Echinoc. Gladiatus β. Intermedius Lem. — Echinoc. Obvallatus β. Pluricastatus Monv.

Variété dont les aiguillons sont tous moitié moins forts.

Echinoc. Gladiatus γ. Ruficeps Lem.

Diffère peu par la disposition des aiguillons ; ils sont plus colorés.

Les jeunes semis varient beaucoup ; quelquefois, dans un semis d'une même capsule, il est difficile de trouver deux sujets présentant des aiguillons identiques : cependant plus tard les caractères finissent par devenir saillants, et les sujets n'offrent plus de différences aussi tranchées.

Culture. Serre tempérée pendant l'hiver , pleine terre pendant l'été ; les mêmes observations que pour les autres.

54. Echinocactus Hystrichodes (Monv.).

Synonymie. Echinoc. Hystrichodes. Cat. hort. Monv.,— Echinoc. Hystrichocentras Borg. — *id.* Forst. Handb. dr. Cact., p. 314. — Echinoc. Obvallatus β. Spinosior Lem. — *id.* Monv. Catal. 1846.

Patrie. Mexique.

Diagnostic. Tige piriforme ; sommet peu enfoncé, vert foncé ; 39 côtes comprimées, crispées ; sillons étroits ; aréoles espacées ; 6-7 aiguillons, les 3 supérieurs grands, aplatis, blanchâtres à pointes brunes, 3-4 inférieurs subégaux, divergents, beaucoup plus petits ; en outre, 1 aiguillon central grand, courbé en dehors, gris cinéré.

La plante est claviforme ; son sommet est un peu ombiliqué ; elle porte 39 côtes comprimées, très-crispées ; ses sinus sont étroits et nets, et ses aréoles sont espacées ; 6-7 aiguillons extrêmement aplanis, les 3 supérieurs grands, gris blancs à pointe noire, linéaires, presque égaux, le supérieur le plus large est dressé, ils atteignent de 18-22 millim. de longueur, les 3 inférieurs sont minces, linéaires, presque égaux, divergents, ils ont environ 9 millim., enfin l'aiguillon intérieur est grand, dressé, annelé, gris cendré, recourbé légèrement en dedans, il atteint de 27-54 millim. Notre tige mesure 13 cent. de haut sur 10-11 de diamètre.

Elle est reconnaissable à ses aiguillons larges comme foliacés.

Floraison? Fleurs? On dit la fleur rouge.

Dans quelques descriptions, les aiguillons sont indiqués comme foliacés, ce qui peut laisser quelques doutes sur la synonymie. Il est bien important de fixer le sens que nous donnons au mot foliacé quand nous l'appliquons aux aiguillons : foliacés veut dire que la page supérieure et la page inférieure forment deux plans parallèles, de manière à donner à l'aiguillon l'aspect d'une feuille, d'une lanière, tandis que aplatis s'applique aussi bien à des pages qui sont l'une plane, l'autre convexe ou anguleuse, ou bien toutes deux convexes ou anguleuses, mais dont la section transversale a bien plus d'étendue que d'épaisseur.

Culture. Serre tempérée pendant l'hiver, plein air pendant l'été.

55. Echinocactus Ensiferus (Lem.).

Synonymie. Echinoc. Ensiferus Lem. Cact. nov. in hort. Monv. 1836, p. 26. — *id.* Forst. Handb. dr. Cact., p. 26.

Patrie. Le Mexique.

Diagnostic. Tige d'abord globuleuse pendant la jeunesse, plus tard subcolumnaire ; sommet ombiliqué, d'un vert gaie glaucescent, portant 34 côtes très-comprimées (aussi épaisses vers la crête que vers le sinus et présentant presque la forme de lames), légèrement ondulées, crispées, enflées vers les aréoles et discontinues vers la crête, comme irrégulièrement frangés ; sillons très-aigus, recourbés ; aréoles très-espacées (presque à 8 cent. les unes des autres), ovales, allongées au-delà de l'insertion des aiguillons qui sont arrondis, garnies de laine d'un blanc roux caduc, qui disparaît bientôt ; 5 aiguillons, fréquemment 6, insérés en rayonnant, inégaux, d'un gris blanchâtre terne, 1 supérieur érigé, long de 15-22 millim., 2 de chaque côté un peu plus longs, souvent gemminés jusqu'à leur milieu, comme soudés, enfin 1 central long de 4 cent., anguleux, rhombique, tout à fait ensiforme, vigoureux, érigé, les 3 premiers supérieurs sont aplanis, les 2 au-dessous sont plus courts.

La plante décrite, dont les dimensions ne sont pas indiquées par Lemaire, doit avoir 12 cent. de hauteur sur 10 de diamètre; elle est assez rare dans les Collections de France et n'existe pas dans les Collections d'Allemagne.

Floraison? Fleurs? D'après la place que M. de Monville lui assigne dans son Catalogue de 1846, la fleur doit être rouge.

VARIÉTÉS. Echinoc. Ensiferus β. Pallidus hort. Berol.

Cette variété ne paraît différer de notre espèce que par la couleur des aiguillons; à l'inverse de notre espèce qui est rare en Allemagne, elle s'y trouve dans plusieurs Collections, tandis qu'elle est rare chez nous, où je ne l'ai jamais observée.

Culture. Serre tempérée pendant l'hiver et pleine terre pendant la belle saison.

M. Andry possède dans sa Collection quelques beaux échantillons de notre Echinocactus Ensiferus, les uns provenant de semis ont été cultivés en pots, les autres provenant de la belle Collection qu'il a acquise de M. Odier, ont été cultivés en pleine terre pendant plusieurs années : ces exemplaires présentent, quant à la force, à la vigueur des aiguillons, une différence extraordinaire qui les rend méconnaissables et ferait presque douter de l'identité des sujets. Les uns et les autres proviennent du même semis obtenu de graines récoltées sur la plante décrite anciennement par Lemaire dans la Collection de Monville.

56. Echinocactus Undulatus (Dietr.).

Synonymie. Echinoc. Undulatus Dietr. A. G. Z., 1844, p. 187. — id. Forst. Handb. dr. Cact., p. 309.

Patrie. Mexique.

Diagnostic. Tige globuleuse, vert subcœrulescent, sommet aplati, enfoncé; côtes nombreuses, 30–40 très-ondulées, crispées; sillons superficiels; aréoles immergées, munies de tomentum blanc d'abord, ensuite gris; aiguillons extérieurs 7, dont 3 supérieurs plats, le médian dressé, les 2 latéraux divergents, les 3–4 inférieurs grêles, aiguillon intérieur comprimé à 2 tranchants.

Les aréoles sont assez éloignées les unes des autres. La plante mesure 8 cent. de hauteur et autant de diamètre; aiguillon central 4 cent. de long, le supérieur médian 2-3 cent., les 2 latéraux plus courts.

Floraison. En Mai. Fleurs, lacinies sépaloïdes vertes, bordées de blanc; lacinies pétaloïdes rouge rose lilas; anthères jaunes.

Culture. Probablement comme les autres.

Cette plante nous est complétement inconnue, elle nous semble se rapprocher beaucoup de l'Echinocactus Undatus Dietr., que nous croyons identique avec l'Echinocactus Flexispinus Salm. Comme elle nous est inconnue, nous ne pouvons juger des différences qu'elle présente ou de son identité, c'est pour nous conformer aux indications qui

nous sont données par les auteurs allemands que nous l'avons conservée et placée ici ; peut-être plus tard cette espèce devra-t-elle être
supprimée.

57. Echinocactus Lancifer (Reich.).

Synonymie. Echinoc. Lancifer Reich. — *id.* Cact. in hort. Dyck., cult.,
p. 158. — *id.* Monv. — *id.* Forst. Handb. dr. Cact., p. 308. — Echinoc.
Obvallatus Pfr. Abbild. 2, t. 22.

Patrie. Mexique.

Diagnostic. Tige sous-globuleuse ; sommet subdéprimé ; côtes très-
comprimées, ondulées ; aréoles distancées, les jeunes légèrement munies de tomentum blanc ; 8 aiguillons à pointe tirant sur le brun, dont
1 supérieur aplani, linéaire, large, courbé, 2 latéraux sétacés, subulés,
plus courts, 4 inférieurs roides, fins, effilés, enfin 1 central linéaire,
plat, peu recourbé, long.

La tige est globuleuse, d'un vert foncé, à sommet ombiliqué, à côtes
droites, ressemblant assez à celles de l'Echinocactus Obvallatus ; aréoles
distancées, d'abord munies de tomentum blanc ; aiguillons colorés,
7 rayonnants, rigides, dont 1 supérieur linéaire, plat, large, recourbé,
de 27-30 millim. de longueur environ, les latéraux également droits,
plus courts, atteignant 18-20 millim. de longueur, les 4 inférieurs
minces, effilés, roides, ayant presque l'aspect de poils rigides, de
9-12 millim. de longueur.

Floraison. En Mai et Juin. La fleur atteint 4 cent. environ, elle se
développe sur les aréoles du vertex de la plante ; son tube est allongé ;
ses sépales sont blanchâtres avec ligne médiane rouge ; ses pétales sont
linéaires, elles atteignent environ 25 millim. de longueur, elles sont
d'un ton carné, marquées d'une ligne pourpre ; ses anthères sont
jaunes ; son style se termine par 8 divisions stigmatiques dressées, d'un
jaune plus clair.

Culture. Serre tempérée pendant l'hiver, pleine terre pendant l'été.

58. Echinocactus Lamellosus (Dietr.).

Synonymie. Echinoc. Lamellosus Dietr. A. G. Z., 1847, p. 177. —
id. Cact. in hort. Dyck., cult. 1850, p. 159.

Patrie?

Diagnostic. Tige subglobuleuse ; sommet déprimé ; côtes nombreuses, très-comprimées, onduleuses ; aréoles espacées, les jeunes
tomenteuses ; 6 aiguillons blancs, à pointe très-légèrement foncée,
1 seul central comprimé, subtriquêtre, allongé, les autres latéraux,
plats, beaucoup plus courts, les 3 supérieurs plus larges, les 2 inférieurs plus étroits.

Floraison. En Mai et Juin. Fleur de 4 cent. de longueur, à sépales
imbriquées, obtuses, mucronées, écarlates, avec ligne médiane pourpre
noir ; pétales érigés, ouverts, de couleur écarlate très-gaie, dégradé
sur les bords des lacinies.

Variétés. Echinoc. Lamellosus β. Fulvescens Salm.

Aiguillons tirant sur le fauve, parfois subdéjetés, 1-2 manquants.

Culture. Serre tempérée pendant l'hiver, pleine terre pendant l'été.

Cette plante n'est connue en France que par la description donnée par Dietrich dans l'*Allemagen Gartzen*, et reproduite par le prince de Salm ; il n'en existe aucun exemplaire en France, elle est même assez rare en Allemagne.

** OLIGACANTHI, A AIGUILLONS ALLONGÉS.

3 aiguillons supérieurs et 1 central valides, celui du milieu aplani, celui-ci et les 2 supérieurs latéraux subcomprimés ou anguleux, quelquefois accompagnés d'un aiguillon adventif inséré au sommet de l'aréole ; 4-6 inférieurs petits, défléchis.

1. *Aiguillons blancs ou blancs d'ivoire.*

59. Echinocactus Flexispinus (Salm).

Synonymie. Echinoc. Flexispinus Salm. Cact. cult. in hort. Dyck., p. 159. — Echinoc. Undatus Dietr. A. G. Z., 1844, p. 187? — *id.* Forst. Handb. dr. Cact., p. 309.

Patrie. Mexique. Introduit par Ehremb.

Diagnostic. Tige globuleuse ou obovée, vert gaie ; 30-31 côtes très-comprimées, ondulées, fréquemment interrompues ; aréoles très-éloignées (souvent une seule sur chaque côte), les plus jeunes veloutées, gris perle ; 3 aiguillons supérieurs subaplanis, dressés-recourbés, 1 central subulé, porrigé, 4 inférieurs allongés, subulés (parfois 1 semblable adventif supérieur) ; tous fléchis de diverses manières, blanchâtres en naissant et jaunes pâles en vieillissant.

La tige est globuleuse, d'un vert glauque, à sommet applati, enfoncé ; elle porte de 30-40 côtes très-serrées ; ses sillons sont superficiels ; aréoles immergées, très-éloignées, parfois une seulement sur chaque côte, elles sont d'abord garnies de tomentum blanc pendant la jeunesse, ensuite et plus tard nues ; ses aiguillons sont droits, jaunes d'abord, devenant gris blancs par la suite, ils sont au nombre de 7, dont 3 supérieurs aplanis, le médian dressé, les 2 latéraux divergents, les 3 inférieurs minces, effilés, et 1 central comprimé à deux tranchants ; la tige a 8 cent. de diamètre ; une aréole sur chaque côte ou 2 alors l'une en haut, l'autre en bas ; aiguillon central 4 cent. de long, les 3 supérieurs plus courts, le médian 27 millim., les 2 latéraux de 4 cent., les 4 inférieurs à peu près de la même longueur.

Floraison. En Mai. Fleurs de 4 cent. de long, se développant sur les aréoles du sommet ; tube allongé ; sépales vertes, bordées de blanc, avec une tache jaune à la pointe, elles sont assez allongées, les supérieures passent au rouge ; pétales nombreuses, lancéolées, longues, rouges rose lilas, avec strie médiane, libres et pointe blanche ; anthères jaunes ; style à 8 divisions ; stigmate jaune soufre.

Culture. Serre tempérée pendant l'hiver, pleine terre pendant l'été.

Notre plante a quelques rapports avec les Echinoc. Obvallatus et Lancifer, dont elle se distingue par ses aiguillons moins larges. Nous ne croyons pas que l'Echinoc. Undatus Dietr., dont les aiguillons supérieurs sont un peu plus aplanis, les inférieurs sont rigides, présente des différences suffisamment tranchées pour constituer une espèce distincte.

60. Echinocactus Anfractuosus (Mart.).

Synonymie. Echinoc. Anfractuosus Mart.— *id.* Pfr. enum. diagn., p. 63. — *id.* Forst. Handb. dr. Cact., p. 306. — *id.* Monv.

Patrie. Mexique, près Pahouca. Karwinskii l'a trouvée sur des prairies garnies çà et là de broussailles, à plus de 2,500^m au-dessus de la mer, en compagnie de nos Phyllacanthus et de divers Mamillaires.

Diagnostic. Tige oblongue, subcylindrique, vert foncé ; côtes nombreuses ; sillons très-aigus ; côtes très-comprimées, membraneuses, ondulées ; aréoles distancées, velutineuses, blanches, 3 aiguillons supérieurs rigides, grands, jaunes, staminés, 1 central plus vigoureux, moins long, fauve, 4 inférieurs très-grêles, jaune clair.

La tige est allongée, subcylindrique, vert foncé, à côtes nombreuses, 24 environ, onduleuses ; sillons nets ; aréoles distancées, petites, munies de tomentum blanc ; aiguillons recourbés, jaune paille, à pointes brunes et assez rigides, les 3 supérieurs sont vigoureux, ils ont 35 millim. environ de longueur, le central qui est coloré de rouge brun est encore plus vigoureux, il atteint 27 millim. de long. La tige de notre plante a 21 cent. de hauteur sur 8-9 de diamètre.

Floraison? Fleurs? Elle n'a pas été décrite, je l'ai notée comme étant rouge.

VARIÉTÉS. Echinoc. Anfractuosus β. Orthogonus Monv.

Aiguillons droits, le central rigide et tout à fait droit, subhorizontal, 2 des aiguillons inférieurs manquent fréquemment.

Echinoc. Anfractuosus γ. Pentacanthus Salm. — *id.* Anfractuosus β. Lœvior Monv. — Echinoc. Pentacanthus Lem. *Patrie,* Mineral del Monte (Kind. liv. 6, f. 2).

Par l'avortement de l'aiguillon central et de 2 des aiguillons inférieurs, chaque aréole ne porte réellement que 5 aiguillons.

La variété β. Ensiferus Salm, syn. de Echinoc. Ensiferus Lem., constitue une espèce distincte.

L'Echinoc. Pentacanthus Lem. existe dans peu de Collections ; on cultive sous son nom une variété de Phyllacanthus ; mais la description de Lemaire et le dessin qui l'accompagne ne permettent pas le moindre doute. Ici, plus que dans aucun autre cas, il est important de ne pas confondre ce que les descripteurs entendent par foliacés et aplanis ou très-aplanis, quand il s'agit d'aiguillons.

Culture. Serre tempérée pendant l'hiver, pleine terre en bonne exposition pendant l'été.

Parmi les beaux échantillons qui existent dans la Collection de M. Andry, de Chaillot, il existe deux exemplaires qui semblent se rapporter à notre espèce, mais ils en diffèrent par leurs aiguillons démesurément plus longs, 8-9 cent.

61. Echinocactus Tribolacanthus (Monv.).

Synonymie. Echinoc. Tribolacanthus Monv., Catal. 1846.

Patrie. Mexique? Provenant du premier envoi de Deschamps.

Diagnostic. Tige cylindrique; côtes nombreuses, comprimées; sillons tranchés, aigus; aréoles éloignées (5 millim. environ), aréoles immergées, arrondies, prolongées en haut par une petite gorge; 8 aiguillons, dont 4 décussés et 4 autres placés en croix, de manière que chaque aiguillon du second groupe, sans être dans le même plan que ceux du premier, correspond avec la bisectrice de l'angle de ceux-ci. Les aiguillons du second groupe semblent insérés en avant des premiers, ils sont divergents-ouverts, les 2 latéraux anguleux, légèrement dressés vers le sommet de la plante, le supérieur et l'inférieur plus vigoureux, le dernier surtout presque central est un peu recourbé, subdressé-incliné, subulé; tous gris brun à pointe brune, à l'exception des 2 du bas du premier groupe.

Floraison. Fleurs rouges.

Cette plante très-rare existait dans la Collection de Monville, où je l'avais imparfaitement décrite. Je l'ai cherchée depuis dans les serres du Jardin d'Hiver de Paris, où elle est morte si elle n'a pas été vendue. Elle est très-curieuse à cause de la disposition de ses aiguillons.

62. Echinocactus Sulfureus (Dietr.).

Synonymie. Echinoc. Sulfureus Dietr. A. G. Z., 1845, p. 170. — *id.* Salm. Cact. in hort. Dyck., cult.. p. 160. — *id.* Forst. Handb. dr. Cact., p. 312.

Patrie. Mexique. Introduit par Ehremberg.

Diagnostic. Tige subglobuleuse, verte; sommet déprimé, défendu par un très-grand nombre d'aiguillons; côtes nombreuses, très-comprimées, ondulées; aréoles un peu espacées sur la longueur des côtes, mais très-rapprochées les unes des autres au sommet de la plante; 8-9 aiguillons blancs, les jeunes à pointe brunâtre, comprimés à la base, subulés, plus ou moins divergents, 1 seul central très-long, porrigé.

La tige est assez globuleuse, verte, à sommet comprimé, hérissée par ses aiguillons; ses côtes sont nombreuses, serrées, aiguës; ses sillons sont arrondis; aréoles petites, assez distancées, convexes, garnies de tomentum blanc; ses aiguillons sont d'un blanc gris dans la jeunesse et à pointe brune, les 3 supérieurs et le central larges à la base et comprimés, les premiers ont 27 cent., le central 50-55 de long,

il est long et droit ; la tige a 8-10 cent. de diamètre ; son sommet est
garni de nombreux aiguillons droits.

Floraison. En Mai et Juin. Il a fleuri pour la première fois à
Berlin, en 1845. Les fleurs sont infundibuliformes, elles ont 27 cent.
de long sur 4 de diamètre au moment de l'anthèse, elles sont jaune
soufre et insérées sur les aréoles du vertex de la plante ; les sépales
sont d'un vert grisâtre, bordées de jaune ; les pétales sont nombreuses,
lancéolées, aiguës, jaune soufre ; les anthères d'un jaune plus foncé ;
le style est terminé par 6-7 divisions stigmatiques jaune soufre.

Cette plante nouvelle, bien qu'elle présente des caractères d'analogie
avec l'Echinoc. Anfractuosus, en est cependant distincte.

Culture. Serre tempérée pendant l'hiver, pleine terre pendant
l'été.

2. *Aiguillons fauves ou bruns.*

63. Echinocactus Brachycentras (Salm).

Synonymie. Echinoc. Brachycentras Salm. Cact. in hort. Dyck., cult.,
p. 160. — Echinoc. Tetracentras Lem. Spec. nov. in hort. Monv., p. 31. —
id. Forst. Handb. dr. Cact., p. 315.

Patrie. Mexique.

Diagnostic. Tige subcylindrique, vert foncé ; 30-35 côtes très-comprimées, crispées, ondulées ; aréoles très-distancées, les jeunes blanches, velutineuses ; 3 aiguillons supérieurs érigés, 1 central (manquant
quelquefois), subulés, épais, bruns, ceux du bas plus grêles.

Lemaire a décrit la même plante sous le nom de Echinocactus Tetracentras :

Tige globuleuse, déprimée en dessus, à peine ombiliquée, à côtes
nombreuses, d'un vert gaie ; angles nombreux, très-comprimés ; aréoles
tomenteuses (chaque côte en portant à peine une), elles portent constamment 4 aiguillons, 1-2 inférieurs avortant très-fréquemment, 3 supérieurs de 27 cent. environ, inégaux, subaplanis, et 1 au-dessous
rhombique de 30-35 cent. de long.

L'ombilic est à peine laineux ; les côtes sont aiguës, très-comprimées,
onduleuses, elles sont au nombre de 35 environ, enflées près des aréoles,
elles portent à peine une aréole sur chacune d'elles ; les aréoles sont
éloignées de 6-7 cent., les jeunes garnies de laine tomenteuse blanche,
très-promptement caduque, elles sont prolongées en haut par une
petite fossule qui se termine en triangle ; 4 aiguillons longs de 28-30
millim., les 3 du haut érigés, inégaux, les 2 latéraux sont les plus vigoureux, ils sont longs de 30-40 millim., ils sont subaplanis, recourbés, le médian à peine plan et diffère sous ce rapport des aiguillons
des plantes congénères, vertical ou peu recourbé, presque de la même
longueur que les précédents, celui du bas déjeté long de 30 millim.,
rhombique, annelé, strié, ils sont tous couleur de paille, à peine
rigides, un peu jaunâtres en naissant ; en outre, il existe quelquefois,

vers la partie inférieure de l'aréole, 1-2 aiguillons avortifs grêles, très-petits. Notre plante a 5 cent. de haut sur 8 de diamètre.

Floraison? Fleurs? On la dit d'un beau rouge violacé.

VARIÉTÉS. Echinoc. Brachycentras β. Olygacantha Salm.—Echinoc. Tetraxiphus Otto.

Les aiguillons sont tout à fait effilés, le supérieur intermédiaire et le central manquent souvent, les 2 latéraux supérieurs et inférieurs légèrement recourbés l'un vers l'autre.

Culture. Serre tempérée pendant l'hiver, pleine terre pendant la belle saison.

64. Echinocactus Wegenerii (Salm).

Synonymie. Echinoc. Wegenerii Salm. Cact. in hort. Dyck., cult., p. 160. — Echinoc. Quadrinatus Weg. — *id.* Forst. Handb. dr. Cact., p. 313.

Patrie. Mexique. Introduit par Wegner.

Diagnostic. Tige cylindrique, vert foncé; 34-36 côtes très-comprimées, crispées, ondulées; aréoles très-distancées, les jeunes à peine velutineuses; 3 aiguillons supérieurs subulés, anguleux, celui du milieu plus court, les 2 autres très-longs, avec 1 central manquant souvent, brun, cinéré, 4 inférieurs recourbés, blancs, les 2 tout à fait en bas un peu plus longs. D'après Wegner, les aiguillons inférieurs tombent en barbe?

La tige est globuleuse, plate, d'un vert clair, portant 34 côtes saillantes, ondulées; aréoles très-distancées, d'abord garnies de tomentum, ensuite nues; 7 aiguillons, les 3 supérieurs gris à pointe brune, le médian lancéolé, pointu, de 13 millim. de long, les 2 latéraux longs, quadrangulaires, annelés, tortus, de 5 cent. sur 1 cent. de diamètre à la base, les 4 autres plus courts, blancs, dirigés en bas, de 2-4 millim. de longueur; la plante a environ 5 cent. de haut sur 8 de diamètre; les côtes sont à une distance de 4-5 millim. les unes des autres. Sur quelques sujets, il se présente des aréoles munies d'un aiguillon central, et d'autres sur lesquels il manque.

Floraison? Fleurs?

Culture. Serre tempérée et pleine terre pendant l'été.

Cette plante est extrêmement rare et n'existe probablement que dans quelques Collections d'Allemagne; elle est originaire du Mexique, elle a été introduite en 1844, par Wegner, à qui le prince de Salm l'a dédiée. Je ne l'ai pas reconnue parmi les beaux échantillons encore non dénommés de la Collection de M. Audry, à Chaillot. Le prince de Salm la considère comme identique avec l'Echinocactus Quadrinatus Wegner, et il propose de conserver le nom de dédicace.

65. Echinocactus Raphidacanthus (Salm).

Synonymie. Echinoc. Raphidacanthus Salm. Cact. in hort. Dyck.; cult., p. 160.

Patrie?

Diagnostic. Tige globuleuse, vert-gaie; 35-40 côtes très-comprimées, crispées-ondulées; aréoles très-distancées, les jeunes blanches, à peine velutineuses; 4 aiguillons subcentraux, rouges fauve, celui du haut aplani, les latéraux plus effilés, celui du bas (central) subulé, très-long, 6 extérieurs très-grêles, blancs, rigides, subrégulièrement rayonnants. L'insertion des 4 premiers aiguillons semble superposée en avant de celle des autres.

Les aiguillons extérieurs sont disposés assez régulièrement et d'une manière assez remarquable : 2 sont insérés vers le sommet de l'aréole, 2 latéralement et 2 vers le bas, au milieu de ceux-ci semblent s'échapper 4 aiguillons subcentraux plus vigoureux.

Floraison? Fleurs?

Culture. Probablement comme les autres. Serre tempérée pendant l'hiver, en pleine terre pendant l'été.

Cette plante n'existe pas encore dans les Collections de France; parmi les beaux sujets de la Collection de M. Andry, j'ai cru reconnaître, pour notre Echinocactus Raphidacanthus, l'un des exemplaires encore non dénommé; sa tige est haute de 15 cent. sur 10-12 de diamètre; ses aiguillons très-effilés sont remarquables par leur longueur, quelques-uns atteignent près de 10 cent.

D. *ENEACANTHI, aréoles portant plusieurs aiguillons intérieurs.*

Aiguillons supérieurs manquant quelquefois, aplanis quand ils existent; 1-4 aiguillons intérieurs, les autres au nombre de 7-8, ou en plus grand nombre, subrayonnants.

* AMPHÆACANTHÆ, DEUX AIGUILLONS INTÉRIEURS.

3 aiguillons supérieurs aplanis et 2 au centre subdivergents, subulés, 7-8 inférieurs grêles, rigides, défléchis.

66. Echinocactus Acanthion (Salm).

Synonymie. Echinoc. Acanthion Salm. Cact. in hort. Dyck., cult., p. 161 (ne pas confondre avec l'Echinocactus Acanthion hort. Berol.).

Patrie?

Diagnostic. Tige globuleuse, vert gaie; 35-40 côtes comprimées, peu ondulées, gonflées près des aréoles; aréoles serrées, les jeunes blanches, velutineuses; 3 aiguillons supérieurs aplanis, celui du milieu très-valide, 2 au centre divergents, subulés, subbifariés, staminés à la base, ensuite fauve brun, 8 inférieurs beaucoup plus grêles, blancs, ouverts.

Tige vigoureuse de 12 cent. et plus de diamètre, couverte par ses aiguillons de 30-40 cent. de longueur.

Floraison? Fleurs?

Cette plante est surtout remarquable à cause de ses 2 aiguillons centraux dont la disposition offre un caractère suffisamment tranché pour former une section à part, quoique nous ne connaissions encore que ce sujet qui possède ces 2 aiguillons intérieurs.

Culture. Serre tempérée pendant l'hiver, plein air et pleine terre pendant l'été.

** POLYACANTHÆ, A PLUSIEURS AIGUILLONS INTÉRIEURS.

De 1-4 aiguillons intérieurs allongés, subulés, inégalement aplanis; aiguillons extérieurs très-nombreux, allongés, sétiformes, presque rayonnants, défléchis.

67. Echinocactus Arrigens (Link.).

Synonymie. Echinoc. Arrigens Link. — *id.* Salm. Cact. in hort. Dyck., cult., p. 161. — Echinoc. Crispatus Dc. Rev. t. 8, p. 37. — Echinoc. Crispatus Horridus Dc.— Echinoc. Arrigens Pfr. Abbild., liv. 6, où il est très-bien figuré.

Patrie. Mexique, près de Pachuca.

Diagnostic. Tige claviforme ou obovée, sommet recouvert de nombreux aiguillons, verte glauque très-foncée; 35 côtes environ, comprimées, peu ondulées; aréoles subresserrées, les jeunes munies de tomentum blanc promptement caduc; 4 aiguillons centraux vigoureux, subdécusés, celui du haut aplani, érigé, l'inférieur subcentral, subulé, très-ouvert, ainsi que les 2 latéraux qui sont un peu plus grêles, staminé-rougeâtres. 8-9 extérieurs rayonnants, sétacés, blancs, à pointe brune.

La description donnée par Forster est incomplète et inexacte.

Floraison? Fleurs infundibuliformes, de 27 millim. de longueur; calice imbriqué; feuilles périgoniales s'accroissant graduellement de la base en haut, elles sont oblongues-ovales, un peu pointues, d'un pourpre foncé au milieu, à bords minces blanchâtres; les pétales, au nombre d'environ 24, sont lancéolés, mucronés, blancs, avec ligne médiane large, rouge, qui s'éteint vers la pointe; les étamines sont nombreuses, de moitié plus courtes que la corolle; les filaments de couleur rose pâle; le style les dépare, il est terminé par 6-7 divisions stigmatiques cylindriques jaunes pâles.

VARIÉTÉS. Echinoc. Arrigens β. Atropurpureus Salm. — Syn. Echinoc. Arrigens Link et Otto.— Echinoc. Xiphacanthus Muhlenpf. — *id.* Miq. — Echinoc. Arrectus Otto. — *id.* Forst., p. 346? — Echinoc. Arrigens Dietrich, A. G. Z., 1840 (et non Link), p. 161. — Echinoc. Sphœrocephalus Dietr., A. G. Z., 1846, p. 370.

Les aiguillons intérieurs sont pourpre brillants.

La description incomplète de Dietrich (A. G. Z., 1840, p. 161) a laissé pendant longtemps des doutes sur la synonymie de cette plante; mais la comparaison que M. le prince de Salm a pu faire des individus reçus des différentes Collections où ils avaient été cultivés et désignés sous le nom de Echinoc. Xiphacanthus Miq., *id*. Muhlenpf., Echinoc. Sphœrocephalus Dietr., ne peut plus laisser de doutes.

Culture. Serre tempérée pendant l'hiver, plein air et pleine terre pendant l'été.

68. Echinocactus Heteracanthus (Muhlenpf.).

Synonymie. Echinoc. Heteracanthus Muhlenpf. A. G. Z., 1845, p. 345. — *id*. Salm. Cact. in hort. Dyck., cult. p. 162.

Patrie. Mexique, Real del Monte.

Diagnostic. Tige subglobuleuse; 34 côtes comprimées, ondulées; aréoles du sommet garnies de laine blanche, floconneuse; aréoles peu éloignées, profondes; aiguillons immergés, 4 centraux en croix, les jeunes à pointe brune, carénés, les 2 latéraux subdréssés, le supérieur le plus long, plus tard bruns; 11–13 aiguillons rayonnants, blancs, piliformes.

Floraison? Fleurs?

Quoique très-voisine de l'Echinoc. Arrigens par ses aiguillons blancs, elle en diffère parce que ces aiguillons sont très-sensiblement plus courts et plus grêles.

Culture. Serre tempérée pendant l'hiver, pleine terre pendant l'été.

Cette plante est très-rare en France, où elle est à peu près in-connue.

69. Echinocactus Acifer (Hopf.).

Synonymie. Echinoc. Acifer Hopf.—Echinoc. Wippermanni Muhlenpf. A. G. Z., p. 370. — Echinoc. Spinosus Weg. A. G. Z., 1844, p. 66. — *id*. Forst. p. 345. — Echinoc. Acifer Forst., p. 520. — *id*. Hort. Monv., 1846. — Echinoc. Wippermanni Salm. Cact. in hort. Dyck., cult. p. 162.

Patrie. Mexique.

Diagnostic. Tige obovée; côtes nombreuses, interrompues, comprimées, subondulées (36–40), aréoles serrées (1 cent. à peine), les plus jeunes garnies de laine blanche caduque, les plus âgées glabres; de 18-20 aiguillons rayonnants, sétacés, blancs, 3 au centre érigés, allongés, fauves, le central le plus long (16 cent. environ).

Les aiguillons centraux varient de 1–3, ils sont aciculaires, cylindriques et non aplatis. Wegner dit : arrondis en dessous et plats en dessus.

Floraison? Fleurs?

Culture. Serre tempérée en hiver, pleine terre pendant l'été.

Cette plante est encore rare en France.

70. Echinocactus Albatus (Muhlenpf.).

Synonymie. Echinoc. Albatus Muhlenpf. A. G. Z., 1846, p. 170. — *id*. Salm. Cact. in hort. Dyck., cult., p. 162.

Patrie?

Diagnostic. Tige globuleuse, vert glauque; sommet plat; côtes

nombreuses, ondulées, comprimées; aiguillons jaune blond pâle,
10 extérieurs sétacés, 4 intérieurs plus longs, les 2 latéraux et l'inférieur ensiformes, le quatrième central, porrigé.

Floraison. Abondante; fleurs réunies sur le sommet de la plante,
infundibuliformes, longues de 18-20 millim.; lacinies sépaloïdes imbriquées, vertes à la base, blanches vers la pointe; lacinies pétaloïdes
lancéolées, acuminées, blanches.

Culture. Serre tempérée pendant l'hiver, pleine terre pendant l'été.
Il n'en existe peut-être aucun exemplaire en France.

71. Echinocactus Heyderi (Muhlenpf.).

Synonymie. Echinoc. Heyderi Muhlenpf. A. G. Z., 1846, p. 170. —
id. Salm. Cact. in hort. Dyck., cult., p. 163.

Patrie?

Diagnostic. Tige obovée, vert pâle; sommet arrondi; côtes nombreuses, très-comprimées, ténues, ondulées; 8 aiguillons gris blancs,
6 extérieurs sétacés, plus petits, celui du haut ensiforme, très-grand,
les 2 du centre ronds, porrigés.

Floraison. En Mai et Juin. Fleurs infundibuliformes se développant au sommet de la plante au milieu des aiguillons qui le couvrent,
elle atteint de 25-30 millim. de longueur; ses lacinies sépaloïdes sont
imbriquées, d'un rouge terne; ses lacinies pétaloïdes sont lancéolées,
acuminées, écarlates, avec ligne médiane plus foncée.

Culture. Serre tempérée pendant l'hiver, pleine terre pendant l'été.

4e GROUPE. — ASYNECHEGONI, à côtes interrompues.

Les feuilles sont disposées par séries et forment encore des côtes,
mais ici elles sont rendues plus ou moins distinctes les unes des autres,
soit par les échancrures, soit par les plis qui les séparent.

A. *MICROGONI, à petites côtes.*

Tiges globuleuses, claviformes ou cylindriques; côtes étroites,
émoussées ou aiguës, parfois très-nombreuses, plus ou moins concaves
ou plissées entre les aréoles, ou bien échancrées ou sinueuses; aréoles
serrées ou très-resserrées, immergées ou saillantes, portant 10-13 aiguillons extérieurs grêles ou sétacés, 3-6 intérieurs presque de même
longueur que les précédents, ou bien plus longs, flexibles ou rigides;
tube court muni de laine et de sétules; baie plus ou moins hyspide.

* PULVILLIS IMMERSIS, ARÉOLES IMMERGÉES.

Aréoles immergées au-dessus de chaque feuille qui est de forme
tuberculée, saillante, peu étendue; vertex ordinairement cratéréci-
forme, nu.

72. Echinocactus Submammulosus (Lem.).

Synonymie. Echinoc. Submammulosus Lem. Cact. gen. nov., p. 20. — Echinoc. Submamillosus Forst. Handb. dr. Cact., p. 299. — Salm. Cact. in hort. Dyck., cult., p. 163.

Patrie?

Diagnostic. Tige subglobuleuse ou allongée, formée de 13 côtes epaisses, d'un vert gris foncé, à feuilles tuberculeuses ovées; aréoles insérées sur la face supérieure de chaque tubercule, ovales, plus larges que longues, portant 7 aiguillons rigides, inégaux, de couleur ocreuse, l'un central déjeté en dehors et de 3 cent. de longueur environ; parmi les autres aiguillons, le médian plus court est couché, recourbé sur le tubercule.

Cette plante, quoique très-voisine de l'Echinocactus Mammulosus, en est entièrement différente, elle en diffère d'abord par ses côtes moins nombreuses et plus épaisses; ses aréoles sont plus éloignées les unes des autres; par ses feuilles de forme tuberculeuse qui sont plus épaisses, bien plus saillantes entre les aréoles, elles sont même anguleuses; ses aiguillons sont plus flexibles, quelques-uns plus aplanis et moins nombreux : leur disposition est en outre toute différente.

Notre plante porte 7 aiguillons jaunâtres, presque rayonnants, longs de 6-9 millim., les 2 supérieurs sont un peu recourbés, rapprochés, érigés, entre eux deux il en existe 1 troisième très-petit, long de 2-4 millim. au plus, ils sont appliqués sur la face inférieure du tubercule suivant; l'aiguillon central est long de près de 27 millim., il est droit, vigoureux, rigide, il est déjeté en bas. Notre plante a environ 8 cent. de hauteur sur 6-7 de diamètre.

Floraison. En Mai et Juin. Fleurs jaunes très-grandes, cratériformes, à stigmates rouges, coccinnés.

Culture. Serre tempérée pendant l'hiver, pleine terre pendant l'été.

73. Echinocactus Mammulosus (Lem.).

Synonymie. Echinoc. Mammulosus Lem.— Echinoc. Mamillosus Forst. Handb., p. 298. — Echinoc. Hypocratereiformis Otto A. G. Z., 1838, p. 169. — Echinoc. Mammulosus Salm. Cact. in hort. Dyck., cult., p. 163. — *id.* β. Spinosior Haage.

Patrie. Brésil, Montevideo.

Diagnostic. Tige subglobuleuse, verte; sommet déprimé, ombiliqué, portant 18 côtes verticales fortement crénelées et formées de feuilles de forme tuberculeuse; les aréoles sont insérées vers le fond des crénelures qui sont planes, elles sont munies de tomentum blanc et d'aiguillons droits, jaunes, le central isolé, rigide, est dirigé en bas, 10 sont extérieurs, moins forts, rayonnants.

La tige est globuleuse ou presque globuleuse; son sommet est large, très-ombiliqué, d'un vert gris clair assez vif; elle porte de 18-20 côtes verticales tuberculées, incisées; vers le sommet, ces petits tubercules se touchent, forment un cratère mamelonné sans aiguillons; les sillons sont profonds ; les aréoles sont insérées vers le fond des crénelures, elles sont petites, garnies de tomentum blanc, qui devient gris par la suite, elles portent de 10-13 aiguillons extérieurs rayonnants, assez flexibles, d'abord jaune blanc, plus tard jaune rouge, rouge pourpre à la pointe, longs de 6-12 millim. ; aiguillon central 1, quelquefois 2 et même 3 plus forts, plus rigides et plus longs, légèrement aplanis, d'abord blancs ou jaunes, rouge carminé à la base, plus tard rouges bruns, à pointe noire ; quand il en existe deux, l'un est dirigé en haut, l'autre en bas, quelquefois l'inférieur est seul, alors il est plus aplani et la pointe est légèrement recourbée vers le haut ; le supérieur atteint 13-15 millim., l'inférieur de 22-30 millim. ; les tubercules ont de 4-9 millim. de longueur sur 6-9 millim. de large, ils sont arrondis ; les aréoles sont à 9-10 millim. les unes des autres ; la tige a environ 10 cent. de hauteur sur 7-8 de diamètre.

Floraison. En Mai, Juin ou Juillet. Les fleurs sont isolées, hypocratéréiformes, elles ont environ 5 cent. de diamètre, elles s'ouvrent pendant plusieurs jours de suite, à odeur très-fine; leur tube a 15 millim. de longueur, il est velu, parsemé de petites écailles d'un vert brun jaunâtre et de sétules très-fines ; les sépales sont linéaires, jaune paille, marquées sur la face extérieure d'une ligne médiane d'un rouge foncé terne ; les pétales sont lancéolées, émoussées vers la pointe et d'un beau jaune soufre, et à l'intérieur le tube est plus foncé, presque jaune d'œuf ; les anthères sont jaune foncé ; le style est terminé par 9 divisions stigmatiques rouge pourpre.

Notre Echinocactus Mammulosus et le Submammulosus fleurissent tous deux de bonne heure, au bout de deux années, surtout quand ils sont cultivés en pleine terre. La variété indiquée par Haage nous paraît identique avec l'espèce décrite.

VARIÉTÉS. Echinoc. Mammulosus β. Cristata Monv.

Variété monstrueuse accidentellement développée en forme de crête, assez rare.

Echinoc. Mammulosus γ. Minor Monv.

Variété dont les tubercules sont beaucoup moins saillants, ils sont plus confondus ; les aiguillons sont aussi moins forts.

Culture. Serre tempérée pendant l'hiver, pleine terre pendant l'été.

Cette plante et la précédente sont sujettes à une maladie des racines qui se pourrissent quelquefois sans qu'on puisse supposer quelle peut être la cause de cette maladie ; elle est indiquée par un arrêt dans la végétation des plantes ; leur épiderme perd de l'intensité et la vivacité de sa couleur ; la plante, au lieu de conserver sa forme globuleuse, s'amincit au-dessous de son cratère et vers sa partie inférieure ; à l'apparition de ces symptômes il faut dépoter la plante, examiner et nettoyer ses racines en coupant toutes celles qui sont altérées, rempoter ensuite et donner un peu plus de chaleur. La forme de son vertex laisse séjourner l'eau sur le sommet de la plante, et c'est une chose qu'il faut éviter pendant l'hiver, quand la température est basse, quoiqu'elle soit sans danger pendant les chaleurs de l'été.

Depuis l'apparition des premiers sujets, il s'est produit une dégénérescence par les semis cultivés en serre, les formes et les caractères de ces semis, tant pour cette espèce que pour la précédente, sont devenus moins nets, surtout quand on les compare avec des sujets bien cultivés. Il existe aussi une variété γ. Vareigata Monv., qui ne diffère de nos types que par une couleur jaunâtre qui fait tache sur quelques parties de la plante, mais ces panachures ne sont qu'accidentelles, elles ne se perpétuent pas dans les semis.

74. Echinocactus Concinnus (Monv.).

Synonymie. Echinoc. Concinnus Monv. Hort. univ., t. 1er, p. 222. — *id.* Lem. Iconog. des Cactées, 3e livr. — *id.* Salm. Cact. in hort. Dyck., cult. 1842. — *id.* Salm. Cact. in hort. Dyck., cult. 1850, p. 164. — *id.* Forst. Handb. dr. Cact., p. 299. — *id.* Pfr. Abbild. 2, t. 11.

Patrie. Près de Montevideo, dans les régions basses; il se trouve également au Chili.

Diagnostic. Tige basse, presque discoïde, fortement ombiliquée, tuberculée, vert foncé luisant; les jeunes tubercules sont presque constamment mucronés, ils sont disposés par séries qui forment de 16-20 côtes mamelonnées entre les aréoles; sillons arrondis, d'abord aigus, plus tard presque plans; aréoles ovées, arrondies, immergées, tomenteuses, portent 12-14 aiguillons grêles, flexibles, contournés çà et là, tirant sur le blanc, 1 submédian plus vigoureux, plus long, flexueux, rougeâtre.

M. de Monville a donné, d'après des sujets arrivant du pays, le diagnostic suivant :

Tige arrondie très-déprimée, fortement ombiliquée, vert foncé, très-brillant, à 16-20 côtes arrondies, mamelonnées entre les aréoles; sinus répandiformes, d'abord aigus, ensuite obtus; aréoles rondes, revêtues d'un duvet court, grisâtre; épines sétiformes, blanches, divariquées.

La tige basse, subdiscoïde, déprimée, largement et profondément ombiliquée en forme de cratère, est d'un vert foncé et brillant, à côtes mamelonnées, petites, à peine de 1 cent. de haut et de large, déprimées, arrondies, verticales; tubercules naissants, très-serrés autour du point central, tomenteux, coniques ou plutôt mamelonnés dans la jeunesse, et se prolongeant au sommet en une sorte de mucron; ces tubercules, par la suite, deviennent peu à peu et de plus en plus déprimés vers le bas de la plante; les aréoles naissantes sont inermes, garnies d'un tomentum court, presque linéaires, horizontales par l'effet de la pression, ensuite ovales, arrondies, profondément immergées et munies d'un duvet blanchâtre peu abondant et subdécidu, elles ont 3-4 millim. de largeur, elles portent 12-15 aiguillons presque semblables entre eux, dont 8-12 rayonnants, criniformes, divariqués, subcourbés çà et là, subondulés, couchés sur la plante, longs depuis 4 jusqu'à 7 millim., 3-4 intérieurs plus grands, dont les 2-3 supérieurs dressés, réfléchis en arrière, le dernier toujours placé au milieu ou presque vers le bas du faisceau, et plus long, plus robuste, plus ou moins défléchi ou horizontal, long de 15 millim.; tous grêles, flexueux, subroussâtres au sommet, les adultes blanchâtres et d'un roux pâle à la base et au sommet.

Floraison. Pendant la belle saison. Les fleurs sont nombreuses, très-grandes, belles, presque inodores, s'épanouissant depuis le milieu du printemps jusqu'à la fin de l'été, s'ouvrant et se fermant le soir et durant plusieurs jours, elles sont longues de 7-8 cent. et presque aussi larges lors de l'épanouissement; l'ovaire et le tube de 35 millim. de longueur environ, verts à la base et jaunissant vers le sommet, couvert de squammes brunes très-nombreuses, dont chacune porte dans son aisselle un tomentum brun, soyeux, mêlé de 3-5 soies assez rigides, piquantes et longues de 5-8 millim.; lacinies extérieures spatulées, quelquefois mucronées, violacées et bordées de jaune; les intérieures lancéolées, larges de 6-7 millim., d'un jaune citrin soyeux très-brillant, nuancées extérieurement de violet dans le milieu, dressées ou à peine subréfléchies; étamines nombreuses, inégales, irritables, à filaments fasciculés, contournés en spirale avant l'anthèse, jaunes et d'un pourpre foncé à la base; anthères jaunes; style égal, fistuleux, pourpre à la base, passant peu à peu au jaune verdâtre vers le sommet; stigmate d'un pourpre cramoisi, dont les 10-11 rayons sont papilleux, veloutés; baie globuleuse d'un vert olivâtre, couverte de squammules subulées, dont chacune porte dans son aisselle des soies et une laine rousse, couronnée du périanthe marcescent et mûrissant au bout de trois mois; graines nombreuses, noires, en forme de dé à coudre.

Culture. Serre tempérée pendant l'hiver, pleine terre pendant l'été.

Notre plante croît dans les environs de Montevideo, dans les prairies, le long des ruisseaux, où elle cache sa petite stature entre les mousses et les graminées. Cet habitus est remarquable à cause de sa rareté parmi les sujets de la famille des Cactées qui recherchent plus particulièrement les lieux arides et secs.

75. Echinocactus Salmianus (Cels).

Synonymie. Echinoc. Salmianus Cels, Portef. des hort., 1847, p. 180.

Patrie. Chili.

Diagnostic. Tige subcylindrique, vert luisant; côtes verticales, arrondies; sillons aigus d'abord, ensuite disparaissant vers la base de la plante; aréoles enfoncées entre les saillies tuberculeuses, arrondies, qui les séparent, rondes, munies de tomentum fauve d'abord, ensuite gris; 7-10 aiguillons roses à pointe brune, robustes, 1 central à base noduleuse, droit, rigide, les autres rayonnants, parmi lesquels 2 supérieurs subdressés contre la base.

La tige est subcylindrique, d'un vert tendre; ses côtes sont verticales, arrondies; ses sinus, d'abord aigus, s'ouvrent peu à peu vers la base de la plante; ses aréoles rondes sont immergées, elles sont assez abondamment garnies de tomentum fauve qui passe peu à peu au gris, elles sont insérées sur les feuilles qui sont de forme tuberculée, arrondies, distantes les unes des autres d'un cent. environ; ses aiguillons, au nombre de 7-10, sont roses à pointe brune, ils sont robustes, rigides, longs d'un cent. environ, l'un d'eux est central, droit, rigide, subulé à la base, les autres sont extérieurs et rayonnants, les 2 supérieurs sont dressés, presque appliqués contre la base.

Floraison? Fleurs inconnues en Europe; leur tube est enveloppé à la base d'une laine longue et noire.

Cette plante peut être assez voisine de l'Echinocactus Linkii, elle en diffère par son cachet tout particulier, ses aiguillons rigides, beaucoup plus robustes, sont d'un ton cinéré.

VARIÉTÉS. Echinoc. Salmianus β. Spinosior Cels.

Variété qui se distingue du type par ses aiguillons plus nombreux, souvent au nombre de 12-15, dont 3-4 intérieurs : lorsqu'ils existent tous 4 en même temps, ils sont décusés.

Pfaiffer indique dans la 3ᵉ livr., 2ᵉ série, *Abbild. und Beschreib. blund. Cact.* Parmi plusieurs plantes introduites de la Bolivie par M. Bridges, une plante à laquelle il a imposé le nom de Echinocactus Salm Dyckianus, qui m'est tout à fait inconnue et dont le diagnostic laconique ne permet pas de croire à aucune identité avec la nôtre, il la dit : Ovée, globuleuse, verte, à 12 côtes, à sommet convexe, garnie de laine fauve; côtes larges, obtuses, subverticales; aréoles très-rapprochées, presque contiguës, grandes, plus larges que longues, munies de tomentum gris de cendre; aiguillons rigides, droits, épais, raccourcis, brun châtaigne en naissant, passant par la suite au gris fauve, 8 extérieurs de 6-9 millim. de long, 1 central plus vigoureux, long de 13-18 millim.; la tige a de 13-16 cent. en hauteur et en diamètre.

Culture. Serre tempérée pendant l'hiver, pleine terre pendant l'été.

76. Echinocactus Tortuosus (Link et Otto).

Synonymie. Echinoc. Tortuosus Link et Otto. Iconog. t. 15. — *id.* Pfr. cnum., p. 49. — *id.* Forst. Handb. dr. Cact., p. 300. — Echinoc. Muricatus Hortatani (et non hort. Berol.).

Patrie. Brésil, province de Rio-Grande.

Diagnostic. Tige déprimée, globuleuse; 13 côtes vert obscur, peu ombiliquées au sommet; sillons aigus, profonds; côtes subverticales comprimées; crête arrondie transversalement; aréoles immergées, grandes, subresserrées, les jeunes blanches, velutineuses, enfin grises; aiguillons presque droits, rigides, 12-13 extérieurs jaunes ou fauves, ceux du haut petits, plus grêles, 4-6 centraux, érigés-ouverts, bruns, plus épais, celui du haut le plus petit.

La tige a de 4-10 cent. de haut, 8-12 cent. de diamètre; ses côtes

ont 15 millim. de hauteur; ses aréoles sont éloignées de 9 millim. les
unes des autres; ses aiguillons extérieurs atteignent 9 millim., les
supérieurs 5 seulement et les intérieurs de 11-18 millim. de longueur,
l'aiguillon intérieur supérieur est ordinairement le plus court, il n'a
que 6-7 millim. de longueur.

Floraison. En Juin. Les fleurs sont d'un jaune citrin, elles durent
pendant plusieurs jours et s'épanouissent seulement au soleil au moment de l'anthèse; leur limbe présente un diamètre de 5 cent.; le tube
est court, il est recouvert de squammes d'un vert brunâtre et garni de
sétules; les pétales sont bisériées, obtuses à leur sommet et dentelées;
les étamines jaunes, à anthères blanchâtres; le style à peine plus long
qu'elles, est terminé par 6-10 divisions stigmatiques de couleur
pourpre.

Dans sa jeunesse, notre plante présente beaucoup de ressemblance
avec l'Echinocactus Ottonis et ses variétés; elle en diffère par ses
aréoles plus grandes garnies au centre de tomentum brun, et par ses
12 aiguillons extérieurs jaunes d'abord et tirant peu à peu sur le blanc,
et en outre rigides; l'aiguillon intérieur aussi la différencie, il est plus
court.

77. Echinocactus Linkii (Lehm.).

Synonymie. Echinocactus Linkii Lehm. Act. nov. nat. cur. XVI, t. 14.
— Pfr. enum. diagn., p. 48. — *id.* Salm. Cact. in hort. Dyck., cult. Catal.,
p. 32. — *id.* Forst. Handb. dr. Cact., p. 300. — *id.* Hortulani.

Patrie. Mexique.

Diagnostic. Tige ovale, verte, à 13 angles, à sommet enfoncé,
déprimé; côtes arrondies; aréoles espacées, immergées; aiguillons
bruns, grêles, presque égaux, dont 3-4 intérieurs érigés, étalés, et
10 rayonnants, plus fins, très-étalés.

La plante est subglobuleuse, verte, à 13 angles; sillons profonds,
aigus; côtes comprimées latéralement, à crête arrondie; aréoles garnies de tomentum blanc, immergées; aiguillons grêles, 3 intérieurs
bruns, quelquefois un quatrième très-court inséré vers le haut, 10-12
extérieurs bruns à pointe brune, elle atteint 8-10 cent. de diamètre
sur autant et plus de hauteur; aréoles distantes de 9 millim. les unes
des autres; les aiguillons extérieurs mesurent de 6-12 millim., savoir:
ceux du bas 6, les latéraux 11-12, les intérieurs de 11-18 millim.

Floraison? Fleurs se développant au milieu des aiguillons qui garnissent les aréoles du sommet; calice tubuleux, d'environ 13 millim.
de long et présentant au moment de l'anthèse un limbe de 5 cent., couvert à la base de squammes imbriquées, connées, passant du vert au
jaune, garni de fascicules de crins d'un rouge pourpre et de laine;
pétales nombreux, obovales, cunéiformes, tronqués au sommet, dentelés, d'un jaune brillant soyeux; étamines insérées sur le tube, nombreuses, filiformes, érigées, jaunes, pourpres à la base; style jaune,
tubuleux, terminé par 8 divisions stigmatiques pourpres.

Notre plante se distingue de l'Echinocactus Ottonis par ses côtes plus nombreuses, plus étroites, ses 9-10 aiguillons rayonnants qui sont blancs, plus courts, et ses aiguillons intérieurs qui sont noirs et plus petits.

Culture. Serre tempérée pendant l'hiver, plein air et pleine terre pendant la belle saison.

78. Echinocactus Ottonis (Lehm.).

Synonymie. Echinoc. Ottonis Lehm. Act. nov. nat. cur. XVI, P. 1, p. 317, t. XV. — *id.* Link. et Otto. Iconog., t. 16. — *id.* Botan. magaz., tom. 3417. — *id.* Pfr. enum. diagn., p. 47. — *id.* Forst. Handb. dr. Cact., p. 302. — Echinoc. Ottonis β. Spinosior Monv.

Patrie. Mexique.

Diagnostic. Tige ovée, verte, atténuée à la base; 10 angles; côtes obtuses, florifères dans la partie supérieure; fleurs se développant au milieu des faisceaux d'aiguillons; 4 aiguillons intérieurs et 10-14 aiguillons extérieurs fins, ouverts (Lehm.).

Tige déprimée, globuleuse ou ovée, verte, devenant ligneuse vers la base avec l'âge; 10-12 angles; sillons aigus; côtes arrondies; aréoles garnies de tomentum blanc, immergées; 12-18 aiguillons extérieurs rayonnants, jaunes, fins, presque droits, 4 intérieurs d'un brun rougeâtre, plus vigoureux, celui du haut très-court, 2 latéraux étendus horizontalement, enfin celui du bas très-long, défléchi; tous rigides, ouverts.

La tige a 10-12 cent. de hauteur sur 10 de diamètre; les aréoles sont éloignées les unes des autres de 10-13 millim.; les aiguillons extérieurs ont de 6-12 millim., les intérieurs de 9-27 millim. de longueur. La plante est extrêmement prolifère, tous les ans il se développe sur les aréoles, autour de son collet, de nombreux rejetons.

Floraison. Pendant tout l'été. Elle fleurit très-jeune, les sujets de 2 cent. de diamètre donnent déjà deux, trois et même parfois un plus grand nombre de fleurs; celles-ci sont d'un jaune citron, elles durent pendant plusieurs jours, elles s'ouvrent le matin et se referment le soir; le tube est garni de squammes, de sétules brunes et de laine grise; les pétales sont bisériées, linéaires, acuminées, mucronées, jaunes, celles du dehors sont rouges sur le dos, elles s'allongent peu à peu, puis en se réfléchissant elles forment un limbe de 5-8 cent. de diamètre; les étamines sont nombreuses, jaunes, rouge pourpre à la base, à anthères jaunes, elles sont plus courtes que le style, celui-ci est également jaune, cannelé sur sa longueur et terminé par 14 divisions stigmatiques d'un rouge pourpre de feu.

Les baies sont globuleuses, d'un vert brillant ou rougeâtre, elles sont garnies de squammules très-petites, de laine et de sétules; les graines sont noires, abondantes, elles sont attachées aux trophospermes pariétaux par de longs funicules.

VARIÉTÉS. Echinoc. Ottonis β. Tenuispinus Pfr. — Syn. Echinoc.

Tenuispinus Link et Otto. — *id.* Salm. Cact. in hort. Dyck., cult.—
Echinoc. Ottonis δ. Tenuispinus hort. Monv. — Echinoc. γ. Pfeifferi
Monv.

La tige, dans l'âge adulte, est subcolumnaire; ses aiguillons sont
beaucoup plus longs, ils atteignent 4 cent. de longueur, ils sont plus
recourbés; sa fleur est plus petite, plus pâle; les lacinies pétaloïdes
sont obtuses et légèrement mucronées; les divisions stigmatiques sont
au nombre de 10.

Echinoc. γ. Pallidior Monv.

Aiguillons plus courts, plus grêles, d'un jaune serin; sa tige est
également d'un vert plus pâle que dans l'espèce type.

Culture. Serre tempérée pendant l'hiver, plein air pendant la belle
saison.

79. Echinocactus Muricatus (hort. Berol.).

Synonymie. Echinoc. Muricatus hort. Berol. — *id.* Pfr. enum. diagn.,
p. 49. — *id.* Forst. Handb. dr. Cact., p. 302.

Patrie. Brésil Austral.

Diagnostic. Tige ovée, dans l'âge avancé irrégulièrement columnaire (resserrée çà et là); 16 angles verts, prolifères sur les côtés; sommet ombiliqué; côtes obtuses, très-arrondies transversalement; sillons
larges et plans; aréoles resserrées, larges, à tomentum blanc, les
jeunes velutineuses; 12 aiguillons extérieurs ouverts, 3-4 intérieurs
également ouverts; tous très-grêles, presque sétiformes, à peine piquants, fauves.

La tige est ovée, plus tard elle devient cylindrique, et alors quelquefois son sommet est ombiliqué; 10-24 côtes larges, émoussées,
tuberculées entre les aréoles; sillons larges et plats; aréoles larges,
rapprochées, garnies de tomentum blanc; les aiguillons sont fins,
flexibles, inégaux, jaunâtres : 10-14 extérieurs étalés, adprimés contre
la plante, 1-4 intérieurs; la plante atteint 20 cent. de haut sur 9 de
diamètre, elle porte souvent des rejetons latéraux; ses aiguillons, les
uns 4-6 millim. de longueur, les autres 18 millim.

Floraison. En Mai et Juin. Les fleurs sont aussi grandes que celles
de l'Echinocactus Ottonis, elles ont 27 millim. de long, on dit qu'elles
se développent par 2, 3-4 sur une même aréole, elles sont très-ouvertes; tube velu, jaune pâle terne; sépales d'un vert jaunâtre; pétales
très-nombreuses, multisériées, lancéolées, jaune soufre; anthères
jaunes, jaune paille; divisions du stigmate rouge pourpre (disposées en
deux faisceaux, dans Lem. elles sont disposées en éventail); cette
disposition est assurément accidentelle.

Culture. Serre tempérée pendant l'hiver, en pleine terre et sous
châssis pendant l'été.

Cette plante est déjà très-ancienne, malgré cela elle est encore
extrêmement rare dans les Collections. Cette rareté est-elle due à une

mauvaise culture ou à une certaine délicatesse qui fait qu'elle exige plus de soins que ses congénères.

**** PULVILIS PROMINULIS, ARÉOLES UN PEU SAILLANTES.**

Tubercules très-petits; aréoles insérées sur la partie supérieure des tubercules.

80. Echinocactus Pamilus (Lem.).

Synonymie. Echinoc. Pamilus Lem. Cact. gen. nov., p. 24. — *id.* Forst. Handb. dr. Cact., p. 303.

Patrie ?

Diagnostic. Tige globuleuse, cœspiteuse, prolifère, très-petite, de 4 cent. et demi de diamètre et de hauteur, multicotelée; aréoles petites, très-serrées, garnies de tomentum fauve; 12 aiguillons extérieurs sétacés, frisés, entremêlés, couvrant la plante, 2 au centre un peu plus rigides; tous roux à la base, gris vers la pointe.

Les tubercules sont à peine saillants; ils sont disposés sur 10 séries presque verticales, elles sont vertes et d'un violet brillant en dessus; les aréoles sont très-petites, sublaineuses et bientôt nues, elles sont à peine éloignées de 4 millim. les unes des autres; aiguillons biformes, environ 16, dont 12-13 rayonnants sétacés, très-grêles, blancs, transparents, rigides, à peine recourbés, longs de 2 millim., ceux du bas sont un peu plus longs, 2-3 intérieurs subérigés, flexueux, inégaux, subdivergents, plus vigoureux, d'un rouge violacé, longs de 4-9 millim.; tige de 1 cent. de hauteur sur 2 de diamètre.

Floraison. Depuis le mois de Juin jusqu'au mois d'Octobre. Les fleurs sont nombreuses, elles se développent sur les aréoles du sommet, elles sont très-éphémères, d'un blanc pâle terne; le tube est abondamment garni de poils roides et de laine d'un gris blanchâtre; les pétales sont courtes, d'un jaune verdâtre pâle.

Les baies sont ovoïdes, atténuées aux deux extrémités, elles sont petites, recouvertes de squammes pourpres, linéaires, de laine et de sétules longues réunies en pinceaux vers le sommet de la baie; graines subglobuleuses, brunes, plus tard noires et fixées sur les trophospermes par un funicule très-court.

Culture. Serre tempérée pendant l'hiver, pleine terre et plein air pendant l'été.

C'est par erreur que la plupart de ceux qui ont décrit cette plante disent qu'elle fleurit difficilement, ou que sa floraison est très-fugace; par une culture en plein air, la fleur s'épanouit complétement comme celle des autres Echinocactes, elle dure plusieurs jours, s'ouvre et se referme chaque fois que le soleil se cache. Ce qui a entraîné dans l'erreur que je cite, c'est que, la plupart du temps, notre plante a produit des baies et même des graines très-bonnes sans qu'on ait observé l'épanouissement de la fleur, mais aussi les plantes n'étaient pas cultivées comme la nôtre.

81. Echinocactus Gracillimus (Lem.).

Synonymie. Echinoc. Gracillimus Lem. Cact. gen. nov., p. 24. — *id.* Forst. Handb., p. 304. — Echinoc. Gracilis hort.

Patrie?

Diagnostic. Tige columnaire, vert cinéré; côtes tout à fait tubercu-leuses; les tubercules très-serrés, violet brillant dans la partie supé-rieure; aréoles très-petites, sublaineuses; aiguillons biformes, sétacés, très-grêles, environ 12 rayonnants, petits, 2–4 au centre subérigés, roux brillant, un peu plus vigoureux et un peu plus longs que les autres; tous rigides.

Tige haute de 8 cent. sur 27 millim. de diamètre; aréoles éloignées de 4 millim. les unes des autres; aiguillons extérieurs de 2–3 millim.; aiguillons intérieurs de 4–6 millim. de longueur.

Floraison. Depuis le mois de Juin jusqu'au mois de Septembre. Fleurs d'un jaune pâle terne, plus longues et plus grandes que celles de l'Echinocactus Pamilus, à laquelle elle ressemble beaucoup, ainsi que la baie.

Culture. Comme la précédente. Sa floraison donne lieu aux mêmes remarques.

82. Echinocactus Castanoïdes (Cels).

Synonymie. Echinoc. Castanoïdes Cels. — Salm. Cact. in hort. Dyck., cult., p. 164.

Patrie. Chili.

Diagnostic. Tige globuleuse, vert gaie; 15–18 côtes, côtes créne-lées, arrondies; aréoles serrées, petites, garnies de tomentum blanc, bientôt nues; 16–20 aiguillons extérieurs grêles, très-ouverts, entre-mêlés, 6 intérieurs plus vigoureux, érigés; tous rigides, jaune cendré et fauve pâle à la pointe.

Tige haute de 5 cent. de diamètre; aiguillons resserrés de 27 millim. de long, grêles, rigides et recouvrant la plante.

Floraison? Fleurs?

Culture. Serre tempérée pendant l'hiver, en pleine terre sous châssis pendant l'été; elle demande, pour pousser vigoureusement, de fréquents bassinages et un peu plus de chaleur que ses congénères.

Cette plante a été introduite en France, il y a une dizaine d'années, par M. Cels, en même temps que plusieurs nouvelles plantes prove-nant du Chili et de la Bolivie; malheureusement les sujets sont arrivés à une époque très-avancée de la saison; la plupart ont été perdues, et cette plante n'existe plus dans aucune Collection de France, elle est rare aussi dans les Collections étrangères.

83. Echinocactus Haynii (Otto).

Synonymie. Echinoc. Haynii Otto.

Patrie. Pérou.

Diagnostic. Tige cylindrique, vert gai; 25-28 côtes, côtes arrondies; aréoles serrées, petites, ovales, tomentum gris perle; 28-30 aiguillons extérieurs très-ouverts, entremêlés, 6-8 intérieurs à peine plus vigoureux; tous très-grêles, développés, peu rigides, paille-gris à pointe brune.

Tige haute de 13 cent. sur 16 de diamètre.

Floraison. Fleurs très-grandes, rouge pourpre brillant. Le seul sujet qui ait fleuri en France fait partie de la belle Collection de M. Andry, à Chaillot.

Cette plante diffère de l'Echinocactus Scopa par ses côtes plus vigoureuses, moins nombreuses, ses aréoles elliptiques munies de tomentum gris, presque espacées, distantes de 9 millim., ses aiguillons de même couleur, subégaux, les extérieurs 2-3 plus longs que les autres, moins pileux et non sétiformes.

Culture. Serre tempérée pendant l'hiver, plein air et pleine terre pendant la belle saison.

Notre Echinocactus Haynii a été trouvé dans le Pérou, par le baron de Winterfeld, près d'Oberailo, à 3,500ᵐ au-dessus du niveau de la mer. Si on juge de l'habitus de cette plante d'après la hauteur de sa station, qui n'est guère qu'à 1,000ᵐ au-dessous de la limite des neiges perpétuelles par cette latitude, on croirait qu'elle ne demande que très-peu de chaleur; il n'en est cependant pas ainsi; il est utile, pour la faire végéter, de la mettre en très-bonne exposition et de stimuler son activité par de fréqnents bassinages et une bonne chaleur. Cette plante est extrêmement rare en France, où il en existe tout au plus 3 exemplaires.

84. Echinocactus Scopa (Link et Otto).

Synonymie. Echinoc. Scopa Link et Otto. Iconog., t. 41. — *id.* Bot. magaz., t. 24. — *id.* Pfr. enum., p. 64. — Echinoc. Cereus Scopa Dc. prodr. III, p. 464. — Cact. Scopa Link enum. 2, p. 21. — Spreng. syst. 2, p. 294.

Patrie. Brésil (capitainerie de *Spiritu Sancto*).

Diagnostic. Tige érigée, claviforme, plus tard prolifère dans la partie supérieure; 30-36 côtes subverticales, tuberculées; aréoles garnies de tomentum blanc, très-resserrées; 3-4 aiguillons intérieurs pourpres, érigés, 30-40 rayonnants, blancs, sétiformes.

La tige est haute, cylindrique, de 30-40 cent. de hauteur sur 13-16 de diamètre; les aréoles sont éloignées les unes des autres de 2 millim.; les aiguillons extérieurs ont 4-6 millim. de longueur; les aiguillons intérieurs 9-11.

Floraison. En Juin, Juillet et Août. Les fleurs sont très-nombreuses, disposées en couronne vers le sommet de la plante, elles présentent un limbe bien étalé qui, au moment de l'anthèse, atteint un diamètre de 4 cent.; le tube est très-court, il est garni de squammes lancéolées, aiguës, et de poils bruns; les pétales sont bisériés, lancéolés, acuminés; le style est pourpre et terminé par 9-10 divisions stigmatiques coccinnées ; les étamines, plus courtes, sont pourpres, à anthères jaunes.

VARIÉTÉS. Echinoc. Scopa β. Candidus Pfr. et alii.

Cette variété se distingue par ses aiguillons d'un blanc de neige, au milieu desquels apparaissent seulement de 1-2 aiguillons intérieurs rouges.

Echinoc. Scopa β. Cristata Monv.

Variété monstrueuse de la première plante.

Culture. Serre tempérée pendant l'hiver et pleine terre pendant l'été.

La variété β. est plus rare que l'espèce, toutes deux se confondent pendant la jeunesse.

B. *HYBOGONI*, à côtes formées de bosses.

Tige cylindrique, subglobuleuse ou déprimée ; 17-18 côtes aiguës ou comprimées, crénelées, tuberculées et dont les feuilles presque distinctes, de forme tuberculée, sont séparées par des sinus aigus, ou bien à côtes plus larges, sinueuses, convexes ; sillons obtus formés de feuilles moins distinctes, portant les aréoles, planes en dessus, développées en bosses en dessous, ces bosses sont aiguës ou largement dilatées ; aiguillons variant en forme et en nombre, droits ou courbes.

Le tube du périgone est quelquefois plus allongé que dans les espèces précédentes ; il est squammeux, à squammes ordinairement glabres.

Baie nue, écailleuse.

* STENOXIPHY, A TUBERCULES ÉTROITS, COMPRIMÉS.

Tige cylindrique ou globuleuse ; côtes comprimées ; sillons aigus ; les tubercules des côtes plus ou moins comprimés.

85. Echinocactus Villosus (Lem.).

Synonymie. Echinoc. Villosus Lem. Hort. univ., vol. 1er, p. 223. — id. Monv., Catal. 1846. — Echinoc. Polygraphis Salm. Cact. in hort. Dyck., cult., p. 166.

Patrie. Le Pérou, Lima.

Diagnostic. Tige cylindrique vert foncé ; 13-15 côtes un peu obtuses, crénelées, tuberculées ; aréoles resserrées, gibbeuses à la base ; aréoles ovales garnies de tomentum et de poils gris ; 15-20 aiguillons allongés, grêles, droits, subérigés, les extérieurs presque capillaires, gris, les intérieurs un peu plus vigoureux, noirâtres.

Cette plante très-remarquable offre un peu du facies de l'Echinoc. Exsculptus et de l'Echinoc. Acutissimus.

Floraison. En Avril, Mai et Juin. Fleurs grandes, nombreuses, rouge pourpre brillant.

La variété Villosus β. Crenatior Monv. diffère peu de la nôtre; les incisions qui séparent les aréoles sur les crêtes des côtes sont plus profondes. Il existe aussi une légère différence dans l'intensité de couleur des aiguillons.

Nous avons remarqué dans la Collection de M. Audry, à Chaillot, une plante provenant de la Collection de M. de Monville et qui y était désignée sous le nom de Echinocactus Polyraphis; cette plante nous semble présenter quelques différences avec l'Echinocactus Villosus, assez commun dans les Collections de France; son port est identique avec celui de notre plante, mais son facies l'en distingue cependant, la couleur de ses aiguillons nous paraît plus claire et assez distincte pour autoriser à en faire une variété.

Sa tige est érigée, à sommet convexe, d'un brun violacé plus pâle que celui du Villosus; à 15 côtes obtuses, crénelées; aréoles très-rapprochées, garnies de nombreuses soies tout à fait blanches, du milieu desquelles sortent des aiguillons très-fins, créniformes, de couleur fauve; la tige a environ 20 cent. de hauteur sur 8-9 de diamètre; ses sillons sont ouverts, obtus; ses aréoles arrondies sont insérées, comme dans l'Echinocactus Villosus, sur un tubercule proéminent terminé en dessous de l'aréole par un rostrum très-aigu, elles sont pourvues de nombreuses soies blanches de 13-20 millim. de longueur, et entremêlées vers le centre d'aiguillons criniformes moins longs que les soies et de couleur fauve ou cornée. La fleur m'est inconnue.

Culture. Serre tempérée pendant l'hiver, plein air et pleine terre pendant l'été.

En donnant un peu de chaleur, en même temps que de l'air et des bassinages fréquents pendant l'été, on accélère la végétation, l'épiderme se colore plus vivement; en l'observant alors à la loupe, elle semble traversée par des veines très-fines, d'un aspect métallique.

86. Echinocactus Thrincogonus (Lem.).

Synonymie. Echinoc. Thrincogonus Lem. Cact. gen. nov., p. 22. — Echinoc. Gayanus β. Intermedius Monv. — Echinoc. Gayanus hort. Paris. — Echinoc. Crenatus Hortulani.

Patrie. Chili, Valparaiso, Mexique, Buénos-Ayres, Brésil, Montevideo.

Diagnostic. Tige subcolumnaire, très-vigoureuse, ombiliquée, verte; à côtes tuberculées; tubercules légèrement allongés, comprimés et disposés sur 18 côtes spirales; aréoles ovales, convexes, insérées tout à fait au sommet des tubercules; aiguillons nombreux, très-resserrés, inégaux, aciculaires, divariqués, les intérieurs beaucoup plus vigoureux; tous bruns.

Les tubercules sont fortement acuminés au-dessous des aréoles, ils ont 10 cent. de long sur 5 de large (ils atteignent même 14 millim. sur 9 de large); aréoles ovales, convexes, grandes, insérées tout à fait au sommet des tubercules, elles sont garnies de tomentum fauve persistant qui devient blanchâtre; 30–36 aiguillons environ, sub-radiants, divariqués, droits, aciculaires, très-aigus, ceux du dehors grêles (les supérieurs les plus courts), 7–8 intérieurs beaucoup plus vigoureux, dont 4 en haut subdécusés, vigoureux (surtout le dernier qui est subcentral); tous sont très-rigides, brunâtres, transparents, ceux de l'intérieur plus roux que les autres.

Floraison. En Juillet et Août. Fleurs belles, de 5 cent. de long; le tube est peu recouvert d'écailles, vert, velu dans sa partie inférieure, rouge rose en haut; sépales lancéolées, pointues, rouges ou réfléchies; pétales lancéolés, aigus, également rouge rose; anthères et divisions stigmatiques jaunes.

Variété. Echinoc. Thrincogonus β. Lem. Cact. gen., p. 23.

D'un vert plus pâle; tubercules plus éloignés; aiguillons moins nombreux, plus pâles, plus longs, surtout les aiguillons extérieurs.

Culture. Serre tempérée pendant l'hiver, pleine terre et plein air pendant l'été.

L'Echinocactus Thrincogonus Lem. ou Gayanus hort. Paris, se distingue de l'Echinocactus Acutissimus par sa tige cylindrique allongée, ses aiguillons beaucoup plus nombreux et sa fleur d'un joli rose, tandis que l'Echinocactus Acutissimus affecte une forme globuleuse et sa fleur rose est formée de lacinies pétaloïdes d'un blanc verdâtre à la base, rouge carminé vif à la pointe.

87. Echinocactus Acutissimus (Link et Otto).

Synonymie. Echinoc. Acutissimus Link et Otto. Gartzen-Zeitung, 1835, s. 353. — *id.* Pfr. enum. diagn., p. 64.— *id.* Abbild., p. 20.— Cer Dichroacanthus Mart. — Echinoc. Gayanensis hort. — *id.* Echinoc. Acutissimus hort. Berol. Otto's G. Z., 1835, n° 45, s. 353. —Echinoc. Exsculptus var. Thrincogonus Salm. — Echinoc. Exsculptus β. Gayanus Monv.? — Mamillaria Floribunda Hook. Botan. Magaz., t. 3647.

Patrie. Le Chili et la province de Para, également dans la Guyane.

Diagnostic. Tige globuleuse, verte, ombiliquée au sommet; 18 côtes subverticales, crénelées, tuberculées; crénelures gibbeuses à la base, aplanies en dessus, aréolées; aiguillons droits, rigides, de 10–11 rayonnants, 3 centraux, bruns en naissant, ensuite blanchâtres.

La tige a environ 15 cent. de diamètre; les aiguillons sont aciculaires, blancs à la base, fauves à la pointe, 3 intérieurs plus longs atteignant 13 millim., ils sont insérés sur la même ligne.

Floraison. En Juin, Juillet et Août. Les fleurs sont isolées, elles se développent au sommet, elles ont 7 cent. et demi de diamètre; tube court, claviforme; lacinies, les unes tout à fait extérieures, squammiformes, lancéolées, imbriquées, celles qui suivent sépaloïdes, réfléchies, roses en dedans; lacinies intérieures longues, rose rouge carminé foncé, inégales, lancéolées ou lancéolées-linéaires, acuminées, celles du dehors sont plus ou moins ouvertes, celles du dedans dressées, elles renferment les étamines; étamines nombreuses; anthères jaune pâle; style un peu plus long que les étamines, rose vers la partie supérieure; à 8 divisions jaunes.

Culture. Serre tempérée pendant l'hiver, plein air pendant l'été.

L'Echinocactus Acutissimus présente quelques rapports de ressemblance avec le précédent et avec l'Echinocactus Exsculptus Otto; il en diffère par sa forme globuleuse peu oblongue, son sommet déprimé, ses 18 côtes verticales; ses aiguillons, au nombre quelquefois de 13-14, plus nombreux parfois que dans le diagnostic, ils sont droits, blanc terne à la base, à pointe brunâtre.

88. Echinocactus Exsculptus (Otto).

Synonymie. Echinoc. Exsculptus Otto. — *id.* Pfr. enum. diagn., p. 65. — Echinoc. Hybocentras Lehm. — *id.* Pfr. l. c. — Echinoc. Subgibbosus Haw. — Philos. mag., 1831, dec. vol. x, p. 414. — Echinoc. Acanthion hort. Berol.? — Echinoc. Interruptus hort. Berol. — Echinoc. Foveolatus Haag. — Cer. Montevidensis hort. — Echinoc. Crenatus hort. — (Echinoc. Acutissimus hort. Handb. par confusion.)

Patrie. Chili, Montevideo et le Mexique.

Diagnostic. Tige oblongue, claviforme, multangulaire, verte; 16 côtes obliques, interrompues, comprimées; sillons aigus; aréoles grandes, ovales, blanchâtres, soutenues par une gibbérosité nue; 4 aiguillons centraux, droits, rigides, extérieurs nombreux, rayonnants, grêles, blanchâtres, fauves ou noirâtres.

Tige de 10 cent. de diamètre; aiguillons de 4 cent. de long; les jeunes semis varient considérablement dans leur facies et la couleur de leurs aiguillons.

Floraison. En Juin, Juillet et Août. Fleurs de la même forme que celles des précédents, d'un rouge jaune souci.

VARIÉTÉS. Echinoc. Exsculptus β. Tenuispinus Salm. — Mam. Gibbosa Pfr. enum. diagn., p. 38.

Côtes plus profondément interrompues, différant peu par la disposition et la couleur des aiguillons.

Les diverses variétés Dichroacanthus Salm, Fulvispinus hort. Berol, Foveolatus Salm, diffèrent trop peu pour qu'il y ait lieu d'en tenir compte; la variété Foveolatus Salm diffère peut-être seule assez pour constituer une variété qu'il faudrait ajouter à celle que nous avons indiquée.

Lehman a désigné sous le nom d'Echinocactus Hybocentrus la même plante désignée par Otto sous le nom d'Echinocactus Exsculptus, et c'est par erreur qu'en Allemagne on applique le nom donné par Lehman à l'Echinocactus Centeterius qui a été figuré et décrit par Lemaire dans l'*Horticulteur universel*, 2ᶜ année. La figure 2 de la planche 1ʳᵉ du *Abbildung und Beschreibung blühender Cacten* de Pfaiffer et Otto, nous semble représenter assez notre variété du Centeterius β. Pachycentras Salm, ou Centeterius Mouv.

Au reste, il faut en convenir, le groupe de ces plantes présente dans son ensemble des caractères bien tranchés qui le distinguent assez nettement des autres groupes d'Echinocactés; mais quand il faut distinguer les espèces du groupe les unes des autres, la difficulté devient presque insurmontable. Cela tient à ce que ces plantes partent de deux types que je crois différents, caractérisés par la forme des tubercules et la couleur des fleurs : l'un, l'Echinocactus Acutissimus; l'autre, l'Echinocactus Centeterius. Ces deux types, répandus sur presque toute la surface de l'Amérique méridionale, s'y sont mélangés, ont produit des variétés, et en outre ont pu subir quelques modifications dans leurs caractères suivant l'habitus. Ces différentes plantes ayant été introduites tantôt séparément, tantôt simultanément, ont reçu d'abord une multitude de noms qui pouvaient être regardés comme utiles dans quelques-unes de ces circonstances, et qui est devenue un dédale dans le second cas, dédale qui semble inextricable quand, en plaçant les plantes à la suite les unes des autres, on cherche à reformer la série.

Culture. Serre tempérée pendant l'hiver, plein air et pleine terre pendant la belle saison.

89. Echinocactus Centeterius (Lehm.).

Synonymie. Echinoc. Centeterius Lehm. Hort. univ., t. 2, p. 161. — *id.* Pfr. enum. diagn., p. 65. — *id.* Abbild., t. 2. — *id.* Bot. magaz., t. 3974. — Echinoc. Pachycentras Lehm. — *id.* Pfr. Abbild., t. 21. — *id.* Pfr. enum. diagn., p. 66.

Patrie. Mexique, Minas Gereas.

Diagnostic. Tige subglobuleuse, vert foncé, tuberculée, à peine ombiliquée au sommet; tubercules disposés sur 15 séries verticales, oblongues, gibbeuses, aiguës, prolongées au-dessous de l'aréole; aréoles munies de tomentum blanc; 10-12 aiguillons extérieurs grêles, presque droits, subbifariés, ouverts, 4 centraux décussés, plus vigoureux, tirant sur le noir, puis enfin fauve cendré.

La plante décrite a 8 cent. de hauteur sur autant de diamètre; les aiguillons intérieurs ont 9-10 millim. de longueur.

Floraison. En Juin, Juillet et Août. Les fleurs sont nombreuses, elles se développent autour du sommet de la plante; leur tube est peu squammeux; ses sépales sont imbriquées, rouges d'un roux vif; ses pétales sont lancéolés, d'un rouge jaune terne en dehors, au contraire rouges à l'intérieur vers leurs bases; les étamines sont blanches, groupées et contournées autour du style; celui-ci, plus long que les étamines, est terminé par 6 divisions stigmatiques; la fleur, au moment de l'anthèse, présente un limbe de 5 cent. de diamètre.

VARIÉTÉS. Echinoc. Centeterius β. Pachycentras Salm. — Syn. Echinoc. Hybocentras Lehm. d'après Pfr. et Otto. Abbild. Cact., liv. 5, fig. 1 de la planche xxi. — Echinoc. Mamillarioides Botan. magaz., t. 3358. — Echinoc. Centeterius β. Major Mouv.

Cette variété a beaucoup de rapport avec la plante précédente, elle en diffère par ses côtes plus nombreuses, dont les tubercules sont moins saillants, et par le nombre plus grand de ses aiguillons, dont 4 sont insérés au centre, beaucoup plus forts que les extérieurs, brunâtres, souvent de 25 millim. de long, forts, trapus, subulés.

Les fleurs se développent comme dans l'espèce précédente ; le tube court, muni d'écailles vertes imbriquées qui s'allongent successivement, elles sont garnies de petits faisceaux de soie ; les sépales sont courtes, d'un rouge terne ; les pétales plus longs, sont d'un rouge foncé, d'un ton de brique au milieu, plus clairs et tirant sur le jaune vers les bords, dentelés à leur sommet ; les étamines sont tordues en spirales contre le style, comme dans les espèces voisines et notre type de l'Echinocactus Centeterius.

Echinoc. Centeterius γ. Grandiflorus Nob. — Syn. Echinoc. Centeterius Lem. Hort. univ., t. 2, p. 161.

Tubercules un peu moins prononcés que dans les précédents, disposés en séries presque verticales ; aréoles garnies de tomentum blanc persistant ; aiguillons gris, gris roux à la pointe, rigides, subulés, ceux du centre beaucoup plus vigoureux que les autres ; fleurs nombreuses, très-amples, d'un rouge pelure d'oignon très-vif ; à sépales linéaires, lancéolées, colorées, plus foncées au milieu ; baie écailleuse, fisciforme.

Culture. Serre tempérée pendant l'hiver, plein air et pleine terre pendant la belle saison.

Les Echinocactus Centeterius Lehm., Pachycentras Lehm. et Centeterius Lem. ne peuvent être séparés les uns des autres et doivent, il me semble, former des modifications d'un même type qui serait peut-être représenté par notre variété β.

La première est plus basse, moins élevée de tige ; la seconde est plus vigoureuse ; et la troisième plus allongée, moins globuleuse ; mais toutes trois semblent se rapprocher les unes des autres par le nombre et la disposition des aiguillons. Dans la première, les aiguillons intérieurs sont presque bruns, vigoureux ; dans la seconde, ils sont beaucoup plus vigoureux, presque anguleux, fortement subulés surtout à la base, et assez comparables à des clous, dans la troisième, enfin, ils sont cylindriques, très-vigoureux aussi, mais légèrement recourbés.

La troisième plante formerait presque la transition de notre Echinocactus Centeterius à l'Echinocactus Mackeianus.

90. Echinocactus Mackeianus (Hook.).

Synonymie. Echinoc. Mackeianus Hook. Botan. Magaz., t. 3561. — *id.* Salm. Cact. in hort. Dyck., cult., p. 466. — Echinoc. Curvispinis hort. Paris.

Patrie. Le Chili?

Diagnostic. Tige obovée, tuberculée ; tubercules grands, coniques-déprimés, disposés régulièrement sur 16-17 côtes verticales, laineuses au sommet ; 8-10 aiguillons longs, grêles, ouverts, bruns fauves.

Tige haute de 13 cent. sur 8 de diamètre.

Floraison? Fleurs, lacinies blanches marquées de rouge vers la pointe.

Culture. Serre tempérée pendant l'hiver, plein air sous châssis pendant l'été.

Cette plante, déjà très-ancienne, a été introduite plusieurs fois dans les Collections d'Europe, cependant elle y est extrêmement rare : elle n'existe ni au Muséum, ni dans les riches Collections de France. Elle est d'une croissance extrêmement lente et demande plus de chaleur et un peu plus de soins que ses congénères.

91. Echinocactus Neumanianus (Cels).

Synonymie. Echinoc. Neumanianus Cels. — Echinoc. Supertextus Pfr. Abbild. 2, n° 14 (non la figure). — Echinoc. Ceratistes hort. — Echinoc. Copiapensis Monv. — Echinoc. Kunzii Forst. — *id.* Salm. Cact. in hort. Dyck., cult., p. 167.

Patrie. Copiapo.

Diagnostic. Tige globuleuse vert gaie, 18 angles, tuberculeuse vers le sommet ; côtes subverticales comprimées, subtuberculées ; aréoles rapprochées, oblongues, munies de tomentum rare blanc sale, court ; aiguillons entremêlés, grêles, rigides, de 3 cent., recourbés en haut, couleur cendre pâle, 12 environ extérieurs, 4 au centre un peu plus longs.

Les tubercules portent les aréoles, ils sont serrés et se terminent à leur base par une bosse ; les aiguillons couvrent entièrement la plante, ils sont grêles, flexibles, gris paille.

Pfaiffer a décrit la même plante de la manière suivante, sous le nom d'Echinocactus Supertextus :

Tige globuleuse vert gaie, à 18 côtes, dont les arêtes sont tuberculeuses vers le sommet de la plante, elles sont presque verticales, comprimées, subtuberculées ; les aréoles sont rapprochées, oblongues, garnies de tomentum peu abondant, d'un blanc gris sale ; aiguillons extérieurs grêles, rigides, d'environ 27 millim. de longueur, recourbés en dessus, de couleur pâle cendrée, 12 environ extérieurs, 4 intérieurs plus longs. La plante a 16 cent. de diamètre sur 13 de hauteur.

Floraison ? Fleurs ?

Cette plante a été cultivée en France sous le nom impropre de Ceratistes Lem. ; ce nom avait été déjà donné anciennement à une autre plante devenue très-rare et qui n'existait plus qu'au Jardin des Plantes de Paris à l'époque où elle fut reçue avec le Pilocereus Celsianus, Echinoc. Castaneoides, Echinoc. Odieri, Echinoc. Araneifer, etc., l'un des plus beaux envois que nous ayons vus.

Variétés. Echinoc. Neumanianus β. Rigidior Monv. — Echinoc. Kunzii β. Rigidior Salm.

Les aiguillons sont rigides, cendré brun. C'est par erreur que cette variété se trouve dans quelques Collections sous le nom de Ceratistes. Elle en diffère par le nombre de ses aiguillons qui est plus considérable.

Culture. Serre tempérée pendant l'hiver, plein air pendant l'été ; comme le précédent, il demande un peu de chaleur.

14.

** ERUCHUPHY, A BOSSES LARGES.

Tige obovée, globuleuse ou cylindrique, à côtes larges, sinueuses, cambrées; sillons émoussés; les tubercules des côtes plus ou moins gibbeux.

1. *Tube écailleux, muni de sétules, de laine et de soies.*

92. Echinocactus Ceratistes (Otto).

Synonymie. Echinoc. Ceratistes Otto. — Echinoc. Ceratistes Pfr. enum. diagn., p. 51, sous le nom de Ceratitis. — Ceratistes Verus hort. Paris (et non Ceratistes Copiapensis.— Echinoc. Copiapensis Monv.).— Echinoc. Melanacanthus Monv.

Patrie. Chili (Bellavista).

Diagnostic. Tige globuleuse, vert pâle; 10-16 côtes obliques, obtuses, tuberculées; sillons marqués d'une ligne sinueuse plus foncée; aréoles distancées, oblongues, blanches; 8 aiguillons extérieurs recourbés, celui du bas le plus court, 1 central érigé, courbé vers le sommet de la plante; tous très-vigoureux, ronds, d'abord couleur de corne, brune, ensuite gris cinérascents.

Floraison? Fleurs? La baie porte les restes desséchés du périanthe, elle est couverte de poils d'un jaune roux.

Culture. Plante délicate, très-dure; les boutures de tête reprennent très-difficilement.

Cette plante diffère de l'Echinoc. Kunzii par sa tige verte, cœrulescente, ses 8 aiguillons extérieurs épais et son aiguillon central isolé. Les seuls échantillons qui existent dans les Collections proviennent de semis; leurs tiges columnaires ne peuvent être un caractère, car il est à craindre qu'elles ne se soient développées d'une manière anormale par suite de la manière dont elles sont cultivées. Je viens d'en voir trois exemplaires magnifiques chez M. Cels, horticulteur, avenue du Maine; la tige du plus gros a environ 35 cent. de diamètre, elle est d'un vert pâle cinérascent; les aiguillons sont disposés comme dans les jeunes sujets, seulement étant beaucoup plus longs que dans les jeunes, ils paraissent plus grêles. Sauf deux petits sujets qui existent l'un au Jardin des Plantes, l'autre dans la Collection de M. Andry, ce sont probablement les seuls qui existent en France. J'apprends que ces deux magnifiques exemplaires n'ont pas pu reprendre et qu'ils sont morts depuis quelque temps.

VARIÉTÉS. Echinoc. Ceratistes β. Melanacanthus Monv.
Variété à aiguillons d'une couleur plus sombre.

Echinoc. Ceratistes γ. Celsii Monv.— Echinoc. Copiapensis Monv.?
Variété dont les aiguillons sont plus grêles, effilés, plus nombreux, jaunes gris; peu connue, très-rare dans les Collections, si elle y existe encore. Cette plante est intermédiaire entre notre Ceratistes et l'Echinoc. Neumanianus.

Culture. Serre tempérée, plein air pendant l'été. Cette plante a été introduite depuis longtemps et plusieurs fois ; nonobstant ce, elle est extrêmement rare, elle paraît plus délicate que ses congénères.

93. Echinocactus Jussieui (Monv.).

Synonymie. Echinoc. Jussieui Monv. — Echinoc. Niger hort. — *id.* Lém. Echinoc. Jussianus Lem. — Cumingii Otto (et non Salm). — *id.* Hoopfr. — Echinoc. Niger Lem.

Patrie. Chili.

Diagnostic. Tige globuleuse ; sommet déprimé, vert foncé, devenant noir par la culture en plein air ; 13-15 côtes tuberculées ; aréoles insérées au sommet des tubercules, oblongues, munies de tomentum blanc jaunâtre, gris plus tard, puis enfin nues ; 5 aiguillons, rarement 7, noirs, irrégulièrement tortillés, recourbés sur la plante ; en outre, 2-3-4 intérieurs vigoureux, noduleux à la base, décusés, les 2 latéraux irréguliers, quelquefois tortillés, le supérieur le plus faible, l'inférieur dressé, subcentral, plus fort que les autres ; tous bruns, noirs, cinérés plus tard.

Floraison. Fleur rouge pourpre non décrite, elle est assez grande.

Cette plante, déjà ancienne en France, y est extrêmement rare, elle l'est davantage encore dans les Collections d'Allemagne ; sa tige est d'un vert très-foncé gris olivâtre, porte 13 côtes formées de tubercules gibbeux ; ses aiguillons sont bruns, pour leur couleur et la couleur de l'épiderme, elle se rapproche de l'Echinocactus Fuscus, dont elle diffère tant par sa taille que par son aiguillon intérieur droit, très-vigoureux.

Culture. Serre tempérée pendant l'hiver, pleine terre et plein air pendant l'été.

94. Echinocactus Odieri (Lem.).

Synonymie. Echinoc. Odieri Lem. — *id.* Salm. Cact. in hort. Dyck., cult., p. 174. — Echinoc. Odierianus Monv.

Patrie. Copiapo.

Diagnostic. Tige subglobuleuse, purpurascente, tuberculée ; tubercules mammiformes, petits, disposés en spirale, déprimés, à sommet oblique ; aréoles très-immergées dans les tubercules ; ses aiguillons sont jaune gris, très-petits, 6-9 très-ouverts, rayonnants, adprimés contre la plante.

Tige globuleuse ou sous-globuleuse, de 5 cent., rouge brillant ; tubercules petits, distincts, nombreux, disposés en séries spirales ; tubercules subcomprimés, larges de 5 millim., émoussés au sommet ; aréoles immergées au-dessus d'une petite bosse qui termine le tubercule, presque nues, allongées ; 6-9 aiguillons extérieurs jaune pâle, rigides, à peine longs de 2 millim., ceux du haut les plus grêles, recourbés en rayonnant, adprimés contre le tubercule.

Floraison. Fleurs grandes pour les dimensions de la plante, atteiguant 5 cent. de diamètre; lacinies extérieures s'allongeant graduellement, lancéolées-étroites, acuminées, vert livide, pourpre noirâtre à la pointe; les intérieures plus larges, aiguës, érosées sur les bords, dressées, recourbées, blanches en dedans, roses en dehors, avec une ligne médiane plus foncée; étamines ramassées; filets blancs; anthères jaune safran; style columnaire, fistuleux, coccinné, un peu plus long que les étamines, à 14 divisions cylindriques, dressées, carnées.

VARIÉTÉS. Echinoc. Odieri Spinis Nigris Nob. — Echinoc. Araneifer Lem.

Perdus depuis longtemps, les quelques sujets qui ont été introduits en même temps que le précédent différaient peu par les dimensions et la forme; les aiguillons, moins nombreux, étaient noirs, tortillés et adprimés contre le tubercule.

Culture. Serre tempérée pendant l'hiver, pleine terre et sous châssis pendant l'été.

Cette plante et sa variété n'ont été introduites qu'une seule fois en France par M. Cels; elles y ont été perdues; elles existent peut-être encore dans quelques Collections d'Allemagne.

2. *Tube écailleux, nu. (Gymnocalycinum Pfr.).*

95. Echinocactus Netrelianus (Monv.).

Synonymie. Echinoc. Netrelianus Monv.

Patrie ?

Diagnostic. Tige globuleuse, peu ombiliquée, vert subcinérascent; 14 côtes arrondies, peu saillantes; sillons profonds dans la partie supérieure de la plante, disparaissant dans sa partie inférieure; côtes tuberculeuses; aréoles insérées aux sommets des tubercules, rondes, munies de tomentum blanc jaunâtre, nues plus tard; aiguillons mous insérés à la partie inférieure des aréoles, 5-7 tortillés, inégaux, très-adprimés, les 2 supérieurs (qui manquent parfois) sont plus courts, l'inférieur plus fin est encore plus court; tous fauves à la base, gris sale à la pointe.

Floraison. En Mai et Juin. Fleurs assez grandes, comme satinées; tube inerme formé d'écailles qui, en s'allongeant peu à peu, se transforment en lacinies jaune citron brillant, avec strie centrale verdâtre très-prolifère.

96. Echinocactus Hyptiacanthus (Lem.).

Synonymie. Echinoc. Hyptiacanthus Lem.

Patrie ?

Diagnostic. Tige oblongue, très-ombiliquée, vert foncé; 11 côtes tuberculées; sillons arrondis; tubercules subhexaèdres; aréoles ovales; 7 aiguillons inégaux, très-petits, grêles, un peu rigides, adprimés, tortillés, jaunes, 4 bifariés sur les côtés.

Tige de 10 cent. de diamètre, déprimée et fortement ombiliquée à son sommet ; tubercules petits, très-peu saillants, très-resserrés ; les 3 aiguillons inférieurs un peu plus vigoureux, celui du bas long de 9 millim., épais, adprimé, tortillé, atteignant presque le tubercule suivant ; tous dorés à la base et pourpres à la pointe, d'après le prince de Salm.

Lemaire a décrit la même plante de la manière suivante dans son *Cact. gen. nov.*, p. 22 :

Tige oblongue, très-ombiliquée, d'un vert foncé ; 11 côtes tuberculées, à sillons arrondis ; tubercules subhexaèdres ; aréoles ovales, portant 7 aiguillons inégaux, petits, grêles, rigides, adprimés et recourbés contre la plante, d'un jaune doré, 4 bifariés, dirigés de chaque côté.

Les tubercules sont rangés sur 11 côtes tout à fait hexaèdres à la base, séparés par un petit trait superficiel et transversal ; sillons arrondis, ensuite plans, dont le fond reste marqué par une ligne d'un vert plus foncé ; aréoles ovales, garnies de tomentum rare, un peu floconneux dans la jeunesse, blanc persistant et passant par la suite au gris cendré ; 6–7 aiguillons, dont 1–2 dressés vers le sommet de l'aréole, longs de 4–5 millim., 4 latéraux bifariés, les 2 inférieurs un peu plus vigoureux, longs de 6–9 millim., enfin le dernier tout à fait inférieur est long de 11 millim. ; tous quoique grêles sont assez rigides, ils sont tortillés, appliqués contre la plante, d'un beau jaune doré à la base et d'un pourpre brillant à la pointe.

La plante décrite a 7 cent. de haut sur 5–6 de diamètre.

Floraison. En Juin, Juillet et Août. Les fleurs sont blanches, elles n'ont pas été décrites, à tube écailleux comme celui de l'Echinocactus Monvilli et des autres de la même subdivision.

VARIÉTÉS. Echinoc. Hyptiacanthus β. Eleutheracanthus Monv.

Variété dont les aiguillons sont moins adprimés contre la plante, en quelque sorte libres par opposition avec la disposition qu'ils ont dans notre plante type.

Echinoc. Hyptiacanthus γ. Nitidus Monv.

Variété dont la tige est d'un vert plus luisant ; les aiguillons sont aussi plus colorés.

Echinoc. Hyptiacanthus δ. Megalotelus Monv.

Elle ne diffère que par ses tubercules plus forts ; aiguillons 7 et 1 supérieur très-petit.

Culture. Serre tempérée pendant l'hiver, plein air et pleine terre pendant l'été. Sans être délicate, cette plante et ses variétés demandent un peu de chaleur ; sans cette précaution, leur développement se ralentit, les plantes se ramollissent et semblent s'affaisser sur elles-mêmes, elles finissent par s'altérer ; leurs racines pourrissent si on ne porte pas remède lors de l'apparition des premiers symptômes.

97. **Echinocactus Hexaedrophorus** (Lem.).

Synonymie. Echinoc. Hexaedrophorus Lem. Iconog. Cact. — *id*. Cat. gen. nov., p. 27. — *id*. Salm. Cacteæ in hort. Dyck., cult., p. 168.

Patrie. Mexique, province de Tampico.

Diagnostic. Tige globuleuse ; sommet plan, vert glauque intense, tuberculé ; tubercules submammiformes, hexaèdres, alternant, de manière à permettre de suivre les séries verticales aussi bien que les séries spirales ; aréoles petites, rondes, allongées en dessus en fossule, garnies de tomentum blanchâtre ; 6-7 aiguillons rayonnants, inégaux, ronds, annelés, striés, 1 central érigé, plus long que les autres ; tous rose transparent.

La tige est sphéroïde, globuleuse, plane au sommet ou à peine ombiliquée, pourvue de tubercules d'un vert glauque foncé. un peu prolifère à la base ; ombilic garni de tomentum blanc luisant, abondant, du milieu duquel naissent les fleurs : il est haut de 14 cent. et large en diamètre de 13 ; les tubercules sont hexaèdres, réguliers à la base s'arrondissant peu à peu vers le sommet, obtus, disposés en alternant comme les mamelons des Mamillaria en série double, l'une verticale et l'autre en spirale, et c'est suivant cette dernière que se développe le verticille ; adultes, ils présentent un diamètre de 27 millim. et une hauteur de 9-11 millim. ; les aréoles sont petites, ovales, arrondies, prolongées en dessus en une fossette ovale, allongée, étroite et assez profonde d'où sortent les fleurs, et garnies ainsi que les fossettes d'un tomentum blanchâtre qui disparaît bientôt ; elles portent 6-7 aiguillons rayonnants, étalés, inégaux, les inférieurs un peu plus vigoureux, longs de 11 millim., quelquefois de 18, cylindriques, subulés à la base, striés annulairement, roides, droits, les plus jeunes d'un blanc verdâtre, bientôt roses, les adultes blanchâtres, les anciens de couleur cendrée ayant l'apparence de corne, 1 central unique, plus robuste, érigé, de 23-30 millim. de long.

Floraison. Pendant le printemps et l'été. Presque toutes les nouvelles aréoles produisent des fleurs qui se développent successivement pendant toute la belle saison sur l'ombilic ; chaque aréole, à mesure qu'elle sort de l'ombilic, présente un bouton qui avorte ou se développe suivant la saison. Ces boutons sont formés de squammes imbriquées, vertes, ovales, membraneuses, verdâtres à la base et offrent de loin l'aspect d'un petit strobile de pin sylvestre ; fleur haute de 55 cent. et étalant au moment de l'anthèse un limbe de 7-8 cent. de large ; le tube est très-court, d'environ 14 millim. de long sur 23 de diamètre ; squammes se développant tout à coup en pétales, les premiers courts, plus larges, à bords ondulés comme crispés, largement bilobés au sommet, mucronés entre les lobes, arrondis sur les bords qui sont très-finement frangés, marqués au milieu d'une ligne pourpre élargie vers le haut ; les supérieurs disposés sur 2-3 séries, linéaires, lancéolés, ondulés, réfléchis au sommet, longs de 4-5 cent., d'un blanc d'argent très-brillant, soyeux, très-minces et d'une très-grande translucidité; étamines très-nombreuses, éparses, incluses, graduées en hauteur du centre à la circonférence, de 9-18 millim. de haut; filets capillaires, blanchâtres; anthères d'un jaune doré très-vif et très-brillant; style plus long que les étamines, épais, robuste, blanchâtre, terminé par 9-10 divisions stigmatiques rayonnées d'un blanc jaunâtre.

VARIÉTÉS. Echinoc. Hexaedrophorus β. Fossulatus Salm.—Echinoc. Fossulatus Scheidw. — *id.* Pfr. Abbild und d. Cact. — Echinoc. Insculptus Scheidw. hort. Belg.?

La tige est déprimée, plus haute que large; sommet aplati, très-laineux, à 10 côtes larges, nettement accusées, formées de tubercules grands, de couleur verte grisâtre, portant entre leurs proéminences supérieures une aréole garnie de duvet blanchâtre, grande et allongée en fossette vers le sommet de la plante. Notre variété porte aussi 7 aiguillons couleur de chair, les 3 supérieurs sont grêles, les 2 latéraux, l'inférieur et celui du centre sont plus forts, plus longs, plus rigides, striés en travers, un peu courbés.

Floraison. Fleurs comme notre type, avec cette différence que les lacinies sont entièrement blanches.

Echinoc. Hexaedrophorus γ. Roseus Lem.

A fleur tout à fait rose; les aiguillons ne diffèrent pas du précédent, si ce n'est par la longueur et la couleur rose plus foncée? Je n'ai sous les yeux qu'un très-faible semis provenant de celui qui a été observé par Lemaire dans la Collection de Monville. Les lacinies sépaloïdes sont d'un vert violacé; les lacinies pétaloïdes sont tout à fait roses, d'après M. de Monville.

Culture. Serre tempérée pendant l'hiver, plein air pendant l'été. Ils demandent un peu plus de chaleur que les autres.

. **Echinocactus Gibbosus** (Dc.).

Synonymie. Echinoc. Gibbosus Dc. Salm. Cact. in hort. Dyck., cult., p. 171. — Cact. Gibbosus Haw. syn., p. 173. — Echinoc. Gibbosus Dc., prodr. 3, p. 464. — *id.* Bot. Regist., t. 137. — Reich. fl. exot., p. 326. — Cereus Reductus Dc., prodr. 3, p. 463. — Cact. Reductus Link, enum. diagn. 2, p. 21. — Cact. Nobilis Haw. syn., p. 174. — Cereus Gibbosus Pfr., enum. diagn., p. 74: — Cereus Reductus Pfr., enum. diagn. — Gymnocalycinum Reductum Pfr. Abbild. 2, t. 12.

Patrie. Jamaïque, Mexique.

Diagnostic. Tige subglobuleuse, atténuée à la base, glauque; 12-26 côtes subverticales, larges, tuberculées; aréoles placées entre les intervalles des tubercules, grandes, munies de tomentum blanc; 6 aiguillons divergents, droits, rigides, brun cendré, ceux du haut les plus courts.

Le diagnostic précédent, bien que s'appliquant assez à nos trois espèces d'Echinocactus Gibbosus, ne semble spécialiser aucune des espèces. Lemaire a décrit notre type de la manière suivante :

Tige allongée, globuleuse, d'un vert brillant subglaucescent, por-

tant 16-20 côtes, à sommet subdéprimé, inerme ; côtes presque verticales, manifestement tuberculées ; tubercules gibbeux en forme de
rostre ; aréoles petites, insérées au-dessus du rostre, garnies de tomentum rare subdécidu et portant 9-13 aiguillons rayonnants, divariqués,
droits, inégaux, dont 1-2 sont intérieurs.

La tige est globuleuse, allongée, d'un vert cendré glaucescent, à
sommet plan, inerme, presque nu, à peine ombiliqué ; 16-20 côtes verticales, crénelées, gibbeuses, dont les plus jeunes comprimées et en forme
de rostres très-proéminents, polyèdres, plus ou moins aplanis en dessus,
hauts de 15 millim. environ ; chaque tubercule est séparé des voisins par
un sillon transversal et profond ; sinus d'abord aigus et s'élargissant
par la suite ; les aréoles ovales, petites, sont situées sur la partie supérieure du rostre, à peine immergées et dont les plus jeunes convexes ;
duvet blanchâtre peu abondant, devenant grisâtre dans les aréoles
adultes, subdécidu dans les plus âgées ; 9-13 aiguillons, dont 2 supérieurs très-petits, blanchâtres, dressés, 6 latéraux subégaux, étalés,
dressés, longs de 25-30 millim., 1 inférieur défléchi, un peu plus
petit, et 1 central un peu plus grand, très-vigoureux, long de 3 cent.,
dirigé en avant, et quelquefois accompagné d'un second plus petit et
placé au-dessus de lui ; tous très-rigides, très-aigus, droits ou à peine
fléchis en dessus, d'un brun grisâtre à la base, corné au sommet.
Entre les deux petits aiguillons du sommet, on remarque quelquefois,
sur les plantes tout à fait adultes, 1-2 autres aiguillons adventifs plus
petits encore.

Floraison. En Mai, Juin et Juillet. Les fleurs sont inodores, longues de 7-8 cent. sur 5 de diamètre, elles sortent abondamment pendant l'été du sommet de la plante, s'ouvrent le matin pour se refermer
le soir pendant plusieurs jours ; le tube est allongé, d'un vert sombre
glaucescent, portant quelques squammes amples, spatulées, d'un vert
plus pâle, blanchâtres aux bords, submembranacées, persistantes,
dépourvues de duvet et passant bientôt à l'état de lacinies périanthiennes ; de celles-ci, les extérieures sont bisériées, inégales ; celles
de la première série tachées de roussâtre, celles de la deuxième blanches et roussâtres au sommet ; les intérieures trisériées, lancéolées,
mucronées, obtuses, d'un blanc de neige, sublignées de rose en
dehors ; lacinies des séries internes plus longues, à peine plus larges,
subréfléchies à l'extrémité ; étamines nombreuses, inégales, insérées en gradins, les plus externes égalant en hauteur la gorge du
tube floral, les intérieures plus courtes ; filaments blancs ; anthères
jaunes ; style égal, épais ; stigmates 11, radiés, d'un jaune de soufre ;
baie renflée, oblongue, d'un gris de plomb, longue d'environ 3 cent.,
portant au sommet le périanthe marcescent, parsemée de squammes
larges, arrondies, nues. La baie mûrit au bout de trois mois et se fend
alors latéralement en donnant passage à de fort nombreuses graines
noirâtres, digitaliformes, multiforaminées, logées dans une pulpe luisante, et soutenues par de longs funicules contournés.

VARIÉTÉS. Echinoc. Gibbosus β. Nobilis Monv. Cact. gen. nova et sp. in hort. Monv., p. 91. — Syn. Gymnocalycinum Reductum Pfr. Abbild. dr. Cact., liv. 3. — Echinoc. Nobilis hort. Kew.

Tige vert foncé luisante; aiguillons plus vigoureux, plus longs (les plus longs de 36–40 millim.), les plus jeunes colorés d'un tôn plus foncé, parfois d'un brun brillant; le tomentum des aréoles blanc, celui qui entoure l'insertion des plus longs aiguillons plus persistant; les lacinies du périanthe très-acuminées; les filets des étamines capillaires; les anthères très-petites. L'espèce en question porte seulement 18 angles atteignant 10 cent. de hauteur et autant en diamètre.

Pfaiffer a figuré la même plante sous le nom de Gymnocalycinum Reductum; d'après lui, elle se différencie de notre type par sa couleur d'un vert brillant olivâtre très-foncé, et par le nombre de ses aiguillons forts et rigides. Les jeunes sujets présentent même ces caractères différentiels: les aréoles sont munies d'une laine beaucoup plus longue que celle des aréoles de notre type, elle semble aussi différer par la grandeur à laquelle ils parviennent; les lacinies extérieures sont écailleuses, elles deviennent promptement sépaloïdes et d'un vert brunâtre; les lacinies pétaloïdes sont entièrement blanches; les étamines, également blanches, sont nombreuses, elles entourent le style terminé par 10–12 divisions stigmatiques, annelées en dedans les unes sur les autres d'une manière remarquable.

Echinoc. γ. Gibbosus Leucodyctus Salm. Cact. in hort. Dyck., cult., p. 171.

Cette variété présente exactement les mêmes caractères généraux que les deux précédentes; elle en diffère par ses aiguillons plus grêles, pourpre luisant à la base et terminés par un ton paille et non brun.

Culture. Serre tempérée pendant l'hiver, pleine terre pendant l'été.

Bien que le port de ces trois plantes paraisse simple, elles produisent néanmoins spontanément, vers la moitié de leur hauteur et à travers des déchirements de l'épiderme, des rejetons parfaitement constitués, plus ou moins développés; chez eux encore, ainsi que chez quelques espèces voisines et d'autres de la section précédente, telles que l'Echinoc. Muricatus, Concinnus, Pamilus, Scopa, etc., les gemmes florales, par une sorte d'avortement, se transforment souvent en rejetons.

Pfaiffer cite un exemplaire du Jardin de Kew. qui a 1^{m}40 de hauteur et qui n'a pas encore fleuri, ce fait est certainement anormal et dû à une culture renfermée, car les sujets des trois variétés que nous cultivons fleurissent très-jeunes à 4–5 cent. de hauteur.

99. Echinocactus Ebenacanthus (Monv.).

Synonymie. Echinoc. Ebenacanthus Monv.—Echinoc. Fuscus Muhlenpf. A. G. Z., 1848, p. 10. — *id.* Salm. Cact. in hort. Dyck., cult., p. 170.

Patrie. Chili.

Diagnostic. Tige globuleuse, subclaviforme, ombiliquée; 13 côtes

obtuses, entierement semblables à celles de l'Echinocactus Gibbosus,
vert brun, gonflées sur les aréoles qui sont rondes, munies de laine
blanche; 5 aiguillons rayonnants (rarement 7), tous noirs d'ébène.

Les caractères généraux sont entièrement semblables à ceux de
l'Echinoc. Gibbosus; les plus forts sujets observés avaient 13-14 cent.
de hauteur; leur tige était globuleuse, déprimée, d'un rouge brun
cendré, à côtes tuberculées; sillons recourbés, ils sont formés de
tubercules hexaèdres, oblongs, gibbeux au-dessous des aréoles; aiguillons tous extérieurs, rigides ou à peine recourbés, celui du bas le
plus long, noir d'ébène à la base et sur presque toute leur longueur,
à pointe brune, quelquefois de la même couleur d'ébène dans le type.

Floraison. Pendant les mois de Juin, Juillet et Août. Entièrement
semblable, ainsi que la fleur, à celle des espèces précédentes; son
fond est blanc, lavé, d'un ton de brique clair; les squammes du tube
sont brunes, dégradées sur les bords.

Variétés. Echinoc. Ebenacanthus β. Minor Nob. — Echinoc.
Ebenacanthus Affinis Cels.

Variétés dont les côtes et les gibbosités sont beaucoup plus petites,
émoussées, moins saillantes; toutes les dimensions sont moindres;
aiguillons noirs, bruns, également moins forts, à pointe plus pâle.

Echinoc. Ebenacanthus γ. Intermedius Nob.

Variété intermédiaire entre notre plante et l'Echinoc. Gibbosus; le
seul individu qui existe à notre connaissance fait partie de la Collection
de M. Andry.

100. Echinocactus Multiflorus (Hook.).

Synonymie. Echinoc. Multiflorus Hook.; Botan. magaz., t. 4181. —
id. Salm. Cact. in hort. Dyck., cult., p. 169. — Echinoc. Orrselianus Cels.
— *id.* Lem.

Patrie?

Diagnostic. Tige déprimée, gibbeuse, vert foncé subglaucescent;
tubercules grands, oblongs, hémisphériques, saillants, submammiformes et se rangeant plus ou moins régulièrement en séries verticales
à mesure qu'ils s'éloignent du sommet de la plante; aréoles ovales;
tomenteuses; 5 aiguillons vigoureux, ouverts, réfléchis, recourbés,
subadprimés, subégaux.

Floraison. En Mai, Juin et Juillet. Fleurs très-nombreuses,
grandes, blanches, semblables pour la forme aux précédentes.

On dit qu'il en existe deux variétés au Jardin de Kew et dans la
Collection du révérend père William; elles me sont entièrement inconnues.

Culture. Serre tempérée pendant l'hiver, plein air et pleine terre
pendant l'été. Par de fréquents bassinages, une chaleur soutenue et une
bonne ventilation, notre espèce, qui est très-prolifère, donne ses fleurs
très-jaunes: nous avons vu à Chaillot, chez M. Corby, amateur distingué de tous les genres de plantes, un jeune sujet de 3 cent. de haut sur

3-4 de diamètre, qui annonçait déjà ses fleurs ; les boutons que nous avons observés avant leur épanouissement commençaient à laisser voir les lacinies pétaloïdes qui semblaient colorées extérieurement d'un ton semblable à celui de notre Echinoc. Ebeneanthus : elles étaient dégradées sur les bords. C'est aussi dans la même Collection que j'ai vu le plus beau Mamillaria Sinilis que je connaisse ; sa tige est haute de 9 cent. sur autant de diamètre, elle est très-prolifère.

101. Echinocactus Monvilli (Lem.).

Synonymie. Echinoc. Monvilli Lem. hort. Monv. — Lem. Iconog. des Cact. — *id.* Lem. Cact. aliq. nov. descript., p. 14, n° 1. — *id.* Salm. Cact. in hort. Dyck., cult., p. 167. — *id.* Valp. rep. bot. syst., vol. 2, p. 322, n° 106. — *id.* Forst. Handb. dr. Cact., p. 289. — Gynocalycinum Monvilli Pfr.

Patrie?

Diagnostic. Tige globuleuse, robuste, vert-gai et luisant ; 13-17 côtes tuberculées ; tubercules très-larges à la base ; sillons sinueux, serpentants ; tubercules hexaèdres, à faces très-nettes, moins larges vers le sommet qui est aplani ; tubercules portant les aréoles qui sont distancées, allongées, munies de tomentum gris, promptement nues ; 9-12 aiguillons rayonnants, ceux du bas sensiblement plus longs, très-vigoureux, ouverts, subrecourbés, jaune diaphane, rouge tout à fait à la base ; pas d'aiguillon central.

Lemaire a diagnostiqué notre plante de la manière suivante dans son *Iconographie* :

Tige globuleuse, à tubercules très-forts ; sommet déprimé, d'un vert gai, devenant prolifère sur les côtés avec l'âge ; les tubercules sont gibbériformes, disposés sur 15-20 séries verticales ; les aréoles sont ovales, munies de laine très-courte ; elles portent 12-14 aiguillons très-grands, étalés, recourbés sur eux-mêmes, bifariés.

La tige est globuleuse, ombiliquée et nue au sommet, très-robuste, formée de très-gros tubercules disposés en côtes ; ces tubercules, hexaèdres à la base, absolument anguleux, déprimés en dessus, portent des aréoles prolongées inférieurement en une volumineuse gibbosité atténuée au sommet et comme abruptement tronquée, larges de 5 cent. et hauts de 4 ; les aréoles sont ovales, oblongues, très-grandes et fossulées, remplies d'un duvet laineux, très-court, blanc, persistant, tardivement prolifère dans l'âge adulte : elles portent 10-14 aiguillons, souvent un plus grand nombre, bifariés, étalés, recourbés supérieurement de chaque côté, subplans en dessus, d'une belle couleur jaune, fucescents et subulés à la base ; les latéraux très-longs, de 40-45 millim. environ, dont 1-2 supérieurs dressés, divariqués, fréquemment 1 au centre très-long, 1 autre inférieur dirigé en bas, ces trois derniers plus ou moins longs et manquant quelquefois.

Floraison. En Mai, Juin et Juillet. Les fleurs sont très-grandes, presque inodores, sortent autour du sommet, d'un blanc très-brillant et lavé de rose au sommet des lacinies, elles sont météoriques, elles durent cinq ou six jours, leur longueur est de plus de 9 cent. et leur diamètre, au moment de l'anthèse, est de 10-11 cent.; le périanthe est campanulé; le tube, d'un vert pâle, est long d'environ 5 cent., il est revêtu de quelques squammes larges, courtes, ovées-arrondies, d'un rose violacé au sommet; lacinies trisériées, les premières verdâtres extérieurement, blanches en dedans, ainsi que les suivantes qui sont d'un rose très-pâle à l'extrémité, entières, ovées-lancéolées, larges, recourbées, étalées, les intérieures un peu plus courtes; les étamines sont inégales, très-nombreuses, s'élevant à la hauteur de la gorge du tube, insérées par gradins en partie sur le tube, en partie sur le torus; filets d'un blanc jaunâtre; anthères d'un jaune d'or; le style est un peu plus court que les étamines, blanchâtres; stigmates 10-11 fixes, dont les rayons étalés sont subplans, papilleux. La baie n'a pas été décrite.

Notre plante est très-voisine de l'Echinocactus Ourselianus, moins rapprochée de l'Echinocactus Gibbosus. Ces deux espèces paraissent devoir former le type d'un genre nouveau proposé par Pfaiffer, nommé Gymnocalycinum; il comprendrait toutes les espèces décrites depuis l'Echinocactus Netrelianus jusqu'à l'Echinocactus Denudatus.

Culture. Serre tempérée pendant l'hiver, plein air et pleine terre pendant l'été.

Notre plante, dans l'âge adulte, est souvent prolifère sur les aréoles, les jeunes ainsi obtenues poussent fréquemment des racines avant d'être détachées. Sur les sujets qui sont mal cultivés, dont la culture est très-lente ou dont la tête a été altérée, il arrive souvent que quelques tubercules se gonflent, finissent par se crever, et donnent le jour à de jeunes rejetons qui se présentent formés et armés de leurs aiguillons, il est même possible de hâter cet enfantement, en incisant légèrement le tubercule, alors on voit sa surface qui s'entr'ouvre et montre les tubercules armés d'aiguillons d'une nouvelle plante qui peu à peu se trouve poussée au dehors et devient propre à produire un nouvel individu.

102. Echinocactus Hybogonus (Salm).

Synonymie. Echinoc. Hybogonus Salm. Cactæ in hort. Dyck., cult.; p. 167.

Patrie. Le Chili.

Diagnostic. Tige déprimée, globuleuse, vert intense et foncé; 13 côtes tuberculées, très-larges à la base; sillons sinués, serpentants; tubercules subpentaèdres, moins larges vers le sommet, dilatés, subdéplanis vers le bas de la plante, garnis d'aréoles, gibbeux; aréoles distancées, subarrondies, munies de tomentum gris; 8 aiguillons extérieurs, ceux du bas un peu plus courts, recourbés, ouverts, gris bruns, 1 aiguillon central érigé, droit.

La tige, dans l'âge adulte, a 8 cent. de haut sur 13-15 de diamètre.

Floraison. En Juin et Juillet. Les fleurs ont 4 cent. de long, et leur

limbe, au moment de l'anthèse, présente un diamètre qui atteint à peine
30-35 millim. de diamètre; le périanthe est court, large, campanulé;
les lacinies sépaloïdes sont obtuses, larges, verdâtres, blanches en
dessous sur les bords, en dessus bordées de rose; les lacinies pétaloïdes
sont très-larges, subciliées, blanches ou carnées, très-pâles en dessus,
rougeâtres en dessous; les étamines nombreuses sont graduellement soudées au tube; les filets courts sont pourpres; les anthères sont petites
et jaunes; le style est épais, fistuleux, comme raccourci, pourpre et
plus court que les étamines, il est terminé par 14 divisions stigmatiques
épaisses, obtuses, étalées à la base et recourbées au sommet, ou bien
érigées-ramassées, colorées en jaune.

Variétés. Echinoc. Hybogonus β. Saglionis Nob. — Echinoc.
Saglionis Cels, portefeuille des hort., 1847, p. 180. — *Patrie.* Chili.

Diagnostic. Tige hémisphérique; sommet un peu aplati, vert cendré; côtes verticales, arrondies, très-larges; sillons aigus, tuberculés;
tubercules hexaèdres; aréoles saillantes, ovales, espacées, munies de
tomentum blanc grisâtre, d'abord abondant, ensuite court et gris;
9 aiguillons longs, recourbés, inégaux, rouge brun d'abord, cinérés
ensuite, dont 1 supérieur fréquemment plus grêle et plus court,
1 inférieur très-recourbé, arqué, et 1 central moins recourbé, subdressé, enfin les 6 autres placés symétriquement à droite et à gauche
de l'aréole et un peu plus courts que les aiguillons intérieurs.

Floraison. En Juin et Juillet. Lacinies spatulées à pointes très-
arrondies, blanches; filets courts rouge cerise; anthères jaune nankin;
12-15 stigmates claviformes, roses carnés.

Culture. Serre tempérée pendant l'hiver, plein air et pleine terre
pendant la belle saison.

Cette plante et sa variété, bien qu'introduites en France depuis
plusieurs années et y ayant déjà fleuri, n'a pas encore pu y être multipliée; elle est restée extrêmement rare en France. Probablement ces
deux plantes sont identiques.

103. Echinocactus Denudatus (Link et Otto).

Synonymie. Echinoc. Denudatus Link et Otto. Iconog. t. 9, p. 17. —
Cereus Denudatus Pfr. enum. diagn., p. 73. — Gymnocalycinum Denudatum
Pfr. — Echinoc. Denudatus Forst. Handb. dr. Cact., p. 289.

Patrie. Brésil austral.

Diagnostic. Tige globuleuse; 7-8 angles vert glauque; sommet
plan, nu; côtes rondes, tuberculeuses; aréoles distancées, ovales,
blanches; 5 aiguillons presque roides, à peine recourbés, tout à fait
adprimés contre la plante, jaunes en naissant, ensuite blancs.

La tige est globuleuse, à sommet presque plan, elle est d'un vert
clair luisant qui se change avec le temps en vert gris; elle porte
6-8 côtes très-larges, arrondies, formées de larges tubercules qui ne
sont distincts les uns des autres que par un pli transversal peu profond;
sinus aigus; aréoles ovales, garnies de tomentum jaunâtre qui devient

gris avec l'âge; elles sont assez éloignées les unes des autres, elles portent 5-8 aiguillons roides, tortillés, divergents, bifariés et appliqués sur la côte, ils sont jaunâtres et deviennent blancs par la suite.

La tige est haute de 10-16 cent. sur autant de diamètre; les aréoles sont éloignées les unes des autres de 13-18 millim.; les sillons sont très-aigus; aiguillons de 6-13 millim.

Floraison. En Mai, Juin et Juillet. Fleurs peu odorantes, présentant les mêmes caractères que les précédentes, durant deux jours, de 7 cent. de diamètre; tube nu, vert, peu écailleux, de 5 cent. de long; sépales blanches, linéaires, verdâtres; pétales ovales, courts, également blancs; baies ovales, avec peu d'écailles; graines grosses, luisantes, largement ombiliquées, elles sont d'un brun noir.

VARIÉTÉS. Echinoc. Denudatus β. Flore Roseo Nob.

Variété à fleur rose; dans son faciès, elle ne présente aucune différence avec l'espèce précédente. Elle ne diffère que par la couleur de la fleur qui est entièrement rose, au dire des amateurs qui l'ont observée.

Culture. Serre tempérée pendant l'hiver, plein air pendant l'été.

3. *Inermei, à aréoles inermes.*

Tige ombiliquée; côtes peu nombreuses, larges; sillons aigus; tubercules plus larges, réunis en côtes; aréoles inermes.

104. Echinocactus Williamsii (Lem.).

Synonymie. Echinoc. Williamsii Lem. — *id.* Bot. magaz., t. 4296. — *id.* Pfr. Abbild. 2, t. 24. — *id.* Salm. Cact. in hort. Dyck., cult., p. 169. — *id.* Forst. Handb. dr. Cact., p. 285 et 519.

Patrie?

Diagnostic. Tige basse, vert cinérascent, rugueuse vers la base, tuberculée dans la partie supérieure; tubercules larges, polyèdres, rangés sur 10 côtes; aréoles distancées, inermes, munies de fascicules dressés et épais de laine cinérée.

Racine pivotante; tige formée dans sa partie supérieure de tubercules verts; dans sa partie inférieure, l'oblitération des tubercules lui donne une forme cylindrique de couleur fauve cendré.

Tige haute de 5 cent. et large de 5-6, à sommet ombiliqué, d'un vert gris cendré, tuberculée dans la partie supérieure, devenant cylindrique dans la partie inférieure par suite de l'oblitération des tubercules, alors rugueuse, d'une couleur cendrée fauve; les tubercules sur les jeunes plantes formant 5-6 côtes, devenant plans avec l'âge et disparaissant sur les parties déjà anciennes.

Aréoles distantes de 11-13 millim., arrondies, formées d'un pinceau de laine épaisse, dressé à partir de l'insertion, jaune cendré, crépu et couleur de cendre dans la partie supérieure.

Floraison. En Mai et Juin. Fleurs petites, à lacinies peu nombreuses, celles du dehors légèrement recourbées à leur sommet, celles du dedans roides, entières, aiguës, d'un rose pâle, marquées en dehors par une ligne médiane d'un rouge plus intense; étamines jaunes, groupées autour du style qui est plus court et terminé par 3 divisions jaunâtres; le tube est nu.

Culture. Serre tempérée pendant l'hiver, plein air et pleine terre pendant l'été.

C. *THELOIDEI, tubercules distincts à sommet saillant.*

Tige ellipsoïde, subglobuleuse ou déprimée, tuberculée; tubercules portant les aréoles et disposés en spirales ou bien plus ou moins disposés en côtes; les tubercules sont distincts, mammiformes ou rhombiques; aiguillons variant de nombre et de forme. Le tube périgonial squammeux; squammes glabres; baie?

* TUBERCULES PLUS OU MOINS RAMASSÉS EN CÔTES.

105. Echinocactus Bicolor (Galeot.).

Synonymie. Echinoc. Bicolor Galeot.— *id.* Abbild. 2, t. 25.— *id.* Salm. Cact. in hort. Dyck., cult., p. 173.

Patrie. Mexique. Introduite par Galeotti.

Diagnostic. Tige pyramide, vert foncé, à 8 angles; sillons profonds, larges, côtes anguleuses, divisées en tubercules par des prismes transversaux très-étroits; aréoles rapprochées, prolongées en dessus par un sillon, munies de laine blanche; 9 aiguillons extérieurs très-ouverts, pourpres en naissant, ensuite blanchâtres, aciculaires, presque roides, 4 intérieurs, celui du haut plat, foliacé, les 2 autres érigés, rigides, 1 central très-vigoureux, très-long, plan.

Tige plus ou moins obovée, robuste, de 10 cent. environ; aiguillons bicolores, pourpres et blancs, souvent bigarés.

Floraison? Fleurs abondantes, grandes, infundibuliformes; lacinies érigées-ouvertes, lancéolées, larges, aiguës, pourpre gai. D'après la figure de Pfaiffer, les lacinies les plus extérieures petites, lancéolées, vertes, dégradées vers les bords qui passent au blanc, les suivantes d'un violacé brun foncé vers la base et au milieu, dégradées vers les bords, les autres d'un beau rouge carminé; le stigmate a 10 divisions allongées, recourbées, d'un jaune paille très-clair.

Le nombre et la forme des aiguillons varient d'une espèce à l'autre. Dans cette espèce, 9 aiguillons extérieurs grêles, ceux du centre rigides, celui du haut et celui du bas linéaires, aigus, à peine aplanis.

VARIÉTÉS. Echinoc. Bicolor β. Pottsii Salm. — Echinoc. Pottsii Scheer.

Dans cette variété, les aiguillons sont plus longs, plus rigides et

ouverts-recourbés, le plus souvent 10-11 extérieurs, en outre parmi
ceux du centre, celui du haut et celui du bas plus larges.

Pfaiffer, qui a donné une belle figure de notre plante, l'accompagne
de la description suivante :

Tige de forme assez régulièrement pyramide, un peu déprimée au
sommet, sa couleur est d'un vert foncé, elle a 8 côtes un peu comprimées et comme divisées en tubercules par des sillons transversaux
entre les aréoles ; les interstices des angles sont larges, profonds et
anguleux ; les aréoles se trouvent sur le sommet des tubercules, elles
sont allongées en haut et garnies de laine blanche ; le nombre et la
position des aiguillons sont très-variables, cependant à l'état régulier
il y en a 9 extérieurs très-étalés, aciculaires, assez rigides, de couleur
pourpre en naissant. plus tard blancs ; au centre, sur les aréoles les
plus développées, 4 aiguillons dont le supérieur un peu aplati, de
substance presque glumacée, assez semblable à celui de l'Echinocactus
Phyllacanthus ; les 2 aiguillons suivants sont rigides, érigés aux deux
côtés du premier, le quatrième, qui est le plus vigoureux et de beaucoup
plus long, occupe le centre de l'aréole, il est légèrement recourbé.

Culture. Serre tempérée pendant l'hiver, plein air et pleine terre
pendant l'été.

106. Echinocactus Rhodophthalmus (Hook.).

Synonymie. Echinoc. Rhodophthalmus Hook. Botan. magaz., t. 4486
(janvier 1850). — *id.* Lemaire, hort. Belg., 1er vol., 23e et 24e liv., 1851,
p. 101.

Patrie. Mexique, San-Louis-Potosi. Introduit par M. Staines.

Diagnostic. Tige assez élevée, columnaire, conique, profondément
cannelée, à 6-9 côtes arrondies, crénelées, tuberculées, à tubercules
comprimés, subhémisphériques ; aréoles laineuses; 9 aiguillons vigoureux, droits, pourpre fauve, devenant pâles par la suite, le central
deux fois plus long que les autres.

La plante est subcolumnaire, mais atténuée de la base au sommet,
elle est haute de 10-15 cent., profondément coupée en 8-9 côtes, à
crête obtuse, mais comme lobée ou tuberculée par des lignes transversales ; tubercules hémisphériques, comprimés ; aréoles munies d'un
duvet peu apparent ; environ 9 aiguillons robustes, droits mais plats,
divariqués, d'abord d'un pourpre foncé, plus tard pâles et presque
incolores, longs d'environ 18-25 millim., 1 central beaucoup plus long
et plus robuste, dressé.

Floraison? Fleurs grandes et belles sortant du sommet de la plante ;
tube du périanthe obconique, long d'un pouce, entièrement dégarni
d'aiguillons et de soies, mais revêtu de squammes ou sépales ovées,
bruns pâles sur les bords et ciliés, passant peu à peu en pétales allongés, linéaires, spatulés, aigus, étalés d'un rose brillant, avec macule
d'un rouge foncé, presque cramoisi à la base; macules formant un
cercle radié autour de la colonne staminale et du style ; étamines nom-

breuses, très-compactes ; filets grêles, blancs ; style aussi long que les étamines ; stigmates de 9-10 rayons, d'un jaune brillant, étalés et couvrant les anthères.

Culture. Serre tempérée pendant l'hiver, plein air et pleine terre pendant l'été.

Cette belle espèce est très-voisine de l'Echinocactus Bicolor, dont cependant elle diffère notablement par sa couleur, le nombre de ses aiguillons et sa fleur ; elle diffère également des espèces suivantes : Echinocactus Porrectus, Leucacanthus, etc.

107. Echinocactus Subuliferus (Link et Otto).

Synonymie. Echinoc. Subuliferus Link et Otto. Vhdl. d. G. B. V. f. Pr. III, s. 427, t. 27. — Forst. Handb. dr. Cact., p. 328. — *id.* Pfr. enum. diagn., p. 67 (ne pas confondre avec la synonymie de l'Echinocactus Robustus).

Patrie. Mexique.

Diagnostic. Tige subglobuleuse, verte ; 8-10 côtes tuberculées ; aiguillon intérieur très-grand, recourbé, un peu dressé, 4-5 ouverts, adprimés, 4-6 tout à fait à l'extrémité de l'aréole, divariqués, trèsténus.

Tige haute de 7 cent. sur 5 de diamètre ; tubercules nettement formés, disposés en côtes ; vertex à peine distinct ; aiguillons tous de couleur châtaigne fauve, plus ou moins recourbés, le plus long atteignant près de 3 cent., les autres 18 millim., enfin les plus faibles 9 millim.

Cette plante, qui a figuré dans la Collection du Jardin de Berlin, y est morte depuis et n'existe peut-être plus dans nos Collections, et n'est connue que par sa description.

Culture ?

108. Echinocactus Leucacanthus (Zucc.).

Synonymie. Echinoc. Leucacanthus Zucc.— *id.* Pfr. enum. diagn., p. 66. *id.* Abbilb., t. 14. — *id.* Salm. Cact. in hort. Dyck., cult., p. 472. — Echinoc. Subporreatus Lem. — Echinoc. Tuberosus Salm. — Echinoc. Leucanthus Forst., p. 286.

Patrie. Mexique, près de Zimapan. Introduit par Karwinskii.

Diagnostic. Tige claviforme, subcylindrique, très-prolifère, tirant sur le glauque ; sillons larges, subverticaux ; 8-10 côtes épaisses, obtuses, discontinuées, tuberculeuses : aréoles placées au sommet des tubercules, garnies de laine sale, oblongues, prolongées au delà de l'aréole ; 7-8 aiguillons rayonnants, droits, pareils, devenant subvelutineux avec le temps, d'abord jaunâtres, ensuite blancs, 1 central érigé, légèrement courbé, manquant rarement ; les aréoles sont trèsprolifères.

Notre plante a 16 cent. de hauteur sur 9 de diamètre ; ses sinus sont aigus, profonds, presque verticaux ; les aréoles sont éloignées de 12 millim. ; ses aiguillons extérieurs ont de 9-13 millim. de longueur ;

ses aiguillons intérieurs 15 millim. dans la jeunesse, les plus anciens, surtout celui qui est érigé, 54 millim., les autres 25.

Floraison. En Juin et Juillet. La fleur est toute différente de celle de l'Echinocactus Porrectus, elle atteint 4 millim. de longueur; ses pétales sont nombreux, très-étroits, lancéolés, aigus, jaunes pâles; anthères jaune doré; le stigmate se termine par 7-8 divisions arrondies jaune soufre.

VARIÉTÉS. Echinoc. Leucacanthus β. Crassior Salm. — An Cereus Tuberosus Pfr. enum. diagn., p. 102?

Tige globuleuse; tubercules mieux rangés en côtes.

Tige érigée, verte, à 8 angles; sillons aigus, ondulés; côtes obtuses, tuberculées; aréoles assez espacées, insérées sur ses tubercules, munies de laine blanche, portant 9-10 aiguillons grêles très-ouverts, subégaux, rouges en naissant, passant plus tard au blanc, à pointe brune; sans aiguillon intérieur.

Lemaire a décrit la même plante sous le nom d'Echinocactus Subporrectus. Il dit que les tubercules sont mammiformes, serrés, disposés en côtes spirales, érigés et dirigés en haut, marqués transversalement par un pli profond et marqués en dessus par un sillon; sinus aigus, profonds, arrondis; aréoles rondes, garnies de laine brune promptement caduque; 8-10 aiguillons rayonnants dans un même plan, longs de 11-13 millim., subégaux, adprimés contre le tubercule, aplanis, tout à fait subulés à la base jusqu'au milieu de leur longueur, l'inférieur plus court que les autres, 4 intérieurs dont 1-2 manquent parfois, dressés verticalement, d'environ 27 millim., le quatrième médian double en longueur, courbé, longuement porrigé; tous annelés, gris blanc et blancs jaunâtres pendant la jeunesse.

Culture. Serre tempérée pendant l'hiver, plein air pendant l'été; végétation très-lente.

109. Echinocactus Porrectus (Lem.).

Synonymie. Echinoc. Porrectus Lem.— Forst. Handb. dr. Cact., p. 285. — Salm. Cact. in hort. Dyck., cult., p. 172.

Patrie. Mexique.

Diagnostic. Tige claviforme, cylindrique, très-prolifère, vert glauque; sillons larges, subverticaux; 7-8 côtes épaisses, obtuses, divisées en tubercules par des plis transversaux; aréoles rapprochées, apicillaires, tomenteuses, promptement nues; 4 aiguillons très-vigoureux, dont 3 supérieurs érigés, l'inférieur (central) plus long, très-ouvert, érigé, 7-8 extérieurs plus courts, ouverts en rayonnant, parfois avec quelques-uns accessoires très-grêles placés au sommet; tous rigides, pourpres brillants, bigarés de blanc.

Aiguillons intérieurs de 27 millim. de longueur; aiguillons extérieurs de 40 millim. et plus; les aréoles sont insérés au-dessus du sommet de chaque tubercule.

Floraison? Fleurs cuivrées; non décrites.

Cette plante est assez voisine de la précédente, elle en diffère par la forme de ses aiguillons, leur nombre et leur couleur; l'aiguillon intérieur est plus grand, plus aplani. D'ailleurs, son port est moins élevé et ses tubercules moins saillants.

VARIÉTÉS. Echinoc. Porrectus β. Flore Rubicundo Salm.—*id.* Forst. Handb. dr. Cact., p. 286.

A fleurs tout à fait rouges.

D'autres variétés sont cultivées, elles semblent distinctes de la précédente, très-prolifères; les aiguillons intérieurs sont subquaternés et se rapprochent de l'Echinocactus Porrectus, mais ils en diffèrent par la couleur paille ou grise des aiguillons. Elles sont peu connues et confondues généralement avec notre plante : il n'en existe pas de description.

Culture. Serre tempérée pendant l'hiver, pleine terre sous châssis pendant l'été; végétation lente.

110. **Echinocactus Ehrembergii** (Pfr.).

Synonymie. Echinoc. Ehrembergii Pfr. — *id.* Forst. Handb. dr. Cact., p. 286.

Patrie. Mexique, le Mineral del Monte.

Diagnostic. Tige presque globuleuse, d'un vert sale, avec nombreux rejetons à la base; sommet peu comprimé, velu; 10 côtes renflées en bosses près des aréoles; sillons profonds, aigus; aréoles ovales, allongées en haut, garnies de feutre jaune velouté, qui devient gris par la suite; aiguillons jaune paille, plus tard gris cendré, 11 rayonnants, minces, divergents, les latéraux plus longs, 4 intérieurs annelés, le supérieur et l'inférieur très-longs, le dernier courbé en bas.

La plante a 9 cent. de diamètre, elle porte ses boutons jusqu'à la fin de l'été; ses aréoles sont éloignées de 11-13 millim. les unes des autres; ses aiguillons extérieurs ont de 13-22 millim. de longueur, ceux du centre et les latéraux atteignent 22-27 millim. de longueur, l'intérieur supérieur de 27-33 millim., l'inférieur 45 millim.

Floraison? Fleurs?

Culture. Serre tempérée pendant l'hiver, pleine terre pendant l'été; d'une végétation extrêmement lente.

111. **Echinocactus Maelenii** (Salm).

Synonymie. Echinoc. Maelenii Salm. Catal. de 1844. — *id.* Pfr. enum. diagn.

Patrie. Mexique. Introduit en 1837.

Diagnostic. Tige cylindrique, verte pâle, tuberculée; tubercules allongés, disposés sur 8 côtes peu distinctes; aréoles d'abord munies de tomentum blanc, portant des aiguillons couleur de corne, rougeâtres à la base, plus tard gris cendré, 9-10 extérieurs rayonnants, rigides, étalés, droits, le supérieur le plus long, 1 intérieur épais, peu recourbé en dedans.

La tige est columnaire, de 9-10 millim. de diamètre; ses sillons sont aigus, ondulés; les aréoles sont à 22-25 millim. les unes des autres; ses aiguillons, les inférieurs longs de 10 millim., les supérieurs de 18-22 et l'intérieur de 20-22 millim. de long.

Floraison? Fleurs?

Culture. Serre tempérée pendant l'hiver, pleine terre pendant l'été; d'une végétation extrêmement lente, qui a besoin d'être stimulée par la chaleur. Cette observation s'applique à presque toutes les plantes de ce groupe.

** A TUBERCULES DISTINCTS ET DISPOSÉS EN SPIRALES.

112. Echinocactus Cummingii (Salm).

Synonymie. Echinoc. Cummingii Salm. Cact. in hort. Dyck., cult., p. 174.

Patrie. Bolivie.

Diagnostic. Tige subglobuleuse, déprimée, vert-gai, tuberculée; tubercules distincts, vigoureux, disposés en spirales, érigés, adprimés, larges en dessous et subaplanis, convexes en dessus, terminés au-dessous de l'aréole par un petit tubercule; aréoles un peu allongées en dessus, bientôt nues; aiguillons extérieurs nombreux (20 environ), grêles, dressés, érigés vers le haut, ceux du bas plus courts, ceux du haut plus longs, 6-8 au centre plus forts; tous moyens, droits, staminés, fauves, à pointe fauve.

Tige très-déprimée, de 10 cent. de diamètre; tubercules assez larges, disposés en quinconce, subdéplanis à la base, convexes en dessus et gibbeuse au-dessous du sommet; aiguillons longs de 13 millim., grêles, les intérieurs un peu plus vigoureux, visiblement dirigés vers le haut, couleur paille sale, fauve brun vers la pointe.

Floraison. Fleurs petites; lacinies extérieures glabres, lancéolées-obtuses, érigées, légèrement recourbées vers la pointe, les intérieures obtuses, spatulées, ouvertes en se recourbant, toutes de même couleur, de couleur jaune ocre; étamines s'allongeant graduellement, ramassées; filets jaunes; anthères jaune safran; style columnaire, à 8 divisions filiformes, ramassées, érigées.

Culture. Serre tempérée pendant l'hiver, plein air sous châssis pendant l'été.

Cette plante, déjà introduite depuis assez longtemps en Europe, n'y a pas encore été multipliée, elle y est très-rare. Il n'en existe plus, je crois, en France, qu'un seul sujet dans la Collection de M. Audry, à Chaillot.

113. Echinocactus Horripilus (Lem.).

Synonymie. Echinoc. Horripilus Lem. — Mam. Horripila Lem. Echinoc. Cœspititius Pfr.

Patrie?

Diagnostic. Tige globuleuse, parfois à 2-3 têtes, très-verte, tuberculée ; tubercules mammiformes ; tubercules vigoureux rangés en spirale, assez larges à la base, coniques, atténués ; aréoles insérées un peu au-dessus du sommet, d'abord très-laineuses, ensuite nues, souvent très-prolifères ; 9-10 aiguillons rigides, développés en rayonnant, subentremêlés, 1 aiguillon central isolé, plus long, étendu ; tous droits, blancs cendré (surtout celui du centre), à pointe brune.

La tige est columnaire ou globuleuse, quelquefois à 2 têtes ; son sommet est ombiliqué, très-laineux ; ses aréoles sont ovales et garnies de laine blanche abondante qui disparaît très-promptement ; côtes non distinctes formées de tubercules allongés, mammiformes, ovés, comprimés, à base rhombique ; les aréoles portent 14-15 aiguillons très-longs, rigides, piquants, entremêlés, très-droits, rayonnants, rarement recourbés, presque égaux, longs de 30-35 millim., 1 intérieur plus long, plus vigoureux, gris blanc et devenant fauve avec l'âge, à pointes noires.

La tige est haute de 10 cent. sur autant de diamètre ; il existe des sujets plus forts sur lesquels les tubercules sont aplanis et devenus prolifères aux aréoles.

Floraison. Fleurs d'un beau rouge pourpre, assez grandes.

Variété. Echinoc. Horripilus β. Longispinus Monv.

Variété qui se distingue seulement par la longueur et la couleur beaucoup plus intense de ses aiguillons.

Culture. Serre tempérée pendant l'hiver ; végétation lente qui demande un peu de chaleur pour l'activer, pendant l'été, il est utile de placer la plante sous châssis en pleine terre.

114. Echinocactus Turbiniformis (Pfr.).

Synonymie. Echinoc. Turbiniformis Pfr. Abbild. 2, t. 3. — Mam. Desciformis De. Rev.— Mam. Turbinata Bot. magaz., t. 3984. — Echinoc. Heliantodiscus Lem.

Patrie. Mexique.

Diagnostic. Tige simple, turbiniforme, vert gris, de forme globuleuse, déprimée ; sommet large, plat ; côtes formées de tubercules disposés en spirales ; tubercules rhombiques à la base, peu élevés, ombiliqués au sommet ; aréoles petites, insérées vers leur sommet, subnues et sublaineuses dans la jeunesse ; 3-4 aiguillons fasciculés, sétiformes, érigés, couleur de cendre, bientôt caducs, persistants seulement dans les aréoles du sommet.

Floraison. En Mai et Juin. Fleurs se développant près de l'ombilic de la plante ; lacinies extérieures marquées de rouge en dedans ; lacinies intérieures blanches, pourpres à la base.

Les graines sont extrêmement petites, brunes jaunâtres, assez grêles, presque comme de la poussière à peine palpable ; elles lèvent assez difficilement.

Culture. Les jeunes semis se recouvrent très-promptement d'une couche calcaire qui arrête leur développement et leur végétation quand l'eau des arrosements n'est pas extrêmement pure. Cette plante est extrêmement rare, elle a été introduite plusieurs fois en Europe et toujours elle y a été perdue. Peut-être exige-t-elle une plus grande chaleur que les autres.

Plantes inconnues en France, dont il n'existe que les descriptions.

115. Echinocactus Columnaris (Pfr.).

Patrie. Chili, Valparaiso.

Diagnostic. Tige épaisse, columnaire, d'un vert gris, portant 11 angles; sommet convexe, garni de laine fauve; sillons larges, aigus; côtes verticales, subcomprimées; aréoles grandes, rondes, garnies de tomentum épais, noir; aiguillons entremêlés, rigides, droits, noirâtres, 9 extérieurs de 3 millim. de longueur, et 1 central plus long, plus épais, de 30 millim. de longueur; tige de 10 cent. de diamètre sur 30–35 de hauteur. C'est peut-être l'Echinoc. Marginatus Salm.

116. Echinocactus Bolivianus (Pfr.).

Patrie. Bolivie.

Diagnostic. Tige déprimée, globuleuse, verte; épiderme couvert d'une couche de poussière blanche décidue: 13 côtes; sommet tomenteux, subplan; côtes presque verticales, obtuses, à peine arrondies; aréoles rapprochées, distantes de 4-6 millim., rondes, planes, garnies de tomentum blanc jaunâtre qui prend plus tard une couleur de cendre; aiguillons rigides, d'une couleur cendrée noire, 7 extérieurs recourbés, 1 central plus vigoureux, droit, aigu, subulé, de près de 30 millim. en longueur; tige de 10-13 cent. de diamètre sur 8 de hauteur. Il y a plusieurs variétés qui diffèrent par leurs aiguillons plus grêles.

Plantes inconnues et non décrites.

117. Echinocactus Parvispinus (Dc.).

118. Echinocactus Glaucescens (Dc.).

119. Echinocactus Intortus (Dc.).

120. Cactus Depressus (Haw.).

121. Echinocactus Cereiformis (Dc.).

122. Echinocactus Villiferus (Scheidw.).

123. Echinocactus Siekmannii (hort. Berol).

124. **Echinocactus Retusus** (Scheidw.).

125. **Echinocactus Platycarpus** (hort. Berol).

126. **Echinocactus Oreptilus** (Haag.).

127. **Echinocactus Leucodictus** (Link).

128. **Echinocactus Gigas** (Pfr.).

Notre genre Echinocactus se trouve différencié des genres précédents par son inflorescence aréolaire et la forme particulière de ses feuilles. Ici elles sont disposées par séries dans chacune desquelles elles sont confluentes en un même corps, de manière à former ce que nous avons nommé les côtes. Les feuilles sont toujours munies, vers leur sommet, d'une aréole armée ou non d'aiguillons, et c'est toujours vers cette aréole apicillaire que se développent les boutons ou les gemmes qui, plus tard, seront propres à reproduire de jeunes sujets. Sur chaque côte, les feuilles sont tellement confondues en un seul corps, que souvent leur présence n'est indiquée que par les aréoles; quelquefois elles sont rendues plus distinctes soit par un pli transversal qui sépare ces aréoles, soit par un sillon ou une échancrure qui les rend libres les unes des autres vers leur sommet, soit enfin parce qu'elles sont libres comme dans les Mamillaria : mais, dans ce cas encore, les feuilles, dont l'ensemble forme une côte, accusent toujours cette côte.

Les mêmes caractères génériques se présenteront, il est vrai, dans les Echinopsis, les Pilocerei et dans un grand nombre de Cierges : ce qui doit être remarqué, et ce qui constitue ici un nouveau caractère différentiel propre à distinguer le genre des *Echinocacteœ* du genre des *Cereastreœ*, c'est que, dans les Echinocactes, l'évolution des feuilles, indiquée par le développement des aiguillons qui protégent les aréoles, est différente de celle des feuilles des Cereastreæ. En effet, les aiguillons des Echinocactes se présentent en nombre constant : que l'on observe une aréole normalement développée, prise vers le sommet d'un Echinocactus, et qu'on la compare avec une autre prise à la base de la même plante, le nombre des aiguillons sera toujours le même, tandis que, dans la plupart des Cereastreæ, pendant le développement de l'aréole du sommet vers les côtés de la plante ou vers sa base, le nombre des aiguillons se sera presque constamment accru, ou, s'il est resté le même, la continuité dans la végétation de l'aréole se manifestera par la transparence, le coloris qu'auront conservé les aiguillons vers leur point d'insertion, transparence et coloration qui seront toujours identiques avec celles des jeunes aiguillons. Un autre fait, d'accord avec cette observation, qui nous semble un des caractères distinctifs des deux genres, c'est que l'inflorescence de presque tous les Echinocactes, outre qu'elle est apicillaire, se produit vers le sommet de l'aréole dans son prolongement aigu quand elle se prolonge en une petite fossule, et seulement sur les jeunes aréoles du sommet de la plante ou voisines de ce sommet, tandis que, dans les Echinopsis et les Cerei, l'inflorescence est terminale ou latérale, parfois même elle se produit sur les aréoles voisines de la base de la plante.

Aux deux caractères admis et cités précédemment, nous ajouterons donc celui qui résulte de la limitation dans l'évolution des aréoles ou de son évolution illimitée. Malgré les nombreux efforts tentés par les botanistes qui se sont occupés de la classification des Cactées, quand ils ont voulu constituer le genre Echinocactus, ils ont dû prendre leurs caractères dans l'inflorescence et la nature des baies. Certes, ces caractères sont bien certainement plus scientifiques que celui que je propose ; mais si on songe que peu de fleurs d'Echinocactes ont été observées, que pour celles qui ont été observées les caractères sont tirés de la longueur du tube, de son revêtement écailleux ou non, sétigère ou non, on reconnaîtra, comme plusieurs botanistes l'ont fait remarquer, que ces caractères sont variables et inconstants, et n'ont pas la fixité qui permet d'en faire des caractères différentiels de genres. Car, il existe des fleurs d'Echinocactes dont le tube est plus long que celui de quelques Cerei ; par exemple, les fleurs des Echinocactes de la section des Gymnocalicini comparées à celles du Cereus Curtisii ;

et, d'un autre côté, il existe, dans les Echinocactes, des fleurs à tube nu, d'autres à tube revêtu d'aiguillons, fait qui se reproduit aussi parmi les Cereastreæ.

Les seuls caractères qui pourraient avoir quelque valeur résulteraient de l'insertion des étamines sur le tube, et encore sont-ils inobservés pour la plupart.

Pour toutes ces raisons, sans abandonner les caractères indiqués par nos devanciers, nous plaçons au premier rang *ceux qui résultent de l'inflorescence apicillaire, de la connexion des feuilles en côtes sur lesquelles elles sont marquées par la présence des aréoles, dont l'évolution est limitée à une certaine période du développement de la plante.*

Une objection qui pourrait être opposée au dernier caractère que nous proposons, résulte de la production de jeunes gemmes qui se développent fréquemment vers le collet des Echinocactus Ottonis, Linkii, Tortuosus, même sur l'Echinocactus Denudatus et autres. J'ai observé ces gemmes sur beaucoup de sujets, je n'en ai remarqué que sur les aréoles qui n'avaient pas donné de fleurs, jamais sur celles qui avaient fleuri et qui sont bien reconnaissables des autres après l'enlèvement de la baie. Or, si on consulte les observations que nous avons exposées sur la constitution anatomique des Cactées, on verra que l'aréole est le siége d'une des fonctions vitales de nos plantes, que les fibres plus ou moins éparses dans l'intérieur du tissu viennent s'y réunir, forment un nœud près duquel se produisent certaines sécrétions qui tantôt sont rejetées en dehors et perdues, soit pendant l'acte de la respiration, soit par évaporation, tantôt par leur accumulation se développent en gemme qui devient fleur ou bourgeon ; mais jamais l'un et l'autre simultanément. Chaque gemme ne pouvant produire que l'un ou l'autre, il est donc concevable que, dans certains Echinocactes, il arrive que les aréoles produisent parfois des rejetons qui, dans certains cas, n'acquièrent leur complet développement qu'après un assez long temps ; et ce fait n'infirmerait pas le caractère que nous avons présenté, puisque les aiguillons des aréoles sont entièrement morts. Il mon-

trerait seulement que, sous l'influence de certaines circonstances, les nœuds dont nous venons de parler ont pu
laisser accumuler, près de l'aréole, une quantité de séve
qui, à une certaine époque, peut constituer l'embryon
d'un sujet identique au sujet principal.

Ces considérations se trouvent confirmées, il me semble,
par l'observation de l'Echinocactus Monvilli et d'autres
Echinocactes Ourselianus, Horripilus, etc. Lorsque les
plantes deviennent prolifères, les gemmes embryonaires
apparaissent au-dessus des aréoles, ils sont insérés vers
leur sommet, ils poussent de très-petits radicules visibles
même sur des gemmes qui ont au plus 2 millim. de diamètre, tandis que quand l'aréole est tombée accidentellement, ces gemmes se produisent dans l'intérieur des
tubercules, s'y développent et finissent par rompre
l'écorce du sujet quand ils ont acquis d'assez fortes
dimensions.

La présence des jeunes rejets sur les aréoles inférieures
des Echinocactes ne prouve pas que l'aréole qui a été
enlevée continue à végéter, elle prouve seulement que,
vers le point de son insertion, là où les fibres se réunissent, il existe un point vital qui est certainement le lieu
où se développent les premiers rudiments d'un bourgeon
ou d'une fleur.

Pour la division de notre genre en sous-genres, nous
avons suivi, comme nous l'avons fait pour les autres
genres, les divisions généralement adoptées en conservant les noms consacrés : Discocactus et Echinocactus;
nous avons cherché à éviter les écueils qui consistaient
soit à adopter, comme base d'une classification, des caractères théoriques qui n'ont pas encore subi la sanction
d'un assez grand nombre d'expériences, soit à multiplier
les sous-genres en adoptant les idées déjà proposées qui
ont amené les genres Astrophitum, Gymnocalycinum
déjà abandonnés, et le genre Malacocarpus proposé par
le prince de Salm Dyck. Le premier genre ayant été
abandonné à cause de l'insuffisance des caractères proposés; le second, qui a bien de bonnes raisons d'être
quand on veut établir des sous-genres dans le genre des

Echinocactus, ferait sortir quelques cierges de leur genre pour les placer au milieu des Echinocactes, s'il devenait caractère générique ; enfin, le troisième, préjugeant sur quelques faits, rangerait certainement l'Echinocactus Pycnoxiphus et quelques autres plantes bien distinctes parmi les Acuati.

Nous avons seulement conservé le genre Discocactus, dont nous avons fait un sous-genre, bien plutôt pour nous conformer à un usage admis qu'à cause de la suffisance de ses caractères.

En effet, l'Echinocactus Horizontalonius se présente très-souvent sous forme de disque, et cependant il est tout à fait globuleux dans l'âge adulte (voir la fig. donnée par Lemaire dans son *Iconographie*), et sait-on si les Discocactus ne deviendront pas aussi des plantes globuleuses avec l'âge? les caractères botaniques tirés de la fleur me semblent du même ordre que ceux tirés de la longueur du tube pour différencier les Echinocacteæ des Cereastreæ. Ces caractères pourraient peut-être, dans la suite, déterminer la formation du genre Discocactus, comme l'ont fait quelques auteurs.

Nous n'osons rien préjuger dans l'état actuel des observations, nous cherchons seulement à restreindre la classification actuelle dans un cadre en parfaite harmonie avec les observations qui sont certaines et appréciables par tous, puisqu'ils sont toujours apparents et indépendants de l'observation de la fleur qui, malheureusement, n'a été faite que très-rarement jusqu'à ce jour, et encore, quand elle a été faite, n'a-t-elle pu l'être souvent que d'une manière incomplète.

Dans l'état actuel, le sous-genre Échinocactus peut être partagé en groupes dont les caractères différentiels sont tirés du mode de connexion des feuilles d'une même série ou côtes.

Dans le premier groupe, les côtes sont nettement accusées, souvent même elles n'y sont notées que par la présence de l'aréole, ou bien elles sont rendues distinctes par une échancrure ; dans le dernier groupe, quoique disposées par séries qui forment les côtes, elles

ont un aspect mammiforme, gibbeux, bien différent
de celui qu'elles ont dans le premier groupe. Tous deux
sont séparés par deux autres groupes, les Coptonogoni et
les Stenogoni, qui ont leurs caractères nettement tranchés
et bien distincts. L'interruption des côtes au-dessus des
aréoles, ces portions de côtes qui se terminent par un renflement aréolaire dans les Stenogoni, paraîtra peut-être
une transition bien éloignée des groupes précédents aux
suivants : peut-être ici faudrait-il tenir compte des caractères des sujets dans le premier âge. Mais, telles qu'elles
sont, ces classifications n'ont rien d'étrange pour celui
qui n'a pu faire une étude sérieuse des fleurs, et, c'est
le cas du plus grand nombre, elles résultent de modifications de forme et de développement qui sont toujours
apparentes.

4ᵉ genre,

CEREASTREÆ.

Fleurs apicillaires, à tube plus ou moins allongé, quelquefois nues ou garnies de squammes qui prennent une forme mamellaire dans quelques espèces, souvent entourées vers la base, d'une laine abondante, offrant quelque analogie avec celle des cephalium des Melocactes, et parfois garnies en outre de sétules aiguës, acérées; les lacinies sépaloïdes s'allongent graduellement; leurs aisselles sont nues, pileuses ou armées d'aiguillons; les lacinies pétaloïdes, qui sont presque constamment allongées ou très-allongées, présentent un limbe étranglé ou plus ou moins étendu; étamines à filet long ou très-long, inégales, insérées partie sur le réceptacle et sur la base du tube, disposées sur plusieurs séries, dont les plus extérieures sont quelquefois soudées graduellement sur toute la longueur du tube et quelquefois même jusque sur sa gorge; style filiforme dépassant à peine les étamines, à stigmate multiradié et rayons linéaires; baie toujours émergente, laissant tomber les restes desséchés du périanthe, ombiliquée à son sommet et conservant les caractères de la partie inférieure de l'ovaire, par conséquent squammeuse; ces squammes quelquefois nues à leurs aisselles ou garnies de soies ou d'aiguillons; cotylédons petits, devenant plus distincts que dans aucun des genres précédents, ou tout à fait libres pendant l'acte de la germination.

La tige est globuleuse ou allongée, érigée ou rampante, simple ou rameuse, cannelée ou anguleuse; ses feuilles

ne sont accusées que par la présence des aréoles, ou
bien à peine accusées par de légères gibbosités sur le
sommet desquelles ces aréoles sont assises, très-rarement
tuberculeuses. Quelquefois, et dans le premier sous-genre
seulement, lorsque la plante est adulte, les feuilles et
surtout leurs aréoles prennent un aspect particulier; la
laine et les soies de ces aréoles acquièrent un développement beaucoup plus considérable; l'évolution de ces
feuilles elles-mêmes se modifie, elles deviennent plus
distinctes, et l'ensemble de ces altérations constitue un
cephalium ayant souvent quelques rapports apparents de
similitude avec ceux que présente le sous-genre Melocactus.

Outre les caractères précédents qui exigent que les
plantes observées soient adultes ou tout au moins accompagnées d'une fleur, il est encore d'autres caractères naturels qui permettent, lorsque la forme de la tige ne
tranche pas la difficulté, de distinguer les plantes appartenant à ce genre de celles qui appartiennent au troisième.
Ces caractères, dont on a tenu trop peu de compte jusqu'à
ce jour, tiennent au développement des aréoles : dans le
genre Échinocactus, cette évolution est limitée; pendant
toute sa durée ou une partie seulement, les aiguillons
croissent et atteignent leur complet développement; une
fois qu'elle s'est accomplie, le nombre de ces aiguillons
n'augmente plus, il reste constant. Au contraire, dans le
genre des Cereastreæ, l'évolution des aréoles semble illimitée, celles qui, par suite du développement successif
des aréoles suivantes, sont parvenues vers la partie inférieure de la tige, annoncent la continuité de leur végétation, soit en produisant de nouveau tomentum qui annonce
sa présence au milieu de celui qui a persisté par des couleurs plus fraîches, soit par un allongement des anciens
aiguillons, soit enfin par l'apparition des nouveaux aiguillons qui, eux aussi, ne peuvent se confondre avec les
anciens par leur fraîcheur.

Un fait que quelques observations scrupuleuses me font
soupçonner, c'est que les aiguillons du premier genre se
composent de fibres rangées circulairement, dont chaque

série présente une forme assez analogue à celle d'un entonnoir, et leur ensemble formerait un corps cylindrique
de forme assez semblable à celle qu'on obtiendrait en
emboîtant une série d'entonnoirs les uns dans les autres;
la dernière série, celle qui forme la pointe de l'aiguillon,
s'ouvre et laisse passage à une nouvelle série de fibres
dont les extrémités viennent se placer au-dessus de la
précédente, de telle sorte que ces aiguillons se développent en longueur par la superposition successive des
extrémités de ces séries pendant toute la durée de leur
développement; au contraire, ceux du second genre sont
formés de fibres parallèles dans toute leur longueur, et
leur développement s'opère par l'allongement de ces
fibres, allongement qui se produit vers la base de ces
aiguillons.

1er sous-genre, **Pilocereus** (Lem.).

Synonymie. Pilocereus Lem. Cact. gen. nova. — Cerei Dc. et aliorum.
— Cerei Cephalophori Lem. hort. Monv. — Cephalocerei Pfr.

Tube du périgone développé au delà de l'ovaire, ample;
lacinies sépaloïdes peu nombreuses, obtuses; aisselles
assez peu sétigères ou presque lisses; lacinies pétaloïdes
bisériées ou trisériées, courtes, plus ou moins ouvertes,
représentant une corolle subcampanulée; étamines nombreuses, filiformes, soudées graduellement au tube, libres
dans leur partie supérieure, plus courtes que le limbe;
style plus trapu, plus long que le tube; 6-12 stigmates
radiés, rayons linéaires; baie subsquammeuse; aisselles
des squammes nues ou peu lanigères; cotylédons épais,
globuleux.

Tige céréiforme droite, parfois très-haute, à côtes nombreuses; côtes et aréoles très-resserrées, celles-ci munies
d'aiguillons rigides ou criniformes; en outre, les aréoles
prolifères sont munies de laine épaisse; fleurs moyennes,
latérales ou disposées en zone, ou bien se développant
vers l'extrémité de la tige, ou bien encore se développant à son extrémité supérieure ou à celle des articles,

qui porte un cephalium composé de laine ou de soie au milieu de laquelle elle est immergée.

1. Pilocereus Celsianus (h. Paris).

Synonymie. Pilocereus Celsianus h. Paris. — Pilocereus Williamsii hort. angl. — Pilocereus Senilis β. Flavispinus Salm. — Pilocereus Celsianus Salm. Cact. in hort. Dyck., cult., p. 185.

Patrie. Bolivie.

Diagnostic. Tige dressée, rameuse à la base, vert glauque pâle; 12-17 côtes assez larges, obtuses, crénelées en dessus, convexes, déplanies dans la partie inférieure; aréoles serrées, larges, ovales, munies de tomentum brun et de poils nombreux frisés, gris; aiguillons jaune paille, dorés à la base, 8-10 ouverts (quelques-uns avortent quelquefois), ils varient de longueur, ceux du bas les plus longs, celui du centre très-long, quelquefois de 6-8 cent.

Floraison? Fleurs?

VARIÉTÉ. Pilocereus Celsianus β. Lanuginosior Salm.

Variété dont les aréoles sont garnies de poils plus longs et plus nombreux qui recouvrent presque entièrement la plante.

Culture. Serre tempérée pendant l'hiver, plein air en bonne exposition pendant l'été.

Cette superbe plante a été introduite par M. Bridges qui l'a rapportée de la Bolivie; elle constitue donc une espèce distincte de tous les autres Pilocerei, qui sont presque tous originaires du Mexique. Les individus de cette espèce varient beaucoup suivant qu'ils croissent dans les vallées, les montagnes ou les lieux escarpés; les premiers sont moins garnis d'aiguillons, leurs tiges sont moins élevées; les autres le sont moins, ils sont recouverts d'une laine abondante dont leurs aréoles sont garnies; leurs aiguillons sont beaucoup plus longs et beaucoup plus vigoureux. Presque tous les sujets observés sont prolifères à la base et ne paraissent pas s'élever à plus de 1 mètre ou 1 mètre 30 cent. Les fleurs et les baies sont inconnues, et, pour ce motif, ils pourraient peut-être établir quelques doutes sur le genre dans lequel ils doivent être rangés.

2. Pilocereus Chrysomallus (Lem.).

Synonymie. Pilocereus Chrysomullus Lem.—Pilocereus Militaris Cels. — Pilocereus Niger.

Patrie?

Diagnostic. Tige élancée, rameuse; branches vert glauque; côtes nombreuses, côtes peu larges, aiguës vers la crête; aréoles petites, serrées, d'abord blanchés, tomenteuses, ensuite nues; aiguillons bruns-cinérés, grêles, rigides, droits, 8-12 extérieurs très-ouverts, rayonnant régulièrement, 1 seul au centre, subdéfléchi.

Floraison? Fleurs? Cephalium terminal aux extrémités des branches, brun noir foncé dans une partie, jaune dans l'autre.

Culture. Serre tempérée pendant l'hiver, plein air en bonne exposition pendant la belle saison.

Les sujets cultivés dans nos Collections ont environ de 60-70 cent. de hauteur sur 8 cent. environ de diamètre, ils portent 13 côtes. Les fleurs et les baies sont inconnues, mais le cephalium qui les porte est complétement connu; il est terminal, placé soit au sommet de la tige, soit au sommet des rameaux qui se développent latéralement. A l'époque de l'inflorescence, le mode d'évolution des côtes se modifie, les tubercules des côtes se séparent, ils se développent en mamelles disposées en séries très-resserrées et forment un cephalium cylindrique haut de 30 cent. sur 15-16 de diamètre; d'abord ces tubercules mammiformes sont garnis de laine grise, plus tard ils se garnissent de nombreux aiguillons criniformes, couleur châtaigne en naissant et passant plus tard au brun, longs de 4 cent. environ, et produisent ainsi un cephalium jaune dans la partie supérieure et brun dans la partie inférieure.

3. Pilocereus Senilis (Lem.).

Synonymie. Pilocereus Senilis Lem. Cact. Senilis Haw. — Cer. Senilis Dc. — *id.* Pfr. enum. diagn., p. 76. — Cer. Bradypus Lehm. Act. nov. cur. xvi, t. 12.

Patrie. Mexique, Guatimala, même au Brésil?

Diagnostic. Tige cylindrique; 20-25 côtes verticales, tuberculeuses; aréoles serrées; aiguillons noduleux à la base, 15-20 rayonnants, criniformes, crispés, extérieurs; 1 central droit, rigide.

Tige s'élevant dans le pays à 8-10 mètres de hauteur, couronnée par un cephalium; ce cephalium a environ 45-50 cent. de hauteur sur 28-30 de diamètre (il est moins épais sur le côté tourné vers le midi), il est formé de laine abondante longue, floconneuse, jaune et de nombreux aiguillons soyeux, très-longs, constamment gris.

Floraison? Les fleurs nombreuses, de 27-35 millim. de longueur, rouge violacées; le tube est garni de quelques squammes, dont les aisselles portent elles-mêmes quelques faisceaux de poils; les lacinies pétaloïdes sont rangées sur deux et même trois séries, elles sont étalées, courtes, étroitement lancéolées; les étamines sont nombreuses, elles sont de plus en plus longues, recourbées, à filets violets et anthères jaunes; le style est vigoureux, creux, violet et terminé par 12 divisions stigmatiques rayonnées; la baie est grande, ovoïde, violette, squammeuse dans sa partie inférieure, nue et comme tronquée vers le sommet.

Variété. Pilocereus Senilis β. Longiseta Salm.

Variété à poils plus longs couvrant tout le corps de la plante; les aiguillons intérieurs sont aussi plus nombreux.

Peut-être cette variation de forme est-elle due ici, comme pour le Pilocereus Celsianus, à une différence d'habitus.

Culture. Serre tempérée pendant l'hiver, pleine terre et plein air pendant la belle saison.

16

Il existe, dans nos Collections, des sujets de 1 mètre de hauteur sur 8-10 cent. de diamètre, dont les côtes sont extrêmement rapprochées et les aréoles sont très-resserrées, ils sont entièrement couverts par les poils blancs, frisés, qui garnissent les aréoles : ce sont généralement des sujets étiolés qui ont été cultivés en serre. Ceux qui ont été soumis aux soins de culture que nous indiquons, prennent un aspect beaucoup plus vigoureux ; ils ont, avec la même taille, de 12-15 cent. de diamètre ; les sétules ont un aspect plus soyeux, et les plantes offrent un caractère de beauté qui manque complétement aux autres.

4. Pilocereus Columna (Salm.).

Synonymie. Pilocereus Columna Salm· — Cact. in hort. Dyck., cult., p. 184. — Cer· Columna Trajani Karw. — *id.* Pfr. enum. diagn., p. 43.— *id.* Forst· Handb. dr. Cact., p. 354. — Cereus Columna Trajani Karw. — Cereus Lateribarbatus hort. — Quelquefois aussi sur d'anciens Catalogues comme syn. du Pilocereus Senilis.

Patrie. Mexique.

Diagnostic. Tige vert foncé ; côtes moins nombreuses que dans le précédent, comprimées en crêtes ; aréoles (distantes de 1 cent.) plus larges, brunes, tomenteuses ; aiguillons, 8-10 rayonnants ou rayonnants-ouverts, ceux du bas les plus longs, 1 au centre, tous rigides, longs et vigoureux, défléchis-recourbés (surtout le central), gris corné, bruns à la base et à la pointe.

D'après Pfaiffer, la tige est érigée, vigoureuse, élevée, verte, à plusieurs angles ; sinus aigus, verticaux ; côtes subcomprimées, à peine échancrées ; aréoles oblongues, garnies de tomentum blanc ; 8-10 aiguillons extérieurs rayonnants (ceux du haut les plus courts), 1 central plus vigoureux, très-allongé, presque droit ; tous rigides, blancs ou couleur de corne, tachés de brun à la base et à la pointe.

Notre plante diffère du Pilocereus Polylophus par sa couleur d'un vert plus foncé, par ses côtes moins nombreuses comprimées en crêtes ; ses aréoles moins resserrées, distantes de 13 millim., plus larges, garnies de tomentum brun ; les aiguillons semblables à ceux du Pilocereus Polylophus quant au nombre et à la disposition, ils sont plus rigides, plus vigoureux, très-légèrement défléchis, surtout le central, couleur de corne grise, marqués de brun à la base et à la pointe.

Floraison? Fleurs ?

D'après le rapport de Karwinskii, les fleurs, qui sont entièrement inconnues en Europe, se développeraient vers le sommet de la tige qui atteint de 14-15 mètres de hauteur sur 48-50 cent. de diamètre au milieu d'une laine jaunâtre, épaisse et de sétules brunes, allongées, figurant une espèce de cephalium. Il ajoute aussi que ce cephalium est toujours fixé sur la partie de la tige qui est tournée vers le nord ; la question de savoir si ce cephalium est terminal comme dans le Pilocereus Chrysomalus, reste douteuse.

Culture. Serre tempérée pendant l'hiver, plein air en bonne exposition pendant la belle saison.

Le Pilocereus Lateribarbatus a été introduit, depuis plus de dix ans, dans les Collections d'Europe ; les sujets originaux y sont extrêmement rares ; il n'y existe aujourd'hui que quelques sujets de boutures qui y sont également très-rares. Pour ces motifs, je crois que cette plante n'a pas encore été suffisamment observée pour qu'il soit possible d'assurer qu'elle est identique avec notre Pilocereus Columna, ou qu'elle constitue une espèce distincte. Les sujets originaux introduits autrefois par le baron Karwinskii, provenaient du Mexique, il les avait recueillis sur les hauteurs escarpées, dans un pays de rochers, entre Tehuacan et Losquez, près de Saint-Sébastien.

5. Pilocereus Glaucescens (Nob.).

Synonymie. Pilocereus Glaucescens Nob.

Patrie. Brésil. Reçue en 1850 par M. Andry, à qui nous l'avons dédiée, et provenant de bouture d'une plante mère qui est morte depuis.

Diagnostic. Tige érigée, simple d'abord, plus tard devenant probablement rameuse, d'un vert bleu gris glaucescent, portant 10 côtes arrondies, renflées, émoussées ; sinus aigus, peu profonds, s'effaçant avec l'âge vers la base de la tige ; aréoles rapprochées, presque confluentes vers la partie inférieure de la tige, arrondies, à tomentum court presque noir, munies de poils et de soies fines, molles, ondulées, blanches, très-abondantes, surtout sur les aréoles nouvellement développées et vers le sommet de la tige, plus rares sur les aréoles inférieures ; aiguillons rayonnants, de longueur et de grosseur différentes, bisériés, les extérieurs fins, divergents, insérés au nombre de 5-6 de chaque côté de l'aréole, les intérieurs plus forts, plus rigides, disposés irrégulièrement en étoile, également au nombre de 5-6 insérés vers le centre de l'aréole ; tous d'un jaune terne, bruns à la base.

La plante a 8 cent. de diamètre sur 20 environ de hauteur ; la soie et les poils des aréoles ont environ 1-2 cent. de long ; les aiguillons intérieurs, qui sont les plus forts, ont de 10-15 millim. de longueur.

Floraison? Fleurs?

L'aspect général de cette plante, qui est unique en Europe, je crois, semblerait en faire un Pilocereus. Cependant, en l'absence de caractères bien nets et bien certains, ce n'est qu'avec doute que nous la plaçons dans ce genre près des Pilocereus Columna et Chrysomalus, tant à cause des longues soies de ses aréoles qu'à cause de sa tige rameuse. Si cependant plus tard sa floraison en faisait un Cereus, sa place serait très-probablement assignée parmi les Lanuginosi, immédiatement après les Cœrulescentes, et dans cette hypothèse qui me paraît douteuse à cause de ses nombreux rapports de ressemblance avec les Pilocerei, elle constituerait certes une des espèces les plus remarquables parmi les Cerei.

Culture. Jusqu'ici en serre tempérée pendant l'hiver, plein air en bonne exposition sous châssis pendant la belle saison.

6. Pilocereus Polylophus (Salm).

Synonymie. Pilocereus Polylophus Salm. Cact. in hort. Dyck., cult., p. 184. — Cer. Polylophus Dc. — *id.* Pfr. enum. diagn., p. 77. — *id.* Forst. Handb. dr. Cact., p. 355. — Cereus Polylophus Ehremb.

Patrie. Mexique.

Diagnostic. Tige vert pâle ou jaunâtre; côtes et sillons aigus; aréoles très-petites, blanches, très-rapprochées, à peine distantes de 6 millim.; aiguillons très-grêles, flexibles, roides, jaunes blond, à pointe brune, 7-8 extérieurs, ceux du bas sensiblement plus longs que les autres de 6-10 millim. de long, subdéfléchis-ouverts, 1 au centre couché, de 15-20 millim. de longueur.

Floraison? Fleurs?

La tige atteint plus de 15 mètres de haut et diffère complétement du Pilocereus Columna. Les sujets qui ont été introduits, il y a peu d'années, par les soins de M. Ehremberg, ont au plus 40-50 cent. de hauteur.

Dans sa correspondance avec Decandolle, Couldon dit que dans le pays les sujets originaux atteignent 10-12 mètres de hauteur; ils sont simples, sans ramifications. Il ne donne aucune indication sur le spadice ni sur la floraison.

Culture. Serre tempérée pendant l'hiver, plein air en bonne exposition pendant la belle saison.

7. Pilocereus Jubatus (Salm).

Synonymie. Pilocereus Jubatus Salm.— Cer. Cometes Scheidw., A. G. Z., 1840, p. 339. — Pilocereus Jubatus Salm. Cact. in hort. Dyck., cult., p. 183. *id.* Forst. Handb. dr. Cact., p. 356.

Patrie?

Diagnostic. Tige dressée, cylindrique; 15 côtes verticales, sub-tuberculeuses, très-obtuses; aréoles rapprochées, rondes; aiguillons fasciculés, inégaux, droits, divergents, carnés, plus tard gris.

La tige de quelques espèces porte, sur le milieu ou au sommet, des faisceaux de laine jaune et d'aiguillons plus longs (de 9-12 millim. de long), disposés circulairement; cette laine et ces aiguillons se déve-loppent quelquefois sous forme de cephalium terminal ou latéral.

Dans la patrie, la tige est très-élevée et très-rameuse, elle a 6-10 cent. de diamètre, elle est d'une couleur verte cendrée; les aréoles sont resserrées (à 13 millim. les unes des autres), garnies de tomentum laineux, crispé, gris; les aiguillons sont aciculaires, rigides, d'une couleur jaune cornée en naissant, bientôt gris, 8-10 sont extérieurs, rayonnants, étalés, ceux du bas sensiblement plus longs que les autres (de 11-15 millim. de longueur), le central est isolé, il atteint 27 millim.

Floraison? Baies? Les fleurs et les baies sont tout à fait inconnues en Europe, elles sont disposées en zones vers le sommet de la plante et naissent sur les plus jeunes aréoles; les aréoles florifères sont garnies de laine épaisse, soyeuse, grise qui pend en flocons, persistante après l'anthèse, et continuant à se développer; ces aréoles continuent-elles à fleurir chaque année? plus tard, leur disposition en zones est visible et distincte sur la tige, sur laquelle elles sont inégalement espacées: quelquefois, un côté seulement de ces zones porte les vestiges de fleurs desséchées ou avortées.

Culture. Serre tempérée pendant l'hiver, plein air en bonne exposition pendant la belle saison.

8. **Pilocereus Curtisii** (Salm).

Synonymie. Pilocereus Curtisii Salm. Cact. in hort. Dyck., cult., p. 183. — *id.* Forst. Handb. dr. Cact., p. 356.— Cereus Curtisii Otto.— *id.* Hort. Berol.— Cactus Royeni Bot. magaz., t. 3125, nec. C. Royeni Lin. d'après Pfr. enum. diagn., p. 81. — Cereus Curtisii Abbild., t. ii. — Cereus Octogonus hort. angl.

Patrie. Pérou, Nouvelle-Grenade et la Colombie.

Diagnostic. Tige érigée, d'un vert foncé, à 8 angles; sinus profonds; côtes comprimées; aréoles convexes, munies de tomentum jaune et de laine blanche, de même longueur que les aiguillons, ceux-ci droits, aciculaires, bruns, 4 intérieurs et 8-10 extérieurs, ceux du haut les plus courts.

Tige de 5 cent. de diamètre; aréoles éloignées de 9 millim. les unes des autres; aiguillons, les plus longs atteignent environ 27 millim.

Floraison. En Juin. Fleurs presque semblables à celles des Echinocactes; tube court de 30 millim. environ de long, nu; sépales petites, courtes, d'un vert rougeâtre; pétales bisériés, blanchâtres, roses à la base; corolle de 4 cent. de diamètre au moment de l'anthèse; étamines nombreuses, blanches; anthères blanches; style beaucoup plus long.

Cette plante fleurit fréquemment dans nos Collections; les fleurs se développent sur les aréoles, latérales, lanigères, elles sont éparses et isolées; le tube périgonial atteint 27-30 millim. de longueur sur 12-13 millim. de diamètre, il est glabre, vert, tout à fait glabre à la base et garni dans sa partie supérieure de quelques lacinies sépaloïdes larges, obtuses, pourpres; les autres lacinies sont pétaloïdes, presque rangées sur trois séries, ovées, lancéolées, presque aiguës, étendues, d'un rose foncé sur le milieu et à bords blanchâtres; les étamines sont incluses, celles du haut sont soudées sur la gorge du tube; les filets et les anthères sont blancs; le style est long, terminé par 5-6 divisions stigmatiques, profondément découpées et ramassées en capitule; la baie est déprimée, ombiliquée au sommet, à peine squammeuse, glabre, d'abord d'un vert gai, puis, au moment de la maturité, d'un violet brillant.

Culture. Serre tempérée pendant l'hiver, plein air en bonne exposition pendant la belle saison.

16.

Il n'existe, dans les Collections de France, que de jeunes sujets qui n'ont pas encore montré leurs fleurs ; les descriptions qui précèdent sont dues à Pfaiffer et au prince de Salm Dyck. Le premier a fait un Cereus de notre plante ; le second en fait un Pilocereus. Le mode d'inflorescence, l'absence de spadice, nous laissent quelques doutes sur la place qu'on doit lui assigner : cependant l'étude des caractères de la fleur, qui sont entièrement semblables à ceux des véritables Pilocereus à spadice, pourrait être une observation concluante, car jusqu'ici le mode d'inflorescence est un caractère botanique et peut-être le seul qui nous permet d'établir des différences entre les Cerei et les Pilocerei.

Si la classification des Cactées présente de nombreuses difficultés, c'est assurément quand il s'agit de constituer les caractères différentiels d'un genre représenté par quelques sujets qui n'ont jamais été observés à l'état adulte en Europe, qui n'y ont jamais fleuri, qui y sont connus par quelques individus assez rares et dont les dimensions, comparées à celles des sujets originaux du pays, doivent nous faire regarder nos plantes comme des sujets trop jeunes et trop incomplétement développés, pour qu'il soit possible de les soumettre à l'analyse d'une manière utile.

Ainsi le Pilocereus Senilis, qui de tous est le mieux et le plus anciennement connu en Europe, atteint, dit-on, au Mexique des proportions gigantesques, il ne développe son spadice qu'à une hauteur de 10 mètres, tandis que les plus beaux sujets de nos Collections ont au plus 2 mètres ou 2 mètres 50 cent. de hauteur. Les plus beaux sujets du Pilocereus Columna ont au plus 1 mètre de hauteur dans nos Collections, tandis que, d'après Karwinskii, il forme dans la patrie des tiges colossales de 10-12 mètres de longueur ; l'un et l'autre portent vers leur sommet, du côté opposé au sud, une espèce de spadice formé de laine jaune, épaisse, garni de poils rigides, bruns ; sur ce spadice se développent les fleurs et les baies. D'autres Pilocereus portent également un organe spécial en forme de spadice, il est terminal et se forme aux extrémités des branches, et ici la plante est branchue comme le Pilocereus *Chrysomalus ;* d'autres enfin présentent une tige simple, et le spadice est remplacé par un développement inusité des aréoles qui présentent alors une espèce de houppe sur laquelle se développent les fleurs et les fruits comme dans le Pilocereus *Curtisii.*

Au milieu de toutes ces indécisions, nous ne pouvons que reproduire ici, d'après les auteurs eux-mêmes, ce qu'ils ont fait connaître de leurs observations. Prévenus des doutes qui existent sur ce sujet, nous espérons que les voyageurs viendront les éclairer par des indications plus précises.

Nous ne pouvons que rapporter ici la description, que Lemaire a donnée dans l'*Horticulteur universel*, vol. 1ᵉʳ, années 1839-1840, des fleurs, des baies et du spadice de notre Pilocereus Senilis, parce qu'en même temps qu'elle est la plus détaillée, elle est la seule qui existe pour les Pilocerei à spadice terminal :

Cephalium vrai surmontant la tige de la plante adulte, toujours tourné vers le nord (le côté du midi est presque nu), formé d'une laine très-dense, très-abondante, d'un jaune fauve, de 2 pouces d'épaisseur et parsemé d'aiguillons très-longs, très-nombreux, roides, de couleur cendrée, fasciculés à leur base, recourbés et pendants ; fleurs nombreuses, d'un rouge violacé, de 8 cent. environ de longueur ; périanthe tubulé, turbiné à l'ovaire et partagé en trois séries de divisions pétaloïdes, dont la troisième plus extérieure à peine distincte : ces divisions membraneuses à leurs bords, linéaires, lancéolées, courtes et charnues ; tube sillonné et recouvert de squammes distantes, diposées en spirales et munies à leurs aisselles de poils fasciculés et soyeux ; ovaire ovoïde et couvert de squammes assez serrées ; étamines très-nombreuses, insérées partie sur l'ovaire et partie sur le tube, en séries spirales très-denses, disposées en gradins, et, par cette raison, de hauteur très-inégale ; filaments violets, libres, recourbés au sommet vers l'intérieur du tube et portant des anthères jaunes pendantes ; style plus long que le tube, robuste, violet, à stigmate duodécemfide, étalé ; baie grande, ovoïde, violette, couverte de squammes, tronquée et nue au sommet ; graines très-nombreuses et nageant dans une pulpe violacée, comestibles ; elles sont d'un noir brillant, un peu déprimées, renonculiformes

et tronquées obliquement vers l'ombilic largement ouvert, criblées d'une foule de petites cavités et présentant
sur le dos une sorte de côte élevée ; embryon ? cotylédons
épais, tuberculés.

La tige simple est semblable à celle de certains Cerei par
sa forme, elle est couverte de côtes nombreuses, elle porte
à son sommet un cephalium semblable à celui que porte
les Mélocactes ; les baies et les fleurs sortent de ce cephalium, elles sont semblables à celles des Cerei ; leur périanthe est tubuleux ; les étamines sont inégales, libres,
insérées en gradins, partie sur l'ovaire, partie sur le
tube ; la baie est squammeuse ; les cotylédons sont tuberculeux et la germination est semblable à celle des Mamillaires et des Echinocactes.

Ce genre est voisin du genre Melocactus par son vrai
cephalium, du Cereus par sa forme columnaire, son
périanthe et sa baie : il appartient à la section des Phy-
macotilédonées par sa germination ; la forme de ses
graines est assez particulière, elles ressemblent plus à
celles des Cerei qu'à celles des autres genres. Outre ces
caractères, ce genre en possède un qui lui est tout à fait
propre, c'est d'avoir ses étamines, qui sont extrêmement
nombreuses, libres, non adhérentes au tube, ni soudées
ensemble du milieu à la base comme dans les cierges, ni
fasciculées comme dans les Mélocactes et les Mamillaires,
mais disposées en gradins par séries nombreuses, spirales
et toutes recourbées au sommet vers le centre du tube
(Lemaire, *Hort. univ.*, 1839–1840, p. 24 et 25. — *id. Cact.
gen. nov. sp. q. nov.*, 1839, p. 6).

Vers le sommet du Cereus Senilis se développe un cephalium de 1 pied et demi de haut sur 1 pied de diamètre, couvert de laine brune très-épaisse, divisée en pinceaux insérés
sur des aréoles très-larges, qui sont également munies d'aiguillons soyeux, très-longs, d'un gris-cendré, défléchis et
serrés ; les aréoles sont resserrées par leur pression mutuelle, elles prennent une forme hexaèdre, du milieu desquelles sortent les fleurs et les fruits. Plus loin il ajoute :
Sur chaque aréole, j'ai presque toujours trouvé un fleuron,
un fruit, etc. (Lemaire, *Cact. in hort. Monv.*, 1838, p. 32).

Le vertex laineux de ce sous-genre ne peut être nullement comparé avec le cephalium florifère des vrais Mélocactes, puisque les fleurs ne se développent pas des
aisselles des mamelons, mais sur leur sommet, comme il
résulte de la description détaillée donnée par Lemaire,
page 32, de son premier fascicule.

Plus tard, celui-ci, embrassant un autre avis, forma le
genre Pilocereus, qu'il regarde comme voisin du genre
Mélocactus, lorsqu'il confond ce sommet avec le cephalium des Mélocactes. D'un autre côté, le même auteur,
page 6, dans son deuxième fascicule, dit que les fleurs et
les baies sont entièrement semblables à celles de cierges,
si on en excepte les cotylédons tuberculés qui, d'après
lui, et contrairement à l'avis des autres auteurs, sont
foliacés dans les cierges.

Les caractères sur lesquels Lemaire et les autres auteurs
se sont appuyés pour créer le genre Pilocereus, sont
entièrement fondés sur les caractères de la fleur et de la
baie; ils tiennent compte aussi du développement particulier d'une certaine partie de la tige sur laquelle ces fleurs
se développent; mais, bien que ces caractères soient d'une
importance réelle pour le botaniste, tant qu'on admettra
qu'ils sont complétement et suffisamment observés, que
deviennent-ils pour l'amateur, pour l'horticulteur qui ne
peut en aucune façon les observer? Car, pour lui, tout
se réduit à deux ou trois descriptions faites sur des fleurs
desséchées et ramollies dans l'eau, assignant à notre
genre des caractères assez nets, mais insuffisants quand il
faut classer les sujets cultivés sur notre continent. Ici on
est obligé de se contenter de caractères extérieurs de
forme, de revêtement des aréoles, et de procéder par
analogie. Ces caractères de forme se présentant sur deux
ou trois Pilocerei dont les fleurs ont été observées, on
conclut que les autres plantes qui présentent également
ces caractères extérieurs, sont aussi des Pilocerei; qu'ils
présenteront dans l'avenir, quand ils seront complète-
ment développés, un spadice terminal ou latéral, et que
ce spadice sera un organe particulier qui portera les
fleurs et les fruits.

Dans l'état actuel de nos connaissances, les seuls caractères constamment observables consistent dans la forme de la tige cylindrique, dressée, semblable à celle de quelques Cerei, dans la forme particulière des côtes qui sont petites, nombreuses, resserrées, dans la structure des aréoles qui sont constamment saillantes, abondamment munies de laine longue, soyeuse, le plus souvent pendant en pinceaux, au lieu d'être courte et comme feutrée, et enfin dans le revêtement de ces aréoles qui est formé de poils fins, flexibles, souvent soyeux, et d'aiguillons aciculaires, parfois très-allongés.

Ces caractères, tout incomplets qu'ils sont, nous permettent le plus souvent de distinguer un jeune Pilocereus d'un cierge, quelquefois peut-être ils nous entraîneront à regarder certaines espèces de cierges comme des Pilocerei. Mais les erreurs auxquelles ils entraîneront les amateurs et les horticulteurs n'auront pas un grave inconvénient : car ils les détermineront à cultiver ces cierges comme de véritables Pilocerei, et précisément la plupart de ceux qui peuvent être confondus exigeant les mêmes soins de culture ; tandis que les caractères purement botaniques seront, dans presque tous les cas, de nature à déterminer, pour les Pilocerei, les mêmes soins de culture que pour les Cerei ; et on sait quelles conséquences fâcheuses il en est résulté depuis longtemps au détriment de la richesse de nos Collections.

Il nous semble à propos de faire remarquer ici encore que le spadice qui se développe vers le sommet des Mélocactes, l'espèce de spadice dont nos Pilocerei sont accompagnés, ne sont pas des organes particuliers et spécialement appelés à concourir au développement floral, mais qu'ils constituent un développement particulier des feuilles de nos plantes, une espèce de transformation qui leur devient propre quand ces plantes sont arrivées à l'état adulte. Des transformations analogues se produisent sur d'autres plantes au moment qui précède l'époque de la floraison. Ainsi dans la plupart des Ombellifères, les folioles de l'involucre et de l'involucelle sont petites, simples, étroites, aiguës, et ne rappellent en aucune manière les feuilles de la tige souvent si grandes et si divisées ; dans les Graminées, les feuilles ne subissent-elles pas aussi des modifications bien plus importantes dans les parties qui doivent donner plus tard la fleur et l'épi ? Bien d'autres familles présentent également des transformations analogues. Ici seulement, les feuilles déjà développées d'une manière anormale comparativement aux feuilles proprement dites, ces modifications qui se présentent vers l'époque de l'inflorescence, sont persistantes, constituent sur la tige, non pas comme on a semblé le penser, un organe spécial à l'inflorescence, mais une évolution irrégulière comparativement à l'évolution des autres parties persistantes, parce que les feuilles elles-mêmes sont persistantes.

En effet, dans les genres où la fleur et la baie sont identiques à celles des genres à inflorescence axillaire, le spadice présente toujours une inflorescence axillaire ; dans ceux au contraire où elle est aréolaire, le spadice présente également le même mode d'inflorescence, et ici, de plus, ce développement particulier des verticilles se présente quelquefois sur une place indéterminée de la tige comme dans le Pilocereus Curtisii.

D'ailleurs, quoi de plus concluant que l'observation de M. de Monville que nous avons déjà citée, qui est relative à la reprise d'un spadice de Melocactus qui avait été coupé et qui a végété pendant quelque temps ?

2ᵉ sous-genre, **Echinopsis** (Zucc.).

Synonymie. Echinopsis Zucc. Act. acad. reg. Bavar. — Miquel gen. Cact. — Cerci Globosi aut Echinocacti auct. — Echinonyctanthus Lem. Cact. gen. nova. — Forst. Handb. dr. Cact. — Salm. Cact. in hort. Dyck., cult.

Tube du périgone très-longuement développé au delà de l'ovaire, pulviligère ; lacinies très-nombreuses, parmi celles qui sont sépaloïdes celles du bas sont squammiformes, celles du haut allongées, disposées en spirales, imbriquées, sétigères aux aisselles ; les lacinies pétaloïdes plus longues, plus ou moins ouvertes, formant une corolle large, infundibuliforme ou subcampanulée.

Étamines bisériées, l'une insérée au fond du tube et convergeant en faisceau vers la partie antérieure de son tube, la seconde série soudée tout le long du tube et comme insérée circulairement sur l'orifice du tube ; style filiforme, à peine plus long que les étamines ; stigmate multiradié ; rayons linéaires ; baie squammeuse ; squammes à aisselles soyeuses ; cotylédons minces, connés, d'apparence globuleuse.

Tige charnue, déprimée, globuleuse ou cylindrique ; sommet jamais laineux ; côtes plus ou moins nombreuses, continues (convexes ou crénelées), ou discontinues (alors tubercules distincts se succédant obliquement et portant aréole) ; aiguillons très-courts ou allongés, droits ou courbes ; fleurs constamment latérales, dressées, s'ouvrant successivement pendant le jour et se refermant pendant la nuit ; l'ovaire est entièrement couvert de poils sétiformes, le plus souvent noirs.

TUBERCULATÆ, à côtes tuberculées.

Tubercules comprimés en crêtes allongées, disposés obliquement à la suite les uns des autres et formant des séries spirales assez distinctes, ou bien très-petits et disposés en séries presque spirales : dans tous les cas, constituant des côtes nettement interrompues.

1. *A côtes tuberculées, tubercules comprimés en forme de crêtes.*

1. Echinopsis Cinnabarinus (Hook.).

Synonymie. Echinopsis Cinnabarinus Lab. — Echinopsis Cinnabarinus Hook. Bot. magaz., t. 4326. — Morren. Annales sec. royal d'agricul. de Gand, t. 174.

Patrie ?

Diagnostic. Tige verte noirâtre, globuleuse, déprimée, ombiliquée ; tubercules disposés en spirale, tétragones à la base, profondément carénés sur le dos ; carène verticale ; aiguillons roides, grêles, subulés, fauve brun, les extérieurs rayonnants, subégaux, au centre 1-3 manquant souvent, moitié moins longs.

Tige de 13 cent. de diamètre, déprimée, ombiliquée ; ombilic inerme, vert foncé luisant ; tubercules resserrés, allongés, comprimés latéralement en crêtes, se succédant obliquement de manière à former 24-25 séries subspirales ; aiguillons grêles, jaune brun, longs de 6-11 millim.,

8-10 extérieurs, ceux du haut les plus longs, celui du sommet plus
vigoureux ; 1-3 intérieurs manquant quelquefois.

Floraison. Fleurs isolées, disséminées ; tube laineux ; lacinies inférieures petites, aiguës, celles du haut spatulées, les intérieures nombreuses, de couleur cinabre ?

VARIÉTÉS. Echinoc. Cinnabarinus β. Spinosior Salm. — Echinoc.
Cheronianus Cels.

Tige un peu plus vigoureuse ; aiguillons plus rigides, ceux du centre
ne manquant jamais.

Culture. Serre tempérée, en plein air et en bonne exposition pendant toute la belle saison.

Cette plante est extrêmement rare en France; sa variété n'y est
connue elle-même que par trois ou quatre sujets.

2. Echinopsis Scheerii (Salm).

Synonymie. Echinopsis Scheerii Salm. Cact. in hort. Dyck., cult., p. 179.
— Echinopsis Pentlandii β. Pyranthus Monv.?

Patrie.

Diagnostic. Tige ellipsoïde, charnue, prolifère de toutes parts, d'un
vert gai, portant 13-19 côtes ; côtes comprimées, obliquement interrompues près des aréoles ; aréoles petites, subresserrées, les plus
jeunes garnies de tomentum blanc ; aiguillons aciculaires, inégaux,
dont 6 extérieurs vigoureux et 4-5 adventifs accessoires plus grêles,
étalés, rayonnants, celui du haut et le central plus longs, érigés, d'un
pourpre brillant.

Floraison? Fleur?

Tige haute de 13 cent. sur 6-7 environ de diamètre, atténuée en
haut et en bas, plus charnue que celle de ses congénères et aussi plus
prolifère ; les côtes sont formées de feuilles de forme tuberculeuse,
allongées en crêtes, presque confluentes, mais cependant restant constamment distinctes à cause du sinus oblique et transversal qui les
sépare près des aréoles ; elles sont disposées par séries spirales presque
verticales, les incisions sont peu profondes ; les aiguillons sont aciculaires, à peine recourbés, dans la jeunesse ils sont d'une couleur
pourpre brillante, peu nombreux et plus grêles, les plus âgés sont
gris, longs de 15-27 millim.

Culture. Serre tempérée pendant l'hiver, plein air en bonne exposition pendant la belle saison.

Cette plante a été introduite en Allemagne par M. Scheer. A la
même époque, une plante, à laquelle la description précédente semble
s'appliquer assez bien, a été introduite dans les Collections de
M. de Monville, et a été désignée par celui-ci sous le nom de Echinopsis Pentlandii β. Pyranthus. N'ayant pas pu faire la comparaison
entre les deux plantes, la première n'existant pas sous ce nom dans les
Collections de France, ce n'est qu'avec doute que je donne la synonymie.

17

3. Echinopsis Pentlandii (Salm).

Synonymie. Echinopsis Pentlandii Salm. Cact. in hort. Dyck., cult., p. 179. — *id.* Forst. Handb. dr. Cact., p. 370. — Echinocactus Pentlandii, Bot. magaz., t. 4124. — *id.* Monv. Catal.

Patrie. Le Pérou.

Diagnostic. Tige subglobuleuse, d'un vert gris brun foncé; sommet ombiliqué; feuilles tuberculées, comprimées en forme de crêtes assez aiguës et disposées par séries spirales obliques qui forment 13 côtes interrompues; sillons aigus; aréoles assez rapprochées, d'abord garnies de tomentum jaune qui passe avec l'âge à un gris noirâtre ou brun noirâtre, elles sont très-allongées sur celles qui annoncent des fleurs, et toujours immergées, insérées obliquement sur la partie supérieure des tubercules, de manière à les séparer en laissant le tubercule inférieur à gauche et le tubercule supérieur à droite; 9 aiguillons, quelquefois 8-10 ou 13 par l'addition des aiguillons qui se développent par la suite, dont 3 inférieurs courts, celui du milieu le plus court, et 6 latéraux disposés 3 à droite et 3 à gauche, ils sont inégaux, rigides, allongés, fortement recourbés, d'un blanc jaunâtre pendant la jeunesse, puis d'un jaune rouge plus foncé avec pointe tout à fait brune plus tard; quelquefois les 2 aiguillons latéraux inférieurs sont tout à fait bruns; en outre, 1 aiguillon supérieur et 1 central d'un brun rouge foncé; tous sont acifères, dirigés et recourbés vers le haut.

Floraison? Fleurs semblables à celles de la plupart des Echinopsis, latérales et se développant le plus souvent latéralement; son tube a environ 27 millim. de longueur; les lacinies pétaloïdes sont d'un beau rouge orangé.

La tige de notre plante, qui n'a pas encore fleuri, a 5 cent. de diamètre sur 6 de hauteur; les tubercules sont disposés obliquement, de manière que leurs crêtes forment une série de lignes interrompues placées obliquement et bout à bout à la suite les unes des autres; les aréoles sont à 13-18 millim. les unes des autres.

Les sujets de force à fleurir ont 15-16 cent. de hauteur sur 9-12 de diamètre. ils sont atténués à la base et au sommet, ils sont très-prolifères, même quelquefois rameux à la base; les côtes sont disposées comme dans les espèces précédentes; les tubercules sont terminés à leur sommet par une aréole qui semble sortir près de la base du tubercule suivant; les aiguillons sont alors très-allongés.

Variétés. Echinopsis Pentlandii β. Coccinea Salm.— Echinocactus Maximiliana Heydr.

Variété à fleur rouge coccinnée.

Echinopsis Pentlandii γ. Lœvior Monv.

Plante dans laquelle l'aiguillon supérieur et l'aiguillon central manquent constamment.

Culture. Serre tempérée en plein air, en pleine terre, en bonne exposition pendant la belle saison.

Tous les sujets qui existent dans les Collections proviennent de multiplications par boutures des premiers individus qui ont été élevés de graines rapportées par M. Pentland. Cette plante, qui s'est fort bien acclimatée en Europe, fait supposer qu'elle habite les plus hautes régions du Pérou; elle a rarement fleuri en Europe, je crois, parce qu'elle y est presque partout cultivée en pots. Il n'existe nulle part de description des graines et de la germination.

4. Echinopsis Misleyi (Nob.).

Synonymie. Echinopsis Misleyi Nob. — Echinocactus Misleyi Cels, Portef. des hort., 1847, p. 216.

Patrie. Le Chili.

Diagnostic. Tige sphérique, à sommet légèrement ombiliqué, vert olivâtre; côtes verticales aiguës, crénelées; sillons aigus; aréoles plus larges que longues, immergées, insérées obliquement entre deux saillies convexes de la côte, munies de tomentum gris, court; 9-13 aiguillons assez longs, très-recourbés, bruns, dont 8 rayonnants symétriquement, et insérés des deux côtés de l'aréole et tout à fait recourbés sur la plante, ceux du haut sont les plus longs, 1 inférieur plus court, enfin 1-2 intérieurs noduleux à la base, très-recourbés vers le sommet de la plante.

Floraison ? Fleurs ?

Quoique cette plante n'ait pas encore fleuri, elle rappelle suffisamment le facies des Pentlandii pour que je n'éprouve aucune hésitation à la placer près de ceux-ci.

Culture. Serre tempérée pendant l'hiver, plein air en bonne exposition pendant la belle saison.

Cette plante est assez rare en France, où elle n'est connue que par le beau sujet introduit par M. Cels. Ce sujet a donné quelques multiplications qui figurent dans nos Collections, mais ils sont encore trop jeunes pour être comparés aux nouvelles plantes que le prince de Salm a rangées dans cette section. Ce n'est que plus tard qu'il sera possible de dire avec précision si notre plante constitue une bonne espèce, ou si elle devra être reportée comme variété de l'une des suivantes.

5. Echinopsis Cristata (Salm).

Synonymie. Echinopsis Cristata Salm. Cact. in hort. Dyck., cult., p. 178. — id. Lem. Journ. gen., 1er vol., 17e liv. — Echinocactus Obrepandus Salm. Allg. Gart. Zeit., p. 385 (1845).—Echinopsis Obliqua Cels?

Patrie. Bolivie.

Diagnostic. Tige globuleuse, déprimée, vert luisant, à 17 côtes comprimées, fortement arrondies en forme de crêtes entre les aréoles; aréoles immergées, assez resserrées, garnies de tomentum gris; 10 aiguillons extérieurs rigides, étendus, recourbés, celui du haut et le central plus longs, érigés, recourbés.

La tige, qui est globuleuse, déprimée, fortement ombiliquée, mais nue au sommet, d'un diamètre de 13-18 cent. sur une hauteur de 15, est d'un beau vert luisant, elle porte 15-18 côtes vigoureuses, comprimées, verticales, non continues, mais découpées en crénelures aiguës, arrondies, assez égales entre elles ; à leur sommet et dans l'enfoncement de chacune d'elles, se trouve une aréole à duvet grisâtre d'où sortent 10-12 aiguillons courbés, ascendants, robustes, brunâtres, longs de 2-3 cent. et quelquefois plus, au milieu desquels il en existe 1 plus long et plus fort que les autres.

Floraison? Fleurs semblables à celles de ses congénères : tube infundibuliforme vert, couvert de squammes nombreuses légèrement renflées, aiguës, à l'aisselle desquelles sortent des bouquets de longues soies ou poils noirâtres ; divisions périgoniales, les extérieures plus étroites, plus longues, entières, acuminées, mucronées d'un vert rougeâtre ; les intérieures plus larges, lancéolées, finement denticulées et mucronées au sommet, d'un rose pourpre vif ; étamines jaunâtres, de couleur pourpre au sommet ; style ne dépassant pas les étamines, à divisions stigmatiques longues, grêles, papilleuses.

VARIÉTÉ. Echinopsis Cristata β. Flore Albido Cels.

Variété ne différant que par la couleur de la fleur.

Culture. Serre tempérée pendant l'hiver, plein air et pleine terre en bonne exposition pendant la belle saison.

On doit l'introduction de cette jolie et belle plante à M. Bridges, qui en a rapporté de la Bolivie, en 1844, plusieurs exemplaires en compagnie d'autres Cactées nouvelles.

2. *Tubercules très-petits, se succédant en formant des côtes très-petites et interrompues.*

6. Echinopsis Amœna (Dietr.).

Synonymie. Echinopsis Amœna Dietr., A. G. Z. (1844), p. 187. — id. Salm. Cact. in hort. Dyck., cult., p. 180. — Echinopsis Pulchella β. Rosea hort. — Echinopsis Pulchella β. Amœna Forst. Handb. dr. Cact., p. 364. — Echinopsis Pulchella var. flore Kermesina Haag. Catal.

Patrie. Mexique. Introduit par Ehremberg.

Diagnostic. Tige obovée, vert pâle ; sommet arrondi ; 11-12 côtes obtuses, tuberculées, interrompues ; 7 aiguillons courts, droits, blancs, ouverts, sortant du milieu de laine courte, celui du bas le plus long ; aréole munie de laine courte et décidue.

Tige presque claviforme, de 3 cent. de diamètre sur 5 de hauteur, vert clair ; sommet arrondi ; 11-12 côtes interrompues, formées de tubercules saillants, proéminents ; sillons larges, profonds, marqués au fond par une ligne d'un vert plus foncé ; 7 aiguillons divergents, dont 2 petits et 1 plus long dirigés vers le haut, 4 latéraux de 2-4 millim. de longueur, et 1 inférieur de 5-6 millim. (l'inférieur et 1 de ceux placés par paires manquent quelquefois), ils sont d'abord jaunâtres, ensuite d'un gris blanchâtre.

Floraison? Fleurs pourpre gaie, de 3 cent. de long, avec tube court, dont les écailles sont garnies à leurs aisselles de laine et d'aiguillons verdâtres; étamines rouge mat; anthères jaunes; pistil épais, de la longueur des étamines, terminé par 5 divisions stigmatiques d'un jaune verdâtre. Elle a fleuri pour la première fois en Juin 1844, à Berlin.

Cette plante diffère assez de l'Echinopsis Pulchella surtout par sa fleur pourpre gaie et non blanche, et aussi par ses aiguillons plus nombreux, blancs. Les échantillons connus ont environ 2 cent. de haut sur 1 cent. et demi de diamètre.

Culture. Serre tempérée pendant l'hiver, en plein air et en bonne exposition pendant l'été. Elle demande un peu de chaleur et une bonne culture pour fleurir. Les graines sont assez grosses. Bien que j'aie semé plus d'une centaine de graines de cette espèce et de la suivante, je n'ai pas pu les faire lever.

7. Echinopsis Pulchella (Zucc.).

Synonymie. Echinopsis Pulchella Zucc. — Echinoc. Pulchellus Mart. Act. nov. nat. cur. XVI, t. 25, fig. 2. — Cer. Pulchellus Pfr. enum. diagn., p. 74. — id. Forst. Handb. dr. Cact., p. 364.

Patrie. Mexique, près Pachuca.

Diagnostic. Tige obovée, cylindrique, devenant multicaule avec l'âge; sommet peu enfoncé; 12 côtes obtuses, interrompues, tuberculées; aréoles munies de laine courte, rare, décidue; 4-5 aiguillons courts, droits, jaunâtres, ouverts obliquement, celui du bas le plus long; sans aiguillon intérieur.

Les exemplaires qui existent dans nos Collections ont environ 6 cent. de hauteur sur 4 de diamètre; à cette taille ils fleurissent déjà; plus tard, dans l'âge avancé, ils présentent une tige multiple dont les diverses parties sortent toutes d'une racine charnue très-forte. Les aiguillons, au nombre de 4-5 seulement, sont jaunâtres, étalés obliquement, celui du bas est le plus long, ils sortent du milieu du tomentum caduc très-peu abondant dont les jeunes aréoles sont garnies.

Floraison. Pendant le mois d'Avril. Les fleurs se développent sur les côtés de la tige, elles sont d'un blanc rose, elles présentent un diamètre de 3 cent. au moment de l'anthèse; le tube est cylindrique, il atteint à peine 3 cent., il est d'un vert foncé et recouvert de tubercules squammeux; les sépales sont plurisériées, celles du dehors environ au nombre de 8, sont plus courtes, linéaires-oblongues, obtuses et mucronées, entières, glabres, blanches sur les bords, marquées sur le dos d'une ligne médiane d'un vert olivâtre, en dedans les sépales qui sont blanches montrent la même ligne qui prend un ton violacé, les autres au nombre de 6-7, presque de la même longueur que les pétales, sont acuminées, moins colorées en dehors et d'un blanc rosé en dedans; environ 20 pétales plurisériés, atténués à partir de la base et étroitement lancéolés, terminés par un mucron acuminé, entiers depuis la base jusqu'au milieu, à partir duquel ils sont frangés; étamines très-nombreuses, Pfaiffer en compte 260, plurisériées et plus courtes que les pétales; filets filiformes, érigés, glabres, blancs; anthères ovées, obtuses, érigées, petites, jaunes; style cylindrique de la même longueur que les étamines, glabre, blanc, terminé par 7 divisions stigmatiques obtuses, papilleuses, vertes.

Culture. Serre tempérée pendant l'hiver, en plein air et bonne exposition pendant la belle saison.

COSTATÆ, à côtes entières.

1. *Aiguillons droits, courts ou très-courts.*

8. Echinopsis Decaisniana (Lem.).

Synonymie. Echinopsis Decaisniana Lem. — *id.* Salm. Cact. in hort. cult., p. 480.—Echinopsis Jamessianus hort. — *id.* Forst. Handb. dr. Cact., p. 363. — Echinonyctanthus Decaisnianus Lem.

Patrie?

Diagnostic. Tige globuleuse dans la jeunesse, plus tard subcolumnaire, vert gaie glauque; sillons larges; 14 côtes comprimées, aiguës; aréoles serrées, très-prolifères, munies de tomentum blanc; aiguillons très-courts, 9-10 extérieurs, 3-4 gris, à peine visibles.

Tige haute de 15-20 cent. sur 15 de diamètre, il existe même des sujets de plus forte dimension; aréoles éloignées de 13-15 millim.; aiguillons de 2-5 millim., ceux du bas sont plus blancs que les autres et sortent au milieu du tomentum fauve dont les aréoles sont garnies.

Floraison. Pendant l'été. La fleur est blanche, entièrement semblable quant à la forme à celles des trois espèces suivantes.

Très-voisin de l'Echinopsis Schelhasii, dont il diffère par ses côtes plus comprimées, aiguës et par ses aiguillons moins nombreux, moins visibles et moins piquants. Dans les jeunes qui se développent au milieu des aréoles très-nombreuses, d'abord couverts d'aiguillons sétacés, allongés.

Nous avons remarqué pendant longtemps, dans la Collection de M. de Monville, un superbe exemplaire de près de 50 cent. de hauteur sur 20 cent. de diamètre, qui était désigné sous le nom d'Echinopsis Jamessianus. Pour nous, cette plante ne présentait aucun caractère qui nous permît de la distinguer des forts exemplaires de l'Echinopsis Descaisniana, si ce n'est une ligne d'un vert foncé dont les sillons assez larges, peu profonds, étaient marqués. Peut-être dans l'époque de la floraison, dans les caractères de la fleur que nous n'avons jamais observée, existait-il des causes de distinction entre cette plante et la nôtre, mais ces raisons nous sont entièrement inconnues.

Culture. Serre tempérée pendant l'hiver, en plein air, pleine terre et bonne exposition pendant la belle saison.

Echinopsis Schelhasii (Zucc.).

Synonymie. Echinopsis Schelhasii Zucc. — Echinopsis Boutillerii Parmt. — Echinoc. Eyriesii var. Bot. reg., t. 31 (1838). — Cer. Schelhasii Pfr. enum. diagn., p. 73. — *id.* Otto's G. Z., 1835, n° 40, s. 314. — Echinopsis Schelhasii Forst. Handb. dr. Cact., p. 360.

Patrie?

Diagnostic. Tige globuleuse, à peine atténuée à la base ; sommet peu enfoncé ; 15-18 côtes verticales très-aiguës, irrégulièrement tuber-culeuses ; sillons profonds (aigus dans la partie supérieure, arrondies dans la partie inférieure) ; aréoles distancées, souvent inermes ou garnies de peu d'aiguillons, les autres munies d'aiguillons courts, noirs, très-rigides, aigus, très-piquants, sortant du milieu d'un tomen-tum gris court, 11-13 extérieurs, 5-7 intérieurs plus courts.

Floraison. Pendant l'été. Fleurs blanches assez belles, plus courtes que celles de l'Echinopsis Eyriesii ; ovaire velu ; tube plus épais ; laci-nies extérieures plus foncées ; lacinies intérieures plus larges, plus aiguës ; pistil plus allongé et cependant plus court que les étamines ; 12 divisions vertes jaunâtres ; baie globuleuse foncée comme celle des autres Echinopsis de la section.

Cette plante est très-voisine de l'Echinopsis Eyriesii dont, suivant quelques auteurs, elle serait une variété constante : ses côtes saillantes, plus aiguës, comprimées, ses aiguillons moins nombreux, plus courts et plus aigus, le tomentum abondant de ses aréoles et surtout sa fleur, les distinguent cependant. Nos plantes ont 30 cent. de hauteur sur 20-25 de diamètre ; elles sont très-prolifères vers la partie inférieure, dont presque toutes les aréoles se chargent de gemmes ; les aréoles sont éloignées de 18-20 ou 22 millim. ; les aiguillons ont de 2-4 millim. de longueur ; les aiguillons intérieurs sont ceux qui se développent d'abord, plus tard les aiguillons extérieurs apparaissent et se dévelop-pent successivement.

Culture. Serré tempérée pendant l'hiver, plein air, pleine terre en bonne exposition pendant la belle saison.

10. Echinopsis Turbinata (Zucc.).

Synonymie. Echinopsis Turbinata Zucc. Pfr. Abbild. 2, t. 7. — Cer. Turbinatus Pfr. enum., p. 72. — *id.* Otto's G. Z., n° 8, s. 59 ; n° 40, s. 314. — *id.* Forst. Handb. dr. Cact., p. 361. — Cer. Gemmatus Otto nec Zucc. — Cer. Jasmineus hort. Darmst. — Echinoc. Turbinatus hort.

Patrie. Déjà très-ancien, l'un des premiers introduits.

Diagnostic. Tige obovée ou claviforme, vert foncé ; sommet sub-convexe ; sillons aigus ; 15-18 côtes irrégulièrement turbinées, compri-mées, ondulées, crénelées ; aréoles rapprochées, blanches, laineuses ; 6 aiguillons centraux plus courts, noirs, 10-12 extérieurs plus longs, sétacés, se développant après les autres.

Tige haute de 30 cent. sur 20 cent. de diamètre, très-prolifère ; côtes assez peu larges, peu saillantes, assez indistinctement incisées ;

aréoles éloignées de 4-6 millim.; aiguillons extérieurs longs de 4-8 millim.; aiguillons intérieurs de 2-4 millim. de longueur; les aiguillons intérieurs se montrent les premiers, les autres apparaissent ensuite successivement.

Floraison. Pendant l'été. Fleurs ressemblant assez à celles de l'Echinopsis Eyriesii, exhalant une odeur assez agréable de jasmin, présentant un limbe de 8-10 cent. de diamètre, avec un tube de 16 cent. de longueur, vert, pourvu de squammes peu nombreuses dont les aisselles sont moins garnies que celles des espèces voisines; ce tube est renflé à partir du milieu et présente alors près de la corolle un diamètre de 5-6 cent.; les sépales sont linéaires, d'un vert foncé; les pétales sont bisériés, larges, blancs, mucronés, verdâtres en dehors; les étamines sont nombreuses, insérées graduellement sur la longueur du tube jusqu'à sa gorge où une des séries se trouve soudée : celles qui sont soudées vers sa base sont groupées et réunies, et semblent en fermer l'ouverture; le style, de la même longueur que les étamines, est terminé par plusieurs divisions stigmatiques.

VARIÉTÉ. Echinopsis Turbinata β. Pecta.

Il existe des espèces dont la surface est accidentellement marquée de taches d'un blanc jaunâtre.

Culture. Serre tempérée pendant l'hiver, plein air et pleine terre pendant la belle saison.

11. Echinopsis Eyriesii (Zucc.).

Synonymie. Echinopsis Eyriesii Zucc. — Echinopsis Eyriesii Turp. obs., t. 2. — Bot. reg., t. 1707. — Bot. magaz., t. 3411. — Cer. Eyriesii Pfr., enum., p. 72. — *id.* Hort. Berol. — Otto's G. Z., n° 50, s. 399 (1835); n° 8, s. 59; n° 40, s. 314. — *id.* Forst. Handb. dr. Cact., p. 359.

Patrie. Buenos-Ayres. Introduit en 1830.

Diagnostic. Tige globuleuse ou globuleuse-déprimée, vert pâle; sommet enfoncé; sillons larges; 12-18 côtes verticales, subaiguës, ondulées; aréoles distancées, munies de tomentum jaune d'abord, ensuite gris; aiguillons très-courts, bruns, très-piquants, droits, 11 extérieurs, 4 intérieurs.

Tige haute de 30 cent. sur 20 de diamètre; aréoles éloignées de 12-16 millim. les unes des autres; aiguillons longs de 2 millim.

Floraison. Pendant tout l'été. Fleurs blanches semblables à celles de ses congénères.

Culture. Serre tempérée pendant l'hiver, plein air, pleine terre pendant la belle saison.

Dans des conditions particulières de culture, un très-grand nombre d'aréoles développent de jeunes drageons qui jettent des radicules adventives, et finissent par prendre racine et se développent comme le sujet principal. Alors, la plante est tellement entourée qu'on l'aperçoit à peine. Cette circonstance a fait attribuer à notre Eyriesii une variété, mais comme elle est commune à tous les Echinopsis du groupe, je crois qu'elle est un des caractères des Echinopsis et non pas une circonstance exceptionnelle.

Quand on veut obtenir un développement rapide des Echinopsis de cette section, il est utile de faire tomber les jeunes à mesure qu'ils se développent.

B. *MACRACANTHI, à aiguillons longs, droits ou recourbés.*

* RECTI, A AIGUILLONS DROITS.

12. Echinopsis Oxygona (Zucc.).

Synonymie. Echinopsis Oxygona Zucc. Pfr. Abbild. 2, t. 4. — *id.* Forst. Handb. dr. Cact., p. 362. — Cer. Oxygonus Link et Otto. — *id.* Bot. reg., t. 1717. — *id.* Pfr. enum. diagn., p. 70. — *id.* Vhdl. A. G B V. f. Pr. VI, s. 419, T. 1. — Echinonyctanthus Oxygonus Lem. — Echinocactus Oxygona Link. Dissert. de la soc. horticole, vol. 6, p. 419. — Echinocactus Sulcatus hort.

Patrie. Brésil austral. Introduit en 1827 par Sellow.

Diagnostic. Tige subclaviforme ou subglobuleuse, 15 côtes d'un vert glauque, prolifère à la base; sillons arrondis; côtes verticales comprimées, enflées vers les aréoles ; crêtes aiguës ; aréoles rondes , distancées dans les plantes adultes ; aiguillons peu nombreux, subulés, inégaux, ouverts, bruns.

La tige est globuleuse, claviforme, ligneuse et atténuée à la base, d'abord vert clair, plus tard passant au vert gris, peu ombiliquée ; côtes comprimées, verticales, un peu renflées vers les aréoles; sillons prononcés, aigus surtout vers la partie supérieure de la plante; aréoles assez distancées, rondes et garnies de tomentum jaunâtre d'abord , devenant gris par la suite; aiguillons inégaux, divergents, d'abord blancs jaunâtres à pointe brune et plus tard d'un brun foncé. Les jeunes sujets portent de 12-16 aiguillons extérieurs et 5-7 aiguillons intérieurs; dans l'âge adulte et à l'état normal, les aréoles portent 6-8 aiguillons extérieurs et de 1-3 intérieurs.

Floraison. Pendant tout l'été. Il n'est pas rare d'en voir jusqu'à vingt sur les sujets de 30 cent. de hauteur; les sujets de 4-5 cent. en donnent déjà. Elles sont latérales et durent de 36 à 48 heures. L'ovaire est presque globuleux, vert, couvert de petites écailles vertes et de poils blancs; le tube parvient à une longueur de 20-27 cent. sur 1 cent. de diamètre, il est d'un vert luisant, presque nu, parsemé d'écailles qui s'accroissent en allant vers le sommet ; les sépales sont d'un rouge sale, linéaires, aiguës; les pétales sont disposés sur trois rangs, larges, lancéolés, blanchâtres à l'intérieur, d'une couleur rose foncée à l'extérieur; les étamines sont plus courtes que le limbe et portent des anthères jaunes; le style, de la même longueur, est terminé par de nombreuses divisions stigmatiques.

Culture. Serre tempérée pendant l'hiver, plein air et pleine terre pendant la belle saison.

L'Echinopsis Oxigona semble demander un peu plus de soins que les autres, surtout un peu plus de chaleur. Ceux que j'ai cultivés ne m'ont pas présenté de différences avec les autres; il est vrai de dire que j'expose mes plantes en plein air, le plus longtemps possible, pendant la belle saison, tout en leur donnant autant de chaleur que je puis : ce qui contribue beaucoup à les endurcir et à les affranchir de cette délicatesse des plantes cultivées constamment en serre, délicatesse qui fait le désespoir des amateurs.

13. Echinopsis Bridgesii (Salm).

Synonymie. Echinopsis Bridgesii Salm. Cact. in hort. Dyck., cult.; p. 181.

Patrie. Bolivie.

Diagnostic. Tige subellipsoïde, prolifère dans la partie inférieure, vert luisant; sillons larges; 12–14 côtes rondes, convexes entre les aréoles; aréoles immergées, serrées, munies de tomentum peu abondant, gris; aiguillons subégaux, suballongés, très-rigides, 9–11 extérieurs, 4 intérieurs; tous bruns d'abord, ensuite cinérés.

Tige haute de 13 cent. et large de 10, atténuée, prolifère à sa partie inférieure; sommet arrondi, convexe; aiguillons longs de 11-13 millim., rigides, 9 extérieurs souvent accompagnés de 2 autres plus grêles, tous ouverts-rayonnants; 4 intérieurs décusés, dont 1-2 manquent souvent.

Floraison ? Fleurs ?

Culture. Serre tempérée pendant l'hiver, en plein air et en bonne exposition pendant la belle saison.

14. Echinopsis Multiplex (Zucc.).

Synonymie. Echinopsis Multiplex Zucc. Pfr. enum. diagn., t. 4. — Echinoc. Multiplex, Botan. magaz., t. 3789. — Cer. Multiplex. Pfr. enum., p. 70. — *id.* Forst. Handb. dr. Cact., p. 366.

Patrie. Brésil.

Diagnostic. Tige obclaviforme, verte, très-prolifère, atténuée à la base qui devient ligneuse; sommet ombiliqué; 13 côtes verticales, aiguës; aréoles ovales, tomenteuses, jaune gris; aiguillons rigides, aciculaires, 4 au centre, noirs à la base et à la pointe, celui du bas très-long, 9-10 plus courts, jaunâtres, rayonnant irrégulièrement, ceux du haut et du bas très-courts.

Tige de 30 cent. et plus de hauteur sur 15-20 de diamètre, portant de nombreux rejetons; aréoles éloignées de 22-28 millim. les unes des autres; aiguillons variant de force, de nombre et même de couleur suivant la culture, quelquefois 2-3 intérieurs de 27-30 millim. et plus de longueur; aiguillons extérieurs de 13-22 millim. de longueur.

Floraison. Pendant l'été. De 20-27 cent. de long et présentant un limbe de 10-13 cent. de diamètre, s'ouvrant pendant deux ou trois jours de suite et exhalant une légère odeur de jasmin ; ovaire allongé, vert, garni de poils blancs ; tube de 20-24 cent. de longueur sur 13 millim. de diamètre, infundibuliforme, rouge terne et parsemé de quelques écailles, muni à leurs aisselles de quelques poils blancs ; pétales lancéolés, blanchâtres, aigus, marqués sur le milieu d'une jolie teinte rose qui, en se dégradant, passe au blanc ; étamines blanches ; anthères jaunes ; pistil de la même longueur que les étamines, terminé par 11-12 divisions stigmatiques rayonnantes, d'un blanc verdâtre.

Baies ellipsoïdes de la grosseur d'une noix, garnies d'écailles courtes et velues.

Culture. Serre tempérée pendant l'hiver, pleine terre et plein air en bonne exposition pendant la belle saison.

Senke, horticulteur à Erfuck, prétend faire fleurir les siens tous les ans, en les arrosant avec une légère dissolution de nitrate de potasse (salpêtre). Je suis très-peu partisan de ce moyen. J'ai fait fleurir des sujets ayant au plus 8 cent. de haut et 5 de diamètre, en les exposant de bonne heure à l'air libre, fin Février, et en es couvrant de châssis pendant les mauvais temps, en les tenant assez secs renfermés sans chaleur depuis la fin de Novembre jusqu'au moment de leur sortie. Cette observation s'applique à tous ceux du groupe.

VARIÉTÉS. Echinopsis Multiplex β. Cossa hort. Berg.— Synonymie Echinopsis Multiplex β. Cristata Salm. — Cer. Multiplex Monstruosus Pfr. l. c.

Variété dont la tige est aplatie en crête de coq et présente une monstruosité semblable à celles que nous avons déjà remarquées sur plusieurs Mamillaires et Echinocactes.

15. Echinopsis Zuccariniana (Pfr.).

Synonymie. Echinopsis Zuccariniana Pfr.— Echinopsis Tubiflora Zucc. — Echinoc. Tubiflorus Bot. magaz., t. 3627. —Cer. Tubiflorus Pfr. enum. diagn., p. 74.— Echinopsis Zuccarini Forst. Handb. dr. Cact., p. 367.

Patrie ?

Diagnostic. Tige globuleuse, vert foncé luisant ; 10 angles à peine atténués à la base ; sommet enfoncé ; sillons aigus ; côtes comprimées ; aréoles subdistancées, saillantes, munies de tomentum blanc velutineux ; aiguillons droits, ténus, subrigides, 1-3 au centre, jaunâtres, noirs à la base et à la pointe, 7-9 extérieurs plus courts, plus grêles, très-ouverts.

Tige de 20-30 cent. de hauteur sur 15-18 de diamètre, drageonnant abondamment à la partie inférieure ; aréoles éloignées de 20-25 millim. les unes des autres ; aiguillons extérieurs de 13-20 millim. de long, aiguillon intérieur atteignant jusqu'à 30 millim. de longueur.

Floraison. Pendant l'été et même jusqu'à la fin de Septembre. Il n'est pas rare de voir des sujets adultes chargés de 20-30 fleurs. Fleurs de 25-30 cent. de long, présentant un limbe de 8-10 cent., s'ouvrant pendant deux jours et exhalant une légère odeur de jasmin; ovaire allongé, vert pâle; sépales étroites, linéaires, courbées en dehors, vert pâle; pétales rangés sur deux séries, d'un beau blanc de neige, les plus extérieurs marqués d'une teinte brun verdâtre qui se dégrade vers les bords; étamines nombreuses, blanches; anthères jaune soufre; pistil un peu plus long que les étamines, terminé par 10-12 divisions stigmatiques jaunes. Cette plante est d'une floraison assez précoce; les sujets de 4-5 cent. de hauteur sont de force à fleurir.

VARIÉTÉS. Echinopsis Zuccariana β. Nigrispina Lem. — Echinopsis Melanacanthus Dietr.

Cette variété se distingue de la précédente par ses aiguillons extérieurs noirâtres sur toute la longueur, et les intérieurs tout à fait noirs.

Echinopsis Zuccariana γ. Rolandii Forst.— id. Zuccarineana Rosea Mittl.

Hybride à fleurs roses, provenant du croisement de l'Echinopsis Oxigona avec notre Zuccariana; elle fleurit plus promptement que les autres, dit-on. Elle a tout à fait l'aspect et la forme de notre Zuccariana et la fleur de l'Oxigona.

Les sujets connus ont 7 cent. de hauteur avec autant de diamètre, ils sont d'un vert moins foncé que notre plante, ils ont 10-14 côtes; les aréoles sont distantes les unes des autres de 13 millim.; elles portent de 11-12 aiguillons d'un blanc sale; les extérieurs, au nombre de 8-15, ont 9-13 millim. de long, et 1-4 intérieurs, dont l'un plus long atteint 18 millim. de longueur, les autres comme les aiguillons extérieurs; ils sont un peu colorés de brun à la base et à la pointe. Cette plante est aussi prolifère que ses congénères.

Floraison. Pendant l'été; très-précoce et très-abondamment florifère. La fleur diffère peu de celle de l'Echinopsis Oxigona.

Echinopsis Zuccarini δ. Picta Salm.

Variété dont la tige est marquée de taches d'un blanc jaunâtre.

Echinopsis Zuccarini ε. Monstruosa Nob.

Variété de forme accidentellement monstrueuse, comme cela se présente sur plusieurs Mamillaires. Cette variété, comme celle des Mamillaires, présente des aiguillons plus courts que ceux de l'espèce normale.

Culture. Serre tempérée pendant l'hiver, plein air et en pleine terre pendant la belle saison.

Un préjugé assez généralement répandu parmi les personnes qui s'occupent de la culture des Cactées, c'est que nos Echinopsis exigent d'assez fortes dimensions pour fleurir. Depuis plusieurs années, je cultive quelques Echinopsis auxquels je n'accorde pas même la faveur d'une serre : pendant l'hiver, c'est-à-dire au milieu de Novembre, ils sont rangés sur des tablettes devant la croisée d'une chambre exposée au midi, dans laquelle on ne fait pas de feu; dès que la végétation

commence à s'annoncer, je les tiens pendant un ou deux mois dehors
sous un coffre dans lequel j'entretiens une chaleur de 10-15 degrés
pendant le jour seulement, et où je bassine très-abondamment mes
plantes. Plus tard, c'est-à-dire vers le milieu de Juin, je place mes
pots dehors sans aucun abri : j'ai constamment réussi, par ce moyen,
à faire fleurir, même abondamment, de jeunes sujets de 2-3 ans, de la
grosseur d'une petite pomme. Ce mode de culture réussit parfaitement
à presque toutes les Cactées et surtout aux Echinopsis de notre
section.

16. Echinopsis Huotti (Nob.).

Synonymie. Echinopsis Huotti Nob.—Echinocactus Huotti Cels, Portef.
des hort., 1847, p. 216.

Patrie. Le Chili.

Diagnostic. Tige subcylindrique, drageonnant à la base, vert
tendre; 9-10 côtes verticales renflées vers les aréoles, celles-ci saillantes; sillons larges et profonds; aréoles grandes, plus larges que
longues, munies de tomentum gris cendré, long d'abord, ensuite
court; aiguillons bruns, d'abord carnés, ensuite d'un gris cendré,
14 dont 10 rayonnants régulièrement, divergents, inégaux, effilés, les
supérieurs les moins longs, 4 intérieurs décusés, les 3 inférieurs subulés, presque égaux, dont 1 plus fort, le double des autres en longueur; tous à pointe noire.

Floraison? Fleurs?

Culture. Serre tempérée pendant l'hiver, plein air et pleine terre
pendant la belle saison. La végétation de cette plante est fortement
activée par de fréquents bassinages accompagnés d'un peu de chaleur
pendant l'été : seulement, quand ces soins ne sont pas accompagnés
d'une ventilation convenable, les sujets ont une tendance à s'allonger
et à se déformer.

17. Echinopsis Valida (Monv.).

Synonymie. Echinopsis Valida Monv.— *id.* Salm. Cact. in hort. Dyck.,
cult., p. 181.— *id.* Forst. Handb. dr. Cact., p. 367.

Patrie?

Diagnostic. Tige subellipsoïde, vert gai; sillons larges; 10 côtes
vigoureuses, subresserrées, un peu obtuses; aréoles distancées, munies
de tomentum gris rare; aiguillons droits, allongés, très-rigides, fauves
pâles à pointes brunes, 7 extérieurs rayonnants, ouverts, 1 central
très-fort, profondément insérés dans l'aréole.

Tige vigoureuse s'élevant jusqu'à 80 cent. sur 80 environ de diamètre, subatténuée en haut et en bas; sillons profondément creusés;
côtes peu convexes; aréoles éloignées de 27 millim., grandes, rondes,
à peine tomenteuses; parmi les aiguillons, ceux du bas sensiblement
plus longs, atteignent 15-18 millim., le central très-vigoureux, subulé,
atteignant 4 cent.

Floraison. Pendant l'été. Les seuls sujets qui ont fleuri en France appartenaient l'un à la belle Collection de M. de Monville, l'autre à celle de M. James Odier, à Bellevue, près Paris. Ce dernier surtout était remarquable par ses dimensions énormes, columnaire, de 70 cent. de hauteur sur 27 de diamètre à la base et 35 vers le sommet. Tous les deux ans, il était placé en pleine terre, il fleurissait très-abondamment et produisait de belles fleurs odorantes très-grandes, même comparativement à celles de ses congénères. Je n'en ai pas fait de description, je me rappelle seulement que la fleur était blanche.

Culture. Serre tempérée pendant l'hiver, plein air et pleine terre en bonne exposition pendant la belle saison.

Cette plante est d'une croissance très-rapide dans l'espace de deux années. A l'aide de soins convenables, une jeune bouture de la grosseur d'une cerise est parvenue à une hauteur de 18 cent.

M. de Monville indique dans son Catalogue, et immédiatement après notre Valida, une autre espèce : Echinopsis Polyacantha Monv.; elle nous est inconnue.

18. Echinopsis Salpigophora (Lem.).

Synonymie. Echinopsis Salpigophora Lem. — *id*. Salm. Cact. in hort. Dyck., cult., p. 182. — Echinoc. Salpigophorus Pfr. Abbild. 2, p. 14.

Patrie?

Diagnostic. Corps ellipsoïde, vert glauque foncé, avec quelques stries ponctuées blanchâtres, partant latéralement des aréoles en se dirigeant inférieurement et obliquement pour rencontrer au fond du sillon et à angle aigu celles de l'autre côte; côtes 16, obtuses, légèrement renflées au niveau des aréoles; sillons profonds et aigus d'abord, puis s'élargissant à la base; aréoles très-rapprochées, légèrement ovalaires, à feutre gris très-court, bientôt complétement nues; aiguillons rayonnants, 8-10, assez irrégulièrement disposés, les inférieurs gris rosé, les 3 supérieurs bruns, tous ronds, aciculés, droits, roides; aiguillon central beaucoup plus fort, plus long, brun à la base, fauve au sommet; plus tard complétement gris, recourbé en arc vers le centre de la plante, très-aigu, très-roide.

Plante vigoureuse de 12 cent. de hauteur sur 10 de diamètre; aréoles distantes à peine de 1 cent.; épines rayonnantes, longues de 100-150 millim.; épine centrale de 4 cent.

Floraison. Fleurs?

Nous nous conformons à la classification donnée par le prince de Salm, et nous laissons à l'Echinopsis Salpigophora la place qu'il lui a assignée. Cependant, les sujets cultivés en France sous ce nom et dont l'on nous a donné la description ci-dessus, ne diffèrent pas d'une manière essentielle de l'Echinopsis Campylacantha; il serait donc plus convenable de la rapprocher de cette dernière plante plutôt que de la placer, comme l'a fait le prince de Salm, près de l'Echinopsis Valida, avec laquelle, du reste, elle ne peut être confondue.

M. Andry, à Chaillot, possède sous ce nom une plante assez forte qui provient de la Collection de M. de Monville; en la comparant avec son Echinopsis Campylacantha, il n'a pu découvrir aucune différence : il regarde ces deux plantes comme identiques.

Culture. Serre tempérée pendant l'hiver, plein air pendant l'été.

19. Echinopsis Formosa (Jacobi).

Synonymie. Echinopsis Formosa Jacobi. — Echinoc. Formosus, hort. angl. — Echinoc. Formosus Pfr. enum. diagn., p. 50. — Meloc. Gillesii hort.

Patrie. Mendoza.

Diagnostic. Tige subglobuleuse ou allongée, vert pâle ; 16 côtes verticales, obtuses, arrondies ; aréoles subdistancées, ovales, sub-laineuses, grises ; aiguillons aciculaires, rigides, 2-4 intérieurs longs, bruns, 8-16 extérieurs, ceux du haut fauves, ceux du bas blancs.

Floraison? Fleurs?

Il existe des sujets de notre plante qui ont jusqu'à 40 cent. de hauteur et qui n'ont pas encore fleuri ; je crois même qu'on n'en a pas encore vu la fleur en Europe.

Variétés. Echinopsis Formosa β. Spinosior Salm. — *id.* Echinoc. Formosus β. Crassispinus Monv.

A aiguillons plus vigoureux et plus rigides.

Echinopsis Formosa γ. Rubrispinus Monv.

A aiguillons rouge sang brillant.

Echinopsis Formosa δ. Lœvior Monv.

Variété qui se rapproche davantage du type primitif, mais dont les aiguillons sont moins nombreux.

Il existe encore quelques plantes différant de notre type et de ses variétés par les aiguillons extérieurs qui sont sétiformes. Ces plantes se trouvaient dans le Jardin fleuriste de Sèvres, j'ai négligé de les décrire en temps utile. Aujourd'hui, elles sont peut-être perdues ; elles avaient été introduites par l'amiral Dupetit-Thouars, qui les avait tirées du Chili.

Culture. Serre tempérée pendant l'hiver, en plein air et en bonne exposition pendant la belle saison.

20. Echinopsis Aurata (Salm).

Synonymie. Echinopsis Aurata Salm. Cact. in hort. Dyck., cult., p. 182. — Echinoc. Auratus Pfr. — Echinopsis Dumesnilianus Cels? — *id.* Monv.

Patrie. Pérou, province d'Arequipa?

Diagnostic. Tige déprimée, verte, 28 côtes environ, concave vers le sommet, qui est garni de nombreux aiguillons ; côtes verticales, comprimées, enflées près des aréoles ; aréoles distancées d'environ 27 millim., oblongues, munies de tomentum jaunâtre d'abord, ensuite gris; aiguillons rigides, à peine courbés, jaune clair grisâtre, 12 extérieurs subcomprimés, 1-2 intérieurs le plus souvent subulés, tous de 3 cent. et plus.

Floraison? Fleurs?

Cette espèce, ainsi que l'Echinopsis Formosa, n'ont pas encore fleuri dans nos Collections, leur place reste donc incertaine en l'absence de fleurs. Elles étaient anciennement rangées dans la section des Echinocactes à cause de leurs tiges globuleuses, mais leurs affinités semblent les ranger parmi les Echinopsis. En effet, il n'existe parmi les Echinocactes aucune section dans laquelle on puisse les ranger. Le fait le plus remarquable consiste dans l'apparition d'aiguillons accessoires au milieu des anciennes aréoles, fait qui ne se produit que sur les plantes de notre genre, fait qui montre qu'à l'inverse des Echinocactés, les aréoles n'ont pas encore terminé complétement leur évolution quand elles arrivent vers le bas de la tige.

Culture. Serre tempérée pendant l'hiver, plein air et pleine terre en bonne exposition pendant la belle saison.

CURVATI, A AIGUILLONS RECOURBÉS.

21. Echinopsis Rhodacantha (Salm).

Synonymie. Echinopsis Rhodacantha Salm. Cact. in hort. Dyck., cult., p. 182. — Echinoc. Rhodacanthus Pfr. enum. diagn., p. 50. — Echinoc. Coccineus hort. Berol. — Echinoc. Rhodacanthus β. Coccineus Monv.

Patrie. Mendoza, La Plata.

Diagnostic. Tige sphérique, suballongée; 25 côtes dans l'état adulte; 8-10 aiguillons extérieurs (celui du bas et celui du centre manquant souvent) rouges, les jeunes sujets globuleux; 12-15 côtes verticales, tuberculeuses; aréoles distancées, oblongues, les jeunes sublaineuses, blanches; aiguillons subulés, très-rigides, recourbés, rouge brillant, rouge sang à la lumière, 6-8 extérieurs rayonnants, celui du bas très-court, 1 au centre ou point.

Tige de 25 cent. de hauteur et de diamètre; 25 côtes; 8-10 aiguillons extérieurs (celui du bas le plus long) atteignant 3 cent. de longueur; l'aiguillon central, qui manque quelquefois, atteint 4 cent.

Floraison. Fleurs non décrites. Le sujet décrit n'a pas encore fleuri, mais d'autres ont fleuri dans les Collections d'Europe, et ont donné des fleurs semblables à celles des autres Echinopsis.

Variétés. Echinopsis Rhodacantha β. Gracilior Nob. — Echinoc. Rhodacanthus Monv.

Variété dont les côtes sont moins saillantes, plus étroites, les tubercules moins forts, et les aiguillons plus grêles, plus effilés, plus longs.

Culture. Serre tempérée pendant l'hiver, plein air et pleine terre en bonne exposition pendant la belle saison.

22. Echinopsis Campilacantha (Pfr.).

Synonymie. Echinopsis Campylacanthus Pfr. — Echinoc. Leucanthus Gib. Bot. Reg., t. 13 (1840). — Cer. Leucanthus Pfr. enum. diagn., p. 71. — Echinopsis Leucantha. Zucc. — Cer. Incurvispinus h. Darmst. — Echinoc. Ambiguus, Elegans hort.—— Echinopsis Campilacantha Salm. Cact. in hort. Dyck., cult., p. 182.

Patrie. Mendoza, Chili. Introduit par Gillies, en 1827.

Diagnostic. Tige globuleuse ou subconique; 12–14 côtes verticales, comprimées; aréoles rapprochées, allongées, les jeunes blanches, sublaineuses; aiguillons subulés, très-rigides, bruns à la base, jaunes au milieu, noirs tout à fait à la pointe, 8 extérieurs rayonnants, 1 central plus fort; tous courbés vers le haut, très-longs.

La tige adulte a 16-17 côtes; ordinairement 7 aiguillons de 24 millim. de longueur, l'aiguillon intérieur 4 cent.; tous sont très-vigoureux.

Floraison. Fleurs très-grandes, comme celles des Echinopsis, exhalant une forte odeur de violette; lacinies extérieures vertes brunes; lacinies intérieures bisériées, blanc de neige, rouges à la pointe, celles de la série extérieure rouges en dehors; pistil vert.

Variétés. Echinopsis Campylacantha β. Stylodes hort. Monv.
Aiguillons le double plus longs, subflexibles et encore plus recourbés vers le haut de la plante.

Echinopsis Campylacantha γ. Leucantha Nob. (quelques-unes des synonymies notées plus haut se rapportent peut-être à cette variété).

Dont les aiguillons ne diffèrent de ceux du type que par la couleur entièrement blanche.

N'ayant observé que de jeunes sujets sur lesquels la description précédente a été faite, nous transcrivons ici la description que Lemaire a donnée de notre plante dans la 22ᵉ livraison du Jardin fleuriste de Gand. Il la fait accompagner d'une belle figure :

Tige globuleuse, conique, subombiliquée et très-laineuse au sommet, haute de 27-33 cent. et plus (probablement sur un diamètre égal); côtes verticales, 14-18-22, robustes, subcomprimées latéralement, arrondies, obtuses au sommet, légèrement renflées au point d'insertion des aréoles; celles-ci très-rapprochées, ovales, à duvet brunâtre (blanchâtre pendant le premier âge); aiguillons 9-13, tous subulés, très-rigides, rougeâtres dans la jeunesse, devenant ensuite grisâtres, 9-12 extérieurs rayonnants, presque droits, légèrement courbés, ascendants, variant en longueur de 24-27 millim. et plus, 1 central solitaire, fortement courbé, ascendant, plus long, variant en longueur entre 5-8 cent.

Tube floral, infundibuliforme, long de 16 cent.; squammes en spirales éparses, très-petites, subulées, portant dans leurs aisselles un épais bouquet de soies noirâtres et passant presque abrupto à l'état pétaloïde; pétales subquadrisériés, tous petits, lancéolés, aigus, les plus extérieurs verdâtres en dehors, les suivants plus longs, d'un blanc rosé; filaments staminaux blancs, extrêmement nombreux, fasciculés, incurvés au sommet; style plus court, à stigmates développés en 12 rayons linéaires, allongés, subpapilleux.

J'ai remarqué dans la Collection de Monville, un Echinopsis désigné sous le nom d'Echinopsis Dumesnilianus, dont je n'ai pas de description, et qui ne se retrouve plus dans la Collection d'Auteuil qui vient d'être acquise par M. Cels. Il est peut-être synonyme de l'Echinopsis Auratus, peut-être en est-il différent.

Espèces ou variétés inconnues en France.

Echinopsis Lagermanni (Dietr.).

Echinopsis Multiplex. Hybride provenant de la fécondation du Multiplex par l'Echinopsis Zuccarini.

Echinopsis Oxygona, variété β. *Turbinata* (Mittl.). Hybride provenant de la fécondation artificielle du premier Echinopsis par le second.

Echinopsis Schelhasii. Hybride provenant de la fécondation artificielle de l'Echinopsis Schelhasii par le Cereus Speciosissimus.

Echinopsis Tricolor (Dietr.).

Un des caractères extérieurs négligés jusqu'à ce jour et des plus propres à différencier notre sous-genre de tous ceux qui précèdent, consiste dans la continuité de l'évolution des aréoles. Non-seulement leurs aiguillons continuent à se développer pendant deux et trois saisons successives, mais encore leur nombre s'augmente pendant plusieurs années. Ce caractère s'observe sur tous les Echinopsis connus, à l'exception des deux Echinopsis Amœna et Pulchella, dont les fleurs diffèrent quelque peu des autres plantes du sous-genre : il est très-utile quand il s'agit de distinguer notre sous-genre de l'un des précédents, mais il est insuffisant quand il faut le distinguer des deux autres qui composent avec lui le genre des Cereastreæ. Alors c'est la forme allongée, cylindrique de la tige comparée à la forme globuleuse de celle des Echinopsis, c'est la forme particulière des côtes, l'insertion des aréoles, l'examen attentif des aiguillons qui, en l'absence des fleurs, viennent aider à déterminer une distinction entre les deux sous-genres.

Si les caractères différentiels du sous-genre Echinopsis laissent à désirer, quand on veut le distinguer des autres sous-genres qui composent le genre des Cereastreæ, on n'éprouve plus les mêmes difficultés quand on se propose de le partager en divisions et les divisions en sous-divisions.

En effet, au premier abord on distingue très-nettement parmi les Echinopsis ceux dont les feuilles ou les organes qui les remplacent constituent des côtes discontinues, de ceux où elles constituent des côtes continues. Parmi les plantes de la première division, on reconnaîtra aisément ceux dont les feuilles ont une forme tuberculeuse, comprimée en crêtes, de manière à leur faire présenter une arête assez vive, de ceux dont les feuilles également comprimées ne présentent plus le même caractère dans leur forme; en outre, chez les premiers, l'aréole est constamment insérée au-dessus du sommet saillant du tubercule, presque à l'aisselle qui sépare deux tubercules voisins dans une même série : tandis que dans l'autre sous-division, l'aréole est tout à fait apicillaire, ses aiguillons présentent presque constamment une disposition bifariée. Dans la seconde division, les caractères qui permettent de former les sous-divisions ne dépendent plus de la forme des tubercules qui sont confluents, mais de la forme de la longueur des aiguillons, longs ou courts. Ici cette différence dans la longueur est tellement tranchée, le passage des uns aux autres est tellement brusque, qu'il ne peut exister aucune hésitation sur la ligne de démarcation d'une sous-division à l'autre.

Enfin, la forme droite ou courbée des aiguillons permet encore d'établir des catégories dans chacune des divisions précédentes.

4ᵉ sous-genre, Cereus (Haw.).

Synonymie. Cereus Haw. sinops. — Dc. Cat. hort. Monsp. — Prodr. — Pfr. enum. diagn. Cact. — Micq. Cact. gen. — Lem. gen. nov. — Endl. gen., pl.

Le tube du périgone très-longuement développé au-delà de l'ovaire, pulviligère; lacinies nombreuses; parmi les sépaloïdes, celles du bas squammiformes, celles du haut plus longues, disposées en spirales imbriquées, très-souvent sétigères ou aculéifères aux aisselles; les pétaloïdes sont plus longues, plus ou moins ouvertes, recourbées, formant une corolle infundibuliforme; les étamines sont nombreuses, soudées à la base du tube, libres vers la partie supérieure et plus courtes que le limbe; style filiforme, dépassant à peine les étamines; stigmate multi-radié, rayons linéaires; baie squammeuse ou tuberculée, pulviligère; cotylédons libres, foliacés.

Tige charnue, durcissant avec l'âge, courte ou allongée, cannelée ou anguleuse, portant aréoles, épaisse ou mince, dressée ou rampante, continue ou articulée, simple ou bien rameuse; fleurs latérales s'ouvrant souvent pendant la nuit, éphémères ou se rouvrant pendant plusieurs jours de suite.

Les caractères botaniques que nous venons de donner, qui sont adoptés par tous les cactéophiles, se ressentent de la nécessité où l'homme se trouve toutes les fois qu'il veut établir une méthode de classification, de créer des lois qui groupent un certain nombre d'individus. Ces lois établissent une manière d'être des organes de ces individus, pour devenir caractéristiques, pour permettre de bien distinguer un groupe de ceux qui lui sont voisins, elles doivent constituer un type abstrait auquel se rapporte ce qu'il y a de plus tranché dans la manière d'être des organes de ces individus. Mais la nature ne procède pas de cette manière, tantôt elle part d'un type qui appartient à tous les êtres du même groupe, ce type va en se dégradant par degrés insensibles en passant de l'un à l'autre, les altérations d'organes apparaissent en montrant tantôt une prépondérance dans un sens, tantôt dans un autre : d'autres fois, il existe des lacunes bien nettes et bien distinctes, alors la série est incomplète, les caractères distinctifs des groupes ont une grande netteté, mais l'ordre de ces groupes semble arbitraire.

Ces difficultés, qui se sont déjà présentées dans la formation des genres et sous-genres qui précèdent, se montrent ici dans toute leur force. Si on compare les fleurs de quelques Cierges, tels que Peruvianus, Perrottetianus, Repandus, Cœrulescens, à celles de la plupart de nos Echinopsis, on se demandera certainement pourquoi elles ont donné lieu à deux sous-genres? La seule distinction existera dans la comparaison des fleurs de quelques espèces spéciales ; dans l'un, les étamines ont au moins une de leurs séries soudée au tube jusqu'à sa gorge, tandis que dans l'autre elles sont libres ou soudées sur une partie de sa longueur seulement, ou bien elles ne sont libres que vers sa partie supérieure. Cette distinction, qui pourrait bien avoir sa valeur si elle était constante, disparaît fréquemment quand on prend deux espèces au hasard.

Les caractères extérieurs relatifs à la continuité dans le développement des aiguillons des aréoles, tendent aussi à faire confondre nos deux sous-genres Echinopsis et Cereus : il ne reste donc, à vrai dire, qu'une différence dans la forme générale des plantes, les unes globuleuses et les autres tout à fait columnaires, plus ou moins grêles ou allongées.

D'un autre côté, si on compare les fleurs d'un grand nombre de Cerei à celles des Cereus Baumanni, Curtisii, Flagelliformis, etc., on trouvera entre les unes et les autres des différences bien plus tranchées, et il ne sera même plus possible de faire rentrer celles-ci dans le cadre des caractères établis pour le genre Cereus.

La seule différence réelle qui existe et qui soit bien tranchée dans les sujets adultes, c'est que, dans les Echinopsis, l'axe médullaire est formé par des faisceaux de fibres, qui sont disposés circulairement sans continuité entre deux faisceaux consécutifs, tandis que, dans les Cerei, l'axe médullaire est formé par un véritable tube, non-seulement il y a continuité, mais encore il y a presque stratification.

Nous devons conclure de cela que la division du genre des Cereastreæ en sous-genres est encore incomplète; que, sans doute il ne faut pas négliger absolument ces caractères de forme, tige allongée ou globuleuse, mais qu'ils sont insuffisants; que les caractères de la fleur, pris d'une manière absolue, le sont également; que les sous-divisions établies par nos devanciers satisfont, tant bien que faire se peut, aux classifications qu'ils ont établies; mais que, dans l'état des observations et des descriptions connues, la division en sous-genre conserve quelque chose d'arbitraire qui ne peut disparaître qu'en formant une autre sous-division comme la propose Lemaire, et en refondant les caractères du genre dans lequel on a rangé, je crois, à tort, les Pilocerei et dernièrement le genre Lechtembergia.

1er GROUPE. — ECHINOCEREI (Engelm.). — ECHINOCIERGES.

Tige basse, le plus souvent rameuse à partir de la base; tube de la fleur presque court; baie sétigère ou aculéigère, couronnée par les restes persistants du périanthe.

Dans ce groupe, nous rangeons quelques plantes qui ont été longtemps classées parmi les Echinopsis, mais qui ne peuvent appartenir à ce sous-genre à cause de leurs fleurs qui, au contraire, les rangent parmi les Cerei de cette division. D'un autre côté, les plantes de cette division offrent dans leurs fleurs et même dans leur port quelques différences avec celles des divisions qui suivent; ces différences ont été jugées assez tranchées aux yeux de quelques auteurs, pour qu'ils aient cru qu'elles autorisaient la création d'un nouveau sous-genre. Presque toutes originaires de la partie septentrionale du Mexique, elles ont un cachet particulier qui les distingue des autres. Plus tard, probablement quand de nouvelles observations plus complètes dans la floraison des Cerei, auront permis de former les sous-genres dont nous avons parlé plus haut, il est certain que ce groupe, à cause de la brièveté du tube de son périgone, constituera un nouveau sous-genre.

Quoi qu'il en soit, j'ai transcrit, d'après Engelmann (*Memoir of a tour in Northen Mexico*, 1848, p. 91), les caractères à l'aide desquels il propose de constituer son nouveau genre Echinocereus.

Tube du périgone prolongé au-dessus de l'ovaire stipité, raccourci; sépales extérieures subulées sur le tube, garnies à leurs aisselles de tomentum, de sétules et d'aiguillons; sépales intérieures et pétales plus allongés, formant une corolle assez courte, infundibuliforme ou campanulée; étamines nombreuses, à peine plus longues que le tube; divisions stigmatiques du style, multiradiées.

Baie portant aréoles, scuteuse ou aculéigère, couronnée par le périgone; test des graines dur, tuberculé ou scrobicularié, noir; embryon à peine recourbé; cotylédons courts, opposés.

A. *LOPHOGONI, à arêtes anguleuses.*

Tige charnue, molle, prolifère ou rameuse, présentant de 5-10 côtes découpées; feuilles ou tubercules saillants, distincts, portant à leur sommet une aréole pourvue d'aiguillons sétacés ou rigides, presque toujours subulés, ou plutôt comme gonflés, noduleux à leur base.

* PENTALOPHI, A CINQ CÔTES.

Tige rameuse à partir de la base, pentagone à faces presque planes, à arêtes arrondies, émoussées.

1. Cereus Cirrhiferus (Nob.).

Synonymie. Cereus Cirrhiferus Nob.

Patrie. Mexique.

Diagnostic. Tige rameuse, très-prolifère, cœspiteuse; rameaux à 5 côtes arrondies, subtuberculées, convexes; sillons aigus; aréoles rondes; 10 aiguillons extérieurs très-ouverts, adprimés, ronds, blancs, transparents, noduleux à la base, 4 intérieurs érigés, également noduleux à la base, de mêmes couleurs que les autres, chamois à la base; tous contournés irrégulièrement.

Rameaux de 5-6 et 10 cent. de long sur 3, 3 et demi de diamètre; aréoles espacées de 15 millim., nues ou garnies de tomentum court et rare; aiguillons extérieurs, 4 cent. de long; aiguillons intérieurs, 4 et demi à 5 cent. de long; tous noduleux et chamois à la base, blancs, transparents, contournés, quelques-uns contournés en forme de vrille s'appliquant sur la plante.

Floraison. Fleur très-belle, grande, rouge cramoisi vif, dit-on.

Cette belle espèce fait partie de la Collection de M. Andry, à Chaillot; elle est unique jusqu'à ce jour.

Culture. Serre tempérée pendant l'hiver, plein air et pleine terre en bonne exposition pendant la belle saison.

2. Cereus Pentalophus (DC.).

Synonymie. Cereus Pentalophus DC.— *id.* Salm. Cact. in hort. Dyck., cult., p. 187.— Cereus Propinquus DC.— *id.* Pfr. enum. diagn.; p. 101. — Cereus Pentalophus α. Simplex DC.

Patrie. Mexique.

Diagnostic. Tige dressée, vert cendré; 5 côtes verticales, obtuses; aréoles rapprochées, les jeunes vélutineuses; 5-7 aiguillons sétiformes, divergents, les plus jeunes jaune blanc, les adultes gris; 1 aiguillon intérieur.

Tige de 40 cent. de haut sur 3 de diamètre, rameuse à la base; aiguillons, 6-9 millim. de long; il se distingue par sa tige mince, à branches plus ou moins nombreuses à partir de la base, ses côtes irrégulières tournées en spirales allongées, ses tubercules érigés et ses sillons étroits, aigus; ses aréoles sont peu velues; ses aiguillons sont fins, jaunes dans la jeunesse, puis passent au gris par la suite.

Floraison? Fleurs?

Pfaiffer décrit ainsi l'espèce qu'il donne sous la désignation α. Simplex avec synonymie Propincuus DC. :

Tige simple; sillons larges, obtus; côtes peu saillantes; aiguillons blancs; aréoles presque nues; tige de 30 cent. de hauteur sur 3 cent., rameuse à partir de la base.

VARIÉTÉS. Cereus Pentalophus β. *Leptacanthus* Salm.— Cereus Leptacanthus Dc. — Cereus Pentalophus β. Subarticulatus Pfr. l. c. — Bot. magaz., t. 3651. — Cereus Leptacanthus β. Crassior Dc.

Elle se distingue surtout par la couleur verte de sa tige et l'absence d'aiguillon intérieur. Au reste, voici la description donnée par Pfaiffer :

Tige très-rameuse, subarticulée; côtes irrégulièrement subdécoupées ou tuberculeuses; sillons plus aigus; aiguillons des jeunes jaunâtres; aréoles garnies de laine blanche.

Culture. Serre tempérée pendant l'hiver, plein air et pleine terre en bonne exposition pendant la belle saison.

Les fleurs de notre plante ont été très-rarement observées en Europe; cela tient à ce qu'elle a presque constamment été cultivée en pots. Les sujets que nous avons vus, cultivés en pleine terre pendant la belle saison, annonçaient des traces de boutons à fleurs. Je ne les ai pas observés : on m'a dit qu'elle était d'un beau rouge très-vif.

3. Cereus Ehrembergii (Pfr.).

Synonymie. Cereus Ehrembergii Pfr. A. G. Z., 1840, p. 282. — Cereus Cinerascens β. Tenuior Dc. — Cereus Ehrembergii Pfr. A. G. Z., 1840, p. 282. — *id.* Forst. Handb. dr. Cact., p. 374.

Patrie. Mexique. Introduit par Ehremberg.

Diagnostic. Tige subérigée, flétrie, verte; 6 côtes obtuses, tuberculées, convexes; aréoles subdistancées, munies de tomentum blanc; 8-10 aiguillons extérieurs adprimés, rayonnants, 4 intérieurs plus longs; tous presque droits, paille claire, ténus, rigides.

La tige est très-rameuse à partir de la base, souvent à 5 côtes; côtes subspirales; les jeunes aiguillons sont rougeâtres à la base, ils ont 2-3 cent. de long, ceux de l'intérieur 3-5.

Le prince de Salm remarque que cette description ne représente pas, avec une entière exactitude, les sujets cultivés; celui qu'il a observé a 13 cent. de hauteur sur 3 cent. au plus de diamètre, il est très-rameux à la base, presque toujours à 5 côtes tournées en spirales; les aréoles sont éloignées les unes des autres de 9-10 millim.; leurs aiguillons sont grêles, allongés, flexibles, et dans la jeunesse rougeâtres à la base.

De son côté, Forster donne la description suivante :

Tige verte, presque dressée, à 6 côtes tuberculées; aréoles assez espacées, garnies de tomentum blanc, court; aiguillons assez droits, effilés, rigides, jaune roux.

Tige de 20 cent. de long sur 27 millim. de diamètre; aréoles éloignées de 22 millim. les unes des autres; aiguillons extérieurs de 27-40 millim. de long, ressemblant beaucoup au Cereus Cinerascens, dont il diffère pourtant par ses aiguillons plus courts. Il pense qu'il est peut-être identique avec la variété Cinerascens β. Tenuior Dc.

Floraison? Fleurs ?

Culture. Serre tempérée pendant l'hiver, plein air et pleine terre en bonne exposition pendant la belle· saison. Du reste, elle donne lieu aux mêmes observations que le précédent.

**** DECALOPHI, A DIX CÔTES.**

Tige rameuse à partir de la base ou seulement dans sa partie supérieure; 7-10 côtes; côtes et sillons aigus dans la partie supérieure de la plante, très-obtus dans la partie inférieure; aiguillon séliformes ou rigides, parfois anguleux. Dans quelques espèces, adprimés contre la plante.

4. Cereus Cinerascens (Dc.).

Synonymie. Cereus Cinerascens Dc. — *id.* Pfr. enum., p. 101. — *id.* Salm. Cact. in hort. Dyck., cult., p. 188. — Cereus Deppei hort. Berol. — *id.* Forst. Handb. dr. Cact., p. 374. — *id.* β. Crassior Dc. — Cereus Aciniformis hort. Berol.— Cinerascens γ. Tenuior Dc.

Patrie. Mexique.

Diagnostic. Tige simple, érigée, vert gris; 7-8 côtes obtuses,

tuberculeuses ; sillons aigus ; aréoles des jeunes convexes, vélutineuses ;
14 aiguillons blancs, rigides , sétiformes, 10 extérieurs rayonnants,
4 intérieurs érigés, divergents, plus longs, souvent fauves.

Souvent il n'existe que 8 aiguillons extérieurs et 1 central, toujours
blancs dans l'espèce.

Tige haute de 20 cent. et plus sur 4 cent. de diamètre ; aréoles éloignées de 11 millim. ; aiguillons extérieurs longs de 14 millim. ; aiguillon
intérieur de 27. Les jeunes plantes ont souvent 8 aiguillons extérieurs
et 1 seul aiguillon intérieur, ils sont blancs.

Floraison? Fleur? On la dit belle, rouge carmin vif, de 8 cent. de
longueur et présentant un limbe du même diamètre.

Variétés. Cereus Cinerascens β. *Crassior* De. — *id.* Pfr. l. c. —
Synonymie Cereus Deppei hort. Paris. — Cereus Aciniformis hort.
Berol.

Aiguillons fauves.

Culture. Serre tempérée pendant l'hiver, plein air et pleine terre
pendant la belle saison.

Nous devons faire ici les observations de culture qui ont été faites
précédemment pour la floraison.

Lorsque notre plante est cultivée en serre constamment sous verre,
ses côtes se réduisent à 7 et l'aiguillon central n'est plus coloré ; mais
par une culture normale, elle reprend promptement ses caractères.

Nous trouvons dans les Catalogues des indications de variétés insi-
gnifiantes : les unes Crassiores, à tige plus épaisse, aréoles plus distancées ; aciniformes, avec tige mince, aréoles rapprochées, etc.

5. Cereus Enneacanthus (Engelm.).

Synonymie. Cereus Enneacanthus Engelm. Mem., p. 111. — *id.* Salm.
Cact. in hort. Dyck., cult., p. 188.

Patrie?

Diagnostic. Tige ovée, cylindrique ; 10 côtes ; aréoles saillantes orbiculées, éloignées les unes des autres, les jeunes munies de tomentum
blanc, court ; aiguillons anguleux, comprimés, droits, blancs, 8 rayonnants, subégaux , 1 seul central plus long , courbé dans l'âge avancé.

Tige charnue, épaisse, haute de 15 cent. sur 8 de diamètre, rameuse
à partir de la base ; aréoles distancées de 25 millim. ; aiguillons très-
vigoureux , les extérieurs longs de 20-30 millim., les intérieurs longs
de 45 millim., anguleux, comprimés ; fleurs longues de 5-8 cent.

Floraison? Fleur stipitée (comme munie d'un support) ; tube de
la fleur stipité, garni de 30-35 aréoles portant un tomentum blanc,
des sétules de consistance aiguillonneuse, blanches et brunes, dont
6 insérées vers le bas de l'aréole et 2-3 vers le sommet ; 10-13 sépales
inférieures, oblongues, linéaires ; 12-14 pétales linéaires, oblongs,
obtus ou mucronés, dentelés vers le sommet ; étamines courtes ; style
plus long, terminé par 8-10 divisions stigmatiques allongées, dépassant
le limbe de la fleur.

Culture. Serre tempérée pendant l'hiver, plein air et pleine terre en bonne exposition pendant la belle saison.

Les caractères de la fleur méritent une attention toute spéciale de la part de ceux qui désirent rechercher les bases d'une classification des Cerei.

6. **Cereus Acifer** (Otto).

Synonymie. Cereus Acifer Otto. — *id.* Salm. Cact. in hort. Dyck., cult., p. 189.

Patrie?

Diagnostic. Tige prolifère, vert luisant; 10 côtes; côtes convexes, découpées, tuberculées; aréoles serrées, petites, munies de tomentum gris; aiguillons rigides, aciculaires, 8-10 extérieurs, rayonnants, ouverts, ceux du bas sensiblement plus longs, fauve pâle, 4 intérieurs plus vigoureux, bruns pourpre, les 3 supérieurs érigés, celui du bas très-vigoureux, subdéfléchi.

La tige atteint 30 cent.

Tige haute de 15 cent., large de 5, vert luisant, prolifère à la base ou sur toute la longueur de la tige; côtes sinueuses entre les aréoles qui sont distantes de 22 millim.; les sinus concaves; aréoles proéminentes, munies de tomentum gris perle d'abord, ensuite tout à fait gris; aiguillons extérieurs longs de 10-20 millim., ceux du haut plus courts, jaune pâle, purpurascents et noduleux à la base, le central inférieur long de 4 cent.

Floraison? Fleur? D'après Lemaire, la fleur est très-grande, d'un rouge cinabre éclatant; elle dure pendant sept jours sans se faner au soleil et dans une serre non ombragée.

Culture. Serre tempérée pendant l'hiver, plein air, pleine terre en bonne exposition pendant la belle saison.

7. **Cereus Polyacanthus** (Engelm.).

Synonymie. Cereus Polyacanthus Engelm. Mem., p. 104. — *id.* Salm. Cact. in hort. Dyck., cult., p. 189.

Patrie. Près Cosihuiriachi.

Diagnostic. Tige allongée, ovée; 10 côtes; aréoles saillantes, subrapprochées, les jeunes munies de tomentum blanc; 10-12 aiguillons rayonnants, jaunes brulés à la pointe, plus ou moins porrigés, les latéraux plus grands et plus tard subadprimés, ceux du haut plus petits, 4 intérieurs carnés, à pointe brune, les 3 supérieurs dirigés en haut, celui du bas seul plus long, porrigé, défléchi avec le temps.

Tige haute de 10-13 cent. sur 5-8 de diamètre, prolifère à la base; aiguillons extérieurs, ceux du haut de 10 cent., ceux des côtés et les inférieurs longs de 18-22 millim., ceux du centre de 24 millim., l'inférieur deux fois plus long, tous devenant gris cinérés avec l'âge.

Floraison? Fleurs?

Culture. Serre tempérée pendant l'hiver, plein air et pleine terre en bonne exposition pendant la belle saison.

8. Cereus Rœmeri (Engelm.).

Synonymie. Cer. Rœmeri Engelm. — *id.* Salm. Cact. in hort. Dyck., cult., p. 189.

Patrie?

Diagnostic. Tige ovée, rameuse à partir de la base; 7-9 côtes (le plus souvent 8) tuberculeuses, interrompues; aréoles saillantes, orbiculées, les jeunes munies de tomentum court; aiguillons blancs ou jaunes, enfin cinérés, ronds, 8 rayonnants, 1 au centre vigoureux, porrigé.

Floraison. Fleurs roses; tube infundibuliforme (de 5 cent. de long); limbe légèrement dressé (de 27 millim. de large); lacinies extérieures; environ 17 inférieures, squammiformes, subulées; à aisselles munies de laine très-courte, et de 3-5 sétules aculéiformes blanches, 8 supérieures ovées, oblongues, carénées, obtuses, submucronées, rouge éclatant; 10 lacinies intérieures obovées, spatuliformes, obtuses, entières, concaves, coccinnées, subérigées; étamines nombreuses; filets courts, blancs, roses vers le sommet; style beaucoup plus long que les étamines, profondément divisé; 7 divisions atteignant le sommet des lacinies intérieures, érigées, ouvertes, épaisses, vertes, très-aiguës.

Culture. Serre tempérée pendant l'hiver, plein air et pleine terre en bonne exposition pendant la belle saison.

Il n'existe en France que des jeunes sujets encore très-rares, qui ont été introduits par M. Cels.

9. Cereus Coccineus (Engelm.).

Synonymie. Cereus Coccineus Engelm. Mem., p. 93. — *id.* Salm. Cact. in hort. Dyck., cult., p. 190. — (Diffèrent du Cereus Coccineus Dc., syn. Cereus Setaceus Salm., *id.* Pfr., et du Cereus Coccineus Salm., syn. Cereus Bifrons Haw. [1])

Patrie?

Diagnostic. Tige globuleuse, ovée; 9-11 côtes; côtes tuberculeuses, subinterrompues; aréoles ovales, les jeunes blanches, tomenteuses; 9-10 aiguillons rayonnants, blancs, droits, porrigés obliquement, ceux du haut les plus courts, 1-3 intérieurs blanchâtres ou carnés.

---

[1] Charles Backley a reçu, sous le nom de Cereus Coccineus, une Hybride magnifique, qu'il ne faut pas confondre avec notre Coccineus Engelm. Cette multiplicité de noms imposés tantôt au même sujet, le même nom d'autres fois imposé à des espèces toutes différentes, ne sont-ils pas un motif de confusion presque inextricable auquel il faudrait remédier? Puisse le modeste travail que nous livrons réveiller l'attention des amateurs sur ce point. Peut-être, dans quelques années d'ici, à l'aide des observations que nous prions nos lecteurs de nous adresser, serons-nous en mesure de donner une seconde édition exempte des quelques erreurs que certainement nous avons commises, malgré nos efforts, alors peut-être réussirons-nous à présenter une classification plus complète, et surtout une nomenclature moins obscure que celle qui existe aujourd'hui.

Tige basse, haute de 5-6 cent. et large de 4 cent., rameuse à partir de la base.

Floraison? Fleurs latérales, longues de 4 cent. et présentant un limbe de même diamètre; lacinies pétaloïdes coccinuées; filets rouges; anthères jaune safran; tube stipité, muni de 18-25 aréoles tomenteuses blanches, portant 8-10 sétules ténues, blanches; 8-10 lacinies; sépales, les intérieures, au nombre de 8-10, oblongues, linéaires, obtuses; et 10-12 pétales obovés; étamines plus courtes; 6-8 stigmates verdâtres.

Culture. Serre tempérée pendant l'hiver, plein air, pleine terre en bonne exposition pendant la belle saison.

10. Cereus Pleiogonus (Nob.).

Synonymie. Cereus Pleiogonus Nob. (à côtes plus nombreuses que celles des autres cierges de la division).

Patrie?

Diagnostic. Tige vert olive clair, dressée quoique molle, cylindrique, à 13 côtes très-petites, d'abord légèrement enflées aux aréoles vers le sommet de la plante, puis formant de petits tubercules de plus en plus distincts jusqu'à la base où les côtes disparaissent presque complétement; aréoles saillantes, rondes, munies de tomentum blanc, nues plus tard; 9 aiguillons extérieurs dressés, ouverts, rayonnants assez régulièrement, ceux du haut plus courts, plus fins et un peu plus dressés que les autres; aiguillons intérieurs, 4 dressés, les supérieurs courts, le quatrième inférieur plus allongé, infléchi vers le bas; tous brun fauve en naissant, puis gris sale.

Tige de 13 cent. de haut sur 4-5 millim. de diamètre; aréoles distantes de 5 millim.; aiguillons extérieurs, ceux du bas de 11 millim. de long, ceux du haut de 4-5 millim.; aiguillon intérieur, le plus long, dirigé presque horizontalement, infléchi, de 12 millim., très-court.

Floraison? Fleurs?

Culture. Serre tempérée pendant l'hiver, plein air en bonne exposition pendant la belle saison.

Cette plante a été récemment introduite en France par M. Cels, dont le zèle infatigable est toujours éveillé quand il s'agit de maintenir les richesses de nos Collections à la hauteur de celles des Collections étrangères.

11. Cereus Scheerii (Salm).

Synonymie. Cereus Scheerii Salm. Cact. in hort. Dyck., cult., p. 190.

Patrie. Chihuahua. Introduite par M. Scheer.

Diagnostic. Tige mince, vert cendré, rameuse à partir de la base; 9-10 côtes aiguës en dessus, aplanies dans la partie inférieure; aréoles petites, très-serrées, munies de tomentum blanc et de laine courte caduque; 10-12 aiguillons extérieurs grêles, ouverts, rayonnants, blanchâtres, à pointe brune, 1 central plus fort dirigé en haut, porrigé, allongé, brun.

Tige haute jusqu'à présent de 8-10 cent. sur 20-26 millim. de diamètre à la base et 15-17 au sommet, charnue, molle; aréoles presque contiguës, munies d'aiguillons subrigides, ceux du dehors longs de 2-3 millim., l'intérieur plus vigoureux, de près de 1 cent., érigé, presque perpendiculaire sur le plan des autres.

Floraison? Fleurs?

Culture. Serre tempérée pendant l'hiver, plein air en bonne exposition pendant la belle saison.

B. *PROLIFERI, à tige prolifère.*

Tige charnue, dressée, prolifère à partir de la base ou dans la partie supérieure seulement; sommet obtus; côtes nombreuses, très-aiguës et larges; sillons à peine marqués.

* PECTINATI, A AIGUILLONS RANGÉS COMME DES DENTS DE PEIGNE.

Tige haute de 20-30 cent., ellipsoïde ou cylindrique, à 12-14 côtes; côtes et sillons très-étroits; aréoles très-resserrées, le plus souvent allongées; aiguillons extérieurs bifariés, nombreux, rigides, très-ouverts; au centre, de 1-5 ou aucun; tous noduleux à la base.

12. Cereus Reichembachianus (Nob.).

Synonymie. Cereus Reichembachianus Nob. — Echinoc. Reichembachii Tersch. — Echinopsis Reichembachiana hort. — Cereus Cœspitosus Salm. Cact. in hort. Dyck., cult., p. 191. — Cereus Cœspitosus Engelm. Mem., p. 110.

Patrie. Texas.

Diagnostic. Tige ovée, cœspiteuse; 13-18 côtes; aréoles saillantes, linéaires, rapprochées, les jeunes blanches, velues; 20-30 aiguillons rayonnants, subrecourbés, adprimés, pectinés, blancs (quelquefois roses), ceux du haut et du bas plus courts, les latéraux plus longs, au centre aucun.

Floraison. Fleurs rouge pourpre; tube stipité, couvert de 80-100 aréoles garnies de long tomentum couleur de cendre et munies de 6-12 sétules tout à fait brunes ou noirâtres au sommet; sépales intérieures, 18-25 sublancéolées, entières ou frangées; 30-40 pétales obovés, lancéolés, obtus ou aigus, mucronés, ciliés, dentelés; stigmate infundibuliforme, à 13-18 divisions profondes.

Baie verte, ovée, couronnée par le périanthe, velue, séteuse, plus tard nue; graines obovées, tuberculées, noires.

La plante atteint de 5-10 cent. de hauteur, son diamètre atteint de 3-5 cent., elle est entièrement couverte par ses aiguillons; en outre, elle est cœspiteuse et ses drageons sont très-resserrés; les fleurs sont d'un rouge pourpre, de 8 cent. de long, avec un limbe de même diamètre.

Variété. Cereus Reichembachianus β. Castaneus Nob. — Syn.
Cereus Cœspitosus β. Castaneus Engelm.

Variété dans laquelle les jeunes aiguillons sont de couleur châtaine.

Culture. Serre tempérée pendant l'hiver, plein air en bonne exposition pendant l'été. Pour végéter, elle demande un peu plus de chaleur que ses congénères, et c'est une attention qu'il faut avoir quand on la met en pleine terre.

Cette plante est déjà très-anciennement connue dans les Collections de France ; elle y est devenue rare depuis quelques années, soit parce que confondue avec le Pectiniferus et conservant de beaucoup moindres dimensions, elle y a été négligée comme étant d'une croissance très-lente.

13. Cereus Adustus (Engelm.).

Synonymie. Cereus Adustus Engelm. Mem., p. 104. — *id.* Salm. Cact. in hort. Dyck., cult., p. 191.

Patrie. Près Cosihuiriachi.

Diagnostic. Tige ovée ; 13-15 côtes ; aréoles saillantes, lancéolées, rapprochées, les plus jeunes munies de tomentum blanc ; 16-18 aiguillons rayonnauts, adprimés, blancs, à pointe rouge orangé vif, 4-5 supérieurs courts, sétacés, ceux du bas et des côtés plus longs, plus vigoureux, aucun au centre.

Tige haute de 5-10 cent. sur moitié autant de diamètre.

Floraison. Fleurs ?

Variétés. Cereus Adustus β. Radians. — Syn. Cereus Radians Engelm. Mem. p. 104.

Variété qui ne diffère de la plante précédente que par l'aiguillon intérieur plus vigoureux.

Culture. Serre tempérée pendant l'hiver, plein air en bonne exposition pendant la belle saison. Il demande les mêmes soins que le précédent.

14. Cereus Viridiflorus (Engelm.).

Synonymie. Cereus Viridiflorus Engelm. Mem., p. 91. — *id.* Salm. Cact. in hort. Dyck., cult., p. 192.

Patrie ?

Diagnostic. Tige ovée, globuleuse, basse ; 13 côtes ; aréoles lancéolées, rapprochées, les jeunes velues ; 16-18 aiguillons droits, rayonnants, ceux des côtés plus longs, bruns, les autres blancs, au centre point ou 1 allongé, robuste, à pointe brune.

Tige de 27 millim. à 40 ; aiguillons de 2-6 millim. de long, le central quand il existe de 15 millim.

Floraison ? Fleurs latérales, stipitées ; le tube est couvert de 25-30 aréoles munies de tomentum blanc et de 5-10 sétules également blanches ; les sépales intérieures sont oblongues, linéaires, au nombre de 10 environ ; les pétales, au nombre de 12-15, sont linéaires, oblongs,

obtus ; la fleur est longue de 3 cent. et présente un limbe de diamètre un peu moindre, en dehors d'un brun verdâtre et d'un jaune
verdâtre à l'intérieur.

Culture. Serre tempérée pendant l'hiver, en plein air et bonne
exposition pendant la belle saison. Mêmes soins que pour le précédent.

15. Cereus Pectiniferus (Lem.).

Synonymie. Cereus Pectinatus Engelm. Mem., p. 110. — Echinopsis
Pectiniferus Lem. Iconog. des Cact. — *id.* Salm. Cact. in horl. Dyck., cult.,
p. 192. — Echinopsis Pectinatus Scheidw. — Echinopsis Pectiniferus Lem.
— Echinopsis Pectinata Pfr. Abbild., 2, t. 10. — *id.* Forst. Handb. dr.
Cact., p. 365.

Patrie. Près Chihuahua.

Diagnostic. Tige simple d'abord, dans l'âge avancé rameuse sur les
côtés, ovée, cylindrique ; 23 côtes ; aréoles saillantes, linéaires, rapprochées, les jeunes munies de tomentum blanc et de 16-20 aiguillons
rayonnants, subrecombés, adprimés, pectinés, blancs, à pointe rose,
ceux du haut et du bas plus courts, ceux des côtés plus longs, 2-5 au
centre très-courts, sur une seule rangée verticale.

Tige haute de 18-20 cent. sur 8-10 de diamètre.

Floraison? Fleurs roses très-gai ; tube floral stipité, portant 60-70
aréoles munies de tomentum blanc très-court, ainsi que 12-15 aiguillons blancs, à pointe rose ; les sépales intérieures, au nombre de
18-20, sont lancéolées ; les pétales, au nombre de 16-18, sont oblongs,
obtus, érosés, dentelés, mucronés ; les fleurs sont d'un beau rouge
pourpre, longues de 8-10 cent., présentant un limbe de même diamètre.

VARIÉTÉS. Cereus Pectinatus β. Lœvior Salm et alii.

Variété dont les aiguillons intérieurs sont constamment moins nombreux.

Culture. Comme les précédents.

16. Cereus Rufispinus (Engelm.).

Synonymie. Cereus Rufispinus Engelm. Mem., p. 104. — *id.* Salm.
Cact. in horl. Dyck., cult., p. 193.

Patrie. Près Cosihuiriachi.

Diagnostic. Tige ovée, allongée ; 11 côtes ; aréoles saillantes, lancéolées, rapprochées, les jeunes blanches, velues ; 16-18 aiguillons
rayonnants, adprimés avec le temps, entremêlés, 3-5 supérieurs
sétacés, courts, blancs, ceux des côtés allongés, fauves, recourbés,
1 seul au centre vigoureux, brun, porrigé.

Tige haute de 10 cent. et large de 15 millim.

Floraison? Fleurs d'un rouge pourpre.

Culture. Serre tempérée pendant l'hiver, plein air en bonne exposition pendant la belle saison.

** MULTICOSTATI, A CÔTES NOMBREUSES. [1]

Tige de près de 1 pied de hauteur, cylindrique; 10-20 côtes; côtes et sillons aigus; aréoles serrées, arrondies, petites; aiguillons nombreux, serrés, érigés, ouverts, sétacés ou aciculaires.

17. Cereus Dasyacanthus (Engelm.).

Synonymie. Cereus Dasyacanthus Engelm. Mem., p. 100. — *id.* Salm. Cact. in hort. Dyck., cult., p. 193. — Cereus Deflexispinus Mouv. Catal. 1846.

Patrie. Paso-del-Norte.

Diagnostic. Tige ovée, oblongue, subcylindrique; 17-18 côtes; côtes tuberculées, subinterrompues; aréoles rapprochées, ovées, lancéolées, les plus jeunes velues, blanches; aiguillons blancs, les jeunes à pointe rousse, près de 18 rayonnants, porrigés, ceux du haut plus courts, plus ténus, ceux des côtés et du bas plus longs, 4-6 intérieurs, dont quelques-uns défléchis.

Tige vigoureuse, parfois haute de 30 cent. sur 7-8 cent. de diamètre. Cette espèce diffère des Pectiniferi par la disposition de ses aiguillons, qui la range dans cette section.

Floraison? Fleurs?

VARIÉTÉ. Cereus Dasyacanthus β. Spurius Nob. — Syn. Cereus Deflexispinus β. Spurius Mouv.

Cette variété diffère peu de notre espèce au premier aspect; cependant, en examinant avec soin les aiguillons, on trouve qu'ils sont rangés et insérés dans un ordre un peu plus apparent, ce qui doit peut-être la rapprocher des plantes du groupe précédent, sans cependant qu'il soit possible de la confondre avec elles, à cause de la disposition bifariée de leurs aiguillons.

Culture. Serre tempérée pendant l'hiver, plein air en bonne exposition pendant la belle saison.

---

[1] Aucune fleur de ce groupe ni du suivant n'ont été décrites, peut-être même ne se sont-elles jamais montrées en Europe, c'est donc l'analogie seulement qui nous conduit à ranger ces plantes dans le groupe des Echinocerei. En cela, nous suivons l'exemple du prince de Salm, qui, lui aussi, les y a placés; elles constituent, par leur port et leurs caractères extérieurs, une transition entre notre groupe et le suivant, dans lequel les fleurs reprennent le caractère de celles des véritables Cerei.

Au reste, pour toute la classification des Cerei, nous sommes obligé ou de suivre l'ordre déjà établi, ou de nous fonder, pour quelques changements, sur les descriptions de fleurs qui sont éparses dans une foule d'ouvrages : les plantes de ce sous-genre étant plus rares en France que la plupart de celles qui précèdent, nous avons eu rarement l'occasion de voir les splendides fleurs dont elles se recouvrent abondamment, dans leur patrie et même en Europe, sous l'influence d'une bonne culture.

18. Cereus Limensis (Salm).

Synonymie. Cereus Limensis Salm. Cact. in hort. Dyck., cult., p. 193.—
id. A. G. Z., 1845, p. 353. — Cereus Lima hort.

Patrie. Lima (Pérou).

Diagnostic. Tige dressée, épaisse, vert foncé, prolifère à la base;
12 côtes obtuses, subconvexes; aréoles serrées, ovales, subtomenteuses,
fauves; aiguillons aciculaires, sétacés, droits, 8-18 intérieurs divergents, jaune roussâtre ou plutôt jaune doré, 1-2 plus longs, 20-25
extérieurs rayonnants, ceux du haut jaunes roux doré, ceux du bas
jaunes blancs; les aiguillons sont aciculaires, fins et flexibles.

Tige haute de 25 cent. sur environ 3 cent. de diamètre, prolifère à
la base; aréoles éloignées de 9 millim.; aiguillons intérieurs et les
extérieurs du haut jaunes roussâtre, ceux du bas plus pâles ou blancs.

Floraison? Fleurs?

Forster, dans son *Manuel de l'amateur de Cactées,* page 375, donne
à tort notre espèce comme synonyme du Cereus Flavescens hort.
Berol. Ces deux plantes, quoique assez voisines l'une de l'autre, constituent bien réellement deux espèces distinctes par la disposition, la
consistance et la couleur des aiguillons.

Culture. Serre tempérée pendant l'hiver, plein air en bonne exposition pendant la belle saison.

19. Cereus Multangularis (Haw.).

Synonymie. Cereus Multangularis Haw. Suppl. p. 75. — *id.* Pfr. enum.
p. 77. — Cact. Multangularis Wild. enum. suppl. 33. — Cact. Kagoneckii
Gemel. — *id.* hort. Carlw. — C. Lechii col. — *id.* Pfr. enum., p. 78. —
Cact. Nobilis hort.

Patrie. Amérique équinoxiale et Amérique du sud.

Diagnostic. Tige dressée, épaisse; 18-20 côtes vertes, plus tard
rameuse à la base; côtes rapprochées, arrondies; aréoles saillantes,
ovales, subtomenteuses, blanches; 4-6 aiguillons intérieurs rigides,
longs, jaunes, à pointe brune; aiguillons rayonnants, très-nombreux,
4-6 supérieurs aciculaires, jaunes, 10-20 inférieurs sétacés, tous droits.

Tige haute de 60 cent. sur 5-8 de diamètre; aréoles éloignées de
8 millim.; aiguillons intérieurs de 17-20 millim., 20-24 extérieurs
longs de 6-8 millim. Cette plante devient fort belle; elle pousse, à
partir de la base, de nombreux drageons quand elle a atteint une
certaine force. Elle est assez voisine du Cereus Strigosus, dont elle se
distingue aisément par ses dimensions et ses aiguillons.

Floraison? Fleurs?

VARIÉTÉS. Cereus Multangularis β. Pallidior Pfr. 1. c. — Cereus
Multangularis γ. Spinis Albis hort.—Cereus Spinibarbis hort. Monv.?
— Cereus Ochracanthus hort.

Variété dont les aiguillons extérieurs sont blancs et les intérieurs
jaunes.

Culture. Serre tempérée pendant l'hiver, plein air et pleine terre en bonne exposition pendant la belle saison.

20. Cereus Flavescens (Otto).

Synonymie. Cereus Flavescens Otto. — *id.* Pfr. enum., p. 79. — Cereus Flavescens hort. Monv. — Cereus Malctianus Cels?

Patrie? Dans le cas où notre synonymie serait exacte, le Cereus Flavescens serait du Mexique et non du Pérou.

Diagnostic. Tige subérigée, grêle, rameuse à la base; 10–16 côtes obtuses; aréoles serrées, petites, brunes ou jaunes; aiguillons nombreux, filiformes, presque rigides, jaunes.

Tige de 27 millim. de diamètre; sétules longues de 8 millim.

Forster regarde à tort notre plante comme synonyme du Cereus Limensis Lodl. Il la décrit ainsi :

Tige assez droite, mince; 10–16 côtes tronquées; aréoles petites, brunes ou jaunes; aiguillons nombreux, jaunes, assez rigides. Tige de 27 millim. de diamètre; aiguillons de 9 millim. de long. *Patrie.* Pérou, province de Lima. L'origine de notre Cereus Flavescens tendrait également à le différencier.

Culture. Serre tempérée pendant l'hiver, plein air et pleine terre en bonne exposition pendant la belle saison.

21. Cereus Strigosus (h. Angl.).

Synonymie. Cereus Strigosus h. Angl. — *id.* Pfr. enum., p. 78. — Cereus Myriophyllus Gillies.

Patrie. Chili.

Diagnostic. Tige dressée; 15–18 côtes (avec l'âge devenant rameuse à la base); côtes obtuses, rapprochées; aréoles munies de tomentum gris; aiguillons droits, rigides, 13–16 extérieurs rayonnants, aciculaires, jaunes, 4 intérieurs plus longs, celui du bas très-long, plus vigoureux, brunâtre.

Floraison? Fleurs?

Tige haute de 30 cent. et plus sur 7 au plus de diamètre; aréoles éloignées de 6–8 millim.; aiguillons extérieurs longs de 6–11 millim., les intérieurs du haut de même longueur, celui du bas de 27 millim.

Variété. Cereus Strigosus β. Spinosior Salm.

Variété à aiguillons plus forts et plus vigoureux; c'est une de nos plus belles espèces; sa tige s'élève jusqu'à 1ᵐ50 de hauteur sur 8–9 cent. de diamètre; ses aréoles sont éloignées de 8–10 millim. les unes des autres; ses aiguillons extérieurs ont de 8–13 millim. de longueur; ses aiguillons intérieurs sont encore plus longs; parmi ces derniers, l'inférieur atteint jusqu'à 27 millim. Il est également du Chili.

Culture. Serre tempérée pendant l'hiver, plein air et pleine terre pendant la belle saison.

22. Cereus Spachianus (Lem.).

Synonymie. Cereus Spachianus Lem. Hort. univ., p. 225, vol. 1er. — *id.* Salm. Cact. in hort. Dyck., cult., p. 194.

Patrie. Mexique.

Diagnostic. Tige dressée, épaisse, vert luisant, avec l'âge prolifère à la base; 12-14 côtes obtuses, aréoles petites, serrées, rondes, grises, tomenteuses; aiguillons jaune pâle, aciculaires, droits, 10 extérieurs étendus en rayonnant, ceux du bas sensiblement plus longs, 1 seul au centre un peu plus fort.

Tige haute de 60-70 cent., sur environ 8 cent. de diamètre; prolifères dans l'âge adulte.

Cette espèce diffère du Cereus Strigosus par sa tige plus élevée, ses aréoles moins serrées, les aiguillons extérieurs plus rares et l'aiguillon central isolé.

Floraison? Fleurs?

Culture. Serre tempérée pendant l'hiver, plein air et pleine terre en bonne exposition pendant la belle saison.

Cette plante, déjà assez ancienne dans les collections d'Europe, a été peu remarquée dans les Collections de France, où le plus souvent elle est confondue, soit avec le Cereus Strigosus ou sa variété, soit avec le Cereus Flavescens.

Pour ce motif il peut être utile de reproduire la description que Lemaire en a donné à la page 225 du premier vol. de l'*Horticulteur universel:*

Tige érigée à épiderme d'un vert très-foncé, légèrement glauque dans sa partie supérieure, à côtes obtuses, submammelonnées; sillons assez ouverts; aiguillons courts et rigides, blanchâtres.

La tige de la plante décrite, a environ 54 millim. de diamètre; côtes 9, de 1 cent. de profondeur et d'autant de largeur à la base, obtuses, renflées vers les aréoles qui sont portées par des espèces de mammelons; aréoles distantes les unes des autres de 2 cent. environ, petites, à peu près rondes, garnies d'un duvet blanchâtre, court et bientôt caduc; ordinairement 6-8 aiguillons, subdivariqués, parfois régulièrement disposés, et dans ce cas : 6 rayonnants dont 1 supérieur très-faible, les autres ainsi qu'un central érigé de 10-13 millim. de longueur, roides, droits, minces, blanchâtres, noirs à la pointe.

Dans la Collection de Monville, cette plante était regardée comme variété du Cereus *Rigidispinus* Monv., qui nous est inconnue et décrite ainsi :

Tige érigée robuste, vert foncé un peu glauque, à côtes épaisses et arrondies, à sinus ouverts, profonds et aigus; aiguillons extrêmement forts et roides, blanchâtres, divariqués.

Tige de 6 cent. de diamètre, 7 côtes de 2 cent. de hauteur sur 1 d'épaisseur; aréoles distantes de 13-22 millim., un peu enfoncées, subovales, peu convexes, garnies d'un duvet très court, grisâtre, portant 6-8 aiguillons inégaux très-épais, très-forts, variant de longueur depuis 6 jusqu'à 27 millim.

23. Cereus Intricatus (Salm).

Synonymie. Cereus Intricatus Salm.—Cact. in hort. Dyck., cult., p. 194. — Spinibarbis δ. Flavidus hort. Monv.

Patrie?

Diagnostic. Tige cylindrique vert gaie; 13 côtes; côtes obtuses un peu larges; aréoles larges, serrées; ovales munies de tomentum sublaineux, blancs, gris cendré plus tard; aiguillons très-rigides, vigoureux, jaune pâle, 8-12 extérieurs; ceux du bas plus longs, très-ouverts, courbés, subbifariés, entremêlés, 3-4 intérieurs très-longs.

Tige simple, haute de 20 cent. et de 8 de diamètre à sa base; côtes aplanies, larges vers la base; aréoles grandes à 1 cent. les unes des autres; aiguillons aciculaires, roides, jaune d'or dans la jeunesse, gris carnés plus tard, les extérieurs longs de 15 à 27 millim. (ceux du haut les plus courts, ceux des côtes ouverts, bifariés, entremêlés avec ceux des aréoles voisines, ceux du bas rayonnants) 3-4 intérieurs érigés, ouverts, plus vigoureux, longs de 5 cent. et plus.

Floraison? Fleurs?

Culture. Serre tempérée pendant l'hiver, plein air et pleine terre pendant la belle saison.

La plupart des plantes de ce groupe n'ont pas encore montré leurs fleurs en France, et si nous en jugeons par le manque absolu de descriptions, il y a lieu de croire qu'elles n'ont pas été observées davantage dans les autres régions de l'Europe; je crois que cela tient au mode de culture auquel elles sont soumises; si vers la fin de janvier, ces plantes étaient un peu chauffées de manière à activer leur végétation pendant tout le temps qui précède leur mise en pleine terre, et si alors on avait le soin de les dépoter et de les planter sans briser les mottes, je crois que les beaux sujets qui existent dans nos Collections, ne tarderaient pas à montrer leurs fleurs.

2e GROUPE. — SULCATI, à tige cannelée.

Tige érigée plus ou moins élevée, simple ou rameuse, cylindrique ou atténuée, 8-24 sillons peu creusés. Aiguillons variant en nombre et par la forme, parfois très-longs ou très-vigoureux.

A. *LATECOSTATI*, à côtes larges.

Tige s'élevant à 1 pied et plus, cylindrique, épaisse, luisante, 8-12 côtes, côtes et sillons assez larges, obtus; aréoles espacées, laineuses, rondes; 8-16 aiguillons érigés, ouverts, vigoureux, parfois très-vigoureux.

19

* LEIOPELOI, A ÉPIDERME LISSE.

Tige simple ou rameuse, verte, lisse; côtes 8-12 ou 24 arrondies, plus ou moins gonflées près des aréoles; aréoles serrées; aiguillons longs.

Contrairement à l'avis du prince de Salm qui place les deux premières plantes de ce groupe dans un groupe spécial qui clos la série des Echinocerei, nous les plaçons dans la division des Sulcati : à cause des indications qui existent sur la forme des fleurs qui ont été observées plusieurs fois dans la Collection de Monville.

Il existe encore deux Cerei à placer dans le groupe précédent, soit comme transition vers celui-ci, soit comme véritables Echinocerei; ce sont le Cereus Dumesniléanus, et le Cereus Maletii, tous deux sont très-voisins des Cereus Flavescens hort. Berol, et Strigosus, les seuls exemplaires qui existent dans nos Collections, sont encore très-jeunes et n'ont pu être décrits; peut-être même devront-ils se confondre plus tard avec quelques-unes des espèces déjà connues.

24. Cereus Lamprochlorus (Lem.).

Synonymie. Cereus Lamprochlorus Lem. — Cereus Nitens Salm. Cact. in hort. Dyck., cult., p. 195 et A. G. Z., 1845, p. 354. — Echinoc. Wan-Gertii hort. Belg. d'après Lemaire? — Cereus Chiloensis β. Lamprochlorus Monv. Catal. 1846.

Patrie?

Diagnostic. Tige dressée, épaisse, vert très-luisant, prolifère à la base, 9-10 côtes obtuses, larges, sillons peu prononcés à crénelures échancrées entre les aréoles; aréoles subimmergées assez larges, munies de tomentum gris de cendre; 12-15 aiguillons très-grêles, rigides, purpurescents à la base et jaune pâle luisant à la pointe, 4 intérieurs un peu plus vigoureux, celui du bas le plus long, 9-10 rayonnants.

Tige haute de 35-40 cent. sur 5-6 cent. de diamètre; aréoles éloignées les unes des autres de 9-12 millim.; aiguillons extérieurs de 6-10 millim. de longueur.

Floraison? Fleurs?

Cette plante diffère du Cereus Caudicans par sa tige plus luisante, ses côtes convexes, gonflées; ses aiguillons plus courts, plus grêles, rouge pourpre de la base au milieu, jaune paille à la pointe : elle se rapproche aussi du Cereus Chiloensis, dont elle se distingue par sa forme plus élancée, sa couleur vert luisant, ses aiguillons plus nombreux, plus effilés et plus luisants, également aussi par ses sillons plus ondulés.

La même plante a été décrite de la manière suivante par Lemaire, dans son premier fascicule à la page 30 :

Tige érigée, vigoureuse, à côtes nombreuses, d'un vert luisant; 12-15 côtes obtuses, répandiformes, enflées vers les aréoles; sillons ondulés, à peine aigus vers le sommet, et presque plans vers la base de la plante, et dans ce cas accusés par une ligne d'un vert très-luisant; aréoles rapprochées, distantes les unes des autres de 9-13 millim., ovales, et de leurs sommets part un double sillon qui, en se dirigeant vers le haut, plie la côte d'une manière particulière : elles sont garnies de tomentum persistant, d'un blanc tirant quelquefois sur le fauve, et de nombreux aiguillons, rigides, valides, piquants, presque fauve bruns, et pendant leur jeunesse d'un jaune transparent, marqués de brun à la pointe : dont 12–15 extérieurs rayonnants, longs de 6-9 millim. et 4 intérieurs décusés, plus robustes, plus longs, dont l'inférieur défléchi atteint environ 27–30 millim.

La plante ainsi décrite par Lemaire était encore jeune, elle atteignait 30 cent. de hauteur sur 4 cent. de diamètre, elle se rapproche assez du Cereus Chilöensis dont elle diffère cependant par sa tige plus grêle, la couleur vert luisant de son épiderme, et aussi celle de ses aiguillons qui sont plus nombreux et plus grêles ou plutôt plus effilés ; ses aréoles sont plus resserrées et ses sillons sont plus ondulés.

Culture. Serre tempérée pendant l'hiver, pleine terre et plein air pendant la belle saison.

25. Cereus Candicans (Gill.).

Synonymie. Cereus Candicans Gill. — *id.* Pfr. enum., p. 91.

Patrie? Mendoza, La Plata.

Diagnostic. Tige dressée vert pâle, 9-10 côtes ; côtes obtuses, larges ; aréoles tomenteuses, blanches ; aiguillons staminés, 9-16 rayonnants, 4 intérieurs plus vigoureux, celui du bas très-vigoureux.

Floraison? Fleurs blanches très-grandes, odorantes. Il n'en existe aucune description ; cependant elle a été observée plusieurs fois dans la Collection de Monville ; Robillard, qui était chargé des serres, dit qu'elle est entièrement semblable à celle des autres Cierges.

Tige haute de 50 cent. sur 15 de diamètre ; aréoles distantes de 8 millim., longues de 6 ; aiguillons longs de 4 cent.

Dans la jeunesse, ces plantes sont oblongues, ovées.

VARIÉTÉS. Cereus Candicans β. Tenuispinus Pfr. l. c.—Syn. Cereus Montezumæ hort. — Cereus Gladiatus β. Courantii h. Monv. — Cereus Candicans β. Gracilior Monv.

Aiguillons plus grêles, plus courts et légèrement frisés, différence imperceptible dans les jeunes individus.

Cereus Candicans γ. Robustior Salm. — Syn. Cereus Candicans β. Spinosior Salm. — Cereus Gladiatus h. Berol. — Cereus Gladiatus γ. Vernaculatus h. Monv. ?

Aiguillons plus vigoureux, les intérieurs plus allongés.

La variété Gladiatus γ. Vernaculatus Monv., comme l'indique son nom, ne semble présenter avec les autres d'autre différence que celle de l'époque de sa végétation, qui serait printanière.

Culture. Serre tempérée pendant l'hiver, plein air et pleine terre en bonne exposition pendant la belle saison.

26. Cereus Gladiatus (Lem.).

Synonymie. Cereus Gladiatus Lem. Cact. in hort. Monv., 1838, p. 28.

Patrie. Le Paraguay.

Diagnostic. Tige érigée, élevée, très-vigoureuse, d'un vert gai, portant des côtes larges, arrondies.

Côtes très-vigoureuses, larges, obtuses, convexes sur chaque face, gonflées d'une manière très-remarquable vers les aréoles ; sinus à peine aigu ; d'abord vert et marqué dans la partie voisine du sommet de la plante, ensuite renflé, presque plan et roux vers la partie inférieure où il n'est marqué que par une ligne sinueuse ; aréoles ovales, garnies de laine épaisse, abondante, courte, persistante et blanchâtre, et de 15–20 aiguillons droits, allongés, dont 12–15 extérieurs divariqués, vigoureux, inégaux, et 3–4 intérieurs très-vigoureux ; tous rigides, aciculaires, aigus, légèrement subulés et d'un rouge brun à la base, comme marbrés et striés sur leur longueur.

Tige s'élevant à 1 mètre de hauteur sur 12–15 et même 20 cent. de diamètre, rameuse à la base ; aréoles distantes de 27–30 millim. les unes des autres ; aiguillons extérieurs variant de longueur depuis 13 millim. pour les plus courts jusqu'à 35 pour les plus longs, jaune ambré, marqués de roux vers l'insertion ; aiguillons intérieurs très-vigoureux, surtout l'un d'eux presque central, atteignant jusqu'à 5 cent. de longueur. Ils sont tous remarquables par leur longueur et la manière dont ils sont colorés.

Floraison ? Fleurs ? Quoique non décrite, la fleur a été observée à Monville, elle est odorante, blanche, très-grande.

Culture. Serre tempérée pendant l'hiver, plein air et pleine terre en bonne exposition pendant la belle saison.

27. Cereus Brachiatus (Galeot.).

Synonymie. Cereus Brachiatus Galeot.— *id.* Salm. Cact. in hort. Dyck., cult., p. 195.

Patrie. Tehuacan.

Diagnostic. Tige suballongée, très-rameuse, vert cendré ; 8 côtes rondes ; aréoles subresserrées, larges, munies de tomentum gris ; 12 aiguillons extérieurs rayonnants, étalés, grêles, ceux du bas sensiblement plus longs, 4–5 intérieurs plus vigoureux, celui du bas très-long (de près de 10 cent.), anguleux ; tous très-noduleux à la base, devenant gris avec l'âge.

La tige atteint environ 2^m50, très-rameuse, presque branchue ; épiderme opaque ; côtes subobtuses, subcomprimées ; aréoles distantes de 18–20 millim., larges, munies de tomentum gris ; aiguillons tous noduleux à la base, les extérieurs grêles, longs de 9–18 millim., gris en naissant ; les aiguillons intérieurs (d'abord bruns) ; 4 décussés, parfois avec 1 cinquième intérieur, très-inégaux ; l'aiguillon supérieur et le central quand ils existent, souvent plus vigoureux, érigés, dressés en haut, de 8 cent. et plus, les aiguillons latéraux aciculaires, roides, longs de 14-22 millim., enfin l'inférieur toujours longuement étendu, de 5-10 cent. de long, aplani, subtétragone, recourbé en dedans. La plante est fortement défendu par ses longs aiguillons.

Floraison? Fleurs?

Culture. Serre tempérée pendant l'hiver, pleine terre en bonne exposition pendant la belle saison.

28. Cereus Longispinus (Salm).

Synonymie. Cereus Longispinus Salm. Cact. in hort. Dyck., cult., p. 196. — *id.* A. G. Z., 1845, p. 354.

Patrie?

Diagnostic. Tige suballongée (ou rameuse?), épaisse, vert cendré; 8-12 côtes gonflées en tubercules près des aréoles; aréoles très-resserrées, très-larges, munies de tomentum brun cinérascent; environ 12 aiguillons disposés irrégulièrement, subfasciculés, serrés, très-inégaux, 4-5 très-longs, horizontaux, porrigés, droits, flexibles, les autres aciculés, courts ou très-courts; tous d'abord noirs fauves, ensuite gris.

Tige haute de 30 cent. sur 8 cent. de diamètre, simple, mais probablement rameuse avec l'âge, à épiderme opaque; côtes convexes, dilatées prés des aréoles et crénelées par les tubercules; aréoles distantes de 9-13 millim., très-larges, étroites en dessus et comme immergées dans la partie supérieure des crénelures, elles sont semicirculaires en dessus et munies de tomentum gris et cinérascent; aiguillons disposés sans ordre, d'abord érigés, ensuite réunis en faisceau, couchés horizontalement et non entremêlés latéralement, d'inégale longueur, 4-5 allongés, aciculaires, subrigides, flexueux, longs de 10-13 cent., les autres de 4-6 millim. de long.

Floraison? Fleurs?

Culture. Serre tempérée pendant l'hiver, pleine terre en bonne exposition pendant la belle saison.

** A ÉPIDERME VÉLUTINEUX (VELUTINI)[1].

Tige subélancée, simple; 8-13 sillons couverts d'une couche épaisse devenant plus ou moins vélutineuse avec le temps; côtes arrondies, gonflées-cambrées près des aréoles; aréoles serrées; aiguillons très-nombreux, très-rigides, le plus souvent subulés, vigoureux et parfois très-vigoureux.

---

[1] L'introduction d'un grand nombre de Cierges dont l'épiderme est recouvert d'une couche vélutineuse, a conduit le prince de Salm Dyck, à créer cette sous-division. La plupart des individus qui la composent sont originaires du Chili ou de la Bolivie; non-seulement ils diffèrent des Echinopsis et des Echinocactes, mais encore par leur port ils semblent même différer aussi des Cerci et constituer un groupe distinct.

29. Cereus Gilvus (Salm).

Synonymie. Cereus Gilvus Salm. Cact. in hort. Dyck., cult.; p. 197.— id. A. G. Z., 1845, p. 355.

Patrie?

Diagnostic. Tige épaisse, vélutineuse, vert jaunâtre; 11 côtes très-obtuses, convexes, gonflées près des aréoles, à peine crénelées; aréoles très-distancées, ovales-oblongues, tomenteuses, grises; aiguillons très-rigides, très-vigoureux, subflexueux, gris cendre, 11 extérieurs ouverts, recourbés, 4 intérieurs subérigés, onduleux tout à fait à la base, celui du haut et celui du bas plus longs.

Tige vigoureuse, jusqu'ici ovée, haute de 14 cent. sur 10 de large, épiderme visiblement vélutineux; côtes très-larges, très-obtuses, dilatées latéralement vers les aréoles et concaves de l'une à l'autre; aréoles distantes de 20-40 millim., ovées, oblongues, munies de tomentum épais, cinérascent; aiguillons très-vigoureux, subulés, déjetés, subdéfléchis, les extérieurs longs de 27 millim., les intérieurs, surtout celui du haut et celui du bas, plus longs d'environ 5 cent., d'une couleur gris cendré particulière.

Floraison? Fleurs?

Culture?

Cette plante n'existe pas encore dans les Collections de France : elle ne m'est connue que par les descriptions que le prince de Salm Dyck en a données.

30. Cereus Pepinianus (Salm).

Synonymie. Cereus Pepinianus Salm. Cact. in hort. Dyck., cult., p. 197. —id. A. G. Z., 1845, p. 354.

Patrie?

Diagnostic. Tige dressée, vert gai, vélutineuse; 8–9 côtes épaisses, larges, convexes; aréoles serrées, larges, ovales, munies de tomentum gris cendre foncé; aiguillons très-rigides, les jeunes paille à pointe finement colorée, les plus jeunes gris cendre, 7-8 extérieurs rayonnants, recourbés, 2-4 intérieurs, celui du bas et celui du haut longs, ouverts, l'un vers le haut, l'autre vers le bas de la plante.

Floraison? Fleurs?

Tige jusqu'à ce jour 10 cent. de haut sur 5 de diamètre et plus, à épiderme visiblement vélutineux; côtes larges, arrondies dans la partie supérieure et aplanies vers la partie inférieure de la plante, à peine crénelée entre les aréoles; aréoles subimmergées, distantes de 13-15 millim., larges, ovales, convexes, munies de tomentum épais, cinéré noir; 9-12 aiguillons très-rigides, d'abord paille transparent à la base, bruns en haut, plus tard blancs cinérés; les aiguillons extérieurs recourbés, longs de 15-18 millim., 4 intérieurs (les 2 des côtés avortant fréquemment) longs de 6 cent., celui du haut érigé, celui du bas ouvert en dehors.

Culture. Serre tempérée pendant l'hiver, plein air pendant l'été.

Le prince de Salm regarde cette plante comme synonymie de l'Echinocactus Pepinianus Cels, *id.* Lem. Elle nous semble toute différente, surtout à cause de ses 2 aiguillons intérieurs dont l'un atteint 6 cent. Notre Échinocactus Pepinianus n'a pas encore fleuri, et, dans le cas où sa fleur viendrait à en faire un Cereus, il serait une variété du Cereus Pepinianus Salm.

31. Cereus Pycnacanthus (Salm).

Synonymie. Cereus Pycnacanthus Salm. Cact. in hort. Dyck., cult., p. 196. — *id.* A. G. Z., 1845, p. 355. — *id.* Monv. Hort. univ., vol. 1er, p. 220.

Patrie. Chili, sur les rochers de Huasco.

Diagnostic. Tige dressée, vert vélutineux livide ; 10 côtes épaisses, arrondies, subcrénelées, intumescentes près des aréoles ; aréoles subespacées, très-larges, convexes, ovales, munies de tomentum noirâtre ; aiguillons très-rigides, épais, subulés, brun cendré, 11-13 extérieurs rayonnants, très-ouverts, ceux du bas les plus longs, 4 intérieurs décusés, un peu ouverts, celui du haut et celui du bas beaucoup plus vigoureux que les autres.

Tige haute de 20 cent. sur 8 cent. de diamètre jusqu'ici ; épiderme franchement vélutineux ; côtes arrondies, larges, dilatées vers les aréoles et presque convexes entre elles, elles sont éloignées d'environ 2 cent. et demi, elles sont larges, convexes et garnies de tomentum épais d'abord jaune, plus tard noirâtre ; tous les aiguillons sont très-rigides, subulés, les intérieurs plus vigoureux, celui du haut et celui du bas très-vigoureux, de 4-5 cent. de long, l'un tourné en haut, l'autre en bas.

Floraison ? Fleurs ?

Culture. Serre tempérée pendant l'hiver, en plein air et sous châssis pendant la belle saison.

Cette plante étant très-rare en France où elle est presque inconnue aujourd'hui, il n'est peut-être pas inutile de reporter ici la description que M. de Monville en a donnée dans le 1er volume de l'*Horticulteur universel*, à la page 220 :

Tige droite, roide, robuste, vert olivâtre, à 11 côtes fortes, obtuses et crénelées ; aréoles rapprochées, grandes ; aiguillons nombreux, longs, divariqués, droits, forts, roides, très-inégaux, blanchâtres.

Tige de 5-8 cent. de diamètre ; côtes arrondies, d'environ 1 cent. de hauteur et d'épaisseur, crénelées en dessus des aréoles ; sillons profonds et aigus, légèrement sinueux ; aréoles ovales, très-convexes, longues de 15 millim. sur 10 environ de largeur, garnies d'un duvet court et grisâtre et distantes de 6-9 millim. seulement ; 15-20 aiguillons droits, ronds, très-aigus, à épiderme rugueux, souvent contournés en spirale, blanchâtre, rouge brun vers la pointe seulement : ces aiguillons varient pour la longueur depuis 6 millim. jusqu'à 13-14 cent., et quant à la grosseur, depuis celle d'une aiguille fine jusqu'à celle d'une plume de pigeon : les plus forts, au nombre de 2 ordinairement, sont dirigés l'un vers le haut, l'autre vers le bas, quelquefois il en existe en outre 1 central tendant vers cette dernière direction ; les aiguillons moyens sont divariqués et les plus petits irrégulièrement rayonnants. Du sommet de l'aréole sortent en outre quelques crins blanchâtres plus ou moins crispés.

Les nombreux aiguillons de cette plante lui composent une armure si complète et si impénétrable, que pas un seul point n'est accessible au doigt. Les sujets originaux portaient plusieurs boutons de fleurs desséchées, revêtus de soie brune, ils étaient insérés dans la partie supérieure des aréoles, vers la partie moyenne de la tige.

Il est regrettable que cette description ne contienne aucune indication de la hauteur de la tige, car elle permettrait de déterminer l'âge et la taille à laquelle cette plante, comme toutes celles de cette section, fleurit. Cependant, en la comparant à celle du prince de Salm, qui présente le même diamètre, on est en droit de conclure que ces plantes sont de force à fleurir quand elles atteignent une hauteur de 20 cent. environ.

Cette observation tend à prouver, il me semble, que l'opinion généralement accréditée, que les Cierges demandent de grandes dimensions pour fleurir, une assez forte chaleur, un climat beaucoup plus tempéré que le nôtre, est mal fondée.

En effet, les dimensions de notre plante indiquent bien nettement que celles de nos Collections qui mesurent 60, 80 cent. et plus, devraient nous montrer tous les ans leurs fleurs, si elles étaient convenablement cultivées.

D'un autre côté, la plupart des régions de l'Amérique, d'où nous proviennent nos Cactées, appartiennent à des climats tempérés, où la température varie depuis la température dont jouit la partie centrale de la France pendant les plus fortes chaleurs, jusqu'à celle qui y règne pendant le printemps. Or, la plupart des Cerei qui appartiennent au Chili, se trouvent, comme celui-ci, renfermés dans des contrées où la température moyenne est à peu près celle du midi de la France, et où les températures extrêmes, différentes, sont plus élevées de 2 à 3 degrés seulement.

32. Cereus Heteromorphus (Monv.).

Synonymie. Cereus Heteromorphus Monv. Hort. univ., t. 1, année 1840, p. 221.

Patrie. Chili, les rochers de Huasco.

Diagnostic. Tige forte, subérigée, subrameuse, un peu fléchie, vert olive, à côtes fortes, arrondies, crénelées, portant des aréoles larges, tomenteuses, très-rapprochées, chargées de nombreux aiguillons blancs, très-variables dans leur longueur et leur grosseur.

Tige de 8 cent. de diamètre; 11-14 côtes saillantes de 9-13 millim. sur autant de large, très-arrondies, coupées immédiatement au-dessous de chaque aréole par un sillon transversal profond; sillons aigus, sinueux par suite du renflement des côtes près des aréoles; aréoles subcordiformes, convexes, munies de tomentum grisâtre, espacées de 4-8 millim.; aiguillons de deux sortes, les uns criniformes, très-flexibles, variant en longueur de 6-8 millim. jusqu'à 11 cent, leur nombre est également variable de 2-30 et plus, les autres droits, rigides, aigus, plus ou moins divariqués, variant en diamètre depuis 2 dixièmes de millim. jusqu'à 2 millim., et en longueur depuis 2 millim. et demi jusqu'à 16 cent., variant aussi en nombre de 2-12.

Floraison? Fleurs?

Culture. Serre tempérée pendant l'hiver, plein air et pleine terre pendant la belle saison.

33. Cereus Subuliferus (Salm).

Synonymie. Cereus Subuliferus Salm. Cact. in hort. Dyck., cult. p. 198. — id. A. G. Z., 1845, p. 354. — Cereus Spinibarbis δ. Flavidus Monv.?

Patrie?

Diagnostic. Tige dressée, vert gai, vélutineuse; 9-10 côtes épaisses, rondes, intumescentes près des aréoles; aréoles subresserrées, très-larges, convexes, ovales, munies de tomentum noirâtre; 6 aiguillons ouverts, très-rigides, subulés, fauve cendré, celui du haut érigé, très-vigoureux, deux fois plus long et plus fort que les autres.

Floraison? Fleurs?

Tige haute jusqu'ici de 10-13 cent. sur 5 de diamètre, à épiderme manifestement vélutineux; côtes arrondies, épaisses, dilatées et subcrénelées vers les aréoles; aréoles distantes de 20 millim. environ, larges, ovales, convexes, garnies de tomentum épais, brun noirâtre; aiguillons tous extérieurs, très-épais, très-rigides, gris chamois dans la jeunesse, plus tard jaune cinérascent, 4 ouverts, subbifariés, celui du bas subdéfléchi, celui du haut très-vigoureux, long de 27-30 millim. et plus, érigé, et de l'épaisseur d'une plume de pigeon à la base.

Culture. Serre tempérée pendant l'hiver, plein air et pleine terre pendant la belle saison.

34. Cereus Chilensis (Pfr.).

Synonymie. Cereus Chilensis Pfr. enum. diagn., p. 86. — Cereus Chiloensis Col. — Cereus Chilensis Salm. Cact. in hort. Dyck., cult., p. 198. — Cereus Coquimbanus hort. (non Molin). — Echinoc. Pyramidalis hort. — *id.* Elegans hort. — Cereus Subrepandus hort. — Echinoc. Elegans hort.

Patrie. Chili, Coquimbo.

Diagnostic. Tige dressée, simple; 10-12 angles verts; sillons émoussés; côtes arrondies; aréoles serrées, oblongues, grandes, munies de tomentum très-court, gris; 8-10 aiguillons vigoureux, bruns clairs, droits, divariqués, inégaux, 1-2 intérieurs très-forts, coniques, bruns, larges à la base, insérés au milieu du tomentum.

Floraison? Fleurs?

Cette espèce se rencontre fréquemment dans les Collections; son épiderme est aussi vélutineux, elle varie par le nombre des côtes et des aiguillons. Notre espèce est la plus robuste, haute de 30 cent. sur 8 de diamètre; les aréoles sont subespacées et munies de 10 aiguillons extérieurs et de 1 central.

VARIÉTÉS. Cereus Chilensis β. Flavescens Salm. — Syn. Cereus Fulvibarbis Otto. — Cereus Chiloensis β. Llamprochlorus Monv. — Cereus Chiloensis hort. Olim. — Cereus Chiloensis Spinosior Salm. Olim.

13 côtes; aréoles serrées; aiguillons jaune doré, plus nombreux et plus grêles.

Cereus Chilensis γ. Brevispinulus Salm. — Syn. Cereus Quintero h. Goetting. — Cereus Spinibarbis β. Minor Monv.

Aréoles encore plus serrées; aiguillons encore plus grêles et plus courts.

Cereus Chilensis δ. Polygonus Salm. — Syn. Spinibarbis γ. Purpureus Monv.

Côtes dilatées entre les aréoles, subinterrompues; aréoles serrées; 11 aiguillons extérieurs; ordinairement 4 intérieurs (ceux du haut manquant quelquefois), ceux du bas plus longs.

Culture. Serre tempérée pendant l'hiver, plein air et pleine terre pendant la belle saison.

35. Cereus Spinibarbis (hort. Berol.).

Synonymie. Cereus Spinibarbis hort. Berol. — *id.* Pfr. enum. diagn., p. 86. — *id.* Salm. Cact. in hort. Dyck., cult., p. 199. — *id.* Monv.

Patrie. Chili, province de Coquimbo.

Diagnostic. Tige dressée, verte, vélutineuse; 9 côtes; sillons aigus; côtes obtuses, convexes; aréoles immergées, ovales, blanches, sublaineuses; aiguillons droits, rigides, cinérés, à pointe noire, 2-4 intérieurs plus forts, 8 extérieurs rayonnants.

Tige présentant de 3-5 cent. de diamètre; aiguillons atteignant jusqu'à 30 cent. de longueur.

Cette espèce, ainsi que les précédentes, est rangée dans cette sec-

tion à cause de son épiderme vélutineux ; ses aréoles sont très-resserrées, elles sont au plus éloignées de 4-5 millim.

Floraison ? Fleurs ?

Culture. Serre tempérée pendant l'hiver, plein air et pleine terre
pendant la belle saison.

*** A TIGE ATTÉNUÉE (ATTENUATI).

Tige élancée, mince, atténuée en haut ; 8-12 sillons ; côtes arrondies, subcambrées ; aiguillons droits, de deux couleurs ou tachés de
noir.

Généralement, les plantes qui appartiennent à cette subdivision et
à la suivante proviennent de régions plus rapprochées de l'équateur,
que celles qui appartiennent aux deux précédentes : pour ce motif, il
serait naturel de croire qu'elles demandent dans nos cultures des soins
plus particuliers et une température plus élevée. Cependant il n'en est
rien ; la plupart, à cause des difficultés que présenterait la plantation
en pleine terre de sujets allongés et assez minces, ont été cultivées en
pots, exposées seulement en plein air pendant la belle saison ; et malgré
cela, la plupart nous ont montré leurs fleurs. Je ne crois pas qu'il
faille attribuer cette différence dans la facilité que ces dernières ont à
fleurir à une autre cause que l'habitude où on est de les placer pendant
l'hiver dans les parties les plus chaudes de l'endroit où elles sont rentrées, et par conséquent à la possibilité de faire commencer plus tôt
et de faire durer plus longtemps leur période de végétation.

36. Cereus Erectus (Karw.).

Synonymie. Cereus Erectus Karw. — *id.* Pfr. enum. diagn., p. 95. —
id. Forst. Handb. dr. Cact., p. 380.

Patrie. Mexique, près Zimapan.

Diagnostic. Tige dressée, simple, subcylindrique ; 8 côtes vertes ;
côtes très-obtuses, subondulées ; aréoles subespacées, munies de tomentum gris très-court ; 8-9 aiguillons blancs, à pointe noire, 1-3
intérieurs plus longs, brunâtres ; tous droits, rigides.

Tige de 4 cent. de diamètre ; aréoles éloignées de 13-15 millim. ;
aiguillons extérieurs longs de 9-11 millim. ; aiguillons intérieurs longs
de 13-15 millim.

Floraison ? Fleurs ?

Culture. Serre tempérée pendant l'hiver, plein air et pleine terre
quand cela est possible en bonne exposition. La place qui lui convient
le mieux est l'exposition en pleine terre le long d'un mur ou d'un abri
exposé en plein midi.

37. Cereus Repandus (Haw.).

Synonymie. Cereus Repandus Haw. — *id.* Pfr. enum. diagn., p. 93. —
Cact. Repandus Lin. Bot. reg., t. 336. — Cereus Royeni Dc., pl. gr., t. 143.
— Cereus Ambiguus Bonp. nov., t. 36. — *id.* Pfr. enum. diagn., p. 104

— Cact. Gracilis Mill. — Cereus Repandus Forst. Handb. dr. Cact., p. 379.

Patrie. Les Antilles et les îles Caraïbes.

Diagnostic. Tige dressée, longue; côtes très-peu saillantes; sillons aigus, subondulés; 9-11 côtes très-petites, arrondies; aréoles sub-distancées, laineuses; aiguillons sétiformes, spinescents, courts, sub-égaux, rigides, blancs, 7-8 extérieurs, 2 intérieurs.

Tige de 1^m à 1^m50 sur 3-4 cent. de diamètre; aréoles éloignées de 28 millim.; aiguillons longs de 8-10 cent.

Floraison? Fleurs érigées, obliques, s'ouvrant seulement pendant quelques heures; tube long de 9 cent.; diamètre du limbe, 14 cent.; ovaire subglobuleux, couvert de squammes vert foncé et de poils blancs; tube vert brun, inerme, formé de squammes vertes peu velues; lacinies extérieures linéaires, brunes; lacinies intérieures bisériées, lancéolées, celles du dehors brunes, verdâtres, celles du dedans blanches, longues de 3 cent. sur 15 millim. de large; étamines blanches, filiformes, plus longues que le limbe; anthères soufre; style plus long que les étamines, à 8-10 divisions jaunes.

Baie obovée, ronde, atténuée vers le sommet, de 5 cent. de longueur et de diamètre, jaune citron sale, garnie de tubercules larges et de squammes brunes, pileuses.

Baie oviforme de 4-5 cent. de long.

Culture. Serre tempérée pendant l'hiver, plein air en bonne exposition comme le précédent pendant la belle saison.

38. Cereus Subrepandus (Haw.).

Synonymie. Cereus Subrepandus Haw. — *id.* Pfr. enum., p. 93. — Cereus Undatus hort. Berol. — *id.* Pfr. enum. diagn., p. 94. — *id.* Abbild., t. 28. — Cereus Divergens hort. Berol. — *id.* Pfr. enum. diagn., p. 95. — Forst. Handb. dr. Cact., p. 378. — Cereus Imbricatus hort.

Patrie. Iles Caraïbes.

Diagnostic. Tige dressée, allongée; 8-12 côtes; sillons aigus; côtes obtuses, serrées, enflées au-dessous des aréoles; aréoles rapprochées; 6-8 aiguillons blancs à pointe noire, divergents, 1 ou point intérieur à peine plus long; tomentum des aréoles très-court.

Tige de 15 millim. de diamètre; aréoles éloignées de 11 millim.; aiguillons longs de 20 millim.

Floraison. Fleurs blanchâtres, grandes, se développant au mois de Mai; ovaire subglobuleux, couvert de squammes vertes; tube long de 18-20 cent., étendu presque horizontalement, brunâtre, également couvert de squammes qui sont verdâtres, allongées; lacinies extérieures linéaires, brunes verdâtres; lacinies intérieures plus larges, blanches.

Baie obovée, jaunâtre, tubéreuse, garnie de squammes linéaires vertes, longue de 7 cent. sur 5 de diamètre.

Forster regarde notre plante comme une variété du Cereus Undatus hort. Berol., dont Pfaiffer fait aussi une espèce distincte. Je crois, comme le prince de Salm, que ces deux plantes sont identiques et ne présentent aucune différence tranchée. Au reste, je rapporte ici la description donnée par Pfaiffer, sous le nom de Cereus Undatus, dans son *Enumeratio diagnostica,* à la page 94 :

Tige érigée, grêle, 10 côtes, d'un vert foncé ; côtes obtuses, ondulées ; aréoles presque resserrées, blanches, portant 6-8 aiguillons extérieurs blancs, 3-4 intérieurs plus longs, tirant sur le brun ; tous rigides, droits.

Tige de 13-18 millim. de diamètre ; aréoles éloignées de 13 millim. les unes des autres ; aiguillons longs de 9-18 millim.

Fleurs solitaires, grandes, blanches, présentant un limbe de 13 cent. au moment de l'anthèse ; ovaire subglobuleux, couvert de squammes vertes imbriquées, munies à leurs aisselles de touffes de laine ; tube subhorizontal, long de 14 cent., vert, formé de squammes d'un vert plus foncé ; sépales longues, linéaires, très-étalées, d'un jaune verdâtre ; pétales plus larges, dentelés vers le sommet, d'un blanc de neige ; étamines blanches ; anthères jaunes, grandes ; style épais, vert, plus long que les étamines, terminé par de nombreuses divisions stigmatiques.

Baie ovale, longue de 4 cent. sur 27 millim. de diamètre, sub-tuberculée, recouverte de squammes vertes, dont les aisselles sont garnies de poils blancs.

Culture. Serre tempérée pendant l'hiver, plein air en bonne exposition pendant la belle saison. Même observation que pour les précédents.

39. Cereus Eriophorus (hort. Berol.).

Synonymie. Cereus Eriophorus hort. Berol. — *id.* Pfr. enum. diagn., p. 94. — Abbild., t. 22. — Cereus Cubensis Zucc. — *id.* Forst. Handb. dr. Cact., p. 379, auquel il ajoute la synonymie suivante : Cereus Subrepandus Hortulani. — Cereus Eriophorus Lœtevirens Salm.

Patrie. Ile de Cuba.

Diagnostic. Tige dressée, simple, verte, à 8 côtes ; sillons d'abord aigus, ensuite disparaissant presque ; côtes obtuses, sinueuses, convexes ; aréoles espacées, ovales, munies de tomentum blanc très-court ; aiguillons, 8 extérieurs, 1 central un peu plus long que les autres ; tous droits, aciculaires, blancs à pointe noire.

Tige de 4 cent. de diamètre ; côtes larges de 8 millim. ; aréoles éloignées de 25-30 millim. ; les 4-5 aiguillons supérieurs longs de 17 millim.

Floraison ? Fleurs blanches se développant déjà sur de jeunes sujets hauts de 30 cent., se développant en Mai et Juin aux aréoles près du sommet de la plante ; ovaire globuleux, entièrement recouvert de laine blanche ; tube érigé, oblique, long de 10 cent., garni de squammules vertes très-laineuses, rougeâtres au sommet ; lacinies extérieures étroites, acuminées, rouge brun ; lacinies intérieures bisériées, les plus extérieures lancéolées, verdâtres, les plus intérieures acuminées, plus larges, blanches, formant un limbe de 9 cent. en forme de coupe; étamines blanches; style verdâtre plus long que les étamines.

Baie subglobuleuse atténuée au sommet, longue de 5 cent. sur 2 de diamètre, très-légèrement tubéreuse et munie de quelques squammules lanigères, verte à la base, dorée vers le sommet.

Culture. Serre tempérée pendant l'hiver, plein air en bonne exposition pendant la belle saison. Même observation que pour les précédents.

Cette plante fleurit plus facilement que ses congénères; souvent les sujets de 15-20 cent. de hauteur donnent des fleurs.

40. Cereus Platygonus (hort. Berol.).

Synonymie. Cereus Platygonus hort. Berol. — *id.* Salm. Cact. in hort. Dyck., cult., p. 199. — *id.* Otto.

Patrie?

Diagnostic. Tige érigée, grêle, simple, vert glauque; 8 côtes arrondies en dessus; sillons à peine creusés, aplanis en bas; aréoles distancées, petites, grises, sublomenteuses; aiguillons grêles, petits, rigides, 7 extérieurs ouverts, rayonnants (celui du haut manquant), celui du bas et celui du centre plus longs; tous d'abord jaunes, ensuite blancs.

Tige presque ronde, d'environ 40 cent. de haut sur 20-25 millim. de diamètre à la base et très-atténuée vers le sommet, elle est marquée de 8 sillons qui sont tout à fait oblitérés vers la base de la plante; aréoles distantes de 25 millim., petites, un peu saillantes, munies de tomentum peu abondant; aiguillons grêles, rigides, ceux de l'intérieur atteignent 9-10 millim.

Floraison? Fleurs?

Culture. Serre tempérée pendant l'hiver, plein air en bonne exposition pendant la belle saison. Même observation que pour les précédents.

**** COERULESCENTÉS, A ÉPIDERME D'UN VERT COERULESCENT.

Tige élevée, élancée, d'un vert cœrulescent, parfois subatténuée vers son sommet; aréoles munies de tomentum noirâtre et d'aiguillons bicolores ou noirâtres; le tube floral est plus ou moins glabre.

41. Cereus Seidelii (Lehm.).

Synonymie. Cereus Seidelii Lehm. — *id.* Salm. Cact. in hort. Dyck., cult., p. 200.

Patrie?

Diagnostic. Tige dressée, grêle, atténuée, cœrulescente pâle; 6-7 côtes subconvexes, aplanies; sillons larges; aréoles petites, serrées, munies de tomentum brun; 12-13 aiguillons subsétacés, rayonnants, ouverts, noirâtres et blancs à pointe tout à fait noire.

Tige atteignant 1 mètre et plus avec l'âge sur 5 de diamètre, atténuée au sommet et à la base, vert cœrulescent ; aréoles éloignées de 10 millim., petites, un peu saillantes, munies de tomentum noir ; aiguillons disposés sans ordre, les extérieurs et les intérieurs peuvent à peine se distinguer les uns des autres, grêles, subsétacés, bicolores, longs de 4-6 millim.

Floraison ? Fleurs grandes, remarquables, nocturnes ; tube long de 10-13 cent., violet sale ; lacinies extérieures, celles du bas squammiformes, obtuses, espacées, glabres aux aisselles, celles du haut oblongues, ovées, vertes brunâtres ; les lacinies intérieures trisériées, lancéolées, acuminées (longues de 10 cent.), à bords frangés, blanches avec ligne médiane brune ; étamines nombreuses ; filets verts ; anthères jaune pâle ; style verdâtre plus long que les étamines, à 14 divisions ouvertes en rayonnant.

Culture. Serre tempérée pendant l'hiver, plein air en bonne exposition pendant la belle saison. Même observation que pour les précédents.

42. Cereus Cœrulescens (Salm).

Synonymie. Cereus Cœrulescens Salm. — *id.* Pfr. enum. diagn., p. 85. *id.* Pfr. Abbild. 2, t. 24. — Bot. magaz., t. 3922. — Cereus Œthiops Haw. — Cereus Cœruleus hort. — Cereus Mendory Hortulani ?

Patrie. Le Brésil.

Diagnostic. Tige dressée, atténuée, cœrulescente ; 8 côtes ; côtes obtuses, à peine convexes ; sillons larges, bientôt plans ; aréoles grandes, ovales, munies de tomentum noir et de laine courte ; 3-4 aiguillons intérieurs noirs, rigides, 12 extérieurs subradiants, plus grêles, ceux du haut et du bas noirs, ceux des côtés le plus souvent blancs, noirs à la pointe et à la base.

Tige comme celle du précédent ; aiguillons disposés sans ordre, 1 central plus vigoureux que les autres, long de 3 cent., érigé, noir.

Floraison. En Juillet. Fleurs grandes, remarquables, on dit qu'elles sont nocturnes ; tube long de 10 cent., nu, vert brillant ; lacinies sépaloïdes, celles du bas squammiformes, subdistancées, ovées, aiguës, à bords rougeâtres, glabres aux aisselles ou à peine munies de quelques sétules, celles du haut oblongues, aiguës, vertes en dehors, rose clair en dedans ; lacinies pétaloïdes bisériées, ovées, lancéolées, aiguës, à bords dentelés, blanches en dedans, teintes de vert en dehors ; étamines nombreuses ; filets blancs ; anthères jaunes ; style vert gai, à 8-10 divisions linéaires, étendués en rayonnant.

Culture. Serre tempérée pendant l'hiver, plein air en bonne exposition pendant la belle saison. Même observation que pour les précédents.

Cette plante est assez florifère ; de jeunes sujets de 60 cent. de haut présentent déjà leurs belles fleurs qui, pour les dimensions et la délicatesse, ressemblent assez à celles du Cereus Grandiflorus.

43. Cereus Azureus (Parmt.).

Synonymie, Cereus Azureus Parmt. — *id.* Pfr. enum. diagn., p. 86. — *id.* Forst. Handb. dr. Cact., p. 381.

Patrie. Brésil.

Diagnostic. Tige dressée, atténuée, couverte d'une poussière azurée; 6 côtes obtuses, convexes; sillons aigus; aréoles espacées, munies de tomentum brun et de laine grise; 8 aiguillons extérieurs rayonnants, blancs, à pointe colorée, 1-3 intérieurs plus vigoureux, bruns.

Les dimensions et la forme de la tige sont entièrement semblables à celles du précédent : les aiguillons présentent aussi à peu près les mêmes dimensions.

Floraison? Fleurs?

Il est différent du Cereus Cœrulescens par la poussière azurée de sa tige qui est plus abondante, et par ses aiguillons moins nombreux, mais plus vigoureux.

Culture. Serre tempérée pendant l'hiver, plein air et en bonne exposition pendant la belle saison. Même observation que pour les précédents.

44. Cereus Chalybœus (hort. Berol).

Synonymie. Cereus Chalybœus hort. Berol. — *id.* Salm. Cact. in hort. Dyck., cult., p. 201. — *id.* Forst. Handb. dr. Cact., p. 382.

Patrie?

Diagnostic. Tige dressée, vigoureuse, cœrulescente, vert foncé, à peine atténuée; 6 côtes comprimées, sinuées, convexes; sillons aigus, profondément creusés; aréoles subespacées, un peu larges, convexes, munies de tomentum noir; 8-15 aiguillons rigides, aciculaires, noirs, ouverts, subrayonnants, 1-3 autres intérieurs plus vigoureux.

Tige de 1^m à 1^{m}50 sur 5 cent. de diamètre, vert intense, comme couvert d'une poussière cœrulescente; côtes vigoureuses, comprimées sur les faces, sinueuses, concaves entre les aréoles; aréoles distantes de 13-15 millim., assez larges, convexes, garnies de tomentum noir; aiguillons disposés sans ordre, les intérieurs se confondant avec les extérieurs, aciculaires, noirs, les uns de 9 millim., les autres de 15-18 millim.; leur nombre varie d'une plante à l'autre et souvent d'une aréole à l'autre.

Floraison? Fleurs?

Culture. Serre tempérée, plein air en bonne exposition pendant la belle saison. Même observation que pour les précédents.

3ᵉ GROUPE. — A tige anguleuse (angulosi).

Tige élevée, le plus souvent simple, ferme; 4-10 côtes; côtes et sillons vigoureux, régulièrement disposés.

A. *COLUMNARES, à tige columnaire.*

Tige dressée, ferme, vigoureuse, souvent très-haute, à 6-10 côtes, toujours simple, à moins que la partie supérieure n'ait reçu quelques lésions.

* LANUGINOSI, A ARÉOLES MUNIES DE LAINE LONGUE.

Les aréoles sont garnies de tomentum persistant, et, en outre, de laine plus ou moins persistante.

1. *A aiguillons blancs.*

45. Cereus Albispinus (Salm).

Synonymie. Cereus Albispinus Salm. — *id.* Pfr. enum. diagn., p. 85. — Cereus Acromelas hort. Berol?— Cereus Octogonus hort. — Cereus Decagonus hort.

Patrie. Amérique méridionale.

Diagnostic. Tige simple, vert cendré, portant de 9-12 côtes; côtes arrondies; aréoles rapprochées; aiguillons nombreux, blancs, dont 1 allongé, érigé, garni au milieu de laine blanche presque aussi longue que les aiguillons.

Tige dressée, simple (rarement rameuse à la base), vert cendré; 8-10 angles; sillons promptement émoussés; côtes obtuses; aréoles rapprochées, grises, tomenteuses; aiguillons droits, rigides, grêles, blancs à pointe noire, 10-13 extérieurs, 2-4 intérieurs plus longs.

Il existe des sujets qui ont jusqu'à 2 mètres de hauteur sur 8-9 cent. de diamètre. Le plus grand nombre de ceux que l'on rencontre dans les Collections ont de 20-30 cent. de haut sur 3-4 cent. de diamètre. La laine des aréoles a de 13-27 millim. de long; les aiguillons extérieurs de 4-11 millim.; les aiguillons intérieurs de 24-28 millim. de longueur. Sur les sujets déjà vieux, la laine des aréoles se montre seulement vers la partie supérieure de la plante, tandis que sur les jeunes elle se montre sur toute sa hauteur.

Floraison? Fleurs?

Cette plante diffère du Cereus Crenulatus par son port plus grêle, ses côtes moins crénelées, ses sillons plans, ses aiguillons plus courts et son sommet moins laineux.

Dans son Catalogue, M. de Monville a indiqué une variété β. Major; elle m'est inconnue.

Culture. Serre tempérée pendant l'hiver, plein air en bonne exposition pendant la belle saison. Même observation que pour les précédents.

46. Cereus Crenatus (Salm).

Synonymie. Cereus Crenatus Salm. — *id.* Pfr. enum. diagn., p. 84 nommé Cereus Crenulatus — Cereus Acromelus Link. Cact. hort. Berol, 1833.

Patrie. Amérique méridionale, île de Curacao.

Diagnostic. Tige dressée, simple, cendrée; 9-10 côtes; côtes émoussées, crénelées; aiguillons blancs, allongés, à pointe noire, presque de la même longueur que la laine persistante des aréoles.

Tige dressée, vert cendré; 9 côtes; sillons aigus; côtes subcomprimées, crénelées, subresserrées, grandes, grises, tomenteuses, munies de laine pendante; 9-12 aiguillons extérieurs, ceux du haut les plus petits, 1 central deux fois plus long que les autres; tous droits, rigides, cinérascents, à pointe noire.

Les plantes du pays ont 10 cent. de diamètre; leur sommet est conique; les côtes sont marquées d'un pli transversal entre les aréoles qui sont distantes de 11 millim.; les sillons sont toujours profonds et aigus même sur les sujets vieux; aiguillons extérieurs longs de 7 millim. à 11, les intérieurs de 19-27.

Floraison? Fleurs?

Variétés. Cereus Crenatus β. Griseus Salm. — *id.* Pfr. l. c. — Cereus Royenii Wild. — Cereus Griseus Haw.

Variétés dont la tige est d'un vert gris plus foncé et les aiguillons sont plus longs.

Culture. Serre tempérée pendant l'hiver, plein air en bonne exposition pendant la belle saison. Même observation que pour les précédents.

2. *Aiguillons jaune fauve.*

47. Cereus Lanuginosus (Haw.).

Synonymie. Cereus Lanuginosus Haw. — Cereus Lanuginosus Glaucescens Pfr. enum., p. 80. — *id.* Forst. Handb. dr. Cact., p. 384. — Cactus Lanuginosus Lin. — Cereus Repandus Miq. *id.* — Mill.

Patrie. Amérique équinoxiale, Iles Caraïbes.

Diagnostic. Tige érigée, vert glauque; côtes émoussées.; aréoles subresserrées, laineuses; aiguillons jaunes, allongés, 3 intérieurs, 10-12 extérieurs; les aréoles sont munies, en outre, de laine blanche frisée.

Tige de 1-2 mètres 3-4 cent. de diamètre; aréoles éloignées de 8-9 millim.; aiguillons longs de 13-22 millim.

Floraison? Fleur de couleur herbacée; baie de la grosseur d'une noix, rouge, inerme.

Variétés. Cereus Lanuginosus β. Virens Salm. — Cereus Lanuginosus Pfr.

Tige verte; les aiguillons et la laine frisée des aréoles sont de la même longueur.

Pfaiffer a confondu l'espèce et sa variété. Notre plante, déjà ancienne, a l'épiderme glauque; celles qui se rencontrent dans les Collections sous ce nom Lanuginosus et dont l'épiderme est vert, doivent être considérées comme la variété.

Culture. Serre tempérée pendant l'hiver, plein air en bonne exposition pendant la belle saison. Même observation que pour les précédents.

48. Cereus Royenii (Haw.).

Synonymie. Cereus Royenii Haw. syn. p. 182. — *id.* Pfr. enum. diagn., p. 80. — *id.* Forst. Handb. dr. Cact., p. 383. — Cereus Royenii Dc. pl. gr. — Cact. Royenii Lin. — Cereus Lanuginosus Mill. dict. n° 7. — *id.* Herm. Par. bot. 114. — Cereus Gloriosus hort. — Nec Cereus Royenii Dc. pl. gr., t. 143.

Patrie. Antilles, Iles Caraïbes.

Diagnostic. Tige dressée, cœrulescente, simple, 8-9 côtes, plus tard vert pâle ; côtes obtuses, ondulées ; aréoles rapprochées, munies de tomentum brun et de laine blanche persistante, frisée ; aiguillons grêles, droits, brun gai, à peine plus longs que la laine, 10 extérieurs, 3-4 intérieurs un peu plus forts.

Tige de 5-8 cent. de diamètre ; aréoles distantes de 5-6 millim. ; aiguillons longs de 9-22 millim.

Floraison? Fleurs? Baie rouge, d'après Herman.

VARIÉTÉS. Cereus Royenii β. Armatus Salm. — Cereus Armatus Otto. — *id.* Pfr. enum. diagn., p. 81.

Tige vert pâle, passant plus tard au gris ; côtes presque comprimées ; sillons larges ; aréoles éloignées et munies de laine moins abondante et portant 8-10 aiguillons inégaux, divergents, jaunes, plus effilés, rigides et plus longs, aucun au centre. Mêmes dimensions que l'espèce.

Culture. Serre tempérée pendant l'hiver, plein air en bonne exposition pendant la belle saison. Même observation que pour les précédents.

49. Cereus Floccosus (hort. Berol).

Synonymie. Cereus Floccosus hort. Berol. — *id.* Pfr. enum. diagn., p. 81. — *id.* Forst. Handb. dr. Cact., p. 383. — Cereus Royeni β. Floccosus Monv. — Cereus Barbatus Wild.

Patrie. Iles Saint-Thomas et de Tortola.

Diagnostic. Tige dressée ; 11 côtes ; sillons profonds, aigus ; côtes comprimées, convexes ; aréoles rapprochées, tomenteuses, munies de laine blanche abondante plus longue que les aiguillons ; 8-10 aiguillons extérieurs inégaux, 3-4 intérieurs plus longs ; tous droits, rigides, bruns.

Tige de 8 cent. de diamètre ; aréoles distantes de 6 millim. ; aiguillons de 25 millim. Cette plante est très-rare dans les Collections.

Floraison? Fleurs ?

Notre plante diffère du Cereus Royenii par la couleur de sa tige, ses aiguillons plus longs, ses aréoles resserrées et la laine dont elles sont munies plus abondante.

Culture. Serre tempérée pendant l'hiver, plein air en bonne exposition pendant la belle saison. Même observation que pour les précédents.

50. Cereus Russelianus (hort. Berol).

Synonymie. Cereus Russelianus hort. Berol. — *id.* Salm. Cact. in hort. Dyck., cult., p. 201. — *id.* Forst. Handb. dr. Cact., p. 387.

Patrie. Laguayra.

Diagnostic. Tige vigoureuse, élevée; 6 côtes vert foncé, sommet très-laineux; côtes subcomprimées, crénelées; sillons larges; aréoles serrées; munies de tomentum et de laine grise, longue et floconneuse; 6 aiguillons rayonnants, 1 au centre à peine plus vigoureux.

Floraison? Fleurs?

Cette plante qui est originaire de Laguayra, a été introduite depuis peu de temps dans nos Collections; elle est très-peu connue.

Culture. Probablement serre tempérée pendant l'hiver, plein air en bonne exposition pendant la belle saison. Même observation que pour les précédents.

Cette plante n'existe dans aucune Collection de France; elle est rare, si elle existe dans les autres Collections d'Europe; la description précédente est due au prince de Salm qui l'a faite sur un sujet mort, le seul, dit-il, qu'il ait vu.

51. Cereus Moritzianus (Otto).

Synonymie. Cereus Moritzianus Otto. — *id.* Pfr. enum. diagn., p. 84.— Cereus Pfeifferi Parmt. — Cereus Moritzianus Forst. Handb. dr. Cact., p. 384.

Patrie. Laguayra, sur la terre végétale argileuse, en compagnie du Cereus Resupinatus, Variabilis, Royenii, etc., formant ensemble des espèces de forêts, au milieu desquelles on trouve aussi le Melocactus Amenus.

Diagnostic. Tige dressée, 7-8 côtes, verte; sommet laineux; sillons larges, aigus; côtes obtuses à peine convexes; aréoles blanches, luisantes; aiguillons grêles, droits, rigides, jaunes.

Tige verte, passant avec le temps à un ton grisâtre; sommet velu; 7-8 côtes émoussées, arrondies, droites; sillons larges et aigus; aréoles rapprochées, garnies de tomentum blanc et de laine longue blanche; aiguillons courts, fins, rigides, jaunes, dont 6-8 extérieurs, ceux du haut très-courts, et de 1-3 intérieurs.

Les sujets du pays ont 4-5 millim. de diamètre, les aréoles sont éloignées de 11 millim.; les aiguillons ont environ 13 millim., assez semblables à ceux du Cereus Lutescens, dont il diffère par sa laine plus abondante, ses aiguillons plus courts, moins nombreux, et la crête des côtes plus émoussée.

Floraison? Fleurs?

Dans son Catalogue, M. de Monville a indiqué une variété β. Pfaifferi Monv. Elle m'est inconnue.

Culture. Serre tempérée pendant l'hiver, plein air en bonne exposition pendant la belle saison. Même observation que pour les précédents.

52. Cereus Polyptichus (Lem.).

Synonymie. Cereus Polyptichus Lem. gen. nov., p. 56. — *id.* Forst. Handb. dr. Cact., p. 386.

Patrie?

Diagnostic. Tige érigée vigoureuse, vert intense, à 9 angles vigoureux, plissée vers chaque aréole; sillons obtus, très-larges; aréoles serrées, arrondies, munies de tomentum roux et de laine cinérascente vers leur sommet; 8 aiguillons inégaux, rayonnants, quelquefois davantage, 1 intérieur à peine plus vigoureux, jaunâtres dans leur jeunesse, puis plus tard cinérascents.

Chez les jeunes sujets, on compte 8-9 côtes très-vigoureuses, hautes environ de 27 millim., arrondies, crénelées, légèrement comprimées; sinus aigus, puis plus tard obtus, très-larges; aréoles immergées, distantes de 10-12 millim., presque constamment séparées par une bosselure qui plisse la côte jusque vers son milieu, les plus jeunes sont garnies de tomentum roux, et de laine caduque par la suite, peu abondante, longue, couleur cendrée, ramassée en pinceau vers le sommet de l'arcade et pendante; 8 aiguillons, quelquefois 9 et même 10 rayonnants, inégaux, droits, flexueux, presque rigides, longs de 12-15 millim. (ceux du haut, qui sont les plus courts, sont longs seulement de 6-7 millim.), en outre 1 aiguillon intérieur à peine plus long et plus vigoureux, tous jaunâtres pendant leur jeunesse, presque roux à la base, plus tard gris blanc cendré; la tige est haute de 1 mètre sur 10 cent. de diamètre.

La tige offre un grand nombre de rides le long de ses côtes; les aiguillons sont jaunes, presque roux à la base pendant la jeunesse, plus tard ils deviennent blancs cinérascents, et dans l'âge adulte, quand les aréoles s'éloignent du sommet, le nombre des aiguillons s'augmente.

Floraison? Fleurs?

Culture. Serre tempérée pendant l'hiver, plein air en bonne exposition pendant la belle saison. Même observation que pour les précédents.

53. Cereus Lutescens (Salm).

Synonymie. Cereus Lutescens Salm. — *id.* Pfr. enum., p. 84. — Cereus Trichacanthus hort. Berol.— Cereus Aureus β. Pallidior Salm. — *id.* Forst. Handb. dr. Cact., p. 385.

Patrie?

Diagnostic. Tige dressée, verte; 6-7 côtes; sillons subaigus; côtes comprimées, subconvexes ou droites; crêtes arrondies; aréoles subespacées, peu proéminentes, gris paille, avec laine blanche rare; 10-12 aiguillons extérieurs inégaux, staminés, 4-6 intérieurs le double plus longs et plus forts; tous droits, rigides, ténus, jaunes.

Tige haute de 1 mètre sur 4 cent. de diamètre.

Cette plante diffère sensiblement du Cereus Aureus par la couleur de sa tige, par le tomentum et surtout par les aiguillons plus resserrés des aréoles.

Floraison? Fleurs?

Culture. Serre tempérée pendant l'hiver, plein air en bonne exposition pendant la belle saison. Même observation que pour les précédents.

54. Cereus Flavispinus (Salm).

Synonymie. Cereus Flavispinus Salm. Obs. bot., 1822, p. 5. — *id.* Pfr. enum., p. 82. — Cereus Flavispinus Coll. ? — *id.* Forst. Handb. dr. Cact., p. 387.

Patrie. Amérique tropicale.

Diagnostic. Tige dressée, simple, vert gai, à 8-9 côtes ; côtes subcomprimées ; aiguillons grêles, jaunâtres, presque de même longueur que la laine caduque dont les aréoles sont garnies.

Tige dressée, simple ; 6-9 côtes ; côtes obtuses ; aréoles rapprochées, munies de laine blanche ; 8-12 aiguillons extérieurs ouverts, jaunes, 3-4 intérieurs divergents, jaunes, plus longs, celui du haut dressé, très-long.

Floraison ? Fleurs ?

Tige haute de 1-2 mètres de haut sur 8 cent. de diamètre ; les sujets élevés dans nos Collections sont ordinairement plus grêles ; aréoles éloignées de 7 millim. ; aiguillons longs de 8-17 millim.

Culture. Serre tempérée pendant l'hiver, plein air en bonne exposition pendant la belle saison. Même observation que pour les précédents.

55. Cereus Haworthii (Dc.).

Synonymie. Cereus Haworthii Dc. — *id.* Pfr. enum. diagn., p. 82. — Cereus Nobilis Haw. syn. p. 179. — *id.* Forst. Handb. dr. Cact., p. 387.

Patrie. Iles Caraïbes.

Diagnostic. Tige érigée, grande, à 5 côtes ; sillons profonds ; aiguillons nombreux, fauves, souvent allongés et atteignant 27-30 millim.

Tige dressée, simple, 5, rarement 6 côtes ; sillons plats ; côtes des jeunes comprimées, convexes, plus tard presque planes ; aréoles subespacées, munies de laine blanche ; aiguillons, 10 environ extérieurs grêles, rayonnant irrégulièrement, 3-4 intérieurs plus longs, plus rigides, fauves.

Tige de 4-5 cent. de diamètre ; aréoles éloignées de 8-10 millim.

Floraison ? Fleurs ?

Culture. Serre tempérée pendant l'hiver, plein air en bonne exposition pendant la belle saison. Même observation que pour les précédents.

56. Cereus Fulvispinus (Salm).

Synonymie. Cereus Fulvispinus Salm. — *id.* Pfr. enum. diagn., p. 82. — Cereus Terschekii Parmt. — Cereus Fulvispinosus Haw. syn. p. 183. — *id.* Forst. Handb. dr. Cact., p. 387.

Patrie. Amérique méridionale, Buenos-Ayres.

Diagnostic. Tige dressée, rameuse; 9 côtes; sillons profonds; côtes comprimées; aréoles convexes, munies de tomentum jaune et de laine blanche; aiguillons droits, fauves, 8–10 extérieurs, 4 intérieurs devenant très-longs (3 cent. environ) avec le temps.

Tige d'un vert gris brun, portant 9–11 côtes émoussées, droites; sillons aigus; aréoles longues, munies de tomentum et de laine blanche; aiguillons fins, rigides, droits, d'un jaune roux, dont 12 extérieurs, ceux du haut très-courts et ceux du bas longs, enfin 3 aiguillons intérieurs plus longs.

La plante décrite est jeune encore : ses aréoles sont à 9 millim. les unes des autres; les aiguillons extérieurs sont fins, ils ont de 3–5 millim. de longueur.

Les plantes reçues de leur pays ont 1^{m}30 à 1^{m}70 de haut sur 8 cent. environ de diamètre; celles qui sont élevées dans nos Collections sont plus grêles; les aréoles sont éloignées de 11 millim.; les aiguillons ont 8–16 millim. de long.

Floraison? Fleurs?

Culture. Serre tempérée pendant l'hiver, plein air en bonne exposition pendant la belle saison. Même observation que pour les précédents.

Nos voyageurs rapportent qu'on rencontre fréquemment dans le pays des sujets de la grosseur de la cuisse d'un homme, qui s'élèvent à une hauteur de 10 mètres : ils ne disent rien de la fleur, ni de l'âge auquel ils fleurissent.

57. Cereus Flavicomus (Salm).

Synonymie. Cereus Flavicomus Salm. Cact. in hort. Dyck., cult., p. 202. — *id.* Forst. Handb. dr. Cact., p. 387.

Patrie?

Diagnostic. Tige columnaire très-vigoureuse, vert foncé; 8-9 côtes; côtes comprimées, obtuses, légèrement convexes; sillons aigus, profonds; aréoles serrées, munies de tomentum fauve et de laine soyeuse, frisée, grise; 12–15 aiguillons subradiants, ouverts, ceux du bas sensiblement plus longs, grêles, flexibles, fauves à la base, ensuite jaunes à la base et à la pointe.

Tige haute de 1^{m}50 sur 10 cent. de diamètre; ses aréoles sont distantes de 10 millim., elles sont rondes, garnies de tomentum d'abord jaune qui devient cinérascent, et de laine peu abondante, surtout vers sa partie inférieure; aiguillons disposés sans ordre, serrés, grêles, nombreux, ouverts, ceux du haut longs de 6–9 millim., ceux du bas le double plus longs, jaunes à la base, presque paille et non tachés à la pointe.

Les faisceaux qui apparaissent sur les jeunes aréoles qui forment le sommet de la plante, sont si nombreux et si allongés, qu'ils forment une espèce de queue comme composée de poils jaunâtres.

Floraison? Fleurs?

Culture. Serre tempérée pendant l'hiver, plein air en bonne exposition pendant la belle saison. La difficulté de maintenir les longues tiges des Cerei de ce groupe, nécessite de les cultiver en pots, alors l'exposition la plus favorable est le long d'un mur exposé en plein midi pendant l'été.

58. Cereus Nigricans (Lem.).

Synonymie. Cereus Nigricans Lem. — *id.* Salm. Cact. in hort. Dyck., cult., p. 202. — Forst. Handb. dr. Cact., p. 386.

Patrie ?

Diagnostic. Tige columnaire vigoureuse, vert foncé ; 10 côtes comprimées, obtuses, légèrement convexes, sillons aigus, assez profonds, munies de tomentum fauve et de laine soyeuse très-abondante, surtout au sommet de la tige ; aiguillons, 10-12 subradiants, ouverts, rigides, fauves.

La tige a 2 mètres de hauteur sur 6-7 cent. de diamètre, elle est d'un vert foncé brun et non pas plus tard d'un vert noir, comme cela est indiqué dans quelques descriptions, mais d'un vert roux ; aiguillons fins, longs de 14-16 millim.

Floraison ? Fleurs ?

Cette plante diffère du Cereus Flavicomus par ses 10 côtes, ses aiguillons plus rigides, moins nombreux, et sa laine *soyeuse*, abondante surtout vers la partie supérieure de la tige.

Elle diffère aussi du Cereus Niger par la couleur de son épiderme qui, bien que d'une couleur foncée, est toujours d'un vert beaucoup plus tranché et jamais noir, son port plus vigoureux, ses aiguillons plus longs, plus nombreux et plus fins ; le tomentum brunâtre et l'abondance de la laine dont les aréoles sont garnies, l'en différencient également.

Culture. Serre tempérée pendant l'hiver, plein air en bonne exposition pendant la belle saison. Même observation que pour le précédent.

59. Cereus Aureus (Salm).

Synonymie. Cereus Aureus Salm. — *id.* Pfr. enum. diagn., p. 83. — Cereus Violaceus Lem. — *id.* Forst. Handb. dr. Cact., p. 385.

Patrie ?

Diagnostic. Tige dressée, vert luisant ; 7-8 côtes ; sillons larges ; côtes comprimées ; aréoles rapprochées, grandes, convexes, munies de tomentum jaune d'or et de laine rare ; aiguillons jaunes dorés, 8-16 extérieurs subégaux, de 4 intérieurs beaucoup plus longs ; tous droits, rigides.

Tige de 1 mètre de haut sur 5 cent. de diamètre ; aréoles éloignées de 6 millim. tout au plus ; aiguillons nombreux sur les anciennes aréoles, grands, paille, presque entremêlés, ceux de l'intérieur de près de 27 millim.

Les jeunes sujets se distinguent difficilement de ceux du Cereus Niger. Les sujets adultes s'en distinguent par leur port beaucoup moins robuste, la couleur de l'épiderme qui ici est violacée, et d'un vert foncé vers le sommet de la plante, et plus tard d'un vert violacé gai ; ses aréoles sont assez proéminentes au-dessus du sommet du tubercule, elles sont munies de tomentum brun pendant la jeunesse ; les aiguillons sont plus courts, plus rigides et plus vigoureux ; en outre, les côtes sont plus fortes, comme coupées en crossettes et non répandiformes.

Floraison? Fleurs ?

Culture. Serre tempérée pendant l'hiver, plein air en bonne exposition pendant la belle saison. Même observation que pour les précécédents.

60. Cereus Niger (Salm).

Synonymie. Cereus Niger Salm. Observ. bot., 1822, p. 4. — *id.* Pfr. enum. diagn., p. 83. — *id.* Forst. Handb. dr. Cact., p. 385. — *id.* Haw. Rev., p. 70. — Cactus Niger Sprgl. syst. 2, p. 495. — Niger β. Gracilior Salm.

Patrie. Amérique tropicale ou Amérique du Sud.

Diagnostic. Tige érigée, simple, d'un noir le plus foncé, portant 6–7 côtes ; côtes comprimées ; aiguillons grêles, fauves, plus longs que la laine caduque dont les aréoles sont munies.

Tige dressée, simple, 6–8 côtes, vert brillant au sommet, plus tard noir olive ; côtes subcomprimées, subcrénelées ; aréoles rapprochées, un peu saillantes, blanches, munies de laine rare ; aiguillons droits, inégaux, grêles, fauves, 6–8 extérieurs divariqués, 2–3 intérieurs plus longs.

Les sujets provenant du pays ont de 1^m30 à 1^m70 de haut sur 5 cent. de diamètre ; les jeunes sujets ont 4 cent. de diamètre ; aréoles éloignées de 5–8 millim. ; aiguillons longs de 11–17 millim.

Floraison? Fleurs ?

Culture. Serre tempérée pendant l'hiver, plein air en bonne exposition pendant la belle saison. Même observation que pour les précédents.

61. Cereus Strictus (Dc.).

Synonymie. Cereus Strictus Dc. — *id.* Pfr. enum. diagn., p. 83. — *id.* Forst. Handb. dr. Cact., p. 388.—Cactus Strictus Wild. enum. suppl. 32. — Cereus Mollis Nigricans hort. — Cereus Repandus Spin. Aureis hort.

Patrie. Amérique du Sud.

Diagnostic. Tige dressée, robuste, vert olive ; 7–8 côtes ; sillons larges, profonds ; côtes subcomprimées, convexes ; aréoles peu éloignées, tomenteuses, blanches, à peine laineuses ; 8 aiguillons extérieurs, 4 intérieurs plus longs ; tous droits, rigides, fauves, bruns à la base, dans la vieillesse gris.

Tige de 5-8 cent. de diamètre; aréoles éloignées de 8-11 millim.;
aiguillons presque égaux, de 13-17 millim. de long.

Floraison? Fleurs?

Culture. Serre tempérée pendant l'hiver, plein air en bonne exposition pendant la belle saison. Même observation que pour les précédents.

** GLABRI, ARÉOLES DÉPOURVUES DE LAINE.

Aréoles tomenteuses sans laine.

1. *Aiguillons fauves ou bruns.*

62. Cereus Hystrix (Salm).

Synonymie. Cereus Hystrix Salm. Observ. bot., 1822, p. 7. — *id.* Pfr.
enum., p. 91. — *id.* Forst. Handb. dr. Cact., p 388.

Patrie. Antilles.

Diagnostic. Tige érigée, simple, vert foncé, à 9 côtes; côtes très-
comprimées; aiguillons allongés, les plus jeunes marbrés de brun.

Tige dressée, vert olive brun luisant; 8-9 côtes; côtes subaiguës;
aréoles saillantes, rondes, tomenteuses, grises; aiguillons rigides,
droits, blancs, colorés de brun par places, 9-10 extérieurs, ceux du
haut les plus petits, 3-4 intérieurs plus forts.

Tige de 5 cent. de diamètre; aréoles éloignées de 6-8 millim.; aiguillons extérieurs longs de 6-13 millim.; aiguillons intérieurs longs de
17-22 millim.

Floraison? Fleurs?

Culture. Serre tempérée pendant l'hiver, plein air en bonne exposition pendant la belle saison. Même observation que pour les précédents.

63. Cereus Rigidispinus (Monv.).

Synonymie. Cereus Rigidispinus Monv. Hort. univ., t. 1, année 1840,
p. 223.

Patrie. Mexique.

Diagnostic. Tige érigée, robuste, vert foncé un peu glauque, à côtes
épaisses et arrondies, à sinus ouverts, profonds et aigus; aiguillons
extrêmement forts, rigides, blanchâtres, divariqués.

Tige de 6 cent. de diamètre, à 7 côtes saillantes, d'environ 20 millim.
sur 11 millim. d'épaisseur; aréoles distantes de 13-20 millim., légèrement enfoncées, subovales, peu convexes, garnies d'un duvet très-
court, grisâtre, portant 6-8 aiguillons inégaux, les plus faibles comme
les plus forts n'affectant pas une disposition constante dans leur insertion, les uns de 3 millim., les autres de 30 millim. de long sur 1 demi
millim. de diamètre; tous excessivement rigides, blanchâtres et noirs à
la pointe, quelquefois 2 intérieurs ou supérieurs comme soudés ensemble dans toute leur longueur.

Floraison? Fleurs?

Culture. Serre tempérée pendant l'hiver, plein air en bonne exposition pendant la belle saison.

64. Cereus Peruvianus (Tabern.).

Synonymie. Cereus Peruvianus Tabern. — *id.* Pfr. enum. diagn., p. 88. — *id.* Abbild., t. 5. — *id.* Dc. pl. gr., t. 58. — Cactus Peruvianus Lin. — Cactus Hexagonus Wildt. enum. suppl. 32. — Cactus Peruvianus, Heptagonus, Hexagonus, Pentagonus Lin. — Cereus Heptagonus et Hexagonus hort. et alii.

Patrie. Toute l'Amérique tropicale.

Diagnostic. Tige dressée, épaisse, très-élevée, vert foncé, plus tard rameuse; 5-8 côtes; sillons larges, ensuite aplanis; côtes verticales à peine convexes ou droites; aréoles subresserrées, munies de tomentum gris court; aiguillons bruns, rigides, 6-8 extérieurs, 1-3 intérieurs un peu plus longs.

Floraison. Fleurs blanches. Les fleurs apparaissent au mois de Juillet et d'Octobre; elles sont blanches, isolées, longues de 15 cent., restent ouvertes pendant une nuit seulement et présentent alors un limbe de 13-14 cent. de diamètre; le tube est vert glabre; les lacinies extérieures sont d'un pourpre terne; les lacinies intérieures sont bisériées, subacuminées, celles du dehors d'un rouge brun, celles de l'intérieur tout à fait blanches; les étamines sont blanches; les anthères d'un jaune très-pâle; le style est un peu plus long que les étamines, il est blanc, à 10-12 stigmates blancs, ouverts.

Le sujet qui est cultivé dans les serres du Jardin des Plantes a plus de 50 pieds de haut; d'autres sujets atteignent plus de 80 pieds de haut dans leur pays, au dire des voyageurs; alors la partie inférieure devient ligneuse, les côtes s'effacent et le tronc devient cylindrique; les aréoles sont éloignées de 11 millim.; les aiguillons longs de 8-10 millim., rarement plus longs.

Variétés. Cereus Peruvianus β. Tortus hort. Berol.

Variété ne différant de l'espèce précédente que par la forme de la tige dont les côtes sont contournées en spirale.

Cereus Peruvianus γ. Monstruosus Dc. Rev. t. 11. — *id.* Pfr. l. c. — Cactus Abnormis Wild. — *id.* Haw.

Tige de forme monstrueuse. Il fleurit rarement dans nos Collections. La floraison au Jardin de Montpellier signalée par Decandolle, une autre que j'ai observé dans l'établissement anciennement dirigé par M. Gondouin, à Saint-Cloud, sont les seuls exemples de floraison que je connaisse, la fleur est d'ailleurs en tout semblable à celle du Peruvianus.

Cereus Peruvianus δ. Monstruosus Minor Salm.

Tige de forme monstrueuse; aiguillons sensiblement plus faibles que dans l'espèce précédente.

Culture. Serre tempérée pendant l'hiver, plein air en bonne exposition pendant la belle saison.

On cultive en Europe beaucoup de sujets qui se rapprochent du Cereus Peruvianus. Par exemple, les Cereus Candilabris Meyen, de la province d'Arequipa, dans le Pérou, où il atteint 3-4 mètres de haut; le Cereus Arequipensis Meyen, de 7-8 mètres de haut; le Cereus Curvispinus Bertero, du Perou; le Cereus Calvescens Dc., du Mexique; le Cereus Monoclonos Dc. syn. Cact. Hexagonus Lem.; Cereus Surinamensis Ephem., de Surinam et des îles Caraïbes, etc., ce sont probablement des modifications du Cereus Peruvianus produites par les différences de climats, des pays auxquels ils appartiennent.

On indique aussi une variété du Peruvianus, originaire du Brésil.

65. Cereus Macrogonus (hort. Berol).

Synonymie. Cereus Macrogonus hort. Berol. — *id.* Salm. Cact. in hort. Dyck., cult., p. 203. — *id.* Forst. Handb. dr. Cact., p. 391.

Patrie?

Diagnostic. Tige dressée, columnaire, vert gai glaucescent, 6-7 côtes; côtes gonflées, très-obtuses, convexes vers le sommet de la plante, vers les aréoles comme pliées, crénelées, chaque courbure des crénelures est accompagnée d'une coloration plus intense; aréoles serrées, grises, tomenteuses; aiguillons rigides, courts, bruns, les jeunes aréoles en portent 8-10, les anciennes 18-20, érigées, ouvertes, 3-4 intérieurs plus vigoureux.

Tige haute de 20 cent. sur près de 5 de diamètre; côtes arrondies, enflées, comme pliées au-dessus des aréoles et marquées d'un arc plus prononcé; aréoles grises, petites, éloignées de 9-10 millim.; dans la jeunesse, les aiguillons sont disposés assez régulièrement, 7-9 rayonnants avec 1 central, mais bientôt de nouveaux aiguillons qui apparaissent viennent troubler cet arrangement sans qu'il soit possible de reconnaître rien de régulier dans leur disposition; les aiguillons sont érigés, étendus, grêles, bruns, 3-4 un peu plus vigoureux que les autres, ont environ 10 cent. de long.

Floraison? Fleurs?

Culture. Serre tempérée pendant l'hiver, plein air en bonne exposition pendant la belle saison. Comme presque tous les Cierges, dressés, columnaires; l'exposition la plus favorable est devant un mur bien exposé en plein midi.

2. *A aiguillons blancs, souvent tachés de noir à la pointe.*

66. Cereus Dyckii (Mart.).

Synonymie. Cereus Dyckii Mart. — *id.* Pfr. enum. diagn., p. 87. — *id.* Forst. Handb. dr. Cact., p. 391. — Cereus Stellatus Pfr. l. c.

Patrie. Mexique, près de Zimapan.

Diagnostic. Tige dressée, verte, à 8 angles; sillons larges, aigus;

côtes verticales subcomprimées, à peine convexes; aréoles subimmergées, ovales, tomenteuses, grêles; 10-11 aiguillons extérieurs courts, blancs, rigides, très-ouverts, 3 intérieurs, celui du bas plus long, blancs, brunâtres à la pointe et à la base.

Tige haute de 50 cent. sur 4 de diamètre; aréoles éloignées de 13 millim.; aiguillons extérieurs longs de 4-8, les intérieurs, ceux du haut, de 2-6, et l'inférieur 6-8 millim.

Floraison? Fleurs?

Culture. Serre tempérée pendant l'hiver, plein air en bonne exposition pendant la belle saison. Même observation que pour les précédents.

67. **Cereus Conformis** (hort. Berol).

Synonymie. Cereus Conformis hort. Berol. — *id.* Salm. Cact. in hort. Dyck., cult., p. 203. — *id.* Forst. Handb. dr. Cact., p. 394.

Patrie. Mexique. Introduit en 1840 par Ehremberg.

Diagnostic. Tige dressée, vigoureuse, vert foncé glauque; 7 côtes; côtes crénelées, subconvexes; sillons aigus dans la partie supérieure, très-larges, aplanis dans la partie inférieure; aréoles subespacées, immergées, orbiculées, convexes, munies de tomentum et de laine épaisse; 7-9 aiguillons extérieurs étalés, rayonnants dans la partie inférieure et sur les côtés de l'aréole, 1-3 intérieurs manquant souvent en partie.

Tige de 30 cent. sur 10 environ de diamètre; côtes très-larges à faces planes, convexes entre les aréoles et comme crénelées dans leur voisinage; aréoles distantes de 20 millim., larges, arrondies, munies de tomentum épais, noir cinérascent, inermes dans la partie supérieure; aiguillons extérieurs longs de 6-9 millim., grêles, très-légèrement courbés vers la partie latérale et la partie inférieure de l'aréole, rayonnants comme les dents de peigne; les aiguillons intérieurs se réduisent souvent à 1 à peine plus vigoureux.

Floraison? Fleurs?

Culture. Serre tempérée pendant l'hiver, plein air en bonne exposition pendant la belle saison. Même observation que pour les précédents.

68. **Cereus Resupinatus** (Salm).

Synonymie. Cereus Resupinatus Salm. — A. G. Z., 1840, p. 10. — *id.* Cact. in hort. Dyck., cult., p. 204. — *id.* Forst. Handb. dr. Cact., p. 393. — Cereus Gladiger Cels. — *id.* Lem. Hort. univ., t. 6, p. 60 et 190.

Patrie. Le Brésil.

Diagnostic. Tige columnaire, simple, vert glauque; 7 côtes; côtes larges, obtuses; aréoles subespacées, orbiculées, grandes, munies de tomentum et de laine grise; 7-8 aiguillons (celui du haut manquant souvent) droits, rayonnants, ouverts, celui du bas très-court, 1 seul au centre très-fort, recourbé, dirigé vers le haut; tous blancs à pointes noires.

Plus fort et plus grand que le Cereus Eburneus, dont il diffère par l'aiguillon central beaucoup plus fort, dirigé vers le haut d'une façon particulière ; il atteint 5-6 cent.

Floraison? Fleurs?

Culture. Serre tempérée pendant l'hiver, plein air en bonne exposition pendant la belle saison. Même observation que pour les précédents.

Forster rapporte que le prince de Salm-Dyck. importa le premier sujet de sa Collection d'Angleterre, où cette plante existait déjà depuis quelques années; le sujet avait 1^m80 de hauteur ; il fut attaqué de pourriture à la base, ce qui nécessita une section. Plus tard, quand il voulut faire reprendre la tête, il remarqua que la teinte jaunâtre que prenait l'épiderme, le tissu cellulaire et même le canal médullaire, gagnait de proche en proche à mesure qu'il coupait les parties qui lui semblaient attaquées, il reconnut enfin plus tard que cette teinte n'était pas, pour cette espèce, l'indice d'un état maladif.

69. Cereus Eburneus (Salm).

Synonymie. Cereus Eburneus Salm. Observ. bot., 1822, p. 6. — *id.* Pfr. enum. diagn., p. 90. — *id.* Fort. Handb. dr. Cact., p. 392. — Cactus Peruvianus Wild. enum., p. 32 (non Linn.).— Cactus Eburneus Link. enum. 2, p. 22. — Cactus Coquimbanus Malm. Chit. ed. Gall.. p. 140.

Patrie. Le Chili, où il forme des espèces de forêts couvrant d'assez grandes étendues de terrain : Pfaiffer dit qu'on le rencontre aussi dans l'île de Curacao.

Diagnostic. Tige dressée, simple, glauque ; 7-8 côtes ; sillons plans ; côtes obtuses ; aréoles subdistancées, ovales, cinérascentes, nues ; aiguillons rigides, allongés, 8-10 rayonnants, celui du bas le plus petit, 1 central (rarement 3); tous purpurescents en naissant, plus tard blancs d'ivoire à pointe noire.

Tige de l'épaisseur de celle du Cereus Peruvianus, de 1 mètre de haut sur 8-10 cent. de diamètre ; aréoles éloignées de 10-13 millim. les unes des autres ; aiguillons extérieurs longs de 8-10 millim.; aiguillons intérieurs longs de 24-30 millim. ; cultivés sous verre, les aiguillons sont rouge pâle, mais ils reprennent assez promptement leur force et la vigueur normale de leur coloration quand ils sont exposés en plein air.

Floraison? Fleurs?

Variétés. Cereus Eburneus β. Polygonus Pfr. l. c. — Cereus Griseus Haw. syn. p. 182. — Cereus Polygonatus hort.

9-10 côtes plus comprimées; aiguillons plus courts, cinérés, 3-4 intérieurs.

Cereus Eburneus γ. Monstruosus Pfr. l. c.

Il existe deux modes de monstruosités.

La monstruosité analogue à celle du Cereus Peruvianus se distingue par la désignation Ramosus, l'autre par celle de Cylindricus; la tige est presque cylindrique; les côtes disparaissent presque complétement d'un côté, et elles ne sont indiquées sur l'autre que par les faisceaux d'aiguillons qui se réunissent en lignes presque spirales.

Culture. Serre tempérée pendant l'hiver, plein air en bonne exposition pendant la belle saison, et alors l'exposition qui semble la plus favorable est devant un mur exposé en plein midi.

70. Cereus Clavatus (Otto).

Synonymie. Cereus Clavatus Otto.— *id.* Forst. Handb. dr. Cact., p. 391. — *id.* Salm. Cact. in hort. Dyck., cult., sous le nom de Cereus Clavatus hort. Berol.

Patrie. Caracas.

Diagnostic. Tige simple, dressée, claviforme, d'un vert bleu; sommet peu atténué, portant 6–7 côtes grandes, larges, émoussées et à sinus assez plats; aréoles peu distancées, saillantes, globuleuses, munies de tomentum blanc et court; aiguillons droits, blancs, noirs à la pointe, dont 7 extérieurs et 1 central allongé, subdressé et plus fort que les autres.

Tige haute de 50 cent.; aréoles éloignées les unes des autres de 2 millim.; les 2 aiguillons extérieurs du haut sont les plus courts, les inférieurs un peu plus longs, les 4 latéraux le double plus longs, de 13 millim. de long, l'aiguillon intérieur de 27 millim. de long.

Cette plante se rapproche assez du Cereus Eburneus, elle s'en distingue par son port et le mode de développement, en outre par le nombre et l'insertion de ses aiguillons. Le Cereus Eburneus a les côtes plus fortes, les sinus plus profonds, et ses aréoles moins saillantes, plus grandes.

Floraison? Fleurs?

Culture. Serre tempérée pendant l'hiver, plein air en bonne exposition pendant la belle saison, abrité devant un mur exposé en plein midi.

Cette plante est extrêmement rare en France, où il n'en existe, je crois, que quelques sujets très-petits, jeunes encore.

71. Cereus Deficiens (Otto).

Synonymie. Cereus Deficiens Otto. — *id.* Forst. Handb. dr. Cact.], p. 392. — Cereus Deficiens hort. Berol, Salm. Cact. in hort. Dyck., cult., p. 204.

Patrie. Caracas. Comme le précédent, avec lequel il a été introduit en Europe.

Diagnostic. Tige simple, érigée, allongée, cylindrique, d'un vert bleu gris, à 6–7 côtes saillantes, aiguës et à sinus profonds; aréoles assez éloignées les unes des autres, semi-globuleuses, immergées et garnies de tomentum court, blanc, portant 7 aiguillons extérieurs droits, blancs à pointe noire; sans aiguillon intérieur.

Tige haute de 50 cent.; les aiguillons supérieurs inégaux, l'un d'eux plus petit, quelquefois long de 2 millim. au plus, l'autre le double plus long, les 4 latéraux longs de 11 millim., les 2 inférieurs divergents.

Plante très-voisine du Cereus Clavatus, dont peut-être elle n'est qu'une variété; elle s'en distingue par l'absence d'aiguillon intérieur, ses côtes plus fortes, plus saillantes, plus aiguës, ses sinus plus profonds et ses aréoles plus espacées.

Floraison? Fleurs?

Culture. Serre tempérée pendant l'hiver, en plein air et bonne exposition pendant la belle saison, ou abritée devant un mur exposé en plein midi.

Les rares sujets de notre plante qui existent en France ont été introduits d'Allemagne par M. Cels, horticulteur, Chaussée du Maine, 77, peut-être le seul en France chez lequel les amateurs puissent rencontrer les éléments de collections de Cactées.

72. Cereus Lœvigatus (Salm).

Synonymie. Cereus Lœvigatus Salm. Cact. in hort. Dyck., cult., p. 204.

Patrie?

Diagnostic. Tige dressée, vert foncé glauque; 7 côtes; sillons et côtes larges, très-lisses; aréoles subespacées, petites, grises, tomenteuses; 8 aiguillons extérieurs grêles (celui du haut très-petit), étendus, rayonnants, 1 seul intérieur un peu plus fort; tous d'abord bruns, ensuite cinérés, à pointe colorée.

Tige haute de 30 cent. et large de 6-7 cent.; épiderme luisant, tout à fait lisse; côtes larges, épaisses, comprimées en crête aiguë; aréoles distantes de 20 millim., petites, tomenteuses; aiguillons extérieurs, ceux du haut sensiblement plus courts que ceux du bas, longs de 4-9 millim.; l'intérieur long de 1 cent.; tous aciculaires, pourpres bruns en naissant, ensuite blanc cendré, tachés de brun à la pointe.

Floraison? Fleurs?

Culture. Serre tempérée pendant l'hiver, plein air et pleine terre pendant la belle saison, ou bien abritée devant un mur exposé en plein midi.

73. Cereus Coryne (hort. Berol).

Synonymie. Cereus Coryne hort. Berol. — *id.* Forst. Handb. dr. Cact., p. 394. — *id.* Salm. Cact. in hort. Dyck., cult., p. 205.

Patrie?

Diagnostic. Tige dressée, subclaviforme, vert subglauque; 8 côtes; côtes épaisses, convexes, enflées en dessus; aréoles subresserrées, larges, orbiculées, munies de tomentum et de laine blanche; aiguillons extérieurs ouverts, rayonnants, 5 en bas, blancs (celui du bas plus court), 2-3 supérieurs plus longs, 1 central très-fort.

Tige haute de 20 cent., de près de 5 cent. de diamètre, à peine claviforme; aréoles éloignées de 10 millim. environ, larges, munies de tomentum et de laine blanche ; les 3 aiguillons supérieurs (le médian manquant souvent) longs de 20 millim., le central d'environ 6 cent., tout à fait étalé, noir.

Floraison ? Fleurs ?

Culture. Serre tempérée pendant l'hiver, plein air en bonne exposition pendant la belle saison, ou bien abritée devant un mur exposé en plein midi.

74. Cereus Euphorbioides (Haw.).

Synonymie. Cereus Euphorbioides Haw. — *id.* Forst. Handb. dr. Cact. p. 293. — *id.* Pfr. enum. diagn., p. 92. — Cereus Conicus hort. Berol. — Cereus Oxigonus Salm.

Patrie. Amérique tropicale et le Mexique.

Diagnostic. Tige dressée, à 10 côtes ; côtes fortes ; aiguillons moyens, pâles, presque ternis ; aréoles sans laine ni tomentum visible.

Tige dressée, grosse, atténuée au sommet, d'un vert pâle clair, portant 8-10 côtes fortes, comprimées, peu arrondies sur les faces, sinus larges, profonds ; aréoles serrées, munies de tomentum gris perle peu abondant, portant 2 aiguillons, rarement 3, rigides, d'abord bruns noirâtres, plus tard passant au gris cinéré et à pointe noire, le supérieur érigé ; en outre quelques-uns ou 2 petits insérés vers la partie inférieure de l'aréole ; sans aiguillon intérieur.

La tige est haute de 30-40 cent. sur 13-15 cent. de diamètre ; les aréoles sont éloignées les unes des autres de 6-9 millim. ; l'aiguillon supérieur est long de 25-27 millim., les autres sont plus courts.

Floraison ? Fleurs ?

Culture. Serre tempérée pendant l'hiver, plein air en bonne exposition pendant l'été, ou bien abritée devant un mur exposé en plein midi.

B. *PAUCI ANGULARES, à côtes peu nombreuses.*

Tige dressée, plus ou moins élancée, simple ou parfois drageonnant à la base ou sur la longueur de la tige au-dessous des lésions accidentelles ; le nombre des côtes varie de 8-9 ; côtes comprimées ou obtuses ; sillons profonds, ou superficiels ou tout à fait nuls.

* COMPRESSI, A CÔTES COMPRIMÉES.

Tige dressée, plus ou moins élancée, simple, à moins qu'elle n'ait subi quelques lésions ; 5-6 côtes ; côtes très-comprimées ; sinus profonds ; aréoles glabres ou laineuses.

75. Cereus Alacriportanus (hort. Monac.).

Synonymie. Cereus Alacriportanus hort. Monac. — *id.* Forst. Handb. dr. Cact., p. 388. — *id.* Pfr. enum. diagn., p. 87. — Cereus Bonariensis hort. Berol.

Patrie. Brésil, Porto Allegro.

Diagnostic. Tige dressée, simple, à 6 côtes vert foncé; cœrulescent vers le sommet de la plante; sillons profonds; côtes comprimées, droites, verticales; aréoles rapprochées, à peine saillantes, munies de tomentum brun et de laine courte, blanche; aiguillons aciculaires droits, bruns, à pointe jaune, 1 au centre, 7–8 extérieurs très–ouverts.

Tige de 4 cent. de diamètre; aréoles éloignées de 8 millim.; aiguillons longs de 6 millim.

Floraison? Fleurs?

Culture. Serre tempérée pendant l'hiver, plein air en bonne exposition pendant la belle saison.

76. Cereus Horribarbis (hort. Berol).

Synonymie. Cereus Horribarbis hort. Berol. — *id.* Salm. Cact. in hort. Dyck., cult., p. 205.

Patrie?

Diagnostic. Tige dressée, simple, verte, subglauque; 5 côtes, côtes fortement comprimées; sillons larges, creusés profondément; aréoles serrées, orbiculées, convexes, munies de tomentum blancs, subfloconneux; 12–20 aiguillons serrés, ouverts, grêles, rigides, inégaux, fauves, bruns à la base.

Tige haute de 15 cent. sur 5 de diamètre à la base, à peine glaucescente; têtes très–déprimées; sinus convexes; aréoles éloignées de 20 millim. environ, pulvinées, tomenteuses; aiguillons aciculaires, jaune brun, ceux du bas les plus nombreux, celui du haut subérigé plus vigoureux.

Floraison? Fleurs?

Culture. Serre tempérée pendant l'hiver, plein air en bonne exposition pendant la belle saison.

77. Cereus Cœsius (Salm).

Synonymie. Cereus Cœsuis Salm. Cact. in hort. Dyck., cult., p. 205. — *id.* Forst. Handb. dr. Cact., p. 394. — Cereus Glaucus hort. non Pfr.

Patrie?

Diagnostic. Tige dressée, simple, glauque cœrulescent; 5–6 côtes, côtes très-comprimées en haut; sillons profondément creusés; sinus arrondis, presque plans dans le bas; aréoles serrées, orbiculées, petites, munies de tomentum blanc, subfloconneux; 12–20 aiguillons serrés, ouverts, tous grêles, subégaux, staminés.

Tige haute de 60 cent. à 1 mètre, large de près de 5 cent.; aréoles très-rapprochées, vers le bas de la tige, au contraire, espacées de 2–3 centimètres vers le haut; environ 12 aiguillons disposés sans ordre, longs de 6-7 centimètres, presque étalés, grêles, flexibles, staminés-pâles, et fauves à la base, subégaux, ceux du bas un peu plus longs.

Cette espèce diffère de la précédente par sa tige plus grêle, bleu turquin, et par les aiguillons subcétacés staminés.

Floraison? Fleurs?

Culture. Serre tempérée pendant l'hiver, plein air en bonne exposition pendant la belle saison.

78. Cereus Lividus (Pfr.).

Synonymie. Cereus Lividus Pfr. enum. diagn., p. 98. — *id.* Otto's Gz., 1835, n° 48, s. 380. — *id.* Forst. Handb. dr. Cact., p. 399. — Cereus Glaucus Salm. — Cereus Lœtevirens hort. Berol. — Cereus Perotteli hort. — Cereus Lividus Glaucior hort. Berol. — Cereus Excerens l. c. — Cereus Tilophorus Pfr. — Cereus Retroflexus hort. Berge.

Patrie. Brésil, Laguayra et Curacao.

Diagnostic. Tige dressée, vigoureuse, vert plombé; 5 côtes; sillons creusés profondément; côtes comprimées, à peine ondulées, à crêtes obtuses; aréoles espacées, larges, sublaineuses, les jeunes brunes, plus tard cinérées; aiguillons droits, rigides. bruns (les jeunes à pointe jaune), 3 intérieurs vigoureux, 5–7 extérieurs plus courts, ouverts, souvent quelques-uns avortent.

Tige haute de 40-60 cent. sur 5-6 cent. de diamètre. Des sujets originaux qui sont cultivés depuis 1836 dans le Jardin botanique de Berlin, ont jusqu'à 16 cent. de diamètre et sont de la même force que les plus beaux sujets provenant du pays.

Un sujet provenant du pays présente une tige de 16 cent. de diamètre; les plantes plus jeunes n'ont que 5 cent.; les aréoles sont éloignées de 11–13 millim.; les aiguillons extérieurs sont longs de 6–11 millim., les aiguillons intérieurs de 8 millim.

Cette plante ressemble assez au Cereus Glaucus Salm; mais il en est tout différent à cause de ses aiguillons beaucoup plus grands et beaucoup plus rigides, ainsi que par ses aréoles espacées.

Les variétés indiquées dans les Catalogues des horticulteurs allemands, sous les dénominations de Glaucior, Pallidior, et Rigidior. hort. Berol, ne sont pas de véritables variétés. Ces modifications proviennent du genre de culture auquel les sujets ont été soumis; ils reprennent le caractère de notre type après avoir été soumis pendant quelque temps à une bonne culture.

Floraison? Fleurs?

Culture. Serre tempérée pendant l'hiver, plein air en bonne exposition pendant la belle saison.

79. Cereus Virens (Dc.).

Synonymie. Cereus Virens Dc., Rev. p. 116. — *id.* Pfr. enum. diagn., p. 99. — Cereus Tilophorus Pfr. euum. diagn., p. 100. — Cereus Ericomus hort. Berol? — Cereus Excerens Link. — Cereus Affinis hort. Berol.

Patrie. Le Mexique et le Brésil.

Diagnostic. Tige dressée, simple; 5 côtes; sillons aigus, enfin plans; côtes arrondies; aréoles subespacées, fauves, à peine saillantes, laineuses; 4–5 aiguillons subulés, fauves, très-courts, regardant en dehors, 1 central horizontal, rigide, brun.

Cette plante est tout à fait distincte de ses congénères; sa tige a 1 mètre de haut sur 4 cent. de diamètre; ses aréoles sont éloignées de 15 millim. les unes des autres; les aiguillons inférieurs sont longs de 2-4 millim., l'intérieur de 27 millim. : dans quelques espèces, l'aiguillon intérieur isolé est remplacé çà et là par 2-3-4 aiguillons de près de 25 millim., quelquefois divergents. Cette diversité dans le nombre des aiguillons doit-elle être attribuée à l'âge de la plante, ou doit-elle constituer une variété? Nous croyons qu'elle ne doit pas constituer une variété; car, dans ce cas, elle devrait se présenter sur toutes ou presque toutes les aréoles du même âge; tandis que, au contraire, elle se présente sur quelques aréoles du milieu de la tige, disparaît sur une certaine étendue pour réapparaître dans un autre endroit.

D'ailleurs, si on remarque que, chez les Cerei, la végétation des aréoles se continue et n'est pas limitée comme dans quelques-uns des genres précédents, le nombre variable des aiguillons, sur un même sujet, ne peut plus être un caractère qui permet d'établir une variété.

Mais un fait qu'il est important ici de remarquer, c'est que, dans certaines parties de la tige de notre plante, les aréoles portent plusieurs aiguillons intérieurs, dans une autre partie elles n'en portent qu'un seul, et enfin dans d'autres parties encore, elles en prennent de nouveau plusieurs : l'état de ces aiguillons ne permet pas de croire que quelques-uns sont tombés par suite d'accidents, car ce fait d'un aiguillon central isolé ne se présenterait pas sur les aréoles nouvelles du sommet de la tige : il faut donc que, sous l'influence de certaines circonstances, les aréoles aient continué à végéter, puisque, à l'origine, elles ne portaient qu'un seul aiguillon central, et que plus tard cet aiguillon central s'est trouvé accompagné de plusieurs autres. Il faut en outre que, dans d'autres circonstances, la végétation de ces aréoles se soit arrêtée. Ce fait a une grande importance, car s'il n'est qu'accidentel, l'observation attentive de la végétation de notre plante permettrait plus tard de reconnaître les circonstances favorables ou défavorables au développement des aiguillons. Si, au contraire, il est constant, il est dû à un avortement; son étude peut conduire à la connaissance de caractères particuliers qui, en s'ajoutant aux caractères connus sur le développement annuel des aiguillons des Cerei, aideraient à constituer d'une manière plus définitive la classification.

Floraison? Fleurs?

Culture. Serre tempérée pendant l'hiver, plein air en bonne exposition pendant la belle saison.

80. **Cereus Sublanatus** (Salm).

Synonymie. Cereus Sublanatus Salm. Cact. in hort. Dyck., cult., p. 337. *id.* Forst. Handb. dr. Cact., p. 401. — *id.* Pfr. enum. diagn., p. 100.

Patrie?

Diagnostic. Tige dressée, vert gai; 4 (rarement 5) côtes : côtes larges; aréoles serrées, petites, munies de tomentum fauve et de laine longue, persistante, grise ; 7 aiguillons extérieurs rayonnants, petits, les 2 du haut avortant souvent, 1 central érigé, vigoureux.

Tige haute de 50 cent. sur 4 cent. de diamètre, triangulaire ou quadrangulaire, à faces planes, cannelée seulement vers le sommet où la laine des aréoles est pendante ; aréoles éloignées de 7-9 millim. ; aiguillons extérieurs longs de 5-6 millim. ; aiguillons intérieurs longs de 17-22 millim.

Floraison ? Fleurs ?

Culture. Serre tempérée pendant l'hiver, plein air en bonne exposition pendant la belle saison.

81. Cereus Tetragonus (Haw.).

Synonymie. Cereus Tetragonus Haw. syn. p. 180. — *id.* Pfr. enum., p. 99. — *id.* Forst. Handb. dr. Cact., p. 401. — Cactus Tetragonus Lin. — *id.* Hort. Kew. ed. 2, v. 3, p. 176. — Cereus Tetragonus β. Major Monv.

Patrie. Amérique méridionale.

Diagnostic. Tige érigée, allongée, 4 côtes vertes, très-rameuse ; rameaux se développant à la base et sur les côtés de la tige, dirigés verticalement ; le nombre des côtes varie de 3-6 ; sillons plans ; côtes comprimées, plissées transversalement ; aréoles rapprochées, blanches, à peine laineuses ; aiguillons grêles, fauves, inégaux, 7-8 extérieurs et 1 central à peine plus long.

Tiges et rameaux larges de 4-8 cent. ; aréoles éloignées de 4-8 millim. ; aiguillons longs de 6-8 millim.

Floraison ? Fleurs très-grandes, blanches ; elle n'a pas encore été observée dans les Collections de France et d'Allemagne, cependant elle montre chaque année ses belles fleurs dans plusieurs Collections d'Angleterre.

Variétés. Cereus Tetragonus β. Minor Salm. — *id.* Pfr. l. c. — Cactus Pentagonus Wild. — Cereus Tetragonus β. Minor Monv.

Tige moins élevée, plus mince, quelquefois à 5 côtes.

Culture. Serre tempérée pendant l'hiver, plein air et en bonne exposition pendant la belle saison.

82. Cereus Thalasinus (Otto).

Synonymie. Cereus Thalasinus Otto. — *id.* Salm. Cact. in hort. Dyck., cult., p. 206. — *id.* A. G. Z., 1838, p. 34. — *id.* Forst. Handb. dr. Cact., p. 199.

Patrie. Caracas, les environs de Laguayra.

Diagnostic. Tige dressée, rameuse, vert de mer ; 4-5 côtes ; sillons profonds, arrondis ; côtes comprimées, aiguës ; aréoles serrées, tomenteuses, blanches, peu laineuses ; aiguillons droits, translucides, rigides, roux, 1 seul central, 3-9 extérieurs plus courts.

Tige haute de 60-80 cent., assez forte ; aréoles éloignées de 10 millim. les unes des autres ; aiguillons extérieurs longs de 13-15 millim., la plupart disparaissent souvent et il n'en reste que 3 persistants ; aiguillon central vers la partie supérieure de la tige, sont de la même longueur que les aiguillons extérieurs; vers la partie inférieure ils mesurent jusqu'à 3 cent. de longueur.

Cette espèce, ainsi que le Cereus Lividus, varie quant à la hauteur et à la grosseur de la tige, et aussi par le nombre des côtes et des aiguillons; elle est très-souvent quadrangulaire.

Floraison? Fleurs?

Culture. Serre tempérée pendant l'hiver, plein air en bonne exposition pendant la belle saison.

83. Cereus Forbesii (hort. Berol).

Synonymie. Cereus Forbesii hort. Berol. — *id.* Salm. Cact. in hort. Dyck., cult., p. 206. — *id.* Forst. Handb. dr. Cact., p. 398.

Patrie?

Diagnostic. Tige dressée, simple, vert cœrulescent; à 4 côtes; côtes comprimées dans la partie supérieure; sillons creusés profondément, plans dans la partie inférieure; aréoles subresserrées, larges, munies de tomentum blanc, subfloconneux; aiguillons noirâtres, vigoureux, noduleux à la base, 6-7 extérieurs rayonnants, très-ouverts, 1 seul au centre plus vigoureux, subdéfléchi.

Tige de 30 cent. de haut, tétragone, à faces de 3 cent., vert glauque cœrulescent; aréoles éloignées de 10 millim., larges, orbiculées, munies de tomentum floconneux, blanc; aiguillons châtain foncé, aciculaires, rigides, très-noduleux à la base, les extérieurs longs de 1 cent., l'intérieur plus vigoureux, étalé horizontalement ou défléchi.

Floraison? Fleurs?

Culture. Serre tempérée pendant l'hiver, plein air en bonne exposition pendant la belle saison.

84. Cereus Horridus (Otto).

Synonymie. Cereus Horridus Otto. A. G. Z., 1838, p. 33. — *id.* Salm. Cact. in hort. Dyck., cult., p. 207.

Patrie. Caracas.

Diagnostic. Tige dressée, glauque, cendrée; 4 côtes; sillons larges, tranchés; côtes comprimées, peu aiguës, à faces convexes; aréoles hémisphériques, tomenteuses, noires; aiguillons vigoureux, très-rigides, cinérascents, 10-12 extérieurs bisériés, 3 intérieurs très-longs, divergents.

Tige de 60 cent. de haut sur 10 cent. de diamètre; aréoles distantes de 20 millim.; les aiguillons noirâtres d'abord, puis cinérés, 1 central très-vigoureux, parfois long de 5 cent.: c'est une de nos espèces les plus remarquables, elle est très-différente du Cereus Lividus Pfr. et du Cereus Jamacara Salm, par ses aiguillons formidables.

Floraison? Fleurs?

Culture. Serre tempérée pendant l'hiver, plein air en bonne exposition pendant la belle saison.

85. Cereus Jamacara (Salm).

Synonymie. Cereus Jamacara Salm. — *id.* Pfr. enum. diagn., p. 98. — *id.* Forst. Handb. dr. Cact., p. 400. — Cereus Cœsius Pfr. enum. diagn., p. 86. — Cereus Validus Haw. — Cereus Glaucus hort.

Patrie. Brésil.

Diagnostic. Tige dressée, allongée, vert de mer ou cœrulescent ; 4-5 côtes ; côtes comprimées, convexes ; sillons larges ; aréole grise, tomenteuse ; aiguillons fauves, 7-9 extérieurs rayonnants, 4 intérieurs vigoureux, très-rigides.

Tige haute de 1^m à 1^{m}30 dans nos Collections, sur 10-13 cent. de diamètre, couverte au sommet comme d'une rosée azurée vert pâle vers sa partie inférieure, à angles très-obtus et sillons plans ; aréoles éloignées de 22-27 millim. ; aiguillons extérieurs longs de 11-17 millim., les intérieurs de 4 cent.

Floraison ? Fleurs ?

Culture. Serre tempérée pendant l'hiver, plein air en bonne exposition pendant la belle saison.

86. Cereus Lepidotus (Salm).

Synonymie. Cereus Lepidotus Salm. Cact. in hort. Dyck., cult., p. 207. — Cereus Karstenii hort. Angl.

Patrie. Laguayra.

Diagnostic. Tige élancée, très-robuste, vert gai glaucescent, recouverte avec l'âge d'une poussière agréable à la vue ; sillons largement excavés ; 6 côtes ; côtes comprimées, obtuses, subcrénelées, convexes ; aréoles serrées, immergées, ovales, convexes, gris perle, tomenteuses ; sans aiguillons, ou avec quelques-uns rudimentaires.

Tige très-élevée dans sa patrie, sur 13 cent. de diamètre ; épiderme très-légèrement granuleux, d'abord vert gai, ensuite vert pâle, enfin vert bronze cinéré ; sillons larges ; côtes comprimées, charnues, émoussées à la crête et crénelées, concaves entre les aréoles ; aréoles convexes, serrées, éloignées de 20 millim. environ, larges, souvent ovales en travers, immergées, munies de tomentum épais, pulviné, gris, tout à fait inermes, ou quelquefois garnies de quelques aiguillons rudimentaires sensibles au toucher seulement.

Floraison ? Fleurs ?

Culture. Serre tempérée pendant l'hiver, plein air en bonne exposition pendant la belle saison.

Cette plante très-remarquable a été envoyée de Laguayra en Angleterre sous le nom de Cereus Karstenii, le sujet est mort, il était recouvert de petits appendices scarieux innombrables qui recouvraient tout son épiderme et qui semblaient la recouvrir d'une couche lépreuse couleur de cendre.

87. Cereus Pottsii (Salm).

Synonymie. Cereus Pottsii Salm. Cact. in hort. Dyck., cult., p. 208.

Patrie. Chihuahua.

Diagnostic. Tige grêle, flexible, subvélutineuse, vert gai, longue de 10 cent. environ, érigée, atténuée en haut et en bas, et portant environ 22 millim. de diamètre au milieu, subcylindrique à la base, souvent tétragone (rarement pentagone), à sommet aigu, à faces concaves et à côtes comprimées, un peu émoussées; aréoles très-resserrées, presque continues, allongées, linéaires, munies de tomentum, celui du dehors gris et court, celui de l'intérieur noirâtre, et, en outre, elles portent vers la partie inférieure quelques sétules noires, adprimées; aiguillons très-petits, rigides, noirâtres, disposés longitudinalement sans ordre régulier, ceux du dehors ordinairement rudimentaires, ceux de l'intérieur un peu plus vigoureux, mais tous bien plutôt appréciables au toucher qu'à la vue.

2-3 petites tiges semblables, se développant sur une même souche napiforme, charnue, longue de 14 cent. et large de 10.

Floraison? Fleurs?

Culture. Serre tempérée pendant l'hiver, plein air en bonne exposition pendant la belle saison.

** PRUINOSI, A ÉPIDERME PRUINEUSE.

Tige subélancée, parfois rameuse, couverte d'une poussière épaisse, portant de 4 à 10 côtes épaisses, obtuses; sillons superficiels; aréoles distancées; 2-5 aiguillons vigoureux, souvent anguleux, noirâtres.

88. Cereus Pruinosus (Salm).

Synonymie. Cereus Pruinosus Salm. — Echinoc. Pruinosus Pfr. enum. diagn., p. 54. — Cereus Roridus hort. Berol. — Forst. Handb. dr. Cacten, p. 398.

Patrie. Mexique.

Diagnostic. Tige dressée, vert cendré, comme recouverte d'une poussière pruineuse; 4-5-6 côtes zonées de vert cendré; les jeunes sillons sont aigus, puis bientôt entièrement plans; côtes subaiguës, à faces convexes; aréoles subespacées, cinérées, convexes; 4-5 aiguillons extérieurs et 1 central à peine plus long; tous droits, rigides, jaunes en naissant, à pointe brune, enfin noirs.

Les plantes les plus hautes que j'ai vues appartenaient à la Collection du Jardin des Plantes d'Orléans, où le directeur, M. Delair, a observé la fleur. Les sujets avaient 80 cent. de haut sur 12-16 cent. de diamètre, ils étaient tout à fait quadrangulaires, sans sillons dans toute la partie inférieure de la tige.

Les jeunes sujets que l'on rencontre ordinairement ont 8 cent. de diamètre; les aiguillons ont tout au plus 13 millim. de longueur; la couleur vert gris de l'épiderme prend une apparence de plus en plus cendrée depuis le commencement d'une période de végétation jusqu'à sa fin, de sorte que les zébrures des faces indiquent toute la longueur dont la tige s'est élevée dans une année, et permettrait presque de dire l'âge de la plante à partir de l'époque où elle atteint l'âge adulte.

Floraison? Fleurs?

Culture. Serre tempérée pendant l'hiver, plein air en bonne exposition pendant la belle saison.

Delair, jardinier en chef du Jardin des Plantes d'Orléans, a observé la fleur sans la décrire. Les plantes étaient exposées en plein air pendant la belle saison, conservées en pots, mais arrosées très-abondamment pendant les beaux jours de l'été. La fleur qu'il a observée a donné une baie qui, plus tard, a produit de nombreuses graines qui ont parfaitement levé. Parmi ces semis, il s'en est trouvé quelques-uns qui avaient 4 côtes dans la jeunesse; je ne sais si plus tard le nombre des côtes s'est augmenté et devenu normal.

89. Cereus Pentaedrophorus (Lab.).

Synonymie. Cereus Pentalophorus Lab. — Cereus Pentagonus glaucus Morel.

Patrie. Brésil. Introduit en France par M. Morel, qui l'a reçu des régions du Moro-Queimado.

Diagnostic. Tige dressée, d'un vert glauque azuré, très-fortement zonée; sinus aigus et profonds au sommet de la plante, s'élargissant et s'aplatissant peu à peu et finissant par n'être plus indiqués que par une ligne d'un vert moins glauque; 5 côtes fortement tuberculées; chaque tubercule, affectant une forme pentaédrique dont la face supérieure qui est horizontale, s'efface peu à peu vers la partie inférieure de la tige et en est séparée par un petit sillon horizontal assez profond, surtout au sommet de la tige, et qui finit par être remplacé par une ligne semblable à celle qui marque les sinus; chaque tubercule est régulièrement couronné à son sommet par une aréole petite, ronde, tomenteuse, portant 7 aiguillons extérieurs fins, blancs, inégaux, ceux du bas les plus longs, et, en outre, 3 aiguillons intérieurs de même couleur et de même consistance.

Tige haute jusqu'à ce jour de 50-60 cent. sur 4 cent. de diamètre; aréoles distantes de 10-15 millim.; tubercules saillants, de 2-3 millim.; aiguillons les plus longs de 8 millim., les plus courts de 1-2; en naissant, le tomentum et les aiguillons des aréoles sont chamois clair, plus tard ils passent au blanc.

Floraison? Fleurs?

Culture. Serre tempérée pendant l'hiver, plein air en bonne exposition pendant la belle saison.

90. Cereus Bridgesii (Salm).

Synonymie. Cereus Bridgesii Salm. Cact. in hort. Dyck., cult., p. 208.

Patrie. Bolivie. Introduit en 1846 par M. Bridges.

Diagnostic. Tige dressée, robuste, vert gai, subglauque; 6-7 côtes; côtes larges, arrondies, très-légèrement sinueuses, convexes; aréoles espacées, munies de tomentum court; 5 aiguillons subaplanis, gris perle, les 3 supérieurs dirigés en haut, celui du milieu très-long, les 2 inférieurs égaux, défléchis.

Tige de 30 cent. de haut sur 5 de diamètre, vert gaie, subglaucescent; côtes gonflées, obtuses; aréoles éloignées de 25 millim., petites, grises; aiguillons subflexibles, piquants, jaune gris, aplanis en bas, 3 supérieurs dirigés vers le haut, les latéraux plus courts, longs de 20 millim., et 1 central long de 4 cent., ceux du bas défléchis, longs de 35 millim.

Floraison? Fleurs?

Culture. Serre tempérée pendant l'hiver, plein air en bonne exposition pendant la belle saison.

91. Cereus Geometrizans (Mart.).

Synonymie. Cereus Geometrizans Mart.— *id.* Pfr. enum. diagn., p. 150. — *id.* Forst. Handb. dr. Cact., p. 394. — Cereus Aquicaulensis hort.

Patrie. Mexique, régions tempérées près de Zimapan.

Diagnostic. Tige dressée, simple, 5-6 côtes cœrulescentes, comme marquée d'arcs se coupant à angles aigus; sillons larges, presque plans; côtes obtuses, anguleuses, tuberculées, convexes; aréoles espacées, rondes, blanches, munies de tomentum très-court; 3 aiguillons (rarement 4-5) inégaux, rigides, noirs, plus tard cinérés, très-épais à la base, 2 latéraux très-longs, celui du bas plus court, 1-2 en haut (manquant souvent) très-courts.

Tige haute de 50-60 cent. sur 10 de diamètre, portant 8-9 côtes presque inermes vers la partie inférieure de la plante, les jeunes seulement de 5-6 cent. de diamètre; aréoles éloignées de 3-4 cent. les unes des autres; aiguillons latéraux longs de 9-11 millim., celui du bas de 4-6, enfin ceux du haut longs seulement de 2-3 millim., quelquefois ils sont tous plus courts; la tige est souvent rameuse; d'autres fois les aiguillons supérieurs ou inférieurs manquent, mais l'aiguillon intérieur manque rarement; enfin il arrive souvent qu'un même sujet présente des aréoles diversement défendues.

Floraison? Fleurs?

Variétés. Cereus Geometrizans β. Pugioniferus Salm. — Synonymie Cereus Pugioniferus Lem. Cact. in hort. Monv., 1838, p. 30. — Cereus Gladiator Otto. — Cereus Gladiator β. Geometrizans Monv., Cat. 1846.

Tige érigée, rameuse, à 4-5 ou 6 côtes d'un vert azuré; angles subrépandiformes, épais, vigoureux, verticaux, émoussés, légèrement enflés près des aréoles; sinus obtus, profonds de 12 millim.; aiguillons quaternés, très-rigides, très-largement subulés à la base, subitement effilés et piquants, d'une couleur pourpre noirâtre, passant par la suite au gris blanchâtre, en naissant ils sont insérés sur l'aréole au milieu d'un tomentum pourpre foncé très-court, peu abondant et caduc; parmi ces aiguillons, 3 sont courts, défléchis en dehors, aplanis sur plusieurs faces, longs de 15-18 millim., le quatrième est inséré horizontalement, il atteint 5 cent., il est très-vigoureux, comme prismatique, allongé comme une lame de poignard, ceux des côtés manquent fréquemment.

La tige est haute de 50 cent. sur 5 de diamètre, elle est rameuse.

Cereus Geometrizans γ. Quadrangularispinus Lem. — Synonymie Cereus Arrigens Monv. — Cereus Gladiger Lem.

Dans cette variété il existe 6 aiguillons, dont 4 latéraux et décusés, le cinquième est médian, il est plus petit et défléchi, enfin le sixième est comme dans la variété précédente, allongé et à 4 faces nettement accusées.

Notre espèce et ses variétés se distinguent aisément des autres Cerei par la forme particulière de leurs aiguillons, dont on ne trouve pas d'autres exemples dans les Cerei connus jusqu'à ce jour.

Culture. Serre tempérée pendant l'hiver, plein air en bonne exposition pendant la belle saison.

92. Cereus Beneckei (Éhrenb.).

Synonymie. Cereus Beneckei Ehrenb. — A. G. Z., 1844, p. 402.— *id.* Salm. Cact. in hort. Dyck., cult., p. 209.— Cereus Farinosus Fennel.— *id.* Forst. Handb. dr. Cact., p. 396.

Patrie. Le Mexique; il se rencontre, dit-on, sur des terrains formés de laves.

Diagnostic. Tige dressée, rameuse, couverte d'une poussière farineuse blanche; 7-10 côtes; côtes épaisses, arrondies, tuberculées, convexes; aréoles espacées, munies de tomentum noir; 2-9 aiguillons subulés, très-rigides, bruns, très-inégaux, 1-2 très-longs.

Les plus forts sujets qui existent dans les Collections d'Europe ont 5 cent. de hauteur sur 6-7 cent. de diamètre, ils paraissent encore jeunes; chez les uns, la partie supérieure seulement de leur tige est couverte de la poussière farineuse qui a valu à l'espèce son nom; chez les autres, toute la tige en est recouverte, même sur 1-2 millim. d'épaisseur sur quelques exemplaires; les tubercules des côtes ont de 13-20 millim. de hauteur; elles portent les aréoles qui sont espacées de 27-40 millim.; les faisceaux d'aiguillons ont 8 aiguillons extérieurs, dont 1 supérieur très-courbé de 2 millim. de long, 3 latéraux dont le médian le plus long, et 1 inférieur qui est encore plus long que les autres, enfin 1 aiguillon intérieur de beaucoup plus long que tous les autres, atteignant 3-4 cent. de longueur.

Floraison? Fleurs?

Variétés. Cereus Beneckei β. Farinosus Salm. — Cereus Farinosus Haag.

Variétés dont les aréoles ne portent jusqu'à présent que 2 aiguillons. Tige haute de 30-40 cent. sur 4-5 cent. de diamètre.

Culture. Serre tempérée pendant l'hiver, plein air en bonne exposition pendant la belle saison.

Cette plante semble varier beaucoup ; il existe des exemplaires dont toute la tige est recouverte de poussière, d'autres où une partie seulement en est recouverte ; le nombre des aiguillons est aussi variable : les uns portent de 4-5 aiguillons sans aiguillon intérieur, d'autres fois le plus petit aiguillon supérieur est remplacé par un second aiguillon central, et alors les 2 aiguillons centraux sont dirigés tantôt en haut tantôt en bas.

Au reste, cette plante très-intéressante est extrêmement rare dans nos Collections ; elle mérite d'y être cultivée et étudiée avec plus de soin.

J'ai vu dans la Collection de Monville une plante dont le port extérieur ressemblait assez à celui de notre plante, mais dont les aiguillons avaient un caractère tout différent, ils étaient très-petits, extrêmement fins, à peine perceptibles par un examen attentif, je leur trouvais une grande ressemblance avec ceux de certains Opuntias, ou même ceux de notre Echinocactus Myriostigma. Elle était rangée parmi les Echinocactées sous le nom d'Echinocactus Farinosus Monv., peut-être n'était-elle qu'une des plantes appartenant à notre type où le nombre et les dimensions des aiguillons sont si variables.

Dans les anciens Catalogues de M. Cels, on trouve aussi l'indication d'un Echinocactus Farinosus, mais celui-ci ne peut être confondu avec notre plante, il était globuleux et ressemblait beaucoup à notre Echinocactus Maletianus, auquel nous l'avons rapporté comme synonymie, tout en laissant un doute, puisque nous n'avons pas décrit la plante quand nous l'avons vue.

Les deux plantes étant mortes, il est impossible aujourd'hui de pousser la comparaison plus loin.

*** GEMMATI, A TIGE BOURGEONNANT.

Tige peu élevée, souvent prolifère à la base ; 5-8 côtes ; aréoles petites, très-serrées, se confondant parfois ; aiguillons petits, rigides ou sétacés.

93. Cereus Marginatus (DC.).

Synonymie. Cereus Marginatus DC. Rev. p. 116. — *id.* Pfr. enum. diagn., p. 97. — *id.* Forst. Handb. dr. Cact., p. 397. — Cereus Incrustatus hort. Berol. — Cereus Capulatus hort. — Cereus Mirbelii hort. Berger.

Patrie. Mexique.

Diagnostic. Tige simple ou subrameuse au sommet, dressée, vert foncé ; sommet obtus ; 5-7 côtes verticales ; sillons aigus ; crête obtuse ;

aréoles ovales, confluentes, blanches, fauve tomenteuses, laineuses sur toute la longueur; 7-9 aiguillons coniques, rigides, gris, courts, le central à peine différent des autres.

Tige haute de 60 cent. sur 8 de diamètre, il en existe qui ont 1^m50 sur 10 cent. de diamètre, dont la partie inférieure est couverte d'une écorce ligneuse; le tomentum des aréoles couvre les côtes sur presque toute leur longueur par suite de la juxtaposition des aréoles; aiguillons longs de 2-3 cent., pourpres brillants en naissant.

Il se distingue du Cereus Gemmatus par sa tige plus forte, qui est d'un vert foncé, ses sinus plus profonds et le tomentum des aréoles qui recouvre l'arête des côtes sur presque toute sa longueur.

Floraison ? Fleurs ?

Culture. Serre tempérée pendant l'hiver, plein air en bonne exposition pendant la belle saison.

94. Cereus **Gemmatus** (Zucc.).

Synonymie. Cereus Gemmatus Zucc. — *id.* Pfr. enum. diagn., p. 96. — *id.* Forst. Handb. dr. Cact., p. 397.

Patrie. Mexique, près de Sau-Jose del Auro, sur les roches, en société du Cereus Flagriformis et autres, dans les régions froides.

Diagnostic. Tige dressée, vert gai, 5-6 côtes, rameuse à la base; sillons presque plans; côtes comprimées, à crêtes obtuses; aréoles serrées, convexes, ovales, les jeunes blanches, vélutineuses, 8-10 aiguillons courts, cinérés, rayonnants, 1-2 intérieurs à peine différents des autres.

Tige de 27-40 millim. de diamètre; aréoles éloignées de 2-4 millim.; aiguillons sétacés sur les jeunes plantes, bruns caducs sur les plantes adultes.

Floraison ? Fleurs ?

Culture. Serre tempérée pendant l'hiver, plein air en bonne exposition pendant la belle saison.

Pendant le printemps, la partie de la tête nouvellement poussée est sujette à être brûlée par le soleil.

95. Cereus **Olfersii** (hort. Berol).

Synonymie. Cereus Olfersii hort. Berol. — *id.* Pfr. enum., p. 97. — *id.* Forst. Handb. dr. Cact., p. 397.

Patrie. Brésil.

Diagnostic. Tige dressée, vert pâle; 9 côtes; côtes comprimées; sillons larges; aréoles subnues; aiguillons rayonnants, fauves, 3 supérieurs sétacés, caducs, 3 inférieurs persistants, rigides, celui du bas très-long, défléchi.

Tige de 50 cent. de haut sur 4 de diamètre; aréoles éloignées de 6-8 millim.; aiguillon inférieur long de 12-17 millim.; les aréoles des jeunes sujets sont munies de 6-7 aiguillons grêles, bruns, subégaux.

Floraison ? Fleurs ?

Culture. Serre tempérée pendant l'hiver, plein air en bonne exposition pendant la belle saison.

96. Cereus Dumortierii (hort. Berol).

Synonymie. Cereus Dumortierii hort. Berol. — *id.* Salm. Cact. in hort. Dyck., cult., p. 210.

Patrie ?

Diagnostic. Tige dressée, claviforme, prolifère à la base, vert gai brillant ; 6 côtes ; côtes vigoureuses, aiguës ; sillons larges, obtus ; aréoles oblongues, petites, très-serrées, tomenteuses, gris perle ; aiguillons subsétiformes, staminés, pâles, 8-10 extérieurs rayonnants, ceux du bas sensiblement plus longs, 1-2 intérieurs plus grêles.

Tige haute de 30 cent. et plus, large de 6 cent.; côtes larges, prismatiques, à faces planes et à arête très-aiguë, convexe entre les aréoles, qui sont à peine éloignées de 4 millim. les unes des autres; aiguillons érigés, ouverts, grêles, flexibles, couleur paille claire, le central souvent seul et les inférieurs de 11 millim. de long.

Floraison. Fleurs?

Culture. Serre tempérée pendant l'hiver, plein air en bonne exposition pendant la belle saison.

**** GRACILIORES, A TIGE PLUS GRÊLE.

Tige mince, dressée ou étendue, subarticulée, ayant besoin de soutien, rameuse à la base et vers sa partie supérieure, portant de 4-7 côtes aiguës ou émoussées ; aréoles plus ou moins resserrées, munies d'aiguillons jaunes ou blancs, variant de forme et de nombre, quelquefois purpurascents en naissant.

97. Cereus Xantochœtus (hort. Berol).

Synonymie. Cereus Xantochœtus hort. Berol. — *id.* Salm. Cact. in hort. Dyck., cult., p. 210.

Patrie?

Diagnostic. Tige dressée, grêle, rameuse à la base, vert gai ; 6 côtes; côtes légèrement obtuses ; sillons promptement plans ; aréoles serrées, munies de tomentum fauve et gris ; 10-12 aiguillons ténus, subsétacés, ramassés, ouverts, fauves dorés.

Tige de 30 cent. sur 2 de diamètre, rameuse à la base, vert très-gai, peu à peu marquée de points blancs ; aréoles éloignées de 9-10 millim., munies de tomentum bicolor ; aiguillons grêles, longs de 9-10 millim., disposés sans ordre ; les aiguillons intérieurs un peu plus longs.

Floraison. Fleurs?

Culture. Serre tempérée pendant l'hiver, plein air en bonne exposition pendant la belle saison.

98. Cereus Cavendiskii (Monv.).

Synonymie. Cereus Cavendiskii Monv.— *id.* Salm. Cact. in hort. Dyck., cult., p. 210.

Patrie ?

Diagnostic. Tige dressée, grêle, rameuse à la base, vert luisant ; 5-6 côtes ; côtes comprimées, très-convexes ; sillons profonds, larges ; aréoles subresserrées, petites, tomenteuses, grises ; 8-9 aiguillons extérieurs grêles, étendus en rayonnant, 4 intérieurs plus vigoureux, noduleux à la base, fauves pâle, celui du bas plus long.

Tige haute de 35 cent. et plus sur 20 millim. à peine de diamètre, rameuse à la base, vert gai luisant, presque transparent vers les angles ; aréoles éloignées de 15 millim. ; aiguillons extérieurs gris, longs de 6-9 millim., 1-2 intérieurs (avortant souvent) jaunâtres, longs de 13-15 millim.

M. de Monville en a donné la description suivante dans le vol. 1er de l'*Horticulteur universel*, à la page 219 :

Tige subérigée, très-rameuse, assez grêle, à 4-6 angles répandiformes, vert clair ; aréoles rondes, très-petites, saillantes ; aiguillons droits, rigides, aciculaires.

Tige de 3-4 cent. de diamètre ; côtes et surtout les sillons très-obtus, renflées vers les aréoles qui sont portées par des gibbosités peu saillantes, couvertes d'un duvet blanc très-court, caduc ; aiguillons extrêmement grêles, droits, rigides, pointus, d'abord fauves marqués de blanc, puis cendrés, 7-10 extérieurs subrayonnants, de 10-30 millim. de long ; en outre, 1 central plus fort, subérigé, à peu près de même longueur.

Floraison ? Fleurs ?

Culture. Serre tempérée pendant l'hiver, plein air en bonne exposition pendant la belle saison.

99. Cereus Paxtonianus (Monv.).

Synonymie. Cereus Paxtonianus Monv.— *id.* Salm. Cact. in hort. Dyck, cult., p. 211.

Patrie ?

Diagnostic. Tige dressée, grêle, peu rameuse, vert blême ; 5-6 côtes convexes ; sillons larges ; aréoles subresserrées, petites, munies de tomentum gris ; 8-9 aiguillons grêles, rayonnants, peu divergents, 4 intérieurs plus forts, fauves pâles, rigides, l'inférieur plus long.

Fleurs peu différentes du précédent ; tige plus vigoureuse ; aiguillons plus courts et plus rigides ; tige haute de 60 cent., même de 1 mètre, moins rameuse à la base, d'un vert livide ; aiguillons insérés à peu près de la même manière, mais un peu plus courts et plus rigides. Peut-être n'est-il qu'une variété du précédent.

Floraison ? Fleurs ?

Culture. Serre tempérée pendant l'hiver, plein air en bonne exposition pendant la belle saison.

100. Cereus Tortuosus (Forb.).

Synonymie. Cereus Tortuosus Forb. — *id.* Salm. Cact. in hort. Dyck., cult., p. 211.

Patrie. Buenos-Ayres.

Diagnostic. Tige dressée, à 7 côtes ; côtes obtuses ; aréoles serrées, blanches, tomenteuses ; aiguillons droits, sétacés, blancs et noirs, 8 extérieurs rayonnants, 1 seul central plus long.

Tige d'un vert bleu, portant 5-7 côtes contournées en spirales autour de la tige ; aréoles très-petites, serrées, garnies de tomentum blanc ; aiguillons piliformes, d'abord rouge brun à pointe noire, plus tard tous noirs ou gris blanc ; aiguillons 8, rarement 9-10, dont 3 vers le haut, 3 vers le bas et 2 sur les côtés ; aiguillon intérieur le double plus long.

Tige haute de 1 mètre sur 2 cent. de diamètre, vert intense, plutôt flexueuse que tortueuse, subcylindrique ; 7 côtes aplanies avec sillons arrondis ; aréoles espacées de 15-20 millim., un peu saillantes ; aiguillons disposés presque régulièrement, 7 extérieurs rayonnants, ouverts, 1-2 intérieurs longs de 13-18 millim., plus tard quelques autres aiguillons accessoires grêles, se développant aussi, pourpres en naissant, plus tard noirâtres.

Ce Cereus est voisin du Cereus Bomplandi ; il en diffère surtout par le nombre des côtes.

Floraison ? Fleurs ?

Culture. Serre tempérée pendant l'hiver, plein air en bonne exposition pendant la belle saison.

101. Cereus Bomplandi (Parmt.).

Synonymie. Cereus Bomplandi Parmt. — *id.* Pfr. enum. diagn., p. 108.

Patrie. Brésil.

Diagnostic. Tige dressée, subarticulée, 4-5 côtes, glauque ; côtes subrectangulaires ; crêtes obtuses, ondulées ; aréoles subespacées ; aiguillons rigides, blanc d'ivoire, plus épais à la base et noirs à la pointe ; tomentum des aréoles très-court, gris ; les aiguillons, 1 central, 5-6 extérieurs dont 2 supérieurs plus grands, 3-4 inférieurs très-courts, très-ténus.

Tige de 4 cent. de diamètre ; aréoles éloignées de 13-15 millim. ; aiguillons extérieurs de 8 millim., supérieurs (pourpres en naissant) 12 millim., le central d'environ 27 millim. de longueur.

Floraison ? Fleurs ?

Culture. Serre tempérée pendant l'hiver, plein air en bonne exposition pendant la belle saison.

4ᵉ GROUPE. — ARTICULATI, à tige articulée.

Tige articulée, plus ou moins élancée, grimpante mais non radicante, volubile ou rampante, souvent rameuse ; articles diversement anguleux, cylindriques ou subglobuleux.

A. *ACUTANGULI*, à angles aigus.

Tige dressée ou subdressée, souvent rameuse; articles à 3-5 côtes; côtes très-comprimées, sinueuses entre les aréoles, dont les aiguillons sont nombreux; aiguillons variant de nombre et de forme.

* A CÔTES CONVEXES ENTRE LES ARÉOLES.

102. Cereus Nitidus (Salm).

Synonymie. Cereus Nitidus Salm. Cact. in hort. Dyck., cult., p. 211.

Patrie. Laguayra.

Diagnostic. Tige dressée, articulée, vert luisant; articles allongés, à 8 côtes, subexcavés sur les côtes; côtes comprimées, aiguës, sinueuses, convexes; aréoles espacées, petites, grises, tomenteuses; 5 aiguillons extérieurs ouverts, rayonnants, celui du bas très-court, 1 seul central porrigé; tous très-rigides, noduleux à la base, en naissant fauves roses, plus tard bleu cinéré.

Cette espèce diffère du Cereus Principis par ses aiguillons moins nombreux et beaucoup plus vigoureux, et sa tige d'un vert intense brillant.

Tige de 60 cent., simple; articles de longueur variable, les plus anciens longs de 18-20 cent., larges sur les côtés de 25-30 millim., à angles comprimés, sinués, convexes; aréoles éloignées de 2-4 cent., saillantes, garnies de tomentum court, épais, gris; 6 aiguillons (dont quelques-uns manquent quelquefois) très-rigides, épais à la base qui est noduleuse, le central très-vigoureux, long de 3 cent.

Floraison? Fleurs?

Culture. Serre tempérée pendant l'hiver, plein air en bonne exposition pendant la belle saison.

103. Cereus Principis (hort. Wurzb.).

Synonymie. Cereus Principis hort. Wurzb. — *id.* Pfr. enum. diagn., p. 108. — *id.* Forst. Handb. dr. Cact., p. 406.

Patrie. Laguayra.

Diagnostic. Tige dressée, rameuse, subarticulée; 3, rarement 4-5 côtes; sillons plans; côtes comprimées, enflées au-dessous des aréoles; aréoles subespacées, munies de tomentum blanc très-court; aiguillons droits, assez épais, jaunâtres ou blancs, 3 intérieurs, 7-8 extérieurs, celui du haut manque ou bien il est très-court.

Tige de 27-40 millim. de diamètre; aréoles éloignées de 8-11 millim.; aiguillons intérieurs longs de 13-16 millim.

Cette espèce se distingue de la précédente par la couleur d'un vert intense brillant de son épiderme et par ses aiguillons moins nombreux.

Floraison? Fleurs?

Culture. Serre tempérée pendant l'hiver, plein air en bonne exposition pendant la belle saison.

104. Cereus Baxaniensis (Karw.).

Synonymie. Cereus Baxaniensis Karw. — *id.* Pfr. enum. diagn., p. 109.
— *id.* Forst. Handb. dr. Cact., p. 406. — *id.* Cereus Ramosus Karw. —
id. Pfr. l. c.

Patrie? Trouvé par Karwinskii dans la région tropicale du Mexique,
entre Cordova et la Vera-Cruz, sur un sol argileux; il se trouve aussi à
Cuba, dans les sables, au milieu de broussailles, dans le voisinage de
la mer.

Diagnostic. Tige subdressée, subarticulée, rameuse, verte; 5 côtes;
sillons larges; côtes comprimées, à peine convexes; aréoles rapprochées, petites, blanches; 6-8 aiguillons extérieurs grêles, blancs, 4 intérieurs fauves, plus longs; tous rigides.

Tige rameuse, vert foncé, portant 3-5 côtes comprimées, aiguës ou
émoussées, peu convexes entre les aréoles; sillons larges, aréoles petites, peu saillantes, plus ou moins espacées, garnies de tomentum
blanc peu abondant; aiguillons rigides, dont 5-8 extérieurs dirigés en
bas et 3-4 intérieurs un peu plus longs, bruns.

Tige de 27-40 millim. de diamètre; aréoles éloignées de 8 millim.;
aiguillons extérieurs longs de 6 millim.; aiguillons intérieurs de 11-13
millim.

Floraison? Fleurs?

Culture. Serre tempérée pendant l'hiver, plein air en bonne exposition pendant la belle saison.

Son habitus semblerait indiquer qu'il demande un peu plus de chaleur que ses congénères; cependant, ceux qui sont dans nos Collections, au milieu des autres Cerei, y végètent bien sans qu'il soit
nécessaire de leur donner plus de soins qu'aux autres.

105. Cereus Pentagonus (Haw.).

Synonymie. Cereus Pentagonus Haw. syn. p. 180. — *id.* Pfr. enum.,
p. 109. — *id.* Cactus Pentagonus Lin. — Cereus Prismaticus Wild. —
Cereus Reptans Wild. — Cereus Reptans et Prismaticus Haw. suppl.,
p. 77.

Patrie. Amérique tropicale.

Diagnostic. Tige subdressée, articulée, très-rameuse; articles à
3-5 (rarement 5-7) côtes; sillons larges; côtes subcomprimées, bientôt
ridées, subconvexes; aréoles blanches, tomenteuses, plus ou moins
espacées; aiguillons rigides sur les articles vigoureux, noirâtres en
naissant, bientôt blanchâtres, 5 rayonnants, 1 central; sur les articles
grêles, 6-7 rayonnants et 1 central; tous bruns, sétiformes.

Cette espèce varie dans ses formes, et c'est pour ce motif que
Haworth l'a décrite sous trois noms différents.

La tige et les rameaux ont 8-16 millim. de diamètre; elle présente
3-4-5 angles tantôt très-comprimés, tantôt tout à fait renflés et émoussés; rameaux tantôt vigoureux, dressés (aréoles distantes alors de
13 millim.), tantôt grêles, rampants (aréoles alors espacées de 6-8

millim.), mais les aiguillons conservent la même longueur, 6-8 millim.: elle ne jette jamais de racines adventives, ce qui la distingue de notre plante, de plusieurs espèces auxquelles elle ressemble beaucoup.

Floraison? Fleurs?

Culture. Serre tempérée pendant l'hiver, plein air en bonne exposition pendant la belle saison.

** COSTIS OBREPANDIS, A CÔTES SUBRÉPANDIFORMES.

106. Cereus Pellacidus (hort. Berol).

Synonymie. Cereus Pellacidus hort. Berol. — *id.* Pfr. enum. diagn., p. 108.

Patrie. Ile de Cuba.

Diagnostic. Tige subdressée, rameuse à la base; 5 côtes vert pâle; les côtes jeunes aiguës, presque membraneuses, plus tard obtuses, convexes, enflées au-dessous des aréoles; aréoles subnues; aiguillons droits, les jeunes dorés, plus tard fauves, 9 rayonnants, 1 central plus long.

Tige de 27-40 millim. de diamètre; aréoles éloignées de 8-11 millim.; aiguillons extérieurs longs de 6-8 millim.; aiguillons intérieurs de 20-27 millim. de long.

La tige drageonne à la base, elle est d'un vert transparent, elle porte 5 côtes très-comprimées, tranchantes, très-minces, plus tard elles s'émoussent, elles sont voûtées au-dessus des aréoles et comme renflées au-dessous; aréoles rapprochées, presque nues; aiguillons presque droits, d'abord jaunes, passant par la suite au jaune rouge ou brun, 9 extérieurs et 1 central plus long.

Floraison? Fleurs?

Culture. Serre tempérée pendant l'hiver, plein air en bonne exposition pendant la belle saison.

Les jeunes sujets ont parfois 6 côtes, mais l'une d'elles disparaît par la suite et les plantes reviennent à la forme normale.

107. Cereus Acutangulus (hort. Berol).

Synonymie. Cereus Acutangulus hort. Berol.— *id.* Pfr. enum. diagn., p. 107. — *id.* Forst. Handb. dr. Cact., p. 406. — Cereus Undulatus hort. Dresd.

Patrie. Mexique.

Diagnostic. Tige subdressée, subarticulée, à 4 côtes, vert brillant; côtes très-comprimées, convexes, enflées autour des aréoles; sillons larges, profonds, plus tard plans; aréoles éloignées transversalement, elliptiques, munies de tomentum court, fauve; aiguillons, 4-6 rayonnants, les 2 inférieurs toujours très-petits, ordinairement 1 central subulé, cinérascent.

Tige de 4 cent. de diamètre; aréoles éloignées de 8-11 millim.;

aiguillons extérieurs de 6-11 millim., ceux du bas 2-3, les intérieurs de 11-17 millim.

Floraison? Fleurs?

Culture. Serre tempérée pendant l'hiver, plein air en bonne exposition pendant la belle saison.

B. *VARIABILIS, à tige dont le nombre des côtes varie.*

Tige dressée, allongée, ayant besoin de soutien, très-souvent rameuse, articulée; articles à 3-4 ou 5 côtes; côtes émoussées, subcomprimées, sinueuses entre les aréoles qui sont assez espacées; aiguillons fauves, souvent très-vigoureux.

108. Cereus Variabilis (Pfr.).

Synonymie. Cereus Variabilis Pfr. enum. diagn., p. 105 (Excl. syn. Jamacara Pison. hist. nat. Bresil, p. 100, f. 1. — *id.* Abbild. 2, t. 15. — Cereus Pitajaya Jacq. selec. stirp. Amer., p. 151. — Cereus Obtusus Haw. — Cereus Fernambuccensis Lem. — Cereus Colvillii hort. Angl. — Cereus Brandii hort. Angl. — Cereus Salm-Dyckianus hort. Vindl. — Cereus Pitajaya Dc. prodr. III, p. 466. — *id.* Plum. ed. Barm., t. 199, f. 1. — Cereus Undulosus Dc. Rev. p. 46. — *id.* Prodr. III. — *id.* Plum. ed. Burm., t. 194. — Cereus Lœtevirens Salm (hort. Dyck., p. 336). — Cereus Quadrangularis, Trigonus, Prismatiformis, Hexangularis, Cognatus, Affinis, Glaucus Speciosus; hort.

Patrie. Dans toute l'Amérique chaude.

Diagnostic. Tige subdressée, subarticulée, simple ou rameuse à la base, vert ou glauque; 3-5 côtes subcomprimées, obtuses, convexes; aréoles plus ou moins espacées, tomenteuses, blanches ou fauves, peu laineuses; aiguillons droits, rigides, 6-8 extérieurs, 1-2 intérieurs blancs, fauves ou noirâtres.

Floraison. Fleurs grandes, remarquables, de 13 cent. de diamètre, diurne; tube vert jaunâtre, long de 15 cent., formé à la partie inférieure de lacinies squammeuses, deltoïdes, pourpres, qui s'allongent graduellement et finissent par former les lacinies sépaloïdes, celles-ci sont lancéolées, aiguës, ouvertes, rouges en dehors, vertes en dedans, les autres pétaloïdes (12 environ) bisériées, érigées, ouvertes, blanches, avec teinte verte très-légère en dehors; étamines nombreuses, plus courtes que le limbe; filets blancs; anthères jaunes, couleur soufre; style épais, plus long; 12-14 divisions linéaires, longues, étendues.

VARIÉTÉS. Cereus Grandis β. Gracilior Salm.

Tige toujours triquêtre, plus élancée et plus grêle. Du Brésil.

Cereus Grandis γ. Ramosior Salm.

Tige tétragone, moins haute, très-rameuse; aiguillons grêles. Peut-être cette variété devra-t-elle constituer plus tard une espèce distincte. Du Brésil.

Cette plante croit dans toutes les parties de l'Amérique, elle y varie beaucoup. Des sujets recueillis dans la même contrée ont 3 angles, d'autres 4, ils diffèrent par la longueur des articles et la vigueur des aiguillons. Cependant ces formes différentes sont si variables, qu'en Europe elles passent de l'une à l'autre sans qu'il soit possible de les distinguer par des caractères nets. Aussi croyons-nous qu'on doit rapporter au Cereus Variabilis les espèces cultivées dans les Collections sous les noms de Cereus Quadrangularis hort., Cereus Cognatus hort., Cereus Glaucus, Speciosus hort., Cereus Grandis hort., Cereus Hexangularis hort., Cereus Trigonus hort., Cereus Undatus hort.

109. Cereus Formosus (Hort.).

Synonymie. Cereus Formosus hort. — *id.* Forst. Handb. dr. Cact., p. 404. — Cereus Lœtus Salm. — *id.* Pfr. enum. diagn., p. 106.

Patrie. Montevideo.

Diagnostic. Tige dressée, subarticulée, à 5 angles, cœrulescente; côtes comprimées, convexes; aréoles assez larges, tomenteuses, brunes, à peine lanigères; aiguillons, 6 extérieurs rayonnants, peu forts, les 2 supérieurs et le central deux fois plus longs que les autres.

Tige haute de 50-60 cent. sur 3-5 de diamètre, devenant rameuse avec l'âge; aréoles éloignées les unes des autres de 9-10 millim.; aiguillons longs de 10-15 millim.

Cette plante a été confondue avec le Cereus Lœtus Humb. et Kunth, dont elle diffère beaucoup; elle se rapproche davantage du Cereus Variabilis, dont elle se distingue par sa tige rameuse dans l'âge adulte, ses articles plus courts vert cœrulescent, ses 5 angles, ses aréoles et ses aiguillons plus resserrés.

Floraison? Fleurs?

Culture. Serre tempérée pendant l'hiver, plein air en bonne exposition pendant la belle saison.

110. Cereus Grandis (Haw.).

Synonymie. Cereus Grandis Haw. suppl. p. 76. — *id.* Pfr. enum. diagn., p. 99.

Patrie. Brésil.

Diagnostic. Tige très-allongée, tout à fait tétragone, simple, dressée; aiguillons (de 3 cent. environ) divariqués, presque entremêlés, 3-7 à chaque aréole, dont 2, surtout 1, forts et longs.

Cette plante présente le port du Cereus Tetragonus, elle est plus grande et ses aiguillons sont beaucoup plus longs; chaque aréole en porte 2 et surtout 1 très-longs et très-vigoureux, de près de 27 millim., les autres ont seulement 5 millim.; les aréoles du sommet sont enveloppées de laine très-courte, bientôt caduque.

Floraison? Fleurs?

Culture. Serre tempérée pendant l'hiver, plein air en bonne exposition pendant la belle saison.

C. *OPUNTIACEI*, *à tige ayant l'aspect de celle d'un Opuntia*. [1]

Tige articulée, articles globuleux, diffuse, procombante et non radicante.

111. **Cereus Moliniformis (DC.).**

Synonymie. Cereus Moliniformis DC. Rev. p. 60. — *id*. Prodr. III, p. 470. — Pfr. enum. diagn., p. 102. — *id*. Plum. ed. Barm., t. 198. — Cactus Moliniformis Linn. — *id*. Lem. dict. 1, p. 541. — Melocactus ex pluribus globulis Opuntiæ Modo Nacescentibus, Spinosissimis Plum. Cat., p. 19. — Tourn. 653.

Patrie. Saint-Domingue.

Diagnostic. Tige articulée, præcombante, articles petits, globuleux, vert gai ; aréoles rapprochées ; aiguillons allongés, subulés, très-aigus, isolés ou par groupes de 3-5 divergents (Pfr.).

Articles de 27-40 millim. de diamètre ; aiguillons de 27 millim. environ.

Floraison ? Fleurs rouges.

Tige articulée, articles globuleux, petits, vert gai ; diffuse, præcombante et non radicante ; aiguillons nombreux, vigoureux, bruns.

Fleurs rouges, solitaires, se développant sur les plus jeunes tubercules ; tube garni de squammules aiguës ; étamines plus courtes que le limbe ; style à 6-10 divisions profondes, se rapportant assez pour la forme à la fleur du Cereus Flagelliformis ; baie mûre comme striée, ovoïde, pourpre gai luisant, couverte au sommet de squammules jaunes chair, aciduleuse, blanche ; graines petites, jaune safrané.

Culture ?

---

[1] Nous suivons ici complétement l'exemple du prince de Salm, qui a cherché à assigner, dans la classification des Cerei, une place à cette section, qui est composée seulement du Cereus Moliniformis, malgré qu'il ne soit pas cultivé dans nos Collections.

Voici l'observation qu'il fait à ce sujet :

Le Cereus Moliniformis a une tige articulée, à articles petits, globuleux, vert gai ; ses aiguillons sont nombreux, valides, bruns, elle est diffuse, procombante, non radicante ; ses fleurs sont rouges, solitaires, insérées sur les jeunes tubercules ; le tube est garni de squammules aiguës ; les étamines sont plus courtes que le limbe, mais le style est terminé par 8-10 divisions profondément découpées ; par son ensemble, sa fleur est voisine de celle du Cereus Flagelliformis ; sa baie, au moment de la maturité, est ovoïde, luisante, d'un pourpre gai, elle est remplie de petites graines de la couleur du safran, elle est comestible. Decandolle a proposé, sous la forme de doute, d'en constituer un genre intermédiaire entre les Cerei et les Opuntia, dans lequel il classait le Cereus Repens Humb. et Kunth., et le Cereus Nanus Humb. et Kunth., qui nous sont à peine connus.

D. *SERPENTINI, tiges ayant la forme d'un serpent.*

Tige cylindrique, allongée, dressée ou volatile, atténuée vers la partie supérieure, rameuse à partir de la base, portant 10-12 côtes aiguës ; sinus également aigus, profonds ; aréoles très-resserrées ; aiguillons nombreux et grêles.

112. Cereus Serpentinus (Lagarca).

Synonymie. Cereus Serpentinus Lagarca. Annl. scienc. nat., 1801, p. 261. — *id.* Pfr. enum. diagn., p. 104. — *id.* Link et Otto. Icon., t. 42. — *id.* Dc. Rev. t. 12. Bot. magaz., t. 3566.— Lagarca. Annl. scienc. nat., 1801, p. 261.

Patrie. Mexique.

Diagnostic. Tige subérigée, flexueuse, subtracante, plus tard rameuse ; 11 côtes vertes ; sillons disparaissant promptement ; côtes comprimées, obtuses, presque droites ; aréoles subramassées, petites, blanches, tomenteuses ; aiguillons droits, très-grêles, rigides, 9-12 extérieurs, 1 central, roses en naissant, ensuite blancs, quelques-uns bruns.

Tige de 5-6 mètres de haut et plus sur 4-5 cent. de diamètre ; aréoles éloignées de 11-13 millim.; aiguillons longs de 11-15 millim.

Floraison. Depuis le mois de Juin jusqu'à la fin du mois d'Octobre. Fleurs grandes, blanches, offrant un limbe de 15-18 cent. de diamètre ; ovaire vert, portant des aréoles et des aiguillons ; tube long de 13 cent., vert glabre, garni de squammes étroites, rougeâtres, pileuses ; lacinies sépaloïdes olivâtres ; lacinies pétaloïdes purpurascentes en dehors, celles de l'intérieur blanches, acuminées, dentelées au sommet ; étamines blanches ; anthères grandes, jaunes ; style à peine plus long, à 7 divisions.

Culture. Serre tempérée pendant l'hiver, plein air en bonne exposition pendant la belle saison.

Cette plante parvient à une hauteur de 4-5 mètres et sa tige conserve un diamètre de 5-6 cent. dans nos Collections. Alors elle fleurit fréquemment, surtout si elle a été conservée dans la serre chaude près du mur ; il semble jusqu'ici que la floraison est d'autant plus abondante, que la végétation a été plus lente pendant la mauvaise saison et plus stimulée pendant le printemps.

On indique aussi une variété Cereus Serpentinus β. Strictior qui est tout à fait inconnue en France ; Forster dit qu'elle se distingue par son développement plus droit. Cette variété est très-douteuse, peut-être est-ce la plante décrite anciennement par Decandolle sous le nom de Cereus Ambiguus, et dont la description incomplète diffère très-peu de la description de notre Serpentinus.

113. Cereus Baumannii (horl. Paris).

Synonymie. Cereus Baumannii hort. Paris. — Cereus Melanhalonius Cat. hort. Monv., 1846; — *id.* Lemaire, hort. Belge, 1850, 11e livr., pl. 48, qu'il donne avec la synonymie suivante Cereus Colubrinus de quelques-uns, Cereus Thweedici W. Hook. Bot. magaz., t. 4498 et Planch. fl. des serres et des jard. de l'Eur. vi, p. 74.

Patrie. Elle est originaire des Cordillières (du Pérou ou du Chili), d'où l'a reçu M. Baumann. MM. Lée, horticulteurs anglais, qui l'ont donnée au Jardin de Kew, en avaient reçu des graines de Buenos-Ayres.

Diagnostic. Tige cylindrique, dressée, 13 côtes; aréoles rapprochées, velues, noires et entourées d'une ligne blanche; aiguillons rayonnants, blancs, sétiformes, ceux du bas allongés, 2-4 intérieurs blancs à pointe brune.

Tige cylindrique simple jusqu'à ce jour, haute de 1 mètre sur 4 cent. de diamètre à la base, atténuée au sommet, vert très-gai, roide; 13-17 côtes; sillons aigus, à peine creusés; aréoles serrées, éloignées de 9-12 millim., petites, munies de tomentum brun; 12-18 aiguillons extérieurs blancs, staminés, sétacés, entremêlés, plus nombreux vers le bas et plus longs, subdéfléchis, 3-5 intérieurs un peu rigides, ouverts, horizontaux, 1-2 longs de 13-18 millim., bruns jaunes en naissant, ensuite plus pâles, tachés à la pointe.

Floraison. Fleurs jaune doré rougeâtres, moyennes, longues de 6 millim.; tube long, recourbé en s'allongeant, garni à sa partie inférieure de squammules resserrées, de plus en plus espacées à mesure qu'elles s'éloignent de l'ovaire, jaunes blanchâtres, à aisselles sétigères; lacinies extérieures lancéolées; lacinies pétaloïdes spatulées, toutes d'un rouge gai éclatant, pâles blanchâtres dès la base vers l'ouverture du tube; étamines nombreuses, plus courtes que le limbe; filets rouges à la partie inférieure, rouge vif à la partie supérieure; anthères jaunes; style plus long que les étamines, à 6 divisions brunes jaunâtres.

Lemaire remarque, dans le journal cité, que cette espèce s'éloigne beaucoup de ses congénères par le caractère de sa fleur, caractère tel qu'il serait possible d'établir à son occasion une bonne section du genre Cereus; en comparaison des fleurs de la plupart des autres espèces, les fleurs de notre plante sont petites, mais nombreuses et vivement colorées; leur tube périanthien est courbé et oblique au sommet; le peu d'expansion des lacinies, et surtout la disposition staminale étagée et externe, justifient, ce nous semble, cette observation. Il décrit ainsi notre plante :

Tige dressée, assez grêle, se ramifiant en touffe à la base, haute de 30 cent., portant 12-16 côtes très-petites, arrondies, sinuées, d'un vert grisâtre ou subglaucescent, d'un diamètre de 3-5 cent.; aréoles très-rapprochées (6-9 millim.), munies d'un duvet brun, hérissé de 12-18 aiguillons blancs, pellucides, en général défléchis, et dont 3-4 intérieurs sont plus longs (tous de 10-20 millim. de long).

Fleurs nombreuses, sortant latéralement vers le sommet de la tige, d'un beau rouge orangé vif et longues environ de 6 cent.; tube court en dessus, garni de squammes distantes, petites, portant dans leurs aisselles des aiguillons sétacés; lacinies limbaires produites presque sans squammes intermédiaires, bi-trisériées, ovées, aiguës, très-petites et s'ouvrant en un orifice oblique très-étroit; étamines bisériées, le plus grand nombre fasciculées sous la partie supérieure avancée du périanthe et beaucoup plus longues qu'elles, les autres exertes également, mais à peine plus longues que la partie inférieure dudit; filaments et anthères cramoisis; style dépassant à peine les étamines supérieures; stigmate terradié jaune, ainsi que le reste du style.

Culture. Serre tempérée pendant l'hiver, plein air en bonne exposition pendant la belle saison.

114. **Cereus Splendens** (hort. Angl.).

Synonymie. Cereus Splendens hort. Angl. — Salm. Cact. in hort. Dyck., cult., p. 214.

Patrie?

Diagnostic. Tige cylindrique, subarticulée, dressée, à 10 côtes; sillons peu larges, peu excavés, vert gai luisant; aréoles très-resserrées, petites, blanches, tomenteuses; 10-12 aiguillons petits, très-ténus, sétiformes, blancs, étalés, subrayonnants, 1-3 intérieurs à peine plus longs, fauves en naissant et bientôt de la même couleur que les autres.

Tige dressée, roide et non volubile, haute de 1 mètre sur 3 cent. de diamètre; sillons presque aplanis vers la base de la tige qui est rameuse; aréoles éloignées de 4-6 millim.; aiguillons grêles, tout à fait sétacés, blancs, longs de 4-6 millim., serrés, subradiants et non entremêlés.

La tige est plus courte, plus grêle et plus roide que celle du Cereus Serpentinus; elle porte aussi moins d'aiguillons.

Floraison? Fleurs?

Culture. Serre tempérée pendant l'hiver, plein air en bonne exposition pendant la belle saison.

115. **Cereus Colubrinus** (Otto).

Synonymie. Cereus Colubrinus Otto. — *id.* Forst. Handb. dr. Cact., p. 409. — Cereus Subtortuosus hort. — Subintortus hort. Berol.

Patrie?

Diagnostic. Tige cylindrique, subarticulée, décombante, rameuse à la base, à 10-12 côtes; côtes et sillons arrondis, verts; aréoles très-resserrées, petites, brunes, tomenteuses; 5-6 aiguillons vigoureux, rigides, bruns, celui du haut plus long que les autres, 11-15 extérieurs insérés à la partie inférieure de l'aréole, sétacés, capillaires, allongés, entremêlés, blancs.

Tige de 30 cent. de haut sur 2 et demi cent. de diamètre, atténuée en haut et en bas, rameuse à la base, décombante; aréoles éloignées de 6-9 millim., pulvinées, convexes; tomentum brun; aiguillons intérieurs longs de 13-15 millim., rigides, étendus, celui du haut érigé et celui du bas défléchi, longs de 3 cent., bruns; tous les aiguillons extérieurs sont insérés dans la partie inférieure de l'aréole; ramassés, subradiants, un peu plus longs, très-ténus, presque capillaires, blancs, gris.

Floraison? Fleurs?

VARIÉTÉS. Cereus Colubrinis β. Flavispinus Salm.

Variété à tige vert très-gaie; aréoles munies de tomentum jaune, dont les aiguillons inférieurs sont dorés.

Culture. Serre tempérée pendant l'hiver, plein air en bonne exposition pendant la belle saison.

5e GROUPE. — RADICANTES, à tige radicante.

Tige subérigée ou décombante, rameuse, subarticulée; rameaux diffus, étendus, cylindriques ou anguleux, pourvus de racines adventives.

A. *FLAGRIFORMIS, tige ayant la consistance de lanières.*

Tige décombante, radicante, cylindrique, à 8-12 sillons, rameuse; rameaux allongés en forme de lanières; aréoles très-resserrées; aiguillons rayonnants, subrigides.

116. Cereus Donkelœrii (Salm).

Synonymie. Cereus Donkelœrii Salm. A. G. Z., 1845, p. 355. — Cact. in hort. Dyck., cult., p. 215.

Patrie. Brésil, au milieu des Orchidées.

Diagnostic. Tige rampante, cylindrique, grêle, vert brillant; 7-8 sillons; côtes aiguës, peu saillantes; aréoles très-petites, munies de tomentum blanc et de laine soyeuse blanche; 9-10 aiguillons extérieurs adprimés, sétiformes, blancs, 2-3 intérieurs très-courts, assez rigides, fauves.

Tige rameuse avec l'âge, de la grosseur d'une plume de cigne, couchée, ondulée, très-longue, vert luisant ou purpurascente, pileuse au sommet; aréoles très-petites, munies de tomentum et de poils sétiformes frisés; aiguillons rayonnants, à peine longs de 2 millim., aiguillons intérieurs plus courts.

Floraison? Fleurs?

Culture? Son habitus semblerait indiquer une température plus élevée et une tenue plus humide.

117. Cereus Lambricoides (Lem.).

Synonymie. Cereus Lambricoides Lem. Cact. gen. nov. 1839, p. 60, qu'il donne comme synonymie du Cereus Flagelliformis Minor Salm., ancien.

Patrie. Les environs de Montevideo.

Diagnostic. Tige rampante, cylindrique, grêle, moitié plus grêle que celle du Cereus Flagelliformis ; côtes moins nombreuses ; aréoles ovales, plus larges que longues, munies de tomentum blanc et non fauve ; aiguillons moins nombreux, blancs, transparents et non fauves, à peine plus rigides ; les extrémités des rameaux nouvellement développés sont d'un vert olivâtre et non d'un rouge rosé comme ceux du Cereus Flagelliformis.

Floraison? Fleurs?

Culture. Serre tempérée pendant l'hiver, plein air en bonne exposition pendant la belle saison.

Je crois que cette plante, ainsi désignée et décrite par Lemaire, est identique avec celle donnée par le prince de Salm sous le nom de Cereus Dunkelœrii. Toutes deux sont du Brésil : le tomentum et les aiguillons des aréoles sont blancs, les dimensions et le port sont identiques ; mais ne connaissant les deux plantes que par les descriptions données par ces deux auteurs, il m'est impossible de décider, et c'est pour ce motif seulement que je les transcris comme appartenant à deux espèces distinctes.

Culture. Serre tempérée pendant l'hiver, plein air pendant la belle saison.

118. Cereus Flagelliformis (Haw.).

Synonymie. Cereus Flagelliformis Haw. syn. pl. p. 185. — *id.* Pfr. enum. diagn., p. 110. — *id.* Forst. Handb. dr. Cact., p. 410. — Cactus Flagriformis Lin. — *id.* DC. pl. gr., t. 127. — *id.* Bot. magaz., t. 17. — Mill. dict. ed. 8, n° 12. — Cereus Lumbricoïdes Lem. ?

Patrie. Toute l'Amérique chaude, il se rencontre aussi dans l'Arabie.

Diagnostic. Tige rampante, grêle, rameuse, ronde ; 10-12 côtes formées par les séries de tubercules ; aréoles à peine tomenteuses ; aiguillons courts, rigides, 8-12, en étoile fasciculés, 3-4 intérieurs bruns à pointe rose, un peu plus longs.

Tige et rameaux de 17-22 millim. de diamètre sur 30-40 cent. de long, rampants ou pendants ; aréoles éloignées de 7-13 millim. ; aiguillons longs de 4-6 millim., rouges en naissant.

Floraison. Fleurs rougeâtres, belles, très-nombreuses ; tube long de 8 cent. ; limbe de 4 de diamètre ; tube grêle ; lacinies extérieures rouge brun, piligères ; lacinies intérieures mucronées, rose purpurascent, celles du dehors révolutées, celles du devant tout à fait étendues sur le limbe du tube, celles de derrière érigées ; étamines blanches sortant en dehors du limbe ; anthères jaune soufre ; style plus court que les étamines, blanc, à 5 divisions ; baie globuleuse, de 4 cent. de diamètre, couverte d'aréoles sétigères, serrées, claire jaune verte, ayant un goût de prune.

VARIÉTÉS. Provenant toutes de l'hybridation du Cereus Flagelliformis et du Cereus Speciosissimus :

Cereus Flagriformis β. Funkii hort. Monac.

Cereus Flagriformis γ. Malissoni hort. Angl.

Cereus Flagriformis δ. Scothi hort. Angl.
Cereus Flagriformis ε. Smithii hort. Angl.
Cereus Flagriformis ζ. Nothus Wendl.
Cereus Flagriformis ξ. Speciosus Bot. magaz., t. 3822.

Toutes ces variétés sont des Hybrides obtenues par le croisement du Cereus Flagelliformis avec le Cereus Speciosissimus.

119. Cereus Malissoni (hort.).

L'une des plus remarquables est le Cereus Malissoni, sa tige est assez forte, elle a 4-5 cent. de diamètre, elle est cylindrique, dressée, à côtes saillantes d'un vert luisant, rameuses; les nouvelles pousses sont rigides, d'un rouge pourpre, puis plus tard en s'allongeant elles deviennent rampantes comme celles du Cereus Flagelliformis, à 17 côtes verticales émoussées, tuberculées; tubercules saillants; sinus assez larges, anguleux; aréoles assez éloignées les unes des autres, garnies de tomentum blanc, court; aiguillons blancs, presque égaux, au nombre de 16-24, ayant la forme de poils rigides, jaunes ou blancs, dirigés en bas, en outre 4-6 intérieurs assez raides, étalés, blancs, jaunes ou bruns, tous de 2-4 millim. de long.

Cette variété fleurit très-facilement, ses fleurs se montrent en Juin et Juillet, elles sont fort belles, droites, présentant un limbe de 12-14 cent. de diamètre, isolées, se développant vers les extrémités des branches; le tube est rouge, garni de petites aréoles et de petits aiguillons fins, les pétales sont lancéolées, d'un rouge vif, striées, rouge feu au milieu; les étamines sont blanches, les anthères jaunes, le style est allongé, rouge, terminé par 7-8 divisions stygmatiques blanches.

Les autres variétés se rapprochent plus ou moins du Cereus Flagelliformis ou du Speciosissimus; les fleurs de celles que j'ai vues portaient dans leur coloris la vivacité des reflets métalliques du Cereus Speciosissimus.

Culture. Serre tempérée pendant l'hiver, et pleine terre en bonne exposition pendant la belle saison. Tous les Cerei qui peuvent être palissés en pleine terre le long d'un mur de serre, y croissent et prennent un développement vraiment extraordinaire; quelques-uns, dans un intervalle de cinq à six années, parviennent à tapisser des étendues de 5-6 mètres superficiels, et y donnent chaque année des quantités prodigieuses de fleurs : on cite des nombres comme cinq, six cents, mille, qui se succèdent et produisent une floraison qui dure pendant des mois entiers, en montrant dès cinquante, soixante fleurs épanouies en même temps.

120. Cereus Leptophis (DC.).

Synonymie. Cereus Leptophis DC. Rev. p. 117. — Mem., t. 12, p. 24. — Pfr. enum., p. 112. — *id.* Forst. Handb. dr. Cact., p. 410.

Patrie. Mexique.

Diagnostic. Tige cylindrique subradicante; 7-8 côtes très-obtuses, convexes; aréoles vélutineuses, convexes; 12-13 aiguillons sétacés, à peine rigides, fauves-blonds, étendus, rayonnants; 2-3 intérieurs assez dressés.

Cette plante est très-voisine du Cereus Flagelliformis, mais sa tige est moitié plus grêle; ses côtes sont moins nombreuses; ses aiguillons piquent à peine, les jeunes sont rouges, ensuite jaunes; sa fleur présente un limbe qui est beaucoup plus étendu, plus long que les étamines et que le style.

Floraison. En Avril, Mai et Juin. Fleurs sessiles, isolées, longues de 7 cent.; limbe large de 6; coccinné clair; tube couvert par les squammes pileuses et les lacinies extérieures qui sont lancéolées, les lacinies intérieures sont oblongues, presque linéaires, recourbées en dehors au sommet, 6-7 extérieures presque racornies et rouges, celles du dedans plus longues, mucronées, devenant violettes; 20 étamines plus courtes que le limbe, roses blanc, filiformes; anthères petites, jaunes; style filiforme, plus long que les étamines, à 4 divisions épaisses, papilleuses, roses, obtuses.

Culture. Serre tempérée pendant l'hiver, plein air en bonne exposition pendant la belle saison.

121. Cereus Flagriformis (Zucc.).

Synonymie. Cereus Flagriformis Zucc. — *id.* Pfr. enum., p. 111. — *id.* Abbild., t. 12. — *id.* Forst. Handb. dr. Cact., p. 412. — *id.* Pfeif. et Otto., vol. 1er, livr. 12.

Patrie. Mexique, San Jose del Auro, dans les régions froides, sur les rochers en compagnie du Cereus Martianus, etc.

Diagnostic. Tige rampante, très-rameuse; 11 côtes vertes; sillons à peine distincts, côtes obtuses, tuberculées; aréoles subresserrées; 6-8 aiguillons extérieurs rayonnants, très-grêles, cornés; 4-5 intérieurs plus courts, plus rigides, bruns.

La tige et les branches ont de 13-25 millim. de diamètre, longues de 30-40 cent. et plus; aréoles éloignées les unes des autres de 4-6 millim.; aiguillons extérieurs de 4 millim., aiguillons intérieurs de 5 millim. de longueur.

Floraison. En Mai et Juin. Fleurs rouges ressemblant assez à celles de l'Epiphyllum Truncatum, elles sont longues de 10 cent. et présentent un limbe de 9 cent. de diamètre; tube rouge brun long de 4 cent. sur 8 millim. de diamètre; aréole pileuse; lacinies pétaloïdes mucronées, trisériées; coccinnées à bords cœrulescents, réfléchis, celles du dedans larges de 11 millim. formant un limbe campanulé; étamines inégales, rougeâtres; anthères jaunes; style les dépassant à peine, à 6 divisions serrées, blanches.

Culture. Serre tempérée pendant l'hiver, plein air en bonne exposition pendant la belle saison.

22

122. Cereus Martianus (Pfr.).

Synonymie. Cereus Martianus Pfr. enum. diagn., p. 110.— Bot. magaz., t. 3768.

Patrie. Mexique, Zimapan, San Jose del Auro.

Diagnostic. Tige subdressée rameuse, à 8 côtes; sillons assez larges; côtes à peine saillantes; aréoles rapprochées, insérées sur la crête des tubercules; aiguillons 6-8 extérieurs, sétiformes, blancs (rouges en naissant) rayonnants, 2-3 intérieurs bruns, à peine plus grands.

Tige subérigée, rameuse à la base, de 12-17 millim. de diamètre; aréoles éloignées de 8 millim.; aiguillons de 4-8 millim. de long.

Floraison. Fleurs rouge feu, se développant au mois de Mai; limbe large de 7 cent.; tube de même longueur, rouge; aréoles pileuses à la base; lacinies lancéolées, aiguës, plus pâles en dehors, celles du dehors réfléchies, 12 intérieures érigées, larges de 8 millim.; étamines de la longueur de la corolle, serrées, couleur soufre; anthères blanches; style jaune à 6 divisions.

Culture. Serre tempérée pendant l'hiver, plein air en bonne exposition pendant la belle saison.

B. *EXTENSI*, à tige étendue.

Tige radicante, rameuse; rameaux subdressés ou courbés, très-longuement étendus, parfois raccourcis, subarticulés, à 3-7 côtes émoussées ou aiguës, comprimées.

* RAMEAUX SUBCYLINDRIQUES, A 5-7 CÔTES OBTUSES.

123. Cereus Grandiflorus (Haw.).

Synonymie. Cereus Grandiflorus Haw. syn. p. 184. — *id.* Pfr. enum., p. 113. — *id.* Abbild. 2, t. 21. — *id.* Forst. Handb. dr. Cact., p. 414. — DC. pl. gr., t. 52. — Bot. magaz., t. 3381. — Cactus Grandiflorus Lin. — DC. pl. gr., t. 52. — *id.* Rev. p. 50.

Patrie. Antilles, Iles Caraïbes.

Diagnostic. Tige rampante, diffuse, vert pâle; articles rampants, très-longs, flexueux; 5-7 côtes peu sillonnées, presque rondes; 4-8 aiguillons rayonnants, courts, à peine piquants, jaunes ou blancs, 1-4 intérieurs plus longs, de la longueur des sétules qui les accompagnent.

Rameaux de 13-22 millim. de diamètre; aréoles éloignées de 11-15 millim.; aiguillons longs de 4-6 millim.

Floraison. Les fleurs apparaissent ordinairement au mois de Juillet, elles s'ouvrent le soir, étalent un limbe de 18-20 cent., restent ouvertes pendant toute la nuit et se referment le matin au lever du soleil, très-rarement elles attendent le milieu de la journée et la soirée suivante pour se refermer. Elles exhalent une odeur de vanille très-intense pendant toute la durée de leur expansion.

L'ovaire est subglobuleux, couvert de squammes resserrées, de sétules

et de laine épaisses ; le tube est long de 16 cent. et présente un diamètre
de 15-18 millim. à la base et de 4 cent. au-dessous de la corolle, il est
d'un vert pâle, les squammes sont ciliées, allongées, leur pointe est
d'un beau jaune doré ; les lacinies extérieures sont linéaires, aiguës,
elles sont longues de 10 cent., elles sont très-ouvertes et offrent la
même couleur jaune doré ; les lacinies intérieures sont plus larges,
moins longues, elles n'ont que 8 cent. de long et sont blanches ; les
étamines sont très-nombreuses, blanches, à anthères jaune soufre,
le style, de la même longueur que les étamines, porte 10-12 divisions
jaunes, d'un ton plus doré que les autres parties de la fleur.

VARIÉTÉS. Dues à l'hybridation du Cereus Grandiflorus et du Cereus
Speciosissimus :

Cereus Grandiflorus β. Speciosissimus Pfr. l. c. — Cereus Grandiflorus Speciosissimus Hybride Haage.

5 côtes profondément sillonnées ; côtes comprimées, aiguës ; aréoles
plus espacées et à peine munies de laine ; fleurs ?

Cereus Grandiflorus γ. Speciosissimus hort. — Cereus Maynardii
Lem. Fl. des jard. 3, t. 1.

Fleurs d'une couleur coccinnée très-gai, se rapprochant de celle du
Speciosissimus par la couleur et de celle du Grandiflorus par la forme
et les dimensions de la tige ; les fleurs restent ouvertes pendant plusieurs jours.

Cereus Grandiflorus δ. Affinis Salm. — Cereus Albisetus Monv.

Hybride apporté des Antilles ; tige moins allongée, à 7 côtes, rameuse à la base ; rameaux divariqués, tout à fait rampants (peut-être
devra-t-elle former plus tard une espèce distincte).

Culture. Serre tempérée pendant l'hiver, plein air en bonne exposition pendant la belle saison.

En plaçant cette plante en pleine terre dans une bâche, en la tapis-
sant le long d'un mur, on obtient une floraison abondante ; il n'est pas
rare de voir des Cerei Grandiflorus présenter 20 fleurs ensemble.

M. Cels m'a parlé plusieurs fois d'un spectacle admirable que lui
offrit un Grandiflorus, qui donna dans une saison près de 500 fleurs
qui s'épanouirent successivement dans l'espace de trois à quatre jours.

124. Cereus Nycticalus (Link).

Synonymie. Cereus Nycticalus Link. Verhdl. d. G. B. V. f. Pr. x, s. 373,
t. 4. — *id.* Pfr. enum. diagn., p. 113. — Verh. G. B. V. x, t. 4. — Cereus
Pteranthus Link. — Cereus Brevispinulus Salm. — Cereus Antoini hort.
Vindb. — Cereus Obtusus, Rosaceus hort. — *id.* Otto's Gz., 1835, n° 28,
s. 221.

Patric. Mexique.

Diagnostic. Tige subdressée, très-longue, articulée, rampante ;
articles de formes diverses, les uns cylindriques avec 4-5 séries d'aiguillons, les autres avec 4-6 côtes ; côtes jeunes aiguës, bientôt

obtuses ; aréoles tantôt espacées, tantôt resserrées ; 1-4 aiguillons très-petits, très-rigides, avec quelques sétules blanches souvent caduques.

Tige de 18-24 millim. de diamètre ; aréoles éloignées de 9-22 millim.; aiguillons de 2-4 millim. ; sétules longues de 4-6 millim.

Floraison. Se développant au mois de Juillet. Fleurs semblables à celles du Grandiflorus pour la forme, plus grandes, nocturnes et inodores ; ovaire subglobuleux, de 27 millim. de diamètre, à squammes serrées, pileux et portant des aréoles ; tube long de 20 cent., étendu horizontalement, large à la base de 18 millim. et au-dessous de la corolle de 25 millim. ; les squammes sont d'un vert brun, à peine garnies de laine ; les lacinies sont très-ouvertes, linéaires, longues de 5-12 cent., celles du dehors rouges, celles du bas vert brun, canaliculées ; les lacinies intérieures sont blanches, longues de 12 cent., larges de 33 millim., atténuées à la base, cunéiformes, obtuses, mucronées, elles forment un limbe campanulé ; les étamines sont plus courtes que le limbe, vertes à la base, elles prennent une couleur jaunâtre vers le haut ; les anthères sont jaunes ; le style est un peu plus long que les étamines, il est cylindrique, blanc, à 15 divisions subulées, jaune soufre.

VARIÉTÉS. Cereus Nycticalus β. Viridior Salm.—Cereus Nycticalus Gracilior Haage.

Variété provenant de la Colombie, entièrement semblable à la précédente, n'en diffère que par la couleur qui est verte au lieu de glauque.

Culture. Serre tempérée pendant l'hiver, plein air en bonne exposition pendant la belle saison, mieux encore tapissée le long du mur d'une serre en pleine terre.

125. Cereus Bœckmanni (Otto).

Synonymie. Cereus Bœckmanni Otto. — *id.* Salm. Cact. in hort. Dyck., cult., p. 217.

Patrie?

Diagnostic. Tige rameuse, subcylindrique, rampante, forte, très-allongée, vert gai, à 7 côtes ; côtes sinueuses, convexes, subcrénelées ; sillons arrondis ; aréoles subespacées, petites, grises, tomenteuses ; aiguillons rigides, très-petits, 3 supérieurs et 1 seul central bruns, 3 inférieurs gris.

Tige très-longue, sur 2 cent. de diamètre, rameuse, flexueuse, cylindrique, portant 7 angles ; aréoles éloignées de 13-18 millim., petites, munies de tomentum gris (sans laine) ; aiguillons à peine de 4 millim., très-rigides au toucher, les 3 supérieurs et le central bruns, les 3 inférieurs gris.

Floraison? Fleurs?

Culture. Serre tempérée pendant l'hiver, plein air en bonne exposition pendant la belle saison.

126. Cereus Kunthianus (hort. Berol).

Synonymie. Cereus Kunthianus hort. Berol. — Salm. Cact. in hort.
Dyck., cult., p. 217.

Patrie?

Diagnostic. Tige et rameaux cylindriques, forts, très-allongés, rampants, vert gai; 7-10 côtes; côtes convexes; sillons obtus, subaplanis;
aréoles subespacées, munies de tomentum fauve et de laine frisée
grise; aiguillons très-courts, rigides, bruns, 4 décusés et 1 seul intérieur qui manque quelquefois.

Cette plante diffère de la précédente dont elle est très-voisine par
ses côtes plus nombreuses, plus aplanies, et les jeunes aréoles lanigères; 4-5 aiguillons y sont bruns.

Floraison? Fleurs?

Culture. Serre tempérée pendant l'hiver, plein air en bonne exposition pendant la belle saison.

127. Cereus Spinolosus (DC.).

Synonymie. Cereus Spinolosus DC. — *id.* Pfr. enum. diagn., p. 115. —
id. Forst. Handb. dr. Cact., p. 417.

Patrie. Mexique.

Diagnostic. Tige très-rameuse, grimpante; 4-5 côtes; sillons larges,
subconcaves; côtes très-aiguës, enfin obtuses, disparaissant; aréoles
espacées, vélutineuses, rougeâtres; 8 aiguillons dont 2 inférieurs plus
longs, sétacés, les autres avec 1 seul central très-courts, subulés.

Tige de 11-13 millim. de diamètre; aréoles éloignées de 9-13 millim.;
aiguillons longs de 3 millim., ceux du bas 4-5 millim.

Floraison. Fleurs rouges; tube long de 10 cent. sur 15 millim. de
diamètre, blanc ou verdâtre très-pâle avec reflet rougeâtre, subcan-
nelé; côtes vert gai, tuberculées; tubercules très-resserrés vers l'ovaire,
puis peu à peu plus espacés et plus allongés, garnis aux aisselles de
sétules fasciculées; lacinies extérieures sur deux rangs, linéaires, lancéolées, subcannelées, caduques, acuminées, rubigineuses, longues de
2-4 cent., tout à fait couchées; lacinies intérieures (24 environ)
bisériées, obovées, lancéolées, acuminées, longues de 8 cent. et larges
de 1 cent. à la partie supérieure, blanches, rose pâle vers la base;
étamines à peine plus courtes que le limbe; filets blancs; anthères
jaunes; style de la même longueur que les étamines, à 12 divisions
filiformes blanches; fleur fort jolie, nocturne, inodore.

Culture. Serre tempérée pendant l'hiver, plein air en bonne exposition pendant la belle saison.

** RAMEAUX SUBTÉTRAGONES, ÉTENDUS; CÔTES QUELQUEFOIS
SUBGIBBEUSES EN DESSOUS DES ARÉOLES.

128. Cereus Rostratus (Lem.).

Synonymie. Cereus Rostratus Lem. — Cereus Hamatus Scheidw. —
id. Forst. Handb. dr. Cact., p. 416.

Patrie. Mexique.

Diagnostic. Tige subdressée, rameuse, 3-4 côtes, verte, rampante; les jeunes côtes aiguës, ensuite obtuses, presque droites, très-fortement tuberculées près des aréoles; aréoles insérées sur la partie supérieure des tubercules, qui sont séparés par un intervalle recliligne et disposés en séries sur les crêtes des côtes; 6-8 aiguillons grêles, blancs, fasciculés.

Notre plante est reconnaissable par ses tubercules charnus, recourbés en proue; sa tige et ses rameaux sont très-étendus, ils sont grimpants, le plus souvent tétragones, ayant de 10-20 millim. de diamètre; les aréoles sont très-petites, très-éloignées les unes des autres de 30-35 millim. environ, elles sont brunes d'abord, plus tard grises, elles portent 4-5 aiguillons, dont les uns caducs, sétacés et blancs, les autres rigides, bruns, subulés à la base.

Floraison? Fleurs? On dit la fleur blanche, très-grande, de la même forme et présentant les dimensions de celles du Cereus Grandiflorus.

Culture. Serre tempérée pendant l'hiver, plein air en bonne exposition pendant la belle saison.

Il serait mieux, comme pour beaucoup d'autres, de la placer en pleine terre palissée le long du mur d'une serre, où elle prend un développement rapide et vigoureux.

129. Cereus Inermis (Otto).

Synonymie. Cereus Inermis Otto. — *id.* Pfr. enum. diagn., p. 116. — *id.* Forst. Handb. dr. Cact., p. 419.

Patrie. Laguayra.

Diagnostic. Tige rampante, verte, 4 côtes; côtes comprimées; rameaux en naissant munis de nombreuses aréoles sétigères, plus tard entièrement inermes; tige adulte, dressée, rameuse et radicante comme ses congénères.

Dans l'âge adulte, la tige est érigée, rameuse et radicante comme celle de ses congénères.

Floraison? Fleurs?

Variétés. Cereus Inermis β. Lœtevirens Salm.

Tige moins haute, vert gai ou vert jaune; les jeunes rameaux plus sétigères, adultes inermes comme dans l'espèce principale; les aréoles sont presque effacées.

Culture. Serre tempérée pendant l'hiver, plein air en bonne exposition pendant la belle saison.

130. Cereus Karstenii (Salm.).

Synonymie. Cereus Karstenii Salm. Cact. in hort. Dyck, cult., p. 218.

Patrie. Colombie.

Diagnostic. Tige très-rameuse; rameaux grêles, flexueux, très-longuement étendus, radicants, vert gai luisant; 3-4 côtes, les jeunes aiguës, plus tard obtuses; sillons aplanis; aréoles espacées en naissant, comme munies d'une squammule et 5-7 poils gris, promptément caducs, plus tard très-petites, blanches, tomenteuses.

Tige de 1 mètre, souvent tétragone, à faces à peine larges de 6-9 millim., très-rameuse; tige et rameaux très-grèles, flexueux, atténués, allongés; arête des côtes rouge; aréoles éloignées de 27 millim., petites, à peine munies de tomentum blanc, munies quand elles apparaissent d'une sorte de mucrone squammeuse et de 5-7 poils gris très-promptement caduques; comme les Cierges inermes.

Floraison? Fleurs?

Culture. Serre tempérée pendant l'hiver, plein air en bonne exposition pendant la belle saison.

131. Cereus Radicans (DC.).

Synonymie. Cereus Radicans DC. prodr., p. 468. — *id.* Pfr. enum., p. 114. — *id.* Forst. Handb. dr. Cact., p. 419. — Cereus Reptans Salm. nec Wild. — Cereus Biformis hort.

Patrie. Amérique chaude, les Antilles.

Diagnostic. Tige articulée, rampante, vert gai; 3-5 côtes; aiguillons rigides, grêles, roux, nus à la base, 6-9 rayonnants, 1 central allongé.

Tige de 13-18 millim. de diamètre; aréoles éloignées de 6-13 millim.; aiguillons longs de 4-6 millim.; les sillons qui séparent les côtes d'abord profonds, et alors les côtes sont aiguës, ensuite ils sont plans et plus tard convexes.

Floraison? Fleurs?

Culture. Serre tempérée pendant l'hiver, plein air en bonne exposition pendant la belle saison.

132. Cereus Tripteris (Salm).

Synonymie. Cereus Tripteris Salm. — Pfr. enum. diagn., p. 118. — *id.* Forst. Handb. dr. Cact., p. 494. — *id.* DC. prodr. III, p. 468.

Patrie. Indiqué comme provenant de l'Amérique du sud.

Diagnostic. Tige articulée, subdressée, radicante; 3-4 côtes; côtes très-comprimées, subconvexes; aréoles serrées; aiguillons presque nus à la base, égaux, blanchâtres, 8 rayonnants, 3 intérieurs rigides.

Tige et rameaux de 27 millim. de diamètre; aréoles éloignées de 13 millim.; aiguillons longs de 4 millim. et demi.

Floraison? Fleurs?

Culture. Serre tempérée pendant l'hiver, plein air en bonne exposition pendant la belle saison.

*** RAMEAUX TRIQUÊTRES, ARTICULÉS; ARTICLES ÉTENDUS, PARFOIS RACCOURCIS; CÔTES FRÉQUEMMENT COMPRIMÉES, AIGUËS.

133. Cereus Extensus (Salm).

Synonymie. Cereus Extensus Salm. — *id.* Pfr. enum. diagn., p. 119. — Bot. magaz., t. 4066. — *id.* DC. prodr. III, p. 469. — *id.* Windland in

Otto's Gz., 1836, n° 39, s. 306. — *id.* Forst. Handb. dr. Cact., p. 420. — Cereus Subsquammatus Pfr. Otto's Gz., 1835, n° 48, s. 380.

Patrie. M. Hooker en a reçu, en Août 1843, un exemplaire de l'île de la Trinité.

Diagnostic. Tige très-longue, articulée, radicante, verte, à 3 côtes; côtes convexes, subaiguës; aréoles espacées, tomenteuses, fauves; aiguillons fauves, rigides, légèrement recourbés, courts, 2-3-4 décusés, parfois 1 central, accompagnés de quelques sétules blanches, souvent caduques.

Articles de 35 cent. et plus sur 27-34 millim. de diamètre; plus tard les angles s'effacent et ils deviennent cylindriques; aréoles éloignées de 4 cent.; aiguillons longs de 2-6 millim.

Floraison. Fleurs étendues horizontalement, longues de 30 cent., blanches, exhalant une odeur semblable à celle du *Datura Suaveolens*, diurnes durant peu de temps; ovaire subglobuleux, tuberculé, aréolé et spinigère; tube droit, long de 15 cent., vert gai, dilaté en dehors, couvert de squammes lancéolées, aiguës, vertes à la base et rouge vif à la pointe; lacinies larges de 5-6 millim., linéaires, aiguës, canaliculées en haut, vert jaunâtre; corolle blanche, campanulée; lacinies intérieures longues de 11 cent., tout à fait cunéiformes, larges de 30 millim. au-dessous du sommet, obtuses, mucronées; étamines plus courtes que les lacinies, blanches, à anthères jaune soufre; style un peu plus long, jaune très-pâle, à 20 divisions subulées, de couleur soufre.

Culture. Serre tempérée pendant l'hiver, plein air en bonne exposition pendant la belle saison.

134. Cereus Setaceus (Salm).

Synonymie. Cereus Setaceus Salm. — *id.* Pfr. enum. diagn., p. 419. — *id.* Abbild., t. 16. — *id.* Forst. Handb. dr. Cact., p. 419. — Cereus Coccineus DC.? — *id.* Setaceus DC. prodr. III, p. 469.

Patrie. Brésil.

Diagnostic. Tige articulée, subdressée, radicante; articles très-verts; allongés, triangulaires, divergents, les jeunes pourpres sur les bords; côtes aiguës, presque droites, à peine convexes; aréoles convexes, blanches, tomenteuses; aiguillons fauves, 2-4 grêles, rigides; 8-10 sétules plus longues, souvent adprimées sur les côtés.

Rameaux de 13-27 millim. de diamètre; aréoles éloignées de 13-30 millim.; aiguillons longs de 2-4 millim.; sétules longues de 6-9 millim.

Floraison. En Juillet. Fleurs se développant des aréoles voisines des sommets des plus anciens rameaux, pendantes; tube long de 16-18 millim., vert, garni de quelques squammes inermes à pointe pourpre; l'ovaire est subglobuleux, tuberculeux et spinifère; lacinies linéaires longues de 10-13 cent., vertes; corolle campanulée, longue de 10 cent.; lacinies intérieures blanches, larges, à sommet dentelé;

étamines nombreuses, jaunâtres; anthères jaune soufre; style plus long, à 16 divisions jaunes.

Culture. Serre tempérée pendant l'hiver, plein air en bonne exposition pendant la belle saison.

135. Cereus Triqueter (Haw.).

Synonymie. Cereus Triqueter Haw. syn. p. 181. — *id.* Pfr. enum., p. 118. — *id.* Forst. Handb. dr. Cact., p. 421. — Cactus Triqueter Haw. in Misc. nat., p. 189. — Cactus Prismaticus Deaf. horl. Paris.

Patrie. Amérique méridionale.

Diagnostic. Tige subdressée, articulée, verte; 3 côtes; sillons plats; côtes aiguës, convexes; aréoles munies de tomentum très-court, gris; 4-6 aiguillons fauve rigides, 2-3 inférieurs grêles, blancs.

. Tige et rameaux de 27 millim. de diamètre; aréoles éloignées de 13 millim.; aiguillons longs de 4 millim.

Floraison? Fleurs?

Culture. Serre tempérée pendant l'hiver, plein air en bonne exposition pendant la belle saison.

136. Cereus Napoleonis (Grah.).

Synonymie. Cereus Napoleonis Graham. Bot. magaz., t. 3458. — *id.* Pfr. enum., p. 117. — *id.* Otto's Gz., 1836, n° 10, s. 80. — Cereus Triangularis Major Salm. — Plum. et Barm., p. 191, t. 199, f. 2.

Patrie. Indes occidentales.

Diagnostic. Tige subdressée; articles longs, verts; articles trigones, grêles; sillons plats; côtes ondulées, subtuberculées; aréoles espacées, à peine tomenteuses, insérées sur la partie supérieure des tubercules; 3-4 aiguillons inégaux, subulés, droits, noirs, celui du bas très-long, ils sont accompagnés de quelques sétules blanches.

Cette plante est bien distincte de toutes les autres, ses articles ont 30 cent. et plus, ils sont larges de 22-27 millim.; les aréoles sont éloignées de 13-18 millim., et ses aiguillons ont 9-18 millim. de long.

Floraison. Les fleurs se développent en Septembre; elles ont 21 cent. de long sur 16 cent. de diamètre, elles s'ouvrent le matin et se ferment le soir; le tube est épais, long de 8 cent., vert et garni de squammes rouges; les lacinies sont d'un vert paille, elles sont lancéolées, linéaires; les lacinies intérieures sont blanches, lancéolées, spatulées, crénelées au sommet; étamines nombreuses, jaunes, plus courtes que la corolle; anthères érigées, petites; style beaucoup plus long, blanc; divisions étendues, jaunes.

Baie violette, de 10 cent. de long et de 9 de diamètre, couverte de squammes spinifères.

Culture. Serre tempérée pendant l'hiver, plein air en bonne exposition pendant la belle saison.

137. **Cereus Schomburgii** (hort. Berol).

Synonymie. Cereus Schomburgii hort. Berol. — *id.* Salm. Cact. in hort. Dyck., cult., p. 219. — *id.* Forst. Handb. dr. Cact., p. 422.

Patrie ?

Diagnostic. Malgré que les individus cultivés soient trop jeunes pour qu'il soit possible de les décrire, il n'y a aucun doute sur la place que cette plante doit occuper dans cette section.

Floraison ? Fleurs ?

Culture ?

138. **Cereus Lanceanus** (hort. Angl.).

Synonymie. Cereus Lanceanus hort. Angl. — *id.* Salm. Cact. in hort. Dyck., cult., p. 219.

Patrie ?

Diagnostic. Trop jeune encore pour qu'il soit possible de le décrire ; il appartient cependant assurément à cette section.

Culture ?

139. **Cereus Inversus** (hort. Berol).

Synonymie. Cereus Inversus hort. Berol. — *id.* Salm. Cact. in hort. Dyck., cult., p. 219.

Patrie ?

Diagnostic. Il n'existe aucune description de cette plante ; il est certain cependant, par les caractères que présentent les jeunes sujets cultivés, qu'ils appartiennent à cette section.

Culture ?

140. **Cereus Scandens** (Salm).

Synonymie. Cereus Scandens Salm. Cact. in hort. Dyck., cult., p. 219.

Patrie. Guyanne.

Diagnostic. Tige subdressée, articulée, subradicante ; articles vert glaucescent, triquêtres, aigus, allongés, atténués de part et d'autre ; faces assez planes ; côtes aiguës et convexes ; aréoles saillantes, assez serrées, munies de tomentum fauve et court ; 4-6 aiguillons courts, épais, rigides, recourbés, les jeunes purpurescents, les plus âgés gris bruns.

Tige de 60 cent. portant quelques racines adventives, articulées, articles tout à fait triangulaires, longs de 20 cent., larges de 15-18 millim., très-atténués aux deux extrémités ; l'insertion des jeunes aréoles, comme dans les autres Cerei de cette section, est gonflée, charnue, tuberculeuse, elle est accompagnée d'une espèce de mucrone squammuleuse, qui disparaît promptement ; ces aréoles sont tomenteuses, mais jamais scutigères ou lanigères ; les aiguillons ont 4 millim. de long, épais à la base, ils sont recourbés en crochet.

Floraison ? Fleurs ?

Culture. Serre tempérée pendant l'hiver, plein air en bonne exposition pendant la belle saison.

141. Cereus Triangularis (Haw.).

Synonymie. Cereus Triangularis Haw. syn. p. 180. — *id.* Pfr. enum.
diagn., p. 116. — Bot. reg., t. 1807. — Bot. magaz., t. 1834. — Cactus
Triangularis Lin. — Cereus Anizogonus hort. Angl. — Cereus Compressus
Mill. dict. n° 10. — Cactus Triangularis Aphyllus Jacq. Amer., 152. —
Plum. ed. Barm., t. 200, f. 1. — *id.* Otto's Gz., 1836, n° 3, s. 22.

Patrie. Mexique, Ile Caraïbe.

Diagnostic. Tige subdressée, radicante, vert gaie; articles larges,
allongés à 3 (rarement 4) côtes; côtes, les jeunes très-comprimées,
comme ailées; un sillon plan, les autres profonds; aréoles subdistancées,
rares; 2-4 aiguillons noirs, subdécusés, courts, rigides, recourbés, celui
du bas plus long.

Articles longs de près de 30 cent., larges de 5-8 cent., parfois tordus;
les bords des articles se couvrent d'une croûte ligneuse avec l'âge, les
plus anciens sont prismatiques, tout à fait ligneux; aréoles éloignées
de 27 millim.; les aiguillons sont longs de 27-54 millim.

Floraison. Fleurs blanches, très-grandes, se produisant en Septembre,
s'ouvrant à 6 heures de l'après-midi et restant ouvertes pendant 17
heures, et présentant un limbe de 21 cent.; ovaire recouvert de
squammes brunes, larges, obtuses; tube vert, long de 18 cent. sur 27
millim. de diamètre, formé de squammes allongées, spatulées au sommet; lacinies extérieures, lancéolées, vert olive, très-étendues; lacinies
intérieures, bisériées, longues de 27 millim., longuement acuminées,
blanches; étamines jaunes; anthères jaune citron; style épais, jaune
souffre, beaucoup plus long que les étamines, qui sont très-nombreuses
et de couleur orangée.

Baie nue, coccinnée, de la grosseur et de la forme d'un œuf d'oie.

VARIÉTÉS. Cer. Triangularis β. Pictus Pfr. l. c. — Cer. Triangularis
β. Major. Mouv.

Les articles sont entièrement ou en partie jaunes.

Cer. Triangularis β. Undeanus Salm.

Cette variété diffère de l'espèce principale par ses articles plus étroits,
beaucoup plus allongés; ses côtes crénelées; ses aréoles portent 4-6
aiguillons avec un central, fauves, petits, quelques-uns manquent
souvent.

Culture. Serre tempérée pendant l'hiver, plein air en bonne exposition pendant la belle saison.

142. Cereus Ocamponis (Salm).

Synonymie. Cereus Ocamponis Salm. Cact. in hort. Dyck., cult., p. 220.

Patrie. Mexique et la Colombie.

Diagnostic. Tige articulée, subdressée, radicante; articles allongés,
cœrulescents, glaucescents, à 3 (rarement 4) côtes; côtes subulées, comprimées, sinuées, convexes; l'une des faces plane, les autres profondément sillonnées; aréoles subespacées, presque nues; 7-8 aiguillons

extérieurs ouverts, subradiant, ceux du bas plus grêles, ceux du haut et le central forts, tous fauves bruns.

Tige de 60 cent.; les articles inférieurs sont quadrangulaires dans les jeunes plantes, plus tard ils deviennent tout à fait triangulaires, ils sont longs de 15-18 cent. et larges de 4 cent. (mesure prise sur la face tout à fait aplanie).

Cette plante se distingue du Cereus Triangularis par sa couleur subcœrulescente, glauque; par ses aiguillons plus nombreux et plus vigoureux, ceux du haut sont longs de 13-15 millim., ils sont jaunâtres.

Floraison? Fleurs?

Culture. Serre tempérée pendant l'hiver, plein air en bonne exposition pendant la belle saison.

C. *DIVARICATI*, à tige divariquée.

Tige basse, subradicante, rameuse ou articulée; articles plus ou moins raccourcis, divariqués, à 4 ou 5 côtes; côtes subailées, comprimées, aiguës.

143. Cereus Pentapterus (Otto).

Synonymie. Cereus Pentapterus Otto. — *id.* Salm. Cact. in hort. Dyck., cult., p. 220.

Patrie?

Diagnostic. Tige rameuse à partir de la base; rameaux articulés vert gaie, divariqués; 5-6 côtes subdressées, inclinées, côtes comprimées en ailes; faces profondément excavées; aréoles serrées, subsaillantes, grises, tomenteuses; 6-8 aiguillons inégaux, aciculés, rigides, forts, bruns, quelquefois accompagnés de quelques autres qui sont sétacés.

Rameaux et tige atteignant 1 mètre de longueur, étranglés, articulés ou subarticulés, leur diamètre varie entre 27 et 50 millim., subérigés, divergeants ou rampants, subradicants, le plus souvent à 5 angles à faces concaves, profondément excavées; aréoles éloignées de 6-9 millim., blanches, tomenteuses, arrondies, saillantes; aiguillons inégaux, 6-7 rayonnant irrégulièrement, et 1 central long de 13-18 millim., d'abord jaunâtre, ensuite brun; les sétules de la partie supérieure de l'aréole, quand elles existent, sont promptement caduques.

Floraison? Fleurs?

Culture. Serre tempérée pendant l'hiver, plein air en bonne exposition pendant la belle saison.

144. Cereus Pterogonus (Lem.).

Synonymie. Cereus Pterogonus Lem. — *id.* Salm. Cact. in hort. Dyck., cult., p. 221. — *id.* Forst. Handb. dr. Cact., p. 418.

Patrie. Près Carthagène.

Diagnostic. Tige rameuse à partir de la base, rameaux articulés,

vert gai, divariqués, rigides, adprimés sur le sol, radicant; 4-5 côtes,
côtes comprimées, aiguës, convexes entre les aréoles; les faces excavées
en dessus, presque planes en dessous; aréoles immergées, très-serrées,
à peine tomenteuses; 3-4 aiguillons aciculés, rigides, fauves, celui du
haut souvent plus long, ils sont accompagnés de quelques autres qui sont
sétacés et décidus.

Tige et rameaux articulés de 45-50 cent. de longueur, rigides, couchés
horizontalement; articles tétragones le plus souvent, longs de 16-18
cent. et larges de 27 millim. (mesure prise sur une face plane); aréoles
subimmergées, éloignées de 9 millim., à peine tomenteuses vers la
partie supérieure; aiguillons inégaux, disposés irrégulièrement, 3-4
persistants (à peine longs de 9-11 millim.), accompagnés de 3-4 autres
sétacés plus ou moins caducs; rose jaunâtre en naissant, plus tard
noirâtres.

Floraison? Fleurs?

Culture. Serre tempérée pendant l'hiver, plein air en bonne exposi-
sition pendant la belle saison.

145. Cereus Humilis (DC.).

Synonymie. Cereus Humilis DC. prodr., p. 468.— *id.* Pfr. enum. diagn.
p. 115. — *id.* Forst. Handb. dr. Cact., p. 418. — Cereus Gracilis Salm. -
Cereus Rigidus Lem. — Cereus Pentalophus Radicans DC.? — Cereus
Humilis Rigidior Salm.

Patrie. Amérique chaude.

Diagnostic. Tige subdressée, rameuse, à 4-5 côtes; côtes subaiguës,
convexes; aréoles subnues; 8-12 aiguillons extérieurs, 4 intérieurs un
peu plus rigides, les jeunes bruns, ensuite blancs.

La tige et les articles sont divariqués, très-courts; ils ont 27 millim.
de diamètre; les aréoles sont éloignées de 9 millim.; les aiguillous
4-9 millim. de long.

Floraison? Fleurs?

Variétés. Cer. Humilis β, Myriacaulon Pfr. l. c. — Cer. Myriacaulon hort. Monac. — Cer. Pentalophus DC. γ. Radicans? — Cer.
Humilis Minor Pfaiffer.

Articles et tige encore plus courts, grêles, nombreux, très-souvent
couchés, adprimés contre le sol.

Tige et rameaux divariqués, courts, à peine longs de 8 cent. encore
plus courts dans les variétés.

Culture. Serre tempérée pendant l'hiver, plein air en bonne exposition pendant la belle saison.

D. *SPECIOSI, à fleurs remarquables.*

Tige subérigée, rameuse; fleurs coccinnées très-remarquables restant
ouvertes pendant plusieurs jours.

146. Cereus Coccineus (Salm).

Synonymie. Cereus Coccineus Salm. — *id.* Pfr. enum., p. 122. — *id.* Abbild., t. 15. — *id.* Forst. Handb. dr. Cact., p. 424. — Cereus Bifrons Haw., suppl. p. 76.

Patrie. Mexique.

Diagnostic. Tige diffuse, subdressée, rameuse; 3-4 côtes; côtes dentelées; aréoles saillantes, blanches, tomenteuses; 4-6 aiguillons, ceux du haut très-courts, aciculaires, bruns; 4-8 inférieurs plus longs, sétacés; articles de 30 cent. de long sur 2 et demi cent. de diamètre, souvent décombante; aréoles éloignées de 13-18 millim.; aiguillons longs de 2 millim.; les sétules de 6, portant de nombreuses racines adventives.

Floraison. Fleurs coccinnées étalant un limbe de 16 cent. de diamètre; tube long de 4 cent., aréolé, spinigère; lacinies bisériées, lancéolées, acuminées, celles de l'intérieur longues de 8 cent. et larges de 20 millim., coccinnées, à bords cærulescents; étamines filiformes, rouges; anthères blanches; style coccinné à 7 divisions blanches.

Culture. Serre tempérée pendant l'hiver, plein air en bonne exposition pendant la belle saison.

147. Cereus Spéciosissimus (Desf.).

Synonymie. Cereus Speciosissimus Desf. Mem. med. 3, p. 190, t. 9. — *id.* Pfr. enum., p. 120, Mem. med. 3, t. 9. — Cactus Spinosus Gav. Bot. reg., t. 486. — *id.* Wild., Cavan. — Allg. teutsch. Gartenmagazin B. v., 1820. — Colla hort. repert., t. 10. — Reithenb. fl. exot., 180. — DC. Rev., p. 54. — Green. (Otto's Gz. 1834, n° 39).

Patrie. Mexique, Guatimala.

Diagnostic. Tige subdressée, très-rameuse; rameaux allongés, divergents, à 3-4 côtes, les jeunes pourprés; côtes dentelées; aréoles convexes, blanches, tomenteuses; aiguillons subégaux, droits, rigides, roses en naissant, plus tard 1 central, 6-8 supérieurs, 2-3 inférieurs plus petits.

Tige et rameaux de plus de 30 cent. sur 3-5 cent. de diamètre; aréoles éloignées de 13-27 millim.; aiguillons longs de 9-13 millim., portant des radicules adventives aux extrémités des rameaux.

Floraison. Fleurs abondantes se produisant pendant toute la belle saison, rouges, remarquables, restant continuellement ouvertes pendant trois ou quatre jours; tube long de 8 cent., vert, aréolé, spinigère et couvert de squammes obtuses; lacinies épaisses, linéaires, vert rougeâtre; corolle offrant un limbe de 13-16 cent.; lacinies bisériées, longues de 5 cent. sur 25 millim. dé large, acuminées, celles du dehors coccinnées, celles du dedans pourpre cærulescent; étamines nombreuses, filiformes, fasciculées, vertes à la base, coccinnées vers la partie supérieure; anthères blanches, petites; style de la même longueur que les étamines, coccinné; 8-10 divisions blanchâtres, fruit mûrissant pendant l'année suivante, de la grosseur d'un œuf de poule, vert jaunâtre, peu tuberculeux et très-peu spinigère, rempli d'une pulpe succulente, agréable, acidulée ; graines nombreuses.

VARIÉTÉS. Cereus Speciosissimus β. Laterilius Bot. reg., t. 1596. — Cereus Hybridus hort. Berol. — Epyph. Hybridum hort.

Cereus Speciosissimus γ. Jenkinsonii hort. Angl.
— δ. Vandesii hort. Angl.
— ε. Ignescens hort. Dresde.
— ζ. Guillardieri hort.
— η. Curtisii.
— θ. Roydii.
— ι. Devausii.
— κ. Lothii.
— λ. Kiardi.
— μ. Coccineus Grandiflorus.
— ν. Unduliflorus.
— ξ. Eugenia.
— ο. May-fly.
— π. Makoyi.
— ς. Aurantiaca.

Ces variétés, cultivées dans diverses Collections, ne diffèrent pas suffisamment par les fleurs et leur port, pour qu'il soit possible de les distinguer.

D'autres variétés proviennent de l'hybridation avec le Grandiflorus (*Voir* ce dernier).

On a obtenu plusieurs variétés par le croisement de notre plante avec le Phyllocactus Ackermanni ; les rameaux de ces Hybrides portent 3-4 angles, dont les aréoles sont sétigères ou sétuleuses, enfin bientôt à 2 ailes alors inermes ; elles varient beaucoup de forme ; dans quelques-unes les aréoles sont garnies de petites squammes, et pour ce motif elles doivent être rangées parmi les Phyllocacactées, comme tenant davantage de ceux-ci que du Cereus Speciosissimus, et pour ce motif ne pouvant être rangées parmi les cerei.

Culture. Serre tempérée pendant l'hiver, plein air en bonne exposition pendant la belle saison.

148. Cereus Schrankii (Zucc.).

Synonymie. Cereus Schrankii Zucc. — *id.* Pfr. enum., p. 122. — *id.* Abbild., t. 27. — Cereus Formosus Catal. Cact. Monac., 1834. — Otto's Gz., 1834, n° 31, s. 244.

Patrie. Mexique, Zimapan, Sultepec.

Diagnostic. Tige subdressée, rameuse ; 3-4 côtes vertes ; rameaux longs, grêles, divergents ; côtes subaiguës, convexes ; aréoles espacées, convexes, blanches, tomenteuses ; 6-8 aiguillons droits, rigides, fauves, fasciculés, inégaux, avec quelques sétules parfois décidues, insérées vers la partie inférieure de l'aréole.

Rameaux de 60 cent. sur 11-13 millim. de diamètre; aréoles distantes de 4-5 cent.; aiguillons longs de 4-6 millim.; sétules de 2-4 millim. Il se distingue du Cereus Speciosissimus par sa fleur, ses rameaux plus grêles, ses aréoles beaucoup plus éloignées, ses aiguillons moins nombreux, jaunes, et par ses sétules.

Floraison. Fleurs ressemblant assez à celles du Phyllocactus Ackermanni, moins étendues, d'un rouge coccinné de feu, jamais cœrulescent; tube droit, long de 5 cent., aréolé, spinigère; corolle 16 cent. de diamètre; les lacinies intérieures larges de 27 millim., lancéolées, aiguës, avec nervure plus foncée; étamines rouges; anthères blanches; style coccinné, plus long que les étamines, à 8 divisions allongées, blanches.

Culture. Serre tempérée pendant l'hiver, plein air en bonne exposition pendant la belle saison.

Hybrides connus par les Catalogues.

Hybris Albiflora (Pfr.). N'existe plus ou bien très-rare dans les Collections.

Hybris Aurantiaca Superba (Haage). A fleur couleur de tomate.

— **Blindii** (Hge.).
— **Bodii** (hort. Berol).
— **Bollvilleriana** (Salm.).
— **Coccinea** (Salm.).
— **Coccinea Grandiflora** (Pfr.).
— **Colmariensis** (Hge.).
— **Curtisi** (hort. Angl.).
— **Danielsii** (hort. Angl.).
— **Devauxii** (Pfr.).
— **Finkii** (Salm).
— **Grandiflora** (Pfr.).

Hybrides obtenus par le croisement du Cereus Grandiflorus avec le Cereus Speciosissimus.

Hybris Quillardetti (hort. Gall.).

— **Hansii** (Hge.).
— **Hitchentsii** (hort. Dresde).
— **Jenkinsonii** (hort. Angl.).
— **Ignescens** (hort. Dresde).
— **Kiardii** (Pfr.).
— **Lateritius** (hort. Angl.).

Hybrides résultant du croisement des Cerei de la section précédente avec des Phyllocactes.

Hybris Latifrons (Booth.).
— **Longipes** (Salm).
— **Lothii** (Pfr.).
— **Loudonii** (Haage).
— **Macqœanus** (Salm).
— **Maeleini** (Salm).
— **Maurantiana** (hort. Berol).
— **May-fly** (Pfr.).
— **Mackii** (Booth.).
— **Mexicana** (Salm) (*Cereus Mexicanus* Lem.).
— **Mitlerii** (Salm).
— **Rintzii** (Salm).
— **Roseus** (Haage).
— **Roseus Superbus** (Haage).
— **Roydii** (Pfr.).
— **Royeni** (Hge.).
— **Sariniensis** (Hge.).
— **Seidelii** (Booth.).
— **Seitzii** (hort. Monac.).
— **Sellowii** (hort. Berol).
— **Smithii** (Forst.).
— **Speciosa** (hort. Berol).
— **Superba** (hort. Angl.).

Variétés remarquables dont l'origine m'est inconnue.

Cereus Botwianus.
— **Dangelii.**
— **Dyckianus.**
— **Finkii.**

Les caractères différentiels sur lesquels le genre Cereus était fondé, il y a quelques années, laissaient une bien grande indécision, car ils confondaient en un seul genre des genres et des sous-genres qui aujourd'hui semblent assez éloignés les uns des autres. Aussi voyons-nous alors Pfaiffer lui-même confondre ensemble les Echinopsis, les vrais Cierges, les Phyllocactes en un seul genre, qu'il spécialise par une fleur portant de nombreuses sépales imbriquées, soudées par leur base à l'ovaire et réunies en un tube allongé, les unes extérieures calicinales, d'autres plus longues, colorées, et enfin celles de l'intérieur pétaliformes; étamines nombreuses, soudées au tube; style filiforme, multifide; baie aréolée, devenant tuberculeuse ou squammeuse avec les restes des sépales. Plus tard, Zuccarini sépara, des Cerei de Pfaiffer, le groupe des Cerei Globosi et en constitua le genre Echinopsis ainsi caractérisé: tube allongé; étamines inégales, soudées sur l'orifice extrême du tube, genre qui a été universellement admis jusqu'à ce jour, sans qu'il fût cependant possible de déterminer, d'une manière bien certaine, l'ordre dans lequel devaient être placées des plantes anciennes dont les fleurs ont été observées depuis, d'autres nouvelles dont les fleurs nous sont connues ou inconnues.

Ces caractères, aujourd'hui encore presque généralement adoptés sans modifications, laissent des doutes nombreux, surtout à cause des modifications que de nouvelles observations ont montrées dans les caractères des fleurs, plantes que par analogie on avait cru pouvoir faire rentrer dans un même genre.

C'est ainsi que le Pilocereus Curtisii Otto, autrefois regardé comme un Cereus, a dû plus tard sortir de ce genre pour venir prendre place parmi les Pilocerei, à cause de sa fleur qui ne pouvait, en aucune manière, satisfaire aux caractères de la définition de celle des Cerei, pas plus que son fruit et sa graine.

D'une autre part, des fleurs comme celle du Cereus Flagriformis Zuccarini, dont le limbe est oblique et dont les étamines sortent de beaucoup en dehors de ce limbe, celle du Cereus Baumanni Lemaire, et d'autres encore, se trouvent dans le même cas.

En outre, un grand nombre de Cerei dans les premiers groupes présentent des caractères tellement en dehors de ceux établis, que Engelmann a proposé de les réunir en genre à part, qu'il nomme Echinocerei (*Voir* Engelmann, *Memoir of a tour in Northen Mexico*, 1848, p. 91); en conservant les divisions déjà adoptées, nous n'avons donc fait que nous conformer à un ordre déjà établi, dans lequel, jusqu'à de plus nombreuses et de plus complètes observations de fleurs, nous devons nous contenter de faire cadrer le peu de faits déjà connus.

En prenant le genre Cereus avec les irrégularités que nous venons de rappeler, le genre a été partagé en cinq groupes qui se différencient les uns des autres par des caractères extérieurs tirés principalement de la forme de la tige.

Dans le premier, celui des Echinocerei, qui répond au genre des Echinocerei d'Engelmann, la tige est basse, le plus souvent rameuse à partir de la base; il se divise en deux sections, Lophogoni et Proliferi : les premiers, remarquables par leurs tiges charnues, molles, prolifères, *à sillons anguleux et à côtes tuberculeuses;* les derniers, par leurs tiges charnues, dressées et prolifères à partir de la base, *et leurs sillons à peine marqués.* Ces divisions se sous-divisant elles-mêmes suivant le nombre des côtes et leur aspect.

Dans le second groupe, celui des Sulcati, se trouvent les Cierges à tige cylindrique, dressée, plus élevée, nettement cannelée; il renferme quatre divisions fondées sur des caractères peu comparables entre eux; les Longispini ont des tiges peu élevées, rameuses à l'état adulte, des côtes arrondies, couvertes d'aréoles très-resserrées qui portent des aiguillons longs et flexibles; les Attenuati, à cause de leurs tiges très-élancées, coniques; enfin les deux autres, Velutini et Cærulescentes, sont caractérisés par la nature de leur épiderme.

Dans le troisième groupe, Angulosi, nos plantes sont caractérisées par leurs côtes et leurs sillons réguliers et vigoureux, les uns columnaires, érigés, dressés, à angles nombreux; les autres, Pauci Angulares, à angles moins nombreux, d'ailleurs sous-divisés en comparant soit les aréoles, soit la consistance des côtes, soit leur épiderme.

Dans le quatrième groupe, Articulati, nous trouvons les Cierges à tiges articulées, grimpantes, sans être décombantes; il admet quatre divisions fondées sur l'aspect

présenté par ces tiges : Acuti Anguli, Variabiles, Opuntiacei, Serpentini, qui sont assez nettement indiquées
par les noms imposés. Il est assez utile de remarquer que
l'un des groupes, celui des Opuntiacei, est formé d'une
seule espèce qui n'a jamais été introduite en Europe et
qui n'y est connue que par une description et une figure
incomplètes qui ont été envoyées du Mexique.

Enfin, dans le cinquième groupe, Cerei Radicantes,
nous trouvons les Cerei qui jettent sur leurs tiges des
racines aériennes dont les tiges sont presque constamment rampantes; il admet les divisions suivantes : Flagriformes, Extensi, Divaricati, fondées sur l'aspect et la
disposition des rameaux; et enfin un dernier groupe,
celui des Speciosi, qui forme bien réellement le passage
des Cerei aux Atrophylli.

Dans ce dernier groupe, se trouvent plusieurs plantes
qui, à l'aide de fécondations artificielles des unes par les
autres, ou bien des unes avec des plantes du genre suivant, ont donné un très-grand nombre d'Hybrides qu'il
est à peu près impossible de classer et même de décrire
bien exactement, à cause du peu de différence qu'ils
présentent entre eux.

Le premier point à établir est le caractère qui établit
la limite entre les Cerei et les Atrophylli. Jusqu'ici, toutes
les fleurs observées des Cerei de ce groupe présentent un
tube parsemé, parfois même couvert de faisceaux d'aiguillons, tandis qu'aucune plante appartenant au genre
suivant n'offre le même caractère; toutes ont un tube lisse
ou parsemé de squammes, mais aucun ne présente, soit
aux aisselles de ces squammes, soit sur les parois extérieures de l'ovaire, aucune trace d'aiguillons ou de sétules. D'un autre côté, l'examen attentif de la tige et des
jeunes pousses donnera des caractères presque aussi certains. Les aréoles qui garnissent le fond des crénelures des
Atrophylli, sont très-petites, munies de sétules extrêmement fines et déliées; le bord de la tige, au-dessous de
l'insertion de l'aréole et au moment de sa formation, est
accompagné d'un très-petit prolongement ordinairement
coloré, de forme squammeuse, qui, après la première

évolution de cette aréole, disparaît, la laisse dégarnie ou plus ou moins garnie de ces sétules : dans les Cerei, au contraire, les aréoles conservent leurs aiguillons jusqu'au dernier moment, le nombre de ceux qui défendent chaque aréole s'accroît d'une année à l'autre jusqu'à la limite de leur évolution; les mucrones qui les protégent au moment de leur première apparition, loin d'être caduques, persistent, mais s'affaissent sur eux-mêmes pour s'atrophier complétement dans le corps de la côte.

A l'aide de ces considérations, il sera toujours possible de déterminer assez sûrement le genre dans lequel une espèce devra être rangée; cependant cette opération présentera encore des difficultés réelles quand il s'agira de certains Hybrides.

Ainsi, quelques-uns présentent sur la même plante des branches à 3, 4, 5 côtes semblables à celles du Cereus Speciosissimus, sans aiguillons, mais avec des sétules rigides, ou bien des branches plates comme celles des Atrophylli, toujours charnues et garnies, dans les incisions des feuilles, de tomentum blanc, de sétules roides ou d'aiguillons; d'ailleurs, leurs fleurs sont inodores, avec tube plus ou moins garni d'aiguillons et de poils, ceux-là devront donc appartenir au genre Cereus sans aucun doute : ils fleurissent assez jeunes et abondamment; leurs fleurs se distinguent moins par leur forme et leur éclat que par leur grandeur et leur diamètre, les proportions des pétales et des organes de la fécondation. D'autres offrent, dans leur inflorescence, un tube entièrement dépourvu de sétules, et, pour ce motif, doivent être rangés parmi les Atrophylli.

5ᵉ genre,

ATHROPHYLLUM
(Lab.).

Fleurs se développant soit au fond des crénelures des rameaux, soit au sommet des articles ou à l'extrémité des rameaux toujours axillaires ; elles sont infundibuliformes, à tube cylindrique plus ou moins long, recouvert çà et là par les premières lacinies périanthiennes qui sont à l'état de squammes, elles sont glabres, inermes et ne portent ni aiguillons, ni sétules ; les divisions du périanthe sont plurisériées et présentent un limbe campanulé dont la gorge est régulière ou oblique ; étamines très-nombreuses et en nombre déterminé, soudées sur le tube, ramassées, réunies sur un de ses côtés et venant, pour ainsi dire, en fermer l'ouverture ; style plus long que les étamines, terminé par plusieurs divisions stigmatiques.

Baie toujours exserte, laissant tomber les restes desséchés du périanthe, ovoïde, à côtes luisantes entièrement lisses, ou bien conservant à l'état de squammes les premières lacinies périanthiennes ; graines réniformes.

Sous-arbrisseaux charnus, rameux, parasites ou terrestres, à tige devenant cylindrique avec l'âge, à articles ou rameaux dilatés, étendus en forme de feuilles membraneuses, avec nervure médiane plus ou moins prononcée, à bords irrégulièrement crénelés, continus ou articulés, discontinus, portant, au fond des crénelures ou aux extrémités des articles, des aréoles munies de quelques aiguillons sétulés et protégés par de très-petites feuilles à l'état de squammules exiguës très-promptement caduques : ces aiguillons sétuleux et ces squammes apparaissent seulement pendant la première période de l'évolution des aréoles ; ces aréoles sont encore apparentes plus tard, mais elles sont très-petites et garnies de tomentum grisâtre, court et assez rare ; en outre, les rameaux et les articulations portent souvent des racines adventives qui, dans le second cas, partent toujours de l'extrémité inférieure de l'articulation au point où elle s'insère sur l'article précédent.

Cotylédons minces, aigus, mais libres dans les espèces où la germination a été observée.

1er sous-genre, **Phyllocactus** (Lab.).

Synonymie. Phyllocactus Link. Handb. III. — *id*. Salm. Cact. in hort. Dyck., cult., p. 54 (1850). — Walp. rep. 11, 344, v. 820. — Endlich. gen., pl. 5158. — Meisn. gen., pl. (357). — Först. Handb. dr. Cact., etc.— Phyllocereus Miq. gen. Cact. 26. — Phyllarthus Neck. Elem. bot. 742. — Cereus Pfaiffer, enum. diagn. — *id*. Lem. Cact. gen. — Epiphyllum, Phyllanthus, etc., divers.

Le tube du périgone plus ou moins développé au-delà de l'ovaire, souvent très-longuement développé, grêle, flexueux, tout à fait glabre ; lacinies sépaloïdes espacées, éparses, à aisselles nues, inermes ; lacinies pétaloïdes nombreuses, allongées, diversement étendues ou peu nombreuses et formant une corolle rotacée, infundibuliforme ou hypocratériforme ; étamines nombreuses ou en nombre déterminé, soudées à l'ouverture du tube, les extérieures plus longues, les intérieures graduellement plus courtes ; style filiforme, plus long que les étamines ; stigmate multiradié, rayons linéaires ; baie ombiliquée, à côtes anguleuses, tout à fait glabre, portant sur les côtes quelques squammes à aisselles entièrement nues, provenant des squammes sépaloïdes du tube, renfermant une pulpe abondante, acidulée, au milieu de laquelle nagent les graines qui sont noires, réniformes ; cotylédons connés, subfoliacés.

Plantes demi-parasites ; tige et rameaux très-comprimés, étendus en forme de lanière, à bords irrégulièrement crénelés, dans la jeunesse portant, au fond des crénelures et aux extrémités des rameaux, des aréoles munies de quelques sétules extrêmement fines, accompagnées d'une petite squammule caduque, qui disparaissent presque complétement dans l'âge adulte, et alors la tige devient cylindrique, ainsi que les bases des plus anciens rameaux.

Les fleurs, se développant dans les aréoles du fond des crénelures, sont axillaires, par rapport à l'insertion des squammes; elles sont diurnes ou nocturnes, éphémères.

* DIVISIONS DU PÉRIANTHE ET ÉTAMINES EN NOMBRE INDÉTERMINÉ.

1. *Tube court.*

Tube court; lacinies sépaloïdes s'élargissant graduellement, érigées et légèrement recourbées; lacinies pétaloïdes roses, disposées en tube.

1. Phyllocactus Phyllantoïdes (Salm).

Synonymie. Phyllocactus Phyllantoïdes Salm. — *id.* alii. — Cereus Phyllantoïdes DC. Catal. hort. Monsp. 1843, p. 84.—*id.* Pfr. enum. diagn., p. 124. — *id.* Bot. magaz., t. 2092. — Cereus Spinosus Bompl. nav., t. 3. — Cactus Alatus Wild. et alii. — Epiphyllum Spinosum Haw., suppl. p. 84. — Cactus Elegans Link., enum., t. 2, p. 25. — *id.* DC. Rev. p. 59. — Epiphyllum Phyllantoïdes Hortulani.

Patrie. Mexique.

Diagnostic. Tige diffuse, extrêmement rameuse; les plus anciens rameaux deviennent cylindriques, ligneux dans la partie inférieure; les plus jeunes déprimés à partir de la base et se développant vers la partie inférieure de la plante ou vers les extrémités des plus vieux rameaux, ceux-ci verts, aplanis, à bords sinueux et crénelés, et c'est du milieu de ces crénelures que sortent les jeunes rameaux et les fleurs.

Les tiges atteignent de 60-80 cent.; les rameaux de 20-30 millim. de long sur 3-4 cent. de large; pendant la première jeunesse, ces rameaux portent souvent de 3-5 anglés sinueux, dont les aréoles sont garnies de quelques poils jaunâtres sétiformes, qui sortent au-dessus d'une petite squammule et qui disparaissent ensemble par la suite.

Floraison. Pendant toute la belle saison, commençant parfois en Avril et se continuant jusqu'au commencement de l'automne. Fleurs abondantes se développant au milieu des crénelures des rameaux, roses, longues de 10 cent. et restant ouvertes pendant plusieurs jours; tube inerme, vert, long de 4 cent., parsemé de quelques petites squammules peu nombreuses, rouges, réfléchies; les pétales extérieures sont d'un rose intense; ils sont étendus, acuminés; ceux de l'intérieur sont blancs et se colorent de plus en plus du centre à la circonférence; ils sont plus allongés que les autres et forment, en se réfléchissant, le limbe; étamines soudées sur l'orifice du tube, fasciculées, blanches, à anthères blanches, dressées; style grêle, blanc, un peu plus long que les étamines, terminé par 5-8 divisions stigmatiques blanches.

Le fruit atteint la maturité en cinq à six mois, d'abord portant les restes de la corolle, et plus tard entièrement nu, ové, arrondi; long de 4 cent. sur 2 de diamètre, d'une couleur pourpre foncée, très-luisant, recouvert de quelques côtes qui portent à leur sommet des aréoles garnies de sétules; graines disséminées au milieu d'une pulpe pourpre, très-succulente.

Cette espèce a été confondue par Bompland avec le Cereus Spino-sissimus; Wildenow la confondit aussi avec le Cactus Alatus de Schwartz; Link, en faisant remarquer cette confusion, lui imposa le nom de Cactus Elegans, ignorant qu'antérieurement Decandolle l'avait déjà désignée sous le nom de Cereus Phyllantoïdes.

Cette espèce est aujourd'hui une des plus répandues de la famille des Cactées; elle est si facile à propager, à cultiver, elle développe ses belles fleurs avec tant de libéralité, qu'elle se rencontre dans presque toutes les habitations où quelques fleurs sont cultivées; elle se rencontre même fréquemment isolée sur la fenêtre de l'artisan dont l'habitation manque souvent des objets de première nécessité.

Variété. Phyllocactus Phyllantoïdes β. Striatus Pfr.

Variété peu différente de notre espèce, dont elle se distingue à peine en l'absence de fleurs : seulement dans celle-ci, les lacinies qui sont d'un joli rose dans l'espèce type, sont marquées de stries plus foncées, régulièrement disposées et parallèles entre elles; celles des lacinies internes sont un peu moins foncées que les autres.

On indique aussi une autre variété à fleurs blanches, qui parait être tout à fait problématique. Pfaiffer, qui ne l'a jamais vue, dit que, si elle existe, elle doit être une Hybride provenant d'un croisement du Phyllocactus Hookeri avec quelques espèces voisines. Forster pense même que cette Hybride n'a jamais existé qu'en nom sur certains Catalogues, et que c'est le Phyllocactus Phyllanthus qui a été vendu sous ce nom.

Culture. Serre tempérée pendant l'hiver, en bonne exposition pendant l'été. Quelques amateurs conseillent de les cultiver en terre de bruyère pure.

2. *Tube allongé.*

Tube allongé; limbe large; lacinies, les unes sépaloïdes, petites, squammiformes, les autres pétaloïdes, larges, étendues, recourbées, d'un beau pourpre coccinné.

2. **Phyllocactus Ackermani** (Salm).

Synonymie. Phyllocactus Ackermani Salm. — *id.* alii. — Epiphyllum Ackermani Haw. Bot. regist., t. 1331. — Cereus Ackermani Pfr. enum. diagn., p. 123. — *id.* Bot. magaz., t. 3598.

Patrie. Mexique.

Diagnostic. Tige rameuse, diffuse; rameaux d'un vert gai, de forme allongée, arrondis vers la partie inférieure, ensuite ailés, membraneux dans leur partie supérieure, crénelés, à bords profondément incisés; dans le jeune âge, les rameaux portent fréquemment de 3-4 angles recourbés, vert clair, quelquefois brun pourpre au sommet; les aréoles qui garnissent le fond des crénelures, surtout dans cet âge, sont

fréquemment munies de quelques aiguillons en forme de sétules et d'une
très-petite squammule dont l'insertion recouvre celle des aiguillons.

Floraison. Depuis le mois d'Avril jusqu'à la fin de Septembre.
Fleur magnifique, inodore ; elle reste ouverte pendant plusieurs jours ;
d'un rouge coccinné, présentant un limbe de 15-16 cent. de diamètre ;
tube long de 4-5 cent., glabre, vert, garni de quelques squammes
rouges, inermes, tirant sur le brun ; pétales au nombre de 12, plus
larges, d'un rouge coccinné couleur de feu, acuminés ; étamines blanches à la base, rouges vers le sommet, à anthères blanches ; style de
la même longueur que les étamines, rouge, terminé par 8 divisions
stigmatiques blanches ; fruit de la grosseur d'un œuf de pigeon, ombiliqué et rétréci vers le sommet, glabre pourpre, à 8 côtes aplanies et
écailleuses ; il est d'une saveur acidulée assez douce, avec un léger
arome de fraise.

C'est une belle espèce fleurissant facilement et assez commune aujourd'hui. Elle a été obtenue de graines provenant du Mexique ; elle
atteint de 50-80 cent. de haut : ses ramifications de 30-40 cent. de long
sur 3-5 de large, sa couleur vert clair, ses incisions profondes, la distinguent assez des espèces voisines ; pendant la jeunesse, elle est formée
de 4-5 angles dont les aréoles sont garnies de quelques aiguillons sétiformes, comme cela arrive dans l'espèce précédente.

Dans le jeune âge, notre plante diffère peu des jeunes articles du
Cereus Speciosissimus, et peut-être moins encore des Hybrides provenant du croisement de ce dernier avec le Phyllocactus Phyllantoïdes ;
cependant alors encore, les rameaux minces moins charnus aident à la
faire reconnaître : dans l'âge adulte , le tube floral entièrement
inerme est un caractère distinctif parfaitement tranché.

VARIÉTÉS. Phyllocactus Ackermani β. Spinosissimus Salm. —
Phyllocactus Ackermani β. Grandiflorus hort. Monv.

Variété à plus grandes fleurs , du reste très-peu différentes de l'espèce type.

Phyllocactus Ackermani γ. Sellovii Salm. — Syn. Phyllocactus
Ackermani γ. Minor Forst.

Variété indiquée sur plusieurs Catalogues ; elle m'est inconnue.

Culture. Serre tempérée pendant l'hiver, plein air en bonne exposition pendant la belle saison.

Quelques auteurs regardent notre Phyllocactus Ackermani comme
une Hybride, quoiqu'on ait reçu en France des sujets originaux provenant du Mexique. Le seul moyen qui puisse permettre de lever ce
doute, consiste à observer si ses semis reproduisent identiquement la
plante mère.

3. Phyllocactus Anguliger (Lem.).

Synonymie. Phyllocactus Anguliger Lem. Jard. fleur., liv. 21 ,
année 1851.

Patrie. Mexique, près de Matanejo.

Diagnostic. Tige rameuse ; rameaux forts, charnus, divariqués, très-nombreux à partir de la base, comprimés, à bords présentant des crénelures très-nettement anguleuses ; pendant la jeunesse des rameaux, les squammules qu'on remarque fréquemment sur les autres espèces à l'insertion des jeunes aréoles, sont presque invisibles ; celles-ci sont petites, blanches, et laissent paraître quelques aiguillons sétacés.

Tige très-ramifiée, céréiforme (c'est-à-dire anguleuse et aculéifère) pendant la jeunesse, bientôt convexe, comprimée (plane), haute de 30 cent. à 1 mètre, très-épaisse, très-succulente (beaucoup plus que celles de ses congénères), découpée aux bords en grandes dents décrivant un angle plus ou moins droit ; dans les sinus (chose presque exceptionnelle dans le genre) sont de véritables aréoles rondes, tomenteuses, sétigères ; la squamme qui les accompagne à la base en dessous est très-obsolète, presque nulle.

Floraison? Fleurs. Tube du périanthe grêle, lisse, allongé, d'un brun rougeâtre ; squammes distantes, concolores ; lacinies pétaloïdes externes, linéaires, unisériées, acuminées ; les internes lancéolées, aiguës, mucronées, très-entières, bisériées, blanches ; filaments staminaux ; style et stigmate blancs.

Culture. Serre tempérée pendant l'hiver, en plein air pendant la belle saison.

Lemaire rapporte, à la suite de la description précédente, que notre plante a été introduite par M. Hartweg, qui, en se rendant du Mexique en Californie, l'observa croissant sur des troncs d'arbres dans une forêt de chênes près de Matanejo (Mexique), d'où il l'envoya, en 1846, à la Société royale d'horticulture de Bruxelles, qui en distribua des individus à ses membres en 1847. Depuis elle a été envoyée en France à M. Cels, horticulteur, chaussée du Maine, 77, et au Muséum de Paris, où on en remarque quelques beaux sujets.

3. *Tube long, côtelé.*

Tube long, côtelé ; lacinies sépaloïdes, quelques-unes les plus externes squammiformes ; les lacinies pétaloïdes allongées, diversement lancéolées, étendues, recourbées, le plus souvent blanches.

4. Phyllocactus Hookeri (Salm).

Synonymie. Phyllocactus Hookeri Salm. Catal. Cact. in hort. Dyck., cult., p. 55. — Cereus Hookeri Link et Otto. Catal. — *id.* Pfr. Abbild., liv. 1, planch. 5. — *id.* Pfr. enum. diagn., p. 125, liv. 143. — *id.* Pfr. Synonymik, s. 131, liv. 112. — Epiphyllum Hookeri Haw. Philos. magaz., août 1829. — Cereus Phyllanthus Hook. Botan. magaz., t. 2692. — *id.* Flore Majore DC. Prodr. iii, p. 469. — Cereus Marginatus Salm. ancien Catal., qu'il donne comme synonyme du Cereus Oxypetalus DC., plantes grasses, pl. 11. — Phyllocactus Marginatus Monv.

Patrie. Le Brésil et près de Demerary.

Diagnostic. Tige rameuse ; rameaux larges ; allongés, assez dressés, verts, à bords irrégulièrement incisés, souvent rouges.

Tige de 30-60 cent. de hauteur, plus ou moins incisée, tantôt dressée, tantôt rampante, quelquefois vert clair, d'autres fois, surtout quand la plante est exposée à une assez basse température, à bords rouge pourpre, souvent ligneux et arrondis à la base; aréoles des incisions très-petites, garnies dans la jeunesse de quelques aiguillons sétuleux et protégés par une très-petite squammule qui disparaît assez promptement.

Floraison. Juin à Octobre. Les fleurs s'épanouissent pendant la nuit; elles exhalent une odeur très-forte de vanille comme celles du Cereus Grandiflorus; le tube, d'un vert jaunâtre, présente une longueur de 15-16 cent. sur environ 1 cent. de diamètre; les lacinies sépaloïdes les plus extérieures se présentent sous forme de squammules de plus en plus lancéolées, à mesure qu'elles s'élèvent vers le limbe; elles sont peu nombreuses et tout à fait inermes; celles de l'ovaire, qui est d'un vert blanchâtre et qui présente quelques côtes, sont écailleuses, d'un rouge pourpre; enfin, les lacinies les plus élevées sont lancéolées, rouges, longues d'environ 3 cent.; les pétales atteignent 6-7 cent. de longueur, ils sont blanchâtres; ceux du dehors sont d'un ton vert pâle, avec bords rose rouge sur le dos et rouge pourpre à la pointe; les étamines sont blanches, à anthères dressées, allongées, jaune gris; le pistil est blanc en bas, rouge rose vers la partie supérieure; il est plus long que les étamines; il atteint de 18-20 cent. de long sur 2 millim. de diamètre; il est terminé par 11 divisions stigmatiques jaunes, allongées, de 5-6 cent. de long.

La baie est d'un beau pourpre gai; elle est ellipsoïde, fortement ombiliquée à son sommet, à 8 angles, entièrement glabre et marquée çà et là de quelques squammes vertes. La graine nage au milieu d'une pulpe charnue, acidulée; elle est grosse, noire; elle germe quelquefois même dans le fruit.

Cette plante a d'abord été publiée dans le *Botanical magazin*, t. 2692, sous le nom de Cereus Phyllanthus, dont elle se distingue par la grandeur et la forme de sa fleur. Decandolle l'inscrivit dans son *Prodromus* comme variété Grandiflora du Cereus Phyllanthus. Haworth, plus tard, en reproduisant par semis identiquement la même plante, reconnut qu'elle devait être regardée comme bonne espèce, et lui imposa le nom d'Epiphyllum Hookeri, qui fut, plus tard, changé en Cereus et enfin en Phyllocactus. Le Cereus Marginatus Salm ou Phyllocactus Salm fut également reconnu pour la même espèce.

Culture. Serre tempérée pendant l'hiver, plein air en bonne exposition pendant la belle saison.

5. **Phyllocactus Latifrons** (Salm).

Synonymie. Phyllocactus Latifrons Salm. — Echinoc. Latifrons Zucc. — Cereus Latifrons Pfr. enum. diagn., p. 125. — *id.* Abbild., t. 10, fig. 2. — Epiph. Latifrons Zucc. — Cereus Oxypetalus DC. Rev. p. 261.

Patrie. Mexique et Guatimala.

Diagnostic. Rameaux verts, grands, foliacés, obtus au sommet; bords peu crénelés, à crénelures espacées, plutôt ondulées; aréoles petites, garnies de quelques sétules et protégées par une très-petite squamme.

Cette espèce se distingue du Phyllocactus Phyllantus, du Phyllocactus Hookeri et des autres par ses rameaux très-longs, larges, dont les bords à peine incisés sont ondulés; dans le pays, cette plante croît en pleine terre, ses larges ramifications s'étendent sur le sol à une distance de 4-5 mètres; dans nos serres, elle atteint rarement de semblables dimensions, cependant elle est beaucoup plus longue et plus large que celles des autres Phyllocactes, et c'est là un de ses caractères distinctifs dans l'âge adulte.

Floraison. Pendant tout l'été. Fleurs se montrant vers les extrémités des rameaux; elles ont 27 cent. de long et présentent un limbe de 16-18 cent. de diamètre; l'ovaire est vert, il a 9-10 millim. de diamètre; le tube a 16 cent. de long, il est nu, rouge brun, et garni de rares écailles; les lacinies extérieures sont étroites, linéaires, rouge rose; les lacinies intérieures sont plus larges, verdâtres en dehors, à bords rouges, blanches à l'intérieur; elles sont très-allongées, lancéolées; les étamines sont blanches, à anthères allongées, jaunes; pistil plus long, rouge, à 8 divisions.

La baie n'a pas été observée. Les fleurs, quoique ayant quelques rapports de ressemblance avec celles du Cereus Hookeri, s'en distinguent aisément par leurs pétales plus allongés, le tube beaucoup plus long et plus grêle, d'un rouge pâle brunâtre, et son ovaire tout à fait nu.

Le Cereus Oxypetalus DC., décrit d'après un dessin imparfait, est synonyme du Phyllocactus Latifrons Zuccarini. Le prince de Salm, dans son Catalogue de 1844, le regardait comme synonyme du précédent; aujourd'hui, dans son dernier Catalogue, il n'en fait aucune mention ni comme espèce, ni comme variété, ni comme synonymie. Au reste, Decandolle le décrit ainsi :

Tige ronde, quelquefois parasite; articles allongés, assez épais, durs, roides, avec nervure saillante sur l'axe et à bords échancrés; articles larges de 8-10 cent.; incisions de 4 cent. de profondeur; fleurs de 10 cent. de long, rouge brun à l'extérieur, blanches à l'intérieur; pétales pointus; fruit allongé, à côtes amincies en haut et en bas, rouge pourpre.

Culture. Serre tempérée pendant l'hiver, plein air en bonne exposition pendant la belle saison.

Souvent on trouve dans les Collections des sujets sous le nom de Cereus Oxypetalus, des Epiphyllum Oxypetalus; ou ces sujets sont identiques avec le Phyllocactus Hookeri, ou ils constituent des espèces particulières qui doivent être rangées parmi les nombreuses Hybrides non décrites et non désignées encore.

6. Phyllocactus Stenopetalus (Salm).

Synonymie. Phyllocactus Stenopetalus Salm. Cact. in hort. Dyck., cult., p. 223. — Indiqué par Forst. Handb. dr. Cact., p. 412.

Patrie?

Diagnostic. Il diffère très-peu du Latifrons par sa tige, mais il en diffère par la fleur. Tige rameuse ; rameaux plans, assez larges, à bords légèrement échancrés; chaque échancrure est garnie d'une petite aréole portant quelques sétules courtes, très-fines; elle est protégée pendant le jeune âge par une très-petite squammule.

Cette plante, dont la tige diffère très-peu de celle du Cereus Latifrons, en est tout à fait différente par la fleur.

Floraison? Fleurs? Tube long de 13 cent., garni de quelques squammes roses ; lacinies extérieures roses ou rose strié de paille clair comme les lacinies intérieures, longues de 8 cent. sur 4 millim. de large, très-aiguës, plus ou moins réfléchies, très-ouvertes; étamines réunies, comme libres; filets filiformes; anthères blanches; style mince, pourpre, à 12-14 divisions jaunes, étendues, linéaires, de la même longueur que les étamines.

Baie?

Culture. Serre tempérée pendant l'hiver, plein air en bonne exposition pendant la belle saison.

Je crois que dans le dessin donné par Pfaiffer et Otto dans la 2e livraison des figures des Cactées, *Abbildung und 1*, le dessin se rapporte à peu près aussi bien au Phyllocactus Latifrons qu'au Stenopetalus quant à la tige, car il n'y a aucune indication d'aréoles; les ondulations produites par les échancrures sont seulement indiquées; quant à la fleur, qu'il compare à celle du Phyllocactus Hookeri, elle devrait, ce me semble, au moins pour la forme allongée, lancéolée des pétales, se comparer à notre plante.

7. Phyllocactus Crenatus (Salm).

Synonymie. Phyllocactus Crenatus Salm. — Cereus Crenatus Lindley.— Bot. reg., 1844, t. 31. — *id.* Lem. Hort. univ., nouv. série, n° 4. — *id.* Hort. univ., vol. 6, p. 87.

Patrie. Honduras. Introduit en 1837 par Georges Skinner.

Diagnostic. Rameaux roides, entièrement verts, comprimés, convexes sur les deux faces, très-régulièrement crénelés; rameaux ronds à la base, ensuite dilatés en feuilles, très-crénelés, obtus au sommet: dans le plus jeune âge, ils sont anguleux et portent aux aréoles, qui sont très-petites, des touffes de sétules, ce qui leur donne quelque ressemblance avec les jeunes articulations du Cereus Spinosissimus.

Tige élancée de 60 cent., tout à fait lisse, vert intense, cylindrique à la partie inférieure, puis élargie, foliacée, rameuse ; rameaux un peu plus épais, à nombreuses crénelures concaves vers les bords ; sommet arrondi.

Floraison. En Mai, Juin et Juillet, pendant le jour. Fleurs très-remarquables, grandes, 15 cent. de diamètre, ouvertes pendant plusieurs jours, d'un éclat agréable; tube long de 10 cent., légèrement recourbé; squammes nombreuses un peu épaisses, ovées, acuminées, vert brun, s'allongeant graduellement; lacinies extérieures lancéolées, 12 ayant 5 cent. de longueur sur 2 cent. de largeur, brunes; 18 lacinies intérieures étendues, ovées, oblongues, légèrement aiguës, blanc de lait; étamines nombreuses, les unes plus longues que le tube, soudées à son ouverture, les autres plus courtes, réunies, comme fasciculées; filets blancs; anthères jaunes; style épais, blanc, plus long que les étamines, à 8-9 divisions vertes, allongées, linéaires, recourbées, très-ouvertes.

Baie?

Culture. Serre tempérée pendant l'hiver, plein air en bonne exposition pendant la belle saison.

Lemaire, dans le 6ᵉ vol. de l'*Horticulteur universel,* donne à la fleur un limbe de 30 cent., d'autres auteurs un limbe de 20 cent. Sans avoir eu l'idée de comparer les fleurs que j'ai observées, je crois que, suivant l'âge, les dimensions des fleurs peuvent varier, et que, dans l'âge adulte, celle-ci ne doit le céder en rien à celle du Cereus Speciosissimus.

8. **Phyllocactus Grandis** (Lem.).

Synonymie. Phyllocactus Grandis Lem.—*id.* Salm. Cact. in hort. Dyck., cult., p. 224.

Patrie. Honduras.

Diagnostic. Tige et rameaux élancés, très-allongés, cylindriques à la base, plans ensuite, à larges crénelures, vert gai, à sommet aigu.

Tige élevée, haute de 1 mètre et plus, tout à fait lisse, vert gai, cylindrique ou subcomprimée à sa partie inférieure, dilatée, foliacée et rameuse à sa partie supérieure; rameaux minces, espacés, à crénelures concaves, aiguës au sommet, les jeunes rameaux se développant aux crénelures et donnant parfois à la tige la forme pennée.

Floraison? Fleurs remarquables, grandes; tube long de 18-21 cent. sur 13 de diamètre, éphémère, d'un éclat saisissant, courbé d'une manière particulière, muni de quelques squammes linéaires, vertes dans la partie inférieure, colorées sur les bords et à la partie supérieure, s'allongeant graduellement; lacinies extérieures nombreuses, longues de 8-10 cent., linéaires, lancéolées, aiguës, très-ouvertes; lacinies pétaloïdes dressées, recourbées, dilatées, oblongues, à sommet dentelé, obtus, avec mucrone blanc; étamines nombreuses, les unes plus longues que le tube et soudées à son orifice, les autres plus courtes, réunies, subfasciculées; filets filiformes blancs; anthères jaunes; style épais, fistuleux, plus long que les étamines, à 18 divisions environ, linéaires, allongées, très-ouvertes, rayonnantes, blanches.

Baie?

Culture. Serre tempérée pendant l'hiver, plein air en bonne exposition pendant la belle saison.

9. Phyllocactus Guyanensis (Brongt.|)

Synonymie. Phyllocactus Guyanensis Brongt., Vel. Mus.

Patrie. La Guyane.

Diagnostic. Tige dressée, radicante, vert gai, articulée; articles très-plats, larges, étendus (beaucoup plus plats que dans toutes les espèces connues, presque de l'épaisseur d'une feuille de Magnolia), crénelées; crénelures peu profondes; nervure médiane assez forte, roide.

Floraison? Fleurs?

Tige très-élevée atteignant 2 mètres de hauteur, cylindrique, tout à fait ligneuse à la base et sur une assez grande longueur, et présentant une écorce couleur de rouille (de la grosseur d'une grosse plume de cygne), puis aplanie, rameuse; rameaux extrêmement plats, foliacés (moins épais que ceux des espèces connues), avec nervure médiane très-prononcée.

Récemment introduit au Jardin des Plantes de Paris, qui en possède plusieurs sujets très-remarquables.

Tout ce que j'ai pu apprendre de la fleur, c'est qu'elle est blanche satinée; que les lacinies sont disposées en séries très-prononcées; que la fleur est très-grande, plus grande que celles observées dans les autres espèces; en outre, qu'elle est odorante.

Culture. Serre tempérée pendant l'hiver, plein air en bonne exposition pendant la belle saison. Comme le Phyllocactus Latifrons, notre plante croît en pleine terre dans son pays natal, avec cette différence qu'au lieu de laisser ramper ses rameaux, elle présente ses tiges roides et dressées, hautes de 2^m à 2^m50.

10. Phyllocactus Caulorrhizus (Lem.).

Synonymie. Phyllocactus Caulorrhizus Lem. Jardin fleur., 1er vol.; p. 6.

Patrie?

Diagnostic. Rameaux oblongs, comprimés, subarticulés, d'un vert glauque, vigoureux, crénelés; pendant le jeune âge, les crénelures sont garnies d'une aréole très-petite, sur laquelle s'insère un pinceau de quelques sétules protégées par une squamme caduque, arrondie, un peu plus grande que celles qui s'observent sur ses congénères; vers les étranglements ou les articulations des rameaux, apparaissent quelques petites racines.

Floraison. Fleurs s'épanouissant une fois seulement; tube épais, long de 13 cent., montrant 5 côtes qui portent chacune environ 5-6 squammes oblongues, gonflées à la base et non appliquées sur la surface du tube, rouges en dehors; divisions périgoniales, celles du dehors oblongues, canaliculées, larges de 15 millim., longues de 9-10, elles sont mucronées, jaunes, celles de l'intérieur semblables, spatulées, blanches en dedans, en dehors et sur les bords, largement teintes d'un ton jaune gai; filets des étamines grêles, verts; anthères d'un blanc jaunâtre; style blanc, plus long, terminé par 10 divisions stigmatiques blanches, papilleuses.

Cette plante a été introduite en 1846 sous le nom de Phyllocactus Crenatus. A l'apparition de la fleur en 1850, Lemaire a reconnu qu'elle devait constituer une espèce toute distincte, ce que l'examen de sa tige avait déjà fait soupçonner à cause de la couleur glauque de ses rameaux pourvus pendant la jeunesse de squammes plus grandes que chez les autres congénères et émettant d'assez nombreuses racines adventives et ramifiées aux articulations.

La fleur rappelle, par sa disposition et son coloris, celles des Cereus Speciosissimus et Nycticalus; comme elles, elle ne s'ouvre que vers le soir pour se refermer dès le lendemain matin, elle est d'un jaune fauve, tendre à l'extérieur et d'un blanc pur à l'intérieur, l'odeur en est faible et n'a rien d'agréable.

Culture. Serre tempérée pendant l'hiver, plein air en bonne exposition pendant la belle saison.

11. **Phyllocactus Serratus** (Brongt.)]

Synonymie. Phyllocactus Serratus Brongt., Vel. Mus.

Patrie. Mexique.

Diagnostic. Tige et articles allongés, plats, crénelés; crénelures profondes. Quelquefois elle est triangulaire à la base, mais devenant plate un peu plus haut; aréoles très-petites, insérées au fond des crénelures, très-légèrement sétuleuses d'abord, bientôt tout à fait nues.

Floraison? Fleurs?

Le Jardin des Plantes de Paris éleva quelques sujets de cette plante qui proviennent de graines reçues du Mexique. Le caractère constant des tiges est de présenter des bords figurant des dents de scie sur toute la longueur de la tige; cette forme nous a paru assez remarquable et assez différente de celle des autres espèces connues, pour que nous en ayons fait une espèce, bien que nous n'en connaissions pas encore la fleur. Peut-être plus tard devrons-nous l'identifier avec le Phyllocactus Anguliger de Lemaire, figuré dans le *Jardin fleuriste*, 1er volume, 21e livraison, avec lequel nous trouvons quelques rapports de ressemblance à cause de l'exiguité des aréoles, mais aussi de plus grandes différences dans la couleur de l'épiderme et aussi dans les découpures de la tige. Dans notre espèce, les échancrures sont plus ouvertes, leurs fonds et les sommets des saillies qui les produisent sont beaucoup moins arrondis que dans la figure que nous avons sous les yeux.

Culture. Serre tempérée, plein air en bonne exposition pendant la belle saison.

4. *Tube très-long.*

Tube très-long, à côtes, grêle, flexible; lacinies très-courtes.

12. **Phyllocactus Phyllanthus** (Salm).

Synonymie. Phyllocactus Phyllanthus Salm.—Cactus Phyllanthus Lin.
—*id.* DC. pl. gr., t. 145.— Cercus Phyllanthus Pfr. enum. diagn., p. 125.
—*id.* Abbild., t. 10, fig. 1. — Epyphillum Phyllanthus Haw. syn. p. 197,
suppl. p. 84. — Cereus Scolopendrii folio Brachiato Dill. hort. Elth. 78,
t. 64, f. 74. — Phyllanthus Americana, sinuosis foliis longis Pluck.
alm. 296, t. 247, f. 5. — Opuntia Phyllanthus Mill. dict. ed. 8, n° 9. —
DC. pl. gr., p. 145.

Patrie. Brésil, Surinam, Guadeloupe.

Diagnostic. Tige subdressée; rameaux diffus, très-longs, foliacés,
verts (les jeunes souvent rouges sur les bords); bords irrégulièrement
ondulés et incisés.

La tige a beaucoup de rapports avec celle du Cereus Hookeri, elle
ne s'en distingue que difficilement; la présence des fleurs, au contraire,
les différencie l'une de l'autre d'une manière très-nette.

Floraison. En Juillet. Fleur d'un aspect particulier, peu remarquable par sa beauté; tube de 35-40 cent. de long sur 50 millim. de
diamètre, s'ouvrant une seule fois pendant la nuit et exhalant une
faible odeur d'acide benzoïque; ovaire écailleux; tube très-long, de
30 cent. sur 6 millim. de diamètre, courbé, blanc verdâtre, portant
çà et là quelques écailles vert rougeâtre; 18-20 lacinies petites, blanchâtres, passant au vert, étalées, les extérieures un peu plus longues
et un peu plus larges que les autres, recourbées et présentant, au moment de l'anthèse, un limbe de 3 cent. environ; étamines nombreuses,
blanches; anthères brunâtres; style à divisions nombreuses.

Baie ovale de 7 cent. de long sur 4 de diamètre, rouge carmin clair,
à 8 côtes émoussées, portant quelques petites écailles; graines noires et
luisantes.

Culture. Serre tempérée pendant l'hiver, plein air en bonne exposition pendant la belle saison.

* DIVISIONS DU PÉRIANTHE EN NOMBRE PRESQUE DÉTERMINÉ,
AINSI QUE CELUI DES ÉTAMINES.

13. **Phyllocactus Biformis** (Nob.).

Synonymie. Phyllocactus Biformis Nob. — Disisocactus Biformis Lindl.
Bot. reg., 1845, t. 9. — Cereus Biformis Lindl. Bot. reg., 1843. —
Misc. 66.—*id.* Forst. Handb. dr. Cact., p. 252.

Patrie. Hunduras.

Diagnostic. Tige et rameaux adultes cylindriques, charnus, ligneux,
vert gai, les jeunes aplatis, oblongs, lancéolés, atténués des deux
côtés, recourbés ou parfois séparés en deux, crénelés, dentelés sur les
bords, glabres (piligères dans le pays).

Tige s'élevant environ à 6 cent. et au delà; alors les rameaux adultes
sont cylindriques à leurs bases; ils ont une apparence ligneuse; leurs
extrémités, ainsi que les jeunes rameaux, sont aplanies, d'un vert gai;
ils sont charnus, oblongs, lancéolés, amincis à leurs deux extrémités,

arrondis ou courbés en forme de fer de faucille ; les bords sont dentelés, à crénelures espacées ; dans leur pays, les crénelures portent une
aréole garnie de poils ou sétules réunies ou stellées ; dans nos serres,
elles paraissent jusqu'à ce jour complétement glabres.

Floraison. En Mai, Juin et Juillet. Fleurs se développant dans les
crénelures terminales des rameaux, longues de 5 cent. ; ovaire coloré
en vert à la base, parsemé de quelques squammes peu apparentes ;
lacinies rose pourpre, plus ou moins linéaires ou lancéolées, érigées,
soudées à leur base et recourbées à leur sommet ; étamines en nombre
déterminé, peut-être 13, mais ordinairement 7-8, plus courtes que le
tube du périgone, à filets pourpres et anthères blanches ; style un peu
creusé, filiforme, pourpre, terminé par 4 stigmates linéaires, subétalés,
blancs ; la baie, presque toujours ovoïde à l'époque de la maturité, a son
sommet ombiliqué, entièrement glabre, luisante, d'un pourpre agréable
et comestible.

Culture. Serre tempérée pendant l'hiver ; jusqu'à ce jour, je ne
connais aucun autre essai de culture en plein air pendant la belle
saison, que ceux que j'ai tentés ; ils m'ont parfaitement réussi : les
plantes étaient en plein air sous châssis et à une bonne exposition.

Les différents auteurs ont fait un genre à part de cette
plante, à cause du nombre des divisions périgoniales et
du nombre des étamines de la fleur.

Le Phyllocactus Phyllanthus présente également une
anomalie dans sa fleur. Parmi les Cerei, on trouve, non la
même anomalie, mais des différences d'un même ordre
qui n'ont pas encore déterminé la séparation des Cerei en
deux ou trois sous-genres : c'est pour rester fidèle à ce
plan que nous faisons rentrer le Disisocactus dans le sous-
genre Phyllocactus. Toutefois, nous croyons devoir donner les caractères que Lindley a assignés à son genre
Disisocactus [1].

---

[1] **Disisocactus** (Lindley).

Synonymie. Disisocactus Lindley, Bot. reg., vol. 31, 1845. — Disisocactus Salm. Cact. in hort. Dyck., cult., p. 227. — *id.* Forst. Handb. dr.
p. 252.

Tube du périgone développé au-delà de l'ovaire ; lacinies peu nombreuses ;
parmi celles qui sont sépaloïdes, les inférieures squammineuses, soudées au tube ;
les supérieures, au nombre de 4-5, sont linéaires, étendues, colorées ; 4 pétaloïdes plus larges, lancéolées, aiguës, toutes dressées. réunies au tube, recourbées au sommet et formant une corolle infundibuliforme ; étamines en
nombre subdéfini, 8-13 adhérentes à la base du tube, plus courtes que son

2ᵉ sous-genre, **Epiphyllum** (Salm).

Synonymie. Epiphyllum Pfr. enum. diagn., p. 127. — Miquel gen. Cact. — Endl. gen. pl. — Lem. Cact. gen. — Cerei DC. — *id.* Salm. Cact. in hort. Dyck., cult., p. 226.

Tube du périgone développé au-delà de l'ovaire, court, glabre, à gorge régulière ou oblique ; lacinies peu nombreuses, parmi les sépaloïdes, les inférieures squammeuses, les 6-8 supérieures lancéolées, dilatées, recourbées, ouvertes, colorées, 8 pétaloïdes disposées sur deux séries réunies en tube, à limbe étendu ou réfléchi, subbilabié et formant alors une corolle roide ; étamines plus ou moins nombreuses, celles du milieu plus courtes, les autres soudées au tube et beaucoup plus longues que lui, sont réunies et adprimées contre le style ; style vigoureux, long ; 5-6 stigmates bilobés ; lobules dressés ; baie tout à fait grêle, comprimée ou anguleuse, à côtes ; cotylédons connés, aigus.

Plantes parasites végétant sur les troncs des vieux arbres, à tige articulée, rameuse ; articles raccourcis, tronqués, très-lisses, étendus en forme de feuilles ; axe marqué par une nervure médiane vigoureuse, crénelée sur les bords et terminée par de grandes dents portant, dans la jeunesse, sur les crénelures et aux extrémités, des articles, des aréoles, celles-ci garnies de tomentum et de quelques sétules persistantes, celles-là également garnies de tomentum et de sétule qui, ici, est caduque ; elles sont accompagnées de très-petites squammules à peine visibles et reconnaissables seulement à la loupe sur les jeunes rameaux à inflorescence terminale ; fleurs demeurant ouvertes pendant plusieurs jours de suite.

---

limbe ; style filiforme, plus long que les étamines ; 4-5 stigmates radiés ; rayons linéaires, ouverts.

Baie tout à fait glabre, en forme de bouteille.

Plante semi-parasite, à tige cylindrique, subérigée, glabre, garnie de quelques squammes espacées, avec l'âge devenant ligneuse à la base et rameuse dans la partie supérieure ; rameaux étalés, foliacés, allongés, atténués aux deux extrémités, à bords marqués de crénelures espacées, presque charnues et lisses.

Fleurs se développant des crénelures des rameaux, demeurant ouvertes pendant plusieurs jours.

1. *Gorge du tube oblique.*

La gorge du tube floral oblique, avec limbe réfléchi.

1. Epiphyllum Truncatum (Pfr.).

Synonymie. Epiphyllum Truncatum Pfr. enum. diagn., p. 127. — Epiphyllum Truncatum Haw. suppl. p. 85. — *id.* Salm. Observ. bot., 1821, p. 10.—Cereus Truncatus DC., Prodr. III, p. 470.— Cactus Truncatus Link. Bot. reg., t. 696. — *id.* Enum., p. 24. — *id.* Bot. magaz., t. 2526. — Bot. cab., t. 1207. — *id.* Hook. exot. fl., t. 20. — *id.* Lodd. Bot. cab., t. 1207.— Reich. fl. exot., 325.

Patrie. Brésil.

Diagnostic. Tige subdressée ; rameaux se développant au sommet , rarement sur les côtés et du sein des crénelures ; articles oblongs, verts (souvent pourpres sur les bords), foliacés, comprimés, dentelés, insérés à la suite les uns des autres par les bases des articles qui sont aiguës ; les sommets sont tronqués, tomenteux.

Articles longs de 4-5 cent. et larges de 20-25 millim., fréquemment caducs après l'inflorescence.

Floraison. En Novembre, Décembre et Janvier. Fleurs isolées , rarement gemminées, se développant au sommet des articles, longues de 7 cent. et restant ouvertes pendant pluiseurs jours ; ovaire nu, épais, ovoïde, vert rouge vers ses bords seulement ; lacinies calicinales d'un rouge coccinné de feu, réfléchies ; tube rose ; les pétales du limbe sont acuminés, roses à leur base, au sommet et vers les bords d'une couleur coccinné feu ; les supérieurs sont subérigés ; ceux du bas sont très-ouverts ; la gorge est rouge ; les étamines, beaucoup plus longues que le tube, le dépassent ; elles sont fasciculées, blanches, à anthères jaunes ; le style, encore plus long que les étamines, est pourpre ; il est terminé par 5 divisions stigmatiques peu étendues. La fleur, par son ouverture étroite, de 7-8 millim. environ, et son limbe oblique, présente une forme particulière qui permettrait de reconnaître facilement notre plante et ses congénères, si sa tige articulée ne lui donnait pas déjà un cachet tout particulier.

Variétés. Epiphyllum Truncatum β. Coccineum Pfr. enum. diagn., p. 128, syn. — *id.* Salm. Cact. in hort. Dyck., cult., p. 570. — Epiphyllum Truncatum Vanhoutteanum Lem. Hort. univ., vol. 6, p. 224.

Articles plus petits, très-comprimés, ovales, à peine ondulés ; les fleurs sont d'un rouge coccinné violacé ; elles ont 5 cent. de longueur et sont réfléchies de manière à présenter un limbe oblique ; les étamines sont blanches, dressées ; les divisions stigmatiques, au nombre de 7, sont très-étroitement conniventes.

Epiphyllum Truncatum γ. Aurantiacum hort. — Syn. Epiphyllum Truncatum Salmauneum Cels. Portef. des hort., p. 68.

Cette plante diffère du type par la couleur de la fleur ; l'involucre est blanc, lavé de saumonné ; le périgone est saumonné vif ; l'ouver-

ture du tube est bordée de violet ; les filets des étamines sont blancs,
et, comme dans la suivante, le style et le stigmate sont violets.

Epiphyllum Truncatum γ. Spectabile Cels. Portef. des hort., p. 68.
— Syn. Epiphyllum Truncatum Purpurascens Lem. ?

Les rameaux ont le même caractère que ceux de notre plante type ;
ils sont aplatis, articulés, à angles très-aigus et d'un vert plutôt vif
qu'obscur ; mais les fleurs, qui sont d'une merveilleuse profusion, s'éloignent par leur riche coloris de ce qui a été observé dans cette espèce
si féconde en variétés ; leur longueur est de 9-10 cent. ; les squammes
de l'involucre courtes au point d'insertion de la fleur, deviennent de
plus en plus longues à mesure qu'elles approchent du périanthe, et
découvrent, en se réfléchissant, le tube de la fleur qui est d'un blanc
pur ; elles partagent le coloris des divisions du périanthe qui sont
étalées en éventail et ovales, aiguës ; leur couleur est un blanc pur
transparent, marginé de violet rosé ; la gorge du périanthe est bordée
de la même manière, et du centre de la fleur s'élancent en colonne des
étamines à filaments blanc pur, surmontées d'anthères jaunes ; le style
et le stigmate qui les dominent sont d'un violet vif qui tranche parfaitement sur le fond jaune formé par la réunion des anthères. Originaire
du Brésil, région du Moro-Queimado.

Epiphyllum Truncatum δ. Elegans.

Fleurs moins coquettes que celles de la variété précédente, à laquelle elle ressemble beaucoup et dont elle diffère cependant par ses
divisions périgoniales moins transparentes et moins brillantes.

Il existe encore dans les Catalogues un grand nombre d'indications
de variétés, savoir : Epiphyllum Grandidens, Minus, Aurantiacum,
Violaceum ; Hybridum, Smithianum, etc. Ces variétés, que j'ai vues
pour la plupart, me semblent assez peu différentes de celles que je
viens de donner ; toutefois, n'ayant pas eu l'occasion d'observer avec
soin leurs fleurs, je ne puis dire si elles ne constituent pas des variétés
distinctes ou peut-être même de nouvelles espèces.

Culture. Serre tempérée pendant l'hiver, plein air en bonne exposition pendant la belle saison ; cependant, quand on les place en corbeilles et en vases suspendus, elles jouissent plus complétement de tous
leurs avantages.

2. Epiphyllum Alteinsteinii (hort. Berol).

Synonymie. Epiphyllum Alteinsteinii hort. Berol. — *id.* Pfr. enum.
diagn., p. 128. — *id.* Abbild., t. 28. — Cereus Truncatus Alteinsteinii
hort. Berol. — Epiphyllum Truncatum Multiflorum hort.

Patrie. Brésil.

Diagnostic. Tige subdressée ; articles rameux ; 2-3 articles poussant à chaque sommet des premiers développés, oblongs, subcharnus,
vert gai, longuement dentelés, et au sommet profondément sinués.

Floraison. En Novembre et Décembre, devançant souvent de quelques semaines celle de l'Epiphyllum Truncatum. Les fleurs sortent de

l'extrémité des rameaux terminaux ; en général elles sont solitaires ; quelquefois cependant elles sont groupées deux ensemble ; elles restent épanouies pendant plusieurs jours et sont inodores ; l'ovaire est nu, de forme oblongue, conique, dentelé à son bord supérieur, vert dans le bouton, mais de couleur rose dans la fleur parfaite ; les pétales sont soudés ensemble à leur partie inférieure, de manière à former un tube d'un rose très-pâle, presque blanchâtre, entouré à son orifice d'une marge pourpre ; la partie libre des pétales forme une corolle oblique ; les postérieurs sont érigés et les antérieurs fortement recourbés, appliqués au tube ; les étamines dépassent de beaucoup le limbe de la corolle ; elles sont blanches, à anthères jaunes ; le style est en général plus court que les filaments filiforme cramoisi ; il est terminé par 5 divisions stigmatiques effilées, rouges, peu étalées.

Le fruit, qui ne mûrit qu'après une année entière, est piriforme, mais il est marginé des deux côtés, ombiliqué au sommet et glabre d'un rose transparent, plus foncé au sommet et à la base ; il renferme, dans sa cavité oblongue, un très-grand nombre de graines noires et lisses.

La germination a lieu en huit ou quatorze jours, et la plantule séminale, vue à un assez fort grossissement, présente, avec ses cotylédons aigus, la forme d'un rameau de la plante sans la marge aiguë des articulations adultes ; sa coupe transversale paraît tétragone. Entre les deux cotylédons, on observe au commencement un petit faisceau de soies fines du milieu desquelles sort la première articulation de la plante.

Au premier aspect, notre plante ressemble assez à l'Epiphyllum Truncatum, dont elle diffère par ses rameaux charnus beaucoup plus longs et beaucoup plus grêles, d'un vert clair, et munis à leurs bords et à leur sommet non tronqué, de longues dents aiguës de la même substance que les articulations elles-mêmes.

On a cru, pendant un certain temps, que notre plante n'était qu'une variété de la précédente : Pfaiffer, à qui nous sommes redevables des observations sur le fruit et la germination, a constaté qu'elle constitue une espèce bien distincte. Plus tard, de semblables observations faites sur les nombreuses variétés de l'Epiphyllum Truncatum, conduiront peut-être à augmenter encore le nombre des espèces distinctes.

Culture. Serre tempérée pendant l'hiver, plein air en bonne exposition pendant la belle saison. Il faut ici faire la même remarque que pour la plante précédente.

2. *Ouverture du tube régulière.*

Ouverture du tube régulière ; limbe régulièrement réfléchi.

3. **Epiphyllum Russelianum** (Hook.).

Synonymie. Epiphyllum Russelianum Hook. Bot. magaz., t. 3747. — Cereus Russelianus Lem. Hort. univ., t. 5.

Patrie. Brésil.

Diagnostic. Tige subdressée; articles obovés, tronqués, obtus de chaque côté, avec une seule dentelure; dentelures avec poils fasciculés; la tige devient cylindrique avec l'âge.

Dans l'âge adulte, la tige atteint 1 mètre, elle est articulée, très-rameuse; les articles inférieurs deviennent cylindriques, subligneux; l'écorce est couleur de rouille; ceux du haut sont vert luisant, charnus, aplanis, crénelés sur les bords; les crénelures sont munies de 2-3 fascicules de poils, tronquées, arrondies au sommet.

Floraison. Fleurs terminales, isolées; elles sont longues de 5 cent. et plus; les lacinies extérieures squammiformes dans la partie inférieure du tube, puis s'allongeant graduellement, environ 8 lancéolées, aiguës, réfléchies, 8 intérieures dressées, réunies en tube dans leur partie inférieure, puis réfléchies et formant un limbe régulier, toutes roses pourpres; étamines libres, longues, réunies en faisceau; filets pourpres; anthères noirâtres; style plus long que les étamines, pourpre, à 5-7 divisions courtes, roussâtres, ramassées en capitule.

Fruit obové, court, à 4-5 côtes, tout à fait glabre, vert et coloré de rouge vers les côtes, tout à fait rouge quand il est mûr.

Culture. Serre tempérée pendant l'hiver, plein air en bonne exposition pendant la belle saison. Même observation que pour les plantes précédentes.

La tribu de **Phyllocacteæ**, comprenant les trois genres Phyllocactus, Disocactus, Epiphyllum, est aujourd'hui généralement admise avec ses trois divisions. Quelques auteurs, Lemaire entre autres, n'ont pas cru devoir admettre le genre Disocactus, parce que le caractère sur lequel il est fondé leur semble insuffisant et sans valeur classificative : « Ce genre, fondé seulement sur le nombre « *deux fois égal* de son périanthe ne saurait être admis « (δίς, deux fois; ἴσος, égal; κάκτος, Cactus, Lindl.!). Ce « caractère étant beaucoup trop vague et ne pouvant être « d'aucune valeur classificatrice, nous le réunissons donc « au genre Phyllocactus, auquel il appartient naturelle- « ment par tous ses caractères génériques et spécifiques « (Lemaire, *Hort. univ.*, vol. 6, p. 212). »

D'autres, Pfaiffer, *Enum. diagn.*, réunit les Phyllocactus aux Cerei; il en fait un groupe, celui des Cerei Alati; il pense que la forme de la tige et des rameaux n'ont aucune valeur pour déterminer un genre, que ce caractère doit être cherché seulement dans le mode d'inflorescence. Dans l'ordre d'idées sur lequel toute la classification de

Pfaiffer est fondée, cette manière de voir n'est pas sans fondement, puisqu'il confond les Echinopsis et les Cerei, quoique plus loin il admette simultanément les genres Lepismium et Hariota.

Enfin, d'autres auteurs ont pensé que dans les Epiphylles la régularité du limbe de la corolle ou son obliquité devaient déterminer à séparer les Epiphylles en deux genres; ceux-là ne songeaient pas que, dans toute la série des Cierges, l'inflorescence se présentait avec des différences bien plus tranchées, non-seulement quant à cette régularité ou à cette obliquité de la corolle, mais encore quant à la forme de la fleur, quant au revêtement de son ovaire et aux caractères de la baie. Observations dont il me semble que MM. Pfaiffer et Otto n'ont pas tenu compte dans leurs figures et descriptions des Cactées, puisqu'ils ont persisté à regarder les Phyllocactes comme de véritables Cerei.

Pour nous, il nous semble que si les caractères distinctifs des Cerei ne sont pas assez nettement établis pour les séparer des genres et des sous-genres précédents, au contraire ils deviennent parfaitement nets et explicites quand il s'agit de faire ressortir les caractères qui les séparent des genres et sous-genres suivants.

En effet, bien que nous soyons parfaitement convaincu qu'aucune espèce dans la famille des Cactées ne soit complétement et absolument dépourvue de feuilles, nous croyons, comme nous l'avons suffisamment démontré dans les premières pages de ce volume, que les feuilles sont représentées soit par les mamelons, soit par les tubercules des côtes, quand elles ne sont pas indiquées par de petits appendices articulés et caducs. Or, dans le genre Cereus, aucune espèce ne montre de feuilles véritables dans le voisinage des aréoles qui sont, on peut dire, toujours très-nettement accusées : tandis que, dans les Phyllocactes, ces feuilles se présentent évidemment déjà non à l'état parfait comme dans les Peirescia, mais à l'état rudimentaire, sous forme de petites squammules s'articulant sur la tige et caduques. Et ici ce caractère est constant pour tous les Phyllocactes; il l'est aussi dans

l'espèce Biformis dont Lindley voulut faire le genre Disocactus. En outre, il est appréciable sur toutes les plantes
qui végètent ou ont conservé une extrémité de rameau,
Il rapproche le genre Disocactus du genre Phyllocactus.
malgré les différences de leurs fleurs qui ont cependant
une certaine importance, et bien plus que la forme de la
tige ou des rameaux, il tend à faire rentrer les Epiphylles
dans le même genre.

En nous fondant sur ces dernières considérations, nous
avons été conduit à former le genre Atrophyllum [1], que
nous partageons en deux sous-genres : 1er sous-genre,
Phyllocactus ; 2e sous-genre, Epiphyllum ; le caractère
distinctif de deux sous-genres consistant simplement
dans le mode d'articulation des articles ou des rameaux.

Le premier sous-genre se décompose ensuite en groupes
dont les caractères différentiels sont fondés sur la longueur du tube floral et sur la détermination ou l'indéter-
mination des divisions de chaque verticille de la fleur.
Dans le premier, la fleur du Phyllocactus Phyllantoïdes
rappelle la forme de la fleur de quelques Opuntia. Dans
le second, elle rappelle tellement celle du Cereus Speciosissimus que, sans le tube dont les squammes ont des
aisselles entièrement glabres, on pourrait confondre les
sujets avec des Hybrides de cette plante. Dans le troisième
se trouve le véritable type des Phyllocactes ; enfin, dans
le dernier, la longueur inusitée du tube grêle, dont les
lacinies sont courtes, réfléchies, apparaît un caractère
différent de ceux qui précèdent. Enfin le cinquième, qui
contient le Biformis, se distingue des autres par le nombre
presque défini des divisions périanthiennes et des étamines.

Le second sous-genre est à son tour décomposé en deux

---

[1] Lemaire fait remarquer, avec beaucoup de raison, que le nom Phyllocactus n'a été proposé par Link qu'en 1833, tandis que le nom Phyllarthus
avait été proposé par Necker en 1791 (Necker, Elém. de bot., p. 742), et
pour ce motif, le nom imposé par Necker pour désigner le même groupe de
plantes, devrait avoir la priorité. Il fait remarquer, en outre, en remontant à
l'étymologie (φύλλον, feuille ; ἄρθρον, articulation) qu'il serait mieux de
dire Athrophyllum, au lieu de Phyllarthrus qui serait la composition exacte
du nom proposé par Necker.

groupes, suivant que la fleur présente un limbe régulier ou irrégulier.

Presque toutes les plantes de ce genre sont parasites; elles végètent sur les troncs de grands arbres, dans les forêts à l'ombre, et contrairement à la plupart des autres Cactées dont l'habitus est presque exclusivement limité aux régions arides où la végétation ne montre que de faibles traces, elles se plaisent dans des régions fertiles où la richesse de la végétation offre des ombrages assez sombres, transforme l'atmosphère brûlante et sèche des régions torrides en une atmosphère chaude et humide, presque semblable à celles au milieu desquelles végètent les Orchidées.

Il semble dès lors que ces plantes demandent des soins de culture différents de ceux que nous avons conseillés; il n'en est pas ainsi, car elles végètent tout aussi bien dans la serre chaude que dans la serre tempérée; là leur développement est plus prompt, plus rapide, mais aussi leur port devient plus étiolé; et c'est alors que, cultivées dans des corbeilles ou des culs-de-lampe suspendus en laissant pendre leurs longs rameaux, elles jouissent de tous leurs avantages : tandis qu'ici leur développement moins rapide et en même temps en apparence moins vigoureux, est accompagné d'une rusticité réelle qui les met plus complétement à l'abri des accidents qui peuvent les atteindre pendant les mauvais temps de l'hiver.

Ne pouvant donner une classification exacte des Hybrides obtenues par la fécondation artificielle des plantes de notre genre, ce qui est à peu près impossible, nous nous contenterons de donner la liste de celles qui sont le plus connues.

Hybrides obtenus par la fécondation artificielle d'un Atrophyllum par le Cereus Speciosissimus.

Albiflora (Pfr.). Indiqué par Pfaiffer comme Hybride à fleur blanche, probablement par la fécondation d'un Speciosissimus par le Cereus Repandus ou autre à fleur également blanche.

Cereus Aurantiaca (Pfr.). Peut-être n'est-il que l'Epiphyllum Aurantiacum.

Cereus Aurantiacum Superba (Haag.). Inconnu en France.

Cereus Blindii (Haag.). Inconnu en France.

Cereus Bodii (hort. Berol). Appelé par quelques-uns Boothii ou Boydii. Inconnu en France.

Cereus Bolwilleriana (Salm). Inconnu en France.

Cereus Coccinea (Salm). Paraît différent du Cereus Coccineus non par sa couleur, mais par les dimensions de la fleur.

Cereus Coccinea Grandiflora (Pfr.). Sans doute identique avec le précédent.

Cereus Colmariensis (Haag.). Inconnu à Paris.

Cereus Conways (Giant.). Catal. de Booth., 1845. A fleurs gigantesques.

Cereus Curtisii (hort. Angl.). Inconnu en France.

Cereus Danielsii (Haag.). Inconnu en France.

Cereus Devauxii (Pfr.). Inconnu en France.

Cereus Edesii (Booth. Catal. 1845). Inconnu en France.

Cereus Elegans (Booth. Catal. 1845). Inconnu en France.

Cereus Eugenia (Pfr.). Inconnu en France.

Cereus Funkii (Salm). Inconnu en France.

Cereus Gebvelleriana (Haag.). Inconnu en France.

Cereus Gloriosa (Haag.). Inconnu en France.

Cereus Grandiflora (Pfr.). Inconnu en France.

Hybrides obtenus par la fécondation artificielle d'un Atrophyllum avec le Cereus Grandiflorus.

Branches à 3 angles semblables à celles du Speciosissimus, ou à 5-6 angles comme celles du Grandiflorus ; aiguillons peu nombreux, peut-être identiques avec le Grandiflorus croisé avec le Speciosissimus, ou le Grandiflorus flore Rubra. Booth.

Cereus Cuillardieri (hort. Angl.).

Cereus Hansii (Haag.). Inconnu en France.

Cereus Hitchensii (hort. Dresde). A fleurs superbes.

Cereus Hitchensii β. *Hybrida* (hort. Dresde). — Syn. de l'*Hybris Lateritia*.

Cereus Hitchensii γ. *Speciosa* (hort. Dresde). Inconnu en France.

Cereus Jenkinsonii (Haag.). Inconnu en France. Tige étendue ; branches se présentant en même temps sur le même sujet, soit à 3 côtes, avec petites aréoles munies de sétules ou plates sans sétules ; fleurs magnifiques, infundibuliformes, de 10 cent. de long sur autant de diamètre ; tube court , vert, garni d'écailles rouges armées aux aisselles de quelques aiguillons ; lacinies bisériées , les extérieures sépaloïdes, réfléchies, rouge feu , avec teinte azurée sur les bords , les intérieures rouge carmin ; étamines et anthères blanches ; pistil rouge, à 8 divisions blanches.

Cereus Ignescens (hort. Dresde). Fleurs infundibuliformes de 13 cent. de long sur 8 de diamètre ; tube long de 5 cent., vert sale, avec petites écailles s'allongeant vers le haut du tube ; elles sont rouge pourpre et garnies à leurs aisselles de petites aréoles portant des sétules extrêmement fines[1] ; sépales rouge lilas ; pétales sur 4 séries, longs de 6 cent. sur 3 de largeur; ils sont aigus, rouge feu, ceux du dehors pâles extérieurement et peu étalés ; les étamines sont rouge carmin, blanches en haut et en bas ; anthères petites, jaunes ; pistil allongé, couleur carné, à 10 divisions stigmatiques longues, blanches.

Cereus Hybridus (hort. Berol).—*Epiphyllum Hybridum* (hort.). — *Lateritia* (hort. Angl.). Fleur infundibuliforme, longue de 8 cent. sur 16 de diamètre ; tube garni d'écailles violettes accompagnées à leurs aisselles de faisceaux d'aiguillons ; pétales rouge brique, avec strie rouge de feu au milieu ; étamines rouges en bas, vertes vers la partie supérieure ; anthères blanches ; pistil rouge, aussi long que les étamines, terminé par 8 divisions stigmatiques blanches. Cette plante présente aussi des branches à 3-4 angles.

Hybrides obtenus , dit-on , par la fécondation du
Phyllocactus Latifrons avec un Epiphylle ?

Phyllocactus Longipes (hort. Belg.). Inconnu en France.

Phyllocactus Lothii (Pfr.). Ressemble assez à un Phyllocacte.

Phyllocactus Londonii (Haag.). Ressemble assez à un Phyllocacte ; tige moins dressée.

Phyllocactus Macquiana (Salm). Peut-être identique avec le Mackoyi Pfr.

Phyllocactus Maelenii (Salm). Inconnu en France.

Phyllocactus Maurantiana (hort. Berdl.). Inconnu en France.

Phyllocactus Mexicana (Salm). — *Cereus Mexicanus* (Lem.). Inconnu en France. Peut-être est-ce le Phyllocactus Angularis Lem.

Phyllocactus Roseus Albus (Haag.). Inconnu en France.

Phyllocactus Roseus Superbus (Haag.). Inconnu en France.

Phyllocactus Selloii (hort. Sello). Obtenu par Sello, jardinier à

---

[1] La présence des sétules qui garnissent le tube de la fleur doit en faire un Cereus.

Sans-Souci, ressemble pour la forme, les rameaux et les dimensions,
au Phyllocactus Ackermanni, en diffère totalement par la couleur.
Cette plante, parmi plus de cent autres Hybrides obtenues de la
même manière et portant chacune des noms de dédicace, seule se
distingue des autres par sa forme et sa fleur, toutes les autres sont
à peu près identiques entre elles.

Phyllocactus Smoll (Edw., Bot. regist., t. 49, 1842). Hybrides
provenant du Latifrons et du Cereus Speciosissimus. Fleurs petites,
mais très-remarquables.

Hybris Smithii (Forst.). — *Epiphyllum Smithianum in Mamocks
Floricultural magazin*, vol. 8, t. 13. Se rapproche assez du Phyllocactus Ackermanni dont il se distingue par la forme de ses branches et surtout les dimensions et le coloris de sa fleur : elle fleurit
de très-bonne heure.

Il existe encore un grand nombre d'autres Hybrides
parmi lesquels on remarque les *Hybris Speciosa* Salm.,
Superba hort. Angl., *Triomphans* hort. Angl., *Vitellinus*
Salm; la fleur du dernier est jaune d'œuf.

CACTEÆ ROTATÆ.

CARACTÈRE. *Lacinies subbisériées, connées vers la base seulement, ou bien étendues comme les pétales des Rosacées, ou bien dressées et s'ouvrant irrégulièrement sans cependant former un tube. Tige portant des feuilles qui sont incomplétement développées et se présentant à l'état de squammules ou de squammes véritables, soit complétement développées et présentant des feuilles normales et régulières.*

1ᵉʳ genre,

RHIPSALIDEÆ.

Fleurs petites, latérales à corolle, rotacées ou infundibuliformes; corolle soudée avec le calice, présentant un tube court; 3-6 lacinies calicinales et 6-8 pétales oblongs, étalés, insérés sur le tube du calice et plus longs que lui; 12-30 étamines soudées à la base des pétales; style filiforme, fistuleux, terminé par 3-8 lacinies stigmatiques; baie subglobuleuse, couronnée par les restes desséchés du calice; embryon droit; cotylédons distincts, très-épais.

Sous-arbrisseaux charnus, pourvus d'un axe ligneux, sous-parasites ou terrestres, s'étendant sur la terre et y jetant des racines, à tige cylindrique, anguleuse ou foliacée; les feuilles sont représentées par des squammules ou des squammes dont les aisselles sont nues ou garnies de sétules.

Fleurs sortant latéralement du milieu des faisceaux de sétules, ou des crénelures des tiges, ou bien du sommet des rameaux, isolées ou disposées par ordre, vertes, blanchâtres, roses ou jaunes, rotacées, à tube court adhérent à l'ovaire et partagé en 3-6 sépales; pétales au nombre de 6-8, insérés sur le tube, étalés et plus longs que les sépales; 12-30 étamines filiformes, dressées, insérées, soudées tout à fait à la base des pétales et presque de leur longueur; anthères oblongues ou réniformes; style filiforme ou columnaire, terminé par 3-6 rayons.

Baie émergente dès l'origine, globuleuse ou subglobuleuse, lisse, squammuleuse ou aréolaire, transparente ou subtransparente, couronnée par les restes desséchés du périanthe; graines en forme de nid, nageant au milieu d'une pulpe acidulée, transparente; cotylédons distincts, dressés, aigus et courts; embryon droit.

1ᵉʳ sous-genre, **Rhipsalis** (Gœrtn.).

Synonymie. Rhipsalis Gœrtn. sem. fruct. pl. t. 1, p. 136.—*id.* Haworth. synopsis, p. 186.— *id.* DC. Revue, p. 77 et prodr., t. 3, p. 475.— *id.* Pfr. enum. diagn., p. 129.— *id.* Forst. Handb. dr. Cact., p. 448.— *id.* Salm. Cact. in hort. Dyck., cult., p. 59. — *id.* Alii. — Hariota Adans. fam. 2, p. 243. — *id.* Pfr. — *id.* DC. — Lepismium Pfr. et Otto's Gartenz., 1835. — *id.* Pfr. enum., p. 126. — Cacti Parasitici DC. Catal. hort. Monspel. — Cacti Teretes Link. — Cerei Spec. quæd. emet.

Le tube du périgone ne s'étend pas au-delà de l'ovaire, il est formé par 12-18 lacinies très-courtes, squammiformes; celles qui sont pétaloïdes sont étendues en roue; étamines nombreuses, subégales, ne dépassant pas le limbe; style filiforme, à 3-6 stigmates radiés; baie d'abord immergée, pisiforme, glabre, devenant transparente en mûrissant, couronnée par les restes desséchés du périanthe; cotylédons courts, aigus.

Plante pseudo-parasite, parfois subradicante; tige articulée, rameuse, ronde, anguleuse ou étendue, foliacée, crénelée; les crénelures munies d'une squammule nue à peine visible, sublaineuse ou portant des sétules très-petites.

Fleurs latérales, rarement terminales, petites, de peu de durée.

A. *ALATÆ*, *Rhipsalis ailés.*

Tige et branches étendues, foliacées, lisses, avec axe ligneux accusé par une nervure médiane; bords crénelés.

1. Rhipsalis Ramulosa (Pfr.).

Synonymie. Rhipsalis Ramulosa Pfr. enum. diagn., p. 130. — *id.* Forst. Handb. dr. Cact., p. 459. — Cereus Ramulosus Salm (hort. Dyck., p. 340). — Epiphyllum Ramulosum, Ciliare, Ciliatum. hort.

Patrie?

Diagnostic. Tige et rameaux subdressés, ronds, çà et là squammeux, plus tard ligneux; pendants ailés vert gai (dans les jeunes plantes ciliées), lancéolés, étroits, crénelés sur les bords; les crénelures distancées, celles du bas accompagnées d'une squammule foliacée.

Tige de 90 cent. et plus sur 4 cent. et demi de diamètre; rameaux ailés de 8-13 cent. de long sur 13-26 millim. de diamètre; crénelures distancées de 13-18 millim.

Floraison. Fleurs nombreuses, solitaires, se développant dans les crénelures des rameaux, ouvertes, de 7 millim. de diamètre au plus; ovaire nu, oblong; 7-8 lacinies ovées, lancéolées, vert blanchâtre; 12-18 étamines filiformes; stigmate invisible à l'œil nu; baie ronde, d'abord verte, ensuite blanche, subtransparente, de 7 millim. de diamètre portant 2-3 squammules de même couleur, et les restes de la corolle desséchés; graines petites, noires, ramassées au centre de la baie.

Culture. Serre tempérée pendant toute l'année; il réussit beaucoup mieux dans une serre chaude, placé en vase suspendu ou au milieu de rocailles, où il produit un plus bel effet qu'en pot.

2. Rhipsalis Rhombea (Pfr.).

Synonymie. Rhipsalis Rhombea Pfr. enum. diagn., p. 130. — *id.* Forst. Handb. dr. Cact., p. 450. — Cereus Rhombeus Salm (hort. Dyck., p. 344). — Cereus Crispatus Crenulatus hort. Berol? — Cactus Torquatus hort. Lugd. — Epiphyllum Crenulatum, Epiphyllum Rhombeum hort.

Patrie?

Diagnostic. Tige et rameaux subdressés, articulés, diffus; articles assez courts, ailés, foliiformes, ovés ou lancéolés rhombiques, tout à fait glabres, luisants, à sommet prolifère, incisés, crénelés sur les bords.

Tige cylindrique ou comprimée de diverses manières, rameuse à partir de la base; rameaux diffus, subérigés, subdycotomes, à sommet légèrement recourbé; articles de 2-8 cent. sur 4-30 millim. de diamètre, peu charnus, légèrement concaves, subcanaliculés à la base, dilatés, rhombiques vers le milieu, tout à fait lisses, marqués de rouge vers les bords.

Floraison. Pendant la mauvaise saison et le commencement du printemps. Fleurs petites, rotacées, vert blanchâtre, semblables à celles du précédent.

Culture. Serre tempérée pendant toute l'année; cette plante demande à peu près les mêmes soins que la précédente.

3. **Rhipsalis Crispata** (Pfr.).

Synonymie. Rhipsalis Crispata Pfr. enum. diagn., p. 130. — Epiphyllum Crispatum Haw. — Cereus Crispatus hort. Berol. — Rhipsalis Crispa Forst. Handb. dr. Cact., p. 451.

Patrie?

Diagnostic. Tige subdressée, articulée; rameaux (souvent développés au sommet, rarement sur les crénelures latérales des articles) orbiculés ou oblongs, subpétiolés, vert jaune, presque membraneux, profondément crénelés, crispés sur les bords.

Floraison. En Décembre et pendant une grande partie de l'hiver. Fleurs petites, blanchâtres, peu odorantes; ovaires petits, nus; lobes calicinaux très-courts; 6 lacinies ovées, réfléchies, tirant sur le vert blanchâtre; étamines nombreuses, blanches; anthères jaune soufre très-pâle; style blanc, vigoureux, plus vigoureux et plus long que les étamines, à 3 divisions anguleuses; baies globuleuses, blanches dans l'état de maturité, contenant peu de graines.

Variétés. Rhipsalis Crispata β. Lætior Salm. Pfr., 1, c. — *id*. β. Latior Salm.

Articles beaucoup plus grands et plus larges, plus blancs et plus élevés que le type.

Culture. Serre tempérée pendant toute l'année; il végète et fleurit très-abondamment dans la serre chaude, tandis que dans la serre tempérée ou en plein air pendant la belle saison sa végétation est lente.

4. **Rhipsalis Platycarpa** (Pfr.).

Synonymie. Rhipsalis Platycarpa Pfr. enum., p. 131. — *id*. Abbild., t. 17, fig. 2. — Epiphyllum Platycarpum Zucc. — Rhipsalis Platycarpa Forst. Handb. dr. Cact., p. 449.

Patrie. Brésil.

Diagnostic. Tige ailée; rameaux sinueux, crénelés, vert (parfois rouges sur les bords), les jeunes crénelures nettement squammeuses.

Tige et branches assez semblables à celles du Phyllocactus Phyllantus, en diffèrent seulement par les bords de la tige, dont les échancrures sont moins espacées; articles de 16 à 32 cent. de long sur 13 de diamètre.

Floraison. Depuis Septembre jusqu'à la fin de l'hiver. Fleurs se développant vers le sommet, longues de 18 millim., blanc salé; ovaires verts, subtétragones, à crêtes obtuses, rougeâtres; corolles s'ouvrant à peine; lacinies ovées, longues de 9 millim.; étamines blanches; style à peine plus long, à 5 divisions ouvertes, subulées, blanches; baies nues, verdâtres, anguleuses, comprimées.

Culture. Serre tempérée pendant toute l'année; cependant il réussit assez bien dehors pendant les beaux temps seulement, et demande à être rentré au moment où la floraison commence à s'annoncer.

5. Rhipsalis Pachyptera (Pfr.).

Synonymie. Rhipsalis Pachyptera Pfr. enum. diagn., p. 132. — Epiphyllum Alatum Haw., suppl. p. 84. — Cereus Alatus Lk. et Otto. Icon. t. 39. — Cactus Alatus Bot. magaz., t. 2820. — Rhipsalis Pachyptera Forst. Handb. dr. Cact., p. 45.

Patrie. Indes occidentales.

Diagnostic. Tige subdressée, ailée ou triptère; rameaux grands, étendus, verts, rouges sur les bords, subronds ou allongés, atténués au sommet, avec nervures, charnus, tuberculés, inermes, rarement subciliés, parfois biradicant sur la nervure médiane.

Tige souvent cylindrique à la base; articles épais, plans, atteignant 10-16 cent. de long, les autres triptères, allongés, ressemblant beaucoup au Cereus Triangularis, cependant à crêtes plus aiguës, incisés, alors de 10-13 cent. de long sur 5-8 de diamètre.

Floraison. Pendant l'hiver, très-abondante quand la plante a été soumise à une bonne température. Fleurs se développant pendant l'hiver, abondantes, blanches, odorantes.

VARIÉTÉS. Rhipsalis Pachyptera β. Crassior, Salm. — *id.* Pfr. l. c. Variété à articles verts, orbiculés, plus épais, subrigides.

Culture. Serre tempérée pendant toute l'année, réussit parfaitement en serre chaude au milieu des Orchidées.

6. Rhipsalis Swartziana (Pfr.).

Synonymie. Rhipsalis Swartziana Pfr. enum. diagn., p. 131. — Cereus Alatus DC. prodr. III, p. 470. — Cactus Alatus Swart., flor. Ind. occ., p. 878. — Epiphyllum Alatum Haw., suppl. 84? — Rhipsalis Swartziana Forst. Handb. dr. Cact., p. 451.

Patrie. Jamaïque.

Diagnostic. Tige ailée, diffuse; rameaux foliacés, vert foncé, ovalés, ou ensiformes, profondément crénelés, inermes.

Floraison. A la fin de l'hiver et au commencement du printemps. Fleurs solitaires se développant en Février, rarement par deux ou par trois, se développant dans les crénelures voisines du sommet des articles, inodores, blanches, 15-18 millim. de diamètre, ressemblant à celles du Rhipsalis Funalis, 3-4 lacinies courtes, fixées sur l'ovaire nu, verdâtres; 5-6 lacinies intérieures, ovales, acuminées, d'un blanc verdâtre; étamines nombreuses, filiformes; style aussi filiforme à 4 divisions blanches; baies mûrissant difficilement.

Culture. Serre tempérée pendant toute l'année, il réussit très-bien sur les vieux troncs d'arbres desséchés, que l'on place dans un coin de la serre et que l'on recouvre de plantes parasites. Autrement si on le cultive en pots, on peut le sortir pendant la belle saison et le placer en bonne exposition, pourvu qu'on ait soin de le sortir tard et de le rentrer de bonne heure, c'est-à-dire depuis Juin jusqu'à la fin de Septembre. Ces observations peuvent également s'appliquer aux Rhipsalis qui sont cultivés en pots, pourvu qu'on ait le soin de les rentrer avant l'époque de la floraison.

B. *ANGULOSÆ, Rhipsalis anguleux.*

Tiges et rameaux à 3-5 angles, à faces planes ou bien à séries profondes.

7. Rhipsalis Pentaptera (Pfr.).

Synonymie. Rhipsalis Pentaptera Pfr. enum. diagn., p. 132.—*id.* Abbild., t. 17, fig. 4.—*id.* Otto's Gz., 1836, n° 14, s. 105. — Forst. Handb. dr. Cact., p. 153.

Patrie. Brésil.

Diagnostic. Tige subdressée, longuement articulée, très-large; tige à 5-6 côtes; rameaux grêles, subtordus, 5 côtes; sillons profonds; côtes membraneuses, comprimées et interrompues; aréoles espacées; les crénelures des jeunes côtes tomenteuses et accompagnées d'un foliole, acuminées, squammiformes, inermes.

Tige de 45 cent. de long; tronc de la grosseur du doigt vers la base; rameaux de près de 18 cent. de long, non fasciculés; aréoles éloignées de 2-5 cent.

Floraison. En Février et en Mars. Fleurs abondantes, se développant dans les crénelures des rameaux voisins de la partie supérieure de la tige, quelquefois groupées par 3 à leurs extrémités; limbes de 13 millim. de diamètre; lacinies bisériées, au nombre de 6-7, celles du dehors blanchâtres, presque transparentes; 3 intérieures blanches, longues de 06 millim. sur 3 de diamètre, obtuses; étamines nombreuses (plus de 30) un peu plus courtes que le limbe, blanches, ainsi que les anthères; style à peine plus long que les lacinies, à 4 divisions courtes, ovées; baies mûrissant dans le mois de Juin suivant, subglobuleuses, transparentes, blanches, longues de 6 millim. rouges sur les bords, portant les restes de la corolle.

Culture. Serre tempérée pendant toute l'année; il peut être placé dehors depuis la fin de Mai jusqu'à la fin de Septembre, quand on le cultive en pots.

8. Rhipsalis Paradoxa (Salm).

Synonymie. Rhipsalis Paradoxa Salm. — Lepismium Paradoxum Pfr. enum. diagn., p. 140. — Hariota Alternata Lem. hort. univ., t. 4, p. 50. — Cereus Pterocaulis hort. — *id.* Forst. Handb. dr. Cact., p. 153.

Patrie. Brésil.

Diagnostic. Tige subdressée, verte, subarticulée; articles allongés, de formes diverses, la plupart trigones, charnus, interrompus par des nœuds, de manière qu'entre deux faces correspond un angle et inversement; aréoles espacées, accompagnées d'un foliole squammeux, rougeâtre, et munies de poils blancs, ténus, fasciculés.

Notre plante vit sur les arbres en fausse parasite, d'où elle laisse tomber ses longs rameaux articulés et trigones interrompus; elle paraît à distance comme composée d'articles alternativement plans et trigones, variant en longueur de 30-50 millim. (peut-être plus dans les forts individus), sur une largeur de 15-25 millim.; les angles ou côtes sont aigus, arrondis.

Floraison. Pendant la fin de l'hiver et le commencement du printemps. 8-9 pétales à peine bisériées, ovées, lancéolées; sépales très-déliées, luisantes, rougeâtres en dehors vers leur sommet, et connées vers le milieu de la fleur de manière à former un tube de 2-3 millim. de longueur; étamines jaune pâle, inégales, nombreuses, plurisériées et insérées sur l'ovaire; anthères blanches; style charnu, blanc et de la même longueur que les plus longues étamines.

Culture. Serre tempérée pendant toute l'année, mêlé aux Orchidées sur les troncs d'arbres, ou dans les rocailles des bassins d'une serre chaude; il contribue beaucoup à l'ornement. Dans quelques serres, il est placé de manière à tapisser une partie de mur, mais l'effet qu'il produit alors est bien loin du premier.

9. Rhipsalis Trigona (Pfr.).

Synonymie. Rhipsalis Trigona Pfr. enum. diagn., p. 133? — Forst. Handb. dr. Cact., p. 454.

Patrie. Brésil.

Diagnostic. Tige subdressée, rigide, articulée, rameuse; articles vert luisant, tout à fait trigones, ou trigone à faces subconvexes; côtes aiguës, légèrement crénelées; crénelures espacées, munies d'une petite squamme caduque et de poils à peine visibles, ainsi que 2-3 sétules disparaissant promptement.

Tige longue de 6 cent. et plus, large dans la partie supérieure de 9 millim.

Floraison. Fleurs inconnues jusqu'à ce jour.

Culture. Serre tempérée pendant toute l'année. La culture de cette plante donne lieu à des observations semblables à celles qui ont été indiquées pour les autres Rhipsalis de cette section.

10. Rhipsalis Micrantha (DC.).

Synonymie. Rhipsalis Micrantha DC., prodr. III, p. 476, — *id.* Pfr. enum. diagn., p. 133. — *id.* Forst. Handb. dr. Cact., p. 454. — Cactus Micranthus Kunth., syn. pl. œq. 3, p. 369. — Cactus Micranthus Kunth.

Patrie. Quito, près d'Oléros, province de Quito.

Diagnostic. Tige molle, grêle, rameuse, articulée; articles vert gai, triquêtres, atténués, allongés, crénelés; crénelures espacées, petites, squammeuses; squammes petites, caduques; aréole invisible mais indiquée par 3-4 sétules disparaissant plus ou moins vite.

Rameaux longs de 8-11 cent. sur 4-5 millim. de diamètre, portant 3-4 angles ou bien parfois comprimés.

Floraison. Fleurs blanches.

Culture. Serre tempérée pendant toute l'année? Il n'est connu que par une description, son habitus seulement nous permet d'indiquer le mode de culture auquel il doit être soumis.

C. *TERETES, à tiges cylindriques.*

Tiges et articles cylindriques, plus ou moins fasciculés, allongés, grêles, à squammes distantes.

11. **Rhipsalis Conferta** (Salm).

Synonymie. Rhipsalis Conferta Salm. Cact. in hort. Dyck., cult., p. 229.

Patrie?

Diagnostic. Tige dressée, ronde, assez lisse, grêle, rameuse et articulée dans la partie supérieure; rameaux subverticaux, dressés, recourbés, à sommets obtus, tout à fait glabres, réunis en faisceaux. Tige charnue, rameuse à partir de la base, en forme de petit arbrisseau de 20 cent. de haut; les rameaux les plus vieux cylindriques, de l'épaisseur d'une plume de pigeon, vert luisant, tout à fait glabres, prolifères vers leur sommet, obtus; les jeunes articles disposés en naissant par 45 verticiles, verdâtres d'abord, garnis de quelques petites squammes caduques, ensuite tout à fait lisses, longs de 27–35 cent., érigés, recourbés (non pendants), ramassés, aciculés.

Floraison. Fleurs inconnues.

Cette plante diffère de celles de cette section par sa tige basse, rameuse, buissonnante, ses rameaux roides, érigés et non mous et pendants.

Culture. Serre tempérée pendant toute l'année. Cette plante doit être placée en parasite sur de vieux troncs disposés pour recevoir les parasites, ou bien au milieu des rocailles, près du bassin de la serre.

12. **Rhipsalis Fasciculata** (Haw.).

Synonymie. Rhipsalis Fasciculata Haw. suppl. p. 83. — Bot. magaz., t. 3079. — *id.* Pfr. enum. diagn., p. 135. — *id.* Forst. Handb. dr. Cact., p. 457. — Cactus Parasiticus DC., pl. gr., t. 59. — Cactus Fasciculatus Wild., enum. suppl., 33. — Rhipsalis Parasiticus Haw., syn. p. 187. — Turp. Observ., p. 63, t. 7.

Patrie. Iles Caraïbes.

Diagnostic. Tige rampante, rameuse; rameaux fasciculés, verts, ronds, très-peu sétigères, les jeunes subanguleux, disposés en spirale, ils sont rouges; aréoles serrées avec une toute petite squamme pourpre, et 4-6 poils mous, blancs.

Rameaux longs de 5-6 cent. sur 7-8 millim. de diamètre; squammes rouge pourpre.

Floraison. Fleurs abondantes, ressemblant assez à celles du Rhipsalis Cassytha, mais plus petites, longues de 4 millim. et demi; 5 lacinies oblongues, obtuses, d'un jaune pâle; 15-18 étamines; style à 3 divisions; baies mûres, blanches, portant les restes desséchés de la corolle.

Culture. Serre tempérée pendant toute l'année, du reste comme ceux qui précèdent.

13. Rhipsalis Funalis (Salm).

Synonymie. Rhipsalis Funalis Salm. — *id*. Pfr. enum. diagn., p. 135.— *id*. DC. prodr. III, p. 476. — *id*. [Forst. Handb. dr. Cact., p. 457. — Rhipsalis Grandiflora Haw. Bot. magaz., t. 2740. — *id*. Suppl., p. 83. — Cactus Funalis Sprgl., syst. 11, p. 479. — Rhipsalis Calamiformis hort. — Rhipsalis Grandiflorus Link. — Otto. Icon., p. 38.

Patrie. Amérique méridionale.

Diagnostic. Tige un peu dressée; rameaux longs, ronds, obtus, vert foncé, subglabres; aréoles éparses, subnues, avec squammule purpurascente, mucronée. Tige de 60-90 cent. de haut, finissant par devenir ligneuse, sur 13-22 millim. de diamètre; rameaux 4-7 millim. de diamètre.

Floraison. Pendant le mois d'Avril et le commencement de l'été, elle commence souvent plus tôt, en Février. Fleurs abondantes, se développant en Janvier, donnant une seconde floraison en Avril, et enfin une troisième en Juin, blanches, offrant un limbe de 22-25 millim. de diamètre, inodores, garnies à la base d'une pubescence très-courte; 7-8 lacinies lancéolées, obtuses, d'un vert blanchâtre, soudées à l'ovaire qui est court et nu, ensuite réfléchi; étamines nombreuses, blanches, à peine plus longues que le style qui est blanc à 4 divisions anguleuses.

VARIÉTÉS. Rhipsalis Funalis β. Minor Pfr., l. c.— Rhipsalis Cassitha Pilosiuscula, hort. Dyck.

Rameaux plus grêles; aréoles munies de sétules blanches, avec squamme rouge-plus apparente.

Culture. Serre tempérée pendant toute l'année, du reste comme les plantes précédentes.

14. Rhipsalis Floccosa (Salm).

Synonymie. Rhipsalis Floccosa Salm. — *id*. Pfr. enum. diagn., p. 134. — *id*. Forst. Handb. dr. Cact., p. 457. — Rhipsalis Cassytha Major hort. Dyck.

Patrie?

Diagnostic. Tige subérigée; rameaux pendants (non fasciculés) de la grosseur d'une plume de cygne, un peu rugueux; aréoles éparses, accompagnées de squammules laineuses, florifères.

Notre plante se distingue du Rhipsalis Cassytha par ses rameaux deux fois plus longs et plus forts, de la grosseur d'une plume de cygne.

Floraison. Pendant l'hiver. Fleurs se développant pendant l'hiver et au mois de Juin, chaque aréole laineuse donne successivement 1 ou 2 fleurs blanches, présentant un limbe de 13 millim. de diamètre; 6-7 lacinies réunies en un tube court, 2 très-petites et 5-6 pétaliformes, érigées; ouvertes, blanches ou verdâtres; étamines 16 environ, rangées sur une seule série; style blanc, plus long que les étamines, à 3-4 divisions; baies inconnues.

Cette plante diffère du Rhipsalis Cassytha par ses rameaux du double plus grands et plus forts, très-squammeux dans sa jeunesse, par ses fleurs deux fois plus grandes, ses lacinies lancéolées et munies de petites aréoles laineuses persistantes. Quoique très-remarquable, cette plante se rapproche sur quelques points du Lepismium, à cause de ses squammes très-évidentes, accompagnées de laine pisiforme, à cause de ses fleurs presque tubulées, et par ses aréoles portant chacune plus d'une fleur.

Culture. Serre tempérée pendant toute l'année; on peut cependant le sortir dehors pendant la belle saison, depuis la fin de Mai jusqu'à la fin de Septembre.

15. Rhipsalis Cassytha (Gœrtn.).

Synonymie. Rhipsalis Cassytha Gœrtn. sem. 1, 137, t. 28, f. 1. — *id.* Pfr. enum. diagn., p. 133. — *id.* Forst. Handb. dr. Cact., p. 458. — Cactus Pendulus Swartz. fl. Ind. occid., p. 876. — Cassytha Baccifera Bot. magaz., t. 3080. — *id.* DC. Rev. p. 80. — Rhipsalis Cassytha Haw., syn. p. 186. — Rhipsalis Pendula hort. — *id.* Kunck., syn. pl. acq. III, p. 369.

Patrie. Jamaïque, Amérique espagnole, parasite se développant sur les arbres.

Diagnostic. Tige dressée, ligneuse avec l'âge; rameaux très-grêles, très-verts, ronds, pendants plus ou moins, verticillés, squammes distancées; sommet obtus.

Tige atteignant 30-35 cent. de haut; 4-5 branches se développant ordinairement au sommet des anciennes, rarement sur les aréoles latérales, pendantes.

Floraison. Une première en Février, une seconde en Juillet. Fleurs se développant en Février et en Juin, blanches, très-petites, longues de 9 millim. sur 5 de diamètre; ovaires nus, longs de 5 millim.; lacinies calicinales, 6, vertes, laciniées; lacinies pétaloïdales 6-7, blanches à pointes vertes; étamine blanche; style de même longueur, blanc, à 4 divisions.

Baie oblongue, d'abord verte, ensuite rose transparent, enfin blanche, cirrheuse, marquée de quelques cicatrices rouges, et portant les restes desséchés du périanthe; graines peu nombreuses, réunies au centre de la baie.

VARIÉTÉS. Rhipsalis Cassytha β. Pendula Salm. — *id.* Pfr. l. c.
Tige plus élevée, plus rameuse, plus molle; rameaux retombant en arcs de tous côtés.

Rhipsalis Cassytha γ. Swartziana DC. — Antilles.

Rhipsalis Cassytha δ. Hookeriana DC. — (Hook. exot. fl. 2, 11, Mexico?)

Rhipsalis Cassytha ε. Dicotoma DC. — Cactus Pendulus, hort. Berol et Kunch, nov. gen. Am. 6, p. 65 (Nouvelle-Andalousie et Nouvelle-Grenade).
Rameaux dichotomes et non verticillés.

Rhipsalis Cassytha ζ. Mauritiana DC. — Cactus Pendulinus Siebr.
fl. Maurit. 2, n° 259 (Ile-de-France et Ile de la Réunion).

Rampants ; rameaux resserrés, articulés.

Culture. Serre tempérée pendant toute l'année ; il demande du
reste les mêmes précautions que ceux que l'on ne sort pas pendant la
belle saison.

D. *SARMENTOSÆ, Rhipsalis à tige sarmenteuse.*

Tige et rameaux radicants, ronds, sillonnés longitudinalement ;
aréoles sétuleuses.

16. Rhipsalis Sarmentacea (Otto).

Synonymie. Rhipsalis Sarmentacea Otto A. G. Z., 1841, p. 98. —
id. Forst. Handb. dr. Cact., p. 459. — Cereus Lumbricoïdes Lem.

Patrie. Buenos-Ayres.

Diagnostic. Tige grêle, rampante, radicante, peu rameuse, obtuse,
anguleuse ; 4-8 angles peu saillants ; aréoles serrées, petites, sublomenteuses ; 8-12 aiguillons, très-ténus, sétiformes, égaux, droits, blancs ;
tige couchée, rampante, cylindrique, à 5-8 côtes très-obtuses ; côtes et
sillons oblitérés, longs d'un pied, de la grosseur d'une plume de cygne
à la base, un peu atténuée vers la partie supérieure ; rameaux peu articulés ; côtes portant des aréoles lisses, indiquées seulement par un
tomentum blanc ; sur les jeunes branches, aréoles éloignées de 9-11
millim., accompagnées de squammules décidues, à peine visibles, nues,
plus resserrées sur les branches anciennes, sétigères ; sétules petites,
étendues, subrayonnantes, blanches.

Floraison. En Mars et Avril. Fleurs solitaires, éparses, peu abondantes, longues de 13 millim., portant quelques squammules ; 7-8 lacinies
pétaloïdes, lancéolées, aiguës, étendues, vert blanchâtre ; environ 16
étamines plus courtes que le limbe, à filets verts et anthères jaunes ;
style plus long que les étamines, à 5 divisions filiformes, vertes ; baie
luisante, lisse, petite, verte, portant les restes desséchés du périanthe.

Culture. Serre tempérée pendant toute l'année ; on peut cependant
le mettre dehors depuis la fin de Mai jusqu'à la fin de Septembre quand
il est cultivé en pots.

E. *ARTICULIFERÆ, Rhipsalis à rameaux et tige articulés.*

Tige cylindrique à partir de la base, articulée, subradicante ; rameaux
très-articulés, à floraison latérale ou terminale.

* A FLEURS LATÉRALES.

17. Rhipsalis Mesembryonthoïdes (Haw.).

Synonymie. Rhipsalis Mesembryonthoïdes Haw. Revis., p. 74. — Bot.
magaz., t. 3078. — *id.* Pfr. enum., p. 136. — *id.* Forst. Handb., dr. Cact.,

p. 460. — Rhipsalis Salicormoïdes β. Haw. suppl., p. 83. — Rhipsalis Echinata. hort.

Patrie. Amérique méridionale.

Diagnostic. Tige rameuse; rameaux agglomérés, subérigés, ronds, roides, articulés; articles latéraux, ronds, serrés, atténués de chaque côté; les fascicules des sétules capillaires blancs, pâles, ensuite noirs; rameaux longs de 20-27 cent. sur 4 de diamètre; articles longs de 9-18 millim.

Floraison. Pendant le printemps. Fleurs se développant sur les côtés des articles pendant les mois de l'automne, blanches, de 13 millim. de diamètre; ovaires nus, oblongs, dentelés en-dessus, vert pâle; 5 lacinies ovées, acuminées, très-ouvertes; étamines blanches; anthères petites; style érigé; divisions stigmatiques comprimées; baie blanche, ronde.

Culture. Serre tempérée pendant toute l'année; il doit être cultivé comme ceux qui précèdent, en vrai parasite.

** FLEURS TERMINALES.

18. Rhipsalis Saglionis (Lem.).

Synonymie. Rhipsalis Saglionis Lem. — *id.* Forst. Handb. dr. Cact., p. 460. — Rhipsalis Brachiata Bot. magaz., t. 4039.

Patrie. Mexique? Le Brésil d'après Haworth.

Diagnostic. Tige dressée, ronde, vert gai en-dessus, à rameaux verticillés; rameaux dichotomes; articles courts, obtus, légèrement tétragones, munies de sétules très-petites.

Tige multicaule, érigée, de 30 cent. de haut, de la grosseur d'une plume de pigeon, d'un aspect agréable, vert gai ou vert jaunâtre; rameuse dans sa partie supérieure; rameaux groupés par 3-5, verticillés, ouverts, articulés; articles divariqués, dichotomes, prolifères, longs de 6-11 millim., à peine épais de 1 millim., obtus aux deux extrémités, très-légèrement tétragones; 2-3 aréoles à peine visibles, quadrifariés, munies chacune de quelques poils.

Floraison. Pendant le printemps. Fleurs blanches et baies ressemblant à celles du Mesembryonthoïdes, mais se développant sur les articulations terminales.

Culture. Serre tempérée pendant toute l'année, de même que les précédents, en parasite.

19. Rhipsalis Salicornioïdes (Haw.).

Synonymie. Rhipsalis Salicornioïdes Haw. Bot. magaz., t. 2461. — Link et Otto. Icon. t. 21. — *id.* Forst. Handb. dr. Cact., p. 46. — Opuntia Salicornioïdes Sprengl. — *id.* DC. Mem., p. 23. — *id.* Link et Otto. Icon., p. 49, p. 21. — *id.* Bot. magaz., t. 2461. — *id.* Pfr. enum. diagn., p. 141.

Patrie. Brésil.

Diagnostic. Tige dressée, rameuse, articulée, prolifère; articles très-courts, ronds, obclaviformes, anguleux, munis de poils très-courts, florifères au sommet; tige haute de près de 30 cent., très-rameuse ; rameaux naissant toujours des sommets subtomenteux de ceux qui les ont précédés, disposés 2 par 2 ou 3 par 3, quelquefois plus nombreux, verticillés, ceux du bas suballongés, ceux du haut ronds, épais de 4-6 millim. ; rameaux anguleux, munis dans les angles de faisceaux, de petits poils blancs, étranglés vers la base, ce qui leur donne une apparence claviforme; squammules rudimentaires, à peine visibles.

VARIÉTÉS. Rhipsalis Salicornioïdes β. Ramosior Salm. — *id.* Pfr. l. c. Rameaux plus nombreux, plus fasciculés.

Dans le temps, Decandolle avait fait de cette plante le type du genre Hariota ; il s'était fondé sur une disposion particulière des graines dans l'intérieur du fruit, cette remarque est de peu d'importance. Dans cette plante, comme dans toutes celles de la famille des Cactées, les graines sont pariétales; sous ce point de vue, le genre Hariota doit donc être supprimé, comme le prouvent d'ailleurs les autres caractères tirés de l'inflorescence terminale et des divisions du périgone.

Culture. Comme les précédents.

2ᵉ sous-genre, Pfeiffera (Salm).

Le tube du périgone à peine développé au-delà de l'ovaire ; 10-12 lacinies, les sépaloïdes les plus courtes, les pétaloïdes dressées, ouvertes en entonnoir; étamines nombreuses, les extérieures les plus longues, plus courtes que le limbe ; 5-6 stigmates radiés; baie d'abord immergée, globuleuse, portant aréoles, devenant transparente en mûrissant, couronnée par les restes desséchés du périanthe; cotylédons subaigus, courts.

Plante charnue, terrestre; tige dressée, céréiforme, rameuse ; 3-4 angles crénelés, convexes ; les crénelures munies d'une petite squamme charnue et d'une aréole portant aiguillon ; fleurs moyennes, blanches, latérales, quelquefois terminales, restant ouvertes pendant plusieurs jours.

Notre sous-genre, qui se compose seulement de l'ancien Cereus Janthothele, deviendra certainement plus nombreux à mesure que nous connaîtrons mieux les fleurs des Cerei, car dans leur nombre il en est très-probablement plusieurs dont les fleurs nous sont inconnues et qui viendront, à cause de leurs caractères, se ranger auprès de notre plante.

Pfeiffera Cereiformis (Salm).

Synonymie. Pfeiffera Cereiformis Salm. — *id.* Pfr. Abbild. 2, t. 9. — Cereus Janthothele Monv.

Patrie. Montevideo.

Diagnostic. Tige dressée, rameuse sur toute son étendue, vert pâle, souvent colorée en violet près des aréoles, le plus souvent tétragones ; côtes crénelées, convexes ; crénelures rapprochées, portant aréole et une petite squamme charnue, caduque ; aréoles rondes, blanches, tomenteuses ; aiguillons ou sétules 6-7 subaiguës.

Floraison. Fleurs latérales, quelquefois terminales, rose blanchâtre, demeurant ouvertes pendant plusieurs jours ; lacinies périgoniales, dressées, bisériées, les extérieures courtes, les intérieures lancéolées, aiguës, blanches, marquées de rose pâle en dehors, persistant en desséchant ; étamines nombreuses, plus courtes que le limbe ; filets et anthères soufre ; style dépassant un peu les étamines, blanc, à divisions linéaires recourbées, soufre ; baies d'abord pentagones, à angles munis d'aréoles et d'aiguillons opaques, pourpres et brillants, tout à fait globuleuses, de 11-13 millim. de diamètre ; graines éparses au milieu de la pulpe ; elles sont petites, noires.

Culture. Serre tempérée, en plein air et bonne exposition pendant la belle saison.

3e sous-genre, Lepismium (Pfr.).

Synonymie. Lepismium Pfr. enum., p. 138. — Hariotæ Sp. Miquel; gen. Cact. — *id.* Endl. gen. pl. — Cerei auct.

Tube à peine développé au-delà de l'ovaire ; 10-12 lacinies, les sépaloïdes les plus courtes, les pétaloïdes dressées, ouvertes en entonnoir ; étamines nombreuses, celles du dehors les plus longues et plus courtes que le limbe ; style un peu trapu, columnaire, de même longueur que les étamines ; 4-5 stigmates radiés ; baie subimmergée, piriforme, transparente, couronnée par les restes desséchés du périanthe ; cotylédons foliacés, larges, aigus.

Plante subcharnue, subradicante ; tige débile, articulée, rameuse ; articles, 3-4 angles plus ou moins étendus, très-comprimés, crénelés, convexes ; crénelures munies d'une squamme aiguë (marcescente, mais non décidue) ; aréoles immergées d'une façon particulière dans les aisselles des squammes et portant un faisceau d'aiguillons inséré dans la fossure de l'aisselle.

Fleurs latérales, moyennes, restant ouvertes pendant plusieurs jours.

1. Lepismium Commune (Pfr.).

Synonymie. Lepismium Commune Pfr. enum., p. 139. — *id.* Forst. Handb. dr. Cact., p. 455. — *id.* Bot. magaz., t. 3755. — Cereus Squamosus Salm. — *id.* DC. prodr. III, p. 469. — Cereus Elegans hort. — Lepismium Commune Otto's Gz., 1845, n° 40.

Patrie. Brésil.

Diagnostic. Tige subdressée, articulée, subradicante; articles vert gai (souvent purpurascents); 3 côtes souvent subtorses; sillons larges, crénelés, aigus, convexes sur les bords; crénelures espacées, munies d'une squamme ovée, aiguë, foliacée; à peine pileuse dans les jeunes rameaux.

Floraison. Pendant tout l'été. Fleurs insérées au milieu des fascicules de poil, fleurit tout l'été jusqu'en Décembre, d'abord sur les rameaux de l'année précédente, et pendant l'hiver sur les rameaux développés pendant la même année; fleurs petites, 15-18 millim. de diamètre; tube très-court, immergé au milieu de fascicules de poils; 4-7 sétules blanches, verdâtres; 5-7 pétales linéaires, obtus, réfléchis, d'abord blancs, ensuite jaunâtres; anthères blanches ainsi que les étamines; style également blanc, à peine plus long, à 4-5 divisions élongées, réfléchies, vert blanchâtre; baie comprimée, globuleuse, longue de 7 millim. sur 9 de diamètre, glabre; tube diaphane, coccinné, couronné par le périanthe desséché; pulpe succulente, coccinnée, graines noires peu nombreuses, réunies dans une cavité centrale.

Culture. Serre tempérée pendant toute l'année.

2. Lepismium Myosurus (Pfr.).

Synonymie. Lepismium Myosurus Pfr. enum., p. 139. — *id.* Forst. Handb. dr. Cact., p. 456. — *id.* Bot. magaz., t. 3755. — Cereus Myosurus Salm. — *id.* DC. prodr. III, p. 469. — Cereus Tenuispinus Haw. Phil. magaz., 1837.

Patrie. Brésil.

Diagnostic. Tige diffuse, subdressée, subarticulée; articles allongés, grêles; 3-4 côtes aiguës, crénelées, pourpre sur les bords; crénelures subdistancées, blanches, pileuses, munies d'une squamme foliacée; articles de 30 cent. et plus, souvent de 9-11 millim. de diamètre, et parfois de 18-22; crénelures à 10-20 millim. les unes des autres.

Floraison. Fleurs se développant dans les mois d'Août, Octobre, Novembre, petites roses présentant un limbe de 13 millim. de diamètre; sépales courtes, rouge sale; pétales lancéolés, acuminés, roses, plus pâles à la base; étamines blanches; style un peu plus long, rouge, à 4 divisions; baies coccinnées, 7 millim. de long; graines nombreuses, noires.

Cette espèce varie beaucoup, à tel point qu'avec l'âge et la culture, elle se confond avec ses variétés.

Variétés. Lepismium Myosurus β. Knigtii, Salm. — *id.* Pfr. l. c. A 4-5 côtes peu différentes de l'espèce principale.

Lepismium Myosorus γ. Lævigatum, Salm.
Tige plus grêle, poils plus rares.
Culture. Serre tempérée pendant toute l'année.

Adanson est le premier qui a séparé le genre Hariota du reste des Cactées, et c'est précisément le même genre qui, plus tard, a été nommé Rhipsalis par Gœrtner. Plus tard, Decandolle, se fondant sur une observation incomplète et sur un dessin inexact, partagea notre groupe en deux genres, dont l'un nommé précisément Rhipsalis, était caractérisé par cette propriété entièrement fausse: « Graines fixées sur l'axe de la baie. » Plus tard, revenant sur cette erreur qui a été mise tout à fait en évidence par les observations du prince de Salm, Decandolle se fonda sur l'observation d'une seule espèce et adopta le nom qui avait été imposée par Adanson.

Plusieurs plantes, dont on ne connaissait pas encore les fleurs, et qui étaient rangées parmi les Cerei, furent réunies par Pfaiffer en un nouveau genre auquel il imposa le nom de Lepismium. Enfin, le prince de Salm, se fondant également sur l'inflorescence et la baie du Cereus Janthothele hort. Monv., y reconnut le type d'un nouveau genre appartenant à la famille des Rhipsalidées et voisin du genre Lepismium, auquel il donna le nom de Pfeiffera, qui, aujourd'hui encore, n'est formé que d'une seule espèce.

Pour notre sous-genre Rhipsalis, les caractères de la tige ailée, anguleuse ou cylindrique, permettent très-aisément de le diviser; chacune des divisions pourrait même admettre des sous-divisions qui seraient basées sur l'état de la tige et des rameaux articulés ou non. Quant aux deux autres sous-genres, leur nombre trop restreint ne nécessite pas la formation de divisions.

Toutes les plantes du genre des Rhipsalideæ, à l'exception du Pfeiffera Cereiformis, vivent en faux parasites sur les vieux troncs d'arbres des immenses forêts du nouveau continent; ce sont enfin de faux parasites, quoique dans nos collections ils soient presque toujours cultivés en pots, soit à cause du peu d'importance qui s'attache à ces plantes comparativement aux autres plantes du groupe, soit parce que les serres ou les endroits dans lesquels les plantes sont conservées sont mal aménagés pour y placer des parasites : cependant, placées comme elles le sont, elles perdent tout leur effet.

Si, tenant compte de l'habitus de ces plantes et cherchant à copier ou au moins à nous rapprocher de ce que la nature nous montre dans ses dispositions, nous plaçons nos Phyllocactes, nos Épiphylles, nos Rhipsalis et même nos Lepismium sur des troncs de vieux bois garnis de leurs écorces, qui seraient disposés en gradins ou en pyramides dans un coin de la serre, ou au milieu des rocailles dont on entoure ordinairement les bassins ; si ces plantes étaient mélangées au milieu de quelques fougères aux frondes si gracieuses, de quelques Orchidées aux fleurs si splendides, tout cela sortant au milieu d'un tapis de verdure qui serait obtenu à l'aide de quelques Lycopodiacés, on produirait un effet délicieux qui romprait avec avantage cette monotonie des serres où l'on ne cultive qu'un seul genre de plantes, et qui est peut-être l'un des plus grands défauts que l'on reproche aux serres qui abritent nos collections de Cactées, et cet avantage serait obtenu sans nuire en rien au succès de leur culture.

2ᵉ genre,

OPUNTIEÆ.

Fleurs grandes, rotacées, se développant aux aréoles des tubercules ; la baie, d'abord immergée, perd les restes desséchés du périanthe, elle est fortement ombiliquée, piriforme ou subglobuleuse, pulpeuse ou sèche, sétuleuse ou inerme ; graines plus ou moins réniformes, blanchâtres, albumineuses ; cotylédons libres, épais, foliacés.

Plante charnue à feuilles ; feuilles cylindriques, aiguës, caduques ; tige frutescente, rameuse dans la partie supérieure, ronde ou rameuse à partir de la base.

Articles globuleux, cylindriques ou plats, tuberculés ; tubercules portant les aréoles qui sont munies d'aiguillons de deux formes ; ils sont rarement inermes.

1ᵉʳ sous-genre, **Nopalea** (Salm).

Synonymie. Opuntia auct.

Le tube du périanthe n'est pas développé au-delà de l'ovaire ; les lacinies sépaloïdes sont squammiformes ; les lacinies pétaloïdes sont dilatées, étranglées, dressées ; les étamines sont nombreuses, libres, réunies en faisceau, longuement développées au delà du limbe ; le style est plus long que les étamines ; il est cylindrique, fistuleux en dessus et noduleux à la base ; il est terminé par 5-7 stigmates radiés ; rayons épais, dressés ; la baie est charnue, très-ombiliquée, piriforme, tuberculée.

Plante charnue, articulée, rameuse ; ressemblant beaucoup aux vrais Opuntias, il n'en diffère que par ses articles moins charnus et plus aigus ; les organes sexuels sont très-allongés, pourpres, coccinnés, ainsi que les lacinies du périgone.

Le sous-genre Nopalea a été créé avec beaucoup de raison par le prince de Salm. Le caractère des Opuntias se trouve dans la corolle formée de lobes étalés comme des pétales de roses, et les organes de la reproduction sont plus courts que le limbe. Or, les Opuntias Coccinellefera, Dejecta et Auberi présentent un tout autre caractère; les lacinies pétaloïdes sont dressées, resserrées, et les organes de la reproduction très-allongés, sortent au dehors du limbe, ce qui constitue en quelque sorte deux caractères diamétralement opposés à ceux des véritables Opuntias. En outre, la baie et la graine présentent des caractères différents encore incomplétement observés. Ce sous-genre se compose seulement de trois espèces, il est probable que plusieurs Opuntias, dont les fleurs nous sont inconnues, devront être déplacés par la suite et viendront prendre place au milieu des Nopales.

1. Nopalea Coccinellefera (Salm).

Synonymie. Nopalea Coccinellefera Salm. — Opuntia Coccinellefera Mill. Bot. magaz., t. 2742. — *id.* Pfr. enum. diagn., p. 150. — *id.* Abbild., t. 24.— *id.* Dill. Elth. fig. 383.— *id.* Haw. syn. p. 192.— Cactus Coccinellefer L. — Tunamilior flore sanguine Cochenillifera Dill. Elth., p. 399, t. 297, f. 383. — DC. Rev., p. 68. — Opuntia Mexicana hort.

Patrie. Amérique tropicale et Amérique du sud.

Diagnostic. Tige dressée; articles peu épais, verts, ovés, oblongs, subinermes, presque réticulés, articles de 15–30 cent. de long sur 5-10 de large, quelquefois cylindriques à la base; folioles réfléchis, rouges.

Floraison. En Août. Fleurs rouges à peine ouvertes, de 3 cent. de diamètre, ovaires longs de 4 cent. sur 30 millim. de diamètre, obovés, vert foncé, portant des aréoles subimbriquées; lacinies extérieures courtes, aiguës; coccinnées à bords jaunes; lacinies intérieures, érigées, bisériées, roses, acuminées avec nervures plus foncées, d'un coccinné sale et marquées en dedans, vers la base, d'une macule rouge, oblongue; étamines compactes, beaucoup plus longues que la corolle, d'un rouge vif; anthères jaunes; style épais, à 8 divisions vert jaunâtre.

Culture. Serre tempérée pendant l'hiver, ou simplement abrité contre l'humidité, plein air pendant la fin du printemps, l'été et le commencement de l'automne. Ces soins sont suffisants pour sa conservation et même pour sa végétation; cependant quelques sujets du pays qui ont conservé leur cochenille, demandent la serre chaude, sans quoi cette cochenille finit par périr et disparaître entièrement.

2. Nopalea Dejecta (Salm).

Synonymie. Nopalea Dejecta Salm. hort. Dyck., p. 361. — Opuntia Dejecta Pfr. enum., p. 159. — *id.* Forst. Handb. dr. Cact., p. 493.— Opuntia Diffusa hort. —Opuntia Horizontalis hort.

Patrie. La Havane, l'Ile de Cuba.

Diagnostic. Articles dressés, divariqués, très-comprimés, allongés, étroits, verts; aréoles espacées, à peine tomenteuses; aiguillons biformes, les supérieurs sétacés, blanchâtres, 5-6 inférieurs blancs, celui du bas le plus long; articles longs de 20-24 cent., large à peine de 4, diffus ou déjetés de diverses manières; aréoles espacées; folioles allongées, réfléchis, rougeâtres au sommet; aiguillons vigoureux, celui du bas plus vigoureux, de près de 27 millim.

Floraison. Pendant la fin du printemps et tout l'été. Fleurs cocciunées comme dans l'espèce précédente, à étamines beaucoup plus allongées et réunies en un faisceau plus mince.

Notre plante offre des rapports de ressemblance frappante avec le suivant, cependant la fleur de celui-ci offre dans son ensemble des pétales moins courts, moins étroits, un coloris plus brillant.

Culture. Serre tempérée pendant l'hiver, plein air en bonne exposition pendant la belle saison. Même observation que pour le précédent.

3. Opuntia Auberi (Salm).

Synonymie. Nopalea Auberi Salm.— Opuntia Auberi Pfr. A. G. Z., p. 282.

Patrie. Cuba.

Diagnostic. Tige grande, dressée; articles glauques, épais, ovés, oblongs, à bords convexes; aréoles espacées, munies de tomentum gris court, à insertion tuberculeuse; ordinairement 4 aiguillons aciculaires, blancs, anguleux, 1-2 grands, les autres petits.

Tige de 1^m30 à 1^m80; articles de 30 cent. de long sur 10 environ de large; elle présente quelquefois sur un même sujet des aiguillons de quatre sortes, blancs, anguleux, 1-2 grands, les autres courts. Il est très-rare en Europe où il n'existe peut-être plus. Les sujets originaux atteignent 1^m à 1^m60, et les articles ont 8-10 cent. de large.

Floraison. D'après Pfaiffer, en Février. Sa fleur est semblable à celle du précédent, dont elle diffère par le ton de la fleur et la forme des lacinies.

Culture. Serre tempérée pendant l'hiver, plein air en bonne exposition pendant l'été.

2e sous-genre, Opuntia (Tournef.).

Synonymie. Opuntia Tournef.— Inst. 239, t. 122.— *id.* Mill. dict. Haw. Synop.— *id.* DC. prodr.— *id.* Pfr. enum. diagn.— *id.* Miq. gen. Cact., Endl. gen. pl. — Tuna Dill. Elth. — Cacti Opuntiæ Wild. enum. suppl. — DC. hort. Monsp.— Link, enum.

Le tube du périgone ne dépasse pas l'ovaire; les lacinies sépaloïdes sont subulées; les lacinies pétaloïdes sont

dilatées, étendues, rotacées; les étamines sont nombreuses, libres, plus courtes que le limbe; le style dépasse à peine les étamines; il est cylindrique, fistuleux
en dessus, renflé, obclaviforme à la base, et terminé par
5-7 stigmates radiés; rayons épais, dressés; baie fortement ombiliquée, pulpeuse, charnue ou à écorce épaisse,
piriforme ou ovoïde, tuberculée.

Plante charnue; tige ronde, égale, rameuse ou articulée; articles globuleux, cylindriques ou plats, tuberculés; tubercules disposés en spirales; tubercules munis
à leur sommité d'un foliole subulé, décidu; aréoles
placées au-dessus de l'insertion de ces folioles; aréoles
portant deux sortes d'aiguillons, les uns sétacés, les
autres rigides, quelquefois enveloppés d'une enveloppe
épidermeuse en forme de gaîne; fleurs restant ouvertes
pendant quelques jours, jaunes pour la plupart; les
organes reproducteurs sont plus courts que le limbe.

CRUCIATÆ, à articles disposés en croix.

Tige dressée, inarticulée; articles latéraux disposés en croix, comprimés; aréoles serrées; aiguillons nombreux, grêles, allongés, très-
aigus; manquant rarement.

* INERMES; A AIGUILLONS RARES.

1. Opuntia Rubescens (Salm).

Synonymie. Opuntia Rubens Salm. — *id.* Hort. Dyck., p. 360. —
id. Pfr. enum. diagn., p. 166. — *id.* Forst. Handb. dr. Cact., p. 499.

Patrie. Brésil.

Diagnostic. Tige dressée, nette, rameaux latéraux allongés, subopposés, vert rougeâtre, subtuberculés, aréolés; aréoles tomenteuses,
inermes, blanches.

Tige de 60 cent. à 1 mètre de haut, dressée, rigide, aplanie, de
50 millim. de large, garnie dans les côtés d'articles ou de rameaux
pendants.

Tige et rameaux purpurascents; aréoles grandes, resserrées, inermes,
ou garnies de quelques aiguillons courts, rigides, blancs, tomenteux;
tomentum blanc, tamponné, accompagné d'un foliole très-court.

Floraison? Fleurs?

Culture. Orangerie pendant l'hiver, plein air pendant la belle
saison.

** ACULEATISSIMÆ, A AIGUILLONS TRÈS-NOMBREUX.

2. Opuntia Cathocantha (hort. Berol).

Synonymie. Opuntia Cathocantha hort. Berol. — *id.* Pfr. enum. diagn., p. 166.

Patrie. Ile Saint-Thomas.

Diagnostic. Tige dressée, inarticulée, comprimée, rouge, à peine tuberculée au sommet, bientôt lisse; aréoles subespacées, oblongues, blanches, tomenteuses; 6-8 aiguillons inégaux, aciculaires, divergents, blancs, droits, un peu rigides.

Tige large de 4-8 cent.; aiguillons longs, atteignant environ 30 millim., souvent défléchis, les autres atteignant 6-11 millim., rouges en naissant; folioles subulés, longs de 4 cent., à pointe couleur de rouille.

Très-voisin du précédent, dont il diffère par ses aiguillons plus allongés et plus nombreux.

Floraison? Fleurs?

Culture. Orangerie pendant l'hiver, plein air en bonne exposition pendant la belle saison.

3. Opuntia Speciosissima (Mill.).

Synonymie. Opuntia Speciosissima Mill. Act. ed. 8, n° 8. — *id.* Pfr. enum. diagn., p. 166. — Cactus Speciosissimus Lehm. exc. 1, p. 537. — Haw. syn., p. 193. — *id.* Forst. Handb. dr. Cact., p. 498. — Opuntia Cruciata Hortul.

Patrie. Les Antilles, la Jamaïque.

Diagnostic. Tige inarticulée, très-élevée, comprimée; rameaux opposés; tubercules peu saillants; aréoles serrées tomenteuses, munies à la partie supérieure de sétules fauves fasciculées, et à la partie inférieure de 6-8 aiguillons rigides, jaunes, inégaux, dans la jeunesse rouge prourpre, à pointe jaune, plus tard blanc terne, quelquefois un peu tordus.

Tige de 3-4 mètres de haut, large de 5-8 cent.; rameaux disposés régulièrement sur les deux bords de la tige, se succédant en croix, décidus; aiguillons longs de 27-54 millim., très-nombreux sur le tronc, où ils sont quelquefois entremêlés; folioles très-courts, rouges.

Forster rapporte que dans l'âge avancé les poils raides des aréoles de la tige se transforment successivement en aiguillons raides, ce qui rend la plante inabordable. Ce fait a une assez grande importance, il tendrait à prouver que l'évolution des aréoles dans les Opuntias est illimitée comme dans les Échinopsis et les Cierges.

Cette plante a très-rarement fleuri en Europe, cependant Haworth dit l'avoir observée en Angleterre; d'après lui, elle ressemble à celle des Opuntias précédents.

Culture. Orangerie pendant l'hiver, plein air pendant la belle saison; il se contenterait même pendant l'hiver d'un abri contre l'humidité.

4. Opuntia Ferox (Haw.).

Synonymie. Opuntia Ferox Haw., suppl. p. 82. — *id.* Pfr. enum. diagn., p. 167.— *id.* Forst. Handb. dr. Cact., p. 497.— Cactus Ferox Wild. enum., suppl. 35 (non Mittl.). — Opuntia Cruciata, Dolabriformis hort.

Patrie. Amérique chaude.

Diagnostic. Tige inarticulée, comprimée, rameuse de tous côtés, subtuberculée; aréoles subresserrées, convexes, munies à la partie supérieure de sétules jaunes, fasciculées, à la partie inférieure de 4-6 aiguillons inégaux, aciculaires, blancs.

Tige de 27-54 millim. de diamètre; aiguillons roses en naissant, 1-2 très-longs de près de 27 millim.; folioles petits, verts.

Floraison? Fleurs?

Culture. Orangerie ou seulement un abri contre l'humidité pendant l'hiver; plein air pendant tout l'été.

5. Opuntia Leucacantha (hort. Berol).

Synonymie. Opuntia Leucacantha hort. Berol. (non Salm. hort. Dyck., p. 362). — *id.* Pfr. enum. diagn., p. 167. — *id.* Forst. Handb. dr. Cact., p. 497. — Opuntia Subferox Schott.

Patrie. Mexique.

Diagnostic. Tige dressée, inarticulée, comprimée; les tubercules de sa surface sont subimbriqués; aréoles serrées, munies de sétules fauves, fasciculées et d'aiguillons aciculaires droits, blancs, dont 3-4 courts et 1-3 plus longs.

Tige de 30 cent. et plus de haut sur 5 de large; rameaux latéraux, subopposés de 8-10 cent. de long, assez épais; aiguillons, les plus courts de 6-9 millim. de long, les autres de 27-30 millim.; les sétules supérieures, de plus en plus longues, atteignent 6-9 millim. de long; les folioles sont verts, très-petits.

Floraison? Fleurs?

VARIÉTÉS. Opuntia Leucacantha, β. Levior, Salm. — Opuntia Subferox, Schott.

Aiguillons moins forts.

Culture. Orangerie ou simplement un abri pendant l'hiver, plein air pendant toute la belle saison.

ELLIPTICÆ, à articles elliptiques.

Tige articulée, dressée ou couchée; articles comprimés, plus ou moins elliptiques, de grandeur variable; aréoles portant outre le tomentum, des sétules et aiguillons vigoureux, fauves, jaunes ou blancs, manquant rarement.

A. CRINITÆ, à aiguillons criniformes.

Articles dressés, comprimés; aréoles serrées; sétules très-longues, séricées ou criniformes, tortillées, frisées sur les plantes âgées, disparaissant quelquefois; aiguillons vigoureux.

6. Opuntia Leucotricha (DC.).

Synonymie. Opuntia Leucotricha DC. Rev., p. 119. — *id,* Hort. Dyck., p. 362.— *id.* Pfr. enum. diagn., p. 156.—*id.* Forst. Handb. dr. Cact., p. 497.

Patrie. Mexique.

Diagnostic. Articles dressés, oblongs, vert gai; aréoles serrées, tomenteuses, grises; aiguillons biformes, ceux du haut sétacés, fauves, 15-20 autres très-longs, flexueux, criniformes, blancs.

Articles de 16-18 cent. de long sur 7-10 de large, assez épais; les jeunes aréoles planes, munies d'un foliole très-petit, rougeâtre, et de 5-6 aiguillons très-fins, raides, à peine longs de 6-9 millim., mais plus tard les adultes à aiguillons biformes, ceux de la partie supérieure de l'aréole sétacés, jaunes, à peine longs de 2 millim., ceux de l'intérieur et de la partie inférieure de l'aréole longs de 27-30 millim., criniformes, blancs, rigides et transparents à la pointe, nombreux, diversement contournées et recouvrant toute la plante à la manière des aiguillons du Pilocereus similis.

Forster indique quelques sujets dont la tige s'est entièrement développée sans articulations, de la même manière que celle des Opuntias Leucacantha, Ferox.

Floraison? Fleurs?

Culture. Orangerie ou simplement un abri contre l'humidité pendant l'hiver; plein air pendant la belle saison.

7. Opuntia Lanigera (Salm).

Synonymie. Opuntia Lanigera Salm. — Opuntia Crinifera Pfr. enum. diagn., p. 157. — Opuntia Pentadera hort.

Patrie. Brésil.

Diagnostic. Tige subérigée; articles aplanis, orbiculés, ovés, vert très-gai; aréoles subespacées, munies de tomentum gris-perle, de sétules très-nombreuses, staminées; laine crépue, caduque vers la partie supérieure, portant en outre 3-4 aiguillons aciculés, jaunes, divergents, ouverts, inégaux, 1-2 atteignant 30-32 millim.

Articles de 15 cent. de long sur 10 de large, peu charnus; aréole, dans les jeunes plantes, comme dans l'Opuntia Fulvispina, lanigère; laine persistante sur les articles inférieurs, caduque au contraire sur les articles supérieurs; foliole aigu, rose en naissant.

Floraison? Fleurs?

Culture. Orangerie pendant l'hiver, plein air pendant la belle saison.

8. Opuntia Fulvispina (Salm).

Synonymie. Opuntia Fulvispina Salm. — *id.* Pfr. enum. diagn., p. 164. — Opuntia Crinifera β. Lanigera Pfr. l. c. — Opuntia Senilis Parmt. — Opuntia Elongata Haw. suppl., p. 81?

Patrie?

Diagnostic. Tige dressée ; articles elliptiques peu épais, très-verts ; aréoles grandes, brunes, tomenteuses et sétigères ; 12-16 aiguillons iné-gaux, roux jaunâtre, 3-4 intérieurs deux à trois fois plus longs, roux, à pointe jaune clair, grêles, aciculaires, ceux du bas défléchis ; articles de 10 cent. de long sur 5 de large, épais de 11-18 millim. ; aiguillons inférieurs longs de 27-40 millim. ; sétules supérieures se confondant promptement avec les aiguillons grêles, ceux-ci aciculaires, longs de 9-13 millim. ; foliole aigu, vert.

Floraison ? Fleurs ?

Les Opuntias Fulvispina et Crinifera de Pfeiffer sont identiquement la même plante ; dans la jeunesse les individus sont lanigères et se rapportent au diagnostic de l'Opuntia Crinifera β., mais plus tard la laine disparait et fait place à de nombreuses sétules et aux aiguillons roux fauve.

VARIÉTÉS. Opuntia Fulvispina β. Badia, Salm.
A aiguillons châtains.

La variété β. Levior rapportée à l'Op. Fulvispina est identique avec notre variété Badia.

Culture. Orangerie ; il demande seulement abri contre l'humidité et les gelées pendant l'hiver ; plein air pendant la belle saison.

B. *FULVISPINÆ, à aiguillons fauves.*

9. Opuntia Nigricans (Haw.).

Synonymie. Opuntia Nigricans Haw., syn. p. 189. — Bot. magaz., t. 1557. — *id.* Pfr. enum. diagn., p. 165. — *id.* Forst. Handb. dr. Cact., p. 495. — Opuntia Coccinellifera DC. pl. gr., t. 137. — Cactus Pseudo-Coccinellifer Bert. excl., p. 11 ; Vired. 1824, p. 4 ; excl. syn. Cactus Tuna β. Nigricans. Bot. magaz., t. 1557. — Cactus Nigricans Haw. syn., p. 187.

Patrie. Amérique tropicale.

Diagnostic. Tige érigée ; articles grands, ovés ou lancéolés, vert foncé ; aréoles espacées, jaunes ; 2-3 aiguillons inégaux, divergents, droits, rigides, noirâtres.

Articles longs de 30-45 cent. et plus sur 16-21 de large, et 13 millim. d'épaisseur ; aiguillons longs de 27-30 millim., d'abord jaune sale ; folioles petits, légèrement aplanis, ouverts, horizontaux, à sommet couleur de rouille.

Floraison. Fleurs se développant au mois d'Août, présentant un limbe de 5 cent. de diametre ; ovaires longs de 5 cent. aréolés ; aréoles garnies de sétules brunes ; sépales roses, plus foncées en dehors ; pétales jaune brunâtre ; étamines très-nombreuses, rose foncé ; anthères roses ; style grand, blanchâtre, à 5 divisions épaisses, jaune verdâtre ; baies piriformes, aréolées, pourpre, longues de 7 cent. sur 5 de diametre.

Culture. Serre tempérée ; il demande abri contre les gelées et l'humidité pendant l'hiver ; plein air pendant toute la belle saison.

Dans l'Amérique du sud il est employé pour la culture de la cochenille.

10. Opuntia Elatior (Mill.).

Synonymie. Opuntia Elatior Mill. dict. ed. 8, n° 4. — *id.* Pfr. enum.
diagn., p. 165. — *id.* Forst. Handb. dr. Cact., p. 496. — Opuntia Tuna
Elatior Dill. — Elth. fig. 379. — Cactus Tuna β. Wild. — Opuntia
Elatior Haw. syn., p. 188. — Opuntia Monacantha β. Gracilior Monv.

Patrie. Amérique méridionale.

Diagnostic. Tige dressée ; articles glauques, largés, ovés, oblongs ;
aiguillons subulés très-longs, d'abord fauves, devenant noirâtres par
la suite, les vieux articles devenant laineux.

Articles de 18-27 cent. de long sur 9 de diamètre ; aiguillons inégaux, longs de 18-30 millim.

Floraison. Fleurs se développant en Septembre, de 30 cent. de diamètre, devenant tout à fait pourpres de jaunâtres qu'elles étaient au
moment de l'anthèse ; ovaires longs de 26 millim. sur 20 de diamètre,
aréolés ; pétales larges, acuminés ; étamines pourpres ; style à 5 divisions ;
baies rouges, ovées, de 4 cent. de long sur 27 de diamètre.

Culture. Serre tempérée, ou abrité contre l'humidité et les gelées
pendant l'hiver ; plein air pendant toute la belle saison.

11. Opuntia Monacantha (Haw.).

Synonymie. Opuntia Monacantha Haw. suppl., p. 81. — Bot. reg.,
t. 1726. — *id.* Pfr. enum. diagn., p. 164. — *id.* Forst. Handb. dr. Cact.,
p. 491. — Cactus Monacanthus Wild. enum. suppl. — Opuntia Tuna DC.
pl. gr., t. 138 ? — Bot. regist., t. 1726. — Otto's Gz., 1835, n° 6, s. 47.

Patrie. Le Caracas, Brésil, l'Amérique équinoxiale ; il est indiqué
aussi comme se trouvant aux Indes occidentales.

Diagnostic. Tiges dressées ; articles grands, elliptiques ou ovés
oblongs, très-comprimés, glabres, très-verts ; aréoles espacées, munies
de tomentum soyeux, très-court, gris, et de 1 aiguillon rigide, brun,
à pointe jaune.

Articles de 30 cent. de long sur 10-13 de large ; aiguillons de 27 millim.,
solitaires pendant la première année, ensuite géminés ou ternés ; foliole
rouge, promptement caduc.

Floraison. Fleurs remarquables, se développant pendant l'automne,
offrant un limbe de 8 cent. de diamètre ; ovaires de 4 cent. de long
sur 27 millim. d'épaisseur, piriformes, verts ; aréolés ; aréoles brunes ;
sépales courtes, pourpres, à bords jaunes ; pétales ovés, obtus, acuminés, bisériés, les extérieurs purpurascents en dehors, les intérieurs
jaune citron ; étamines jaunes très-ouvertes ; style épais, jaune, à 6 divisions courtes, dressées.

Variétés. Opuntia Monacantha β. Deflexa, Salm. — Op. Monac. β. Gracilior, Lem.

Tige plus verte; aiguillons ouverts, défléchis.

Opuntia Monacantha γ. Op. Gracilior, Salm.

Tige plus rameuse; articles plus petits.

Culture. Orangerie où abrité pendant l'hiver contre l'humidité et les gelées; plein air pendant la belle saison.

C. *FLAVISPINÆ*, à aiguillons jaune doré.

* LEVIORES, OPUNTIAS A AIGUILLONS MOINS NOMBREUX.

12. Opuntia Ficus Indica (Mill.).

Synonymie. Opuntia Ficus Indica Mill. dict. ed. 8, n° 2. — Haw. suppl. p. 191. — *id.* Pfr. enum. diagn., p. 152. — *id.* Forst. Handb. dr. Cact., p. 481. — Opuntia Vulgaris Tenore. syll. flor. Neap., p. 239. — Cactus Ficus Indica L. — Wild. enum. suppl. 34. — Cereus Opuntia Gussone, prodr. flor. Sicul., p. 559, excl. synon.

Patrie. Amérique méridionale (acclimaté en Sicile et en Italie).

Diagnostic. Tige dressée; articles grands, verts, elliptiques, peu épais, atténués sur les bords; aréoles disposées régulièrement, immergées, inermes; rarement un seul aiguillon.

Tige cylindrique, ligneuse avec l'âge, de 50 cent. de long sur 30 de large et sur 27 millim. d'épaisseur; folioles petits, rouges.

Floraison. Pendant l'été. Fleurs grandes, jaune soufre; baie comestible; il est cultivé en Sicile où on en a plusieurs variétés, l'une à fruits jaunes, la seconde à fruits blanchâtres, et la troisième à fruits rouge sang. Cette dernière ne donne pas de graines. On prétend que dans l'Amérique méridionale les naturels sont tellement avides de ce fruit qu'au moment où il est mûr, il est un objet de commerce pour les marchands qui viennent le vendre sur les marchés.

Culture. Abri contre l'humidité et les fortes gelées pendant l'hiver; plein air pendant la belle saison.

Cette espèce, très-ancienne, s'est naturalisée en Italie et en Sicile; on prétend qu'elle fut introduite en Espagne lors de la découverte du Nouveau-Monde, que de là elle s'est répandue dans le Tyrol, dans la Dalmatie, dans presque toute l'Italie méridionale et la Sicile, où elle croît à l'état sauvage. Les terrains qui avaient été couverts par les laves du mont Etna et du Vésuve, ont été plus tard fécondés au moyen de plantations d'Opuntia appartenant à ce groupe. Leurs racines, en s'insinuant dans les fissures de la lave, parvinrent à la désagréger, à l'aide des pluies; les détritus, les articles morts, en se décomposant, ont produit un excellent humus et ont fait de ces terrains, tout à fait incultes, les plus riches côteaux de l'Europe pour la culture de la vigne.

26

13. Opuntia Glaucophylla (Vindl.).

Synonymie. Opuntia Glaucophylla Vindl. Catal. hort. Herrnh., 1835.—
id. Pfr. enum. diagn., p. 162. — *id.* Forst. Handb. dr. Cact., p. 491.

Patrie. Mexique.

Diagnostic. Tige dressée; articles obovés, subondulés, glauques;
aréoles tomenteuses, jaunes; 1-2 aiguillons subulés, assez longs.

Dans cette espèce, les aiguillons atteignent environ 27 millim. Elle
diffère de l'Opuntia Ficus Indicus et de l'Opuntia Pseudo-Tuna par sa
tige moins élevée, plus rameuse, ses articles plus arrondis et plus
longs.

Floraison? Fleurs?

Variétés. Opuntia Glaucophylla β. Levior, Salm. — Op. β. Ficus
Indica β. Artic. Brevioribus, hort. Dyck.

Articles plus courts, plus arrondis et moins armés d'aiguillons.

Culture. Serre tempérée pendant l'hiver ou, abrité contre l'humidité
et les gelées; plein air pendant la belle saison.

14. Opuntia Pseudo-Tuna (Salm).

Synonymie. Opuntia Pseudo-Tuna Salm. Observ. bot., 1822, p. 7.—
id. Pfr. enum. diagn., p. 162. — *id.* Forst. Handb. dr. Cact., p. 491.

Patrie. Amérique chaude.

Diagnostic. Tige dressée, rameuse, vert gai; articles obovés, comprimés, épais, très-grands; aréoles éloignées; aiguillons sétacés, serrés,
pénicillés, ceux du bas plus subulés, plus vigoureux.

La tige est droite, couverte de branches; articles ovales, grands,
assez épais, d'un vert clair, de 30-35 cent. de long; les aréoles sont
espacées; leur partie supérieure est garnie de bouquets épais, de poils
raides, jaunes; leur partie inférieure est garnie d'aiguillons épais,
jaunes; les sétules ont 4-5 millim.; les aiguillons 2-3 cent. de longueur.

Floraison? Fleurs?

Variétés. Opuntia Pseudo-Tuna β. Elongata, Salm. — Op. Spinaurea, Karw.

Articles plus allongés (elle diffère très-peu de l'espèce).

Culture. Serre tempérée, abrité seulement contre les pluies et les
gelées de l'hiver.

L'espèce type a quelques rapports de ressemblance avec l'Opuntia
Tuna; elle s'en distingue par sa tige dont les branches sont plus nombreuses, et par ses aréoles qui portent moins d'aiguillons.

**** SPINOSIORES, OPUNTIAS A AIGUILLONS PLUS NOMBREUX.**

15. Opuntia Tuna (Mill.).

Synonymie. Opuntia Tuna Mill. dict. ed. 8, n° 3. — *id.* Pfr. enum.
diagn., p. 161. — Cactus Tuna Lin. Wild. — Cactus Bonplandi hort. Berol.
id. Cactus Bonplandi Kunth. nov. gen. Am. 6, p. 69. — Tuna fl. Sulphurea

Dill. elth., fig. 380. — Opuntia Coccinea hort. — Opuntia Tuna Haw. syn.
p. 188.

Patrie. Mexique, Quito, ainsi que la Colombie.

Diagnostic. Articles grands, elliptiques convexes ; aréoles espacées,
grises, tomenteuses, munies dans la partie supérieure de sétules jaune
fauve, fasciculées, et dans la partie inférieure de 4-6 aiguillons rigides,
subulés, jaunes, inégaux.

Articles grands, longs de 10-20 cent. sur presque autant de diamètre ;
aiguillons longs de 9-20 millim. ; sétules longues de 6 millim. ; folioles
aigus, verts, longs de 5-6 millim.

Floraison. Fleurs rouge sale, présentant un limbe de 8 cent. de diamètre ; ovaires piriformes, longs de 4 cent., verts, tuberculés, aréolés,
pétales roses, obtus, mucronés ; étamines jaunes ; anthères jaunes ;
style rouge à 5 divisions vertes.

VARIÉTÉS. Opuntia Tuna β. Humilior, Salm. — Op. Humilis, Haw.
— Op. Horrida, Salm. — *id.* Pfr. enum., p. 162.

Aréoles plus distancées, légèrement tuberculeuses ; 1-2 aiguillons
plus longs.

Culture. Serre tempérée pendant l'hiver ; plein air pendant la belle
saison.

Il est employé dans presque toute l'Amérique du sud pour la culture
de la cochenille.

16. Opuntia Dillenii (Haw.).

Synonymie. Opuntia Dillenii Haw. Bot. reg., t. 255. — *id.* Forst.
Handb. dr. Cact., p. 493. — *id.* Pfr. enum. diagn., p. 162. — *id.* DC.
prodr. iii, p. 472. — Tuna Major Dill. elth., fig. 382. — Cactus Dillenii.
Bot. regist., t. 255.

Patrie. Amérique tropicale.

Diagnostic. Tige dressée ; articles obovés, arrondis, ondulés, glauques ; aréoles tomenteuses, jaunes d'abord, ensuite brunes ; munies en
haut de fascicules ; de sétules jaunes, plus tard brunes ; 3-5 aiguillons
courts et 1 plus vigoureux, plus long.

Articles de 16-20 cent. de long sur 10-16 de diamètre, aiguillons les
plus courts de 13 millim., 1 de 27 millim. de long ; sétules très-courtes ;
folioles de 4 millim. et demi, pointes rouges.

Floraison. En Octobre. Fleurs jaune soufre d'environ 8 cent. de
diamètre ; ovaires de 27 millim. de long, verts, munis de quelques
sétules pénicillées ; pétales rosacés ou obcordiformes, subbisériés ; étamines jaunâtres ; style épais, à 6 divisions ; baies ; après la maturité,
pourpre foncé, de forme ovée, baie ovoïde, rouge pourpre foncé.

VARIÉTÉS. Opuntia Dillenii β. Orbiculata, Salm.

Articles plus orbiculés, plans, non ondulés aux bords.

La variété Levior, attribuée jusqu'ici à l'Opuntia Dillenii, n'est
pas constante, une autre plante provenant de Saint-Thomas, à articles
plus orbiculés, plus plans, présentant absolument le même nombre et

la même disposition d'aiguillons à bords non ondulés, constitue une espèce avec laquelle notre variété est identique.

Culture. Serre tempérée, ou un abri contre les pluies et les gelées pendant l'hiver; en plein air pendant la belle saison.

17. Opuntia Engelmanni (Salm).

Synonymie. Opuntia Engelmanni Salm. Cact. in hort. Dyck., cult., p. 235.

Patrie. Chihuahua.

Diagnostic. Tige dressée, vigoureuse; articles obovés, comprimés, assez plats; aréoles très-espacées, plus serrées en dessus et sur les bords, grises, tomenteuses, munies de sétules fauves pénicillées et de quelques aiguillons dont 2-3 forts, divergents, rouges à la base et à pointe staminée, avec un autre adventif placé en bas, plus grêle, blanc, défléchi, qui manque souvent.

Tige atteignant environ 1 mètre dans sa patrie, à articles suborbiculés, atténués à la base, longs de 16 cent. sur 8 de diamètre, à peine convexes sur les bords; aréoles rares dans la partie inférieure, subinermes, au contraire resserrées dans la partie supérieure, très-abondantes sur les bords, garnies de tomentum gris et de petits pinceaux, de sétules jaunes; aiguillons se développant dans la partie inférieure de l'aréole, isolés ou bien groupés par 2-3, divergents, rigides, défléchis ou étendus, bruns ou roux jaune, à pointes staminées. En outre, il existe quelquefois un aiguillon inférieur, grêle, blanc, défléchi; folioles allongés, ouverts, recourbés.

Floraison? Fleurs.

Culture. Serre tempérée pendant l'hiver; plein air pendant la belle saison.

18. Opuntia Polyantha (Haw.).

Synonymie. Opuntia Polyantha Haw. syn., p. 190.—DC. pl. gr., t. 138. —Pfr. enum. diagn., p. 463. — Cactus Polyanthos. Bot. magaz., t. 2691.

Patrie. Amérique du sud.

Diagnostic. Tige subdressée; articles oblongs, atténués de toutes parts, à peine tuberculeux; aréoles subespacées, munies de fascicules, de poils jaunes, et de 6-8 aiguillons subégaux, jaunes ou marqués de brun.

Articles de 15-18 cent. de long sur 5-8 de large; aiguillons très-longs de 27-30 millim.; folioles petits, rougeâtres.

Floraison. De Juillet à Octobre. Fleurs abondantes, se développant en Juin vers le sommet des rameaux, soufre pâle, de 7 cent. de diamètre; ovaires piriformes, portant des aréoles rares, longs de 27 millim. et verts, atténués à la base; 7-8 pétales larges, obtus; étamines blanches, réunies autour du style qui porte 5-7 divisions blanches.

Culture. Orangerie, ou abrité contre les pluies et les gelées pendant l'hiver; plein air pendant la belle saison.

D. *ALBISPINÆ*, à aiguillons blancs.

Articles dressés ou couchés, elliptiques ou orbiculés, minces ou épais.
souvent glaucescents ; aréoles espacées ou resserrées ; sétules aiguës ;
jaune d'or, fauves ou brunes, aiguillons blancs.

* PULVINATÆ, ARÉOLES MUNIES DE SÉTULES FEUTRÉES.

Aréoles saillantes ; sétules vigoureuses, de différentes couleurs, ramassées eu tampon ; aiguillons blancs, le plus souvent rigides.

19. Opuntia Pottsii (Salm).

Synonymie. Opuntia Pottsii Salm. Cact. in hort. Dyck., cult., p. 236.

Patrie. Chihuahua.

Diagnostic. Articles subdivergents ; tige basse à la partie inférieure,
globuleuse, épaisse, devenant subligneuse ; les jeunes articles obovés,
comprimés, vert gai ; aréoles espacées, rondes, convexes, tomenteuses,
grises ; aiguillons biformes, ceux du haut sétacés, fauves, nombreux,
ceux du bas, 3-8, staminés, blancs, très-longs, subaplanis, vigoureux,
tout à fait défléchis.

Floraison? Fleurs?

Cette plante, introduite récemment, est encore rare dans les Collections, et, pour ce motif, elle est peu connue ; le sujet original porte
(sur l'article inférieur qui est globuleux et d'environ 8 cent. de diamètre) les traces d'aréoles et d'aiguillons morts ; son écorce est brune ;
il a conservé la forme d'un tubercule duquel se sont développés quelques articles divergents longs de 8 cent. sur 5 de diamètre, à aréoles
pulvinées, convexes, très-resserrées, portant 3-5 aiguillons étendus,
linéaires, très-longs, de 5-8 cent., flexibles, piquants, défléchis, comprimés vers la base et disposés dans la partie inférieure comme les
dents d'un peigne.

Culture. Serre tempérée pendant la mauvaise saison ; plein air en
bonne exposition pendant l'été.

20. Opuntia Missouriensis (DC.).

Synonymie. Opuntia Missouriensis DC. prodr. III, p. 472. — *id.* Pfr.
enum. diagn., p. 158. — *id.* Forst. Handb. dr. Cact., p. 488. — Opuntia
Polyacantha Haw. suppl., p. 82. — Cactus Ferox Mitt. gen. Am. 4, p. 296
(non Wild.).

Patrie. Sur les plateaux du Missouri.

Diagnostic. Articles subdivariqués, comprimés, obovés, arrondis,
vert gai, aréolés, subtuberculés ; aréoles très-serrées, tomenteuses,
fauves ; aiguillons biformes, les supérieurs fauves, sétacés, 8-10 inférieurs vigoureux, subradiants, adprimés, blancs, le central plus long,
défléchi.

Articles longs de 8 cent. sur 5 de diamètre ; les jeunes tuberculés,
aréolés ; aréoles très-resserrées ; folioles très-petits, rougeâtres ; aiguil-

lous adprimés, réfléchis, subradiants, de 13 millim. environ ; les articles vieux sont tout à fait couverts par leurs aiguillons adprimés.

Floraison. Fleurs? D'après Nuttal, les fleurs sont très-abondantes, d'une couleur soufre agréable ; le stigmate porte 6–8 divisions subverdâtres ; la baie sèche est aculéigère.

Variétés. Opuntia Missouriensis β. Elongata, Salm. — Opuntia Media, Haw. — *id.* Pfr., l. c. — Opuntia Splendens, hort. Angl. — *id.* Pfr. enum. diagn., p. 159.

Articles petits, plus allongés ; tomentum des aréoles blanc, ainsi que les aiguillons.

Il se distingue de l'Opuntia Fragilis par des articles plus larges, plus comprimés, ses aiguillons plus égaux. Il se trouve également sur les plateaux élevés qui bordent le cours du Missouri.

Culture. Orangerie, abrité seulement contre l'humidité pendant l'hiver, plein air pendant toute la belle saison.

21. Opuntia Sulphurea (Gill.).

Synonymie. Opuntia Sulphurea Gill. — *id.* Pfr. enum. diagn., p. 144. — *id.* Forst. Handb. dr. Cact., p. 488.

Patrie. Chili.

Diagnostic. Articles dressés, subglobuleux, vert gai ; aréoles subresserrées, tomenteuses, pâles ; aiguillons biformes, ceux du haut sétacés, pourpres, courts, pénicillés, 6–12 inférieurs ramassés, allongés, aciculaires, blancs, à pointe pourpre, 1 central très-long.

Articles longs de 5 cent. et d'environ 4 cent. de diamètre, épais ; aréole portant un foliole très-court, aigu, pourpre, promptement caduc ; aiguillons les plus courts réunis vers la partie supérieure de l'aréole, pourpre brillant ; les plus longs blancs ou rose pâle, souvent à faces pourpres, atteignant 3 cent. et plus ; dans tous les cas, leur pointe est d'un pourpre brillant.

Floraison ? Fleurs jaune soufre.

Variétés. Opuntia Sulphurea β. Levior, Salm. — Opuntia Sulphurea Pallidior, Lem.

Cette variété diffère peu de la plante type.

Culture. Pendant l'hiver, l'orangerie ou simplement un abri contre les gelées ou l'humidité ; plein air pendant la belle saison.

22. Opuntia Sericea (Donn.).

Synonymie. Opuntia Sericia Donn. — *id.* Pfr. enum. diagn., p. 155. — *id.* Forst. Handb. dr. Cact., p. 457. — Opuntia Cœrulea Gill.

Patrie. Chili.

Diagnostic. Articles dressés, ovés, oblongs ; comprimés, verts ; aréoles serrées, convexes, tomenteuses, grises ; aiguillons biformes, ceux du haut jaune doré, sétacés, nombreux, 3–5 en bas, vigoureux, aciculaires, staminés, blancs, 1 central ou tout à fait en bas, plus long, souvent défléchi.

Tige de 60 cent. et plus de haut, érigée dans l'espèce principale ; articles de 8-10 cent. de long sur 4 de large, luisants ; aiguillons longs de 9-18 millim. ; folioles très-courts, verts.

Floraison ? Fleurs très-grandes de 10 cent. de diamètre ; ovaires portant des aréoles et des squammes ; squammes et lacinies sépaloïdes roses, s'élargissant graduellement, aiguës ; 10 lacinies pétaloïdes très-ouvertes, spatulées à la base, larges d'environ 27 millim. dans la partie supérieure, obtuses, recourbées, ondulées et rosées sur les bords, d'un jaune gris teint de rose intérieurement ; étamines nombreuses, érigées, ramassées, deux ou trois fois plus longues que le limbe ; style et anthères jaune d'ocre ; style un peu plus long que les étamines, vigoureux, épais, jaune à la base, rose en dessus, à 7 divisions courtes, vertes.

Variété. Opuntia Sericia β. Mœlenii, Salm.
Articles divergents, ouverts.
Culture. Serre tempérée pendant l'hiver, plein air pendant la belle saison.

23. Opuntia Albicans (Salm).

Synonymie. Opuntia Albicans Salm. — *id.* Pfr. enum. diagn., p. 155. — *id.* Forst. Handb. dr. Cact., p. 486. — Opuntia Prate Lindl. — Opuntia Glaucescens hort. — Opuntia Alfagayucca Karw.

Patrie. Mexique.

Diagnostic. Tige assez droite ; articles dressés, comprimés, oblongs, étroits, subglaucescents ; aréoles serrées, tomenteuses, rousses ; aiguillons biformes, ceux du haut sétacés, nombreux, jaunes, 1-4 en bas, longs, aciculaires, blancs.

Articles très-comprimés, longs de 13-15 cent., larges de 27 millim. ; aiguillons les plus longs de 27 millim., blancs, insérés vers la partie inférieure de l'aréole ; les plus courts d'un jaune très-gai ; folioles petits, verts, ferrugineux. —

Floraison ? Fleurs ?

Variétés. Op. Albicans β. Levior, Salm. — Op. Pruinosa hort.
Tiges et articles un peu moins tuberculeux.

Il a été introduit depuis peu de temps, sous le nom d'Opuntia Pruinosa, une plante qui se rapproche de notre espèce par ses articles et sa tige qui portent cependant moins d'aiguillons.

La fleur et celle de notre espèce sont inconnues en Europe, où elles n'ont jamais fleuri.

Culture. Serre tempérée pendant l'hiver, plein air pendant la belle saison.

24. Opuntia Robusta (Windl.).

Synonymie. Opuntia Robusta Windl. Cat. hort. Herrnh., 1835. — *id.* Pfr. enum. diagn., p. 165. — Opuntia Flavicans Lem.

Patrie. Mexique.

Diagnostic. Tige dressée; articles obovés, oblongs, pulvérulents, glauques; aréoles tomenteuses, brunes, sétigères; aiguillons vigoureux, 8-12 bruns à la base, blanchâtres à la pointe, longs.

Aréoles espacées, d'abord de forme anguleuse, puis ronde, garnies dans la jeunesse de tomentum d'un brun rouge qui passe au noir avec l'âge; sétules rigides, très-petites, ne dépassant pas le tomentum; elles sont d'un brun rouge qui passe plus tard au noir; aiguillons, 1 assez long avec 2 autres petits, puis, sur les aréoles développées successivement, 8-12 blancs, transparents d'abord, puis se colorant de brun à la base, de jaune clair vers le milieu, enfin blancs jusqu'à la pointe; ils sont rigides, vigoureux, inégalement étalés.

Articles longs de 21-27 cent. sur 10-16 de large; aiguillons longs de 3-5 cent., aigus, rougeâtres à la pointe.

L'espèce décrite mesure 80 cent. de hauteur; elle est articulée trois fois; la tige est très-vigoureuse et ses articles sont presque ronds, de 30 cent. sur 27-28 de large, très-épais, d'un beau bleu azuré; les petits aiguillons mesurent de 6-15 millim., les plus grands 5 cent.

Floraison? Fleurs?

Culture. Serre tempérée pendant l'hiver, plein air en bonne exposition pendant la belle saison.

25. Opuntia Grandis (hort. Angl.).

Synonymie. Opuntia Grandis hort. Angl. — *id.* Pfr. enum. diagn., p. 155. — *id.* Forst. Handb. dr. Cact., p. 486.— Opuntia Glancescens hort.

Patrie. Mexique.

Diagnostic. Articles dressés, ovales ou elliptiques, comprimés, glauques, quelquefois glauques rougeâtres dans la jeunesse; aréoles subespacées, à insertion tuberculeuse, munies de sétules noirâtres, pénicillées, et de 2 aiguillons rigides, blancs.

Tige de 60 cent. à 1 mètre de long; articles de 13-18 cent. de long sur 5-8 de large, chez les plus jeunes parfois glauques roussâtres, à folioles roses.

Floraison? Fleurs petites, peu ouvertes, d'environ 20 millim. de diamètre; ovaires rouges, livides, garnis d'aréoles et de squammes; squammes et lacinies sépaloïdes subulées, se confondant promptement avec les lacinies pétaloïdes qui sont au nombre de 12 aiguës, lancéolées, longues de 13 millim., toutes assez épaisses, aiguës, érigées, d'une couleur orangée rutilente; étamines presque de moitié plus courtes que le limbe, à filets couleur rutilante et anthères jaunes; style plus court que les étamines, obclaviforme à la base, rose, à 2-3 divisions érigées, ouvertes, très-courtes, de même couleur.

Culture. Serre tempérée ou orangerie pendant l'hiver; en plein air pendant la belle saison.

26. Opuntia Glaucescens (hort. Berol.).

Synonymie. Opuntia Glaucescens hort. Berol. — *id.* Pfr. enum. diagn., p. 155. — *id.* Hort. Dyck., p. 362. — *id.* Forst. Handb. dr. Cact., p. 486.

Patrie. Mexique.

Diagnostic. Articles dressés, oblongs, glaucescents; aréoles sub-resserrées, tomenteuses, grises; aiguillons biformes, ceux du haut sétacés, pénicillés, fauves, roses, 1-4 en bas, allongés, aciculaires, blancs.

Articles longs de 13-16 cent. sur 5 de large, atténués de toutes parts; les jeunes aréoles seulement munies de sétules pénicillées, les plus anciennes armées d'aiguillons de 27 millim.; folioles petites, couleur de rouille.

Floraison? Fleurs?

Culture. Serre tempérée pendant l'hiver, plein air en bonne exposition pendant la belle saison.

27. Opuntia Caracassana (Salm).

Synonymie. Opuntia Caracassana Salm. Cact. in hort. Dyck., cult., p. 238.

Patrie. Caracas.

Diagnostic. Tige subdressée, rameuse; articles divariqués, moyens, oblongs, charnus, gonflés, comprimés, vert pâle; aréoles convexes, distancées, grises, tomenteuses et séligères; 2-3 aiguillons inégaux, ouverts, rigides, aciculaires, staminés, blancs, celui du haut plus long et plus fort, fauve; foliole petit, squammiforme.

Tige de 45-50 cent. de haut, rameuse, subbivariquée; articles de 10-13 cent. de long sur 13 de diamètre environ dans leur partie la plus large, épais de 13-18 millim.; aréoles petites, souvent tachées en dessous, munies de tomentum gris, de sétules gris perlé, de 2-3, rarement 4 aiguillons défléchis, ouverts, rigides, blancs, inégaux, celui du haut plus vigoureux, de 27 cent. et plus, gris.

Floraison? Fleurs?

Culture. Serre tempérée, plein air en bonne exposition pendant la belle saison.

28. Opuntia Parvispina (Salm).

Synonymie. Opuntia Parvispina Salm. Cact. in hort. Dyck., cult., p. 238.

Patrie?

Diagnostic. Tige et articles subdressés, moyens, obovés, elliptiques, charnus, comprimés, vert gai, marqués au-dessous de l'aréole d'une tache rouge; aréoles peu espacées, grises, à peine tomenteuses, munies de sétules gris perle et de 2-3 aiguillons blanchâtres chez les jeunes, chez les vieux de 10-12 aiguillons gris, tous subsétacés, petits, ceux du bas les plus longs, plus ou moins défléchis; feuille petite, squammiforme.

Tige peu élevée; articles de 10 cent. de long sur 5-6 de large et de 13-18 millim. d'épaisseur, vert gai, les plus jeunes marqués en dessous d'une tache d'un vert plus foncé qui, par l'action du soleil, prend une couleur rouge sale; aréoles petites, munies de tomentum gris peu abondant et de sétules grises, convexes; aiguillons d'abord peu nombreux, mais très-abondants sur les articles vieux; ils sont grêles, assez roides, subdéfléchis, ceux du bas les plus longs, l'inférieur très-long, de 13 millim. environ; folioles très-petits, squammiformes.

Floraison? Fleurs?

À la première vue, cette plante peut se confondre avec l'Opuntia Puberula, dont elle se distingue par son épiderme glabre et ses aiguillons plus nombreux.

Culture. Orangerie pendant l'hiver, plein air en bonne exposition pendant la belle saison.

29. Opuntia Setispina (Engelm.).

Synonymie. Opuntia Setispina Engelm. — *id.* Salm. Cact. in hort. Dyck., cult., p. 239.

Patrie?

Diagnostic. Tige basse; articles petits, orbiculés, très-comprimés; aréoles resserrées, petites, tomenteuses, grises, munies de sétules nombreuses, fauves, pulvinées, et d'aiguillons inégaux, staminés, dont 5-7 courts et 2-3 longs, tous grêles, flexibles, défléchis, à peine piquants.

Floraison? Fleurs?

Cette plante ne nous est connue que par la description qu'en a donné Engelmann, il n'en existe encore que de rares sujets dans les Collections d'Europe.

Culture. Orangerie ou serre tempérée pendant l'hiver; plein air en bonne exposition pendant la belle saison.

30. Opuntia Triacantha (Haw.).

Synonymie. Opuntia Triacantha Haw. — *id.* Pfr. enum. diagn., p. 163. — *id.* Forst. Handb. dr. Cact., p. 188. — *id.* DC. prodr. III, p. 473. — Cactus Triacanthus Willd. enum. suppl.

Patrie. Amérique tropicale.

Diagnostic. Tige dressée; articles ovés, elliptiques, plats, verts; aréoles subresserrées, convexes, munies d'un faisceau de sétules fauves, du milieu duquel sortent 3-4 aiguillons rigides, droits, jaunâtres, celui du haut très-long, les autres presque égaux; feuille très-petite, rouge.

Floraison. En Juin et Juillet. Fleurs jaunes, semblables à celles de l'Opuntia Foliosa.

Cette plante est très-voisine de l'Opuntia Polyantha, mais elle en diffère par ses articles ordinairement plus grands et ses aiguillons moins nombreux, blancs, jaunâtres, et ses aréoles laineuses.

Culture. Orangerie, serre tempérée, ou abrité pendant les gelées et les temps humides de l'hiver; le reste du temps en plein air.

31. Opuntia Orbiculata (Salm).

Synonymie. Opuntia Orbiculata Salm. — *id.* Pfr. enum. diagn., p. 156. — *id.* Forst. Handb. dr. Cact., p. 486.

Patrie. Chili.

Diagnostic. Tige dressée, subrameuse; articles orbiculés, épais, très-verts (les vieux souvent allongés); aréoles régulièrement disposées, plus ou moins éloignées; sétules pénicillées, brunes, et 4-5 aiguillons inégaux, grêles, staminés, fauves à la base, horizontalement ouverts; foliole aigu, vert.

Articles longs de 8-10 cent. sur 13 millim. de diamètre; aiguillons, les plus courts de 6-13 millim., les plus longs de 3 cent. de long; folioles aigus, verts.

Floraison? Fleurs?

VARIÉTÉS. Opuntia Orbiculata β. Metternichii, Salm. — Opuntia Metternichii, Praël. — Syn. Opuntia Sericia β. Longispina, hort. Dyck. ancien.

Culture. Orangerie, ou abrité contre les gelées et l'humidité de l'hiver; plein air pendant le reste du temps.

**** PAUCISETOSÆ, A SÉTULES PEU NOMBREUSES.**

Aréoles très-petites, immergées; sétules très-peu nombreuses, différentes de couleur; aiguillons rigides ou flexibles, blancs ou blanchâtres.

32. Opuntia Karwinskiana (Salm).

Synonymie. Opuntia Karwinskiana Salm. Cact. in hort. Dyck., cult., p. 239. — Opuntia Nopalea Karw.

Patrie. Mexique.

Diagnostic. Tige dressée, robuste; articles vigoureux, ovés, elliptiques, épais à la base, plus minces à la partie supérieure, vert gai, convexes, subsinués; aréoles espacées, petites, saillantes, à insertions tuberculeuses, grises, tomenteuses, à peine sétigères; aiguillons inégaux, aciculaires, rigides, ouverts, 2-4 roses sur les jeunes articles, 12 staminés blancs sur les vieux, et jusqu'à 18-20 gris, défléchis sur les plus âgés; foliole allongé, aigu.

Tige robuste atteignant 1 mètre et plus; articles longs de 20-30 cent. sur 8 de large, épais de 13 millim., subtuberculés près des aréoles; celles-ci saillantes, très-espacées; aiguillons variant de nombre, de couleur et de longueur (de 6-9 millim. jusqu'à 40); sur les plus jeunes articles ils sont rares, roses, ouverts, sur les plus âgés très-abondants, gris, ceux du bas défléchis.

Floraison? Fleurs?

Culture. Serre tempérée pendant l'hiver, plein air en bonne exposition pendant la belle saison.

33. **Opuntia Megacantha** (Salm).

Synonymie. Opuntia Megacantha Salm, hort. Dyck., p. 363. — *id.* Pfr.
enum. diagn., p. 160. — *id.* Forst. Handb. dr. Cact., p. 485. — Opuntia
Leucostricta Wendl. — *id.* Pfr. enum. diagn., p. 167. — Opuntia Mexicana hort.

Patrie. Mexique.

Diagnostic. Articles dressés, comprimés, oblongs, grands, épais,
très-verts; aréoles serrées, tomenteuses, grises; aiguillons biformes,
ceux du haut sétacés, bruns, 7-10 en bas, vigoureux, subrayonnants,
blancs, 1-2 plus longs, défléchis.

Articles longs de 18 cent. sur 8 de large, épais de 27-30 millim.;
aiguillons, les plus petits sétacés, d'abord jaunes, ensuite noiâtres,
les plus longs inégaux, aciculaires, rigides, de 13-40 millim. de long.
La tige devient ligneuse avec l'âge et presque ronde.

Floraison? Fleurs?

Variétés. Opuntia Megacantha β. Tenuispina, Salm. — Opuntia
Lascacantha hort. — *id.* Pfr. enum. diagn., p. 160. — Opuntia Leucacantha, hort. Dyck.

Culture. Orangerie pendant l'hiver, plein air pendant la belle
saison.

34. **Opuntia Amyclæa** (Ten.).

Synonymie. Opuntia Amyclæa Ten. — *id.* Pfr. enum. diagn., p. 159. —
id. Forst. Handb. dr. Cact., p. 485. — Opuntia Maxima Salm. — Opuntia
Alfagayncca Karw.

Patrie. Mexique.

Diagnostic. Tige dressée, élevée; articles vigoureux, elliptiques,
épais, très-verts; aréoles subespacées; petites; les jeunes glabres, subimmergées, les autres brunes, tomenteuses, munies de 2-4 aiguillons
divariqués, très-rigides, blancs, à pointe noire, dont 1-2 subulés, anguleux, plus longs.

Tige vigoureuse atteignant 1ᵐ30 et 1ᵐ50; les articles inférieurs subcylindriques, subligneux, les supérieurs comprimés, érigés, longs de
18-24 cent. sur 8-10 de large et 13 millim. d'épaisseur, armés d'aiguillons vigoureux; aréoles des plus jeunes portant un foliole petit,
violacé; aiguillons peu nombreux, blanc de neige, ordinairement
2 plus vigoureux, de 27 millim. environ, très-rigides, tout à fait anguleux, divergents; les aréoles les plus âgées portent en outre quelques
aiguillons adventifs.

Cette espèce, qui existe depuis longtemps en Europe, est acclimatée
en Sicile et dans l'Italie méridionale; elle s'est trouvée récemment dans
un envoi provenant du Mexique.

Floraison? Fleurs jaunes; baies rouges, jaunes, petites, peu charnues, comestibles et d'une saveur plus agréable que celle de l'Opuntia
Ficus Indica.

Culture. Abrité contre les gelées et l'humidité pendant l'hiver, plein air en bonne exposition pendant la belle saison.

35. Opuntia Streptacantha (Lem.).

Synonymie. Opuntia Streptacantha Lem. Cact. gen., p. 62. — *id.* Salm. Cact. in hort. Dyck., cult., p. 240. — *id.* Forst. Handb. dr. Cact., p. 299.

Patrie? Mexique.

Diagnostic. Tige articulée, élancée, vert brillant, très-vigoureuse; articles très-vigoureux, épais, elliptiques, ovés; aréoles petites, ovales, rouge violacé; aiguillons biformes, les uns pénicillés, placés à la partie supérieure de l'aréole, très-courts, jaunâtres, les autres (1-3) plus grands, placés au-dessous l'un de l'autre, très-inégaux, adprimés contre la plante, pendants, anguleux, tortillés, blanchâtres, longs.

Articles dressés, longs de 16-18 cent., sur 8-10 de large; épais, vert luisant; aréoles petites, munies de tomentum brun, en dessus de quelques sétules jaunes, en bas de 1-4 aiguillons rigides, tortillés, blanc paille; dont 1 plus long, défléchi.

Les aréoles qui sont très-petites, ovales, sont garnies de tomentum rouge violet et de sétules aciculaires très-nombreuses à la partie supérieure de l'aréole, fasciculées, jaunâtres, en outre elles portent à leur partie inférieure 1-2 poils criniformes, frisés, jaunes, transparents dans l'âge adulte; au milieu des sétules se montrent de nouveaux aiguillons criniformes semblables aux précédents; puis de 3 à 5 aiguillons blanchâtres dirigés en bas, insérés à la partie inférieure de l'aréole.

Floraison? Fleurs?

Culture. Orangerie ou un abri contre l'humidité et les gelées de l'hiver; plein air pendant toute la belle saison.

36. Opuntia Candelabriformis (hort. Monac.).

Synonymie. Opuntia Candelabriformis hort. Monac. — *id.* Pfr. enum. diagn., p. 159. — *id.* Forst. Handb. dr. Cact., p. 490.

Patrie. Mexique.

Diagnostic. Tige subdressée; articles obovés ou elliptiques, gonflés, vert glauque; aréoles subresserrées, superficiellement immergées, munies de sétules blanches, courtes, pénicillées; et de 4-5 aiguillons plus longs, 1 très-long, blanc, aplani, défléchi.

Articles longs de 16-18 cent. sur 8-10 de large; aiguillons défléchis, de 30 millim. et plus; folioles allongées, à pointes rougeâtres.

Le nom doit être conservé, quoiqu'il ait été d'abord attribué par erreur à un Cierge.

Floraison? Fleurs?

Variétés. Opuntia Candelabriformis β. Rigidior, Salm.
Aiguillons plus rigides et moins défléchis que dans le type.

Culture. Orangerie ou un abri contre l'humidité et les gelées de l'hiver; plein air pendant toute la belle saison.

37. **Opuntia Spinulifera** (Salm).

Synonymie. Opuntia Spinulifera Salm. hort. Dyck., p. 364. — *id*. Pfr. enum., p. 157, excl. syn. — *id*. Forst. Handb. dr. Cact., p. 490, qui donne pour synonymie Opuntia Oligacantha hort. Vindl.

Patric. Mexique.

Diagnostic. Tige vigoureuse, dressée; articles vigoureux, obovés, épais, vert pâle; aréoles subresserrées, petites, munies de tomentum rare, gris; et de 3 aiguillons suballongés, aciculaires, subrigides, staminés, dont un plus long, ouvert, de 3 cent. et plus.

Tige de 60 cent. à 1 mètre de haut; articles longs de 18 cent. sur 13 de large, atténués dans la partie inférieure; folioles aiguës, ouvertes, rougeâtres, de 9-11 millim. de long.

Cette plante se distingue par sa tige assez droite; ses articles vert gris ont une forme ovalaire; les aréoles assez resserrées sont garnies de tomentum gris, au milieu duquel sortent une multitude de sétules aciculaires, blanches, et 2-3 aiguillons plus longs.

Floraison? Fleurs?

Culture. Orangerie ou un abri contre les gelées et l'humidité de l'hiver; plein air pendant toute la belle saison.

38. **Opuntia Oligacantha** (hort. Vindl.).

Synonymie. Opuntia Oligacantha hort. Vindl. — *id*. Salm. Cact. in hort. Dyck., cult., p. 241.

Patrie. Mexique.

Diagnostic. Tige dressée; articles orbiculés, obovés, épais, glauques; aréoles resserrées, presque immergées, munies de tomentum fauve, court; 3 aiguillous grêles, courts, blancs, subsétacés, inégaux, défléchis, quelques-uns manquent souvent; foliole petite, colorée.

Tige de 60 cent.; articles de 10-13 cent., plus ou moins orbiculés; aiguillons de 4-13 millim. de long.

Cette plante a été confondue dans le temps par le prince de Salm avec l'Opuntia Spinulifera; dans l'âge adulte, elle en diffère complétement.

Floraison. Fleurs?

Culture. Orangerie ou simplement abritée pendant l'hiver contre les gelées et l'humidité; en plein air pendant la belle saison.

E. *SUBINERMES, aréoles presque inermes.*

Articles dressés, diffus ou décombants, elliptiques ou suborbiculés, variant de grandeur, parfois pubescents. Les aréoles avec les sétules aciculaires qui sont rarement nombreuses, portent en outre des aiguillons souvent isolés qui manquent fréquemment.

* PUBESCENTES, A ÉPIDERME PUBESCENT.

Articles dressés ou décombants, à épiderme nettement pubescent; aréoles tamponnées, convexes, lanigères ou tomenteuses; elles portent, en outre, des aiguillons qui manquent rarement d'une manière absolue.

39. Opuntia Mycrodasis (Lehm.).

Synonymie. Opuntia Microdasis Lehm. Ind. sem. Handb., 1827. — *id.* Act. nat. cur. xvi, P. 1, p. 347. — *id.* Pfr. enum. diagn., p. 154. — *id.* Forst. Handb. dr. Cact., p. 481. — Opuntia Pulvinata DC.

Patrie. Mexique.

Diagnostic. Tige subérigée, diffuse; articles obovés ou lancéolés, verts, épais à la base; aréoles resserrées régulièrement, munies de pinceaux de sétules jaunes; folioles très-courtes, à peine visibles.

Sur la partie âgée de la tige, les pinceaux de sétules sont plus longs, plus étendus, à poils brunâtres, jaunes à la base, couvrant toute la surface de la plante.

Articles longs de 10-16 cent. sur 5-8 de large; les sétules adultes longues de 6-9 millim.

Floraison? En Août. Les fleurs sont insérées sur les articles supérieurs; quelquefois elles se montrent par paires et ne s'ouvrent qu'au grand soleil; au moment de l'anthèse, elles ont 8 cent. de diamètre; elles sont éphémères; l'ovaire est ovoïde, de 27 millim. de long; il est garni d'aiguillons aciculaires, [jaunes; sépales nombreuses], linéaires, celles du dehors longues de 15-20 millim., vert clair, à pointe rougeâtre, les internes lancéolées, de 33 millim. de long, jaune soufre, à pointe roussâtre; pétales oblongs, de 4 cent. de long, jaune soufre en dehors, jaune doré à l'intérieur; étamines jaunes; pistil vert gris clair; divisions stigmatiques, 5, épaisses, globuleuses.

Variétés. Opuntia Mycrodasis β. Levior, Salm. Opuntia Pulvinata DC. Rev. p. 119.

Tige plus basse; sétules plus courtes et moins nombreuses.

Cette variété, originaire du Mexique, est cultivée depuis plusieurs années dans nos collections; elle se distingue par sa tige moins élevée, plus rameuse, ses articles plus courts, ses aréoles moins serrées, moins convexes, garnies de sétules plus courtes et moins abondantes. La variété minor de Pfr. doit être supprimée; elle ne diffère pas de notre Opuntia Mycrodasis.

Culture. Serre tempérée pendant l'hiver, plein air pendant la belle saison.

40. Opuntia Decumbens (Salm).

Synonymie. Opuntia Decumbens Salm. hort. Dyck., p. 361. — *id.* Pfr. enum. diagn., p. 154. — Bot. mag., t. 3914. — *id.* Forst. Handb. dr. Cact., p. 482. — Opuntia Irrorata hort. — *id.* Mart. — Opuntia Repens Karw.

Patrie. Mexique.

Diagnostic. Articles décombants, comprimés, obovés, verts, plus foncés vers les aréoles; aréoles resserrées, lanigères; aiguillons biformes; ceux du haut jaunes, sétacés, ceux du bas 1-2 vigoureux, blancs;

folioles vert glauque; articles épais, de 16-18 cent. de long sur 8-10 de large, très-prolifères, décombants, rampants, marqués d'une tache vert foncé sous les aréoles, qui deviennent rouges sous l'action immédiate du soleil.

Cultivé en serre, cet Opuntia reste presque constamment inerme; mais il s'arme de 1-2 aiguillons vigoureux, et son épiderme devient pubérulent par une bonne culture en plein air. Cultivé en pot, il n'est ni couché ni rampant; les articles sont charnus, très-épais, et portent beaucoup de rejetons; les jeunes sujets sont marqués de vert foncé au-dessous de chaque aréole; plus tard, à l'air libre, ces taches deviennent brun rouge cuivré; les jeunes sujets manquent assez souvent d'aiguillons; plus tard ils apparaissent comme dans l'espèce décrite.

Floraison. Pendant l'été. Fleurs, jaunes et non rouges, lacinies sépaloïdes, ovées, lancéolées, vertes brunes, à bords jaunâtres; dix lacinies sépaloïdes, obovées, jaune soufre en dehors, avec une macule médiane rouge pâle; étamines nombreuses, courtes; stigmates à 6 divisions, jaunes, ramassés; baie ovoïde.

Culture. Orangerie ou un abri contre l'humidité et les gelées de l'hiver; plein air pendant toute la belle saison.

41. Opuntia Puberula (hort. Vindl.).

Synonymie. Opuntia Puberula hort. Vindl. — *id.* — Pfr. enum. diagn., p. 156. — *id.* Forst. Handb. dr. Cact., p. 483.

Patrie. Mexique.

Diagnostic. Articles obovés, épais, verts, pubescents; aréoles subdistancées, à peine convexes, entourées d'une tache rouge, munies en haut d'un fascicule, de sétules fauves, très-courtes, et de 2-4 aiguillons inégaux, grêles, blancs, divergents. Feuille aiguë, à pointe rouge.

Articles longs de 8-13 cent. sur 5-8 de diamètre; les plus longs aiguillons longs de 9 cent. Feuilles de 4 millim. de long, aiguës, à pointes rouges.

Floraison? Fleurs?

Culture. Orangerie ou un abri contre l'humidité et les gelées de l'hiver, plein air pendant la belle saison.

42. Opuntia Tomentosa (Salm).

Synonymie. Opuntia Tomentosa Salm. Observ. bot., 1822, p. 8. — *id.* Pfr. enum. diagn., p. 160. — *id.* Forst. Handb. dr. Cact., p. 306. — Opuntia Oblongata Vindl. — *id.* Pfr. énum. diagn., p. 161. — Cactus Tomentosus Link. enum., p. 24.

Patrie. Amérique du sud. Mexique.

Diagnostic. Tige dressée, vert gai, tomenteuse; articles lancéolés, comprimés; aiguillons tous sétacés, à peine plus longs que le tomentum, ceux du bas allongés, défléchis, blancs; foliole aiguë, à pointe couleur de rouille.

Articles de 15 cent. de long, ordinairement lancéolés, parfois obovés, les jeunes tuberculés au-dessous des aréoles; aréoles assez espacées,

munies, à la partie inférieure, d'aiguillons longs de 9 millim. ; 4-6 sétules inermes ; folioles aiguës, rougeâtres.

Floraison? Fleurs rougeâtres, d'après Pfaiffer.

Culture. Orangerie ou un abri contre les gelées et les pluies de l'hiver, plein air pendant la belle saison.

** DECUMANÆ, A ARTICLES ÉPAIS.

Articles dressés, épais, vigoureux, souvent très-robustes ; aréoles espacées, tomenteuses ; aiguillons nombreux, avortant fréquemment dans
nos collections.

43. Opuntia Elongata (Salm).

Synonymie. Opuntia Elongata Salm. — Cactus Elongatus Wild. enum.
suppl., p. 34, sous le nom de Cactus.

Patrie?

Diagnostic. Tige articulée, prolifère ; articles oblongs, lancéolés,
obtus ; aréoles distancées dans la partie inférieure, petites, grises, tomenteuses, plus resserrées dans la partie supérieure ; 2-7 aiguillons blancs,
aciculaires, grêles, 1-2 longs.

Tige érigée de 1 mètre de haut environ ; articles oblongs, émoussés,
de 24-29 cent. de long sur 5-8 de large, et 27 millim. d'épaisseur, vert
foncé luisant ; aréoles espacées dans la partie inférieure, petites, munies
de tomentum gris, plus resserrées dans la partie supérieure, à peine saillantes ; aiguillons grêles, aciculaires, au nombre de 2-7, 1-2 plus longs
de 1-3 cent. environ.

Floraison? Fleurs grandes de 8 cent. de diamètre, lacinies pétaloïdes
nombreuses, étendues, rotacées, recourbées, obtuses, divisées à la partie supérieure, d'un gris doré avec ligne médiane rouge ; baie mûre elliptique, pyriforme, longue de 8 cent., vert pâle, lavée de jaune et de
rose, et garnie d'aréoles.

Variétés. Opuntia Elongata β. Levior, Salm.

Notre espèce diffère de l'Opuntia Decumana par sa taille moins élevée, ses articles oblongs et non ovés ; ses aiguillons plus ou moins nombreux qui manquent entièrement dans notre variété Levior.

Culture. Serre tempérée ou orangerie pendant l'hiver, plein air pendant la belle saison.

44. Opuntia Decumana (Haw.).

Synonymie. Opuntia Decumana Haw. suppl., p. 71. — *id.* Pfr. enum.,
p. 152. — *id.* Forst. Handb. dr. Cact., p. 484. — (Excl. syn. Opuntia
Elongata). — Opuntia Maxima Mill. — Cactus Decumanus Wild. enum.
suppl. 34. — Cactus Elongatus W. l. c. — Opuntia Maxima Mill. dict.,
ed. 8, n° 5. — Haw. syn., p. 191.

Patrie. Amérique méridionale.

Diagnostic. Articles ovés, oblongs, obtus ; aiguillons caducs de
la longueur de la laine des aréoles ; foliole grêle, à pointe couleur de
rouille. Articles de 32-45 cent. de long sur 21-27 cent. de large.

Floraison? Fleurs de couleur orange.

On cite plusieurs variétés différant par la couleur des fleurs; elles sont inconnues en France, et n'existent probablement pas en Europe.

Culture. Serre tempérée ou orangerie pendant l'hiver, plein air pendant la belle saison.

45. Opuntia Crassa (Haw.).

Synonymie. Opuntia Crassa Haw. suppl., p. 81. — *id.* Pfr. enum. diagn., p. 153. — *id.* Forst. Handb. dr. Cact., p. 478. — Opuntia Parvula Salm. — *id.* Pfr. l. c. — Opuntia Glaberrima hort. Berol.

Patrie. Mexique.

Diagnostic. Tige dressée; articles ovés ou oblongs, gonflés, très-épais, glauques; aréoles espacées, fauves, presque inermes; rarement 1-2 aiguillons blancs; droits; foliole aiguë, à pointe couleur de rouille.

Articles de 10 cent. de long sur 8 de large, et 18 millim. d'épaisseur, parfois orbiculés.

Floraison? Fleurs?

Cette plante diffère des Opuntia à tige basse, parmi lesquels on l'avait d'abord rangée, par sa tige, qui atteint, dans l'âge adulte, une hauteur de 60 cent. Ses articles très-épais, de 5 cent. de diamètre.

Culture. Serre tempérée ou orangerie pendant l'hiver, plein air pendant la belle saison.

46. Opuntia Hernandezii (DC.).

Synonymie. Opuntia Hernandezii DC. Rev. des Cact., p. 69, pl. 16. — Nopal Nochetzli Hernand., p. 78, Icon. et p. 459, f. 1. — Nopal Silvestro Thierry, flor. Mexicani.

Patrie. Mexique, Oaxaca, dans les régions tempérées.

Diagnostic. Tige dressée; articles épais, ovalaires, de 4-6 cent. de longueur sur 3 cent. de diamètre, d'un ton vert brunâtre; aréoles resserrées; sans aiguillons, mais assez abondamment garnies de sétules aciculaires, raides, brunes.

Floraison? Fleurs de 4 cent. de long sur à peu près autant de diamètre au moment de l'anthèse; sépales lilas gris; pétales rouge pourpre; étamines rougeâtres; pistil jaune, terminé par 5 divisions stigmatiques jaunes.

Culture. Serre tempérée pendant l'hiver, plein air pendant la belle saison. Cette plante n'existe pas dans les collections d'Europe; elle n'y est connue que par les descriptions qui ont été données successivement par Moçino, par Hernandez, et enfin par Thierry, dans son voyage à la Nouvelle-Espagne.

47. Opuntia Elata (hort. Berol.).

Synonymie. Opuntia Elata hort. Berol. — *id.* Pfr. enum., p. 152. — *id.* Hort. Dyck., p. 361. *id.* Forst. Handb. dr. Cact., p. 483.

Patrie. Brésil et île Curaçao.

Diagnostic. Articles dressés, oblongs, grands, très-verts; aréoles larges, distancées, blanches, tomenteuses, inermes ou munies d'un seul aiguillon subulé, érigé; foliole vert foncé, à pointe couleur de rouille.

Articles souvent de 27 cent. de long sur 10-13 de large.

Floraison. Fleurs?

Les sujets reçus de leur pays portent ordinairement un aiguillon isolé, qui disparaît quelquefois dans nos cultures.

Cette plante, qui est très-voisine de l'Opuntia Decumana, en diffère par ses aréoles plus resserrées, blanches, et par ses aiguillons sétacés.

Culture. Serre tempérée ou orangerie pendant l'hiver, plein air pendant la belle saison.

48. Opuntia Stricta (Haw.).

Synonymie. Opuntia Stricta Haw. syn., p. 191.—*id.* Pfr. enum. diagn., p. 151. — *id.* Forst. Handb. dr. Cact., p. 480. — Opuntia Inermis DC., pl. gr., t. 138. — Cactus Strictus Haw. in Misc. nat., p. 188.

Patrie. Amérique tropicale.

Diagnostic. Tige roide, dressée; articles charnus, ovés, elliptiques, vert pâle; aiguillons d'une seule forme, très-courts, nombreux, piliformes; foliole aiguë, verte.

Articles de 35 cent. de long sur 8-13 de large.

Floraison? Fleurs tout à fait jaunes, de 8 cent. de diamètre, ovaires fissiformes, de 4 cent. de long, atténués à la base, garnis de quelques squammes ouvertes; pétales aigus à la base, dilatés dans la partie supérieure, obtus, acuminés, jaunes; étamines et anthères jaunes.

Culture. Serre tempérée ou orangerie pendant l'hiver, plein air en bonne exposition pendant la belle saison.

*** HUMILIORES, A TIGE PEU ÉLEVÉE.

Articles subdressés ou couchés; folioles allongées, épaisses; aréoles tomenteuses, inermes, ou bien se garnissant avec l'âge d'aiguillons ou de sétules.

49. Opuntia Tuberculata (Haw.).

Synonymie. Opuntia Tuberculata Haw. supp., p. 80. — *id.* Pfr. enum. diagn., p. 151. — *id.* Forst. Handb. dr. Cact., p. 479. — Cactus Tuberculatus Willd. enum., suppl. 34.

Patrie. Amérique tropicale.

Diagnostic. Articles très-comprimés, ovés, oblongs, atténués de part et d'autre, subtuberculés; aréoles subespacées, munies d'un faisceau de sétules et d'aiguillons très-courts; foliole allongée, verte.

Articles longs de 10-16 cent. sur 5-8 de large, dans l'âge adulte, marqués autour des aréoles d'une tache purpurescente; folioles longues de 4 millim.

Floraison. en Juin et Juillet. Fleurs se développant aux mois de Juin et Juillet, de 8 cent. de diamètre; ovaires allongés, verts, de 6 cent. de long, grêles, de 13-18 millim. au plus de diamètre, un peu aréolés, cannelés, tubéreux; sépales aiguës, vertes; pétales larges, mucronés, jaunes; étamines nombreuses, jaunes; anthères petites, jaune soufre; style épais, plus long que les étamines, à 5 divisions, jaunes.

Cette plante est très-voisine de l'Opuntia Monacantha, tant par la forme que par la consistance de ses articles; mais elle en diffère par ses aréoles plus resserrées et l'absence totale d'aiguillons.

Culture. Serre tempérée ou orangerie pendant l'hiver, plein air pendant la belle saison.

50. **Opuntia Lanceolata** (Haw.).

Synonymie. Opuntia Lanceolata Haw. syn., p. 192. — *id.* Pfr. enum. diagn., p. 152. — *id.* Forst. Handb. dr. Cact., p. 478. — Cactus Lanceolatus Haw. in Misc. nat., p. 188.

Patrie. Amérique méridionale.

Diagnostic. Tige subdressée; articles lancéolés, glabres, verts; aréoles espacées, inermes ou jaunes, sétacés, sans aiguillons; feuille très-longue, rougeâtre.

Articles charnus, de 13–16 cent. de long sur 4 de large; les plus jeunes portent des feuilles nombreuses; feuilles beaucoup plus grandes que dans les espèces voisines, atteignant 6 millim. et plus, rouges.

Floraison. En Juillet. Fleurs d'un jaune luisant, se développant pendant tout l'été, de 10 cent. de diamètre, semblables à celles de l'Opuntia Vulgaris; étamines jaunes; pétales le double plus courts; style de la longueur des étamines, blanc, à 5 divisions épaisses, jaune soufre.

Culture. Serre tempérée ou orangerie pendant l'hiver, plein air pendant toute la belle saison.

Cette espèce est moins répandue qu'on ne le suppose, quoiqu'on la trouve indiquée sur plusieurs catalogues, et qu'on trouve le nom Opuntia Lanceolata dans plusieurs collections. C'est très-souvent une des variétés suivantes qui est cultivée sous cette dénomination.

51. **Opuntia Intermedia** (Salm).

Synonymie. Opuntia Intermedia Salm. hort. Dyck., p. 364. — *id.* Pfr. enum. diagn., p. 150. — *id.* Forst. Handb. dr. Cact., p. 478. — Opuntia Vulgaris γ. Minor Salm, Observ. bot., 1822, p. 9.

Patrie. Amérique septentrionale, dans la Dalmatie et l'Europe méridionale.

Diagnostic. Articles subdressés, très-comprimés, oblongs, ovales, vert foncé luisant; aréoles espacées, sétigères, fauves; foliole épaisse, dressée, courte, jaune d'ocre.

Articles de 10–13 cent. de long sur 5–8 de large; aréoles très-espacées, munies de tomentum sétacé et de sétules jaunes.

Floraison? Fleurs jaune soufre, un peu plus grandes que celles de l'Opuntia Vulgaris; pétales plus pâles et plus aigus.

Cette plante, ainsi que l'Opuntia Vulgaris, qui se rencontre aujourd'hui à l'état sauvage dans la Dalmatie et l'Italie, est originaire de l'Amérique du Nord ; elle est tout à fait distincte des Opuntia Prostrata, Monv. et Macrorhiza, Engelm, qui ont été introduites du nord du Mexique. La première (l'Opuntia Prostrata) diffère par ses articles plus couchés, et peut à peine être considérée comme une de ses variétés; mais l'Opuntia Macrorhiza doit certainement être considéré comme une espèce distincte , à cause de sa racine tuberculeuse.

Dans le doute, toutes les plantes dont les aréoles sont convexes, pulvinées sur les articles âgés, peuvent être rangées dans une sous-section qui serait désignée sous le nom d'Opuntia Pulvinata; mais on tient compte des affinités plus importantes qui consistent : dans une tige couchée, une foliole plus allongée ; on voit qu'elles ne peuvent être séparées de cette section dans laquelle le prince de Salm les a rangées.

Variétés. Opuntia Prostrata, Salm. — β. Opuntia Prostrata, Monv. Articles tout à fait couchés.

Culture. Orangerie ou seulement pendant l'hiver un abri contre l'humidité et les gelées, plein air pendant la belle saison.

52. Opuntia Macrorhiza (Engelm.).

Synonymie. Opuntia Macrorhiza Engelm. — *id.* Salm. Cact. in hort. Dyck., cult., p. 243.

Patrie. Santa-Fé de Bogotha.

Diagnostic. Racine tubéreuse , très-voisine du précédent ; sétules des aréoles nombreuses, fauves ; les aréoles et les articles les plus âgés portent de nombreuses sétules jaunes.

Floraison ? Fleurs?

Encore très-rare, il n'en existe peut-être aucun exemplaire en France. Le seul sujet qui soit connu en France appartient à la Collection du prince de Salm Dyck, qui n'en a pas donné la description dans son ouvrage, parce que le sujet qu'il possédait était trop jeune pour montrer tous ses caractères.

53. Opuntia Vulgaris (Mill.).

Synonymie. Opuntia Vulgaris Mill., dict. ed. 8 , n° 1. — Haw. syn., p. 190. — Salm, Observ. bot., 1822, p. 9. — *id.* Pfr. enum. diagn., p. 149. — Opuntia Italica Ten. Cactus opuntia Nana DC., pl. gr., t. 138. — Cactus Opuntia Lin., Bot. magaz., t. 2393.

Patrie. Amérique septentrionale, Europe méridionale.

Diagnostic. Articles divariqués, décombants , vert gai ; articles obovés, comprimés, petits ; aiguillons à peine sétacés, aussi longs que le tomentum gris des aréoles; foliole allongée, rougeâtre.

Les articles varient légèrement de forme, suivant la culture; mais les variétés désignées autrefois par Pfr. deviennent identiques avec notre espèce quand ils sont soumis à une bonne culture.

Floraison ? Fleurs se développant en Juillet et Août, jaune citron, de 5 cent. de diamètre ; ovaire de 22 millim. de long, vert luisant, à peine aréolé; sépale petite, brune; pétales bisériés, rosacés, jaune citron, les extérieurs mucronés, subpurpurescents en dehors, les intérieurs cordiformes; étamines réunies, dorées; anthères oblongues, soufre; style épais, même longueur que les étamines, jaune, à 5 divisions blanches; baie comestible mûrissant l'année suivante, longue de 3 cent.

Culture. Orangerie ou simplement abrité pendant l'hiver contre l'humidité et les gelées de la mauvaise saison, plein air pendant la belle saison.

Cette plante s'est presque acclimatée dans le midi de l'Europe, où elle croît à l'état sauvage; elle entre même dans la flore de l'Allemagne, de la Suisse, cantons de Vaud et du Tessin. Elle croît également à l'état sauvage dans quelques vallées bien exposées du Tyrol, où pendant les hivers les plus rigoureux le thermomètre descend jusqu'à 8 ou 9° centigrades au-dessous de zéro; elle paraît limitée au 47° de latitude nord.

54. Opuntia Foliosa (Salm).

Synonymie. Opuntia Foliosa Salm. — DC. prodr. III, p. 471. — *id.* Pfr. enum. diagn., p. 448.— *id.* Forst. Handb. dr. Cact., p. 473. — *id.* Abbild., t. 18. — Opuntia Pusilla Haw. syn., p. 195. — Cactus Foliosus Willd. enum., suppl. 32. — Cactus Pusillus Haw. in Misc. nat., p. 489. — Opuntia Hystrix hort.

Patrie. Amérique méridionale.

Diagnostic. Tige rameuse; articles sublancéolés, comprimés, vert gai; les jeunes portent des folioles, les vieux des aiguillons; 1-2 aiguillons allongés, forts, staminés, blancs; aréole tomenteuse, jaunâtre; foliole très-allongée.

Articles longs de 8-16 cent. sur 13-18 millim. de diamètre; aiguillons isolés, longs de 18-22 millim., le second, quand il existe, placé en dessous, de 9 - 11 millim.; foliole de 6 millim.

Floraison? Fleur jaune, abondante, se développant en Mai et Juin aux extrémités des jeunes rameaux, semblable à celle de l'Opuntia Vulgaris; ovaire allongé, pyriforme, portant çà et là quelques petites aréoles garnies de sétules très aciculaires; sépales égales, les 5 extérieures très-petites, vertes, à pointe rouge terne, les autres 5 plus grandes, linéaires, charnues, jaunâtres, vertes au milieu; 8 pétales allongés, émoussés, étalés, jaune citron (brillant au soleil); étamines jaune rougeâtre; anthères jaune soufre; pistil blanc, terminé par 3 ou 4 divisions stigmatiques, longues, blanches, recourbées sur les côtes.

Culture. Serre tempérée ou orangerie pendant l'hiver, plein air pendant la belle saison.

DIVARICATÆ, à articles divariqués.

Tige dressée ou subdressée; articles divergents, charnus, cylindriques ou comprimés, étendus, ellipsoïdes; aiguillons inégaux.

55. Opuntia Curassavica (Mill.).

Synonymie. Opuntia Curassavica Mill. dict. ed. 8, n° 7.— *id.* Haw. syn.,
p. 196. — *id.* Pfr. enum. diagn., p. 148. — *id.* Abbild., t. 6, fig. 1. —
id. Forst. Handb. dr. Cact., p. 477. — Cactus Curassavicus Lin. — Willd.
— Opuntia Minima Americana Spinosissima Bradl. succ. 1, p. 5, t. 4.

Patrie. Iles Curaçao et Saint-Thomas.

Diagnostic. Tige subdressée; articles fragiles, cylindriques, ventrus,
comprimés, très-divariqués, vert brillant; aréoles serrées, blanches, tomenteuses, peu laineuses; aiguillons, 3-5, inégaux, bruns, plus tard blancs,
droits, très-piquants; foliole courte, rougeâtre; articles de 10-20 cent.
de long sur 13-18 millim. de diamètre; aiguillons de 6-13 millim. de
long.

Floraison. En Juin et Juillet. Fleur assez rare en Europe. Elle a
été observée dans la Collection du jardin de Berol., en Juin et
Juillet 1836. Elle se développe sur le milieu des articles, au moment
de l'anthèse, elle présente un limbe de 5 cent. de diamètre, très-éphé-
mère; ovaire allongé de 3 cent. de long, vert pâle, parsemé d'aréoles
garnies de sétules grises; lacinies bisériées, linéaires, jaune terne avec
stries rougeâtres en dehors; étamines et anthères jaune soufre; pistil
blanc.

VARIÉTÉS. Opuntia Curassavica β. Longa, Haw.

Rameaux plus fermes, plus longs, moins divariqués, et aiguillons
plus longs; foliole plus grêle, tout à fait rouge.

Culture. Serre tempérée pendant l'hiver, plein air en bonne exposition pendant l'été. Cette plante exige plus de chaleur que la plupart
de celles qui précèdent; elle a rarement fleuri en France. Sa fleur a
été observée en Angleterre et en Allemagne; les sujets qui ont fleuri
étaient cultivés en serre chaude auprès des vitres des panneaux; d'autrefois ils étaient dans la serre chaude au milieu des Orchidées.

56. Opuntia Aurantiaca (Gill.).

Synonymie. Opuntia Aurantiaca Gill. Bot. regist., t. 1606, — *id.* Pfr.
enum. diagn., p. 147. — *id.* Forst. Handb. dr. Cact., p. 476. — *id.* Bot.
reg., t. 1606. — Opuntia Extensa Salm. — *id.* Pfr. enum. diagn., p. 147.
— *id.* Pfr. l. c. — Opuntia Aurantiaca Otto's Gz., 1833, n° 44, s. 349.

Patrie. Chili.

Diagnostic. Articles linéaires ou linéaires-lancéolés, divariqués,
bas, ronds, à extrémités comprimées, très-verts, marqués autour des
auréoles de vert luisant; auréoles grandes, convexes, blanchâtres,
tomenteuses; aiguillons inégaux, 3 plus longs, rigides, bruns, divergents, 2-3 en bas, blancs, courts, sétiformes; foliole très-petite, aiguë,
rouge.

Plante atteignant 60 cent. de haut; rameaux de près de 3 cent. de
diamètre sur 18-22 cent. de long; aiguillons larges de 3 cent. et plus.

Floraison. Fleur jaune; ovaire vert, aréolé; pétale obové, recourbé sur les bords; étamine rangée en cercle, plus courte que les pétales, à peine dépassée par le style qui porte 7 divisions vertes.

Culture. Serre tempérée pendant l'hiver, plein air pendant la belle saison.

Cette plante croît assez rapidement, elle atteint en quelques années 60 cent. de haut et plus. Quelques auteurs indiquent une variété Aurantiaca β. Extensa à tige droite rameuse; rameaux linéaires; aréoles distancées, saillantes, garnies de faisceaux de poils rigides brun clair et portant en outre 1-4 aiguillons rigides blancs ou bruns, souvent à pointes rouges; folioles petites, vertes.

La différence avec notre type consiste dans des articles plus longs, plus minces, plus arrondis; les aiguillons plus courts et les folioles vertes; toutes différences qui tiennent, je crois, au mode de culture, et qui me semblent caractériser notre type quand il est cultivé en serre.

Culture. Comme le précédent.

** ARTICLES CYLINDRIQUES.

57. Opuntia Salmiana (Parmt.).

Synonymie. Opuntia Salmiana Parmt.— *id.* Pfr. enum. diagn., p. 172. — *id.* Pfr. — *id.* Abbild. dr. Cact. — *id.* Forst. Handb. dr. Cact., p. 475 et 520.

Patrie. Brésil.

Diagnostic. Tige dressée, rameuse, vert gai cinéré; rameaux cylindriques, tuberculés; aréoles subresserrées, tomenteuses, blanches, plus âgées, convexes; en bas 3-4 aiguillons sétacés, petits, rougeâtres.

Tige de 50 cent. et plus, n'atteignant pas la grosseur du doigt, à écorce lisse; rameaux atténués à la partie supérieure, florifères à la pointe; aréoles tomenteuses; tomentum blanc, court dans les jeunes aréoles, plus long et tamponné dans les anciennes.

Aiguillons, 3-4 insérés vers la partie inférieure de l'aréole, grêles, subsétacés, longs de 3-4 millim. au plus, d'abord roses, ensuite rougeâtres, puis enfin entièrement décolorés.

Floraison. Depuis Août jusqu'en Novembre. Fleur jolie, petite; ovaire pyriforme; lacinies aiguës à la base, arrondies, d'un beau jaune à l'intérieur, rouges à l'extérieur; l'ovaire porte des aréoles, il est persistant l'année suivante, on voit souvent de jeunes rameaux se développer de sa partie supérieure.

Culture. Serre tempérée pendant l'hiver, plein air en bonne exposition pendant la belle saison.

Cette plante n'a jamais donné de graines en Europe, mais elle fournit l'observation d'un fait très-remarquable qui se rencontre également sur plusieurs autres Opuntias, après la floraison : l'ovaire se dépouille peu à peu des verticilles de la fleur, demeure sur l'aréole où il s'est produit et prend l'apparence d'une baie; au bout de quelque temps les

aréoles dont il est par-emé se gonflent, et donnent naissance à de jeunes
rameaux qui végètent comme les premiers, et finissent par donner
également des fleurs.

Culture. Serre tempérée pendant l'hiver, plein air pendant la belle
saison.

58. Opuntia Pubescens (Windl.).

Synonymie. Opuntia Pubescens Windl. Cat. hort. Herrn., 1835. —
id. Pfr. enum. diagn., p. 149. — *id.* Forst. Handb. dr. Cact., p. 474.

Patrie. Mexique.

Diagnostic. Tige subdressée; articles cylindriques, atténués aux
extrémités, divergents, très-verts, pubescents, à peine tuberculeux;
aréoles subespacées, convexes, blanches; 4-6 aiguillons linéaires, 1-2
plus longs, blanchâtres, droits, grêles; foliole très-ténue, rougeâtre.

Articles longs de 3-10 cent. sur 9-11 millim. de large; aiguillons de
13 millim. de long.

Floraison? Fleur?

Culture. Serre tempérée pendant l'hiver, plein air pendant la belle
saison.

59. Opuntia Fragilis (Haw.).

Synonymie. Opuntia Fragilis Haw. syn., p. 82.— *id.* Pfr. enum. diagn.,
p. 147. — A. G. Z., 1838, p. 270. — Cactus Fragilis Mitt. gen. Am. 1,
p. 296. — Opuntia Sabinii hort.

Patrie. Sur les plateaux élevés qui bordent le cours du Missouri
vers le 45° de latitude N.

Diagnostic. Tige couchée; articles courts, comprimés, ronds, à
peine tuberculés, fragiles, vert luisant; aréoles subespacées, convexes,
tomenteuses, blanches; aiguillons blanchâtres, inégaux, 6-8 divergents,
ceux du centre plus rigides; folioles grêles, aiguës, rougeâtres.

La tige est subérigée, elle ressemble beaucoup à celle de l'Opuntia
Pubescens.

Folioles très-petites, rougeâtres; aiguillons inférieurs longs de
6 millim., les supérieurs et le central plus vigoureux, de 6-11 millim.
de long.

Floraison? Fleur? Mitler dit seulement qu'elle est petite, isolée,
terminale, que la base est très-aculéigère.

Culture. Orangerie ou serre tempérée pendant l'hiver, plein air
pendant la belle saison.

OVATÆ, à aiguillons ellipsoïdes.

Tige basse, articulée; articles petits, ronds, divariqués, étendus ou
subérigés, ovés ou cucumériformes, charnus; aréoles garnies de petites
sétules groupées en pinceau et d'aiguillons arrondinacés, plus ou
moins aplanis ou bien cylindriques; folioles caduques.

* POLYACANTEÆ, A AIGUILLONS DE DEUX ESPÈCES, QUELQUES-UNS PLATS, SOUVENT GLUMACÉS.

1. *Articles couchés.*

60. Opuntia Andicola (hort. Angl.).

Synonymie. Opuntia Andicola hort. Angl. — *id.* Pfr. enum. diagn., p. 145. — *id.* Forst. Handb. dr. Cact., p. 467. — Opuntia Horizontalis Gill.

Patrie. Mendoza.

Diagnostic. Tige couchée, très-rameuse; articles cucumériformes allongés, atténués au sommet, vert brun luisant, plus tard ligneux; aréoles subresserrées, sétigères; 3-4 aiguillons grêles subrigides, 1-2 plus longs, blancs, aplanis à la base; foliole petite, brune; articles de 9-13 millim. de diamètre; aiguillons, ceux du bas de 4-5 cent. de long.

Floraison? Fleur?

Culture. Serre tempérée pendant l'hiver, plein air pendant la belle saison.

61. Opuntia Glomerata (Haw.).

Synonymie. Opuntia Glomerata Haw. Phil. magaz., 1830, p. 109. — *id.* Pfr. enum. diagn., p. 145.

Patrie. Mendoza.

Diagnostic. Rameaux cœspiteux serrés; aréoles munies de sétules très-courtes, nombreuses, et d'un aiguillon central, isolé, linéaire, acuminé, plans très-longs; foliole très-petite, squammeuse, brune.

Rameaux rampants, sublancéolés, charnus, épais, gonflés, subverts, larges de 10 cent. au plus; aréoles bien rangées, munies de sétules courtes, nombreuses, très-denses et d'un seul aiguillon central, d'apparence cornée de 5 cent. de long, presque flexible, non rigide, arqué.

Floraison? Fleurs?

VARIÉTÉS. Opuntia Glomerata β. Minior Salm. — Opuntia Hort.

Culture. Serre tempérée pendant l'hiver, plein air pendant la belle saison.

62. Opuntia Clavata (Engelm.).

Synonymie. Opuntia Clavata Engelm. Mem., p. 95. — *id.* Salm. Cact. in hort. Dyck., cult, p. 244.

Patrie. Santa-Fé de Bogotha.

Diagnostic. Tige couchée; rameaux ascendants, obovés, claviformes, tuberculés; aréoles orbiculées, tomenteuses, blanches, munies sur le bord supérieur de sétules blanches spinescentes; 6-12 aiguillons courts, blancs, plats, rayonnants, 4-7 intérieurs plus longs et défléchis.

Floraison? Fleurs jaunes.

Culture. Serre tempérée pendant l'hiver, plein air pendant la belle saison.

63. Opuntia Platyacantha (Pfr.).

Synonymie. Opuntia Platyacantha Pfr. A. G. Z., 1837, p. 371. — *id.* Salm. Cact. in hort. Dyck., cult., p. 244. — *id.* Forst. Handb. dr. Cact., p. 472.

Patrie ?

Diagnostic. Tige basse rameuse ; rameaux divariqués, cylindriques, peu tuberculés, bruns luisants ; aréoles grandes, immergées, munies de tomentum séteux et d'aiguillons de formes différentes, ceux du bas au nombre de 3-4 grêles, blancs, adprimés, 2-3 supérieurs arundinacés gris, plus longs.

L'espèce est très-robuste ; ses aiguillons arundinacés sont très-vigoureux, gris, staminés ; ses articles ont de 2-7 cent. de longueur, les sétules aciculaires ont 6-9 millim. de longueur.

VARIÉTÉS. Opuntia Platyacantha β. Monvrilli Salm. — Opuntia Platyacantha Lem.

Tige un peu plus grêle, et les aiguillons arundinacés, plus effilés, bruns.

Opuntia Platyacantha γ. Gracilior Salm. — Opuntia Tuberosa Pfr. enum. diagn. p. 146.

Articles plus effilés, plus allongés, et les aiguillons arundinacés plus grêles, blancs.

Opuntia Platyacantha δ. Deflexispinus. — Opuntia Pelagiuensis hort. angl.

Plus petits aiguillons arundinacés, défléchis, adprimés contre la tige, blanc sale.

Culture. Serre tempérée pendant l'hiver, plein air pendant la belle saison.

1. *Articles dressés.*

64. Opuntia Diademata (Lem.).

Synonymie. Opuntia Diademata Lem. — Cereus Syringacanthus Pfr. enum. diagn., p. 103. — *id.* Forst. Handb. dr. Cact., p. 476. — Opuntia Platyacantha hort. angl.

Patrie. Mendoza.

Diagnostic. Tige subdressée, articulée ; tronc globuleux ; articles se développant au sommet du tronc, épais, subglobuleux, verts, tuberculés ; aréoles grandes, munies d'un fascicule de sétules brunes, et de 1-2 aiguillons larges, flexibles, arundinacés, bruns ; articles de 6 cent. de long sur 5 de diamètre ; aiguillons longs de 5 cent., et plus larges à la base de 2 millim. à 2 millim. et demi.

Forster regarde notre plante comme synonyme de l'Opuntia Syringacantha Pfr., Cereus Syringacanthus Pfr. Il en donne la description suivante :

Tige assez droite, articulée; articles épais, presque globuleux, verts, ou rouge pourpre, gris avec des points blancs très-resserrés, tuberculés; tubercules mammiformes rouge pourpre au-dessus des aréoles; aréoles grandes, presque circulaires, garnies de tomentum gris, court, et de sétules florifères fasciculées d'un brun violet; aiguillons, 1-2, foliacés, flexibles, blanc terne, tachetés de brun à pointes noirâtres, en tout semblables à un chaume de roseaux desséchés.

Très-gracieuse, mais d'une végétation très-lente; articles longs de 4-6 cent. presque de même grosseur, entourés à l'extrémité supérieure qui les sépare des articles suivants par une couronne de sétules aciculaires semblables à celles des aréoles; sétules de 1-2 millim. de long; aiguillons de 27-50 millim. de long et plus, et de 2 millim. de large à la base.

Culture. Serre tempérée ou serre chaude pendant l'hiver, plein air sous verres pendant la belle saison.

65. Opuntia Turpini (Lem.).

Synonymie. Opuntia Turpini Lem. — Cereus Articulatus Pfr. enum. diagn., p. 103.— id. Forst. Handb. dr. Cact., p. 471. — Opuntia Articulata horl. Berol. (Otto's Gz., 1838, n° 46). — Opuntia Polymorpha hort. angl.

Patric. Mandoza.

Diagnostic. Articles oblongs, globuleux, glauques, subtuberculés, aréolés; aréoles disposées par séries subverticales, inermes, munies de tomentum blanc très-court et de sétules brunes à peine plus longues, et d'un aiguillon arundinacé; articles longs de 4-5 cent. sur 3-4 de diamètre.

Les jeunes articles ont près de 5 cent. de long sur 2-3 de diamètre; ceux qui sont adultes, atteignent presque la grosseur d'un œuf de poule; les aréoles sont à 6-7 millim. les uns des autres; les sétules ont environ 5 millim. de long; parfois il en existe une ou deux plus longues que les autres; elles atteignent 6-7 millim. de long; aiguillons de 24-27 millim. de long et plus sur 2-3 millim. de large à la base.

Notre type se distingue de sa variété par ses articles moins longs, plus épais, globuleux, par ses aiguillons foliacés, plus grands (qui manquent constamemnt dans l'Opuntia Calva), par ses sétules raides, plus nombreuses, son tomentum plus long et plus épais, et enfin par les tubercules qui portent les aréoles, qui sont plus forts.

Floraison? Fleurs?

VARIÉTÉS. Opuntia Turpini β. Polymorpha Salm. — Opuntia Calva Lem. ?

L'aiguillon arundinacé manque quelquefois.|

Le caractère tiré de l'absence ou de la présence de ces aiguillons est très-variable, car cette différence subsiste sur des sujets identiques.

Culture. Serre tempérée et même serre chaude pendant la mauvaise saison, plein air abrité sous les châssis pendant l'été.

** GLOMERATÆ, A ARTICLES AGGLOMÉRÉS.

1. *Articles subérigés.*

66. **Opuntia Pentlandii** (Salm).

Synonymie. Opuntia Pentlandii Salm. A. G. Z., 1841, p. 387, Cact. in hort. Dyck, cult., p. 245. — *id.* Forst. Handb. dr. Cact., p. 506.

Patrie. Bolivie, sur les hautes montagnes.

Diagnostic. Tige basse, articulée, rameuse, vert gai ; articles allongés, atténués aux extrémités, tuberculés, plans ; tubercules espacés, portant une foliole graniforme, promptement caduque, et une aréole petite, tomenteuse en dessus, aculéifère en dessous ; 4–6 aiguillons grêles, rigides, blancs, divariqués défléchis.

La tige atteint près de 50 cent. de haut, et les articles érigés, sont longs de 27–54 millim. ; les aiguillons grêles, subsétacés, sont longs de 6–9 millim., ils sont défléchis, divergents et réunis dans leur insertion vers la partie supérieure de l'aréole qui est remplie de tomentum gris.

Floraison ? Fleurs ?

Culture. Serre tempérée pendant la mauvaise saison, plein air en bonne exposition pendant l'été.

67. **Opuntia Boliviana** (Salm).

Synonymie. Opuntia Boliviana Salm. Cact. in hort. Dyck., cult., p. 245.

Patrie. Bolivie.

Diagnostic. Tige articulée, subérigée, largement rameuse, articles ovés, oblongs, lisses, vert très-pâle, rougissant en vieillissant ; aréoles subespacées, munies d'une foliole petite, aiguë, dressée, et de 1–4 aiguillons dressés, divergents, très-longs, étendus, linéaires, flexibles, en bas comme de la corne, transparente, blanche, et à pointe très-aiguë, fauves. Plante adulte de 30–35 cent. de haut, lâchement articulée et rameuse ; articles ovés, atténués, oblongs, longs de 5–7 cent., les jeunes vert très-gai, se couvrant peu à peu de petits points blancs ; les plus âgés d'un gris sale très-gai et tuberculés, aréolés ; les plus jeunes portent, outre leur tomentum jaune gris, une laine caduque, crépue, courte. Ordinairement 4 aiguillons dont 1 ou plusieurs avortent, très-longs, de 8–10 cent., flexibles, rigides, érigés à la base, réunis, divergents, dans la partie supérieure, à pointe aiguë, piquants.

Floraison. Fleurs ?

Culture. Serre tempérée pendant la mauvaise saison, plein air en bonne exposition pendant l'été.

68. **Opuntia Aoracantha** (Lem.).

Synonymie. Opuntia Aoracantha Lem. — Cereus Ovatus Pfr. enum. diagn., p. 102. — *id.* Forst. Handb. dr. Cact., p. 469. — Opuntia Ovata hort. Angl. — Opuntia Gillesii. Catal. Cact. Berol., 1833.

Patrie. Mendoza.

Diagnostic. Tige articulée, articles épais, ovés, glauques, glabres, subtubéreux ; aréoles insérées sur les sommets des tubercules, distancées, tomenteuses ; aiguillons biformes, 8-10 courts, sétacés, roux, dépassant à peine le tomentum, et 2-6 inégaux, vigoureux, divergents, droits, serratulés, noirâtres ou cinérés; articles globuleux, de 5 cent. de long sur 4-5 de diamètre, se développant du sommet ou des côtés du tronc; aiguillons de 9-13 millim., les plus longs, de 5-7 cent. de long.

Cette espèce, très-remarquable, avait été réunie par Pfr. au Cerei Opuntiæi, malgré que sa fleur n'ait pas été observée en Europe ; son port, la nature de ses aréoles en font bien certainement une Opuntia. Elle est d'une croissance très-lente d'après Lemaire ; ses sétules, observées à la loupe, semblent elles-mêmes pubescentes, comme recouvertes d'une multitude de poils.

La description précédente convient parfaitement aux individus adultes d'après le prince de Salm, et beaucoup moins aux jeunes.

Culture. Serre tempérée et même serre chaude pendant l'hiver, plein air sous châssis en bonne exposition pendant la belle saison.

69. Opuntia Ovata (Pfr.).

Synonymie. Opuntia Ovata Pfr. enum. diagn., p. 144. — *id.* Forst. Handb. dr. Cact., p. 469.

Patrie. Mendoza.

Diagnostic. Articles verts, glabres, ovés; aréoles rapprochées, grandes, pulvineuses, munies de laine fauve, très-épaisse; 7-8 aiguillons inégaux, rigides, droits, les jeunes fauves, plus tard blancs; foliole longue, verte, subconique.

Articles oviformes de 3-4 cent. de long sur 18-22 millim. de diamètre; aréoles espacées de 9 millim.; aiguillons longs de 4-6 millim.; folioles longues de 2 millim., vertes, subconiques, différant entièrement du précédent.

Floraison? Fleurs?

Culture. Serre tempérée et même la serre chaude pendant l'hiver, plein air en bonne exposition pendant la belle saison.

2. *Articles couchés.*

70. Opuntia Corrugata (hort. Angl.).

Synonymie. Opuntia Corrugata hort. Angl. — *id.* Pfr. enum. diagn., p. 144. — *id.* Forst. Handb. dr. Cact., p. 468. — Opuntia Eburnea Lem.

Patrie?

Diagnostic. Articles dressés, cylindriques, atténués aux extrémités, vert-gai; aréoles serrées, tomenteuses, pâles; aiguillons biformes, subradiants, ceux du haut sétacés, très-petits, fauves, et 6-8 en bas, allongés, aciculaires, blancs; foliole petite, rarement visible.

Articles longs de 4 cent. sur 9-13 millim. de large, érigés, luisants, armés de nombreux aiguillons, se détachant et tombant facilement; aiguillons longs de 9-13 millim.

Floraison? Fleurs?

VARIÉTÉS. Opuntia Corrugata β. Monvilli Salm. — Opuntia Corrugata Lem.; d'après Forst. Handb. dr. Cact. p. 468, il serait synonyme de l'Opuntia Parmentieri.

Articles moitié plus petits, plus serrés; aiguillon staminé, seul, à base fauve.

Culture. Serre tempérée et même la serre chaude pendant l'hiver, plein air en bonne exposition pendant la belle saison.

71. Opuntia Longispina (Haw.).

Synonymie. Opuntia Longispina Haw. Philos. magaz., 1830, p. 109. — *id.* Pfr. enum. diagn., p. 145. — *id.* Forst. Handb. dr. Cact., p. 468.

Patrie. Mendoza.

Diagnostic. Articles comprimés, ronds; aiguillons purpurescents, et d'autres plus petits, fauves, avec un autre ténu, rond, très-long sur les anciennes aréoles; foliole linéaire, fauve.

Articles longs de 22–33 millim. plus glabres et plus épais que ceux de l'Opuntia Pusilla; aiguillons souvent 2-3 inégaux, longs de 13–22 millim.

Floraison? Fleurs?

Culture. Serre tempérée et même la serre chaude pendant l'hiver, plein air en bonne exposition pendant la belle saison.

72. Opuntia Pusilla (Salm).

Synonymie. Opuntia Pusilla Salm. Observ. bot., 1822, p. 10. — *id.* Pfr. enum. diagn., p. 145. — *id.* Forst. Handb. dr. Cact., p. 467.

Patrie. Amérique du sud.

Diagnostic. Tige couchée, divariquée, vert sale; articles cylindriques, cucumériformes; les faisceaux d'aiguillons rapprochés, les uns sétacés, blancs; les autres allongés, droits; foliole large, courte; rougeâtre.

Articles longs de 4 cent., tout à fait cylindriques, non comprimés, de 11–13 millim. de diamètre, atténués aux extrémités; aréoles armées d'aiguillons allongés dans la partie supérieure des articles, membraneux et munis de tomentum blanc.

Floraison? Fleurs?

Culture. Serre tempérée et même serre chaude pendant l'hiver, plein air sous verres pendant la belle saison.

73. Opuntia Parmentieri (Pfr.).

Synonymie. Opuntia Parmentieri Pfr. A. G. Z., 1838, p. 276. — *id.* Salm. Cact. in hort. Dyck., cult., p. 246. — *id.* Opuntia Retrospina Lem.

Patrie. Le Paraguay.

Diagnostic. Articles cucumériformes, vert pâle; aréoles disposées en spirales, convexes, tomenteuses, rouge fauve en dessous; 2-3 sétules staminées, blanches; folioles grêles, rouge brillant.

Les articles ont de 3-5 cent. de long sur 2-4 cent. de diamètre; ils sont ellipsoïdes, allongés; les aréoles sont garnies de touffes de sétules longues de 4-5 millim.

Floraison? Fleurs?

Culture. Serre tempérée et même la serre chaude pendant la mauvaise saison, plein air sous verres pendant l'été.

74. **Opuntia Tuberosa** (hort. Angl.).

Synonymie. Opuntia Tuberosa hort. Angl. — *id.* Pfr. enum. diagn., p. 146. — *id.* Forst. Handb. dr. Cact., p. 466. — Opuntia Alpina Gill.

Patrie. Mendoza.

Diagnostic. Articles cylindriques, divariqués bruns, tubéreux, imbriqués: aréoles petites, blanches, insérées sur le sommet des tubercules; 7-8 aiguillons sétacés, blancs; foliole petite, brune. Articles longs de 5-8 cent. sur 9 millim. de diamètre.

Floraison? Fleurs?

On indique une variété Tuberosa Albispina δ. qui se trouve sur les anciens catalogues de la Collection du prince de Salm, dont les articles ont les mêmes dimensions que notre type; les folioles sont très-petites, vert brun olive; et les aiguillons blancs; elle m'est inconnue.

Culture. Serre tempérée pendant l'hiver et même la serre chaude, plein air sous verres en bonne exposition pendant la belle saison.

CYLINDRICEÆ. — CYLINDRIQUES.

Tige inarticulée, dressée, souvent frutescente, rameuse; rameaux ronds ou subligneux, épais ou grèles, atténués ou claviformes, tuberculés (rarement sans tubercules); tubercules aplanis, rhombiques ou en crête saillante; aréoles tomenteuses, parfois laineuses; foliole cylindrique, allongée ou raccourcie; aiguillons plus ou moins nombreux, sétacés ou rigides, souvent enveloppés d'une gaîne.

Baie à écorce molle, pulpeuse; fleurs connues rouges ou blanchâtres.

ETUBERCULATÆ, SANS TUBERCULES.

Tige basse, rameuse; rameaux dressés, cylindriques ou claviformes, sans tubercules.

75. **Opuntia Clavarioides** (Pfr.).

Synonymie. Opuntia Clavarioides Pfr. enum. diagn., p. 173. — Cereus Clavarioides. Catal. Act. Berol., 1833. — Cereus Sericeus, Opuntia Microthele hort.

Patrie. Chili.

Diagnostic. Tige diffuse, rameuse; tronc cylindrique, subdressé; articles verts, allongés, grèles, cylindriques ou obclaviformes; aréoles régulièrement resserrées, blanches, laineuses; aiguillons 8-10 jaunes,

rougeâtres ou blancs, très-ténus, droits, adprimés en étoiles; foliole
très-petite, rougeâtre, subulée.

Floraison? Fleur?

Variétés. Opuntia Clavarioïde β — Monstruosa Monv.
Difformité affectant une forme semblable à celle des Mammillaires.

Culture. Serre tempérée pendant l'hiver, plein air en bonne exposition pendant la belle saison.

* TUBERCULATÆ, TUBERCULÉS.

Tige et rameau charnus; tubercules plus ou moins saillants; aréoles
souvent lanigères.

1. *Tubercules aplanis.*

76. Opuntia Vestita (Salm).

Synonymie. Opuntia Vestita Salm. Cact. in hort. Dyck., cult., p. 247.
— *id.* Forst. Handb. dr. Cact., p. 505, qui le regarde comme synonymie du
suivant.

Patrie. Bolivie.

Diagnostic. Tige dressée, élancée, cylindrique, atténuée en haut,
enfin rameuse, vert luisant; tubercules serrés, planes, munis de folioles
oblongues, obtuses, dressées, ouvertes; aréoles arrondies portant, outre
le tomentum gris, des aiguillons sétacés et des flocons de laine blanche
frisée. Foliole oblongue, atténuée sur les côtés, dressée, ouverte. Tige
continue de 50 cent. et plus sur 27 millim. de diamètre à la base, atténuée vers la partie supérieure; rameaux subverticillés; tubercules finissant par s'oblitérer; aréoles munies de tomentum gris dans la partie
supérieure, de sétules pénicillées dans la partie moyenne et d'aiguillons
grêles et nombreux, et dans la partie inférieure, de laine persistante,
crépue, appliquée contre la tige.

Floraison? Fleur rouge.

Culture. Serre tempérée ou abritée contre les froids et les pluies de
l'hiver, plein air pendant l'été.

77. Opuntia Floccosa (Salm).

Synonymie. Opuntia Floccosa Salm. Cact. in hort. Dyck., cult., p. 248.
— Salm. A. G. Z., 1845, p. 388. — Opuntia Involuta hort.

Patrie. Bolivie.

Diagnostic. Tige épaisse, claviforme, prolifère à la base, vert luisant,
tuberculé; tubercules eu crêtes, serrés, accompagnés chacun d'une foliole
épaisse, ellipsoïde, caduque; aréoles allongées, lanigères; laine roide,
séricée, blanche, très-longue, pendante dans les vieilles aréoles; elles
portent 1-3 aiguillons à peine visibles.

Tige très-charnue, haute de 10-13 cent., plus épaisse dans la partie
supérieure, atteignant 4 cent. de diamètre; tubercules saillants, épais;
aréoles munies à leur partie inférieure d'une foliole épaisse, obtuse,

très-caduque, et d'aiguillons sétiformes, courts, blancs, en outre, de laine soyeuse, abondante, raide, pendante en longs flocons.

Floraison ? Fleurs?

Culture. Serre tempérée pendant l'hiver, plein air pendant l'été.

Le baron de Winterfield rapporte qu'en voyageant au Pérou, se trouvant près de Aüllo, sur la route du Cerro-del-Pasco, il a rencontré deux variétés de cette plante qui couvrait de grandes étendues de terrain ; il prétend avoir observé que leur végétation s'arrête entre 4,000 et 5,000 mètres au-dessus du niveau de la mer, et qu'ils semblent végéter le plus vigoureusement là où la neige les couvre constamment. Il prétend, dans un autre passage, l'avoir rencontré également sur les Cordillières. Dans le cas où ces faits seraient rigoureux, notre plante devrait, certes, supporter nos hivers.

78. Opuntia Pulverulenta (Pfr.).

Synonymie. Opuntia Pulverulenta Pfr. A. G. Z., 1840, p. 467. — Opuntia Miquelii Monv. — *id.* Forst. Handb. dr. Cact., p. 504.

Patrie ?

Diagnostic. Tige dressée, épaisse, cylindrique, cærulescente, pâle, cinérée, presque pulvérulente ; tubercules oblongs, rhombiques à la base ; aréoles rondes, grandes, insérées sur les sommités des tubercules, munies de sétules fasciculées, rigides, et de 2 aiguillons subulés, cinérés et latéraux, dont 1 très-long, subcentral, ouvert, horizontal, et l'autre plus court ; foliole petite, aiguë, érigée, promptement décidue.

Tige articulée, érigée, de 50 cent. de haut, quelquefois subrameuse, de 5 cent. de diamètre ; aréoles munies en naissant d'aiguillons petits, nombreux, sétacés, jaunes, ensuite cinérés ; aréoles âgées, munies d'aiguillons biformes, les extérieurs sétacés, les intérieurs vigoureux, rigides, divergents, 1-2 de 4 cent. de long.

Floraison? Fleurs?

Quelquefois les Opuntias portent un parasite, dont les fleurs d'un beau rouge cramoisi ressemblent assez, quant à la forme, à celle du Chèvrefeuille. Le parasite est caché dans le tomentum de l'aréole, et sa présence n'est accusée que par sa fleur.

Culture. Serre tempérée pendant l'hiver, plein air pendant la belle saison.

79. Opuntia Cylindrica (Juss.).

Synonymie. Opuntia Cylindrica Juss. Bot. magaz., t. 3301. — *id.* Forst. Handb. dr. Cact., p. 503. — *id.* Pfr. enum. diagn., p. 169. — DC. Prodr., p. 471. — Cactus Cylindricus Lam. dict. 1, p. 539. — Cereus Cylindricus Haw. syn., p. 183. — Otto's Gz., 1834, n° 40, s. 80.

Patrie. Pérou.

Diagnostic. Tige très-haute, céréiforme, un peu rameuse, très-verte ; tronc devenant ligneux, rond ; tubercules rhombiques ; aréoles insérées à leur partie supérieure, munies de laine blanche et d'aiguillons, 4-6 droits, blancs, tournés en dehors, 1-2 allongés; foliole épaisse, verte, cylindrique.

Tige de 3-4 mètres de haut sur 5-7 cent. de diamètre.

Floraison. Fleurs observées dans le pays seulement, jamais en Europe, rouge carmin, elle est terminale, elle a 3 cent. de diamètre, elle s'ouvre peu, son ovaire est gros, de 3 cent. de long, parsemé de tubercules qui portent des aréoles garnies de sétules aciculaires; sépales épaisses, d'un beau rouge pourpre; pétales plus courts, érigés, rouge carmin terne; étamines nombreuses, recourbées sur le style, qui est vert pâle et terminé par 8 divisions stigmatiques vertes; les anthères sont blanches.

Culture. Serre tempérée pendant l'hiver, plein air pendant la belle saison.

2. *Tubercules comprimés en forme de crêtes.*

80. Opuntia Imbricata (Haw.).

Synonymie. Opuntia Imbricata Haw. — *id.* Pfr. enum. diagn., p. 170. — *id.* Forst. Handb. dr. Cact., p. 503 et 502. — Opuntia Decipiens DC. Prodr. III, p. 474. — *id.* Pfr. enum. diagn., p. 172. — Opuntia Cristata Salm. — Cereus Imbricatus Haw. Rev., p. 70.

Patrie. Mexique.

Diagnostic. Tige dressée, rameuse, presque cylindrique; tubercules comprimés, même régulièrement comprimés en crêtes, presque pentagones; aréoles orbiculées, vélutineuses, insérées aux aisselles des tubercules, 6-12 aiguillons; staminés rigides, droites, les vieux enveloppés d'un épiderme en forme de gaîne.

Floraison. Fleurs roses.

Variétés. Opuntia Imbricata β. Tenuior Salm. — Opuntia Exuviata β. Augustior DC. Rev. p. 118. — Pfr. enum. p. 172. — Opuntia Decipiens Major Vendl. — Opuntia Cristata Tenuior Salm. l. c.

Tronc plus petit; rameaux plus allongés, subclaviformes; tubercules en cercles allongés, moins saillants.

Opuntia Imbricata γ. Ramosior Salm. — Opuntia Exuviata Spinosior DC. — *id.* Pfr. l. c.

Tige naine, plus rameuse; rameaux plus courts, plus grêles; tubercules raccourcis, serrés; aiguillons plus nombreux, subsétacés.

Culture. Serre tempérée pendant l'hiver, plein air pendant la belle saison.

81. Opuntia Tunicata (Lehm.).

Synonymie. Opuntia Tunicata Lehm. nov. act. nat. cur. XVI, P. 1, p. 319. — *id.* Pfr. enum. diagn., p. 170. — *id.* Forst. Handb. dr. Cact., p. 504. — Opuntia Exuviata α. DC. — *id.* Pfr. l. c. — Opuntia Furiosa Wendl. Catal. hort. Herrnh., 1835.

Patrie. Mexique et le Brésil septentrional.

Diagnostic. Tige subdressée, articulée, rameuse; articles atténués à la base, tuberculés; aréoles immergées, insérées au sommet des tubercules, oblongues, blanches, laineuses, spinifères à la partie inférieure; aiguillons engaînés, gaîne blanche molle, 4-6 grands, 2-3 tout à fait en bas, courts; foliole courte verte.

Tige de 30 cent. de haut sur 3 cent. de diamètre, devenant presque cylindrique avec le temps; articles de 18-22 millim. de diamètre; aiguillons sur les plantes originaires, longs de 50 millim., ceux du bas à peine longs de 9-13 millim.

Floraison? Fleurs?

Cette plante est identique avec l'Opuntia Exuviata A. DC.; l'Opuntia Ferox Windl. est plus grêle et plus rameux; il est muni d'aiguillons moins nombreux, mais il ne peut être séparé de cette espèce à cause de sa foliole qui est identique avec la nôtre.

Variétés. Opuntia Tunicata β. Levior Salm. — Opuntia Furiosa Vendl. — Opuntia Rosea DC.

Tige plus grêle, plus rameuse; aiguillons moins nombreux.

Culture. Serre tempérée pendant l'hiver, plein air pendant la belle saison.

82. Opuntia Stupeliæ (DC.).

Synonymie. Opuntia Stupeliæ DC. Rev., p. 117.— *id.* Pfr. enum. diagn., p. 171. — *id.* Forst. Handb. dr. Cact., p. 501.

Patrie. Mexique.

Diagnostic. Tige rameuse, irrégulière, cœspiteuse, articulée, vert foncé; articles ovés, oblongs; aréoles petites, tomenteuses, insérées aux aisselles des tubercules; 5-6 aiguillons rigides, staminés, sétacés, les plus âgés engaînés; foliole courte, verte.

Tige inarticulée, cylindrique, ligneuse vers la base, de 13 millim. de diamètre; aiguillons longs de 9 millim.

Floraison? Fleurs?

Culture. Serre tempérée pendant l'hiver, plein air pendant la belle saison.

83. Opuntia Arborescens (Engelm.).

Synonymie. Opuntia Arborescens Engelm. — Opuntia Exuviata Stellata Lem. — Opuntia Stellata Salm.

Patrie. Mexique, sur les bords du Rio del Nerte, à Santa-Fé, jusqu'à Chihuahua.

Diagnostic. Tige ligneuse, dressée, rameaux horizontaux; cylindrique, tuberculée, armée de nombreux aiguillons; aréoles oblongues; tomentum très-court; 12-30 aiguillons couleur de corne, staminés, porrigés.

Floraison. Fleurs terminales, pourpres.

Cette plante est identique avec l'Opuntia Stellata Salm.

Culture. Serre tempérée pendant l'hiver, plein air pendant la belle saison.

*** SUBFRUTESCENTES, EN FORME DE PETITS ARBRISSEAUX.

Tige subfrutescente ; rameaux dressés ou divergents , à peine tuberculés.

84. Opuntia Kleiniæ (DC.).

Synonymie. Opuntia Kleiniæ DC., p. 118. — *id.* Pfr. enum. diagn., p. 171. — *id.* Forst. Handb. dr. Cact., p. 506.

Patrie. Mexique.

Diagnostic. La plus forte de cette section. Tige rameuse, vert cendré ; rameaux dressés, cylindriques, tuberculés ; aréoles rangées en spirales, vélutineuses ; aiguillons biformes, les uns sétiformes, innombrables, rouges, immergés au milieu du tomentum blanc, les autres de 3-5 rigides, forts, celui du bas très-long, engaîné, tous fauve très-pâle ; foliole allongée.

Dans cette espèce, les aiguillons sont fauves ; la foliole est longue de 13-18 millim.

Floraison ? Fleurs ?

VARIÉTÉS. Opuntia Kleiniæ β. Lætevirens Salm.
A aiguillons staminés.

Culture. Serre tempérée pendant l'hiver, plein air en bonne exposition pendant la belle saison.

85. Opuntia Leptocaulis (DC.).

Synonymie. Opuntia Leptocaulis DC. — *id.* Pfr. enum. diagn., p. 173. — Opuntia Virgata hort. Berol.

Patrie. Mexique.

Diagnostic. Tige dressée, rameuse ; rameaux vert glauque ; aréoles des jeunes munies de laine frisée, caduque et d'une toute petite foliole ; aiguillons biformes, 3 inférieurs sétacés, noirâtres, ouverts, défléchis, les autres sétiformes, serrés, rougeâtres ; foliole deux fois plus longue que les aiguillons, sétacée, très-aiguë, à pointe rouge.

Tige de la grosseur du petit doigt ; rameaux de 6 millim. de diamètre ; jeunes aréoles munies de poils longs, blancs, nombreux ; aiguillons au nombre de 2-3 ; sétules rousses, longues de 3 millim.

Floraison ? Fleurs ?

Culture. Serre tempérée pendant l'hiver, plein air en bonne exposition pendant la belle saison.

86. Opuntia Gracilis (hort. Monac.).

Synonymie. Opuntia Gracilis hort. Monac. — *id.* Pfr. enum. diagn., p. 172. — Opuntia Virgata hort. Vendl.

Patrie. Mexique.

Diagnostic. Tige grêle, vert très-gai ; rameaux dressés en verges, cylindriques, allongés ; aréoles espacées, à insertions tuberculeuses, blanches, tomenteuses, munies dans la partie supérieure de quelques sétules courtes, brunes, fasciculées, dans les parties inférieures d'un aiguillon rigide, horizontal, corné, long, à pointe blanche, engaîné, gaîne jaune; foliole plus courte que dans l'espèce précédente; aiguillon central de 30 cent.

La tige est grêle, d'un vert très-gai; les rameaux sont érigés, réunis en verges, mais ils sont subouverts dans la variété; l'aiguillon central n'est jamais recouvert de sa gaîne dans les aréoles les plus âgées.

Floraison? Fleurs?

Variétés. Opuntia Graciis β. Subpatens Salm.

A rameaux divergents.

Culture. Serre tempérée pendant l'hiver, plein air pendant la belle saison.

87. Opuntia Frutescens (Engelm.).

Synonymie. Opuntia Frutescens Engelm. — *id.* Salm. Cact. in hort. Dyck., cult., p. 254.

Patrie?

Diagnostic. Tige dressée, rameuse, cylindrique, ligneuse; les plus jeunes rameaux verts, articulés, ceux des extrémités sont plus courts, cassants, cylindriques, à peine tuberculés ou anguleux; les folioles sont subulées, aiguës, décidues, insérées sur les aréoles qui sont garnies, dans leur partie supérieure, de faisceaux de sétules aciculaires courtes, et dans la partie inférieure d'un aiguillon long de 9-13 millim., porrigé, isolé, défléchi, recouvert d'un fourreau étroit.

Les fleurs sont latérales et se développent sur les rameaux de l'année précédente; l'ovaire est claviforme, à base subpentagone stipitée; 8 sépales lancéolées passant du vert au jaune soufre; corolle rotacée, formée de 8 pétales imbriqués, obovés, lancéolés, terminés en pointe allongée raides; ils sont jaune soufre, légèrement cernés de vert; 40-50 étamines inégales; 5 stigmates à lobes érigés.

Baie charnue, rouge, portant peu de graines qui avortent très-souvent, et alors la baie qui est persistante porte elle-même de nouvelles branches.

Culture. Serre tempérée pendant l'hiver, plein air pendant la belle saison.

88. Opuntia Ramulifera (Salm).

Synonymie. Opuntia Ramulifera Salm hort. Dyck., p. 360. — *id.* Pfr. enum. diagn., p. 173. — *id.* Forst. Handb. dr. Cact., p. 507.

Patrie. Mexique.

Diagnostic. Tige dressée, rameuse; rameaux grêles, atténués à la base, subtuberculés; aréoles nues, serrées; aiguillons fauves, bruns, 6-8 intérieurs subradiants, 1 central plus fort engaîné; foliole aiguë à pointe couleur de rouille.

Rameaux de 9-11 millim. de diamètre; aréoles nues et non laineuses; aiguillons longs de 6-15 millim., dont 1 central engaîné.

Floraison? Fleurs?

Culture. Serre tempérée pendant l'hiver, plein air pendant la belle saison.

PARADOXÆ, Opuntia dont la tige prend les dimensions et la forme d'un véritable arbuste.

Tige arborescente, rameuse, ovée, rugueuse et rameaux ronds, subligneux, portant les articles; articles comprimés, minces, tuberculés, espacés; aréoles tomenteuses; aiguillons vigoureux.

89. Opuntia Braziliensis (Haw.).

Synonymie. Opuntia Braziliensis Haw. suppl., p. 790. — Bot. magaz., t. 3293. — *id.* Pfr. enum. diagn., p. 168. — *id.* Abbild., t. 29. — *id.* Forst. Handb. dr. Cact., p. 499. — Cactus Braziliensis Wild. enum., suppl. 33. — Cactus Paradoxus Hornem. hort. Hafn. 2, p. 443. — Peson, de medic. Brasil., p. 400, F. 2.

Patrie. Brésil.

Diagnostic. Tige devenant très-haute, arborescente; cylindrique, épaisse, ligneuse; aréoles espacées, subtomenteuses; aiguillons longs, blancs; rameaux horizontaux, ovales, souvent atténués à la base, ténus, presque membraneux, tuberculés; aréoles des rameaux subnues; aiguillons longs, isolés; foliole courte, conique, verte.

Tige s'élevant à 6 mètres de hauteur sur 5 cent. de diamètre. Les rameaux les plus anciens devenant cylindriques, articulés, à articles membranacés, vert luisant; ceux du bas toujours caducs.

L'Opuntia Braziliensis est une des plus belles espèces; il est d'une croissance assez rapide; on rencontre assez souvent dans les Collections d'Europe des sujets de 5-8 mètres de hauteur sur 6-7 cent. d'épaisseur; il en existait un de 6 mètres de hauteur dans les serres du fleuriste de Sèvres. M. Gonduin, qui en était le jardinier en chef, m'a dit avoir fait lui-même la bouture une douzaine d'années auparavant. Sur les jeunes sujets, les branches ainsi que les articles sont minces, aplanis; au contraire, sur les forts sujets, ils sont cylindriques, de 13-18 cent. de long, et garnis d'articles plats.

Articles de 6-15 cent. de long sur 4-5 cent. de large, très-minces. Les branches et les articles inférieurs tombent à mesure que la plante s'élève et donne de nouvelles branches.

Les aiguillons ont de 2-6 centimètres; chaque article est garni de quelques aréoles seulement. Les folioles sont très-petites, globuleuses, d'abord rougeâtres, puis vertes.

Floraison. Pendant tout l'été. Les fleurs sont belles, jaune citron, de 3 cent. de diamètre; elles se développent sur les bords aigus des articles plats; elles sont déjà abondantes et nombreuses sur les sujets de 2 mètres de hauteur. L'ovaire a 3 cent. de long; il est épais, vert luisant, tuberculé; les tubercules portent partout des aréoles garnies de sétules et de petites folioles très-courtes et épaisses. Les sépales sont assez épaisses, charnues, courtes, jaune verdâtre; les pétales sont inégaux, assez charnus, à peu près au nombre de 15; les externes sont d'un jaune clair, avec nervure médiane foncée; les internes, plus longs, jaune citron, étroites au bas et larges vers la pointe, avec une petite pointe velue. Les étamines sont jaunes étalées; les anthères blanches; le pistil jaune soufre terminé par 5 divisions stigmatiques velues, rouges sur le dos.

La baie, qui mûrit en quelques mois, a 4 cent. de diamètre; elle est d'un jaune transparent, elle est parsemée d'aréoles formées de faisceaux de sétules brunes, cassantes et aciculaires; elle est remplie d'une pulpe succulente, acidulée et agréable; elle renferme de 1–4 graines très-grosses, de 6 millim. de diamètre, rondes, enveloppées d'une masse fibreuse.

VARIÉTÉS. Opuntia Braziliensis β. Spinosior hort. angl., variété portant beaucoup plus d'aiguillons.

Opuntia Braziliensis γ. Minor hort. Berol.— γ. Schomburgii Salm, qui est, dit-on, moins élevée.

Culture. Serre tempérée pendant l'hiver, plein air en bonne exposition pendant la belle saison.

Plante trop nouvelle et dont les sujets sont trop jeunes pour qu'il ait été possible de les classer.

90. Opuntia Celsiana (hort. Paris).

Synonymie. Opuntia Celsiana hort. Paris.

Patrie?

Diagnostic. Tige dressée, vert foncé, articulée; articles très-plats, allongés; aréoles petites, munies de tomentum rude gris, très-court, et de trois aiguillons aciculaires, fauve roux; quelquefois 2 autres plus courts; tous fasciculés, dressés, très-peu divergents.

Floraison? Fleurs?

Culture. Serre tempérée pendant l'hiver.

91. Opuntia Protracta (Lem.).

Synonymie. Opuntia Protracta Lem. Cact. gen. nova, p. 70.

Patrie?

Cette plante diffère assez de l'Opuntia Vulgaris, surtout par ses aiguillons dirigés vers le bas, à l'inverse des autres; elle est remarquable par des articles suborbiculés et non ovés, d'un vert brillant; parmi ses aiguillons, il en existe un ou deux blancs, longs d'environ 30 millim. et avortant souvent; les aiguillons pénicillés sont beaucoup plus nombreux que dans l'espèce citée, plus vigoureux, d'un rouge brillant; sa fleur est d'un jaune vert, nette et grande.

Il ne donne pas de description de cette plante, elle est placée, dans sa classification, dans le groupe des articulés, entre l'Opuntia Microdasis et l'Opuntia Vulgaris.

Opuntias indiqués sur les Catalogues, dont il n'existe pas de description, et qui sont inconnus en France.

Opuntia Darwinii (hort. Angl.).

Opuntia Demoriana (hort. Monac.)..

Opuntia Deppei (Wild.).

Opuntia Flavispina (hort. Berol.). A aiguillons jaune doré. Peut-être est-il synonyme de l'Opuntia Flavescens.

Opuntia Flexibilis (hort. Monac.). A aiguillons flexibles.

Opuntia Galapayia (hort. Angl.).

Opuntia Jussieui (Haage).

Opuntia Phyllacantha (Salm). A aiguillons foliacés. Peut-être est-il synonyme avec l'Opuntia Platyacantha Lem.

Opuntia Pulverata (hort. Berol.). Opuntia dont l'épiderme est couvert de poussière. Peut-être est-ce l'Opuntia Farinosa Monv. (*voir* Cereus Farinosus.)

Le genre Opuntia a été créé par Tournefort; il le caractérisait par une corolle polypétale, un tube court, presque nul, soudé à l'ovaire. Mais ce caractère, quoique séparant nettement le genre Opuntia de ceux qui précèdent, pour cette époque déjà, était incomplet, puisqu'il s'applique également à plusieurs espèces qui appartiennent au genre suivant, qui se différencie aussi par un tube nul, des pétales obovés, des divisions du stigmate nombreuses, fasciculées ou disposées en spirale, et par une baie tuberculeuse et ombiliquée.

Depuis, Lemaire a réuni au genre de Tournefort, les Cerei Opuntiacei de Pfaiffer, parce que la présence d'aiguillons d'espèces différentes, loin de les éloigner, les rapproche au contraire entièrement des autres Opuntias.

Aujourd'hui, tel qu'il est constitué, le genre Opuntia est nettement séparé des autres genres, tant par ses caractères botaniques que par ses caractères naturels.

Sa corolle rotacée, son tube très court, le séparent de tous les genres qui appartiennent au premier embranchement; sa baie ombiliquée et nue le distingue du genre des Rhipsalidées; et enfin, son style claviforme à la base et le nombre de ses divisions stigmatiques le différencient à leur tour du genre Peirescia.

Son port, les folioles cylindriques des jeunes aréoles, la présence presque constante, dans chaque corolle, de deux espèces différentes d'aiguillons, les uns aciculaires, très-fins et courts, les autres vigoureux, sont des caractères naturels qui ne permettent pas de confondre un Opuntia avec une plante du premier embranchement, ni même avec l'un des deux genres avec lesquels il forme notre second embranchement; car, dans l'un, les folioles sont à l'état de squammes, dans l'autre elles sont complétement développées, et ni l'un ni l'autre de ces deux genres ne montre dans ses espèces ces aiguillons de natures différentes, dont une est particulière, on pourrait presque dire, dans l'état de nos observations, caractéristique du genre Opuntia.

Si, observé dans certains rapports, nous trouvons que notre genre se différencie facilement des autres genres, sous d'autres rapports nous voyons des caractères qui, sans pouvoir jamais les confondre avec les autres, permettent d'observer entre eux de grands rapports d'analogie.

Dans les Opuntias, comme dans le plus grand nombre des Cactées observées, l'inflorescence est aréolaire. On peut se demander si elle est axillaire, ou bien si elle est apicillaire. Auquel des deux modes d'inflorescence appartient le genre Opuntia? Ici les folioles qui accompagnent chaque aréole sont insérées en dessous du faisceau d'aiguillons, de sorte que, par rapport à la position de cette foliole, on peut dire que l'aréole est axillaire. Dès lors, s'il était utile de grouper les Cactées en se fondant sur leur mode d'inflorescence, les] Opuntias viendraient se ranger près des Melocacteæ, avec lesquels, sauf le mode d'insertion des lobes des verticilles floraux, leur soudure ou leur état de liberté, on trouverait peut-être encore quelques rapports éloignés d'analogie.

Sous le rapport du développement annuel des aiguillons dans chaque aréole, on trouve de grandes analogies avec le développement des aiguillons des Echinopsis et des Cerei.

Le prince de Salm, se fondant sur l'observation des

fleurs des Opuntias Coccinellifera, Dejecta et Auberi, a formé de ces plantes le nouveau genre Nopalea, voisin du genre Opuntia.

Pour nous qui conservons le genre des Opuntias, cette distinction, établie sur l'adhérence ou l'état de liberté des lobes du périanthe, la longueur des organes de la reproduction par rapport au périanthe, devient un caractère bien suffisant pour distinguer deux sous-genres dans le même genre Opuntia. Telles sont à peu près les seules différences que nous avons apportées à la classification que le prince de Salm a donnée pour notre second embranchement.

Les Opuntias sont partagés en six groupes. Nous n'avons pas pu nous servir d'un caractère constant et invariable pour différencier ces groupes et pour les former; tantôt nos caractères sont tirés de la forme de la tige et tantôt de son port; malgré cela, l'un de nos groupes renferme à lui seul près de la moitié des plantes qui composent notre sous-genre [1].

Pour cela, nous avons dû réunir les groupes Platyacanthæ et Glomeratæ en un seul, qui forme le groupe des Opuntiæ Ovatæ; il se sous-divise ensuite en Opuntias à aiguillons plats et Opuntias à aiguillons cylindriques, lesquels se sous-divisent en se fondant sur le port des articles qui sont couchés, ou dressés ou subdressés.

En procédant de la sorte, nous avons formé le groupe des Cruciatæ, qui se distingue par ses articles disposés en croix; il est sous-divisé en Opuntias inermes et en Opuntias à aiguillons.

Suit celui des Elephicæ à articles elliptiques et qui est le plus nombreux; l'observation des aiguillons permet de le sous-diviser en Opuntias chevelus, Opuntias à aiguil-

---

[1] Cela tient sans doute à ce que les Opuntias n'ont pas été suffisamment observés; car, quoique leur forme soit variée et tout aussi remarquable que celle des autres Cactées, ils sont peu cultivés, et sont moins recherchés par les amateurs, soit à cause de leur armure qui en fait des hôtes un peu intraitables, soit parce que beaucoup ne fleurissent qu'un peu tard, parviennent à un assez grand développement et demandent beaucoup de place : aussi est-il rare de voir en France (au moins) une Collection renfermant une trentaine d'espèces différentes d'Opuntias.

lons jaunes, Opuntias à aiguillons blancs, et enfin à Opuntias inermes. Chacune de ces divisions se sous-divise en deux ou trois sous-divisions qui sont caractérisées tantôt par une observation plus minutieuse des aiguillons, tantôt par un caractère secondaire de la tige.

Vient ensuite le groupe des Opuntias Divaricati, opuntias dont les articles s'écartent de la tige dès leur origine ; il se divise aisément en Opuntias à articles comprimés et Opuntias à articles cylindriques.

Puis, notre groupe des Opuntias Ovatæ qui est suivi par celui des Cylindroceæ, contenant trois divisions caractérisées par l'absence ou la présence de tubercules sur les articles, ou bien par le port ; la division des Tuberculatæ se sous-divise elle-même suivant la nature des tubercules, qui sont aplanis ou comprimés en forme de crêtes

Enfin, nous terminons la série par le groupe des Paradoxæ, qui représente de véritables arbrisseaux ; il est constitué par une seule espèce et ses variétés.

3ᵉ genre,

PEIRESCIEÆ.

Fleurs très-souvent terminales, solitaires ou subpaniculées, parfois pédonculées, rotacées, grandes, étendues en rose; baie constamment émergente, perdant les restes desséchés du périanthe, souvent ornée de lacinies foliacées.

Plantes charnues, ligneuses, portant des feuilles persistantes, charnues, subulées ou aplanies, ou parfois tombant pendant l'hiver.

Peirescia (Plum.).

Synonymie. Pereskia Plum. gen., p. 35. — Mill. dict. — Haw. synop. — DC. Prodr. et alii.

Le tube du périgone ne dépassant pas l'ovaire; lacinies sépaloïdes, foliiformes, les pétaloïdes dilatées, étendues en rose; étamines nombreuses, libres, plus courtes que le limbe; style filiforme; stigmate multiradié; rayons fasciculés ou disposés en spirales; baie dès le principe émergente, piriforme ou ovoïde, ombiliquée au sommet, garnie de lacinies sépaloïdes, foliiformes, ou de tubercules portant aréoles.

Arbre ou sous-arbrisseau; tige charnue, ligneuse, plus ou moins élevée, rameuse et portant de véritables feuilles; épiderme des feuilles charnues, semi-cylindriques, ou aplanies ou tout à fait planes, veineuses, pétiolées ou sessiles, se reproduisant chaque année pendant la période de végétation, à aisselles portant des aréoles; aréoles souvent armées d'aiguillons très-forts; fleurs terminales ou isolées, ou réunies aux extrémités des branches en panicules (rarement éparses sur les branches), sessiles ou pédonculées.

* A FEUILLES CHARNUES.

1. Peirescia Pœppigii (Salm).

Synonymie. Peirescia Pœppigii Salm. — Opuntia Pœppigii Pfr. enum. diagn., p. 174.

Patrie. Chili.

Diagnostic. Tige basse, dressée, mince, cylindrique, irrégulière, ligneuse à la base; rameaux ronds, verts, divergents; aréoles subresserrées, blanches, tomenteuses; aiguillons blancs, rigides, le plus souvent trois, dont deux latéraux, courts, et celui du milieu dressé, plus long. Feuille cylindrique, allongée, verte, persistante.

Tige haute de 16-25 cent. sur 9 millim. de diamètre; aiguillons, le plus long de 20-25 millim., les autres 4-9 millim. de long; les folioles sont longues de 7 millim.

Floraison? Fleurs?

La forme de ses folioles le rapproche des Opuntias, mais leur persistance est un caractère tranché qui en fait un Peirescia; d'ailleurs son port, qui est exactement celui d'un arbrisseau, ses branches cylindriques, ligneuses, et enfin les aiguillons ne peuvent laisser aucun doute.

Culture. Serre chaude pendant toute l'année, cependant on le conserve depuis nombre d'années, bien qu'on le mette dehors pendant la belle saison seulement.

2. Peirescia Subulata (Muhlenpf.).

Synonymie. Peirescia Subulata Muhlenpf. A. G. Z., 1845, p. 347. — *id.* Salm. Cact. in hort. Dyck., cult., p. 252.— *id.* Forst. Handb. dr. Cact., p. 523.

Patrie. Valparaiso.

Diagnostic. Tige dressée, cylindrique, rameuse, subligneuse; écorce grise, rugueuse dans la partie inférieure; aréoles pileuses; 2-4 aiguillons rigides, pâles (longs de 2-3 cent.). Feuilles persistantes, vert luisant, en patte d'oie, semi-cylindriques, atténuées, pulviligère à son insertion.

La tige a 60 cent. de haut et 4 cent. de diamètre; elle est rameuse à son sommet; les aréoles sont garnies de tomentum blanc, portant de 2-4 aiguillons droits, de 4-5 cent. de long; ils sont jaune pâle. Les feuilles ont de 8-9 cent. de long; elles sont persistantes pendant plusieurs années.

Floraison? Fleurs?

Culture. Comme le précédent.

3. Peirescia Spatulata (hort. Berol.).

Synonymie. Peirescia Spatulata hort. Berol. — *id.* Pfr. enum. diagn., p. 176. — Peirescia Crassicaulis Zucc.

Patrie. Mexique.

Diagnostic. Tige rousse, dressée, mince, enfin ligneuse; rameaux épars, défléchis; aréoles espacées tomenteuses; les jeunes laineuses,

munies de 1-2 aiguillons blancs, insérés à sa partie inférieure, et de
sétules brunes, fasciculées dans sa partie supérieure; feuilles épaisses,
vertes, spatulées. Il existe en Europe des sujets de 1^{m}60 à 2 mètres;
les aiguillons ont 27-30 millim. de long, et les sétules de 6-12 millim.
Les feuilles ont de 3-8 cent. sur 13-20 millim. de diamètre.

Floraison? Fleurs? Il n'a pas encore fleuri en Europe, Karwinskii,
qui l'a observé au Mexique, dit qu'elle est rouge.

VARIÉTÉS. Peirescia Lanceolata hort. Berol.—*id.* Salm. Diffère du
précédent par ses feuilles plus étroites, lancéolées (longues de 15 cent.
et larges de 12 millim.).

Culture. Serre chaude comme les précédents.

4. Peirescia Calandrinięfolia (hort. Berol.).

Synonymie. Peirescia Calandrinięfolia hort. Berol. — *id.* Salm. Cact. in
hort. Dyck. cult., p. 252. — *id.* Forst. Handb. dr. Cact., p. 511. —
Peirescia Pititache Karw.

Patrie. Mexique.

Diagnostic. Tige élevée, ligneuse; aréoles serrées, convexes, grises,
tomenteuses, presque sans laine; 5-6 aiguillons grêles, fauves, bruns;
foliole spatulée, lancéolée, aiguë, très-atténuée en bas, charnue, vert
gai (longue de 8 cent. sur 2 de large dans la partie la plus étendue).

Tige haute de 1^m 30–1^m 60, s'élève beaucoup plus au Mexique.
Feuilles longues de 4 cent. sur 2 de diamètre.

Floraison? Fleurs?

On indique aussi un Peirescia Lanceolata hort. Berol, qui n'est peut-
être qu'une variété de celui-ci; Forster dit que toutes les plantes qu'il
a vues cultivées sous ce nom, sont identiques soit avec le Peirescia Spatulata, hort. Berol, soit avec le Peirescia Aculeata β. — Lanceolata Pfr.

Culture. Au moins la serre tempérée pendant toute l'année.

** FEUILLES PLANES, VEINÉES.

5. Peirescia Aculeata (Plum.).

Synonymie. Peirescia Aculeata Plum. Bot. magaz., t. 1928, nov. gon. 37.
Dell. h. Elth., p. 305, t. 227, f. 29. — Haw. syn., p. 197. — *id.* Pfr. enum.
diagn., p. 175. — Cactus Pereskia Lin. — Cactus Portulaceus Americana, etc., Pluk. Alm. 135, t. 215, f. 6. — Groseiller des Barbades dam.
cours.

Patrie. Indes Occidentales.

Diagnostic. Tige dressée, ligneuse; rameaux grêles, très-longs, grimpants; aréoles sublaineuses; aiguillons gemminés, recourbés; plus tard
fasciculés vers le tronc, feuilles vertes, oblongues, acuminées, glabres.

Dans les Collections, les sujets n'ont que 20-25 cent. de haut; les
aiguillons recourbés, 5-6 millim. de long; ceux qui sont fasciculés sont
le double plus longs. Feuilles longues de 5-8 cent. sur 4 de diamètre.

Floraison? Fleurs. Subpaniculées; sépales vertes, linéaires; pétales blancs ou jaunes, avec une teinte verte; ils sont ovales et bisériés. Baie globuleuse, jaunâtre, de 8 cent. de diamètre.

Variétés. Peirescia Aculeata β. Rubescens Pfr. l. c.

Patrie. Indes occidentales.

Aréoles plus laineuses; feuilles ovées, acuminées, rouge violet en dessous; elles sont ovales, acuminées, longues de 5 cent. sur 35 millim. de diamètre.

Peirescia Aculeata γ. Rotundifolia Pfr. l. c. — Syn. Peirescia Longispina hort.

Patrie. Amérique méridionale.

Aréoles sublaineuses; feuilles arrondies, acuminées, d'abord rouges en dessous, plus tard vertes. 8 cent. sur 7 de diamètre.

Peirescia Aculeata δ. Lanceolata Pfr. l. c. — Synon. Peirescia Braziliensis hort. Handb.

Patrie. Indes occidentales. Le nom indique qu'il est du Brésil.

Aréoles peu laineuses; feuilles lancéolées, acuminées, rouges en dessous, longues de 10 cent. sur 4 de diamètre.

Culture. Serre chaude.

6. Peirescia Bleo (DC.).

Synonymie. Peirescia Bleo DC. Prodr. iii, p. 475. — *id.* Pfr. enum. diagn., p. 476. — *id.* Abbild., t. 30. — Bot. reg., t. 1473. — Cactus Bleo Hb. et Kunth. nov. gen. Am. 6, p. 69. — Botan. regist., t. 1473. — Botan. magaz., t. 3478. — Otto's Gz., 1836, nº 20, s. 158. — Reichenb. fl. exot., 328. — Peirescia Cruenta hort.

Patrie. Nouvelle-Grenade, sur les bords du fleuve de la Madeleine et au Mexique.

Diagnostic. Arborescent, rameux; rameaux cylindriques, verts; aréoles espacées, fauves, tomenteuses; 7-8 aiguillons inégaux, noirs, rigides, subfasciculés; feuilles vertes, ponctuées en dessus, obovées, acuminées.

C'est sans contredit la plus belle espèce de nos Collections; sa tige, en Europe, s'élève à près de 2 mètres de hauteur sur 4 cent. de diamètre; aiguillons longs de 24-32 millim.; feuilles de 10 cent. de long sur 4 de diamètre; elles sont presque pédonculées.

Floraison. Terminée en Mai et Juin. Fleurs pédonculées; sépales courtes, vertes; pétales ovales, tronqués, étalés; carnés, rouge rose et blanchâtres en dessous; étamines rouges, blanches à leur base; division du stigmate, de 5-7.

Culture. Serre chaude, ou au moins la serre tempérée.

Cette plante fleurit très-jeune. On rencontre quelquefois dans nos serres des sujets de 30-35 cent. de hauteur qui sont couverts de fleurs.

Cette plante a été introduite par Alexandre de Humboldt, qui l'a rencontrée dans son voyage à la Nouvelle-Espagne; il lui a conservé le nom de Bleo qui lui est donné par les indigènes; il paraît que plus tard elle a été importée du Mexique en Angleterre sous le même nom.

7. Peirescia Grandifolia (Haw.).

Synonymie. Peirescia Grandifolia Haw. suppl., p. 85. — *id.* Pfr. enum. diagn., p. 177. — Cactus Grandiflorus Link. enum. 2, p. 25. — Reichenb. fl. exot., 329. — Peirescia Grandiflora hort.

Patrie. Brésil.

Diagnostic. Arborescent, très-élevé; aréoles serrées, fauves, tomenteuses; 8-10 aiguillons bruns, inégaux; feuilles vertes, rudes en dessus, lancéolées.

La tige et les branches sont semblables à celles du Peirescia Bléo; ses aréoles sont plus rapprochées, et ses aiguillons plus nombreux, plus courts et plus foncés; ils sont noirs; ils ont de 15-25 millim. de long, et même de 50 millim., d'après Haworth; les feuilles ont 10-13 cent. de long; elles sont presque pédonculées.

Floraison. Au printemps. Fleurs terminales, sépales vertes, foncées; pétales rouges, rosés, passant au violet, étroits à la base et plus larges en haut; étamines rouges; anthères jaunes.

Culture. Serre chaude, ou au moins la serre tempérée.

**** PEIRESCIA, CONNUS SEULEMENT PAR DES DESCRIPTIONS ET QUI N'ONT PAS ENCORE ÉTÉ INTRODUITS EN FRANCE.

8. Peirescia Zinniæflora (DC.).

Synonymie. Peirescia Zinniæflora DC. Revue des Cact., p. 75 et pl. 17.

Patrie. Mexique.

Diagnostic. Arbrisseau à feuilles ovales, ponctuées, ondulées, d'un beau vert, rétrécies à leur base en un pétiole très-court. Les feuilles raméales ont à chaque côté de leur aisselle un seul aiguillon droit et d'un brun rougeâtre; les aréoles des vieux rameaux sont bordées par 3-5 aiguillons.

Les fleurs sont solitaires, terminales, et ressemblent assez à celles de la Zinnie élégante; leurs pétales sont de couleur pourpre, verdâtres en dehors, étalés, profondément et obtusement échancrés en cœur à leur sommet; les étamines sont courtes, nombreuses, à filets rougeâtres et anthères d'un beau jaune; le style paraît plus court que les étamines; le fruit n'a pas été observé.

9. Peirescia Lychnidiflora (DC.).

Synonymie. Peirescia Lychnidiflora DC. Rev. des pl. grasses, p. 75 et pl. 18 (figuré également dans la flore du Mexique sous le nom de Cactus Fimbriatus).

Patrie. Mexique.

Diagnostic. Rameaux cylindriques, ligneux, un peu charnus; les feuilles sont grandes, ovales, pointues, sessiles, caduques, planes, munies d'une nervure longitudinale. De leur aisselle part un long aiguillon solitaire, roide et étalé. Les fleurs sont solitaires et terminales: l'ovaire ou le renflement du rameau qui renferme l'ovaire est chargé de sépales

foliacées, semblables aux feuilles, mais plus petites et dépourvues d'aiguillons à leur aisselle.

La fleur est grande, en forme de rose à 15 ou 20 pétales cunéiformes, tronqués et fortement dentés ou frangés à leur sommet;
leur couleur est d'un jaune abricot tirant sur la couleur de feu, et approchant de celle du Lychnis Grandiflora, à laquelle la fleur de notre
plante ressemble assez bien; les étamines sont très-courtes, à anthères
jaunes. Le stigmate est en tête, au milieu des anthères.

10. Peirescia Opuntiœflora (DC.).

Synonymie. Peirescia Opuntiœflora DC. Revue des Cactées, p. 76,
pl. 18.

Patrie. Mexique.

Les feuilles sont obovées, mucronées, planes, un peu rétrécies en bas,
comme pétiolées, longues de 18-25 millim., quelquefois gemminées; de
l'aisselle de la plupart sort un aiguillon grêle, roide, solitaire, étalé, et
deux fois plus long que les feuilles.

Les fleurs sont terminales et comme légèrement pédicellées; elles
ressemblent à celles des Opuntias en ce que leur ovaire, au lieu de
porter des écailles foliacées, ne présente que de petits tubercules ou faisceaux de poils avortés; les sépales sont sur deux rangs, au sommet de
l'ovaire, ovales, obtus et verdâtres; les pétales sont d'un jaune rouge,
sale et incertain, ils sont ovales, ouverts, entiers; la fleur n'a guère que
2 cent. de diamètre; les étamines sont nombreuses, très-courtes, à
anthères jaunes, serrées autour du stigmate qui est en tête.

11. Peirescia Rotundifolia (DC.).

Synonymie. Peirescia Rotundifolia DC. Rev. des Cactées, p. 77, pl. 20
(donné dans la Flore du Mexique sous le nom de Cactus Fratescens).

Patrie. Mexique.

Diagnostic. Tige cylindrique, ligneuse, rameuse; rameaux étalés;
feuilles alternes, planes, sessiles, caduques, orbiculaires, mucronées; à
leurs aisselles sont des aiguillons solitaires et plus longs qu'elles.

Les fleurs naissent sur des rameaux courts et latéraux; leur ovaire est
chargé de sépales étalées, semblables aux feuilles; les pétales sont au
nombre de 8-10, arrondis, ouverts, légèrement mucronés, d'un jaune vif
tirant çà et là sur le rouge feu; les étamines sont courtes, mais moins
serrées que dans l'espèce précédente. Le style est épais, rougeâtre, terminé par des stigmates en tête.

Le fruit est une baie obovée, tronquée et ombiliquée au sommet, de
couleur rouge, dépourvue d'écailles, mais chargée de petits tubercules
desquels naissent des faisceaux de soie peu apparents.

12. Peirescia Horrida (DC.).

Synonymie. Peirescia Horrida DC. — *id.* Forst. Handb. dr. Cact.,
p. 523. — Cactus Horridus Humb.— *id.* Bompl. et Kunth.

Patrie. Brésil.|

Diagnostic. Tige arborescente, rameuse; rameaux cylindriques; aréoles velues, portant 2-3 aiguillons; feuilles alternes, allongées, aiguës aux extrémités.

Fleurs axillaires, pédonculées, petites, rouges; on le trouve dans toute la contrée que traverse le fleuve des Amazones, sur les collines arides et sèches.

13. Peirescia Glomerata (Pfr.).

Synonymie. Peirescia Glomerata Pfr.

Patrie.

Diagnostic. Tige basse, portant de nombreux aiguillons; feuilles très-serrées; aiguillons rouges, jaunes.

Meyer, dans sa Géographie des plantes, p. 173, dit à son sujet : On la rencontre sur le plateau sud des Cordillières de Tacna, Pérou; près de la limite de la végétation, à 5,000 mètres au-dessus du niveau de la mer, ou en rencontre des buissons de 50 cent. de haut, d'une couleur fauve, ils forment une masse compacte hérissée d'aiguillons également de couleur fauve, et longs de 5-8 cent. Les fleurs sortent au milieu de ces aiguillons sans les dépasser; ces masses, dit-il, contribuent beaucoup à caractériser l'aspect de ces contrées sauvages, où, à une certaine distance, elles peuvent être prises pour une bête fauve étendue sur la terre.

Il est à remarquer qu'à cette hauteur la végétation des Cactées a presque complétement disparu sous cette latitude.

CULTURE DES CACTÉES.

Introduction.

Il y a quelques années, toutes les Cactées étaient soumises à un mode de culture tout à fait arbitraire, et complétement opposé à celui que semble réclamer leur organisation; aussi il n'est pas rare, même de nos jours, d'entendre dire que ces plantes n'offrent pas d'attrait, d'entendre demander si elles se reproduisent de graines, si elles fleurissent; quelques personnes, mieux instruites, prétendent même qu'elles fleurissent tous les cent ans.

Il serait bien plus juste de dire : Il est étonnant que ces plantes aient pu résister aux traitements auxquels on les a soumises, car il est incroyable que des espèces importées déjà depuis longtemps aient pu se perpétuer jusqu'à nous; en effet, quelle est la plante de telle famille, de tel genre que l'on choisira, qui, constamment privée d'eau, dont les racines enfermées dans une terre compacte devenue souvent dure comme de la pierre, pourrait résister même pendant un mois à un tel mode de culture? Aujourd'hui encore, contrairement à ce que prescrit le bon sens, il est fréquent de voir des jardiniers, des amateurs cultiver leurs Cactées, renfermées pendant toute l'année sous les vitrés d'une serre, privées d'air et de toute humidité, cela, parce que ces plantes nous viennent des pays chauds. Aussi chez eux, ces plantes sont-elles étiolées, privées de leurs caractères, qui, presque toujours, sont leur parure, et quand par hasard quelques circonstances fortuites sont venues aider la nature à surmonter momentanément les obstacles que lui oppose l'inintelligence du cultivateur, elles offrent une végétation lente et triste qui s'éteint promptement, avant d'avoir pu produire les merveilles de floraison qui accompagnent toujours une riche végétation.

Ce préjugé de culture, adopté pour les Cactées, tout à fait contraire aux différents procédés dont les horticulteurs les moins expérimentés ne s'écartaient jamais pour les autres végétaux, tient à ce que ces plantes nous arrivent la plupart du temps sans être accompagnées d'indications suffisantes sur leurs habitus. Ces plantes viennent du Mexique; c'est là une indication suffisante presque toujours, pour que l'on croie qu'elles exigent une température très-élevée, des conditions de culture semblables à celles qu'exigent les plantes qui habitent la zone torride. On semble ignorer que, même dans les régions tropicales, la température varie à mesure qu'on s'élève verticalement; que, dans un même pays, la nature du climat change plusieurs fois à mesure que l'on gravit les flancs des hautes chaînes de montagnes qui les coupent, et que là, sur une petite étendue de terrain, la nature offre successivement les variétés des produits appartenant aux climats extrêmes, depuis ceux qui constituent la riche végétation des régions tropicales, jusqu'aux arbrisseaux rabougris qui couronnent les cimes des plus hautes montagnes de nos pays.

D'après le baron de Karwinski, au Mexique, dans les régions tempérées dont le climat est presque constamment le même que celui de notre pays pendant l'été ou plutôt la seconde moitié du printemps, on trouve les *Cereus Erectus*, Haw.; *Dyckii*, Mart.; *Columna Trajani*, Karw.; *Glaucus*, Karw.; les *Mammillaria Crucigera*, Mart.; *Columnaris*, Pfr.; *Polythele*, Mart.; *Quadrispina*, Mart.; *Gladiata*, Mart.; *Pycnacantha*, Mart.; *Uberiformis*, Zucc.; *Uncinata*, Zucc.; *Karwinskiana*, Zucc.; *Carnea*, Zucc.; *Dyckiana*, Zucc.; *Polyedra*, Mart.; *Scitziana*, Mart.; *Zuccariniana*, Mart.; *Cirrhifera*, Mart.; *Sphacelata*, Mart.; *Stellata*, Mart.; *Supertexta*, Mart.; *Macrothele*, Mart.; *Lhemmani*, Link. et Otto.; *Brevimamma*, Zucc.; *Exsudans*, Zucc.; les *Echinocactus Leucacanthus*, Zucc.; *Ingens* Karw.; *Recurvus*, Haw.; *Phyllacanthus*, Mart.; *Crispatus*, Mart.; *Anfractuosus*, Mart.; *Karwinskii*, Zucc.; *Hystrix*, Mohv.;

Spiralis, Karw.; *Robustus*, Karw., etc. Dans les régions froides du Mexique, où le thermomètre reste constamment au-dessous de 18° centigrades, *Mam. Mystax*, Mart.; *Glochidiata*, Mart.; *Elegans*, DC.; *Acanthoplegma*, DC.; *Rutila*, Zucc.; *Cereus Flagriformis*, Zucc.; *Martianus*, Zucc.; *Gemmatus*, Zucc.; *Echinocactus Macrodiscus*, Mart. Au contraire, d'après d'autres voyageurs, quelques plantes, et presque tous les Mélocactes, se rencontrent dans les plaines et les vallées basses où la température est très-élevée et l'air étouffant; d'autres plantes encore, telles que les Phyllocactes, les Épiphylles, se rencontrent dans l'intérieur des forêts, où la chaleur, quoique moins intense, est cependant étouffante encore, à cause de la lenteur avec laquelle l'air s'y renouvelle.

Si on compare ces conditions climatériques aux expériences qui ont parfaitement réussi au petit nombre des cultivateurs qui les ont tentées, on reconnaîtra que le mode de culture anciennement suivi n'est en aucune façon en rapport avec l'habitus des Cactées dans leur patrie, et que, loin de les tenir dans un état de sécheresse complet, on doit au contraire les exposer à l'air libre, à l'influence des rayons du soleil, les mouiller abondamment pendant l'été, afin de remplacer l'humidité qui, dans leur pays, vient pendant la nuit les mouiller sous forme de rosée.

Comme la méthode de culture que nous proposons est loin d'être adoptée par toutes les personnes qui s'occupent de la culture des Cactées, nous croyons utile d'entrer dans quelques détails sur les climats des régions d'où ces plantes nous viennent. Nous espérons que ces détails détermineront les horticulteurs à mêler nos Cactées au milieu des plantes qui réclament des soins analogues; ils remplaceront la monotonie qu'on reproche avec raison aux serres qui, jusqu'à ce jour, ont été consacrées exclusivement à la culture des Cactées, par des serres agréables où la variété du feuillage, l'élégance du port de quelques plantes tropicales viendra relever et faire ressortir encore la richesse des couleurs dont les fleurs de nos plantes sont parées, et rompre la régularité presque géométrique de leurs formes.

Tableau des pays d'où on a importé jusqu'à ce jour les espèces de Cactées connues.

Les Melocactus dont l'origine est connue proviennent des localités suivantes :

Grandes et petites Antilles...	21	Brésil	6
Mexique..................	5	Bolivie...................	2
Guyane française, hollandaise ou anglaise...........	7	Nouvelle-Grenade ou Colombie..................	3

Plusieurs appartiennent en même temps à des localités différentes : 2 appartiennent en même temps aux Antilles et à la Nouvelle-Grenade, 5 aux Antilles et à la Guyane, et 2 au Mexique et à la Bolivie; d'autres nous sont parvenus sans indications de pays.

Parmi les Mamillaires il en est environ 160 dont nous connaissons l'origine :

Provenance du Mexique sans indication de localités.....	96	Provenance du Texas.......	4
Provenance du Mexique avec indication de localité.....	51	Provenance de la Nouvelle-Grenade..................	3
		Provenance des Antilles......	4
Provenance du Paraguay.....	1	Provenance de la Californie...	1

Les Echinocactus dont l'origine est connue, proviennent :

Du Mexique..............	68	Texas	5
dont 23 avec indication précise de localité.		Pérou	4
		Californie	1
Colombie................	4	Guyane...................	1
Bolivie.................	6	Brésil	8
Chili...................	16	Du Paraguay..............	2

Les Pilocerei, 5 au Mexique dont 3 se rencontrent également au Pérou, en Colombie et au Texas, 2 au Brésil et enfin 1 en Bolivie.

Les Echinopsis, 2 du Pérou, 5 du Chili, 5 du Mexique, 2 de la Bolivie et 3 du Brésil.

Les Atrophylleæ, 9 du Mexique, 1 de la Guyane, 2 du Brésil, et enfin les Epyphilles du Brésil.

Les Cerei proviennent aussi pour le plus grand nombre du Mexique :

Le Mexique en a donné	53	Le Pérou	4
Les Antilles	15	Le Texas	1
Le Brésil	16	La Bolivie	1
Le Chili	7	Nouvelle-Grenade ou Colombie	8
Guyane	2		

Les Rhipsalis sont répartis de la manière suivante :

Antilles	3	Amérique du Sud ou sans désignation	6
Brésil	9	Colombie	1
Pérou	1	Montevideo	1

Parmi lesquels 1 se trouve en même temps en Colombie et à Montevideo, 2 aux Antilles et au Brésil.

Les Opuntias se trouvent répandus sur presque toute l'Amérique et plus particulièrement :

Au Mexique, qui en a produit	31	Paraguay	1
Antilles	4	Les États-Unis	2
Chili	8	Amérique tropicale	7
Rio de la Plata	9	Amérique du Sud	9
Bolivie	5		

Si on récapitule de quelle manière les plantes de la famille des Cactées, dont on connaît l'origine, sont distribuées sur le nouveau continent, on trouve que :

Le Mexique a donné	323	Le Brésil	55
Les Antilles	47	Le Chili	31
dont 21 Mélocactes.		La Nouvelle-Grenade	19
La Bolivie, l'Uraguay, le Paraguay, le Rio de la Plata.	19	Les autres sans désignations.	

Beaucoup d'autres, dont le nombre est trop considérable encore, sont attribuées à d'autres localités mal désignées, et enfin d'autres sont accompagnées de désignations trop vagues, comme Amérique du Sud, sur les hautes régions du Pérou, d'autres dans l'Amérique chaude, dans l'Amérique froide, etc.

Il faut remarquer que les Antilles ne nous ont donné jusqu'à ce jour aucun Echinocactus, que le Brésil, la

Bolivie et le Chili n'ont pas donné de Mamillaires, ou quelques-uns seulement, qui se trouvent au Brésil dans la région des Orchidées, que les Opuntias se trouvent répartis depuis les plaines des bords de la mer jusqu'aux sommités vers les régions froides, enfin que presque tous les parasites appartiennent presque exclusivement aux forêts du Brésil et des Antilles, tandis que quelques cierges rampants qui se rencontrent dans leur compagnie, se trouvent aussi au Brésil et dans d'autres localités.

I. — Du climat du Mexique [1].

En embrassant d'un seul coup d'œil toute la surface du Mexique, on voit que les deux tiers sont situés sous la zone tempérée et que l'autre tiers se trouve sous la zone torride. Par un concours de circonstances locales, plus des trois cinquièmes de la portion comprise sous la zone torride se trouvent jouir d'un climat qui est plutôt froid et tempéré que brûlant. Tout l'intérieur de la vice-royauté du Mexique, surtout l'intérieur du pays compris sous les anciennes dénominations d'Anahuac et de Mechoacan, vraisemblablement même toute la Nouvelle-Biscaye ou la partie occidentale de l'État de Cohahuila forment un immense plateau élevé de 2,000-2,500 mètres au-dessus du niveau des mers voisines, tandis qu'en Europe, les plateaux d'Auvergne, de Suisse et d'Espagne ne présentent guère plus de 400-800 mètres au-dessus de l'Océan.

La chaîne de montagnes qui forme le plateau du Mexique paraît la même que celle qui, sous le nom de Andes, traverse toute l'Amérique méridionale; cependant, sous le rapport de sa structure, cette chaîne diffère beaucoup au sud et au nord de l'équateur. Dans l'hémisphère austral, la Cordilière est partout déchirée et interrompue; s'il existe

---

[1] Nous croyons utile d'entrer ici dans quelques détails sur les climats et les productions des pays inter-tropicaux, non-seulement parce que c'est au milieu de ces détails que nous trouverons le meilleur guide pour la culture des Cactées, mais encore parce qu'ils nous montreront que cette culture peut très-bien s'associer à celle d'une foule de plantes appartenant aux mêmes régions.

des plaines élevées dans la Colombie, ce sont plutôt de hautes vallées longitudinales, limitées par deux branches de la grande Cordillière des Andes. Au Mexique, c'est le dos même des montagnes qui forme le plateau ; au Pérou, les cimes les plus élevées constituent la tête des Andes, tandis qu'au Mexique, les mêmes cimes, moins colossales, mais hautes toutefois de 4,900-5,000 mètres, sont dispersées sur le plateau ou rangées sur des lignes qui n'ont aucun rapport de parallélisme avec la direction des Cordillières. Au Pérou, dans la Colombie, le nombre des vallées transversales dont la hauteur verticale est quelquefois de 1,400 mètres, force les habitants à voyager à dos de mulet ou à pied, dans les États mexicains, au contraire, les voitures roulent depuis Mexico jusqu'à Santa-Fé, sur une longueur de plus de 500 lieues.

Parmi les quatre plateaux situés autour de la capitale du Mexique, le premier comprend la vallée de Toluca à 2,600 mètres ; le second celle de Tenochtitlan, 2,274 mètres ; le troisième ou la vallée d'Actopan, 1,966 mètres ; et le quatrième ou la vallée d'Istla, 981 mètres de hauteur. Ces quatre bassins diffèrent autant par le climat que par leur élévation au-dessus du niveau de l'Océan. Chacun d'eux offre une culture différente ; le dernier, le moins élevé, est propre à la culture de la canne à sucre ; le troisième à celle du coton ; le second à la culture du blé d'Europe et le premier à des espèces d'Agaves qu'on peut considérer comme les vignobles des Indiens Atsèques.

Les côtes de la Nouvelle-Espagne sont presque les seules qui jouissent d'un climat chaud et propre à fournir les productions qui font l'objet du commerce des Antilles. L'intendance de la Vera-Cruz, à l'exception du plateau qui s'étend de Pérote au pic d'Orizava, le Yucatan, les côtes d'Oaxaca, les provinces maritimes du Nouveau-Santander et du Texas, le nouveau royaume de Léon, la province de Cohahuila, le pays inculte appelé Bolson de Mapinie, les côtes de la Californie, les lisières méridionales des Intendances de Valladolid, de Mexico et de la Puebla sont des terrains bas et entrecoupés de collines peu considérables. *La température moyenne de ces plaines, ainsi que celle des ravins qui sont situés sous les tropiques, et dont l'élévation au-dessus de l'Océan ne surpasse pas 300 mètres, est de 25-26 degrés du thermomètre centigrade,* c'est-à dire de 8-9 degrés plus élevée que la température moyenne de Naples (Humboldt, *Voyage dans la Nouvelle-Espagne,* t. 1, p. 285). Ces régions que les indigènes nomment *tierras calientes,* c'est-à-dire pays chaud, produisent du sucre, de l'indigo, du coton et des bananes en abondance; sur ces côtes les chaleurs sont interrompues pendant quelque temps, lorsque les vents du nord viennent à régner et amènent les couches d'air froid de la baie d'Hudson vers le parallèle de la Havanne et de la Vera-Cruz; ces vents soufflent depuis le mois d'octobre jusqu'au mois de mars, souvent ils refroidissent l'air à tel point, que le thermomètre centigrade descend *à la Havanne jusqu'à près de 0, et à la Vera-Cruz jusqu'à* 10° centigrades.

Sur la pente des Cordillières, à la hauteur de 1,200-1,500 *mètres, il règne perpétuellement une douce température de printemps, qui ne varie que de 4-5 degrés ;* les fortes chaleurs et un froid excessif y sont également inconnus. C'est la région que les indigènes appellent *tierras templadas,* ou pays tempéré, dans lequel la température moyenne de toute l'année *est de* 20-21 *degrés ,* c'est le beau climat de Xalapa, de Tasca et Chil-Panuigo, trois villes célèbres par l'extrême salubrité de leur climat et l'abondance des arbres fruitiers qu'on cultive dans leurs environs. En outre, cette hauteur de 1,300 mètres est presque celle à laquelle les nuages se soutiennent au-dessus des plaines voisines de la mer, circonstance qui fait que ces régions tempérées, situées à mi-côte, sont souvent enveloppées dans des brumes épaisses.

La troisième zone désignée sous le nom de *tierras frias,* ou pays froid, comprend les plateaux qui sont élevés à plus de 2,200 mètres au-dessus du niveau de l'Océan, et dont la température moyenne *est de* 17° *et même au-dessous; dans ces régions on voit le thermomètre descendre quelquefois au-dessous de zéro,* les hivers ont encore la douceur de ceux de Naples; *dans la saison froide la chaleur du jour est au plus de* 13-14 *degrés; et en été, à l'ombre, le thermomètre ne monte pas au-dessus de 24 degrés;* la température moyenne la plus fréquente sur les grands plateaux du Mexique, est de 17°; elle est égale à la température des plaines des environs de Rome. L'olivier y est cultivé avec succès. Ces plateaux, malgré cette douceur, sont rangés par les habitants parmi les tierras frias, cependant les plateaux plus élevés que la vallée de Mexico, ceux dont la hauteur verticale dépasse 2,500 mètres, ont, quoique sous les tropiques, un climat que l'habitant même du nord de l'Europe trouve rude et désagréable; telles sont les plaines de Tolma et les hauteurs Guchilaques, où, pendant une grande partie du jour, *l'air ne s'échauffe pas au delà de 6 ou 8 degrés; l'olivier n'y porte pas de fruits.*

Ces *régions appelées froides jouissent d'une température moyenne de 11-13 degrés, égale à celle* de la France, de la Lombardie, cependant la végétation y est beaucoup moins vigoureuse, les plantes d'Europe n'y croissent pas avec la même rapidité que dans leur pays natal; à cette hauteur de 2,500 mètres, les hivers ne sont pas extrêmement rudes, mais aussi, pendant l'été, le soleil n'échauffe pas assez l'air raréfié de ces plateaux, pour accélérer le développement des fleurs et pour conduire les fruits à une maturité parfaite: cette égalité constante, cette absence d'une forte chaleur éphémère imprime au climat des hautes régions équinoxiales un caractère particulier. Aussi la culture de plusieurs végétaux réussit-elle moins bien sur le dos des Cordillières mexicaines que dans les plaines situées au nord du tropique, quoique souvent la chaleur moyenne de ces dernières soit moindre que celle des plateaux compris entre les 19ᵉ et 22ᵉ degrés de latitude.

Dans la région équinoxiale du Mexique et même jusqu'au 28ᵉ degré de latitude boréale, on ne connaît que deux saisons, la saison des pluies qui commence au mois de juin ou juillet et finit au mois de septembre ou octobre, et celle des sécheresses qui dure huit mois, depuis octobre jusqu'à la fin de mai. La formation de nuages et la précipitation de l'eau dissoute dans l'air commencent généralement sur la pente orientale de la Cordillière. Ces phénomènes, accompagnés de fortes explosions électriques, s'étendent successivement de l'est à l'ouest dans la direction des vents alisés, en sorte que les pluies commencent 15 ou 20 jours plus tard sur le plateau central qu'à la Vera-Cruz. Quelquefois on voit dans les montagnes, et même au-dessous de 2,000 mètres de hauteur absolue, des pluies mêlées de grésil et de neige pendant les mois de décembre et janvier; mais ces pluies ne durent que quelques jours, et quelque froides qu'elles soient, on les regarde comme très-utiles à la végétation du froment et aux pâturages. Depuis le parallèle de 24 degrés jusqu'à celui de 30, les pluies sont plus rares et très-courtes; heureusement les neiges, dont l'abondance est assez considérable depuis le 26e degré de latitude, suppléent à ce manque de pluies.

Dans la plus grande partie de l'Europe, les divisions agricoles dépendent d'une manière particulière de la latitude géographique [1]; la configuration du terrain, la proximité de l'Océan ou d'autres circonstances locales influent faiblement sur la température. Dans les régions équinoxiales de l'Amérique, au contraire, le climat, la nature des productions, l'aspect, la physionomie du pays, sont presque uniquement modifiés par l'élévation du sol au-dessus du niveau de la mer.

Sur les 19e et 22e degrés de latitude, le sucre, le coton, surtout le cacao et l'indigo ne viennent abondamment que jusqu'à 600 à 800 mètres de hauteur, le froment d'Europe occupe une zone qui sur la pente des montagnes commence généralement à 1,400 mètres et finit à 3,000. Le Bananier ne donne presque plus de fruits au-dessus de 1,500 mètres. Les Chênes du Mexique ne végètent qu'entre 800 et 3,000 mètres. Les Pins ne descendent vers les côtes de la Vera-Cruz que jusqu'à 1,850 mètres, mais aussi du côté de la limite des neiges perpétuelles, ces pins ne s'élèvent pas au-dessus de 4,000 mètres.

---

[1] D'autres causes empêchent ces divisions de suivre les parallèles, et même les lignes isothermes qui s'inclinent vers le nord en pénétrant dans l'intérieur des continents. Mais ces causes, qui réagissent aussi dans les autres parties du monde, ont une action négligeable pour l'objet qui nous occupe, et nous entraîneraient beaucoup trop loin ici, s'il fallait entrer dans leurs détails.

Les provinces, appelées internes, et situées dans la zone tempérée, mais surtout celles qui sont comprises entre les 30e et 38e degrès de latitude, jouissent, avec le reste de l'Amérique boréale, d'un climat qui diffère essentiellement de celui que l'on rencontre sous le même climat dans l'ancien continent, et qui se marque surtout par une très-forte inégalité entre la température des différentes saisons. Des hivers d'Allemagne y succèdent à des étés de Naples ou de Sicile. Cependant cette différence de température est beaucoup moins sensible dans les parties du nouveau continent qui s'approchent de l'Océan Pacifique, que dans les parties orientales.

Si le plateau du Mexique est singulièrement froid en hiver, sa température pendant l'été est beaucoup plus élévée que celle des Andes du Pérou, de la Bolivie, de l'Uraguay et du Paraguay. Cette chaleur et d'autres causes locales influent sur l'aridité qui désole ces belles contrées, l'intérieur du pays et surtout une grande partie du plateau d'Anahuac. La grande masse de la Cordillière mexicaine et l'immense étendue de ses plaines produisent une réverbération de rayons solaires qu'à égale hauteur on n'observe pas dans des pays montagneux plus inégaux. D'ailleurs, le terrain y est trop haut pour que sa hauteur, par conséquent la moindre pression barométrique que l'air raréfié y exerce, n'augmente pas déjà sensiblement l'évaporation qui se produit sur les grands plateaux. D'un autre côté, ici la Cordillière n'est pas assez élevée pour qu'un grand nombre de ses cimes puisse entrer dans la limite des neiges perpétuelles.

Ces neiges, à l'époque de leur minimum, au mois de septembre, ne descendent pas au-dessous de 4,560 mètres sous le parallèle de Mexico; mais au mois de janvier, leur limite se trouve à 3,700 mètres. Au nord du 20e degré, surtout depuis le 22e jusqu'au 30e de latitude, les pluies, qui ne durent que pendant les mois de juin, juillet, août et septembre, sont peu fréquentes dans l'intérieur du pays. Le courant ascendant, ou la colonne d'air chaud qui s'élève des plaines empêche les neiges de se précipiter en pluie.

L'aridité du plateau central est causée par un mal plus important : le muriate de soude et de chaux, le nitrate de potasse et d'autres sels couvrent la surface du sol, et se répandent avec une rapidité que le chimiste ne peut expliquer. Cette circonstance que présente le sol ne règne que dans les plaines les plus élevées; les autres, qui forment une grande partie des Etats-Unis mexicains, appartiennent aux régions les plus fertiles de la terre. La pente des Cordillières est exposée à des vents humides, à des brumes fréquentes, qui donnent à la végétation une beauté et une force imposantes.

La végétation varie comme la température, depuis les rivages brûlants de l'Océan jusqu'au sommet glacé des Cordillières. Dans la région chaude jusqu'à 400 mètres, les palmiers à éventail, les Palmiers Miraguana et Puncas, l'Oréodoxa blanc, la Tournefortie veloutée, le Sebestier Geraschantas, la Céphalante à feuille de saule, l'Hyptis bourrelé, le Salpeanthus Arenarius, l'Amaranthine globuleuse, le Calebassier pinné, le Podopterus mexicain, le Perdicium de la Havane, le Gyrocarpus, le Leucophyllum Ambiguum, la Gomphia mexicana, la Baccheméroïde, le Campêche rayé, dominent dans la végétation spontanée.

Cultivés sur les confins de la zone tempérée et de la zone chaude, la Canne à sucre, le Cotonnier, le Cacaotier, l'Indigotier, ne dépassent guère le niveau de 6 à 800 mètres, cependant la Canne à sucre réussit dans les vallées abritées au niveau de 2,000 mètres. Le Bananier s'étend des bords de la mer jusqu'au niveau de 1,400 à 1,500 mètres. La région tempérée depuis 400 jusqu'à 2,200 mètres présente l'Erythroxylon mexicain, l'Aralia Digitata, la Guardiola mexicana, le Tagite à feuilles minces; la Psychotria, le Liseron arborescent, la Globulaire mexicaine, la Véronique de Xalapa, le Stachys d'Actopan, la Sauge mexicaine, l'Arbousier à fleurs épaisses, le Daphné à feuilles de saule, la Frétillaire à barbe, le Yucca épineux, la Cobée grimpante, la Sauge jaune, quatre variétés de Chênes mexicains, dont la croissance naturelle commence à 950 mètres d'élévation et s'arrête à 2,250, l'If des montagnes, la Banisterie ridée. Dans la région froide depuis 2,200 mètres jusqu'à 4,700 on remarque le chêne à tronc épais (Quercus crassipes), la Rose mexicaine, l'Aune qui finit à 3,700 mètres, le Cheirostemon Platanoïdes, la Krameria, la Valériane à feuilles cornues, la Datura superba, la Sauge cardinale, la Potentille naine, l'Arbusier à feuilles de myrthe, l'Alisier denté, la Fraise mexicaine. Les Sapins qui commencent dans la zone tempérée à 1,900 mètres d'élévation ne finissent dans la froide qu'à 4,000. Ainsi les Conifères terminent ici comme dans les Pyrénées les grands végétaux. Sur les limites mêmes des neiges perpétuelles on voit naître l'Arenaria Gentianoïdes.

Parmi les végétaux mexicains qui fournissent à l'alimentation, on remarque le Bananier, le Musa Parasitica et Regia qui paraissent indigènes le Musa Sapientia, le Manioc qui occupe la même région. La culture du Maïs est plus étendue elle réussit depuis les bords de la mer et les vallées de Toluca jusqu'à 2,800 mètres au-dessus de l'océan. Le Froment, le Seigle et les autres céréales de l'Europe ne sont cultivés que sur le plateau dans la région tempérée. Ce pays a fait l'acquisition de la plupart des fruits d'Europe et de ceux de la zone torride.

L'état de la Vera-Cruz donne en abondance la canne à sucre, le ci-devant royaume de Guatemala voit naître sous son climat ardent et humide le meilleur indigo et le meilleur cacao, l'intendance d'Oaxaca est presque aujourd'hui la seule où l'on cultive l'Opuntia Coccinellifera ; parmi les autres végétaux on distingue le Convalvulus Jalapa ou vrai Jalap qui croît naturellement dans le canton de Xalapa au nord-ouest de la Vera-Cruz, l'Epidendrum Vanilla qui croît sous l'ombrage des forêts, le Copaifera officinalis et le Tolufera Balsamum.

Les rivages des baies d'Houduras et de Campêche sont célèbres par leurs riches et immenses forêts où on trouve l'Acajou, le Campêche, le Gaïac, le Sasafras et le Tamarin. L'Ananas paraît à l'état sauvage dans les bois, et les terrains rocailleux sont chargés de diverses espèces d'Aloës, de Cactées et d'Euphorbes.

La Californie, considérée par quelques géographes comme province mexicaine, est d'une extrême salubrité,

les saisons y sont divisées comme en France, mais les hivers sont beaucoup plus doux et les chaleurs plus tempérées ; cette circonstance est attribuée à l'élévation des
terres au-dessus de la mer et aux épaisses forêts qui couvrent les montagnes.

II. — Du climat des Antilles.

Toutes les îles un peu considérables de cet Archipel
renferment de hautes montagnes ; leur direction générale,
en les considérant dans leur ensemble, est du nord-ouest au
sud-est ; les plaines les plus étendues se trouvent sur la côte
orientale, et presque toutes sont remarquables par les
grands escarpements qui séparent les terres hautes des
terres basses, ils y sont appelés mornes.

Toutes sont à peu près soumises au même climat. Dans
la sécheresse, qui dure depuis le commencement de janvier
jusqu'à la fin de mai, la chaleur du jour serait insuppor-
table, si les brises de mer ne s'élevaient à mesure que le
soleil prend de la force.

Les pluies qui caractérisent la saison d'été y sont tor-
rentielles ; ce sont de véritables déluges ; en quelques in-
stants les rivières débordent et tout le pays plat est inondé ;
l'air y est si fortement imprégné d'humidité, que tous les
métaux s'y oxydent promptement. Souvent cette humidité
continue sous un ciel enflammé qui fait vivre en quelque
sorte les habitants et les végétaux dans un bain de vapeur,
ce qui contribue à rendre la partie basse de ces îles mal-
saine pour l'homme.

Le défaut habituel d'électricité, les miasmes répandus
par des eaux de mer stagnantes ou des vases croupissantes
deviennent sous ce climat torride les germes de la fièvre
jaune, contre laquelle l'homme n'a d'autres abris que l'air
plus frais qu'il trouve sur les flancs des hautes montagnes.
La zone chaude, où les fièvres menacent l'existence de
l'homme, s'étend jusqu'à une hauteur de 400 mètres. Là
commence la zone tempérée, où le thermomètre centigrade
ne marque plus que 18 à 22 degrés en plein midi, où nos
plantes potagères réussissent parfaitement. Cette zone se

termine à 800 mètres plus haut, le thermomètre s'arrête à 16 ou 17 degrés ; dans cette dernière région les brouillards clairs des parties basses s'accumulent sur les montagnes, la pluie devient habituelle : c'est la zone froide des Antilles [1].

Les magnifiques végétaux qu'on admire dans les autres parties du globe, comprises entre les tropiques, égalent ici en taille, en beauté leurs frères du continent. Le Bananier qui, d'abord faible, cherche l'appui d'un arbre voisin, forme à lui seul dans le cours des années d'épais bocages. Le tronc creusé du Bombax Ceiba (Cotonnier sauvage) fournit un canot capable de contenir 100 hommes ; une feuille du Palmier à éventail suffit pour garantir du soleil huit personnes ; la choux palmiste balance sa tête verdoyante sur une colonne haute quelquefois de 70 mètres. Des rangées de l'Hœmatoxylum Campechianum (arbres de Campêche et de Brésil) entourent les plantations. Le Caroubier, le Cecropia, l'élégant Tamarinier, le bois de fer, le Cèdre, fournissent les bois de construction ; rien ne surpasse dans la construction l'utilité du Laurus Chloroxylon. Les Orangers, les Citroniers, les Figuiers, les Grenadiers y offrent avec profusion leurs fruits délicieux. La pomme, la pêche, le raisin et généralement tous les fruits de l'Europe ne mûrissent que dans les parties montagneuses, tandis que les plaines, où rien ne modère l'action brûlante du soleil, se parent des productions indigènes : Anacardium occidentale (Cachou), Achras Mammosa, Achras Sapotilla (la Sapalle et la Sapotille), Laurus persea (la Poire d'avocat), Mammæa americana (la Mammée) avec plusieurs fruits des Indes orientales, comme Eugenia Jambos (la Pomme de rose), Psidium Pyriferum (la Goyave), Volkameria Aculeata (la Mangue) et quelques espèces de Spondias et d'Ananas.

Dans les savanes on remarque le Sepidium de Virginie, l'Ocymum Americanum, le Cleome à cinq feuilles, le Turnera Puniccea. Le long des coteaux la modeste Sensitive se cache sous le gazon entre les Sida, les Dianthea, les Ruelia,

---

[1] Leblond, *Traité de la fièvre jaune*, p. 190.

ombragés par l'élégant Troëne d'Amérique ou par des Mi-
mosas de toutes espèces. Sur les penchants des mornes
déserts, divers Cactées présentent leurs troncs hérissés de
faisceaux d'aiguillons, tandis que le Cocoloba Uvifera dé-
core les rochers voisins de la mer.

Dans les bois, les nombreuses familles de Lianes, Con-
volvulus Dolichas, Grenadilla, Raiana Bignonia, etc., dont
les branches sarmenteuses, en s'entrelaçant au haut des
arbres, forment des dômes de fleurs et des galeries de
verdure.

Parmi les autres végétaux, les plus curieux sont les Fougères arborescentes; elles sont ici comme dans toute la
zone torride des plantes vivaces, qui acquièrent un grand
développement. Le Polypodium Arboreum, en particulier,
pousse un tronc élevé de 7 à 8 mètres. La médecine y
trouve encore le Gaïac ou Lignum Vitæ, la Wintera Can-
nella et la Chinchona Caraibea.

L'élévation du centre de ces îles, la diversité des expo-
sitions, la grande différence du climat des montagnes
avec celui des côtes et la nature du terrain, tout concourt
à jeter dans la végétation la variété la plus extraordinaire.

III. — Du climat du Texas.

Toute la contrée du Texas est inclinée vers le sud-est;
elle se divise en trois zones distinctes que l'on nomme les
prairies, les plaines et les montagnes. La zone des montagnes occupe la partie nord-ouest; elle comprend la Sierra
de San-Saba qui est une ramification de la Sierra de Madre.
Sa chaîne principale a plus de 100 lieues de longueur, elle
projette quatre autres chaînes vers l'est.

A l'exception de leur crête qui est aride, ces montagnes
offrent une belle végétation. Couvertes de magnifiques
forêts, où le pin et le chêne sont mêlés à une variété infini
d'arbrisseaux, elles présentent une série de vallons parfaitement arrosés, où la terre ne demande que la main de
l'homme pour donner des trésors en échange d'un peu de
culture.

La zone des prairies est la partie intermédiaire de la contrée. Sa surface légèrement ondulée s'étend depuis le pied des montagnes jusqu'au bord de la rivière Rouge qui forme la limite septentrionale du Texas. La végétation y est riche et magnifique.

La zone des plaines borde la côte, mais elle s'avance plus ou moins dans l'intérieur des terres; dans certaines parties, elle s'avance jusqu'à 48 kilom., dans d'autres jusqu'à 110 et 160. Cette zone est d'une fertilité extraordinaire. Elle est la plus chaude, la température y est à peu près celle de la Louisiane, mais elle est plus salubre. Pendant l'été, le thermomètre marque constamment 30 degrés centigrades; mais cette chaleur est largement tempérée par les brises de mer. A mesure qu'on s'avance vers le nord, le climat devient de plus en plus ravissant. En hiver, des pluies abondantes tombent depuis le 15 novembre jusqu'au 15 janvier et humectent la terre pour les dix autres mois. Quelquefois il s'y mêle un peu de neige qui ne séjourne jamais. Le printemps commence en février; les chaleurs se font sentir en avril et durent jusqu'à la fin de septembre.

Ces trois zones qui partagent le Texas et la température qui y règne sont caractérisées par la richesse et la variété de leur végétation. On y trouve au sud et au sud-ouest de magnifiques forêts qui renferment d'inépuisables trésors pour la marine. Le Chêne, le Peuplier de la Caroline, le Frêne, le Noyer, le Cyprès, le Cèdre rouge, l'Orme, le Mérisier, le Noisetier, l'Erable, l'Acacia, le Tilleul, le Sapin, le Sycomore, le Sumac, le Genévrier, etc., forment les principales essences de ces forêts. Il n'est pas rare d'y trouver des Chênes verts de plus d'un mètre et demi de diamètre et des Peupliers de la Caroline dont le diamètre dépasse 5 mètres. Du milieu de ces vastes forêts s'élève à 100 pieds de hauteur le Magnolia Grandiflora. Les produits de l'arbre à gomme et de l'arbre à caoutchouc qui croissent sur les bords du Colorado y restent encore négligés. La vigne sauvage, qui croît en grande abondance dans les forêts, semble indiquer que le sol et le climat du Texas sont propres à la culture des diverses espèces de raisins.

Sur les bords du San-Antonio on cultive plusieurs variétés de Thés ; le Mûrier croît admirablement dans la partie occidentale du Texas ; la Cochenille [1] et l'Indigo y ont parfaitement réussi ; le Tabac y est de très-bonne qualité et la Canne à sucre y donne deux récoltes : le Cotonnier y végète également très-bien, il y atteint constamment 2 à 3 mètres de hauteur.

IV. — Du climat du Pérou et de la Bolivie.

Les Andes, qui traversent le Pérou du sud au nord, forment généralement deux chaînes à peu près parallèles ; l'une, la grande Cordillière des Andes, constitue le noyau central du Pérou, l'autre, beaucoup plus basse, est appelée Cordillière de la côte. Entre celle-ci et la mer se prolonge le bas Pérou, formant un plan incliné large de 80 kilom. environ et connue dans le pays sous le nom de *Valles*. Il est composé en partie de déserts sablonneux, dépourvus de végétation et d'habitants. Cette stérilité est due à l'aridité du sol, et au manque absolu de pluies ; car jamais en aucune saison il ne pleut ni ne tonne dans cette partie du Pérou : il n'y a de fertile que les bords des rivières et les terrains susceptibles de recevoir des arrosements artificiels. Dans ces lieux privilégiés, la terre ne cesse de se revêtir de la parure riante du printemps et de l'automne. Le climat se fait remarquer par la douceur constante de sa température ; jamais à Lima on n'a observé le thermomètre au-dessous de 15 à 16 degrés centigrades, et rarement pendant l'été il s'élève au-dessus de 30 degrés.

La fraîcheur qui règne pendant presque toute l'année le long de la côte du Pérou sous le tropique n'est pas un effet du voisinage des montagnes constamment couvertes de neige, elle est due à un brouillard (Garua) qui masque le disque du soleil, et à ce courant très-froid d'eau de la mer qui porte avec impétuosité vers le nord depuis le détroit de Magellan jusqu'au cap Parinna. Sur la côte de Lima, la

---

[1] Ce qui indique un climat semblable à celui des autres régions où la Cochenille est cultivée.

température du grand Océan est à 12 degrés, tandis que hors du courant et sous le même parallèle elle est de 21 degrés.

Le pays compris entre les deux Cordillières est appelé la Sierra. Il est formé de montagnes et de roches nues entre-coupées par quelques vallées fertiles et cultivées, bordées par la plus haute chaîne des Andes dont les hauteurs sont couvertes de neiges perpétuelles.

Derrière cette chaîne s'étend une vaste plaine, inclinée à l'est, traversée par plusieurs chaînes de montagnes dé-tachées qu'on appelle Montana-Real. Sous un ciel pluvieux, souvent sillonné d'éclairs, la terre est presque couverte par l'éternelle verdure des forêts primordiales. Ces régions produisent abondamment les Gommes odoriférantes, les Reines médicales, les bois précieux ; la Noix muscade et la Cannelle qui appartiennent spécialement, dit-on, à cette région.

Le Bas-Pérou produit le café, le sucre qui réussit par-faitement dans les parties tempérées de la Sierra. Les plaines de l'intérieur produisent le cacao ; le coton de Chillaos ; la soie longue et fine du *Mojobamba*, le lin et le chanvre de Moxos.

V. — Du climat du Chili, de la République Argentine, de l'Uraguay et du Paraguay.

C'est à travers des montagnes stériles dont les sommets sont couverts de neiges éternelles, et d'affreux précipices qu'on pénètre du Pérou et de la Bolivie dans ces régions. La température fraîche et la régularité des saisons y entre-tiennent dans la nature la vigueur et la santé. Le printemps règne de septembre à décembre, et c'est à cette époque que commence l'été de l'hémisphère austral ; les vents soufflent du nord depuis le milieu de mai jusqu'à la fin de septembre, et c'est la saison pluvieuse. Le reste de l'année, les vents viennent du sud ; ils sont secs et se font sentir à 240 ou 320 kilom. dans l'intérieur des terres. La côte ne présente qu'une plage étroite derrière laquelle s'élèvent brusquement plusieurs rangs de montagnes dont le dos

présente une plaine fertile , arrosée de petites rivières, et
dans les endroits cultivés, couverte de vergers, de vignobles et de pâturages, dans lesquels les fruits d'Europe atteignent des dimensions qui nous sont inconnues ; le tronc de
l'Olivier entre autres y atteint 1 mètre de diamètre, tandis
que ceux qui sont cultivés forment des forêts immenses
peuplées d'arbres d'une grandeur démesurée.

De l'autre côté de cette grande chaîne se trouvent la République argentine et le Paraguay qui ne nous ont encore
donné qu'un très-petit nombre de plantes, et dont les climats diffèrent peu de celui du Chili.

VI. — Du climat du Brésil.

La vaste étendue du Brésil indique assez que le climat et
l'ordre des saisons ne peuvent pas y être partout les mêmes.
L'humidité continuelle qui règne constamment sur les
bords marécageux de la rivière des Amazones, y rend les
chaleurs moins intenses. En remontant le Madeira, le
Xingu, le Tocatin, le San-Francisco, on trouve des plaines
élevées ou des montagnes dont les climats offrent plus de
fraîcheur. La température des environs de Saint-Paul permet aux fruits d'Europe d'y venir en abondance.

Ce dernier point paraît offrir le meilleur climat de tout
le pays. La côte maritime, depuis Para jusqu'à Olinda,
paraît jouir d'un climat analogue à celui de la Guyane,
cependant moins humide.

La saison pluvieuse à Olinda et Fernambouc commence en février ou mars et se termine en août ; pendant
la saison sèche, le vent du nord règne avec quelques in-
terruptions ; alors les collines n'offrent qu'un sol brûlé
où toute la végétation est languissante. Les nuits, pendant toute cette saison, sont très-froides. Pendant presque toute l'année, la chaleur extrême du climat est tempérée par des vents de mer rafraîchissants, et la nature
y est dans une activité continuelle. La brise d'est s'élève
tous les matins avec le soleil et continue pendant une
partie de la nuit ; mais un peu avant le matin les effets de

la rosée sont aussi incommodes que dans les Antilles et la Guyanne.

D'après Dorta, académicien de Lisbonne, les observations faites à Rio-Janeiro, en 1781 et 1782, donnent pour la chaleur moyenne 23 degrés, pour la quantité de pluie 62 centimètres. Le mois d'octobre a été le plus humide, celui de juillet le plus sec. Il y eut dans une période d'une année 112 jours sereins, 133 avec des nuages et 120 pluvieux. Le tonnerre se fit entendre pendant 77 jours et il y eut des brouillards pendant 48 jours. Ces observations s'accordent avec celle faites par dom Pernetti.

La flore septentrionale du Brésil ressemble assez à celle de la Guyane; cette ressemblance paraît même, d'après quelques naturalistes, s'étendre jusqu'au Brésil méridional; on y trouve les *composées,* les *Euphorbiacées,* les *Légumineuses* et les Rubiacées qui paraissent les familles les plus nombreuses; il y a plus de Cyperacées que de Graminées, le nombre des Aroïdes et des Fougères paraît considérable.

Les côtes maritimes sont couvertes de Paletuviers rouges; à très-peu de distance commencent les nombreuses espèces de Palmiers, parmi lesquels on distingue le Cocotier (Cocos Butiracea). Des crotons forment presque tous les taillis qui couvrent les pittoresques montagnes dont la rade de Rio-Janeiro est entourée. Le Bignonia Leucoxylon (nommé dans le pays Guirapariba) fleurit plusieurs fois dans l'année, l'Icica-Heptaphyle, le Copayfera Officinalis, y viennent parfaitement.

Les forêts du Brésil sont embarrassées par une multitude de broussailles et d'arbrisseaux, elles sont en quelque sorte étouffées par des arbustes sarmenteux et des lianes qui montent jusqu'au sommet des arbres les plus élevés.

La taille imposante des arbres, l'abondance de leur feuillage, la quantité innombrable de fleurs dont ils sont chargés, les couleurs brillantes et variées de celles-ci, les plantes grimpantes parmi lesquelles on cite les *Passiflores,* les *Bignoniers,* les *Banistéries,* les *Aristoloches* qui s'attachent aux troncs et aux branches des arbres, donnent à la végétation un cachet particulier, et forment ces forêts vierges presque impénétrables, au milieu desquelles se trouvent en très-grand nombre des plantes qui chez nous réclament les soins de la serre chaude, et qui, dans leur pays, végètent sous l'influence d'une chaleur très-intense, de pluies journalières et de grandes inondations.

Les bois de teinture, celui du Brésil de Fernambouc croissent sur les rochers et des terrains arides.

Le Manioc, les Ignames, le Riz, le Maïs, le Froment, sont cultivés avec soin. La Glycinne souterraine ou Pistache de terre, les Melons, les Citrouilles, les Bananes abondent dans les parties basses. Les Citroniers, les Orangers, les Gryaviers sont communs sur les côtes. Le Figuier de Surinam, le Cropia Pellata vient surtout au milieu des ronces dans les champs arides.

La culture du sucre et du café, du coton et de l'indigo y ont pris un grand développement et réussissent jusqu'à 60 kilom. dans les terres au delà de Bahia. Le Cacaoyer forme des forêts immenses dans la province de Para le long de la Madeira, du Kingu et du Rocatin; c'est au milieu de ces vastes forêts que se trouvent la Vanille et une foule d'Orchidées.

VII. — Du climat de la Guyane.

Le climat de la Guyane a les doubles inconvénients attachés à tout pays en friche, couvert de bois et de marais, et à toute contrée chaude et humide. Les fièvres continues attaquent les Européens nouvellement arrivés. Ce sont les abatis nouvellement faits qui exposent le plus la santé des colons, le soleil développe les miasmes qu'exhale un terrain formé de débris végétaux accumulés depuis des siècles.

La saison sèche, qu'on nomme le grand été, dure à Cayenne depuis la fin de juillet jusqu'à la fin de novembre. La saison pluvieuse règne surtout pendant les mois qui correspondent à l'hiver de l'Europe; cependant les pluies sont plus fortes en janvier; ordinairement le mois de mars et le commencement du mois d'avril offrent un temps sec et agréable; on appelle cette époque petit été. En avril et mai, les pluies reviennent aussi fortes que jamais. Le climat malfaisant de la Guyane est moins chaud que celui des Indes orientales, de la Sénégambie et des Antilles. Le thermomètre, à Cayenne, s'élève à 35° centigrades dans la saison sèche et à 30° dans la saison pluvieuse. A Surinam, il paraît s'élever moins haut; le maximum moyen de chaleur est 31 degrés et la température moyenne de l'année de 25 degrés centigrades. L'action des vents dominants qui viennent du nord diminue à Cayenne l'intensité de la chaleur pendant la saison pluvieuse, ceux d'est et quelquefois du sud-est produisent aussi le même effet pendant la saison sèche. Ces vents, passant tous sur des vastes étendues de mer, apportent une température plus fraîche, de sorte que dans l'intérieur des terres, le froid oblige l'Européen à se chauffer. Il y a des différences sensibles entre le climat des diverses parties de la Guyane ; sur l'Oyapok les pluies sont plus fréquentes qu'à Cayenne. L'époque des saisons n'est pas partout la même. A Surinam, les pluies et les sécheresses commencent un ou deux mois plus tard qu'à Cayenne, cependant ces époques ne sont pas entièrement fixes.

Toute l'année a ses récoltes et ses fruits, cependant les arbres mêmes, qui sont toujours chargés de fruits, n'en portent en abondance qu'en certains temps fixes qui semblent être l'époque de leur récolte ; tels sont les Orangers, les Limoniers, les Poiriers avocats (Laurus persea), les Sapotilliers, les Corossoles et plusieurs autres qui demandent la culture pour produire. Ceux qui croissent naturellement dans les forêts ne produisent qu'une fois par an, et la plupart dans les mois qui correspondent au printemps de l'Europe, tels sont les fruits de Palmiers, ceux du Mari-Tembour, du prunier Mombain et autres. Parmi les arbres fruitiers transportés d'Europe, il n'y en a que trois qui aient généralement réussi, savoir la Vigne dont cependant les raisins pourrissent pendant les temps de pluies et sont dévorés par les insectes pendant l'été ; le Grenadier et surtout le Figuier; les arbres fruitiers des Indes orientales, tels que les Manguiers et les Jambosiers viennent infiniment mieux.

On y cultive trois espèces de Cafés: le Coffea Guyanensis, le Paniculatu et l'Occidentalis ; le Café arabique y a été aussi introduit. Les Girofliers, les Canneliers, les Muscadiers y ont été importés avec succès. Le Cocoroyer, plusieurs espèces de Poivriers viennent spontanément à l'est de l'Oyapok. L'Indigo et la Vanille y sont indigènes. Parmi les plantes alimentaires, le Manioc amer et le Ca-Manioc, les Ignames, les Patates, les Tayoves, deux espèces de Maïs offrent une nourriture abondante. Mais à côté de ces plantes salutaires, la Guyane cache les poisons les plus terribles. Sous le rapport des arbres forestiers et de l'aspect des forêts, la Guyane ne le cède en rien au Brésil.

VIII. — Du climat de l'Amérique méridionale espagnole

(Colombie, Nouvelle-Grenade, République de l'Équateur,
République du Pérou et de Bolivie).

Les trois zones de température qui naissent en Amérique de l'énorme différence de niveau entre les divers sols, ne peuvent être comparées aux zones qui résultent d'une différence de latitude. La variété des saisons manque aux régions que l'on distingue ici sous les dénominations de froide, de tempérée et de chaude.

Dans la zone froide, ce n'est pas l'été, mais la continuité du froid, l'absence de toute chaleur un peu vive, la constante humidité d'une atmosphère toujours brumeuse qui arrête la croissance des végétaux.

La zone chaude n'éprouve pas des ardeurs excessives; mais c'est la perpétuité de la chaleur, qui, jointe à un sol marécageux formé par des amas immenses de détritus végétaux, et aux effets d'une extrême humidité, imprime aux végétaux et à la flore une végétation surabondante et désordonnée.

La zone tempérée, en offrant une chaleur modérée et constante, exclut de ses limites les végétaux qui aiment les extrêmes et renferme ceux qui, au contraire, redoutent les extrêmes de froid et de chaud; elle nourrit ces plantes particulières qui ne peuvent s'élever au-dessus de ses bornes, ni descendre au-dessous. Sa température, que ne saurait pas endurer la constitution de ses habitants, agit comme le printemps sur les uns et comme l'été sur les autres. Aussi un simple voyage du sommet des Andes jusqu'au niveau de la mer ou dans le sens inverse est pour l'homme une véritable cure médicale qui suffit pour opérer sur le corps humain les effets les plus étonnantes, tandis que l'habitation constante dans l'une ou l'autre de ces zones énerve les sens et l'âme par les effets d'une tranquillité trop monotone. L'été, le printemps et l'hiver ont ici leur trois régions distinctes qu'ils ne quittent jamais.

La végétation offre un plus grand nombre d'échelons. Depuis les bords de l'Océan jusqu'à la hauteur de 1,000 mètres végètent les magnifiques Palmiers, les Musa, les Heliconia, les Theophrasta, les Liliacées les plus odoriférantes, le Baume de Tolu, le Quinquina de Carony. Le Jasmin à larges fleurs et le Datura en arbre exhalent leurs parfums. Autour de Para, sur les bords de l'Océan, à l'ombre des Cocotiers, se nourrissent les Mangliers, les Melocactus, quelques Opuntias propres à la culture de la Cochenille, et quelques autres espèces particulières de Cerei, au milieu de diverses plantes salines Ceroxylon Audicola. Un seul palmier, le Ceroxylon Audicola, fait divorce avec le reste de la famille et habite les hauteurs de la Cordillière depuis 1,800 mètres jusqu'à 2,900.

Au-dessus de la région des Palmiers commence celle des Fougères arborescentes et du Chinchona ou Quinquina. Les premiers cessent à 1,600 mètres, tandis que les seconds ne s'arrêtent qu'à 1,900. Dans cette région tempérée croissent quelques Liliacées, le Cypura et le Sisyrinchium, les Melastoma des Passiflores, le Thibaudia, le Fuschia et des Astræmeria. Le sol y est couvert de mousses qui forment parfois des pelouses aussi éclatantes par leur verdure que celles de la Scandinavie ou de l'Angleterre. Les ravins cachent le Gunnera, le Dorstenia, des Oxalis et une multitude d'arum. A 1,700 mètres se trouve le Porlieria, qui marque l'état hygrométrique de l'air, les Citrosma à feuilles et fruits odoriférants et de nombreuses espèces de Symplocat.

30.

Au delà de 2,200 mètres, la fraîcheur de l'air rend les Mimoses moins sensibles, et leurs feuilles irritables ne se ferment plus au contact. Depuis la hauteur de 1,600 mètres et surtout 3,000, les Acæna, le Dichondra, les Hydrocotyles, le Norteria et l'Achomilla forment un véritable gazon très-épais et très-verdoyant. La Mutiria y grimpe sur les arbres les plus élevés. Les Chênes ne commencent dans les régions équatoriales qu'au-dessus de 1,700 mètres d'élévation. Ces arbres sont les seuls qui perdent toutes leurs feuilles, on les voit alors en pousser d'autres dont la verdure se mêle à celle des Epidendrum qui croissent sur leurs branches. Dans la région équatoriale, les grands arbres, ceux dont le tronc atteint 20 à 30 mètres de hauteur ne se rencontrent plus au-dessus de 2,700 mètres. Depuis le niveau de la ville de Quito, les arbres sont moins grands et leur élévation n'est pas comparable à celle que les mêmes espèces atteignent dans les climats tempérés. À 3,500 mètres de hauteur cesse presque toute végétation en arbres; mais à cette élévation les arbustes deviennent d'autant plus communs; c'est la région des Berberis, des Duranta et des Burnadesia. Ces plantes caractérisent la végétation de Quito, de Pasto, comme celle de Santa-Fé est caractérisée par les Polymnia et les Daturas en arbres. Le sol y est couvert d'une multitude de Calcéolaires au milieu desquelles on rencontre encore quelques espèces de Cactées, Echinocactes et Mamillaires. Plus haut encore sur le sommet de la Cordillière, depuis 2,800 mètres jusqu'à 3,500 se trouve la région des Wintura, des Escalonia; le climat froid, mais constamment humide de ces hauteurs que les indigènes nomment Paramos, produit des arbrisseaux, dont le tronc se divise en une infinité de branches couvertes de feuilles coriaces et d'une verdure luisante. Quelques arbres, le Quinquina orangé, des Embothrium et des Melastoma s'élèvent encore à ces hauteurs. L'Alstonia, la Wintera Grenadienne et l'Escalonia Tubar y forment des groupes épars.

Une large zone de 2,000 à 4,000 mètres représente la région des plantes Alpines, c'est celle des Stœhelina, des Gentianes et de l'Espeletia Frailexon dont les feuilles velues servent quelquefois d'abris aux Indiens que la nuit surprend dans ces régions; la pelouse est ornée de Lobelia nain, du Sida de Pichincha, de la Renoncule de Gusman, de la Gentiane de Quito et de beaucoup d'autres espèces nouvelles. A la hauteur de 4,000 mètres, les plantes Alpines font place aux Graminées dont la région s'étend de 6,000 à 8,000 mètres plus haut. Les Jarava, les Stipa, une multitude de nouvelles espèces de Panicum, d'Agrostis, d'Avena et de Dactylis y couvrent le sol. Il présente de loin un tapis doré que les habitants nomment Pajonal. La neige tombe de temps en temps sur cette région des Graminées, c'est à 4,600 mètres que disparaissent entièrement les plantes Phanérogames : depuis cette limite jusqu'aux neiges perpétuelles, les Lichens seuls couvrent les rochers, quelques-uns paraissent même se cacher dans des glaces éternelles.

Les plantes cultivées ont des zones moins étroites et moins rigoureusement limitées. Dans la région des Palmiers les indigènes cultivent le Palmier, le Jatropha, le Maïs et le Cacaoyer. Les Européens y ont introduit la culture du Sucre et de l'Indigo. Dès qu'on dépasse le niveau de 1,000 mètres, toutes ces plantes deviennent rares et ne prospèrent que dans des localités particulières; c'est ainsi que le Sucre réussit même à 2,000 mètres et que le Coton et le Café s'étendent à travers l'une et l'autre région. La culture du blé commence à 1,000 mètres, mais elle n'est assurée qu'à 500 mètres plus haut. Le froment croît le plus vigoureusement depuis 1,600 mètres jusqu'à 2,000. Au-dessus de 1,800 mètres, le Bananier donne difficilement des fruits mûrs; mais la plante se traîne languissante encore à 800 mètres plus haut. La région comprise entre 1,650 mètres et 1,900 est aussi celle dans laquelle abonde le Coca ou l'Erythroxylum Peruvianum. C'est de 2,000 à 3,000 mètres que règne plus particulièrement la culture des divers blés d'Europe et du Chexopodium Quinoa, culture favorisée par les grands plateaux que présentent les Cordillières des Andes. A 3,000 et 3,400 mètres de hauteur les gelées et la grêle font souvent manquer la récolte des blés, le Maïs ne se cultive presque plus. Au delà de 2,400 mètres, à 600 mètres plus haut, apparaît la pomme de terre qui disparaît à 4,000 mètres. Vers 3,500 mètres, le froment ne vient plus, on ne sème plus que de l'orge qui souffre beaucoup du manque de chaleur. Au-dessus, à 3,700 mètres, cesse toute culture et tout jardinage. Les hommes y vivent au milieu de nombreux troupeaux de lancas, de brebis et de bœufs, qui en s'égarant, se perdent quelquefois dans la région des neiges perpétuelles.

Pour compléter les indications que je viens de réunir et qui sont empruntées au *Voyage dans l'Amérique espagnole*, par MM. A. de Humboldt et Aimé Bonpland, à la *Géographie* de Maltebrun et à celle de Balbi, j'ajoute le peu de notions que j'ai pu recueillir sur le trajet des lignes isothermes dans le Nouveau-Continent; je le fais suivre (*voir* pages 538 et 539) d'un tableau des températures de différents lieux de la terre. Les noms de ceux d'où on·a importé des Cactées en Europe sont précédés d'un astérisque, ceux d'Europe dans lesquels plusieurs Cactées, et surtout un grand nombre d'Opuntia se sont acclimatés, sont précédés d'un trait.

L'équateur terrestre a, sur les bords de la mer, une température de 27°5; sur les côtes occidentales de l'Amérique cette chaleur paraît être moindre, parce que les courants d'eau froide venant des pôles dépriment la température de ces points; dans l'intérieur du continent la température est plus élevée que sur les côtes, les pluies moins abondantes et l'air plus serein, et par conséquent, l'influence du soleil plus énergique; les vastes contrées sablonneuses et incultes ont aussi une grande influence.

L'Isotherme de 25° coupe la côte occidentale de l'Amérique un peu au nord d'Acapulco, puis elle passe par la Vera-Cruz, un peu au nord de la Havane.

L'Isotherme de 20° coupe la côte ouest de l'Amérique au milieu de la Californie par 28 et 29 degrés de latitude nord; elle s'élève un peu vers le nord, puis elle marche parallèlement à l'équateur jusqu'à ce qu'elle atteigne la côte orientale d'Amérique dans la Caroline du Sud par 32° de latitude nord (Fort.-Johnston).

L'Isotherme de 15° coupe la côte de l'Amérique près du port de San-Francisco dans la Nouvelle-Californie, elle marche droit à l'est, et atteint dans l'État de Delaware une latitude de 37 à 38 degrés (Fort-Saven, lat. 38° 58', température 13°9 ; Chapel-Hill, lat. 35° 54', température 15°7 ; Nashville, lat. 36° 5', température 54° et demi).

L'Isotherme de 10° coupe la côte occidentale de l'Amérique à l'embouchure de la Colombie (Fort-Georges, lat. 46° 18', température 10°,1 ; Fort-Vaucouver, lat. 45° 36', température 11° et demi ;) elle s'abaisse ensuite vers le sud, traverse la partie septentrionale de l'État d'Ohio, et atteint la côte opposée près de New-York, lat. 41° 55', température 10°,0). Cette ligne passe dans le voisinage de la limite supérieure des régions où on a rencontré des Cactées, le lac des bois et les plateaux qui bordent la vallée du Missouri : cette même ligne isotherme traverse l'Europe au-dessus de Londres, lat. 51° 31', température 10° et demi, puis elle s'abaisse après avoir passé par Dublin, pour venir couper la Bohême dans le voisinage de Prague, latitude 50° 61' ; hauteur au-dessus de la mer 195 mètres, température 9° et demi, ensuite elle passe à Dresde, latitude 51°3, hauteur 117 mètres, température 8° et demi.

Si la science fait connaître assez complétement la série des lignes isothermes dans l'hémisphère boréal, elle possède des notions beaucoup moins précises sur celles de l'hémisphère austral ; elle ne possède encore que peu d'observations dans ce dernier hémisphère, et ce n'est qu'avec défiance qu'on peut employer les moyennes qui en ont été déduites, voici celles qui sont connues :

Lieux.	Lat. sud.	Température.
Maranham.......	2°29'	27°40
Rio-Janeiro.......	22.56	23.42
Buenos-Ayres.....	34.36	17.00
Iles Falhaud......	51.00	8.46

L'Isotherme de l'Ile Chiloe dont la latitude est moins élevée et qui est la limite australe de la région des Cactées semblerait, à cause de la différence de latitude, devoir jouir d'une température moins élevée.

Enfin, nous compléterons toutes ces notions en rappe-

TABLEAU *des températures moyennes de différentes localités où les Cactées croissent à l'état naturel, et des températures moyennes de différents lieux d'Europe, où ils sont cultivés avec leurs coordonnés géographiques.*

LIEUX.	Latitude.	Longitude de Paris.	Hauteur au-dessus de la mer.	Année.	Hiver.	Printemps.	Été.	Automne.	Mois le plus froid.	Mois le plus chaud.
Berne	46° 37 n.	5. 6 e.	585	7. 8	0. 9	7. 7	15. 8	8. 5	2. 8 janvier.	16. 6 août.
Cracovie	50. 4 n.	17. 37 e.	201	8. 0	3. 3	0. 9	19. 1	8. 0	5. 3 janvier.	19. 6 août.
Breslau	51. 6 n.	14. 42 e.	140	8. 1	1. 0	7. 2	17. 3	8. 1	1. 5 janvier.	19. 1 juillet.
Dresde	51. 3 n.	11. 24 e.	121	8. 5	0. 4	8. 4	17. 2	8. 4	2. 0 janvier.	18. 0 juillet.
Edimbourg	55. 57 n.	5. 32 o.	88	8. 6	3. 0	7. 6	14. 4	8. 9	2. 9 janvier.	15. 0 juillet.
Hambourg	53. 33 n.	7. 38 e.	»	8. 6	0. 3	8. 0	17. 0	8. 8	3. 3 janvier.	17. 5 juillet.
Berlin	52. 31 n.	11. 8 e.	39	8. 6	0. 7	8. 4	17. 6	9. 1	3. 1 janvier.	18. 8 juillet.
Munich	48. 9 n.	9. 14 e.	526	8. 9	0. 4	9. 0	17. 4	9. 1	1. 5 janvier.	18. 0 juillet.
Erfurt	50. 59 n.	8. 42 e.	209	9. 0	0. 6	8. 5	17. 3	9. 5	0. 7 janvier.	17. 7 juillet.
Lausanne	46. 31 n.	4. 18 e.	507	9. 5	0. 5	9. 2	18. 4	9. 9	1. 0 janvier.	18. 7 août.
Leyde	52. 10 n.	2. 9 e.	»	9. 7	2. 4	8. 4	17. 2	10. 5	1. 2 janvier.	17. 9 juillet.
Genève	46. 12 n.	3. 49 e.	396	9. 7	1. 2	9. 5	17. 9	10. 2	0. 4 janvier.	18. 6 juillet.
Francfort-sur-le-Mein	50. 7 n.	0. 21 e.	117	9. 8	1. 2	9. 9	18. 3	10. 0	0. 4 janvier.	18. 9 juillet.
Strasbourg	48. 35 n.	5. 25 e.	146	9. 8	1. 1	10. 0	18. 1	10. 0	0. 4 janvier.	18. 8 juillet.
Bâle	47. 34 n.	5. 15 e.	253	9. 8	0. 4	9. 8	18. 6	9. 7	1. 0 janvier.	19. 3 juillet.
Vienne	48. 13 n.	14. 3 e.	156	10. 1	0. 2	10. 5	20. 3	10. 5	1. 6 janvier.	20. 7 juillet.
Bruxelles	50. 51 n.	2. 2 e.	58	10. 2	2. 5	10. 1	1. 28	10. 2	1. 2 janvier.	18. 8 juillet.
Bade	47. 30 n.	16. 63 e.	156	10. 3	0. 6	10. 4	21. 1	10. 5	1. 9 janvier.	21. 7 juillet.
Londres	51. 31 n.	2. 20 o.	»	10. 4	4. 2	9. 5	17. 1	10. 7	3. 0 janvier.	17. 8 juillet.
Paris	45. 50 n.	0. 0.	64	10. 8	5. 3	10. 3	18. 1	11. 2	1. 8 janvier.	19. 9 juillet.
La Rochelle	46. 9 n.	3. 28 o.	»	11. 6	4. 2	10. 6	19. 4	11. 5	2. 9 décemb.	20. 2 juillet.
Bordeaux	44. 50 n.	2. 55 o.	»	13. 9	6. 1	15. 4	21. 7	14. 4	5. 0 janvier.	22. 9 juillet.
— Turin	45. 4 n.	5. 22 s.	279	11. 7	0. 8	11. 7	22. 0	12. 1	0. 6 janvier.	22. 9 août.
— Milan	45. 28 n.	6. 51 e.	146	12. 8	2. 1	13. 0	22. 7	13. 2	0. 6 janvier.	23. 7 juillet.
— Toulouse	43. 36 n.	0. 54 o.	152	12. 9	5. 2	11. 8	19. 9	13. 9	4. 1 janvier.	21. 5 août.
— Venise	45. 26 n.	10. 0 o.	»	13. 7	3. 3	12. 6	22. 8	13. 3	1. 8 janvier.	23. 9 juillet.
— Montpellier	43. 36 n.	1. 32 o.	»	15. 3	6. 9	13. 8	24. 4	16. 1	5. 6 janvier.	25. 7 juillet.
— Bologne	44. 30 n.	9. 1 o.	82	14. 2	2. 8	14. 5	25. 2	14. 3	1. 2 janvier.	26. 4 juillet.
— Avignon	43. 57 n.	2. 28 e.	»	14. 4	5. 8	13. 0	23. 1	14. 6	4. 8 janvier.	23. 8 août.
— Florence	43. 47 n.	8. 55 e.	64	15. 3	6. 8	14. 7	24. 0	15. 7	5. 3 janvier.	25. 2 juillet.
— Rome	41. 54 n.	10. 8 e.	53	15. 4	8. 1	14. 1	22. 9	16. 5	7. 2 janvier.	23. 9 juillet.
— Naples	40. 51 n.	11. 55 e.	55	16. 7	9. 9	15. 6	23. 9	17. 3	9. 0 janvier.	25. 0 août.
Lisbonne	38. 42 n.	11. 29 o.	72	16. 4	11. 3	15. 5	21. 7	17. 0	11. 2 janvier.	22. 8 juillet.
* St.-Louis (sur le Missouri)	38. 36 n.	91. 66 o.	170	13. 0	0. 7	12. 9	24. 1	14. 4	1. 2 janvier.	25. 7 juillet.
* Santa Fé de Bogota	45. 36 n.	76. 34 o.	2031	15. 0	15. 1	15. 3	15. 3	14. 5	14. 0 décemb.	16. 1 février.
* Quito	0. 14 s.	81. 5 o.	2914	15. 6	15. 4	15. 7	15. 6	17. 5	14. 8 juillet.	16. 3 mars.
* Mexico	19. 26 n.	101. 26 o.	2271	16. 6	13. 0	18. 1	19. 1	16. 2	12. 3 janvier.	19. 7 juin.
* Buenos-Ayres	34. 37 n.	60. 44 o.	»	16. 9	11. 4	15. 2	22. 8	18. 1	11. 0 janvier.	23. 8 août.
* Montévideo	34. 54 s.	53. 33 o.	»	19. 3	14. 1	18. 1	25. 2	20. 0	13. 3 décemb.	25. 7 juillet.
* Curaçao	10. 31 n.	69. 25 o.	887	22. 0	20. 9	21. 8	23. 4	22. 2	20. 0 février.	24. 0 juillet.
* Rio-de-Janeiro	22. 55 s.	45. 36 o.	»	23. 1	20. 3	22. 5	26. 1	23. 6	19. 6 janvier.	26. 7 juillet.
* La Havane	23. 9 n.	84. 43 o.	»	25. 0	22. 6	24. 6	27. 4	25. 6	21. 9 janvier.	27. 5 août.
* Vera-Cruz	19. 12 n.	89. 29 o.	»	25. 0	21. 5	25. 0	27. 5	26. 0	21. 2 janvier.	27. 8 mai.
* Jamaïque	17. 50 n.	79. 2 o.	»	25. 1	24. 6	25. 7	27. 4	26. 0	24. 4 janvier.	27. 6 juillet.
* Tortola	18. 27 n.	67. 0 o.	253	26. 2	25. 5	25. 2	27. 0	26. 8	24. 2 mars.	27. 3 août.
* Cumana	10. 28 n.	66. 30 o.	»	27. 4	27. 0	28. 0	28. 1	»	26. 9 janvier.	29. 2 mai.

lant que, d'après M. de Humboldt, dans les régions tropicales entre 1 mètre et 1,000 mètres, une élévation de 170 mètres correspond à un abaissement de 1° du thermomètre centigrade.

La température influe sur les plantes de trois manières, par son excès, par son défaut, et par sa durée ou sa continuité. Nous devrons donc chercher pour les plantes exotiques que nous cultivons en Europe, les termes des maxima et des minima de température des localités d'où nous viennent ces plantes, et la durée pendant laquelle cette température agit sur elle, afin de les mettre dans nos cultures, au milieu de conditions, qui les rapprochent le plus possible de celles de leur pays natal. En outre, la comparaison de ces maxima et minima avec ceux qui caractérisent les saisons des lieux où nous cherchons à transporter ces végétaux, nous indiquerons les essais de culture que nous pourrons tenter.

Si ces recherches ne devaient nous conduire qu'à la détermination des maxima et minima en question, elles ne nous rendraient qu'un bien faible service, car en nous donnant les limites extrêmes des températures sous lesquelles nos plantes peuvent végéter ; elles nous apprendraient seulement à les conserver, mais ne nous indiqueraient en rien, qu'elles sont les conditions de leur fleuraison et de leur fructification, et c'est précisément ici que la connaissance de l'intensité et de la durée devient nécessaire. Sans ces notions, nous serions dans la position de celui qui, ayant une pierre précieuse, ne saurait pas qu'en la faisant tailler, elle profitera de toute la limpidité de son eau et de tout son éclat ; celui-là même qui, sachant cela, se contenterait de la faire tailler sur une face seulement, non-seulement ne jouirait pas de sa pierre précieuse, mais il ignorerait encore ses principales qualités. Il en a été de même pour la culture des Cactées ; pendant bien longtemps, on s'est occupé de les conserver ; mais les soins qu'on leur donnait étaient si peu intelligents et si routiniers, que la floraison des espèces connues alors a été due le plus souvent au hasard ; si bien, qu'aujourd'hui encore, presque toutes les personnes qui voient une collection de Cactées, font cette question : *Ces plantes fleurissent-elles?*

Pour nous, une bonne culture des plantes dépend d'autres éléments encore que des limites extrêmes de température; elle dépend de la somme de degrés de chaleur et de la quantité de lumière qu'un végétal a besoin de recevoir pour arriver à fleur, donner des fruits et mûrir ses fruits.

Cette dernière question semble complétement mise de côté ou ignorée par presque tous les horticulteurs, et comme elle est plus importante que les autres pour arriver à une bonne culture, c'est par elle que je débuterai.

IX. — De l'influence de la lumière solaire.

Tout le monde a observé que la floraison des plantes, leur fructification est plus avancée, selon que la chaleur de la saison a été plus forte. Qui n'a entendu dire souvent dans cette circonstance : La récolte se fera de bonne heure; hors, dire cela, c'est dire implicitement que chaque végétal a besoin d'une certaine somme de chaleur pour mûrir. Réaumur avait cette idée dès le commencement du siècle dernier; il disait : «Il serait curieux de faire des com-
« paraisons entre la chaleur des années et les époques de
« maturité, de les pousser même jusqu'à chercher la
« somme des degrés de chaleur d'une année avec la somme
« entière des degrés de chaleur de plusieurs autres années;
« de faire des comparaisons de la somme des degrés de
« chaleur qui agissent pendant une même année dans les
« pays les plus chauds, avec la somme des degrés de
« chaleur qui agissent dans les pays froids ou tempérés; de
« comparer entre elles les sommes de chaleur des mêmes
« mois en différents pays. »

Il ajoutait : «On fait des récoltes des mêmes grains dans
« des climats fort différents; on verrait avec plaisir la
« comparaison de la somme de degrés de chaleur des
« mois pendant lesquels les blés prennent la plus grande
« partie de leur accroissement, et parviennent à une par-
« faite maturité dans les pays chauds comme en Espagne,

« en Afrique, et dans les pays tempérés comme en France,
« et dans les pays froids comme au nord. »

Ces deux passages renferment le germe des travaux
exécutés depuis Adanson jusqu'à M. Boussingault, dans le
but de déterminer la quantité de chaleur totale nécessaire
à la maturation de différentes plantes introduites dans
les cultures. Pour l'horticulteur qui est obligé de consulter
son thermomètre à chaque heure du jour, ils sont la re-
commandation d'une multitude d'observations utiles, qui
nous donneraient des indications précieuses sur des climats
que nous ne connaissons pas faute d'observations, et dont
la flore a laissé s'éparpiller quelques fleurons jusqu'à nous.

Un trait bien frappant vient nous prouver tout d'abord
que la température moyenne de l'air, la durée de son
action, ne sont pas les seules conditions nécessaires, que
l'action de la lumière vient se mêler avec la précédente
pour produire la maturation.

La moisson se fait à Upsal à la même époque que dans
le midi de l'Angleterre. La température de l'été à Londres
est de 17°. 1. et à Upsal de 15. 1., en ne prenant pour
faire notre comparaison que l'été, saison pendant laquelle
s'accomplit la maturation du blé ; on voit qu'elle se fait
en Angleterre sous l'influence d'un été qui donne pour
somme 1573°., et à Upsal seulement 1389. Mais si on remarque que dans les étés du Nord le ciel est plus clair,
que les jours sont plus longs qu'à Londres, dont le ciel est
brumeux, on comprendra que la chaleur et la lumière
solaire jouent ici un rôle dont il faut tenir compte.

M. de Gasparin admet que le blé exige 2000 degrés de
chaleur moyenne, du renouvellement de sa végétation au
printemps jusqu'à sa maturité. Le blé commence à végéter
d'une manière sensible quand la température moyenne
atteint 6° ; cette température est atteinte, à Orange, le
1er mars ; à Paris, le 20 mars ; à Upsal, le 20 avril. La
récolte a lieu, en moyenne, à Orange, le 25 juin ; à Paris,
le 1er août ; à Upsal, le 20 août. Pendant ces périodes
la chaleur moyenne a donné à Orange 1601°3 ; à Paris,
1943°7 ; à Upsal, 1546°. Ces chiffres exacts sont une con-
firmation du fait qu'un premier aperçu nous avait appris

sur l'action de la chaleur solaire. A Upsal, elle est continue pendant l'été, à nuits très-courtes et à peine si l'obliquité des rayons solaires peut contre-balancer la continuité de cette action; le froment y mûrit avec une quantité de chaleur moyenne peu différente de celle d'Orange. A Paris, le ciel plus brumeux entraîne une plus longue durée de temps qui produit une plus grande somme de chaleur moyenne. En effet, si on considère maintenant la température moyenne solaire pour Orange et Paris, les deux lieux pour lesquels nous avons des termes de comparaison, nous trouvons :

PARIS.		ORANGE.	
10 jours de mars	109°	Mars	517.7
Avril	474	Avril	579
Mai	579.7	Mai	691.3
Juin	579	25 jours de juin	680
Juillet	691	Total	2468.0
Total	2432.7		

On voit que l'égalité se rétablit, et que c'est, en effet, la chaleur solaire moyenne qu'il faut employer pour connaître l'influence de la chaleur sur la végétation.

Ce principe n'est exact qu'autant qu'on compare entre eux des lieux dont les latitudes ne sont pas trop différentes; les phénomènes de lumière et de lumière solaire surtout doivent nous rendre très-circonspects sur sa généralisation. En effet, si on compare ce qui se passe à Lyngen, près du cap Nord, par 70 degrés environ de latitude boréale, où on a des récoltes de blés abondantes dans les lieux abrités des vents de mer, où cependant la neige ne disparaît que le 10 juin, mais où pendant un mois l'on a un jour continuel non interrompu par la nuit, la moisson se fait à la fin d'août; le froment a poussé, fleuri, fructifié en 72 jours, pendant lesquels la chaleur atmosphérique est distribuée ainsi qu'il suit :

10 jours de juin	101°
Juillet	313
Août	261
	675

La chaleur solaire, à midi, est de 19°10 ; à minuit, de 6,47, ou en moyenne 12,78 ; en tenant compte de la chaleur nocturne accompagnée de lumière on obtient 9077, qui, ajoutés à la somme précédente, produisent 1582° centigrades.

Le blé mûrirait donc à Lyngen avec 1582° de chaleur totale, 886° de moins qu'à Orange ; mais on remarque que, d'après les expériences de Meyer (*Act. de la Soc. d'Hort. de Berlin*, 1828, et Linnœa, 1829), l'accroissement des plantes ne cesse pas durant la nuit, seulement cet accroissement n'est que la moitié de celui du jour ; il est tout à fait étiolé sans fixation de carbone et sans progrès vers la fructification, qui ne peut avoir lieu en l'absence de lumière. Pour comparer les effets solaires de chacun des deux pays, il faudra soustraire du chiffre d'Orange toute la chaleur nocturne. Pour cela, nous retrancherons du résultat ci-dessus 2468, ce qui appartient à la chaleur atmosphérique qui n'est pas accompagnée de lumière.

D'après les températures horaires, nous aurons pour :

$$\left. \begin{array}{ll} \text{Mars, 12 heures de nuit} & 248 \\ \text{Avril, 11} & 198 \\ \text{Mai, 9} & 226 \\ \text{25 jours de juin, 6 heures} & 144 \end{array} \right\} 816,$$

Qui, déduites de 2468 donnent le reste 1652, c'est-à-dire, aussi approximativement qu'on peut l'obtenir faute d'observations suffisamment exactes des chaleurs solaires de jour et températures horaires de nuit, la même influence calorifique combinée à celle de la lumière qu'à Lyngen. Cette comparaison, faite dans des lieux éloignés de 27° de latitude, autorise à établir ce principe :

Que pour amener le blé à maturité, il faut qu'il reçoive 1582° de chaleur totale (solaire et atmosphérique, sous l'impression de la lumière solaire).

N'ayant point de tables des températures horaires pour les régions intertropicales, il nous a été impossible de prendre la culture des Cactées pour sujet de notre démonstration ; mais en empruntant les divers résultats qui précèdent aux travaux de MM. Humbold, Boussingault et Gasparin, nous avons pu prendre le blé qui se cultive également au Mexique, et qui réussit aussi dans les zones, où nous rencontrons les Cactées, mais qui là indique la limite extrême de la zone de leur végétation. Ces résultats qui appartiennent à toutes les plantes, nous permettent d'établir par analogie l'influence de la chaleur solaire, combinée à la lumière pour toutes les plantes tropicales que nous cultivons dans nos serres, et en particulier une limite inférieure de la quantité de ces éléments nécessaires pour amener les Cactées à floraison.

Une autre raison qui vient à l'appui de cette théorie, peut être tirée des époques d'inflorescence de la même plante sous diverses latitudes. Les observations recueillies par Schübler, en différents lieux et sous des circonstances très-différentes, l'avaient conduit à conclure que par les latitudes moyennes d'Amérique et d'Europe les époques d'inflorescence retardaient de quatre jours par degré de latitude. Ainsi les plantes observées en fleur à Mexico avaient été trouvées en retard à Naples de près de trois mois; celles observées à Parme étaient en retard à Munich de 6 jours, à Berlin de 25, à Hambourg de 33 jours, à Christiania de 52 jours; en outre, il montre que dans les hautes latitudes, la végétation était beaucoup moins retardée, ce retard se réduisait totalement à trois jours. Or, toutes influences égales d'ailleurs, il faut donc que la longueur des jours dans les hautes latitudes vienne agir sur la végétation pour que ce retard soit explicable.

Donc, les effets produits par les rayons solaires ne sont pas dus à la chaleur seulement, la lumière vient jouer un certain rôle dans ces effets, soit qu'on regarde la propriété des rayons solaires d'être sensible à la vue comme un fluide distinct, soit comme une modification de fluide calorifique, les effets des rayons de cet ordre sont distincts et différents, leur action est appréciable.

Les graines germent au moyen de la chaleur obscure, l'humidité, la chaleur et l'obscurité sont les circonstances les plus favorables à la germination; mais quand la germination s'est effectuée, que la plantule commence à se développer, la lumière devient un agent nécessaire ; si elles en sont privées elles s'étiolent, c'est-à-dire qu'elles poussent de longues tiges, d'un vert pâle, effilées, quelquefois blanches ; ayant perdu tous leurs caractères de formes. Des graines de Mamillaires et d'Echinocactés semées ; les unes à l'ombre, les autres à la lumière, germèrent à un intervalle de cinq jours de différence les unes des autres ; mais celles maintenues dans l'ombre, n'avaient pas encore montré les premiers aiguillons qui couronnaient le sommet des autres plantules 12 jours après ; elles étaient pâles, quelques-unes, transparentes, mouraient complétement en quelques jours ; un mois après, il ne restait pas une plante de la première série, tandis que presque toutes celles de l'autre avaient été conservées, avaient atteint la grosseur d'un pois, toutes conditions égales d'ailleurs.

Des boutures placées dans les mêmes conditions, c'est-à-dire dans une caisse à compartiments, dont l'un était recouvert par une planche, l'autre par une vitre, recevaient l'air par des trous d'égale capacité, pratiqués dans le fond et la paroi postérieure ; elles présentèrent des faits analogues, tandis que celles maintenues dans l'ombre perdaient l'apparence de robusticité que leur donnaient la vigueur de leurs aiguillons, le coloris de leur épiderme, les autres montraient déjà des racines. Plus tard celles-ci étaient complétement reprises, tandis que les autres montraient un ou deux radicules effilés, leur sommet s'était allongé en pointe et avait pris une couleur blême. Enfin, au bout de trois mois, quelques-unes de celles conservées à l'ombre commençaient à s'altérer, elles étaient devenues complétement molles, quelques parties où les aréoles avaient été endommagées entraient en putréfaction. L'expérience a été faite sur des boutures d'Ottonis prises sur un même pied, sur des boutures d'Opuntia Cylindrica et de Cereüs Serpentinus. La terre des plantes à la lumière semblait se sécher plus promptement et indiquait une évaporation plus rapide, mais cela est dû peut-être à l'accumulation de la chaleur que le verre laissait pénétrer [1]. J'ai fait dessécher au four, en même temps, les deux boutures de Cerei qui semblaient différer entre elles moins que les autres ; celle qui avait été maintenue à l'ombre était encore saine, elle a présenté un poids de 11 grammes environ, tandis que l'autre moins longue pesait 18 grammes. L'absence de pesée avant l'expérience m'empêche de conclure avec la précision désirable, que l'allongement de la plante qui a crû à l'ombre, n'a lieu qu'au moyen de l'extension des membranes celluleuses, sans qu'il y ait eu assimilation de carbone, formation de nouvelles cellules.

Le temps ne me permet pas une nouvelle expérience dans les conditions suivantes : elle serait relative à trois boutures aussi identiques que possible, dont on prendrait exactement les poids ; l'une serait emballée dans de la mousse comme pour un envoi, privée d'humidité et de lumière ; les deux autres seraient placées dans les conditions de l'expérience ci-dessus ; à la fin de l'expérience, elles seraient pesées toutes avant et après la dessiccation.

Nous savons que les plantes exhalent de l'oxygène et s'assimilent du carbone, sous l'influence de la lumière ; mais, par une action inverse, c'est du carbone qu'elles exhalent dans l'obscurité. Il y a dans ce dernier cas, non-seulement suspension d'accroissement et de formation de nouveaux organes solides, mais encore rétrogradation dans cette formation ; c'est aussi ce que l'expérience que nous venons de citer prouve pour les Cactées : pendant que notre bouture privée de lumière s'est blanchie, s'est ramollie, celle, au contraire, qui a été maintenue à la lumière s'est développée verte et rigide [2].

Avant de terminer ce qui est relatif à la lumière, je crois utile de rappeler que la couleur de cette lumière, ou celle qu'elle prend en traversant les vitres de la serre,

---

[1] Cette expérience, faite du mois de mars au mois de juillet de cette année, est incomplète ; il ne m'a pas été possible de noter les poids, les quantités de chaleur, de lumière et d'humidité pendant leur durée.

[2] Il sera utile de se rappeler ces circonstances quand il s'agira de choisir entre des toiles et des paillassons pour garantir les plantes contre les coups de soleil.

n'est pas non plus sans influence sur la végétation ; malheureusement il n'existe pas ou peu d'expériences sur cette matière ; on sait seulement que certaines plantes (la Chicorée, par exemple), qui croissent derrière des verres colorés, s'allongent plus sous l'influence des rayons bleus et violets, tandis que d'autres plantes (le Pavot, par exemple,) subissent les mêmes effets sous l'influence des rayons rouges.

Tout est à faire sur ce sujet ; j'ai seulement réalisé quelques expériences en colorant des verres avec du bleu de Prusse ; les semis et les boutures mises en expérimentation ne m'ont encore montré aucun résultat notable ; toutefois, je crois qu'elles permettront d'établir qu'une teinte bleue, très-transparente, étendue sur la paroi extérieure du verre, arrêtait une partie du calorique rayonnant du soleil, et laissait pénétrer suffisamment de lumière et de chaleur obscure ; ils garantissent assez bien les jeunes semis ou les boutures contre les coups de soleil ; le verre s'échauffait, absorbait plus de chaleur que quand il n'était pas coloré, sa chaleur acquise tendait à maintenir à l'état de vapeur, l'humidité qui se condense ordinairement contre l'autre paroi, et maintient ainsi l'air dans un état de saturation d'humidité favorable à la végétation. Cependant, comme il y a ici complication d'autres phénomènes de lumière et de chaleur réfractées ou absorbées, je crois utile de répéter à nouveau les expériences en les modifiant, avant d'établir une conclusion qui pourrait être infirmée.

X. — Limites des températures que supportent les Cactées dans leur climat.

Toute l'étendue du pays comprise entre les 10e et 38e degrés de latitude nord se partage, comme nous l'avons vu, en trois régions, appelées dans le pays, *Tierras Calientes, Tierras Templadas* et *Tierras Frias*. A ces trois zones correspondent des climats distincts, ayant chacune leur végétation particulière et une flore spéciale. Les espèces appartenant à chacune de ces zones se trouvent parfois déplacées et transportées de leur zone dans la suivante, très-rarement dans les deux; mais presque constamment, quand ce dernier fait se présente, ces sujets n'atteignent plus le même degré de force et de splendeur dans les zones où elles ont été déportées qu'au milieu de leur habitus; ils y végètent et se reproduisent quelquefois, mais alors une exposition accidentelle vient aider à leur complet développement.

La première zone, depuis le niveau de la mer jusqu'à 300 mètres, a une température propre, 25 à 26 degrés centigrades.

La deuxième zone, depuis 300 mètres jusqu'à 1200 à 1500 mètres, a une température moyenne, 20 degrés centigrades.

La troisième zone, depuis 1,200 mètres jusqu'à 4,500 mètres, qui est la limite des neiges perpétuelles, a une température moyenne, 17 degrés centigrades.

Cette dernière zone comprend des plateaux élevés de 2,400 mètres au-dessus de l'Océan; dans la saison la plus froide, la chaleur moyenne du jour est encore de 14 à 15 degrés; à l'ombre, le thermomètre ne monte pas au-dessus de 24 degrés; il y gèle quelquefois, et les saisons peuvent y être assez froides pour empêcher le blé de mûrir.

Dans la seconde zone, l'atmosphère est constamment chargée de vapeurs, souvent même brumeuse, parce qu'elle comprend précisément la hauteur moyenne à laquelle les nuages restent suspendus au-dessus de la terre.

L'étendue comprise entre le 10° degré de latitude au-dessus et au-dessous de l'équateur présente peu de différence avec la précédente dans la distribution des zones; les limites de ces zones s'élèvent ainsi: la première région à 350 [1] mètres au-dessus de l'Océan; la seconde jusqu'à 1,500 ou 1,800 mètres; et la troisième, depuis cette hauteur jusqu'à la limite inférieure des neiges perpétuelles, qui est à 4,800 mètres au-dessus de l'Océan; la tempéra-

---

[1] A cette hauteur, il règne, par rapport à la température des côtes, une fraîcheur délicieuse : les habitants se réfugient sur ces hauteurs pour éviter les chaleurs.

ture moyenne des plaines de la première zone est de 8°,6,
pour l'hiver, et 27°.7 pour l'été en degrés centigrades.

La seconde jouit encore d'une température moyenne de
23 à 24 degrés; elle se trouve dans des conditions d'humidité qui appartiennent à la zone correspondante dans les
États du Mexique.

Enfin, dans la troisième zone, la culture du maïs cesse
complétement à 2,000 mètres, et à la hauteur de 1,600 ou
1,700 mètres, l'intensité du froid fait manquer les récoltes
comme dans nos régions.

Les données sont beaucoup moins précises pour toute
l'étendue comprise entre les 10° et 50° degrés de latitude
sud, les renseignements manquent complètement. Quelques observations dues à M. Boussingault, tendent à montrer que la chaleur est répartie dans l'hémisphère sud,
à peu près de la même manière que dans l'hémisphère
nord; elles tendent à y faire partager aussi le climat en
trois zones, comme dans les autres parties des deux Amé-
riques. Toutefois, ici, cette division n'est pas constatée par
une série d'observations aussi complètes. Voici les chiffres
que j'ai pu réunir, qui n'ont pas été mis sur le tableau,
parce qu'ils ne portaient pas avec eux le même degré de
certitude que les premiers :

Dans les Cordillières, le village
  de la Vega de Zupia. . . . . . 1225 m. au-dessus de l'Océan. 21°5 centig.
Mines de Marmato.. 1426   20.4
Village de Puracé. 2651   19.3
A Popayan. . . . . . : 1808   18.4
Volcan de Toliman.. . . . . . . 4670 neiges perpétuelles.
Chili, volcan de Penquenes.. . : 4453   id.   33 deg. de latit. sud.
Au sud du Chili, les andes du
  littoral. 1832   id.   41°44'   id.

La température moyenne de la partie sud du Chili, entre
Santiago et la Conception, est comprise entre 11 et 12
degrés.

Dans l'île de Chiloë, le climat est sain et froid, il se
trouve peu au-dessus de la limite de la culture des Céréales.

A la Guyane, la moyenne des températures est indiquée
comme étant de 20 degrés; la moyenne des températures
des saisons chaudes s'y élève à 26 degrés.

Toute l'étendue du nouveau Continent, comprise entre les 40 degrés de latitude nord et le 43° degré sud, peut être partagée, comme le font les naturels du pays, en trois zones, auxquelles on assigne les températures suivantes : 25, 20 et 17 degrés centigrades.

Les moyennes des températures des mois les plus froids et des mois les plus chauds étant [1] :

	Moyenne des mois froids.	Moyenne des mois chauds.	Température moyenne de l'année.
Zone torride....	20°	28° [2]	24
Zone tempérée...	14	23	18
Zone froide.....	10	28	14

En Sicile, à Rome, en Dalmatie, en Lombardie, en Corse, il existe des Opuntias qui sont complétement acclimatés et qui sont passés à l'état sauvage, presque toutes les Cactées qui sont cultivées en Sicile, à Rome, en Corse, enfin dans toute la région où l'Olivier donne des fruits mûrs, passent une grande partie de l'année, si ce n'est toute l'année en plein air. A Paris, à Londres, à Bruxelles, à Vienne, à Berlin, à Erfurt, à La Rochelle, à Nice, à Marseille, ces plantes passent parfaitement toute la belle saison en plein air, et elles y ont acquis un développement et une vigueur qui ont émerveillé les horticulteurs qui ont tenté les premiers essais, et ceux qui les ont imités depuis. La comparaison des températures de nos trois zones avec les températures de ces localités nous donnera les nombres qui indiquent les limites de température auxquelles nos différents genres peuvent être soumis.

---

[1] Nous avons pris les températures qui sont connues pour des lieux placés sur les limites des zones ; pour chacun d'eux, nous avons pris les moyennes des températures des mois les plus chauds et des mois les plus froids, et c'est avec ces nombres que nous avons obtenu ces résultats. Pour l'objet qui nous occupe (l'étude des climats relativement à la culture des Cactées), ces nombres donnent des approximations bien suffisantes, surtout si on tient compte des variations de température qu'ils peuvent supporter, dans leur passage d'une zone dans l'autre, et des températures peu élevées qu'ils supportent souvent dans nos cultures.

[2] M. de Humboldt a trouvé 27°5 pour la température de l'équateur ; celle de Cumana, qu'on regarde comme la ville la plus chaude de l'Amérique méridionale, est de 26°4 ; celle de Caracas est de 21°2 centig.

TABLEAU *de comparaison des moyennes* [1] *des températures des mois les plus froids et des mois les plus chauds des pays ci-dessous désignés, avec les températures correspondantes de la zone torride.*

NOMS DES VILLES.	Différence des températures des mois les plus froids.	Différence des températures des mois les plus chauds.	Différence des températures moyennes annuelles.
Paris............	—18	— 9	—14
Londres	17	10	14
Bruxelles.......	19	9	15
Vienne.........	22	7	15
Berlin..........	22	10	16
Erfurt.........	21	10	16
La Rochelle.....	17	8	13
Nice...........	12	4	9
Marseille.......	15	5	11
Rome..........	13	4	9
Naples.........	11	3	8

Les Cactées qui appartiennent à la zone torride sont la plupart des Melocactus, qui sont aussi les plus délicats sous notre climat ; quelques Mamillaires appartenant au groupe des Stettigeræ et un très-petit nombre d'Échinocactes et de Cerei ; quelques Rhipsalis qui vivent en parasites sur les grands arbres et qui profitent de leur ombrage, et enfin quelques Opuntias employés pour la culture de la Cochenille, qui sont soumis par conséquent à des soins particuliers de culture, soins qui tendent ici à balancer les effets d'une température élevée par une humidification convenable.

L'examen de ce tableau montre que ces plantes peuvent,

---

[1] Les moyennes des températures d'un mois s'obtiennent en prenant les températures de chacun des jours du mois et divisant leur somme par le nombre de jours. Elles sont propres à mesurer la quantité totale de chaleur qu'il a fait dans ce mois, mais ne donnent aucune idée des températures extrêmes. Ainsi, à Paris où la température moyenne est de 10°,8 , on a eu des températures extrêmes comprises entre —21°,1 et + 38,4. Ici notre but étant d'évaluer les quantités de chaleurs nécessaires et suffisantes pour la culture des Cactées, il n'y a pas lieu de nous occuper de températures accidentelles contre lesquelles l'emploi d'une serre, d'une orangerie ou d'un endroit clos permet toujours de se garantir.

en été, végéter en plein air, sous le climat d'Europe, surtout si on songe que dans leur pays elles se contentent fort bien d'une température moyenne, qui est quelquefois de 14 degrés centigrades au-dessous de celle des régions où elles croissent naturellement. A Naples, Rome et Nice, où cette différence se réduit à 8 degrés, elles y prospèrent tout aussi bien que dans leur pays.

Nous trouvons une autre preuve de cette proposition dans l'examen des effets produits dans la zone torride par les vents froids qui font parfois descendre le thermomètre jusqu'à 15 degrés, sans que la végétation en souffre nullement, et qui produisent, par conséquent, un abaissement de 13 degrés centigrades sur la température des mois chauds, différence qui peut s'élever à 18 degrés lorsque ces vents viennent souffler après des journées chaudes [1].

On peut donc conclure que pour les Mélocactes, quelques Mamillaires, quelques Échésiocates et Cerei qui proviennent des régions les plus chaudes de l'Amérique, nous pouvons, sans aucun danger, dans nos cultures faire varier accidentellement les températures des périodes de repos et de végétation de 16 à 18 degrés, pourvu que ces différences ne soient pas permanentes, mais purement accidentelles; que la différence constante des températures de ces deux périodes peut s'élever à 10 degrés centigrades, qui surpassent peu la différence entre les températures moyennes des mois les plus chauds et des mois les plus froids dans cette zone.

Pour les variations diverses ou celles entre la température du jour et celle de la nuit, les données sont trop insuffisantes pour qu'il soit possible de la déduire immédiate-

---

[1] A Caracas, 400 mètres au-dessus du niveau de la mer. M. de Humboldt a observé les résultats suivants :

Température moyenne de l'année. . . . 21° à 22° centigrades.
Température moyenne de la saison chaude. 24°
Température moyenne de la saison froide. . 19°
Maximum. . . . . 29°
Minimum. . . . . 11°

Ce qui donne une différence absolue de. . . . 18 degrés centigrades.

ment des observations faites dans la zone torride; on sait seulement qu'à Cumana, à la Guayra, le thermomètre se soutient pendant l'année entière entre 21° et 35°; à Santa-Fe, à Quito, on trouve des oscillations de 3° à 22°, si l'on compte, non pas les jours, mais les heures de l'année les plus froides et les plus chaudes. Dans les basses régions, à Cumana, les jours ne diffèrent généralement des nuits que de 3 à 4 degrés; à Quito, de 7 degrés; à Caracas, situé à une élévation presque trois fois moindre et sur un plateau de peu d'étendue, aux mois de novembre et décembre les jours sont plus chauds que les nuits de 5 à 6 degrés. On peut donc adopter une différence de 6 degrés, même en tenant compte de l'égalité constante de température qui est le caractère propre de ces régions.

TABLEAU *de la comparaison des moyennes des températures des mois les plus froids et des mois les plus chauds des pays ci-dessus désignés, avec les températures correspondantes de la zone tempérée.*

NOMS DES VILLES.	Différence des moyennes des mois les plus froids.	Différence des moyennes des mois les plus chauds.	Différence des moyennes annuelles.
Paris.	— 12	— 4	9
Londres.	11	5	9
Bruxelles.	13	4	10
Vienne.	16	2	10
Berlin.	16	5	11
Erfurt.	15	5	11
La Rochelle.	11	3	8
Nice.	6	+ 1	4
Marseille.	9	0	6
Rome	7	+ 1	4
Naples	5	+ 2	3

La zone tempérée est, à proprement parler, la patrie commune à toutes les Cactées; quelques-unes de celles qui vivent sous les autres zones passent très-bien dans celles-ci, et c'est à elles qu'appartiennent la plupart des Cactées connues en Europe; la discussion de température qui lui est relative a donc pour nous une bien plus grande im-

portance que les deux autres; les limites que cette discussion nous fera connaître pourront donc s'appliquer
d'une manière plus générale à toutes nos plantes.

La différence des moyennes annuelles s'abaisse à 3 degrés pour Naples, à 4 pour Nice et pour Rome; elle
prouve, comme l'expérience l'a aussi démontré, que dans
ces trois localités, presque toutes les Cactées, à l'exception
de celles dont nous avons fait mention dans la discussion
précédente, peuvent y passer en pleine terre. En outre, la
température moyenne des étés y est supérieure de 1 à 3
degrés, celle des hivers y est inférieure de 5 à 7 degrés.
Ce que nous établissons pour ces trois localités s'applique
également à toutes les localités de l'Europe où la température des hivers ne s'abaisse pas ordinairement au-dessous de 6° centigrades.

Dans toutes les villes où la température moyenne des
étés n'est inférieure que de 5° au plus à celle des étés de
la zone torride, en mettant les plantes en bonne exposition pendant la belle saison, il est évident qu'on les sou-
mettra à des conditions de chaleur ordinairement plus
favorables que celles de leur pays, et que parfois même
la température au milieu de laquelle elles se trouveront
ainsi placées, sera trop considérable, et bien qu'elle ne
soit qu'accidentelle, elle pourrait leur être préjudiciable.

Ainsi, à Naples, où la température maxima est de 39°;
à Rome, où elle est de 38°; à Nice, où elle est de 33°; à
Paris, où elle est quelquefois de 38°, il pourrait être utile
quelquefois de les couvrir au moyen de toiles à trames
très-lâches pour briser les rayons du soleil. Cependant, si
on observe qu'à la Vera-Cruz la température du jour s'é-
lève aussi quelquefois à 36°, ces précautions seront inu-
tiles, si le passage de la température qui a précédé celle-
ci n'est pas trop brusque.

Pour les localités qui sont portées sur notre tableau, la
comparaison des mois les plus chauds avec celle des mois
correspondants de la zone tempérée, nous donne un
écart en moins qui n'est jamais supérieur à 5 degrés; or,
dans cette zone, nos plantes végètent sous une température qui varie de 14° à 23°, dont l'écart est de 9°; il en

résulte donc qu'elles peuvent vivre et végéter parfaitement en plein air dans toutes ces localités, qu'il en est
de même pour toutes celles où la température moyenne
des mois de l'été n'est pas inférieure à 15 ou 16 degrés;
dans la plupart de ces localités, les températures maxima
s'élèvent au-dessus de 23°, une bonne exposition permet
d'y augmenter le nombre des jours où la température est
supérieure à 23°, donc aussi, dans toutes ces localités, une
bonne exposition en plein air permettra de cultiver nos
plantes, pendant la belle saison, avec presque autant de
succès que dans leur pays natal.

Pour la culture de nos plantes pendant l'hiver, il faut
tenir compte d'un autre élément qui entre dans la question; entre les tropiques, la marche des saisons ne ressemble en rien à celle de nos climats.

Là l'état du ciel a sur la température une influence très-
remarquable. La hauteur méridienne du soleil variant peu
dans ces climats, ce sont surtout les pluies qui règlent la
marche de la température, marche totalement différente
de ce qu'elle est dans nos climats. Quand le soleil est très-
éloigné du zénith, c'est-à-dire quand il se trouve dans
l'hémisphère boréal pendant les mois de décembre et de
janvier, la température est relativement très-basse; à mesure que la hauteur méridienne du soleil augmente, la
chaleur augmente aussi et irait sans cesse en s'accroissant,
jusqu'à ce que le soleil fût au zénith; mais alors la pluie
commence, la chaleur diminue, et c'est seulement plus
tard, lorsque le soleil s'éloignant du zénith se trouve dans
l'autre hémisphère, qu'il y a un accroissement dans la
température qui atteint son maximum [1] lorsque la pluie
vient à cesser, et diminue ensuite pour atteindre le minimum dont nous avons parlé. Ainsi, tandis que, dans nos

---

[1] En physique et en météorologie, maximum et minimum ne signifient
pas la plus grande et la plus petite dans une série de grandeurs variables
comme des températures, mais ils s'entendent ainsi : si dans une journée le
thermomètre s'élève depuis le matin jusque vers deux heures, pour s'abaisser
ensuite depuis cette heure jusqu'au lendemain, la plus haute température
marquée sera un maximum; de même si, après s'être élevé d'abord, il baisse
ensuite pour remonter après et redescendre encore pendant la nuit, la plus

climats, la température a un minimum et un maximum,
elle offre deux maxima et deux minima dans les pays
chauds. Les deux derniers sont : l'un, au milieu de la
saison sèche, et l'autre, au milieu de la saison humide,
lorsque la distance zénithale du soleil de midi est aussi
grande que possible. Les deux maxima surviennent au
commencement et à la fin de la saison humide. Chaque
localité entre les tropiques nous offre donc une marche
différente de la température ; le minimum est un effet
instantané de la pluie, mais qui dure peu ou bien persiste
pendant plusieurs mois, sans qu'il y ait plus tard un
maximum très-notable, parce que le soleil s'éloignant du
zénith, la chaleur diminue [1].

En Europe, l'état du ciel a également une grande influence, mais elle se manifeste différemment. Quand le
matin, en été, le temps est calme et le ciel serein, la température s'élève notablement en quelques heures ; mais si
des nuages couvrent le ciel et interceptent les rayons lu-
mineux, le thermomètre monte peu, ou même baisse bien
avant le maximum de la chaleur. L'inverse a lieu quand le
ciel est couvert le matin et serein dans l'après-midi. En
hiver, au contraire, le thermomètre monte quand le ciel
se couvre, et baisse sensiblement quand les nuages se dis-
sipent.

Cette différence entre la saison d'hiver et la saison d'été,
en Europe, résulte de l'absorption des rayons calorifiques
par l'atmosphère, et de la marche du réchauffement dans
les deux saisons.

En été comme en hiver, la terre perd par le rayonnement une partie de la chaleur qu'elle a reçue du soleil ;
mais, en été, elle reçoit plus qu'elle ne perd. Quoique les

---

haute température marquée jusqu'au moment où il commence sa première
marche rétrograde est un maximum ; celle qui est marquée entre les deux
marches rétrogrades est un second maximum ; entre ces deux maxima, il y a
un minimum, c'est la plus basse température entre les deux maxima.

[1] Nous verrons bientôt qu'il est utile de tenir compte de ces deux étés,
quoiqu'il soit impossible de les reproduire d'une manière artificielle, même
pour les plantes de serres qui, comme les nôtres, peuvent passer l'été dehors.

rayons calorifiques obscurs soient absorbés relativement beaucoup plus que les autres, la chaleur reçue est cependant plus considérable que la chaleur émise; mais si pendant l'été, le ciel est couvert, il y a ordinairement abaissement de la température. En hiver, au contraire, la terre se refroidit en général; la perte due au rayonnement nocturne, pendant la nuit, étant plus grande que l'échauffement par l'action solaire; et comme les nuages s'opposent au rayonnement et réfléchissent vers la terre une partie des rayons obscurs qu'elle émet, il y a élévation de la température par les temps couverts. Il faut ajouter à cela que les vapeurs précipitées sous forme de pluie sont, pendant l'hiver, à une hauteur bien moindre que pendant l'été, et que la chaleur latente, qui devient libre au moment de leur condensation, peut agir sur le sol.

Il est bien établi que les plantes qui habitent sous les tropiques ont, pour ainsi dire, deux étés et deux hivers, pendant que celles qui habitent nos climats n'ont qu'un été et un hiver pendant le même temps; dans l'impossibilité où nous sommes de reproduire ces conditions climatologiques, il reste à examiner la température la plus basse qu'elles peuvent supporter sans en souffrir, et les moyens artificiels à l'aide desquels on pourra, en Europe, non produire des variations analogues de climat, mais par des humidifications convenables, les mettre dans des conditions analogues à celles des saisons des pluies tropicales:

A Santa-Fe, à Bogotha, le thermomètre s'abaisse accidentellement à 3° centigrades; à Caracas, dans une série d'observations faites du 28 novembre 1799 au 17 janvier 1800, M. de Humboldt a trouvé que le thermomètre s'était abaissé 59 fois à 19°, 71 fois au-dessous, qu'il avait marqué 14 fois 17 degrés et 9 fois 16° centigrades; pendant la même période de temps, la température moyenne de chaque journée ne s'était pas élevée au-dessus de 21° centigrades. La température de Cumana a été constamment supérieure à celle de Caracas, elle en a différé de 4°, 5 à 6°, 5.

D'un autre côté, à Chuquisaca, capitale de la nouvelle république de Bolivie, qui se trouve, par 19° de lati-

tude sud, à environ 400 kilom. dans l'intérieur des terres,
placé à 2,800 mètres au-dessus de l'Océan, la température moyenne est de 10 degrés centigrades environ; il y
gèle pendant la mauvaise saison. Cette localité nous a
envoyé quelques Mamillaires, un Echinopsis et plusieurs
Cierges.

En fixant à 4 degrés centigrades la limite inférieure de
la température à laquelle on puisse soumettre nos plantes
sans danger, pendant la période de repos, on peut être
assuré de prendre une température plutôt au-dessus
qu'au-dessous de la limite, et de n'avoir jamais de mé-
comptes [1].

A La Rochelle, à Nice, à Marseille, à Rome et à Naples,
où la température moyenne des mois les plus froids ne
s'abaisse pas au-dessous de 3° centigrades, il serait donc
possible de faire passer en pleine terre presque toutes nos
plantes; il en serait de même de toutes les localités où la
moyenne des températures de la saison hivernale ne s'a-
baisse pas au-dessous de 3 à 4 degrés centigrades; seulement, pour toutes les localités où cette moyenne est au-
dessus de zéro, il faudrait se munir d'appareils propres à
les garantir de l'humidité et des gelées qui surviennent
quelquefois.

Nous croyons donc pouvoir assigner à la culture en
pleine terre, été comme hiver, la même limite que celle
des Oliviers et des Myrthes, c'est-à-dire, pour l'Europe, la
côte ouest d'Espagne, jusqu'au Portugal; toute la côte
occidentale de cette Péninsule, où la culture du figuier est

---

[1] De nombreuses expériences tendent à prouver qu'un grand nombre de
Cactées peuvent subir momentanément une température même de 0 degré
sans danger, pourvu qu'ils soient dans un endroit sec et clos où le vent ne
renouvelle pas l'air. Pendant ce printemps, toutes mes plantes étaient enfermées dans des coffres, couvertes seulement avec des claies; elles ont subi les
froids de la fin du mois d'avril. Le thermomètre s'est abaissé, dans ce coffre,
à 0° et même à —1,5 pendant les nuits où le thermomètre s'est abaissé à —5°;
aucune de celles qui étaient vigoureuses n'a souffert; quelques Stapelias et
Phyllocactes ont péri. Pendant la fin de l'hiver de 1851 à 1852, les mêmes
plantes, exposées en plein air, ont reçu les neiges tardives de février et du
commencement de mars; des Fuchias qui étaient conservés avec elles, ont été
complétement perdus; les Cactées ont parfaitement résisté.

associée à celle de la Canne à sucre; vers Grenade et Avola; au sud de la Sicile; Pau, sur les Pyrénées, jusqu'au pied de Corbière; en partant de là, la limite, en tournant le fond des vallons, suit une ligne courbe, qui vient passer à Arles (Arriége), Olette, Carcassonne, Sidobre, Saint-Chignan, Saint-Pons, Lodève, Le Vigan, Saint-Jean-du-Gard, Alais, Les Vaus, Joyeuse, Aubenas, Beauchâtel, Donzève, Mont-Ségur, Nyons, Villeperdrix, Le Buis, Sisteron, Digne, Bargemont; puis elle traverse les Alpes, pour gagner le pied méridional de l'Apennin, pénétrer dans le royaume de Naples, sur les deux versants de la chaîne; puis, sur le bord opposé de l'Adriatique, de la Dalmatie et de la Grèce. Il y a aussi des régions détachées comme des îles le sont du continent, au milieu desquelles nos plantes réussiraient également, les bords des lacs de Guarda et de Côme, et les environs de Bex, en Suisse.

Bien que l'étude comparative du climat de la zone tempérée et toute la partie méridionale de l'Europe nous ait conduit à suivre la limite ci-dessus, qui est celle de la culture de l'Olivier, il faut remarquer que la zone de cette culture se partage en deux régions : celle où l'Olivier ne gèle jamais, celle où il subit quelquefois l'influence funeste de l'hiver; dans la première, où le thermomètre ne descend jamais au-dessous de 5° centigrades, et qui n'a annuellement que dix à douze jours de gelées, qui est caractérisée par la culture du Coton herbacé, celle du Caroubier, du Salla, de l'Agave, du Styrax officinal, de l'Anagyris fétide, les Cactées les plus délicates [1] n'auront jamais rien à craindre.

Mais, dans la seconde région, où l'Olivier gèle et succombe souvent aux rigueurs du froid, cette culture pourra réussir également; mais elle exigera quelques précautions, dont on peut se dispenser dans la première.

---

[1] Dans la seconde zone, il arrive, par des hivers très-froids, qu'une grande partie de la culture des Oliviers se trouve détruite; nos plantes y partageraient le même sort, quoiqu'elles puissent y passer l'hiver dehors la plupart du temps.

TABLEAU *de la comparaison des moyennes des températures des mois les plus froids et des mois les plus chauds des pays ci-dessous désignés, avec les températures correspondantes de la zone froide.*

NOMS DES VILLES.	Différence des moyennes des mois les plus froids.	Différence des moyennes des mois les plus chauds.	Différence des moyennes annuelles.
Paris............	— 8	0	— 6
Londres	7	0	7
Bruxelles.......	9	+ 1	7
Vienne.........	12	+ 3	7
Berlin..........	12	0	8
Erfurt..........	9	0	8
La Rochelle.....	7	+ 2	5
Nice...........	2	+ 6	1
Marseille.......	5	+ 5	3
Rome..........	3	+ 6	1
Naples.........	1	+ 7	0 (¹)

On se rappelle qu'un grand nombre de Cactées appartiennent à la troisième zone : toutes celles dont l'habitus est au-dessus de 12,000 mètres (le Melocactus Obtusipetalus originaire, dit-on, des environs de Bogota, à près de 4,000 mètres au-dessus de la mer? le Melocactus Amœnus? les Mamillaria, Uberiformis, Veluta, Zephirantoïdes, Elegans, Supertexta, Acanthophlegma, Schiedeana, Caput Medusæ, Pallescens, Pyrrhocephala, Seitziana, Subpolyedra, Polyedra, Mystax, Gladiata, Erecta, Macrothele, Plasnickii, Brevimamma, Scepontocentra, Pycnacantha, les Echinocactus Pfeifferi, Electracanthus, Tuberculatus, Macrodiscus, Phyllacanthus, Anfractuosus, Rhodophthalmus, Leucacanthus, Gemmatus, Flagriformis, Opuntia, Ficus Indra, Missouriensis, Pentlandii, Opuntia, Tunicata, etc.).

L'examen du tableau précédent prouve surabondamment que les limites de température que nous avons établies ci-dessus, sont plus que suffisantes pour la culture de nos Cactées; il prouve, en outre, qu'un très-grand nombre, presque toutes celles que nous venons d'énumérer, peuvent sans danger passer en pleine terre, dans la

---

(¹) Ou seulement de 0,3° de degré.

région de la culture de l'Olivier, que nous avons tracée en détail.

Il nous montre, de plus, que les mois de l'été sont plus chauds que ceux de la zone froide, dans toutes les localités dont nous avons porté les noms au tableau, et que quatre de ces localités seulement, Bruxelles, Vienne, Berlin et Erfurt, ont des hivers que nos plantes ne pourraient pas supporter, tandis qu'elles pourraient, pour la plupart, supporter les hivers de La Rochelle, de Londres et même de Paris, si les hivers de ces villes n'étaient pas exposés à des gelées d'une longue durée et à des temps humides, correspondant à des températures basses.

La température du milieu dans lequel on peut faire végéter les Cactées, est une des conditions les plus importantes pour leur développement prompt, complet et rapide; aussi, avons-nous cru devoir entrer dans quelques-uns des détails de cette question. Voici les conséquences auxquelles nous sommes conduit :

1° Tous nos efforts doivent tendre à placer nos Cactées dans un milieu dont la température soit peu variable; l'élévation de cette température, quand elle est supérieure à 15 degrés, est moins importante que sa régularité;

2° La température du milieu dans lequel végètent les Cactées, peut s'abaisser à zéro, et même à 1 ou 2 degrés au-dessous de zéro, pourvu que cet abaissement ne soit que momentané et ne dure que quelques jours, que le passage à cette température ne soit pas brusque et ne corresponde pas à un état d'humidité des plantes.

En maintenant dans la culture ces conditions de température, on pourra conserver presque toutes les espèces connues en Europe; mais il leur arrivera ce qui arrive aux plantes du nouveau Continent, qui passent d'une zone dans une autre; elles continuent à végéter, mais leur floraison, la production de leurs fruits se trouvent souvent arrêtées et ne se présentent plus avec la même régularité que quand elles sont observées sur les plantes cultivées dans leur propre zone ;

3° Par une exposition en plein midi, quand le soleil fait monter la température du jour au-dessus de 30 degrés centigrades, il est utile de les abriter à l'aide des toiles à mailles très-larges, suffisantes pour rompre seulement les rayons et les laisser passer ;

4° Pour les plantes tenues en serre pendant la mauvaise saison, la température d'hiver peut s'abaisser accidentellement au-dessous de 4° centigrades, et même à zéro ; mais il est préférable, quand cela est possible, de la faire monter à 6 ou 8 degrés, même pendant toute la période du repos[1] ;

5° La différence entre la température de la journée et de la nuit ne doit guère dépasser 6 degrés centigrades; les écarts plus considérables ne doivent être qu'accidentels pendant la mauvaise saison. Au contraire, pendant l'été, la différence entre la température de la nuit et du jour, qui est plus considérable, ne présente nul inconvénient.

XI. — Règlement du chauffage et de sa conduite pendant l'hiver.

Un certain degré de chaleur est nécessaire pour faire entrer la sève des plantes en mouvement. La végétation devient plus active, si, en continuant à fournir à la plante son humidité correspondant à l'accroissement de son évaporation, on augmente cette chaleur. Dans ces conditions, ses différentes parties se développent plus largement, et de nouvelles gemmes se forment en même temps que d'autres fleurissent. Nous avons vu que le terme de cette température est 15 à 18° centigrades.

Mais il est aussi un degré maximum de chaleur que chaque espèce de plante peut supporter, au delà duquel elle se flétrit et meurt quelquefois. Si certains Cryptogames résistent à la chaleur de l'eau bouillante dans les sources thermales, la plupart des végétaux paraissent ne pas résister à une chaleur de 60° centigrades. Malgré les expériences relatées par Pfaiffer et par Forster, je ne

---

[1] J'ai raisonné dans l'hypothèse qui se présente le plus souvent, celle où les Mélocactes sont mêlés avec les autres Cactées; dans le cas contraire, la limite 4° fixée plus haut est suffisante.

conseillerais pas de soumettre nos plantes à une température prolongée aussi élevée.

Quelquefois le thermomètre placé à la surface du sol s'élève à 50 ou 55 degrés dans nos climats; mais cette température ne se rencontre que passagèrement pendant quelques heures du jour; elle n'atteint que la surface du sol, et le plus souvent elle ne descend pas jusqu'aux racines et ne s'élève pas jusqu'à la partie supérieure de la tige. J'ai observé que beaucoup de plantes que j'exposais à cette température pendant les grandes chaleurs de la canicule, sans les abriter par une toile à mailles larges, se ridaient à leur surface, devenaient souffrantes et réclamaient les soins qu'il faut donner à celles qui ont reçu un coup de soleil, et cependant elles étaient exposées à l'air libre. Les effets de cette température élevée étaient en partie modifiés par le mouvement des couches d'air de l'atmosphère; qu'en eût-il donc été si elles avaient été enfermées dans une serre ou sous une cloche, là où l'air étant en repos, enfermé, peut s'échauffer au point de donner une température supérieure à 80° [1]?

Pour ces raisons, je crois qu'en toutes saisons, quand le thermomètre marque de 25 à 30° centigrades, il est important d'ouvrir les panneaux, afin de donner un accès facile à l'air extérieur; en outre, et autant que possible, si cela a lieu pendant l'hiver, il faut éviter que l'air froid du dehors vienne frapper directement sur les plantes. Il est toujours plus prudent et même utile pour leur santé, de ne pas attendre que le thermomètre ait atteint cette hauteur, pour laisser tomber le feu.

L'influence du froid sur les plantes est tout autrement marquée que celle de la chaleur. Comme le climat que nous habitons nous présente fréquemment des abaissements de température au-dessous de la congélation de

---

[1] Un thermomètre resté dans une serre qui avait été tenue fermée, dont les panneaux étaient restés découverts, et entièrement exposée à toute l'action des rayons du soleil en plein midi, s'est trouvé brisé, quoique son échelle s'élevât à 80° centigrades. Quelques Opuntias qui avaient été oubliés dans le fond de la serre, avaient perdu leur couleur vert foncé, cette couleur avait été remplacée par un ton vert pâle; leurs tiges, affaissées sur elles-mêmes, pendaient sur les bords des pots.

l'eau, tandis qu'il faut chercher des points spéciaux du globe et des circonstances extraordinaires, pour que la chaleur agisse d'une manière fâcheuse sur la végétation; il en résulte que l'on n'a guère que quelques expériences sur les effets meurtriers de la chaleur, tandis que les observations des effets du froid sont très-nombreuses.

Si nous examinons les cas dans lesquels les végétaux ont ressenti les atteintes du froid, nous trouvons :

1° Que l'impression d'un degré de froid arrête l'impulsion de la sève, engorge les canaux ou les interstices du tissu utriculaire, produit la désorganisation complète des tissus, la décomposition de la sève, et cause la mort des parties herbacées qui ont été atteintes par le froid, que cette désorganisation se communique aux autres parties, suivant que la force ou la durée du froid a été plus ou moins prolongée. Elle se fait surtout sentir sur les jeunes semis, les pousses des plantes, les bourgeons nouvellement éclos dont le développement est encore herbacé et n'a pas encore pris une consistance ferme dans laquelle les fibres deviennent plus abondantes, plus rigides et plus resserrées, comme cela arrive à toutes les plantes à végétation continue, dont la sève est en mouvement tant que la chaleur et l'humidité ne leur manquent pas; l'abaissement de température suffisant pour crisper les fibres et arrêter le mouvement, varie suivant la nature et l'état de la plante. Ainsi nous avons vu des Opuntias, des Mamillaires, même des Echinocactes (Echinoc. Ottonis, Tortuosus Linkii) résister à la température de la formation de la glace, supporter même pendant dix à douze heures une couche de neige [1], tandis que d'autres, des Mélocactes, des Cerei sont mortes sans retour par suite de l'exposition à une température de 1 à 2 degrés centigrades.

2° Des plantes qui ont subi momentanément ou pendant quelques heures seulement ces impressions de froid, ont parfaitement résisté, n'en ont subi aucune atteinte, lorsque leur végétation était à l'état de repos, et que le retour

---

[1] Effets qui avaient suffi pour détruire complétement des Fuchias cultivés en pots et conservés avec les Cactées.

vers une température plus élevée s'est fait lentement et progressivement.

La durée de l'abaissement extrême de la température que peut supporter une plante, ne suffit pas pour déterminer sa mort, d'autres circonstances concourent quelquefois à produire les mêmes conséquences; un instant suffit pour une plante tenue même à un faible degré d'humidité (les Discocactus), une goutte d'eau ou de rosée sur un Mélocacte, et une saturation d'humidité pour d'autres. Or, chacun de ces états est difficile à apprécier rigoureusement, et c'est ce qui rend l'étude de ces circonstances difficile; car, en outre, les ravages du froid dépendent souvent du dégel. Quand la sève est en mouvement, et que les organes des plantes sont saturés de sève, un froid moindre dont la durée est prolongée pendant quelques jours, peut avoir des effets aussi funestes qu'une gelée forte, si les circonstances du dégel ne sont pas favorables, ce qui arrive fréquemment lorsque la saison est avancée (fin de février, commencement de mars); car alors il est ordinaire de voir succéder au soleil brillant et chaud une gelée même intense de la nuit.

Nous croyons que la cause principale du mal produit par le froid peut être attribuée à la rapidité du dégel plutôt qu'à l'influence directe du froid, quand ce froid ne s'abaisse pas au-dessous de 3° centigrades; car dans ce cas, si on examine l'état des organes frappés de mort immédiatement après le dégel, on trouve les cellules rompues, leurs débris nageant dans le liquide, les fibres ligneuses et les tissus brunis, tandis que si les circonstances du dégel sont favorables, ces effets ne se produisent pas, ou s'ils se produisent, ils exercent leurs effets plus lentement, spécialement sur les plantes tenues trop humides et dans un état complet de végétation, ou sur celles qui sont en mauvais état. Mais dans tous les cas, le mal est à peu près sans remède, car le seul qui soit à notre connaissance, c'est la section des parties endommagées, et cette section est presque toujours dangereuse pendant la mauvaise saison, même en tenant les plantes très-sèches.

Nous croyons devoir conclure de tout ce que nous vehons de dire, que la limite extrême de froid à laquelle on peut exposer les plantes pendant la mauvaise saison, est de 2 à 3° centigrades au-dessous de zéro; qu'une température aussi basse doit être accompagnée d'un état de sécheresse bien prononcé. Si ce traitement a amené certaines rides sur la surface des plantes, si elles se sont affaissées ou si elles ont diminué de volume, il ne faut pas attendre qu'elles soient complétement desséchées; une exposition particulière au soleil, derrière les vitres d'une croisée, permet de donner à la terre que contiennent les pots, quelques gouttes d'eau qui sont devenues nécessaires pour empêcher les racines de se dessécher complétement. Mais la terre doit être humectée avec précaution et parcimonie; on doit avoir soin de ne mouiller aucunes parties de la plante, et on doit choisir les matinées d'hiver qui annoncent une belle journée bien claire.

Sauf peu d'exceptions, ces soins se réduisent à abriter les plantes dans une chambre bien exposée en plein midi, suffisamment éclairée, et recevant la lumière du soleil chaque fois qu'il brille. Ces conditions suffisent pour conserver nos plantes pendant la mauvaise saison d'hiver [1]. J'ajouterai même que les personnes qui auront eu le soin d'exposer leurs plantes en plein air pendant toute la belle saison, qui les y auront laissées s'endurcir jusque vers la fin d'octobre, éprouveront très-peu de pertes, qu'elles seront émerveillées de la rapidité avec laquelle leurs

---

[1] En Allemagne, où la culture des plantes grasses est beaucoup plus répandue que chez nous, beaucoup d'amateurs se contentent, pendant l'hiver, de rentrer leurs plantes dans une chambre exposée en plein midi, sans y faire de feu pendant toute la durée de la saison: les unes sont placées sur des rayons derrière les vitres des croisées; d'autres sont rangées sur des tables à une certaine distance de ces croisées, que l'on ouvre tous les matins au moment où on nettoie; d'autres restent pendant tout ce temps même exposées à une faible lumière, recevant la poussière, et n'ont d'autre humidité que celle qu'elles reçoivent au moment de leur sortie.

Chez nous, il est très-fréquent de voir les deux ou trois plantes qui ornent la croisée de l'artisan passer l'hiver dans une chambre mal éclairée et sans feu, en compagnie de Lauriers roses et de Géraniums.

Un horticulteur de Vaugirard, près de Paris, M. Duval, dont on voit quelques plantes apportées sur le Quai-aux-Fleurs de Paris tous les jours de marchés, rentre ses plantes dans une petite serre mal fermée, exposée au midi, dans laquelle il ne fait pas d'autre feu que celui d'une terrine remplie de braise qu'il apporte pendant les nuits les plus froides de l'hiver; il élève

plantes reprendront aux premiers jours de beau temps ce qu'elles avaient perdu pendant les mauvais temps, et que si elles ne jouissent pas d'une végétation aussi luxuriante que celles soumises aux soins de culture que nous exposons plus bas, elles montreront cependant leurs belles fleurs presque en même temps que les autres, mais l'état adulte pour elles sera tardif.

Je crois que pour les plantes qui peuvent être chauffées dans une serre pendant la mauvaise saison, il faut prendre d'autres soins. Mais, me dira-t-on, puisque les soins à peu près nuls dont vous venez de nous entretenir sont suffisants, pourquoi se donner tant de peine pour obtenir des plantes peut-être plus délicates que les premières ?

Je répondrai que celui qui tient à avoir un cheval pour le garder à l'écurie, peut très-bien n'en prendre aucun soin ; pourvu qu'il lui donne à boire et à manger, et qu'il renouvelle sa litière, il gardera son cheval plus ou moins longtemps ; mais que celui qui a un cheval pour en tirer un bon service sera l'esclave d'une foule de soins qu'il ne connaîtra qu'après y avoir passé. Il en est des plantes comme du cheval : celui qui conserve ou qui cultive des plantes pour son agrément, désire voir leurs fleurs ; il commence par une dizaine de sujets, bientôt ce premier groupe s'accroît, de dix le nombre s'élève à cinquante ; il s'attachait d'abord à un genre, ne voyait de fleurs que pendant une quinzaine de jours sur l'année ; il a voulu

---

ainsi et conserve des plantes depuis vingt ans, et montre les sujets les plus robustes que j'aie vus.

Dans l'hiver de 1848, je fus obligé de quitter un logement où j'avais la jouissance d'un jardin, dans lequel j'avais fait construire une petite serre ; je gardais quelques échantillons des multiplications des sujets les plus précieux de ma Collection ; dans le nombre, je citerai l'Echinocactus Horizonlalonius, Horripilus, Hexaedrophorus ; Mamillaria Castanæformis, Elephantidens, etc.; le Pelecyphora Aselliformis : toutes ces plantes, jusqu'à l'hiver dernier, ont été exposées dans une chambre au rez-de-chaussée, en plein midi et sans feu ; elles y étaient arrosées tous les quinze jours à peu près, et ont parfaitement végété ; le Mamillaria Elephantidens a déjà donné une nombreuse progéniture ; il a montré deux fleurs l'an dernier, et en a déjà montré plus de vingt cette année. Les Hexaedrophorus, Hyptiacanthus, portent l'un cinq fleurs et l'autre sept en même temps ; cependant ils ont à peine 8 centimètres de diamètre. Au moment où je corrige les épreuves, toutes ces plantes portent encore des fleurs qui se sont succédé les unes aux autres sans interruption depuis trois mois.

plus, il a conservé le premier genre auquel il est venu en ajouter d'autres qu'il choisit souvent parmi les plantes exotiques; ou s'il les a pris parmi les plantes indigènes, le désir de multiplier ses plantes l'a bientôt gagné. Dès lors il s'est muni d'une serre, et c'est précisément dans ces conditions qu'il peut, avec quelques soins et quelques précautions, assimiler notre climat à celui des tropiques, forcer nos plantes à étaler à nos yeux leurs splendides floraisons, comme elle la montre aux habitants de l'Amérique. Or, dans ces dernières conditions, nos Cactées qui, tout à l'heure, végétaient lentement, acquièrent une luxuriance de force et de végétation qui est presque inconnue en France; là où il fallait attendre cinq ou six ans pour leur faire atteindre un volume de 10 centimètres, elles l'acquièrent en trois ans, quelquefois moins; elles restent couvertes de leurs fleurs pendant toute l'année, ou bien, si leur floraison est discontinue, elles fleurissent deux ou trois fois au lieu d'une.

Pour celui qui peut disposer de ces moyens, ces avantages méritent bien quelques soins de plus; ce sont ces soins dans le détail desquels nous allons entrer. Ils renferment, en outre, de nombreuses indications qui seront utiles à celui qui n'a pas de serre.

Tout d'abord nous croyons devoir nous élever contre l'usage qui consiste à cultiver les cactées à l'exclusion de toutes les autres plantes dans les serres. L'uniformité qui résulte de l'assemblage de toutes ces formes régulières, entraîne quelque chose de monotone avec elle, et rien ne s'oppose à ajouter aux charmes et à l'attrait d'une riche Collection de Cactées, le pittoresque qui résulte du mélange de la variété des plantes au milieu desquelles elles vivent dans leur pays natal, notre but ne peut être ici d'entrer dans l'énumération des plantes dont on peut associer la culture à celle des Cactées, les indications et les détails dans lesquels nous sommes entré lorsque nous nous sommes occupé du climat des régions intertropicales de l'Amérique, constituent une première indication que la pratique et l'expérience des horticulteurs développeront complétement.

TABLEAU des différences de température entre les diverses saisons, pour quelques localités du nouveau continent.

LIEUX.	DIFFÉRENCE ENTRE LES TEMPÉRATURES		TEMPÉRATURES.		DIFFÉRENCE entre les TEMPÉRATURES des mois les plus chauds et les plus froids.
	du printemps et de l'hiver.	de l'été et de l'automne.	Mois le plus froid.	Mois le plus chaud.	
Quito.................	0.3	1.9	14.8 juillet.........	16.3 mars...........	1.5
Mexico................	5.1	2.9	12.3 janvier........	19.7 juin..........	5.4
Buenos-Ayres..........	3.8	4.7	11.0 janvier.......	23.8 août..........	12.8
Montevideo............	1.0	5.2	13.3 décembre......	26.7 juillet........	13.4
Caracas.	0.9	1.2	20.0 février........	24.0 juillet........	4.0
Rio-Janeiro...........	2.2	2.5	19.6 janvier........	26.7 juillet........	7.1
La Havane.............	2.0	1.8	21.9 janvier........	27.5 août..........	5.6
Vera-Cruz.............	3.5	0.5	21.2 janvier.......	27.8 mai...........	6.6
Jamaïque..............	1.1	1.8	24.4 janvier.......	27.6 juillet........	3.2
Tortola...............	0.3	0.2	24.2 mars..........	27.3 août..........	3.1
Cumana................	1.6		26.9 juin..........	29.2 mai...........	2.3
Santa-Fe de Bogotha....	0.2	0.8	14.0 décembre......	16.1 février........	2.1

Comme nous l'avons vu, les régions intertropicales ont deux étés et deux hivers ; pendant que nous parcourons nos quatre saisons, leur deux étés sont l'un au commencement, l'autre à la fin de la saison humide, les mêmes saisons ne se présentent pas simultanément dans les deux hémisphères ; pour chaque région, la saison des pluies répond à l'époque où le soleil passe au zénith.

Les tableaux que nous avons déjà donnés nous permettent d'étudier plus intimement les variations des températures extrêmes dont nous avons réuni quelques résultats dans le nouveau tableau, page 570.

Ici nous apercevons, plus encore que nous n'avons pu le faire, le caractère le plus essentiel, celui qui a la plus grande influence sur la flore de ces régions ; il est dans la constance des températures des diverses saisons. En effet, à l'exception de Buenos-Ayres et de Montevideo, nous voyons que les différences entre les températures des diverses saisons, ont un maximum de 5 degrés au-dessous, et qu'elles se réduisent quelquefois à quelques dixièmes de degrés, tandis que, dans quelques localités, les températures extrêmes présentent une différence de 13 degrés environ. Toutes présentent des différences beaucoup moins importantes, qui sont produites par des températures extrêmes moins élevées que celle que nous supportons dans nos climats, par exemple, à Paris, où la moyenne, pour le mois le plus froid, est de 1°,8 en janvier ; celle du mois le plus chaud, 18,9 en juillet, ce qui donne une différence de 17°,1 ; et où la température la plus basse observée est de — 23,1 ; la température la plus élevée, 38,4, ce qui donne une différence de 61°,5.

Le but que doivent se proposer d'atteindre les personnes qui s'occupent de cultiver les plantes exotiques, est non-seulement de chercher par des moyens artificiels à leur donner la température qui leur est nécessaire pour fleurir et fructifier, mais encore d'assimiler autant que faire se peut toutes les conditions de distribution de chaleur, d'humidité et de lumière, de manière à les placer dans des conditions climatologiques analogues à celles dans lesquelles elles se trouvent dans leur pays natal.

Ici nous entendons par été, comme cela doit être, une période de temps pendant laquelle la chaleur reçue par les plantes sera supérieure, de quelques degrés seulement, à celle reçue pendant une autre saison que nous nommerons hiver; sous cette condition, il sera possible de produire sur nos plantes, pendant les trois quarts de l'année, l'influence de la chaleur des étés, et, pendant un tiers, celle des hivers tropiques. Notre climat nous donne l'une pendant les mois de mai, juin, juillet, août, septembre et octobre; l'autre peut être produite artificiellement dans nos serres pendant les mois de février, mars et avril; il suffit de chauffer seulement pendant cette période, et de n'y faire de feu pendant tout ce temps que ce qui est nécessaire pour empêcher la température de baisser au-dessous de 4 à 6 degrés centigrades [1].

---

[1] Dans les hivers des années communes, il est presque inutile de faire du feu dans les serres, depuis leur rentrée jusqu'à la fin de janvier. Mais, comme il arrive quelquefois en Europe que les hivers sont très-rigoureux et que les plantes ne sont pas, comme l'homme et les animaux, susceptibles de supporter des climats extrêmes, il faut se tenir précautionné contre ces hivers. Pour donner une idée de leur fréquence, je donne ici un tableau des hivers les plus rigoureux des temps modernes :

860, 1133, 1216, 1231, 1236, 1290, 1302, 1305, 1323, 1334, 1364, 1408, 1434, 1460, 1468, 1493, 1507, 1544, 1565, 1568, 1570, 1571, 1594, 1603, 1621, 1622, 1638, 1657, 1658, 1662, 1663, 1676, 1677, 1684, 1709, 1716, 1726, les principaux fleuves du midi de l'Europe ont gelé.

1740,	la Seine est gelée sur toute la largeur —			11°.
1742,	—	—	id.	10
1744,	—	—	id.	9
1762,	—	—	id	9.
1766,	—	—	id.	9
1767,	—	—	id.	16
1776,	—	—	id.	12
1788,	—	—	id.	13
1829,	—	—	id.	14.5

Un des exemples de basse température qui s'est étendu pendant l'hiver, non-seulement sur toute l'Europe, mais encore en Egypte, est rapporté par Abd-Allatif (Traduction de Sylvestre de Sacy, p. 505). En 829, quand le patriarche jacobite d'Antioche, Denis de Telmahre, alla avec le calife Mamoûn en Egypte, ils trouvèrent le Nil gelé.

Ces exemples montrent que les déductions que nous tirons des températures hivernales moyennes ne doivent pas s'appliquer aux hivers dont le froid est exceptionnel. Pendant plusieurs des hivers dont nous venons de citer les dates, il est probable qu'une grande partie des cultures de l'Olivier, des Lauriers, etc., fut détruite et endommagée.

Nous croyons que, sous notre climat, à raison de la distribution des températures pendant les diverses saisons, la culture des Cactées doit être partagée en quatre périodes de trois mois chacune et coïncidant à peu près avec nos saisons, hiver, printemps, etc. Pendant deux de ces périodes, nos plantes sont rentrées soit dans une serre, soit dans une habitation pour y être abritées contre les gelées et l'humidité de l'hiver; pendant les deux autres, elles sont exposées en plein air.

XII. — De la culture.

1. CULTURE EN SERRE.

A. *Novembre, Décembre, Janvier.*

Les plantes doivent être tenues sèches, on ne doit les mouiller que si la terre est trop desséchée; les arrosements doivent être faits avec précaution, de manière à ne pas laisser séjourner d'eau sur les plantes; ils ne doivent avoir lieu que deux ou trois fois au plus tous les mois. Pendant les nuits, le thermomètre doit être maintenu au plus à 4 ou 6 degrés centigrades, et pendant le jour, à 10 et constamment au-dessous de 20 degrés centigrades, à moins que la douceur de la saison permette de ne pas faire de feu, et, dans ce cas, on doit donner de l'air.

Il faut tâcher de faire monter le thermomètre chaque fois que l'on arrose; les journées les plus convenables pour cela sont celles où le soleil se montre bien clair.

B. *Février, Mars, Avril.*

Les plantes doivent être mouillées progressivement à mesure que la température extérieure se radoucit; on doit en même temps leur donner plus de chaleur, le thermomètre doit marquer 8 degrés pendant la nuit, de 12 à 15 au moins pendant le jour, il doit monter à 20 et au-dessus aussi souvent que possible. Vers la fin de février, on doit commencer les semis et faire les boutures de l'année précédente. On doit, par tous les moyens (lumière, ventilation, chaleur, humidité), activer la végétation.

Pendant le mois de mars et le mois d'avril on a à redouter les coups de soleil, que l'on évite en couvrant les vitres avec de la toile à larges mailles, ou bien en les barbouillant avec une légère teinte de blanc.

2. CULTURE EN PLEIN AIR.

C. *Mai, Juin, Juillet.*

On doit mettre les plantes dehors, sur couche ou en pleine terre, les recouvrir jusqu'à la fin de mai à l'aide de coffres et de châssis, et, par ce moyen, concentrer sur elles toute la chaleur possible. Les arrosements qui étaient déjà devenus journaliers doivent être continués et accompagnés de fréquents bassinages à partir de la fin de mai. Les mêmes précautions contre les coups de soleil sont encore nécessaires; on les évite en établissant sous les coffres une circulation d'air abondante et copieuse, qui est nécessaire aussi au développement des plantes.

A partir du milieu de juin, les plantes doivent être entièrement découvertes, abritées seulement de une heure à trois heures de l'aprèsmidi contre l'action trop directe du soleil, à l'aide de toiles à larges mailles déjà employées pour le même objet.

D. *Août, Septembre, Octobre.*

Les plantes doivent rester découvertes et être abritées seulement dans l'après-midi comme on le faisait précédemment. Les arrosements doivent être diminués peu à peu, et, à partir du milieu de septembre, se réduire seulement à ceux que leur donnent les pluies; à partir de cette époque, les plantes ne réclament plus d'autres soins que ceux qui ont pour but d'éloigner d'elles les limaces et autres insectes qui peuvent leur être nuisibles.

Lorsqu'on ne peut pas disposer d'une serre pour notre culture, il est bon d'abréger le plus possible le temps pendant lequel les plantes doivent être tenues enfermées derrière les vitres d'un appartement. Pour cela, dès que le temps le permet, vers le milieu ou la fin de février, on met les plantes dehors, en ayant soin de les abriter dans des coffres sous des châssis vitrés, afin de les protéger contre les gelées tardives, les pluies intenses et les alternatives de beau et mauvais temps, qui rendent, sous nôtre climat, la température des mois de mars et avril très-variable.

On m'objectera, sans doute, que, pendant la saison hivernale, les plantes ont leur période de repos, et toutes les plantes qui ont été transportées des tropiques ont continué à fleurir dans nos serres à l'époque où elles fleurissaient dans leur patrie, et que, pour ces plantes tirées de pays placés sous des latitudes qui diffèrent entre elles de 50, 60 et même 80 degrés, qui, par conséquent, ne reçoivent pas toutes l'été à la même époque, il serait dangereux de déranger l'ordre de succession des saisons.

Tout d'abord les plantes originaires des pays intertropicaux sont constamment en sève dans leur pays, le plus souvent un côté des arbres est chargé de fleurs et l'autre de fruits; si, pour elles, le mouvement de la sève semble s'arrêter ou plutôt se ralentir dans nos serres pendant la mauvaise saison, c'est qu'aussi elles sont privées de la chaleur, de la lumière et de l'humidité qui leur sont nécessaires, et quand elles reçoivent assez abondamment ces agents, elles fleurissent aussi bien en été qu'en hiver, suivant l'époque de leur floraison dans leur patrie; pour toutes, il y a deux époques de repos, mais ce repos n'est pas absolu, comme celui des plantes et des arbres de nos climats; il consiste seulement dans un ralentissement dans le mouvement de la séve.

Pour le plus grand nombre de nos plantes grasses ce repos semble indiqué pendant les mois de décembre, janvier et le commencement de février; en outre, pendant le mois de juillet, quelques-unes de celles qui, placées en pleine terre, sont exposées en plein midi et ne reçoivent pas d'autre arrosement que la pluie du ciel, semblent soumises à un second temps d'arrêt. Autant le repos de nos plantes grasses diffère de celui de nos plantes indigènes, autant aussi cette seconde période diffère de la première. Ici celles qui sont déjà chargées de boutons à fleurs n'en développent plus autant de nouveaux; les fruits qu'ils donnent ou ceux qui existent déjà continuent leur période de maturation, mais les tiges des plantes subissent un ralentissement dans leur accroissement, tout en présentant le même caractère de robusticité; elles sont soumises à un travail intérieur qui a pour but de resserrer les tissus, je dirai presque d'aoûter les parties tendres et vertes. Ici le repos n'est pas indiqué par un temps d'arrêt, une sorte d'affaissement des plantes, comme pendant l'hiver, mais par un ralentissement dans leur développement et leur accroissement.

Cet état est remarquable pour les plantes placées en pleine terre, exposées uniquement et complétement aux influences de notre climat; il est inappréciable pour celles que l'on continue à mouiller et à bassiner comme par le passé; mais, dans ce dernier cas, les parties vertes qui continuent à se développer sous l'influence de ces moyens artificiels, sont plus exposées aux coups de soleil, et lorsqu'elles n'en sont pas frappées, même en plein air, il arrive que le soir, quand on examine les plantes, la surface de quelques-unes est ridée, et que quelques articles d'Opuntias sont ramollis de manière à exiger des supports.

Donc, dans les conditions de culture où nos plantes sont placées, elles subissent un premier temps de repos, qui commence un peu après leur rentrée en serre, et dure jusqu'à la fin de janvier, un second temps de repos, qui n'est plus marqué par un arrêt, mais par un ralentissement dans la végétation; il commence à se manifester, vers la fin de juin et dure jusqu'à la première moitié d'août. A cette époque, la chaleur commençant à perdre de son intensité, la température devenue plus douce, les plantes reprennent un peu de leur activité, et cela dure jusque vers le milieu d'octobre. Cette dernière période et celle que nous faisons commencer en février et durer jusqu'au commencement de mai, constituent à des degrés différents, les deux périodes d'activité par lesquelles nous remplaçons les étés tropiques. Elles présentent avec ceux-ci cette différence qu'elles répondent à des températures moins élevées, il est vrai, mais aussi elles ont avec elles ce rapport bien plus important de concordance d'époque et d'uniformité dans les températures auxquelles nous les soumettons pendant leur période d'activité.

Cette manière de disposer des éléments, chaleur, humidité, air et lumière, qui sont tous quatre aussi indispensables l'un que l'autre, présente cet avantage, c'est que la transition d'une période végétative à une période de repos ne se fait plus brusquement; au contraire, elle est lente, elle procède par décroissement ou progression, par une dégradation qui est en rapport avec ce qui se passe entre les tropiques, autant que la rigueur des hivers de notre climat le permet. Si les températures, correspondant à l'une de ces périodes, celle d'hiver, diffèrent beaucoup de celle observée en Amérique, comme nous l'avons vu par la comparaison des résultats d'observations consignées dans nos tableaux, nos différences, ne se présentant plus avec la même rapidité que dans les méthodes de culture suivies autrefois, elles ne présentent plus la même gravité, elles peuvent être subies, sans effets fâcheux, pour nos plantes.

Une dernière conséquence résulte de cette manière de procéder; c'est que, pendant toute la durée des deux périodes d'activité, nous pouvons mouiller et arroser nos plantes aussi abondamment que possible, sans être affligé de cette maladie si redoutable pour elles, la pourriture des racines, danger qui ne se présente plus sous l'influence d'une distribution abondante des trois autres éléments : chaleur, lumière et air. Alors l'humidité ne peut être funeste en aucun cas; elle donne lieu à une évaporation et à une transpiration très-abondantes, à l'aide desquelles les plantes que nous avons traitées de cette manière ont pris une vigueur et une précocité que j'ai rarement observées dans d'autres circonstances [1].

XIII. — De l'eau et des arrosements.

Si nous prenons les observations que nous avons pu recueillir dans les tables météorologiques, nous aurons une première idée de la quantité d'arrosements que les Cactées reçoivent dans leur patrie; en prenant les nombres de jours de pluie, on trouve :

Entre les tropiques............ 159 jours,

tandis que, en Europe, on trouve pour

Les régions méditerranéennes.....   91
France méridionale 104
France septentrionale et Allemagne. 144

---

[1] C'est ainsi que des plantes qui ne fleurissent que tardivement, sont parvenues à l'époque de la floraison beaucoup plus tôt que d'habitude.

Les Echinopsis Multiplex, Zuccarini, Oxygona, qui ne fleurissent que très-tard, quand leur tige a atteint 12-15 centimètres et que leurs racines tapissent les parois des pots; l'Echinopsis Pentlandi, dont j'ai peut-être observé 100 sujets sans y voir une seule trace de fleur, ont fleuri très-abondamment même avant d'avoir atteint les dimensions ordinaires (ils ont 10 centimètres au plus de hauteur). Les Echinocactus Hexaedrophorus, Gibbosus Scopa, Mammulosus, Muricatus, Villosus; Hyptiacanthus, etc., soumis au même mode de culture, ont fleuri trois ans après avoir été semés; ils avaient entre 4 et 6 centimètres de hauteur.

Pour les mois de juin, juillet, août, septembre et octobre, pendant lesquels nous conseillons d'exposer les plantes en plein air, nous trouvons, pour Paris, 57 jours de pluie, ce qui est à peu près le tiers de ce qu'elles reçoivent sous les tropiques pendant toute l'année; ce nombre diffère encore des 102 jours du nombre des jours de pluie qui devraient être répartis pendant leur période de végétation, même si on ne tenait pas compte de l'état higrométrique de la zone tempérée, où se trouvent la plupart de nos plantes, de l'influence des abondantes rosées qu'elles y reçoivent. Ces chiffres, à eux seuls, prouveraient certainement que nos plantes exigent journellement de copieux arrosements pendant qu'elles sont exposées à l'air libre.

L'expérience m'a pleinement démontré que les Cactées demandent beaucoup d'eau tant qu'ils sont exposés en plein air, et que la température n'est pas au-dessous de 10 à 12 degrés. D'autres faits viennent démontrer cette proposition.

M. Delair, jardinier en chef du Jardin botanique d'Orléans, à qui les horticulteurs sont redevables du meilleur mode de chauffage qui existe, expose les plantes en plein air dès que le temps le lui permet, depuis une dizaine d'années. Pendant la belle saison, il les arrose journellement aussi copieusement et aussi abondamment qu'il le peut; les plantes de sa collection ne le cèdent en rien, du côté de la vigueur et de la beauté, à celles que j'ai observées dans beaucoup d'autres Collections où l'eau était ménagée.

Moi-même j'ai suivi cette méthode et m'en suis toujours bien trouvé, tant pour les plantes saines et placées dans les mêmes conditions, que pour celles qui ont été conservées en serre pendant la belle saison; toutefois, pour ces dernières, j'ai toujours eu le soin de donner un libre accès à l'air extérieur, de favoriser, comme en plein air, l'évaporation par un courant d'air rapide.

Depuis le commencement de la saison, mes plantes sont placées sur une couche qui, actuellement, est froide; elles sont réparties dans trois coffres ayant chacun de 2 mètres

40 centimètres de longueur, sur 1 mètre 30 centimètres de large; chaque coffre, outre les bassinages journaliers du matin et du soir, à quatre heures de l'après-midi, reçoit, tous les deux jours, de copieux arrosements, ayant la valeur de 4 grands arrosoirs par coffre; toutes mes plantes végètent admirablement et doivent aux effets de la pleine terre, d'une bonne exposition et à ces copieux arrosements, une force et une vigueur de végétation que je n'avais pas encore obtenues depuis plus de dix ans que je m'occupe de la culture de ces plantes. Presque tous les sujets ainsi traités ont triplé depuis le mois d'avril jusqu'à la fin de juillet.

Dans la serre du Jardin botanique de l'École de pharmacie de Paris, un pot de l'Echinopsis Eyriesii ou Zuccarini était tombé de dessus une tablette dans le bassin qui sert aux arrosements, cette plante est restée dans le bassin, d'après ce que m'a assuré le jardinier Germel, depuis la fin de décembre jusqu'au mois de mars suivant. J'ai vu la plante quelque temps après cette immersion prolongée, elle était aussi vigoureuse et aussi bien portante que ses congénères.

Depuis bien longtemps j'ai pris l'habitude, pour nettoyer les plantes attaquées par les insectes, de les dépoter, de mettre les racines à nu, puis de les laver à grande eau au moyen de la seringue à bassiner, quelquefois même de les brosser dans l'eau à l'aide d'une brosse douce; d'autres fois, quand elles sont envahies par les fourmis, surtout les Mamillaires, j'emploie, pour les débarrasser, une immersion dans l'eau, prolongée quelquefois pendant deux ou trois jours. Jamais je ne me suis aperçu que de pareilles immersions aient nui, soit aux racines, soit à la tige.

Dernièrement, un Echinocactus Corynodes ayant été envahi par les fourmis, fut soumis à l'immersion; le soir au moment de rentrer, je m'aperçus qu'il n'était pas encore complétement débarrassé de ses hôtes importuns, et je laissai ma plante dans la cuve, oubliant que le lendemain je devais m'absenter pour plusieurs jours. Une semaine après, cherchant mon Corynodes, dont la place était restée vide, je me rappelai alors seulement qu'il avait été oublié dans la cuve; après examen, n'ayant pas retrouvé ma plante, je me disposais à la remplacer, croyant bien que le jardinier, ne l'ayant pas retirée, l'aurait écrasée avec les arrosoirs, en prenant de l'eau. Ma surprise fut bien grande, au bout de douze jours, de retrouver ma plante au fond de l'eau; elle était parfaitement portante et complétement débarrassée. Remise à sa place, en pleine terre, elle y végète tout aussi bien que par le passé, depuis la fin de mai, époque où elle fut retirée de l'eau.

Ce dernier fait prouve, je crois, que pendant son séjour dans l'eau la plante a absorbé du liquide, car d'abord elle surnageait à la surface de la cuve, et plus tard elle est descendue au fond; il y a donc eu changement de densité, qui ne peut être attribué qu'à une absorption de liquide. Cette absorption n'a pu se faire par la surface, car, après l'immersion, toute la surface est restée parfaitement saine[1]; elle a dû se faire par les racines; elle a dû être surabondante, car les plantes immergées, soit après l'arrosement, soit 24 heures après, surnageaient encore et étaient, par conséquent, moins denses que l'eau. S'il y a eu absorption d'eau par les racines, par suite, augmentation dans la masse du liquide contenu dans les cavités du tissu cellulaire, par suite de l'immersion, nous devons donc conclure que l'abondance d'eau dans les arrosements ne peut être nuisible aux Cactées, tant qu'ils sont en pleine végétation et que la température est convenable.

Il ne faudrait pas généraliser cette proposition, se fonder sur l'accident de l'École de pharmacie pour conclure que nos Plantes peuvent être mouillées impunément, car l'eau, dans ce cas, était échauffée par un tuyau du thermosiphon, qui passe sur le côté du bassin; en outre, les expériences ne manquent pas pour prouver combien l'humidité, en temps inopportun, est funeste. Il n'y a pas un

---

[1] Le volume de la plante ne permet pas de supposer que la présence des bulles d'air qui pouvaient tapisser sa surface au moment de l'immersion, soit la cause qui la faisait surnager, et que, plus tard, leur disparition soit cause de son immersion.

amateur qui n'ait eu à déplorer quelques pertes, attribua-
bles uniquement à cette cause, humidification par une
température trop basse et en l'absence d'une ventilation
convenable. Ces faits sont trop nombreux pour qu'il soit
utile ici d'entrer dans leur détail.

Je crois avoir suffisamment établi que par la culture en
plein air, pendant les mois de juin, juillet, août et même
septembre, pendant que la chaleur solaire permet une
évaporation rapide et entretient une végétation active, les
arrosements doivent être copieux et abondants.

Pendant le mois d'octobre, ils doivent être supprimés,
se réduire à ceux que donnent les pluies, et encore les
plantes doivent-elles être garanties à l'aide des panneaux
contre celles-ci. Quand à cette époque les pluies deviennent
trop abondantes, on doit éviter que la terre des pots ne
soit trop humectée au moment de leur rentrée. Car, la
température baissant, les nuits devenant plus froides il
pourrait en résulter quelques accidents, réparables au
commencement de la belle saison, mais toujours dangereux à une époque où le soleil ayant perdu de sa force ne
facilite plus autant l'évaporation et où le défaut d'une
bonne ventilation dans la serre ou l'absence de feu, loin
de favoriser cette évaporation, maintient l'humidité de la
terre, arrête l'activité des plantes et détermine, à la surface des pots, des moisissures qui, finissant par envahir
quelques-unes des parties des plantes, détermineraient
enfin des lésions locales qui, au moment du repos de la
végétation, finiraient par déterminer la mort.

Ainsi, à partir de la fin d'août, les arrosements et les
bassinages doivent cesser; pendant tout le mois d'octobre
on doit tendre à empêcher les plantes de se sécher, mais
on doit éviter de les tenir dans l'état d'humidité qui favo-
risait la végétation pendant la période précédente, où la
chaleur et l'humidité venaient concourir simultanément
à activer cette végétation.

Pendant les mois de novembre, décembre et janvier,
l'absence de chaleur dans la serre, répondant à une ventilation moins active, à une lumière moins abondante,
moins vive, dont l'action journalière a une trop courte

durée, détermine une modification dans l'état des plantes ; d'un autre côté, la longueur des nuits pendant lesquelles on est obligé de couvrir les châssis avec des paillassons, concourt à déterminer un sommeil, un repos de la végétation, qui existe réellement et tend à remplacer dans nos plantes la faculté de s'assimiler le carbone par une perte des éléments absorbés ; ce renversement dans les organes indique qu'il est inutile de chercher à les stimuler en leur fournissant un des agents en l'absence des autres ; en outre, comme nous l'avons montré, l'action de la lumière coïncidant avec l'action des autres éléments, tend à produire une végétation étiolée. Aussi conseillerons-nous de ne faire du feu dans les serres que dans le but d'empêcher le thermomètre de descendre au-dessous de 4 à 6° centigrades. Nous conseillerons aussi de supprimer toute humidité et de maintenir la terre ou l'endroit dans lequel on conserve les Cactées dans un état de sécheresse semblable à celui que nous recherchons pour nos habitations.

Lorsque l'on s'aperçoit que l'humidité pénètre dans les serres, il faut profiter des quelques heures de beau temps, que l'on rencontre parfois dans la journée, pour donner de l'air ou ventiler la serre ; mais pour cela il faut que le temps soit sec et le thermomètre extérieur au moins à 8 ou 10° centigrades ; en l'absence de ces circonstances favorables, il faut faire un peu de feu, et si ces conditions manquent d'une manière absolue, il faut augmenter le feu.

Au contraire, si les plantes se dessèchent, si la terre est devenue aride, il faut profiter de la première journée bien claire où le soleil se montre pour arroser les pots trop desséchés et les parties de la terre trop sèches, si les plantes sont en pleine terre. Mais cette opération doit être faite avec précaution, de manière à ne laisser séjourner aucun liquide sur la surface des plantes. En outre, si la température extérieure ne fait pas monter le thermomètre de la serre entre 15 ou 20° centigrades, il faut faire du feu, augmenter un peu la température de la nuit suivante.

Dans ces conditions, surtout si les plantes ont été exposées en plein air pendant la belle saison, on peut être certain de n'éprouver aucune perte pendant les hivers humides que redoutent tant les horticulteurs. Il m'est arrivé dans le désir de forcer des plantes, que je voulais faire grossir rapidement, de les tenir en complète végétation pendant la mauvaise saison, en leur fournissant de la chaleur et de l'humidité même pendant les mois de novembre et décembre ; mais en fin de compte, cette végétation, qui n'était obtenue qu'à force de soins et au moyen d'une dépense de chaleur, c'est-à-dire de combustible, ne présentait pas d'avantage : les plantes, qui n'avaient pas été soignées de la même manière, rattrapaient les premières pendant les premiers mois de leur culture en plein air et elles étaient plus florifères. Sans obtenir un résultat satisfaisant, je consommais inutilement de la chaleur, qui pouvait être employée plus tard d'une manière efficace, et, en excitant une végétation presque étiolée, j'augmentais des risques de pertes que quelques froids rigoureux m'auraient infailliblement fait subir.

A partir de la fin de janvier la longueur des jours augmente, le soleil monte davantage au-dessus de l'horizon, la température extérieure se radoucit et permet, par l'introduction de l'air extérieur, une ventilation plus régulière ; les agents les plus importants, la chaleur solaire, la lumière, l'air, commencent à agir sur la végétation. Les plantes semblent se réveiller de leur sommeil hivernal, aussi faut-il commencer à mouiller les plantes. Dans les premiers temps, cette opération exige encore les mêmes précautions que précédemment ; au lieu de ne donner de l'eau que tous les quinze jours on en donne tous les huit jours, puis deux, puis trois fois par semaine, enfin tous les jours. Il faut profiter de l'état atmosphérique pour faire pénétrer abondamment dans les serres la lumière et l'air ; on peut augmenter les effets de la chaleur solaire en faisant du feu de manière à maintenir le thermomètre dans les limites que nous avons assignées : 8° pendant la nuit, 12 à 15° et même plus pendant la journée, en ayant soin toutes les fois que le feu est allumé en même temps que le soleil échauffe, de donner une ventilation très-abondante. Vers le milieu de mars, quand les jours sont devenus plus longs, que les arrosements sont devenus journaliers, il faut élever la température jusqu'à 20 ou 25° centigrades, afin d'activer la végétation des plantes qui ont déjà montré quelques gemmes, quelques boutons à fleurs, celles dont le sommeil semble se prolonger, enfin faciliter le développement des jeunes semis qui doivent être levés, aider la reprise des boutures que l'on doit commencer à faire.

Cette période est celle qui demande le plus de soins ; l'activité qu'on cherche à donner aux plantes tend à les rendre plus délicates ; le long sommeil auquel elles ont été soumises leur a fait perdre une partie de la robusticité qu'elles avaient acquise pendant leur exposition à l'air libre ; leur réveil peut être suivi d'accidents, si pendant cette période de repos on s'est écarté des préceptes que nous avons donnés précédemment. En outre, les rayons du soleil, qui ont pris de la force, les exposant aux coups de soleil qui sont très-graves et qui entraînent des lésions dangereuses qui déforment les plantes pour plusieurs années et les arrêtent dans leur développement, si elles n'occasionnent pas la perte des sujets.

Pour éviter ces fâcheux accidents, il faut donner de l'air, couvrir avec des toiles à très-larges mailles chaque fois que le soleil se montre dans toute son ardeur ; il faut que la distribution de l'humidité soit constamment en rapport avec l'intensité des autres agents, chaleur, lumière et air ; le défaut ou l'insuffisance de l'un d'eux, concordant avec une trop grande humidité, peut entraîner des maladies qui n'ont d'autres remèdes que l'amputation. Enfin il faut se rappeler que sous leur climat nos plantes sont soumises à une chaleur constante, presque uniforme, que les variations thermométriques se réduisent à quelques degrés seulement, tandis que chez nous à cette époque encore elles s'élèvent à 20 et 25° dans une période de vingt-quatre heures ; il faut donc tous les soins, toute l'attention dont on peut se dispenser plus tard, pour maintenir dans la serre cette chaleur tempérée et uniforme, éviter les écarts en dessous qui peuvent devenir préjudiciables pendant les nuits où on observe des gelées, ceux au-dessus qui peuvent

l'être également et produire des effets analogues, enfin, je
ne saurais trop le répéter, ne jamais oublier que c'est au
concours simultané de la chaleur, de la chaleur solaire
(chaleur et lumière), de l'air et de l'humidité, qu'il faut
attribuer toute végétation active.

Enfin, nous arrivons à la saison où nos plantes nous
dédommagent amplement de toutes nos peines ; alors, il
faut les mettre en pleine terre, sur couche, ou au moins
sortir les pots ; la chaleur de la couche qui se fait sentir
pendant six semaines ou deux mois, va en s'affaiblissant,
en même temps que la température extérieure augmente ;
elle nous permet de maintenir cette uniformité de température qu'il faut rechercher. Dans ce but, il faut tenir
encore les plantes dans des coffres couverts de châssis vitrés, afin d'éviter les abaissements de température qui
résultent des changements de temps ; il faut avoir soin de
les lever par-devant, le matin, et de les refermer le soir ;
il faut les couvrir avec les toiles dont nous avons déjà
parlé à propos de la plus grande chaleur du jour, et enfin,
augmenter les arrosements et les bassinages, afin d'arriver
à cette humidification abondante si utile pendant la belle
saison.

Avec ces soins, l'accroissement de nos plantes sera sur-
prenant ; il devient observable presque jour par jour ;
elles se parent de longs aiguillons, qu'on n'obtient jamais
avec l'ancien mode de culture barbare ; elles fleurissent
abondamment, et se multiplient presque aussi facilement
que le chiendent.

Pour terminer ce qui est relatif aux arrosements, il me
reste à dire quelques mots sur la nature et les qualités des
eaux à employer.

Pour l'arrosement des plantes pendant qu'elles sont tenues en pleine terre, la nature de l'eau n'a pas une très-
grande influence : l'eau de pluie est la meilleure ; les eaux
de source, de rivière, de mare, d'étang sont également
très-bonnes ; l'eau de puits peut être employée, mais
avant son emploi, elle doit être exposée en plein air, au
soleil, au moins pendant six heures, afin de corriger sa
crudité.

33.

Parmi celles-ci, il s'en trouve beaucoup qui contiennent des sels de chaux, qui se déposent sur la surface des plantes par l'évaporation, et peu à peu les recouvrent d'une couche calcaire, qui arrête leur végétation et entraîne quelquefois des maladies. Je n'ai jamais observé cet inconvénient pour les plantes cultivées en plein air, mais j'ai remarqué bien souvent combien ces effets étaient fâcheux pour les plantes pendant leur séjour dans les serres.

Chez M. Cels, chaussée du Maine, 77, à Montrouge, les arrosements se faisaient, il y a quelques années, avec l'eau tirée d'un puits et emmagasinée dans un grand réservoir. Quelquefois, par suite de la négligence des garçons de service, les bassins des serres recevaient cette eau immédiatement après qu'elle était tirée, et ils l'employaient pour les bassinages et les arrosements, avant de l'avoir laissée séjourner assez longtemps; il en résultait qu'au bout de quelques jours, la surface des plantes se recouvrait d'une couche calcaire très-difficile à enlever, qui nuisait alors à la végétation, arrêtait le développement des plantes, et causait des pertes très-préjudiciables.

Cet exemple, que nous choisissons entre beaucoup d'autres, nous autorise à rejeter les eaux de puits, qui ne dissolvent pas le savon et qui sont mauvaises pour la cuisson des légumes. Lorsque l'absence ou l'éloignement de toute autre eau rend son emploi nécessaire, avant de s'en servir, il faut la laisser séjourner au moins pendant vingt-quatre heures à l'air libre; puis il faut tous les deux ou trois jours jeter dans les cuves des serres quelques fragments de sulfate de baryte, ou tout simplement garnir ces cuves d'un sachet de cendres de bois, qu'on renouvelle chaque fois qu'on renouvelle l'eau.

L'emploi de l'eau pour les jeunes semis demande aussi quelques soins : il faut employer, de préférence à toute autre, l'eau de pluie ou l'eau de rivière, parce que toute autre eau tenant en suspens des sels de chaux ou toute autre matière étrangère, en obstruant les stomates ou les pores de ces jeunes sujets, gêne leur transpiration; elle facilite en outre sur la surface des terrines le développement des lichens et des mousses, qui gênent tant les personnes qui font des semis.

La manière de faire ces arrosements, l'heure à laquelle on les fait n'est pas non plus indifférente. L'arrosoir dont on se sert doit être muni d'un bec effilé; pendant l'été, l'eau doit être projetée sur le sommet de la plante et non sur ses côtés, parce qu'alors elle dérange la terre des pots et déchausse les sujets; pendant l'hiver, elle doit être projetée sur les bords de cette terre dans le même but, et afin d'éviter de mouiller les plantes.

Jusqu'à la fin de mai, les arrosements doivent se faire le matin avant neuf heures, parce que la chaleur de la journée permet de les ressuyer avant la nuit, qui peut être froide; pendant la belle saison, ils doivent se faire dans l'après-midi, après quatre heures, ou le matin avant dix heures, parce qu'à tout autre instant du jour, l'humidité qui pourrait rester sur la surface des plantes peut les exposer à des coups de soleil.

XIV. — Propagation et multiplication des Cactées.

Peu de plantes se multiplient aussi facilement que les Cactées; leur propagation peut se faire soit par semis, soit par bouture.

La propagation par semis est la méthode la plus importante, tant pour le grand nombre de sujets qu'elle produit, que pour leur nature, qui est toujours moins délicate que celle des sujets provenant du pays.

L'époque la plus favorable pour semer, est la dernière moitié de février ou la première moitié de mars, parce qu'elle permet aux jeunes semis d'atteindre dans le cours d'un été le volume d'une noisette, et qu'il est plus facile alors de leur faire passer l'hiver; les semis faits plus tard sont encore trop délicats au moment de la mauvaise saison, et risquent d'être perdus.

Les terrines ou pots destinés aux semis doivent être très-plats, de 4 à 5 centimètres de hauteur, afin que la terre ayant peu de profondeur, se laisse facilement imbiber d'eau. Après avoir garni leur fond, on les remplit de terre préparée comme il est indiqué à l'article *Terre*; on fait en sorte, après que la terre a été légèrement tassée de manière à rendre sa surface unie, qu'il reste encore un espace vide de un centimètre ou deux au-dessous du bord. La terre doit être légèrement humectée. Cela fait, on éparpille la graine vers le centre, en évitant de la répandre vers les bords, parce que c'est dans cette dernière partie que se forment les mousses et les lichens; il est bon aussi de semer assez serré, parce que les jeunes semis se soutiennent ainsi plus facilement que lorsqu'ils sont trop espacés. Il faut se contenter de poser la graine sur la terre, en l'y fixant par une légère pression des doigts. Il faut éviter de l'enterrer complétement, parce qu'ainsi elle germe plus difficilement. Il faut se régler sur la grosseur des graines, et enterrer un peu plus les plus grosses. Après avoir semé, il faut humidifier de nouveau la terre; pour cela, on place chaque terrine dans une petite soucoupe qu'on tient constamment remplie d'eau, puis on place chaque terrine dans un endroit où la température reste constamment au-dessus de 10 degrés centigrades. Les graines germent et lèvent plus ou moins facilement : quelques-unes en douze ou quinze jours, d'autres en un ou deux mois, suivant les espèces; le plus généralement, cependant, quand les graines sont mûres, les conditions d'humidité et de chaleur convenables, elles lèvent en une quinzaine.

Quand les graines sont levées, il faut les visiter fréquemment; ne plus tenir la soucoupe remplie d'eau comme par le passé; avoir soin cependant que la terre soit convenablement humide, et éviter que les jeunes semis reçoivent trop directement les rayons du soleil : pour cela, on barbouille de blanc les vitres derrière lesquelles ils sont abrités. Quand les aiguillons commencent à se montrer, que les semis commencent à caractériser leurs formes, il faut modifier les arrosements; il faut les arroser plus fréquemment que les plantes en pots, mais à l'aide de bassinages légers; il est inutile alors de conserver les terrines dans des soucoupes.

Malgré les plus grands soins, au bout de deux ou trois mois, la surface de la terre des terrines se recouvre de mousses et de lichens, qui gênent et étouffent les semis. Le seul remède consiste à repiquer un à un chaque semis dans de nouvelles terrines. Je suis cependant parvenu à arrêter souvent le prompt développement des Lichens, en remplissant le fond des pots avec du sable de rivière, en renouvelant deux fois par jour l'eau des terrines, en n'employant que de l'eau parfaitement propre, de l'eau de pluie ou de rivière, qui avait été longtemps exposée à l'air, dans des vases de terre vernie, en donnant de la lumière et de l'air aux semis, sans toutefois les exposer à toute l'ardeur du soleil. Pour cela, je peignais les parties de vitres qui les abritaient avec du bleu de Prusse, tel que celui employé pour l'aquarelle.

Les graines des Cactées conservent pendant longtemps leurs facultés germinatives, surtout si on les conserve dans les baies qui les contiennent et dans un endroit sec. Les jeunes sont cependant toujours préférables aux vieilles. Je me suis toujours très-bien trouvé de les laisser tremper pendant vingt-quatre heures dans de l'eau à la température de 15 degrés, avant de les semer; par ce moyen, il arrivait fréquemment que mes graines commençaient à lever après trois ou quatre jours, et l'étaient presque toutes au bout d'une quinzaine. Pendant la première partie de leur développement, c'est-à-dire jusqu'à l'époque où ils ont atteint la grosseur d'une noix, les semis doivent rester sous châssis, et exigent des soins plus délicats pour la chaleur et l'air.

La seconde méthode de multiplication, celle par boutures réussit avec un succès complet. Les Melocactus seuls sont restés rebelles à ce procédé, et ce à cause de leur délicatesse et de la difficulté qu'on éprouve à les cultiver.

Lorsqu'on désire multiplier un Cactus, on coupe la tige transversalement, de manière à enlever la tête; on fait sécher les plaies de la tige et de la tête coupée, puis on traite la tête comme bouture. La plante ne pouvant plus se développer en hauteur, la sève puisée par les racines se porte en plus grande abondance vers les aisselles ou les aréoles; là, il se forme bientôt un gonflement qui est promptement remplacé par une pousse, qui est propre à former un nouveau sujet, toujours identique avec celui dont il provient. Les boutures de tête reprennent toujours avec quelque difficulté, et ne produisent jamais des plantes saines et robustes.

Pour la multiplication par bouture, il faut laisser prendre aux jeunes pousses un peu de développement, mais jamais trop, parce que si la bouture était faite après la lignification même imparfaite du pivot, elles se trouveraient dans le même cas que les boutures de têtes, et ne donneraient que des racines faibles et grêles. La grosseur la plus convenable varie avec les espèces. Il faut que la bouture soit assez grosse pour que les liquides renfermés dans son tissu cellulaire suffisent pour alimenter une certaine circulation de la séve dans les tissus et l'empêcher de se dessécher pendant la période de temps nécessaire à la formation des racines, et cependant, comme nous venons de le voir, il faut qu'elle ne le soit pas assez pour que son axe médullaire se soit déjà lignifié.

La bouture doit toujours être détachée par une section nette, juste au point où elle sort de l'aisselle ou de l'aréole; elle exige toujours quelques précautions pour ne pas être endommagée, et surtout pour que son enlèvement ne soit pas une occasion de blessure de la plante mère. Pour les Mamillaires et les Echinocactes, l'opération est toujours plus facile, moins dangereuse au moment où la bouture est la plus propre à la reprise, c'est-à-dire, sauf quelques exceptions, quand elle a atteint un peu plus que la grosseur d'une noisette. Pour les Cerei, les Opuntias, les Epyphilles, les Phyllocactes, les Rhipsalis et les Peireiscia, l'époque la plus convenable est celle où la pousse commence à prendre les caractères de formes qui appartiennent à la plante mère; pour les Opuntias seulement, on peut sans inconvénient laisser dépasser cette époque, mais pour les autres, il faut tâcher d'en profiter pour la section.

A ces précautions, qui ont pour but d'obtenir des boutures qui seront toujours robustes, il faut joindre le soin de laisser une ou deux pousses sur la plante mère, parce que, à cause de la relation intime qui existe entre les racines de la plante mère et les pousses qu'elle a produites, il peut arriver, dans quelques circonstances, qu'après la suppression de toutes les jeunes pousses, la plante, ne trouvant plus à se développer ni en hauteur ni latéralement, cesse subitement de végéter et finisse par mourir. D'ailleurs, quand on désire obtenir promptement des bourgeons à boutures sur une plante mère, il est utile d'activer la végétation en augmentant la chaleur et par de fréquents bassinages.

Le moment le plus opportun pour la reprise des boutures est celui où la végétation des Cactées ne demande plus l'abri de la serre; c'est surtout depuis le commencement de mai jusqu'à la fin de juillet. A cette époque, pendant un ou deux jours, on fait sécher dans un endroit sec les plaies des pousses qui ont été coupées, puis on se contente de les placer sur la terre. Quelques cultivateurs ont l'habitude d'exposer la plaie au grand soleil pendant un ou deux jours; cette méthode n'est applicable qu'aux boutures de tête qui offrent une large plaie. Pour celles qui sont jeunes, la plaie, quand elle a été faite convenablement, offrant au plus une surface de deux ou trois millimètres, ce soin n'est plus nécessaire, il est même pernicieux, car l'action brûlante des rayons du soleil pendant la belle saison pourrait les dessécher au point de ne plus jamais être propres à la reprise.

La terre, sans être sèche, ne doit pas être humide, tant que les racines ne s'annoncent pas par un petit renflement sous la pellicule qui recouvre la plaie, ce qu'on peut examiner de temps à autre en enlevant la bouture avec précaution de dessus la terre. Dès que ce gonflement ou quelques rudiments de racines commencent à prendre, il faut éviter de déranger les boutures, parce qu'on pourrait casser des racines formées; au contraire, il faut butter légèrement la terre autour de la partie d'où partiront les racines, afin de les y fixer. Il faut alors commencer à arroser, de manière que la terre soit toujours légèrement humectée, jusqu'au moment où elles commencent à végéter; ou elle se gonfle et montre vers le sommet quelques parties d'un vert plus tendre que le reste de la plante; alors on peut arroser plus copieusement, et deux ou trois mois après cette époque la bouture peut être rangée avec les autres plantes. Pendant toute cette période, la plante demande un peu de chaleur, quinze degrés environ, plus si cela est possible, mais il ne faut l'exposer à l'air, à l'action du soleil que quand elle a déjà formé quelques racines, et qu'elle commence à végéter.

Les boutures reprennent plus ou moins facilement, suivant les espèces : quelques-unes au bout d'un mois, d'autres au bout d'une année, quelquefois même au bout de deux ans; le succès est plus ou moins prompt suivant les soins, la température et l'humidification convenables.

Quelquefois, j'ai réussi à produire promptement de petites racines sur des boutures d'une reprise difficile. Pour cela, au moyen de deux petits bâtons que je plaçais en travers sur les bords d'un verre rempli d'eau, je tenais la bouture à un centimètre environ de la surface de l'eau; je gardais le tout dans un endroit chaud; quelques boutures montrèrent des racines au bout de huit jours, d'autres au bout de quinze jours, d'autres ont demandé plus de temps.

Aussitôt l'apparition des racines, je plantais mes boutures en pratiquant dans la terre un petit trou destiné à les recevoir, puis je buttais légèrement la terre ; je les traitais ensuite comme les autres boutures.

Quelques Mamillaires, les Longimammæ; d'autres plantes, les Anhalonium, Lechtembergia qui donnent très-rarement des pousses, peuvent se multiplier sans qu'on soit obligé de pratiquer la section de tête. On peut se contenter de couper des mamelons que l'on traite comme les boutures. Bientôt ces mamelons poussent quelques racines, se gonflent, produisent à leur base un jeune sujet qui se développe à son tour, peut être détaché et plus tard est remplacé par un autre.

Lorsqu'on peut disposer d'une couche sèche encore un peu chaude, on obtient un enracinement plus prompt que par les autres procédés. Sans être indispensable, ce moyen peut être employé avec quelque avantage pour certaines espèces qui reprennent difficilement et qui, pour ce motif, restent depuis longtemps les plus rares. Toutefois, la plupart des boutures se contentent pour reprendre, d'un endroit bien éclairé, suffisamment aéré, dans lequel on peut obtenir une température à peu près constante de dix à quinze degrés.

XV. — De la terre.

Dans leur patrie, les Cactées croissent tantôt dans une terre très-riche, tantôt sur un sol tourbeux ou argileux; d'autres fois dans les fissures des rochers ou sur un sol pierreux ou sablonneux. Quel que soit le sol où ils prennent naissance, l'habitude a longtemps consacré la terre franche pure, puis la terre franche mélangée de terre de bruyère; et dans ces dernières années, la terre de bruyère pure, dont l'usage jusqu'ici a mieux réussi que celui des autres terres ou composts.

Dans ces dernières années, l'analyse des fragments de terre qui étaient restés adhérents aux racines de quelques sujets envoyés, a montré qu'aucune des terres employées précédemment ne représentait dans ses éléments les qualités de celle qu'ils rencontrent dans leur patrie; on a donc cherché à former des composts. Parmi ceux le plus généralement employés, je citerai les suivants :

3 parties de terre de prairies pure, bien décomposée à l'air.
1 partie de terreau de couche.
1 partie de terre de bruyère.

Ce compost, déjà très-ancien, est assez bon pour les plantes cultivées en pleine-terre, dont l'aire, bien défoncée, a été garnie de cailloux, et a été rendue, de cette manière, très-perméable à l'eau.

3 parties de terreau de couche parfaitement consommé.
1 partie de terre de vieux murs bien décomposée.
1 partie de sable de rivière.
1 partie de terre de bruyère.

Ce compost s'emploie pour la culture en pots, il est assez meuble et se tasse moins que le précédent.

1 partie de terreau de feuille provenant de couches.
1 partie de terre ordinaire ou de jardin.
1/2 partie de sable de rivière.
1/2 partie de terre de bruyère.

Ce mélange est également propre à la culture en pots.

> 1 partie de terre de bruyère.
> 1 partie de terreau de gazon.
> 1 partie de terreau.

Également propre à la culture en pots.

> 2 parties de feuilles consommées (terreau).
> 2 parties de terre de jardin.
> 1 partie de sable de rivière.

Également propre pour la culture en pots.

Ces composts, qui sont employés avec succès en Allemagne et en Angleterre, sont difficiles à obtenir, parce qu'ils sont formés d'éléments qui manquent souvent.

Pour les semis, le compost suivant a l'avantage de ne pas donner lieu à cette couche de lichens verdâtres dont se recouvrent les surfaces des pots, qui gêne et étouffe très-souvent les jeunes semis :

> 3 parties de terre de bruyère pure.
> 1 partie de terreau de couche parfaitement consommé.
> 1 partie de sable de rivière.

La terre de bruyère, mélangée avec la terre que les cantonniers râclent sur les routes macadamisées et qu'ils déposent en tas sur leurs bords, constitue le compost le plus facile à obtenir, et en même temps un des meilleurs. Les proportions du mélange varient avec la nature de la terre de bruyère; il faut que le compost soit bien meuble. Lorsqu'il est préparé, on reconnaît sa qualité en en prenant une poignée que l'on serre dans la main; elle doit conserver l'empreinte des doigts; puis en faisant sauter une ou deux fois sur la paume de la main la boule ainsi formée, on reconnaît que son état est convenable quand ces deux secousses suffisent pour la réduire en poussière, comme celle du tas sur lequel elle a été prise.

A défaut de terre de bruyère, on peut employer la terre de bois ou le bois pourri qu'on mélange avec une proportion plus ou moins considérable de terreau de feuilles.

A la campagne, il est souvent difficile de se procurer ces différents objets; c'est ce qui m'est arrivé cette année. Au moment de mon arrivée, j'ai cherché dans tout le pays à me procurer de la terre de bruyère sans en pouvoir trouver. Ne pouvant attendre indéfiniment pour rempoter mes plantes que je recevais, je me suis décidé à former le compost suivant, dont je me trouve bien pour la pleine terre :

    1 partie de terre de jardin.
    1 partie de vieux fumier consommé depuis trois ans environ.
    1 partie de terre de basse-cour.
    1 partie de sable.

Le tout bien mélangé et passé à la claie.

J'ai vu dans le pays quelques plantes cultivées depuis bien des années en pots. Ceux à qui elles appartenaient prenaient beaucoup moins de précautions, ils employaient de la terre ordinaire suffisamment ameublie, dans laquelle ces personnes réussissaient malgré tout à conserver quelques assez beaux exemplaires.

Pendant quelques années on a préconisé l'emploi d'engrais, tels que poudrette, noir animal, charbon et guano.

J'ai essayé du charbon dont je n'ai tiré ni perte ni avantage, bien qu'il soit très-préconisé par les Allemands.

J'ai fait quelques essais avec le noir animal, ces essais ne m'ont amené à aucune conclusion favorable ou défavorable ; je crois que l'influence d'une bonne exposition en plein air pendant la belle saison a amplement suffi pour contre-balancer les mauvais effets que, au dire des Allemands, il produit sur les Cactées, car je n'ai trouvé aucune différence entre les plantes mises en essai et celles cultivées en plein air.

M. Baptiste Lhomme, jardinier de l'Ecole botanique au Luxembourg, prétend cependant que l'emploi du noir animal ou des os brûlés et concassés favorise la reprise des Pilocerei, et en particulier celle du Pilocereus Senilis. Cette observation mérite d'être vérifiée à nouveau.

Quant au guano, dont l'action est si efficace en agriculture, il produit une activité surprenante sur la végétation des plantes pendant les premiers mois, mais soit qu'il ait été employé en doses trop considérables dans mes expériences, soit que réellement son emploi soit nuisible à cause de la grande proportion de phosphate qu'il contient, toutes les plantes soumises aux essais ont pris un ton vert, une vigueur tout à fait extraordinaire pendant les premiers mois, mais à la fin de la saison, je fus accidentellement obligé de rempoter; tous mes sujets avaient perdu leurs racines : elles s'étaient vidées, puis desséchées; de nouveaux radicules s'étaient développés autour de l'extrémité de l'axe médullaire, où le mal s'était arrêté, et venaient remplacer le pivot et les racines détruites.

L'emploi des engrais est complétement rejeté par les cactéophiles allemands, et a encore besoin d'être étudié; les expériences doivent être tentées d'abord sur des sujets de peu d'importance; en outre, il faut toujours établir les comparaisons sur deux sujets identiques, soumis à des conditions identiques sous tous les autres rapports. Ce n'est qu'avec de grandes précautions qu'ils peuvent être tentés sur des sujets de collections.

Les terres, avant leur emploi, doivent être complétement et parfaitement ameublies par leur tamisage à travers un tamis; elles doivent être conservées en plein air, abritées contre les grandes sécheresses et les grandes pluies, qui auraient pour résultat de les réduire en poussière ou en pâte, et de les rendre d'un usage incommode.

XVI. — Plantage, piquage et rempotage.

La terre destinée au replantage ne doit être ni trop sèche ni trop humide; dans l'un et l'autre cas, elle se travaille difficilement. Il est très-important, lors du rempotage, de prendre les précautions nécessaires pour l'écoulement des eaux, car l'eau, venant s'accumuler par infiltration dans le fond du pot, un contact prolongé avec les racines finirait par les altérer; pour cela on place sur le trou du pot un tesson dont la surface convexe est tournée en dessus; on recouvre d'une première couche de tessons concassés en fragments de 1/2 à 1 centimètre; par-dessus on met une seconde couche composée des détritus de la terre de bruyère, qui n'ont pas pu passer par les trous du tamis lors du tamisage, puis on rempote par-dessus ces deux couches. L'épaisseur à donner à ce fond est calculée de manière à laisser un espace libre proportionné à la hauteur des racines, de manière qu'il y ait quelques centimètres de terre au-dessous du point inférieur qu'elles occuperont et 2 centimètres au-dessus de la terre après le rempotage. Ces précautions sont nécessaires afin de laisser au fond un espace suffisant pour le développement des racines nouvelles pendant la végétation et au-dessus un espace libre pour recevoir l'eau des arrosements pendant l'été.

C'est à tort que plusieurs cultivateurs dissuadent d'employer la petite couche de tessons ou de gravois; elle facilite l'écoulement de l'eau; son emploi, joint à celui de la couche de détritus de terre de bruyère, permet aux jeunes racines de pointer dans l'espace rempli de terre; leur emploi laisse des vides nombreux et y maintient une accumulation d'air et de gaz très-favorable au développement des plantes.

Le rempotage se pratique de la manière suivante : on place une main à plat sur la terre du pot qui contient la plante, de manière à embrasser son tronc avec deux doigts; on renverse le pot en s'aidant de la main libre et en frappant son bord sur la tablette ou tout autre objet, on parvient, par deux ou trois petits coups secs, à retirer du pot la plante avec la motte qui entoure les racines; avec le doigt ou un petit-morceau de bois, on enlève la partie latérale de cette motte, ainsi que la couche supérieure; cette opération exige un peu de précautions parce qu'il est toujours inutile, si ce n'est dangereux, de casser ou de couper les racines. Cela fait, on met un peu de terre au-dessus de la couche préparée au fond du pot qui doit recevoir la plante; on la place sur cette couche de manière que son collet se trouve à 2 ou 3 centimètres au-dessous du bord supérieur. Avec une main on jette de la terre dans le pot tout autour de la plante, en la maintenant verticalement de l'autre main; on tasse un peu en frappant le pot à plat, et on continue jusqu'à ce que la terre soit arrivée près du bord; alors, en faisant tourner le pot suivant son axe, on tasse la terre avec les doigts de manière à lui donner une pente qui vienne affluer à 2 ou 3 centimètres au-dessous du bord du pot.

Lorsque la plante de forme sphérique ou cylindrique présente un trop grand volume, on tâche de la maintenir avec la main recouverte d'un gant, soit en embrassant son corps, soit en la maintenant par le sommet. Dans tous les cas, il ne faut jamais tirer sur le corps de la plante parce qu'on risquerait de déchirer les racines. Quelquefois la motte de terre, par suite du tassement produit par les arrosements et du développement des racines, adhère assez fortement sur les parois du pot; il vaut mieux alors briser le pot que d'exercer la moindre traction sur le corps de la plante.

Lorsqu'on veut replanter les Cactées en pleine terre sur une couche formée de terre de bruyère convenablement préparée, il faut prendre à peu près les mêmes précautions que pour le rempotage. Pour les enlever, à la fin de la saison, au moment du rempotage, il faut prendre des ménagements afin de ne pas altérer les racines.

Le repiquage doit se faire par un temps chaud, dans un endroit sec, les jeunes semis doivent être enlevés avec précaution, autant que possible, avec la motte qui entoure les racines ; pour cela on se sert d'une petite spatule en bois, on débarrasse la partie supérieure des mousses et lichens qui entourent ordinairement le collet de la plante, puis on les enfonce dans un petit trou qu'on a soin de faire dans la terre du pot, de manière à ce qu'elles ne soient ni plus ni moins enfoncées que dans la terrine; ensuite on tasse légèrement la terre autour de la plante, de manière à lui donner dans la terre une assiette convenable. Il est urgent de ne déplanter qu'un petit nombre de semis à la fois, parce qu'ils pourraient souffrir d'une exposition trop prolongée à l'air, leurs jeunes racines étant encore très-tendres et très-délicates. Il est très-important aussi de faire l'opération à l'abri de l'action des rayons du soleil. Les pots se préparent du reste comme pour les rempotages; la terre doit être un peu plus humide, et afin de pouvoir enlever les semis avec une partie de leur motte, on les arrose quatre ou cinq heures avant l'opération.

Le premier repiquage ne doit se faire que quand les semis ont atteint la grosseur d'un pois, à moins que la surface des terrines dans lesquelles ils ont été faits ne soit couverte de lichens et de mousses qui gênent leur développement ; alors il devient nécessaire de le faire plus tôt. Le premier repiquage suffit ordinairement pour une année. Ensuite on peut mettre les semis en pots et les traiter comme les autres plantes, s'ils ont atteint environ un centimètre. Je me suis toujours bien trouvé, après le premier repiquage, de faire un second repiquage en pleine terre dans des caisses de 8 à 10 centimètres de profondeur, de 40 à 50 de largeur sur 1 mètre au plus de longueur, dont les fonds se préparent comme les pots pour le rempotage. Les racines des semis trouvent un espace suffisant pour se développer, et avec ces dimensions les caisses restent portatives et peuvent aisément se transporter dans l'endroit qu'on juge le plus convenable ; de cette manière, presque toujours on obtient en deux années des plantes triples et même quadruples de celles qui ont été cultivées autrement.

Les plantes rempotées ou repiquées ne doivent pas être arrosées immédiatement, parce que ces opérations se font rarement sans endommager plus ou moins les plantes, et une humidité trop abondante avant la cicatrisation des plaies des racines ou de la tige amènerait la pourriture ; elles doivent être tenues pendant trois ou quatre jours dans un endroit chaud, et ce n'est qu'un jour ou deux après l'opération, suivant la température, qu'on doit recommencer les arrosements.

Malgré l'habitude qui consiste à faire les rempotages en automne, il vaut beaucoup mieux les faire au printemps ou au commencement de leur période de végétation ; en effet, lorsque les rempotages sont faits aux approches de la mauvaise saison, les plaies accidentelles qu'on produit sur les racines ou sur les plantes peuvent devenir mortelles, parce qu'elles ont rarement le temps de se cicatriser avant les froids ; en outre, les plantes entrant dans une période de repos, ont alors moins qu'à toute autre époque besoin d'un surcroît de nourriture.

Il est impossible de fixer après quel laps de temps les rempotages doivent être faits ; cela dépend toujours de la vigueur avec laquelle la plante a végété. Les rempotages deviennent nécessaires seulement quand les racines dans leur développement ont atteint la couche inférieure du pot ou bien ont fini par la remplir : ce qu'on reconnaît toujours, soit en béquillant la terre, soit en examinant les racines, soit encore parce que au milieu de conditions convenables de lumière, de chaleur et d'humidité, la plante s'arrête sensiblement dans son développement.

En général, il faut tous les ans rafraîchir les pots, ce qui consiste à enlever avec précaution la couche supérieure de la terre, et à la remplacer par de la terre nouvelle ; pour cela on béquille la terre, on renverse le pot en maintenant la plante avec la main, et on remplit les vides comme pour les rempotages.

XVII. — Maladies des Cactées, de leurs ennemis et des moyens à leur opposer.

Comme beaucoup d'autres plantes, les Cactées sont exposées à quelques maladies qui proviennent soit des insectes, soit de plaies ou lésions accidentelles, soit d'une mauvaise culture. Ici, il ne peut être question d'une guérison complète, parce que les causes de ces maladies nous sont entièrement inconnues, et, en général, on ne peut les reconnaître que quand elles ont fait des progrès tels qu'il n'est plus possible de les combattre.

Une règle générale, dont la pratique a toujours donné de bons résultats, consiste à visiter fréquemment les plantes, à observer les temps d'arrêt dans la végétation, les accidents qui surviennent dans leur développement, lorsque, du reste, elles sont dans des conditions de culture convenable ; un pareil repos manifeste presque toujours une tendance à la pourriture des racines, et même quelquefois de certaines parties de la plante. Il faut alors diminuer la quotité des arrosements et augmenter la chaleur soit en rentrant la plante dans la serre, soit en la rapprochant du verre, si elle y est déjà. Au bout d'une huitaine de jours au plus, si les mêmes symptômes persistent, c'est-à-dire si la plante ne végète pas, si sa surface est ridée, ou même si ces rides n'ont pas disparu, il faut dépoter la

plante, débarrasser avec précaution les racines de toute la
terre qui les entoure; presque toujours alors, quelques-
unes sont flétries ou comme attaquées de chancres. Leur
surface présente des déchirures dont les bords et le fond
sont rouges, couleur de rouille; d'autres fois, elles sont
pourries. Il faut couper impitoyablement toutes les parties
atteintes, rempoter dans un plus petit pot avec de la nouvelle terre et soumettre la plante, pendant un mois ou deux,
à un régime plus chaud et plus sec. S'il n'y a aucun de ces
accidents, on rempote, on soumet la plante à un régime
plus chaud et on remplace les arrosements par de légers
bassinages. Il n'y a nul inconvénient à faire cette visite
des racines, leur déplacement n'occasionnant qu'un arrêt
momentané dans la végétation.

Ces précautions préviennent presque toujours les accidents de pourriture générale, accidents incurables quand
on ne les aperçoit qu'après qu'ils ont envahi une partie
notable de la plante.

La pourriture locale consiste en petites taches jaunes
qui se montrent çà et là sur la surface des Cactées; elle se
communique rapidement à tout le corps de la plante dont
le tissu devient semblable à celui d'une pomme blette.

Lorsque, en l'absence des soins indiqués, la pourriture
locale a envahi certaines parties de la plante, il faut la dépoter, couper avec soin toutes les racines malades, enlever
largement toute la partie altérée de manière à laisser une
plaie parfaitement nette, exposer la plaie au soleil et suivre
le traitement de convalescence indiqué plus haut. Si la
maladie avait pris de tels développements qu'il ait fallu
enlever toutes les racines, il faut traiter la partie saine
comme les boutures.

Les coups de soleil qui n'ont produit que quelques rides
sur la plante se guérissent en l'ombrant et lui donnant
pendant quelques jours une chaleur humide; ceux qui
produisent des taches molles couleur de rouille n'ont
d'autres remèdes que la section.

La gale se montre parfois sur quelques Cactées, en compagnie des cochenilles; ce sont de véritables acarus à
peine visibles; on aperçoit des petites taches d'un rouge

brun, mobiles, presque imperceptibles, dont la présence est accusée par des taches qui couvrent certaines parties des plantes. Cette maladie exige un nettoyage complet ; il faut d'abord seringuer la plante à grande eau, en dirigeant le jet avec force sur son sommet ; l'eau, en jaillissant, rejette le plus grand nombre des insectes : il faut ensuite faire sécher la plante, l'exposer à la plus grande chaleur possible, parce qu'alors les insectes qui restent se promènent sur sa surface, deviennent ainsi mieux visibles, puis on les enlève un à un à l'aide d'un petit morceau de bois taillé en pointe.

Dans la maladie grise, la plante perd sa couleur, son éclat naturel ; sa végétation semble entravée ; quelques-unes de ses parties se couvrent d'une couche d'un gris brun qui bientôt envahit la surface inférieure de la plante et ne laisse libre que la partie supérieure, qu'elle envahit quelquefois, à mesure qu'elle se développe. Je n'ai jamais observé cette maladie sur mes plantes, mais seulement dans deux collections différentes qu'on arrosait l'une avec de l'eau de puits contenant des sels de chaux en très-grande abondance, l'autre avec de l'eau croupie ; les plantes, au reste, étaient mal tenues dans les deux cas, presque constamment privées d'air, quelquefois des années entières sous cloche dans la serre. Malgré mes recherches parmi les observations faites, je n'ai rien appris sur cette maladie. Voici le traitement qui fut suivi d'après mon conseil.

Les plantes furent exposées à l'air libre pendant l'été, et l'eau des arrosements fut remplacée par de l'eau de rivière très-pure. Au bout de quelques mois, les parties qui avaient poussé conservaient leur couleur verte naturelle, la maladie semblait limitée ; mais je ne puis dire si, pendant l'hiver suivant, le mal ne fit pas de nouveaux progrès et ne couvrit pas les parties qui s'étaient développées les dernières ; le propriétaire de la collection étant mort depuis, ses plantes furent disséminées. Tout me porte à croire cependant qu'il faut chercher la cause du mal dans le mode de culture et la nature des arrosements, car de jeunes boutures provenant des plantes malades commençaient déjà à souffrir de la même maladie ;

elles n'en offrirent plus tard aucunes traces quand elles furent bien cultivées avec celles que je soignais.

Quelquefois, les plantes se ramollissent, prennent une teinte blafarde; elles semblent s'affaisser sous leur poids; il ne faut pas chercher de cause au mal autre part que dans le procédé de culture; le seul remède est de le modifier petit à petit. Presque toutes les plantes qu'on rencontrait dans le commerce autrefois semblaient atteintes de ce mal; aujourd'hui, tous les horticulteurs qui cultivent des Cactées avec quelques succès sont d'accord pour attribuer cet état au manque de nourriture des plantes, à un milieu constamment trop chaud et manquant d'air.

Par une culture trop renfermée, le manque d'air, le manque des soins de propreté, un mauvais chauffage, les tiges des Cactées se couvrent de cochenilles, le kermès (cocus cacti), le cocus adonide, l'aspidiote, bouclier des Cactées (aspidiotus cacti), insectes qui finissent par envahir toute la plante; le dernier surtout avec son corselet en forme de bouclier, son petit dard allongé, brun ou jaune, est un ennemi dont on ne peut guère se débarrasser que par un nettoyage minutieux. Il faut les enlever un à un avec un petit bout de bois taillé en spatule. Les cochenilles envahissent quelquefois les racines elles-mêmes; le seul moyen de s'en débarrasser est de dépoter les plantes, d'enlever la terre des mottes et de laver à grande eau et avec soin toutes les racines. Lorsqu'elles n'ont envahi que la surface de la tige de la plante, il suffit de la laver au moyen de bassinages abondants : on envoie l'eau avec force sur les parties où on aperçoit les insectes; ceux-ci sont entraînés avec l'eau; il faut dans ce cas recouvrir la terre du pot avec un linge, pour qu'elle ne soit pas entraînée par l'eau, et employer autant que possible une pompe à un seul jet effilé. D'ailleurs, quand la plante est parfaitement nettoyée, si une partie de la terre a été enlevée, on peut toujours la rafraîchir. On réussit aussi à se débarrasser de ces insectes en couvrant les plantes pendant quelques jours avec une cloche sous laquelle on a mis une capsule remplie d'huile de laurier.

MM. Cachet père et fils, horticulteurs très-habiles à

Angers, se trouvent bien du procédé suivant qu'ils m'ont indiqué. En même temps qu'ils mettent de la chaux dans l'eau pour former plus tard, par l'addition d'une assez grande quantité d'eau, le lait de chaux si souvent employé, ils ajoutent une partie de soufre sur deux de chaux, puis ils traitent la pâte ainsi obtenue comme la chaux éteinte destinée à faire le lait de chaux dont on bassine les plantes malades. N'ayant pas expérimenté ce moyen, je ne puis parler de toute son efficacité. Je ferai remarquer seulement que le soufre, qui est insoluble à chaud et à froid dans l'eau, peut le devenir en présence de la chaux, qu'il est très-probable que le liquide obtenu possède des propriétés qu'on a inutilement tenté de donner à l'eau en y mettant du soufre seul. Au reste, les plantes qui ne sont pas encore totalement envahies par les insectes ou par les maladies qui sont les suites de la malpropreté, se guérissent naturellement en une année ou deux; quand elles sont cultivées suivant la méthode que nous indiquons, pendant la première saison à l'air libre, le nombre des insectes diminue considérablement, la maladie se localise, et le tout disparaît pendant la seconde belle saison, surtout si on active la végétation par la chaleur.

Les cloportes, les limaces et les limaçons sont des ennemis d'un autre genre; ils rongent les Cactées de manière à y laisser parfois de profondes cavités, et même à ne laisser que l'enveloppe de leur tige; ces insectes recherchent les endroits ombrés et humides, et se rencontrent partout en plein air, sous les coffres et même dans les serres. Le cultivateur doit leur faire une chasse assidue, les détruire partout où il en voit. Les moyens employés consistent dans l'emploi de machefer (détritus de charbon de terre qui a déjà été brûlé). On en forme une couche de 5 à 10 centimètres, sur laquelle on place les pots. Elle possède l'avantage d'être imperméable aux vers de terre (lombrics), et d'éloigner les limaces, les limaçons et les cloportes. Les premiers exercent leurs ravages principalement pendant la nuit; aussi, quand on aperçoit des traces de leur passage, rendu visible par la bave luisante qu'ils laissent après eux, il faut les chercher avec soin, et même parfois le soir à la lumière d'une lanterne. Lorsqu'on éprouve quelques difficultés à les détruire, il faut fermer les coffres pendant quelques jours et y déposer un peu de camphre, dont l'odeur les éloigne. Souvent il suffit de déposer quelques morceaux d'éponge légèrement imbibée, dans les pores desquels ils viennent se cacher.

Les lombrics doivent aussi être considérés comme les ennemis des Cactées ; toutes les fois qu'ils se sont introduits dans les pots, il faut dépoter les plantes et les rechercher avec soin, de manière à ne pas nuire aux racines.

En général, presque tous les insectes sont chassés par l'odeur du camphre ou celle de l'huile de poisson ou de laurier. Le meilleur moyen de préserver les Cactées, est de les tenir dans un endroit sec, soit sur une couche de machefer, soit sur une surface unie bien battue, offrant le moins possible de joints et de cavités, de les détruire à mesure qu'on les aperçoit ; les soins de propreté suffisent le plus ordinairement pour s'en débarrasser complétement.

Les moyens préconisés consistant à laver les plantes avec de fortes décoctions de tabac, ou de l'eau dans laquelle, au moyen d'un brassage long et pénible, on aura tenu en suspens de la fleur de soufre, doivent être rejetés ; ils salissent les tiges des plantes, obstruent les pores de leur épiderme, sont de peu d'efficacité et nécessitent toujours le lavage, qui suffit par lui-même.

XVIII. — Des instruments.

Pour déterminer la température d'un lieu au moment de l'observation, on se sert d'un thermomètre. On devra toujours se servir de bons instruments ; néanmoins, il sera nécessaire de les vérifier tous les deux ou trois ans au plus en les plongeant dans de l'eau dans laquelle on aura mis à fondre une quantité suffisante de glace, car on sait que le zéro de l'échelle est sujet à se déplacer par suite des changements qui surviennent dans l'état moléculaire du verre, du tube et de la boule, et ces déplacements peuvent avoir de l'influence sur les résultats des observations, surtout quand il s'agit de mesurer des termes extrêmes. Dans le cas où l'échelle s'élève jusqu'au degré de l'eau bouillante, il peut être utile de faire cette seconde vérification; mais comme elle est plus délicate que la première, on pourra communément s'en dispenser.

Le thermomètre destiné à observer la température de l'atmosphère doit être placé à l'ombre, isolé autant que possible des objets environnants, préservé du rayonnement du sol par une planchette et de celui du ciel par un toit. Ceux destinés à mesurer la température de la terre devront être placés également à l'ombre, l'un isolé et très-près du foyer, l'autre dans l'endroit de la terre qui en est le plus éloigné : les deux instruments donneront rarement les mêmes indications; mais la moyenne, qu'il est toujours possible d'en déduire, donnera la température de la terre.

Le minimum de la température dans l'air a lieu ordinairement un peu avant le lever du soleil; mais comme on risquerait souvent de manquer l'observation à cause des occupations ou du repos qu'on est obligé de prendre, il vaudra mieux se servir de thermomètres à maxima et minima dont la marche a été soigneusement comparée à celle du thermomètre à mercure bien vérifié. Les thermomètres à maxima peuvent également suppléer à la présence de l'observateur, vers deux heures et demie de l'après-midi, heure de la plus haute température atmosphérique.

Ces deux instruments nous tiennent en éveil; l'un, dans cette position, nous indique des températures minimes plus basses que celles du thermomètre exposé au midi et nous prévient des risques de gelées blanches; l'autre, qui monte plus haut que celui qui serait placé dans l'air, reste plus haut que lui, et nous apprend les influences que les plantes reçoivent de la chaleur solaire.

Quelquefois même il sera utile d'employer un troisième thermomètre dont la boule sera enfoncée de deux pouces dans le sable; il indiquera l'échauffement de la couche du sol par les effets du soleil.

L'instrument qui est sans contredit le plus utile est une serre munie d'un bon chauffage et disposée de manière à avoir une ventilation convenable. Les amateurs trouveront ici, avec plaisir, sans doute, quelques notions sur le système que nous avons reconnu le plus favorable.

L'exposition en plein midi, abritée au nord, recevant le soleil depuis son lever jusqu'à son coucher, est sans contredit la plus favorable; l'inclinaison des panneaux du devant doit varier depuis un de hauteur pour deux de largeur, jusqu'à un de hauteur pour un de largeur, c'est-à-dire de 35° jusqu'à 45, où la hauteur est égale à la largeur. Nous préférons les panneaux et la charpente en bois parce que, étant plus mauvais conducteur de la chaleur que le fer, ils ne favorisent pas comme lui sa dispersion. Dans le mur du devant, que nous élevons à 1^{m}40 environ de manière à éloigner le sol de la serre de 30 ou 40 cent. du sol environnant, nous pratiquons, devant chaque rang de panneaux, des ouvertures de 40 cent. sur 20 de hauteur, qui répondent à des ouvertures de 35 cent. de long sur 10 de haut pratiquées vers la partie supérieure du mur du fond, et fermées par de doubles volets qui se meuvent à coulisse sur la face antérieure et sur la face postérieure de chaque mur. Ces ouvertures sont destinées à ménager une ventilation très-abondante.

L'entrée de la serre doit être précédée d'un tambour, afin que l'air froid du dehors ne pénètre pas de suite dans la serre quand on ouvre les portes pendant l'hiver; il doit contenir l'entrée du chauffage et être assez grand pour que ce service puisse se faire sans difficulté et que l'on ne soit pas gêné pour y exécuter les rempotages. Il suffit de lui donner 1^{m}50 de large, quand ce chauffage se fait à l'aide du thermosyphon; mais quand il se fait à l'aide du calo-rifère à air chaud, mode de chauffage que nous préférons, les dispositions qu'il nécessite exigent que ce tambour ait une plus grande largeur.

Notre système de chauffage à air chaud consiste dans une cloche en fonte ou plutôt une boîte cubique dont un des fonds serait enlevé et dont l'une des parois serait percée sur toute sa largeur et sur une hauteur de 10 à 15 centi-mètres pour le passage de la fumée. Ce passage est formé par un conduit qui va constamment en se rétrécissant jus-qu'à la sortie de la serre, disposition qui, en augmentant le tirage, permet de donner une très-faible pente au tuyau de fumée et d'utiliser une grande partie de la chaleur de la fumée, qui se perdrait dans l'air, si ce conduit la portait verticalement dehors. L'intérieur de cette cloche renferme le foyer, et on ménage dessous un espace vide qui sert de cendrier et qui est séparé du foyer par les barreaux qui supportent le combustible. Tout le système est environné d'une maçonnerie en briques laissant entre elle et la surface de la cloche un espace libre auquel on donne de huit à dix centimètres d'épaisseur suivant les dimensions et la force du chauffage.

En outre, on pratique un conduit qui amène l'air extérieur du dehors dans cet espace vide; puis à l'aide de lames placées en travers dans cet espace, on force l'air à y circuler lentement et à s'échauffer pendant cette circulation par son contact avec la surface échauffée de la cloche.

Dans ces conditions, il se produit une circulation active du dehors vers la partie libre entre la cloche et le massif de maçonnerie en briques; l'air échauffé tend à s'élever vers la partie supérieure de l'appareil d'où il se précipite dans l'intérieur de la serre par toutes les issues qui lui sont données; une fois sorti de la cloche, il faut donner une certaine pente aux conduits qui doivent le porter à l'autre extrémité de la serre; cette pente oblige à établir le chauffage au moins à 1^{m}50 ou 1^{m}80 au contre-bas de la serre, par conséquent à ménager dans le tambour qui sert d'entrée un espace libre qui permette d'établir des marches pour descendre à cette profondeur [1].

Il est utile d'établir au-dessus de la cloche un vase en cuivre que l'on tient rempli d'eau dont le niveau est indiqué par un tube indicateur que l'on prolonge en dehors du massif de maçonnerie, en faisant descendre le

---

[1] Dans cette description, nous ne parlons que d'une serre de 8 à 10 mètres de long sur 3 de large; il est évident que si elle avait une plus grande longueur il faudrait, pour le tirage, que le calorifère fût placé plus bas. La côte d'abaissement, 1^{m}50 ou 1^{m}80, que nous donnons, est la limite inférieure à laquelle on peut s'arrêter dans les serres en question, de manière à éviter la construction d'une voûte. Dans le cas où on n'est pas arrêté par cette dépense, il vaut mieux descendre le foyer plus bas, parce que plus il est bas, plus aussi le tirage est actif.

tube de sorue d'air chaud au-dessous du plafond du massif de manière à présenter son ouverture vis-à-vis de la surface de la cuve d'eau ; on oblige l'air échauffé et desséché par la cloche de fonte à se mettre en contact avec une surface de laquelle il se dégage constamment des vapeurs , et on lui restitue les quantités d'humidité dont il a pu se dépouiller pendant sa circulation dans le calorifère.

Quand le système est ainsi disposé, on peut utiliser la chaleur du conduit de fumée en l'enfermant dans une bâche qu'on recouvre avec des tuiles menues et dont on profite pour planter en pleine terre les jeunes plantes qu'on veut voir profiter, ou celles qui sont précieuses ou souffrantes. On fait également circuler les conduits de distribution d'air chaud dans les bâches ; l'un d'eux doit être dirigé vers la partie antérieure de la serre, de manière que les bouches de chaleur donnent jusque au-dessous des panneaux vitrés.

Une des conditions nécessaires pour que le système de chauffage fonctionne bien et produise tout son effet utile, c'est que la prise d'air soit en dehors ; il y a avantage aussi à le placer au-dessous du mur de séparation de la serre et du cabinet, de manière que tout le calorifère soit au-dessous du sol de la serre, en son milieu ou à l'une de ses extrémités ; dans le premier cas, le cabinet de service pour le chauffage est tout à fait en dehors ; dans le second , il se trouve faire partie intégrante du cabinet d'entrée, et c'est de ce côté que doivent toujours être placées les ouvertures du foyer et du conduit. A l'extrémité opposée du conduit de fumée, précisément à l'endroit où il se redresse verticalement, il faut ménager une ou deux briques pouvant s'enlever facilement, ou une petite porte dans le coude du tuyau, s'il est en tôle, pour faciliter son nettoyage.

XIX. — Des toiles et des paillassons.

On se sert ordinairement de toiles à mailles très-larges représentant assez bien le canevas à tapisserie ; elles sont fixées par des anneaux sur deux tringles en fer fixées sur toute la longueur de la serre, en haut et en bas ; on les étend ou on les replie latéralement en les faisant glisser sur ces tringles comme des rideaux. Cette disposition est très-bonne pour les serres dont on n'enlève pas les panneaux ; mais pour la culture des Cactées, qui sont toutes en pleine terre dans la serre, nous croyons de nécessité absolue de pouvoir enlever ces panneaux, et dans ce cas, la disposition que nous venons d'indiquer n'est plus applicable. Nous avons fait construire des cadres en bois sur lesquels on tend cette toile en la clouant sur tout le périmètre des cadres qui ont les mêmes dimensions que les panneaux eux-mêmes, et qui peuvent les remplacer au moment des grandes chaleurs du jour ; de cette manière, nous maintenons les plantes dans une température chaude, aérée, et nous leur permettons de percevoir toute l'action des rayons solaires, sans les priver de leur lumière qui est si nécessaire, comme nous l'avons vu, au développement complet de la végétation, effet que la présence des paillassons qu'emploient les jardiniers pendant les après-midi de l'été ne permet pas d'obtenir, puisqu'ils plongent toute la serre dans une demi-obscurité. Ces espèces de panneaux me semblent très-favorables pour la culture de toutes les plantes, depuis celles des Bruyères jusqu'à celles des Orchidées ; elles tamisent pour ainsi dire ; la lumière et la chaleur forment une espèce de clôture qui, quand on ferme les ventilateurs, permet de maintenir l'air de la serre en repos et de s'y échauffer d'une manière bien plus avantageuse que quand elle est couverte par les paillassons. L'emploi de pareils panneaux n'exclut pas absolument l'usage des paillassons auxquels on peut être obligé de recourir pendant les nuits froides de l'hiver et contre les gelées intenses, la neige et les autres intempéries.

XX. — Des bâches.

Pour la culture en pots, il est nécessaire, pendant les premières semaines de la sortie des plantes, de les abriter encore contre les mauvais temps et le froid ; pour cela, on emploie des cadres formés de quatre planches fixées par leurs extrémités ; on les taille de manière à donner aux deux bords une inclinaison qui varie suivant la hauteur des plantes qu'ils sont destinés à protéger, et on profite de cette inclinaison pour couvrir avec les panneaux vitrés ou à toile suivant la saison.

Ces coffres se placent, soit sur une couche recouverte de terre ou de sable, soit sur un terrain, convenablement dressés ; ils permettent de renfermer la masse d'air dans laquelle les plantes sont placées, et par conséquent, de profiter de la moindre action du soleil pour élever la température de ce milieu.

En Angleterre, les bâches sont souvent construites en briques ; elles sont disposées de la manière suivante : chaque mur, à partir du bas des fondations, est composé de deux murs parallèles séparés par un espace vide. À l'aide de cette disposition, le froid extérieur pénètre beaucoup plus difficilement dans la bâche que s'il n'avait à traverser que la même épaisseur en maçonnerie pleine ; parce que le matelas d'air qui est interposé entre les deux murs étant un très-mauvais conducteur, isole en quelque sorte la partie de la bâche destinée à recevoir les plantes. Ce mode de construction est excellent en lui-même et mériterait d'être appliqué à la construction des serres, qu'il rendrait beaucoup plus saines et moins accessibles au froid.

Un autre moyen analogue au précédent consiste à ouvrir sur les côtés de la bâche, au niveau de ses fondations, un fossé dont les proportions peuvent varier suivant les dimensions de la bâche, mais sans dépasser une largeur de 30 centimètres. Au niveau du sol, ce fossé qu'on laisse vide peut être recouvert avec des planches pour le service de la bâche et pour le rejet des eaux de pluie.

Quand la gelée pénètre dans l'intérieur d'une bâche ou d'une serre, c'est toujours par la terre qui, se trouvant prise par le froid au point où elle est en contact avec la maçonnerie, abaisse rapidement jusqu'au-dessous de zéro la température de cette maçonnerie, qui, à son tour, communique la gelée au sol inférieur de la bâche ou de la serre. On voit par là l'utilité de ce fossé le long du mur de la serre ou de la bâche. On peut augmenter cette utilité en remplissant le fossé de litière longue ou de feuilles sèches pendant l'hiver.

La bâche double de Kendal nous semble devoir être d'une grande utilité pour cultiver constamment les Cactées en pleine terre.

Ses deux faces, la face antérieure et la face postérieure, sont formées de murs creux plus larges à la base qu'au sommet ; des pierres interposées entre les briques dans la construction du mur laissent à l'intérieur un vide de forme irrégulière, qui se continue jusqu'au sommet, lequel se termine par un faîtage, soit en pierre, soit en bois.

La terre ou le terreau de la couche destinée à recevoir les plantes est supporté par un grillage en fonte de fer sur lequel on étend d'abord une couche de branches et de tessons de pots ou de briques brisées, qui empêchent la terre de tamiser à travers les trous du grillage.

Ces bâches sont chauffées au moyen du fumier qu'on introduit par les portes ouvertes aux deux extrémités et qu'on tient fermées ensuite ; pendant les grands froids, des réchauds de fumier peuvent être appliqués extérieurement à la portion des murs qui dépasse le niveau du sol. Cette bâche conserve très-longtemps la chaleur du fumier; on augmente cette propriété en évitant de mettre les murs en communication directe avec le sol environnant. A cet effet, quand la construction est terminée, on établit du haut en bas des murs jusqu'à fleur de terre un lit de briques brisées ou de tessons de poterie de 30 cent. d'épaisseur.

XXI.—Des pots, de leur forme et de leurs dimensions.

La forme des pots a une légère influence sur la culture de nos plantes; cette influence, presque insensible pendant la belle saison, peut quelquefois déterminer des lésions des racines pendant l'hiver, lorsqu'elle ne permet pas à l'eau surabondante de s'écouler par le trou pratiqué à la partie inférieure. Pour éviter cet inconvénient, on donne au fond un moindre diamètre qu'au bord supérieur, on évite la forme ventrue des parois; on recherche, au contraire, une forme parfaitement droite, et on donne à ce fond une forme sphérique; en outre, la face extérieure du fond du pot doit être un peu concave, de manière à permettre à l'eau surabondante de s'échapper par le trou du fond, qui doit toujours être percé de dedans en dehors et non de dehors en dedans. Cette disposition permet de tenir constamment cet orifice parfaitement libre, tandis que, dans les pots à fond plat, il est promptement obstrué.

Les pots émaillés ou vernis, les pots élégants en porcelaine sont rejetés, non-seulement parce qu'ils sont trop dispendieux, mais encore parce que n'étant pas assez poreux, ils empêchent l'évaporation qui correspond à une élévation de température, et maintiennent autour des racines un état d'humidité qui n'est pas en rapport avec l'état du reste de la plante.

Il est toujours nécessaire d'être bien assorti de pots pour changer les plantes qui se trouvent trop à l'étroit dans ceux qu'elles occupent, et comme il est toujours utile d'avoir des pots de mêmes grandeurs qui se rangent mieux et tiennent moins de place, nous recommandons les dimensions usitées dans le commerce des poteries :

5 cent. de haut sur	5 de diam.		10 cent. de haut sur	13 de diam.
5	— 7		12	— 16
7	— 8		16	— 20
8	— 10		20	— 25

Lorsque ces dimensions ne sont plus suffisantes pour la taille des plantes, on se sert ordinairement de seaux en bois dont on règle les dimensions suivant celles des plantes auxquelles ils doivent servir.

Pour les semis, on emploie généralement de petites terrines de 5 à 8 centimètres de haut sur 12 à 16 de diamètre; on les place sur de petites soucoupes fabriquées avec la même terre, ayant 3 à 4 centimètres de diamètre en plus et de 2 à 3 centimètres de profondeur.

XXII. — Instruments divers.

Nous plaçons au premier rang les arrosoirs dont un doit être de dimension moyenne et portatif; il doit être muni d'un gouleau allongé et cintré, qui sert à injecter l'eau et à diriger le jet juste à la place que l'on choisit, tandis que, avec l'arrosoir à pomme, on n'est pas maître de le diriger.

Ensuite, pour les plantes malades et quelques arrosements d'hiver, il est quelquefois commode d'employer un petit arrosoir dont nous nous sommes servis plusieurs fois. Il est formé d'une partie cylindrique terminée par deux cônes, l'un se prolonge en un petit tube effilé, l'autre en un tube de diamètre suffisamment petit pour pouvoir être fermé hermétiquement par l'application du pouce de la main qui tient l'instrument à l'aide d'une petite anse soudée au cylindre. Quand l'arrosoir est plein d'eau, le liquide s'écoule par la partie inférieure, qui est effilée, l'application du pouce sur la partie supérieure arrête à l'instant l'écoulement du liquide et permet ainsi de régler la quantité d'eau donnée en la dirigeant précisément à la place voulue.

Pour bassiner les plantes et les laver, on remplace avantageusement l'arrosoir à pomme par une seringue à injections, dont l'extrémité ou la canule est remplacée par une pomme légèrement bombée et percée de petits trous capillaires, et dont le centre est muni d'une soupape qui ouvre de dehors en dedans quand on aspire l'eau pour la remplir ; au contraire, quand on presse le piston pour la vider, l'eau poussée ferme la soupape et sort par la pomme à un état de division tel que, projetée en l'air en tournant le dos au soleil, elle permet de réaliser le phénomène de la décomposition de la lumière et produit un arc coloré semblable à l'arc-en-ciel. L'eau distribuée dans cet état, qui se rapproche de l'état vésiculaire où elle se trouve dans les nuages, produit l'arrosement le plus utile et le plus salutaire que je connaisse.

Nous terminerons cette nomenclature en conseillant l'usage de deux tamis métalliques, l'un à trous de 7 millimètres de diamètre, l'autre de 10 à 12 ; ils sont nécessaires pour tamiser la terre ; celui des pinces en acier, qui sont très-commodes pour appréhender sur les plantes les objets cachés sous le réseau de leurs aiguillons ; et enfin celui de la loupe qui est toujours utile pour examiner les

lésions ou la présence des insectes, et indispensable pour
l'examen des plantes dans le but de les classer.

XXIII. — Du choix des sujets originaux. Emballage. Expédition.

Je crois n'avoir rien négligé d'essentiel à la culture des
Cactées dans ce qui précède, le bon sens suppléera facilement à l'omission de quelques détails qui appartiennent
tout aussi bien aux soins de culture des plantes communes que nous trouvons dans tous les jardins, qu'aux
Cactées. Ils ne pouvaient prendre place au milieu des notes
que nous avons placées à la suite de notre monographie,
sans leur donner les proportions d'un traité de culture.
Cependant, il me reste encore à donner quelques indications relatives au choix des sujets originaux, à leur emballage et à leur envoi. Comme c'est, en définitive, du
choix de ces sujets et de leur emballage que dépend leur
conservation quand ils arrivent en Europe, ces détails ont
tout autant d'utilité pour celui qui choisit des sujets dans
un envoi, que pour celui qui les collecte dans leur patrie.

Presque toujours, les sujets qui nous arrivent d'Amérique portent avec eux des racines complétement desséchées ; ou bien, si elles ont été coupées, elles laissent voir,
dans le tissu du tronçon qui dépasse le collet des plantes,
des traces manifestes de désagrégation, indiquant un effort
de torsion qui, sans doute, a été produit pour briser ces
racines, lorsque ceux qui les ont ramassées ont voulu les
arracher. Or, cette torsion ne s'arrête pas à la portion
déracinée qui a été conservée ; elle se continue le long du
canal médullaire, pénètre dans l'intérieur des sujets, y
détermine des altérations qui sont, assurément, la principale cause des difficultés que nous rencontrons lorsqu'il
s'agit de les faire reprendre. D'un autre côté, comme nous
l'avons signalé dans notre Introduction, en exposant
quelques faits physiologiques sur la constitution des Cactées, lorsque la partie du canal médullaire qui avoisine
le collet de la plante s'est déjà lignifiée, il devient impossible de reproduire des racines normales, après la section

des racines primitives ; celles que nous réussissons à faire développer à force de soins, restent constamment grêles et fibreuses, se développent autour du collet, ne forment plus le prolongement du canal médullaire, comme dans nos sujets de semis, et produisent plus tard des sujets qui ne végètent que lentement, sans pouvoir jamais acquérir la vigueur et la richesse de végétation propres à nos plantes.

Pour ces raisons, nous conseillerons aux collecteurs, pour leurs expéditions en Europe, de rechercher moins les sujets ayant atteint de très-fortes dimensions que ceux de dimensions moyennes. Quand ils pourront disposer d'un coin pour cultiver leurs plantes pendant la durée qui sépare l'époque de leurs recherches de celle de l'envoi, ils feront bien d'y conserver leurs sujets adultes, de chercher à leur faire développer des fruits ou des boutures, qu'ils détacheront par une section bien nette, précisément au point d'attache du jeune sujet avec le pied mère : et ces jeunes boutures qu'ils joindront à leur envoi, nous arriveront presque toujours avec de jeunes racines ou toutes disposées à en produire, et seront ordinairement préférées aux fortes plantes par les cultivateurs expérimentés.

Un soin qu'ils ne devront jamais négliger de prendre, c'est de couper ou de scier les racines qui attachent les plantes au sol, au moment où ils les arrachent, et dans ce second cas, de couper bien net ces racines, afin d'enlever toutes les déchirures que la scie produit toujours.

Enfin, quand des demandes expresses exigeront qu'ils envoient de forts sujets, ce qui arrive presque toujours quand les envois sont destinés à nos musées, ils devront faire en sorte de conserver intactes autant de racines qu'ils pourront, de supprimer, par une section très-nette, toutes celles qui auraient été endommagées, puis de les faire végéter jusqu'au moment de leur envoi. Si les plantes doivent doubler le cap Horn et subir une traversée de cinq à six mois, elles devront être emballées comme nous le prescrirons plus bas pour toutes les autres ; si elles ne doivent être soumises qu'à une traversée de quelques mois, elles devront être emballées avec leurs racines garnies de terre TRÈS-LÉGÈREMENT HUMECTÉE (seulement pour empêcher la terre de tomber en poussière); en outre, l'emballage de chaque plante devra être fait séparément, de manière à protéger la plante elle-même, ainsi que les plantes voisines, de l'humidité qui résulterait d'un contact immédiat avec la terre.

Il vaudrait bien mieux encore planter chaque plante dans une petite caisse en bois, qui se fait très-facilement avec cinq morceaux de planches et quelques clous; puis, au moment de l'envoi, recouvrir la terre avec un peu de mousse, et clouer sur la caisse six à huit petites lattes, de manière à maintenir la terre dans la caisse et à laisser en dehors le corps de la plante. Avec cette précaution, il serait encore possible pendant la traversée d'humecter une fois ou deux la terre, en mouillant très-légèrement la mousse qui touche les bords de chaque caisse. Aujourd'hui, que presque tous nos bâtiments sont munis d'appareils distillatoires, pour rendre l'eau de la mer potable, ces soins deviennent possibles. D'ailleurs, pendant une aussi longue traversée que celle dont il est question, il arrive rarement que les bâtiments ne relâchent pas, et pendant la durée de cette relâche, il devient possible de donner aux plantes quelques-uns des soins les plus nécessaires, surtout si on songe que souvent des plantes nouvelles ont eu une valeur commerciale de trois, quatre cents francs et même mille francs.

Chaque plante devrait, en outre, être accompagnée d'une note indicative sur son origine, sa station, l'époque de sa floraison, sa floraison elle-même, et sur les usages auxquels elle peut être employée dans le pays.

Quant aux graines que nos collecteurs négligent le plus souvent, il suffit de rappeler que M. Ehrenberg, de Berlin, a obtenu le Pelecyphora Aselliformis à l'aide de graines qu'il recueillit sur des sujets qu'il reçut complétement morts; que M. Dumesnil, horticulteur à Ingouville, près du Havre, a doté nos collections de l'Echinocactus Californicus qui est une de nos plus belles plantes, en semant les graines d'un fruit que lui rapporta un capitaine de navire qu'il avait chargé de recueillir des graines. Chaque espèce de fruit devra être enveloppée dans une étiquette indicative; ces graines devront être conservées dans une boîte fermant bien et abritée de l'humidité; dans ce but, il suffirait même de les conserver dans de petites fioles qui seraient bien bouchées.

Pour toutes les plantes qui sont destinées au commerce, pour lesquelles, par conséquent, on ne peut risquer de trop grands frais sans s'exposer quelquefois, suivant les espèces envoyées, à ne pas rentrer complétement dans ses déboursés, il faut s'attacher à collecter surtout des sujets parfaitement sains, rester très-sobre dans le choix des sujets adultes, réunir des boutures des graines des individus de dix à douze centimètres de diamètre, choisir surtout ceux dont la partie inférieure n'est pas encore lignifiée, et avoir soin, pendant l'emballage, de n'employer que de la mousse ou des copeaux de bois parfaitement secs.

Les sujets peuvent être mis dans des caisses, par lits, entre deux couches de mousses ou de copeaux, de manière à bien remplir les vides qui les séparent les uns des autres, afin que les plantes n'éprouvent aucun ballottement. Celles qui paraissent plus rares peuvent être enveloppées une à une avec de la mousse, en ayant soin de les bien envelopper et en ficelant chaque paquet.

Quelques personnes conseillent, avant l'emballage, de couper toutes les racines qui finissent par se dessécher complétement pendant la traversée, et qui doivent alors être coupées à leur arrivée. Je ne partage pas complétement cet avis; car il est toujours temps de faire cette section au moment où on veut faire reprendre les plantes, et il arrive très-souvent aussi, quand le choix des sujets a été bien fait, que l'emballage a été soigné, que quelques-unes des racines nous arrivent sans être complétement desséchées, et qu'en se contentant alors d'enlever seulement les parties entièrement altérées, soit par des meurtrissures, soit par la sécheresse, on conserve un organe qu'il n'est jamais possible de faire reproduire normalement. Je préfère l'emballage en pots ou en mottes.

Toutefois, je dois prévenir qu'en suivant cette dernière méthode, il arrive que, pendant la traversée, les plantes ainsi emballées dans la mousse avec toutes leurs racines, ont continué à végéter dans les caisses, et qu'une pareille végétation, en l'absence d'air et de lumière, est tout à fait étiolée, dépare et défigure la plante. Mais dans ce cas, les sujets ainsi défigurés, quand ils ont conservé leurs racines, sont d'excellents sujets propres à faire des pieds mères à leur arrivée, et doivent, par conséquent, procurer autant si ce n'est plus d'avantage que ceux qui, ayant perdu toutes leurs racines, font attendre leur reprise pendant un ou deux ans et finissent par périr, quelquefois même avant ce long intervalle.

L'époque à laquelle se fait l'envoi a également une assez grande importance sur la reprise des sujets. Il est concevable que pendant toute la période d'hiver, pendant laquelle les Cactées sont soumises à un repos presque complet, les plantes fatiguées, tant par la privation d'air, de lumière, de chaleur et d'humidité à laquelle elles ont été soumises pendant la traversée, que par la suppression de racines, sont bien plus exposées à pourrir pendant un séjour de deux ou trois mois dans nos serres, que quand elles nous arrivent au printemps ou pendant l'été. Aussi je ne saurais trop recommander aux collecteurs de fixer les époques d'envoi, de manière que l'arrivée en Europe se trouve depuis le commencement du printemps jusqu'à la fin de l'été.

De leur côté les cultivateurs, quand ils reçoivent des plantes, doivent chercher à stimuler la végétation des sujets par l'action continue d'une température douce, par une lumière peu vive d'abord, puis par celle du soleil dont les rayons sont suffisamment brisés par des toiles, et une humidification parcimonieuse d'abord, puis progressivement en rapport avec l'état des plantes.

Pour les sujets qui arrivent pendant l'hiver, il faut généralement renoncer à les faire reprendre avant le printemps, ils doivent être conservés sur des tablettes bien sèches, dans la partie la plus saine de la serre, où souvent ils développent naturellement des racines que nos soins n'auraient pas pu faire naître.

Sur ce point, la nature semble montrer une bizarrerie capricieuse qu'elle ne nous a pas encore permis de péné-

trer. De Candolle parle d'échantillons incomplétement desséchés, qui développèrent des racines dans un herbier.
M. Weber cite un fait semblable. Pfaiffer et presque toutes
les personnes qui se sont occupées de la culture des Cactées,
citent des exemples de plantes malades en partie, envahies
par la pourriture, qui après avoir été amputées, abandonnées pendant quelques mois sur les tablettes des serres,
furent retrouvées plus tard parfaitement guéries et munies
de racines. M. Cels, sur le conseil de M. Lemaire, je crois,
relégua pendant tout un hiver, sur une tablette qui garnît
le haut de sa serre anglaise, des plantes qui lui arrivèrent
du Chili au mois de décembre ; au printemps suivant, je
fus fort étonné, en allant en choisir, de les trouver presque toutes munies de racines et même quelques-unes portant des fleurs. Enfin, Forster conseille, pour les plantes
qui semblent difficiles à la reprise et qui arrivent pendant
la mauvaise saison, de les enterrer complétement dans du
sable parfaitement pur et très-sec : ce moyen, dit-il, lui a
très-bien réussi.

Que conclure de semblables faits, qui paraissent bien
plutôt des caprices de la nature que des conséquences de
nos soins et de nos prévisions ? Notre réponse est celle de
tout le monde : observons la nature, épions-la dans ses
forces et ses actions, non-seulement nous y trouverons le
plus agréable emploi de nos loisirs, mais encore la persé-
vérance ou le hasard nous conduira à l'observation de
faits utiles à nos semblables.

FIN.

TABLE ALPHABÉTIQUE

DES

ESPÈCES ET VARIÉTÉS

AVEC LEUR SYNONYMIE,

Contenant la désignation des ouvrages dans lesquels les plantes ont été
publiées ou décrites.

ANHALONIUM Lem. Cact. gen. nov., p. 1.— id. Hort. univ., t. 1, p. 231.. . . 150
— Forst. Handb. dr. Cact., p. 257. . . . . . . —
— Salm. Cact. in hort. Dyck., cult., p. 76. . . . . —
Elongatum Salm. Cact. in hort. Dyck., cult., p. 77.. 152
— Forst. Handb. dr. Cact., p. 257. . . . . . . —
Fissipedum. Catal. Monv. . 154
Kotchubey. Lem. Hort. univ. 154
Prismaticum Lem. Hort. univ., t. 1, p. 231. — *id.* Cact. gen. nov. in hort. Monv., p. 1. 153
— Salm. Cact. in hort. Dyck., cult., p. 77.. . . . . —
Pulviligerum Lem. Hort. univ., t. 1, p. 275. . . 152
Retusum Salm. (Olim.) . . 153
— Forst. Handb. dr. Cact., p. 256 et 519. . . . . —
Sulcatum Salm. Cact. in hort. Dyck., cult., p. 78. . . 154
ARIOCARPUS Scheidw. Bul-

let. acad. de Bruxelles, 1838, p. 376. 150
ARIOCARPUS Retusus Scheidw. Bullet. acad. de Bruxelles, 1838, p. 377. . 153
ASTROPHYTUM Lem. Cact. gen. nov. in hort. Monv., p. 3. 167
— Hort. Monv. Catal. 1846. —
Myriostigma Lem. Cact. gen. nov. in hort. Monv., p. 3 et 4. 205
ATROPHYLLUM Nob. . . 406
CACTUS auctorum Olim. — Haw. synops. — Miq. gen. — DC. hort. Monp. 8, 21, 432, 448
Abnormis Wildenov.. . . 351
— Haw. . . . . . . —
Alatus, Bot. magaz., t. 2820. 435
— Swartz. flor. Ind. occid., p. 873. . . . . 435, 408
— Wildenov.. 408
Ambiguus Boupl.. . . . 423
Aureus Meyen. 442
Bleo. Humb. Boupl. et Kunth. nov. gen. Amer., vol. 6, p. 69. 504

	pages.
CACTUS Bleo. Botan. regist., t. 1473	504
Bouplandi Humb. et Kunth., nov. gen. Amer., vol. 6, p. 71	505
Braziliensis Wildenov. Enum. suppl., p. 33	497
Cassytha Bacciflora. Botan. magaz., t. 3080	440
— DC. Rev., p. 80	—
Cochenillifer Linn	449
Coquimbanus. Malm. Chit., ed. Gall., p. 140	354
Curassavicus Linn	479
— Vindl	—
Cylindricus Spring	81
— DC. Mem., p. 128	33
Decumanus Wildenov. Enum. suppl., p. 34	473
Depressus Haw	266
Dillenii, Botan. regist., t. 255	439
Eburneus Link. Enum. vol. 2, p. 22	354
Elegans Link. Enum. vol. 2, p. 25	408
— DC. Rev., p. 59	—
Elongatus Wildenov. suppl., p. 34	173
Fasciculatus Wildenov., Enum. suppl., p. 33	438
Ferox. Nutt	—
— Wildenov. Enum. suppl., p. 35	—
Ficus indica Linn	457
— Wildenov. Enum. suppl. p. 34	—
Fimbriatus Reichem. flos. Mexicana	505
Flagelliformis Linn	383
— DC. pl. gr. p. 127	—
— Botan. magaz., t. 17	—
— Millt. Dict. ed. 8, p. 12	—
Foliosus Wildenov. Enum., suppl. 32	478
CACTUS Fragilis Millt. gen. Amer., t. 1er, 296	481
Frutescens Reichem. flor. Mexicana	506
Funalis Spring., syst. bot., vol. 2, p. 479	439
Gracilis Millt	336
Grandifolius Link. Enum., vol. 2, p. 25	505
— Reich. flor. exot., 329	—
Grandiflorus Linn	386
— DC. plan. gras., p. 52. — DC. Rev. des Cact., p. 50	336
Heptagonus Linn	351
Hexagonus Wildenov. Enum. suppl., p. 32	—
— Linn	—
— Horridus Humb. Bonpl. et Kunth. gen. Amer.	506
Kageneckii Gemel	322
Lanceolatus Haw. in Misc. nat., p. 188	476
Lanuginosus Linn	342
Mamillaris Spring	80
— Lin	—
— β. Prolifer. Wildenov.	—
Micranthus Kunth. synop., plant. equin., vol. 3, p. 378	435
Microthele Spring	80
Monacanthus Wildenov., Enum. suppl.	456
Moniliformis Linn	—
— Lamark. Dict., t. 1, p. 541	—
Multangularis Voigt	198
Niger. Spring. syst. bot., vol. 2, p. 495	349
Nopal Notchetzli Hernand., p. 78	474
— Sylvestre Thierry, flor. Mexic.	—
Nobilis Haw. synops., p. 174	251
Opuntia Hernand	477
— Botan. magaz., t. 2393	—
— Nana. DC. pl. gr., p. 138	476

pages.

CACTUS Paradoxus Hornem.
hort. Hafn. 2, p. 443. . . 495
— Pison. plant. med. du
Brésil, p. 100. . . . . —
Parasiticus DC., pl. gr.,
p. 159. 488
Pendulus Swartz, flor. Ind.
occid., p. 876. 440
— Hort. Berol. . . . . —
— Kunth. nov. gen. Amer.,
vol. 6, p. 65. . . . . —
Pereskia Linn. 503
Peruvianus Linn.. . . . 351
— Heptagonus Linn.. . . —
— Hexagonus Linn.. . . —
— Pentagonus Linn.. . . —
Phyllanthus Haw. synops. . 418
— DC. pl. gr., p. 145. . . —
Polyanthus. Botan. magaz.,
t. 2690. 460
Portulacea. Americana Pluk.
Alm. 135, p. 215, fig. 6. . 503
Prismaticus Desf. hort. Paris. 393
Pseudo Coccinellifer. Ber-
tero. exel., p. 11. . . . 455
Pusillus DC. Catal. hort.
Monp. 25
— Haw. in Misc. nat., p. 189. 478
Recurvus Haw. synops.,
p. 178. 198
— Nobilis Wildenov. Enum.
suppl., p. 243. . . . . —
— Ait hort. Kew., t. 3.. . —
Reductus Link. Enum. . . 251
Royeni Linn.. 342
Scopa Link. Enum., vol. 2,
p. 21. 238
— Spring. syst., vol. 2;
p. 294. . . . . . . —
Speciosissimus Salm. (Olim). 452
— Harv. synops. plant.,
p. 193. . . . . . . —
Spini Colla. Antol., vol. 6,
p. 501. 40
Spinosus Auct. (Olim). . . 399

pages.

CACTUS Stellaris Wildenov. 25
Strictus Harv. in Misc. nat.,
p. 188. 475
Tomentosus Link. Enum.,
p. 21. 472
Torquatus, hort. Paris. . . 433
Tuberculatus Wildenov.
Enum., plant., suppl.,
p. 34. 475
Tuna Haw. synops. . . . 455
Tuna Wildenov. Enum.,
plant. suppl., p. 456. . . —
— Nigricans, Botan. magaz.,
t. 1557. . . . . . . —
— Mitior flore sanguineo
Cochenillifera. Dell. Elth.,
p. 399, fig. 383. . . . 449
Viviparus Nutl. gen. Amer.,
vol. 1, p. 501. 40
CEREUS. Haw. synops. . . 308
DC. Catal. hort. Monp. —
DC. Prodr.. . . . . —
Pfr. Enum. diagn. Cact.. . —
Miq. Cact. gen. . . . . —
Lem. gen. nov. . . . . —
Endl. gen. plant.. . . . —
Abnormis hort. 351
Acifer Otto. 315
— Salm. Cact. in hort. Dyck.,
cult., p. 189. . . . . —
Aciniformis, hort. Berol. . 313
Ackermanni, hort. Berol. . 409
— Pfr. Enum. diagn., p. 123. —
— Booth. magaz.. . . . —
Acutangulus, hort. Berol. 345
— Pfr. Enum. diagn.,
p. 107. . . . . . . —
— Forst. Handb. dr. Cact.,
p. 406. . . . . . . —
Adustus Engelm., Mém.,
p. 404. 319
— Salm. Cact. in hort. Dyck.,
cult., p. 191. . . . . —
— β. Radians Engelm., Mém. —
OEthiops Haw. 339

pages.

CEREUS Affinis, hort. Berol. 359
— Hort. 376
Alacriportanus Pfr. Enum.
diagn., p. 388.. 357
— Hort. Monac.. . . . —
— Forst. Handb. dr. Cact.,
p. 388. . . . . —
Alatus DC. Rev. des Cact. . 408
— Link. et Otto. Iconogr.,
t. 39. 435
— Swartz. flor. Ind. occid.,
p. 878. . , ... —
Albiflorus Pfaff. (Hybrid.). . 400
Albisetosus Haw. synops. ,
plant., suppl., p. 4. . . 387
Albispinus Salm. . . . 341
— Pfr. Enum. diagn., p. 85. —
Ambiguus Bonp., nov.
Amer., t. 36. 335
— Pfr. Enum. diagn., p. 104. —
Anisogonus, hort. Angl. . 393
Antoinii, hort. Windl. . . 387
Aquicaulensis hort. . . . 366
Arequipensis Meyen.. . . 352
Articulatus Pfr. Enum.
diagn., p. 103.. . . . 484
Aurantiaca (Hybr.) hort. . 399
— Superba Haag. (Hybr.).
411, 428
Aurantiacum Superbum ,
hort. Angl. 428
Aureus Salm. 848
— Pfr. Enum. diagn., p. 83. —
— β. Pallidior Salm.. . . 345
— Forst. Handb. dr. Cact.,
p. 385. . . . . . . —
Azureus Parment. . . 340
— Pfr. Enum. diagn., p. 86. —
— Forst. Handb. dr. Cact.,
p. 381. . . . . . . —
Barbatus Windl. 348
Baumanni Lem. Hort.
univ. 379
— Hort. Paris. . . . . —
Baxaniensis Karvinsk. , . 374

pages.

CEREUS Baxaniensis Pfr.
Enum. diagn., p. 109. . 374
— Forst. Handb. dr. Cact.,
p. 406. . . . . . . —
Beneckii Ehremb. A. G. Z.,
1844, p. 402. 367
— Salm. Cact. in hort. Dyck.,
cult., p. 209. . . . . —
β. *Farinosus* Haag. . . . 368
Biformis hort. 391
Bifrons Haw., suppl. p. 76. . 316
— Haw., suppl., p. 76. . . 898
Boeckmanni Otto. . . . 388
— Salm. Cact. in hort. Dyck.,
cult., p. 217. . . . . —
Blindii Haag. (Hybe.). . . 400
Bodii, hort. Berol. (Hybr.). —
Bonplandi Parment. . . 372
— Pfr. Enum. diagn., p. 108. —
Bolvilleriana Salm. (Hybr.). 400
Bonariensis, hort. Berol. . 357
Brachiatus Galeot. . . . 328
— Salm. Cact. in hort. Dyck.,
cult., p. 195. . . . . —
Boothrianus Haag. (Hybr.). 400
Brendii, hort. Angl.. . . 376
Brevispinulus Salm. . . . 387
Bridgesii Salm. Cact. in
hort. Dyck., cult., p. 208. 365
Cœsius Salm. Cact. in hort.
Dyck., cult., p. 205. . . 358
— Forst. Handb. dr. Cact.,
p. 394. . . . . . . —
— Pfr. Enum. diagn., p. 86. 363
Callicoche Galeot. (Echino-
cactus).. 205
Calvescens DC. 252
Candelabrius hort. . . . —
Candelabris Meyen. . . . —
Candicans Gill. 327
— Pfr. Enum. diagn., p. 91. —
— β. *Tenuispinus* Pfr. l. c.. —
— β. Gracilior. Catal. hort.
Mouv. . . . . . . —
γ. *Robustior* Salm. . . . —

	pages.
CEREUS Candicans β. Spinosior Salm.	327
Capulatus Hortul.	368
Cavendishii, hort. Berol.	171
— Salm. Cact. in hort. Dyck., cult., p. 210.	—
Chalybeus hort. Berol.	340
— Salm. Cact. in hort. Dyck., cult., p. 201.	—
— Forst. Handb. dr. Cact., p. 382.	—
Chilensis Hortul. (Olim.).	334
Chilensis Pfr. Enum. diagn., p. 81.	—
— Colla.	—
— Salm. Cact. in hort. Dyck., cult., p. 198.	—
— Forst. Handb. dr. Cact., p. 381.	—
— β. *Flavescens* Salm.	—
— β. Lamprochlorus, Catal. hort. Monv.	—
— γ. Spinosior Salm.	—
— γ. *Brevispinulus* Salm.	—
— δ. *Polygonus* Salm.	—
— β. Fulvibarbis Salm.	—
Chiloensis Colla.	326
— β. Lamprochlorus, hort. Monv.	—
Cinerascens DC. Rev.	313
— Salm. Cact. in hort. Dyck., cult.	—
— Pfr. Enum. diagn., p. 101.	—
— β. Tenuior DC.	318
— β. *Crassior* DC.	314
— Pfr. l. c.	—
Cirrhiferus Nob.	313
Clavarioides, hort. Berol.	488
Clavatus Otto.	355
— Forst. Handb. dr. Cact., p. 391.	—
— Salm. Cact. in hort. Dyck., cult., p. 00.	—
— Hort. Berol.	—
Coccineus, hort. Angl.	316
	pages.
CEREUS Coccineus Engelm. Mem., p. 93.	816
— Salm. Cact. in hort. Dyck., cult., p. 190.	—
Coccineus Pfr. Enum. diagn., p. 122. — Pfr. Abbildt., liv. 15.	398
— Forst. Handb. dr. Cact., p. 424.	—
— Salm. Catal. hort. Dyck.	—
Coccinea Salm.	400
Grandiflora Pfr. (Hybr.).	—
Colmariensis Haag.	400
Cœrulescens Salm. Catal.	339
— Pfr. Enum. diagn., p. 85. — Pfr. Abbild, 2, t. 24.	—
— Botan. magaz., t. 3922.	—
Cœruleus Hortul.	338
Cœspitosus Engelm. Mem., p. 110.	318
— Salm. Cact. in hort. Dyck., cult., p. 191.	—
— β. Castaneus Engelm., Mem., p. 110.	319
Cognatus Hortul.	376
— Hort. Vindl.	—
Colubrinus Otto.	381
— Forst. Handb. dr. Cact., p. 409.	—
— Hortul. (d'après Lemaire).	380
— β. *Flavispinus* Salm. Catal.	382
Colvilii, hort. Angl.	376
Cometes Scheidw.	395
Compressus Millt. Dict. nº 10.	—
Conformis, hort. Berol.	353
— Salm. Cact. in hort. Dyck., cult., p. 203.	—
— Forst. Handb. dr. Cact., p. 394.	—
Conicus, hort. Berol.	357
Coryne, hort. Berol.	356
— Forst. Handb. dr. Cact., p. 394.	—
— Salm. Cact. in hort. Dyck., cult., p. 205.	—

pages.

CEREUS Coquimbanus Hortul.. 375
Crenatus Salm. Cact. in hort. Dyck., cult., p. 84. . 341
— Liudl. Botan. regist. (Phyllocactus). . . . 414
— Lem. Hort. univ.. . . . —
— β. *Griseus* Salm. Catal. . 342
— Pfr. l. c. . . . . . —
Crenulatus Hortul. . . . 341
— Griseus Salm.. . . . 342
Crispatus, hort. Berol.. 433, 434
— Crenulatus, hort. Berol.. 433
Cubensis Zucc. 337
Curtisii, hort. Angl. (Hybr.). 400
Curvispinus, hort. Berol. . 352
— Bertero. . . . . . —
Cylindricus Haw. synop., plant., p. 183. . . 400, 490
— Lamk. Dict., vol. 1, p. 539. 490
— Hortul.. 400
Dauielsii, hort. Angl. (Hybr.). —
Dasyacanthus Engelm., Mem., p. 100. 321
— Cact. in hort. Dyck., cult., p. 193. . . . . —
— β. *Spurius* Nob. . . . —
Deficiens Otto. 355
— Hort. Berol. . . . . —
— Forst. Handb. dr. Cact., p. 392.. . . . . . —
— Salm. Cact. in hort. Dyck., cult., p. 204. . . . . —
Deflexispinus Monv. Catal. . 321
— β. Spurius Monv. Catal.. —
Denudatus Pfr. Enum. diagn., p. 64 (Echinocactus). . . 257
Deppei, hort. Berol.. . . 313
— Forst. Handb. dr. Cact., p. 374.. . . . . . —
— Hort. Paris. . . . . —
— β. Crassior DC. . . . —
Devausii, hort. Angl. (Hybr.). 399
— Pfr. Enum. diagn. . . 400

pages.

CEREUS Dichroacanthus Mart. (Echinocact. Acutissimus Otto). . . . 241
Divergens, hort. Berol. . . 336
— Pfr. Enum. diagn., p. 95. —
— Forst. Handb. dr. Cact., p. 378. . . . . . . —
Dumortieri, hort. Berol. . 370
— Salm. Cact. in hort. Dyck., cult., p. 210. . . . . —
Donkelœrii Salm. A. G. Z., 1845, p. 355. — Salm. Cact. in hort. Dyck., cult., p. 215. 382
Dyckii Mart. 352
— Pfr. Enum. diagn., p. 87. —
— Forst. Handb. dr. Cact., p. 391. . . . . . . —
Dyckianus (Hybr.). . . . 401
Eburneus Salm. Observ. bot., 1822, p. 6. 354
— Forst. Handb. dr. Cact., p. 392. . . . . . . —
— Pfr. Enum. diagn., p. 90. —
— Link. Eoum., vol. 2, p. 22. —
— β. *Polygonus* Pfr. l. c. . —
— γ. *Monstruosus* Pfr. l. c. —
Ehrembergii Pfr. A. G. Z., 1840, p. 282. 313
— Forst. Handb. dr. Cact., p. 374. . . . . . . —
Elegans Hortul. 445
Enneacanthus Engelm., Mem., p. 111. 314
— Salm. Cact. in hort. Dyck., cult., p. 188. . . . . —
Erectus Karw. 335
— Pfr. Enum. diagn., p. 95. —
— Forst. Handb. dr. Cact., p. 380 . . . . . . —
Ericomus Reichemb.. . . 359
— Hort. Berol.? . . . . —
Eriophorus, hort. Berol. . 337
— Pfr. Enum. diagu., p. 94.
— Pfr. Abbild., t. 22. . —

pages.

CEREUS Eriophorus β. Lœte-
virens Salm. 337
Euphorbioides Haw. . . 357
— Forst. Handb. dr. Cact.,
p. 293. . . . . . —
— Pfr. Enum. diagn., p. 92. —
Excrens Pfr. l. c.. . . . 359
— Link. . . . . . —
Extensus Salm. Catal. . . 392
— Pfr. Enum. diagn., p. 119. —
— Botan. magaz., t. 4066. . —
— DC. Prodr. III, p. 469. . —
— Vendl. in Otto's Gz.,
1836, n° 39, p. 306. . —
— Forst. Handb. dr. Cact.,
p. 420. . . . . . —
Eyriesii Pfr. Enum. diagn.,
p. 72. — Pfr. Otto's Gz.,
n° 50, s. 399. . . . 296
Farinosus Fennel. Catal. . 367
— Forst. Handb. dr. Cact.,
p. 396. . . . . . —
Fernambucensis Lem. . . 376
Flagelliformis Haw. sy-
nops., plant., p. 185. . 383
— Pfr. Enum. diagn., p. 110. —
— Forst. Handb. dr. Cact.,
d. 410. . . . . . —
— β. Minor Salm. (d'après
Lem.). 384
— β. Funkii, hort. Monac. . —
— γ. Malissoni, hort. Angl. —
— δ. Scothii, hort. Angl. . —
— ε. Smithii, hort. Angl. . —
— ζ. Nothus Wendl. . . —
— ξ. Speciosus. Botan. ma-
gaz., t. 3822. . . . —
Flagriformis Zucc.. . . 385
— Pfr. Enum. diagn., p. 111.
— Pfr. Abbild., t. 12. . —
— Forst. Handb. dr. Cact.,
p. 412. . . . . . —
Flavescens Otto. . . . 320
— Pfr. Enum. diagn., p. 79. —
— Hort. Monv. . . . . —

pages.

CEREUS Flavicomus Salm.
Cact. in hort. Dyck., cult.,
p. 79. 347
— Forst. Handb. dr. Cact.,
p. 387. . . . . . —
Flavispinus Salm. Observ.
1822, p. 5. 346
— Pfr. Enum. diagn., p. 82. —
— Forst. Handb. dr. Cact.,
p. 387. . . . . . —
— Colla. . . . . . —
Floccosus, hort. Berol.. . 343
— Pfr. Enum. diagn., p. 81. —
— Forst. Handb. dr. Cact.,
p. 383. . . . . . —
Forbesii, hort. Berol. . . 362
— Sorb. del. Salm. Cact. in
hort. Dyck., cult., p. 206. —
— Forst. Handb. dr. Cact.,
p. 398. . . . . . —
Formosus Hortul. . . . 377
— Forst. Handb. dr. Cact.,
p. 404. . . . . . —
— DC. Catal. hort. Monp. . 399
— Otto's Gz., 1834, n° 31,
s. 244. . . . . . —
Fulvibarbis Otto. . . . 334
Fulvispinus Salm. Catal. . 346
— Pfr. Enum. diagn., p. 82. —
— Haw. synops., p. 183. . —
— Forst. Handb. dr. Cact.,
p. 387. . . . . . —
Funkii, hort. Monac. . . 400
Gemmatus Zucc. . . . 369
— Pfr. Enum. diagn., p. 196. —
— Forst. Handb. dr. Cact.,
p. 397. . . . . . —
Geometrizans Mart. . . 366
— Pfr. Enum. diagn., p. 150. —
— Forst. Handb. dr. Cact.,
p. 394. . . . . . —
— β. Pugioniferus Salm. . —
— Lem. Cact. in hort. Monv.,
p. 30. . . . . . —
— γ. Quadrangularis Lem. ib. —

pages.

CEREUS Gibbosus Salm.
Catal. (Olim.). . . . 251
— Pfr. Enum. diagn., p. 74. —
Gilvus Salm. Cact. in hort.
Dyck., cult., p. 197. —
Salm. A. G. Z., 1845,
p. 335. 330
Gladiator Otto. 366
— β. Geometrizans Monv.
Catal. 1846. . . . . —
Gladiatus Lem. Cact. gen.
nov. in hort. Monv. . . 328
— β. Courantii Lem. ibid. . 327
— Monv. Catal. 1846. . . —
— Hort. Berol. . . . . —
— γ. Vernaculatus Monv.
Catal. 1846. . . . . —
Gladiiger Cels. Catal. . . 353
— Lem. Hort. univ., t. 6,
p. 60 et 190. . . . . —
Glaucus Salm.. 359
— Hortul. . . 358, 363, 376
Gloriosus Hortul.. . . . 343
Gracilis Salm.. 397
Grandiflorus Haw. synops.,
plant., p. 184.. . . . 386
— Pfr. Enum. diagn., p. 113.
— Pfr. Abbild. , 2, t. 21. —
— Forst. Handb. dr. Cact. ,
p. 414. . . . . . . —
— DC. plant. gras., p. 52. . —
— Botan. magaz., t. 3381. . —
— β. Speciosissimus Pfr. l. c. 387
— Haag. (Hybr.). . . . —
— γ. Maynardii Nob. . . —
— γ. Speciosissimus hort. . —
— δ. Affinis Salm. . . . —
Grandis Haw. suppl., p. 76. 377
— Pfr. Enum. diagn., p. 199. —
Griseus Haw.. 342
Guillardii hort. (var. ζ. du
Cer. Speciosissimus).. . 399
Hamatus Scheidw. . . . 389
— Forst. Handb. dr. Cact.,
p. 416.. . . . . . —

pages.

CEREUS Hansii Haag.
(Hybr.). 400
Haworthii DC. Mem.. . 55
— Pfr. Enum. diagn., p. 82. —
Heptagonus Hortul. . . . 351
Heteromorphus Monv.,
Hort. univ., t. 1er, 1840,
p. 221. 333
Hexangularis Hortul.. . . 376
Hexagonus Hortul. . . . 352
Hytchensii, hort. Dresd.
(Hybr.). 400
Hookeri Link. et Otto. . . 411
— Pfr. Abbild., t. 1, pl. 5. —
Horribarbis, hort. Berol. . 358
— Salm. Cact. in hort. Dyck.,
cult., p. 205. . . . . —
Horridus Otto. A. G. Z.,
1838, p. 33.. 362
— Salm. Cact. in hort. Dyck.,
cult., p. 207. . . . . —
Humilis DC. Prodr. III,
p. 201. 397
— Pfr. Enum. diagn., p. 18. —
— Forst. Handb. dr. Cact.,
p. 418. . . . . . . —
Rigidior Salm. . . . . —
— β. Myriacaulon Pfr. l. c. —
Minor Pfr.. . . . . . —
Hystrix Salm. Observ. bo-
tan., 1822, p. 7. . . . 250
— Pfr. Enum. diagn., p. 98. —
— Forst. Handb. dr. Cact.,
p. 400. . . . . . . —
Jamacaru Salm. Catal. . 363
— Pfr. Enum. diagn., p. 98. —
— Forst. Handb. dr. Cact.,
p. 400.. . . . . . —
Janthothele Monv. Catal. . 444
Jenkisonii, hort. Angl.
(Hybr.). . . . 399, 400
Ignescens, hort. Dresd.
(Hybr.). 400
Imbricatus Hortul. . . . 336
Incrustatus, hort. Berol.. . 368

pages.

CEREUS Incurvispinus, hort. d'Armst. 305
Inermis Otto. 390
— Pfr. Enum. diagn., p. 410. —
— Forst. Handb. dr. Cact., p. 116. . . . . . —
— β. *Lætevirens* Salm. Catal. —
Intricatus Salm. Cact. in hort. Dyck., cult., p. 194. 325
Inversus, hort. Berol. . . 394
— Salm. Cact. in hort. Dyck., cult., p. 219. . . . . —
Karstenii Salm. Cact. in hort. Dyck., cult., p. 29. . 360
— Hort. Angl. 390
Kiardii Hortul. (Hybr.). . . 399
Knigthii Parment. . . . 406
Kuntianus, hort. Berol. . 389
— Salm. Cact. in hort. Dyck., cult., p. 217. . . . . —
Lepidotus Salm. Cact. in hort. Dyck., cult., p. 207. 363
Letevirens, hort. Berol. . . 359
— Salm. Cact. in hort. Dyck., cult., p. 336. 376
Letus Salm. Catal. . . . 377
— Pfr. Enum. diagn., p. 406. —
Levigatus Salm. Cact. in hort. Dyck., cult., p. 204. 356
Lamprochlorus Lem. . . . 326
Lanceanus, hort. Angl. . 394
— Salm. Cact. in hort. Dyck., cult., p. 122. . . . . —
Lanuginosus Haw. . . . 342
— Glaucescens Pfr. Enum. diagn., p. 80. . . . . —
— Forst. Handb. dr. Cact., Mill. Dict. 1, n° 7. . . 343
— Herm. parad. botan. . . —
— β. *Virens* Salm. . . . 342
Lateritius, hort. Angl. (Hybr.) 400
Latifrons Zucc. (Hybr.). . 401
Lecchii Colla. 322
— Pfr. Enum. diagn., p. 78. —
Leptacanthus DC. Rev. des

pages.

Cact. 312
CEREUS Leptacanthus β. Crassior DC. Rev. des Cact. . . . . . . —
Leptophis DC. Rev. des Cact., p. 117.—DC. Mem., t. 12, p. 21. 384
— Pfr. Enum. diagn., p. 112. —
— Forst. Handb. dr. Cact., p. 410. . . . . . . —
Leucanthus Pfr. Enum. diagn., p. 71. 305
Limensis Salm. Cact. in hort. Dyck., cult., p. 193. — Salm. A. G. Z.; 1845, s. 280. . . . . . . —
p. 353. 322
— Lood., hort. Angl. . . —
Lima Hortul. . . . . . —
Lividus Pfr. Enum. diagn., p. 98. 339
— Otto's Gz., 1835, n° 48, —
— Forst. Handb. dr. Cact., p. 399. . . . . . . —
— Glaucior, hort. Berol. . —
— Pallidior Hortul. . . . —
— Rigidior Hortul. . . . —
Longipes Hortul. (Hybr.). . 401
Longispinus Salm. A. G. Z., 1845, p. 354.— Salm. Cact. in hort. Dyck., cult., p. 354. 329
Lothii hort. (var. du Cer. Speciosissimus). . . . 399
Loudoni Haag. (Hybr.). . . 401
Lombricoides Lem. Cact. gen. nov. 1839, p. 60. 382, 383
Latifrons Pfr. Enum. diagn., p. 125. — Pfr. Abbild., t. 10, fig. 2. 412
Lutescens Salm. 345
— Pfr. Enum. diagn., p. 84. —
Maclenii Salm. (Hybr.). . 401
Macqueanus Salm. (Hybr.). . —
Mackii, Bot. magaz. (Hybr.). —

pages.

CEREUS Macrogonus, hort.
Berol. 352
— Salm. Cact. in hort. Dyck.,
cult., p. 203. 352
— Forst. Handb. dr. Cact.,
p. 391. . . . . . . —
Maletianus Cels?. . . . 313
Malissoni hort. 384
Marginatus DC. Rev. des
Cact., p. 116. 368
— Pfr. Enum. diagn., p. 97. —
— Forst. Handb. dr. Cact.,
p. 397. . . . . . . —
— Salm. (Olim. Marginatus). 411
Martianus Pfr. Enum.
diagn., p. 110. 386
— Botan. magaz., t. 3768. . —
Maynardii hort. (Hybr.). . 387
— Hort. Monv. Catal. . . —
— Lem. flor. des jardins, 3,
t. 1.. . . . . . . —
Melanhalonius, hort. Monv.
Catal. 1846.. 379
— Lem. hort. Belg., 11e liv.,
p. 148. . . . . . . —
May-fly Pfr. 399
Maurantiana Hortul.. . . 339
Mexicanus Lem. (Hybr.). . 401
Mexicana Salm. (Hybr.). . —
Micranthus Kunth. . . . 437
Mirbelli, hort. Bergm. . . 368
Mitleri Salm.. 401
Mollis Nigricans, hort. . . 349
Moniliformis DC. Rev.,
p. 60.— Prodr. III, p. 470. 378
— Pfr. Enum. diagn., p. 102. —
— Plum. ed. Burm., t. 198. . —
Monoclonos hort. . . . 352
Monstruosus Hortul.. . . 351
Montevideensis Hortul. . . 242
Montezuma Hortul.. . . 327
Moritzianus Otto. . . . 344
— Pfr. Enum. diagn., p. 84.. —
— Forst. Handb. dr. Cact.,
p. 384. . . . . . . —

pages.

CEREUS Moritzianus β. Pfaif-
feri. Monv. Catal. . . 334
Multangularis Haw. sy-
nops., suppl., p. 75. . . 322
— Pfaif. Enum. diagn., p. 77. —
— Wildenov. Enum. suppl.,
p. 33. . . . . . . —
— β. Pallidior Pfr. . . . —
— Spinis albis Hortul. . . —
Multiplex Hortul. . . . 298
— Pfr. Enum. diagn., p. 70. —
— β. Monstruosus Pfr. l. c. 299
Myriacaulon hort. . . . 397
Myriophyllus Gill. . . . 323
Myosurus Salm. 445
— DC. Prodr. III, p. 469. . —
Napoleonis Grah. Botan.
magaz., t. 3458. . . . 393
— Pfr. Enum. diagn., p. 117. —
— Otto's Gz. 1836, n° 10,
s. 80. . . . . . . —
Niger Salm. Observ. bot.,
1822, p. 4. 349
— Pfr. Enum. diagn., p. 83. —
— Forst. Handb. dr. Cact.,
p. 385. . . . . . . —
— Haw. Rev., p. 90. . . —
— β. Gracilior Salm. . . —
Nigricans Lem. Cact. gen.
nov.. 348
— Salm. Cact. in hort. Dyck.,
p. 202. . . . . . . —
— Forst. Handb. dr. Cact.,
p. 386. . . . . . . —
Nitidus Salm. Cact. in
hort. Dyck., cult., p. 211. 373
Nitens Salm. A. G. Z., 1845,
p. 354. — Salm. Cact. in
hort. Dyck., cult., p. 195. 326
Nobilis Hortul. 322
— Haw. synops., p. 179. . 346
— Forst. Handb. dr. Cact.,
p. 387. . . . . . . —
Nycticalus Link. Verdh.
d. G. B. v. f. pr. X,

pages.

s. 373, t. 6.. 387
CEREUS Nycticalus Pfr.
    Enum. diagn., p. 113. . —
— β. *Viridior* Salm.. . . 388
— Gracilior Haag. . . . —
Obtusus Haw. 376
— Otto's Gz. 1835, n° 28,
    s. 221. . . . . . —
— Rosaceus Hortul.. . . —
Octogonus Hortul. . . . 341
Ochracanthus Hortul. . . 322
Ocamponis Salm. Cact. in
    hort. Dyck., cult., p. 220. 395
Æthiops Haw. 339
Olfersii, hort. Berol. . . 369
— Pfr. Enum. diagn., p. 97. —
— Forst. Handb. dr. Cact.,
    p. 397. . . . . . . —
Opuntia Gusson. Prodr. III,
    flor. Siciliæ, p. 559. . . 459
Ovatus Pfr. Enum. diagn.,
    p. 162. 485
— Forst. Handb. dr. Cact.,
    p. 469. . . . . . . —
Oxygonus Pfr. Enum. diagn.,
    p. 70. 357
— Forst. Handb. dr. Cact.,
    p. 459. . . . . . . —
— Link. et Otto.. . . . 297
— Botan. regist., t. 1717. . —
— Vendl. A. G. Z. R., vol. 4. —
Oxypetalus DC. plant. gras.,
    fig. 14. — DC. Rev.,
    p. 261. 411
Paxtonianus Monv. . . 371
— Salm. Cact. in hort. Dyck.,
    cult., p. 211. . . . . —
Pectiniferus Nob. . . . 320
— β. *Lævior* Nob. . . . —
Pellucidus, hort. Berol. . 375
— Pfr. Enum. diagn., p. 108. —
Pentaedrophorus Nob. . 365
Pentagonus Haw. synops.,
    pl., p. 180.. 374
— Pfr. Enum. diagn., p. 139. —

pages.

CEREUS Pentagonus Wilde-
    nov.. 361
— Glaucus Morel. . . . 365
Pentalophus DC. Rev. des
    pl. gras. 312
— Salm. Cact. in hort. Dyck.,
    cult., p. 187. . . . . —
— α. Simplex DC. . . . —
— β. Subarticulatus Pfr. l. c. —
— — Botan. magaz., t. 2651. —
— Radicans DC.. . . . —
— β. *Leptacanthus* Salm. . —
Pentapterus Otto. . . . 396
— Salm. Cact. in hort. Dyck.,
    cult., p. 220. . . . . —
Pepinianus Salm. A. G. Z.,
    1845, p. 354. — Salm. Cact.
    in hort. Dyck., cult.,
    p. 354.. 330
Peruvianus Tabern. . . 351
— Pfr. Enum. diagn., p. 88.
    — Pfr. Abbild., t. 5. . —
— DC. plant. gras., p. 58. . —
— β. *Tortus*, hort. Berol. . —
— γ. *Monstruosus*. DC. . . —
— δ. *Minor* Salm. . . . —
Pfaifferi Parment. . . . 344
Phyllantoides DC., plant.
    gras. — DC. Catal. hort.
    Monp., 1813, p. 84. . . 408
— Pfr. Enum. diagn., p. 124. —
— Botan. magaz., t. 2092. . —
Phyllanthus Hook. Botan.
    magaz., t. 2692. . . . 411
— Flore majore DC. Prodr.
    III, p. 469. . . . . —
— Pfr. Enum. diagn., p. 125.
    — Pfr. Abbild., t. 10,
    f. 1.. 408
Pitajaya. Jacq. select. sterp.
    Amer., p. 151.. . . . 376
— DC. Prodr. III, p. 466. . —
— Plum. ed. Burm., t. 199,
    f. 1.. . . . . . . —
Platygonus, hort. Berol. . 339

pages.

CEREUS Platygonus Salm.
Cact. in hort. Dyck., cult.,
p. 199. 339
— Otto. . . . . . . —
Pleranthus Link. 387
Pleiogonus Nob. . . . 317
Polyacanthus Engelm.,
Mem., p. 104. 315
— Salm. Cact. in hort. Dyck.,
cult., p. 189. . . . . —
Polyptichus Lem. gen. nov.,
p. 56. 345
— Forst. Handb. dr. Cact.,
p. 386. . . . . . . —
Potsii Salm. Cact. in hort.
Dyck., cult., p. 208. . . 317
Principis, hort. Wurzl. . . 373
— Pfr. Enum. diagn., p. 108. —
— Forst. Handb. dr. Cact.,
p. 406. . . . . . . —
Prismaticus Hortul. . . . 376
Propinquus DC. 312
— Pfr. Enum. diagn., p. 101. —
Pruinosus Salm. . . . 364
Pterocaulis Hortul. . . . 436
Pterogonus Lem. Cact.
gen. nov., p. 18. . . . 396
— Salm. Cact. in hort. Dyck.,
cult., p. 221. . . . . —
— Forst. Handb. dr. Cact.,
p. 418. . . . . . . —
Pogioniferus Lem. Cact. gen.
nov., p. 12. 166
Pulchellus Pfr. Enum. diagn.,
p. 74. 298
— Forst. Handb. dr. Cact.,
p. 264. . . . . . . —
Pycnacanthus Salm. Cact.
in hort. Dyck., cult.,
p. 196. — Salm. A. G. Z.,
1845, p. 355. 331
— Monv. Hort. univ., t. 1er,
p. 220. . . . . . . —
Quadrangularis Hortul. . . 376
Quillardeti, hort. Paris.

pages.

(Hybr.). 400
CEREUS Quintero, hort.
Goetting. 334
Radians Engelm., Mem.,
p. 182. 349
Radicans DC. Prodr. III,
p. 468. 391
— Pfr. Enum. diagn., p. 114. —
Radicans Forst. Handb. dr.
Cact., p. 419. 391
Ramosus Karw. 374
— Pfr. l. c. . . . . . —
Ramulosus Salm. Cact. in
hort. Dyck., cult., p. 340. 433
Reductus DC. Prodr. III,
p. 463. 251
— Pfr. Enum. diagn., p. 74. —
Reichembachianus Nob. . 318
— β. *Castaneus* Nob. . . —
Reutzii Salm. (Hybr.). . . 404
Repandus Haw. . . . 335
— Pfr. Enum. diagn., p. 93. —
— Linn. Botan. regist.,
t. 336. . . . . . . —
— Miquel. 336
— Mill. 342
— Forst. Handb. dr. Cact.,
p. 379. . . . . . . —
— β. Spinis aureis Hortul. . 349
Reptans Wildenov. . . . 374
— Prismaticus Haw. suppl.,
p. 77. 374
— Salm. 391
Retroflexus, hort. Bergm. . 359
Rhombeus Salm. Cact. in
hort. Dyck., cult., p. 341. . 433
Rigidispinus Monv. Hort.
univ., t. 1, p. 223. . . 350
Rigidus Lem. 397
Roemeri Engelm. . . . 316
— Salm. Cact. in hort. Dyck.,
cult., p. 189. . . . . —
Roridus, hort. Berol. . . 364
— Forst. Handb. dr. Cact.,
p. 398. . . . . . . —

pages.

CEREUS Roseus Haag. (Hybr.). 401
— Superbus Haag. (Hybr.). —
Rostratus Lem. Cact. gen. nov., p. 40. 389
Royeni Haw. synops., pl., p. 182. 343
— Pfr. Enum. diagn., p. 80. —
— Forst. Handb. dr. Cact., p. 383. . . . . . —
— β. *Armatus* Salm. . . —
— — Otto. . . . . —
— — Pfr. Enum. diagn., p. 81. . . . . . —
— DC. plant. gr., p. 143. . 335
— Wildenov. 342
— β. *Floccosus* Monv. Catal. 343
Royenii Haag. (Hybr.). . . 401
Roydii Pfr. . . . . . —
Russelianus, hort. Berol. . 344
— Salm. Cact. in hort. Dyck., cult., p. 201. . . . . —
— Forst. Handb. dr. Cact., p. 387. 344
— Lem. Hort. univ., t. 5 (Epiphyllum). 423
Salm-Dyckianus, hort. Vindl. 376
Scandens Salm. Cact. in hort. Dyck., cult, p. 215. 394
Sariniensis Haag. (Hybr.). . 401
Scheerii Salm. Cact. in hort. Dyck., cult., p. 190. . . 317
Scolopandri, flor. brachiato dell. hort. Elth. 73. . . 418
Schelhasii Pfr. Enum. diagn., p. 73. 295
Sellovii, hort. Berol. (Hybr.) 401
Seidelii, Botan. magaz. (Hybr.). . . . . . —
Seitzii, hort. Monac. (Hybr.). —
Srankii Zucc. 399
— Pfr. Enum. diagn., p. 399.
— Pfr. Abbild., t. 27. . —
Schumburgii, hort. Berol. 394
— Salm. Cact. in hort. Dyck.,

cult., p. 219. 394
CEREUS Schumburgii Forst. Handb. dr. Cact., p. 422. —
Scopa DC. Prodr. III, p. 464. 238
Seidelii Lehm. 338
— Salm. Cact. in hort. Dyck., cult., p. 200. . . . . —
Senilis hort. (Olim.). . . 277
Sericeus hort. 488
Serpentinus Lagasca. Ann. scien. nat. 1801, p. 261. . 379
— Pfaif. Enum. diagn., p. 104. . . . . . . —
— Link. et Otto. Iconog., t. 42. . . . . . . —
— DC. Rev., t. 12. . . . —
— Botan. magaz., t. 3566. . —
Smithii Forst. (Hybr.). . . 401
Spachianus Lem. Hort. univ., vol. 1er, p. 225. . 324
— Salm Cact. in hort. Dyck., cult., p. 194. . . . . —
Speciosus, hort. Berol. (Hybr.). . . . 376, 401
Speciosissimus Desfont., Mem. med., t. 9, p. 190. 399
— Pfr. Enum. diagn., p. 120. —
— β. *Lateritius*, Botan. re gist., t. 1596. . . . . —
— γ. *Jenkisonni*, hort. Angl. —
— δ. *Vandesii*, hort. Angl. —
— ε. *Ignescens*, hort. Dresd. —
— ζ. *Guillardieri* hort. . . —
— η. *Curtisii* hort. . . . —
— ϑ. *Roydii* hort. . . . —
— ι. *Devansii* hort. . . . —
— κ. *Lothii* hort. . . . —
— λ. *Kiardi* hort. . . . —
— μ. *Coccineus* Grandiflorus hort. . . . . —
— ν. *Unduleflorus* Hortul. . —
— ξ. *Eugenii* Hortul. . . —
— ο. *May-fly*, hort. Angl. . —
— π. *Makoy* Lem. Hort. univ. . . . . . . —

pages.

CEREUS Speciosissimus ς.
   Aurantiaca hort. . . . 399
Spinibarbis, hort. Berol. . 334
— Pfr. Enum. diagn., p. 86. —
— Salm. Cact. in hort. Dyck.,
   cult., p. 199. . . . . —
— Hort. Monv. Catal. . . 322
— β. Flavidus, hort. Monv.
   Catal. 325
— γ. Minor, hort. Monv.
   Catal. 334
Spinolusus DC. 389
— Pfr. Enum. diagn., p. 115. —
— Forst. Handb. dr. Cact.,
   p. 417. . . . . . —
Spinosus Bonpl. nov. nat.,
   t. 3.. 408
Splendens, hort. Angl.. . 381
— Salm. Cact. in hort. Dyck.,
   cult., p. 214. . . . . —
Stellatus Pfr. l. c. . . . 382
Strictus DC.. 349
— Pfr. Enum. diagn., p. 83. —
— Forst. Handb. dr. Cact.,
   p. 388.. . . . . . —
— Wildenov. Enum., suppl.,
   p. 32. . . . . . . —
Strigosus, hort. Angl. . . 323
— Pfr. Enum. diagn., p. 78. —
— β. *Spinosior* Salm. . . —
Sublanatus Salm. Cact. in
   hort. Dyck., cult., p. 357. 360
— Forst. Handb. dr. Cact.,
   p. 401. . . . . . . —
— Pfr. Enum. diagn., p. 100. —
— Subintortus, hort. Berol. 381
Subrepandus Haw.. . . 336
— Pfr. Enum. diagn., p. 93. —
Subsquammatus Pfr. Otto's
   Gz., 1835, n° 48, s. 380. . 392
Subtortuosus hort. . . . 381
Subuliferus Salm. Cact. in
   hort. Dyck., cult., p. 198.
— Salm. A. G. Z., 1845,
   p. 354. 332

pages.

CEREUS Superbus, hort.
   Angl. (Hybr.). . . . 401
Surinamensis Hephem. . . 352
Tenuispinus Haw. Philos.
   magaz., t. 1837. . . . 445
Terscheekii Parment. . . 346
Tetragonus Haw. synops.,
   p. 180. 361
— Pfr. Enum. diagn., p. 99. —
— Forst. Handb. dr. Cact.,
   p. 176. . . . . . —
— β. Major Monv. Catal. . —
— β. Minor Salm. . . . —
— — Pfr. l. c. . . . —
— β. Minor Monv. . . . —
Thalasinus Otto. . . . —
— Salm. Cact. in hort. Dyck.,
   cult., p. 206. — Salm.
   A. G. Z., 1838. . . . —
— Forst. Handb. dr. Cact.,
   p. 199. . . . . . —
Tilophorus Pfr. Enum.
   diagn., p. 100. . . . 359
Twedii Hook. Botan. magaz.,
   t. 4498.. 380
— Lem. flor. et serres des
   jard. de l'Europe, vol. 1,
   p. 71. . . . . . —
Tortuosus Forbes. . . . 372
— Salm. Cact. in hort. Dyck.,
   cult., p. 211. . . . —
Triangularis Haw. synops.,
   p. 180. 395
— Pfr. Enum. diagn., p. 116. —
— Botan. regist., t. 1607. —
— Botan. magaz., année
   1834. . . . . . —
— β. *Pictus* Pfr. l. c. . . —
— β. Major, hort. Monv. . —
— — Salm. 393
— — Plum. ed. Burm.,
   t. 199, fig. 2, p. 191.. . —
Triacanthus, hort. Berol. . 245
Trigonus hort. 376
Tripteris Salm. 391

pages.

CEREUS Tripteris Pfr. Enum.
diagn., p. 118. . . . 391
— Forst. Handb. dr. Cact.,
p. 491. . . . . . . —
— DC. Prodr., p. 468. . . —
Triqueter Haw. synops.,
p. 181. 393
— Pfr. Enum. diagn., p. 118. —
— Forst. Handb. dr. Cact.,
p. 421. . . . . . . —
Truncatus DC. Prodr. III,
p. 470. 421
— Alteinsteinii, hort. Berol. 422
Tuberosus Pfr. Enum. diagn.,
p. 102. 162
Tubiflorus Pfr. Enum.
diagn., p. 17. 299
Turbinatus Pfr. Enum. diagn.,
p. 72.— Pfr. in Otto's Gz.,
n° 8, s. 50. — id. n° 4,
s. 314. 295
Undatus, hort. Berol. . . 336
— Pfr. Enum. diagn., p. 98.
— Pfr. Abbild., t. 28. . —
Unduliflorus Hortul.. . . 399
Undulatus, hort. Dresde. . 375
Undulosus DC. Rev., p. 46.
— DC. Prodr. III. . . 376
— Plum. ed. Burm., p. 194. —
Validus Haw.. 363
Vandesii hort. (Hybr.) . . 399
Variabilis Pfr. Enum. diagn.
p. 105. — Pfr. Abbild. 2,
t. 15. 376
— β. *Gracilior* Salm. . . —
— γ. *Ramosior* Salm. . . —
Violaceus Lem. Hort. univ.. 348
— Forst. Handb. dr. Cact.,
p. 385. . . . . . . —
Virens DC. Rev., p. 116. . 359
— Forst. Handb. dr. Cact.,
p. 341. . . . . . . —
— Pfr. Enum. diagn., p. 99. —
Viridiflorus Engelm. Mem.,
p. 91. 319

pages.

CEREUS Viridiflorus Salm.
Cact. in hort. Dyck., cult.,
p. 192. 319
Xantobœtus, hort. Berol. 370
— Salm. Cact. in hort. Dyck.,
cult., p. 210. . . . . —
DISCOCACTUS Pfr. Act.
nov. nat. cur. XIX, p. 117. 165
— Forst. Handb. dr. Cact.,
p. 442. . . . . . . —
— Lindl. . . . . . . —
— Salm. Cact. in hort. Dyck.,
cult., p. 22. . . . . . —
— Lem. Hort. univ.. . . —
— Monv. Catal. 1846. . . —
Alteolens Lem. Hort. univ. 166
— Salm. Cact. in hort. Dyck.,
cult., p. 140. . . . . —
Insignis Pfr. Act. nov. nat.
cur. XIV, t. 15. — Pfr.,
hort. Belg. — Pfr. Abbild.
2, t. 1. 165
— Forst. Handb. dr. Cact.,
p. 443. . . . . . . —
— Salm. Cact. in hort. Dyck.,
cult., p. 144. . . . . —
Tricornis, hort. Monv.
Catal. 166
DISISOCACTUS Lindley.
Bot. reg., vol. 31, année
1845. 419
— Salm. Cact. in hort. Dyck.,
cult., p. 227. . . . . —
— Forst. Handb. dr. Cact.,
p. 252. . . . . . . —
Biformis Lindl. Botan. re-
gist., 1845, t. 9. . . . 218
— Forst. Handb. dr. Cact.,
p. 252. . . . . . . —
— Salm. Cact. in hort. Dyck.,
cult., p. 227. . . . . —
ÉCHINOCACTUS Link. et
Otto. Verh. G. B., vol. 3. 167
— DC. Prodr. III. . . . —
— Pfr. Enum. diagn., p. 23. —

pages.

ECHINOCACTUS Miq. Cact.
gen. 167
— Endl. gen. pl.. . . . —
— Lem. Cact. gen. nov. . —
— Forst. Handb. dr. Cact.,
p. 204. . . . . . —
— Salm. Cact. in hort. Dyck,
cult. . . . . . —
Albatus Muhlenf. A. G. Z.,
1846, p. 170. 226
— Salm. Cact. in hort. Dyck,
cult., p. 162. . . . . —
Acanthion Salm. Cact. in
hort. Dyck., cult., p. 161. 225
— Hort. Berol. 242
Acanthodes Lem. Cact.
gen. nov., p. 106. . . 194
Aciculatus Salm. Olim. . 172
— Pfr. Enum. diagn., p. 51. —
— Forst. Handb. dr. Cact.,
p. 458. 171
Acifer Hopfr. 226
— Forst. Handb. dr. Cact.,
p. 520. . . . . . —
— Hort. Monv. Catal. 1846. —
— Spinosior Alldt. . . . —
Acuatus Link. et Ott. . . 173
— Pfr. Enum. diagn., p. 54. —
— Forst. Handb. dr. Cact.,
p. 344. . . . . . —
— Spinosior Lem. . . . —
Acutangulus Zucc. . . . 169
Acutissimus Link. et Otto.
Gartz. Zeitung, 1835, s. 353. 241
— Pfr. Enum. diagn., p. 64.
— Pfr. Abbild., p. 20. . —
Agglomeratus Hortul. . . 199
— Karw. 186
Ambiguus Elegans hort.. . 305
Ancylacanthus Monv. Catal.
1846. 201
Anfractuosus Mart. . . 220
— Pfr. Enum. diagn., p. 63. —
— Forst. Handb. dr. Cact.,
p. 304. . . . . . —

pages.

ECHINOCACTUS Anfractuo-
sus Monv. Catal. 1846. : 220
— β. *Orthogonus* Monv. . 221
— γ. *Pentacanthus* Salm. . —
— β. *Lœvior* Monv. (Olim.). —
— β. *Ensiferus* Salm. . . 220
Araneifer. Hort. univ. Lem. 243
Arrectus Otto. 225
— Forst. Handb. dr. Cact.,
p. 346. . . . . . —
Arrigens Link. et Otto.. . —
— Dietr. A. G. Z., 1841,
p. 161. . . . . . —
— Salm. Cact. in hort. Dyck,
cult., p. 161. . . . . —
— Pfr. Abbild., vol. 6. . —
— β. *Atropurpureus* Salm. . —
Asterias Zucc. Act. acad.
Monac., vol. 4, p. 14, 1845. 206
— Salm. Cact. in hort. Dyck,
cult., p. 155. . . . . —
Aulacaugonus Lem. Cact.
gen. nov., p. 14. . . . 190
— Salm. Cact. in hort. Dyck,
cult., p. 148. . . . . —
— β. *Diacopaulax* Monv.
Catal. . . . . . —
Auratus Pfr. Abbild. . . 303
Bicolor Galeot. 259
— Forst. Handb. dr. Cact.,
p. 125. . . . . . —
— Salm. Cact. in hort. Dyck,
cult., p. 173. . . . . —
— β. *Potsii* Salm. . . . —
Bolivianus Pfr. Abbild. . 266
Bridgesii Pfr. l. c. — Pfr.
Abbild. 2, tab. 14. . . 176
— Salm. Cact. in hort. Dyck,
cult., p. 144. . . . . —
Brachiatus Salm. Cact. in
hort. Dyck., p. 141. . . 222
— β. *Oligacanthus* Salm. . 223
Cœspititius Pfr. 264
Californicus, hort. Monv. . 199
Campylacanthus Scheidw. . 197

pages.

ECHINOCACTUS **Castanoï-**
   des Lem. Hort. univ. . 237
— Salm. Cact. in hort. Dyck.,
   cult., p. 164. . . . . —
Centeterius Lem. Hort.
   univ., t. 2, p. 161. . . 243
— Pfr. Enum. diagn., p. 65.
   — Pfr. Abbild., t. 2. . . —
— Botan. magaz., t. 3794. . —
— β. *Pachicentras* Salm. . —
— β. Major Monv. Catal. . —
— γ. *Grandiflorus* Nob. . —
Ceratistes Otto.. . . . 246
— Pfr. Enum. diagn., p. 61. —
— Hort. Paris. . . . . —
— β. *Melanacanthus*, hort.
   Monv. Catal. 1846. . . —
— γ. *Celsii*, hort. Monv.
   Catal. 1846.. . . . . —
Ceratistis hort. 245
Ceratitis Pfr. Enum. diagn.,
   p. 51. . . . . . . —
Cereiformis DC. . . . 266
Cinerascens Salm. Cact. in
   hort. Dyck., cult., p. 13.
   — Salm. A. G. Z., 1845,
   p. 387. 178
Coccineus, hort. Berol. . . 304
Columnaris Pfr.. . . . 266
— Pfr. l. c. 174
Concinnus Monv. Hort.
   univ., t. 1er, p. 222. . . 230
— Lem. Iconog., 3e livr. . —
— Salm. Cact. in hort. Dyck.,
   cult., p. 164. . . . . —
— Forst. Handb. dr. Cact.,
   p. 229. . . . . . . —
— Pfr. Abbild. 2, t. 11.. . —
Conquades, hort. Berol.. . 169
Copiapensis Pfr. l. c. . . 178
— Monv. Catal. 1846. 178, 246
Coptonogonus Lem. Ico-
   nog. — Lem. Cact. gen.
   nov., p. 23. 207
— Salm. Cact. in hort. Dyck.,

pages.

cult., p. 28. 207
ECHINOCACTUS **Coptono-**
   gonus Forst. Handb. dr.
   Cact., p, 315. . . . . —
— β. *Major* Lem. . . . —
— — Salm. Cact. in hort.
   Dyck., cult., p. 156. . . —
— — Forst. Handb. dr.
   Cact., p. 316. . . . . —
Cornigerus DC. Rev. t. 7.
   — DC. Mem., p. 17, t. 10. 198
— Pfr. Enum. diagn., p. 56. —
— β. *Flavispinus* Haag.. . —
— β. Latispinus, hort. Berol. —
Corynacanthus Scheidw.. . 191
Corynodes, hort. Berol. . 169
— Pfr. Enum. diagn., p. 15. —
— Botan. magaz., t. 3906. . —
— Forst. Handb. dr. Cact.,
   p. 328.. . . . . . —
— Hort. Monv. Catal. . . —
— β. *Erinaceus* Nob. . . —
Courantianus Lem. Hort.
   univ. 196
— Cels. Catal. . . . . —
— β. *Gourgensii* Cels. Catal. —
Courantii Lem. Cact. gen.
   nov., p. 20. 170
— Salm. Catal. . . . . —
— β. Spinosior Monv. . . —
Crenatus hort.. . . 240, 242
Crioceras Lem. 178
— Cels. . . . . . . —
Crispatus DC. Rev., t. 8, p. 37. 225
— Horridus DC. . . . . —
— Spinis Rubris Salm. . . 213
— — Hort. Monv. . . . —
Cumingii Hpfr. . . . 247
— Otto. . . . . . . —
— Salm. Cact. in hort. Dyck.,
   cult., p. 174. 264
Curvispinus, hort. Paris. . 244
Debilispinus Bergm. . . 212
— Forst. Handb. dr. Cact.,
   p. 314. . . . . . . —

pages.

ECHINOCACTUS **Denudatus** Liuk. et Otto. Iconog., t. 9, p. 17. . . . 257
— Pfr. Enum. diagn., p. 83. —
— Forst. Handb. dr. Cact., p. 289. . . . . . . —
— β. *Flore roseo* Nob. . . 258
Depressus Haw. . . . 266
Dichroacanthus Mart. . 213
— Pfr. Enum. diagn., p. 62. —
— Forst. Handb. dr. Cact., p, 307. . . . . . . —
— Hortul. . . . . . —
— β. *Spinosior* Monv. . . —
Dolichacanthus Lem. . . 184
Ebenacanthus Monv. . . 253
— β. *Minor* Nob. . . . 254
— Affinis Cels. . . . . —
— γ. *Intermedius* Monv. . —
Echidne DC. Mem., t. 11. . 184
— Pfr. Enum. diagn., p. 57. —
— β. Gilvus Salm. . . . —
Echinoides Cels. Catal. . —
— Salm. Cact. in hort. Dyck., cult., p. 144. . . . . —
— β. Pepinianus Monv. . . 185
Edulis, hort. Kew. . . . 193
— Hort. Monv. . . . . —
Ehrembergii Pfr. . . . 263
— Forst. Handb. dr. Cact., p. 286. . . . . . . —
— **Electracanthus** Lem. Cact. gen. nov., p. 24. . 183
— β. *Hæmatacanthus*, hort. Monv. Catal. 184
— γ. *Capuliger*, hort. Monv. Catal. . . . . . . —
Ensiferus Lem. Cact. gen. nov., p. 26. 216
— Forst. Handb. dr. Cact., p. 260. . . . . . . —
— β. *Pallidus*, hort. Berol. . 217
Equitans Scheidw. . . . 179
Erinaceus Lem. Iconog. des Cact. 170

pages.

ECHINOCACTUS **Erinaceus** β. Elatior Monv. . . . 242
Exsculptus Otto. . . . 241
— Pfr. Enum. diagn., p. 65. —
— Trincogonus Salm. . . —
— β. Guyanensis Monv. . . 242
— β. *Tenuispinus* Salm. . . —
Farinosus Cels (anc. Catal.). 175
Fischeri, hort. Berol. . . 184
Flavovirens Scheidw. A. G. Z., 1841, p. 50. . . . 181
— Salm. Cact. in hort. Dyck., cult., p. 149. . . . . —
— Forst. Handb. dr. Cact., p. 329. . . . . . . —
Flexispinus Salm. Cact. in hort. Dyck., cult., p. 159. 319
Formosus, hort. Angl. . . 303
— Pfr. Enum. diagn., p. 50. —
— β. Crassispinus Monv. . —
— Gillesii Salm. . . . . —
Fossulatus Scheidw. . . 251
Foveolatus Haag. . . . 242
Fuscus Muhlenpf. A. G. Z., 1848, p. 10. 253
— Salm. Cact. in hort. Dyck., cult., p. 170. . . . . —
Galeotti Scheidw. . . . 186
Guyanensis, hort. Paris. . 210
— β. Intermedius, hort. Monv. . . . . . . —
Ghiesbreychtianus, hort. Paris. 188
— Lem. Hort. univ. . . —
Gibbosus DC. Prodr. III, p. 461. 253
— Salm. Cact. in hort. Dyck., cult., p. 171. . . . . —
— Haw. synops., p. 173. . —
— β. *Nobilis*, hort. Monv. Catal. . . . . . . —
— γ. *Leucodictus* Salm. Cact. in hort. Dyck., cult., p. 171. . . . . . . —
Gigas Pfr. 267

pages.

ECHINOCACTUS Gilvus Dietr. A. G. Z., 1846, v. 170. 185
Gladiatus Link. et Otto. . 215
— Pfr. Enum. diagn., p. 51. —
— Salm. Cact. in hort. Dyck., cult., p. 157. . . . . —
— Forst. Handb. dr. Cact.; p. 307. . . . . . —
— β. Intermedius Lem.. . —
— γ. Ruficeps Lem.. . . —
Glaucescens DC. Mém. 182, 266
Gracilis Hortul. 217
Gracillimus Lem. Cact. gen. nov., p. 24. . . . . —
— Forst. Handb. dr. Cact.; p. 304. . . . . . —
Grandicornis Lem. Cact. gen. nov., p. 30. . . . 210
— Salm. Cact. in hort. Dyck., cult., p. 157. . . . . —
— Forst. Handb. dr. Cact., p. 310. . . . . . —
— Hort. Monv. Catal. . . —
— β. Fulvispinus Salm. . . —
— γ. Nigrispinus Nob.. . —
Guyanensis, hort. Paris.. . 241
Hamatocanthus Muhlenpf. A. G. Z., 1846, p. 371. . 201
Haynii Otto.. 237
Heyderi Muhlenpf. A. G. Z., 1846, p. 170. 227
— Salm. Cact. in hort. Dyck., cult., p. 163. . . . . —
Heliantodiscus Lem. . . 265
Helophorus Lem. Cact. gen. nov. 191
— β. Lævior Lem. . . . 192
— γ. Longifossulatus Lem.. —
Heteracanthus Muhlenpf. A. G. Z., 1845, p. 345. . 226
— Salm. Cact. in hort. Dyck., cult., p. 162. . . . . —
Hexaedrophorus Lem. Icó-nog. des Cact. — Lem.

pages.

Cact. gen. nov., p. 27. . 251
ECHINOCACTUS Hexaedro-phorus Salm. Cact. in hort. Dyck., cult., p. 168. . . —
— β. Fossulatus Salm. . . —
— — Pfr.. . . . . —
— — Scheidw. . . . . —
Holopterus Miq. 182
Hookerii Muhlenpf. A. G. Z., 1845, p. 345. . . . 209
— Salm. Cact. in hort. Dyck., cult., p. 156. . . . . —
— Forst. Handb. dr. Cact., p. 521. . . . . . —
— Dietr. Gaz. gen. des jard., 1845, n° 44.. . . . . —
Horizontalis hort. . . . 179
— Scheidw. . . . . —
Horizontalonius Lem. Icó-nog., liv. 2.. . . . . —
Horripilus Lem.. . . . 264
— β. Longispinus, hort. Monv. 265
Hybogonus Salm. Cact. in hort. Dyck., cult., p. 16.. 257
— β. Saglionis Nob.. . . 258
Huotti Cels. Portef. des hort., 1842, p. 216. . . 301
Hybocentrus Lehm.. . . 242
— Pfr. l. c. . . . . —
Hypocrateriformis Otto. A. G. Z., 1828; p. 169. . . 228
Hyptiacanthus Lem. Cact. gen. nov. 249
— β. Eleutheracanthus, hort. Monv. Catal. . . . . —
— γ. Nitidus, ibid. . . . —
— δ. Megalothelus, ibid. . —
Hystrichacanthus Lem. Cact. gen. nov., p. 17. . 185
— Salm. Cact. in hort. Dyck., cult., p. 151. . . . . —
Hystrichocentrus Berg.. . 183
Hystrix DC. . . . . —
— Hort. Monv. Catal. . . —

pages.

ECHINOCACTUS Ingens Zucc. 193
— Pfr. Enum. diagn., p. 54. —
— β. Irroratus, hort. Monv. 191
— — Karwenskii. . . . 193
— β. *Edulis* Nob. . . . —
Insculptus Scheidw., hort. Belg. 251
Interruptus, hort. Berol. 207, 242
— Scheidw. 207
Intortus DC. 266
Intricatus Salm. A. G. Z., 1845, p. 387.— Salm. Cact. in hort. Dyck., cult., p. 145. 178
— Vhdl. de G. B. V. M., s. 428, t. 251. . . . —
— Hort. Monv. . . . —
— β. Longispinus, hort. Monv. 318
Irroratus Scheidw. . . . 191
Jenischianus Salm. . . . 177
— Forst. Handb. dr. Cact., p. 142. . . . . . . —
Jussieui, hort. Monv. . 267
Karwinskii Zucc. . . . 193
Kunzii Forst. Handb. dr. Cact. 245
— Salm. Cact. in hort. Dyck., cult., p. 167. . . . —
— β. Rigidior Salm. . . —
Lamellosus Dietr. A. G. Z., 1847, p. 177. . . . 218
— Cact. in hort. Dyck., cult., p. 159. . . . —
— β. *Fulvescens* Salm. . 219
Lancifer Reichemb. . . 218
— Cact. in hort. Dyck., cult., p. 158. . . . —
— Hort. Monv. Catal. . —
— Forst. Handb. dr. Cact., p. 308. . . . . —
— Dietr. 283
Langdsdorffi Lehm. Act. nov.

pages.

nat. cur. XVI, t. 13. . . 174
ECHINOCACTUS Langsdorffi Forst. Handb. dr. Cact., p. 341. . . . . . . —
Latifrons Zucc. . . . 411
Latispinus Haw. Till. Philos. magaz., t. 62, p. 41. . . 198
Leucanthus Zucc. . . . 261
— Pfr. Enum. diagn., p. 66.
— Pfr. Abbild., t. 14. . —
— Salm. Cact. in hort. Dyck., cult., p. 172. . . . —
— β. *Crassior* Salm. . . 262
— Forst. Handb. dr. Cact. 286
— Gill. Botan. regist., t. 13. 305
Lendheimeri Engelm. Mem. 196
Linkii Lehm. Act. nov. nat. cur. XVI, t. 14. . . . 233
— Pfr. Enum. diagn., p. 48. —
— Salm. Cact. in hort. Dyck., cult., p. 22. . . . —
— Forst. Handb. dr. Cact., p. 200. . . . . . —
Longihamatus Galeot. . 201
— Pfr. Abbild. 2, t. 16. . —
— Salm. Cact. in hort. Dyck., cult., p. 152. . . . —
— β. *Hamatocanthus* Nob. . —
Mackeianus Hook. Botan. magaz., t. 3561. . . 245
— Salm. Cact. in hort. Dyck., cult., p. 166. . . . —
Macracanthus Salm. Cact. in hort. Dyck., cult., p. 142. 176
— β. Cinerascens Salm. . 177
Macrodiscus Mart. Act. nov. nat. cur. XVI, p. 341, t. 26. 197
— Pfr. Enum. diagn., p. 59. —
— Forst. Handb. dr. Cact., p. 354. . . . . . —
— β. *Lævior*, hort. Monv. Catal. . . . . . —
— δ. *Decolor*, hort. Monv.

pages.

Catal. 197
ECHINOCACTUS Maelenii
Salm. Catal. 163
— Pfr. Enum. diagn., p. 107. —
Malletianus Cels. Catal. . 175
— Salm. Cact. in hort. Dyck.,
cult., p. 146. — Salm. A.
G. Z., 1845, p. 387. . . —
Mamillarioides Hook. Botan.
magaz., t. 3558. . . . 243
Mamullosus Lem. . . . 228
— Forst. Handb. dr. Cact.,
p. 298. . . . . . —
— Salm. Cact. in hort. Dyck.,
cult., p. 168. . . . . —
— β. *Cristata*, hort. Monv. . 229
— γ. *Minor*, hort. Monv. . —
Marginatus Salm. Cact. in
hort. Dyck., cult., p. 142.
— Salm. A. G. Z., 1845,
p. 386. 173
Maximilianus Heydr. . . 290
Melanacanthus, hort. Monv. 246
Melanochnus Cels. . . . 174
Micracanthus DC. . . . 193
Minax Lem. Cact. gen. nov. —
— β. Levior, ibid. . . . 192
Mirbelli Lem. 182
Myslei Cels. Portef. des hort.,
1847, p. 246. 291
Monvilli Lem. Cact. gen.
nov. — Lem. Iconog. . . 255
— Salm. Cact. in hort. Dyck.,
cult., p. 167. . . . . —
— Valp. Repert. botan. syst.
vol. 2, p. 322, nº 106. . —
— Forst. Hand. dr. Cact.,
p. 289. . . . . . —
Multiflorus Hook. Botan.
magaz., t. 4181. . . . 254
— Salm. Cact. in hort. Dyck.,
cult., p. 169. . . . . —
Multiplex. Botan. magaz.,
t. 3789. 298
Muricatus, hort. Berol. . 235

pages.

ECHINOCACTUS Muricatus
Pfr. Enum. diagn., p. 49. 235
— Forst. Handb. dr. Cact.,
p. 302. . . . . . —
— Hortul. 232
Myriostigma Salm. Cact.
in hort. Dyck., cult.,
p. 152. — Salm. Botan.
magaz., t. 4177. . . . 205
— Forst. Hand. dr. Cact.,
p. 335. . . . . . —
Netrelianus Monv. Catal. . 348
Neumanianus Cels. Catal. 245
— β. *Rigidior* Monv. . . —
Niger Lem. 247
— Hortul. . . . . . —
Nobilis, hort. Kew. . . . 253
Obrepandus Salm. A. G. Z.,
Curt. Zeit., p. 385. . . 291
Obvallatus DC. Rev., p. 37. 214
— Pfr. Enum. diagn., p. 69. —
— Salm. Cact. in hort. Dyck.,
cult., p. 158. . . . . —
— Forst. Handb. dr. Cact.,
p. 308. . . . . . —
— Pluricostatus Monv. . . 215
— β. Spinosior Lem. . . —
— — Hort. Monv. Catal.
1846. . . . . . . —
— Pfr. Abbild. 2, t. 22. . . 218
Odieri Lem. Hort. univ. . 247
— Salm. Cact. in hort. Dyck.,
cult., p. 174. . . . . —
— β. *Spinis Nigris* Nob. . 248
Odieranus, hort. Monv. . . 247
Oligacanthus Mart. . . . 188
— Pfr. Dissert. de la Soc.
hort. de Berlin, vol. 3,
p. 427. . . . . . —
Oreptilus Haag. . . . 267
Ornatus DC. Rev., p. 114. . 182
— Pfr. Enum. diagn., p. 62. —
Orthacanthus Link. et Otto.
Dissert. de la Soc. hort.
de Berlin, vol. 3, p. 125. . 187

pages.

ECHINOCACTUS Ottonis
Lehm. Act. nov. nat. cur.
XVI, p. 1, t. 15. . . . 234
— Link. et Otto. Iconog.,
t. 16. — Link. et Otto.
Botan. magaz., t. 3117. . —
— Pfr. Enum, diagn., p. 47. —
— Forst. Handb. dr. Cact.,
p. 302. . . . . . —
— Spinosior Monv. Catal. . —
— β. Tenuispinus Pfr. Enum. 235
— γ. Pallidior Monv. Catal. —
— γ. Pfaifferi, Monv. Catal. —
Ourselianus Lem. Hort.
univ. 254
— Cels. Catal. . . . . —
Oxygonus Link. . . . . —
— Botan. regist. . . . 297
Oxypterus Zucc. . . 183, 184
Pachycentras Lehm. . . 234
— Pfr. Abbild., t. 21. — Pfr.
Enum. diagn., p. 66. . . —
Parvispinus DC. . . . 266
Pectinatus Scheidw. . . . 320
Pectiniferus Lem. Iconog. . —
Pentacanthus Lem. Iconog. . 20
Pentlandii Hortul. . . . 290
— Hort. Monv. Catal. . . —
— Botan. magaz. . . . —
Pepinianus Lem. Hort. univ. 178
— Cels. Catal. . . . . —
— β. 177
— γ. Affinis Monv. Catal. . —
— δ. Echinoides Monv.
Catal. . . . . . —
Pfeifferi Zucc. 182
— Pfr. Enum. diagn., p. 58. —
— Pfr. Abbild. 3, t. 2. —
Phyllacantoides Lem. Gat.
gen. nov. 1839, p. 24. . 211
Phyllacanthus Mart. . . 210
— Pfr. et Otto, Abbild. 1,
fig. 9. . . . . . —
— Salm. Cact. in hort. Dyck,
cult., p. 157. . . . . —

ECHINOCACTUS Phyllacan-
thus Forst. Handb. dr.
Cact., p. 311. 210
— Hortul. . . . . . —
— β. Macracanthus Monv.
Catal. 211
— γ. Micracanthus Monv.
Catal. . . . . . —
— δ. Tenuiflorus Nob. . —
— ε. Pentacanthus Nob. —
Piliferus Lem. Hort. univ. 186
— Hortul. . . . . . —
Pilosus Galeot. . . . . —
— Salm. Cact. in hort. Dyck,
cult., p. 148. . . . . —
— β. Steinsii Salm. . . —
Platyacanthus Link. et Otto. 189
Platycarpus, hort. Berol. . 267
Platycephalus Muhlenpf. A.
G. Z., 1849, p. 9. . . 196
— Salm. Cact. in hort. Dyck,
cult., p. 151. . . . . —
Platyceras Lem. Cact. gen.
nov. 192
— Link. et Otto. Dissert. de
la Soc. hort. de Berlin,
vol. 3, p. 423. . . . 193
— β. Minax Nob. . . . —
— β. Levior Salm. . . 192
Polyacanthus Link. et Otto
Verh. G. B., vol. 3, t. 16,
fig. 1. 174
— Pfr. Enum. diagn., p. 52, —
Polyraphis Pfr. . . . 239
— Salm. Cact. in hort. Dyck,
cult., p. 166. . . . . —
Porrectus Lem. Cact. gen.
nov. 263
— Forst. Handb. dr. Cact.,
p. 285. . . . . . —
— Salm. Cact. in hort. Dyck,
cult., p. 172. . . . . —
— β. Flore rubicundo Salm. —
— — Forst. Handb., p. 286. —
Potsii Scheer. . . 199, 259

pages.

ECHINOCACTUS Pruinosus Pfr. Enum. diagn., p. 54. . 364
Pulchellus Mart. Act. nov. cur. XVI, t. 25, fig. 2. . 293
Pumilus Lem. Cact. gen. nov.. 236
— Forst. Handb. dr. Cact., p. 303. . . . . . —
Pycnoxiphus Lem. Cact. gen. nov., p. 26. . . . 187
Quadrinatus Weg. . . . 223
— Forst. Handb. dr. Cact., p. 313. . . . . . —
Raphidacanthus Salm. Cact. in hort. Dyck., cult., p. 160. . . . . . . —
Recurvus Link. et Otto. Vhdl. d. G. B. V. f., Pr. III, s. 426, t. 20. . . 198
— Pfr. Enum. diagn., p. 57. —
— β. *Solenacanthus* Salm. . —
— γ. *Tricuspitatus* Salm. . —
Reichembachianus Tersch. 319
Retusus Scheidw. . . . 267
— Hortul. 136
Rodophthalmus Hook. Bot. magaz., t. 4486. . 260
— Lem., hort. Belg. . . —
Rhodacanthus Salm. . . 304
— Pfr. Enum. diagn., p. 50. —
— β. Coccineus, hort. Monv. Catal. . . . . . . —
Robustus, hort. Berol. . 185
— Pfr. Enum. diagn., p. 61. —
— Karw. 199
Rosaceus hort. 169
Saglionis Cels. Portéf. des hort., 1847, p. 180. . . 257
Salmianus Cels. Portef. des hort., 1847, p. 180. . . 231
— Link. et Otto. . . . 232
— β. *Spinosior* Cels. . . . —
Salpigophorus Pfr. Abbild. 2, p. 114. 302
cheerii Salm. Cact. in hort.

pages.

Dyck., cult., p. 155. . . 204
ECHINOCACTUS Scopa Link. et Otto. Iconog., t. 41.—Link. et Otto, Botan. magaz., t. 24. . . 238
— Pfr. Enum. diagn., p. 64. —
— β. *Candidus* Pfr. . . 239
— γ. *Cristata* Monv. . . —
Sellowianus Link. et Otto. G. B. V. 3, t. 22. . . . 172
— Pfr. Enum. diagn., p. 55. —
— Pfr. Abbild., t. 1. —
— Pfr. l. c. . . . —
— Forst. Handb. dr. Cact., p. 339. . . . . . —
Sellowii Link. et Otto. . 169
— Hortul. . . . . —
Sessiliflorus, hort. Angl. 172
— Otto. Botan. magaz., t. 3559. . . . . . —
Setispinus Engelm. in Boston. journ. nat. hist., vol. 5, 1845. 203
— Salm. Cact. in hort. Dyck., cult., p. 154. . . . . —
— β. *Cachetianus* Nob. . —
— Hamatus Salm. . . . 204
Siekmanni, hort. Berol. . 266
Solenacanthus Scheidw. . 198
Spectabilis Hortul. . . . 186
Sphærocephalus Dietr. A. G. Z., 1846, p. 370. . . 215
Spina Christi Zucc. . . 23
Spinosus Weg. 226
Spiralis Karwins. . . . 199
— Pfr. Enum. diagn., p. 61. —
— β. *Stellaris* Salm. . . —
Steinsii Hook. 187
Stellaris Karw. 199
Stellatus Scheidw. . . . —
Subgibbosus Haag. . . . 242
Submamullosus Lem. Cact. gen. nov., p. 20. . . . 228
— Forst. Handb. dr. Cact., p. 299. . . . . . . —

ECHINOCACTUS Submamul-
losus Salm. Cact. in hort.
Dyck., cult., p. 163. . . 228
Subporrectus Lem. Cact.
gen. nov. 261
Subuliferus Link. et Otto.
Vhdl. d. G. B. v. f.
Pr. III, s. 427, t. 27. . . 261
— Forst. Handb. dr. Cact.,
p. 328. . . . . . . —
— Pfr. Enum. diagn., p. 67. —
Subuliferus hort.. . . . 186
Sulcatus Hortul. 297
Sulfureus Dietr. A. G. Z.,
1846, p. 170. 221
— Salm. Cact. in hort. Dyck.,
cult., p. 160. . . . . —
— Forst. Handb. dr. Cact.,
p. 312. . . . . . . —
Supertextus Pfr. Abbild. 2,
14. 245
Tenuiflorus Link. et Otto. . 211
Tenuispinus Link. et Otto. . 235
— Salm. Cact. in hort. Dyck.,
cult.. . . . . . . —
Tephracanthus Link. et
Otto. Whdl. d. G. B. V. f.
Pr. III, s. 221, t. 141. . 170
— Spinosior Nob. . . . 171
Tetracanthus Lem. . . . 212
— Forst. Handb. dr. Cact.,
p. 315. . . . . . . —
Tetraxiphus Otto. . . . 223
Texensis Hpfr. A. G. Z.,
1847, p. 297. 196
Theiacanthus Lem. Cact.
gen. nov., p. 40. . . . 182
Thrincogonus Lem. Cact.
gen. nov., p. 22. . . . 240
— β. Elatior Lem. ibid.. . 241
Tortuosus Link. et Otto.
Iconog., t. 15. 232
— Pfr. Enum. diagn., p. 49. —
— Forst. Handb. dr. Cact.,
p. 300. . . . . . . —

ECHINOCACTUS Tortus
Scheidw. 182
Treculianus Nob. . . . 202
Tribolacanthus Monv. Ca-
tal. 1846. 221
Tuberculatus Link. et Otto.
G. B. V. 3, t. 26. . . 191
— Pfr. Enum. diagn., p. 60. —
Tuberosus Salm. 261
Turbinatus hort.. . . . 295
Turbiniformis Pfr. Abbild.
2, t. 3.. 265
Uncinatus Hopfr. . . . 201
— Pfr. Abbild. 2, t. 18.. . —
— Salm. Cact. in hort. Dyck.,
cult., p. 153. . . . . —
Undulatus Dietr. A. G. Z.,
1844, p. 187. 219
— Forst. Handb. dr. Cact.,
p. 309. . . . . . . —
Unguispinus Engelm.,
Mem., p. 111. 203
— Salm. Cact. in hort. Dyck.,
cult., p. 54. . . . . —
Vanderayi Lem. Cact. gen.
nov.. 184
Vaugertii, hort. Belg. . . 326
Villiferus Scheidw. . . . 266
Villosus Lem. Hort. univ.,
vol. 1er, p. 233. . . . 239
— Monv. Catal. 1846. . . —
— β. *Crenatior* Monv. . . —
Wegenerii Salm. Cact. in
hort. Dyck., cult., p. 160. 223
Williamsii Lem. Cact. gen.
nov.. 258
— Botan. magaz., t. 4296. . —
— Pfr. Abbild. 2, t. 21.. . —
— Forst. Handb. dr. Cact.,
p. 285 et 519. . . . . —
— Salm. Cact. in hort. Dyck.,
cult., p. 169. . . . . —
Wislizenii Engelm. Mem.,
p. 96. 200
— Salm. Cact. in hort. Dyck.,

pages.

cult., p. 151. . . . . . —
ECHINOCACTUS Wipper-
    manni Salm. Cact. in hort.
    Dyck., cult., p. 162. . . 226
Wisnaga, hort. Angl. . . 187
Xiphacanthus Miq. . . . 225
— Muhlenpf. . . . . . —
ECHINOPSIS Zucc. Act.
    acad. reg. Bavar. . . . 287
Miquel. gen. Cact. . . . —
Forst. Handb. dr. Cact.. . —
Salm. Cact. in hort. Dyck.,
    cult.. . . . . . . —
Campylacantha Pfr. . . 305
— Salm. Cact. in hort. Dyck.,
    cult., p. 182. . . . . —
— β. Stylodes Monv. . . —
— γ. Leucantha Nob. . . —
Cinnabarinus Hook. Botan.
    magaz., t. 4326. . . . 288
— Moven. Annal. Soc. roy.
    d'agr. de Gand, t. 174. . —
— β. Spinosior Salm. . . 289
Cristata Salm. Cact. in
    hort. Dyck., cult., p. 178. 291
— Lem. Journ. de jard. de
    Bruxelles, vol. 1er, 17e liv. —
— β. Flore albido Cels. . 292
Decaisniana Lem. . . . 294
— Salm. Cact. in hort. Dyck.,
    cult., p. 180. . . . . —
Dunesnilianus Cels. Catal. . 306
— Hort. Monv. Catal. 1846. —
Eyriesii Zucc. 296
— Turpin. Observ. botan.,
    t. 2.. . . . . . —
— Botan. regist., t. 1707. . —
— Botan. magaz., t. 3411. . —
— Forst. Handb. dr. Cact.,
    p. 359. . . . . . . —
Formosa Jacobi. . . . 303
— β. Spinosior Monv. Catal.
    1846. . . . . . . —
— γ. Rubrispinus Monv.
    Catal. 1846.. . . . . —

pages.

ECHINOPSIS Formsa δ. Le-
    vior Monv. Catal. 1846. . 303
Huotti Nob.. 301
Jamesianus, hort. Monv. . 294
— Forst. Handb. dr. Cact.,
    p. 363. . . . . . . —
Lagermanni Dietr. . . . 305
Leucantha Zucc. 305
Maximiliana (Hybr.). . . 290
Melanacantha Dietr.. . . 300
Misleyi Nob. 290
Multiplex Zucc.. . . . 298
— Pfr. Abbild., t. 4. . . —
— Forst. Handb. dr. Cact.,
    p. 366.. . . . . . —
— β. Cossa Hortul. . . . —
— β. Cristata Salm.. . . —
Obliqua Cels. Catal.. . . 291
Oxigona Zucc. 297
— Pfr. Abbild. 2, t. 4. . . —
— Forst. Handb. dr. Cact.,
    p. 362.. . . . . . —
— Hybr. hort. . . . . —
Pectinata Salm. Cact. in
    hort. Dyck., cult., p. 192. 320
— Pfr. Abbild. 2, t. 10.. . —
— Forst. Handb. dr. Cact.,
    p. 265. . . . . . . —
Pectinatus Scheidw. . . . —
Pentlandii Salm. Cact. in
    hort. Dyck., cult., p. 179. 290
— Forst. Handb. dr. Cact.,
    p. 370. . . . . . . —
— β. Pyrranthus Monv. . —
— β. Coccinea Salm. . . —
— γ. Levior Monv. . . . —
Pulchella Zucc.. . . . 293
— β. Rosea hort. . . . —
— β. Amoena Forst. Handb.
    dr. Cact., p. 364. . . . —
— Var. Flore Kermesina
    Haag. Catal. . . . . —
Reichembachiana hort. 318, 319
Rhodacantha Salm. . . 304
— β. Gracilior Salm. . . —

pages.

ECHINOPSIS Scheerii Salm.
Cact. in hort. Dyck., cult.,
p. 179.. 289
Schelhasii Zucc.. . . . 295
— Pfr. Enum. diagn., p. 73. —
— Otto's Gz., 1835, n° 40,
s. 214. . . . . —
— Forst. Handb. dr. Cact.,
p. 360. . . . . . . —
— (Hybr.) hort.. . . . 308
Salpigophora Lem. Hort.
univ. 292
— Salm. Cact. in hort. Dyck.,
cult., p. 302. . . . . —
Tricolor Dietr. 306
Tubiflora Zucc. 299
Tubiflorus. Botan. magaz.,
t. 3627.. . . . . . —
Turbinata Zucc. . . . 295
— Pfr. Abbild. 2, t. 7.. . —
— Forst. Handb. dr. Cact.,
p. 361. . . . . . . —
— β. *Picta* Hortul. . . . —
Valida, hort. Monv. Catal. 301
— Salm. Cact. in hort. Dyck.,
cult., p. 181. . . . . —
— Forst. Handb. dr. Cact.,
p. 367. . . . . . . —
Zuccarini Pfr. 299
— Forst. Handb. dr. Cact.,
p. 367. . . . . . . —
— β. *Nigrispina* Lem. . . 300
— γ. *Rolandii* Forst. . . —
— Rosea Mill. . . . . —
— δ. *Picta* Salm. . . . —
— ε. *Monstruosa* Nob. . . —
ECHINONYCTANTUS Lem.
Cact. gen. nov., p. 55. . 287
Decaisniana Lem. Cact. gen.
nov., p. 55. 294
Oxygonus Lem. Hort. univ.. 297
EPIPHYLLUM Pfr. Enum.
diagn., p. 127.. . . . 420
— Miq. gen. Cact. . . . —
— Endl. gen. pl.. . . . —

pages.

EPIPHYLLUM Lem. Cact.
gen. nov. 420
— Salm. Cact. in hort. Dyck.,
cult.. . . . . . . —
— Forst. Handb. dr. Cact. —
Ackermanni Haw. Botan.
magaz. 409
Alatum Haw. suppl., p. 84.. 435
Alteinsteinii, hort. Berol. . 422
— Pfr. Enum. diagn., p. 128.
— Pfaiff. Abbild., t. 28. . —
Crenatum Hortul. . . . 433
Ciliaris Hortul. . . . . —
Ciliatum Hortul.. . . . —
Crispatum Haw. 434
Grandidens Hortul. . . . 422
Hookeri Haw. Philos. magaz.,
août 1829. 411
— Latifrons Zucc. . . . —
Hybridum Hortul. . 422, 429
Lateritius, hort. Angl. . . 429
Minus Hortul. 422
Phyllantoides Hortul. . . 408
Phyllanthus Haw. synops.,
p. 197. . . . . . . —
Platycarpus Zucc. . . . 434
Russelianum Hook. Botan.
magaz., t. 3717. . . . 423
Rhumbeum Hortul.. . . —
Smithianum, hort. Angl.
422, 430
Spinosum Haw. suppl., p. 84. 408
Truncatum Pfr. Enum.
diagn., p. 127. . . . 421
— Haw. suppl., p. 85. . . —
— Salm. Observ. botan.,
1821, p. 10. . . . . —
— β. *Coccineum* Pfr. Enum.
diagn., p. 128.. . . . 421
— — Salm. Cact. in hort.
Dyck., cult., p. 570. . . —
— Vanhoutteanum Lem.
Hort. univ., vol. 6, p. 224. —
— γ. *Spectabile* Cels. Portef.
des hort,, p. 68. . . . 422

pages.

EPIPHYLLUM Truncatum
δ. *Elegans* Cels. . . . 422
— Grandidens. . . . . —
— Minus.. . . . . . —
— Aurantiacum. . . . . —
— Violaceum. . . . . —
— Hybridum.. . . . . —
— Smithianum. . . . . —
— Purpurascens Lem. . . . —
— Salmauneum Cels. Portéf.
des hort., p. 68. . . . —
— Multiflorum. . . . . —
Violaceum Hortul. . . . 422
GYMNOCALYCINUM Pfr.
Enum. diagn. 267
Denudatum Pfr. 257
Gibbosum Pfr. 253
Reductum Pfr. 267
Villosum Pfr.. 239
HARIOTA Adans. fam. 2,
p. 243. 432
— Pfr. Enum. diagn., p. 00. —
— DC. Rev. des Cact. . . —
Alternata Lem. Hort. univ.,
t. 1, p. 50.. 436
Cassytha Cels. Catal.. . . 440
Floccosa Cels. Catal. anc. . 439
Funalis Cels. ibid. . . . —
Pentaptera Lem. Hort. univ. 436
Mesembryonthemoides Lem.
Hort. univ.. 441
Salicornioides DC. Rev. des
Cact. 442
LEPISMIUM Pfr. Enum.
diagn., p. 138.. . . . 444
— Sp. Miquel. gen. Cact. . —
— Endl. gen. pl.. . . . —
Commune Pfr. Enum.
diagn., p. 139.. . . . 445
— Forst. Handb. dr. Cact.,
p. 455. . . . . . . —
— Botan. magaz., t. 3755. . —
— Otto's Gz., 1845, nº 40. . —
Duprei, hort. Paris.. . . —
Knightii Pfr. Enum. diagn. . —

pages.

LEPISMIUM Lévigatum. Pfr.
Enum. diagn. 445
Myosurus Pfr. Enum.
diagn., p. 139.. . . . —
— Forst. Handb. dr. Cact.,
p. 456. . . . . . . —
— Botan. magaz., t. 3755. . —
— β. *Knightii* Salm. . . 446
— Pfr. l. c. . . . . . —
— γ. *Levigatum* Salm. . . —
Paradoxum hort.. . . . 432
LEUCHTENBERGIA Fischr. 160
— Hook. Botan. magaz.,
t. 4393. . . . . . . —
— Salm. Cact. in hort. Dyck.,
cult., p. 177. . . . . —
Principis Fischr. . . . 461
— Hook. Botan. magaz.,
t. 4393. . . . . . . —
— Salm. Cact. in hort. Dyck.,
cult., p. 177. . . . . —
MALACOCARPUS Salm.
Cact. in hort. Dyck., cult.,
p. 141. 167
Aciculatus Salm. Cact. in
hort. Dyck., cult., p. 25.. 172
Acuatus, ibid., p. 25. . . 173
Corynodes, ibid., p. 25.. . 169
Courantii, ibid., p. 141. . 170
Polyacanthus, ibid., p. 142.. 174
Sellowianus, ibid., p. 142. . 172
MAMILLARIA Haw. synops.,
p. 177. 21
Pfr. Enum. diagn., p. 5. . —
DC. Prodr. III, p. 458. . . —
Endl. gen. pl.. . . . . —
Lem. Hort. univ. — Lem.
Cact. gen. nov. . . . —
Miquel (Cactus Subgenus),
gen. Cact. . . . . . —
Forst. Handb. dr. Cact. . —
Salm. Cact. in hort. Dyck.,
cult. . . . . . . —
Acanthoplegma Lehm. . 63
— Pfr. Enum. diagn., p. 26. —

pages.

MAMILLARIA Acantophleg-
ma Salm. Cact. in hort.
Dyck., cult., p. 86. . . . 63
— Forst. Handb. dr. Cact.,
p. 193. . . . . . . —
— Hort. Monv. Catal. 1846. —
— β. *Elegans* Monv. Catal.
1846. . . . . . . —
— γ. *Monacantha* Monv.
Catal. 1846. . . . . —
— δ. *Leucocephala* Monv.
Catal. 1846. . . . . —
— Spinis albis Hortul. . . —
— ε. *Obducta* Monv. Catal.
1846. 64
— Spinis albis Hortul. . . 63
— Meisnerii Salm. Cact. in
hort. Dyck., cult., p. 52. . 64
— β. Decandolli Salm. Cact.
in hort. Dyck., cult.,
p. 86. . . . . . . —
Adunca Scheidw. 114
Acicularis Lem. Cact. gen.
nov., p. 34. 53
Aciculata, hort. Berol. . . 41
— Otto. . . . . . . —
— Monv. Catal. . . . . —
— Pfr. Enum. diagn., p. 29. 51
Albida Pfr. l. c. 40
— Haag. . . . . . . —
Acanthostephes Lehm.
Otto's Gz., 1835. . . . 138
— Pfr. Enum. diagn., p. 16. —
— Forst. Handb. dr. Cact.,
p. 150. . . . . . . —
— Salm. Cact. in hort. Dyck.,
cult., p. 136. . . . . —
— Hort. Monv. Catal. 1846. —
— β. Recta Hortul. . . . —
Alpina Mart. Act. acad.
Monac. 26
— Salm. Cact. in hort. Dyck.,
cult., p. 79. . . . . —
Affinis DC. Mem., t. 6,
p. 11. 52

pages.

MAMILLARIA Affinis Pfr.
Enum. diagn., p. 11. . . 52
Amœna Hpfr. 47
— Salm. Cact. in hort. Dyck.,
cult., p. 99. . . . . —
Aloides Monv. Catal. . . 152
— β. Pulviligera. Catal.
Monv. 1846. . . . . —
Anhalonium Retusum Mill. . 153
Anancistria Lem. Cact. gen.
nov., p. 39. 23
Ancistracantha, ibid., p. 36. 128
— Salm. Cact. in hort. Dyck.,
cult., p. 128. . . . . —
— Forst. Handb. dr. Cact.,
p. 243. . . . . . . —
Ancistrata Pfr. 31
Ancistrina Pfr. l. c. . . . —
— Scheidw. . . . . . —
— Hortul. 28
Ancistroïdes Lem. Cact.
gen. nov., p. 38. . . . 31
— Salm. Cact. in hort. Dyck.,
cult., p. 90. . . . . —
— β. *Major* Salm. . . . —
— Inuncinata Lem. . . . 24
Anguinea Otto. 69
— Salm. Cact. in hort. Dyck.,
cult., p. 101. . . . . —
— Forst. Handb. dr. Cact.,
p. 231. . . . . . . —
— Hortul. . . . . . —
Angularis Otto. 111
— Hort. Berol. . . . . —
— Pfr. Enum. diagn., p. 12. —
— Forst. Handb. dr. Cact.,
p. 233. . . . . . . —
— Salm. Cact. in hort. Dyck.,
cult., p. 125. . . . . —
— β. *Triacantha* Salm. . . —
— γ. *Fulvispina* Salm. . . —
Anisacantha Hortul. . 103, 105
Applanata Engelm. Mem. . 84
— Salm. Cact. in hort. Dyck.,
cult., p. 109. . . . . —

pages.

MAMILLARIA Arietina Lem.
Cact. gen. nov. 120
Argentea Fennel. Catal. . . 54
Assellifera , hort. Monv.
Catal. 148, 149
Asterias Cels. Catal. . . . 132
— Salm. Cact. in hort. Dyck.,
cult., p. 129. . . . . —
Asteriflora Hortul. . . . —
— Monv. Catal. . . . —
Atrata Hortul. 45
Aulacothele Lem. . . . 126
— Fulvispina Salm. (Olim.). 128
— Multispina, hort. Berol.. —
— Spinosior, hort. Berol. . —
Aurata Hortul. 45
Aurea Hortul. . . 45, 46
— Pfr. l. c. 46
Aureiceps Lem. Cact. gen.
nov.. . . . . . . —
Automnalis Dietr. A. G. Z.,
1848, p. 297. . . . 107
— Salm. Cact. in hort. Dyck.,
cult., p. 119. . . . . —
Auricauma Ehremb. . . . 36
Auriculata Hortul. . . . 40
Barbata Engelm. Mem.,
p. 105. 30
— Salm. Cact. in hort. Dyck.,
cult., p. 82. . . . . —
Beneckei Ehremb. . . . 32
— Forst. Handb. dr. Cact.,
p. 210. . . . . . . —
— Salm. Cact. in hort. Dyck.,
cult., p. 91. . . . . —
Bicolor Lehm. 57
— Pfr. Enum. diagn., p. 27.
— Pfr. Abbild., t. 3. . . —
— Salm. Cact. in hort. Dyck.,
cult., p. 89. 58
— Forst. Handb. dr. Cact.,
p. 197. . . . . . —
— β. *Nivea* Salm. . . —
— β. Dedalea Monv. . . —
— γ. *Cristata minor* Salm. . —

MAMILLARIA Bicolor δ.
Curvispina Monv. . . . 58
— β. Nobilis Forst. Handb.
dr. Cact. 56
— — Hort. Allem. Catal. . —
Biglandulosa Pfr. . . . 127
Bihamata Pfr. 114
Brevimamma Zucc. . . . 132
— Pfr. Enum. diagn., p. 34. —
— Forst. Handb. dr. Cact.,
p. 247. . . . . . —
— Salm. Cact. in hort. Dyck.,
cult., p. 34. . . . —
— β. *Exsudens* Galeot. . . —
Brognartii, hort. Monv. . . 64
— Hort. Paris. . . . —
Cœsia Ehremb. 33
Cœspititia DC. Rev., p. 112. 75
— Pfr. Enum. diagn., p. 35. —
— Salm. Cact. in hort. Dyck.,
cult., p. 34. . . . —
— Forst. Handb. dr. Cact.,
p. 204. . . . . . —
— Hortul. 26
Cœspitosa hort. 70
Candida Scheidw. . . . 64
Canescens, hort. Berol. . 40
— Flor. Mex. 64
Caput Medusæ Otto. . . 90
— Pfr. Enum. diagn., p. 22. —
— β. *Tetracantha* Salm. . 91
— γ. *Centrispina* Salm. . —
— δ. *Crassior* Salm. . —
— Hexacantha Salm. . —
Caracassana Otto. . . 82
— Hort. Monv. Catal. . —
— Salm. Cact. in hort. Dyck.,
cult., p. 107. . . . —
Carnea Zucc. 94
— Pfr. Enum. diagn., p. 19. —
Castanoides Lem. hort. univ. 25
Castanæformis Odies. . . —
— Hort. Monv. Catal. . —
Castanea Hortul. . . . —
Cataphracta Mart. . . . 52

pages.

MAMILLARIA Celsiana Lem.
gen. nov., p. 43. . 43, 49
— Salm. Cact. in hort. Dyck.,
cult., p. 96. 43
— Forst. Handb. dr. Cact.,
p. 207. . . . . . . —
Centricirrha Lem. Cact.
gen. nov., p. 42. . . . 118
— Salm. Cact. in hort. Dyck.,
cult., p. 123. . . . . —
— Forst. Handb. dr. Cact.,
p. 230. . . . . . . —
— β. *Macrothele* Lem. . . 119
— — Salm. Cact. in hort.
Dyck., cult., p. 123. . . —
— — Forst. Handb. dr.
Cact., p. 230. . . . . —
— γ. *Hopferiana* Salm. Cact.
in hort. Dyck., cult.,
p. 123. . . . . . . —
Centrispina Pfr. Enum.
diagn., p. 20. 99
— Otto A. G. Z., 1836,
p. 258. . . . . . . —
— Salm. Cact. in hort. Dyck.,
cult., p. 106. . . . . —
Cephalophora Salm. Otto's
Gz., 1836, n° 19, s. 148. —
Salm. Cact. in hort. Dyck.,
cult., p. 137. 133
— Forst. Handb. dr. Cact.,
p. 252. . . . . . . —
— Hortul.. 70
Ceratocentra Bergm. . . 124
Ceratophora Otto's Gartz.,
1835, n° 29. 119
Chrysacantha, hort. Berol. 46
— Pfr. Enum. diagn., p. 28. —
— Forst. Handb. dr. Cact.,
p. 209. . . . . . . —
— β. *Fuscata* Salm. Cact.
in hort. Dyck., cult. . . 47
Cirrhifera Mart. Act. nov.
cur. XVI, Prodr. I, p. 334. 109
— Pfr. Enum. diagn., p. 13.

pages.

— Pfr. Abbild., t. 7.. . 190
MAMILLARIA Cirrhifera
Salm. Cact. in hort. Dyck.,
cult., p. 124. . . . . —
— Forst. Handb. dr. Cact.,
p. 232. . . . . . . —
— β. *Longiseta* Salm. . . 111
— — Hortul.. . . . . —
— Albispina Salm. . . . 110
— Angulosior Lem. . . . —
— — Hort. Monv. Catal. . —
— Fulvispina Salm. . . . 111
— Spinis Fuscis, hort. Monv. 110
Clava Pfr. A. G. Z., 1842,
p. 282. 123
— Salm. Cact. in hort. Dyck.,
cult., p. 126. . . . . —
— Forst. Handb. dr. Cact.,
p. 246 et 548. . . . . —
Clavata Scheidw.. . . . 128
Columbiana Salm. Cact. in
hort. Dyck., cult., p. 99. 48
Columnaris, flor. Mexicana. 63
— Mart. 51
— Pfr. l. c. . . . . . —
Compacta Hortul. . . . 64
Compressa DC. Mém., p. 112. 111
Confinis Hortul. 40
— Haag. Catal. . . . . —
Coniflora, hort. Berol. . . 41
Conoidea DC. Mém., t. 2.
— DC. Rev. des Cact.,
p. 112. 76
— Pfr. Enum. diagn., p. 35. —
— Pfr. et Otto. Abbild. . —
Conopsea Scheidw. . . . 115
Conothele Salm. 55
Cornifera DC. Rev., p. 111. 111
— Pfr. Enum. diagn., p. 34. —
— Forst. Handb. dr. Cact.,
p. 231. . . . . . . —
— Salm. Cact. in hort. Dyck.,
cult., p. 131. . . . . —
— β. *Impexicoma*, ibid.. . 112
— — Lem. Hort. univ., p. 5. —

pages.

MAMILLARIA Cornifera γ.
Mutica Salm. Cact. in
hort. Dyck., cult., p. 131. —
Coronaria Haw. Rev., p. 69. 33
— Pfr. Enum. diagn., p. 63. —
— Forst. Handb. dr. Cact.,
p. 211. . . . . . —
— Salm. Catal. . . . —
— Minor Forst. . . . —
Coronata Scheidw. . . . 74
Coronatus Willd. Enum.,
suppl., p. 30. 33
Crassispina Pfr. A. G. Z.,
1840, p. 406. . . . 42, 44
— Salm. Cact. in hort. Dyck.,
cult., p. 97. 42
— Forst. Handb. dr. Cact.,
p. 209. . . . . . —
— β. Gracilior Salm. . 42, 44
Crebrispina DC. Rev.,
p. 112. 74
— Pfr. Enum. diagn., p. 35. —
— Salm. Cact. in hort. Dyck.,
cult., p. 43. . . . . —
— Forst. Handb. dr. Cact.,
p. 204. . . . . . . —
— β. Nitida, hort. Monv.
Catal. 75
Criniformis Dietr. . . . 28
— Pallida hort. . . . . —
Crinita DC. Rev., p. 112. .
— DC. Mem., t. 7, p. 3. . 29
— Pfr. Enum. diagn., p. 220. —
— Salm. Cact. in hort. Dyck.,
cult., p. 114. . . . . —
— Catal. hort. Monv. . . —
— Forst. Handb. dr. Cact.,
p. 188. . . . . . . —
Crocidata Lem. Cact. gen.
nov., p. 9. 93
— Forst. Handb. dr. Cact.,
p. 220. . . . . . . —
— Salm. Cact. in hort. Dyck.,
cult., p. 114. . . . . —
— β. Flore Pallidiore Salm. —

pages.

MAMILLARIA Crocidata
γ. Quadrispina Pfr. . . 93
Crucigera Mart. Act. nov.
nat. cur. XVI, t. 25, fig. 2,
p. 346. 59
— Pfr. Enum. diagn., p. 25. —
— Forst. Handb. dr. Cact.,
p. 93. . . . . . —
— Hortul. 60
Cubensis Zucc. . . . 59
Curvata, hort. Berol. . 132
Curvispina, hort. Berol. . 41
— Otto. . . . . . —
— Hort. Monv. Catal. . . —
Cylindrica DC. . . 33, 88
— Hortul. 88
— β. Flavispina Hortul. . —
Dealbata Dietr. . . . 58
— Salm. Cact. in hort. Dyck.,
cult., p. 89. . . . . —
Dœdalea Scheidw. . . . 58
— Viridis Ehrenb. . . 100
Dactylithele Nob. . . . 146
Daimonoceras. Cact. in hort.
Monv., p. 5. 141
Decipiens Scheidw. Bull.
acad. de Brux. . . . 23
— Forst. Handb. dr. Cact.,
p. 184 et 517. . . . 24
— Salm. Cact. in hort. Dyck.,
cult., p. 80. . . . . —
Deficiens Salm. . . . 28
Deficium hort. . . . 23
Deflexispina Lem. Cact. in
hort. Monv., p. 6. . . 116
Densa Link. et Otto. Ico-
nog., t. 35. 71
— Salm. Cact. in hort. Dyck.,
cult., p. 102. . . . . —
Depressa DC. Rev., t. 2,
p. 2. 40
— Scheidw. 114
Diacantha Lem. Cact. gen.
nov., p. 2. 90
— Nigra Haag. Catal. 1836. 54

MAMILLARIA Diaphanacantha Lem. Cact. gen. nov., p. 100. 76
Disciformis DC. Rev. . . 265
Digitalis Ehremb. . . . 33
Discolor Haw. 40
— Pfr. Enum. diagn., p. 28. —
— Salm. Cact. in hort. Dyck., cult., p. 95. . . . . —
— Forst. Handb. dr. Cact., p. 205. 41
— β. Albida Salm. . . . —
— — Hort. Monv. Catal. . —
— γ. Aciculata Salm. . . —
— δ. Conifora Salm. . . —
— Breviflora, hort. Berol. . —
— ε. Curvispina Salm. . . —
— ζ. Nitens Salm. . . . —
— Fulvescens Salm. . . . —
— Pulchella Otto. . . . —
— — Flore Pallidiore hort. 41
— β. Rhodacantha Salm. . 42
Dolicacantha Lem. . . . 106
Dolichocentra Lem. Iconog. 50
— Salm. Catal. . . . . —
— Forst. Handb. dr. Cact., p. 107. . . . . . —
— Galeolti Salm. . . . —
— β. Phœacantha Salm. . —
— γ. Staminea Salm. . . —
Dyckiana Zucc. . . . 64
— Pfr. Enum. diagn., p. 26. —
— Forst. Handb. dr. Cact., p. 195. . . . . . —
— Hort. Monv. Catal. . . —
Eburnea Miq. 58
Echinaria DC. 71
Echinata DC. Mem., p. 3. —
— Pfr. Enum. diagn., p. 5. —
— Salm. Cact. in hort. Dyck., cult., p. 110. . . . . —
— Densa Pfr. Enum. diagn., p. 6. — Pfr. l. c. . . . —
— Gracilior Ehremb. . . 70
Echinocactoides Pfr. . . 118

MAMILLARIA Echinops Fennel. Catal. . . . . —
— Scheidw. . . . . . —
Elegans DC. Mem. . . . 60
— Pfr. Enum. diagn., p. 25. —
— Salm. Catal. — Salm. Cact. in hort. Dyck., cult., p. 195. . . . . . —
— Forst. Handb. dr. Cact., p. 195. 61
— β. Klugii Salm. . . . —
— Minor DC. . . . . —
— Globosa DC. . . . . —
— Hortul. 63
Ehrembergii Pfr. l. c. . . 91
— Forst. Handb. dr. Cact., p. 238. . . . . . —
Elephantidens Lem. Hort. univ. — Lem. Iconog. . 138
— Salm. Cact. in hort. Dyck., cult., p. 134. . . . . —
— Forst. Handb. dr. Cact., p. 249. . . . . . —
Elongata DC. Rev., p. 109. — DC. Mem., p. 2. . . 68
— Pfr. Enum. diagn., p. 6. —
— Salm. Cact. in hort. Dyck., cult., p. 100. . . . . —
— Hortul. . . . . . —
— β. Subcrocea Salm. . . —
— γ. Interlexia Salm. . . —
— δ. Rufescens Salm. . . —
Erecta Lem. Iconog. — Lem. Cact. gen. nov., p. 3. 124
— Salm. Cact. in hort. Dyck., cult., p. 127. . . . . —
— Scheidw., hort. Belg. . —
— Forst. Handb. dr. Cact., p. 243. . . . . . —
Eriacantha Otto. . . . 88
— Pfr. Enum. diagn., p. 32. — Pfr. Abbild., t. 15. . —
— Hort. . . . . . . —
— DC. . . . . . . —
Erinacea Wildenov. . . 45

pages.

MAMILLARIA Eugenia
Scheidw. 43
Evanescens, hort. Belg. . . 124
Evarescens, id. . . . . . —
Exsudans Zucc. 132
— Pfr. l. c. . . . . . —
Farinosa Penn. 26
Fennelli Hopfr. 27
Fischeri Pfr. 98
— Salm. Cact. in hort. Dyck.,
cult., p. 118. . . . . —
Flava Ehremb. 49
Flavescens DC. Catal. hort.
Monp., p. 81. 83
— Pfr. Enum. diagn., p. 10. —
— Zucc. 97
Flaviceps Scheidw. . . . 42
Flavovirens Salm. Cact. in
hort. Dyck., cult., p. 117. 100
— β. Cristata Salm.. . . —
Floccigera Otto. 42
— Longispina, hort. Berol.. —
Floribunda Hook. Botan.
magaz., t. 364. . . . 45
— Botan. magaz., t. 3647. . 241
Formosa Scheidw. Bull.
acad. de Brux., vol. 5,
n° 8. 60
— Salm. Cact. in hort. Dyck,
cult., p. 87. . . . . —
— Hort. Monv. Catal. . . —
— β. Levior, hort. Monv. . —
— β. Microtheie Salm.. . —
— γ. Dispicula, hort. Monv. —
— δ. Gracilispina, hort.
Monv. . . . . . . —
Fuliginosa Salm. Cact. in
hort. Dyck., cult., p. 93. 39
Fulvispina Haw. Philos.
magaz., 1830, p. 109. . . 44
— Pfr. Enum. diagn., p. 80. —
— Salm. Cact. in hort. Dyck.,
cult., p. 93. . . . . —
— Forst. Handb. dr. Cact.,
p. 200. . . . . . . —

MAMILLARIA Fulvispina
β. Rubescens Salm. Cact.
in hort. Dyck., cult.,
p. 93. . . . . . . —
— γ. Pyrrhocentra, ibid. . —
— δ. Media Salm. ibid.. . —
Funkii Scheidw.. . . . 116
Fuscata, hort. Berol. . . 47
— Pfr. Enum. diagn. . . —
Galeotti Scheidw., hort.
Belg., t. 4, p. 93.. . . 50
— Hortul.. . . . . . —
Geminata Scheidw.. . . 27
Geminispina DC.. . . . 64
— Monacantha, hort. Monv. —
— Macrantha, hort. Monv.. —
Gibbosa Pfr. Enum. diagn.,
p. 38. 242
Gladiata Mart. Act. nov.
nat. cur. XVI, t. 236. . 130
— Pfr. Enum. diagn., p. 14. —
— Forst. Handb. dr. Cact.,
p. 238. . . . . . . —
Glauca Dietr. A. G. Z.,
p. 330. 113
— Salm. Cact. in hort. Dyck.,
cult., p. 133. . . . . —
Glabrata Salm. Cact. in
hort. Dyck., cult., p. 103. 85
Glanduligera hort.. . . 151
— Dietr. A. G. Z., 1848,
p. 238. . . . . . . —
— Salm. Cact. in hort. Dyck.,
cult., p. 13. . . . . —
Glochidiata Mart. Act. nov.
nat. cur. XVI, t. 25. . 28
— Pfr. Enum. diagn., p. 56. —
— Salm. Cact. in hort. Dyck.,
cult., p. 188. . . . . —
— Hort. Monv. Catal. . . —
— Forst. Handb. dr. Cact.,
p. 108. . . . . . . —
— β. Sericata Lem. Cact.
gen. nov. . . . . . —
— Alba Hortul. . . . . —

pages.

MAMILLARIA Glochidiata
β. *Rosea* Salm. . . . 28
— γ. *Albida* DC. . . . —
— δ. *Carminea* Nob. . . —
— Aurea Hortul.. . . . 29
— Inuncta Lem. Cact. gen.
nov.. 23
— Purpurea Scheidw. . . 28
Goodrichii Scheer. . . . 32
— Salm. Cact. in hort. Dyck.,
cult., p. 91. . . . . —
Gracilis Pfr. l. c. — Pfr.
A. G. Z., 1838, p. 275. . 75
— Salm. Cact. in hort. Dyck.,
cult., p. 103. . . . . —
— β. *Pulchella* Hortul. . . —
Grandiflora Otto. . . . 41
— Hortul.. 26
— Scheidw. . . . . . —
Grisea Salm. Cact. in hort.
Dyck., cult., p. 110. . . 86
— Galeot.. 82
Guilleminiana Lem. Cact.
gen. nov., p. 48. . . . 25
Hasselloßi Ehremb. . . . 30
Haageana Pfr. Enum.
diagn., p. 26. 54
— Otto. A. G. Z., 1836,
n° 33, s. 257. . . . . —
— Salm. Cact. in hort. Dyck.,
cult., p. 95.. . . . . —
— β. *Validior*, hort. Monv. —
Hamata Lehm. 34
— Pfr. Enum. diagn., p. 34. —
— Salm. Cact. in hort. Dyck.,
cult., p. 92. . . . . —
— β. *Longispina* Salm.. . —
— γ. *Brevispina* Salm. . . —
— δ. *Principis* Nob.. . . —
Haynii Ehremb.. . . . 12
— Salm. Cact. in hort. Dyck.,
cult., p. 81. . . . . —
— Forst. Handb. dr. Cact.,
p. 210. . . . . . . —
— β. *Viridula* Salm.. . . —

MAMILLARIA Haynii γ.
Minima Salm. . . . 12
Hermauni Ehremb. . . . 86
— Cact. in hort. Dyck.,
cult., p. 83. . . . . —
— Flavicans Salm. . . . —
Hepatica Ehremb, . . . 27
Hermantiana , hort. Monv.
Catal. 107
Heteracantha , hort. Berol.
74, 144
Heteromorpha Scheer.. . 130
— Salm. Cact. in hort. Dyck.,
cult., p. 128. . . . . —
Hexacantha Salm., anc.
Catal. 38
— Forst. Handb. dr. Cact.,
p. 205. . . . . . . —
— Hort. Monv. Catal. . . —
Hopferiana Link.. . . . 219
Horripila Lem. Cact. gen.
nov.. 264
Humboldtii Ehremh. . : 65
— Salm. Cact. in hort. Dyck.,
cult., p. 85. . . . . —
— Forst. Handb. dr. Cact.,
p. 192.. . . . . . —
— Hortul.. . . . . . —
Hybrida hort.. . . . . —
Hystrix Mart. Act. nov.
nat. cur. XIV, p. 1. —
Mart., id., t. 21, p. 332. . 21
— Pfr. Enum. diagn., p. 21. —
— Salm. Cact. in hort. Dyck.,
cult., p. 119. . . . . —
— Forst. Handb. dr. Cact.,
p. 225. . . . . . . —
Imbricata Wegn.. . . . 55
— Salm. Cact. in hort. Dyck.,
cult. (Catal.). . . . . —
Impexicoma Lem. Cact. gen.
nov., p. 5.. 142
Intertexta DC. 68
— Pfr. l. c. . . . . . —
Inunciunata Lem. Cact. gen.

pages.

nov.. 25
MAMILLARIA Jalapensis
hort. 103
Karwinskiana Mart. Act.
nov. nat. cur. XVI, t. 22. 97
— Pfr. Enum. diagn., p. 19. —
— Salm. Cact. in hort. Dyck.,
cult., p. 119. . . . . —
— Forst. Handb. dr. Cact.,
p. 223. . . . . . —
— β. *Flavescens* Zucc. . . 98
— γ. Virens Salm. . . . —
— — Scheidw. . . . —
— Centrispina Salm. . . 99
Kevensis Salm. Cact. in
hort. Dyck., cult., p. 112.. 52
— β. *Albispina* Salm. ibid. 53
Kramerii Muhlenpf. A.G.Z.,
1845, p. 345. 122
Kunthii Ehremb. . . 62
Lanifera Salm. . . . 48
— DC. Rev., p. 31. . . . 64
— Haw. 45
Latimamma DC.. . . . 140
— Pfr. l. c. . . . . —
Lehmanni Pfr. Enum. diagn.,
p. 23. 126
— Botan. magaz., t. 3634. . —
— Hort. Berol. . . . 117
— Sulcimamma. . . . 126
Leucacantha DC.. . . . —
Leucocarpa Scheidw.. . . 106
Leucocentra Bergm. . . 57
— Salm. Cact. in hort. Dyck.,
cult., p. 89. . . . . —
Leucocephala, hort. Paris. . 64
Leucotricha Scheidw. . . 106
Linkii Ehremb. . . . 30
Longimamma DC. Rev.,
p. 113. — DC. Mem., t. 5,
p. 10. 28
— Pfr. Enum. diagn., p. 98. —
— Hort. Monv. . . . —
— Salm. Cact. in hort. Dyck.,
cult.. . . . . . —

pages.

MAMILLARIA Longimamma
Forst. Handb. dr. Cact.,
p. 182. 28
— β. Giganthothele Bergm. —
— β. Congesta hort. . . 24, 22
— γ. Hexacantha Otto.. . 28
— — Bergm. A. G. Z., 1840,
p. 130. 23
Longiseta Reichemb.. . . 50
Levigata Mart. . . . 78
— Pfr. Enum. diagn., p. 13. —
— Salm. Cact. in hort. Dyck.,
cult., p. 105. . . . —
Ludwigii Ehremb. . . . 112
Macracantha DC. Mem.,
t. 9, p. 15. — DC. Rev.,
p. 113. 117
— Salm. Cact. in hort. Dyck.,
cult., p. 122. . . . —
— Forst. Handb. dr. Cact.,
p. 237. . . . . . —
— Lehm. 26
Macrantha, hort. Hamb. . 112
— DC.. . . . . . —
— Forst. Handb. dr. Cact.,
p. 237. . . . . . —
Macromeris Engelm. Mem.,
p. 97. 145
— Salm. Cact. in hort. Dyck.,
cult., p. 133. . . . —
Macrothele Mart. . . 126
— Pfr. Enum. diagn., p. 24. —
— Salm. Cact. in hort. Dyck.,
cult., p. 126. . . . —
— Forst. Handb. dr. Cact.,
p. 245. . . . . . —
— Hort. Berol. . . . —
— β. *Lehmanni* Salm. . . —
— γ. *Biglandulosa* Salm. . 127
Magnimamma Haw. Phi-
los. magaz., vol. 63, p. 14. 119
— Salm. Cact. in hort. Dyck.,
cult., p. 121. . . . —
— Forst. Handb. dr. Cact.,
p. 235. . . . . . —

pages.

MAMILLARIA Magnimamma Pfr. Enum. diagn., p. 14. 119
— β. *Arietina* Salm.. . . 120
— γ. *Lutescens* Salm. . . —
— Spinosior.. . . . . —
Maletiana Cels. Portef. des hort., p. 222. 101
Martina Pfr. 126
Maschalacantha, hort. Monv. Catal. . . . 106
— Cels. Catal. . . . . —
— β. *Dolichacantha*, hort. Monv. . . . . . —
— γ. *Xantotricha*, hort. Monv. . . . . . —
— δ. *Leucotricha*, hort. Monv. . . . . . —
Megacantha Salm. Cact. in hort. Dyck., cult., p. 123. 113
— β. *Rigidior* Salm.. . . —
Meisneri Ehremb. . . . 64
Melaleuca Karw. . . . 82
— Salm. Cact. in hort. Dyck., cult., p. 108. 83
Microceras Lem. Cact. gen. nov., p. 6. 119
— Forst. Handb. dr. Cact., p. 119. . . . . . —
Microthele Muhlenpfd. A. G. Z., 1848, p. 11.. . . 64
— Salm. Cact. in hort. Dyck., cult., p. 85. . . . . —
— β. *Brognartii* Salm. . . —
— Spring.. 80
— Hort. Monv. Olim. . . 82
Mirabilis Ehremb.. . . . 37
Minima Reichemb.. . . 67
— Salm. Cact. in hort. Dyck., cult., p. 100. . . . . —
Monancistra Bergm.. . . 29
Multiceps. Cact. in hort. Dyck., cult., p. 81. . . 26
Mutabilis Scheidw. . . . 106
— Sam. Cact. in hort. Dyck., cult., p. 119. . . . . —

MAMILLARIA Mutabilis γ. Levior Salm. Cact. in hort. Dyck., cult., p. 119. 106
— β. Xantotricha Scheidw.. —
— Forst. Handb. dr. Cact., p. 229.. . . . . . —
— β. Xantotricha Salm. Cact. in hort. Dyck., cult., p. 120. 106
Mystax Mart. Act. nov. nat. cur. XVI, t. 21, Prodr. I, p. 332. . . . 107
— Pfr. Enum. diagn., p. 21. —
— Forst. Handb. dr. Cact., p. 226. . . . . . —
— Hortul.. 94
Neumaniana Lem. Cact. gen. nov., p. 53. . . . 115
— Salm. Cact. in hort. Dyck., cult., p. 125. . . . . —
— Forst. Handb. dr. Cact., p. 234. . . . . . —
Nigra Ehremb. A. G. Z., 1849, p. 287. . . . 34
— Salm. Cact. in hort. Dyck., cult., p. 94. . . . . —
— Nigricans Pfr. Handb. . —
Nitens Otto.. 41
— Hortul.. . . . . —
— Spinis Rubris, hort. Berol.. . . . . . —
Nitida Scheidw. 75
Nivea, hort. Windl.. . . 57
— Cristata Salm.. . . . 58
Nivosa Link. et Otto. . . 83
— Pfr. Enum. diagn., p. 11. —
Nobilis Pfr. 36
— Forst. Handb. dr. Cact.. —
Obconella Scheidw. . . . 50
— Galeot.. . . . . —
Obscura Scheidw. . . . —
— Galeotti Salm. . . . —
— Spinis albis, hort. Belg.. —
Octacantha DC. Rev. — DC. Mem. 126

pages.

MAMILLARIA **Odieri** Lem.
Cact. gen. nov., p. 46. . 47
— Salm. Cact. in hort. Dyck.,
cult., p. 65. . . . . —
— Forst. Handb. dr. Cact.,
p. 209. . . . . . —
— β. Rigidior Salm.. . . —
— β. Aurea Lem. . . . 45
ŒEruginosa Scheid., hort.
Belg. 94, 98
Olivacea hort. 46
Oothele Lem. Cact. gen.
nov.. 85
Ottonis Pfr. A. G. Z., 1838,
p. 274. 131
— Forst. Handb. dr. Cact.,
p. 246. . . . . . —
— Salm. Cact. in hort. Dyck.,
cult., p. 129. . . . . —
Ovimamma Lem. Cact.
gen. nov., p. 49. . . . 84
— Salm. Cact. in hort. Dyck.,
cult., p. 107. . . . . —
— Forst. Handb. dr. Cact. . 85
— β. Oothele Lem. . . . —
— β. *Brevispina* Salm. . . —
Pallescens Scheidw. A. G.
Z., 1841, p. 42. . . . 95
— Salm. Cact. in hort. Dyck.,
cult., p. 115. . . . . —
Parkinsonii Ehremb. . . 57
— Salm. Cact. in hort. Dyck.,
cult., p. 190. . . . . —
— Forst. Handb. dr. Cact.,
p. 196.. . . . . . —
— Hort. Monv. Catal. . . —
Parmentieri, hort. Berol. . 83
Parvimamma Haw. suppl.,
p. 72. 80
— Pfr. Enum. diagn., p. 9. —
— Salm. Cact. in hort. Dyck.,
cult., p. 106. . . . . —
— Forst. Handb. dr. Cact.,
p. 77. . . . . . . —
Pentacantha Pfr. A. G. Z.,

pages.

1840, p. 406. 117
MAMILLARIA Pentacantha
Salm. Cact. in hort. Dyck.,
cult., p. 121. . . . . —
— Forst. Handb. dr. Cact.,
p. 234. . . . . . —
Perote Hortul. 54
Pfeifferi, Botan. magaz.. . 46
Phœacantha Lem. Cact.
gen. nov., p. 47. . . . 38
— Salm. Cact. in hort. Dyck.,
cult., p. 95. . . . . —
— Forst. Handb. dr. Cact.,
p. 208. . . . . . —
— β. Rigidior Salm. (Olim.). —
Phœotricha, hort. Monv.
Catal. 39
Phymatothele Bergm. A.
G. Z., 1848, p. 129. . . 112
— Salm. Cact. in hort. Dyck.,
cult., p. 125. . . . . —
— Forst. Handb. dr. Cact.,
p. 232. . . . . . —
Phasnickii Otto.. . . 128
— Salm. Cact. in hort. Dyck.,
cult., p. 122. . . . . —
— Pfr. Enum. diagn., p. 24. —
— Forst. Handb. dr. Cact.,
p. 245. . . . . . —
— β. *Staminea* Salm. . . —
Polyacantha Ehremb.. . . 35
Polyactina Ehremb. . . . —
Polycentra Bergm. A. G. Z.,
1840, p. 130. . . . . —
Polycephala Muhlenpf. . . 61
Polychlora Scheidw. . . . 74
Polyedra Mart. Act. nov.
nat. cur. XVI, Prodr. I,
p. 326. — id. t. 18. . . 104
— Pfr. Enum. diagn., p. 17. —
— Forst. Handb. dr. Cact.,
p. 228. . . . . . —
— β. *Levior* Salm. . . . —
— γ. *Scheracantha* Noh. . —
— Spinosior Salm. . . . 105

pages.

MAMILLARIA Anisacantha
Salm. 103
Polygona Salm. Cact. in
hort. Dyck., cult., p. 120.. 105
— Zucc. 103
Polythele Hortul. . . . 51
— Mart. Act. nov. nat. cur.
XVI, t. 19.. . . . . —
— Pfr. Enum. diagn., p. 8. —
— Salm. Cact. in hort. Dyck.,
p. 150. . . . . . . —
— β. *Quadrispina* Salm. . —
— γ. *Hexacantha* Salm. . —
— δ. *Setosa* Salm. . . . —
— ε. *Aciculata* Salm. . . —
— ζ. *Latimamma* Salm. . . —
Polytricha Salm. A. G. Z.,
1842, p. 289.— Salm. Cact.
in hort. Dyck., cult.,
p. 114. 102
— Forst. Handb. dr. Cact.,
p. 230. . . . . . . —
— β. *Tetracantha* Salm. . —
— α. *Hexacantha* Salm.. . —
Pomacea Ehremb. . . . 35
Potsii Salm. Cact. in hort.
Dyck., cult., p. 104. . . 72
Praelii Muhlenpf. A. G. Z.,
1846, p. 372. 96
Principis, hort. Monv. . . 32
Procera Ehremb. A. G. Z.,
1849, p. 244. 87
— Salm. Cact. in hort. Dyck.,
cult., p. 116. . . . . —
Prolifera Haw. synops. . . 83
— Pfr. l. c. . . . . . —
Pruinosa Ehremb. . . . 37
Pseudo-mamillaris Salm. . 40
Pulchella, hort. Berol.. . —
— Salm. Cact. in hort. Dyck.,
cult., p. 94. . . . . —
— Flore pallidior. Salm. . —
— β. *Nigrispina* Salm. . . 34, 40
— Haw. Botan. magaz.,
t. 29, p. 89. 46

pages.

MAMILLARIA Pusilla DC.
Mem., p. 23.—DC. Rev.,
t. 2, f. 1. 25
— Pfr. Enum. diagn., p. 36. —
— Salm. Cact. in hort. Dyck.,
cult., p. 82. . . . . —
— Hort. Monv. Catal. . . —
— Forst. Handb. dr. Cact.,
p. 189. . . . . . . —
— Major Pfr.. . . . . —
Pycnacantha Mart. Act.
nov. nat. cur. XVI, t. 17. 140
— Botan. magaz., t. 3972. . —
— Pfr., p. 18. . . . . —
— Salm. Cact. in hort. Dyck.,
cult., p. 136. . . . . —
— Forst. Handb. dr. Cact. . —
— β. Spinosior, hort. Monv. 136
— β. Scepontocentra, hort.
Monv. . . . . . . —
Pyramidalis, hort. Berol.
42, 44, 45
Pyrrhocentra Otto. . . . 44
— Hort. Berol. . . . . —
— Gracilior Salm. . . . —
Pyrrhocephala Scheidw.
A. G. Z., 1841, p. 42. . 102
— Salm. Cact. in hort. Dyck.,
cult., p. 121. . . . . —
— Forst. Handb. dr. Cact.,
p. 228. . . . . . . —
— β. *Dunkelaerii* Salm.. . —
Pyrrochracantha Lem.
Cact. gen. nov., p. 51. . 44
Quadrispina Mart. . . . 51
— Pfr. Enum. diagn., p. 7.. —
Radians DC. Rev., p. 121.
— DC. Mem., p. 5. . 44, 77
— Pfr. Enum. diagn., p. 14. 77
— Salm. Cact. in hort. Dyck.,
cult., p. 105. . . . . —
— Hortul.. 142
Radiosa Engelm. in litt. . 78
— Salm. Cact. in hort. Dyck.,
cult., p. 105. . . . . —

MAMILLARIA Radula
Scheidw. 38
Recurva Lehm. 117
Recurvispina Kb. hybr. de
Cact., p. 8. 136
Retusa Scheidw. . . . . —
— Pfr. in Otto's Gz.. . . —
Raphidacantha Lem. Cact.
gen. nov., p. 34. . . 123
— Humilior Salm. . . . —
— Ancistracantha Lem. Cact.
gen. nov. . . . . . —
Recta Miq. 63
Rhodacantha Salm. Cact.
in hort. Dyck., cult.,
p. 96. 42
— Forst. Handb. dr. Cact.,
p. 103. . . . . . —
— Hort. Monv. 45
— β. Pallidior Salm. . . 42
Rhodantha Link. et Otto.
Iconog., t. 26. . . . 45
— Pfr. Enum. diagn., p. 81. —
— Forst. Handb. dr. Cact.,
p. 198. . . . . . —
— β. *Neglecta* Salm. . . —
— γ. *Sulphurea*. . . . 45
— δ. *Ruficeps*. . . . —
— ε. *Aureiceps*. . . . 46
— ζ. *Aurea*. . . . . —
— Andraæ Otto.. . . . 45
— — Pfr.. . . . . . —
— Monstruosa Sk. . . . —
— Celsii. 42, 48
— Inuncta Hopfg. . . . 45
— Major, hort. Monv. . . —
— Minor, hort. Monv. . . —
— Prolifera Pfr. . . . —
— Rubens Pfr. Enum.,
p. 81. 46
— Windlandii Pfr. . . . 45
Rodeocentra Lem. Cact.
gen. nov., p. 52. . . 85
— Forst. Handb. dr. Cact.,
p. 218. . . . . . —

MAMILLARIA Rodeocentra
Salm. Cact. in hort. Dyck.,
cult., p. 108. 85
— β. *Gracilispina* Salm.
Cact. in hort. Dyck., cult.,
p. 108. . . . . . —
Robusta Otto.. . . . 42
Rosea Galeot.. . . . 36
— Scheidw., hort. Belg.,
t. 15, p. 118. . . . —
Ruficeps Lem. Cact. gen.
nov., p. 27. 46
Rufocrocea Salm. Cact. in
hort. Dyck., cult., p. 102. 70
— Lem. 68
Rutila Zucc.. . . . 43
— Pfr. Enum. diagn., p. 29. —
— Pallidior Salm. . . —
Salm-Dyckianus Scheer. . 147
— Salm. Cact. in hort. Dyck.,
cult., p. 194. . . . —
Salmiana Fennel.. . . —
Scepontocentra Lem. Cact.
gen. nov., p. 43. . . 136
— Hort. Monv. Catal. . . —
— Forst. Handb. dr. Cact.,
p. 250. . . . . . —
Schafferii Fennel. . . 62
— Salm. Cact. in hort. Dyck.,
cult., p. 88. . . . . —
Scheerii Muhlenpf. A. G. Z.,
1847, p. 97.. 147
— Salm. Cact. in hort. Dyck.,
cult., p. 133. . . . —
Seegerii Ehremb. . . 37
— Salm. Cact. in hort. Dyck.,
cult., p. 81. . . . . —
— β. *Gracilispina* Salm. . —
— γ. *Pruinosa* Salm.. . —
— δ. *Mirabilis* Nob.. . —
Schaidweriana Otto. . . 28
Schelhasii Pfr. . . . —
— Salm. Cact. in hort. Dyck.,
cult.. . . . . . —
— Forst. Handb. dr. Cact.,

pages.

p. 136. 28
MAMILLARIA Schelhasii Dietr. A. G. Z., 1841, p. 180. . . . . —
— Hort. Monv. . . . . . —
Scheideana Ehremb. . . 66
— Salm. Cact. in hort. Dyck., cuit., p. 85. . . . . . —
— Forst. Handb. dr. Cact., p. 235. . . . . —
— Hortul.. 119
Schleetendalii Ehremb. . 127
— Salm. Cact. in hort. Dyck., cult., p. 127. . . . . . —
— Forst. Handb. dr. Cact., p. 242. . . . . . . —
— Hort. Monv. Catal. . . —
- β. *Levior* Salm. . . . 128
Scleracantha, hort. Monv. Catal. 105
Scolymoides Scheidw. A. G. Z., 1841, p. 44. . . 144
— Salm. Cact. in hort. Dyck., cult., p. 132. . . . . . —
— Forst. Handb. dr. Cact., p. 250. . . . . . . —
— β. *Longiseta* Salm. . . 145
— γ. *Nigricans* Salm. . . —
— δ. *Raphidacantha*. . . —
Seidelii Tersch. 136
Seitziana Mart. Act. nov. nat. cur. XVI, p. 385, t. 22. 203
— Pfr. Enum. diagn., p. 10. — Pfr. Abbild., t. 8. . . —
— Forst. Handb. dr. Cact., p. 223. . . . . —
— Hortul.. . . . 17, 203
Sempervivi DC. Rev., p. 114. — DC. Mem., t. 2, p. 13. 92
— β. *Tetracantha* Salm.. . —
— — DC.. . . . . . —
— γ. *Lætevirens* DC. . . —
Senilis, hort. Angl. . . 30

MAMILLARIA Senilis. Salm. Cact. in hort. Dyck., cult., p. 82. 30
— Hort. Monv. Catal. . . —
— Forst. Handb. dr. Cact., p. 189. . . . . . . —
— β. *Hasselofii* Salm. . . —
— γ. *Linkii* Salm. . . . —
Sericata Lem. Cact. gen. nov., p. 44.. 16
Setosa Pfr. Enum. diagn., p. 30. 51
Similis Engelm.. . . . 79
— Salm. Cact. in hort. Dyck., cult., p. 106. . . . . —
— β. *Robustior* Engelm. . —
Simplex Haw. synops., p. 177. 81
— DC. Rev. — DC. Mem., p. 47. . . . . . . —
— Pfr. Enum. diagn., p. 9. —
— Salm. Catal. . . . . —
— Hort. Monv. Catal. . . —
Spectabilis hort. 52
Sphacelata Mart. Act. nov. nat. cur. XVI, t. 25. . . 72
— Pfr. Enum. diagn., p. 7. —
— Salm. Cact. in hort. Dyck., cult., p. 103. . . . . —
Sphærotricha Lem. Cact. gen. nov., p. 33. . . . 65
— Salm. Cact. in hort. Dyck., cuit., p. 84. . . . . —
— Forst. Handb. dr. Cact., p. 191. . . . . . . —
— β. *Rosea* Salm. . . . —
— — Galeot.. . . . . —
Staminea Haw. suppl., p. 71. 83
— Spring. . . . . . . —
— Hortul.. 70
Stella aurata Mart. Act. nov. nat. cur. XVI, t. 25, p. 338. 68
— Pfr. Enum. diagn., p. 6.. —
— Salm. Cact. in hort. Dyck.,

pages.

cult., p. 101. 68
MAMILLARIA Stella aurata
β. *Gracilispina* Salm. Cact.
in hort. Dyck., cult.,
p. 101. . . . . . . —
— Minima Salm. (Olim.). . 67
Stellaris Haw. 25
— Lamk. . . . . . . —
Stenocephala Scheidw. . 50, 51
Stipitata Scheidw. . . . 128
Strobiliformis Scheer. 73, 76
— Salm. Cact. in hort. Dyck.,
cult., p. 95. 73
Stuberii Forst. Handb. dr.
Cact., p. 517. 55
— Salm. Cact. in hort. Dyck.,
cult., p. 95. . . . . —
Subangularis DC. Rev.,
p. 112. — DC. Mem., p. 10. 110
— Pfr. Enum. diagn., p. 13. —
— Forst. Handb. dr. Cact.,
p. 233. . . . . . . —
Subcrocea DC. 68
— Pfr. l. c. . . . . . —
Subcurvata Dietr. . . . 117
Subechinata Salm. Cact. in
hort. Dyck., cult., p. 101. 70
Subpolyedra Salm. Cact.
in hort. Dyck., cult.,
p. 120. 103
— Pfr. Enum. diagn., p. 17. —
— Forst. Handb. dr. Cact.,
p. 227. . . . . . . —
Subtetragona Dietr. . . 94
— Haag. . . . . . . —
Sulcata Engelm. 142
Sulcimamma Pfr. A. G. Z.,
1838, p. 274. 128
Sulcolonata Lem. Iconog.,
8ᵉ liv. — Lem. Cact. gen.
nov., p. 2. 136
— Salm. Cact. in hort. Dyck.,
cult., p. 16 (anc. Catal.). —
— Valp. rep. bot. syst.,
p. 295, n° 95. 137

MAMILLARIA Sulcolonata
Forst. Handb. dr. Cact.,
p. 248. 137
— β. Macracantha Lem. . —
— — Salm. Cact. in hort.
— — Forst. Handb. dr.
Cact., p. 250. . . . . —
Sulphurea Link. 45
— Forst. Handb. dr. Cact. . —
— Hortul. . . . . . —
Supertexta Mart. . . . 61
— Pfr. Enum. diagn., p. 25. —
— Salm. Cact. in hort. Dyck.,
cult., p. 88. . . . . —
— β. Dichothoma Salm. . —
— β. Tetracantha Salm. . —
— — Hort. Monv. Catal. . —
— β. Rufa, hort. Berol. . —
— Compacta Scheidw. . . —
— Rosea β. Rutela Ehremb. 68
Tentaculata, hort. Berol. . 46
— Pfr. Enum. diagn., p. 29. —
— Hort. Monv. Catal. . . —
— β. Fulvispina, hört. Berol. 45
— — Hort. Monv. Catal. . 44
— γ. Conothele, hort. Berol. —
Tenuis DC. Variétés α. β.
Mem., t. 1. 68
— Pfr. Enum. diagn. . . 69
— β. Media. . . . . . —
Tetracantha Salm. Cact.
in hort. Dyck., cult.,
p. 114. 91
— Pfr. Enum. diagn., p. 11. 93
— Forst. Handb. dr. Cact.,
p. 221. . . . . . . —
— Botan. magaz., t. 4060. . 50
Tetracentra, Hort. Berol. . 53
— Otto. . . . . . . —
— Salm. Cact. in hort. Dyck.,
cult., p. 12. . . . . —
Texensis Nob. 89
Toaldoæ Lehm. 85
Tomentosa Ehremb. A. G.
Z., 1849, p. 262. . . . 49

pages.

MAMILLARIA Tomentosa
Salm. Cact. in hort. Dyck.,
cult., p. 98. 49
—β. *Flava* Salm., ibid. . —
Tortolensis, hort. Berol. . 83
Turbinata. Botan. magaz.,
t. 3984. 265
Triacantha DC. . . . 111
—Pfr. l. c. . . . . —
Uberiformis Zucc. . . . 23
— Pfr. Enum. diagn., p. 23.
— Pfr. et Otto Abbild.,
t. 13. . . . . . —
— Hort. Monv. Catal. . . —
— Salm. Cact. in hort. Dyck.,
cult., p. 00.. . . . —
— Forst. Handb. dr. Cact.,
p. 182. . . . . . —
— β. *Hexacentra* Salm.. . —
Uberimamma, hort. Monv.
Catal. 120
Ubdeana Salm. 35
Umbina Ehremb. A. G. Z.,
1849, p. 287. . . . 33
—Salm. Cact. in hort. Dyck.,
cult., p. 92. . . . —
Uncinata Zucc.. . . . 113
— Pfr. Enum. diagn., p. 34.
— Pfr. Abbild., t. 19. . —
— Salm. Cact. in hort. Dyck.,
cult., p. 116. . . . 114
— Forst. Handb. dr. Cact.,
p. 222. . . . . . —
—β. *Spinosior* Lem. Cact.
gen. nov. . . . . . —
—γ. *Biuncinnata* Lem. Cact.
gen. nov. . . . . . —
Versicolor Scheidw.. . . 118
Villifera Otto. . . . 94
— Pfr. Enum. diagn., p. 18. —
— Salm. Cact. in hort. Dyck.,
cult., p. 115. . . . —
— Forst. Handb. dr. Cact.,
p. 220. . . . . . —
—β. *Carnea* Salm. . . . —

pages.

MAMILLARIA Villifera
γ. *Æruginosa* Salm.. . 94
—δ. *Cirrosa* Salm.. . . —
Virens Salm.. 97
—Scheidw. A. G. Z., 1841,
p. 98. . . . . . —
—Otto A. G. Z., 1836,
p. 257. . . . . . —
Viridula Ehremb. . . . 12
Viridis Salm. Cact. in hort.
Dyck., cult., p. 116. . . 96
—β. *Praelii*, ibid. . . . —
Vivipara Haw. suppl., p. 72. 79
—Forst. Handb. dr. Cact.,
p. 17. . . . . . —
—Pfr. Enum. diagn., p. 33. —
—Salm. Cact. in hort. Dyck.,
cult., p. 106. . . . —
—DC. Prodr. III, p. 459. . —
—Hort. Monv. Catal. . . —
Webiana Lem. Cact. gen.
nov., p. 45. . . . 92
—Salm. Cact. in hort. Dyck.,
cult., p. 114. . . . —
— Forst. Handb. dr. Cact.,
p. 219. . . . . . —
Wegenerii Ehremb.. . . 37
—Salm. Cact. in hort. Dyck.,
cult., p. 84. . . . —
— Forst. Handb. dr. Cact.,
p. 190. . . . . . —
Wendlei Pfr. l. c. . . . 57
Wildiana Otto.. . . . 29
— Pfr. Enum. diagn., p. 137. —
— Salm. Cact. in hort. Dyck.,
cult.. . . . . . —
— Forst. Handb. dr. Cact.,
p. 187. . . . . . —
—β. *Rosea* Salm. . . . —
— Major Salm. . . . . —
—Spinosior Salm. . . . —
Wildii Otto. . . . . —
Vinkleri Forst. A. G. Z.,
1847, p. 5. 140
— Salm. Cact. in hort. Dyck.,

cult., p. 137. 140
MAMILLARIA **Woburnen-**
sis Scheer.. 82
— Salm. Cact. in hort. Dyck.,
cult., p. 107. . . . . —
Xantotricha Scheidw. . . 106
— Levior Salm. . . . . —
Zephyrantoides Scheidw.. 27
— Pfr. et Otto. Abbild. 2,
t. 8.. . . . . . . —
— Hort. Monv. Catal. . . —
— Salm. Cact. in hort. Dyck.,
cult., p. 80. . . . . —
Zephirantiflorus Galeot.. . —
— Hortul.. . . . . . —
Zepnickii Ehremb.. . . 81
— Forst. Handb. dr. Cact.,
p. 201.. . . . . . —
Zuccariniana Mart. Act.
nov. nat. cur. XVI, t. 20. 115
— Pfr. Enum. diagn., p. 20. —
— Forst. Handb. dr. Cact.,
p. 236.. . . . . . —
— Hortul.. 117
MELOCACTUS Carp. Bau-
hin. pin. — DC. Diss.—
id. Prodr. Link. et Otto.
Dissert. Lem. hort. Monv.
— id. Cact. gen. nov. . 8
Amœnus Hopf.. . . . 14
Atrosanguineus, hort. Berol. 16
Armatus Salm. . . . . —
Atrovirens, hort. Berol. . 20
Bonnet turc. DC. Rev., p. 6. 8
— Redouté, pl. gr., t. 6. . —
— Botan. magaz., t. 30,
p. 90. . . . . . . —
Brognartii Lem. . . . 14
Communis DC.. . . . 8
— Ait. hort. Kew. . . . —
— Coronatus Lamk. Dict. . —
— β. Macrocephalus, hort.
Berol. 9
— Conicus Monv. . . . —
— γ. Oblongus, hort. Berol. —

MAMILLARIA Communis
δ. Laniferus, hort. Berol. 9
— ε. Grecelegni, hort. Berol. —
— ζ. Conicus Pfr. . . . —
— Pyramidalis Haag. . . —
— η. Acicularis, hort. Monv. —
— θ. Spinosior, hort. Monv. —
— λ. Magnisolcatus Lem. . —
— Havanensis, hort. Berol. —
— Viridis, hort. Berol. . . 13
Carneus hort.. 11
Crassispinus Salm. . . 12
Curvispinus, hort. Berol. . 13
— Parm. . . . . . . —
Cœsius Wildenov. . . . 14
— β. Griseus hort. . . . 15
Crassispinus Salm. . . . 19
Cephalenoplus Lem. Hort.
univ. 20
Coronatus Cels. Catal. . . —
Dichroacanthus Miq. . . 16
Depressus Hook. . . . 18
Delessertianus Lem. Hort.
univ. 20
— Cels. Catal. . . . . —
Ex pluribus globulis Opun-
tiæ modo nacessentibus
Spinosissimus Plum. Ca-
tal., p. 19 (Pilocereus mi-
litaris). 378
Ferox Pfr. 16
— Forst. . . . . . . —
Fischeri, hort. Berol. . . —
Gardenerianus, Botan. ma-
gaz.. 18
Gillesii hort. 303
Goniodacanthus Lem.
Hort. univ. 18
Havanensis Miq. . . . 9
Hystrix Parm. 15
— Haw. . . . . . . —
Hookerianus Forst. . . 20
Latispinus Hortul. . . . 10
Lehmanni Miq. Monog,
des Meloc.. 11

pages.

MAMILLARIA   **Lemarii**
   Miq. ibid.   9
Macracanthus Salm. Observ.
   botan., 1820, p. 10. . . . 11
Mamillariæformis Salm. Ob-
   serv. botan. 133
—Pfr. Enum. diagn., p. 40. —
Microcephalus Miq. Mo-
   nog. des Meloc. . . . 11
Monvillanus Miq. ibid. . 13
Miqueli Lehm. 15
Meonacanthus Link. et
   Otto. . . . . —
Macracantoides Miq. . . 17
Macraibo Hortul. . . . 20
Obtusipetalus Lem. . . 12
—Hort. Mouv. . . . . . —
Oreas Miq. 20
Pyramidalis Salm. Observ.
   botan. 10
—Spinis albis Salm.. . . 14
Pycnacanthus Cels. Catal. . 12
Parthonii Hortul. . . . 17
Pentacanthus Lem. . . 18
Rubens Pfr. 10
Salmianus Link. et Otto. . —
Spatangus, hort. Berol.. . 18
— Forst. . . . . —
Spina Christi Zucc. . . . —
Tuberculatus Link. et Otto. 12
—β. Crassicostatus Lem. . 10
Windlandii Miq. . . . 13
Violacens Pfr. 17
Xantacanthus Miq. . . 11
Zuccarini Zucc.. . . . 17
NOPALEA Salm. Cact. in
   hort. Dyck., cult., p. 233. 448
Auberi Salm. Cact. in hort.
   Dyck., cult., p. 233. . . 450
Coccinellifera, id. . . . 449
Dejecta, id., p. 237. . . —
OPUNTIA Tournefort, Juss.
   p. 339, t. 422. 450
— Mill. Dict. Haw. synops. —
— DC. Prodr. . . . . . —

pages.

OPUNTIA Pfr. Enum. diagn. 450
— Miq. gen. plant. . . . —
— Endl. gen. plant. . . . —
Wildenov. Enum. suppl. . —
DC. hort. Monp. Catal. . . —
Link. Enumeratio. . . . —
Albicans Pfr. Enum. diagn.,
   p. 155. 463
—Forst. Handb. dr. Cact.,
   p. 486. . . . . . . —
—Salm. . . . . —
—β. *Levior* Salm. . . . —
Alfagayucca Karw. . 463, 468
Alpina Gill. 488
Amyclea Ten. 456
— Pfr. Enum. diagn., p. 159. —
— Forst. Handb. dr. Cact.,
   p. 485. . . . . . . —
Andicola, hort. Angl. . . 482
—Pfr. Enum. diagn., p. 145. —
—Forst. Handb. dr. Cact.,
   p. 467. . . . . . . —
Aoracantha Lem. . . . 485
— Forst. Handb. dr. Cact.,
   p. 469. . . . . . . —
Arborescens Engelm. . . 492
Articulata, hort. Berol. . . 484
— Otto's Gz., 1833, n° 46. . —
Auberi Pfr. A. G. Z., p. 282. 458
—Salm. . . . . —
Aurantiaca Gill. Botan.
   regist., t. 1606. . . . 479
— Pfr. Enum. diagn.,
   p. 147. . . . . . . —
—Forst. Handb. dr. Cact.,
   p. 476. . . . . . . —
—Botan. regist., t. 1606. . —
—Otto's Gz., n° 44, s. 349. —
Boliviana Salm., p. 245. . 455
Brasiliensis Haw. suppl.,
   p. 790. 495
— Botan. magaz., t. 3293. . —
—Pfr. Enum. diagn., p. 168.
   — Pfr. Abbild., t. 29. . —
—Spinosior, hort. Angl. . 496

pages.

OPUNTIA . **Caracassana**
Salm. Cact. in hort. Dyck.,
cult., p. 238. 465
Candelabriformis, hort.
Monac.. 469
— Forst. Handb. dr. Cact.,
p. 460.. . . , . . —
— β. *Rigidior* Salm. . . —
Cathocantha, hort. Berol. 452
— Pfr. Enum. diagn., p. 166. —
Celsiana, hort. Paris. . . 496
Clavarioides Pfr. Enum.
diagn., p. 173.. . . . 488
— β. Monstruosa Monv. . 489
Clavata Engelm. Mem.,
p. 95. 182
— Salm. Cact. in hort. Dyck.,
cult., p. 244. . . . . —
Coccinellifera DC. Rev.,
p. 68. — DC. plant. gras. 455
— Salm. Catal. 449
— Pfr. Enum. diagn., p. 150.
— Pfr. Abbild., t. 24. . —
— Dill. Elth., fig. 363. . . —
— Haw. synops., p. 192.. . —
— Mill. Botan. magaz.,
t. 2742. . . . . . —
Cœrulea Gill. Botan. magaz.. 362
Corrugata, hort. Angl.. . 462
— Pfr. Enum. diagn., p. 144. —
— Forst. Handb. dr. Cact.,
p. 468.. . . . . . —
Crassa Haw. suppl., p. 81. 474
— Pfr. Enum. diagn., p. 153. —
— Forst. Handb. dr. Cact.,
p. 478.. . . . . . —
Cruciata Hortul.. . . . 452
— Dolabriformis Hortul. . 453
Crinifera Pfr. Enum. diagn.,
p. 157. 454
— β. Lanigera Pfr. l. c. . —
Cristata Salm.. 491
— Tenuior Salm.. . . . —
Curassavica Mill. Dict.,
ed. 8, n° 7. 479

pages.

OPUNTIA Curassavica Haw.
synops., p. 196. . . . 479
— Pfr. Enum. diagn., p. 148.
— Pfr. Abbild., t. 6, fig. —
— Forst. Handb. dr. Cact.,
p. 477.. . . . . . —
— β. *Longa* Haw. . . . —
— Elongata Haw. . . . —
Cylindrica Jussieu. Botan.
magaz., t. 3301. . . . 490
— Forst. Handb. dr. Cact.,
p. 503.. . . . . . —
— Pf.. Enum. diagn., p. 169. —
— DC. Prodr., p. 471. . . —
Darwinii, hort. Angl. . . 497
Decipiens DC. Prodr. III,
p. 471. 491
— Pfr. Enum. diagn., p. 172. —
— Major, hort. Vindl. . . —
Decumana Haw. suppl.,
p. 71. 473
— Pfr. Enum. diagn., p. 152. —
— Forst. Handb. dr. Cact.,
p. 481.. . . . . . —
Decumbens Salm. Cact. in
hort. Dyck., cult., p. 361. 471
— Pfr. Enum. diagn., p. 154. —
— Botan. magaz., t. 3914. . —
— Forst. Handb. dr. Cact.,
p. 482.. . . . . . —
Demoriana, hort. Monac. . 497
Deppei Windl. . . . . —
Diademata Lem. Cact. gen.
nov.. 483
Dillenii Haw. Botan. re-
gist., t. 255. 459
— Forst. Handb. dr. Cact.,
p. 493. . . . . . —
— Pfr. Enum. diagn., p. 162. —
— DC. Prodr. III, p. 472. . —
— β. *Orbiculata* hort. . . —
Eburnea Lem. Hort. univ. . 486
Elata, hort. Berol. . . . 474
— Pfr. Enum. diagn., p. 152. —
— Salm. Cact. in hort. Dyck.,

pages.

cult., p. 361. 474
OPUNTIA Elata Forst.
  Handb. dr. Cact., p. 483. —
Elatior Milt. Dict. ed. 8,
  n° 4.. 456
— Pfr. Enum. diagn., p. 165. —
— Forst. Handb. dr. Cact.,
  p. 495. . . . . . . —
— Haw. synops., p. 188. . —
Elongata Salm. 473
— Haw. suppl., p. 81. . . 454
— β. Levior Salm. . . . 473
Engelmanni Salm. Cact. in
  hort. Dyck., cult., p. 235. 460
Extensa Salm.. 477
— Pfr. Enum. diagn., p. 147.
  — Pfr. l. c. . . . . . —
Exuviata DC.. 491
— Pfr. l. c. . . . . . —
— Augustior DC. Rev.,
  p. 118. . . . . . . —
— Stellata Lem. 492
— Spinosior DC. 491
— Pfr. l. c. . . . . . —
Ferox Haw. suppl., p. 82. . 453
— Pfr. Enum. diagn., p. 167. —
— Forst. Handb. dr. Cact.,
  p. 417. . . . . . . —
Windl.. 492
Ficus indica Milt. Dict.
  ed. 8, n° 2. 457
— Haw. suppl., p. 191. . . —
— Pfr. Enum. diagn., p. 152. —
— Forst. Handb. dr. Cact.,
  p. 481. . . . . . . —
— Articulis Brevioribus,
  hort. Dyck. Olim. . . 458
— Rotinedioribus, ibid. . —
Flavicans Lem. 463
Flavispina, hort. Berol.. . 497
Flexibilis, hort. Monac.. . —
— Hortul.. . . . . . —
Floccosa Salm. Cact. in
  hort. Dyck., cult., p. 248.
  — Salm. A. G. Z., 1845,

pages.

p. 388. 489
OPUNTIA Foliosa Salm. . 478
— Pfr. Enum. diagn., p. 148.
  — Abbild., t. 18. . . —
— Forst. Handb. dr. Cact.,
  p. 473. . . . . . . —
— DC. Prodr. III, p. 471. . —
Fragilis Haw. synops., p. 82. 481
— Pfr. Enum. diagn., p. 147. —
— A. G. Z., 1838, p. 270. . —
Frutescens Engelm. . . 494
— Salm. Cact. in hort. Dyck.,
  cult., p. 251. . . . . —
Fulvispina Salm. . . . 455
— Pfr. Enum. diagn., p. 464. —
— β. Badia Salm. . . . —
— Levior Salm. . . . . —
Furiosa Vendl. Catal. hort.
  Herndh., 1835.. . 491, 492
Gillesii, hort. Berol. . . 485
Galapayia Hensl.. . . . 497
Glaberrima, hort. Berol. . 474
Glaucescens, hort. Berol. . 465
— Pfr. Enum. diagn., p. 155. —
— Salm. Cact. in hort. Dyck.,
  cult., p. 362. . . . . —
— Forst. Handb. dr. Cact.,
  p. 486. . . . . . . —
— Hortul. . . . 463, 464
Glaucophilla Windl. Catal.
  hort. Herndh., 1835. . 458
— Pfr. Enum. diagn., p. 162. —
— Forst. Handb. dr. Cact.,
  p. 491. . . . . . . —
— β. Levior Salm. . . . —
Glomerata Haw. Philos.
  magaz., 1830, p. 109. . 482
— Pfr. Enum. diagn., p. 145. —
Gracilis, hort. Monac.. . 493
— Pfr. Enum. diagn., p. 172. —
— β. Subpatens hort. . . —
Grandis, hort. Angl. . . 464
— Pfr. Enum. diagn., p. 155. —
— Forst. Handb. dr. Cact.,
  p. 486. . . . . . . —

OPUNTIA **Hernandezii** DC.
Rev., p. 69, pl. 16. . . 474
Horizontalis Gill.. . . . 448
—Hort. 449
Horrida Salm. 459
—Pfr. Enum. diagn., p. 162. —
Humilis Haw.. . . . . —
Imbricata Haw.. . . . 491
— Pfr. Enum. diagn., p. 170. —
— Forst. Handb. dr. Cact.,
p. 478. . . . . . . —
— β. *Protracta* Salm. . . —
Involuta, hort. Paris. . . 489
Irrorata Mart. 471
—Hort. . . . . . . —
Italica Tabern. . . . 477
Jussieui Haag. 497
Karwinskiana Salm. Cact.
in hort. Dyck., cult. ,
p. 239. 467
Kleiniæ DC. Rev., p. 118. 493
— Pfr. Enum. diagn., p. 171. —
— Forst. Handb. dr. Cact.,
p. 506. . . . . . . —
— β. *Levior* Salm. . . . —
Lanceolata Haw. synops.,
p. 192. 476
— Pfr. Enum. diagn., p. 152. —
— Forst. Handb. dr. Cact.,
p. 478. . . . . . . —
Lanigera Salm. 454
Lascacantha, hort. Vindl. . 468
— Pfr. Enum. diagn., p. 160. —
Leptocaulis DC. . . . 493
— Pfr. Enum. diagn., p. 173. —
Leucacantha, hort. Berol. 453
—Salm. Catal. (Olim.). . 468
—Pfr. Enum. diagn., p. 167. 453
—Forst. Handb. dr. Cact.,
p. 497. . . . . . . —
— β. *Levior* Salm. . . . —
Leucostricta Vindl. . . . 464
— Pfr. Enum. diagn., p. 157. —
— DC. Rev., p. 119. . . —
—Salm. Cact. in hort. Dyck.,

cult., p. 362. 464
OPUNTIA Leucostricha Forst.
Handb. dr. Cact., p. 417. —
Longispina Haw. Philos.
magaz., 1830, p. 109. . . 487
— Pfr. Enum. diagn., p. 145. —
— Forst. Handb. dr. Cact.,
p. 468. . . . . . . —
Macrorhiza Engelm. . . 477
— Salm. Cact. in hort. Dyck.,
cult., p. 243. . . . . —
Maxima Mill.. 473
— Salm. 468
Media Haw. 462
— Pfr. l. c. . . . . . —
Megacantha Salm. Cact. in
hort. Dyck., cult., p. 363. . 468
—Pfr. Enum. diagn., p. 160. —
—Forst. Handb. dr. Cact.,
p. 485. . . . . . . —
— β. *Tenuispina* Salm. . . —
Metternichii Prael. . . . 467
Mexicana hort. 449
Microdasys Lehm. Ind.
sem. Handb., 1827. —
Lehm. Act. nat. cur. XVI,
Prodr. I, p. 317. . . . 471
—Pfr. Enum. diagn., p. 154. —
—Forst. Handb. dr. Cact.,
p. 481. . . . . . . —
— β. Levior Salm. . . . —
Microthele Hortul. . . . 488
Minima Americana Spino-
sissima Bradl. succ. 1,
p. 5, fig. 4. 477
Miquelli, hort. Monv. . . 490
— Forst. Handb. dr. Cact.,
p. 504. . . . . . . —
Missouriensis DC. Prodr.
III, p. 472. 461
— Pfr. Enum. diagn.,
p. 158. . . . . . . —
— Forst. Handb. dr. Cact.,
p. 488. . . . . . . —
— β. Elongata Salm.. . . 462

OPUNTIA **Monacantha**
Haw. suppl., p. 81. —
Haw. Botan. magaz.,
t. 1726. 456
—Pfr. Enum. diagn., p.164. —
— Forst. Handb. dr. Cact.,
p. 494. . . . . . . —
— β. *Deflexa* Salm. . . . —
—γ. *Gracilior* Salm. . . —
— Gracilis Monv. . . . —
Nana DC. 476
Nigricans Haw. synops.,
p. 189. — Haw. Botan.
magaz., t. 1557. . . . 455
— Pfr. Enum. diagn., p.165. —
— Forst. Handb. dr. Cact.,
p. 495. . . . . . . —
Nopalea Karw. 467
Oblongata Wilden. . . . 470
— Pfr. Enum. diagn., p.161. —
Orbiculata Salm. . . . 467
— Pfr. Enum. diagn., p.156. —
— Forst. Handb. dr. Cact.,
p. 486. . . . . . . —
— β. *Metternichii* Salm. . —
Ovata Pfr. Enum. diagn.,
p. 144. 485
— Hort. Angl. . . . . —
— Forst. Handb. dr. Cact.,
p. 469. . . . . . . —
Parmentieri Pfr. A. G. Z.,
1838, p. 276. 487
— Salm. Cact. in hort. Dyck.,
cult., p. 246. . . . . —
Parvispina Salm. Cact. in
hort. Dyck., cult., p. 238. 465
Parvula Salm. 474
—- Pfr. l. c. . . . . . —
Pelaginensis, hort. Angl. . 483
Pentlandii Salm. A. G. Z.,
1841, p. 387. 485
— Salm. Cact. in hort. Dyck.,
cult., p. 245. . . . . —
— Forst. Handb. dr. Cact.,
p. 506. . . . . . . —

OPUNTIA Phyllacantha
Salm. 497
Phyllanthus Mill. Dict. . . 418
—DC. plant. gr., p. 145. . —
Pentadera Hortul. . . . 454
Platyacantha Pfr. A. G. Z.,
1837, p. 371. 483
— Salm. Cact. in hort. Dyck.,
cult., p. 244. . . . . —
—Hort. Angl. . . . . —
— Forst. Handb. dr. Cact.,
p. 472. . . . . . . —
— Lem. Cact. gen. nov. . —
— β. *Monvilli* Salm. . . —
—γ. *Gracilior* Salm. . . —
— δ. *Deflexispina* Salm. . —
Polyantha DC. plant. gr.,
p. 138. 460
— Pfr. Enum. diagn., p. 163. —
— Haw. suppl., p. 82. . . 461
Polymorpha, hort. Angl. . 484
Pottsii Salm. Cact. in hort.
Dyck., cult., p. 236. . . 461
Prate Hortul. 463
Protracta Lem. Cact. gen.
nov., p. 70. 496
Pruinosa Hortul. 463
— Hort. Monv. 477
Pseudotuna Salm. Observ.
botan., 1822, p. 7. . . . 458
— Pfr. Enum. diagn., p. 162. —
— Forst. Handb. dr. Cact.,
p. 491. . . . . . . —
— β. Elongata Salm. . . —
Puberula, hort. Windl. . 472
— Pfr. Enum. diagn., p.156. —
—Forst. Handb. dr. Cact.,
p. 483. . . . . . . —
Pubescens Windl. Cact.
hort. Hernd., 1835. . . 481
— Pfr. Enum. diagn., p. 149. —
—Forst. Handb. dr. Cact.,
p. 474. . . . . . . —
Pulverulata, hort. Berol. . 497
Pulvinata DC. 471

pages.

OPUNTIA **Pusilla** Haw.,
synops., p. 195. . . . 487
— Salm. Observ., 1822,
p. 10. . . . . . . —
— Pfr. Enum. diagn., p. 145. —
— Forst. Handb. dr. Cact.,
p. 467. . . . . . —
Ramulifera Salm. Cact. in
hort. Dyck., cult., p. 360. 494
— Pfr. Enum. diagn., p. 173. —
— Forst. Handb. dr. Cact.,
p. 507. . . . . . . —
Repens Karw. 471
Retrospina Lem. 487
Robusta Windl. Cat. hort.
Hernd., 1835. . . . , . 463
— Pfr. Enum. diagn., p. 165. —
Rosea DC. 492
Rufescens Salm. Cact. in
hort. Dyck., cult., p. 360. 451
— Pfr. Enum. diagn., p. 186. —
— Forst. Handb. dr. Cact.,
p. 499. . . . . . . —
Sabinii hort. 481
Salicornioides Spring. . . 442
— DC. Mem., p. 23. . . . —
— Link. et Otto. Iconog.,
p. 49. . . . . . . —
— Botan. magaz., t. 2461. . —
— Pfr. Enum. diagn., p. 141. —
Salmiana Parment. . . . 480
— Forst. Handb. dr. Cact.,
p. 475 et 520. . . . . —
— Pfr. Enum. diagn., p. 172.
— Pfr. l. c. — Pfr.
Abbild. . . . . . . —
Senilis Parment. 454
Sericea Sou. 462
— Pfr. Enum. diagn., p. 155. —
— Forst. Handb. dr. Cact.,
p. 457. . . . . . . —
— β. Longispina, hort. Dyck. 467
— β. *Maelenii* Salm. . . . 463
Spinosissima Milt. Dict.,
ed. 8, n° 8. 452

pages.

OPUNTIA Spinosissima Pfr.
Enum. diagn., p. 166. . —
— Forst. Handb. dr. Cact.,
p. 498. . . . . . . —
Setispina Engelm. . . . 466
— Salm. Cact. in hort. Dyck.,
cult., p. 239. . . . . —
Spinulifera Salm. Cact. in
hort. Dyck., cult., p. 364. 470
— Forst. Handb. dr. Cact.,
p. 490. . . . . . . —
— Pfr. Enum. diagn., p. 157. —
Splendens, hort. Angl. . . 462
— Pfr. Enum. diagn., p. 159. —
Spinaurea Karw. 458
Stapelia DC. Rev., p. 117. 492
— Pfr. Enum. diagn., p. 171. —
— Forst. Handb. dr. Cact.,
p. 501. . . . . . . —
Stellata Salm. . . . . . —
Streptacantha Lem. Cact.
gen. nov., p. 62. . . . 469
— Salm. Cact. in hort. Dyck.,
cult., p. 420. . . . . —
— Forst. Handb. dr. Cact.,
p. 299. . . . . . . —
Stricta Haw. synops., p. 191. 475
— Pfr. Enum. diagn., p. 151. —
— Forst. Handb. dr. Cact.,
p. 480. . . . . . . —
Subferox Scholt. 453
Sulphurea Gill. 462
— Pfr. Enum. diagn., p. 144. —
— Forst. Handb. dr. Cact.,
p. 188. . . . . . . —
— β. *Levior* Salm. . . . —
— Pallidior Lem. . . . —
Syringacantha Pfr. Enum.
diagn., p. 103. . . . 483
— Forst. Handb. dr. Cact.,
p. 476. . . . . . . —
Tomentosa Haw. . . . 466
— Pfr. Enum. diagn., p. 163. —
— Forst. Handb. dr. Cact.,
p. 488. . . . . . . —

pages.

OPUNTIA Tomentosa DC.
Prodr. III, p. 473. . . . 466
Tuberculata Haw. suppl.,
p. 80. 475
—Pfr. Enum. diagn., p. 151. —
—Forst. Handb. dr. Cact.,
p. 479. . . . . . . —
Tuberculatus Wildenov. . . —
Tuberosa Pfr. Enum. diagn.,
p. 146. 483
—Hort. Angl. . . . . . —
—Forst. Handb. dr. Cact.,
p. 466. . . . . . . —
Tuna Mill. Dict. ed. 8,
n° 3. 458
—Pfr. Enum. diagn., p. 161. —
—Haw. synops., p. 188. . —
—Elatior Dill. Elth., f. 382. 456
—Humilior Salm. . . . 459
—Major Dill. Elth., f. 382. —
—DC. pl. gr., p. 138. . . 456
—Botan. regist., t. 1728. . —
—Otto's Gz.; 1835, n° 6,
s. 47. . . . . . . —
Tunicata Lehm. Act. nat.
cur. XVI, Prodr. 1, p. 319. 491
—Pfr. Enum. diagn., p. 170. —
—Forst. Handb. dr. Cact.,
p. 501. . . . . . . —
—β. *Levior* Salm. . . . —
Turpini Lem. Cact. gen.
nov. 484
—Forst. Handb. dr. Cact.,
p. 471. . . . . . . —
—β. *Polymorpha* Salm. . —
Vestita Salm. Cact. in hort.
Dyck., cult., p. 247. . . 489
—Forst. Handb. dr. Cact.,
p. 505. 493
Vulgaris Haw. synops.,
p. 190. 477
—Milt. Dict. ed. 8, n° 1. . —
—Salm. Observ. bot., 1822,
p. 9. . . . . . . —
—Pfr. Enum. diagn., p. 149. —

pages.

OPUNTIA Vulgaris β. Major
Salm. 477
—γ. Minor. Observ. bot.;
1822, p. 9. . . . . —
PELECYPHORA Ehremberg.
Botan. Zeitung (Mohl. et
Scheetendal, vol. 1er,
p. 737. 148
Lem. Hort. univ. . . . —
Forst. Handb. dr. Cact.,
p. 257. . . . . . —
Salm. Cact. in hort. Dyck.,
cult., p. 5. . . . . —
Aselliformis Ehremb. Bo-
tan. Zeitung. . . . —
—Milt. Man., vol. 2. . . —
—Salm. Cact. in hort. Dyck.,
cult., p. 78. . . . —
—Forst. Handb. dr. Cact.,
p. 257. 149
PEIRESCIA Plum. gen.,
p. 35. 501
Mill. Dict. . . . . . —
Haw. synops. . . . . —
DC. Prodr. . . . . . —
Etc. . . . . —
Aculeata Plum. gen. nov.,
p. 37. 503
—Botan. magaz., t. 1928. —
—Haw. synops., p. 197. —
—Pfr. Enum. diagn., p. 175. —
—β. *Rubescens* Pfr. l. c. . 504
—γ. *Rotundifolia* Pfr. l. c.
— —Salm. . . . . —
Bleo DC. Prodr. III, p. 475. —
—Pfr. Enum. diagn., p. 176.
—Pfr. Abbild., t. 30. —
Pfr. Botan. magaz., t. 1473. —
Brasiliensis, hort. Hamb. —
Calandrinœfolia, hort. Be-
rol. 503
—Salm. Cact. in hort. Dyck.,
cult., p. 252. . . . —
—Forst. Handb. dr. Cact.,
p. 511. . . . . . —

pages.

PEIRESCIA Crassicaulis Zucc. 502
Cruenta Hortul. 504
Glomerata Pfr. 505
Grandiflora Hortul. . . . —
Grandifolia Haw. suppl.,
  p. 85. . . . . —
—Pfr. Enum. diagn., p. 177. —
Horrida DC. Rev. des Cact. 506
—Forst. Handb. dr. Cact.,
  p. 523. . . . . . . —
Lanceolata, hort. Berol. . 503
—Hert. Hamb. . . . . —
Longispina Haw. 504
— Hortul. . . . . . —
Lychnidiflora DC. Rev. des
  Cact., p. 75. 505
—Reichemb. flor. Mexic. . —
Opuntiæflora DC. Rev. des
  Cact., p. 76 et pl. 18. . 606
Pititache Haw. 503
Plantaginea, hort. Gœting. —
Pœppigii Salm. 502
— Pfr. Enum. diagn., p. 175. —
Rotundifolia DC. Rev. des
  Cact., p. 77, pl. 20. . . 506
Spatulata Link. et Otto. . 502
—Hort. Berol. . . . . —
—Pfr. Enum. diagn., p. 174. —
—β. Lanceolata, hort. Berol. 503
— — Pfr. . . . . . —
Subulata Muhlenpf. A. G.
  Z., 1845, p. 347. . . . 502
—Salm. Cact. in hort. Dyck.,
  cult., p. 252. . . . . —
—Forst. Handb. dr. Cact.,
  p. 523. . . . . . . —
Zinniœflora DC. Rev. des
  Cact., p. 75, pl. 17. . . 505
PFEIFFERA Salm. Cact. in
  hort. Dyck., cult., p. 61. 443
Cereiformis Salm. ibid.,
  p. 61 et 231. 444
—Pfr. Abbild. 2, t. 9. . . —
—Forst. Handb. dr. Cact.,
  p. 507. . . . . . . —

pages.

PHYLLARTHUS Neck. Elem.
  de botan., p. 742. . . . 407
—Miq. gen. Cact. . . . —
PHYLLOCACTUS Link.
  Handb., p. 411. . . . —
Salm. Cact. in hort. Dyck.,
  cult., p. 54. . . . . —
Valp. rep. 11, 341, V. 820. —
Endlich. gen. pl. 5158. . —
Forst. Handb. dr. Cact. . —
Miq. gen. Cact. . . . . —
Ackermani Haw. synops. . 410
— Salm. et Auct. . . . —
—β. Speciosissimus Salm. . —
— β. *Grandiflorus*, hort.
  Mouv. . . . . . . —
— γ. *Sellowii* Salm. . . —
—δ. *Minor* Forst. Handb.
  dr. Cact. 418
—Speciosissimus hort. . . 410
Angularis Lem. Hort. univ. —
Anguliger Lem. Jard. fleur.,
  liv. 21, 1851. . . . . —
Albus Haag. 400
Biformis Nob. 416
Crenatus Salm. 414
—Lem. Hort. univ., vol. 6,
  p. 87. . . . . . . —
Caulorrhizus Lem. Jard.
  fleur., 1er vol., p. 1. . . 416
Grandis Lem. Hort. univ. . 415
—Salm. Cact. in hort. Dyck.,
  cult., p. 224. . . . . —
Guyanensis Brongt. . . 416
Hookeri Salm. Cact. in
  hort. Dyck., cult., p. 55. 411
Longipes, hort. Belg.
  (Hybr.). 429
Lothii Pfr. (Hybr.). . . —
Londonii Haag. (Hybr.). . —
Latifrons Salm. (Hybr.). . 412
Macqueana Salm. (Hybr.). 429
Maelenii (Hybr.). . . . —
Marginatus Salm. . . . 411
—Hort. Mouv. . . . . —

pages.

PHYLLOCACTUS **Mauran-tiana**, Hort. Berol. (Hybr.). 429
Mexicana Salm.. . . . —
Oxypetalus DC. Rev. des Cact. 411, 413
—Hortul.. . . . . —
Phyllantoides DC. Rev. des Cact. 408
—Salm. . . . . . . —
— β. *Striatus* Pfr. Handb. . 409
Phyllantoides Albiflorus hort. . . . . . . —
—Striatus multiflorus, hort. Monac.. . . . . . —
Phyllanthus Link. pl. gr., p. 145 (DC.). 412
—Salm. . . . . . —
—Americana, h. Pluch. . —
Russelianus, hort. Angl. . 423
Roseus Albus Haag. (Hybr.). 429
Roseus superbus Haag. (Hybr.). . . . . . —
Selloii, hort. Sello. . . . —
Serratus Brognt. . . . 417
Stenopetalus Salm. Cact. in hort. Dyck., cult., p. 223. 414
—Forst. Handb. dr. Cact., p. 412. . . . . . —
Smoll. Edw. Botan. regist., 1842 (Hybr.). 430
Smithii Forst. Handb. dr. Cact. (Hybr.).. . . . —
Superbus Haag. 429
PILOCEREUS Lem. Cactearum gen. nov.. 275
Salm. Cact. in hort. Dyck., cult.. . . . . . . —
Forst. Handb. dr. Cact. . . —
Lendl. gen. pl. . . . . —
Bradypus Lem. Act. nov. nat. cur. XVI, t. 72.. . 277
Celsianus, hort. Paris.. . 276

pages.

PILOCEREUS Celsianus Salm. Cact. in hort. Dyck., cult., p. 185. . . . . —
— β. *Lanuginosior* Salm. ib. —
Chrysomalus Lem. Hort. univ. . . . . . . —
Columna Salm. Cact. in hort. Dyck., cult., p. 184. 278
Cometes Scheidw. A. G. Z., 1840, p. 339. . . . . —
Curtisii Salm. Cact. in hort. cult., p. 183. 281
— Forst. Handb. dr. Cact., p. 356. . . . . . —
Glaucescens Nob. . . . 279
Jubatus Salm. Cact. in hort. Dyck., cult., p. 183. . . 280
—Forst. Handb. dr. Cact., p. 356. . . . . . —
Militaris Cels. Catal. . . 276
Niger, hort. Paris. . . . —
Polylophus Salm. . . . 280
Senilis Lem. Hort. univ. . 277
—Pfr. l. c. . . . . . —
— β. *Longiseta* Salm. . . —
Senilis Flavispinus Salm. . 276
Senilis Longispinus Salm. (Olim.). 277
Williamsii, hort. Angl. . . 276
RHIPSALIS Gœrt. sem. fruct. pl., t. 136. 432
Haw. synops., p. 186. . . —
DC. Rev., p. 77. — DC. Prodr. III, p. 275. . . —
Pfr. Enum. diagn., p. 129. . —
Forst. Handb. dr. Cact., p. 448. . . . . . . —
Salm. Cact. in hort. Dyck., cult., p. 59. . . . . —
Brachiata Hook. Botan. magaz., t. 4039. . . . 442
Calamiformis hort. . . . 439
Cassytha Gœrt. sem. f. 137, t. 28, fig. 1. 440
— Pfr. Enum. diagn., p. 133. —

pages.

RHIPSALIS Cassytha Forst.
Handb. dr. Cact., p. 458. 440
—β. *Pendula* Salm. . . —
—Pfr. l. c. . . . . —
—ξ. *Dichotoma* DC. . . —
—δ. Hookeriana DC. . . —
— — Hook. exot. flor.,
t. 12, Mexico. . . . —
—Major Salm. hort. Dyck. 440
—Mauritiana DC. . . . —
—Pandula Salm. . . . —
— — Pfr. l. c. . . . —
—Paniculata Salm. hort.
Dyck. 439
—γ. *Swartziana* DC. . . 440
Conferta Salm. Cact. in
hort. Dyck., cult., p. 229. 438
Crispata Pfr. Enum. diagn.,
p. 130. 434
—β. Lælior Salm. . . . —
— — Pfr. l. c. . . . —
Floccosa Salm. 439
—Pfr. Enum. diagn., p. 134. —
— Forst. Handb. dr. Cact.,
p. 457. . . . . . —
Funalis Salm. 439
—Pfr. Enum. diagn., p. 135. —
—DC. Prodr. III, p. 476. . —
—Forst. Handb. dr. Cact.,
p. 457. . . . . . —
—Minor Pfr. l. c. . . . —
Grandiflora Haw. Botan.
magaz., t. 2740. — Haw.
suppl., p. 81. . . . —
—Link. et Otto. Iconog.,
p. 28. . . . . . —
Knightii Forst. . . . 445
—Pfr. l. c. . . . . —
Mesembryonthemoïdes
Haw. Rev., p. 71. . . 441
— Botan. magaz., t. 3078. . —
— Pfr. Enum. diagn.,
p. 136. . . . . . —
—Forst. Handb. dr. Cact.,
p. 460. . . . . . —

pages.

RHIPSALIS Micrantha DC.
Prodr. III, p. 476. . . 437
— Pfr. Enum. diagn., p. 133. —
— Forst. Handb. dr. Cact.,
p. 454. . . . . . —
Pachyptera Pfr. Enum.
diagn., p. 132. . . . 435
— Forst. Handb. dr. Cact.,
p. 45. . . . . . —
—Crassior Salm. . . . —
— — Pfr. l. c. . . . —
Paradoxa Salm. . . . 436
—Forst. Handb. dr. Cact.,
p. 453. . . . . . —
Parasitica Haw. suppl.,
p. 83. 438
—Botan. magaz., t. 3179. . —
— Pfr. Enum. diagn.,
p. 135. . . . . . —
— Forst. Handb. dr. Cact.,
p. 457. . . . . . —
—Turpin. Observ., p. 68. . —
Pendula hort.. . . . —
—Kunth. syn., pl. equin.,
III, p. 369. . . . 440
Pentaptera Pfr. Enum.
diagn., p. 132. — Pfr.
Abbild., t. 17, fig. 1. . 436
—Otto's Gz., 1836, n° 14. . —
—Forst. Handb. dr. Cact.,
p. 452. . . . . . —
Platycarpa Pfr. Enum.
diagn., p. 131. — Pfr.
Abbild., t. 17, f. 2. . . 437
—Forst. Handb. dr. Cact.,
p. 449. . . . . . —
Ramulosa Pfr. Enum.
diagn., p. 130. . . . 433
—Forst. Handb. dr. Cact.,
p. 459. . . . . . —
Rhombea Pfr. Enum.
diagn, p. 130. 442
—Forst. Handb. dr. Cact.,
p. 450. . . . . . —
Saglionis Lem. Hort. univ. —

pages.

RHIPSALIS Saglionis Forst.
Handb. dr. Cact., p. 460. 442
Salicornioides Haw. Botan.
magaz., t. 2461. . . . 442
—Link. et Otto. Iconog.,
t. 21. . . . . . . —
— Forst. Handb. dr. Cact.,
p. 446. . . . . . —
—Ramosior Salm. . . . 443
— — Pfr. l. c. . . . . —
Sarmentosa Otto, A. G. Z.,

pages.

1841, p. 98. 441
RHIPSALIS Sarmentosa Forst.
Handb. dr. Cact., p. 459. —
Swartziana Pfr. Enum.
diagn., p. 131. . . . 435
— Forst. Handb. dr. Cact.,
p. 451. . . . . . —
Trigona Pfr. Enum. diagn.,
p. 133. 437
—Forst. Handb. dr. Cact.,
p. 454. . . . . . —

FIN DE LA TABLE ALPHABÉTIQUE.

TABLE ANALYTIQUE DES MATIÈRES

PRÉSENTANT LA CLASSIFICATION DES GENRES.

	Pages.
PRÉFACE.	V
INTRODUCTION.	IX
Opinion des auteurs Tournefort, Linné, Bernard de Jussieu, Ventenaut, Decandolle sur la classification de la famille des Cactées dans le règne végétal.	IX
Opinion des auteurs modernes sur le même sujet.	XI
Anatomie.	XII
Germination (Mamillaria, Melocactus, Echinocactus, Cereus, Phyllocactus, Opuntia, Rhipsalis, Echinopsis, Epiphyllum, Pfeiffera).	XXI
Division de la famille en genres ou sous-genres (Linné, Necker, Miller, Haworth).	XXVI
Classification de Decandolle.	XXVIII
— M. Pfeiffer.	XXIX
— M. Lemaire.	XXXI
— M. Miquel.	XXXII
— M. Salm.-Dyck.	XXXIV
— M. Forster.	XXXVI
— M. de Monville.	XXXVII
Classification des espèces de chaque genre dans le système de M. de Monville.	XXXVIII
Classification du prince de Salm.-Dyck.	XLII
Classification nouvelle.	XLVI

CACTACÉES.

Caractères différentiels.	1
— naturels	2
Organes de la végétation	4
— des feuilles	5
CACTEÆ TUBULOSÆ. Cactées à fleurs tubuleuses	7
Ier Genre. Melocactés	—
Ier SOUS-GENRE. MELOCACTUS.	8

Pages.

§ 1. Heteracanthæ, aiguillons de deux sortes. 3

A. Polyacanthæ, aiguillons intérieurs et extérieurs différant assez peu les uns des autres. . . . . —

B. Crassispinæ, aiguillons intérieurs plus forts que les aiguillons extérieurs.. 10

C. Diacanthæ, 2 aiguillons intérieurs. 12

D. Monacanthæ, 1 seul aiguillon intérieur. 13

§ 2. Homœacanthæ, n'ayant que des aiguillons extérieurs. . 17

§ 3. Espèces douteuses. 19

2ᵉ Sous-Genre. MAMILLARIA.. 21

1ᵉʳ Groupe Setiformes à aiguillons ayant l'aspect et la consistance des sétules 21

A. Longimammæ, mamelons allongés.. 22

B. Crinitæ, aiguillons extérieurs criniformes. 23

1. Inuncinnatæ, aiguillons droits. . . . . . . —

2. Uncinnatæ, à aiguillons uncinnés. 27

C. Polyacanthæ, à aiguillous nombreux. 31

* Spinosissimæ, aiguillons très-nombreux.. . . . . —

1. Uncinnatæ, aiguillons intérieurs uncinnés.. . . —

2. Inuncinnatæ, aiguillons droits.. 35

** Heteracanthæ, aiguillons intérieurs et extérieurs différents 38

1. Discolores, aiguillons de couleurs différentes. . . —

2. Chrysacanthæ, aiguillons dorés. 44

3. Subsetosæ, aiguillons sétiformes. 49

D. Setosæ, aiguillons extérieurs soyeux. 53

* Heterochromæ, aiguillons intérieurs et extérieurs de couleurs différentes. . . . . —

** Leucacanthæ, aiguillons blanc mat.. 56

1. Trisericati, aiguillons disposés sur trois séries. . . —

2. Longispinæ, aiguillons intérieurs allongés.. . . . —

3. Brevispinæ, aiguillons intérieurs courts. 59

4. Geminispinæ, aiguillons intérieurs germinés.. . . 62

*** Leiacanthæ, aiguillons tout à fait soyeux. 65

2ᵉ Groupe. Heteromorphi, dont les caractères sont de deux sortes. 66

A. Stelligeræ, dont les aiguillons sont disposés comme les rayons d'une étoile. 67

1. Amesacanthæ, sans aiguillon intérieur. . . . . . —

2. Monacanthæ, un seul aiguillon intérieur. 68

3. Pluriacanthæ, plusieurs aiguillons intérieurs.. . . 70

4. Sulconotatæ, mamelons marqués d'un sillon.. . . 71

B. Ovatæ, mamelons en forme d'œuf. 74

Pages.

1. Cæspitosæ, tige globuleuse cespiteuse. 74
2. Sulconotatæ, marqués d'un sillon. . . . : 76
3. Ovimammæ, mamelons ovés, coniques, subtétragones. 81
4. Oothelæ, mamelons ovés, coniques, tétragones. . . 85
3ᵉ Groupe. Crassispinæ, aiguillons trapus, rigides, de longueur variable. 88
A. Angulosæ, mamelons anguleux. . . . . —
* Tetragonæ, base tétragone. . . . . —
1. Pubescentes, aiguillons pubescents. . . . . —
2. Stellati, aiguillons en rayons d'étoile. 89
3. Strogulacanthi, aiguillons courts et ramassés. . . . 90
** Polyedrothelæ, mamelons pressés en tous sens et présentant une surface polyédrique. 95
1. Subpolyedræ, mamelons à faces aplanies, présentant
quelques arêtes. 96
2. Eupolyedrothelæ, à mamelons tout à fait polyédriques. 101
B. Mammiformes, mamelons ayant la forme de mamelles. . 108
* Phymatothelæ, mamelons contractés, raccourcis en dessous comme par un frein. . . . . —
1. Inuncinnatæ, aiguillons droits. 109
2. Uncinnatæ, aiguillons uncinnés. 114
** Macrothelæ, à gros mamelons. 115
1. Rhomboideæ, mamelons à base rhombique. . . . . —
2. Uberatæ, en forme de mamelles épaisses. 116
C. Præsulcatæ, mamelons marqués d'un sillon. 122
* Glanduliferæ, aisselles glanduleuses. . . . . —
1. Elongati, mamelons allongés. 123
2. Obtusi, émoussés à la pointe. 130
** Aulacanthelæ, mamelons partagés en deux par un sillon. 135
1. Sulconotatæ, mamelons marqués d'un sillon laineux. . —
2. Deflexi, aiguillons intérieurs arqués, recourbés. . . 141
3. Recti, aiguillons intérieurs droits. 144
3ᵉ Sous-genre. Pelecyphora. 148
4ᵉ Sous-genre. Anhalonium. 150

2ᵉ **Genre. Leuchtenbergia.** 160

3ᵉ **Genre. Echinocacteacés.** 164
1ᵉʳ Sous-Genre. Discocactus. 165
2ᵉ Sous-Genre. Echinocactus. 167
1ᵉʳ Groupe. Adialeiptogoni, à côtes continues. 168
A. Pseudocephaloidei, portant un faux cephalium. . . . . —

Pages.

* Leiophloi, à épiderme lisse.. 169
** Tephraloi, à épiderme épais plus ou moins cinérascent. 174
B. Erostrogoni, à arêtes vigoureuses et saillantes.. . . . 180
* Xiphacanthi, aiguillons allongés en forme de glaive.. . 181
** Helophori, aiguillons en forme de clous. 189
C. Uncinnati, aiguillons recourbés.. 194
* Cornigeri, aiguillons en forme de corne.. . . . . —
** Uncinati, aiguillons terminés en hameçon.. 200
2e Groupe. Asteroidei, ayant la forme d'un oursin.. . . . 204
3e Groupe. Stenogoni, à côtes comprimées.. 206
A. Coptonogoni, côtes coupantes. . . . . —
B. Phyllacanthæ, aiguillons foliacés. 208
* Glumæacanthæ, aiguillons glumacés. 209
C. Enciferi, aiguillons en forme de glaive. 213
* Platiacanthæ, aiguillons larges et plats. . . . . —
** Oligacanthi, aiguillons allongés.. 219
1. Aiguillons blancs ou blanc d'ivoire.. . . . . . —
2. Aiguillons fauves ou bruns. 222
D. Eneacanthi, aréoles portant plusieurs aiguillons exté-
rieurs. 224
* Amphæacanthæ, deux aiguillons intérieurs.. . . —
** Polyacanthæ, plusieurs aiguillons intérieurs.. . . . 225
4e Groupe. Asinechegoni à côtes interrompues. 227
A. Microgoni, petites côtes.. . . . . —
* Pulvillis immersis, aréoles immergés. . . . . . —
** Prominulis, aréoles saillantes. 236
B. Hybogoni, côtes formées de bosses. 239
* Stenoxiphy, tubercules étroits, comprimés.. . . . —
** Ernchuphy, tubercules larges. 246
1. Tube écailleux, muni de sétules, laine et soie. . . —
2. Tube écailleux nu. 248
3. Inermes, aréoles inermes. 258
C. Theloidei, tubercules distincts à sommet saillant. . . 259
* Tubercules plus ou moins ramassés en côtes. . . . —
** Distincts et disposés en spirales. 264

4e Genre. Cereastreæ. 273
1er Sous-Genre. Pilocereus. 275
2e Sous-Genre. Echinopsis. 287
A. Tuberculatæ, côtes tuberculées. 288
1. Tubercules comprimés en forme de crêtes. . . . —
2. Tubercules très-petits, formant des côtes interrompues. 292

Pages.

B. Costatæ ; côtes entières. 294
  1. aiguillons droits, courts ou très-courts. . . . . —
    * Macracanthi, aiguillons forts. 257
  2. Recti, aiguillons droits. 297
  2. Curvati, aiguillons recourbés. 304
3ᵉ SOUS-GENRE. CEREUS. 308
1ᵉʳ Groupe. Echinocerei. 310
A. Lophogoni, à arêtes anguleuses. 311
  * Pentalophi, cinq côtes. . . . . —
  ** Decalophi, dix côtes. 313
B. Proliferi, tige prolifère. 318
  * Pectinati, aiguillons rangés comme les dents d'un peigne. —
  ** Multicostati, côtes nombreuses. 321
2° Groupe. Sulcati, tige cannelée. 325
A. Latecostati, côtes larges. . . . .
  * Léiphloi, à épiderme lisse. 326
  ** Velutini, épiderme vélutineux. 329
  *** Attenuati, tige atténuée. 335
  **** Cærulescentes, épiderme d'un vert cérulescent. . 338
3ᵉ Groupe. Angulosi, tige anguleuse. 340
A. Columnares, tige columnaire. 341
  * Lanuginosi, aréoles munies de laine longue. . . . —
  1. A aiguillons blancs. . . . . —
  2. A aiguillons fauves. 342
  ** Glabri, aréoles dépourvues de laine. 350
  1. Aiguillons fauves ou bruns. . . . . . —
B. Pauci angulares, côtes peu nombreuses. 357
  * Compressi, côtes comprimées. . . . . —
  ** Pruinosi, épiderme pruineux. 364
  *** Gemmati, tige bourgeonnante. 368
4ᵉ Groupe. Articulati, tige articulée. 371
A. Acutanguli, angles aigus. 373
  * Côtes convexes entre les aréoles. . . . . . . —
  ** Côtes subrépandiformes. 375
B. Variabili, tige dont le nombre des côtes varie. . . 376
C. Opuntiacci, tige ayant la forme de celle d'un opuntia. 378
D. Serpentini, tige ayant la forme d'un serpent. . . . 379
5ᵉ Groupe. Radicantes, tiges radicantes. 382
A. Flagriformis, tiges ayant la flexibilité d'une lanière. . —
B. Extensi, tige étendue. 386
  * Rameaux subcylindriques, à 6-7 côtes obtuses. . . —
  ** Rameaux subtétragones, étendus; côtes parfois sub-
    sinueuses en dessus des aréoles. 389

Pages.

*** Rameaux triquêtres, articulés; articles étendus, parfois raccourcis, côtes fréquemment comprimées, aiguës. . 391
C. Divaricati, tige divariquée. 396
D. Speciosi, à fleurs remarquables.. 397

5e Genre. Athrophyllum. 406
1er Sous-Genre. Phyllocactus. 407
* Divisions du périanthe et étamines en nombre indéterminé. 408
1. Tube court.. . . . . —
2. Tube allongé.. 409
3. Tube côtelé. 411
4. Tube très-long. 417
** Divisions du périanthe en nombre presque déterminé. 418
2e Sous-Genre. Epiphyllum. 420
1. Gorge du tube oblique. 421
2. Ouverture du tube régulière.. 423

CACTEÆ ROTATÆ. 431

1er Genre. Rhipsalideæ. . . . . —
1er Sous-Genre. Rhipsalis. 432
A. Alatæ, tige ailée. . . . . —
B. Angulosæ, tige anguleuse.. 436
C. Teretes, tiges cylindriques. 438
D. Sarmentosæ, tige sarmenteuse.. 441
E. Articuliferæ, rameaux et tiges articulés.. . . . —
* Fleurs latérales.. . . . . —
** Fleurs terminales.. 442
2e Sous-Genre. Pfeiffera.. 443
3e Sous-Genre. Lepismium. 444

2e Genre. Opuntieæ. 448
1er Sous-Genre. Nopaleæ. . . . . —
2e Sous-Genre. Opuntia. 450
Cruciatæ, articles disposés en croix. 451
* Inermes, à aiguillons rares. . . . . —
** Aculeatissimæ, à aiguillons très-nombreux.. . . 452
Ellipticæ, articles elliptiques.. 453
A. Crinitæ, aiguillons criniformes.. . . . . . . —
B. Fulvispinæ, aiguillons fauves. 435
C. Flavispinæ, aiguillons jaune doré. 457
* Leviores, aiguillons peu nombreux. . . . . . . —
** Spinosiores, aiguillons très-nombreux.. 458

Pages.

D. Albispinæ, aiguillons blancs. 461
  * Pulvinatæ, aréoles munies de sétules feutrés. . . . . —
  ** Paucisetosæ, sétules peu nombreuses. 467
E. Subinermes, aréoles presque inermes. 370
  * Pubescentes, épiderme pubescent. . . . . . . —
  ** Decumanæ, articles épais.. 473
  *** Humiliores, tiges moins élevées. 475
Divaricatæ, articles divariqués. 478
  * Articles comprimés.. 479
  ** Articles cylindriques. 480
Ovatæ, articles ellipsoïdes. 481
  * Polyacanthæ, aiguillons de deux espèces, l'un glumacé. . 482
    1. Articles couchés. . . . . —
    2. Articles dressés.. 483
  * Glomeratæ, articles agglomérés. 485
    1. Articles subérigés. . . . . —
    2. Articles couchés.. 486
Cylindricæ, tige cylindrique.. 488
  * Etuberculatæ, sans tubercules.. . . . . . . —
  ** Tuberculatæ, tuberculés. 489
    1. Tubercules aplanis. . . . . —
    2. Tubercules comprimés. 491
Paradoxæ, tige arborescente. 495

3e Genre. Peiresciæ.. 501
  PEIRESCIA.. . . . . —
    * A feuilles charnues. 502
    ** Feuilles planes veinées. 503

CULTURE DES CACTÉES.

Introduction. 511
Statistique géographique des Cactées. 512
1. Climat du Mexique. 514
11. Climat des Antilles. 522
111. Climat du Texas. 524
1v. Climat du Pérou et de la Bolivie. 526, 532
v. Climat du Chili, de la république Argentine, de l'Uraguay
   et du Paraguay. 527
v1. Climat du Brésil. 528
v11. Climat de la Guyane. 530
v111. Climat de l'Amérique méridionale espagnole. . . . 532

Pages.

Des lignes isothermes. 536

Tableau des températures moyennes de diverses localités où les Cactées croissent spontanément, et de quelques localités appartenant à l'Europe. 538

IX. De l'influence de la lumière solaire. 541

X. Limites des températures que supportent les Cactées sous leur climat. 548

Tableau de comparaison des températures extrêmes de nos climats, avec la végétation en plein air pendant la belle saison sous notre climat. 552, 553

Températures correspondantes de la zone tempérée. 552

Tableau de comparaison des températures extrêmes de nos climats, avec les températures correspondantes de la zone tempérée. 554

Limite inférieure de la température pendant la période du repos. 559

Tableau de comparaison des températures extrêmes de nos climats, avec les températures correspondantes de la zone froide. 561

Limite de la culture en pleine terre sous nos climats, soit à peu près celle de l'oranger. 562

XI. Règlement du chauffage et de sa conduite pendant l'hiver. 563

Tableau des différences entre les températures des diverses saisons de quelques localités de l'Europe. 570

Des différentes périodes de culture. 571

XII. ⸻ ⸻ ⸻ en terre. 572

XIII. ⸻ ⸻ en plein air. 572

XIV. De l'eau et des arrosements, heures et saisons. 577

XV. Propagation et multiplication. 587

XVI. De la terre. 591

XVII. Plantage, piquage et rempotage. 596

XVIII. Maladies des Cactées, de leurs ennemis, et des moyens à leur opposer. 600

XIX. Des instruments. 606

XX. Des toiles, des Paillassons. 610

XXI. des bâches. 612

XXII. Des pots, de leur forme et de leurs dimensions. 613

XXIII. Instruments divers. 614

XXVI. Du choix des sujets originaux, emballage, expédition. 615

Table alphabétique et synonymique des espèces et variétés. 621

Page 251, *au lieu de* Echinocactus Gibbosus, *lisez* 98. Echinocactus Gibbosus. *Ajouter* à la patrie : d'après quelques voyageurs , M. Cels vient d'en recevoir de superbes exemplaires de l'île des Lions, par 45° de latitude sud et des côtes de la Patagonie. Ces régions froides font supposer que cette plante pourrait résister à nos climats.

Page 276, ligne 11 en remontant , *au lieu de* Chrysomullus, *lisez* Chryso-malus.

Page 295, ligne 1, *au lieu de* Echinopsis Schelbarii, *lisez* 9. Echinopsis Schelhasii.

Page 296, ligne 18, *au lieu de* β. Pecta, *lisez* β Picta.

Page 297, ligne 6, *au lieu de* B. Macracanthi, à aiguillons longs , etc., *lisez* Macracanthi, à grands aiguillons.

Page 297, ligne 7, *au lieu de* *, *lisez* (1).

Page 304, *lisez* 2. Curvati, etc.

Page 308, ligne 1, *au lieu de* 4e sous-genre , *lisez* 3e sous-genre.

Page 376, ligne 37, *au lieu de* Cereus Grandis β., *lisez* Cereus Variabilis β.

Page 376, ligne 39, *au lieu de* Cereus Grandis γ., *lisez* Cereus Variabilis γ.

Page 382, ligne 14, *au lieu de* la consistance, *lisez* la flexibilité.

Page 382, ligne 37, *au lieu de* Lambricoides, *lisez* Lumbricoides.

Page 387, ligne 17, *au lieu de* Grandiflorus γ. Speciosissimus, *lisez* Grandiflorus γ. Maynardii.

Page 389, ligne 16, *au lieu de* Spinolasus, *lisez* Spinolusus (de même pour la synonymie).

Page 418, ligne 31, *au lieu de* *, *lisez* **.

Page 481, ligne 5 en remontant, *au lieu de* à aiguillons ellipsoïdes, *lisez* articles oviformes.

Page 492, ligne 19, *au lieu de* Stapeliæ , *lisez* Stapeliæ (de même pour la synonymie).

Page 499, ligne 11 en remontant, *au lieu de* Elephicæ, *lisez* Elleplicæ.

Extrait du catalogue de la librairie

AGRICULTURE

Maison rustique du XIXe siècle, cinq volumes in-4 avec 2,500 gravures.
  Le tome V (*Encyclopédie d'horticulture*), pris à part.
Journal d'agriculture pratique *et de jardinage*, publié sous la direction de
  M. Barral, par les rédacteurs de la MAISON RUSTIQUE.—Une livr. de 48 p.
  in-4 avec gravures, paraissant les 5 et 20 de chaque mois. — Un an (France)
Agriculture (Cours d'), par de Gasparin, 5 vol. in-8 avec gravures.
Agriculture allemande, ses écoles, ses pratiques, etc., par Royer, 1 v. in-8.
Agriculture, t. 1er, par LEFOUR, inspect. gén. de l'agric., in-12, avec grav.
Algérie (Colonisation et agriculture de l'), par Moll, 2 vol. in-8 avec grav.
Almanach du cultivateur *et du vigneron* (1853), 10e année, in-16 avec grav.
Amendements (Traité des), par Puvis, 1 vol. in-12 de 520 pages.
Animaux (Statique chimique des), et de l'emploi du SEL, par Parjal, 1 v. in-12.
Arithmétique et Comptabilité agricoles, par LEFOUR, insp. gén., in-12, gr.
Bière (Traité de la fabrication de la), par Robart, 2 vol. in-8 avec 190 grav.
Chimie agricole, par M. Isidore Pierre, professeur, 1 vol. in-12.
Comptabilité agricole (Traité de), par Ed. De Granges, 1 vol. in-8.
Conseil aux agriculteurs, par Dezeimeris, 3e éd., 1 vol. in-12 de 634 p.
Crédit foncier (Des institutions de), par Josseau, 1 vol. in-8.
Durham (De la race bovine dite de), par Lefebvre-Ste-Marie, in-8 et atlas.
Géométrie agricole, par LEFOUR, insp. gén., in-12 de 216 p. et 150 grav.
Manuel de l'estimateur de bien-fonds, par Noirot, 1 vol. in-12.
  — du cultivateur de mûriers, par Charrel, 1 vol. in-8.
  — de l'éleveur d'oiseaux de basse-cour et de lapins, 2e éd., in-12.
  — de l'éducateur de vers à soie, par Robinet, 1 vol. in-8 avec grav.
  du vigneron, par Odard, 1 vol. in-12.

HORTICULTURE

Almanach du jardinier, 10e année (1853) 1 vol. in-16 avec gravures.
Arbres fruitiers (De la taille des), par Puvis, 1 vol. in-12 de 220 pages.
Botanique (Leçons de), par A. de St.-Hilaire, 1 vol. in-8 avec planc. grav.
Cactées (Iconographie des), par Lemaire, 8 livr. de 2 planc. color. et texte.
Camellia (Monographie du), par l'abbé Berlèse, 3e éd., 1 vol. in-8 avec planc.
Camellias (Iconographie des), par l'abbé Berlèse, 3 vol. in-fol., et 300 pl. col.
Culture maraîchère (Manuel pratique de), par Courtois-Gérard, 1 vol. in-8.
Fruits (Traité de la conservation des), par Paquet, 1 vol. in-12.
Herbier général de l'amateur, description, histoire, etc., des végétaux utiles
  et agréables, 5 beaux vol. in-4, contenant 373 planches en taille douce, et co-
  riées au pinceau, avec texte historique et descriptif, par Ch. Lemaire.
Horticulteur universel, présentant l'analyse raisonnée des travaux horticoles
  français et étrangers, par MM. Camuzet, Jacques, Neumann, Pépin, Poiteau
  et Ch. Lemaire, 7 vol. grand in-8, contenant 300 planches coloriées.
Horticulture (Encyclopédie d'), 2e édition, 1 vol. in-4 avec 500 gravures
  (5e volume de la *Maison rustique*).
Horticulture (Théorie de l'), par Lindley, 1 vol. gr. in-8 avec gravures.
Jardinage (Manuel du), par Courtois-Gérard, 4e édition, 1 vol. in-12.
Jardinier des fenêtres et des petits jardins, par Mme Millet-Robinet, 2e éd.
Manuel général des plantes, *arbres et arbustes*. Description et culture de
  25,000 plantes indigènes d'Europe, par Jacques et Hérincq, chaque livr.
Pomone française (La), par Le Lieur, 3e édition, 1 vol. in-8 avec gravures.
Roses (Centurie des plus belles), 50 livr. de 2 pl. color. avec texte. Chaque.

Imprimerie de W. Remquet et Cie, rue Garancière, n. 5.